내가 뽑은 원픽! 최신 출제경향 ... 의 수험서

2024

소방설비 기사 필기

기계분야

표정은 · 권혁서 저
소방기술사 / 소방시설관리사 / 위험물기능장

예문사

머리말

PREFACE

새로운 도전의 길에 들어선 여러분!

자격증 취득을 목표로 하고 그 외로운 싸움 앞에서 얼마나 망설이고 주저하기를 반복하셨습니까?

오랫동안 강의를 하면서 합격자를 보다 많이 배출할 수 있는 방법을 고민하고, 좀 더 효율적으로 공부할 수 있는 교재의 필요성을 느껴 이 책을 출간하게 되었습니다. 이 책은 비전공자라도 쉽게 공부할 수 있도록 기출문제를 철저히 분석하여 이론을 체계적으로 정리하였습니다.

수험생 여러분이 시간을 적게 들여 소방설비기사 필기시험에 합격할 수 있도록 하는 데 초점을 맞추었으므로 빠른 합격으로 가는 안내서가 되어 줄 것입니다.

이 책은 다음과 같이 구성하였습니다.

- 각 과목의 이론은 다년간 기출문제와 관련된 주요 내용을 해석하여 이해도가 높도록 수록하였습니다.
- 이론에서 계산문제는 예제를 수록하여 학습의 이해도를 높일 수 있도록 하였습니다.
- 소방관계법규는 최신 개정사항을 반영하였습니다.
- 기출문제의 해설은 초보자도 알기 쉽도록 수험생의 눈높이에 맞추었습니다.

강의를 하면서 쌓아 온 노하우와 자료들을 최대한 효율적으로 정리하여 전달하였지만 부족한 부분이 있을 것이라고 생각합니다. 소방산업 현장에서 활동 중인 선후배 및 전문가들의 아낌없는 지도를 바라며, 부족한 부분은 수정 및 보완해 나갈 것을 약속드립니다.

끝으로 출간하기까지 물심양면으로 도와주신 주경야독의 임직원 여러분과 도서출판 예문사에 감사의 말씀을 드립니다.

저자 **표정은**

수험정보

• 인터넷에서 [예문사]를 검색하여 홈페이지에 접속합니다.

• PC, 휴대폰, 태블릿 등을 이용해 사용이 가능합니다.

STEP 1 회원가입 하기

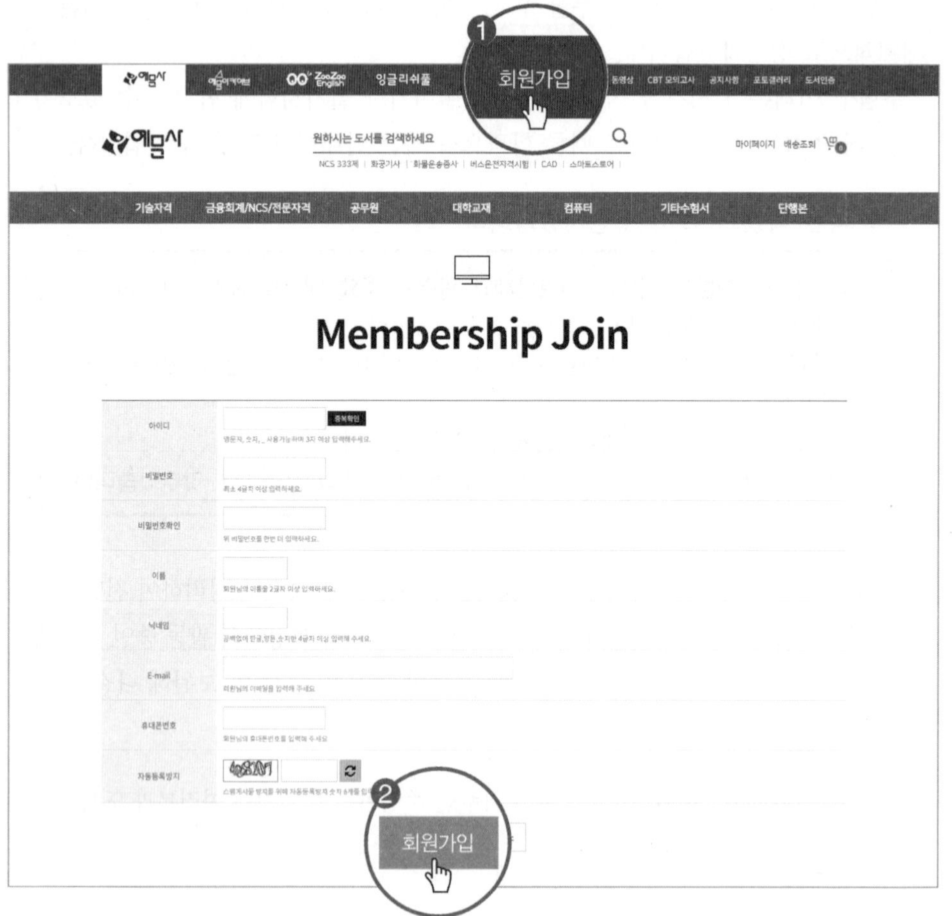

1. 메인 화면 상단의 [회원가입] 버튼을 누르면 가입 화면으로 이동합니다.
2. 입력을 완료하고 아래의 [회원가입] 버튼을 누르면 **인증절차 없이 바로 가입**이 됩니다.

STEP 2 시리얼 번호 확인 및 등록

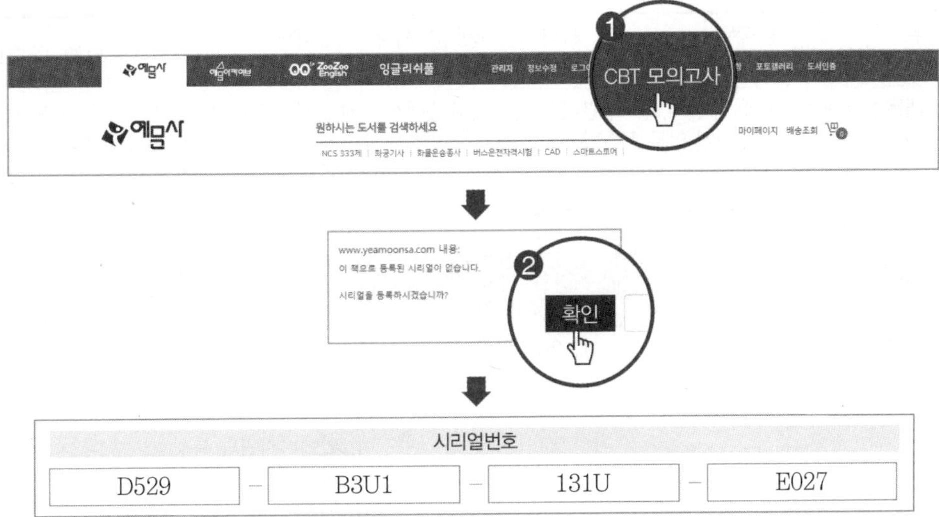

1. 로그인 후 메인 화면 상단의 [CBT 모의고사]를 누른 다음 **수강할 강좌를 선택**합니다.
2. 시리얼 등록 안내 팝업창이 뜨면 [확인]을 누른 뒤 **시리얼 번호를 입력**합니다.

STEP 3 등록 후 사용하기

1. 시리얼 번호 입력 후 [마이페이지]를 클릭합니다.
2. 등록된 CBT 모의고사는 [모의고사]에서 확인할 수 있습니다.

수험정보

소방설비기사 기계분야 출제기준

직무분야	안전관리	중직무분야	안전관리	자격종목	소방설비기사(기계분야)	적용기간	2023.1.1~2025.12.31

직무내용 : 소방시설(기계)의 설계, 공사, 감리 및 점검업체 등에서 설계 도서류를 작성하거나, 소방설비 도서류를 바탕으로 공사 관련 업무를 수행하고, 완공된 소방설비의 점검 및 유지관리업무와 소방계획수립을 통해 소화, 화재통보 및 피난 등의 훈련을 실시하는 소방안전관리자로서의 주요사항을 수행하는 직무

필기검정방법	객관식	문제수	80	시험시간	2시간

필기 과목명	문제수	주요항목	세부항목	세세항목
소방원론	20	1. 연소이론	1. 연소 및 연소현상	1. 연소의 원리와 성상 2. 연소생성물과 특성 3. 열 및 연기의 유동의 특성 4. 열에너지원과 특성 5. 연소물질의 성상 6. LPG, LNG의 성상과 특성
		2. 화재현상	1. 화재 및 화재현상	1. 화재의 정의, 화재의 원인과 영향 2. 화재의 종류, 유형 및 특성 3. 화재 진행의 제요소와 과정
			2. 건축물의 화재현상	1. 건축물의 종류 및 화재현상 2. 건축물의 내화성상 3. 건축구조와 건축내장재의 연소 특성 4. 방화구획 5. 피난공간 및 동선계획 6. 연기확산과 대책
		3. 위험물	1. 위험물 안전관리	1. 위험물의 종류 및 성상 2. 위험물의 연소특성 3. 위험물의 방호계획
		4. 소방안전	1. 소방안전관리	1. 가연물 · 위험물의 안전관리 2. 화재 시 소방 및 피난계획 3. 소방시설물의 관리유지 4. 소방안전관리계획 5. 소방시설물 관리
			2. 소화론	1. 소화원리 및 방식 2. 소화부산물의 특성과 영향 3. 소화설비의 작동원리 및 점검
			3. 소화약제	1. 소화약제이론 2. 소화약제 종류와 특성 및 적응성 3. 약제유지관리

필기 과목명	문제수	주요항목	세부항목	세세항목
소방유체역학	20	1. 소방유체역학	1. 유체의 기본적 성질	1. 유체의 정의 및 성질 2. 차원 및 단위 3. 밀도, 비중, 비중량, 음속, 압축률 4. 체적탄성계수, 표면장력, 모세관현상 등 5. 유체의 점성 및 점성측정
			2. 유체정역학	1. 정지 및 강체유동(등가속도)유체의 압력 변화, 부력 2. 마노미터(액주계), 압력측정 3. 평면 및 곡면에 작용하는 유체력
			3. 유체유동의 해석	1. 유체운동학의 기초, 연속방정식과 응용 2. 베르누이 방정식의 기초 및 기본응용 3. 에너지 방정식과 응용 4. 수력기울기선, 에너지선 5. 유량측정(속도계수, 유량계수, 수축계수), 피토관, 속도 및 압력측정 6. 운동량 이론과 응용
			4. 관내의 유동	1. 유체의 유동형태(층류, 난류), 완전발달유동 2. 무차원수, 레이놀즈수, 관내 유량측정 3. 관내 유동에서의 마찰손실 4. 부차적 손실, 등가길이, 비원형관손실
			5. 펌프 및 송풍기의 성능 특성	1. 기본개념, 상사법칙, 비속도, 펌프의 동작(직렬, 병렬) 및 특성곡선, 펌프 및 송풍기 종류 2. 펌프 및 송풍기의 동력 계산 3. 수격, 서징, 캐비테이션, NPSH, 방수압과 방수량
		2. 소방 관련 열역학	1. 열역학 기초 및 열역학 법칙	1. 기본개념(비열, 일, 열, 온도, 에너지, 엔트로피 등) 2. 물질의 상태량(수증기 포함) 3. 열역학 1법칙(밀폐계, 교축과정 및 노즐) 4. 열역학 2법칙
			2. 상태변화	1. 상태변화(폴리트로픽 과정 등)에 따른 일, 열, 에너지 등 상태량의 변화량
			3. 이상기체 및 카르노사이클	1. 이상기체의 상태방정식 2. 카르노사이클 3. 가역 사이클 효율 4. 혼합가스의 성분
			4. 열전달 기초	1. 전도, 대류, 복사의 기초

수험정보

필기 과목명	문제수	주요항목	세부항목	세세항목
소방관계 법규	20	1. 소방기본법	1. 소방기본법, 시행령, 시행규칙	1. 소방기본법 2. 소방기본법 시행령 3. 소방기본법 시행규칙
		2. 화재의 예방 및 안전관리에 관한 법	1. 화재의 예방 및 안전관리에 관한 법, 시행령, 시행규칙	1. 화재의 예방 및 안전관리에 관한 법률 2. 화재의 예방 및 안전관리에 관한 법률 시행령 3. 화재의 예방 및 안전관리에 관한 법률 시행규칙
		3. 소방시설 설치 및 관리에 관한 법	1. 소방시설 설치 및 관리에 관한 법, 시행령, 시행규칙	1. 소방시설 설치 및 관리에 관한 법률 2. 소방시설 설치 및 관리에 관한 법률 시행령 3. 소방시설 설치 및 관리에 관한 법률 시행규칙
		4. 소방시설 공사업법	1. 소방시설공사업법, 시행령, 시행규칙	1. 소방시설공사업법 2. 소방시설공사업법 시행령 3. 소방시설공사업법 시행규칙
		5. 위험물 안전관리법	1. 위험물안전관리법, 시행령, 시행규칙	1. 위험물안전관리법 2. 위험물안전관리법 시행령 3. 위험물안전관리법 시행규칙
소방기계 시설의 구조 및 원리	20	1. 소방기계 시설 및 화재안전기준	1. 소화기구	1. 소화기구의 화재안전기준 2. 설치대상과 기준, 종류, 특징, 동작원리 및 기타 관련 사항
			2. 옥내 · 외 소화전설비	1. 옥내소화전설비의 화재안전기준 및 기타 관련 사항 2. 옥외소화전설비의 화재안전기준 및 기타 관련 사항 3. 설치대상과 기준, 종류, 특징, 동작원리 및 기타 관련 사항
			3. 스프링클러 설비	1. 스프링클러설비의 화재안전기준 및 기타 관련 사항 2. 간이스프링클러소화설비의 화재안전기준 및 기타 관련 사항 3. 화재조기진압용 스프링클러설비의 화재안전기준 기타 관련 사항 4. 설치대상과 기준, 종류, 특징, 동작원리 및 기타 관련 사항

필기 과목명	문제수	주요항목	세부항목	세세항목
			4. 포 소화설비	1. 포 소화설비의 화재안전기준 2. 설치대상과 기준, 종류, 특징, 동작원리 및 기타 관련 사항
			5. 이산화탄소, 할론, 할로겐화합물 및 불활성기체 소화설비	1. 이산화탄소 소화설비의 화재안전기준 및 기타 관련 사항 2. 할론 소화설비의 화재안전기준 기타 관련 사항 3. 할로겐화합물 및 불활성기체소화설비 화재안전기준 기타 관련 사항 4. 불활성기체 소화설비 화재안전기준 기타 관련 사항 5. 설치대상과 기준, 종류, 특징, 동작원리 및 기타 관련 사항
			6. 분말 소화설비	1. 분말소화설비의 화재안전기준 2. 설치대상과 기준, 종류, 특징, 동작원리 및 기타 관련 사항
			7. 물분무 및 미분무 소화설비	1. 물분무 및 미분무 소화설비의 화재안전기준 2. 설치대상과 기준, 종류, 특징, 동작원리 및 기타 관련 사항
			8. 피난구조설비	1. 피난기구의 화재안전기준 2. 인명구조기구의 화재안전기준 및 기타 관련 사항
			9. 소화 용수 설비	1. 상수도소화용수설비 2. 소화수조 및 저수조화재안전기준 및 기타 관련 사항
			10. 소화 활동 설비	1. 제연설비의 화재안전기준 및 기타 관련 사항 2. 특별피난계단 및 비상용승강기 승강장제연설비 3. 연결송수관설비의 화재안전기준 4. 연결살수설비의 화재안전기준 및 기타 관련 사항 5. 연소방지시설의 화재안전기준
			11. 기타 소방기계설비	1. 기타 소방기계설비의 화재안전기준

수험정보

그리스 문자

대문자	소문자	명칭	대문자	소문자	명칭
A	α	알파(alpha)	N	ν	뉴(nu)
B	β	베타(beta)	Ξ	ξ	크시(xi)
Γ	γ	감마(gamma)	O	o	오미크론(omikron)
Δ	δ	델타(delta)	Π	π	파이(pi)
E	ε	엡실론(epsilon)	P	ρ	로(rho)
Z	ζ	제타(zeta)	Σ	σ	시그마(sigma)
H	η	에타(eta)	T	τ	타우(tau)
Θ	θ	세타(theta)	Y	υ	입실론(upsilon)
I	ι	요타(iota)	Φ	ϕ	파이(phi)
K	κ	카파(kappa)	X	χ	키(chi)
Λ	λ	람다(lambda)	Ψ	ψ	프사이(psi)
M	μ	뮤(mu)	Ω	ω	오메가(omega)

SI 접두어

배수	접두어	기호	배수	접두어	기호
10^{24}	요타	Y	10^{-1}	데시	d
10^{21}	제타	Z	10^{-2}	센티	c
10^{18}	엑사	E	10^{-3}	밀리	m
10^{15}	페타	P	10^{-6}	마이크로	μ
10^{12}	테라	T	10^{-9}	나노	n
10^{9}	기가	G	10^{-12}	피코	p
10^{6}	메가	M	10^{-15}	펨토	f
10^{3}	킬로	k	10^{-18}	아토	a
10^{2}	헥토	h	10^{-21}	젭토	z
10^{1}	데카	da	10^{-24}	욕토	y

[주기율표]

주기	알칼리 금속	알칼리토 금속	희토류	타이타늄족	바나듐족	크로뮴족	망가니즈족	철족, 백금족			구리족	이연족	붕소족	탄소족	질소족	산소족	할로젠족	비활성 기체	주기
	1 (1A)	2 (2A)	3 (3B)	4 (4B)	5 (5B)	6 (6B)	7 (7B)	8 (8B)	9 (8B)	10 (8B)	11 (1B)	12 (2B)	13 (3A)	14 (4A)	15 (5A)	16 (6A)	17 (7A)	18 (8A)	
	족 1A																	8A	
1	1 H 1.008 수소																	2 He 4.0 헬륨	1
		2A											3A	4A	5A	6A	7A		
2	3 Li 6.9 리튬	4 Be 9.0 베릴륨											5 B 10.8 붕소	6 C 12.011 탄소	7 N 14.0 질소	8 O 15.999 산소	9 F 19.0 플루오르	10 Ne 20.2 네온	2
3	11 Na 23.0 나트륨	12 Mg 24.3 마그네슘	3B	4B	5B	6B	7B	8B	8B	8B	1B	2B	13 Al 27.0 알루미늄	14 Si 28.1 규소	15 P 31.0 인	16 S 32.1 황	17 Cl 35.5 염소	18 Ar 39.9 아르곤	3
4	19 K 39.1 칼륨	20 Ca 40.1 칼슘	21 Sc 45.0 스칸듐	22 Ti 47.9 티탄	23 V 51.0 바나듐	24 Cr 52.0 크롬	25 Mn 54.9 망간	26 Fe 55.8 철	27 Co 58.9 코발트	28 Ni 58.7 니켈	29 Cu 63.5 구리	30 Zn 65.4 아연	31 Ga 69.7 갈륨	32 Ge 72.6 게르마늄	33 As 74.9 비소	34 Se 79.0 셀렌	35 Br 79.9 브롬	36 Kr 83.8 크립톤	4
5	37 Rb 85.5 루비듐	38 Sr 87.6 스트론튬	39 Y 88.9 이트륨	40 Zr 91.2 지르코늄	41 Nb 92.9 니오브	42 Mo 95.9 몰리브덴	43 Tc 99* 테크네튬	44 Ru 101.1 루테늄	45 Rh 102.9 로듐	46 Pd 106.4 팔라듐	47 Ag 107.9 은	48 Cd 112.4 카드뮴	49 In 114.8 인듐	50 Sn 118.7 주석	51 Sb 121.8 안티몬	52 Te 127.6 텔루르	53 I 126.9 요오드	54 Xe 131.3 크세논	5
6	55 Cs 132.9 세슘	56 Ba 137.3 바륨	57~71 La~Lu 란타니드	72 Hf 178.5 하프늄	73 Ta 180.9 탄탈	74 W 183.9 텅스텐	75 Re 186.2 레늄	76 Os 190.2 오스뮴	77 Ir 192.2 이리듐	78 Pt 195.1 백금	79 Au 197.0 금	80 Hg 200.6 수은	81 Tl 204.4 탈륨	82 Pb 207.2 납	83 Bi 209.0 비스무트	84 Po [209]* 폴로늄	85 At [210]* 아스타틴	86 Rn [222]* 라돈	6
7	87 Fr [223] 프랑슘	88 Ra [226] 라듐	89 Ac [227] 악티늄	104 Rf [265] 러더포듐	105 Db [268] 더브늄	106 Sg [271] 시보귬	107 Bh [270] 보륨	108 Hs [277] 하슘	109 Mt [276] 마이트너륨	110 Ds [281] 다름슈타튬	111 Rg [280] 뢴트게늄	112 Cn [285] 코페르니슘	113 Unt [284] 우눈트륨	114 Fl [289] 플레로븀	115 Unp [288] 우눈펜튬	116 Lv [293] 리버모륨	117 Uus [294] 우눈셉튬	118 Uuo [294] 우누녹튬	7
	알칼리 금속	알칼리 토금속																비활성 기체	

원자 번호 / 원자 기호 / 원자량 / 원자 이름

□ — 전형원소 □ — 전이원소

의 원소 —— 비금속
의 원소 —— 금속
밑줄은 양쪽성 원소

원소기호의 왼쪽 위 숫자는 원자 번호, 아래의 숫자는 1961년의 만국 원자량(소수점 둘째 자리를 반올림)
[ ] 안의 숫자는 가장 안정한 동위 원소의 질량 수,
* 는 가장 잘 알려진 동위원소의 질량 수

란타니드	57 La 138.9 란탄	58 Ce 140.0 세륨	59 Pr 140.9 프라세오디뮴	60 Nd 144 네오디뮴	61 Pm 145* 프로메튬	62 Sm 150.4 사마륨	63 Eu 152.0 유로퓸	64 Gd 157.3 가돌리늄	65 Tb 158.9 테르븀	66 Dy 162.5 디스프로슘	67 Ho 164.3 홀뮴	68 Er 167.3 에르븀	69 Tm 168.9 툴륨	70 Yb 173.0 루테튬	71 Lu 175.0 루테튬
악티니드	89 Ac [227]* 악티늄	90 Th 232.0 토륨	91 Pa [231]* 프로악티늄	92 U 238.0 우라늄	93 Np [237]* 넵투늄	94 Pu [244]* 플루토늄	95 Am [243]* 아메리슘	96 Cm [247]* 퀴륨	97 Bk [249]* 버클륨	98 Cf [251]* 칼리포르늄	99 Es [254]* 아이시타이늄	100 Fm [253]* 페르뮴	101 Md [256]* 멘델레븀	102 No [254]* 노벨륨	103 Lr [257]* 로렌슘

이 책의 차례

PART 01 소방원론

PART 02 소방유체역학

Chapter 01 유체의 기본적인 성질 • 59

Chapter 02 유체 정역학 • 73

Chapter 03 유체의 유동해석 • 83

이 책의 차례

PART 03 소방관계법규

이 책의 차례

PART 04 소방기계시설의 구조 및 원리

Chapter 01 소화설비 • 229

Chapter 02 피난구조설비 • 324

Chapter 03 소화용수설비 • 334

Chapter 04 소화활동설비 • 337

이 책의 차례

PART 05 과년도 기출문제

※ 2022년 제4회 기사 필기시험부터 CBT(Computer – Based Test) 방식으로 시행되어, 수험생 개개인별로 상이하게 문제가 출제되었으며 시험문제는 비공개입니다. 따라서 2022년 제4회 기출문제부터는 수험생의 기억에 의해 출제문제를 재구성한 것입니다.

P·a·r·t 01

소방원론

FIRE PROTECTION ENGINEER

CHAPTER 01

PART 01 소방원론

연소이론

01 연소의 원리와 성상

(1) 연소의 정의

가연물이 공기 중의 산소 또는 산화제와 반응하여 열과 빛을 발생하면서 산화하는 현상으로, 빛과 열을 수반하는 급격한 산화반응이다.

(2) 연소의 3요소, 4요소

- 연소의 3요소 : 가연물, 산소, 점화원
- 연소의 4요소 : 가연물, 산소, 점화원, 순조로운 연쇄반응

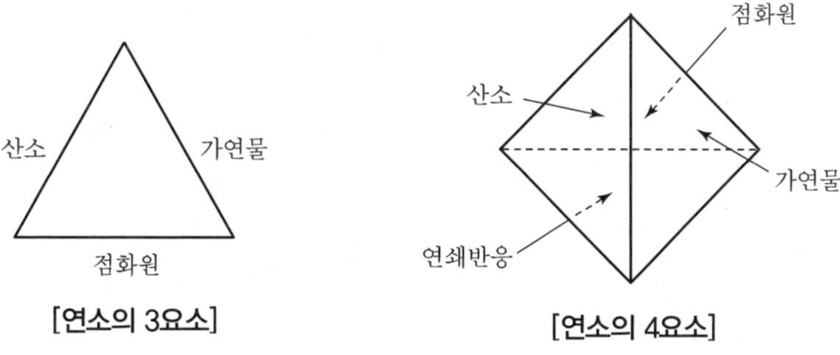

[연소의 3요소] [연소의 4요소]

1) 가연물

① 가연물이 될 수 있는 조건

㉠ 발열량이 클 것

㉡ 산소와의 친화력이 좋을 것

㉢ 표면적이 넓을 것

㉣ 활성화 에너지가 작을 것

㉤ 열전도도가 작을 것

② 가연물이 될 수 없는 조건

㉠ 산소와 더 이상 반응하지 않는 물질(CO_2, H_2O 등)

㉡ 질소(N_2), 질소의 산화물(산소와 반응 시 흡열반응하기 때문)

㉢ 불활성 기체(주기율표의 18족 원소로서 He, Ne, Ar, Kr, Xe 등)

2) 산소공급원

산소, 공기, 산화성 고체(제1류 위험물), 산화성 액체(제6류 위험물) 등

※ 조연성 기체 : 산소, 공기, 불소, 염소, 이산화질소 등

3) 점화원

정전기, 충격마찰, 나화, 고온표면, 전기불꽃, 단열압축 등

4) 연소의 색과 온도

색상	암적색	휘적색	황적색	백적색	휘백색
온도(℃)	700	950	1,100	1,300	1,500

(3) 연소범위

가연성 가스가 공기와 적당히 혼합되어야만 연소, 폭발이 일어날 수 있는데, 이 범위를 연소범위 또는 폭발범위라고 한다.

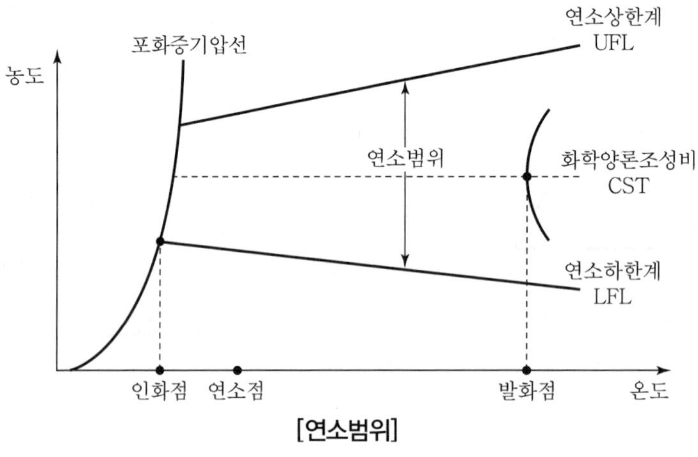

[연소범위]

1) 가연성 가스의 연소범위에 따른 위험도

① 연소범위가 넓을수록 위험

② 연소상한계가 높을수록 위험

③ 연소하한계가 낮을수록 위험

④ 온도가 높을수록 위험

⑤ 압력이 높을수록 위험(연소하한계 불변, 연소상한계 증가)

※ 예외 : 일산화탄소는 압력이 높아지면 연소범위가 좁아진다.

2) 인화점, 연소점, 발화점

① 인화점(Flash Point)

㉠ 가연성 혼합기(연소범위)를 형성할 수 있는 **최저온도를 인화점**이라 한다.

㉡ 인화점이 낮을수록 위험성이 커진다.

㉢ 인화점 이하에서는 점화원을 가하여도 불꽃연소는 발생하지 않는다.

② 연소점(Fire Point)

㉠ 연소상태를 지속하기 위한 온도로서 인화점보다 5~10[℃] 정도 높다.

㉡ 인화점에서는 점화원을 제거하면 연소가 중단되나 연소점에서는 점화원을 제거해도 연소가 지속된다.

③ 발화점(착화점, Ignition Point)

㉠ **점화원을 가하지 않아도** 스스로 착화될 수 있는 **최저온도를 발화점**이라 한다.

㉡ 발화점이 낮을수록 위험성이 커진다.

④ 인화점 연소점 발화점의 온도 순서

인화점 < 연소점 < 발화점

3) 가연성 가스의 폭발범위(연소범위)

가연성 가스	연소하한계[%]	연소상한계[%]
아세틸렌(C_2H_2)	**2.5**	**81**
수소(H_2)	**4.0**	**75**
메탄(CH_4)	**5.0**	**15**
에탄(C_2H_6)	3.0	12.4
프로판(C_3H_8)	**2.1**	**9.5**
부탄(C_4H_{10})	**1.8**	**8.4**
일산화탄소(CO)	12.5	74
디에틸에테르($C_2H_5OC_2H_5$)	**1.9**	**48**
이황화탄소(CS_2)	1.2	44

4) 위험도(H)

① 연소범위를 알면 가연성 기체의 위험도를 계산할 수 있다.

② 위험도 값이 클수록 위험성이 크다.

$$H = \frac{UFL - LFL}{LFL}$$

여기서, H : 위험도, UFL : 연소상한계[%], LFL : 연소하한계[%]
($UFL-LFL$) : 연소범위

㉠ 연소범위의 폭이 넓을수록 위험도가 크다.

㉡ 연소범위의 하한계가 낮을수록 위험도가 크다.

㉢ 연소범위의 상한계가 높을수록 위험도가 크다.

예제 **아세틸렌의 위험도를 구하시오.**

$H = \frac{81-2.5}{2.5} = 31.4$

5) 혼합가스의 연소범위

가연성 가스가 2종류 이상 혼합되어 있는 경우의 연소범위 계산

[르샤틀리에식]

$$\frac{V_m}{L_m} = \frac{V_1}{L_1} + \frac{V_2}{L_2} + \frac{V_3}{L_3} \cdots\cdots$$

여기서, L_m : 혼합가스의 연소하한계

V_m : 가연성 가스의 부피(Vol%) 합($V_1 + V_2 + V_3$ ⋯)

V_1, V_2, V_3 ⋯ : 각 가연성 가스의 부피(Vol%)

L_1, L_2, L_3 ⋯ : 각 가연성 가스의 연소하한계

다음과 같이 혼합가스가 존재하는 경우 혼합가스의 연소하한계를 구하시오(단, 혼합가스는 프로판 70%, 부탄 20%, 에탄 10%로 혼합되어 있고, 각 가스의 연소하한계는 프로판 2.1%, 부탄 1.8%, 에탄 3.0%로 한다).

$\frac{100}{L_m} = \frac{70}{2.1} + \frac{20}{1.8} + \frac{10}{3.0}$ $L_m = 2.09[\%]$

6) 최소 발화에너지(MIE : Minimum Ignition Energy)

① 정의 : 가연성 가스가 공기와 혼합하여 가연성 혼합기를 형성하고 있을 때 점화원으로 작용하여 발화하기 위한 최소한의 에너지

② MIE 계산

$$MIE = \frac{1}{2}CV^2$$

여기서, MIE : 최소 발화에너지[J]

C : 콘덴서의 정전용량[F]

V : 전압[V]

③ 주요 가연성 가스의 MIE

가연성 가스	최소 발화에너지[mJ]
아세틸렌(C_2H_2)	0.019
수소(H_2)	**0.019**
이황화탄소(CS_2)	0.019
에틸렌(C_2H_4)	0.096
메탄(CH_4)	0.28
프로판(C_3H_8)	**0.3**

(4) 연소의 종류

1) 고체의 연소형태

① **표면연소** : 고체의 표면에서 고체 자체가 연소하는 현상으로 가연성 기체가 발생되지 않아 불꽃이 없는 연소를 하는 형태(표면연소 = 응축연소 = 작열연소)

예 숯, 목탄, 코크스, 금속분 등

② **분해연소** : 고체 가연물이 온도상승에 의해 열분해되어 가연성 기체를 발생시키고 공기와 혼합하여 가연성 혼합기를 형성한 후 점화원에 의해 연소하는 형태

예 목재, 고무, 종이, 플라스틱 등

③ **증발연소** : 고체 가연물이 승화 또는 액화 후 기화되어 그 기체가 공기와 혼합하여 가연성 혼합기를 형성한 후 점화원에 의해 연소하는 형태

예 황, 나프탈렌, 파라핀, 왁스 등

④ **자기연소** : 가연물 스스로 산소공급원을 함유하고 있는 물질의 연소형태이다. 외부의 산소공급 없이도 연소가 진행될 수 있고 연소속도가 매우 빨라 폭발적으로 연소한다.

예 질산에스테르류, **셀룰로이드류**, 니트로화합물류 등(제5류 위험물)

⑤ **훈소** : 가연물이 공기의 공급 부족 또는 온도가 일정온도까지 도달하지 못하여 불꽃을 발생시키지 못하고 연기만 발생시키면서 연소하는 형태

2) 액체의 연소형태

① **증발연소** : 액체가연물이 온도상승으로 증발에 의해 기체가 되어 공기와 혼합하여 가연성 혼합기를 형성하고 있는 상태에서 점화원에 의해 연소하는 형태

예 휘발유, 경유, 등유, 특수인화물 등의 경질유

② **분해연소** : 주로 중질유에서 발생하는 연소로서 고비점, 비휘발성인 중질유가 온도상승에 의해 열분해되어 가연성 혼합기를 형성한 후 점화원에 의해 연소하는 형태

예 중유, 클레오소트유, 기계유, 실린더유 등의 중질유

3) 기체의 연소형태

① **확산연소** : 가연성 가스가 대기 중으로 확산하면서 공기와 혼합하여 가연성 혼합기를 형성함과 동시에 연소하는 형태(가스레인지의 연소, 라이터 연소 등)

② **예혼합연소** : 가연성 가스가 공기 중에 유출되어 미리 가연성 혼합기가 형성된 상태에서 점화원에 의해 연소하는 형태(대부분의 가스폭발은 예혼합 연소이다)

(5) 연소 시 이상현상

1) 선화(Lifting)

① 정의 : 연료의 분출속도가 연소속도보다 빠를 때, 불꽃이 노즐에 붙지 못하고 일정한 간격을 두고 연소하는 현상

② 선화의 원인

- 연료의 분출속도가 연소속도보다 큰 경우
- 노즐에서 연료의 방출압력이 큰 경우
- 연료의 방출량이 너무 많은 경우 등

2) 역화(Back Fire)

① 정의

연료의 분출속도가 연소속도보다 느릴 때 불꽃이 노즐 내부로 들어가서 연소하는 현상

② 역화의 원인

- 연료의 분출속도가 연소속도보다 작은 경우
- 노즐의 구멍이 큰 경우
- 노즐에서 연료의 방출압력이 낮은 경우
- 연료의 방출량이 적은 경우

3) 블로오프(Blow Off)

Lifting 상태에서보다 연료의 분출속도가 더 큰 경우 불꽃이 노즐에서 연소하지 못하고 떨어지면서 꺼지는 현상

4) 황염 현상(Yellow Tip)

노즐에서 연소 시 공기량의 조절이 적정하지 못하여 완전연소되지 않을 때 발생하는 현상으로 노란 불꽃이 발생한다.

(6) 폭발(Explosion)

에너지의 체적이 갑작스럽게 증가하면서 순간적인 충격압력을 방출하는 현상으로 충격파의 전파속도에 따라 폭연과 폭굉으로 구분된다.

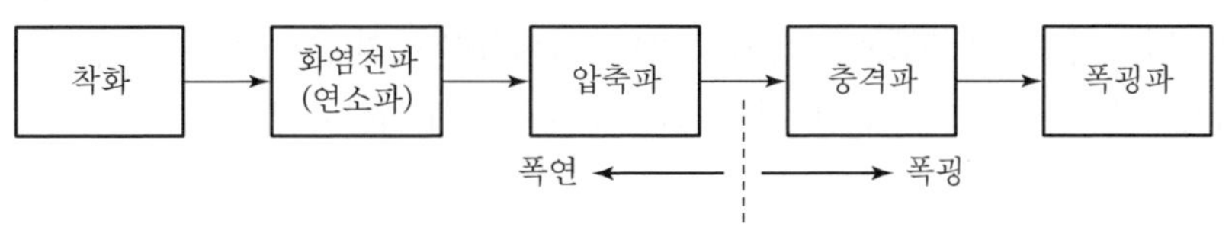

[폭연–폭굉으로의 전이과정]

1) 폭연(Deflagration)
   ① 화염전파속도 : 음속보다 느리다.
   ② 화염전파속도 : 0.1~10[m/s] 정도
   ③ 폭연과정 : 착화에서 압축파까지

2) 폭굉(Detonation)
   ① 밀폐구조의 배관 등에서 폭발적으로 연소하여 온도, 압력, 부피가 급격히 상승하는 현상
   ② 화염전파속도 : 음속보다 빠르다.
   ③ 화염전파속도 : 1,000~3,500[m/s] 정도
   ④ 충격파가 미연소가스를 단열압축시켜 발화점 이상 온도상승하여 폭굉파 발생

3) 폭굉 유도거리
   ① 폭연에서 폭굉으로 전이되는 거리
   ② 폭굉 유도거리가 짧을수록 폭굉 발생이 용이하다.

4) 폭굉 유도거리가 짧아지는 경우
   ① 배관의 내면이 거칠거나 장애물이 있는 경우
   ② 배관구경이 작은 경우(배관의 길이가 배관직경의 10배 이상일 때)
   ③ 배관 내 미연소가스의 온도 및 압력이 높을수록
   ④ 가연성 가스의 연소속도가 빠르고 연소열이 클수록

(7) 폭발의 종류

1) 물리적 폭발
   ① 물과 고온의 금속접촉에 의한 수증기폭발(증기폭발)
   ② 고압용기 파손에 의한 압력개방 폭발
   ③ 진공용기 파손에 의한 폭발
   ④ 전선에 허용전류를 초과하는 대전류인가로 인한 전선의 용해, 증발에 의한 전선폭발
   ⑤ 화산폭발, 운석충돌 등

2) 화학적 폭발
   ① 산화폭발 : 가연성 가스, 증기 등의 급격한 연소에 의한 폭발

② 분해폭발 : 니트로셀룰로오스, 셀룰로이드, 아세틸렌 등의 분해연소에 의한 현상
③ 중합폭발 : 시안화수소, 염화비닐 등 단량체의 중합에 의한 폭발
④ 분해, 중합폭발 : 산화에틸렌

3) 분진폭발
① 미세한 고체분진이 공기 중에 부유하여 적당한 양으로 혼합되어 있을 때 점화원이 작용하여 폭발하는 현상
② 분진폭발을 일으키는 물질
예 금속분진, 곡류의 분진, 플라스틱분진, 석탄분진 등
③ 분진폭발을 일으키지 않는 물질
예 생석회[CaO], 소석회[$Ca(OH)_2$], 시멘트, 팽창질석, 팽창진주암 등

02 연소생성물과 특성

(1) 이산화탄소(CO_2)

1) 가연성 가스와 산소의 완전연소에 의해 생성
예 $C_3H_8 + 5O_2 \rightarrow 3CO_2 + 4H_2O$

2) 증기비중
$\frac{44}{29} = 1.52$, 즉 공기보다 1.52배 정도 무겁다.

3) 인체에 미치는 영향(독성은 없으나 농도에 따라 인체에 영향)

대기 중 이산화탄소 농도(%)	인체 영향
2%	불쾌감
4%	두통 발생
8%	호흡곤란현상 발생
10%	단시간 내 의식불명 상태
20%	단시간 내 사망

(2) 일산화탄소(CO)

① 탄소화합물이 불완전연소되면 발생한다.
② 일산화탄소는 혈액의 **헤모글로빈이 산소를 운반하는 것을 방해**하여 체내의 산소 부족을 유발한다. 그 결과 두통, 어지럼증 등이 발생하고 심해지면 사망에 이른다.

(3) 포스겐($COCl_2$)

① 사염화탄소(CCl_4)가 이산화탄소, 산소, 물 등과 결합 시 발생한다.

② 허용농도 0.1ppm 정도로 **인체에 매우 치명적인 가스**이다.

(4) 이산화황(SO_2)

① $S+O_2 \rightarrow SO_2$

② 황 화합물이 **완전연소** 시 발생되는 가스이다.

(5) 황화수소(H_2S)

① 황 화합물이 **불완전연소** 시 발생된다.

② **달걀 썩는 냄새**가 난다.

(6) 염화수소(HCl)

PVC와 같이 **염소(Cl)가 함유**된 물질의 연소 시 발생한다.

(7) 암모니아(NH_3)

① **질소를 함유한 가연물이 연소 시** 발생되는 가스로 눈, 코, 인후 등에 매우 자극적이고 **역한 냄새**가 난다.

② 물에 잘 용해되고 **냉동기의 냉매**로 사용된다.

(8) 시안화수소(HCN)

① 질소성분을 가지고 있는 합성수지, 인조견 등의 섬유가 불완전연소할 때 발생하는 맹독성 가스이다.

② 증기비중이 **공기보다 가볍다.**

증기비중 : $\frac{27}{29}=0.931$

③ 중합폭발의 위험이 있다.

(9) 아크롤레인(CH_2CHCHO)

석유제품이나 **유지류 등이 연소될 때** 발생되는 가스로서 자극성이 매우 크고 **맹독성**이다.

03 연기의 유동 특성

(1) 연기의 정의

가연물이 연소할 때 발생하는 **기체와 고체, 액체의 미립자**이다. 가연물이 불완전연소할 때 발생하는 농연 및 독성가스로 인해 흡입 시 인체에 치명적 결과를 초래한다.

(2) 연기의 이동속도

구분	수평방향	수직방향	계단
연기속도	0.5~1.0[m/s]	2.0~3.0[m/s]	3.0~5.0[m/s]

(3) 연기가 인체에 미치는 영향

① 연기흡입 시 질식 및 호흡기의 화상
② 가시거리 감소에 의한 피난장애
③ 질식 및 가시거리 미확보 등에 의한 패닉 발생

(4) 감광계수와 가시거리의 관계

감광계수 $Cs\,[m^{-1}]$	가시거리 $d\,$[m]	상황
0.1	20~30	연기감지기가 작동할 때의 농도
0.3	5	건물 내부에 익숙한 사람이 피난에 지장을 느낄 정도의 농도
0.5	3	어두컴컴함을 느낄 정도의 농도
1	1~2	앞이 거의 보이지 않을 정도의 농도
10	0.2~0.5	화재 **최성기** 때의 농도

(5) 중성대

① 정의

화재가 발생하면 건물 하부에서는 공기가 실내로 유입되고, 건물 상부에서는 실내공기가 실외로 유출된다. 이때 공기의 흐름이 없는 위치, 즉 **실내와 실외의 압력이 같아지는 위치를** 그 건물의 중성대라 한다.

② 화재 시 중성대 높이

화재 시 실온이 높아지면 중성대 높이는 낮아지고, 중성대가 낮아지면 공기유입이 줄어들어 연소속도가 느려지고 실내온도는 내려가고 중성대는 다시 높아지는 과정이 반복된다.

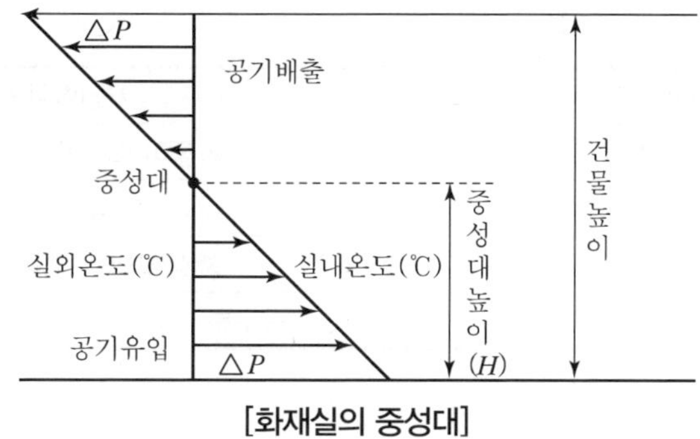

[화재실의 중성대]

(6) 굴뚝효과

① 정의

건물 내부와 외부 공기의 온도 차이에 의한 압력차로 인하여 건물의 수직통로에서 급격한 연기의 이동이 발생하는 현상

② 굴뚝효과의 크기

㉠ 건물의 높이가 높을수록 커진다.

㉡ 건물 내부와 외부의 온도차가 클수록 커진다.

③ 굴뚝효과 관련공식

$$\triangle P = 3,460\,H\left(\frac{1}{T_o} - \frac{1}{T_i}\right)$$

여기서, ΔP : 압력차[Pa], T_o : 건물 외부온도[K],
T_i : 건물 내부온도[K], H : 중성대로부터의 높이[m]

04 열에너지원과 특성

(1) 화학적 열에너지원

1) 산화열(연소열)

연소물질이 산화되는 과정에서 발생하는 열

2) 분해열

화합물이 분해될 때 발생하는 열

3) 자연발열(자연발화)

① 정의

어떤 물질이 외부로부터 에너지의 공급을 받지 않고 내부에서 발열하여 발화점 이상까지 온도가 상승하여 발화하는 현상(발열>방열)

② 자연발화의 조건 및 방지법

자연발화의 조건	자연발화의 방지법
열전도율이 작을 것	통풍이 잘 되는 장소에 보관할 것
발열량이 클 것	열축적 방지(발열<방열)
주위온도가 높을 것	저장실의 온도를 낮게 유지할 것
비표면적이 클 것	습도를 낮게 유지할 것(습기가 촉매로 작용)

③ 자연발화의 형태

㉠ 산화열 : 건성유, 석탄분말, 금속분말 등

㉡ 분해열 : 니트로셀룰로오스, 셀룰로이드 등

㉢ 흡착열 : 목탄, 활성탄 등

㉣ 중합열 : 시안화수소

㉤ 미생물에 의한 발화 : 먼지, 퇴비 등

(2) 기계적 열에너지원

① 마찰열 : 물체와 물체 간의 마찰에 의하여 발생하는 열

② 충격 스파크 : 고체와 고체 간 충돌에 의해 발생되는 불꽃

③ 압축열 : 기체를 압축하면 기체 분자들 간의 충돌로 인해 내부에너지가 상승하면서 발생되는 열

(3) 전기적 열에너지원

① 유도열 : 도체 주위에 변화하는 자장이 존재하거나 도체가 자장 사이를 통과하여 전위차가 발생하고 이 전위차에서 전류의 흐름이 일어나 도체의 저항에 의하여 발생하는 열

② 유전열 : 누설전류에 의해 절연능력이 감소하여 발생하는 열

③ 저항열 : 도체에 전류를 흘리면 도체의 저항으로 인해 전기에너지가 열에너지로 변환되면서 발생하는 열

④ 아크열 : 통전된 선로의 개폐기의 개폐 시 발생하는 열

⑤ 정전기열 : 대전된 전하가 방전할 때 발생하는 열

⑥ 낙뢰에 의한 발열 : 번개에 의해 발생하는 열

(4) 열의 전달

1) 전도(Conduction)

① 정의 : 분자 및 원자들 간의 직접 에너지 교환으로 열이 전달되는 현상

② 푸리에 전도법칙(Fourier's Law)

$$q[\mathrm{W}] = \frac{k}{L} A \Delta T$$

여기서, k : 열전도도[W/m · K], L : 물체의 두께[m],
A : 열전달 면적[m^2], ΔT : 온도차[K]

2) 대류 (Convection)

① 정의 : 입자들 간의 직접 에너지 교환이 아니라 유체의 운동에 의해 에너지를 가진 입자가 공간상을 이동하는 과정

② 뉴턴의 냉각 법칙(Newton's Law of Cooling)

$$q[\mathrm{W}] = hA\Delta T$$

여기서, h : 대류열전달계수[W/m^2 · K], A : 열전달 면적[m^2], ΔT : 온도차[K]

3) 복사 (Radiation)

① 정의 : 열이 매질 없이 전자기파 형태로 전달되는 형태

② 스테판-볼츠만 법칙(Stefan-Boltzmann's Law)

복사열 플럭스 $q[\mathrm{W/m^2}] = \sigma T^4$ 복사열량 $Q[\mathrm{W}] = \sigma A T^4$

여기서, T : 절대온도[K], σ : 스테판-볼츠만 상수(5.67×10^{-8}[W/m^2 · K^4])·
A : 열전달 면적[m^2]

(5) 여러 가지 온도 단위

1) 섭씨 [℃]

1atm에서의 물의 어는점을 0도, 끓는점을 100도로 정한 온도 체계

2) 화씨 [℉]

물이 어는 온도는 32도(섭씨 0도)이며, 물이 끓는 온도는 212도(섭씨 100도)이고, 이 사이의 온도는 180등분된다.

$$°\mathrm{F} = \frac{9}{5} \times °\mathrm{C} + 32$$

여기서, °F : 화씨, °C : 섭씨

3) 켈빈온도 [K]

켈빈은 절대 온도를 측정하는 단위이다. 0[K]은 절대 영도이며, 섭씨 0도는 273.15K에 해당한다.

$$\mathrm{K} = 273 + °\mathrm{C}$$

여기서, K : 켈빈온도, °C : 섭씨

4) 랭킨온도 [°R]

$$°R = °F + 460$$

여기서, °R : 랭킨온도, °F : 화씨

예제 **섭씨 20℃를 화씨, 절대온도, 랭킨온도로 나타내시오.**

1) 화씨

$°F = \frac{9}{5} \times 20 + 32$ 화씨 = 68°F

2) 절대온도

K=273+20 절대온도 = 293K

3) 랭킨온도

°R = 68+460 랭킨온도 = 528°R

CHAPTER 02

PART 01 소방원론

화재현상

01 화재의 정의, 화재의 원인

(1) 화재의 정의

① 불이 인간의 통제를 벗어난 연소 확대 현상
② 불이 사람의 의도에 반하거나 고의로 발생하여 인명 및 재산 피해를 주는 것
③ 불이 그 사용목적을 넘어 다른 곳으로 연소하여 사람들에게 예기치 않은 경제상의 손해를 발생시키는 현상
④ 소화의 필요성이 있는 것

(2) 화재의 원인

1) 원인별 분류
부주의 > 전기적 요인 > 방화 > 가스누출 > 기계적 요인 등

2) 장소별 분류
주거지역 > 산업시설 > 생활서비스 > 판매, 업무시설 등

3) 계절별 분류
겨울 > 봄 > 가을 > 여름

(3) 화재의 일반적인 특성

① 우발성
② 확대성
③ 비정형성
④ 불안정성

02 화재의 종류, 유형 및 특성

(1) 화재의 종류에 따른 분류

① 국내, NFPA(National Fire Protection Association)에 의한 분류

구분	화재의 종류	표시색	주된 소화효과
A급 화재	일반화재	백색	냉각소화
B급 화재	유류, 가스화재	황색	질식소화
C급 화재	전기화재(통전)	청색	질식소화
D급 화재	금속화재	무색	질식소화
K급 화재	주방화재	–	냉각, 질식소화

② ISO에 의한 분류(International Organization for Standardization)

구분	화재의 종류	표시색	주된 소화효과
A급 화재	일반화재	백색	냉각소화
B급 화재	유류화재	황색	질식소화
C급 화재	가스화재	청색	질식소화
D급 화재	금속화재	무색	질식소화
F급 화재	주방화재	–	냉각, 질식소화

(2) 화재의 종류

1) 일반화재(A급 화재, Ash)

① 가연물 : 종이, 목재, 섬유, 플라스틱 등의 일반가연물

② 특징 : 타고난 후 재를 남긴다.

③ 소화방법 : 대부분 물에 의한 냉각소화 가능

2) 유류화재(B급 화재, Barrel)

① 가연물 : 제4류 위험물, 페인트, 가스, LNG, LPG 등

㉠ 특수인화물 : 디에틸에테르, 이황화탄소 등으로서 인화점이 −20℃ 이하인 것

㉡ 제1석유류 : 아세톤, 휘발유 등으로서 인화점이 21℃ 미만인 것

㉢ 알코올류 : 메틸 알코올, 에틸 알코올, 프로필 알코올

㉣ 제2석유류 : 등유 · 경유 등으로서 인화점이 21~70℃ 미만인 것

㉤ 제3석유류 : 중유 · 클레오소트유 등으로서 인화점이 70~200℃ 미만인 것

㉥ 제4석유류 : 기어유 · 실리더유 등으로서 인화점이 200~250℃ 미만인 것

㉦ 동식물류 : 건성유, 반건성유, 불건성유

② 특징 : 분해 또는 증발된 가스가 가연성 혼합기를 형성하여 연소하므로 타고난 후 재를 남기지 않는다.

③ 소화방법 : 물에 의한 소화는 연소면을 확대하므로 화재확대의 우려가 있어 사용하지 않고 포 소화약제에 의한 질식소화와 가스계 소화약제에 의한 질식 또는 연쇄반응 억제소화를 한다.

3) 전기화재(C급 화재, Current)

① 가연물 : 전기가 통하고 있는 전기설비 등

② 발생원인 : 단락, 과부하, 누전, 전기 스파크 등

③ 특징 : 전기가 통하지 않는 것은 A급 화재이고, 반드시 전기가 통하는 설비에서의 화재를 C급 화재로 분류한다.

④ 소화방법 : 물을 사용할 경우 감전의 우려가 있으므로 사용을 금하고 가스계 소화약제에 의한 질식, 연쇄반응억제 소화를 한다.

4) 금속화재(D급 화재, Dynamite)

① 가연물

㉠ 제1류 위험물 : 알칼리금속의 과산화물(Na_2O_2, K_2O_2)

㉡ 제2류 위험물 : 철분(Fe), 마그네슘(Mg), 금속분[알루미늄(Al)]

㉢ 제3류 위험물 : 칼륨(K), 나트륨(Na)

② 특징 : 물을 사용할 경우 수소 등의 폭발성 가스가 발생하여 폭발 위험이 있다.

③ 소화방법 : 마른 모래, 팽창질석, 팽창진주암, D급 소화약제 등

5) 주방화재(K급 화재, Kitchen)

① 가연물 : 가연성 요리재료를 포함한 조리기구

② 특징 : 식용류는 인화점과 발화점의 온도차이가 적어 유면상의 화염을 제거해도 유온이 조금만 상승하면 곧바로 발화점 이상의 온도가 되므로 자연발화 한다(재발화의 우려가 크다).

③ 소화방법

㉠ K급 소화기에 의한 **비누화현상**에 의한 소화

㉡ 유온을 발화점 이하로 냉각하고, 질식소화를 동시 시행

④ 비누화 현상 : 제1종 분말소화약제($NaHCO_3$)를 지방이나 식용유 화재에 사용할 때 $NaHCO_3$의 Na^+ 이온과 기름(지방이나 식용유)의 지방산이 결합하여 생기는 비누거품이 가연물을 덮어 산소공급을 차단하여 소화효과를 높이는 현상이다.

6) 가스화재

① 가연물 : 수소, 아세틸렌, 메탄, 에탄, 프로판, 부탄 등의 가연성 가스와 액화석유가스(LPG), 액화천연가스(LNG) 등

② 특징

㉠ 가스화재 : 가연성 혼합기가 형성되지 않은 상태에서 화염이 연소면의 확대에 따라 확산되어 가는 확산연소의 형태이다.

㉡ 가스폭발 : 가연성 가스가 누출되어 공기와 혼합되어 있는 상태, 즉 가연성 혼합기가 형성되어 있는 상태에서 점화원이 작용하여 급격히 연소하는 형태이다.

③ 소화방법

㉠ 예방 : 가스 누설 · 체류 · 방류 방지, 불활성화, 점화원 제거

㉡ 소방 : 물분무소화설비, 포소화설비 등

㉢ 방화 : 방화벽, 방유제, 안전거리, 보유공지 등 확보

7) LNG, LPG의 성상

① LNG의 성상

㉠ 주성분 : **메탄(CH_4)**

㉡ 액화하면 물보다 가볍고, 기화하면 **공기보다 가볍다.**

CH_4의 증기비중 : $\frac{16}{29} = 0.55$, 즉 **공기보다 0.55배 가볍다.**

(CH_4의 분자량 : 16, 공기의 분자량 : 29)

㉢ 무색무취하다.

② LPG의 성상

㉠ 주성분 : **프로판(C_3H_8)**, 부탄(C_4H_{10})

㉡ 액화하면 물보다 가볍고, 기화하면 공기보다 무겁다.

C_3H_8의 증기비중 : $\frac{44}{29} = 1.52$, 즉 **공기보다 1.52배 무겁다.**

여기서, C_3H_8의 분자량 : 44, 공기의 분자량 : 29

㉢ 무색무취하다.

㉣ 독성이 없다.

㉤ 물에 녹지 않고, 휘발유 등 유기용매에 잘 녹는다.

㉥ 석유류, 동식물류, 천연고무를 잘 녹인다.

8) 산불화재의 형태

① 수관화(樹冠火) : 나뭇가지나 잎이 무성한 부분이 연소하는 것

② 수간화(樹幹火) : 나무기둥, 줄기부분이 연소하는 것

③ 지중화(地中火) : 땅속의 나무 유기물이 연소하는 것

④ 지표화(地表火) : 지면의 잡초, 관목, 낙엽 등이 연소하는 것

9) 화재의 소실 정도

① 전소화재 : 건축물의 70[%] 이상이 소실되었거나 재사용이 불가능한 화재
② 반소화재 : 건축물의 30[%] 이상 70[%] 미만이 소실된 화재
③ 부분소 화재 : 전소 또는 반소화재에 해당하지 않는 화재
④ 즉소화재 : 즉시 소화할 수 있는 화재

10) 화상의 종류

① 1도 화상(홍반성 화상) : 피부가 붉어짐과 동시에 간헐적, 국소적으로 통증을 느끼는 상태
② 2도 화상(수포성 화상) : 물집과 부종이 발생하며 통증이 심하게 나타나는 상태
③ 3도 화상(괴사성 화상) : 표피와 진피는 물론 피하지방까지 손상된 상태
④ 4도 화상 : 피부는 물론 근육과 뼈까지 손상을 입을 정도의 상태

CHAPTER 03

PART 01 소방원론

건축물의 화재성상

01 건축물의 종류 및 화재성상

(1) 목조건축물의 화재성상

1) 목조건축물에서의 화재진행과정

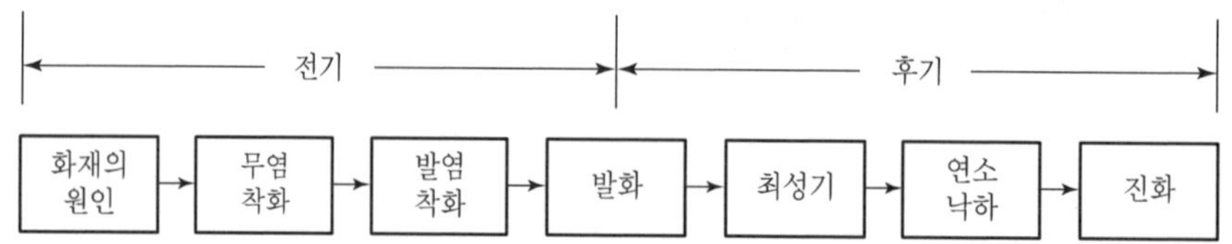

① 무염착화 : 불꽃이 없는 착화현상

② 발염착화 : 불꽃이 발생한 후의 착화현상

③ 발화에서 최성기까지의 시간 : 5~15분

④ 발화에서 연소낙하까지의 시간 : 13~25분

2) 목조건축물의 온도-시간 곡선

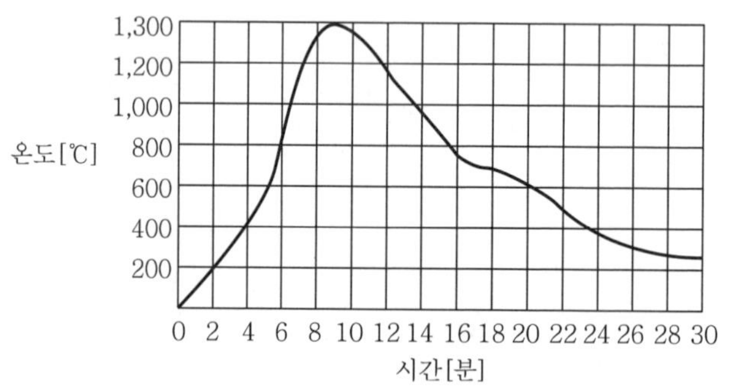

[목조건축물의 온도-시간 곡선]

① 고온단기형의 특성을 나타낸다.

② 발화 후 약 10분 정도면 온도가 1,300℃까지 상승한다.

3) 출화의 구분

옥내출화	옥외출화
• 천장 속, 벽속 등에서 발염착화한 때 • 가옥구조의 천장면에서 발염착화한 때 • 불연천장인 경우 실내의 그 뒷면에서 발염착화한 때	• 창문, 출입구 등에서 발염착화한 때 • 벽, 추녀 밑의 목재 등에서 발염착화한 때

4) 목조건축물의 화재확산원인

구분	현상
접염	불꽃의 접촉에 의해 화재가 확산하는 것
복사열	매질 없이 전자기파 형태로 열이 전달되는 현상
비화	불꽃이 먼 곳까지 날아가서 옮겨붙는 현상

(2) 내화건축물의 화재성상

1) 내화건축물에서의 화재진행과정

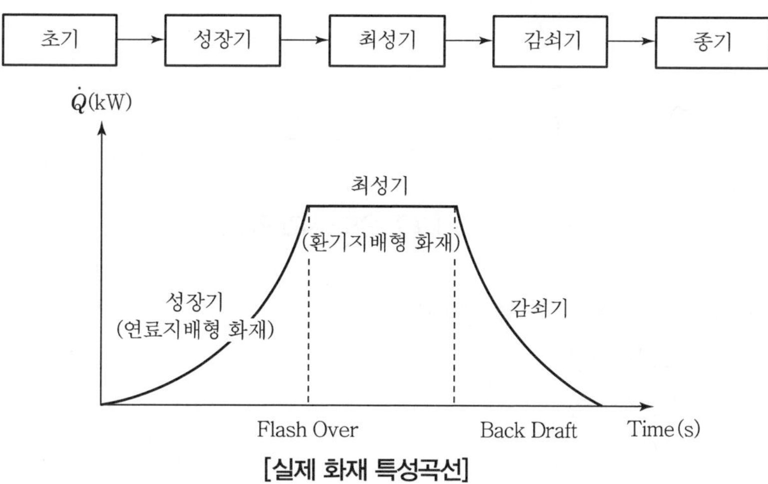

[실제 화재 특성곡선]

① 초기 : 발화단계로서 연소속도가 완만한 단계이다.

② 성장기

㉠ 발화열의 축적에 의해 연소가 급격히 진행되는 단계이다.

㉡ **실내 전체가 화염에 휩싸이는 플래시오버 현상**이 나타난다.

㉢ 실내의 산소는 충분하므로 가연물의 종류에 따라 화재크기가 지배되는 **연료지배형 화재**의 특성이 나타난다.

③ 최성기

㉠ **최고온도가 지속**되는 단계이다.

㉡ 저온장기형의 특성을 나타낸다.

㉢ 실내의 공기가 부족하게 되어 공기의 공급량에 따라 화재크기가 지배되는 **환기지배형 화재**의 특성이 나타난다.

④ 감쇠기

㉠ 실내의 가연물이 거의 연소되어 화세는 약해지지만 실내는 상당 기간 고온으로 유지되고 연기의 농도는 서서히 낮아진다.

㉡ 농연이 가득한 실내에 갑자기 신선한 공기를 공급하면 **백드래프트**가 발생한다.

2) 내화건축물의 표준 온도–시간 곡선

① 수많은 실물실험 후 결정한 표준화재로 내화성능 시험 시 사용한다.

② 30분 내화 시 840℃, 1시간 내화 시 925℃, 2시간 내화 시 1,010℃이다.

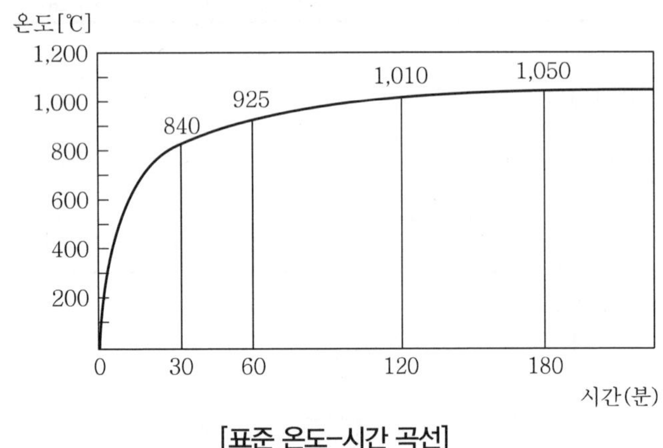

[표준 온도–시간 곡선]

3) 목조건축물과 내화건축물의 화재특성 비교

① 목조건축물 : **고온단기형**

② 내화건축물 : **저온장기형**

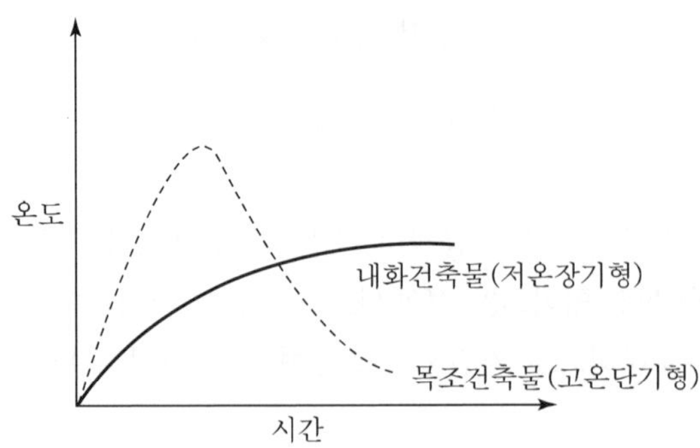

(3) 건축물 화재 시 발생하는 현상

1) 플래시오버(Flash over)

① 정의 및 특성

㉠ 화재발생 후 일정시간이 경과하면 실내에 열과 가연성 가스가 축적되고 복사열에 의해 실 전체에 순간적으로 화재가 확산되는 현상이다.

㉡ 화재 성장기에서 발생하여 플래시오버 후 최성기로 전이된다.

㉢ 연료지배형 화재에서 환기지배형 화재로 전이된다.

㉣ 플래시오버 발생시간 : 화재발생 후 약 5~6분 정도

㉤ 플래시오버 발생 시 실내온도 : 약 800~900℃

② 영향인자

㉠ 내장재료 : 가연성 재료일수록 빠르다.

㉡ 내장재의 두께 : 얇을수록 빠르다.

㉢ 가연물의 열전도도 : 작을수록 빠르다.

㉣ 가연물의 표면적 : 클수록 빠르다.

㉤ 실내의 온도, 압력 : 높을수록 빠르다.

㉥ 개구부의 크기 : 너무 작으면 산소가 부족하고, 너무 크면 유입 공기에 의한 냉각으로 플래시오버가 늦어진다. 개구율이 벽면적의 1/3~ 1/2 정도일 때 가장 빠르다.

③ 방지대책

㉠ 개구부의 제한

㉡ 천장의 불연화

㉢ 가연물의 양 제한 등

2) 백드래프트(Back Draft)

① 정의

실내에 화재로 인한 열축적으로 과압이 형성되어 있다가 신선한 공기가 유입되면 가연성 가스가 폭풍을 동반한 화재로 실외부에 분출되는 현상이다.

② 발생 시기

화재 감쇠기에서 발생한다.

3) 롤오버(Roll Over)

축적된 가연성 증기가 인화점에 도달하여 전체가 연소하기 시작하면 불덩어리가 천장을 따라 굴러다니는 것처럼 뿜어져 나오는 현상이다.

(4) 건축물의 화재하중

① 정의 : 화재구역의 단위면적당 (목재로 환산한) 가연물의 양[kg/m²]

② 화재하중의 계산

$$Q[\mathrm{kg/m^2}] = \frac{\sum G_t H_t}{HA} = \frac{\sum G_t H_t}{4{,}500\,A}$$

여기서, Q : 화재하중[kg/m²]
G_t : 가연물의 양[kg]
H_t : 가연물의 단위중량당 발열량[kcal/kg]
H : 목재의 단위중량당 발열량(4,500[kcal/kg])
A : 바닥면적[m²]

(5) 화재가혹도

① 정의 : 최고온도가 지속되는 시간을 의미한다.

화재가혹도 = 최고온도 × 지속시간

② 화재강도가 커지면 화재 시 그 건축물의 최고온도가 상승한다.

③ 화재하중이 커지면 화재의 지속시간이 길어진다.

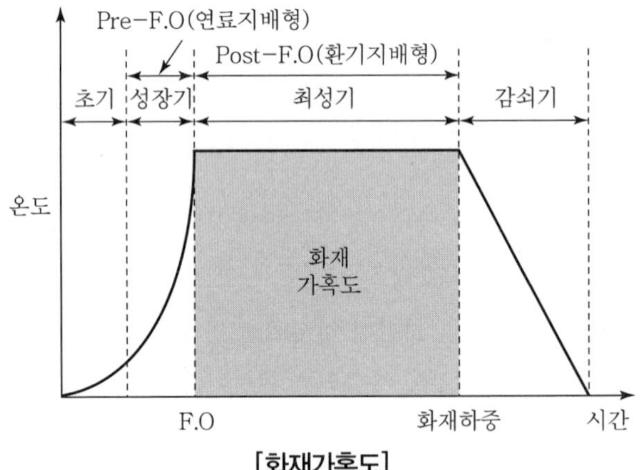

[화재가혹도]

02 건축물의 내화성상

(1) 건축물의 방화계획

1) 공간적 대응

공간적 대응	대응방법
대항성	내화구조, 방화구획, 방연성능 등 화재에 직접 대응
회피성	불연화, 난연화, 내장재의 제한 등 화재의 발생 억제
도피성	피난통로, 피난시설 등 화재발생 시 안전하게 피난할 수 있는 공간 확보

2) 설비적 대응

화재에 능동적으로 대응하는 소화설비, 제연설비, 경보설비, 피난설비 등

(2) 건축물의 내화구조

1) 내화구조의 기준(건축물의 피난 · 방화구조 등의 기준에 관한 규칙 제3조)

구조부의 구분		내화구조의 기준
벽	벽	• 철근, 철골 · 철근콘크리트조로서 **두께가 10cm 이상**인 것 • 골구를 철골조로 하고 그 양면을 **두께 4cm 이상의 철망 모르타르 또는 두께 5cm 이상**의 콘크리트 블록 · 벽돌 또는 석재로 덮은 것 • 철재로 보강된 콘크리트 블록조, 벽돌조, 석조로서 철재에 덮은 콘크리트 블록의 **두께가 5cm 이상**인 것 • 벽돌조로서 **두께가 19cm 이상**인 것
	외벽 중 비내력벽	• 철근콘크리트조, 철골 · 철근콘크리트조로서 **두께가 7cm 이상**인 것 • 골구를 철골조로 하고 그 양면을 두께 3cm 이상의 철망 모르타르로 덮은 것 또는 두께 4cm 이상의 콘크리트 블록 · 벽돌 또는 석재로 덮은 것 • 철재로 보강된 콘크리트 블록조, 벽돌조, 석조로서 철재에 덮은 콘크리트 블록의 **두께가 4cm 이상**인 것
기둥(작은 지름이 25cm 이상인 것)		• 철근콘크리트조, 철골 · 철근콘크리트조 • 철골을 두께 6cm 이상의 철망 모르타르로 덮은 것 또는 두께 7cm 이상의 콘크리트 블록 · 벽돌 또는 석재로 덮은 것 • 철골을 두께 5cm 이상의 콘크리트로 덮은 것
바닥		• 철골 · 철근콘크리트조로서 **두께가 10cm 이상**인 것 • 철재로 보강된 콘크리트 블록조, 벽돌조, 석조로서 철재에 덮은 콘크리트 블록의 **두께가** 5cm 이상인 것 • 철재의 양면을 두께 5cm 이상의 철망 모르타르로 덮은 것
보		• 철근콘크리트조, 철골 · 철근콘크리트조 • 철골을 두께 6cm 이상의 철망 모르타르로 덮은 것 또는 두께 5cm 이상의 콘크리트로 덮은 것

2) 건축물의 주요구조부
① 내력벽
② 보(작은 보 제외)
③ 지붕틀(차양 제외)
④ 바닥(최하층 바닥 제외)
⑤ 주계단(옥외계단 제외)
⑥ 기둥(사잇기둥 제외)

3) 거실 각 부분으로부터 하나의 직통계단에 이르는 보행거리의 기준

건축물의 구조	거실의 각 부분으로부터 하나의 직통계단에 이르는 보행거리
기타 구조	30미터 이하
내화구조 또는 불연재료로 된 건축물	50미터 이하
16층 이상인 공동주택	40미터 이하

(3) 건축물의 방화구획

1) 방화구획의 대상
내화구조 또는 불연재료로 된 건축물로서 연면적이 1,000m^{2}를 넘는 것

2) 방화구획의 종류
① 면적별 방화구획
② 층별 방화구획
③ 용도별 방화구획

3) 면적별 방화구획의 기준

구획 층		구획방법	자동식 소화설비 설치 시
지상 10층 이하(지하층 포함)		바닥면적 **1,000m^2**마다 구획	바닥면적 3,000m^{2}마다 구획
11층 이상	일반	바닥면적 **200m^2**마다 구획	바닥면적 600m^{2}마다 구획
	실내마감 불연재료	바닥면적 500m^{2}마다 구획	바닥면적 1,500m^{2}마다 구획

4) 층별 방화구획
매 층마다 구획할 것(다만, 지하 1층에서 지상으로 연결하는 경사로 부위는 제외)

5) 용도별 방화구획
문화 및 집회시설, 의료시설, 공동주택 등은 주요구조부를 내화구조로 할 것

(4) 방화구조

1) 방화구조의 대상

연면적이 $1,000m^2$ 이상인 **목조의 건축물**은 그 외벽 및 처마 밑의 **연소할 우려가 있는 부분**을 다음의 방화구조로 하여야 한다.

2) 방화구조의 종류 및 기준

방화구조	기준
철망모르타르	바름 두께가 2cm 이상
석면시멘트판 또는 석고판 위에 시멘트모르타르 또는 회반죽을 바른 것	두께의 합계가 2.5cm 이상
시멘트모르타르 위에 타일을 붙인 것	두께의 합계가 2.5cm 이상
심벽에 흙으로 맞벽치기한 것	해당 없음
한국산업표준이 정하는 바에 따라 시험한 결과	방화 2급 이상에 해당

3) 연소의 우려가 있는 부분(건축물의 피난 · 방화구조 등의 기준에 관한 규칙 제22조)

연소의 우려가 있는 부분	건축물 상호의 외벽 간의 중심선(중앙)으로부터의 거리
1층	3m 이내
2층 이상 층	5m 이내

4) 연소의 우려가 있는 구조(소방시설 설치 및 관리에 관한 법률 시행규칙 제17조)

연소의 우려가 있는 건축물의 구조	각각의 건축물이 다른 건축물의 외벽으로부터 수평거리
1층	6m 이내
2층 이상 층	10m 이내

(5) 방화벽

1) 방화벽 설치대상

내화구조가 아닌 건축물로서 연면적 **$1,000m^2$** 이상인 건축물은 방화벽으로 구획하되, 각 구획된 바닥면적의 합계는 $1,000m^2$ 미만이 되도록 할 것

2) 방화벽의 구조

① **내화구조**로서 **홀로 설 수 있는 구조**일 것

② 방화벽의 양쪽 끝과 위쪽 끝을 건축물의 외벽면 및 지붕면으로부터 **0.5m 이상** 튀어 나오게 할 것

③ 방화벽에 설치하는 **출입문**의 너비 및 높이는 각각 **2.5m 이하**로 하고, 해당 출입문에는 60분+방화문 또는 60분방화문을 설치할 것

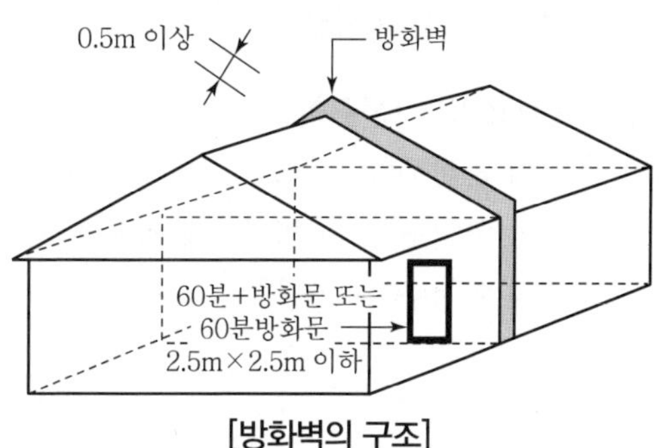

[방화벽의 구조]

(6) 방화문의 구분(2021년 개정)

방화문의 종류	성능
60분+방화문	연기 및 불꽃차단시간 60분 이상 + 열차단시간 30분 이상
60분방화문	연기 및 불꽃차단시간 60분 이상
30분방화문	연기 및 불꽃차단시간 30분 이상 60분 미만

(7) 방화댐퍼의 기준

① 철판의 두께 1.5mm 이상
② 연기의 발생 또는 온도상승에 의해 자동적으로 닫힐 것
③ 닫힌 경우에 방화상 지장이 되는 틈이 생기지 아니할 것

(8) 불연, 준불연, 난연구조

구분	재료
불연재료	콘크리트, 기와, 벽돌, 석재, 유리, 알루미늄, 모르타르, 철판 등
준불연재료	석고보드, 목모시멘트판, 미네랄텍스 등
난연재료	난연합판, 난연플라스틱판 등

03 건축물의 피난계획 및 안전관리

(1) 건축물의 피난 및 동선계획

1) 피난계획의 일반원칙

① Fool Proof : 화재 시 패닉에 의해 판단능력이 저하되므로 누구나 알 수 있는 문자 그림 등을 이용하여 피난이 가능하도록 설계하는 원칙
② Fail Safe : 하나의 피난수단이 실패하더라도 다른 피난수단에 의해 안전하게 피난할 수 있도록 둘 이상의 피난수단이 확보되도록 설계하는 원칙

2) 피난시설의 안전구획

① 1차 안전구획 : 복도
② 2차 안전구획 : 특별피난계단의 부속실(전실)
③ 3차 안전구획 : 계단

3) 화재발생 시 인간의 피난특성

피난특성	내용
추종본능	화재와 같은 급박한 상황에서 최초로 행동을 개시한 사람을 따라 하는 특성
귀소본능	자주 이용하는 경로 및 원래 온 길로 돌아가려는 특성
퇴피본능	화재가 발생하면 반사적으로 화염, 열, 연기의 반대쪽으로 멀어지려는 특성
좌회본능	피난 시 시계 반대방향으로 회전하려는 특성
지광본능	화재 시 빛을 찾아 외부로 빠져나오려는 특성

4) 화재발생 시 패닉의 발생원인

① 유독가스에 의한 호흡곤란

② 연기에 의한 시계제한

③ 외부와 단절되어 고립

5) 인간의 보행속도

① 자유보행 : 아무 제약 없이 걷는 속도로, 0.5~2[m/s]

② 군집보행 : 후속 보행자의 보행속도에 동조하여 걷는 속도로, 1[m/s]

6) 피난계획의 일반적인 원칙

① 피난수단은 원시적 방법에 의할 것

② 2방향의 피난통로를 확보할 것

③ 피난구조설비는 고정식 설비를 위주로 설치할 것

④ 피난경로는 간단 명료할 것

⑤ 피난통로를 완전 불연화할 것

⑥ 인간의 본능적 행동을 고려하여 설치할 것

7) 피난동선의 특성

① 수평동선과 수직동선으로 구분할 것

② 어느 곳에서도 2개 이상의 방향으로 피난할 수 있으며 그 말단은 화재로부터 안전한 장소일 것

③ 양방향 피난이 가능하고 상호 반대방향으로 다수의 출구와 연결될 수 있을 것

④ 가급적 단순형태일 것

8) 피난로의 구조 및 특징

구분	구조	피난로의 특징
X형		양방향 피난으로 확실한 피난로 보장
T형		피난방향을 확실하게 구분할 수 있는 형태
H형		피난자들의 중앙 집중으로 **패닉의 우려가 있는 형태**
Z형		중앙 복도형으로 양호한 양방향 피난을 할 수 있는 형태

(2) 건축물의 안전관리

1) 방폭구조

① 내압 방폭구조 : 점화원이 될 수 있는 아크, 정전기, 불꽃 등의 발생 부분을 전폐구조의 기구에 넣고 그 내부에서 폭발 시 용기가 폭발압력에 견뎌 화염이 용기 밖으로 분출하지 못하도록 만든 구조

② 압력 방폭구조 : 용기 내부에 보호기체를 압입시켜 내부압력을 유지시킴으로써 폭발성 가스나 증기의 침입을 방지하는 구조

③ 유입 방폭구조 : 불꽃, 아크발생 부분을 기름 속에 넣어 폭발성 가스와의 접촉을 차단함으로써 폭발을 방지한 구조

④ 본질안전 방폭구조 : 정상 및 사고 시 발생하는 불꽃, 아크, 고온 등에 의해 폭발성 가스가 본질적으로 점화되지 않도록 점화시험 등에 의해 확인된 구조

⑤ 안전증 방폭구조 : 전기불꽃, 아크발생 등의 방지를 위하여 특별히 안전도를 증가시킨 구조

2) 제연방식의 종류

① 자연제연방식 : 개구부를 통하여 연기를 자연적으로 배출하는 방식

② 스모크타워 제연방식 : 루프모니터를 설치하여 제연하는 방식

③ 밀폐제연방식 : 불연재료로 구획된 화재실을 밀폐하여 인접실로의 연기유입을 방지하는 방식

④ 기계제연방식 : 송풍기를 이용하여 급 · 배기하는 방식

3) 기계제연방식의 종류

① 제1종 기계제연방식 : **급기송풍기**와 **배출기**를 설치하여 급기와 배기를 동시에 하는 방식

② 제2종 기계제연방식 : **급기송풍기만** 설치하여 급기하고, 배기는 자연 배기하는 방식

③ 제3종 기계제연방식 : **배출기만** 설치하여 배기하고, 급기는 자연 급기하는 방식

(3) 방염

실내장식물 등에 불꽃이 옮겨붙지 않도록 대상물품 표면에 난연성 물질로 처리하여 화재초기 접염에 의한 발화를 방지하는 것

1) 방염성능기준

① **잔염시간** : 불꽃연소 후 버너를 제거한 때부터 **불꽃을 올리며** 연소하는 상태가 그칠 때까지의 시간으로, 20초 이내

② **잔신시간** : 불꽃연소 후 버너를 제거한 때부터 **불꽃을 올리지 않고** 연소하는 상태가 그칠 때까지의 시간으로, 30초 이내

③ **탄화면적** : 잔염시간 또는 잔신시간 내에 탄화하는 면적으로, $50cm^2$ 이내

④ **탄화길이** : 잔염시간 또는 잔신시간 내에 탄화하는 길이로, 20cm 이내

⑤ **접염횟수** : 완전히 용융될 때까지 필요한 불꽃을 접하는 횟수로, 3회 이상

⑥ **최대 연기밀도** : 400 이하

2) LOI(Limited Oxygen Index) : 한계산소지수

① 가연물을 수직으로 하여 가장 윗부분에 착화하여 연소를 계속 유지시킬 수 있는 최소 한계산소농도

② LOI가 높을수록 연소의 우려가 적다.

③ 고체가연물에 방염처리를 하면 LOI가 높아져서 연소를 어렵게 한다.

CHAPTER 04

PART 01 소방원론

위험물 안전관리

01 위험물의 종류 및 성상

(1) 1류 위험물

1) 성질 : 산화성 고체

2) 품명 및 지정수량

위험등급	품명	지정수량
I	아염소산염류	50[kg]
	염소산염류	
	과염소산염류	
	무기과산화물	
II	브롬산염류	300[kg]
	요오드산염류	
	질산염류	
III	과망간산염류	1,000[kg]
	중크롬산염류	

3) 특성

① 상온에서 고체상태이다.

② 조연성, 조해성 물질이다.

③ 가열 · 충격 및 다른 화학제품과 접촉 시 쉽게 분해되어 산소를 방출한다.

④ 무기과산화물은 물과 접촉 시 산소를 방출한다.

$2Na_2O_2 + 2H_2O \rightarrow 4NaOH + O_2$

4) 소화방법

① 물에 의한 냉각소화

② 무기과산화물은 마른 모래, 팽창질석, 팽창진주암 등으로 질식소화

(2) 2류 위험물

1) 성질 : 가연성 고체

2) 품명 및 지정수량

위험등급	품명	지정수량
II	황화린	100[kg]
	적린	
	유황(순도 60[w%] 이상)	
III	철분(철의 분말로서 53[μm]의 표준체를 통과하는 것이 50[w%] 미만인 것은 제외)	500[kg]
	마그네슘 • 2[mm]체를 통과하지 아니하는 덩어리 상태의 것은 제외 • 직경 2[mm] 이상의 막대 모양의 것은 제외	
	금속분 • 구리분 · 니켈분 제외 • 150[μm]체를 통과하는 것이 50[w%] 미만 제외	
	인화성 고체(고형알코올 그 밖에 1기압에서 인화점이 섭씨 40도 미만인 고체)	1,000[kg]

3) 특성

① 상온에서 고체이고 강환원제이다.

② 철분, 마그네슘, 금속분은 물과 접촉 시 **수소**를 발생시킨다.

㉠ 마그네슘과 물 반응

$Mg + 2H_2O \rightarrow Mg(OH)_2 + H_2$(수소 발생)

㉡ 마그네슘과 이산화탄소 반응

$2Mg + CO_2 \rightarrow 2MgO + C$(가연성 탄소 발생)

4) 소화방법

① 물에 의한 냉각소화

② 철분, 마그네슘, 금속분은 마른 모래, 팽창질석, 팽창진주암 등으로 질식소화

(3) 3류 위험물

1) 성질 : 자연발화성 및 금수성 물질

2) 품명 및 지정수량

위험등급	품명	지정수량
Ⅰ	칼륨	10[kg]
	나트륨	
	알킬알루미늄	
	알킬리튬	
	황린	20[kg]
Ⅱ	알칼리금속	50[kg]
	알칼리토금속	
	유기금속화합물	
Ⅲ	금속수소화합물	300[kg]
	금속인화합물	
	칼슘 또는 알루미늄의 탄화물	

3) 특성

① 자연발화성 물질로서 공기와의 접촉으로 자연발화의 우려가 있다.

② 금수성 물질로서 물과 접촉하면 발열 · 발화한다.

㉠ 나트륨과 물의 반응 : $2Na + 2H_2O \rightarrow 2NaOH + H_2$(수소 발생)

㉡ 칼륨과 물의 반응 : $2K + 2H_2O \rightarrow 2KOH + H_2$(수소 발생)

㉢ 탄화칼슘과 물의 반응 : $CaC_2 + 2H_2O \rightarrow Ca(OH)_2 + C_2H_2$(아세틸렌 발생)

③ 나트륨, 칼륨 : 경유, 등유, 유동파라핀 속에 보관

④ 황린

㉠ 발화점 : 34℃

㉡ 보관 : pH 9 정도의 약알칼리의 물속에 보관

4) 소화방법

① 마른 모래, 팽창질석, 팽창진주암 등으로 질식소화

② 금속화재용(탄산수소염류) 분말소화약제에 의한 질식소화

(4) 4류 위험물

1) 성질 : 인화성 액체

2) 품명 및 지정수량

위험등급	품명		지정수량
I	**특수인화물** (**디**에틸에테르, **아**세트알데히드, **산**화프로필렌, **이**황화탄소) 1기압에서 발화점이 **100℃** 이하인 것 또는 인화점이 **−20℃** 이하이고 비점이 섭씨 **40℃** 이하인 것		50[l]
II	**제1석유류**(아세톤, 휘발유) 인화점 21℃ 미만	비수용성 액체	200[l]
		수용성 액체	400[l]
	알코올류 탄소원자의 수가 1개부터 3개까지인 포화1가 알코올		400[l]
III	**제2석유류**(경유, 등유) 인화점이 21℃ 이상 70℃ 미만	비수용성 액체	1,000[l]
		수용성 액체	2,000[l]
	제3석유류(중유, 클레오소트유) 인화점이 70℃ 이상 200℃ 미만	비수용성 액체	2,000[l]
		수용성 액체	4,000[l]
	제4석유류(기어유, 실린더유) 인화점이 200℃ 이상 250℃ 미만		6,000[l]
	동 · 식물유류(건성유, 반건성유, 불건성유) 동물의 지육 등 또는 식물의 종자나 과육으로부터 추출한 것으로서 1기압에서 인화점이 250℃ 미만		10,000[l]

3) 특성

① 상온에서 액체이며 인화의 위험성이 높다.

② 대부분 물보다 가볍다(CS_2 제외).

③ 증기는 공기보다 무겁다(HCN 제외).

4) 소화방법

비수용성 물질	수용성 물질
포 소화약제에 의한 냉각질식소화	**내알코올포 소화약제에 의한 냉각질식소화**
이산화탄소에 의한 질식소화	이산화탄소에 의한 질식소화
분말, 할론 등에 의한 부촉매소화	분말, 할론 등에 의한 부촉매소화

5) 4류위험물의 종류

① 특수인화물(인화점이 낮은 순)

디에틸에테르(−45℃) < **아**세트알데히드(−38℃) < **산**화프로필렌(−37℃) < **이**황화탄소(−30℃)

② 제1석유류

휘발유, 아세톤, 벤젠 등

③ 알코올류
메틸알코올, 에틸알코올, 프로필알코올
④ 제2석유류
경유, 등유
⑤ 제3석유류
중유, 클레오소트유
⑥ 제4석유류
기어유, 실린더유
⑦ 동식물유
㉠ 건성유(요오드값이 130 이상인 것) : 아마인유, 들기름, 정어리기름, 동유, 해바라기기름 등
㉡ 반건성유(요오드값이 100 이상 130 미만인 것) : 참기름, 옥수수기름, 청어기름, 콩기름, 면실유, 채종유 등
㉢ 불건성유(요오드값이 100 미만인 것) : 피마자유, 올리브유, 땅콩기름, 팜유, 야자유 등
※ 요오드값 : 유지 100g에 부가되는 요오드의 g 수이며 요오드값이 클수록 불포화도가 크고, 자연발화가 용이하다.

(5) 5류 위험물

1) 성질 : 자기반응성 물질

2) 품명 및 지정수량

위험등급	품명	지정수량
I	질산에스테르류	10[kg]
	유기과산화물	
II	히드록실아민	100[kg]
	히드록실아민염류	
	니트로화합물	200[kg]
	니트로소화합물	
	아조화합물	
	디아조화합물	
	히드라진유도체	

3) 특성
① 분자 내에 산소를 함유하고 있는 자기연소성 물질이다.
② 가열, 충격, 마찰 등에 의하여 폭발의 위험이 있다.
③ 공기 중에서 장시간 방치하면 자연발화를 일으키는 경우도 있다.

4) 소화방법

초기소화에는 주수에 의한 냉각소화

(6) 6류 위험물

1) 성질 : 산화성 액체

2) 품명 및 지정수량

위험등급	품명	지정수량
I	과염소산	300[kg]
	과산화수소(농도 36[w%] 이상)	
	질산(비중 1.49 이상)	

3) 특성

① 산화성 액체로 비중이 1보다 크며 물에 잘 녹는다.

② 불연성이지만 분자 내에 산소를 많이 함유하고 있어 다른 물질의 연소를 돕는 조연성 물질이다.

③ 부식성이 강하며 증기는 유독하다.

4) 소화방법

대량의 물로 희석, 냉각소화

(7) 특수가연물

1) 특수가연물의 품명 및 수량

품명		수량
면화류		200[kg] 이상
나무껍질 및 대팻밥		400[kg] 이상
넝마 및 종이부스러기		1,000[kg] 이상
사류		
볏짚류		
가연성 고체류		3,000[kg] 이상
석탄 · 목탄류		10,000[kg] 이상
가연성 액체류		2[m^3] 이상
목재가공품 및 나무부스러기		10[m^3] 이상
합성수지류	발포시킨 것	20[m^3] 이상
	그 밖의 것	3,000[kg] 이상

(8) 합성섬유류의 화재성상

1) 열가소성수지, 열경화성수지

구분	열가소성수지	열경화성수지
특성	열에 의해 쉽게 용융, 변형되는 특성을 가진 수지	열에 의해 용융되지 않고 바로 분해되는 특성을 가진 수지
종류	폴리에틸렌, 폴리스티렌, 폴리프로필렌, 폴리염화비닐(PVC) 등	**멜라민수지, 페놀수지, 요소수지 등**

02 인화성 액체, 가연성 가스탱크에서의 화재성상

(1) 보일오버(Boil Over)

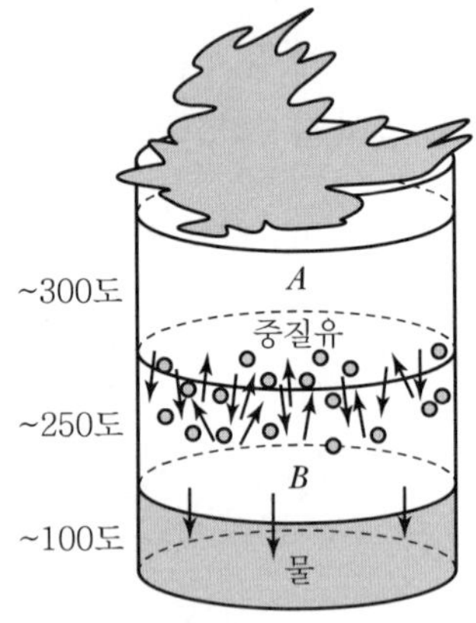

① 중질유를 저장하는 **탱크의 하부에 물**이 고여 있는 경우 발생한다.
② 중질유탱크의 상부에서 정전기, 낙뢰 등의 점화원에 의한 발화한다.
③ 중질유 중 비점이 낮은 물질은 쉽게 올라와서 연소되고, 비점이 높은 물질은 열을 머금고 탱크 하부로 가라앉는다.
④ 서서히 내려앉는 고온물질이 탱크하부의 물과 접촉하면 물이 갑자기 증발하게 된다.
⑤ 하부의 물이 수증기로 변하면서 약 1,700배의 부피팽창을 하여 순간적으로 물과 기름이 비산, 분출하게 되는 현상이다.

(2) 슬롭오버(Slop over)

① 점성이 큰 중질유에서 화재발생 시 유류의 표면온도는 물의 비점 이상으로 상승하게 된다.
② 여기에 소화용수 등을 뿌리면 뜨거운 액면에서 물이 급격하게 부피팽창하게 된다.
③ 물이 급격하게 팽창하면서 액면의 기름과 함께 **탱크 외부로 비산하는 현상**이다.

(3) 프로스오버(Froth Over)

① 물이 점성이 있는 뜨거운 기름 표면 아래에서 끓을 때 **화재를 수반하지 않고 용기가 넘치는 현상**이다.

② 물이 담긴 용기에 뜨거운 아스팔트를 담을 때 발생한다.

(4) 블레비(BLEVE : Boiling Liquid Expanding Vapour Explosion)

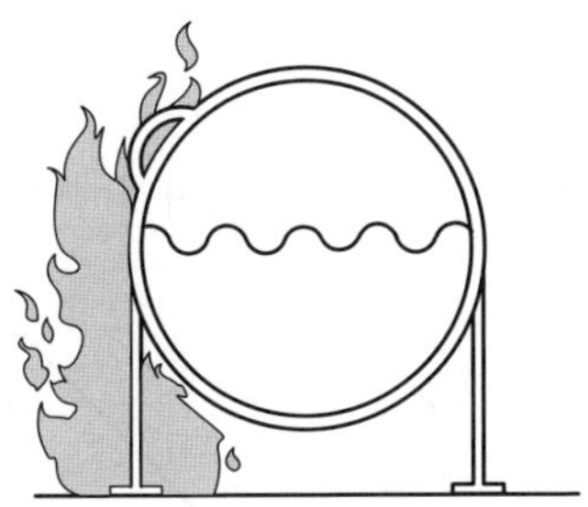

1) 정의

BLEVE는 **비등액체 팽창증기 폭발**로서 가연액화가스가 저장되어 있는 용기 주변에서 화재가 발생하여 탱크의 기체 부분이 가열되어 강도가 약해지고 탱크가 파열되면 액화가스는 급격히 기화하고 급격한 부피팽창을 일으켜서 폭발하는 현상이다. 화학적 변화 없이 상변화에 의한 전형적인 물리적 폭발이다.

2) BLEVE 발생 과정

① 액화가스 저장용기 주변에서 화재가 발생한다.

② 화재열에 의한 탱크가열, 탱크의 액체 부분은 온도변화가 크지 않으나 기체 부분은 온도가 상승한다.

③ 탱크 내부 온도상승에 의한 압력상승, 탱크 설계압력 초과 시 탱크에 균열이 발생한다.

④ 탱크균열로 인한 탱크 내부의 압력이 급격히 강하한다.

⑤ 압력이 내려감에 따라 액화가스가 급격히 기화하며 부피가 팽창한다.

⑥ 부피팽창에 의한 압력상승으로 탱크가 파손되며 가연성 가스가 비산한다.

⑦ 주위의 점화원에 의해 가연성 가스가 착화한다.

⑧ 폭발적인 연소로 Fire Ball이 형성된다.

CHAPTER 05

PART 01 소방원론

소화론

01 소화원리 및 방법

(1) 소화의 정의

연소의 3요소 또는 4요소 중 일부 또는 전부를 제거하여 연소의 지속성의 억제하는 것이다.

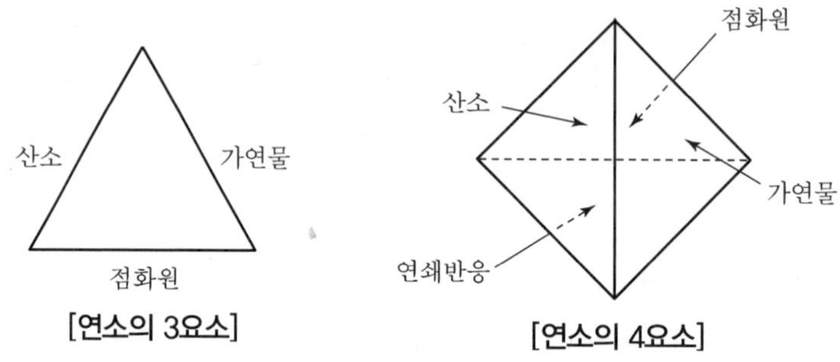

[연소의 3요소] [연소의 4요소]

(2) 소화의 원리

1) 물리적 소화

① 연소의 3요소 중 1가지를 차단하여 소화하는 방법이다.

② 점화원을 제거하는 **냉각소화**

③ 산소를 제거하는 **질식소화**

④ 가연물을 제거하는 **제거소화**

2) 화학적 소화

① 연소의 4요소인 연쇄반응을 억제하여 소화하는 방법이다.

② **억제소화** 또는 **부촉매소화**라 한다.

(3) 소화의 방법

1) 냉각소화

① 점화원을 발화점 이하로 냉각하여 소화하는 방법이다.

② 물의 현열과 증발잠열을 이용하는 방법이 가장 많이 사용된다.

2) 질식소화

① 공기 중의 산소농도를 15% 이하로 희박하게 하여 소화하는 방법이다.

② 이산화탄소, 불활성 가스 등을 분사하여 산소농도를 낮춘다.

3) 제거소화

① 가연물을 제거하여 소화하는 방법이다.

② 고체 가연물 : 가연물을 화재 현장으로부터 즉시 제거한다(산림화재 시 앞쪽에서 벌목하여 진화).

③ 액체 및 기체 : 가연성 물질을 누출시키는 용기의 밸브를 폐쇄한다.

④ 전기화재 : 전원스위치를 차단하여 전기의 공급을 차단한다.

⑤ 수용성 액체 : 다량의 물을 주입하여 농도를 연소범위 이하로 낮춘다.

4) 억제소화(부촉매소화)

① 할론소화약제, 할로겐화합물소화약제, 분말소화약제 등을 사용하여 소화하는 방법이다.

② 불꽃연소 시 발생하는 H *, OH * 활성라디칼을 포착하여 연쇄반응을 억제한다.

③ 불꽃연소에 적응성이 뛰어나고 훈소에는 적응성이 거의 없다.

④ 할론 1301의 라디칼 포착 메커니즘

$CF_3Br \rightarrow CF_3 + Br$

$Br + H^* \rightarrow HBr$

$HBr + OH^* \rightarrow Br + H_2O$

5) 희석소화

① 알코올같이 물에 잘 녹는 수용성 액체에 물을 주입하여 가연물의 연소농도 이하로 희석하는 소화방법이다.

② 불연성 가스를 방출하여 분해가스나 증기의 농도를 낮춰 소화하는 방법이다.

6) 피복, 질식소화

이산화탄소는 공기보다 증기비중이 1.5배 크므로 약제방사 시 하부로 가라앉아 가연물을 피복하여 산소공급을 차단하여 소화하는 방법이다.

7) 유화효과(에멀션효과)

① 중질유의 표면에 물을 무상으로 분무(물분무소화설비)

② 기름과 물이 유류표면에서 혼합하여 유화층의 막을 형성

③ 기름표면에 형성된 유화층이 산소의 공급을 차단하여 소화하는 방법이다.

02 소화약제

(1) 물소화약제

1) 물소화약제의 장점

① 증발잠열에 의한 냉각효과가 커서 소화성능이 우수하다.
② 무상주수하면 질식, 냉각, 유화, 희석효과 등에 의해 소화효과가 우수하다.
③ 인체에 무해하며 환경영향성이 작다.
④ 가격이 저렴하고 장기간 보존이 가능하다.

2) 물소화약제의 단점

① 0℃ 이하에서 동결의 우려가 있다.
② 전기화재와 금속화재(Na, K 등)에 적응성이 없다.
③ 물에 의한 2차 수손피해가 발생한다.
④ 유류화재 시 물을 방사하면 연소면 확대를 일으킬 수 있다.

3) 물의 주수형태에 의한 소화

구분	봉상주수	적상주수	무상주수
내용	가늘고 긴 몽둥이 모양으로 방사	물방울 형태로 방사	안개 형태로 방사
설비	옥내, 옥외 소화전	스프링클러 설비	물분무소화설비
소화효과	냉각소화	냉각소화	질식, 냉각, 유화, 희석 소화

4) 냉각소화의 원리

① 비열(Specific Heat)

㉠ 어떤 물질 1[kg]의 온도를 1℃ 높이는 데 필요한 열량
㉡ 물의 비열

- 물 1g을 14.5℃에서 15.5℃까지 1℃ 올리는 데 필요한 열량
- 물의 비열 1[cal/g ℃], 1[kcal/kg ℃], 4.184[J/g ℃], 4.184[kJ/kg ℃]

② 현열(Sensible Heat)

물질을 상태변화 없이 온도만 변하는 데 필요한 열량

$$Q = m \cdot C \cdot \Delta T$$

여기서, Q : 현열량(kcal), m : 질량(kg), C : 비열(kcal/kg ℃), ΔT : 온도차(℃)

③ 잠열

물질의 온도변화는 없이 상태변화에만 필요한 열량

㉠ 물의 융해잠열 : 80[cal/g], 80[kcal/kg]
1기압, 0℃에서의 얼음 1kg을 융해시키는 데 필요한 열량

㉡ 물의 증발잠열 : 539[cal/g], 539[kcal/kg]
1기압, 100℃에서의 물 1kg을 기화시키는 데 필요한 열량

$$Q = m \cdot r$$

여기서, Q : 잠열량(kcal), m : 질량(kg),
r : 잠열(kcal/kg)

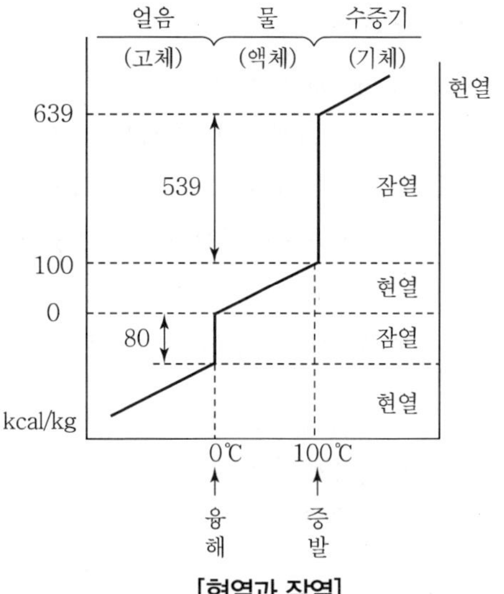

[현열과 잠열]

④ 전체 열량(kcal)

$$Q = m \cdot C \cdot \Delta t + m \cdot r$$

예제 **0℃의 물 1kg을 100℃의 수증기로 만드는 데 필요한 열량은?**

Q = {1[kg] · 1[kcal/kg℃] · 100℃} + {1[kg] · 539[kcal/kg]} = 639[kcal]

(2) 물소화약제의 첨가제

1) 증점제(Viscosity Agents)

① 물의 점도를 증가시켜 가연물에 소화약제 부착을 용이하게 하기 위해 사용하며, 산림화재에 적합하다.

② 증점제의 종류

㉠ CMC(Sodium Carboxy Methyl Cellulose)

㉡ Gelgard

2) 침투제(Wetting Agents)

물의 표면장력을 감소시켜 가연물에 침투성을 증가시킨 소화약제로 합성계면활성제를 사용한다.

3) 부동액

① 물에 첨가하여 물의 응고점을 낮추어 동결을 방지하는 용도로 사용한다.

② 부동액의 종류 : 글리세린, 에틸렌글리콜, 프로필렌글리콜 등

(3) 포 소화약제

1) 포 소화약제의 특성

① 가연성 액체 화재 시 질식, 냉각효과가 우수하다.

② 인체에 무해하나 불소계 소화약제는 환경오염발생 우려가 있다.

③ 0℃ 이하에서 동결의 우려가 있다.

④ 전기화재, 금속화재에는 적응성이 없다.

⑤ 약제방사 후 잔유물이 남는다.

2) 기계포(공기포) 소화약제의 분류

① 팽창비에 따른 분류

㉠ 팽창비

$$\text{팽창비} = \frac{\text{방출 후 포의 체적}[l]}{\text{방출 전 포 수용액의 체적(수원 + 포 원액)}[l]} = \frac{\text{방출 후 포의 체적}[l]}{\frac{\text{원액의 양}[l]}{\text{농도}}}$$

㉡ 저발포, 고발포의 분류

구분	팽창비
저발포용 소화약제	20배 이하
고발포용 소화약제	80배~1,000배 미만

㉢ 고발포용 소화약제의 분류

구분	팽창비
제1종 기계포	80배 이상 250배 미만
제2종 기계포	250배 이상 500배 미만
제3종 기계포	500배 이상 1000배 미만

② 포 소화약제의 종류

㉠ **수성막포** 소화약제(AFFF : Aqueous Film-Forming Foam)

- 미국의 3M 사가 개발한 소화약제로 일명 Light Water라고 한다.
- 불소계 계면활성제로 유류화재에 적응성이 높다.
- 내유성과 유동성은 좋지만 내열성은 좋지 않다.
- 연소하고 있는 액체 위에 얇은 수성막을 형성하여 공기를 차단함으로써 질식, 냉각 소화한다.

㉡ **단백포** 소화약제

- 동물성 단백질의 가수분해물에 염화제1철염의 안정제를 첨가하여 제조한 소화약제이다.
- 변질의 우려가 있어 약제를 자주 교환해야 하며 냄새가 고약하다.

㉢ 합성계면활성제포 소화약제

- 계면활성제가 주성분이며 안정제를 첨가한 소화약제이다.
- 저팽창포와 고팽창포에서 모두 사용 가능하다.

㉣ 불화단백포 소화약제

- 단백포와 유사한 약제에 불소계 계면활성제를 첨가한 소화약제이다.
- 내유성이 좋아 표면하 주입방식에 사용 가능하다.

㉤ 내알코올포 소화약제

- 단백질의 가수분해 생성물과 합성세제 등을 주성분으로 제조하며, 일반 포로서는 소화작용이 어려운 수용성 액체(알코올류, 에스테르류, 케톤류 등) 위험물의 소화에 적합하다.
- 종류 : 금속비누형, 고분자겔형, 불화단백형

3) 화학포 소화약제

① 화학포는 외약제인 탄산수소나트륨($NaHCO_3$)과 내약제인 황산알루미늄($Al_2(SO_4)_3$)의 수용액에 발포제와 안정제(카세인, 젤라틴, 사포닌) 및 방부제를 첨가하여 제조한다.

② 두 가지 수용액을 혼합하면 화학반응에 의해 다량의 이산화탄소가 발생되어 소화기 내부가 고압 상태가 되고, 그 압력에 의하여 반응액이 밖으로 밀려나가 방사된다.

$$6NaHCO_3 + Al_2(SO_4)_3 \cdot 18H_2O \rightarrow 6CO_2 + 3Na_2SO_4 + 2Al(OH)_3 + 18H_2O$$

4) 25% 환원시간

① 정의 : 채취된 포의 25[%]가 수용액으로 환원되는 데 소요되는 시간

② 포 소화약제별 환원시간

포 소화약제의 종류	25[%] 환원시간
수성막포 소화약제	1분 이상
단백포 소화약제	1분 이상
합성계면활성제포 소화약제	3분 이상

③ 환원시간에 따른 포의 특성

㉠ 발포배율이 크면 환원시간이 짧아진다.

㉡ 환원시간이 짧을수록 내열성은 떨어진다.

㉢ 환원시간이 짧으면 유동성이 좋다.

(4) 이산화탄소 소화약제

1) 이산화탄소 소화약제의 특성

① 공기보다 비중이 1.52배 무거우므로 피복질식효과가 우수하다.

② 독성은 없으나 질식의 우려가 있다.

③ 이산화탄소에 의한 **지구온난화**를 발생시킨다.

④ **무색무취**의 기체로 화학적으로 안정하다.

⑤ 고압의 배관에서 대기 중으로 방사 시 줄-톰슨효과에 의한 **냉각소화작용**이 있다.

⑥ 약제방사 시 드라이아이스에 의해 시야가 제한되는 **운무현상**이 발생

⑦ 소화 후 **잔존물이 없고** 전기적으로 **비전도성**이다.

2) 이산화탄소의 물성

① 이산화탄소의 상평형도

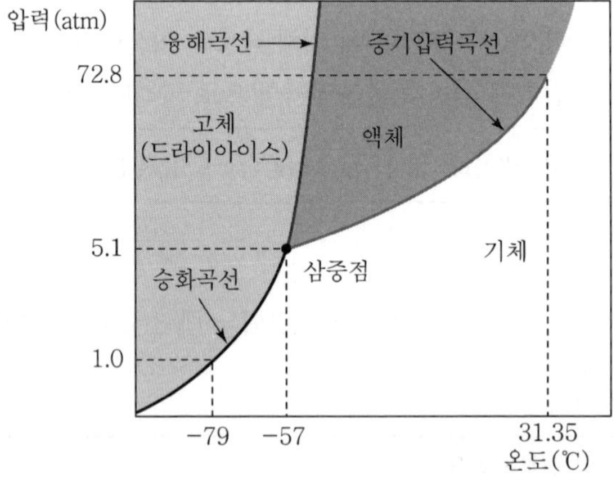

② 이산화탄소의 물성

구분	물성
화학식	CO_2
분자량	44
증기비중	1.52
삼중점	-57℃
임계온도	31.35℃
임계압력	73atm
승화점	-79℃

3) 가스계 소화약제에서의 필수 법칙

① 보일의 법칙(Boyle's law)

온도가 일정할 때 기체의 체적은 절대압력에 반비례한다.

$$P_1 V_1 = P_2 V_2$$

여기서, P : 절대압력[atm], V : 체적[m^3]

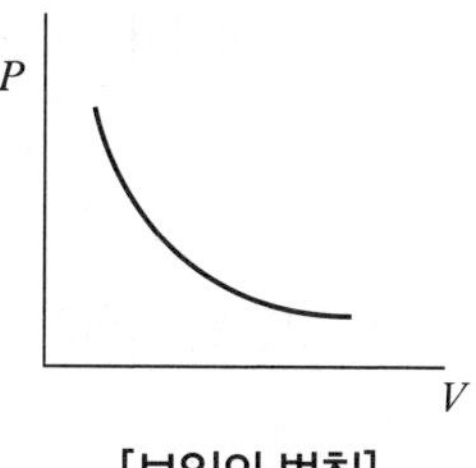

[보일의 법칙]

② 샤를의 법칙(Charles's law)

압력이 일정할 때 기체의 체적은 절대온도에 비례한다.

$$\frac{V_1}{T_1} = \frac{V_2}{T_2}$$

여기서, T : 절대온도[K], V : 체적[m^3]

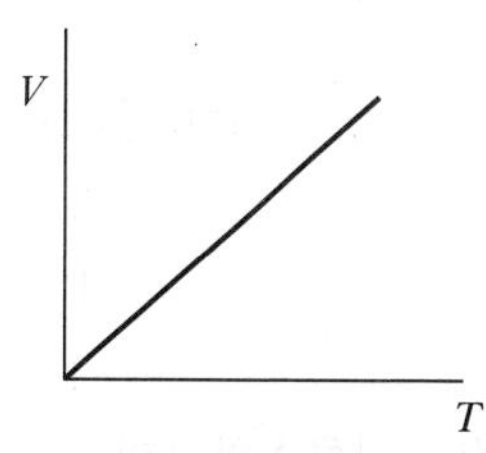

[샤를의 법칙]

③ 보일–샤를의 법칙(Boyle–Charles's law)

기체의 체적은 압력에 반비례하며, 절대온도에 비례한다.

$$\frac{P_1 V_1}{T_1} = \frac{P_2 V_2}{T_2}$$

여기서, P : 절대압력[atm], V : 체적[m^3], T : 절대온도[K]

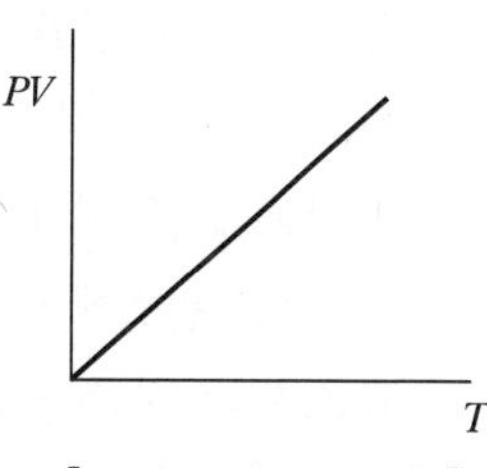

[보일 – 샤를의 법칙]

④ 이상기체 상태방정식

$$PV = nRT \qquad PV = \frac{W}{M}RT$$

여기서, P : 절대압력[atm], V : 체적[m^3]

n : 몰수$\left(n = \dfrac{W}{M}\right)$, W : 기체의 질량[kg], M : 분자량[kg/kmol]

R : 기체상수(0.082[atm · m^3/kmol · K]), T : 절대온도[K]

⑤ 소화가스의 농도[%] 계산

$$\mathrm{CO_2}[\%] = \frac{21 - \mathrm{O_2}}{21} \times 100$$

여기서, CO_2[%] : 방호구역에 방출된 소화가스의 농도[%]

O_2 : 소화가스 방출 후 방호구역의 산소농도[%]

$$\mathrm{CO_2}[\%] = \frac{\mathrm{CO_2}[\mathrm{m^3}]}{V[\mathrm{m^3}] + \mathrm{CO_2}[\mathrm{m^3}]} \times 100$$

여기서, CO_2[%] : 방호구역에 방출된 소화가스의 농도[%]

V : 방호구역의 체적[m^3]

CO_2 : 방출된 소화가스의 체적[m^3]

⑥ 방출된 소화가스의 체적[m^3] 계산

$$CO_2[m^3] = \frac{21 - O_2}{O_2} \times V$$

여기서, CO_2[m^3] : 방출된 소화가스의 체적[m^3]

O_2 : 소화가스 방출 후 방호구역의 산소농도[%]

V : 방호구역의 체적[m^3]

(5) 할론소화약제

1) 할론소화약제의 특성

① 연쇄반응 억제작용(부촉매소화)에 의한 소화효과가 우수하다.

② 할론소화약제가 열분해 시 HBr, HCl 등의 독성물질이 생성된다.

③ 할로겐원소에 의한 오존층파괴지수(ODP)가 높다.

④ 소화 후 잔존물이 없고 전기적으로 비전도성이다.

⑤ 소화약제의 가격이 비싸다.

2) 할론소화약제의 명명법

할론소화약제는 알칸계 탄화수소에서 수소를 할로겐원소로 치환한 화합물로서 종류로는 할론 1211, 할론 1301, 할론 2402, 할론 1011 등이 있다.

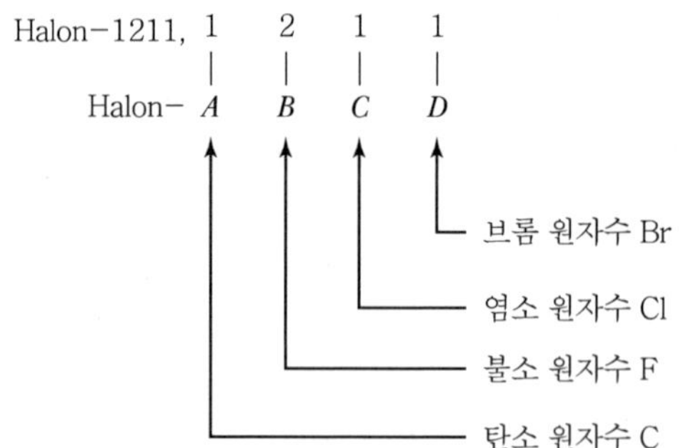

3) 할로겐원소의 전기음성도 및 소화효과

① 전기음성도(결합력)의 크기 : F > Cl > Br > I

② 소화효과의 크기 : F < Cl < Br < I

4) 할론소화약제의 물성

구분	Halon 1211	Halon 1301	Halon 2402	Halon 1011
화학식	CF_2ClBr	CF_3Br	$C_2F_4Br_2$	CH_2ClBr
분자량	165.4	148.9	259.8	129.4
증기비중	5.7	5.13	8.96	4.46
상온, 상압에서 상태	기체	기체	액체	액체

(6) 할로겐화합물 및 불활성 기체 소화약제

1) 정의

① 할로겐화합물 및 불활성 기체 소화약제 : 할로겐화합물(할론 1301, 할론 2402, 할론 1211 제외) 및 불활성 기체로서 전기적으로 비전도성이며 휘발성이 있거나 증발 후 잔여물을 남기지 않는 소화약제

② 할로겐화합물 소화약제 : 불소, 염소, 브롬 또는 요오드 중 하나 이상의 원소를 포함하고 있는 유기화합물을 기본성분으로 하는 소화약제

③ 불활성 기체 소화약제 : 헬륨, 네온, 아르곤 또는 질소가스 중 하나 이상의 원소를 기본성분으로 하는 소화약제

2) 할로겐화합물 및 불활성 기체 소화약제의 특성

① 소화효과가 할론소화약제에 비해 동등 이상일 것

② 할로겐화합물은 최대 설계농도 이상이 되면 인체에 유해하다.

③ ODP, GWP가 0에 가깝다.

④ 소화 후 잔존물이 없고 전기적으로 비전도성이다.

⑤ 소화약제가 고가이다.

3) 할로겐화합물 및 불활성 기체 소화약제의 종류

① 할로겐화합물 계열(부촉매소화, 냉각효과, 질식효과)

약제 분류	종류
FC 계열	FC-3-1-10
HFC 계열	HFC-23, HFC-125, HFC-227ea, HFC-236fa
HCFC 계열	HCFC-Blend A, HCFC-124
FIC 계열	FIC-1311
기타	FK-5-1-12

② 불활성 기체 계열 소화약제(질식효과)

약제 분류	성 분 비
IG-541	N_2(52%), Ar(40%), CO_2(8%)
IG-55	N_2(50%), Ar(50%)
IG-100	N_2(100%)
IG-01	Ar(100%)

4) 오존층 파괴지수(ODP : Ozone Depletion Potential)

어떤 물질 1[kg]의 오존층 파괴 정도를 나타내는 지표로서 CFC-11 가스 1[kg]의 ODP를 1로 정하고 이를 기준으로 하여 크기를 나타낸다.

$$\text{ODP} = \frac{\text{어떤 물질 1[kg]이 파괴하는 오존의 양}}{\text{CFC}-11\ \text{가스 1[kg]이 파괴하는 오존의 양}}$$

5) 지구온난화지수(GWP : Global Warming Potential)

어떤 물질 1[kg]이 지구온난화에 기여하는 정도를 나타낸 것으로서 CO_2 1[kg]이 지구온난화에 기여하는 정도를 1로 정하고 이를 기준으로 하여 크기를 나타낸다.

$$\text{GWP} = \frac{\text{어떤 물질 1[kg]이 지구온난화에 기여하는 정도}}{CO_2\ \text{1[kg]이 지구온난화에 기여하는 정도}}$$

6) NOAEL(No Observable Adverse Effect Level)

농도를 증가시킬 때 악영향도 감지할 수 없는 최대농도, 즉 심장에 영향을 미치지 않는 최대농도이다.

7) LOAEL(Lowest Observable Adverse Effect Level)

농도를 감소시킬 때 악영향을 감지할 수 있는 최소농도, 즉 심장에 영향을 미칠 수 있는 최소농도이다.

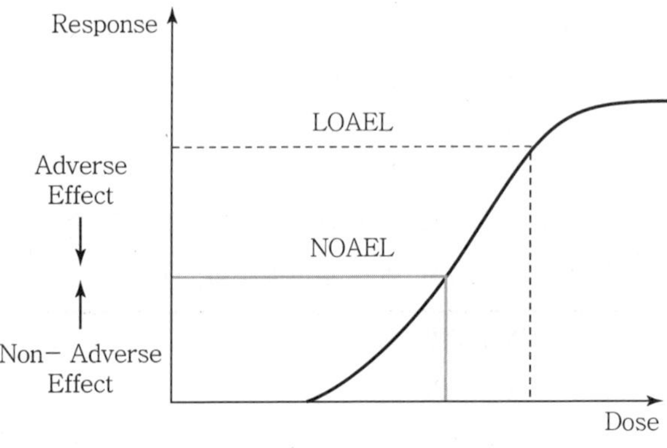

8) 대기권 잔존수명(ALT : Atmospheric Life Time)

어떤 물질이 방사된 후 대기권 내에서 분해되지 않고 체류하는 잔류시간으로 단위는 연(年)이다.

(7) 분말소화약제

1) 분말소화약제의 특성

① 최적의 소화효과를 나타내는 입도는 20~25μm이다.

② 분말소화약제는 부촉매, 질식, 냉각, 복사열차단효과 등이 복합적으로 나타남으로써 소화효과가 우수하다.

③ 분말소화약제는 유류화재와 전기화재에 적응성이 있는 BC 분말과 일반화재, 유류, 전기화재까지 적응성이 있는 ABC 분말로 분류된다.

2) 분말소화약제의 종류

종별	분자식	착색	적응화재	충전비[l/kg]
제1종분말	탄산수소나트륨($NaHCO_3$)	백색	BC급	0.8
제2종분말	탄산수소칼륨($KHCO_3$)	담회색(담자색)	BC급	1.0
제3종분말	제1인산암모늄($NH_4H_2PO_4$)	담홍색	ABC급	1.0
제4종분말	탄산수소칼륨+요소($KHCO_3+(NH_2)_2CO$)	회색	BC급	1.25

① 제1종 분말소화약제($NaHCO_3$)

㉠ 소화효과

- 주성분인 탄산수소나트륨이 열분해될 때 발생하는 이산화탄소와 수증기에 의한 질식 효과
- 열분해 시의 흡열 반응에 의한 냉각 효과
- 분말 운무에 의한 열방사의 차단 효과
- 비누화 현상에 의한 질식냉각 효과(식용유화재에 적응성)

㉡ 분말 소화약제의 **비누화 현상**

제1종 분말소화약제(탄산수소나트륨 $NaHCO_3$)를 지방이나 식용유 화재에 사용할 때 탄산수소나트륨의 Na^+ 이온과 기름의 지방산이 결합하여 생기는 비누거품이 가연물을 덮어 산소공급을 차단하여 소화효과를 높이는 현상이다.

㉢ 열분해 반응식

- 270℃ : $2NaHCO_3 \rightarrow Na_2CO_3 + H_2O + CO_2$
- 850℃ : $2NaHCO_3 \rightarrow Na_2O + H_2O + 2CO_2$

② 제2종 분말 소화약제($KHCO_3$)

㉠ 소화효과

- 소화효과는 제1종 분말소화약제와 거의 비슷하다.
- 칼륨(K)이 나트륨(Na)보다 반응성이 커서 제1종 분말보다 소화효과가 약간 우수하다.
- 주방화재에서는 비누화 효과가 미미하여 제1종 분말보다 소화효과가 저하된다.

㉡ 열분해 반응식

- 190℃ : $2KHCO_3 \rightarrow K_2CO_3 + CO_2 + H_2O$
- 590℃ : $2KHCO_3 \rightarrow K_2O + CO_2 + H_2O$

③ 제3종 분말소화약제($NH_4H_2PO_4$)

㉠ 소화효과

- A급, B급, C급의 어떤 화재에도 사용할 수 있기 때문에 ABC 분말소화약제라 한다.
- 열분해 시 흡열 반응에 의한 냉각 효과
- 열분해 시 발생되는 불연성 가스(NH_3, H_2O 등)에 의한 질식 효과
- 반응 과정에서 생성된 메타인산(HPO_3)의 방진 효과(A급 화재에 적응성)
- 열분해 시 유리된 NH_4^+에 의한 부촉매소화
- 분말 운무에 의한 열방사의 차단 효과

㉡ 열분해 반응식

- $NH_4H_2PO_4 \rightarrow NH_3 + H_2O + HPO_3$
- 190℃ : $NH_4H_2PO_4 \rightarrow H_3PO_4$(올소인산)$+NH_3$
- 215℃ : $2H_3PO_4 \rightarrow H_4P_2O_7$(피로인산)$+H_2O$
- 300℃ : $H_4P_2O_7 \rightarrow 2HPO_3$(메타인산)$+H_2O$

④ 제4종 분말소화약제($KHCO_3 + (NH_2)_2CO$)

㉠ 소화효과

- 제2종 분말을 개량한 것으로 소화력이 분말소화약제 중 가장 우수하다.
- B급, C급 화재에는 소화 효과가 우수하나 A급 화재에는 적응성이 거의 없다.

㉡ 열분해 반응식

$2KHCO_3 + (NH_2)_2CO \rightarrow K_2CO_3 + 2NH_3 + 2CO_2$

⑤ CDC(Compatible Dry Chemical)

㉠ CDC는 포소화약제와 함께 사용할 수 있는 분말소화약제를 의미한다.

㉡ 분말소화약제 중 소포성이 가장 작은 3종 분말소화약제를 사용한다.

㉢ 트윈 에이전트 시스템

- 제3종 분말소화약제+수성막포
- 분말소화약제의 속소성과 포 소화약제의 안정성 등 장점만을 활용

⑥ 금속화재용 분말소화약제(Dry Powder)

㉠ G-1

- 흑연화된 주조용 코크스를 주성분으로 하고 여기에 유기 인산염을 첨가한 약제이다.
- Mg, K, Na, Ti, Li, Ca, Zr, Hf, U, Pt 등과 같은 금속화재에 효과적이다.

㉡ Met-L-X

- 염화나트륨(NaCl)을 주성분으로 하고 열가소성 고분자 물질을 첨가한 약제이다.
- Mg, Na, K와 Na-K 합금의 화재에 효과적이다.

㉢ Na-X

- 탄산나트륨을 주성분으로 하고 비흡습성과 유동성을 향상시킬 수 있는 첨가제를 첨가하였다.
- Na 화재 소화를 위해 개발하였다.

㉣ Lith-X

- 흑연을 주성분으로 하고 유동성을 높이기 위해 첨가제를 첨가하였다.
- Li 화재 소화를 위해 개발하였다.

3) 분말의 녹다운효과(Knock Down)

① 분말약제가 연소 중인 불꽃을 입체적으로 포위하여 부촉매소화, 질식 및 냉각작용 등이 복합적으로 작용하여 **순간적으로 불꽃을 소멸**시키는 것으로서 이를 녹다운 현상이라 한다.

② 분말소화는 약제 방출 후 **10~20초 이내에 소화**가 되어야 하며 30초가 넘는 경우 소화 불능 상태로 된다.

소방유체역학

제1장 유체의 기본적인 성질

제2장 유체 정역학

제3장 유체의 유동해석

제4장 관 내의 유동

제5장 펌프 및 송풍기의 성능특성

제6장 소방 관련 열역학

CHAPTER 01

PART 02 소방유체역학

유체의 기본적인 성질

01 유체의 정의 및 성질

(1) 유체의 정의

① 액체와 기체상태로 존재하는 물질로서 전단력을 받았을 때 저항하지 못하고 연속적으로 변형하는 물질을 말한다.

② 액체와 기체는 유체이지만 고체는 유체가 아니다.

(2) 이상유체와 실제유체

이상유체	실제유체
점성이 없고 비압축성 유체	점성이 있고 압축성 유체

(3) 비압축성 유체와 압축성 유체

비압축성 유체(액체)	압축성 유체(기체)
온도 또는 압력에 의해 체적 또는 밀도가 변하지 않는 유체	온도 또는 압력에 의해 체적 또는 밀도가 변하는 유체

예제 유체에 관한 설명 중 옳은 것은?

① 실제유체는 유동할 때 마찰손실이 생기지 않는다.
② 이상유체는 높은 압력에서 밀도가 변화하는 유체이다.
③ 유체에 압력을 가하면 체적이 줄어드는 유체는 압축성 유체이다.
④ 압력을 가해도 밀도변화가 없으며 점성에 의한 마찰손실만 있는 유체가 이상유체이다.

정답 : ③

02 단위와 차원

(1) 단위의 정의

물리량(길이, 무게, 시간 등)을 측정하려면 기준이 되는 일정한 기본 크기를 정해 놓고, 이 크기와 비교해서 몇 배가 되는가를 수치로 표시하게 되는데, 이 기본 크기를 단위(Unit)라 한다.

(2) SI단위

국제도량협회에서 채택한 국제단위계(SI : The International System of Unit)로 7개의 기본단위, 2개의 보조단위 등이 있다.

[SI 기본단위 및 보조단위]

단위 구분	물리량	명칭	기호
기본단위	길이	미터	m
	질량	킬로그램	kg
	시간	초	s
	전류	암페어	A
	온도	켈빈	K
	물질의 양	몰	mol
	광도	칸델라	cd
보조단위 (유도단위)	평면각	라디안	rad
	입체각	스텔 라디안	sr

(3) 기본 물리량의 단위

1) 질량(Mass)

질량은 물체가 가지는 고유한 양으로 고유하기 때문에 질량은 변화하지 않고 보존되며 단위는 $[kg_m]$, [kg]을 사용한다.

2) 힘(Force)

어떤 물체나 물질이 스스로 움직이거나 다른 물체나 물질을 움직이게 하는 작용의 세기로서 단위는 [N], $[kg_f]$ 등을 사용한다.

① $F[N]=m \cdot a[kg \cdot m/s^2]$

여기서, F : 힘[N], m : 질량[kg], a : 가속도$[m/s^2]$

② $F[dyne]=m \cdot a[g \cdot cm/s^2]$

③ $1[N]=10^5[dyne]$

④ $F[kg_f]=m \cdot g[kg \cdot m/s^2]$

여기서, g : 중력가속도 $9.8[m/s^2]$

$\therefore 1[kg_f]=9.8[N]$

3) 압력(Pressure)

단위면적당 가해지는 힘을 의미하고, 단위는 [N/m²]를 사용한다.

$$P = \frac{F}{A}\,[\mathrm{N/m^2}]$$

여기서, P : 압력[N/m²], F : 힘[N], A : 면적[m²]

① 표준대기압

$1\text{atm} = 1.0332[\mathrm{kg_f/cm^2}] = 10332[\mathrm{kg_f/m^2}]$

$= 10.332[\mathrm{mAq}]\ [\mathrm{mH_2O}] = 10332[\mathrm{mmAq}]$

$= 101325[\mathrm{Pa}]\ [\mathrm{N/m^2}] = 101.325[\mathrm{kPa}]\ [\mathrm{kN/m^2}]$

$= 0.101325[\mathrm{MPa}]\ [\mathrm{MN/m^2}]$

$= 760[\mathrm{mmHg}] = 76[\mathrm{cmHg}]$

$= 1.013[\mathrm{bar}] = 1013[\mathrm{mbar}] = 14.7[\mathrm{PSI}]$

② 절대압

㉠ 절대압＝대기압＋계기압

㉡ 절대압＝대기압－진공압

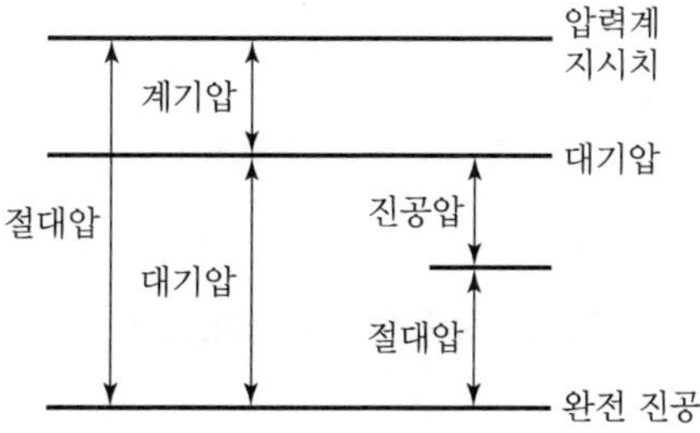

예제 **기압계에 나타난 압력이 740[mmHg]인 곳에서 어떤 용기 속의 계기압력이 600[kPa]이었다면 절대압력으로는 몇 [kPa]인가?**

① 501　　② 526

③ 674　　④ 699

풀이 • 대기압 : $740\mathrm{mmHg} \times \frac{101.325\,\mathrm{kPa}}{760\,\mathrm{mmHg}} = 98.66[\mathrm{kPa}]$

• 계기압＝600[kPa]

• 절대압＝98.66＋600＝698.66[kPa]

정답 : ④

4) 밀도(Density)

① 물질이 포함하고 있는 분자가 조밀한 정도로서 단위체적당 질량[kg/m^3]으로 나타낸다.

$$\rho = \frac{m}{V}$$

여기서, ρ : 밀도[kg/m^3], m : 질량[kg], V : 체적[m^3]

② 물의 밀도

$\rho_w = 1{,}000[\text{kg/m}^3] = 1{,}000[\text{N}\cdot\text{s}^2/\text{m}^4] = 102[\text{kg}_f\cdot\text{s}^2/\text{m}^4]$

5) 비체적(Specific Volume)

단위질량당 체적[m^3/kg]을 의미하며 밀도의 역수이다.

$$V_S[\text{m}^3/\text{kg}] = \frac{V}{m} = \frac{1}{\rho}$$

여기서, V_S : 비체적[m^3/kg], m : 질량[kg], V : 체적[m^3], ρ : 밀도[kg/m^3]

6) 비중량(Specific Weight)

어떤 물질의 단위체적당 중량[N/m^3]을 의미한다.

① $\gamma = \frac{F}{V}$

여기서, γ : 비중량[N/m^3], F : 힘[N], V : 체적[m^3]

② $\gamma = \rho g$

여기서, ρ : 밀도[N · s^2/m^4], g : 중력가속도 9.8[m/s^2]

③ $\gamma = S\gamma_w$

여기서, S : 비중, γ_w : 물의 비중량(9,800N/m^3)

④ 물의 비중량

$\gamma_w = 9{,}800[\text{N/m}^3] = 9.8[\text{kN/m}^3] = 1{,}000[\text{kg}_f/\text{m}^3]$

7) 비중(Specific Gravity)

① 어떤 물질의 밀도 ρ와, 표준 물질(물)의 밀도 ρ_w와의 비이다.

② 밀도 ρ에 중력가속도 g를 곱한 것은 비중량 γ이므로, 비중량을 통해 나타낼 수도 있다.

③ 비중의 단위는 무차원이다.

$$S = \frac{\gamma}{\gamma_w} = \frac{\rho}{\rho_w}$$

여기서, S : 어떤 물질의 비중, γ : 어떤 물질의 비중량[N/m^3], γ_w : 물의 비중량[N/m^3]
ρ : 어떤 물질의 밀도[kg/m^3], ρ_w : 물의 밀도[kg/m^3]

8) 일(Work)

물체에 힘을 힘을 가했을 때 힘이 가해진 방향으로 움직인 거리를 의미한다.
즉, 힘[F]×이동거리[d]로서 단위는 [N · m], [J]을 사용한다.

$$W = F \cdot d$$

여기서, W : 일[J], F : 힘[N], d : 이동거리[m]

9) 온도(Temperature)

① 섭씨[℃]

1atm에서의 물의 어는점을 0도, 끓는점을 100도로 정한 온도 체계이다.

② 화씨[°F]

물이 어는 온도는 32도(섭씨 0도), 끓는 온도는 212도(섭씨 100도)로, 이 사이의 온도는 180 등분된다.

$$°F = \frac{9}{5} \times ℃ + 32$$

여기서, °F : 화씨, ℃ : 섭씨

③ 켈빈온도[K]

켈빈은 절대 온도를 측정하는 단위이다. 0[K]은 절대 영도이며, 섭씨 0도는 273.15[K]에 해당 한다.

$$K = 273 + ℃$$

여기서, K : 켈빈온도, ℃ : 섭씨

④ 랭킨온도[°R]

$$°R = °F + 460$$

여기서, °R : 랭킨온도, °F : 화씨

예제 **화씨온도 200[°F]는 섭씨온도[℃]로 약 얼마인가?**

① 93.3[℃] ② 186.6[℃]
③ 279.9[℃] ④ 392[℃]

풀이 $°F = \frac{9}{5} \times ℃ + 32$ $200 = \frac{9}{5} \times ℃ + 32$ $200 - 32 = \frac{9}{5} \times ℃$

$℃ = \frac{5}{9}(200 - 32)$ $℃ = 93.33$

정답 : ①

(4) 차원(Dimension)

1) 정의

물리량을 질량[M], 길이[L], 시간[T]을 기본으로 하여 각각 M, L, T로 나타내고, 여기에 지수를 붙여 $M^{\alpha}L^{\beta}T^{\gamma}$라 할 때 α, β, γ를 M, L, T에 대한 차원이라 한다.

2) 차원의 표시방법

① 기본 차원

구분	FLT계(공학단위계)	MLT계(절대단위계)
힘[N]	F(Force)	
질량[kg]		M(Mass)
길이[m]	L(Length)	L(Length)
시간[s]	T(Time)	T(Time)

② 유도 차원

기본 차원들로부터 유도되는 차원

물리량	관련 식	FLT계(공학단위계)		MLT계(절대단위계)	
		단위	차원	단위	차원
질량	$m=F/a$	$N \cdot s^2/m$	$[FL^{-1}T^2]$	kg	[M]
힘(중량)	$F=ma$	N, kg_f	[F]	$kg \cdot m/s^2$	$[MLT^{-2}]$
압력	$P=F/A$	N/m^2	$[FL^{-2}]$	$kg/m \cdot s^2$	$[ML^{-1}T^{-2}]$
밀도	$\rho=m/V$	$N \cdot s^2/m^4$	$[FL^{-4}T^2]$	kg/m^3	$[ML^{-3}]$
점도	$\mu=\rho \cdot \nu$	$N \cdot s/m^2$	$[FL^{-2}T]$	$kg/m \cdot s$	$[ML^{-1}T^{-1}]$

예제 **동력(Power)의 차원을 옳게 표시한 것은?(단, M : 질량, L : 길이, T : 시간을 나타낸다.)**

① ML^2T^{-3} ② L^2T^{-1} ③ $ML^{-1}T^{-1}$ ④ MLT^{-2}

풀이 • 동력 P[kW] : 단위시간당 한 일의 양

• $P=\frac{W}{t}$ 여기서, $W=F \cdot d$(일=힘×이동거리)

$P=\frac{F \cdot d}{t}$ 여기서, $F=m \cdot a$(힘=질량×가속도)

$P=\frac{m \cdot a \cdot d}{t}$ $[\frac{kg \cdot m \cdot m}{s \cdot s^2}][\frac{kg \cdot m^2}{s^3}]$

• 차원 : 단위 $\frac{kg \cdot m^2}{s^3}$ → 차원 $[\frac{M \cdot L^2}{T^3}]=[ML^2T^{-3}]$

정답 : ①

03 체적탄성계수와 압축률

(1) 체적탄성계수 K

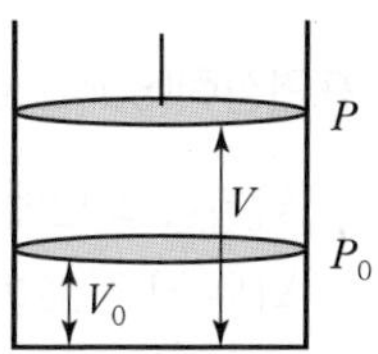

① 어떤 물질이 압축에 저항하는 정도를 나타낸다.

② 체적이 V이고 압력이 P인 피스톤을 힘을 가해 압축하면 체적은 V_0로 감소하고 압력은 P_0로 증가하게 된다.

③ 이때 **체적 변화율에 대한 압력의 변화량**을 **체적탄성계수**라 하고 **압력과 같은 차원**을 갖는다.

$$K[\mathrm{kPa}] = \frac{\Delta P}{-\frac{\Delta V}{V}}$$

여기서, K : 체적탄성계수[kPa], ΔP : 압력변화량$(P_0 - P)$[kPa]
ΔV : 체적변화량$(V_0 - V)[\mathrm{m}^3]$, V : 처음 체적$[\mathrm{m}^3]$

④ 체적탄성계수는 각 유체마다 다르게 나타나며 압력을 가했을 때 체적은 감소하므로 음(−)의 값이 나오게 되는 것을 보정하기 위해 음(−)의 값을 곱해 준다.

예제 **체적탄성계수가 2×10^9[Pa]인 물의 체적을 3[%] 감소시키려면 몇 [MPa]의 압력을 가하여야 하는가?**

풀이 • $K = 2\times10^9[\mathrm{Pa}]\times\frac{1\mathrm{MPa}}{10^6\mathrm{Pa}} = 2\times10^3[\mathrm{MPa}]$

• 원래체적 $V=1$, 체적변화량 $\Delta V = -0.03$

• $2\times10^3[\mathrm{MPa}] = \frac{P[\mathrm{MPa}]}{-\left(\frac{-0.03}{1}\right)}$, $P = 60[\mathrm{MPa}]$

정답 : 60[MPa]

(2) 압축률 β

① 체적탄성계수의 역수로 정의된다.

② 압축률은 유체에 따라 크기가 다르며 압축률이 크다는 것은 압축하기 쉽다는 것을 의미한다.

$$\beta = \frac{1}{K} = \frac{-\frac{\Delta V}{V}}{\Delta P}$$

여기서, β : 압축률, K : 체적탄성계수[kPa], ΔP : 압력변화량$(P_0 - P)$[kPa]
ΔV : 체적변화량$(V_0 - V)[\mathrm{m}^3]$, V : 처음 체적$[\mathrm{m}^3]$

04 표면장력과 모세관현상

(1) 표면장력(Surface Tension)

① 액체의 표면에서 그 표면적을 작게 하도록 작용하는 힘으로서 물방울이나 수은입자가 둥글게 되는 것은 표면장력 때문이다.

② 액체 내부의 분자는 주위의 다른 분자 사이에 응집력이 작용한다. 그러나 액체의 표면에 있는 분자는 표면 아래에서는 응집력이 작용하지만, 표면 위에서는 서로 다른 물질과 부착력이 작용한다.

③ 이때 액체 물질 사이의 응집력이 크고 부착력이 작을 때 응집력을 최대로 하기 위해 경계면의 넓이를 최소화하려는 성질을 지니게 된다.

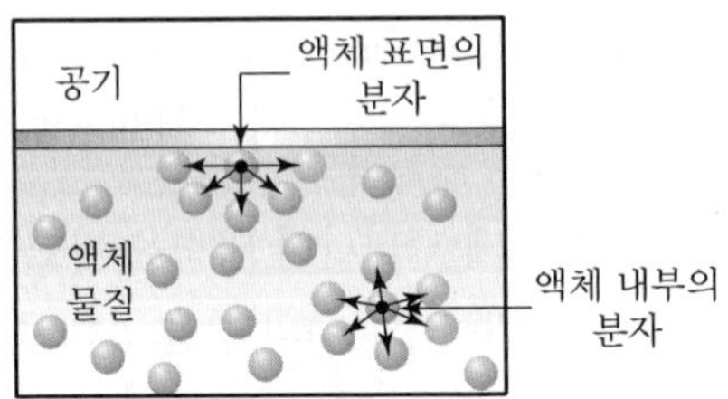

④ 그림과 같이 지름이 d인 구형 물방울의 표면장력 σ와 내부초과압력 P가 서로 평형을 이루고 있을 때

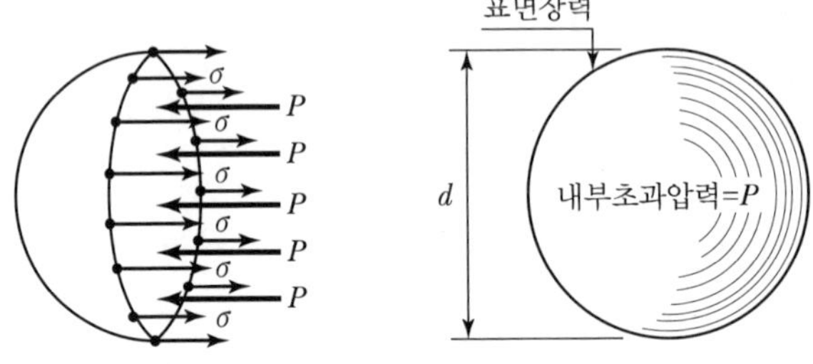

㉠ 표면장력 $\sigma[\mathrm{N/m}] = \dfrac{F_1}{\pi d}$가 되고 이때 작용하는힘 $F_1[\mathrm{N}] = \sigma \pi d$이 된다.

㉡ 내부초과압력 $P[\mathrm{Pa}] = \dfrac{F_2}{\dfrac{\pi d^2}{4}}$이 되고 이때 작용하는 힘 $F_2 = P\dfrac{\pi d^2}{4}$이 된다.

㉢ 표면장력 σ와 내부초과압력 P가 서로 평형을 이루고 있으므로 $F_1 = F_2$, $\sigma \pi d = P\dfrac{\pi d^2}{4}$가 된다.

$\therefore \sigma = \dfrac{\Delta Pd}{4}$

⑤ 표면장력

$$\sigma = \frac{\Delta P d}{4}$$

여기서, σ : 표면장력[N/m], ΔP : 내부압력[Pa], d : 지름[m]

(2) 모세관현상(Capillary Action)

① 모세관을 액체 속에 넣었을 때, 관 속의 액면이 관 밖의 액면보다 높아지거나 낮아지는 현상

② 응집력＜부착력 : 액면상승(물)

응집력＞부착력 : 액면하강(수은)

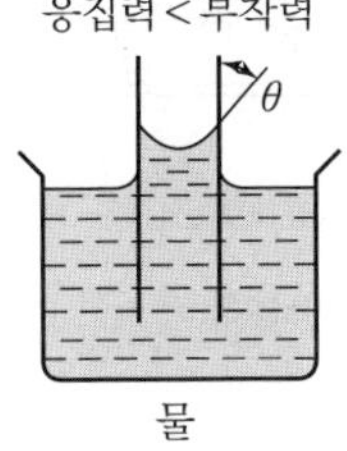

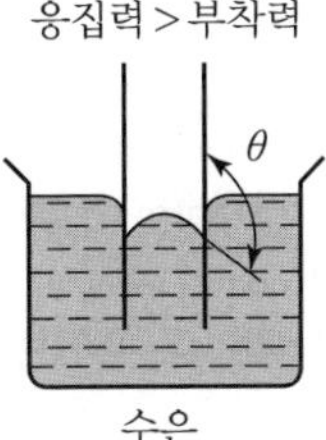

③ 그림과 같이 액체 속에 모세관을 넣었을 경우 표면장력으로 인한 수직분력(F_1)과 상승된 액체가 중력에 의해 내려가려는 힘(F_2)은 같게 된다.

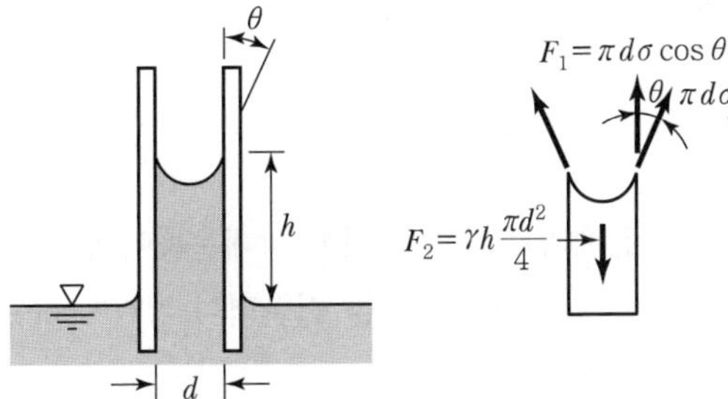

즉, $F_1 = F_2$

$\pi d \sigma \cos\theta = \gamma h A$, $\pi d \sigma \cos\theta = \gamma h \dfrac{\pi d^2}{4}$

$\therefore\ h = \dfrac{4\sigma\cos\theta}{\gamma d}$

④ 모세관의 높이

$$h = \frac{4\sigma\cos\theta}{\gamma d}$$

여기서, h : 모세관의 높이[m], σ : 표면장력[N/m], γ : 유체의 비중량[N/m³]
d : 관의 직경, θ : 접촉각

예제 **그림과 같이 매끄러운 유리관에 물이 채워져 있을 때 모세관 상승높이 h는 약 몇 [m]인가?**

[조건]
- 액체의 표면장력 $\sigma = 0.073$[N/m]
- 유리관의 반지름 $R = 1$[mm]
- 접촉각 $\cong 0°$

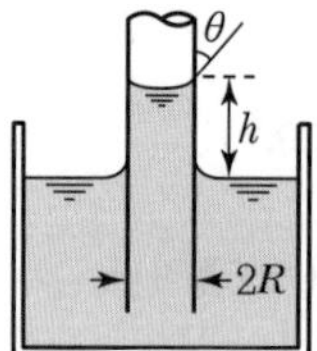

풀이 • $\gamma = 9{,}800$[N/m³], 모세관의 직경 : $d = 2R = 2\times0.001$[m]
• $h = \frac{4\sigma\cos\theta}{\gamma d} = \frac{4\times0.073\times\cos 0°}{9{,}800\times(2\times0.001)} = 0.01489 \fallingdotseq 0.015$[m]

정답 : 0.015[m]

05 유체의 점성 및 점성 측정

(1) 유체의 점성

1) 점성

유체입자와 입자 사이 혹은 유체와 고체면 사이에 상대운동이 생길 때 이 상대운동을 방해하는 마찰력. 즉 상대운동을 유발하는 외력에 저항하는 전단력이 생기게 하는 성질을 점성이라고 한다.

2) 전단응력

크기가 같고 방향이 서로 반대되는 힘들이 어떤 물체에 대해서 동시에 서로 작용할 때 그 대상 물체 내에서 면을 따라 평행하게 작용하는 힘을 전단력이라 하고 전단력에 저항하여 생기는 응력을 전단응력이라 한다.

3) Newton의 점성법칙

① 난류일 때 전단응력

두 평행한 평판 사이에 점성유체가 있을 때 이동평판에 수평력 F를 작용하여 속도 u로 운동시키면 힘 F는 이동평판의 면적 A와 이동평판의 속도 u에 비례하고 두 평판 사이의 수직거리 y에 반비례한다.

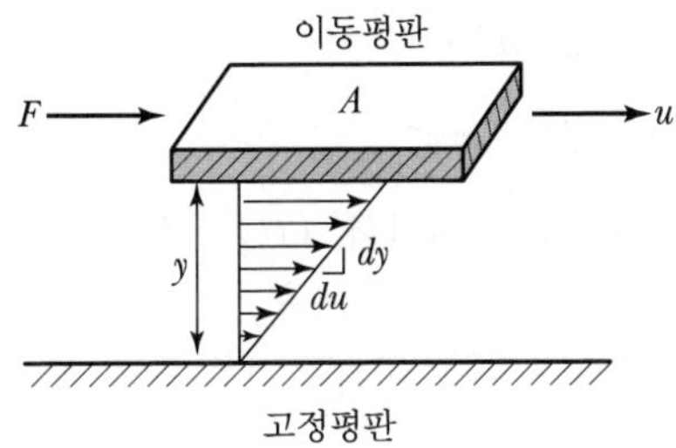

$$F \propto A \cdot \frac{u}{y},\ F \propto A \cdot \frac{du}{dy} \text{이므로 } \frac{F}{A}[\mathrm{N/m^2}] \propto \frac{du}{dy}$$

$$\tau[\mathrm{N/m^2}] = \mu\frac{du}{dy}$$

여기서, τ : 전단응력[N/m²], u : 속도[m/s], y : 평판 간 거리[m]

μ : 점성계수[kg/m · s][Pa · s]

$\frac{du}{dy}$: 속도구배(속도기울기)

예제 **유체가 평판 위를 u[m/s] = 500y − 6y^2의 속도분포로 흐르고 있다. 이때 y[m]는 벽면으로부터 측정된 수직거리일 때 벽면에서의 전단응력은 약 몇 [N/m²]인가?(단, 점성계수는 1.4×10⁻³[Pa · s]이다.)**

풀이
- $\tau[\mathrm{N/m^2}] = \mu\frac{du}{dy}$, $\tau[\mathrm{N/m^2}] = 1.4\times10^{-3}\times\frac{d}{dy}(500y - 6y^2)$
- $\frac{d}{dy}(500y - 6y^2)$을 미분하면, $(500 - 2\times6y^{2-1}) = (500 - 12y)$
- $\tau[\mathrm{N/m^2}] = 1.4\times10^{-3}\times(500 - 12y)$ 벽면에서의 전단응력이므로 $y = 0$
- $\tau = 1.4\times10^{-3}\times500 = 0.7[\mathrm{N/m^2}]$

정답 : 0.7[N/m²]

② 층류일 때 전단응력

수평원관에 유체가 흐를 때 전단응력은 중심선에서 0이고, 반지름에 비례하여 관벽까지 직선적으로 증가한다.

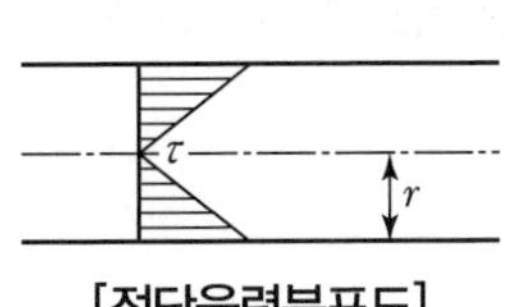

[전단응력분포도]

$2\pi rdl\cdot\tau$[N]

$P_A\cdot\pi r^2$[N] $P_B\cdot\pi r^2$[N]

dl

$$P_A \cdot \pi r^2 = P_B \cdot \pi r^2 + 2\pi r\, dl \cdot \tau$$

$$2\pi r\, dl \cdot \tau = P_A \cdot \pi r^2 - P_B \cdot \pi r^2$$

$2\pi r\, dl \cdot \tau = (P_A - P_B) \cdot \pi r^2$ 여기서, $(P_A - P_B) = dP$

$$\tau = \frac{dP \times \pi r^2}{2\pi r dl} = \frac{dP}{dl} \times \frac{r}{2},\ \tau = \frac{P_A - P_B}{l} \times \frac{r}{2}$$

$$\tau = \frac{dP}{dl} \times \frac{r}{2} = \frac{P_A - P_B}{l} \times \frac{r}{2}$$

여기서, τ : 전단응력[N/m^2], l : 배관의 길이[m]
r : 배관 중심으로부터의 거리[m], P : 압력[Pa]

③ 층류일 때 속도분포

㉠ 수평원관에 유체가 층류로 흐를 때 속도분포는 배관 벽에서 0이고, 배관 중심선에 가까울수록 포물선적으로 증가하여 배관의 중심에서 최대가 된다.

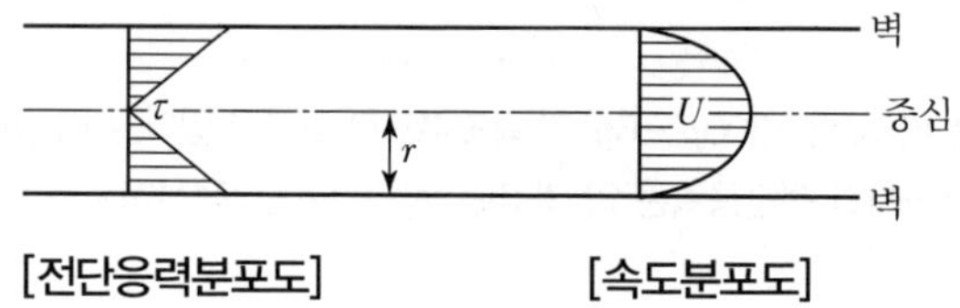

[전단응력분포도] [속도분포도]

㉡ 평균속도 $V = \frac{1}{2} V_{max}$

④ 전단응력과 속도분포

구분	전단응력	속도분포
배관 벽	최대	0
배관 중심	0	최대

4) 점성계수 μ

유체가 가지는 점성의 크기를 나타내는 값으로 끈끈한 정도를 나타낸다.

$\tau[\mathrm{N/m^2}] = \mu \frac{du}{dy}$ 에서, $\mu = \tau \frac{dy}{du}[\mathrm{N \cdot s/m^2}]$

① 점성계수의 단위

$[\mathrm{N \cdot s/m^2}] = [\mathrm{kg/m \cdot s}] = [\mathrm{Pa \cdot s}]$

$[\mathrm{dyne \cdot s/cm^2}] = [\mathrm{g/cm \cdot s}] = [\mathrm{poise}]$

② 점성계수의 차원

구분	차원	단위
MLT계	$[ML^{-1}T^{-1}]$	$[kg/m \cdot s]$
FLT계	$[FL^{-2}T]$	$[N \cdot s/m^2]$

5) 동점성계수 ν

점성계수를 그 유체의 밀도로 나눈 값으로 차원은 운동학적 차원을 가지므로 동점성계수라고 한다.

$$\nu[m^2/s] = \frac{\mu[kg/m \cdot s]}{\rho[kg/m^3]}$$

여기서, ν : 동점성계수$[m^2/s]$, μ : 점성계수$[kg/m \cdot s]$, ρ : 밀도$[kg/m^3]$

※ 동점성계수의 단위 : $[m^2/s]$, $[cm^2/s]$=[Stokes]

예제 **점성계수 0.2[N · s/m²], 밀도 800[kg/m³]인 유체의 동점성계수는 몇 [m²/s]인가?**

풀이 $\nu = \frac{\mu}{\rho} = \frac{0.2}{800} = 0.00025 = 2.5 \times 10^{-4}[m^2/s]$

정답 : $2.5 \times 10^{-4}\,[m^2/s]$

6) 액체와 기체에서 온도에 따른 점성변화

구분	온도상승	온도하강
액체의 점성	감소	증가
기체의 점성	증가	감소

7) 뉴턴유체와 비유턴유체

① 뉴턴유체

뉴턴의 점성법칙을 만족하는 유체로서 점성계수가 높을수록 유체가 흐를 때 저항은 커진다.

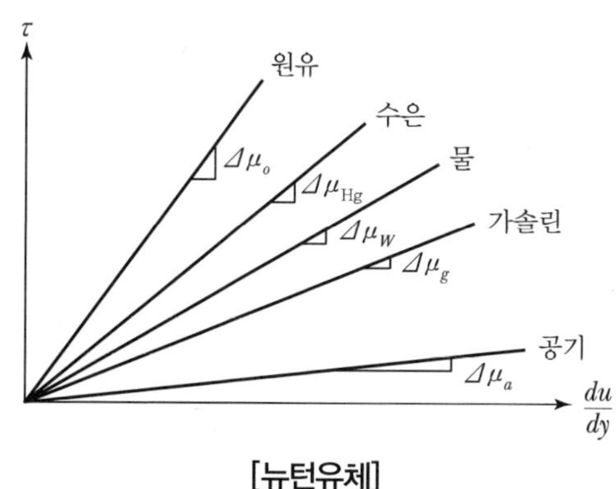

[뉴턴유체]

② 비뉴턴유체

뉴턴의 점성법칙을 만족하지 않는 유체로서 전단응력과 속도기울기와의 관계가 비선형적인 유체를 의미한다.

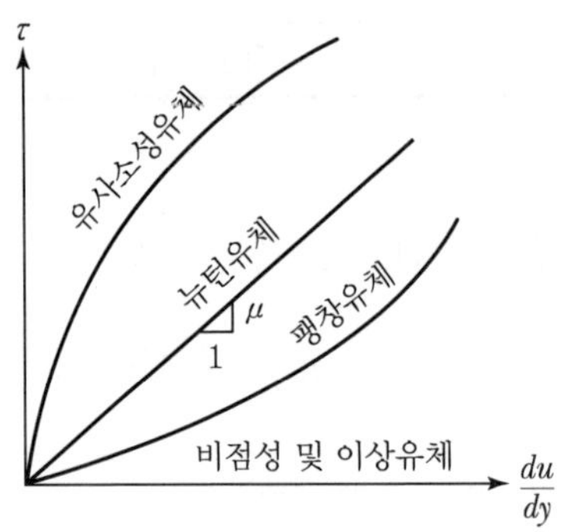

㉠ 유사소성유체 : 혈액, 진흙

㉡ 팽창유체 : 녹말풀, 펄

(2) 점성의 측정

점도계의 종류	관련 법칙
오스왈드 점도계, 세이볼트 점도계	하겐－포아젤 방정식
낙구식 점도계	스토크스 법칙
맥미셸 점도계, 스토머 점도계	뉴턴의 점성법칙

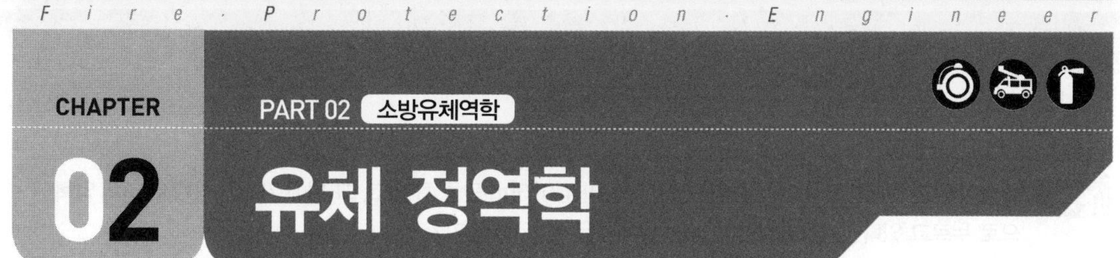

유체 정역학

- 유체 정역학

  유체요소 사이에 상대운동이 없는 유체들을 다루는 학문이며, 이 경우는 점성이 고려되지 않으므로 마찰력이나 전단력이 존재하지 않는다. 따라서 유체가 면에 미치는 압력에 의한 힘은 면에 수직방향으로만 작용한다.

01 정지된 유체 속의 임의의 점에 대한 압력

정지유체 속의 압력은 깊이만의 함수이고 용기의 형상이나 크기와는 무관하며 압력과 깊이는 서로 비례한다.

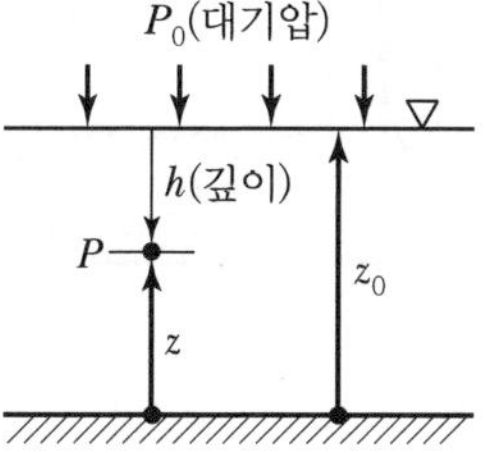

(1) 계기압

$$P = \rho g h = \gamma h$$

여기서, P : 계기압[Pa], ρ : 밀도[$N \cdot s^2/m^4$], g : 중력가속도[m/s^2]
γ : 비중량[N/m^3], h : 깊이[m]

(2) 절대압

$$P_a = P_0 + \gamma h$$

여기서, P_a : 절대압[Pa], P_0 : 대기압[Pa], γ : 비중량[N/m^3], h : 깊이[m]

예제 뚜껑이 닫힌 밀폐탱크 속에 비중이 0.8인 기름이 깊이 3[m]만큼 차 있고, 그 위에 가스가 100[kPa]의 압력으로 누르고 있다면, 탱크 밑면이 받는 유체압은 몇 [kPa]인가?

풀이
- 밀폐탱크이므로 대기압은 작용하지 않는다. $P_0 = 0$
- $S = \dfrac{\gamma}{\gamma_w}$, $\gamma = S\,\gamma_w$, $\gamma = 0.8 \times 9.8[\mathrm{kN/m^3}] = 7.84[\mathrm{kN/m^3}]$
- 가스압력 : $P_G = 100[\mathrm{kPa}]$, 기름의 깊이 : $h = 3[\mathrm{m}]$

  $P = P_G + \gamma h = 100 + (7.84 \times 3) = 123.52[\mathrm{kPa}][\mathrm{kN/m^2}]$
- 탱크 밑면이 받는 유체압 $P = 123.52[\mathrm{kPa}]$

정답 : 123.52[kPa]

02 파스칼의 원리

밀폐된 용기 속에 유체에 가한 압력은 모든 방향에 같은 크기로 전달된다.

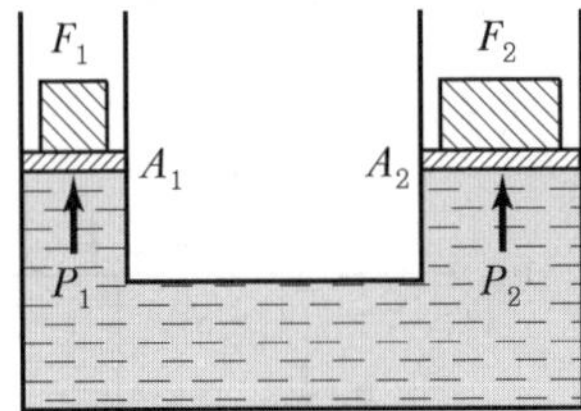

$$P_1 = P_2$$

$$\frac{F_1}{A_1} = \frac{F_2}{A_2} \text{에서 } F_2 = \frac{A_2}{A_1} F_1,\ F_2 = \left(\frac{d_2}{d_1}\right)^2 F_1$$

$$\frac{F_1}{A_1} = \frac{F_2}{A_2}$$

여기서, P : 유체 내의 압력[Pa], F : 힘[N], A : 피스톤의 단면적[m^2], d : 피스톤의 직경[m]

예제 수압기에서 피스톤의 지름이 각각 10[mm], 50[mm]이고 큰 피스톤에 1,000[N]의 하중을 올려 놓으면 작은 쪽 피스톤에 얼마의 힘이 작용하게 되는가?

풀이
- $\dfrac{F_1}{A_1} = \dfrac{F_2}{A_2}$, $F_1 = \dfrac{A_1}{A_2} F_2$, $F_1 = \left(\dfrac{d_1}{d_2}\right)^2 F_2$
- $F_1 = \left(\dfrac{10}{50}\right)^2 \times 1{,}000 = 40[\mathrm{N}]$

정답 : 40[N]

03 액주계

(1) 수은 기압계

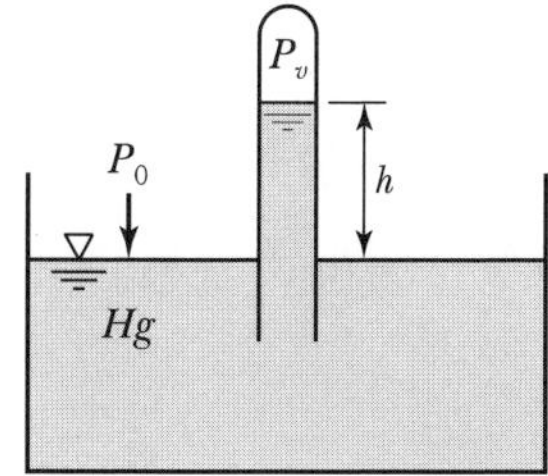

$$P_0 = \gamma_{hg} \cdot h + P_v$$

여기서, P_0 : 대기압[Pa]
γ_{hg} : 수은의 비중량[N/m^3]
h : 수은주의 높이[m]
P_v : 수은의 포화증기압(무시될 정도)

(2) 피에조미터

배관 내 유체의 정수압을 측정하는 기구로서 측정지점에 작은 구멍을 만들고 파이프를 연결하여 수주나 수은주 등을 이용하여 압력을 측정한다.

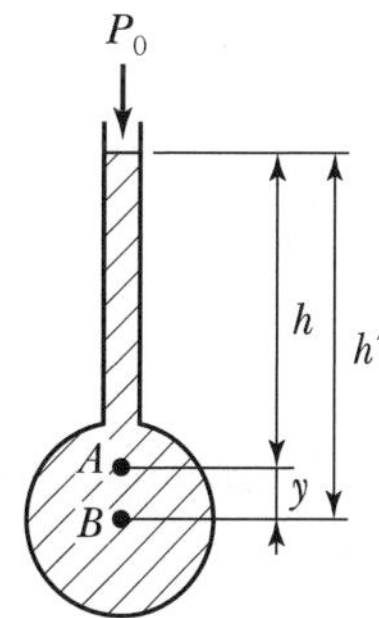

1) A점의 압력

① 계기압 : $P_A = \gamma h$

② 절대압 : $P_a = P_0 + \gamma h$

2) B점의 압력

① 계기압 : $P_B = \gamma h'$

② 절대압 : $P_b = P_0 + \gamma h'$

(3) 마노미터

압력에 의해 밀려 올라간 액체 기둥의 높이를 측정하여 그에 상응하는 압력을 측정하는 장치로서 액주계의 액체와 압력을 측정하려는 유체가 다른 경우를 마노미터라고 한다.

1) 마노미터의 압력측정

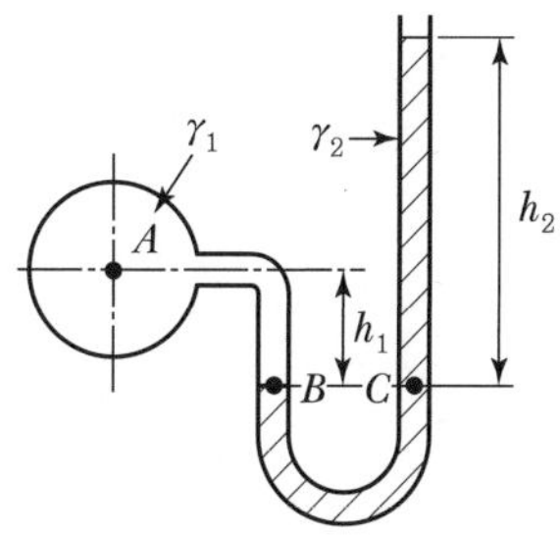

$$P_B = P_C$$

$$P_A + \gamma_1 h_1 = \gamma_2 h_2$$

$$P_A = \gamma_2 h_2 - \gamma_1 h_1$$

2) U자관 차압계

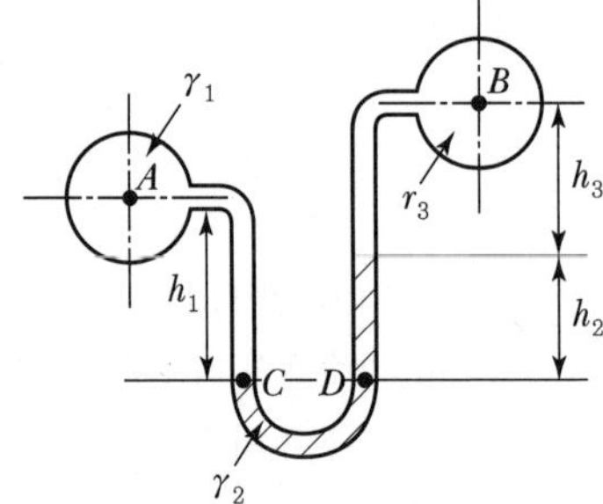

A점과 B점의 압력 차

$P_C = P_D$

$P_A + \gamma_1 h_1 = P_B + \gamma_2 h_2 + \gamma_3 h_3$

$P_A - P_B = \gamma_2 h_2 + \gamma_3 h_3 - \gamma_1 h_1$

예제 그림과 같은 U자관 차압 액주계에서 A와 B에 있는 유체는 물이고 그 중간의 유체는 수은(비중 13.6)이다. 또한 그림에서 $h_1 = 20$[cm], $h_2 = 30$[cm], $h_3 = 15$[cm]일 때 A의 압력(P_A)과 B의 압력(P_B)의 차이 ($P_A - P_B$)는 약 몇 [kPa]인가?

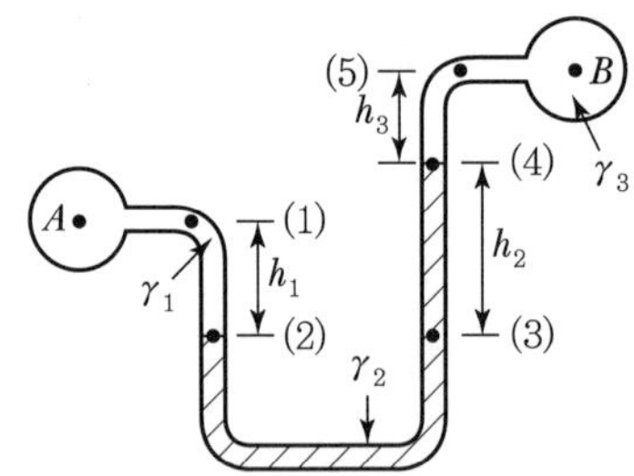

풀이 ① 비중량 γ

$\gamma = S\,\gamma_w$ 여기서, S : 비중, γ_w : 물의 비중량(9,800N/m^3, 9.8kN/m^3)

- $\gamma_1 = S_1\,\gamma_w$, $\gamma_1 = 1 \times 9.8[\text{kN/m}^3]$, $\gamma_1 = 9.8[\text{kN/m}^3]$
- $\gamma_2 = S_2\,\gamma_w$, $\gamma_2 = 13.6 \times 9.8[\text{kN/m}^3]$, $\gamma_2 = 133.28[\text{kN/m}^3]$
- $\gamma_3 = S_3\,\gamma_w$, $\gamma_3 = 1 \times 9.8[\text{kN/m}^3]$, $\gamma_3 = 9.8[\text{kN/m}^3]$

② $P_A - P_B = \gamma_2 h_2 + \gamma_3 h_3 - \gamma_1 h_1$

$P_A - P_B = 133.28 \times 0.3 + 9.8 \times 0.15 - 9.8 \times 0.2 = 39.49[\text{kN/m}^2]$

$\therefore\ P_A - P_B \fallingdotseq 39.5[\text{kN/m}^2]\,[\text{kPa}]$

답 : 39.5[kPa]

3) 역U자관 차압계

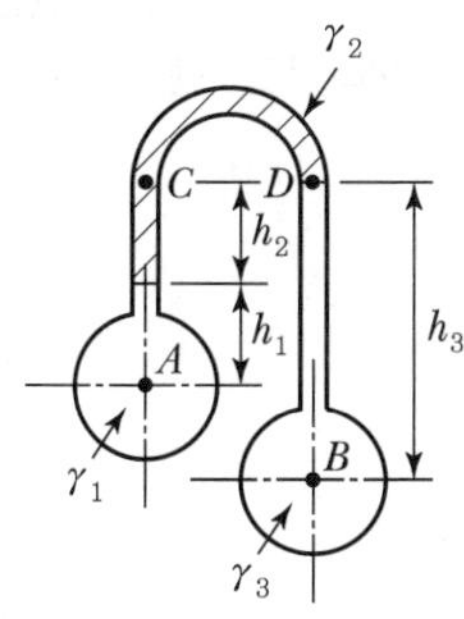

$$P_C = P_D$$

$$P_A - \gamma_1 h_1 - \gamma_2 h_2 = P_B - \gamma_3 h_3$$

$$P_A - P_B = \gamma_1 h_1 + \gamma_2 h_2 - \gamma_3 h_3$$

4) 축소관의 압력 차

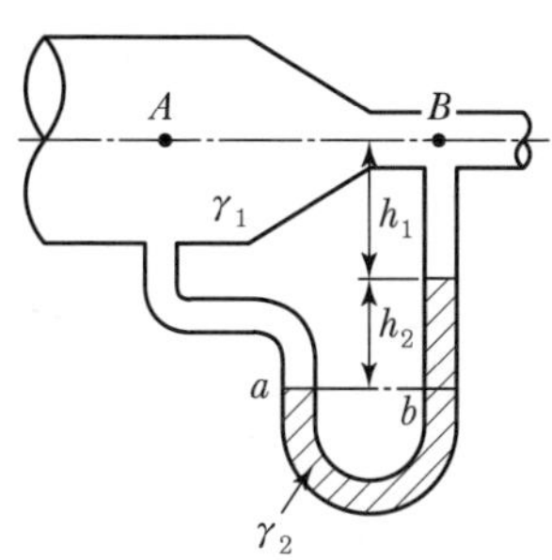

$$P_a = P_A + \gamma_1 h_1 + \gamma_1 h_2$$

$$P_b = P_B + \gamma_1 h_1 + \gamma_2 h_2$$

$P_a = P_b$이므로

$$P_A + \gamma_1 h_1 + \gamma_1 h_2 = P_B + \gamma_1 h_1 + \gamma_2 h_2$$

$$P_A - P_B = \gamma_1 h_1 + \gamma_2 h_2 - \gamma_1 h_1 - \gamma_1 h_2$$

$$P_A - P_B = \gamma_2 h_2 - \gamma_1 h_2$$

$$P_A - P_B = h_2(\gamma_2 - \gamma_1)$$

04 평면에 미치는 유체의 전압력

(1) 수평면의 한쪽 면에 작용하는 전압력(힘)

전압력은 유체 속에 잠긴 물체가 유체로부터 받는 힘의 벡터 합으로서 크기와 방향을 갖는다.

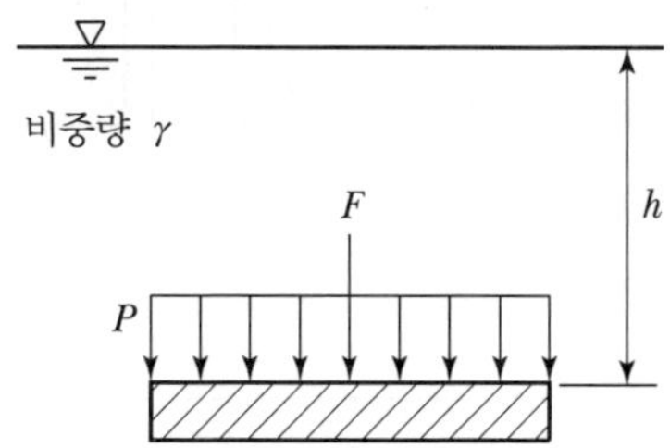

$$F = PA = \gamma h A$$

여기서, F : 평판에 작용하는 전압력[N], P : 평판에 작용하는 압력[Pa][N/m^2]
A : 평판의 면적[m^2], γ : 비중량[N/m^3], h : 수면으로부터의 깊이[m]

예제 아래 그림과 같은 탱크에 물이 들어 있다. 물이 탱크의 밑면에 가하는 힘은 약 몇 [N]인가?(단 물의 밀도는 1,000[kg/m³], 중력가속도는 10[m/s²]으로 가정하며 대기압은 무시한다. 또한 탱크의 폭은 전체가 1[m]로 동일하다.)

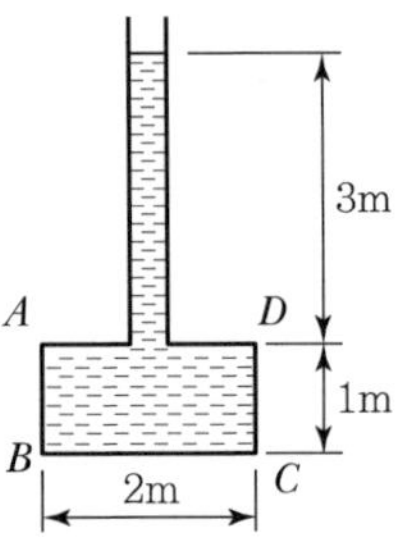

풀이 • $\gamma = \rho[\mathrm{N \cdot s^2/m^4}] \times \mathrm{g[m/s^2]}$, $\gamma = 1{,}000 \times 10 = 10{,}000[\mathrm{N/m^3}]$

여기서, $\rho = 1{,}000[\mathrm{kg/m^3}] = 1{,}000[\mathrm{N \cdot s^2/m^4}]$

• $h = (3+1)[\mathrm{m}]$, $A = (2 \times 1)[\mathrm{m^2}]$

• $F = \gamma h A = 10{,}000[\mathrm{N/m^3}] \times (3+1)[\mathrm{m}] \times (2 \times 1)[\mathrm{m^2}] = 80{,}000[\mathrm{N}]$

• $F = 80{,}000[\mathrm{N}]$

정답 : 80,000[N]

(2) 수직면에 작용하는 전압력

수직면에 작용하는 전압력은 깊이의 차이가 발생하므로 위치에 따라 압력 차가 발생한다. 그러므로 전압력은 산술평균으로 구한다.

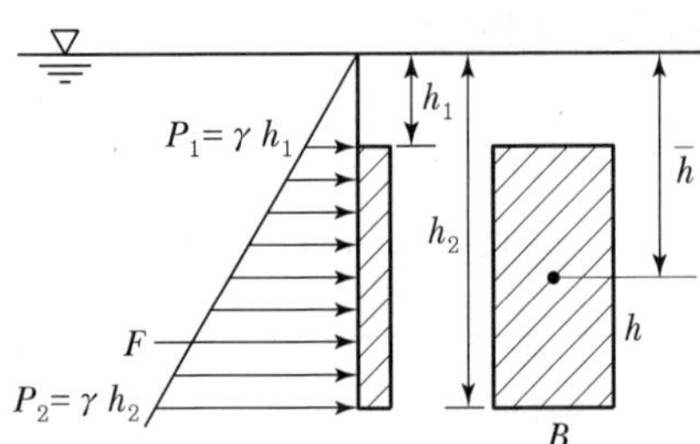

$$F = \frac{P_1 + P_2}{2} \cdot A = \frac{\gamma(h_1 + h_2)}{2} \cdot A$$

$$F = \gamma \bar{h} A$$

여기서, F : 수직평판에 작용하는 전압력[N], P : 평판에 작용하는 압력[Pa][N/m²]

A : 평판의 면적[m²], γ : 비중량[N/m³]

$\bar{h}$: 수면에서 평판도심까지 깊이[m], $\bar{h} = \dfrac{h_1 + h_2}{2}$

예제 그림과 같이 사각평판이 물속에 수직으로 놓여 있다. 이 평판이 받는 전압력은 몇 [N]인가?

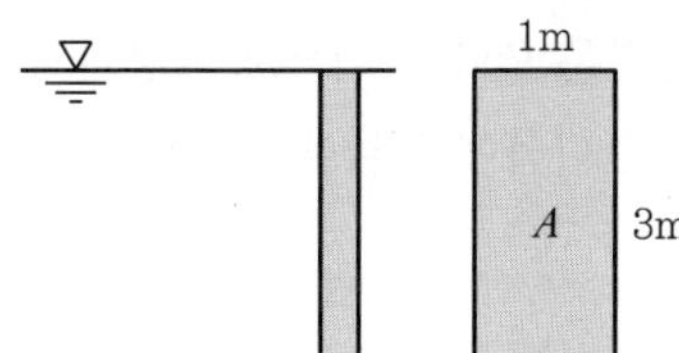

풀이 • $\gamma = 9{,}800[\mathrm{N/m^3}]$

• $\bar{h} = \dfrac{(3+0)\mathrm{m}}{2} = 1.5[\mathrm{m}]$, $A = 1 \times 3 = 3[\mathrm{m^2}]$

• $F = \gamma \bar{h} A \quad F = 9{,}800 \times 1.5 \times 3 = 44{,}100[\mathrm{N}]$

정답 : 44,100[N]

(3) 경사면에 작용하는 전압력

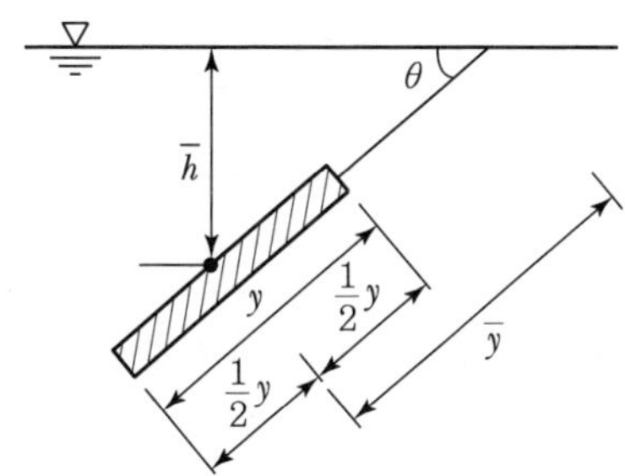

$$F = \gamma \bar{h} A = \gamma \bar{y} \sin\theta A$$

여기서, F : 경사면에 작용하는 전압력[N], γ : 비중량[$\mathrm{N/m^3}$]

$\bar{y}$: 수면에서 수문 중심까지의 경사거리[m], $\bar{h}$: 수면에서 수문 중심까지의 수직거리[m]

A : 수문의 단면적[$\mathrm{m^2}$]

예제 그림과 같이 수평과 30° 경사된 폭 50[cm]인 수문 AB가 받는 전압력은 몇 [kN]인가?

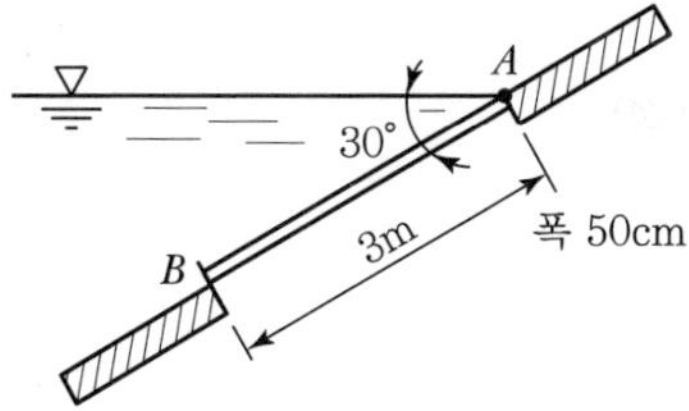

풀이 • $\gamma = 9.8[\mathrm{kN/m^3}]$, $A = 3\mathrm{m} \times 0.5\mathrm{m} = 1.5[\mathrm{m^2}]$

• $\bar{h} = \bar{y}\sin\theta = \dfrac{3}{2} \times \sin 30^\circ = 0.75[\mathrm{m}]$

• $F = \gamma \bar{h} A = 9.8 \times 0.75 \times 1.5 = 11.025[\mathrm{kN}]$

정답 : 11.025[kN]

05 곡면에 미치는 유체의 전압력

곡면 $A-B$에 작용하는 전압력은 면에 수직으로 작용하기 때문에 벽에 작용하는 힘은 수평분력과 수직분력으로 분해하여 구한 다음에 이들을 합성함으로써 구할 수 있다.

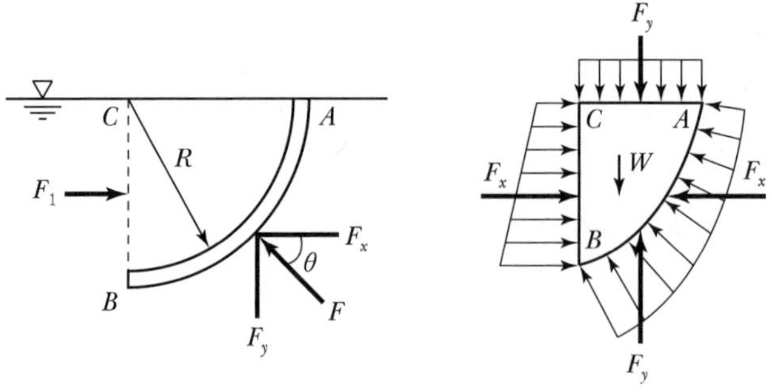

(1) 수평분력

곡면을 수직평면에 투영시켰을 때 생기는 수평투영면적에 작용하는 전압력과 같다.

$$F_H = \gamma \bar{h} A$$

여기서, F_H : 수평분력[N], $\bar{h}$: 투영면적 중심에서 수면까지 수직깊이[m]
A : 투영면적[m^2]

(2) 수직분력

수평면 $A-C$에 작용하는 전압력의 크기와 ABC의 자중(W)의 합으로 나타낼 수 있다. 따라서 수직분력은 곡면 $A-B$의 연직상방향에 있는 유체의 무게와 같다는 것을 알 수 있다.

$$F_V = \gamma V$$

여기서, F_V : 수직분력[N], γ : 비중량[N/m^3], V : 곡면연직상방의 체적[m^3]

(3) 합성력(곡면에 미치는 전압력)

$$F = \sqrt{F_H^{\ 2} + F_V^{\ 2}}$$

예제 그림과 같은 수문 AB가 받는 수평분력 F_H, 수직분력 F_V, 곡면에 미치는 전압력 F는 각각 약 몇 [N]인가?

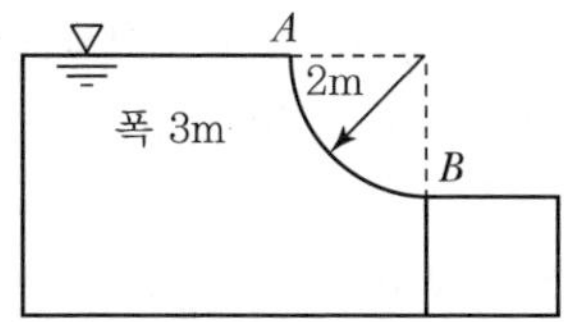

풀이
- $\gamma = 9{,}800[\text{N/m}^3]$, $A = 2\text{m} \times 3\text{m} = 6[\text{m}^2]$
- $\bar{h} = \dfrac{2\text{m}}{2} = 1[\text{m}]$
- 곡면 $A-B$의 연직상방 체적
  $V = \pi r^2 \times 폭 \times \dfrac{1}{4} = \pi \times 2^2 \times 3 \times \dfrac{1}{4} = 9.425[\text{m}^3]$
- $F_H = \gamma \bar{h} A = 9{,}800 \times 1 \times 6 = 58{,}800[\text{N}]$
- $F_V = \gamma V = 9{,}800 \times 9.425 = 92{,}365[\text{N}]$
- $F = \sqrt{58{,}800^2 + 92365^2} = 109{,}493[\text{N}]$

정답 : 58,800[N], 92,365[N], 109,493[N]

06 부력(Buoyant Force)

정지하고 있는 유체 속에 잠겨 있거나 떠 있는 물체가 유체로부터 받는 전압력을 부력(Buoyant Force)이라고 하며 아르키메데스의 원리에 의하면 유체 속에 있는 물체는 그 물체가 배제한 유체의 무게만큼 부력을 받아 그만큼 가벼워진다.

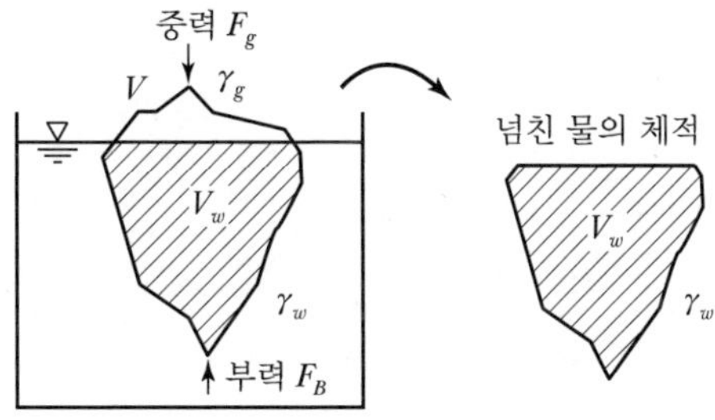

① 그림과 같이 컵 속에 얼음을 넣었을 때 얼음이 물속에 잠긴 체적만큼 물은 위로 넘치게 된다. 이때 위쪽으로 작용하는 힘을 부력이라 한다.

② 이때 얼음이 물에 떠 있기 위해서는 중력방향으로 작용하는 얼음의 무게 F_g와 빙산을 위로 들어올리려는 부력 F_B는 같게 된다.

$F_g = F_B$

$F_g = \gamma_g V$, $F_B = \gamma_w V_w$

$$\gamma_g V = \gamma_w V_w$$

여기서, γ_g : 얼음의 비중량[N/m³], V : 얼음의 전체 체적[m³]
γ_w : 물의 비중량[N/m³], V_w : 얼음의 잠긴 체적(넘친 물의 체적)[m³]

③ 얼음의 비중을 S_g, 물의 비중을 S_w라 하면 $S_g = \frac{\gamma_g}{\gamma_w}$에서 $\gamma_g = S_g \gamma_w$

$S_w = \frac{\gamma_w}{\gamma_w}$에서 $\gamma_w = S_w \gamma_w$이므로 $S_g \gamma_w V = S_w \gamma_w V_w$

$$S_g V = S_w V_w$$

여기서, S_g : 얼음의 비중, V : 얼음의 전체 체적[m³]
S_w : 물의 비중, V_w : 얼음의 잠긴 체적(넘친 물의 체적)[m³]

예제 **무게가 430[kN]이고, 길이 14[m], 폭 6.2[m], 높이 2[m]인 상자형의 바지(Barge)선이 물 위에 떠 있다. 이때 상자형 바지선의 잠긴 부분의 높이는 약 몇 [m]인가?**

풀이 • $F_g = 430[\text{kN}]$
• $F_B = \gamma_w V_w$
$\gamma_w = 9.8[\text{kN/m}^3]$, $V_w[\text{m}^3] = 14\text{m} \times 6.2\text{m} \times h$(잠긴 높이)
• $F_g = F_B$
$430 = 9.8 \times 14 \times 6.2 \times h$
$h = 0.51[\text{m}]$

정답 : 0.51[m]

CHAPTER 03

PART 02 소방유체역학

유체의 유동해석

01 유체의 흐름 특성

(1) 정상류와 비정상류

1) 정상류

유체 속의 임의의 점에 있어서 유체의 흐름이 압력(P), 밀도(ρ), 온도(T), 속도(V) 등이 시간의 경과(dt)에 따라 변화하지 않는 흐름을 말한다.

2) 비정상류

유체 속의 임의의 점에 있어서 유체의 흐름이 압력(P), 밀도(ρ), 온도(T), 속도(V) 등이 시간의 경과(dt)에 따라 변화하는 흐름을 말한다.

(2) 유선, 유적선, 유맥선

1) 유선(Stream Line)

① 유동장에서 어느 한순간에 각 점에서의 속도방향과 접선방향이 일치하는 연속적인 가상곡선을 말한다.

② 정상류에서의 유선은 시간이 경과하더라도 변하지 않는다.

2) 유적선(Path Line)

① 일정한 기간 내에 유체분자가 흘러간 경로를 말한다.

② 정상류에서 유적선은 유선과 일치하고 비정상류에서 유선과 유적선은 일치하지 않는다.

3) 유맥선(Streak Line)

유동장 내의 어느 점을 통과하는 모든 유체입자들을 이은 선으로, 유체의 순간 궤적을 나타내는 선을 말한다.

02 유체의 연속 방정식(Continuity Equation)

관 내의 어느 위치에서나 유입 질량과 유출 질량이 같으므로 관 내의 어느 단면에서든 단위시간당 흘러가는 질량은 유속에 관계없이 일정하다. 즉, 관 내의 유동은 단위시간에 어느 단면에서나 질량 보존되는 **질량보존의 법칙**이 성립된다.

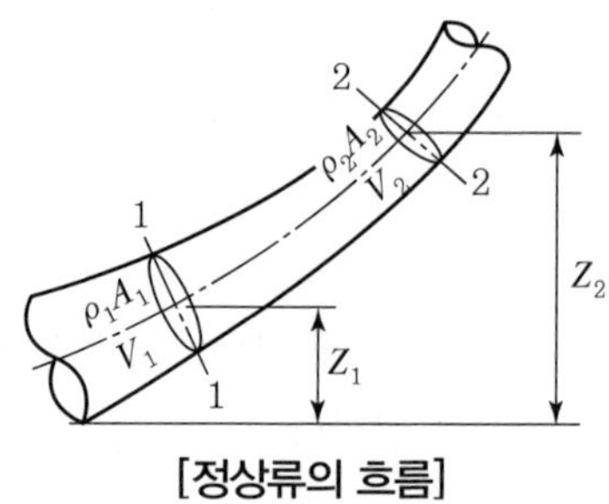

[정상류의 흐름]

(1) 질량유량($\overline{m}$[kg$_m$/s] : Mass Flowrate)

$$\overline{m}\,[\text{kg/s}] = \rho A V \qquad \rho_1 A_1 V_1 = \rho_2 A_2 V_2$$

(2) 중량유량($\overline{G}$[N/s] [kg$_f$/s] : Weight Flowrate)

$$\overline{G}\,[\text{N/s}] = \gamma A V \qquad \gamma_1 A_1 V_1 = \gamma_2 A_2 V_2$$

(3) 체적유량(Q[m^3/s] : Volumetric Flowrate)

비압축성 유체일 경우는 $\rho_1 = \rho_2$, $\gamma_1 = \gamma_2$이므로

$$Q\,[\text{m}^3/\text{s}] = A V \qquad A_1 V_1 = A_2 V_2$$

여기서, A : 배관의 단면적[m^2], V : 유속[m/s], ρ : 밀도[kg/m^3], γ : 비중량[N/m^3]

예제 내경 10[cm]인 배관 내에 비중 0.9인 유체가 평균속도 10[m/s]로 흐를 때 질량유량은 몇 [kg/s]인가?

풀이 • $A = \frac{\pi d^2}{4} = \frac{\pi \times 0.1^2}{4} = 0.00785[\text{m}^2]$, $V = 10[\text{m/s}]$

• $S = \frac{\rho}{\rho_w}$, $\rho = S\rho_w = 0.9 \times 1{,}000[\text{kg/m}^3] = 900[\text{kg/m}^3]$

• $\overline{m}[\text{kg/s}] = \rho A V = 900 \times 0.00785 \times 10 = 70.7[\text{kg/s}]$

정답 : 70.7[kg/s]

03 베르누이 방정식

베르누이 방정식은 에너지보존의 법칙을 유체에 적용시킨 것으로서 관 내의 임의의 점에서 에너지의 총합은 항상 일정하다는 법칙이다.

베르누이 방정식은 오일러(Euler)의 운동 방정식을 변위 s에 대해 적분하여 구할 수 있다. 오일러의 운동 방정식은 단위중량 비점성, 정상유, 유선을 따라서 흐르는 유체의 식으로 다음과 같다.

$$\frac{d(V^2)}{2g} + \frac{dP}{\rho g} + dZ = 0$$

(1) 베르누이 방정식과 성립요건

1) 베르누이 방정식

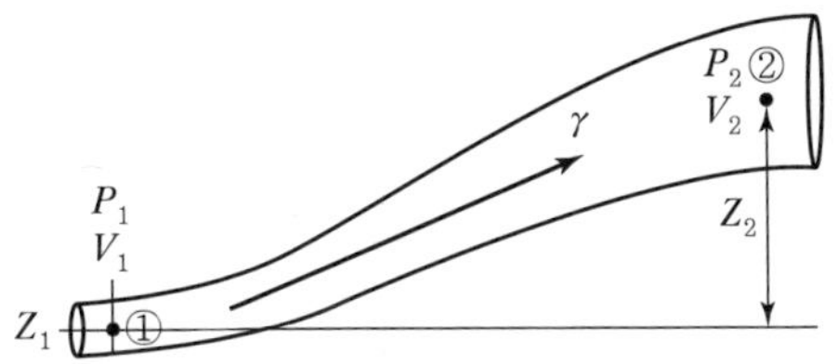

$$\frac{V^2}{2g} + \frac{P}{\gamma} + Z = \text{Constant}$$

여기서, $\frac{P}{\gamma}$: 압력수두, $\frac{V^2}{2g}$: 속도수두, z : 위치수두, V : 유속[m/s], P : 압력[N/m^2]
Z : 높이[m], g : 중력가속도[m/s^2], γ : 비중량[N/m^3]

2) 성립요건

① 유선을 따르는 흐름일 것
② 정상류의 흐름일 것
③ 마찰이 없는 흐름일 것(점성이 없을 것)
④ 비압축성 유체의 흐름일 것

(2) 유동하는 유체의 임의의 점에서 압력수두, 속도수두, 위치수두의 합은 일정

$$\frac{{V_1}^2}{2g} + \frac{P_1}{\gamma} + Z_1 = \frac{{V_2}^2}{2g} + \frac{P_2}{\gamma} + Z_2$$

여기서, $\frac{V^2}{2g}$: 속도수두[m], $\frac{P}{\gamma}$: 압력수두[m], z : 위치수두[m], γ : 비중량[N/m^3]
V : 유속[m/s], P : 압력[N/m^2], Z : 높이[m], g : 중력가속도[m/s^2]

예제 수평으로 놓인 관로에서, 입구의 관 지름이 65[mm], 유속이 2.5[m/s]이며 출구의 관 지름이 40[mm]라고 한다. 입구에서의 압력이 350[kPa]이라면 출구에서의 압력은 약 몇 [kPa]인가?(단, 마찰손실은 무시하고 유체의 밀도는 1,000[kg/m³]로 한다.)

풀이 • $Q_1 = A_1 V_1 = \frac{\pi \times d_1^2}{4} \times V_1,\ Q_1 = \frac{\pi \times 0.065^2}{4} \times 2.5 = 0.0083[\text{m}^3/\text{s}]$

• $Q_1 = Q_2,\ Q_2 = \frac{\pi \times d_2^2}{4} \times V_2,\ 0.0083 = \frac{\pi \times 0.04^2}{4} \times V_2$

$V_2 = \frac{0.0083 \times 4}{\pi \times 0.04^2} = 6.6[\text{m/s}]$

• $\frac{{V_1}^2}{2g} + \frac{P_1}{\gamma} + Z_1 = \frac{{V_2}^2}{2g} + \frac{P_2}{\gamma} + Z_2$ 여기서, $Z_1 = Z_2,\ \gamma = 9.8[\text{kN/m}^3]$

$\frac{2.5^2}{2 \times 9.8} + \frac{350}{9.8} = \frac{6.6^2}{2 \times 9.8} + \frac{P_2}{9.8}$

$\frac{350 - P_2}{9.8} = \frac{6.6^2 - 2.5^2}{2 \times 9.8},\ 350 - P_2 = 1.904 \times 9.8$

$P_2 = 350 - 1.904 \times 9.8 = 331.34[\text{kPa}]$

정답 : 331.34[kPa]

(3) 수정 베르누이 방정식(Modified Bernoulli's Equation)

1) 손실수두를 고려한 베르누이 방정식

실제유체(점성유체) 유동에서는 점성 때문에 마찰손실이 발생하므로 단면 1과 2 사이에서 식

$$\frac{{V_1}^2}{2g} + \frac{P_1}{\gamma} + Z_1 = \frac{{V_2}^2}{2g} + \frac{P_2}{\gamma} + Z_2 + H_L$$

여기서, H_L : 마찰손실수두

2) 펌프수두와 마찰손실을 고려한 베르누이 방정식

실제유체의 유동관로에 펌프를 설치하여 유체를 이송할 때

$$\frac{{V_1}^2}{2g} + \frac{P_1}{\gamma} + Z_1 + H_P = \frac{{V_2}^2}{2g} + \frac{P_2}{\gamma} + Z_2 + H_L$$

여기서, H_L : 마찰손실수두, H_P : 펌프수두

(4) 에너지선(EGL)과 수력구배선(HGL)

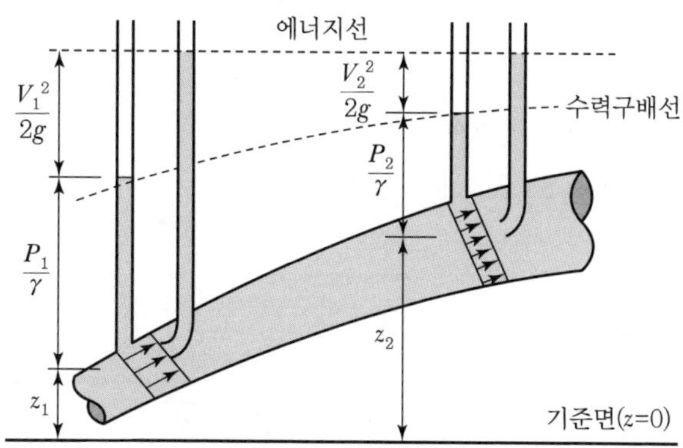

1) 에너지선(EGL)

유동하는 유체의 각 위치에서 $\left(\frac{V^2}{2g}+\frac{P}{\gamma}+Z\right)$를 연결한 선, 즉 속도수두와 압력수두, 위치수두의 합으로서 손실이 없다고 가정하면 기준선과 평행하다.

2) 수력구배선(HGL)

유동하는 유체의 각 위치에서 $\left(\frac{P}{\gamma}+Z\right)$를 연결한 선, 즉 압력수두와 위치수두의 합으로서 유체의 유동은 수력구배선이 높은 곳에서 낮은 곳으로 이동한다.

3) 에너지선과 수력구배선과의 관계

에너지선은 수력구배선보다 속도수두$\left(\frac{V^2}{2g}\right)$만큼 위쪽에 위치한다.

(5) 토리첼리의 정리

용적이 큰 저장탱크의 어떤 부분에 작은 구멍의 원형 오리피스를 만들어 유량을 측정하기 위해 이용된다.

그림에서 ①과 ②지점에 베르누이 방정식을 적용시키면

$$\frac{V_1^{\ 2}}{2g}+\frac{P_1}{\gamma}+Z_1=\frac{V_2^{\ 2}}{2g}+\frac{P_2}{\gamma}+Z_2$$

여기서, $V_1 \lll V_2$, $P_1=P_2$(대기압)

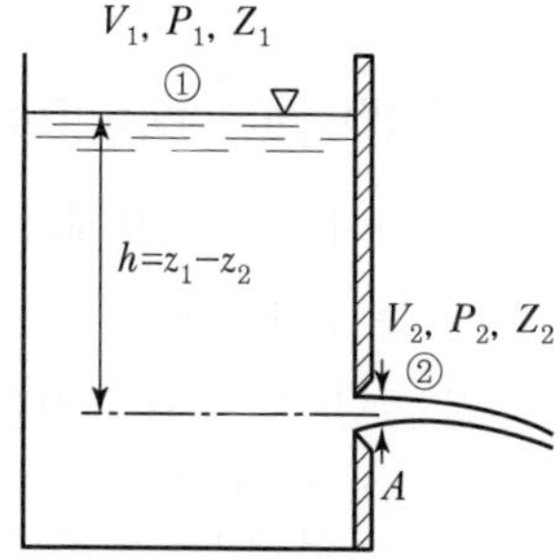

[자유 흐름의 오리피스]

$$0+0+Z_1=\frac{V_2^{\ 2}}{2g}+0+Z_2,\ \frac{V_2^{\ 2}}{2g}=Z_1-Z_2,\ Z_1-Z_2=h\text{이므로},\ h=\frac{V_2^{\ 2}}{2g}$$

$$V_2=\sqrt{2gh}$$

여기서, V : 유속[m/s], h : 속도수두[m]

예제 직경이 18[mm]인 노즐을 사용하여 노즐 압력 147[kPa]로 옥내소화전을 방수하면 방수속도는 약 몇 [m/s]인가?

풀이 • $h = \dfrac{P}{\gamma} = \dfrac{147[\text{kN/m}^2]}{9.8[\text{kN/m}^3]} = 15[\text{m}]$

• $V = \sqrt{2gh}$, $V = \sqrt{2 \times 9.8 \times 15} = 17.15[\text{m/s}]$

정답 : 17.15[m/s]

1) 이론유량 Q

$$Q = AV = A\sqrt{2gh}$$

여기서, V : 유속[m/s], A : 출구의 단면적[m^2], h : 속도수두[m]

2) 실제유량

점성의 영향 등을 고려한 유량으로 이론유량보다 작다.

① 실제속도

$$V_a = C_v V = C_v \sqrt{2gh}$$

여기서, C_v : 유속계수(Coefficient of Velocity)

② 실제유량

$$Q_a = C_v A \sqrt{2gh}$$

여기서, C_v : 유속계수(Coefficient of Velocity), A : 출구의 단면적[m^2], h : 속도수두[m]

(6) 사이펀 관(Siphon Tube)

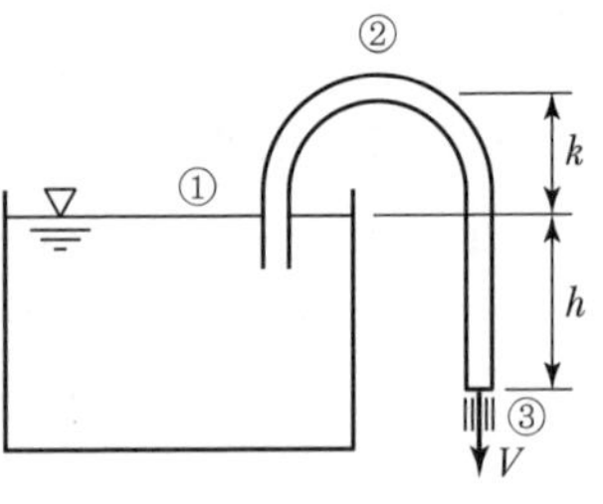

① 사이펀 관은 유체의 위치에너지로 인한 유체의 유동을 나타내는 장치이다.

② 그림에서 ①과 ③지점에 베르누이 정리를 적용하면 다음과 같다.

$$\frac{P_1}{\gamma} + \frac{{V_1}^2}{2g} + Z_1 = \frac{P_3}{\gamma} + \frac{{V_3}^2}{2g} + Z_3$$

여기서, $P_1 = P_3$(대기압), $V_1 \ll V_3$이므로 V_1은 무시

$h = Z_1 - Z_3$이므로 $\dfrac{{V_3}^2}{2g} = h$

$V_3 = \sqrt{2gh}$

여기서, 출구속도(V_3)는 토리첼리의 정리와 같음을 알 수 있다.

04 운동량 이론과 응용

(1) 운동량(Momention)

질량 m인 물체가 속도 V로 운동할 때 $m \cdot V$를 운동량이라고 한다.

$$\vec{p} = m \cdot V[\text{kg} \cdot \text{m/s}][\text{N} \cdot \text{s}]$$

여기서, $\vec{p}$: 운동량[kg · m/s], m : 질량[kg], V : 속도[m/s]

(2) 운동량의 법칙

Newton의 제2운동법칙에 의하면 물체에 작용한 외력의 힘은 그 물체의 시간에 대한 운동량의 변화율과 같다.

$$F = ma = m\frac{dV}{dt} = \frac{d}{dt}(m \cdot V)$$

$$F = \frac{d}{dt}(m \cdot V), \ F \cdot dt = d(m \cdot V)$$

여기서, F : 힘[N], m : 질량[kg], V : 속도[m/s]

위의 식을 시간에 대해 적분하면 운동량이 되며 이 식을 운동량 방정식(Momentum Equation)이라고 한다.

$$F \cdot t = m \cdot V$$

① 운동량=질량×속도 : $\vec{p} = m \cdot V$

② 충격량(역적)=힘×시간 : $\vec{p} = F \cdot t$

(3) 동적 힘 F

$$F \cdot t = m \cdot V \qquad F = \frac{m}{t} \cdot V = \overline{m} \cdot V = \rho A V \cdot V$$

여기서, $\overline{m}[\text{kg/s}] = \dfrac{m}{t} = \rho A V$

$$F[\text{N}] = \rho A V^2 = \rho Q V$$

예제 시간 dt 사이에 유체의 선운동량이 dp만큼 변했을 때 $\dfrac{dp}{dt}$는 무엇을 뜻하는가?

① 유체 운동량의 변화량 ② 유체 충격량의 변화량
③ 유체의 가속도 ④ 유체에 작용하는 힘

풀이 • 운동량=질량×속도 : $\vec{p} = m \cdot V$ • 충격량=힘×시간 : $\vec{p} = F \cdot t$

• 힘$=\dfrac{\text{충격량}}{\text{시간}}$: $F = \dfrac{\vec{p}}{t}$

정답 : ④

(4) 곡관 속의 1차원 정상류에 대한 운동량 방정식

그림에서 어느 순간에 단면 ①과 단면 ② 사이에 있던 유체가 dt시간 후에 단면 ①′와 단면 ②′ 사이의 유체로 이동하였다면 dt시간 동안의 운동량 변화는 (단면 ②와 ②′ 사이의 유체운동량)−(단면 ①과 ①′ 사이의 유체운동량)

따라서 운동량 방정식을 적용하면

[유체의 운동량 변화]

$F \cdot t = m_2 V_2 - m_1 V_1$

여기서, $\overline{m}\,[\text{kg/s}] = \rho A V$, $m[\text{kg}] = \rho A V t$

$F \cdot t = (\rho_2 A_2 V_2 t) V_2 - (\rho_1 A_1 V_1 t) V_1$

$F \cdot t = (\rho_2 Q_2 t) V_2 - (\rho_1 Q_1 t) V_1$

$F \cdot t = \rho Q (V_2 - V_1) t$

그러므로 유체에 작용하는 동적인 힘

$$F = \rho Q (V_2 - V_1)$$

(5) 고정평판에 작용하는 힘

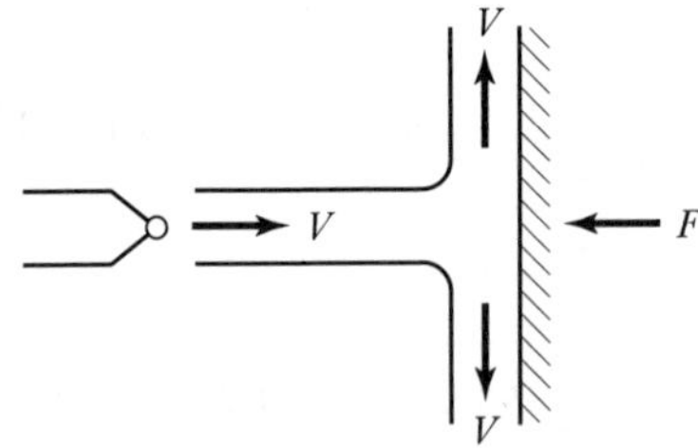

[고정평판에 작용하는 힘]

① 그림에서는 운동량 방정식을 적용하는 x성분만 존재한다.

$\Sigma F_x = -F = \rho Q (V_{2x} - V_{1x})$

여기서, $V_{2x} = 0$, $V_{1x} = V$이므로

$\Sigma F_x = -F = \rho Q (-V_{1x}) = \rho Q V$

② 고정평판에 작용하는 힘(추력, 반동력, 노즐의 반발력)

$$F = \rho Q V \qquad F = \rho A V^2$$

여기서, ρ : 밀도[N · s²/m⁴], Q : 유량[m³/s], V : 유속[m/s], A : 노즐의 단면적[m²]

예제 **지름이 5[cm]인 소방 노즐에서 물제트가 40[m/s]의 속도로 건물 벽에 수직으로 충돌하고 있다. 벽이 받는 힘은 약 몇 [N]인가?**

풀이 • ρ : 1,000[N · s^2/m^4], V : 40[m/s], $d = 5[cm] = 0.05[m]$, $A = \frac{\pi \times 0.05^2}{4}[m^2]$

• $F = \rho A V^2$

$F = 1{,}000 \times \left(\frac{\pi \times 0.05^2}{4}\right) \times 40^2 = 3141.59[N]$

정답 : 3141.59[N]

(6) 이동평판에 작용하는 힘

그림과 같이 분류의 방향으로 V의 속도로 움직이는 평판에 분류가 충돌할 때 분류의 충돌속도는 $V-u$이고, 단위시간당 평판에 충돌하는 유량은 $A(V-u)$이므로 평판에 미치는 힘
$\sum F_x = -F = \rho Q(u-V)$

$$F = \rho Q(V-u) = \rho A(V-u)^2$$

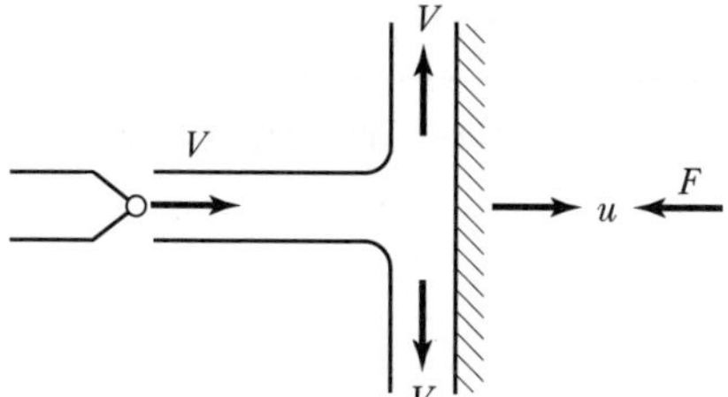

[이동평판에 작용하는 힘]

예제 **단면적이 일정한 물 분류가 속도 20[m/s], 유량 0.3[m³/s]로 분출되고 있다. 분류와 같은 방향으로 10[m/s]의 속도로 운동하고 있는 평판에 이 분류가 수직으로 충돌할 경우 판에 작용하는 충격력은 몇 [N]인가?**

풀이 • $\rho = 1{,}000[N \cdot s^2/m^4]$, $Q = 0.3[m^3/s]$, $V = 20[m/s]$, $u = 10[m/s]$

• 노즐의 단면적 $A[m^2]$

$Q = AV$, $A = \frac{Q}{V} = \frac{0.3}{20} = 0.015[m^2]$

• 충격력

$F = 1{,}000 \times 0.015(20-10)^2 = 1{,}500[N]$

정답 : 1,500[N]

05 유체의 측정

(1) 정압 측정

관 내의 정압수두를 측정 : $h_1[\mathrm{m}] = \dfrac{P[\mathrm{N/m^2}]}{\gamma[\mathrm{N/m^3}]}$

1) 피에조미터

배관 내의 압력을 측정하기 위하여 수직으로 세운 관으로서 유동하는 유체에서 정압을 측정하는 장치이다.

2) 정압관

관의 표면이 매끈하지 않아서 피에조미터 구멍을 뚫을 수 없을 경우에는 앞이 둥글게 막힌 작은 원통의 측면에 피에조미터 구멍이 뚫린 정압관을 액주계에 연결하여 정압을 측정한다.

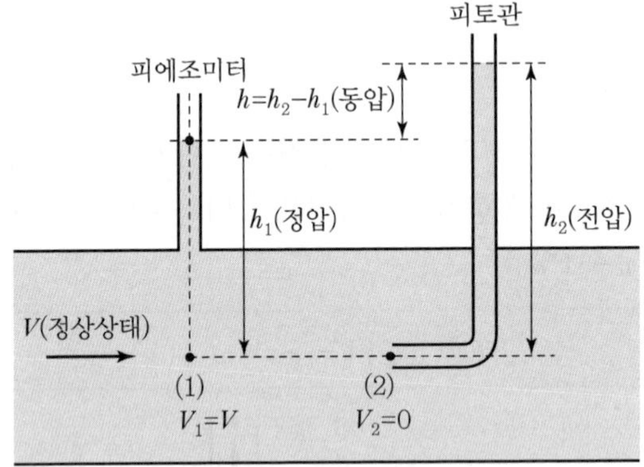

[배관 내의 정압과 전압]

(2) 동압 측정

1) 피토관

① 배관 내 유체의 흐름을 정면으로 막는 정체점(Stagnation Point)에 걸리는 압력을 정체압(Stagnation Pressure) 또는 전압(Total Pressure)이라 한다.

② 피토관은 관 내의 **전압**을 **측정**하는 데 사용한다.

관 내의 전압수두 : $h_2[\mathrm{m}] = \dfrac{P}{\gamma} + \dfrac{V^2}{2g}$

2) 관 내의 동압 측정

① 전압＝정압＋동압

동압＝전압－정압

② 동압수두(속도수두) $h = h_2 - h_1$이므로

$h = \frac{P}{\gamma} + \frac{V^2}{2g} - \frac{P}{\gamma}$에서 $h = \frac{V^2}{2g}$이 된다.

$$h = \frac{V^2}{2g}$$

여기서, h : 속도수두[m], V : 유속[m/s]

예제 **피토관으로 파이프 중심선에서의 유속을 측정할 때 피토관의 액주높이가 5.2[m], 정압튜브의 액주높이가 4.2[m]를 나타낸다면 유속은 약 몇 [m/s]인가?(단, 물의 밀도는 1,000[kg/m³]이다.)**

풀이
- 피토관의 수두(전압수압) = 5.2[m]
- 정압튜브의 수두(정압수두) = 4.2[m]
- 전압수두 = 정압수두 + 동압수두
- 동압수두 = 전압수두 − 정압수두
- 동압수두 = 5.2[m] − 4.2[m] = 1[m]
- 동압수두(속도수두) $h = \frac{V^2}{2g}$, $1 = \frac{V^2}{2 \times 9.8}$

$V = \sqrt{2 \times 9.8 \times 1} = 4.43$[m/s]

정답 : 4.43[m/s]

(3) 유속 측정

1) 피토정압관(Pitot-static Tube)

유속이 매우 빠르면 피토관의 높이도 매우 높아야 측정이 가능하므로 그림과 같은 피토정압관의 액주계 내에 비중이 큰 액체를 채워서 측정 높이를 작게 하여 측정한다.

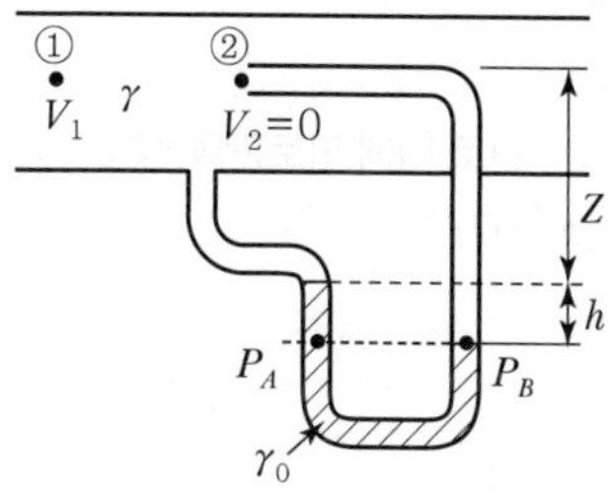

[피토정압관]

여기서, ①, ②에 베르누이 방정식을 적용하면 $Z_1 = Z_2$이고 $V_2 = 0$이므로

$$\frac{{V_1}^2}{2g} + \frac{P_1}{\gamma} = 0 + \frac{P_2}{\gamma}$$

위의 식을 다시 정리하면 다음과 같다.

$$\frac{V_1^{\ 2}}{2g} = \frac{P_2 - P_1}{\gamma} \quad \cdots\cdots\cdots\cdots ①$$

여기서, 압력 차($P_2 - P_1$)를 구하면

위 그림에서 P_A점의 압력과 P_B점의 압력은 같다.

$P_A = P_B$

$P_A = P_1 + \gamma Z + \gamma_0 h$, $P_B = P_2 + \gamma Z + \gamma h$이므로

$P_1 + \gamma Z + \gamma_0 h = P_2 + \gamma Z + \gamma h$

$P_2 - P_1 = \gamma Z + \gamma_0 h - \gamma Z - \gamma h$

$P_2 - P_1 = h(\gamma_0 - \gamma)$ ⋯⋯⋯⋯ ②

①식에 ②식을 대입하면

$$\frac{V^2}{2g} = h \cdot \frac{\gamma_0 - \gamma}{\gamma}$$

위 식으로부터 배관 내의 유속(V)을 구하면 다음과 같이 표현된다.

$$V = \sqrt{2gh\left(\frac{\gamma_0 - \gamma}{\gamma}\right)} \qquad V = \sqrt{2gh\left(\frac{S_0 - S}{S}\right)}$$

여기서, γ_0 : 액주계 내의 유체 비중량[N/m^3]

γ : 배관을 흐르는 유체의 비중량[N/m^3]

S_0 : 액주계 내의 유체 비중

S : 배관을 흐르는 유체의 비중

h : 액주계 내 유체의 높이 차[m]

예제 **3[m/s]의 속도로 물이 흐르고 있는 관로 내에 피토관을 삽입하고, 비중 1.8의 액체를 넣은 시차액주계에서 나타나게 되는 액주차는 약 몇 [m]인가?**

풀이 $V = \sqrt{2gh\left(\frac{S_0 - S}{S}\right)}$, $3 = \sqrt{2 \times 9.8 \times h\left(\frac{1.8 - 1}{1}\right)}$ 양변을 제곱하면

$3^2 = 2 \times 9.8 \times 0.8 \times h$, $h = \frac{9}{2 \times 9.8 \times 0.8}$

$h = 0.5739$[m]

정답 : 0.57[m]

(4) 유량 측정

1) 벤추리미터(Venturi Meter)

축소 · 확대관의 축소관 부분에서 유속을 빠르게 하여 압력변화를 일으킴으로써 유량을 측정할 수 있는 장치이다.

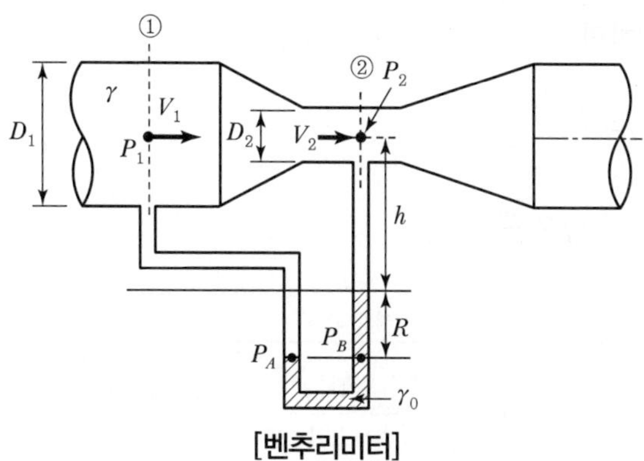

[벤추리미터]

그림의 ①지점과 ②지점의 에너지는 베르누이 방정식에 의하여

$$\frac{{V_1}^2}{2g}+\frac{P_1}{\gamma}+Z_1=\frac{{V_2}^2}{2g}+\frac{P_2}{\gamma}+Z_2$$

여기서, ①지점과 ②지점은 수평이므로 $Z_1=Z_2$이 되고, 위 식을 정리하면

$$\frac{{V_2}^2-{V_1}^2}{2g}=\frac{P_1-P_2}{\gamma}$$

$${V_2}^2-{V_1}^2=2g\,\frac{P_1-P_2}{\gamma} \quad \cdots\cdots\cdots\cdots\cdots\cdots\cdots\cdots\cdots\cdots ㉠$$

연속방정식에서

$Q_1=Q_2$, $A_1V_1=A_2V_2$이므로

$$V_1=\frac{A_2}{A_1}V_2 \quad \cdots\cdots\cdots\cdots\cdots\cdots\cdots\cdots\cdots\cdots\cdots\cdots\cdots\cdots ㉡$$

위의 ㉠식에 ㉡식을 대입하면

$${V_2}^2-\left[\frac{A_2}{A_1}V_2\right]^2=2g\,\frac{P_1-P_2}{\gamma}$$

$${V_2}^2\left[1-\left(\frac{A_2}{A_1}\right)^2\right]=2g\,\frac{P_1-P_2}{\gamma} \quad \cdots\cdots\cdots\cdots\cdots\cdots\cdots ㉢$$

그림에서 (P_1-P_2)를 구해 보면

$P_A=P_1+\gamma h+\gamma R$, $P_B=P_2+\gamma h+\gamma_0 R$

$P_A=P_B$이므로

$$P_1 + \gamma h + \gamma R = P_2 + \gamma h + \gamma_0 R$$

$$P_1 - P_2 = \gamma h + \gamma_0 R - \gamma h - \gamma R$$

$$= \gamma_0 R - \gamma R$$

$$P_1 - P_2 = R(\gamma_0 - \gamma) \quad \cdots\cdots\cdots\cdots ㉣$$

㉢식에 ㉣식을 대입하면

$$V_2^{\,2}\left[1 - \left(\frac{A_2}{A_1}\right)^2\right] = 2gR\frac{\gamma_0 - \gamma}{\gamma}$$

$$V_2^{\,2} = \frac{1}{1 - \left(\frac{A_2}{A_1}\right)^2} \times 2gR\frac{\gamma_0 - \gamma}{\gamma}$$

$$V_2 = \frac{1}{\sqrt{1 - \left(\frac{A_2}{A_1}\right)^2}}\sqrt{2gR\frac{\gamma_0 - \gamma}{\gamma}}$$

여기서, $A_1 = \frac{\pi D_1^{\,2}}{4}$, $A_2 = \frac{\pi D_2^{\,2}}{4}$를 위 식에 대입하고, 벤추리계수 C_v를 고려하여 축소관의 유속 V_2를 구하면

$$V_2 = \frac{C_v}{\sqrt{1 - \left(\frac{D_2}{D_1}\right)^4}}\sqrt{2gR\frac{\gamma_0 - \gamma}{\gamma}} \ [\mathrm{m/s}]$$

여기서, $Q_1 = Q_2$이고 $Q_2 = A_2 V_2$이므로

$$Q_2 = \frac{C_v A_2}{\sqrt{1 - \left(\frac{D_2}{D_1}\right)^4}}\sqrt{2gR\frac{\gamma_0 - \gamma}{\gamma}} \ [\mathrm{m^3/s}]$$

2) 오리피스미터(Orifice Meter)

① 배관에 얇은 판을 끼워 넣어 유속을 크게 함으로써 압력변화를 일으키고 압력 차에 의해 유량을 측정할 수 있는 장치이다.

② 설치하기 쉽고, 가격이 저렴하다.

③ 유량측정 원리는 벤추리미터와 동일하다.

3) 위어(Weir)

① 개수로의 유량 측정에 사용하는 장치이다.

② 전폭위어, 3각위어, 4각위어 등을 사용한다.

4) 로터미터(Rota Meter)

부자(Float)의 높이를 직접 눈으로 읽어 유량을 측정하는 장치이다.

예제 **유량 측정장치의 종류를 쓰시오.**

① 벤추리미터　② 오리피스미터
③ 위어　④ 로터미터

CHAPTER 04 PART 02 소방유체역학

관 내의 유동

01 유체의 유동형태

(1) 층류와 난류

1) 층류(Laminar Flow)

유체가 관 속을 유동할 때 유체가 흐트러지지 않고 가지런한 형태를 가지는 흐름을 층류라 한다.

2) 난류(Turbulent Flow)

유체의 유동이 일정한 방향의 가지런한 흐름이 아닌 불규칙하고 어지러운 형태를 가지는 흐름을 난류라 한다.

3) 천이유동(Transition Flow)

층류로부터 난류로 성장되는 유동상태를 말하며 이 유동은 층류와 난류의 중간상태 흐름이다.

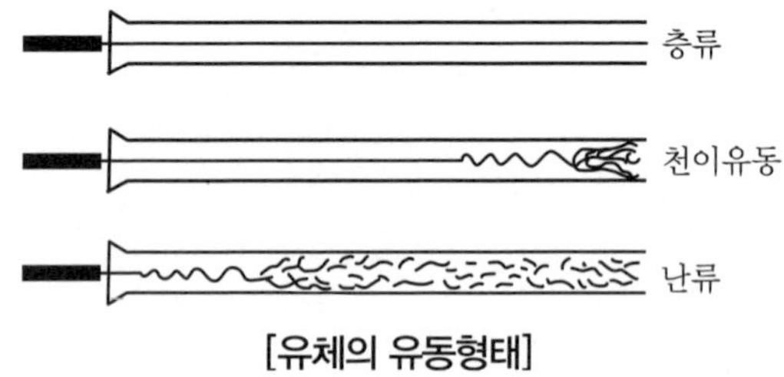

[유체의 유동형태]

(2) 레이놀즈수(Reynolds Number)

① 실제유체의 유동상태는 두 가지의 아주 상이한 흐름인 **층류와 난류로 구분되는데, 이 구분의 척도**를 레이놀즈수라고 한다.

② 레이놀즈수는 실제유체의 유동에 있어서 **점성력과 관성력의 비**를 나타내며, 직경이 일정한 수평원관 내의 유동에서는 다음과 같이 정의된다.

$$Re = \frac{\rho VD}{\mu} = \frac{VD}{\nu}$$

여기서, ρ : 유체의 밀도[kg/m^3], μ : 유체의 점성계수[kg/m · s]
ν : 유체의 동점성계수[m^2/s], V : 유속[m/s], D : 관의 직경[m]

예제 동점성계수가 0.8×10^{-6}[m²/s]인 유체가 내경 20[cm]인 배관 속을 평균유속 2[m/s]로 흐를 때의 레이놀즈(Reynolds) 수는 얼마인가?

풀이
- $\nu = 0.8\times10^{-6}[\text{m}^2/\text{s}]$, $V = 2[\text{m/s}]$, $D = 20[\text{cm}] = 0.2[\text{m}]$
- $Re = \dfrac{VD}{\nu} = \dfrac{2\times0.2}{0.8\times10^{-6}} = 5\times10^5$
- $Re = 5\times10^5$

정답 : 5×10^5

③ 레이놀즈수는 층류와 난류를 구분하는 척도가 되는 무차원 수로서 실험결과에 의하면 수평원관 내의 유동에서 층류와 난류는 다음과 같이 구분된다.

유동구분	레이놀즈수(Re No.)
층류	$Re < 2{,}100$
천이영역	$2{,}100 < Re < 4{,}000$
난류	$Re > 4{,}000$

㉠ $Re = 4{,}000$: 상임계 레이놀즈수(층류에서 난류로 변하는 레이놀즈수)
㉡ $Re = 2{,}100$: 하임계 레이놀즈수(난류에서 층류로 변하는 레이놀즈수)

(3) 무차원 수의 종류 및 물리적 의미

무차원 수의 종류	물리적 의미
레이놀즈수	관성력/점성력
오일러수	압축력/관성력
마하수	관성력/탄성력
프루드수	관성력/중력
웨버수	관성력/표면장력

02 관 내 유동에서의 마찰손실

실제유체가 유동 시 유체의 점성에 의해 유체 상호 간 또는 고체접촉면에 전단력이 작용하게 된다. 이러한 전단력으로 인하여 마찰손실이 발생한다.

(1) 달시－바이스바하 방정식(Darcy－Weisbach Formula)

① 직관에서 유체의 흐름이 정상류일 때 마찰손실수두를 계산하는 데 이용되는 식으로 층류와 난류 모두에서 적용할 수 있다.

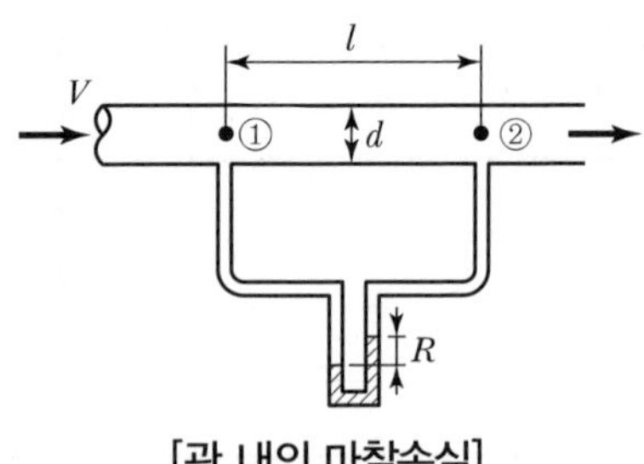

[관 내의 마찰손실]

② 직관에서의 손실수두는 배관의 길이에 비례하고, 유속의 제곱에 비례하며, 직경에는 반비례한다.

$$H_l = f\frac{l}{d}\frac{V^2}{2g}$$

여기서, H_l : 마찰손실수두[m], f : 관마찰계수, d : 배관의 직경[m]
l : 직관의 길이[m], V : 유체의 유속[m/sec]

예제 거리가 1,000[m] 되는 곳에 안지름 20[cm]의 관을 통하여 물을 수평으로 수송하려 한다. 한 시간에 800[m³]를 보내기 위해 필요한 압력[kPa]은?(단, 관의 마찰계수는 0.03이다.)

풀이 • f : 0.03, d : 20[cm]=0.2[m], l : 1,000[m]

$$Q = 800\frac{\text{m}^3}{\text{h}}\times\frac{1\text{h}}{3{,}600\text{s}} = \frac{800}{3{,}600}[\text{m}^3/\text{s}]$$

• $$V = \frac{Q}{A} = \frac{\dfrac{800\text{m}^3}{3{,}600\text{s}}}{\dfrac{\pi\times0.2^2}{4}} = 7.07[\text{m/s}]$$

• $$H_l = 0.03\times\frac{1{,}000}{0.2}\times\frac{7.07^2}{2\times9.8} = 382.54[\text{m}]$$

• $P[\text{kN/m}^2][\text{kPa}] = \gamma[\text{kN/m}^3]\times \text{h}[\text{m}]$

$P = 9.8[\text{kN/m}^3]\times382.54[\text{m}] = 3748.89[\text{kPa}]$

정답 : 3748.89[kPa]

(2) 관마찰계수(Pipe Friction Coefficient)

1) 층류 흐름일 때($Re < 2,100$)

관마찰계수(f)는 레이놀즈수(Re No.)만의 함수이다.

$$f = \frac{64}{Re}$$

2) 천이영역($2,100 < Re < 4,000$)

관마찰계수(f)는 레이놀즈수(Re No.)와 상대조도와$\left(\frac{e}{D}\right)$의 함수인 영역이다.

여기서, e : 절대조도, D : 배관의 직경

3) 난류($Re > 4,000$)

① 매끈한 관 : $f = 0.3164\,Re^{-\frac{1}{4}}$

여기서, Re : 레이놀즈수

② 거친 관 : $\frac{1}{\sqrt{f}} = 1.14 - 0.86\ln\left(\frac{e}{d}\right)$

여기서, $\frac{e}{d}$: 상대조도

③ 난류에서의 관마찰계수는 배관의 거칠기에 따라 레이놀즈수와 상대조도의 함수가 된다.

예제 **유체가 매끈한 원관 속을 흐를 때 레이놀즈수가 1,200이라면 관마찰계수는 얼마인가?**

풀이 • 층류 흐름일 때($Re < 2,100$) : 관마찰계수(f)는 레이놀즈수(Re No.)만의 함수

• $f = \frac{64}{Re} = \frac{64}{1,200} = 0.053$

정답 : 0.053

(3) 하겐-포아젤 방정식

직경이 일정한 직관 속에서 정상류인 비압축성 유체의 **층류 흐름**에서 마찰손실을 계산할 때 사용된다.

$$H_l = \frac{128\mu l Q}{\gamma \pi d^4} \qquad \Delta P = \frac{128\mu l Q}{\pi d^4}$$

여기서, H_l : 마찰손실수두[m], ΔP : 압력강하[Pa], d : 배관의 직경[m], γ : 비중량[N/m^3]
l : 직관의 길이[m], μ : 점성계수[N · s/m^2], Q : 유량[m^3/s]

예제 액체가 지름 4[mm]의 수평으로 놓인 원통형 튜브를 12×10^{-6}[m^3/s]의 유량으로 흐르고 있다. 길이 1[m]에서의 압력강하는 몇 [kPa]인가?(단, 유체의 밀도와 점성계수는 ρ=1.8×10^3[kg/m^3], μ=0.0045 [N · s/m^2]이다.)

풀이 d=4[mm]=0.004[m], l : 1[m], μ : 0.0045[N · s/m^2], $Q=12\times10^{-6}[\mathrm{m^3/s}]$

$$\Delta P=\frac{128\times0.0045\times1\times12\times10^{-6}}{\pi\times0.004^4}=8594.37[\mathrm{Pa}]$$

$$=8.59[\mathrm{kPa}]$$

정답 : 8.59[kPa]

(4) 부차적 손실

배관 내에 유체가 흐를 때 손실은 주 손실과 부차적 손실로 구분된다.

- 주 손실 : 직관에서 배관마찰에 의한 손실
- 부차적 손실 : 관 부속품에서 발생하는 손실, 급격한 확대관, 급격한 축소관, 유동단면의 장애물, 곡선부 등에 의한 손실

1) 배관부속에 의한 부차적 손실

엘보, 밸브 및 배관에 부착된 부품 등에서 발생하는 손실

$$H_l=K\frac{V^2}{2g}=f\frac{l_e}{d}\frac{V^2}{2g}$$

여기서, H_l : 부차적 손실수두[m], K : 부차적 손실계수
f : 관마찰계수, d : 배관의 직경[m]
l_e : 관의 상당길이[m], V : 유체의 유속[m/sec]

① 손실계수(Loss Coefficient) K

$$K=f\frac{l_e}{d}$$

② 관의 상당길이(등가길이) l_e

관 부속품을 동일 구경, 동일 유량에 대하여 같은 크기의 마찰손실을 갖는 직관의 길이

$$l_e=\frac{K\cdot d}{f}$$

2) 급격한 확대관에서의 부차적 손실

① 급격한 확대관에서의 부차적 손실수두

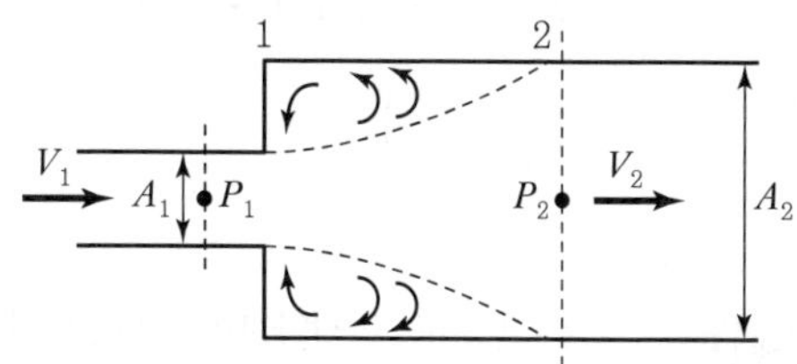

$$H_l = \frac{(V_1 - V_2)^2}{2g} = \left(1 - \frac{A_1}{A_2}\right)^2 \frac{{V_1}^2}{2g}$$

$$H_l = K\frac{{V_1}^2}{2g}$$

$$H_l = K\frac{{V_1}^2}{2g} \qquad H_l = \frac{(V_1 - V_2)^2}{2g}$$

② 급격한 확대관에서의 부차적 손실계수

$$K = \left(1 - \frac{A_1}{A_2}\right)^2$$

3) 급격한 축소관에서의 부차적 손실

① 급격한 축소관에서의 부차적 손실수두

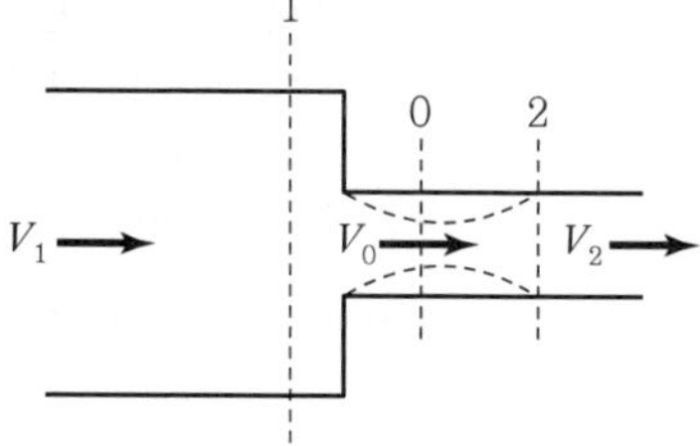

$$h_l = \frac{(V_0 - V_2)^2}{2g}$$

이때 연속방정식을 이용하여 속도에 대한 면적비를 구할 수 있다.

$$A_0 V_0 = A_2 V_2, \quad V_0 = \frac{A_2}{A_0} V_2$$

여기서, 수축계수(Contraction Coeffcient)를 도입한다.

$$C_C = \frac{A_0}{A_2}$$

수축계수를 적용하면 다음과 같다.

$$V_0 = \left(\frac{1}{C_c}\right) V_2$$

수축계수를 적용하여 손실수두를 구하면 다음과 같은 식이 된다.

$$h_l = \frac{1}{2g}\left(\frac{1}{C_C} \cdot V_2 - V_2\right)^2 = \frac{{V_2}^2}{2g}\left(\frac{1}{C_C} - 1\right)^2 = K \cdot \frac{{V_2}^2}{2g}$$

$$H_l = K \cdot \frac{{V_2}^2}{2g}$$

② 급격한 축소관에서의 부차적 손실계수

$$K=\left(\frac{1}{C_C}-1\right)^2$$

예제 직경 10[cm]이고 관마찰계수가 0.04인 원관에 부차적 손실계수가 4인 밸브가 장치되어 있을 때, 이 밸브의 등가길이(상당길이)는 몇 [m]인가?

풀이 • $K=4,\ f=0.04,\ d=10[\text{cm}]=0.1[\text{m}]$

• $l_e=\dfrac{K\cdot d}{f},\ l_e=\dfrac{4\times0.1}{0.04}=10[\text{m}]$

정답 : 10[m]

예제 파이프 단면적이 2.5배로 급격하게 확대되는 구간을 지난 후의 유속이 1.2[m/s]이다. 부차적 손실계수가 0.36이라면 급격확대로 인한 손실수두는 몇 [m]인가?

풀이 • 확대 전 배관의 유속 V_1

$Q_1=Q_2,\ A_1V_1=A_2V_2$ 문제의 조건에서 $A_2=2.5A_1,\ V_2=1.2[\text{m/s}]$

$A_1V_1=2.5A_1V_2,\ A_1V_1=2.5A_1\times1.2[\text{m/s}]$

$V_1=2.5\times1.2=3[\text{m/s}]$

• 급격확대로 인한 손실수두

$$H_l=K\frac{V_1^{\,2}}{2g}=0.36\times\frac{3^2}{2\times9.8}=0.165[\text{m}]$$

정답 : 0.165[m]

(5) 비원형 관의 손실

원형 단면에 적용하는 식을 비원형 단면에도 적용하기 위하여 수력직경을 적용한다.

1) 수력반경 R_h

$$R_h=\frac{A}{P}\qquad 수력반경=\frac{접수면적}{접수길이}$$

① 접수면적 : $A=bh$

② 접수길이 : $P=2b+2h=2(b+h)$

③ 수력반경 : $R_h=\dfrac{A}{P}=\dfrac{bh}{2(b+h)}$

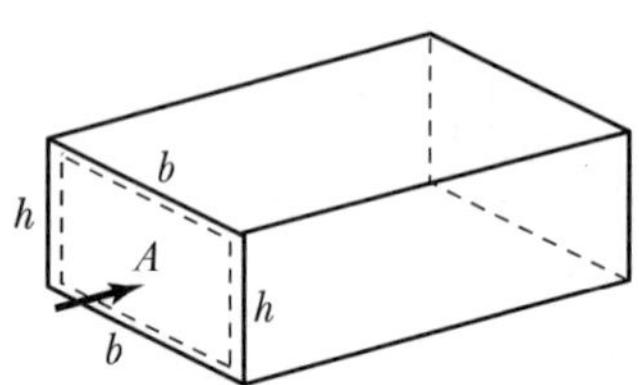

2) 수력직경 D_h : 비원형 단면을 원형 단면으로 적용했을 때의 직경

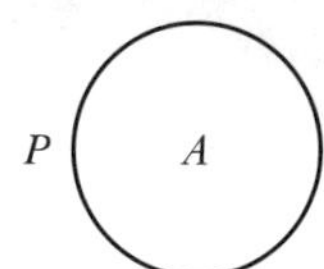

여기서, A : 원의 면적(접수면적)
P : 원주의 길이(접수길이)

$$R_h = \frac{A}{P} = \frac{\frac{\pi}{4}{D_h}^2}{\pi D_h} = \frac{1}{4}D_h,\ R_h = \frac{1}{4}D_h$$

$$\therefore D_h = 4R_h$$

3) 비원형 관에서의 손실수두를 수력직경과 수력반경을 이용하여 나타내면

$$h_l = f\frac{l}{D_h}\frac{V^2}{2g} = f\frac{l}{4R_h}\frac{V^2}{2g}$$

예제 길이가 400[m]이고 유동단면이 20[cm]×30[cm]인 직사각형 관에 물이 가득 차서 평균속도 3[m/s]로 흐르고 있다. 이때 손실수두는 약 몇 [m]인가?(단, 관마찰계수는 0.01이다.)

풀이 ① 수력반경 R_h
- 접수길이 : (0.3×2)+(0.2×2)=1.0[m]
- 접수면적 : 0.3×0.2=0.06[m^2]
- 수력반경 : $R_h = \frac{0.06\text{m}^2}{1.0\text{m}} = 0.06[\text{m}]$

② 수력직경 D_h

$D_h = 4R_h = 4\times 0.06 = 0.24[\text{m}]$

③ 마찰손실

f : 0.01, D_h : 0.24[m], l : 400[m], V : 3[m/sec]

$H_l = 0.01\times\frac{400}{0.24}\times\frac{3^2}{2\times 9.8} = 7.65[\text{m}]$

정답 : 7.65[m]

CHAPTER 05

PART 02 소방유체역학

펌프 및 송풍기의 성능특성

01 펌프의 종류

(1) 원심 펌프(Centrifugal Pump)

소화펌프 중 가장 널리 사용되고 있는 펌프로서 회전차(Impeller)의 원심력을 이용하여 액체를 송수하는 펌프이다.

1) 원심 펌프의 종류

① 볼류트 펌프(Volute Pump) : 케이싱 내부에 안내깃(Guide Vane)이 없는 펌프로 저양정, 대유량에서 주로 사용한다.

② 터빈 펌프(Turbine Pump) : 케이싱 내부에 안내깃(Guide Vane)이 있는 펌프로 고양정, 소유량에서 주로 사용한다.

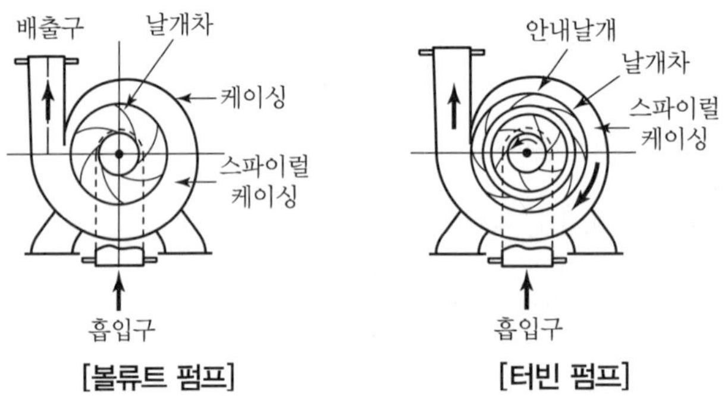

[볼류트 펌프] [터빈 펌프]

2) 원심 펌프의 특징

① 구조가 간단하고 운전성능이 우수하다.

② 설계상 펌프의 양정 및 토출량은 넓은 범위로 제작이 가능하다.

③ 가격이 저렴하다.

④ 효율이 높고 맥동이 적게 발생한다.

⑤ 케이싱 내에 물을 채워야 하는 단점이 있다.

(2) 왕복식 펌프

피스톤의 왕복운동에 의해 액체를 송수하는 펌프로 점성이 큰 액체나 고양정에 이용되는 펌프이다. 왕복식 펌프의 종류는 다음과 같다.

① 피스톤 펌프
② 플런저 펌프
③ 다이어프램 펌프

(3) 회전식 펌프

케이싱 내의 회전자를 회전시켜 액체를 연속으로 수송하는 펌프로 점성이 큰 액체의 압송에 적합하고 소용량 고양정 펌프이다. 회전식 펌프의 종류는 다음과 같다.

① 기어 펌프
② 베인 펌프
③ 나사 펌프
④ 스크류 펌프

02 펌프의 운전

(1) 펌프 2대를 직렬 연결할 경우

토출량 Q, 양정 H인 펌프 2대를 직렬 연결하여 운전하면 펌프 1대를 운전했을 때에 비하여 유량은 불변하지만 양정은 2배가 된다.

$$Q_2 = Q_1 \qquad H_2 = 2H_1$$

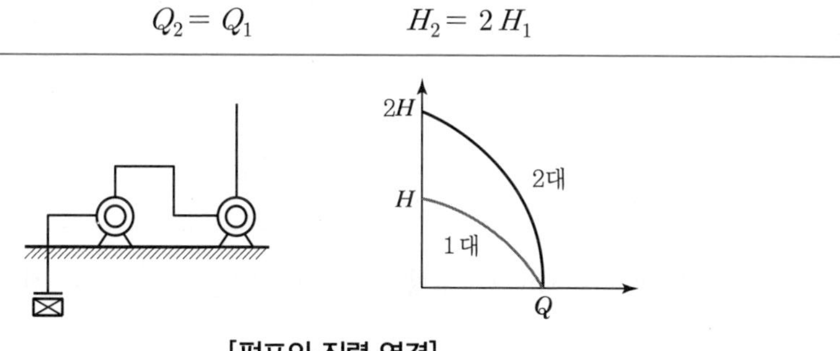

[펌프의 직렬 연결]

(2) 펌프 2대를 병렬 연결할 경우

토출량 Q, 양정 H인 펌프 2대를 병렬 연결하여 운전하면 펌프 1대를 운전했을 때에 비하여 양정은 불변하지만 유량은 2배가 된다.

$$Q_2 = 2Q_1 \qquad H_2 = H_1$$

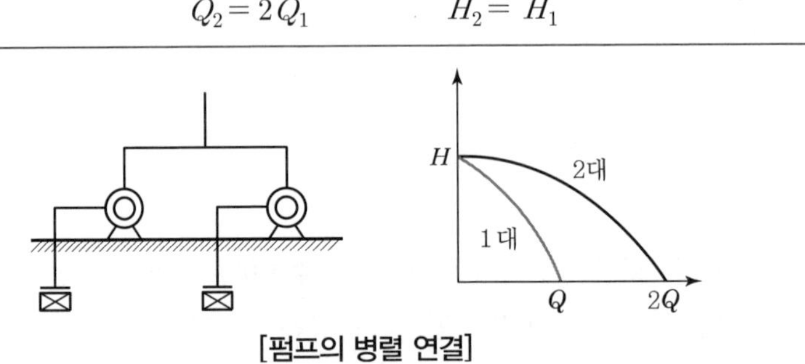

[펌프의 병렬 연결]

(3) 펌프의 운전방식에 따른 유량, 양정의 비교

구분	유량(Q)	양정(H)
직렬 연결	Q	$2H$
병렬 연결	$2Q$	H

03 비교회전도(비속도, N_S)

(1) 정의

어떠한 펌프가 단위토출량 1[m^3/min]에서 단위양정 1[m]를 내게 할 때 그 회전차에 주어야 하는 회전수

$$N_S = \frac{N\,Q^{1/2}}{\left(\frac{H}{n}\right)^{3/4}}$$

여기서, N : 회전수[rpm], Q : 유량[m^3/min](양흡입펌프 $\frac{Q}{2}$), H : 전양정[m], n : 단수

(2) 비속도와 유량, 양정과의 관계

구분	유량	양정
비속도가 큰 펌프	대유량	저양정
비속도가 작은 펌프	소유량	고양정

04 상사의 법칙

비속도가 같은 펌프는 기하학적으로 상사(유사)하고 이러한 펌프 사이에는 상사의 법칙이 성립한다.

(1) 유량(Q)에서의 상사의 법칙

$$\frac{Q_2}{Q_1} = \left(\frac{N_2}{N_1}\right)\left(\frac{D_2}{D_1}\right)^3$$

(2) 양정(H)에서의 상사의 법칙

$$\frac{H_2}{H_1} = \left(\frac{N_2}{N_1}\right)^2\left(\frac{D_2}{D_1}\right)^2$$

(3) 동력(P)에서의 상사의 법칙

$$\frac{P_2}{P_1} = \left(\frac{N_2}{N_1}\right)^3\left(\frac{D_2}{D_1}\right)^5$$

여기서, N : 회전수[rpm], D : 임펠러의 직경[m]

예제 원심 팬이 1,700[rpm]으로 회전할 때의 전압은 1,520[Pa], 풍량은 240[m³/min]이다. 이 팬의 비교회전도는 약 몇 [rpm · m³/min · m]인가?(단, 공기의 밀도는 1.2[kg/m³]이다.)

풀이 • 전양정 H

$$H = \frac{P}{\gamma},\ H = \frac{P}{\rho g},\ H = \frac{1,520}{1.2\times 9.8} = 129.25[\text{m}]$$

여기서, γ : 비중량[N/m³], ρ : 밀도[N · s²/m⁴], g : 중력가속도[m/s²]

• 비속도 N_S

$N = 1,700[\text{rpm}]$, $Q = 240[\text{m}^3/\text{s}]$, $H = 129.25[\text{m}]$, n : 1(단수는 주어지지 않으면 1단)

$$N_S = \frac{N Q^{1/2}}{\left(\frac{H}{n}\right)^{3/4}} = N_S = \frac{1,700\times 240^{1/2}}{129.25^{3/4}} = 687.04$$

$N_S = 687.04[\text{rpm} \cdot \text{m}^3/\text{min} \cdot \text{m}]$

정답 : 687.04[rpm · m³/min · m]

예제 회전속도 1,000[rpm]일 때 송출량 Q[m³/min], 전양정 H[m]인 원심 펌프가 상사한 조건에서 송출량이 1.1 Q[m³/min]가 되도록 회전속도를 증가시킬 때, 전양정은 어떻게 되는가?

풀이 N_1 : 1,000[rpm], Q_1 : Q[m³/min], H_1 : H[m,] N_2 : ? Q_2 : 1.1Q[m³/min], H_2 : ?

- $\frac{Q_2}{Q_1} = \left(\frac{N_2}{N_1}\right)$, $\frac{1.1Q}{Q} = \frac{N_2}{1{,}000}$, $N_2 = 1{,}100[\text{rpm}]$
- $\frac{H_2}{H_1} = \left(\frac{N_2}{N_1}\right)^2$, $\frac{H_2}{H} = \left(\frac{1{,}100}{1{,}000}\right)^2$, $H_2 = 1.21H$

정답 : 유량을 1.1배 증가시키면 전양정은 1.21배 증가한다.

05 흡입양정(NPSH : Net Positive Suction Head)

(1) 유효흡입양정($NPSHav$: Available Net Positive Suction Head)

펌프가 설치되어 사용될 때 펌프 그 자체와는 무관하게 배관 시스템에 따라 결정되는 양정이다. 즉, 펌프설치현장이 펌프에 주는 에너지를 의미한다.

① 부압수조방식 : 수면이 펌프 중심보다 낮은 경우

$$NPSHav = H_a - H_s - H_l - H_v = \frac{P_a}{\gamma} - H_s - \frac{P_l}{\gamma} - \frac{P_v}{\gamma}$$

여기서, $NPSHav$: 유효흡입양정[m]
H_a : 대기압수두[m]
H_s : 흡입실양정[m]
H_l : 흡입 측 배관의 마찰손실수두[m]
H_v : 포화증기압수두[m]
P_a : 수면에 접하는 대기압[N/m²]
P_v : 포화증기압[N/m²]
P_l : 흡입 측 배관의 마찰손실압력[N/m²]
γ : 비중량[N/m³]

② 정압수조방식 : 수면이 펌프 중심보다 높은 경우

$$NPSHav = H_a + H_s - H_l - H_v = \frac{P_a}{\gamma} + H_s - \frac{P_l}{\gamma} - \frac{P_v}{\gamma}$$

(2) 필요흡입양정($NPSHre$: Required Net Positive Suction Head)

① 펌프가 공동현상을 일으키지 않고 정상 작동되기 위해서 필요로 하는 흡입양정이다.

② 펌프의 종류, 형식 및 양정에 따라 다른 값을 가지며 펌프의 제작 시 결정된다.

$$NPSHre = \left(\frac{N\sqrt{Q}}{N_s}\right)^{\frac{4}{3}}$$

여기서, N_s : 비속도[rpm]

N : 임펠러의 회전속도[rpm]

Q : 토출량[m^3/min]

H : 펌프의 전양정[m]

$NPSHre$: 필요흡입양정[m]

(3) $NPSHav$와 $NPSHre$와의 관계

① $NPSHav < NPSHre$: 공동현상 발생

② $NPSHav > NPSHre$: 공동현상 미발생

③ $NPSHav > NPSHre \times 1.3$: 설계조건

06 펌프의 동력계산

(1) 수동력 : 펌프에 의해 액체로 공급되는 동력

$$L_w[\text{kW}] = \frac{\gamma[\text{kg}_\text{f}/\text{m}^3] \times Q[\text{m}^3/\text{s}] \times H[\text{m}]}{102}$$

$$L_w[\text{kW}] = \frac{\gamma[\text{N}/\text{m}^3] \times Q[\text{m}^3/\text{s}] \times H[\text{m}]}{1{,}000}$$

(2) 축동력 : 모터에 의해 실제로 펌프에 주어지는 동력

$$L_s[\text{kW}] = \frac{\gamma[\text{kg}_\text{f}/\text{m}^3] \times Q[\text{m}^3/\text{s}] \times H[\text{m}]}{102\eta}$$

$$L_s[\text{kW}] = \frac{\gamma[\text{N}/\text{m}^3] \times Q[\text{m}^3/\text{s}] \times H[\text{m}]}{1{,}000\eta}$$

(3) 전동기의 동력 : 전동기 또는 엔진에 전달되는 동력

$$P[\mathrm{kW}] = \frac{\gamma[\mathrm{kg_f/m^3}] \times Q[\mathrm{m^3/s}] \times H[\mathrm{m}]}{102\eta} \times K$$

$$P[\mathrm{kW}] = \frac{\gamma[\mathrm{N/m^3}] \times Q[\mathrm{m^3/s}] \times H[\mathrm{m}]}{1{,}000\eta} \times K$$

여기서, L_w : 수동력[kW], L_s : 축동력[kW], P : 전동기 동력[kW]
γ : 비중량[N/m³], $\gamma_w = 1{,}000[\mathrm{kg_f/m^3}] = 9{,}800[\mathrm{N/m^3}]$, Q : 유량[m³/s]
H : 전양정[m], η : 펌프효율, K : 전달계수

예제 **전양정이 60[m], 유량이 6[m³/min], 효율이 60[%]인 펌프를 작동시키는 데 필요한 동력[kW]은?**

풀이 • 비중량 : $\gamma = 9{,}800[\mathrm{N/m^3}]$

• 유량 : $Q = 6\frac{\mathrm{m^3}}{\mathrm{min}} \times \frac{1\mathrm{min}}{60\mathrm{s}} = 0.1[\mathrm{m^3/s}]$

• 양정 : $H = 60[\mathrm{m}]$

• 축동력 : $L_s[\mathrm{kW}] = \frac{9{,}800[\mathrm{N/m^3}] \times 0.1[\mathrm{m^3/s}] \times 60[\mathrm{m}]}{1{,}000 \times 0.6} = 98[\mathrm{kW}]$

정답 : 98[kW]

07 펌프에서 발생하는 이상현상

(1) 공동(Cavitation)현상

1) 정의

펌프 흡입 측 배관에서 발생될 수 있는 현상으로 흡수되는 물의 압력이 그 온도에서의 포화증기압보다 작게 되면 물이 급격하게 증발되어 기포가 생성되는 현상이다. 기포가 흐름을 따라 이동하면서 진동, 소음을 수반하고 심한 경우 양수불능까지도 초래하게 된다.

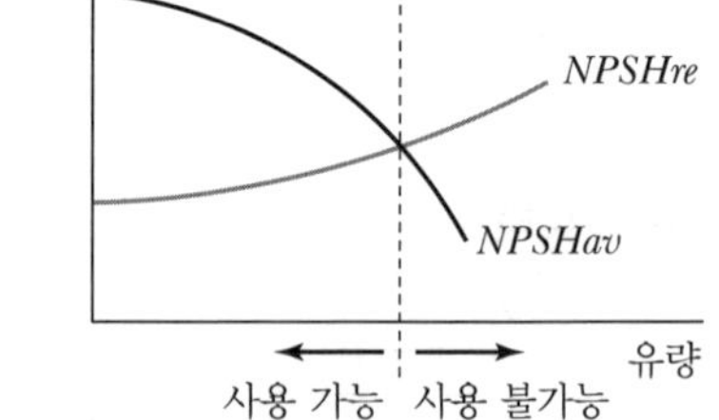

[$H-Q$ 곡선과 공동현상]

2) 공동현상 발생 시 현상

① 소음과 진동이 생긴다.
② 임펠러의 침식이 생긴다.
③ 토출량 및 양정이 감소되고 전체적인 펌프의 효율이 감소된다.

3) 공동현상의 발생원인 및 방지대책

$NPSHav$(유효흡입양정) < $NPSHre$(필요흡입양정) : 공동현상 발생

$NPSHav$(유효흡입양정) > $NPSHre$(필요흡입양정) : 공동현상 미발생

발생원인	방지대책
흡입 측 배관 내 물의 온도가 높은 경우	배관 내 물의 온도를 낮게 유지한다.
흡입 측 배관 내 물의 압력이 낮은 경우	배관 내 물의 압력을 높게 유지한다.
흡입 측 배관의 마찰손실이 큰 경우	배관의 마찰손실을 작게 한다.
흡입 측 배관의 유속이 빠른 경우	배관 내 유체의 유속을 낮게 한다.
흡입 측 배관의 구경이 작은 경우	배관의 구경을 크게 한다(양흡입 펌프 사용).
흡입 측 배관의 길이가 긴 경우	흡입양정을 작게 한다.

(2) 수격(Water Hammering)작용

펌프나 밸브를 갑작스럽게 조작하면 관 속을 흐르는 액체의 속도가 급격히 변하면서 운동에너지가 압력에너지로 바뀌게 된다. 이때 고압이 발생되어 배관이나 관 부속물에 무리한 힘을 가하게 되는데, 이러한 현상을 수격작용이라 한다.

1) 발생원인

① 펌프의 급격한 기동 또는 급격한 정지 시

② 밸브의 급격한 폐쇄 또는 급격한 개방 시

2) 방지법

① 배관의 관경을 크게 하여 유속을 낮춘다.

② 펌프에 플라이휠(Fly Wheel)을 설치하여 펌프의 급격한 속도변화를 방지한다.

③ 조압수조(Surge Tank)를 설치한다.

④ 수격방지기(Water Hammering Cushion)를 설치한다.

⑤ 밸브는 펌프송출구 가까이 설치한다.

(3) 맥동(Surging)현상

펌프의 운전 중 송출유량이 주기적으로 변하면서 압력계의 눈금이 흔들리고 토출배관에 진동과 소음을 수반하는 현상이다. 맥동현상이 계속되면 배관의 장치나 기계가 파손된다.

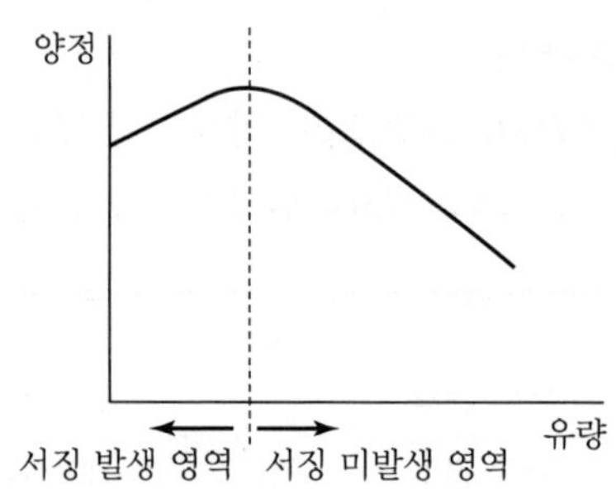

[펌프 특성곡선과 맥동현상]

1) 발생원인

① 펌프 특성곡선이 산모양 곡선이고 곡선의 우상향 부분에서 운전할 때

② 배관 중에 물탱크나 공기탱크가 있을 때

③ 유량조절밸브가 탱크 뒤쪽에 있을 때

2) 방지법

① 펌프 특성곡선이 산모양일 경우 운전점을 우하향 부분으로 이동시킨다.

② 펌프의 양수량을 증가시키거나 임펠러의 회전수를 변경한다.

③ 배관 중에 수조 또는 기체상태인 부분이 없도록 한다.

CHAPTER 06

PART 02 소방유체역학

소방 관련 열역학

01 열역학 법칙

(1) 열역학 0법칙(열평형의 법칙)

열평형에 관한 법칙으로서 온도가 서로 다른 물체를 접촉시키면 온도가 높은 물체에서 온도가 낮은 물체로 열이 이동하므로 두 물체의 온도 차는 없어지게 되어 열평형상태가 된다.

여기서 물체 A와 C가 열적 평형상태에 있고 B와 C가 열적 평형상태에 있으면, A와 B도 열평형상태에 있다는 법칙이다.

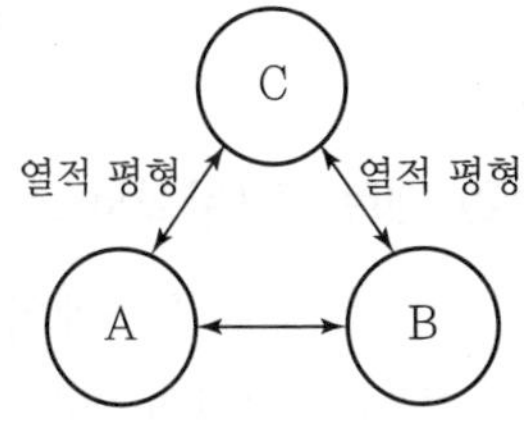

(2) 열역학 1법칙(에너지 보존의 법칙)

① 어떠한 밀폐계에 가한 일의 크기는 그 계의 열량변화량의 크기와 같다.

② 일에너지는 열에너지로, 열에너지는 일에너지로 변환이 가능하지만 그 에너지의 총량은 항상 일정하게 보존된다.

③ 계의 내부에너지 변화량＝계가 받은 열에너지－계가 외부에 한 일

$$\Delta U = \Delta Q - \Delta W$$

$$\Delta U = \Delta Q - P\Delta V$$

여기서, ΔU : 내부에너지 변화량
ΔQ : 열에너지 변화량
ΔW : 계가 외부에 한 일

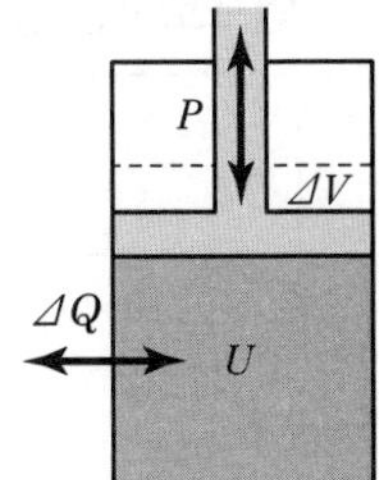

(3) 열역학 2법칙(비가역성의 법칙)

① 열은 스스로 저온에서 고온으로 이동하지 않는다.

② 자연계에서 엔트로피는 증가하는 방향으로만 진행한다.

③ 열기관에서 열역학 제2법칙은 손실을 의미한다. 즉, 열을 일로 완전히 바꿀 수 있는 열기관은 존재하지 않는다.

(4) 열역학 3법칙

열역학적 과정에서의 절대온도가 0K이 되면, 엔트로피도 0이 된다.

02 엔탈피와 엔트로피

(1) 엔탈피

① 계의 에너지 함량

② 계에서 뽑아낼 수 있는 에너지

③ 계에서 내부에너지와 부피변화에 의한 일(PV)의 합

$$H = U + PV$$

여기서, H : 엔탈피[kJ/kg], U : 내부에너지[kJ/kg]
P : 압력[kPa], V : 비체적[m^3/kg]

(2) 엔트로피(무질서도)

엔트로피는 물질계의 열적 상태로부터 정해진 양으로서, 열역학적인 확률을 나타내는 양이다. 엔트로피 증가의 원리는 분자운동이 확률이 적은 질서 있는 상태로부터 확률이 큰 무질서한 상태로 이동해 가는 자연현상으로 해석한다.

1) 가역단열과정

엔트로피 변화는 0이다. $\Delta S = 0$(등엔트로피 과정)

2) 비가역과정

엔트로피는 증가한다.

$$\Delta S = \frac{\Delta Q}{T}$$

여기서, ΔS : 엔트로피 변화량, ΔQ : 열량변화량, T : 계의 절대온도

03 이상기체

(1) 보일의 법칙(Boyle's Law)

온도가 일정할 때 기체의 체적은 절대압력에 반비례한다.

$T_1 = T_2$

$$P_1 V_1 = P_2 V_2 \qquad PV = C$$

여기서, P : 절대압력[atm], V : 체적[m^3]

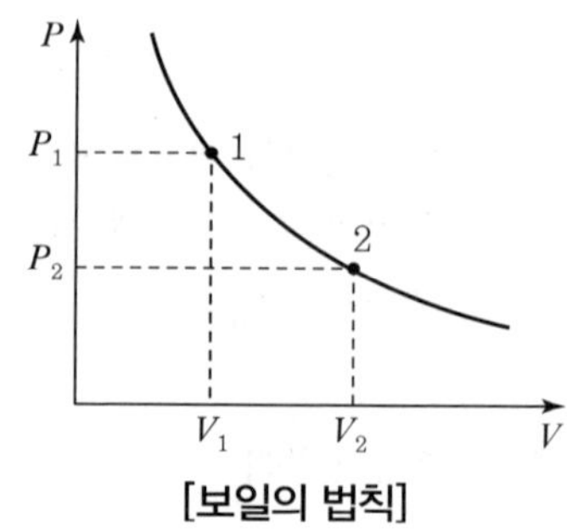

[보일의 법칙]

(2) 샤를의 법칙(Charles's Law)

압력이 일정할 때 기체의 체적은 절대온도에 비례한다.

$P_1 = P_2$

$$\frac{V_1}{T_1} = \frac{V_2}{T_2} \qquad \frac{V}{T} = C$$

여기서, T : 절대온도[K], V : 체적[m^3]

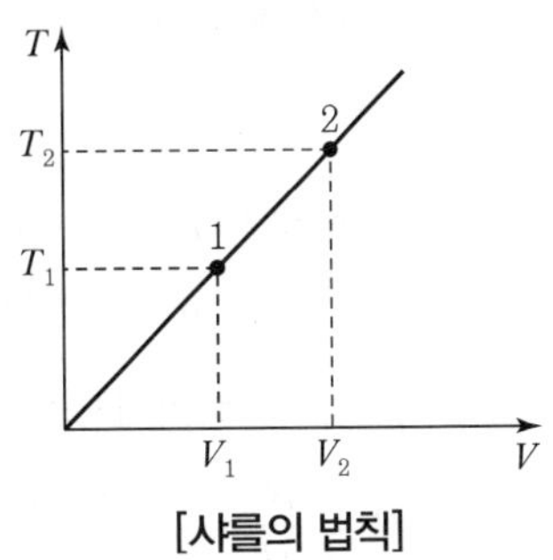

[샤를의 법칙]

(3) 보일－샤를의 법칙(Boyle－Charles's Law)

① 기체의 체적은 압력에 반비례하고, 절대온도에 비례한다.

$$\frac{P_1 V_1}{T_1} = \frac{P_2 V_2}{T_2} \qquad \frac{PV}{T} = C$$

여기서, P : 절대압력[Pa], V : 체적[m^3]
T : 절대온도[K]

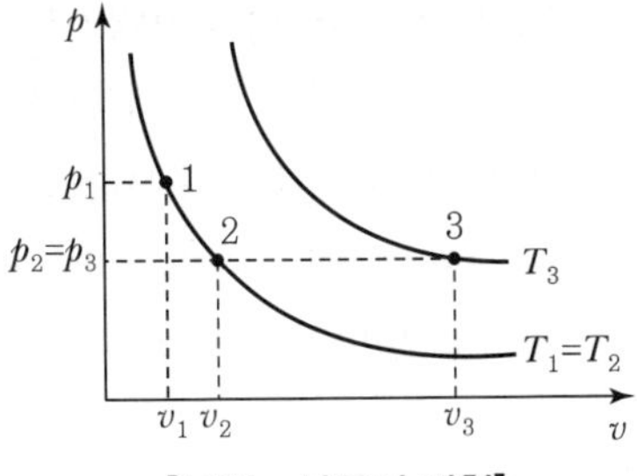

[보일－샤를의 법칙]

② 등온과정하에서 기체의 체적은 상태 1에서 상태 2로 압력에 반비례하고 등압과정하에서 기체의 체적은 상태 2에서 상태 3으로 온도에 비례한다.

(4) 이상기체 상태방정식

1) 일반기체상수(R)를 이용한 이상기체 상태방정식

$$PV = nRT \qquad PV = \frac{W}{M}RT$$

여기서, P : 절대압력[Pa] [N/m^2], V : 체적[m^3]
n : 몰수$\left(n = \frac{W}{M}\right)$, W : 기체의 질량[kg], M : 분자량[kg/kmol]
R : 일반기체상수(8314J/kmol · K), T : 절대온도[K]

2) 특별기체상수($\overline{R}$)를 이용한 이상기체 상태방정식

① 특별기체상수 : 일반기체상수를 분자량으로 나눈 값

$$\overline{R} = \frac{R}{M}$$

여기서, $\overline{R}$: 특별기체상수, R : 일반기체상수, M : 기체의 분자량

② 이상기체 상태방정식

$$PV = W\overline{R}T$$

여기서, P : 절대압력[Pa] [N/m^2], V : 체적[m^3], W : 기체의 질량[kg], T : 절대온도[K]
$\overline{R}$: 특별기체상수[N · m/kg · K][J/kg · K]

③ 공기의 특별기체상수

$$\overline{R} = \frac{R}{M} = \frac{8{,}314[\mathrm{J/kmol \cdot K}]}{29[\mathrm{kg/kmol}]} = 287[\mathrm{J/kg \cdot K}] = 0.287[\mathrm{kJ/kg \cdot k}]$$

3) 일반기체상수(R)와 특별기체상수($\overline{R}$)의 구분

① 일반적으로 특별기체상수의 기호도 일반기체상수와 같은 R로 나타낸다.

② 특별기체상수를 구분하기 위해서는 어떤 기체상수인가를 명시해야 한다(공기의 기체상수라고 주어진다면 공기의 특별기체상수를 의미한다).

③ 또는 일반기체상수와 특별기체상수의 단위를 확인하여 구분하여야 한다.

예제 **온도가 20[℃]인 이산화탄소 3[kg]이 체적 0.3[m³]인 용기에 가득 차 있다. 이때 가스의 압력은 몇 [kPa]인가?(단, 이산화탄소는 기체상수가 189[J/kg · K]인 이상기체로 가정한다.)**

풀이 • $P = ?[\mathrm{N/m^2}][\mathrm{Pa}]$, $V = 0.3[\mathrm{m^3}]$, $W = 3[\mathrm{kg}]$
$\overline{R} = 189[\mathrm{J/kg \cdot K}]$, $T = (20+273) = 293[\mathrm{K}]$

• $PV = W\overline{R}T$, $P \times 0.3 = 3 \times 189 \times 293$

$$P = \frac{3 \times 189 \times 293}{0.3} = 553{,}770[\mathrm{Pa}]$$

$P = 553.77[\mathrm{kPa}]$

정답 : 553.77[kPa]

4) 기체의 밀도 $\rho[\mathrm{kg/m^3}]$

$\rho = \dfrac{W}{V}[\mathrm{kg/m^3}]$이므로 이상기체 상태방정식을 정리하면 다음과 같다.

$$\rho = \frac{PM}{RT} \qquad \rho = \frac{P}{\overline{R}T}$$

(5) 이상기체의 비열

1) 정압비열과 정적비열

① 정압비열 C_P[kJ/kg · K] : 압력을 일정하게 유지하고 측정한 비열

② 정적비열 C_V[kJ/kg · K] : 체적을 일정하게 유지하고 측정한 비열

2) 비열비 k

① 정적비열에 대한 정압비열의 비

$$k = \frac{C_P}{C_V}$$

② 이상기체에서 정압비열은 정적비열보다 크다($C_P > C_V$). 그러므로 비열비는 1보다 크게 된다($k > 1$).

3) 특별기체상수

$$C_P - C_V = \overline{R}$$

여기서, C_P : 정압비열[kJ/kg · K], C_V : 정적비열[kJ/kg · K], $\overline{R}$: 특별기체상수[J/kg · K]

4) 밀폐계의 내부에너지 변화량

① 계의 내부에너지 변화량=계가 받은 열에너지−계가 외부에 한 일

$$\Delta U = \Delta Q - \Delta W \qquad \Delta U = \Delta Q - P\,\Delta V$$

여기서, ΔU : 내부에너지 변화량, ΔQ : 열에너지 변화량, P : 압력, ΔV : 체적변화량

② 내부에너지 변화량은 체적이 일정한 상태에서 온도변화에 의한 현열의 변화량이다.
$\Delta U = m\,C_V\,\Delta T$이므로

$$m\,C_V\,\Delta T = \Delta Q - \Delta W \qquad m\,C_V\,\Delta T = \Delta Q - P\,\Delta V$$

여기서, m : 질량[kg], C_V : 정적비열[kJ/kg · K], Δt : 온도 차[K]

5) 단열변화에서의 온도, 압력, 체적의 관계

$$\frac{T_2}{T_1} = \left(\frac{P_2}{P_1}\right)^{\frac{k-1}{k}} = \left(\frac{V_1}{V_2}\right)^{k-1}$$

여기서, T_1 : 초기온도[K], T_2 : 나중온도[K], P_1 : 초기압력, P_2 : 나중압력
V_1 : 초기체적, V_2 : 나중체적, k : 비열비

예제 −10[℃], 6기압의 이산화탄소 10[kg]이 분사노즐에서 1기압까지 가역 단열팽창하였다면 팽창 후의 온도는 몇 [℃]가 되겠는가?(단, 이산화탄소의 비열비는 1.289이다.)

풀이 • $T_1 = (-10+273)[\text{K}]$, $T_2 = ?[\text{K}]$, $P_1 = 6[\text{atm}]$, $P_2 = 1[\text{atm}]$, $k = 1.289$

$$\left(\frac{T_2}{(-10)+273}\right) = \left(\frac{1}{6}\right)^{\frac{1.289-1}{1.289}},\ \left(\frac{T_2}{263}\right) = \left(\frac{1}{6}\right)^{0.2242}$$

$$T_2 = \left(\frac{1}{6}\right)^{0.2242} \times 263,\ T_2 = 176[\text{K}]$$

• 팽창 후의 섭씨온도=176−273=−97[℃]

정답 : −97[℃]

6) 폴리트로픽 변화

① 임의의 정수 n을 지수로 하는 다음의 상태 식으로 표현되는 상태변화로서 내용 등에 따라 여러 가지 변화가 있다.

② $PV^n =$ 일정

위 식에서 n을 폴리트로픽 지수라고 하며 폴리트로픽 지수 n값에 따라 다음과 같은 변화를 나타낸다.

폴리트로픽 지수(n)	n값에 따른 상태 변화
n=0	등압 변화
n=1	등온 변화
n=k	단열 변화
$n=\infty$	등적 변화

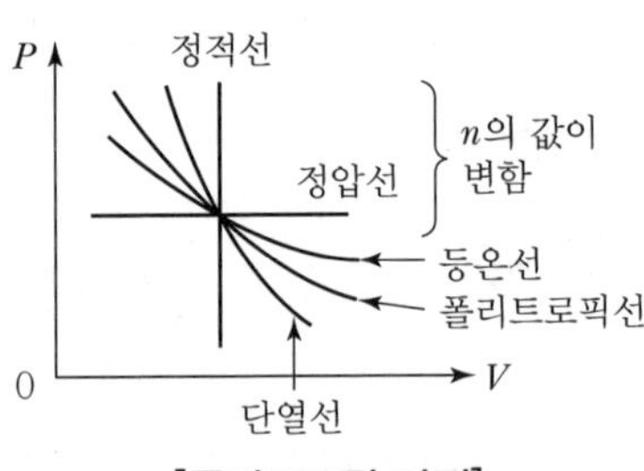

[폴리트로픽 과정]

③ 폴리트로픽 변화에서의 온도, 압력, 체적의 관계

$$\frac{T_2}{T_1} = \left(\frac{P_2}{P_1}\right)^{\frac{n-1}{n}} = \left(\frac{V_1}{V_2}\right)^{n-1}$$

여기서, T_1 : 초기온도[K], T_2 : 나중온도[K], P_1 : 초기압력, P_2 : 나중압력

V_1 : 초기체적, V_2 : 나중체적, n : 폴리트로픽 지수

예제 피스톤－실린더로 구성된 용기 안에 140[kPa], 10[℃]의 공기(이상기체)가 들어 있다. 이 기체가 폴리트로픽 과정($PV^{1.5}$ = 일정)을 거쳐 800[kPa]까지 압축되었다. 이때 공기의 온도는 약 몇 [℃]인가?

풀이 • $T_1 = (10+273)[\mathrm{K}]$, $T_2 = ?[\mathrm{K}]$, $P_1 = 140[\mathrm{kPa}]$, $P_2 = 800[\mathrm{kPa}]$, $n = 1.5$

$$\left(\frac{T_2}{(10)+273}\right) = \left(\frac{800}{140}\right)^{\frac{1.5-1}{1.5}},\ \left(\frac{T_2}{283}\right) = \left(\frac{800}{140}\right)^{0.3333}$$

$$T_2 = \left(\frac{800}{140}\right)^{0.3333} \times 283 = 505.95[\mathrm{K}]$$

• 팽창 후의 섭씨온도＝505.95－273＝232.95[℃]

정답 : 232.95[℃]

04 카르노 사이클(Carnot Cycle)

(1) 카르노 사이클

공급열량을 일로 치환시키는 데 전 과정을 가역과정으로 하여 에너지손실을 적게 한 사이클로서 이상적 가역사이클이다. 실제상태에서 존재하지 않으며 사이클의 개념을 이해하기 위해 사용되는 사이클이다.

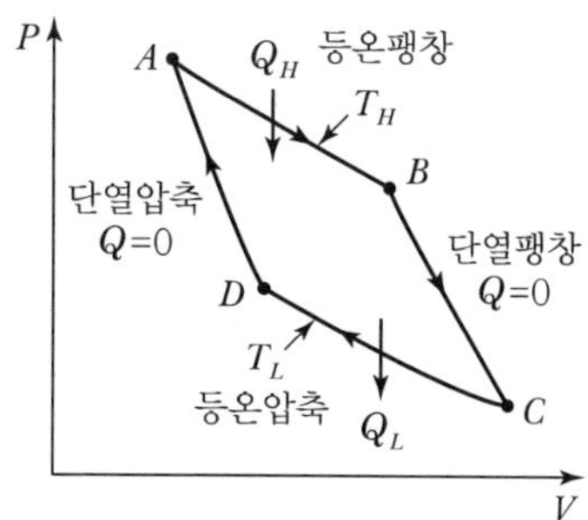

1) $A-B$ 과정(등온팽창)

실린더 헤드를 고온 열원과 접촉시키면 실린더 내의 유체는 온도 T_H에서 열량 Q_H를 받아 상태 B까지 팽창하여 외부에 일을 한다. 이 과정은 온도는 변하지 않고 부피가 팽창하는 등온팽창 과정이다.

2) $B-C$ 과정(단열팽창)

고온 열원을 제거한 후 실린더 헤드를 단열하고 상태 C까지 팽창을 계속시킨다. 이때 실린더의 내부는 단열상태이므로 작동유체는 내부에너지를 소비하여 외부에 팽창일을 하며, 작동유체의 온도는 T_H에서 T_L로 강하한다.

3) $C-D$과정(등온압축)

단열체를 제거한 후 실린더 헤드를 저온 열원에 접촉시키면 열량이 방출되어 피스톤을 밀어 압축시킨다. 이로 인해 작동유체는 온도 T_L의 상태에서 저온 열원에 열량 Q_L를 방출한다. 이때 저온 열원의 온도는 변하지 않으므로 등온압축 과정이다.

4) $D-A$과정(단열압축)

저온 열원을 제거하고 실린더를 단열한 후 상태 A까지 압축을 계속한다. 이때 실린더 내부는 단열상태이며 작동유체에 가해진 압축일은 모두 내부에너지의 증가로 나타나는데, 작동유체의 온도는 T_L에서 T_H로 상승한다.

(2) 카르노 사이클의 열효율 η

$$\eta = \frac{T_H - T_L}{T_H} = 1 - \frac{T_L}{T_H} = 1 - \frac{Q_L}{Q_H}$$

여기서, T_H : 고온[K], T_L : 저온[K], Q_H : 고온 열량[J], Q_L : 저온 열량[J]

예제 **10[℃]와 300[℃] 사이에서 작동하는 카르노 사이클의 열효율은 얼마인가?**

풀이 • $T_H = 300 + 273 = 573\,[\mathrm{K}]$, $T_L = 10 + 273 = 283\,[\mathrm{K}]$

• $\eta = 1 - \frac{T_L}{T_H} = 1 - \frac{283}{573} = 0.5061$

정답 : 50.6[%]

05 열의 전달

(1) 전도(Conduction)

① 정의

분자 및 원자들 간의 직접 에너지 교환으로 열이 전달되는 현상

② 푸리에 전도법칙(Fourier's Law)

$$q\,[\mathrm{W}] = \frac{k}{L} A \Delta T$$

여기서, q : 열전달량[W], k : 열전도도[W/m · K], L : 물체의 두께[m]

A : 열전달면적[m^2], ΔT : 온도 차[K]

예제 열전도도가 0.08[W/m · K]인 단열재의 내부면의 온도(고온)가 75[℃], 외부면의 온도(저온)가 20[℃]이다. 단위면적당 열손실을 200[W/m²]로 제한하려면 단열재의 두께[mm]는?

① 22
② 45
③ 55
④ 80

풀이
- $q=200[\mathrm{W/m^2}]$, $k=0.08[\mathrm{W/m \cdot K}]$, L : 물체의 두께[m]
  $A=1[\mathrm{m^2}]$(단위면적), $\Delta T=75-20=55[\mathrm{K}]$
- $200=\dfrac{0.08}{L}\times 1\times 55$, $L=\dfrac{0.08}{200}\times 1\times 55=0.022[\mathrm{m}]=22[\mathrm{mm}]$

정답 : ①

(2) 대류(Convection)

① 정의

입자들 간의 직접 에너지 교환이 아니라 유체의 운동에 의해 에너지를 가진 입자가 공간상을 이동하는 과정

② 뉴턴의 냉각법칙(Newton's Law of Cooling)

$$q[\mathrm{W}]=h\ A\ \triangle\ T$$

여기서, q : 열전달량[W], h : 대류열전달계수[$\mathrm{W/m^2 \cdot K}$]
A : 열전달면적[$\mathrm{m^2}$], ΔT : 온도 차[K]

예제 지름 5[cm]인 구가 대류에 의해 열을 외부공기로 방출한다. 이 구가 50[W]의 전기히터에 의해 내부에서 가열되고 있다고 할 때 구 표면과 공기 사이의 온도 차가 30[℃]라면 공기와 구 사이의 대류열전달계수는 얼마인가?

풀이
- $q=50[\mathrm{W}]$, $d=5[\mathrm{cm}]=0.05[\mathrm{m}]$, $r=\dfrac{0.05}{2}=0.025[\mathrm{m}]$
  $A=4\pi r^2=4\pi\times 0.025^2=0.00785[\mathrm{m^2}]$, $\Delta T=30[\mathrm{K}]$
- $50=h\times 0.00785\times 30$, $h=\dfrac{50}{0.00785\times 30}=212[\mathrm{W/m^2 \cdot K}]$

정답 : 212[W/m² · K]

(3) 복사(Radiation)

① 정의

열이 매질 없이 전자기파 형태로 전달되는 형태

② 스테판-볼츠만 법칙(Stefan-Boltzmann's Law)

$$q[\mathrm{W}] = \sigma A T^4 \qquad q[\mathrm{W}] = \sigma A (T_H{}^4 - T_L{}^4)$$

여기서, q : 열전달량[W], T : 절대온도[K], A : 열전달면적[m²]
σ : 스테판-볼츠만 상수(5.67×10^{-8}[W/m² · K⁴])

예제 **물체의 표면온도가 100[℃]에서 400[℃]로 상승하였을 때 물체 표면에서 방출하는 복사에너지는 약 몇 배가 되겠는가?(단, 물체의 방사율은 일정하다고 가정한다.)**

풀이 $\frac{q_2}{q_1} = \frac{\sigma A (400+273)^4}{\sigma A (100+273)^4}$, $\frac{q_2}{q_1} = \frac{673^4}{373^4}$

$q_2 = 10.6 q_1$

정답 : 복사에너지는 10.6배 상승한다.

06 비열, 현열, 잠열

(1) 비열(Specific Heat)

① 어떤 물질 1[kg]의 온도를 1[℃] 높이는 데 필요한 열량

② 물의 비열

- 물 1[g]을 14.5[℃]에서 15.5[℃]까지 1[℃] 올리는 데 필요한 열량
- 물의 비열 : 1[cal/g · ℃], 1[kcal/kg · ℃], 4.184[J/g · ℃], 4.184[kJ/kg · ℃]

(2) 현열(Sensible Heat)

물질의 상태변화 없이 온도만 변하는 데 필요한 열량

$$Q = m \cdot C \cdot \Delta t$$

여기서, Q : 현열량[kJ], m : 질량[kg], C : 비열[kJ/kg · ℃], Δt : 온도 차[℃]

(3) 잠열

물질의 온도변화 없이 상태변화에만 필요한 열량

① 물의 융해잠열 : 80[cal/g], 80[kcal/kg], 335[kJ/kg]
1기압, 0[℃]에서의 얼음 1[g]을 융해시키는 데 필요한 열량

② 물의 증발잠열 : 539[cal/g], 539[kcal/kg], 2,256[kJ/kg]
1기압, 100[℃]에서의 물 1[g]을 기화시키는 데 필요한 열량

$$Q = m \cdot r$$

여기서, Q : 잠열량[kJ], m : 질량[kg], r : 잠열[kJ/kg · ℃]

(4) 전체 열량[kJ]

$$Q[\mathrm{kJ}] = m \cdot C \cdot \Delta T + m \cdot r$$

예제 **0[℃]의 물 1[kg]을 100[℃]의 수증기로 만드는 데 필요한 열량[kJ]은?(단, 물의 비열은 4.184[kJ/kg · ℃], 기화잠열은 2,256[kJ/kg]이다.)**

풀이 • $m = 1[\mathrm{kg}]$, $C = 4.184[\mathrm{kJ/kg℃}]$, $\Delta T = (100-0) = 100[℃]$
$r = 2{,}256[\mathrm{kJ/kg}]$

• $Q = (1[\mathrm{kg}] \times 4.184[\mathrm{kJ/kg℃}] \times 100℃) + (1[\mathrm{kg}] \times 2{,}256[\mathrm{kJ/kg}]) = 2674.4[\mathrm{kJ}]$

정답 : 2674.4[kJ]

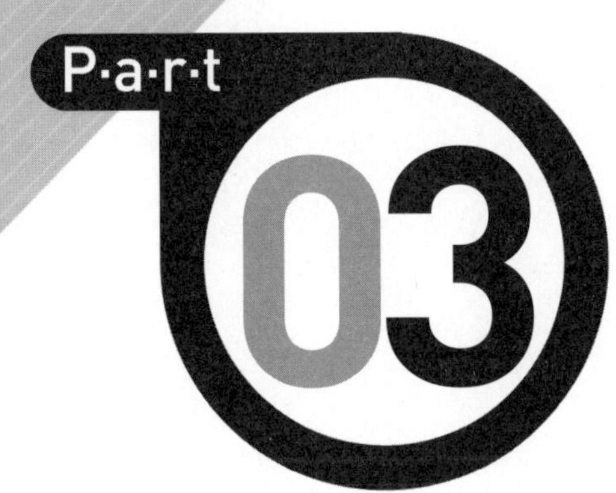

소방관계법규

FIRE PROTECTION ENGINEER

CHAPTER 01

PART 03 소방관계법규

소방기본법, 시행령, 시행규칙

01 총칙

(1) 소방기본법의 제정 목적

① 화재를 **예방 · 경계**하거나 **진압**

② 화재, 재난 · 재해, 그 밖의 위급한 상황에서의 **구조 · 구급** 활동

③ 국민의 **생명 · 신체 및 재산**을 보호

④ 공공의 **안녕 및 질서 유지**와 **복리증진**에 이바지함

(2) 용어의 정의

1) 소방대상물

건축물, 차량, 선박(**항구에 매어둔 것**), 선박 건조 구조물, 산림, 그 밖의 인공 구조물 또는 물건

2) 관계지역

소방대상물이 있는 장소 및 그 이웃 지역으로서 화재의 예방 · 경계 · 진압, 구조 · 구급 등의 활동에 필요한 지역

3) 관계인

소방대상물의 **소유자 · 관리자 · 점유자**

4) 소방본부장

특별시 · 광역시 · 특별자치시 · 도 또는 특별자치도(이하 "시 · 도")에서 화재의 예방 · 경계 · 진압 · 조사 및 구조 · 구급 등의 업무를 담당하는 부서의 장

5) 소방대장

소방본부장 또는 소방서장 등 화재, 재난 · 재해, 그 밖의 위급한 상황이 발생한 현장에서 소방대를 지휘하는 사람

6) 소방대

화재를 진압하고 화재, 재난 · 재해, 그 밖의 위급한 상황에서 구조 · 구급 활동 등을 하기 위하여 다음 각 목의 사람으로 구성된 조직체로 **소방공무원, 의무소방원, 의용소방대원**

(3) 소방기관의 설치

1) 소방기관

시 · 도의 화재 예방 · 경계 · 진압 및 조사, 소방안전교육 · 홍보와 화재, 재난 · 재해, 그 밖의 위급한 상황에서의 구조 · 구급 등의 업무를 수행하는 기관

2) 소방업무를 수행하는 소방본부장 또는 소방서장의 지휘권자 : 시 · 도지사

(4) 종합상황실

1) 종합상황실 운영권자 : 소방청장, 소방본부장 및 소방서장

2) 종합상황실의 설치 · 운영에 필요한 사항 : 행정안전부령

3) 종합상황실의 설치장소 : 소방청, 소방본부, 소방서

4) 종합상황실의 실장이 서면 · 팩스 또는 컴퓨터통신 등으로 보고해야 하는 재해규모

① 사망자가 5인 이상 발생하거나 사상자가 10인 이상 발생한 화재

② 이재민이 100인 이상 발생한 화재

③ 재산피해액이 50억 원 이상 발생한 화재

④ 관공서 · 학교 · 정부미도정공장 · 문화재 · 지하철 또는 지하구의 화재

⑤ 관광호텔, 층수가 11층 이상인 건축물, 지하상가, 시장, 백화점, 지정수량의 3,000배 이상의 위험물의 제조소 · 저장소 · 취급소, 층수가 5층 이상이거나 객실이 30실 이상인 숙박시설, 층수가 5층 이상이거나 병상이 30개 이상인 종합병원 · 정신병원 · 요양소, 연면적 1만 5,000m^2 이상인 공장 또는 화재예방강화지구에서 발생한 화재

⑥ 철도차량, 항구에 매어둔 총 톤수가 1,000톤 이상인 선박, 항공기, 발전소 또는 변전소에서 발생한 화재

⑦ 가스 및 화약류의 폭발에 의한 화재

⑧ 다중이용업소의 화재

⑨ 언론에 보도된 재난상황

(5) 소방박물관 등의 설립과 운영

구분	소방박물관	소방체험관
설립, 운영권자	소방청장	시 · 도지사
설립, 운영에 필요한 사항	행정안전부령	시 · 도의 조례

(6) 소방업무에 관한 종합계획의 수립 · 시행 등

1) 종합계획의 수립 · 시행권자 : 소방청장

2) 종합계획의 수립일 : 시행 전년도 10월 31일까지

3) 종합계획의 수립 · 시행 기한 : 5년마다

4) 종합계획의 시행에 필요한 세부계획 수립 : 시 · 도지사

5) 세부계획 수립 : 시행 전년도 12월 31일까지 소방청장에게 제출

02 소방장비 및 소방용수시설 등

(1) 소방장비 등에 대한 국고보조

1) 국가는 소방장비의 구입 등 시 · 도의 소방업무에 필요한 경비의 일부를 보조하고 보조 대상사업의 범위와 기준보조율을 정함 : 대통령령

2) 소방활동장비 및 설비의 종류와 규격 : 행정안전부령

3) 국고보조 대상사업의 범위
① 소방자동차
② 소방헬리콥터 및 소방정
③ 소방전용통신설비 및 전산설비
④ 그 밖에 방화복 등 소방활동에 필요한 소방장비
⑤ 소방관서용 청사의 건축

(2) 소방용수시설의 설치 및 관리

1) 소방용수시설의 유지, 관리권자 : 시 · 도지사

2) 소방용수시설과 비상소화장치의 설치기준 : 행정안전부령

3) 소방용수시설의 종류 : 소화전, 급수탑, 저수조

4) 비상소화장치
소방자동차의 진입이 곤란한 지역 등 화재 발생 시에 초기 대응이 필요한 지역에서 소방호스 또는 호스 릴 등을 소방용수시설에 연결하여 화재를 진압하는 시설이나 장치

5) 소방용수시설의 설치기준

① 공통기준

㉠ 주거지역 · 상업지역 · 공업지역 : 수평거리 100m 이하

㉡ 그 밖의 지역 : 수평거리 140m 이하

② 소방용수시설별 설치기준

㉠ 소화전의 설치기준 : 상수도와 연결하여 지하식 또는 지상식의 구조로 하고, 소방용 호스와 연결하는 소화전의 연결금속구의 구경 : 65mm

㉡ 급수탑의 설치기준

- 급수배관의 구경 : 100mm 이상
- 개폐밸브의 높이 : 지상에서 1.5m 이상 1.7m 이하의 위치에 설치할 것

㉢ 저수조의 설치기준

- 지면으로부터의 낙차 : 4.5m 이하
- 흡수부분의 수심 : 0.5m 이상
- 흡수관의 투입구가 사각형 : 한 변의 길이가 60cm 이상
  흡수관의 투입구가 원형 : 지름이 60cm 이상
- 소방펌프자동차가 쉽게 접근할 수 있을 것
- 흡수에 지장이 없도록 토사 및 쓰레기 등을 제거할 수 있는 설비를 갖출 것
- 저수조에 물을 공급하는 방법은 상수도에 연결하여 **자동으로 급수**되는 구조일 것

6) 소방용수시설 및 지리조사

① 조사 실시권자 : **소방본부장 또는 소방서장**

② 조사 횟수 : **월 1회** 이상

③ 조사 내용

㉠ 설치된 **소방용수시설**에 대한 조사

㉡ 소방대상물에 인접한 **도로의 폭 · 교통상황, 도로주변의 토지의 고저 · 건축물의 개황**

㉢ 그 밖의 소방활동에 필요한 **지리에 대한 조사**

④ 조사결과의 보관기간 : 2년

(3) 소방업무의 응원

1) 소방본부장이나 소방서장은 소방활동을 할 때에 긴급한 경우에는 이웃한 소방본부장 또는 소방서장에게 소방업무의 응원을 요청할 수 있다.

2) 소방업무의 응원 요청을 받은 소방본부장 또는 소방서장은 정당한 사유 없이 그 요청을 거절하여서는 아니 된다.

3) 소방업무의 응원을 위하여 파견된 소방대원은 응원을 요청한 소방본부장 또는 소방서장의 지휘에 따라야 한다.

4) 시 · 도지사는 소방업무의 응원을 요청하는 경우에 대비하여 출동 대상지역 및 규모와 필요한 경비의 부담 등에 관하여 필요한 사항을 이웃하는 시 · 도지사와 협의하여 미리 규약으로 정한다. : 행정안전부령

5) 소방업무의 상호응원협정 시 포함사항
   ① 다음의 소방활동에 관한 사항
      ㉠ 화재의 경계 · 진압활동
      ㉡ 구조 · 구급업무의 지원
      ㉢ 화재조사활동
   ② 응원출동대상지역 및 규모
   ③ 다음 각목의 소요경비의 부담에 관한 사항
      ㉠ 출동대원의 수당 · 식사 및 피복의 수선
      ㉡ 소방장비 및 기구의 정비와 연료의 보급
      ㉢ 그 밖의 경비
   ④ 응원출동의 요청방법
   ⑤ 응원출동훈련 및 평가

(4) 소방력의 동원

1) 소방청장은 해당 시 · 도의 소방력만으로는 소방활동을 효율적으로 수행하기 어려운 화재, 재난 · 재해, 그 밖의 구조 · 구급이 필요한 상황이 발생하거나 특별히 국가적 차원에서 소방활동을 수행할 필요가 인정될 때에는 각 시 · 도지사에게 행정안전부령으로 정하는 바에 따라 소방력을 동원할 것을 요청할 수 있다.

2) 요청을 받은 시 · 도지사는 정당한 사유 없이 요청을 거절하여서는 아니 된다.

3) 소방청장은 시 · 도지사에게 동원된 소방력을 화재, 재난 · 재해 등이 발생한 지역에 지원 · 파견하여 줄 것을 요청하거나 필요한 경우 직접 소방대를 편성하여 화재진압 및 인명구조 등 소방에 필요한 활동을 하게 할 수 있다.

4) 소방대원이 다른 시 · 도에 파견 · 지원되어 소방활동을 수행할 때에는 특별한 사정이 없으면 화재, 재난 · 재해 등이 발생한 지역을 관할하는 소방본부장 또는 소방서장의 지휘에 따라야 한다. 다만, 소방청장이 직접 소방대를 편성하여 소방활동을 하게 하는 경우에는 소방청장의 지휘에 따라야 한다.

03 소방활동 등

(1) 소방교육 · 훈련

1) 소방교육 · 훈련 실시권자 : 소방청장, 소방본부장, 소방서장

2) 교육 · 훈련의 종류 및 대상자, 그 밖에 교육 · 훈련의 실시에 필요한 사항 : 행정안전부령

3) 교육 · 훈련의 종류 및 교육 · 훈련을 받아야 할 대상자

교육 · 훈련의 종류	교육 · 훈련을 받아야 할 대상자
화재진압훈련	화재진압업무를 담당하는 소방공무원, 의무소방원, 의용소방대원
인명구조훈련	구조업무를 담당하는 소방공무원, 의무소방원, 의용소방대원
응급처치훈련	구급업무를 담당하는 소방공무원, 의무소방원, 의용소방대원
인명대피훈련	소방공무원, 의무소방원, 의용소방대원
현장지휘훈련	지방소방정, 지방소방령, 지방소방경, 지방소방위

4) 교육 · 훈련 횟수 및 기간

횟수	기간
2년마다 1회	2주 이상

(2) 소방안전교육사

1) 소방안전교육사 시험 실시권자 : 소방청장

2) 소방안전교육사 시험의 실시 횟수 : 2년마다 1회

3) 소방안전교육사의 업무

소방안전교육의 기획 · 진행 · 분석 · 평가 및 교수업무

4) 소방안전교육사의 배치

배치대상	배치기준(단위 : 명)
소방청	2 이상
소방본부	2 이상
소방서	1 이상
한국소방안전원	• 본회 : 2 이상 • 지부 : 1 이상
한국소방산업기술원	2 이상

5) 소방안전교육사의 결격사유

① 피성년후견인

② 금고 이상의 실형을 선고받고 그 집행이 끝나거나 집행이 면제된 날부터 2년이 지나지 아니한 사람

③ 금고 이상의 형의 집행유예를 선고받고 그 유예기간 중에 있는 사람

④ 법원의 판결 또는 다른 법률에 따라 자격이 정지되거나 상실된 사람

(3) 소방신호

1) 소방신호의 종류 및 방법

① **경계신호** : 화재예방상 필요하다고 인정되거나 화재위험경보 시 발령

② **발화신호** : 화재가 발생한 때 발령

③ **해제신호** : 소화활동이 필요 없다고 인정되는 때 발령

④ **훈련신호** : 훈련상 필요하다고 인정되는 때 발령

2) 소방신호의 방법

신호방법 / 종별	타종신호	사이렌신호
경계신호	1타와 연 2타를 반복	5초 간격을 두고 30초씩 3회
발화신호	**난타**	**5초 간격을 두고 5초씩 3회**
해제신호	상당한 간격을 두고 1타씩 반복	1분간 1회
훈련신호	연 3타 반복	10초 간격을 두고 1분씩 3회

(4) 화재 등의 통지

1) 화재 현장 또는 구조 · 구급이 필요한 사고 현장을 발견한 사람은 그 현장의 상황을 소방본부, 소방서 또는 관계 행정기관에 지체 없이 알려야 한다.

2) 화재로 오인할 만한 우려가 있는 불을 피우거나 연막(煙幕) 소독 시 반드시 관할 소방본부장 또는 소방서장에게 신고하여야 하는 지역

① 시장지역

② 공장 · 창고가 밀집한 지역

③ 목조건물이 밀집한 지역

④ 위험물의 저장 및 처리시설이 밀집한 지역

⑤ 석유화학제품을 생산하는 공장이 있는 지역

⑥ 그 밖에 시 · 도의 조례로 정하는 지역 또는 장소

3) 화재로 오인할 만한 우려가 있는 불을 피우거나 연막(煙幕) 소독 시 반드시 관할 소방본부장 또는 소방서장에게 신고하지 아니한 경우 : 20만 원 이하의 과태료

(5) 소방자동차의 우선통행 등

1) 모든 차와 사람은 소방자동차가 화재진압 및 구조 · 구급 활동을 위하여 출동을 할 때에는 이를 방해하여서는 아니 된다.

2) 소방자동차가 화재진압 및 구조 · 구급 활동을 위하여 출동하거나 훈련을 위하여 필요할 때에는 사이렌을 사용할 수 있다.

3) 모든 차와 사람은 소방자동차가 화재진압 및 구조 · 구급 활동을 위하여 사이렌을 사용하여 출동하는 경우에는 다음 각 호의 행위를 하여서는 아니 된다.
① 소방자동차에 진로를 양보하지 아니하는 행위
② 소방자동차 앞에 끼어들거나 소방자동차를 가로막는 행위
③ 그 밖에 소방자동차의 출동에 지장을 주는 행위

4) 제3)항의 경우를 제외하고 소방자동차의 우선 통행에 관하여는 「도로교통법」에서 정하는 바에 따른다.

(6) 소방자동차 전용구역 등

1) 소방자동차 전용구역 설치대상
① 공동주택 중 100세대 이상의 아파트
② 공동주택 중 3층 이상의 기숙사

2) 누구든지 전용구역에 차를 주차하거나 전용구역에의 진입을 가로막는 등의 방해 행위를 하여서는 아니 된다.

3) 공동주택의 건축주는 소방자동차가 접근하기 쉽고 소방활동이 원활하게 수행될 수 있도록 각 동별 전면 또는 후면에 소방자동차 전용구역을 1개소 이상 설치해야 한다.

(7) 소방활동구역

1) 화재, 재난 · 재해, 그 밖의 위급한 상황이 발생한 현장에 소방활동구역 설정

2) 소방활동구역 설정 및 출입제한을 할 수 있는 자 : 소방대장

3) 소방활동구역에 출입할 수 있는 사람
① 소방활동구역 안에 있는 소방대상물의 소유자 · 관리자 또는 점유자(관계인)

② 전기 · 가스 · 수도 · 통신 · 교통의 업무에 종사하는 사람으로서 원활한 소방활동을 위하여 필요한 사람
③ 의사 · 간호사 그 밖의 구조 · 구급업무에 종사하는 사람
④ 취재인력 등 보도업무에 종사하는 사람
⑤ 수사업무에 종사하는 사람
⑥ 그 밖에 소방대장이 소방활동을 위하여 출입을 허가한 사람

(8) 소방활동 종사 명령(소방본부장, 소방서장, 소방대장)

1) 화재, 재난 · 재해, 그 밖의 위급한 상황이 발생한 현장에서 소방활동을 위하여 필요한 때에는 그 관할구역에 사는 사람 또는 그 현장에 있는 사람으로 하여금 사람을 구출하는 일 또는 불을 끄거나 불이 번지지 아니하도록 하는 일을 하도록 명령할 수 있는 사람 : 소방본부장, 소방서장, 소방대장

2) 소방활동에 필요한 보호장구를 지급하는 등 안전을 위한 조치 : 소방본부장, 소방서장 또는 소방대장

3) 소방활동에 종사한 사람에게 비용지급 : 시 · 도지사

4) 소방활동에 종사한 후 비용을 지급받지 못하는 사람
① 소방대상물에 화재, 재난 · 재해, 그 밖의 위급한 상황이 발생한 경우 그 관계인
② 고의 또는 과실로 화재 또는 구조 · 구급 활동이 필요한 상황을 발생시킨 사람
③ 화재 또는 구조 · 구급 현장에서 물건을 가져간 사람

(9) 강제처분 등(소방본부장, 소방서장, 소방대장)

1) 소방본부장, 소방서장 또는 소방대장은 사람을 구출하거나 불이 번지는 것을 막기 위하여 필요할 때에는 화재가 발생하거나 불이 번질 우려가 있는 소방대상물 및 토지를 일시적으로 사용하거나 그 사용의 제한 또는 소방활동에 필요한 처분을 할 수 있다.

2) 소방본부장, 소방서장 또는 소방대장은 사람을 구출하거나 불이 번지는 것을 막기 위하여 긴급하다고 인정할 때에는 제1항에 따른 소방대상물 또는 토지 외의 소방대상물과 토지에 대하여 제1항에 따른 처분을 할 수 있다.

3) 소방본부장, 소방서장 또는 소방대장은 소방활동을 위하여 긴급하게 출동할 때에는 소방자동차의 통행과 소방활동에 방해가 되는 주차 또는 정차된 차량 및 물건 등을 제거하거나 이동시킬 수 있다.

4) 소방본부장, 소방서장 또는 소방대장은 소방활동에 방해가 되는 주차 또는 정차된 차량의 제거

나 이동을 위하여 관할 지방자치단체 등 관련 기관에 견인차량과 인력 등에 대한 지원을 요청할 수 있고, 요청을 받은 관련 기관의 장은 정당한 사유가 없으면 이에 협조하여야 한다.

5) 시 · 도지사는 제4항에 따라 견인차량과 인력 등을 지원한 자에게 시 · 도의 조례로 정하는 바에 따라 비용을 지급할 수 있다.

04 한국소방안전원

(1) 한국소방안전원의 인가(정관 변경) : 소방청장

(2) 한국소방안전원의 업무감독 : 소방청장

(3) 한국소방안전원의 사업계획 및 예산에 관한 승인 : 소방청장

(4) 한국소방안전원의 업무

① 소방기술과 안전관리에 관한 **교육 및 조사 · 연구**
② 소방기술과 안전관리에 관한 각종 **간행물 발간**
③ 화재 예방과 안전관리의식 고취를 위한 **대국민 홍보**
④ 소방업무에 관하여 **행정기관이 위탁하는 업무**
⑤ 소방안전에 관한 **국제협력**
⑥ 그 밖에 회원에 대한 기술지원 등 정관으로 정하는 사항

05 벌칙

(1) 5년 이하의 징역 또는 5000만 원 이하의 벌금

1) "출동한 소방대의 화재진압 및 인명구조 · 구급 등 소방활동을 방해하여서는 아니 된다"의 조항을 위반하여 다음 어느 하나에 해당하는 행위를 한 사람
① 위력을 사용하여 출동한 소방대의 화재진압 · 인명구조 또는 구급활동을 방해하는 행위
② 소방대가 화재진압 · 인명구조 또는 구급활동을 위하여 현장에 출동하거나 현장에 출입하는 것을 고의로 방해하는 행위
③ 출동한 소방대원에게 폭행 또는 협박을 행사하여 화재진압 · 인명구조 또는 구급활동을 방해하는 행위
④ 출동한 소방대의 소방장비를 파손하거나 그 효용을 해하여 화재진압 · 인명 구조 또는 구급활동을 방해하는 행위

2) 소방자동차의 출동을 방해한 사람

3) 사람을 구출하는 일 또는 불을 끄거나 불이 번지지 아니하도록 하는 일을 방해한 사람

4) 정당한 사유 없이 소방용수시설 또는 비상소화장치를 사용하거나 소방용수시설 또는 비상소화장치의 효용을 해치거나 그 정당한 사용을 방해한 사람

(2) 3년 이하의 징역 또는 3000만 원 이하의 벌금

[소방본부장, 소방서장 또는 소방대장은 사람을 구출하거나 불이 번지는 것을 막기 위하여 필요할 때에는 화재가 발생하거나 불이 번질 우려가 있는 소방대상물 및 토지를 일시적으로 사용하거나 그 사용의 제한 또는 소방활동에 필요한 처분을 할 수 있다.] 의 조항에 따른 처분을 방해한 자 또는 정당한 사유 없이 그 처분에 따르지 아니한 자

(3) 300만 원 이하의 벌금

1) 사람을 구출하거나 불이 번지는 것을 막기 위하여 긴급하다고 인정할 때 소방대상물 또는 토지 외의 소방대상물과 토지에 대한 강제처분을 방해한 자 또는 그 처분에 따르지 아니한 자
2) 소방활동을 위하여 긴급하게 출동할 때 소방자동차의 통행과 소방활동에 방해가 되는 주차 또는 정차된 차량 및 물건 등을 제거 또는 이동을 방해한 자 또는 그 처분에 따르지 아니한 자

(4) 100만 원 이하의 벌금

1) 정당한 사유 없이 소방대의 생활안전활동을 방해한 자

2) 정당한 사유 없이 소방대가 현장에 도착할 때까지 사람을 구출하는 조치 또는 불을 끄거나 불이 번지지 아니하도록 하는 조치를 하지 아니한 사람

3) 피난 명령을 위반한 사람

4) 정당한 사유 없이 물의 사용이나 수도의 개폐장치의 사용 또는 조작을 하지 못하게 하거나 방해한 자

5) 화재 발생을 막거나 폭발 등으로 화재가 확대되는 것을 막기 위하여 가스 · 전기 또는 유류 등의 시설에 대하여 위험물질의 공급을 차단하는 조치를 정당한 사유 없이 방해한 자

06 소방기본법 위반 시 과태료

(1) 500만 원 이하의 과태료

1) 화재 또는 구조 · 구급이 필요한 상황을 거짓으로 알린 사람
2) 정당한 사유 없이 소방대상물의 화재, 재난 · 재해, 그 밖의 위급한 상황을 소방본부, 소방서 또는 관계 행정기관에 알리지 아니한 관계인

(2) 200만 원 이하의 과태료

1) 소방자동차의 출동에 지장을 준 자
2) 소방활동구역을 출입한 사람
3) 한국소방안전원 또는 이와 유사한 명칭을 사용한 자
4) 한국119청소년단 또는 이와 유사한 명칭을 사용한 자

(3) 100만 원 이하의 과태료

전용구역에 차를 주차하거나 전용구역에의 진입을 가로막는 등의 방해행위를 한 자

(4) 20만 원 이하의 과태료

다음 각 호의 지역 또는 장소에서 화재로 오인할 만한 우려가 있는 불을 피우거나 연막 소독을 함에 있어 신고를 하지 아니하여 소방자동차를 출동하게 한 자

① 시장지역
② 공장 · 창고가 밀집한 지역
③ 목조건물이 밀집한 지역
④ 위험물의 저장 및 처리시설이 밀집한 지역
⑤ 석유화학제품을 생산하는 공장이 있는 지역
⑥ 그 밖에 시 · 도의 조례로 정하는 지역 또는 장소

(5) 과태료 부과, 징수권자 : 소방본부장, 소방서장

CHAPTER 02

PART 03 소방관계법규

화재의 예방 및 안전관리에 관한 법률, 시행령, 시행규칙 (약칭 : 화재예방법)

01 총칙

(1) 제정목적

① 화재의 예방과 안전관리에 필요한 사항을 규정함
② 화재로부터 국민의 생명 · 신체 및 재산을 보호
③ 공공의 안전과 복리 증진에 이바지함

(2) 용어의 정의

1) 예방

화재의 위험으로부터 사람의 생명 · 신체 및 재산을 보호하기 위하여 화재발생을 사전에 제거하거나 방지하기 위한 모든 활동

2) 안전관리

화재로 인한 피해를 최소화하기 위한 예방, 대비, 대응 등의 활동

3) 화재안전조사

소방청장, 소방본부장 또는 소방서장(이하 "소방관서장")이 소방대상물, 관계지역 또는 관계인에 대하여 소방시설 등이 소방 관계 법령에 적합하게 설치 · 관리되고 있는지, 소방대상물에 화재의 발생 위험이 있는지 등을 확인하기 위하여 실시하는 현장조사 · 문서열람 · 보고요구 등을 하는 활동

4) 화재예방강화지구

특별시장 · 광역시장 · 특별자치시장 · 도지사 또는 특별자치도지사(이하 "**시 · 도지사**")가 화재발생 우려가 크거나 화재가 발생할 경우 피해가 클 것으로 예상되는 지역에 대하여 화재의 예방 및 안전관리를 강화하기 위해 지정 · 관리하는 지역

5) 화재예방안전진단

화재가 발생할 경우 사회 · 경제적으로 피해 규모가 클 것으로 예상되는 소방대상물에 대하여 화재위험요인을 조사하고 그 위험성을 평가하여 개선대책을 수립하는 것

02 화재의 예방 및 안전관리 기본계획의 수립 · 시행

(1) 화재의 예방 및 안전관리 기본계획 등의 수립 · 시행

1) 기본계획의 수립 · 시행권자 : 소방청장

2) 기본계획의 수립 · 시행 : 5년마다

3) 시행계획의 수립 · 시행 : 매년수립 · 시행하되 전년도 10월 31일까지 수립

(2) 기본계획의 포함내용

1) 화재예방정책의 기본목표 및 추진방향

2) 화재의 예방과 안전관리를 위한 법령 · 제도의 마련 등 기반 조성

3) 화재의 예방과 안전관리를 위한 대국민 교육 · 홍보

4) 화재의 예방과 안전관리 관련 기술의 개발 · 보급

5) 화재의 예방과 안전관리 관련 전문인력의 육성 · 지원 및 관리

6) 화재의 예방과 안전관리 관련 산업의 국제경쟁력 향상

7) 그 밖에 대통령령으로 정하는 화재의 예방과 안전관리에 필요한 사항

(3) 화재의 예방과 안전관리에 필요한 사항

1) 화재발생현황에 관한 사항

2) 소방대상물의 환경 및 화재위험특성 변화 추세 등 화재예방정책의 여건 변화에 관한 사항

3) 소방시설의 설치 · 관리 및 화재안전기준의 개선에 관한 사항

4) 화재안전 중점관리대상(특정소방대상물 중 다수의 인명피해 발생이 우려되는 시설로 화재예방 및 대응이 필요하여 소방본부장 또는 소방서장이 지정하는 대상을 말한다)의 선정 및 관리 등에 관한 사항

5) 계절별 · 시기별 · 소방대상물별 화재예방대책의 추진 및 평가 · 인증 등에 관한 사항

6) 그 밖에 화재의 예방과 안전관리에 관련하여 소방청장이 필요하다고 인정하는 사항

(4) 기본계획 및 시행계획의 수립 · 시행에 필요한 기초자료를 확보하기 위한 실태조사

1) 실태조사권자 : 소방청장

2) 실태조사 사항

① 소방대상물의 용도별 · 규모별 현황

② 소방대상물의 화재의 예방 및 안전관리 현황

③ 소방대상물의 소방시설 등 설치 · 관리 현황

④ 그 밖에 기본계획 및 시행계획의 수립 · 시행을 위하여 필요한 사항

3) 실태조사의 방법 및 절차 등

① 실태조사는 통계조사, 문헌조사 또는 현장조사 방법으로 하며, 정보통신망 또는 전자적인 방식을 사용할 수 있다.

② 소방청장은 실태조사를 실시하려는 경우 실태조사 시작 7일 전까지 조사 일시, 조사 사유 및 조사 내용 등 조사계획을 조사대상자에게 서면 또는 전자우편 등의 방법으로 미리 알려야 한다.

③ 실태조사 업무를 수행하는 관계 공무원 및 관계 전문가 등이 소방시설 등의 설치 및 관리 현황 등을 파악하기 위하여 소방대상물에 출입할 때에는 출입자의 성명, 출입일시, 출입목적 등이 표시된 문서를 관계인에게 보여주어야 한다.

④ 소방청장은 실태조사를 전문연구기관 · 단체나 관계 전문가에게 의뢰하여 실시할 수 있다.

03 화재안전조사

(1) 화재안전조사 실시권자

소방관서장(소방청장, 소방본부장 또는 소방서장)

(2) 화재안전조사를 할 수 있는 경우

1) 「소방시설 설치 및 관리에 관한 법률」에 따른 자체점검이 불성실하거나 불완전하다고 인정되는 경우

2) 화재예방강화지구 등 법령에서 화재안전조사를 하도록 규정되어 있는 경우

3) 화재예방안전진단이 불성실하거나 불완전하다고 인정되는 경우

4) 국가적 행사 등 주요 행사가 개최되는 장소 및 그 주변의 관계 지역에 대하여 소방안전관리 실태를 조사할 필요가 있는 경우

5) 화재가 자주 발생하였거나 발생할 우려가 뚜렷한 곳에 대한 조사가 필요한 경우

6) 재난예측정보, 기상예보 등을 분석한 결과 소방대상물에 화재의 발생 위험이 크다고 판단되는 경우

7) 화재, 그 밖의 긴급한 상황이 발생할 경우 인명 또는 재산 피해의 우려가 현저하다고 판단되는 경우

(3) 화재안전조사의 항목

1) 화재의 예방조치 등에 관한 사항

2) 소방안전관리업무 수행에 관한 사항

3) 소방훈련 및 교육에 관한 사항

4) 소방자동차 전용구역 등에 관한 사항

5) 소방기술자 및 감리원 배치 등에 관한 사항

6) 소방시설의 설치 및 관리 등에 관한 사항

7) 건설현장의 임시소방시설의 설치 및 관리에 관한 사항

8) 피난시설, 방화구획 및 방화시설의 관리에 관한 사항

9) 방염에 관한 사항

10) 소방시설 등의 자체점검에 관한 사항

11) 다중이용업소의 안전관리에 관한 사항

12) 위험물안전관리에 관한 사항

13) 초고층 및 지하연계 복합건축물의 안전관리에 관한 사항

(4) 화재안전조사의 방법 · 절차 등

1) 화재안전조사의 목적에 따른 분류
   ① 종합조사 : 화재안전조사 항목 전체에 대해 실시하는 조사
   ② 부분조사 : 소방대상물의 층 · 용도 · 시설 등 특정 부분을 선택하여 화재안전조사 항목 중 특정 항목 또는 특정 항목의 일부분에 한정하여 실시하는 조사

2) 화재안전조사를 실시하고자 하는 경우 조사대상, 조사기간 및 조사사유 등 조사계획을 인터넷 홈페이지나 전산시스템 등을 통해 사전에 공개하여야 한다. 이 경우 공개기간은 7일 이상으로 한다.

(5) 화재안전조사 계획을 사전에 공개하지 않아도 되는 경우

① 화재가 발생할 우려가 뚜렷하여 긴급하게 조사할 필요가 있는 경우
② 화재안전조사의 실시를 사전에 통지하거나 공개하면 조사목적을 달성할 수 없다고 인정되는 경우

(6) 화재안전조사를 연기

1) 연기신청 : 화재안전조사 시작 3일 전까지 소방청장, 소방본부장 또는 소방서장에게 제출

2) 화재안전조사를 연기할 수 있는 사유
① 국민의 생명 · 신체 · 재산과 국가에 피해를 주거나 줄 수 있는 재난이 발생한 경우
② 관계인의 질병, 사고, 장기출장 등의 경우
③ 권한 있는 기관에 자체점검기록부, 교육 · 훈련일지 등 화재안전조사에 필요한 장부 · 서류 등이 압수되거나 영치(領置)되어 있는 경우
④ 소방대상물의 증축 · 용도변경 또는 대수선 등의 공사로 화재안전조사를 실시하기 어려운 경우

(7) 화재안전조사단 편성 · 운영

1) 중앙화재안전조사단 편성 · 운영 : 소방청

2) 지방화재안전조사단 편성 · 운영 : 소방본부 및 소방서

3) 화재안전조사단의 구성 : 50명 이내의 단원으로 성별을 고려하여 구성

(8) 화재안전조사단원의 자격

① 소방공무원
② 소방업무와 관련된 단체 또는 연구기관 등의 임직원
③ 소방 관련 분야에서 전문적인 지식이나 경험이 풍부한 사람으로서 소방관서장이 인정하는 사람

(9) 화재안전조사위원회의 구성 · 운영 등

1) 화재안전조사위원회의 구성
① 위원장 : 소방관서장(소방청장, 소방본부장 또는소방서장)
② 구성인원 : 위원장 1명을 포함한 7명 이내의 위원으로 성별을 고려하여 구성

(10) 화재안전조사위원의 자격

1) 과장급 직위 이상의 소방공무원

2) 소방기술사

3) 소방시설관리사

4) 소방 관련 분야의 석사학위 이상을 취득한 사람

5) 소방 관련 법인 또는 단체에서 소방 관련 업무에 5년 이상 종사한 사람

6) 소방공무원 교육훈련기관, 학교 또는 연구소에서 소방과 관련한 교육 또는 연구에 5년 이상 종사한 사람

(11) 화재안전조사에의한 손실보상 : 소방청장 또는 시 · 도지사

04 화재의 예방조치 등

(1) 화재예방강화지구

1) 화재예방강화지구 지정권자 : 시 · 도지사

2) 화재예방강화지구 지정을 요청권자 : 소방청장

3) 화재예방강화지구에 대한 화재안전조사와 교육 및 훈련

구분	화재안전조사	교육 및 훈련
실시권자	소방관서장	소방관서장
횟수	**연 1회 이상**	**연 1회 이상**
통보 등	**7일 이상 계획을 공개**	**10일 전까지 통보**
대상	소방대상물의 위치 · 구조 및 설비	관계인
연기	**3일 전까지 신청**	–

4) 화재예방강화지구
① 시장지역
② 공장 · 창고가 밀집한 지역
③ 목조건물이 밀집한 지역
④ 노후 · 불량건축물이 밀집한 지역
⑤ 위험물의 저장 및 처리 시설이 밀집한 지역
⑥ 석유화학제품을 생산하는 공장이 있는 지역
⑦ 「산업입지 및 개발에 관한 법률」에 따른 산업단지

⑧ 소방시설 · 소방용수시설 또는 **소방출동로가** 없는 지역
⑨ 소방관서장이 화재예방강화지구로 지정할 필요가 있다고 **인정**하는 지역

(2) 화재의 예방조치 등

1) 화재의 예방방조치 : 소방청장, 소방본부장 또는소방서장

2) 화재예방강화지구에서 금지 행위
① 모닥불, 흡연 등 화기의 취급
② 풍등 등 소형열기구 날리기
③ 용접 · 용단 등 불꽃을 발생시키는 행위
④ 화재발생 위험이 있는 가연성 · 폭발성 물질을 안전조치 없이 방치하는 행위

(3) 화재발생위험이 있는 물건의 보관 등의 행위

1) 소속 공무원으로 하여금 그 물건을 옮기거나 보관하는 등 필요한 조치를 할 수 있는 경우
① 화재예방강화지구에서 해서는 안 되는 행위 중 어느 하나에 해당하는 행위의 금지 또는 제한
② 목재, 플라스틱 등 가연성이 큰 물건의 제거, 이격, 적재 금지 등
③ 소방차량의 통행이나 소화 활동에 지장을 줄 수 있는 물건의 이동

2) 옮긴 물건 등에 대한 보관기간 및 보관기간 경과 후 처리 등
① 게시판 공고기간 : 보관일로부터 14일 **동안** 소방청, 소방본부 또는 소방서의 인터넷 홈페이지에 그 사실을 공고
② **보관기간** : 소방관서 홈페이지에 공고하는 기간의 종료일 다음 날부터 7일
③ 보관기간의 종료 후 처리 : 매각 또른 폐기
④ 물건의 소유자가 보상을 요구하는 경우 : **협의 후 보상**

(4) 보일러 등의 위치 · 구조 및 관리와 화재예방을 위하여 불의 사용에 있어서 지켜야 하는 사항

1) 보일러

종류	내용
보일러	1. **경유 · 등유 등 액체연료**를 사용하는 경우 가. 연료탱크는 보일러 본체로부터 수평거리 : **1m 이상** 나. 연료를 차단할 수 있는 개폐밸브 : 연료탱크로부터 0.5m 이내 다. 연료탱크 또는 연료를 공급하는 배관 : **여과장치** 라. 사용이 허용된 연료 외의 것을 사용하지 않을 것 마. 연료탱크가 넘어지지 않도록 받침대를 설치하고, 연료탱크 및 연료탱크 받침대는 **불연재료**로 할 것

보일러	2. **기체연료**를 사용하는 경우 가. 보일러를 설치하는 장소에는 환기구를 설치하는 등 가연성 가스가 머무르지 아니하도록 할 것 나. 연료를 공급하는 배관 : 금속관 다. 긴급 시 연료를 차단할 수 있는 개폐밸브 : 연료용기로부터 0.5m 이내 라. 보일러가 설치된 장소 : 가스누설경보기

2) 불꽃을 사용하는 용접 · 용단기구

종류	내용
불꽃을 사용하는 용접 · 용단기구	용접 또는 용단 작업장 1. 용접 또는 용단 작업자로부터 **반경 5m** 이내에 소화기를 갖추어 둘 것 2. 용접 또는 용단 작업장 주변 반경 **10m 이내**에는 가연물을 쌓아두거나 놓아두지 말 것

3) 음식조리를 위하여 설치하는 설비

종류	내용
음식조리를 위하여 설치하는 설비	일반음식점에서 조리를 위하여 불을 사용하는 설비 1. 주방설비에 부속된 배기덕트 : **0.5mm 이상**의 아연도금강판 2. 주방시설에는 동물 또는 식물의 기름을 제거할 수 있는 **필터**를 설치할 것 3. 열을 발생하는 조리기구 : 반자 또는 선반으로부터 **0.6m 이상** 4. 열을 발생하는 조리기구로부터 **0.15m 이내**의 거리에 있는 가연성 주요 구조부는 **석면판** 또는 단열성이 있는 **불연재료**로 덮어씌울 것

(5) 특수가연물

1) 정의 : 화재 발생 시 불길이 빠르게 번지는 고무류 · 면화류 · 석탄 및 목탄 등 대통령령으로 정하는 물품

2) 특수가연물의 저장 및 취급의 기준

① 특수가연물을 저장 또는 취급하는 장소의 표지

품명 · **최대수량** · 단위체적당 질량 · 관리책임자 성명 · 직책, 연락처 및 **화기취급**의 **금지표시**가 포함된 특수가연물 표지를 설치할 것

② 다음의 기준에 따라 쌓아 저장할 것(**석탄** · **목탄류**를 **발전용**으로 저장하는 경우는 **제외**)

㉠ **품명별로 구분**하여 쌓을 것

㉡ 실내에 쌓아 저장하는 경우

주요 구조부는 내화구조이면서 불연재료이어야 하고, 다른 종류의 특수가연물과 동일 공간 내에서 보관하지 않을 것

㉢ 실외에 쌓아 저장하는 경우
쌓는 부분과 대지경계선, 도로 및 인접 건축물과 최소 6m 이상 간격을 둘 것(쌓는 높이보다 0.9미터 이상 높은 내화구조 벽체 설치 시 제외)

㉣ 쌓는 부분의 사이 간격
- 실내 : 1.2m 또는 쌓는 높이의 1/2 중 큰 값 이상
- 실외 : 3m 또는 쌓는 높이 중 큰 값 이상

㉤ 쌓는 높이 및 쌓는 부분의 바닥면적

구분	살수설비 또는 대형소화기가 없는 경우	살수설비 또는 대형소화기가 있는 경우
쌓는 높이	10m 이하	15m 이하
쌓는 부분의 바닥면적	$50m^2$ 이하 (석탄, 목탄 $200m^2$)	$200m^2$ 이하 (석탄, 목탄 $300m^2$)

3) 특수가연물의 표지

① 표지는 한 변의 길이가 0.3[m] 이상, 다른 한 변의 길이가 0.6[m] 이상인 직사각형으로 할 것

② 표지의 바탕은 백색으로, 문자는 흑색으로 할 것(화기엄금 부분 제외)

③ 화기엄금 표시부분의 바탕은 붉은색으로, 문자는 백색으로 할 것

④ 표지내용
특수가연물을 저장 또는 취급하는 장소에는 품명, 최대저장수량, 단위부피당 질량 또는 단위체적당 질량, 관리책임자 성명 · 직책, 연락처 및 화기취급의 금지표시가 포함된 특수가연물 표지를 설치

특수가연물	
화기엄금	
품명	면화류
최대수량 (배수)	OOO [ton] (OO배)
단위부피당 질량	OOO [kg/m^3]
관리책임자 (직책)	홍길동 팀장
연락처	02 − OOO − OOOO

4) 특수가연물의 품명 및 수량

품명		수량
면화류		200kg 이상
나무껍질 및 대팻밥		400kg 이상
넝마 및 종이 부스러기		1,000kg 이상
사류(絲類)		1,000kg 이상
볏짚류		1,000kg 이상
가연성 고체류		3,000kg 이상
석탄 · 목탄류		10,000kg 이상
가연성 액체류		$2m^3$ 이상
목재가공품 및 나무 부스러기		$10m^3$ 이상
고무류 · 플라스틱류	발포시킨 것	$20m^3$ 이상
	그 밖의 것	3,000kg 이상

05 소방대상물의 소방안전관리

(1) 소방안전관리자의 선임

① 소방안전관리자 선임 : 해당 사유 발생일로부터 **30일 이내**에 **선임**

② 소방안전관리자의 선임신고 : 선임한 날부터 **14일 이내**에 **소방본부장, 소방서장**에게 신고

(2) 소방안전관리자 선임 사유에 해당하는 날

① 신축 · 증축 · 개축 · 재축 · 대수선 또는 용도변경으로 해당 특정소방대상물의 소방안전관리자를 신규로 선임하여야 하는 경우 : 해당 특정소방대상물의 **완공일**

② 증축 또는 용도변경으로 인하여 특정소방대상물이 소방안전관리대상물로 된 경우 : 증축공사의 **완공일** 또는 용도변경 사실을 건축물관리대장에 기재한 날

③ 특정소방대상물을 양수하거나 관계인의 권리를 취득한 경우 : 해당 **권리를 취득한 날**

④ 소방안전관리자를 해임한 경우 : 소방안전관리자를 **해임한 날** 등

(3) 소방안전관리자의 업무

① **소방계획서**의 작성 및 시행

② **자위소방대** 및 초기대응체계의 구성 · 운영 · 교육

③ **피난시설**, 방화구획 및 방화시설의 관리

④ **소방훈련 및 교육**

⑤ 소방시설이나 그 밖의 소방 관련 시설의 관리
⑥ 화기 취급의 감독
⑦ 소방안전관리에 관한 업무수행에 관한 기록 · 유지(③, ④, ⑥의 업무)

(4) 소방안전관리자 강습 또는 실무교육

1) 강습 또는 실무교육 실시권자 : 소방청장(소방안전원에 위임)

2) 실무교육 기한 : 선임된 날부터 6개월 이내에 실무교육을 받아야 하며, 그 후에는 2년마다 1회 이상

3) 실무교육대상자 : 선임된 소방안전관리자 및 소방안전관리보조자

4) 강습교육 대상자
① 소방안전관리자의 자격을 인정받으려는 사람(특급, 1급, 2급, 3급 소방안전관리자)
② 소방안전관리자로 선임되고자 하는 사람

(5) 소방안전관리에 대한 관계인의 의무

① 특정소방대상물의 관계인은 그 특정소방대상물에 대하여 소방안전관리업무를 수행하여야 한다.
② 소방안전관리대상물의 관계인은 소방안전관리자가 소방안전관리업무를 성실하게 수행할 수 있도록 지도 · 감독하여야 한다.
③ 소방안전관리자는 인명과 재산을 보호하기 위하여 소방시설 · 피난시설 · 방화시설 및 방화구획 등이 법령에 위반된 것을 발견한 때에는 지체 없이 소방안전관리대상물의 관계인에게 소방대상물의 개수 · 이전 · 제거 · 수리 등 필요한 조치를 할 것을 요구하여야 하며, 관계인이 시정하지 아니하는 경우 소방본부장 또는 소방서장에게 그 사실을 알려야 한다.
④ 소방안전관리자로부터 제3항에 따른 조치요구 등을 받은 소방안전관리대상물의 관계인은 지체 없이 이에 따라야 하며, 이를 이유로 소방안전관리자를 해임하거나 보수(報酬)의 지급을 거부하는 등 불이익한 처우를 하여서는 아니 된다.

(6) 소방안전관리자 자격의 정지 및 취소

1) 자격의 취소
① 거짓이나 그 밖의 부정한 방법으로 소방안전관리자 자격증을 발급받은 경우
② 소방안전관리자 자격증을 다른 사람에게 빌려준 경우

2) 자격의 정지
① 소방안전관리업무를 게을리한 경우
② 실무교육을 받지 아니한 경우
③ 이 법 또는 이 법에 따른 명령을 위반한 경우

3) 자격의 재취득

소방안전관리자 자격이 취소된 사람은 취소된 날부터 2년간 소방안전관리자 자격증을 발급받을 수 없다.

(7) 소방안전관리자를 두어야 하는 선임대상물, 선임자격 및 선임인원

1) 특급 소방안전관리대상물

선임 대상물	1) **50층 이상(지하층 제외)**이거나 지상으로부터 높이가 **200m 이상인 아파트** 2) **30층 이상(지하층을 포함)**이거나 지상으로부터 높이가 **120m 이상인** 특정소방대상물(아파트 제외) 3) 연면적이 **10만m^2 이상**인 특정소방대상물(아파트 제외)
선임자격	다음에 해당하는 사람으로서 **특급 소방안전관리자 자격증**을 발급받은 사람 1) **소방기술사 또는 소방시설관리사** 2) 소방설비기사의 자격을 취득한 후 **5년 이상 1급** 소방안전관리대상물의 소방안전관리자로 근무한 실무경력이 있는 사람 3) 소방설비산업기사의 자격을 취득한 후 **7년 이상 1급** 소방안전관리대상물의 소방안전관리자로 근무한 실무경력이 있는 사람 4) 소방공무원으로 **20년 이상** 근무한 경력이 있는 사람 5) 소방청장이 실시하는 특급 소방안전관리대상물의 소방안전관리에 관한 시험에 합격한 사람
선임인원	1명 이상

비고 : 동 · 식물원, 철강 등 불연성 물품을 저장 · 취급하는 창고, 위험물 저장 및 처리시설 중 위험물 제조소 등과 지하구는 **특급, 1급 소방안전관리대상물에서 제외**한다.

2) 1급 소방안전관리대상물

선임 대상물	1) **30층 이상(지하층 제외)**이거나 지상으로부터 높이가 **120m 이상인 아파트** 2) 연면적 **15,000m^2 이상**인 특정소방대상물(**아파트 및 연립주택 제외**) 3) 층수가 **11층 이상**인 특정소방대상물(**아파트 제외**) 4) 가연성 가스를 **1,000톤 이상** 저장 · 취급하는 시설
선임자격	다음에 해당하는 사람으로서 **1급 또는 특급 소방안전관리자 자격증**을 발급받은 사람 1) **소방설비기사 또는 소방설비산업기사**의 자격이 있는 사람 2) 소방공무원으로 **7년 이상** 근무한 경력이 있는 사람 3) 소방청장이 실시하는 1급 소방안전관리대상물의 소방안전관리에 관한 시험에 합격한 사람 4) 특급 소방안전관리대상물의 소방안전관리자 자격이 인정되는 사람
선임인원	1명 이상

3) 2급 소방안전관리대상물

선임 대상물	1) **옥내소화전**설비, **스프링클러**설비, **물분무등**소화설비(**호스릴 제외**)가 설치된 특정소방대상물 2) 가연성 가스를 **100톤 이상 1,000톤 미만** 저장 · 취급하는 시설 3) **지하구** 4) **공동주택** 5) **보물 또는 국보**로 지정된 목조건축물

선임자격	다음에 해당하는 사람으로서 **2급 또는 특급, 1급 소방안전관리자 자격증**을 발급받은 사람 1) 위험물기능장 · 위험물산업기사 또는 위험물기능사 자격을 가진 사람 2) 소방공무원으로 **3년 이상** 근무한 경력이 있는 사람 3) 소방청장이 실시하는 2급 소방안전관리대상물의 소방안전관리에 관한 시험에 합격한 사람
선임인원	1명 이상

4) 3급 소방안전관리대상물

선임 대상물	**간이스프링클러설비** 또는 **자동화재탐지설비**를 설치하여야 하는 특정소방대상물
선임자격	다음에 해당하는 사람으로서 **3급 또는 특급, 1급, 2급 소방안전관리자 자격증**을 발급받은 사람 1) 소방공무원으로 **1년 이상** 근무한 경력이 있는 사람 2) 소방청장이 실시하는 3급 소방안전관리대상물의 소방안전관리에 관한 시험에 합격한 사람
선임인원	1명 이상

(8) 소방안전관리보조자

1) 소방안전관리보조자를 두어야 하는 특정소방대상물

① 아파트(300세대 이상인 아파트만 해당) : 기본 1명, 초과되는 300세대마다 1명 추가

② 연면적이 15,000m^2 이상인 특정소방대상물(아파트 제외) : 기본 1명, 초과되는 연면적이 15,000m^{2}마다 1명 추가

③ 공동주택 중 기숙사 : 1명

④ 의료시설 : 1명

⑤ 노유자시설 : 1명

⑥ 수련시설 : 1명

⑦ 숙박시설(숙박시설로 사용되는 바닥면적의 합계가 1,500m^2 미만이고 관계인이 24시간 상시 근무하고 있는 숙박시설은 제외) : 1명

2) 소방안전관리보조자의 선임자격

① 특급, 1급, 2급, 3급 소방안전관리대상물의 소방안전관리자 자격이 있는 사람

② 건축, 기계제작, 기계장비설비 · 설치, 화공, 위험물, 전기, 안전관리에 해당하는 국가기술자격이 있는 사람

③ 공공기관의 소방안전관리에 관한 규정 따른 강습교육을 수료한 사람

④ 특급 , 1급, 2급, 3급 소방안전관리대상물의 소방안전관리에 대한 강습교육을 수료한 사람

⑤ 소방안전관리대상물에서 소방안전 관련 업무에 2년 이상 근무한 경력이 있는 사람

(9) 총괄소방안전관리자 선임 대상 건축물

1) 복합건축물(지하층을 제외한 층수가 11층 이상 또는 연면적 30,000m^2 이상인 건축물)

2) 지하가(지하의 인공구조물 안에 설치된 상점 및 사무실, 그 밖에 이와 비슷한 시설이 연속하여 지하도에 접하여 설치된 것과 그 지하도를 합한 것)

3) 판매시설 중 도매시장, 소매시장 및 전통시장

(10) 소방안전관리업무의 대행

1) 소방안전관리 업무의 대행 대상
① 지상층의 층수가 11층 이상인 1급 소방안전관리대상물(연면적 15,000m^2 이상인 특정소방대상물과 아파트는 제외)
② 2급 소방안전관리대상물
③ 3급 소방안전관리대상물

2) 소방안전관리 업무의 대행 업무
① 피난시설, 방화구획 및 방화시설의 관리
② 소방시설이나 그 밖의 소방 관련 시설의 관리

(11) 건설현장 소방안전관리대상물

1) 건설현장 소방안전관리자 배치기간
소방시설공사 착공 신고일부터 건축물 사용승인일까지

2) 건설현장 소방안전관리대상물
① 신축 · 증축 · 개축 · 재축 · 이전 · 용도변경 또는 대수선을 하려는 부분의 연면적의 합계가 15,000m^2 이상인 것
② 신축 · 증축 · 개축 · 재축 · 이전 · 용도변경 또는 대수선을 하려는 부분의 연면적이 5,000m^2 이상인 것으로서 다음의 하나에 해당하는 것
㉠ 지하층의 층수가 2개층 이상인 것
㉡ 지상층의 층수가 11층 이상인 것
㉢ 냉동창고, 냉장창고 또는 냉동 · 냉장창고

(12) 소방안전관리대상물 근무자 및 거주자 등에 대한 소방훈련 등

1) 소방훈련 및 교육 : 관계인이 근무자 및 거주자에게 실시

2) 소방훈련 및 교육의 지도 · 감독 : 소방본부장 · 소방서장

3) 소방훈련 및 교육의 횟수 : 연 1회 이상

4) 소방훈련 및 교육결과 : 30일 이내에 소방본부장 · 소방서장에게 제출

5) 소방본부장 · 소방서장의 불시 소방훈련 실시 : 10일 전까지 서면 통보

6) 소방훈련 및 교육의 기록 보관 : 2년

06 특별관리시설물의 소방안전관리

(1) 소방안전 특별관리시설물

화재 등 재난이 발생할 경우 사회 · 경제적으로 피해가 클 것으로 예상되는 특정소방대상물

(2) 소방안전 특별관리시설물의 종류

1) 공항시설, 항만시설, 철도시설, 도시철도시설

2) 지정문화재인 시설, 산업기술단지, 석유비축시설

3) 초고층 건축물 및 지하연계 복합건축물

4) 수용인원 1,000명 이상인 영화상영관

5) 전력용 및 통신용 지하구

6) 천연가스 인수기지 및 공급망, 가스공급시설

7) 점포가 500개 이상인 전통시장

8) 발전사업자가 가동 중인 발전소

9) 물류창고로서 연면적 10만m^2 이상인 것

(3) 화재예방안전진단

1) 화재예방안전진단의 시행기관

① 한국소방안전원

② 소방청장이 지정하는 화재예방안전진단기관

2) 진단기관의 지정취소 및 업무정지

① 지정취소

- 거짓이나 그 밖의 부정한 방법으로 지정을 받은 경우
- 업무정지기간에 화재예방안전진단 업무를 한 경우

② 업무정지

- 화재예방안전진단 결과를 소방본부장 또는 소방서장, 관계인에게 제출하지 아니한 경우
- 지정기준에 미달하게 된 경우

3) 화재예방안전진단의 대상이 되는 소방안전 특별관리시설물

① 공항시설 중 여객터미널의 연면적이 1,000m^2 이상인 공항시설

② 철도시설 중 역 시설의 연면적이 5,000m^2 이상인 철도시설

③ 도시철도시설 중 역사 및 역 시설의 연면적이 5,000m^2 이상인 도시철도시설

④ 항만시설 중 여객이용시설 및 지원시설의 연면적이 5,000m^2 이상인 항만시설

⑤ 전력용 및 통신용 지하구 중 「국토의 계획 및 이용에 관한 법률」 따른 공동구

⑥ 가스공급시설 중 가연성 가스 탱크의 저장용량의 합계가 100톤 이상이거나 저장용량이 30톤 이상인 탱크가 있는 가스공급시설

⑦ 발전소 중 연면적이 5,000m^2 이상인 발전소

07 보칙

(1) 청문 대상

1) 소방안전관리자의 자격 취소

2) 진단기관의 지정 취소

(2) 벌칙

1) 3년 이하의 징역 또는 3천만 원 이하의 벌금

① 화재안전조사 결과에 따른 조치명령을 정당한 사유 없이 위반한 자

② 소방안전관리자 또는 소방안전관리보조자의 선임명령을 정당한 사유 없이 위반한 자

③ 소방안전 특별관리시설물에 대한 보수 · 보강 등 조치명령을 정당한 사유 없이 위반한 자

④ 거짓이나 그 밖의 부정한 방법으로 진단기관 지정을 받은 자

2) 1년 이하의 징역 또는 1천만 원 이하의 벌금

① 화재안전조사 업무를 수행하는 관계 공무원 및 관계 전문가가 관계인의 정당한 업무를 방해하거나, 조사업무를 수행하면서 취득한 자료나 알게 된 비밀을 다른 사람 또는 기관에게 제공 또는 누설하거나 목적 외의 용도로 사용한 자

② 소방안전관리자 자격증을 다른 사람에게 빌려 주거나 빌리거나 이를 알선한 자

③ 소방안전 특별관리시설물의 관계인이 진단기관으로부터 화재예방안전진단을 받지 아니한 자

3) 300만 원 이하의 벌금

① 화재안전조사를 정당한 사유 없이 거부 · 방해 또는 기피한 자

② 화재 발생 위험이 크거나 소화 활동에 지장을 줄 수 있다고 인정되는 행위나 물건에 대한 예방조치명령을 정당한 사유 없이 따르지 아니하거나 방해한 자

③ 소방안전관리자, 총괄소방안전관리자 또는 소방안전관리보조자를 선임하지 아니한 자

④ 소방시설 · 피난시설 · 방화시설 및 방화구획 등이 법령에 위반된 것을 발견하였음에도 필요한 조치를 할 것을 요구하지 아니한 소방안전관리자

⑤ 소방안전관리자에게 불이익한 처우를 한 관계인

⑥ 화재예방안전진단 업무에 종사하고 있거나 종사하였던 사람 또는 위탁받은 업무에 종사하고 있거나 종사하였던 사람이 업무를 수행하면서 알게 된 비밀을 이 법에서 정한 목적 외의 용도로 사용하거나 다른 사람 또는 기관에 제공하거나 누설한 자

(3) 과태료

1) 300만 원 이하의 과태료

① 정당한 사유 없이 화재예방강화지구에서 다음의 행위를 한 자

- 모닥불, 흡연 등 화기의 취급
- 풍등 등 소형열기구 날리기
- 용접 · 용단 등 불꽃을 발생시키는 행위

② 특급, 1급 소방안전관리대상물에서 다른 안전관리자와 소방안전관리자를 겸한 자

③ 소방안전관리업무를 하지 아니한 관계인 또는 소방안전관리대상물의 소방안전관리자

④ 소방안전관리자의 소방안전관리업무 지도 · 감독을 하지 아니한 자

⑤ 건설현장 소방안전관리대상물의 소방안전관리자의 업무를 하지 아니한 소방안전관리자

⑥ 소방안전관리대상물의 피난유도 안내정보를 제공하지 아니한 자

⑦ 소방안전관리대상물 근무자 및 거주자 등에 대한 소방훈련 및 교육을 하지 아니한 자

⑧ 안전원 또는 진단기관이 화재예방안전진단 결과를 소방본부장 또는 소방서장, 관계인제출하지 아니한 자

2) 200만 원 이하의 과태료

① 불을 사용할 때 지켜야 하는 사항 및 특수가연물의 저장 및 취급 기준을 위반한 자

② 화재예방강화지구의 예방강화를 위한 소방설비 등의 설치 명령을 정당한 사유 없이 따르지 아니한 자

③ 소방안선관리자 또는 소방안전관리보조자의 선임신고를 하지 아니하거나 소방안전관리자의 성명 등을 게시하지 아니한 자

④ 건설현장 소방안전관리자를 기간 내에 선임신고하지 아니한 자

⑤ 소방안전관리대상물 근무자 및 거주자 등에 대한 소방훈련 및 교육 결과를 기간 내에 제출하지 아니한 자

3) 100만 원 이하의 과태료

실무교육을 받지 아니한 소방안전관리자 및 소방안전관리보조자

4) 과태료 부과권자

시 · 도지사, 소방청장, 소방본부장 또는 소방서장

CHAPTER 03

PART 03 소방관계법규

소방시설 설치 및 관리에 관한 법률, 시행령, 시행규칙 (약칭 : 소방시설법)

01 총칙

(1) 제정목적

① 소방시설 등의 설치 · 관리와 소방용품 성능관리에 필요한 사항을 규정
② 국민의 생명 · 신체 및 재산을 보호
③ 공공의 안전과 복리 증진에 이바지함

(2) 용어의 정의

1) 소방시설

소화설비, 경보설비, 피난구조설비, 소화용수설비, 그 밖에 소화활동설비로서 대통령령으로 정하는 것

2) 소방시설 등

소방시설과 비상구, 방화문 및 자동방화셔터

3) 특정소방대상물

건축물 등의 규모 · 용도 및 수용인원 등을 고려하여 소방시설을 설치하여야 하는 소방대상물로서 대통령령으로 정하는 것

4) 화재안전성능

화재를 예방하고 화재발생 시 피해를 최소화하기 위하여 소방대상물의 재료, 공간 및 설비 등에 요구되는 안전성능

5) 성능위주설계

건축물 등의 재료, 공간, 이용자, 화재 특성 등을 종합적으로 고려하여 공학적 방법으로 화재 위험성을 평가하고 그 결과에 따라 화재안전성능이 확보될 수 있도록 특정소방대상물을 설계하는 것

6) 화재안전기준

① 성능기준 : 화재안전 확보를 위하여 재료, 공간 및 설비 등에 요구되는 안전성능으로서 소방청장이 고시로 정하는 기준
② 기술기준 : 성능기준을 충족하는 상세한 규격, 특정한 수치 및 시험방법 등에 관한 기준으로서 행정안전부령으로 정하는 절차에 따라 소방청장의 승인을 받은 기준

7) 소방용품

소방시설 등을 구성하거나 소방용으로 사용되는 제품 또는 기기로서 대통령령으로 정하는 것

8) 무창층

지상층 중 다음의 요건을 모두 갖춘 개구부의 면적의 합계가 해당 층의 바닥면적의 1/30 이하가 되는 층

① 지름 50cm 이상의 원이 통과할 수 있을 것
② 바닥면으로부터 개구부 밑부분까지의 높이가 1.2m 이내일 것
③ 도로 또는 차량이 진입할 수 있는 빈터를 향할 것
④ 화재 시 건축물로부터 쉽게 피난할 수 있도록 창살이나 그 밖의 장애물이 설치되지 않을 것
⑤ 내부 또는 외부에서 쉽게 부수거나 열 수 있을 것

9) 피난층

곧바로 지상으로 갈 수 있는 출입구가 있는 층

02 건축허가 동의 등

(1) 소방시설의 설계, 시공, 감리업무 절차 흐름도

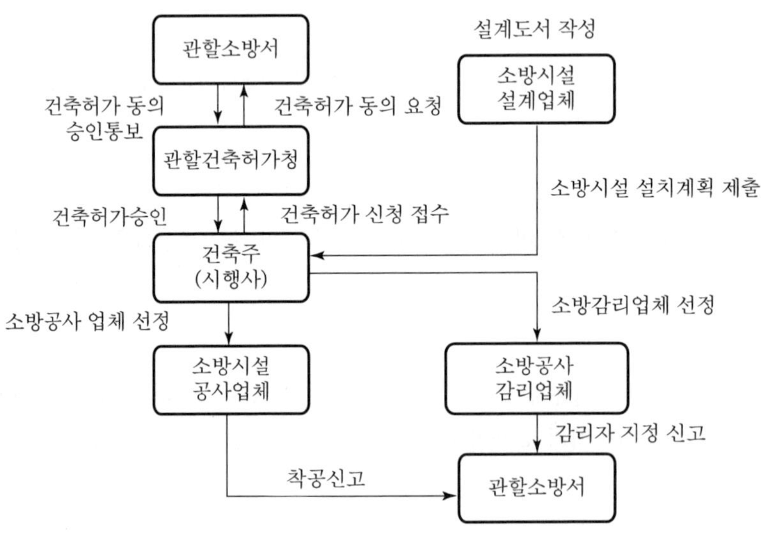

(2) 건축허가 동의

1) 건축허가 등의 동의권자 : 소방본부장 · 소방서장

2) 건축허가 동의사항

① 건축물의 신축 · 증축 · 개축 · 재축 · 이전 · 용도변경 또는 대수선의 허가 · 협의 및 사용승인 등의 권한이 있는 행정기관은 건축허가 등을 할 때 미리 그 건축물 등의 시공지 또는 소재지를 관할하는 **소방본부장이나 소방서장의 동의**를 받아야 한다.

② 건축물 등의 증축 · 개축 · 재축 · 용도변경 또는 대수선의 신고를 수리할 권한이 있는 행정기관은 그 신고를 수리하면 그 건축물 등의 시공지 또는 소재지를 관할하는 소방본부장이나 소방서장에게 지체 없이 그 사실을 알려야 한다.

③ 건축허가 등의 권한이 있는 행정기관 또는 신고를 수리할 권한이 있는 행정기관은 건축허가 등의 동의를 받거나 신고를 수리한 사실을 알릴 때 설계도서 중 건축물의 내부구조를 알 수 있는 설계도면을 제출하여야 한다.

3) 건축허가 동의 회신기간

① 건축허가 등의 동의요구서류를 접수한 날부터 5일

② 다음의 특급 소방안전관리대상물인 경우는 10일

㉠ 50층 이상(지하층은 제외)이거나 높이가 200m 이상인 아파트

㉡ 30층 이상(지하층을 포함)이거나 높이가 120m 이상인 특정소방대상물(아파트는 제외)

㉢ 연면적이 10만m^2 이상인 특정소방대상물(아파트는 제외)

4) 건축허가 동의요구서의 첨부서류

① 건축허가신청서 및 건축허가서 또는 건축 · 대수선 · 용도변경신고서 등의 사본

② 다음 각 목의 설계도서

㉠ 건축물 관련 상세도면

- 건축개요 및 배치도
- 주단면도 및 입면도
- 층별 평면도(용도별 기준층 평면도를 포함)
- 방화구획도(창호도를 포함)
- 실내재료 마감표 등
- 소방자동차 진입 동선도 및 부서 공간 위치도(조경계획을 포함)

㉡ 소방시설 등 관련 상세도면

- 소방시설의 층별 평면도 및 층별 계통도(시설별 계산서를 포함)
- 실내장식물 방염대상물품 설치 계획

㉢ 소방시설의 내진설계 계통도 및 평면도 등 기본설계도면

③ 소방시설 설치계획표

④ 임시소방시설 설치계획서

⑤ 소방시설설계업등록증과 소방시설을 설계한 기술인력의 기술자격증 사본

⑥ 소방시설설계 계약서 사본 1부

5) 건축허가 동의요구서의 첨부서류 보완기간 : 4일 이내

6) 건축허가 등의 동의를 요구한 기관이 그 건축허가 등을 취소하였을 때
7일 이내에 건축물 등의 시공지 또는 소재지를 관할하는 소방본부장 또는 소방서장에게 그 사실을 통보하여야 한다.

7) 건축허가 등의 동의대상물의 범위
① 연면적이 400m^2 이상인 건축물
② 학교시설 : 100m^2 이상
③ 노유자시설 및 수련시설 : 200m^2 이상
④ 차고 · 주차장 : 바닥면적이 200m^2 이상인 층이 있는 건축물이나 주차시설
⑤ 승강기 등 기계장치에 의한 주차시설 : 20대 이상
⑥ 지하층, 무창층 : 바닥면적이 150m^2(공연장의 경우에는 100m^2) 이상인 층
⑦ 정신의료기관, 장애인 의료재활시설 : 300m^2 이상
⑧ 항공기격납고, 관망탑, 항공관제탑, 방송용 송수신탑
⑨ 의원(입원실이 있는 것) · 조산원 · 산후조리원, 위험물 저장 및 처리시설, 발전시설 중 풍력발전소 · 전기저장시설, 지하구
⑩ 층수가 6층 이상인 건축물
⑪ 노유자시설 중 다음 각 목의 어느 하나에 해당하는 시설
㉠ 노인주거복지시설 · 노인의료복지시설 및 재가노인복지시설, 학대피해노인 전용쉼터
㉡ 아동복지시설
㉢ 장애인 거주시설
㉣ 정신질환자 관련 시설(24시간 주거)
㉤ 노숙인 관련 시설 중 노숙인자활시설, 노숙인재활시설 및 노숙인요양시설
㉥ 결핵환자나 한센인이 24시간 생활하는 노유자시설
⑫ 요양병원
⑬ 보물 또는 국보로 지정된 목조건축물
⑭ 수량의 750배 이상의 특수가연물을 저장 · 취급하는 것
⑮ 지상에 노출된 탱크의 저장용량의 합계가 100톤 이상인 것

8) 건축허가 등의 동의 제외 대상물
① 특정소방대상물에 설치되는 소화기구, 자동소화장치, 누전경보기, 단독경보형 감지기, 가스누설경보기 및 피난구조설비(비상조명등은 제외)가 화재안전기준에 적합한 경우 해당 특정소방대상물

② 건축물의 증축 또는 용도변경으로 인하여 해당 특정소방대상물에 추가로 소방시설이 설치되지 아니하는 경우 그 특정소방대상물
③ 소방시설공사의 착공신고 대상에 해당하지 않는 경우 해당 특정소방대상물

(3) 내진설계를 하여야 하는 소방시설

① 옥내소화전설비
② 스프링클러설비
③ 물분무 등 소화설비

(4) 성능위주 설계

1) 성능위주설계를 해야 하는 특정소방대상물의 범위
① 연면적 20만m^2 이상인 특정소방대상물(아파트 등 제외)
② 50층 이상(지하층 제외)이거나 지상으로부터 높이가 200m 이상인 아파트 등
③ 30층 이상(지하층 포함)이거나 지상으로부터 높이가 120m 이상인 특정소방대상물(아파트 등 제외)
④ 연면적 3만m^2 이상인 특정소방대상물로서 철도 및 도시철도 시설, 공항시설
⑤ 창고시설 중 연면적 10만m^2 이상인 것 또는 지하층의 층수가 2개층 이상이고 지하층의 바닥면적의 합이 3만m^2 이상인 것
⑥ 하나의 건축물에 영화상영관이 10개 이상인 특정소방대상물
⑦ 지하연계 복합건축물에 해당하는 특정소방대상물
⑧ 터널 중 수저(水底)터널 또는 길이가 5,000m 이상인 것

2) 성능위주설계를 할 수 있는 자의 자격, 기술인력

성능위주설계자의 자격	기술인력
• 전문 소방시설설계업을 등록한 자 • 전문 소방시설설계업 등록기준에 따른 기술인력을 갖춘 자로서 소방청장이 정하여 고시하는 연구기관 또는 단체	소방기술사 2명 이상

(5) 주택에 설치하는 소방시설

주택의 종류	주택에 설치하는 소방시설의 종류
① 단독주택 ② 공동주택(아파트 및 기숙사는 제외)	① 소화기 ② 단독경보형 감지기

03 특정소방대상물에 설치하는 소방시설의 관리 등

(1) 소방시설의 종류

1) 소화설비 : 물 또는 그 밖의 소화약제를 사용하여 소화하는 기계 · 기구 또는 설비

① 소화기구

㉠ 소화기

㉡ 자동확산소화기

㉢ 간이소화용구 : 에어로졸식 소화용구, 투척용 소화용구, 소공간용 소화용구 및 소화약제 외의 것을 이용한 간이소화용구(마른 모래, 팽창질석, 팽창진주암)

② 자동소화장치

㉠ 주거용 주방자동소화장치

㉡ 상업용 주방자동소화장치

㉢ 캐비닛형 자동소화장치

㉣ 가스자동소화장치

㉤ 분말자동소화장치

㉥ 고체에어로졸자동소화장치

③ 옥내소화전설비(호스릴 포함)

④ 스프링클러설비 등

㉠ 스프링클러설비

㉡ 간이스프링클러설비(캐비닛형 간이스프링클러설비 포함)

㉢ 화재조기진압용 스프링클러설비

⑤ 물분무 등 소화설비

㉠ 물분무소화설비

㉡ 미분무소화설비

㉢ 포소화설비

㉣ 이산화탄소소화설비

㉤ 할론소화설비

㉥ 할로겐화합물 및 불활성 기체소화설비

㉦ 분말소화설비

㉧ 강화액소화설비

㉨ 고체에어로졸소화설비

⑥ 옥외소화전설비

2) 경보설비 : 화재발생 사실을 통보하는 기계 · 기구 또는 설비

① 단독경보형 감지기

② 비상경보설비

㉠ 비상벨설비

㉡ 자동식 사이렌설비

③ 자동화재탐지설비　　　　④ 시각경보기
⑤ 화재알림설비　　　　　⑥ 비상방송설비
⑦ 자동화재속보설비　　　⑧ 통합감시시설
⑨ 누전경보기　　　　　　⑩ 가스누설경보기

3) 피난구조설비 : 화재가 발생할 경우 피난하기 위하여 사용하는 기구 또는 설비

① 피난기구
㉠ 피난교　　　　　　　㉡ 구조대
㉢ 피난용 트랩　　　　　㉣ 미끄럼대
㉤ 완강기　　　　　　　㉥ 간이완강기
㉦ 공기안전매트　　　　㉧ 피난사다리
㉨ 다수인피난장비　　　㉩ 승강식 피난기

② 인명구조기구
㉠ 방열복, 방화복(안전헬멧, 보호장갑 및 안전화 포함)
㉡ 공기호흡기
㉢ 인공소생기

③ 유도등
㉠ 피난구유도등　　　　㉡ 통로유도등
㉢ 객석유도등　　　　　㉣ 유도표지
㉤ 피난유도선

④ 비상조명등 및 휴대용 비상조명등

4) 소화용수설비 : 화재를 진압하는 데 필요한 물을 공급하거나 저장하는 설비

① 상수도소화용수설비
② 소화수조 · 저수조, 그 밖의 소화용수설비

5) 소화활동설비 : 화재를 진압하거나 인명구조활동을 위하여 사용하는 설비

① 제연설비　　　　　② 연결송수관설비
③ 연결살수설비　　　④ 비상콘센트설비
⑤ 무선통신보조설비　⑥ 연소방지설비

(2) 특정소방대상물의 종류

1) 공동주택

① 아파트 등 : 주택으로 쓰는 층수가 5층 이상인 주택

② **연립주택, 다세대주택** : 주택으로 쓰는 1개 동의 바닥면적(2개 이상의 동을 지하주차장으로 연결하는 경우에는 각각의 동으로 본다) 합계가 660m²를 초과하고, 층수가 4개 층 이하인 주택(2024년 12월 1일 적용)

③ 기숙사 : 학교 또는 공장 등의 학생 또는 종업원 등을 위하여 쓰는 것으로서 1개 동의 공동취사시설 이용 세대 수가 전체의 50% 이상인 것

2) 근린생활시설

① 슈퍼마켓과 일용품등의 소매점 등 : 바닥면적의 합계 1,000m² 미만

② 휴게음식점, 제과점, 일반음식점, 기원, 노래연습장 및 **단란주점**(150m² 미만)

③ 이용원, 미용원, 목욕장, 세탁소, **독서실**, 사진관, 표구점, 장의사, 동물병원

④ **의원**, 치과의원, 한의원, 침술원, 접골원,조산원, 산후조리원 및 안마원(안마시술소 포함)

⑤ 공연장(영화상영관, 연예장, 음악당),종교집회장 : 바닥면적의 합계 300m² 미만

⑥ 탁구장, 테니스장, 체육도장, 체력단련장, 에어로빅장, 볼링장, 당구장, 실내낚시터, 골프연습장, 물놀이형 시설 : 바닥면적의 합계 500m² 미만

⑦ 금융업소, 사무소, 부동산중개사무소 : 바닥면적의 합계 500m² 미만

⑧ 제조업소, 수리점 : 바닥면적의 합계가 500m² 미만

⑨ 청소년게임제공업 및 일반게임제공업의 시설 : 바닥면적의 합계 500m² 미만

⑩ 학원(**자동차학원 및 무도학원은 제외**), **고시원** : 바닥면적의 합계가 500m² 미만

3) 문화 및 집회시설

① **공연장**으로서 근린생활시설에 해당하지 않는 것(바닥면적 300m² 이상)

② **집회장** : 예식장, 공회당, 회의장, 마권장외 발매소, 마권 전화투표소, 그 밖에 이와 비슷한 것으로서 근린생활시설에 해당하지 않는 것(바닥면적 300m² 이상)

③ **관람장** : 경마장, 경륜장, 경정장, 자동차 경기장, 그 밖에 이와 비슷한 것과 체육관 및 운동장으로서 관람석의 바닥면적의 합계가 1천m² 이상인 것

④ **전시장** : 박물관, 미술관, 과학관, 문화관, 체험관, 기념관, 산업전시장, 박람회장, 견본주택, 그 밖에 이와 비슷한 것

⑤ **동 · 식물원** : 동물원, 식물원, 수족관, 그 밖에 이와 비슷한 것

4) 종교시설

① 종교집회장으로서 근린생활시설에 해당하지 않는 것(바닥면적 300m² 이상)

② 종교집회장에 설치하는 봉안당

5) 판매시설

① 도매시장, 소매시장, 전통시장

② 상점으로서 다음의 어느 하나에 해당하는 것

㉠ 슈퍼마켓과 일용품 등의 소매점 등 : 바닥면적 합계가 1,000m^2 이상인 것
㉡ 게임제공업, 인터넷컴퓨터게임시설제공업 : 바닥면적 합계가 500m^2 이상인 것

6) 운수시설
① 여객자동차터미널
② 철도 및 도시철도시설
③ 공항시설(항공관제탑을 포함)
④ 항만시설 및 종합여객시설

7) 의료시설
① 병원 : 종합병원, 병원, 치과병원, 한방병원, 요양병원
② 격리병원 : 전염병원, 마약진료소, 그 밖에 이와 비슷한 것
③ 정신의료기관
④ 장애인 의료재활시설

8) 교육연구시설
① 초등학교, 중학교, 고등학교, 특수학교 : 합숙소, 체육관, 교사
② 대학, 대학교 : 합숙소, 교사
③ 교육원(연수원, 그 밖에 이와 비슷한 것을 포함)
④ 직업훈련소
⑤ 학원(근린생활시설에 해당하는 것, 자동차운전학원 · 정비학원, 무도학원은 제외)
⑥ 연구소(연구소에 준하는 시험소와 계량계측소를 포함)
⑦ 도서관

9) 노유자 시설
① 노인 관련 시설 : 노인주거복지시설, 노인의료복지시설, 노인여가복지시설, 노인보호전문기관, 노인일자리지원기관, 학대피해노인 전용쉼터
② 아동 관련 시설 : 아동복지시설, 어린이집, 유치원
③ 장애인 관련 시설 : 장애인 거주시설, 장애인 지역사회재활시설, 장애인 직업재활시설
④ 정신질환자 관련 시설 : 정신재활시설, 정신요양시설
⑤ 노숙인 관련 시설 : 노숙인복지시설, 노숙인종합지원센터
⑥ 결핵환자 또는 한센인 요양시설

10) 수련시설
① 생활권 수련시설 : 청소년수련관, 청소년문화의집, 청소년특화시설 등
② 자연권 수련시설 : 청소년수련원, 청소년야영장 등
③ 유스호스텔

11) 운동시설

① 탁구장, 체육도장, 테니스장, 체력단련장, 에어로빅장, 볼링장, 당구장, 실내낚시터, 골프연습장, 물놀이형 시설 : 500m^2 이상

② 체육관으로서 관람석이 없거나 관람석의 바닥면적이 1,000m^2 미만인 것

③ 운동장 : 육상장, 구기장, 볼링장, 수영장, 스케이트장, 롤러스케이트장, 승마장, 사격장, 궁도장, 골프장 등과 이에 딸린 건축물로서 관람석이 없거나 관람석의 바닥면적이 1,000m^2 미만인 것

12) 업무시설

① 공공업무시설 : 국가 또는 지방자치단체의 청사 등의 건축물로서 근린생활시설에 해당하지 않는 것

② 일반업무시설 : 금융업소, 사무소, 신문사, **오피스텔** 등으로서 근린생활시설에 해당하지 않는 것

③ **주민자치센터**, 경찰서, 지구대, 파출소, 소방서, 119안전센터, 우체국, 보건소, 공공도서관, 국민건강보험공단

④ 마을회관, 마을공동작업소, 마을공동구판장

⑤ 변전소, 양수장, 정수장, 대피소, 공중화장실

13) 숙박시설

① 일반형 숙박시설 : 「공중위생관리법 시행령」 제4조 제1호 가목에 따른 숙박업의 시설

② 생활형 숙박시설 : 「공중위생관리법 시행령」 제4조 제1호 나목에 따른 숙박업의 시설

③ **고시원**[근린생활시설에 해당하지 않는 것(500m^2 이상)]

14) 위락시설

① 단란주점으로서 근린생활시설에 해당하지 않는 것(150m^2 이상)

② 유흥주점

③ 무도장 및 무도학원

④ 카지노영업소

15) 공장

물품의 제조 · 가공 또는 수리에 계속적으로 이용되는 건축물로서 근린생활시설, 위험물 저장 및 처리시설, 항공기 및 자동차 관련 시설, 자원순환 관련 시설, 묘지 관련 시설 등으로 따로 분류되지 않는 것

16) 창고시설(위험물 저장 및 처리시설 또는 그 부속용도에 해당하는 것은 제외)

① 창고(냉장 · 냉동 창고를 포함)

② 하역장

③ 물류터미널

④ 집배송시설

17) 위험물 저장 및 처리시설

① 위험물 제조소 등

② 가스시설

18) 항공기 및 자동차 관련 시설

① 항공기격납고

② 차고, 주차용 건축물, 철골 조립식 주차시설 및 기계장치에 의한 주차시설

③ 세차장, 폐차장

④ 자동차 매매장, 자동차 검사장

⑤ 자동차 정비공장

⑥ 운전학원 · 정비학원

⑦ 다음 건축물을 제외한 건축물 내부(필로티와 건축물 지하 포함)에 설치된 **주차장**

㉠ 단독주택

㉡ 공동주택 중 50세대 미만인 연립주택 또는 50세대 미만인 다세대주택

19) 동물 및 식물 관련 시설

① 축사(부화장 포함)

② 가축시설 : 가축용 운동시설, 인공수정센터, 가축용 창고, 가축시장, 동물검역소, 실험동물 사육시설, 그 밖에 이와 비슷한 것

③ 도축장

④ 도계장

⑤ 작물 재배사

⑥ 종묘배양시설

⑦ 화초 및 분재 등의 온실

⑧ 식물과 관련된 시설과 비슷한 것(**동 · 식물원은 제외**)

20) 자원순환 관련 시설

① 하수 등 처리시설

② 고물상

③ 폐기물재활용시설

④ 폐기물처분시설

⑤ 폐기물감량화시설

21) 교정 및 군사시설
① 보호감호소, 교도소, 구치소 및 그 지소
② 보호관찰소, 갱생보호시설
③ 치료감호시설, 유치장
④ 소년원 및 소년분류심사원
⑤ 「출입국관리법」에 따른 보호시설
⑥ 국방 · 군사시설

22) 방송통신시설
① 방송국, 촬영소
② 전신전화국, 통신용 시설

23) 발전시설
① 원자력발전소
② 화력발전소
③ 수력발전소(조력발전소 포함)
④ 풍력발전소
⑤ **전기저장시설**[20(kWh)를 초과하는 리튬 · 나트륨 · 레독스플로우 계열의 2차 전지를 이용한 전기저장장치의 시설]

24) 묘지 관련 시설
① 화장시설, 봉안당
② 묘지와 자연장지에 부수되는 건축물
③ 동물화장시설, 동물건조장시설 및 동물 전용의 납골시설

25) 관광 휴게시설
① 야외음악당, 야외극장, 어린이회관
② 관망탑, 휴게소
③ 공원 · 유원지 또는 관광지에 부수되는 건축물

26) 장례시설
① 장례식장
② 동물 전용의 장례식장

27) 지하가
지하의 인공구조물 안에 설치되어 있는 상점, 사무실, 그 밖에 이와 비슷한 시설이 연속하여 지하도에 면하여 설치된 것과 그 지하도를 합한 것

① 지하상가
② 터널 : 차량 등의 통행을 목적으로 지하, 수저 또는 산을 뚫어서 만든 것

28) 지하구

① 전력 · 통신용의 전선이나 가스 · 냉난방용의 배관 또는 이와 비슷한 것을 집합수용하기 위하여 설치한 지하 인공구조물로서 사람이 점검 또는 보수를 하기 위하여 출입이 가능한 것 중 다음의 어느 하나에 해당하는 것
㉠ 전력 또는 통신사업용 지하 인공구조물로서 전력구 또는 통신구 방식으로 설치된 것
㉡ ㉠항 외의 지하 인공구조물로서 폭이 1.8m 이상이고 높이가 2m 이상이며 길이가 50m 이상인 것
② 「국토의 계획 및 이용에 관한 법률」에 따른 공동구

29) 문화재

문화재로 지정된 건축물

30) 복합건축물

① 하나의 건축물이 제1)호에서 제27)호까지의 것 중 둘 이상의 용도로 사용되는 것. 다만, 다음의 어느 하나에 해당하는 경우에는 복합건축물로 보지 않는다.
㉠ 주된 용도의 부수시설로서 그 설치를 의무화하고 있는 용도 또는 시설
㉡ 주택 안에 부대시설 또는 복리시설이 설치되는 특정소방대상물
㉢ 건축물의 주된 용도의 기능에 필수적인 용도로서 다음의 어느 하나에 해당하는 용도
- 건축물의 설비(제23)호의 ⑤의 전기저장시설을 포함), 대피 또는 위생을 위한용도, 그 밖에 이와 비슷한 용도
- 사무, 작업, 집회, 물품저장 또는 주차를 위한 용도, 그 밖에 이와 비슷한 용도
- 구내식당, 구내세탁소, 구내운동시설 등 종업원후생복리시설(기숙사는 제외) 또는 구내 소각시설의 용도, 그 밖에 이와 비슷한 용도

② 하나의 건축물이 근린생활시설, 판매시설, 업무시설, 숙박시설 또는 위락시설의 용도와 주택의 용도로 함께 사용되는 것

(3) 건축물을 별개로 보는 경우와 하나로 보는 경우

1) 내화구조로 된 하나의 특정소방대상물이 개구부가 없는 내화구조의 바닥과 벽으로 구획되어 있는 경우에는 그 구획된 부분을 각각 별개의 특정소방대상물로 본다.

2) 둘 이상의 특정소방대상물이 다음에 해당되는 구조의 복도 또는 통로(연결통로)로 연결된 경우에는 이를 하나의 소방대상물로 본다.

① 내화구조로 된 연결통로가 다음의 어느 하나에 해당되는 경우

㉠ 벽이 없는 구조로서 그 길이가 6m 이하인 경우
㉡ 벽이 있는 구조로서 그 길이가 10m 이하인 경우

② 내화구조가 아닌 연결통로로 연결된 경우
③ 컨베이어로 연결되거나 플랜트설비의 배관 등으로 연결되어 있는 경우
④ 지하보도, 지하상가, 지하가로 연결된 경우
⑤ 자동방화셔터 또는 60분+방화문이 설치되지 않은 피트로 연결된 경우
⑥ 지하구로 연결된 경우

(4) 특정소방대상물의 관계인이 특정소방대상물의 규모 · 용도 및 수용인원 등을 고려하여 갖추어야 하는 소방시설의 종류

1) 소화설비

① 소화기구
㉠ 연면적 33m² 이상(노유자 시설의 경우 산정된 소화기 수량의 1/2 이상을 투척용 소화용구 등으로 설치할 수 있다.)
㉡ 가스시설, 발전시설 중 전기저장시설, 문화재
㉢ 터널
㉣ 지하구

② 자동소화장치
㉠ 주거용 주방자동소화장치 : 아파트 등, 오피스텔의 모든 층
㉡ 상업용 주방자동소화장치
- 판매시설 중 대규모점포에 입점해 있는 일반음식점
- 식품위생법에 따른 집단급식소

③ 옥내소화전설비
㉠ 연면적 3,000m² 이상
㉡ 지하층 · 무창층(축사 제외)으로서 바닥면적이 600m² 이상인 층이 있는 것
㉢ 층수가 4층 이상인 것 중 바닥면적이 600m² 이상인 층이 있는 것
㉣ 길이가 1,000m 이상인 터널
㉤ 특수가연물 : 지정수량의 750배 이상

④ 스프링클러설비
㉠ 층수가 6층 이상인 특정소방대상물의 경우에는 모든 층
㉡ 기숙사 또는 복합건축물로서 연면적 5,000m² 이상인 경우에는 모든 층
㉢ 문화 및 집회시설, 종교시설, 운동시설로서 다음에 해당하는 경우 모든 층
- 수용인원이 100명 이상인 것

- 영화상영관의 용도로 쓰는 층의 바닥면적이 지하층 또는 무창층인 경우에는 500m² 이상, 그 밖의 층의 경우에는 1,000m² 이상인 것
- 무대부가 지하층 · 무창층 또는 4층 이상의 층에 있는 경우에는 무대부의 면적이 300m² 이상인 것

㉣ **창고시설**(물류터미널은 제외)로서 바닥면적 합계가 **5,000m² 이상**인 경우에는 모든 층

㉤ 판매시설, 운수시설 및 창고시설(**물류터미널로 한정**)로서 바닥면적의 합계가 **5,000m² 이상이거나 수용인원이 500명 이상**인 경우에는 모든 층

㉥ 다음에 해당하는 용도로 사용되는 시설의 바닥면적의 합계가 **600m² 이상**인 것 모든 층
- 근린생활시설 중 조산원 및 산후조리원
- 의료시설 중 정신의료기관
- 의료시설 중 종합병원, 병원, 치과병원, 한방병원 및 요양병원
- 노유자 시설
- 숙박이 가능한 수련시설
- 숙박시설

㉦ 특정소방대상물의 **지하층 · 무창층**(축사는 제외) 또는 층수가 **4층 이상인 층**으로서 바닥면적이 1,000m² **이상**인 층이 있는 경우에는 해당 층

㉧ **지하가**(터널은 제외)로서 연면적 1,000m² **이상**인 것

㉨ 발전시설 중 전기저장시설 등

⑤ 간이스프링클러설비

㉠ 공동주택 중 **연립주택** 및 **다세대주택**(주택전용 간이스프링클러설비 설치)

㉡ 근린생활시설 중 다음에 해당하는 것
- 근린생활시설로 사용하는 부분의 바닥면적 합계가 1,000m² **이상**인 것은 모든 층
- 의원, 치과의원 및 한의원으로서 입원실이 있는 시설
- 조산원 및 산후조리원으로서 연면적 600m² 미만인 시설

㉢ 의료시설 중 다음에 해당하는 시설
- 종합병원, 병원, 치과병원, 한방병원 및 요양병원(의료재활시설은 제외)으로 사용되는 바닥면적의 합계가 600m² 미만인 시설
- 정신의료기관 또는 의료재활시설로 사용되는 바닥면적의 합계가 300m² 이상 600m² 미만인 시설
- 정신의료기관 또는 의료재활시설로 사용되는 바닥면적의 합계가 300m² 미만이고, 창살이 설치된 시설

㉣ 교육연구시설 내에 합숙소로서 연면적 100m² 이상인 경우에는 모든 층

㉤ 노유자 시설로서 다음의 어느 하나에 해당하는 시설
- 노유자 생활시설

- 노유자 생활시설에 해당하지 않는 노유자 시설로 해당 시설로 사용하는 바닥면적의 합계가 300m^2 이상 600m^2 미만인 시설
- 노유자 생활시설에 해당하지 않는 노유자 시설로 해당 시설로 사용하는 바닥면적의 합계가 300m^2 미만이고, 창살이 설치된 시설

ⓑ 숙박시설로 사용되는 바닥면적의 합계가 300m^2 이상 600m^2 미만인 시설

ⓢ 복합건축물로서 연면적 1,000m^2 이상인 것은 모든 층

⑥ 물분무 등 소화설비

㉠ 항공기 및 자동차 관련 시설 중 **항공기격납고**

㉡ 차고, 주차용 건축물, 조립식 주차시설 : **연면적 800m^2 이상**

㉢ 건축물 내부의 차고 또는 주차장 : 바닥면적이 200m^2 이상인 층

㉣ 기계장치에 의한 주차시설 : 20대 이상

㉤ 특정소방대상물에 설치된 **전기실** · 발전실 · 변전실 · 축전지실 · 통신기기실 또는 전산실 등 : 바닥면적이 300m^2 이상

㉥ 지하가 중 예상 교통량, 경사도 등 터널의 특성을 고려하여 행정안전부령으로 정하는 터널(물분무소화설비만 해당)

㉦ 지정문화재 중 소방청장이 문화재청장과 협의하여 정하는 것

⑦ 옥외소화전설비

㉠ 지상 1층 및 2층의 바닥면적의 합계가 9,000m^2 이상

㉡ **보물 또는 국보**로 지정된 목조건축물

㉢ 특수가연물 : 지정수량 750배 이상

2) 경보설비

① 비상경보설비

㉠ 연면적 400m^2 이상

㉡ **지하층 또는 무창층**의 바닥면적이 150m^2(공연장의 경우 100m^2) 이상

㉢ 지하가 중 **터널**로서 길이가 500m 이상

㉣ 50명 이상의 근로자가 작업하는 **옥내작업장**

② 단독경보형 감지기

㉠ 공동주택 중 연립주택 및 다세대주택

㉡ 교육연구시설 내에 있는 기숙사 또는 합숙소 : 연면적 2,000m^2 미만인 것

㉢ 수련시설 내에 있는 기숙사 또는 합숙소 : 연면적 2,000m^2 미만인 것

㉣ 숙박시설이 있는 수련시설로서 수용인원 100명 미만인 것

㉤ 연면적 400m^2 미만의 **유치원**

③ 비상방송설비
㉠ 연면적 3,500m² 이상인 것은 모든 층
㉡ 층수가 11층 이상인 것은 모든 층
㉢ 지하층의 층수가 3층 이상인 것은 모든 층

④ 자동화재탐지설비
㉠ 공동주택 중 아파트등 · 기숙사 및 숙박시설의 경우에는 모든 층
㉡ 층수가 6층 이상인 건축물은 모든 층
㉢ 근린생활시설(목욕장은 제외), 의료시설(정신의료기관 및 요양병원은 제외), 위락시설, 장례시설 및 복합건축물로서 연면적 600m² 이상인 경우에는 모든 층
㉣ 근린생활시설 중 목욕장, 문화 및 집회시설, 종교시설, 판매시설, 운수시설, 운동시설, 업무시설, 공장, 창고시설, 위험물 저장 및 처리 시설, 항공기 및 자동차 관련 시설, 교정 및 군사시설 중 국방 · 군사시설, 방송통신시설, 발전시설, 관광 휴게시설, 지하가(터널은 제외)로서 연면적 1,000m² 이상인 경우에는 모든 층
㉤ 교육연구시설(기숙사 및 합숙소 포함), 수련시설(기숙사 및 합숙소를 포함), 동물 및 식물 관련 시설, 자원순환 관련 시설, 교정 및 군사시설 또는 묘지 관련 시설로서 연면적 2,000m² 이상인 경우에는 모든 층
㉥ 노유자 생활시설의 경우에는 모든 층
㉦ 노유자 생활시설에 해당하지 않는 노유자 시설로서 연면적 400m² 이상인 노유자 시설
㉧ 숙박시설이 있는 수련시설로서 수용인원 100명 이상인 경우에는 모든 층
㉨ 의료시설 중 정신의료기관 또는 요양병원으로서 다음에 해당하는 시설
- 요양병원(의료재활시설은 제외)
- 정신의료기관 또는 의료재활시설로 사용되는 바닥면적의 합계가 300m² 이상인 시설
- 정신의료기관 또는 의료재활시설로 사용되는 바닥면적의 합계가 300m² 미만이고, 창살이 설치된 시설

㉩ 판매시설 중 전통시장, 지하구, 발전시설 중 전기저장시설
㉪ 지하가 중 터널로서 길이가 1,000m 이상인 것
㉫ 공장 및 창고시설로서 특수가연물을 500배 이상 저장 · 취급하는 것

⑤ 시각경보기
㉠ 근린생활시설, 문화 및 집회시설, 종교시설, 판매시설, 운수시설, 의료시설, 노유자 시설
㉡ 운동시설, 업무시설, 숙박시설, 위락시설, 창고시설 중 물류터미널, 발전시설, 장례시설
㉢ 교육연구시설 중 도서관, 방송통신시설 중 방송국
㉣ 지하가 중 지하상가

⑥ 자동화재속보설비

자동화재속보설비를 설치해야 하는 특정소방대상물은 다음에 해당하는 것으로 한다. 다만, 방재실 등 화재 수신기가 설치된 장소에 24시간 화재를 감시할 수 있는 사람이 근무하고 있는 경우에는 자동화재속보설비를 설치하지 않을 수 있다.

㉠ 노유자 생활시설

㉡ 노유자 시설로서 바닥면적이 500m² 이상인 층이 있는 것

㉢ 수련시설(숙박시설이 있는 것)로서 바닥면적이 500m² 이상인 층이 있는 것

㉣ 보물 또는 국보로 지정된 목조건축물

㉤ 근린생활시설 중 다음에 해당하는 시설

- 의원, 치과의원 및 한의원으로서 입원실이 있는 시설
- 조산원 및 산후조리원

㉥ 의료시설 중 다음에 해당하는 것

- 종합병원, 병원, 치과병원, 한방병원 및 요양병원(의료재활시설은 제외)
- 정신병원 및 의료재활시설로 사용되는 바닥면적의 합계가 500m² 이상인 층이 있는 것

㉦ 판매시설 중 전통시장

⑦ 화재알림설비 : 판매시설 중 전통시장

⑧ 통합감시시설 : 지하구

⑨ 누전경보기

계약전류용량 100A를 초과하는 특정소방대상물(내화구조가 아닌 건축물로서 벽 · 바닥 또는 반자의 전부나 일부를 불연재료 또는 준불연재료가 아닌 재료에 철망을 넣어 만든 것만 해당)

⑩ 가스누설경보기

㉠ 문화 및 집회시설, 종교시설, 판매시설, 운수시설, 의료시설, 노유자 시설

㉡ 수련시설, 운동시설, 숙박시설, 창고시설 중 물류터미널, 장례시설

3) 피난구조설비

① 피난기구

피난층, 지상 1층, 지상 2층(노유자시설 중 피난층이 아닌 지상 1층과 피난층이 아닌 지상 2층은 제외) 및 층수가 11층 이상 층을 제외한 모든 층에 설치

② 인명구조기구

㉠ 방열복, 방화복(안전모, 보호장갑, 안전화 포함), 인공소생기, 공기호흡기

지하층을 포함하는 층수가 7층 이상인 것 중 관광호텔 용도로 사용하는 층

㉡ 방열복, 방화복(안전모, 보호장갑, 안전화 포함), 공기호흡기

지하층을 포함하는 층수가 5층 이상인 것 중 병원 용도로 사용하는 층

㉢ 공기호흡기
- 수용인원 100명 이상인 문화 및 집회시설 중 영화상영관
- 판매시설 중 대규모점포
- 운수시설 중 지하역사
- 지하가 중 지하상가
- 이산화탄소소화설비(호스릴이산화탄소소화설비는 제외)를 설치해야 하는 특정소방대상물

③ 유도등

㉠ 피난구유도등, 통로유도등 및 유도표지

동물 및 식물 관련 시설 중 축사로서 가축을 직접 가두어 사육하는 부분과 지하가 중 터널을 제외한 모든 특정소방대상물

㉡ 객석유도등
- 유흥주점영업시설(카바레, 나이트클럽)
- 문화 및 집회시설, 운동시설, 종교시설

④ 비상조명등

㉠ 지하층을 포함하는 층수가 5층 이상인 건축물로서 연면적 3,000m^2 이상

㉡ 그 지하층 또는 무창층의 바닥면적이 450m^2 이상인 경우에는 그 지하층 또는 무창층

㉢ 지하가 중 터널로서 그 길이가 500m 이상인 것

⑤ 휴대용 비상조명등

㉠ 수용인원 100명 이상의 영화상영관

㉡ 숙박시설

㉢ 판매시설 중 대규모점포

㉣ 철도 및 도시철도시설 중 지하역사, 지하가 중 지하상가

4) 소화용수설비

① 상수도소화용수설비

㉠ 연면적 5,000m^2 이상

㉡ 가스시설로서 지상에 노출된 탱크의 저장용량의 합계 : 100톤 이상

② 소화수조 또는 저수조

상수도소화용수설비를 설치하여야 하는 특정소방대상물의 대지경계선으로부터 180m 이내에 지름 75mm 이상인 상수도용 배수관이 설치되지 않은 지역

5) 소화활동설비

① 제연설비

㉠ 문화 및 집회시설, 운동시설, 종교시설로서 무대부 : 바닥면적이 200m^2 이상

㉡ 문화 및 집회시설 중 **영화상영관** : 수용인원 100명 이상인 것
㉢ **지하층**이나 **무창층**에 설치된 근린생활시설, 판매시설, 운수시설, 숙박시설, 위락시설, 의료시설, 노유자시설 또는 창고시설 : 바닥면적의 합계가 1,000m^2 이상인 층
㉣ 운수시설 중 시외버스정류장, 철도 및 도시철도시설, 공항시설 및 항만시설의 대합실 또는 휴게시설로서 **지하층 또는 무창층** : 바닥면적이 1,000m^2 이상인 경우의 모든 층
㉤ **지하가** : 연면적 1,000m^2 이상
㉥ 지하가 중 예상 교통량, 경사도 등 터널의 특성을 고려하여 행정안전부령으로 정하는 터널
㉦ 특별피난계단, 비상용 승강기의 승강장 또는 피난용 승강기의 승강장

② 연결송수관설비
㉠ 층수가 5층 이상으로서 연면적 6,000m^2 이상인 경우에는 모든 층
㉡ 지하층을 포함하는 층수가 7층 이상인 경우에는 모든 층
㉢ 지하층의 층수가 3층 이상이고 지하층의 바닥면적의 합계가 1,000m^2 이상인 경우에는 모든 층
㉣ 지하가 중 터널로서 길이가 1,000m 이상

③ 연결살수설비
㉠ 판매시설, 운수시설, 창고시설 중 물류터미널 : 바닥면적의 합계가 1,000m^2 이상
㉡ 지하층 바닥면적의 합계 : 150m^2 이상인 것
㉢ 아파트 등의 지하층과 학교의 지하층 : 700m^2 이상
㉣ 가스시설 중 지상에 노출된 탱크의 용량 : 30톤 이상인 탱크시설
㉤ 특정소방대상물에 부속된 연결통로

④ 비상콘센트설비
㉠ 층수가 11층 이상인 특정소방대상물의 경우에는 **11층 이상의 층**
㉡ 지하층의 층수가 3층 이상이고 지하층의 바닥면적의 합계가 1,000m^2 이상인 것은 지하층의 모든 층
㉢ 지하가 중 터널로서 길이가 500m 이상인 것

⑤ 무선통신보조설비
㉠ 지하가 : 연면적 1,000m^2 이상
㉡ 지하층의 바닥면적의 합계가 3,000m^2 이상인 것
㉢ 지하층의 층수가 **3층 이상**이고 지하층의 바닥면적의 합계가 1,000m^2 이상인 것은 지하층의 모든 층
㉣ 터널 : 500m 이상
㉤ 지하구 중 **공동구**
㉥ 층수가 **30층 이상인 것으로서 16층 이상 부분**의 모든 층

⑥ 연소방지설비 : 지하구(전력 또는 통신사업용인 것만 해당)

(5) 소방시설기준 적용의 특례

대통령령 또는 화재안전기준이 변경되어 그 기준이 강화되는 경우 기존의 특정소방대상물의 소방시설에 대하여는 변경 전의 대통령령 또는 화재안전기준을 적용한다. 다만, 다음에 해당하는 소방시설의 경우에는 대통령령 또는 화재안전기준의 변경으로 **강화된 기준을 적용**할 수 있다.

1) 강화된 기준을 적용할 수 있는 소방시설

① 소화기구
② 비상경보설비
③ 자동화재탐지설비
④ 자동화재속보설비
⑤ 피난구조설비

2) 다음의 특정소방대상물에 설치하는 소방시설

① 전력 및 통신사업용 지하구, 공동구
소화기, 자동소화장치, 자동화재탐지설비, 통합감시시설, 유도등 및 연소방지설비

② 노유자시설
간이스프링클러설비, 자동화재탐지설비 및 단독경보형 감지기

③ 의료시설
스프링클러설비, 간이스프링클러설비, 자동화재탐지설비 및 자동화재속보설비

(6) 특정소방대상물의 증축 시 소방시설기준 적용의 특례

소방본부장 또는 소방서장은 특정소방대상물이 증축되는 경우에는 기존 부분을 포함한 특정소방대상물의 전체에 대하여 증축 당시의 소방시설의 설치에 관한 대통령령 또는 화재안전기준을 적용해야 한다. 다만, 다음에 해당하는 경우 기존 부분에 대해서는 증축 당시의 소방시설의 설치에 관한 대통령령 또는 화재안전기준을 적용하지 않는다.

1) 기존 부분과 증축 부분이 내화구조로 된 바닥과 벽으로 구획된 경우

2) 기존 부분과 증축 부분이 자동방화셔터 또는 60분+방화문으로 구획되어 있는 경우

3) 자동차 생산공장 등 화재 위험이 낮은 특정소방대상물 내부에 연면적 33m^2 이하의 직원 휴게실을 증축하는 경우

4) 자동차 생산공장 등 화재 위험이 낮은 특정소방대상물에 캐노피(기둥으로 받치거나 매달아 놓은 덮개를 말하며, 3면 이상에 벽이 없는 구조의 것)를 설치하는 경우

(7) 특정소방대상물의 용도변경 시 소방시설기준 적용의 특례

소방본부장 또는 소방서장은 특정소방대상물이 용도변경되는 경우에는 용도변경되는 부분에 대해서만 용도변경 당시의 소방시설의 설치에 관한 대통령령 또는 화재안전기준을 적용한다. 다만, 다음 각 호에 해당하는 경우 특정소방대상물 전체에 대하여 **용도변경 전에 해당 특정소방대상물에 적용되던 소방시설의 설치에 관한 대통령령 또는 화재안전기준을 적용한다.**

1) 특정소방대상물의 구조 · 설비가 화재연소 확대 요인이 적어지거나 피난 또는 화재진압활동이 쉬워지도록 변경되는 경우

2) 용도변경으로 인하여 천장 · 바닥 · 벽 등에 고정되어 있는 가연성 물질의 양이 줄어드는 경우

(8) 소방시설 설치의 면제기준

설치가 면제되는 소방시설	설치면제 기준
자동소화장치	물분무등소화설비(주거용 주방자동소화장치 및 상업용 주방자동소화장치는 제외)
옥내소화전설비	호스릴 방식의 미분무소화설비 또는 옥외소화전설비
스프링클러설비	1) 적응성 있는 **자동소화장치** 또는 **물분무등소화설비**(전기저장시설은 제외) 2) 전기저장시설에 소화설비를 소방청장이 정하여 고시하는 방법에 따라 설치한 경우
간이스프링클러 설비	스프링클러설비, 물분무소화설비 또는 미분무소화설비
물분무등소화설비	**차고 · 주차장에 스프링클러설비**를 설치한 경우
옥외소화전설비	보물 또는 국보로 지정된 목조문화재에 **상수도소화용수설비**를 설치한 경우
비상경보설비	단독경보형 감지기를 **2개 이상의 단독경보형 감지기와 연동**하여 설치한 경우
비상경보설비 또는 단독경보형 감지기	**자동화재탐지설비 또는 화재알림설비**
자동화재탐지설비	자동화재탐지설비의 기능(감지 · 수신 · 경보기능)과 성능을 가진 화재알림설비, 스프링클러설비 또는 물분무등소화설비를 화재안전기준에 적합하게 설치한 경우에는 그 설비의 유효범위
화재알림설비	자동화재탐지설비
비상방송설비	**자동화재탐지설비 또는 비상경보설비와 같은 수준 이상의 음향**을 발하는 장치를 부설한 방송설비를 설치한 경우
자동화재속보설비	화재알림설비
비상조명등	**피난구유도등 또는 통로유도등**을 설치한 경우에는 그 유도등의 유효범위
상수도소화용수 설비	1) 특정소방대상물의 각 부분으로부터 수평거리 140m 이내에 공공의 소방을 위한 소화전이 설치되어 있는 경우 2) 소화수조 또는 저수조

연결살수설비	1) 송수구를 부설한 **스프링클러설비, 간이스프링클러설비, 물분무소화설비 또는 미분무소화설비**를 설치한 경우 2) 가스 관계 법령에 따라 설치되는 물분무장치 등에 소방대가 사용할 수 있는 연결송수구가 설치되거나 물분무장치 등에 6시간 이상 공급할 수 있는 수원이 확보된 경우
연소방지설비	스프링클러설비, 물분무소화설비 또는 미분무소화설비를 화재안전기준에 적합하게 설치한 경우

(9) 소방시설을 설치하지 아니할 수 있는 특정소방대상물 및 소방시설의 범위

구분	특정소방대상물	소방시설
화재 위험도가 낮은 특정소방대상물	석재, 불연성금속, 불연성 건축재료 등의 가공공장주물공장 또는 불연성 물품을 저장하는 창고	• 옥**외**소화전 • 연결**살**수설비
화재안전기준을 적용하기 어려운 특정소방대상물	펄프공장의 작업장, 음료수 공장의 세정 또는 충전을 하는 작업장	• **스프링클러**설비 • **상수도소화용수**설비 • 연결**살**수설비
	정수장, 수영장, 목욕장, 농예 · 축산 · 어류양식용 시설	• 자동화재**탐**지설비 • **상수도소화용수**설비 • 연결**살**수설비
화재안전기준을 달리 적용하여야 하는 특수한 용도의 특정소방대상물	원자력발전소, 중 · 저준위방사성폐기물의 저장시설	• 연결**송**수관설비 • 연결**살**수설비
자체소방대가 설치된 특정소방대상물	자체소방대가 설치된 위험물 제조소등에 부속된 사무실	• **옥내**소화전설비 • 소화**용**수설비 • 연결**살**수설비 • 연결**송**수관설비

(10) 수용인원의 산정방법

1) 숙박시설이 있는 특정소방대상물

① 침대가 있는 숙박시설 : 종사자 수+침대 수(2인용 침대는 2개)

② 침대가 없는 숙박시설 : 종사자 수+바닥면적의 합계를 3m^2로 나누어 얻은 수

2) 제1)호 외의 특정소방대상물

① 강의실 · 교무 · 상담 · 실습 · 휴게실 용도로 쓰이는 특정소방대상물 : 바닥면적의 합계를 1.9m^2로 나누어 얻은 수

② 강당, 문화 및 집회시설, 운동시설, 종교시설 : 바닥면적의 합계를 4.6m^2로 나누어 얻은 수

③ 관람석이 있는 경우

㉠ 고정식 의자를 설치한 부분 : 의자 수

㉡ 긴 의자의 경우 : 의자의 정면너비를 0.45m로 나누어 얻은 수

3) 그 밖의 특정소방대상물

바닥면적의 합계를 $3m^2$로 나누어 얻은 수(소수점 이하의 수는 반올림할 것)

(11) 임시소방시설

1) 인화성 물품을 취급하는 작업 등 대통령령으로 정하는 작업

① **인화성** · 가연성 · 폭발성 물질을 취급하거나 가연성가스를 발생시키는 작업

② **용접** · 용단 등 불꽃을 발생시키거나 화기를 취급하는 작업

③ **전열기구**, 가열전선 등 열을 발생시키는 기구를 취급하는 작업

④ 알루미늄, 마그네슘 등을 취급하여 폭발성 **부유분진**을 발생시킬 수 있는 작업

⑤ 그 밖에 소방청장이 정하여 **고시**하는 작업

2) 임시소방시설의 종류

① 소화기

② 간이소화장치 : 물을 방사하여 화재를 진화할 수 있는 장치

③ 비상경보장치 : 화재가 발생한 경우 주변에 있는 작업자에게 화재 사실을 알릴 수 있는 장치

④ 가스누설경보기 : 가연성 가스가 누설되거나 발생된 경우 이를 탐지하여 경보하는 장치

⑤ 간이피난유도선 : 화재가 발생한 경우 피난구 방향을 안내할 수 있는 장치

⑥ 비상조명등 : 화재가 발생한 경우 안전하고 원활한 피난활동을 할 수 있도록 자동 점등되는 조명장치

⑦ 방화포 : 용접 · 용단 등의 작업 시 발생하는 불티로부터 가연물이 점화되는 것을 방지해주는 천 또는 불연성 물품

3) 임시소방시설을 설치해야 하는 공사의 종류와 규모

① 소화기

건축허가동의를 받아야 하는 특정소방대상물의 신축 · 증축 · 개축 · 재축 · 이전 · 용도변경 또는 대수선 등을 위한 공사 현장에 설치

② 간이소화장치

㉠ 연면적 $3,000m^2$ 이상

㉡ 지하층, 무창층 또는 4층 이상의 층. 이 경우 해당 층의 바닥면적이 $600m^2$ 이상인 경우만 해당

③ 비상경보장치

㉠ 연면적 $400m^2$ 이상

㉡ 지하층 또는 무창층 : 바닥면적이 $150m^2$ 이상

④ 가스누설경보기, 간이피난유도선, 비상조명등
바닥면적이 150m^2 이상인 지하층 또는 무창층의 작업현장

⑤ 방화포
용접 · 용단 작업이 진행되는 작업현장

4) 임시소방시설과 기능 및 성능이 유사한 소방시설로서 임시소방시설을 설치한 것으로 보는 소방시설

① 간이소화장치를 설치한 것으로 보는 소방시설
㉠ 대형소화기를 작업지점으로부터 25m 이내의 쉽게 보이는 장소에 6개 이상을 배치한 경우 (연결송수관설비의 방수구 인근에 설치한 경우로 한정)
㉡ 옥내소화전설비

② 비상경보장치를 설치한 것으로 보는 소방시설
비상방송설비 또는 자동화재탐지설비

③ 간이피난유도선을 설치한 것으로 보는 소방시설
피난유도선, 피난구유도등, 통로유도등 또는 비상조명등

(12) 소방기술심의위원회

1) 중앙소방기술심의위원회의 심의사항
① 화재안전기준에 관한 사항
② 소방시설의 구조 및 원리 등에서 공법이 특수한 설계 및 시공에 관한 사항
③ 소방시설의 설계 및 공사감리의 방법에 관한 사항
④ 소방시설공사의 하자를 판단하는 기준에 관한 사항
⑤ 신기술 · 신공법 등 검토 · 평가에 고도의 기술이 필요한 경우로서 중앙위원회에 심의를 요청한 사항
⑥ 연면적 10만m^2 이상의 특정소방대상물에 설치된 소방시설의 설계 · 시공 · 감리의 하자 유무에 관한 사항
⑦ 새로운 소방시설과 소방용품 등의 도입 여부에 관한 사항
⑧ 그 밖에 소방기술과 관련하여 소방청장이 소방기술심의위원회의 심의에 부치는 사항

2) 지방소방기술심의위원회의 심의사항
① 소방시설에 하자가 있는지의 판단에 관한 사항
② 연면적 10만m^2 미만의 특정소방대상물에 설치된 소방시설의 설계 · 시공 · 감리의 하자 유무에 관한 사항

③ 소방본부장 또는 소방서장이 화재안전기준 또는 위험물 제조소 등의 시설기준의 적용에 관하여 기술검토를 요청하는 사항
④ 그 밖에 소방기술과 관련하여 시 · 도지사가 소방기술심의위원회의 심의에 부치는 사항

3) 중앙소방기술심의위원회 위원의 자격
① 과장급 직위 이상의 소방공무원
② 소방기술사
③ 소방시설관리사
④ 석사 이상의 소방 관련 학위를 소지한 사람
⑤ 소방 관련 법인 · 단체에서 소방 관련 업무에 5년 이상 종사한 사람
⑥ 소방공무원 교육기관, 대학교 또는 연구소에서 소방과 관련된 교육이나 연구에 5년 이상 종사한 사람

(13) 방염

1) 방염성능기준 이상의 실내장식물 등을 설치하여야 하는 특정소방대상물
① 근린생활시설 중 의원, 조산원, 산후조리원, 체력단련장, 공연장 및 종교집회장

② 건축물의 옥내에 있는 시설로서 다음 각 목의 시설
㉠ 문화 및 집회시설, 운동시설(수영장은 제외)
㉡ 종교시설

③ 의료시설
④ 교육연구시설 중 합숙소
⑤ 노유자시설
⑥ 숙박이 가능한 수련시설
⑦ 숙박시설
⑧ 방송통신시설 중 방송국 및 촬영소
⑨ 다중이용업의 영업소
⑩ 층수가 11층 이상인 것(아파트는 제외)

2) 방염대상 물품
① 제조 또는 가공 공정에서 방염처리를 한 물품으로서 다음 각 목의 어느 하나에 해당하는 것
㉠ 창문에 설치하는 커튼류(블라인드를 포함)
㉡ 카펫, 두께가 2mm 미만인 벽지류(종이벽지는 제외)
㉢ 전시용 합판 또는 섬유판, 무대용 합판 또는 섬유판
㉣ 암막 · 무대막

㉤ 섬유류 또는 합성수지류 등을 원료로 하여 제작된 소파 · 의자(단란주점영업, 유흥주점영업 및 노래연습장업의 영업장에 설치하는 것만 해당)

② 건축물 내부의 천장이나 벽에 부착하거나 설치하는 것(실내장식물)으로서 다음 각 목의 어느 하나에 해당하는 것(가구류와 너비 10cm 이하인 반자돌림대는 제외)
㉠ 종이류(두께 2mm 이상) · 합성수지류 또는 섬유류를 주원료로 한 물품
㉡ 합판이나 목재
㉢ 간이 칸막이
㉣ 흡음재 또는 방음재

3) 방염성능기준
① 버너의 불꽃을 제거한 때부터 불꽃을 올리며 연소하는 상태가 그칠 때까지 시간은 20초 이내일 것(잔염시간)
② 버너의 불꽃을 제거한 때부터 불꽃을 올리지 아니하고 연소하는 상태가 그칠 때까지 시간은 30초 이내일 것(잔신시간)
③ 탄화한 면적은 50cm^2 이내, 탄화한 길이는 20cm 이내일 것
④ 불꽃에 의하여 완전히 녹을 때까지 불꽃의 접촉 횟수는 3회 이상일 것
⑤ 발연량을 측정하는 경우 최대연기밀도는 400 이하일 것

(14) 연소 우려가 있는 건축물의 구조

① 건축물대장의 건축물 현황도에 표시된 대지경계선 안에 둘 이상의 건축물이 있는 경우
② 각각의 건축물이 다른 건축물의 외벽으로부터 수평거리가 1층의 경우에는 6m 이하, 2층 이상의 층의 경우에는 10m 이하인 경우
③ 개구부가 다른 건축물을 향하여 설치되어 있는 경우

04 소방시설 등의 자체점검

(1) 자체점검의 구분

1) 최초점검
특정소방대상물의 소방시설 등이 신설된 경우로서 건축물을 사용할 수 있게 된 날부터 60일 이내에 하여야 하는 점검

2) 작동점검
소방시설 등을 인위적으로 조작하여 정상적으로 작동하는지를 점검하는 것

3) 종합점검

소방시설 등의 **작동점검을 포함**하여 소방시설 등의 설비별 주요 구성 부품의 구조기준이 화재안전기준과 건축법 등 관련 법령에서 정하는 기준에 적합한지 여부를 점검하는 것

(2) 점검대상 및 점검자의 자격

점검구분	점검 대상	점검자의 자격(주된 인력)
최초 점검	신축 · 증축 · 개축 · 재축 · 이전 · 용도변경 또는 대수선 등으로 소방시설이 신설된 특정소방대상물 중 소방공사감리자가 지정되어 소방공사감리 결과보고서로 **완공검사를 받은 특정소방대상물**	• 소방시설관리업에 등록된 기술인력 중 **소방시설관리사** • 소방안전관리자로 선임된 **소방시설관리사 또는 소방기술사**
작동 점검	1) **간이스프링클러설비, 자동화재탐지설비**가 설치된 특정소방대상물(3급 **소방안전관리대상물**)	• **관계인** • 소방안전관리자로 선임된 **소방시설관리사 또는 소방기술사** • 소방시설관리업에 등록된 기술인력 중 **소방시설관리사 또는 특급점검자**
	2) "1) 또는 3)"에 해당하지 아니하는 특정소방대상물	• 소방시설관리업에 등록된 기술인력 중 **소방시설관리사** • 소방안전관리자로 선임된 **소방시설관리사 또는 소방기술사**
	3) 작동점검 제외 대상 ① 소방안전관리자를 선임하지 않는 대상물 ② 위험물 제조소 등 ③ 특급소방안전관리대상물	
종합 점검	1) **스프링클러설비**가 설치된 특정소방대상물 2) **물분무등소화설비(호스릴방식 제외)**가 설치된 연면적 **5,000m^2 이상**인 특정소방대상물(**위험물 제조소 등은 제외**) 3) 다중이용업의 영업장이 설치된 특정소방대상물로서 연면적이 **2,000m^2 이상**인 것 4) 제연설비가 설치된 터널 5) 공공기관 중 연면적이 **1,000m^2 이상**인 것으로서 옥내소화전설비 또는 자동화재탐지설비가 설치된 것(소방대가 근무하는 공공기관 제외)	• 소방시설관리업에 등록된 기술인력 중 **소방시설관리사** • 소방안전관리자로 선임된 **소방시설관리사 또는 소방기술사**

(3) 점검 횟수 및 시기

점검구분	점검 횟수 및 점검 시기 등
최초점검	건축물의 사용승인을 받은 날 또는 소방시설 완공검사증명서를 받은 날로부터 **60일 이내**에 소방시설 등 (종합)점검표에 따라 실시
작동점검	작동점검은 **연 1회 이상** 실시하며, 점검시기 등은 다음과 같다. 1) 종합점검 대상은 종합점검을 받은 달부터 **6개월이 되는 달**에 실시 2) "1)"에 해당하지 않는 특정소방대상물은 특정소방대상물의 사용승인일이 속하는 달의 말일까지 실시 3) 소방시설 등 **(작동)점검표**에 따라 실시
종합점검	1) 건축물의 사용승인일이 속하는 달에 **연 1회 이상**(특급 소방안전관리대상물은 **반기에 1회 이상**) 실시 2) 소방본부장 또는 소방서장은 소방청장이 소방안전관리가 우수하다고 인정한 특정소방대상물에 대해서는 **3년의 범위**에서 소방청장이 고시하거나 정한 기간 동안 종합점검을 면제할 수 있다. 3) 다중이용업소에 따라 종합점검 대상에 해당하게 된 때에는 그 다음 해부터 실시 4) 소방시설 등 (종합)점검표에 따라 실시

비고 : 작동점검 및 종합점검은 건축물 사용승인 후 그 다음 해부터 실시

(4) 자체점검 시 인력 배치

1) 점검인력 1단위

소방시설관리사 또는 특급점검자 1명과 보조인력 2명

2) 점검인력 1단위가 하루 동안 점검할 수 있는 특정소방대상물의 연면적

① 종합점검 : 8,000m^2

② 작동점검 : 10,000m^2

(5) 소방시설 등의 자체점검 결과의 조치 등

1) 자체점검 결과 중대위반사항이 발견되어 지체 없이 수리 등 필요한 조치를 하여야 하는 경우

① 화재 **수신기의 고장**으로 화재경보음이 자동으로 울리지 않거나 화재 수신기와 연동된 소방시설의 작동이 불가능한 경우

② **소화펌프**(가압송수장치), **동력 · 감시 제어반** 또는 소방시설용 전원(비상전원을 포함)의 고장으로 소방시설이 작동되지 않는 경우

③ 소화배관 등이 **폐쇄 · 차단**되어 소화수 또는 소화약제가 자동 방출되지 않는 경우

④ **방화문 또는 자동방화셔터**가 훼손되거나 철거되어 본래의 기능을 못하는 경우

2) 소방시설 등의 자체점검 결과의 조치 등

① 관리업자 또는 소방안전관리자로 선임된 소방시설관리사 및 소방기술사는 점검이 끝난 날부터 10일 이내에 소방시설 등 자체점검 실시결과 보고서를 관계인에게 제출

② 자체점검 실시결과 보고서를 제출받거나 스스로 자체점검을 실시한 관계인은 점검이 끝난 날부터 15일 이내에 소방시설 등 자체점검 실시결과 보고서에 소방시설 등의 자체점검결과 이행계획서를 첨부하여 소방본부장 또는 소방서장에게 보고해야 한다. 이 경우 소방청장이 지정하는 전산망을 통하여 그 점검결과를 보고할 수 있다.

③ 관계인은 그 점검결과를 점검이 끝난 날부터 2년간 자체 보관해야 한다.

05 소방시설관리사 및 소방시설관리업

(1) 소방시설관리사시험의 응시자격(2026년 12월 31일 까지 적용)

① 소방기술사 · 위험물기능장 · 건축사 · 건축기계설비기술사 · 건축전기설비기술사 또는 공조냉동기계기술사

② 소방설비기사 자격을 취득한 후 2년 이상 소방실무경력이 있는 사람

③ 소방설비산업기사 자격을 취득한 후 3년 이상 소방실무경력이 있는 사람

④ 위험물산업기사 또는 위험물기능사 자격을 취득한 후 3년 이상 소방실무경력이 있는 사람

⑤ 소방공무원으로 5년 이상 근무한 경력이 있는 사람

⑥ 소방안전 관련 학과의 학사학위를 취득한 후 3년 이상 소방실무경력이 있는 사람

⑦ 산업안전기사 자격을 취득한 후 3년 이상 소방실무경력이 있는 사람

⑧ 특급 소방안전관리대상물의 소방안전관리자로 2년 이상 근무한 실무경력이 있는 사람

⑨ 1급 소방안전관리대상물의 소방안전관리자로 3년 이상 근무한 실무경력이 있는 사람

⑩ 2급 소방안전관리대상물의 소방안전관리자로 5년 이상 근무한 실무경력이 있는 사람

⑪ 3급 소방안전관리대상물의 소방안전관리자로 7년 이상 근무한 실무경력이 있는 사람

⑫ 10년 이상 소방실무경력이 있는 사람

(2) 관리사의 결격사유

① 피성년후견인

② 금고 이상의 실형을 선고받고 그 집행이 끝나거나집행이 면제된 날부터 2년이 지나지아니한 사람

③ 금고 이상의 형의 집행유예를 선고받고 그 유예기간 중에 있는 사람

④ 자격이 취소된 날부터 2년이 지나지 아니한 사람

(3) 자격의 취소 · 정지

1) 자격의 취소

① 거짓이나 그 밖의 부정한 방법으로 시험에 합격한 경우

② 소방시설관리사증을 다른 사람에게 빌려준 경우

③ 동시에 둘 이상의 업체에 취업한 경우

④ 결격사유에 해당하게 된 경우

2) 자격의 정지

① 소방안전관리업무를 대행하는 자가 대행인력의 배치기준 · 자격 · 방법 등 준수사항을 지키지 아니한 경우

② 점검을 하지 아니하거나 거짓으로 한 경우

③ 성실하게 자체점검 업무를 수행하지 아니한 경우

(4) 관리업의 등록

1) 관리업의 등록 및 변경신고 : 시 · 도지사

2) 소방시설관리업의 업종별 등록기준 및 영업범위

업종별 \ 기술인력 등	기술인력	영업범위
전문 소방시설관리업	1) 주된 기술인력 ① 소방시설관리사 : 실무경력이 5년 이상인 사람 1명 이상 ② 소방시설관리사 : 실무경력이 3년 이상인 사람 1명 이상 2) 보조 기술인력 ① 고급점검자 이상 : 2명 이상 ② 중급점검자 이상 : 2명 이상 ③ 초급점검자 이상 : 2명 이상	모든 특정소방대상물
일반 소방시설관리업	1) 주된 기술인력 소방시설관리사 : 실무경력이 1년 이상인 사람 1명 이상 2) 보조 기술인력 ① 중급점검자 이상 : 1명 이상 ② 초급점검자 이상 : 1명 이상	1급, 2급, 3급 소방안전관리대상물

3) 등록의 결격사유

① 피성년후견인

② 금고 이상의 실형을 선고받고 그 집행이 끝나거나 집행이 면제된 날부터 2년이 지나지 아니한 사람

③ 금고 이상의 형의 집행유예를 선고받고 그 유예기간 중에 있는 사람

④ 관리업의 등록이 취소된 날부터 2년이 지나지 아니한 자
⑤ 임원 중에 ①부터 ④까지의 어느 하나에 해당하는 사람이 있는 법인

(5) 등록사항의 변경신고

1) 등록사항의 변경신고 기한
등록사항 변경일부터 30일 이내에 시 · 도지사에게 제출

2) 등록사항 변경 대상 및 신고시 첨부서류
① 명칭 · 상호 또는 영업소소재지를 변경 : 소방시설관리업등록증 및 등록수첩
② 대표자를 변경 : 소방시설관리업등록증 및 등록수첩

③ 기술인력을 변경하는 경우
㉠ 소방시설관리업등록수첩
㉡ 변경된 기술인력의 기술자격증(자격수첩)
㉢ 기술인력연명부

(6) 관리업자의 지위승계

1) 지위승계신고 : 지위를 승계한 날부터 30일 이내에 시 · 도지사에게 제출

2) 지위승계신고 대상
① 관리업자가 사망한 경우 그 상속인
② 관리업자가 그 영업을 양도한 경우 그 양수인
③ 합병 후 존속하는 법인이나 합병으로 설립되는 법인

(7) 관리업자가 관계인에게 지체 없이 사실을 알려야 하는 경우

① 관리업자의 지위를 승계한 경우
② 관리업의 등록취소 또는 영업정지처분을 받은 경우
③ 관리업의 휴업 또는 폐업을 한 경우

(8) 등록의 취소 및 영업정지

1) 등록의 취소
① 거짓이나 그 밖의 부정한 방법으로 등록을 한 경우
② 등록의 결격사유에 해당하는 경우(결격사유에 해당하게 된 날부터 2개월 이내에 그 임원을 결격사유가 없는 임원으로 바꾸어 선임한 경우는 제외)
③ 등록증 또는 등록수첩을 빌려준 경우

2) 영업정지

① 점검을 하지 아니하거나 거짓으로 한 경우

② 등록기준에 미달하게 된 경우

③ 점검능력 평가를 받지 아니하고 자체점검을 한 경우

(9) 과징금

영업정지를 명하는 경우로서 그 영업정지가 이용자에게 불편을 주거나 그 밖에 공익을 해칠 우려가 있을 때에는 영업정지처분을 갈음하여 부과

1) 과징금 징수권자 : 시 · 도지사

2) 과징금 금액한도 : 3000만 원 이하

06 소방용품의 품질관리

(1) 소방용품

1) 소방용품의 종류

① 소화설비를 구성하는 제품 또는 기기

㉠ 소화기구(소화약제 외의 간이소화용구는 제외)

㉡ 자동소화장치

㉢ 소화설비를 구성하는 소화전, 관창, 소방호스, 스프링클러헤드, 기동용 수압개폐장치, 유수제어밸브 및 가스관선택밸브

② 경보설비를 구성하는 제품 또는 기기

㉠ 누전경보기 및 가스누설경보기

㉡ 경보설비 중 발신기, 수신기, 중계기, 감지기 및 음향장치(경종만 해당)

③ 피난구조설비를 구성하는 제품 또는 기기

㉠ 피난사다리, 구조대, 완강기, 간이완강기

㉡ 공기호흡기

㉢ 피난구유도등, 통로유도등, 객석유도등, 예비 전원이 내장된 비상조명등

④ 소화용으로 사용하는 제품 또는 기기

㉠ 소화약제

㉡ 방염제(방염액 · 방염도료 및 방염성 물질)

2) 소방용품의 내용연수
① 대상 : 분말형태의 소화약제
② 내용연수 : 10년

(2) 소방용품의 형식승인 및 제품검사

1) 형식승인권자 : 소방청장

2) 형식승인 및 제품검사 대상 : 소방용품

3) 소방용품을 판매 또는 판매 목적으로 진열하거나 소방시설공사에 사용할 수 없는 경우
① 형식승인을 받지 아니한 것
② 형상 등을 임의로 변경한 것
③ 제품검사를 받지 아니하거나 합격표시를 하지 아니한 것

(3) 우수품질에 대한 인증

1) 우수품질인증권자 : 소방청장

2) 우수품질인증대상 : 형식승인된 소방용품

3) 우수품질인증의 유효기간 : 5년

07 보칙

(1) 청문

1) 청문 실시권자 : 소방청장 또는 시 · 도지사

2) 청문 대상
① 관리사 자격의 취소 및 정지
② 관리업의 등록취소 및 영업정지
③ 소방용품의 형식승인 취소 및 제품검사 중지
④ 성능인증의 취소
⑤ 우수품질인증의 취소
⑥ 전문기관의 지정취소 및 업무정지

(2) 소방청장이 한국소방산업기술원에 권한을 위임, 위탁할 수 있는 경우

① 방염성능검사
② 형식승인 및 형식승인의 취소
③ 형식승인의 변경승인
④ 성능인증 및 성능인증의 취소
⑤ 성능인증의 변경인증
⑥ 우수품질인증 및 취소

08 벌칙

(1) 5년 이하의 징역 또는 5천만 원 이하의 벌금

소방시설에 폐쇄 · 차단 등의 행위를 한 자

(2) 7년 이하의 징역 또는 7천만 원 이하의 벌금

소방시설에 폐쇄 · 차단 등의 행위를 하여 사람을 상해에 이르게 한 때

(3) 10년 이하의 징역 또는 1억 원 이하의 벌금

소방시설에 폐쇄 · 차단 등의 행위를 하여 사람을 사망에 이르게 한 때

(4) 3년 이하의 징역 또는 3천만 원 이하의 벌금

1) 소방본부장이나 소방서장의 조치명령을 위반한 경우

2) 관리업의 등록을 하지 아니하고 영업을 한 자

3) 소방용품의 형식승인을 받지 아니하고 소방용품을 제조하거나 수입한 자 또는 거이나 그 밖의 부정한 방법으로 형식승인을 받은 자

4) 제품검사를 받지 아니한 자 또는 거짓이나 그 밖의 부정한 방법으로 제품검사를 받은 자

5) 소방용품을 판매 · 진열하거나 소방시설공사에 사용한 자

6) 거짓이나 그 밖의 부정한 방법으로 성능인증 또는 제품검사를 받은 자

7) 제품검사를 받지 아니하거나 합격표시를 하지 아니한 소방용품을 판매 · 진열하거나 소방시설공사에 사용한 자

8) 부정한 방법으로 제46조 제1항에 따른 전문기관으로 지정을 받은 자

(5) 1년 이하의 징역 또는 1천만 원 이하의 벌금

1) 소방시설 등에 대하여 스스로 점검을 하지 아니하거나 관리업자 등으로 하여금 정기적으로 점검하게 하지 아니한 자

2) 소방시설관리사증을 다른 사람에게 빌려주거나 빌리거나 이를 알선한 자

3) 동시에 둘 이상의 업체에 취업한 자

4) 자격정지처분을 받고 그 자격정지기간 중에 관리사의 업무를 한 자

5) 관리업의 등록증이나 등록수첩을 다른 자에게 빌려주거나 빌리거나 이를 알선한 자

6) 영업정지처분을 받고 그 영업정지기간 중에 관리업의 업무를 한 자

7) 제품검사에 합격하지 아니한 제품에 합격표시를 하거나 합격표시를 위조 또는 변조하여 사용한 자

8) 형식승인의 변경승인 또는 성능인증의 변경인증을 받지 아니한 자

9) 제품검사에 합격하지 아니한 소방용품에 성능인증을 받았다는 표시 또는 제품검사에 합격하였다는 표시를 하거나 성능인증을 받았다는 표시 또는 제품검사에 합격하였다는 표시를 위조 또는 변조하여 사용한 자

10) 우수품질인증을 받지 아니한 제품에 우수품질인증 표시를 하거나 우수품질인증 표 시를 위조하거나 변조하여 사용한 자

11) 관계 공무원이 관계인의 정당한 업무를 방해하거나 출입 · 검사 업무를 수행하면서 알게 된 비밀을 다른 사람에게 누설한 자

(6) 300만 원 이하의 벌금

1) 위탁받은 업무에 종사하고 있거나 종사하였던 사람이 업무를 수행하면서 알게 된 비밀을 이 법에서 정한 목적 외의 용도로 사용하거나 다른 사람 또는 기관에 제공하거나 누설한 자

2) 방염성능검사에 합격하지 아니한 물품에 합격표시를 하거나 합격표시를 위조하거나 변조하여 사용한 자

3) 방염성능검사를 할 때에 거짓 시료를 제출한 자

4) 중대위반사항에 대한 필요한 조치를 하지 아니한 관계인 또는 관계인에게 중대위반사항을 알리지 아니한 관리업자 등

(7) 300만 원 이하의 과태료

1) 소방시설을 화재안전기준에 따라 설치 · 관리하지 아니한 자
2) 공사 현장에 임시소방시설을 설치 · 관리하지 아니한 자
3) 피난시설, 방화구획 또는 방화시설의 폐쇄 · 훼손 · 변경 등의 행위를 한 자
4) 방염대상물품을 방염성능기준 이상으로 설치하지 아니한 자
5) 점검능력 평가를 받지 아니하고 점검을 한 관리업자
6) 관계인에게 점검 결과를 제출하지 아니한 관리업자 등
7) 점검인력의 배치기준 등 자체점검 시 준수사항을 위반한 자
8) 점검 결과를 보고하지 아니하거나 거짓으로 보고한 자
9) 이행계획을 기간 내에 완료하지 아니한 자 또는 이행계획 완료 결과를 보고하지 아니하거나 거짓으로 보고한 자
10) 점검기록표를 기록하지 아니하거나 특정소방대상물의 출입자가 쉽게 볼 수 있는 장소에 게시하지 아니한 관계인
11) 관리업 등록사항의 변경신고 또는 지위승계신고를 하지 아니하거나 거짓으로 신고한 자
12) 지위승계, 행정처분 또는 휴업 · 폐업의 사실을 특정소방대상물의 관계인에게 알리지 아니하거나 거짓으로 알린 관리업자
13) 소속 기술인력의 참여 없이 자체점검을 한 관리업자
14) 점검실적을 증명하는 서류 등을 거짓으로 제출한 자
15) 자료제출을 하지 아니하거나 거짓으로 보고 또는 자료제출을 한 자 또는 정당한 사유 없이 관계 공무원의 출입 또는 검사를 거부 · 방해 또는 기피한 자

CHAPTER 04

PART 03 소방관계법규

소방시설공사업법, 시행령, 시행규칙

01 총칙

(1) 소방시설공사업법 제정 목적

① 소방시설공사 및 소방기술의 관리에 필요한 사항을 규정함
② 소방시설업의 건전한 발전
③ 소방기술을 진흥시켜 화재로부터 공공의 안전을 확보
④ 국민경제에 이바지함

(2) 용어의 정의

1) 소방시설업의 분류
소방시설설계업, 소방시설공사업, 소방공사감리업, 방염처리업

2) 소방시설설계업
소방시설공사에 기본이 되는 공사계획, 설계도면, 설계 설명서, 기술계산서 및 이와 관련된 서류를 작성하는 영업

3) 소방시설공사업
설계도서에 따라 소방시설을 신설, 증설, 개설, 이전 및 정비하는 영업

4) 소방공사감리업
소방시설공사에 관한 발주자의 권한을 대행하여 소방시설공사가 설계도서와 관계 법령에 따라 적법하게 시공되는지를 확인하고, 품질 · 시공관리에 대한 기술지도를 하는 영업

5) 방염처리업
방염대상물품에 대하여 방염처리하는 영업

6) 소방기술자
① 소방기술 경력 등을 인정받은 사람(자격 · 학력 및 경력 인정)
② 소방시설관리사
③ 소방기술사, 소방설비기사, 소방설비산업기사, 위험물기능장, 위험물산업기사, 위험물기능사

02 소방시설업

(1) 소방시설업의 등록권자 : 시 · 도지사

(2) 소방시설업의 업종별 영업범위 : 대통령령

(3) 소방시설업의 등록신청과 등록증 · 등록수첩의 발급 · 재발급 신청, 그 밖에 소방시설업 등록에 필요한 사항 : 행정안전부령

(4) 소방시설업의 등록신청서에 첨부서류

1) 신청인의 성명, 주민등록번호 및 주소지 등의 인적사항이 적힌 서류

2) 다음 각목의 기술인력 증빙서류 중 어느 하나에 해당하는 것
   ① 국가기술자격증
   ② 소방기술 인정 자격수첩 또는 소방기술자 경력수첩

3) 금융회사 또는 소방산업공제조합에 출자 · 예치 · 담보한 금액 확인서

4) 90일 이내에 작성한 자산평가액 또는 기업진단 보고서

(5) 소방시설업 등록의 결격사유

1) 피성년후견인

2) 금고 이상의 실형을 선고받고 그 집행이 끝나거나 면제된 날부터 2년이 지나지 아니한 사람

3) 금고 이상의 형의 집행유예를 선고받고 그 유예기간 중에 있는 사람

4) 등록하려는 소방시설업 등록이 취소된 날부터 2년이 지나지 아니한 자

5) 법인의 대표자가 제1)호부터 제4)호까지의 규정에 해당하는 경우 그 법인

6) 법인의 임원이 제2)호부터 제4)호까지의 규정에 해당하는 경우 그 법인

(6) 등록사항 변경

1) 등록사항의 변경신고사항
   ① 상호(명칭) 또는 영업소 소재지
   ② 대표자
   ③ 기술인력

2) 등록사항의 변경신고 시 제출서류

① 상호 또는 영업소 소재지가 변경된 경우 : 소방시설업 등록증 및 등록수첩

② 대표자가 변경된 경우

㉠ 소방시설업 등록증 및 등록수첩

㉡ 변경된 대표자의 성명, 주민등록번호 및 주소지 등의 인적사항이 적힌 서류

③ 기술인력이 변경된 경우

㉠ 소방시설업 등록수첩

㉡ 기술인력 증빙서류

3) 등록사항의 변경신고

변경일로부터 30일 이내에 시 · 도지사에게 신고

4) 소방시설업의 등록신청 서류의 보완 : 10일 이내

(7) 소방시설업자의 지위승계

1) 지위승계 할 수 있는 경우

① 소방시설업자가 사망한 경우 그 상속인

② 소방시설업자가 그 영업을 양도한 경우 그 양수인

③ 법인인 소방시설업자가 다른 법인과 합병한 경우 합병 후 존속하는 법인이나 합병으로 설립되는 법인

④ 폐업신고로 소방시설업 등록이 말소된 후 6개월 이내에 다시 소방시설업을 등록한 자

2) 지위승계 신고 : 시 · 도지사

지위를 승계한 날부터 30일 이내에 서류를 협회에 제출

3) 지위승계 신고 시 제출서류

① 소방시설업 지위승계신고서

② 소방시설업 등록증 및 등록수첩

③ 계약서 사본, 분할계획서 사본 또는 분할합병계약서 사본 등

④ 다음 각목의 기술인력 증빙서류 중 어느 하나에 해당하는 것

㉠ 국가기술자격증

㉡ 소방기술 인정 자격수첩 또는 소방기술자 경력수첩

(8) 휴업 · 폐업 등의 신고

휴업 · 폐업 또는 재개업일부터 30일 이내에 서류를 첨부하여 협회를 경유하여 시 · 도지사에게 제출

(9) 소방시설업의 운영

1) 영업정지처분이나 등록취소처분을 받은 소방시설업자는 그날부터 소방시설공사 등을 하여서는 아니 된다.(단, 다음 각 호의 경우 제외)
   ① 소방시설의 착공신고가 수리(受理)되어 공사를 하고 있는 자로서 도급계약이 해지되지 아니한 소방시설공사업자가 그 공사를 하는 동안
   ② 방염처리업자가 도급을 받아 방염 중인 것으로서 도급계약이 해지되지 아니한 상태에서 그 방염을 하는 동안에는 그러하지 아니하다.

2) 특정소방대상물의 관계인에게 지체 없이 그 사실을 알려야 하는 경우
   ① 소방시설업자의 **지위를 승계**한 경우
   ② 소방시설업의 **등록취소처분 또는 영업정지처분**을 받은 경우
   ③ **휴업하거나 폐업**한 경우

(10) 등록취소와 영업정지

1) 등록취소와 영업정지권자 : 시 · 도지사

2) 등록취소를 할 수 있는 경우
   ① 거짓이나 그 밖의 **부정한 방법**으로 등록한 경우
   ② 등록 **결격사유**에 해당하게 된 경우
   ③ **영업정지 기간 중에 소방시설공사** 등을 한 경우

3) 6개월 이내의 기간을 정하여 시정이나 그 영업의 정지
   ① 등록기준에 미달하게 된 후 30일이 경과한 경우
   ② 등록을 한 후 정당한 사유 없이 1년이 지날 때까지 영업을 시작하지 아니하거나 계속하여 1년 이상 휴업한 때
   ③ 다른 자에게 등록증 또는 등록수첩을 빌려준 경우
   ④ 지위승계, 등록취소처분 또는 영업정지처분, 휴업하거나 폐업한 경우 등을 위반하여 통지를 하지 아니하거나 하자보수 보증기간 동안 보관하여야 할 관계서류를 보관하지 아니한 경우
   ⑤ 화재안전기준 등에 적합하게 설계 · 시공을 하지 아니하거나, 적합하게 감리를 하지 아니한 경우
   ⑥ 소방기술자를 공사현장에 배치하지 아니하거나 거짓으로 한 경우
   ⑦ 착공신고를 하지 아니하거나 거짓으로 한 때 또는 완공검사를 받지 아니한 경우

⑧ 하자보수 기간 내에 하자보수를 하지 아니하거나 하자보수계획을 통보하지 아니한 경우
⑨ 인수 · 인계를 거부 · 방해 · 기피한 경우
⑩ 소속 감리원을 공사현장에 배치하지 아니하거나 거짓으로 한 경우
⑪ 제24조를 위반하여 시공과 감리를 함께 한 경우

(11) 과징금

1) 정의

영업정지가 그 이용자에게 불편을 주거나 그 밖에 공익을 해칠 우려가 있을 때에는 영업정지처분을 갈음하여 부과하는 돈

2) 과징금 부과권자 : 시 · 도지사

3) 과징금 : 2억 원 이하 [3천만 원 → 2억 원으로 개정(2020.6.9.)]

03 소방시설업의 종류 등

(1) 소방시설설계업

1) 소방시설설계업의 업종별 등록기준 및 영업범위

업종별 \ 항목		기술인력	영업범위
전문 소방시설 설계업		• 주된 기술인력 : 소방기술사 1명 이상 • 보조기술인력 : 1명 이상	모든 특정소방대상물에 설치되는 소방시설의 설계
일반 소방 시설 설계업	기계 분야	• 주된 기술인력 : 소방기술사 또는 기계분야 소방설비기사 1명 이상 • 보조기술인력 : 1명 이상	• 아파트에 설치되는 기계분야 소방시설의 설계(제연설비는 제외) • **연면적 30,000m² 미만**의(**공장은 10,000m² 미만**) 특정소방대상물에 설치되는 기계분야 소방시설의 설계(제연설비가 설치되는 특정소방대상물은 제외) • 위험물제조소 등에 설치되는 기계분야 소방시설의 설계
	전기 분야	• 주된 기술인력 : 소방기술사 또는 전기분야 소방설비기사 1명 이상 • 보조기술인력 : 1명 이상	• 아파트에 설치되는 전기분야 소방시설의 설계 • 연면적 30,000m² **미만**의(공장은 10,000m² **미만**) 특정소방대상물에 설치되는 전기분야 소방시설의 설계 • 위험물제조소 등에 설치되는 전기분야 소방시설의 설계

2) 기계분야 및 전기분야의 대상이 되는 소방시설의 범위

① 기계분야

㉠ 소화기구, 자동소화장치, 옥내소화전설비, 스프링클러 등, 물분무 등 소화설비, 옥외소화전설비, 피난기구, 인명구조기구, 상수도소화용수설비, 소화수조, 저수조, 제연설비, 연결송수관설비, 연결살수설비 및 연소방지설비

㉡ 기계분야 소방시설을 작동하기 위하여 설치하는 화재감지기에 의한 화재감지장치 및 전기신호에 의한 소방시설의 작동장치, 비상전원, 동력회로, 제어회로는 제외

② 전기분야

㉠ 단독경보형 감지기, 비상경보설비, 비상방송설비, 누전경보기, 자동화재탐지설비, 시각경보기, 자동화재속보설비, 가스누설경보기, 통합감시시설, 유도등, 유도표지, 비상조명등, 휴대용비상조명등, 비상콘센트설비 및 무선통신보조설비

㉡ 기계분야 소방시설을 작동하기 위하여 설치하는 화재감지기에 의한 화재감지장치 및 전기신호에 의한 소방시설의 작동장치, 비상전원, 동력회로, 제어회로

3) 보조인력

① 소방기술사, 소방설비기사 또는 소방설비산업기사 자격을 취득한 사람

② 소방공무원으로 재직한 경력이 3년 이상인 사람으로서 자격수첩을 발급받은 사람

③ 자격 · 경력 및 학력을 갖춘 사람으로서 자격수첩을 발급받은 사람

(2) 소방시설공사업

소방시설공사업의 업종별 기술인력, 자본금 및 영업범위

업종별 \ 항목		기술인력	자본금 (자산평가액)	영업범위
전문 소방시설 공사업		• 주된 기술인력 – 소방기술사 – 기계분야와 전기분야의 소방설비기사 각 **1명**(기계분야 및 전기분야의 자격을 함께 취득한 사람 1명) 이상 • 보조기술인력 : **2명** 이상	• 법인 : **1억 원** 이상 • 개인 : 자산평가액 **1억 원** 이상	특정소방대상물에 설치되는 기계분야 및 전기분야 소방시설의 공사 · 개설 · 이전 및 정비
일반 소방 시설 공사업	기계 분야	• 주된 기술인력 : 소방기술사 또는 기계분야 소방설비기사 **1명** 이상 • 보조기술인력 : **1명** 이상	• 법인 : **1억 원** 이상 • 개인 : 자산평가액 **1억 원** 이상	• 연면적 **10,000m² 미만**의 특정소방대상물에 설치되는 기계분야 소방시설의 공사 · 개설 · 이전 및 정비 • 위험물제조소 등에 설치되는 기계분야 소방시설의 공사 · 개설 · 이전 및 정비

일반 소방 시설 공사업	전기 분야	• 주된 기술인력 : 소방기술사 또는 전기분야 소방설비 기사 **1명** 이상 • 보조기술인력 : **1명** 이상	• 법인 : **1억 원** 이상 • 개인 : 자산평가액 **1억 원** 이상	• 연면적 **10,000m² 미만**의 특정소방대상물에 설치되는 전기분야 소방시설의 공사 · 개설 · 이전 · 정비 • 위험물제조소 등에 설치되는 전기분야 소방시설의 공사 · 개설 · 이전 · 정비

(3) 소방공사감리업

소방공사감리업의 기술인력 및 영업범위

<table>
<tr><th colspan="2">항목
업종별</th><th>기술인력</th><th>영업범위</th></tr>
<tr><td colspan="2">전문 소방공사 감리업</td><td>• 소방기술사 1명 이상
• 기계분야 및 전기분야의 특급 감리원 각 1명(기계분야 및 전기분야의 자격을 함께 가지고 있는 사람이 있는 경우에는 그에 해당하는 사람 1명)
• 기계분야 및 전기분야의 고급 감리원 이상의 감리원 각 1명 이상
• 기계분야 및 전기분야의 중급 감리원 이상의 감리원 각 1명 이상
• 기계분야 및 전기분야의 초급 감리원 이상의 감리원 각 1명 이상</td><td>모든 특정소방대상물에 설치되는 소방시설공사 감리</td></tr>
<tr><td rowspan="2">일반 소방 공사 감리업</td><td>기계분야</td><td>• 기계분야 특급 감리원 1명 이상
• 기계분야 고급 감리원 또는 중급 감리원 이상의 감리원 1명 이상
• 기계분야 초급 감리원 이상의 감리원 1명 이상</td><td>• 아파트에 설치되는 기계분야 소방시설의 감리(제연설비는 제외)
• 연면적 30,000m² 미만의(공장은 10,000m² 미만) 특정소방대상물에 설치되는 기계분야 소방시설의 감리(제연설비가 설치되는 특정소방대상물은 제외)
• 위험물제조소 등에 설치되는 기계분야 소방시설의 감리</td></tr>
<tr><td>전기분야</td><td>• 전기분야 특급 감리원 1명 이상
• 전기분야 고급 감리원 또는 중급 감리원 이상의 감리원 1명 이상
• 전기분야 초급 감리원 이상의 감리원 1명 이상</td><td>• 아파트에 설치되는 전기분야 소방시설의 감리
• 연면적 30,000m² 미만의(공장은 10,000m² 미만) 특정 소방대상물에 설치되는 전기분야 소방시설의 감리
• 위험물제조소 등에 설치되는 전기분야 소방시설의 감리</td></tr>
</table>

(4) 방염처리업

방염처리업의 종류 및 영업범위

업종별 \ 항목	영업범위
섬유류 방염업	커튼 · 카펫 등 섬유류를 주된 원료로 하는 방염대상물품을 제조 또는 가공 공정에서 방염처리
합성수지류 방염업	합성수지류를 주된 원료로 하는 방염대상물품을 제조 또는 가공 공정에서 방염처리
합판 · 목재류 방염업	합판 또는 목재류를 제조 · 가공 공정 또는 설치 현장에서 방염처리

04 소방시설의 시공

(1) 소방기술자의 배치기준

소방기술자의 배치기준	소방시설공사 현장의 기준
특급기술자 (기계분야 및 전기분야)	• 연면적 **20만**m^2 이상 • 지하층을 포함한 층수가 **40층** 이상
고급기술자 이상 (기계분야 및 전기분야)	• 연면적 3만m^2 이상 20만m^2 미만(아파트는 제외) • 지하층을 포함한 층수가 16층 이상 40층 미만
중급기술자 이상 (기계분야 및 전기분야)	• 물분무 등 소화설비(호스릴 제외) 또는 제연설비가 설치되는 공사 현장 • 연면적 5,000m^2 이상 3만m^2 미만(아파트는 제외) • 연면적 1만m^2 이상 20만m^2 미만인 아파트의 공사 현장
초급기술자 이상 (기계분야 및 전기분야)	• 연면적 1,000m^2 이상 5,000m^2 미만(아파트는 제외) • 연면적 1,000m^2 이상 1만m^2 미만인 아파트 • 지하구(地下溝)의 공사 현장
자격수첩을 발급받은 소방기술자	연면적 1,000m^2 미만

(2) 1명의 소방기술자가 1개의 현장에만 배치하여야 하는 경우

1) 연면적 3만m^2 이상의 특정소방대상물(아파트 제외)

2) 지하층을 포함한 층수가 16층 이상으로서 500세대 이상인 아파트에 대한 소방시설 공사

(3) 1명의 소방기술자가 2개의 공사현장을 초과하여 배치할 수 있는 경우

1) 건축물의 연면적이 5,000m^2 미만인 공사 현장에만 배치하는 경우. 다만, 그 연면적의 합계는 2만 m^2를 초과해서는 안 된다.

2) 건축물의 연면적이 5,000m^2 이상인 공사 현장 2개 이하와 5,000m^2 미만인 공사 현장에 같이 배치하는 경우. 다만, 5,000m^2 미만의 공사 현장의 연면적 합계는 1만m^2를 초과해서는 안 된다.

(4) 착공신고

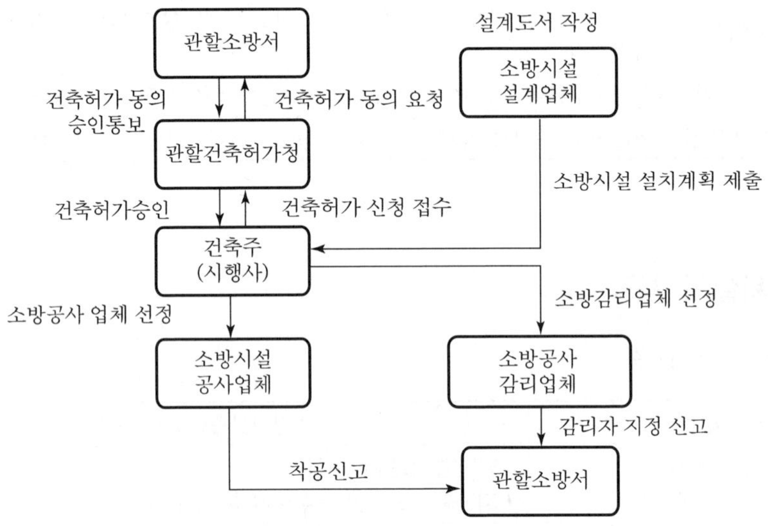

소방시설의 설계, 시공, 감리업무 절차 흐름도

1) 착공신고 및 착공변경신고 : 소방본부장이나 소방서장
   ① 착공신고 : 소방설비의 공사를 시작하기 전
   ② 착공변경신고 : 변경일부터 30일 이내

2) 소방시설공사의 착공신고 대상
   ① 특정소방대상물에 다음 각 목의 어느 하나에 해당하는 설비를 신설하는 공사
      ㉠ 옥내소화전설비(호스릴 옥내소화전설비를 포함), 옥외소화전설비, 스프링클러설비 · 간이스프링클러설비(캐비닛형 간이스프링클러설비를 포함) 및 화재조기진압용 스프링클러설비, 물분무소화설비 · 포소화설비 · 이산화탄소소화설비 · 할로겐화합물소화설비 · 할로겐화합물 및 불활성 기체 소화설비 · 미분무소화설비 · 강화액소화설비 및 분말소화설비, 연결송수관설비, 연결살수설비, 제연설비, 소화용수설비, 연소방지설비
      ㉡ 자동화재탐지설비, 비상경보설비, 비상방송설비, 비상콘센트설비, 무선통신보조설비

   ② 특정소방대상물에 다음 각 목의 어느 하나에 해당하는 설비 또는 구역 등을 증설하는 공사
      ㉠ 옥내 · 옥외소화전설비
      ㉡ 스프링클러설비 · 간이스프링클러설비 또는 물분무 등 소화설비의 방호구역, 자동화재탐지설비의 경계구역, 제연설비의 제연구역, 연결살수설비의 살수구역, 연결송수관설비의 송수구역, 비상콘센트설비의 전용회로, 연소방지설비의 살수구역

③ 다음의 소방시설 등을 구성하는 것의 전부 또는 일부를 개설, 이전 또는 정비하는 공사. 다만, 고장 또는 파손 등으로 인하여 작동시킬 수 없는 소방시설을 **긴급히 교체**하거나 **보수**하여야 하는 경우에는 신고하지 않을 수 있다.
　㉠ **수신반**
　㉡ **소화펌프**
　㉢ **동력(감시)제어반**

3) **착공신고 시 첨부서류**
　① 소방시설공사업 **등록증** 사본 및 **등록수첩** 사본
　② 기술인력의 **기술등급**을 증명하는 서류 사본
　③ 소방시설공사 **계약서** 사본
　④ **설계도서**(건축허가 동의 시 제출된 설계도서가 변경된 경우만)
　⑤ 소방시설공사 **하도급통지서** 사본(소방시설공사를 하도급하는 경우만)

(5) 완공검사

1) **완공검사 : 소방본부장 또는 소방서장**
　공사감리자가 지정되어 있는 경우에는 공사감리 결과보고서로 완공검사를 갈음

2) **완공검사를 위한 현장확인 대상 특정소방대상물의 범위 : 대통령령**
　① **문화 및 집회시설**, 종교시설, 판매시설, 노유자시설, 수련시설, 운동시설, 숙박시설, 창고시설, 지하상가 및 다중이용업소
　② 다음 각 목의 어느 하나에 해당하는 설비가 설치되는 특정소방대상물
　　㉠ 스프링클러설비 등
　　㉡ 물분무 등 소화설비(호스릴방식 제외)
　③ 연면적 **1만m^2 이상이거나 11층 이상**인 특정소방대상물(아파트는 제외)
　④ 지상에 노출된 **가연성 가스탱크**의 저장용량 합계가 1,000톤 이상인 시설

3) **완공검사 및 부분완공검사에 필요한 사항 : 행정안전부령**

(6) 공사의 하자보수 등

1) **공사업자가 하자발생 통보를 받은 후 하자를 보수하거나 보수 일정을 기록한 하자보수계획을 관계인에게 서면으로 알려야 하는 기간 : 3일 이내**

2) **하자보수 보증금 : 공사금액의 3/100 이상**

3) 하자보수 대상 소방시설과 하자보수 보증기간

하자보수 대상 소방시설	하자보수 보증기간
피난기구, 유도등, 유도표지, 비상경보설비, 비상조명등, 비상방송설비 및 무선통신보조설비	2년
자동소화장치, 옥내소화전설비, 스프링클러설비, 간이스프링클러설비, 물분무 등 소화설비, 옥외소화전설비, 자동화재탐지설비, 상수도소화용수설비 및 소화활동설비(무선통신보조설비는 제외)	3년

05 소방공사 감리

(1) 소방공사 감리자의 업무

① 소방시설 등의 **설치계획표의 적법성** 검토

② 소방시설 등 **설계도서의 적합성** 검토

③ 소방시설 등 **설계 변경사항의 적합성** 검토

④ **소방용품**의 위치 · 규격 및 사용 자재의 적합성 검토

⑤ 소방시설 등의 시공이 **설계도서와 화재안전기준에 맞는지**에 대한 지도 · 감독

⑥ 완공된 소방시설 등의 **성능시험**

⑦ 공사업자가 작성한 **시공 상세 도면의 적합성** 검토

⑧ **피난시설 및 방화시설**의 **적법성** 검토

⑨ **실내장식물**의 불연화와 방염 물품의 적법성 검토

(2) 감리의 종류, 방법 및 대상 : 대통령령

(3) 소방공사 감리의 종류, 방법 및 대상

종류	대상	방법
상주 공사 감리	• 연면적 3만m^2 이상의 특정소방대상물에 대한 소방시설의 공사(아파트는 제외) • 지하층을 포함한 층수가 **16층 이상으로서 500세대** 이상인 아파트에 대한 소방시설의 공사	• 감리원은 행정안전부령으로 정하는 기간 동안 공사 현장에 상주하여 업무를 수행하고 감리일지에 기록해야 한다. 다만, 감리 업무는 행정안전부령으로 정하는 기간 동안 공사가 이루어지는 경우만 해당한다. • 감리원이 행정안전부령으로 정하는 기간 중 부득이한 사유로 1일 이상 현장을 이탈하는 경우에는 감리일지 등에 기록하여 발주청 또는 발주자의 확인을 받아야 한다. 이 경우 감리업자는 감리원의 업무를 대행할 사람을 감리현장에 배치하여 감리업무에 지장이 없도록 해야 한다. • 감리업자는 감리원이 행정안전부령으로 정하는 기간 중 법에 따른 교육이나 「민방위기본법」 또는 「향토예비군 설치법」에 따른 교육을 받는 경우나 「근로기준법」에 따른 유급휴가로 현장을 이탈하게 되는 경우에는 감리업무에 지장이 없도록 감리원의 업무를 대행할 사람을 감리현장에 배치해야 한다.

일반 공사 감리	상주 공사감리에 해당하지 않는 소방시설의 공사	• 감리원은 공사 현장에 배치되어 감리업무를 수행한다. 감리업무는 행정안전부령으로 정하는 기간 동안 공사가 이루어지는 경우만 해당한다. • 감리원은 행정안전부령으로 정하는 기간 중에는 주 1회 이상 공사 현장에 배치되어 감리업무를 수행하고 감리일지에 기록해야 한다. • 감리업자는 감리원이 부득이한 사유로 14일 이내의 범위에서 감리업무를 수행할 수 없는 경우에는 업무대행자를 지정하여 그 업무를 수행하게 해야 한다. • 지정된 업무대행자는 주 2회 이상 공사 현장에 배치되어 감리업무를 수행하며, 그 업무수행 내용을 감리원에게 통보하고 감리일지에 기록해야 한다.

(4) 소방공사 감리자의 지정신고 : 착공신고일까지(소방본부장, 소방서장)

① 소방공사 감리자의 배치신고 : 감리원 배치일부터 7일 이내
② 소방공사 감리결과의 보고 : 공사가 완료된 날부터 7일 이내

(5) 소방공사 감리자의 지정신고 시 첨부서류

① 소방공사감리업 등록증 및 등록수첩
② 소속 감리원의 감리원 등급을 증명하는 서류
③ 소방공사감리계획서 1부
④ 소방시설설계 계약서 및 소방공사감리 계약서

(6) 공사감리자 지정대상 특정소방대상물의 범위

소방설비	시공형태
옥내소화전설비	신설 · 개설 또는 증설할 때
스프링클러설비 등(캐비닛형 간이스프링클러설비는 제외)	신설 · 개설하거나 방호 · 방수 구역을 증설할 때
물분무 등 소화설비(호스릴 방식의 소화설비는 제외)	
옥외소화전설비	신설 또는 개설할 때
자동화재탐지설비, 비상방송설비	
통합감시시설, 비상조명등	
소화용수설비	
제연설비	신설 · 개설하거나 제연구역을 증설할 때
연결송수관설비	신설 또는 개설할 때
연결살수설비	신설 · 개설하거나 송수구역을 증설할 때
비상콘센트설비	신설 · 개설하거나 전용회로를 증설할 때
무선통신보조설비	신설 또는 개설할 때
연소방지설비	신설 · 개설하거나 살수구역을 증설할 때

(7) 소방공사 감리원의 배치기준(소방시설공사업법 시행령[별표4])

감리원의 배치기준		소방시설공사 현장의 기준
책임감리원	보조감리원	
특급감리원 중 소방기술사	초급감리원 이상의 소방공사 감리원 (기계분야 및 전기분야)	• 연면적 20만m^2 이상인 특정소방대상물의 공사 현장 • 지하층을 포함한 층수가 40층 이상인 특정소방대상물의 공사 현장
특급감리원 이상의 소방공사 감리원 (기계분야 및 전기분야)	초급감리원 이상의 소방공사 감리원 (기계분야 및 전기분야)	• 연면적 3만m^2 이상 20만m^2 미만인 특정소방대상물의 공사 현장(아파트는 제외) • **지하층을 포함한 층수가 16층 이상 40층 미만인 특정소방대상물의 공사 현장**
고급감리원 이상의 소방공사 감리원 (기계분야 및 전기분야)	초급감리원 이상의 소방공사 감리원 (기계분야 및 전기분야)	• 물분무 등 소화설비(호스릴 방식의 소화설비는 제외) 또는 제연설비가 설치되는 특정소방대상물의 공사 현장 • 연면적 3만m^2 이상 20만m^2 미만인 아파트의 공사 현장
중급감리원 이상의 소방공사 감리원 (기계분야 및 전기분야)		연면적 5,000m^2 이상 3만m^2 미만인 특정소방대상물의 공사 현장
초급감리원 이상의 소방공사 감리원 (기계분야 및 전기분야)		• 연면적 5,000m^2 미만인 특정소방대상물의 공사 현장 • 지하구의 공사 현장

비고 : ① 책임감리원이란 해당 공사 전반에 관한 감리업무를 총괄하는 사람
② 보조감리원이란 책임감리원을 보좌하고 책임감리원의 지시를 받아 감리업무를 수행하는 사람
③ 소방시설공사 현장의 연면적 합계가 20만m^2 이상인 경우에는 20만m^2를 초과하는 연면적에 대하여 10만m^2(연면적이 10만m^2에 미달하는 경우에는 10만m^2)마다 보조감리원 1명 이상을 추가로 배치해야 한다.
④ 상주 공사감리에 해당하지 않는 소방시설의 공사에는 보조감리원을 배치하지 않을 수 있다.

(8) 감리원의 세부 배치 기준

감리 대상	감리원의 자격
상주공사감리 대상	• 기계분야의 감리원 자격을 취득한 사람과 전기분야의 감리원 자격을 취득한 사람 각 1명 이상을 감리원으로 배치할 것. 다만, 기계분야 및 전기분야의 감리원 자격을 함께 취득한 사람이 있는 경우에는 그에 해당하는 사람 1명 이상을 배치 • 소방시설용 배관(전선관을 포함)을 설치하거나 매립하는 때부터 소방시설 완공검사증명서를 발급받을 때까지 소방공사감리현장에 감리원을 배치할 것
일반공사감리 대상	• 기계분야의 감리원 자격을 취득한 사람과 전기분야의 감리원 자격을 취득한 사람 각 1명 이상을 감리원으로 배치할 것. 다만, 기계분야 및 전기분야의 감리원 자격을 함께 취득한 사람이 있는 경우에는 그에 해당하는 사람 1명 이상을 배치 • 감리원은 주 1회 이상 소방공사감리현장에 배치되어 감리할 것 • 1명의 감리원이 담당하는 소방공사감리현장은 5개 이하(자동화재탐지설비 또는 옥내소화전설비 중 어느 하나만 설치하는 2개의 소방공사감리현장이 최단 차량주행거리로 30km 이내에 있는 경우에는 1개의 소방공사감리현장으로 본다)로서 감리현장 연면적의 총 합계가 10만m^2 이하일 것. 다만, 일반 공사감리 대상인 아파트의 경우에는 연면적의 합계에 관계없이 1명의 감리원이 5개 이내의 공사현장을 감리할 수 있다.

(9) 감리결과의 통보 및 보고

1) 감리결과의 통보 : 공사가 완료된 날부터 7일 이내
관계인, 도급인, 공사를 감리한 건축사

2) 감리결과의 보고 : 공사가 완료된 날부터 7일 이내
소방본부장 또는 소방서장

3) 감리결과 보고서의 첨부서류
① 소방시설 성능시험조사표 1부
② 착공신고 후 변경된 소방시설설계도면(변경사항이 있는 경우)
③ 소방공사 감리일지(소방본부장 또는 소방서장에게 보고하는 경우)
④ 특정소방대상물의 사용승인신청서 등 사용승인 신청을 증빙할 수 있는 서류 1부

06 소방공사업의 도급

(1) 하도급의 제한

1) 특정소방대상물의 관계인 또는 발주자는 소방시설공사 등을 도급할 때에는 해당 소방시설업자에게 도급하여야 한다.

2) 소방시설공사는 다른 업종의 공사와 분리하여 도급하여야 한다.

3) 소방시설공사를 도급을 받은 자는 소방시설의 설계, 시공, 감리를 제3자에게 하도급할 수 없다. 다만, 시공의 경우에는 대통령령으로 정하는 바에 따라 도급받은 소방시설공사의 일부를 다른 공사업자에게 하도급할 수 있다.

4) 하수급인은 하도급받은 소방시설공사를 제3자에게 다시 하도급할 수 없다.

(2) 한 번에 한해서 제3자에게 하도급할 수 있는 경우

소방시설공사업과 다음 의 어느 하나에 해당하는 사업을 함께 하는 공사업자가 소방시설공사와 해당 사업의 공사를 함께 도급받은 경우에는 도급받은 소방시설공사의 일부를 다른 공사업자에게 하도급할 수 있다.
① 「주택법」 제4조에 따른 주택건설사업
② 「건설산업기본법」 제9조에 따른 건설업
③ 「전기공사업법」 제4조에 따른 전기공사업
④ 「정보통신공사업법」 제14조에 따른 정보통신공사업

(3) 도급계약의 해지

① 소방시설업이 등록취소되거나 영업정지된 경우
② 소방시설업을 휴업하거나 폐업한 경우
③ 정당한 사유 없이 30일 이상 소방시설공사를 계속하지 아니하는 경우
④ 발주자의 요구에 정당한 사유 없이 따르지 아니하는 경우

(4) 소방시설에 대한 시공과 감리를 함께 할 수 없는 경우

① 공사업자와 감리업자가 같은 자인 경우
② 기업집단의 관계인 경우
③ 법인과 그 법인의 임직원의 관계인 경우
④ 친족관계인 경우

(5) 소방공사 분리 도급의 예외

① 재난의 발생으로 긴급하게 착공해야 하는 공사
② 국방 및 국가안보 등과 관련하여 기밀을 유지해야 하는 공사
③ 착공신고 대상 소방시설공사에 해당하지 않는 공사
④ 연면적 1,000m^2 이하인 특정소방대상물에 비상경보설비를 설치하는 공사

(6) 시공능력평가

1) 시공능력평가 및 고시 : 소방청장

2) 시공능력평가의 방법

① 시공능력평가액 = 실적평가액 + 자본금평가액 + 기술력평가액 + 경력평가액 ± 신인도평가액
② 연평균공사실적액 : 최근 3년간의 공사실적을 합산하여 3으로 나눈 금액
③ 자본금평가액 = (실질자본금 × 실질자본금의 평점 + 소방청장이 지정한 금융회사 또는 소방산업공제조합에 출자 · 예치 · 담보한 금액) × 70/100
④ 경력평가액 = 실적평가액 × 공사업 경영기간 평점 × 20/100
⑤ 신인도평가액 = (실적평가액 + 자본금평가액 + 기술력평가액 + 경력평가액) × 신인도 반영비율 합계

07 소방기술자

(1) 소방기술자의 의무

① 다른 사람에게 자격증, 소방기술 인정 자격수첩과 소방기술자 경력수첩을 빌려주어서는 아니 된다.

② 동시에 둘 이상의 업체에 취업하여서는 아니 된다. 다만, 소방기술자 업무에 영향을 미치지 아니하는 범위에서 근무시간 외에 소방시설업이 아닌 다른 업종에 종사하는 경우는 제외한다.

(2) 자격 취소 및 6개월 이상 2년 이하의 자격정지사항

① 거짓이나 그 밖의 **부정한 방법**으로 자격수첩 또는 경력수첩을 발급받은 경우(자격취소)
② 자격수첩 또는 경력수첩을 다른 사람에게 **빌려준 경우**(자격취소)
③ 위반하여 동시에 둘 이상의 업체에 취업한 경우
④ 이 법 또는 이 법에 따른 명령을 위반한 경우
⑤ 자격이 취소된 사람은 취소된 날부터 2년간 자격수첩 또는 경력수첩을 발급받을 수 없다.

(3) 실무교육

① 실무교육기관의 지정권자 : **소방청장**
② 실무교육기관의 지정방법 · 절차 · 기준 등에 필요한 사항 : 행정안전부령
③ 실무교육 기간 : **2년마다 1회 이상**
④ 실무교육 기관 : **한국소방안전원**
⑤ 교육의 통보 : **10일 전까지**

08 소방공사업법 위반 시의 벌칙

(1) 3년 이하의 징역 또는 3000만 원 이하의 벌금

소방시설업 등록을 하지 아니하고 영업을 한 자

(2) 1년 이하의 징역 또는 1000만 원 이하의 벌금

① 영업정지처분을 받고 그 영업정지 기간에 영업을 한 자
② 소방공사업법이나 화재안전기준을 위반하여 설계나 시공을 한 자
③ 소방시설 감리자의 업무범위를 위반하여 감리를 하거나 거짓으로 감리한 자
④ 소방시설감리업자가 공사감리자를 지정하지 아니한 자
⑤ 소방본부장이나 소방서장에게 보고를 거짓으로 한 자
⑥ 공사감리 결과의 통보 또는 공사감리 결과보고서의 제출을 거짓으로 한 자
⑦ 소방시설업자가 아닌 자에게 소방시설공사 등을 도급한 자
⑧ 하도급규정을 위반하여 제3자에게 소방시설공사 시공을 하도급한 자
⑨ 소방기술자가 소방공사업법 또는 명령을 따르지 아니하고 업무를 수행한 자

(3) 300만 원 이하의 벌금

① 등록증이나 등록수첩을 다른 자에게 빌려준 자
② 소방시설공사 현장에 감리원을 배치하지 아니한 자
③ 감리업자의 보완 요구에 따르지 아니한 자
④ 정당한 사유 없이 공사감리 계약을 해지하거나 대가 지급을 거부하거나 지연시키거나 불이익을 준 자
⑤ 자격수첩 또는 경력수첩을 빌려준 사람
⑥ 동시에 둘 이상의 업체에 취업한 사람
⑦ 관계인의 정당한 업무를 방해하거나 업무상 알게 된 비밀을 누설한 사람
⑧ 소방시설공사를 다른 업종의 공사와 분리하여 도급하지 아니한 자

(4) 100만 원 이하의 벌금

① 실무교육기관이나 소방 관련 단체, 협회 등이 관계공무원의 명령을 위반하여 보고 또는 자료제출을 하지 아니하거나 거짓으로 한 자
② 정당한 사유 없이 관계 공무원의 출입 또는 검사 · 조사를 거부 · 방해 또는 기피한 자

(5) 200만 원 이하의 과태료

① 등록사항, 휴업, 폐업, 지위승계, 착공신고, 감리자지정신고 등을 위반하여 신고를 하지 아니하거나 거짓으로 신고한 자
② 관계인에게 지위승계, 행정처분 또는 휴업 · 폐업의 사실을 거짓으로 알린 자
③ 하자보수 보증기간 동안 관계 서류를 보관하지 아니한 자
④ 소방기술자를 공사 현장에 배치하지 아니한 자
⑤ 완공검사를 받지 아니한 자
⑥ 3일 이내에 하자를 보수하지 아니하거나 하자보수계획을 관계인에게 거짓으로 알린 자
⑦ 감리 관계 서류를 인수 · 인계하지 아니한 자
⑧ 감리원의 배치통보 및 변경통보를 하지 아니하거나 거짓으로 통보한 자
⑨ 방염성능기준 미만으로 방염을 한 자
⑩ 방염처리에 따른 자료제출을 거짓으로 한 자
⑪ 관계인에게 하도급 등의 통지를 하지 아니한 자
⑫ 시공능력평가 자료제출을 거짓으로 한 자

CHAPTER 05

PART 03 소방관계법규

위험물안전관리법, 시행령, 시행규칙

01 총칙

(1) 목적

① 위험물의 저장 · 취급 및 운반과 이에 따른 안전관리에 관한 사항을 규정
② 위험물로 인한 위해를 방지
③ 공공의 안전을 확보함

(2) 용어의 정의(위험물안전관리법 제2조)

1) 위험물
인화성 또는 발화성 등의 성질을 가지는 것으로서 대통령령이 정하는 물품
(지정수량 미만인 위험물의 저장 · 취급 : 시 · 도의 조례)

2) 지정수량
위험물의 종류별로 위험성을 고려하여 대통령령이 정하는 수량으로서 제조소 등의 설치허가 등에 있어서 최저의 기준이 되는 수량

3) 제조소
위험물을 제조할 목적으로 지정수량 이상의 위험물을 취급할 수 있도록 허가를 받은 장소

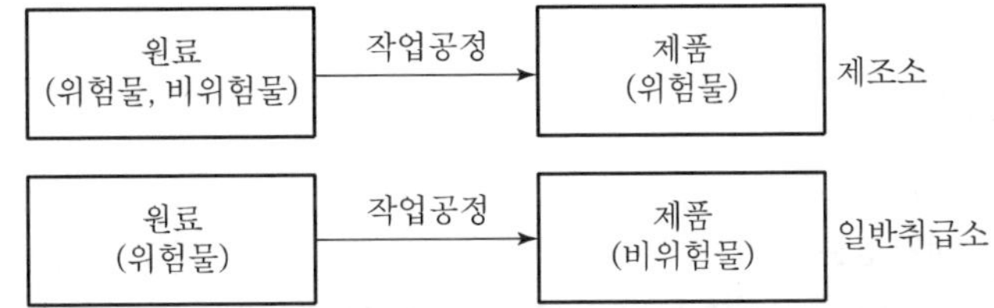

4) 저장소
지정수량 이상의 위험물을 저장하기 위한 대통령령이 정하는 장소

5) 취급소
지정수량 이상의 위험물을 제조 외의 목적으로 취급하기 위한 대통령령이 정하는 장소

6) 제조소 등 : 제조소, 저장소, 취급소

(3) 위험물의 저장 · 취급 및 운반에 있어서의 적용 제외

① 항공기
② 선박
③ 철도 및 궤도

(4) 위험물의 분류 및 지정수량

1) 제1류 위험물
① 성질 : 산화성고체
② 소화방법
㉠ 대량의 물을 주수하는 냉각소화
㉡ 무기과산화물 : 마른 모래, 팽창질석, 팽창진주암을 이용한 질식소화(주수소화 엄금)
③ 위험등급, 품명 및 지정수량

위험등급	품명	지정수량
I	아염소산염류	50kg
	염소산염류	
	과염소산염류	
	무기과산화물	
II	브롬산염류	300kg
	요오드산염류	
	질산염류	
III	과망간산염류	1,000kg
	중크롬산염류	

2) 제2류 위험물
① 성질 : 가연성고체
② 소화방법
㉠ 주수에 의한 냉각소화
㉡ 철분, 마그네슘, 금속분 : 마른 모래, 팽창질석, 팽창진주암을 이용한 질식소화(주수소화 엄금)

③ 위험등급, 품명 및 지정수량

위험등급	품명	지정수량
II	황화린	100kg
	적린	
	유황(순도 60w% 이상)	

III	**철분** (철의 분말로서 53μm의 표준체를 통과하는 것이 50w% 미만인 것은 제외)	500kg
	마그네슘 ① 2mm체를 통과하지 아니하는 덩어리 상태의 것은 제외 ② 직경 2mm 이상의 막대 모양의 것은 제외	
	금속분 ① 구리분 · 니켈분 제외 ② 150μm체를 통과하는 것이 50w% 미만 제외	
	인화성 고체 (고형알코올 그 밖에 1기압에서 인화점이 섭씨 40℃ 미만인 고체)	1,000kg

3) 제3류 위험물

① 성질 : 자연발화성 및 금수성물질

② 소화방법 : 마른 모래, 팽창질석, 팽창진주암을 이용한 질식소화(주수소화 엄금)

③ 위험등급, 품명 및 지정수량

위험등급	품명	지정수량
I	칼륨	10kg
	나트륨	
	알킬알루미늄	
	알킬리튬	
	황린	20kg
II	알칼리금속	50kg
	알칼리토금속	
	유기금속화합물	
III	금속수소화합물	300kg
	금속인화합물	
	칼슘 또는 알루미늄의 탄화물	

4) 제4류 위험물

① 성질 : 인화성 액체

② 소화방법

㉠ 이산화탄소, 할론, 분말 등에 의한 질식, 부촉매소화

㉡ 포 소화약제에 의한 질식, 냉각소화

③ 품명 및 지정수량

위험등급	품명		지정수량
Ⅰ	**특수인화물** (**디**에틸에테르, **아**세트알데히드, **산**화프로필렌, **이**황화탄소) 1기압에서 발화점이 **100℃** 이하인 것 또는 인화점이 **−20℃** 이하이고 비점이 섭씨 **40℃** 이하인 것		50l
Ⅱ	**제1석유류**(아세톤, 휘발유) 인화점 21℃ 미만	비수용성 액체	200l
		수용성 액체	400l
	알코올류 탄소원자의 수가 1~3개까지인 포화1가 알코올		400l
Ⅲ	**제2석유류**(경유, 등유) 인화점이 21℃ 이상 70℃ 미만	비수용성 액체	1,000l
		수용성 액체	2,000l
	제3석유류(중유, 클레오소트유) 인화점이 70℃ 이상 200℃ 미만	비수용성 액체	2,000l
		수용성 액체	4,000l
	제4석유류(기어유, 실린더유) 인화점이 200℃ 이상 250℃ 미만		6,000l
	동 · 식물유류(건성유, 반건성유, 불건성유) 동물의 지육 등 또는 식물의 종자나 과육으로부터 추출한 것으로서 1기압에서 인화점이 250℃ 미만		10,000l

5) 제5류 위험물

① 성질 : **자기반응성물질**

② 소화방법 : 주수에 의한 냉각소화

③ 품명 및 지정수량

위험등급	품명	지정수량
Ⅰ	질산에스테르류	10kg
	유기과산화물	
Ⅱ	히드록실아민	100kg
	히드록실아민염류	
	니트로화합물	200kg
	니트로소화합물	
	아조화합물	
	디아조화합물	
	히드라진유도체	

6) 제6류 위험물

① 성질 : 산화성 액체

② 소화방법 : 대량의 물에 의한 희석소화

③ 품명 및 지정수량

위험등급	품명	지정수량
I	과염소산	300kg
	과산화수소(농도 36w% 이상)	
	질산(비중 1.49 이상)	

(5) 위험물 저장소의 구분

저장소의 구분	지정수량 이상의 위험물을 저장하기 위한 장소
옥내저장소	옥내에 저장하는 장소
옥외탱크저장소	옥외에 있는 탱크에 위험물을 저장하는 장소
옥내탱크저장소	옥내에 있는 탱크에 위험물을 저장하는 장소
지하탱크저장소	지하에 매설한 탱크에 위험물을 저장하는 장소
간이탱크저장소	간이탱크에 위험물을 저장하는 장소
이동탱크저장소	차량에 고정된 탱크에 위험물을 저장하는 장소
옥외저장소	옥외에 다 위험물을 저장하는 장소
암반탱크저장소	암반 내의 공간을 이용한 탱크에 액체의 위험물을 저장하는 장소

(6) 위험물 취급소의 구분

취급소의 구분	위험물을 제조 외의 목적으로 취급하기 위한 장소
주유취급소	고정된 주유설비에 의하여 자동차 · 항공기 또는 선박 등의 연료탱크에 직접 주유하기 위하여 위험물을 취급하는 장소
판매취급소	점포에서 위험물을 용기에 담아 판매하기 위하여 지정수량의 40배 이하의 위험물을 취급하는 장소
이송취급소	배관 및 이에 부속된 설비에 의하여 위험물을 이송하는 장소
일반취급소	제1호 내지 제3호 외의 장소

(7) 위험물의 저장 및 취급의 제한

1) 제조소 등이 아닌 장소에서 지정수량 이상의 위험물을 취급할 수 있는 경우

① 관할소방서장의 승인을 받아 지정수량 이상의 위험물을 90일 이내의 기간 동안 임시로 저장 또는 취급하는 경우

② 군부대가 지정수량 이상의 위험물을 군사목적으로 임시로 저장 또는 취급하는 경우

2) 임시로 저장 또는 취급하는 장소에서의 저장 또는 취급의 기준과 임시로 저장 또는 취급하는 장소의 위치 · 구조 및 설비의 기준 : 시 · 도의 조례

3) 둘 이상의 위험물을 같은 장소에서 저장 또는 취급하는 경우에 있어서 당해 장소에서 저장 또는 취급하는 각 위험물의 수량을 그 위험물의 지정수량으로 각각 나누어 얻은 수의 합계가 1 이상인 경우 당해 위험물은 지정수량 이상의 위험물로 본다.

$$\text{지정수량의 배수} = \frac{\text{저장량}(1)}{\text{지정수량}(1)} + \frac{\text{저장량}(2)}{\text{지정수량}(2)} \cdots$$

4) 탱크의 용적 산정

$$\text{탱크의 용량} = (\text{탱크의 내용적}) - (\text{공간용적})$$

02 위험물시설의 설치 및 변경

(1) 제조소 등의 설치허가

1) 제조소 등의 설치허가권자 : 시 · 도지사(소방서장에 위임)

2) 제조소 등의 위치 · 구조 또는 설비의 변경 없이 당해 제조소 등에서 저장하거나 취급하는 위험물의 품명 · 수량 또는 지정수량의 배수를 변경하고자 하는 자는 변경하고자 할 때 : 1일 전까지 시 · 도지사에게 신고

3) 제조소 등의 허가를 받지 아니하고 당해 제조소 등을 설치하거나 그 위치 · 구조 또는 설비를 변경할 수 있으며, 신고를 하지 아니하고 위험물의 품명 · 수량 또는 지정수량의 배수를 변경할 수 있는 경우
① 주택의 난방시설(공동주택의 중앙난방 제외)을 위한 저장소 또는 취급소
② 농예용 · 축산용 또는 수산용으로 필요한 난방시설 또는 건조시설을 위한 지정수량 20배 이하의 저장소

(2) 위험물탱크 안전성능검사

1) 탱크 안전성능검사권자 : 시 · 도지사(소방서장, 한국소방산업기술원에 위임)

2) 탱크 안전성능검사의 종류 및 검사신청 시기
① 기초 · 지반검사 : 위험물탱크의 기초 및 지반에 관한 공사의 개시 전
② 충수 · 수압검사 : 위험물을 저장 또는 취급하는 탱크에 배관 그 밖의 부속설비를 부착하기 전
③ 용접부검사 : 탱크 본체에 관한 공사의 개시 전
④ 암반탱크검사 : 암반탱크의 본체에 관한 공사의 개시 전

(3) 제조소 등의 완공검사

1) 완공검사권자 : 시 · 도지사(소방서장, 한국소방산업기술원에 위임)

2) 완공검사의 신청시기
① 지하탱크가 있는 제조소 등의 경우 : 당해 지하탱크를 매설하기 전
② 이동탱크저장소의 경우 : 이동저장탱크를 완공하고 상치장소를 확보한 후
③ 이송취급소의 경우 : 이송배관 공사의 전체 또는 일부를 완료한 후. 다만, 매설하는 이송배관의 공사의 경우에는 이송배관을 매설하기 전
④ 그 밖의 제조소 등의 경우 : 제조소 등의 공사를 완료한 후

(4) 제조소 등 설치자의 지위승계

1) 지위 승계의 신고 : 행정안전부령이 정하는 바에 따라 승계한 날부터 30일 이내에 시 · 도지사에게 신고(소방서장에 위임)

2) 지위 승계를 할 수 있는 경우
① 제조소 등의 설치자가 사망한 때 그 상속인
② 제조소 등을 양도 · 인도한 때 그 상속인
③ 법인인 제조소 등의 설치자의 합병이 있는 때에는 그 상속인
④ 합병 후 존속하는 법인이나 합병에 의하여 설립되는 법인

(5) 제조소 등의 용도폐지

용도를 폐지한 날부터 14일 이내에 시 · 도지사에게 신고(소방서장에 위임)

(6) 과징금

1) 과징금 부과권자 : 시 · 도지사

2) 과징금 부과금액 : 2억 원 이하

03 위험물시설의 안전관리

(1) 위험물 안전관리자

1) 위험물 안전관리자 선임 : 30일 이내

2) 위험물 안전관리자 선임 신고 : 14일 이내(소방본부장, 소방서장)

3) 대리자의 직무대행 기간 : 30일 이내

4) 안전교육대상자
① 안전관리자로 선임된 자
② 탱크시험자의 기술인력으로 종사하는 자
③ 위험물운송자로 종사하는 자

(2) 위험물 취급자의 자격(취급소)

위험물 취급자격자의 구분	취급할 수 있는 위험물
위험물기능장, 위험물산업기사, 위험물기능사	모든 위험물
안전관리자교육이수자	제4류 위험물
소방공무원으로 근무한 경력이 3년 이상	제4류 위험물

(3) 탱크시험자의 등록 등

1) 탱크시험자의 등록 : 기술능력 · 시설 및 장비를 갖추어 시 · 도지사에게 등록

2) 탱크시험자의 등록사항 변경신고 : 30일 이내

3) 탱크시험자의 결격사유
① 피성년후견인
② 금고 이상의 실형의 선고를 받고 그 집행이 종료되거나 집행이 면제된 날부터 2년이 지나지 아니한 자
③ 금고 이상의 형의 집행유예 선고를 받고 그 유예기간 중에 있는 자
④ 탱크시험자의 등록이 취소된 날부터 2년이 지나지 아니한 자
⑤ 법인으로서 그 대표자가 제①호 내지 제④호의 1에 해당하는 경우

4) 등록을 취소하거나 6월 이내의 기간을 정하여 업무의 정지
① 허위 그 밖의 부정한 방법으로 등록을 한 경우(등록취소)
② 등록의 결격사유에 해당하게 된 경우(등록취소)
③ 등록증을 다른 자에게 빌려준 경우(등록취소)
④ 등록기준에 미달하게 된 경우
⑤ 탱크안전성능시험 또는 점검을 허위로 하거나 탱크시험자로서 적합하지 아니하다고 인정하는 경우

(4) 예방규정

1) 예방규정의 작성 : 관계인

2) 예방규정의 제출 : 사용 시작 전 시 · 도지사에게 제출

3) 관계인이 예방규정을 정하여야 하는 제조소 등
① 지정수량의 10배 이상의 위험물을 취급하는 제조소
② 지정수량의 100배 이상의 위험물을 저장하는 옥외저장소
③ 지정수량의 150배 이상의 위험물을 저장하는 옥내저장소
④ 지정수량의 200배 이상의 위험물을 저장하는 옥외탱크저장소
⑤ 암반탱크저장소
⑥ 이송취급소

(5) 정기점검 및 정기검사

1) 정기점검의 횟수 : 연 1회 이상

2) 정기점검의 대상인 제조소 등
① 예방규정을 정해야 하는 제조소 등
② 지하탱크저장소
③ 이동탱크저장소
④ 지하에 매설된 탱크가 있는 제조소 · 주유취급소 또는 일반취급소

3) 정기검사의 대상
정기점검대상 중 액체위험물을 저장 또는 취급하는 50만L 이상의 옥외탱크저장소

(6) 자체소방대

1) 자체소방대설치대상 : 제4류 위험물을 취급하는 제조소 또는 일반취급소로서 지정수량의 3,000배 이상

2) 자체소방대에 두는 화학소방자동차 및 인원

사업소의 구분	화학소방자동차	자체소방대원의 수
지정수량의 3천 배 이상 12만 배 미만	1대	5인
지정수량의 12만 배 이상 24만 배 미만	2대	10인
지정수량의 24만 배 이상 48만 배 미만	3대	15인
지정수량의 48만 배 이상	4대	20인

3) 자체소방대의 설치 제외대상인 일반취급소
① 보일러, 버너 그 밖에 이와 유사한 장치로 위험물을 소비하는 일반취급소
② 이동저장탱크 그 밖에 이와 유사한 것에 위험물을 주입하는 일반취급소
③ 용기에 위험물을 옮겨 담는 일반취급소
④ 유압장치, 윤활유순환장치 그 밖에 이와 유사한 장치로 위험물을 취급하는 일반취급소
⑤ 「광산안전법」의 적용을 받는 일반취급소

(7) 위험물 운송

1) 위험물 운송책임자의 자격
① 국가기술자격을 취득하고 관련 업무에 1년 이상 종사한 경력이 있는 자
② 위험물의 운송에 관한 안전교육을 수료하고 관련 업무에 2년 이상 종사한 경력이 있는 자

2) 운송책임자의 감독 · 지원을 받아 운송하여야 하는 위험물
① 알킬알루미늄
② 알킬리튬

(8) 청문

1) 청문실시권자 : 시 · 도지사, 소방본부장 또는 소방서장

2) 청문을 실시하여 처분하여야 하는 대상
① 제조소 등 설치허가의 취소
② 탱크시험자의 등록취소

04 벌칙

(1) 1년 이상 10년 이하의 징역

제조소 등에서 위험물을 유출 · 방출 또는 확산시켜 사람의 생명 · 신체 또는 재산에 대하여 위험을 발생시킨 자

(2) 무기 또는 3년 이상의 징역

제조소 등에서 위험물을 유출 · 방출 또는 확산시켜 상해에 이르게 한 자

(3) 무기 또는 5년 이상의 징역

제조소 등에서 위험물을 유출 · 방출 또는 확산시켜 사상에 이르게 한 자

(4) 7년 이하의 금고 또는 7000만 원 이하의 벌금

업무상 과실로 제조소 등에서 위험물을 유출 · 방출 또는 확산시켜 사람의 생명 · 신체 또는 재산에 대하여 위험을 발생시킨 자

(5) 10년 이하의 징역 또는 금고나 1억 원 이하의 벌금

업무상 과실로 제조소 등에서 위험물을 유출 · 방출 또는 확산시켜 사람을 사상에 이르게 한 자

(6) 5년 이하의 징역 또는 1억 원 이하의 벌금

제조소 등의 설치허가를 받지 아니하고 제조소 등을 설치한 자

(7) 3년 이하의 징역 또는 3000만 원 이하의 벌금

저장소 또는 제조소 등이 아닌 장소에서 지정수량 이상의 위험물을 저장 또는 취급한 자

(8) 1년 이하의 징역 또는 1000만 원 이하의 벌금

① 탱크시험자로 등록하지 아니하고 탱크시험자의 업무를 한 자
② 정기점검을 하지 아니하거나 점검기록을 허위로 작성한 관계인
③ 정기검사를 받지 아니한 관계인
④ 자체소방대를 두지 아니한 관계인
⑤ 운반용기에 대한 검사를 받지 아니하고 운반용기를 사용하거나 유통시킨 자
⑥ 긴급 사용정지 · 제한명령을 위반한 자

(9) 1000만 원 이하의 벌금

① 위험물의 취급에 관한 안전관리와 감독을 하지 아니한 자
② 안전관리자 또는 그 대리자가 참여하지 아니한 상태에서 위험물을 취급한 자
③ 위험물의 운반에 관한 중요기준에 따르지 아니한 자
④ 운송책임자의 감독 또는 지원을 받아 운송하여야 하는 규정을 위반한 위험물운송자
⑤ 관계인의 정당한 업무를 방해하거나 출입 · 검사 등을 수행하면서 알게 된 비밀을 누설한 자

05 제조소 등의 위치 · 구조 및 설비의 기준

(1) 위험물제조소

1) 제조소의 안전거리

건축물	안전거리
유형문화재, 지정문화재	50m 이상
수용인원 300명 이상(학교, 병원, 극장, 공연장, 영화상영관) 수용인원 20인 이상(아동복지시설, 노인복지시설, 장애인복지시설, 한부모가족복지시설, 어린이집, 성매매피해자 등을 위한 지원시설, 정신보건시설 등) 사용	30m 이상
고압가스, 액화석유가스, 도시가스를 저장 또는 취급하는 시설	20m 이상
주거용으로 사용되는 것(제조소가 설치된 부지 내에 있는 것 제외)	10m 이상
사용전압이 3만 5,000V를 초과하는 특고압가공전선	5m 이상
사용전압이 7,000V 초과 3만 5,000V 이하의 특고압가공전선	3m 이상

2) 제조소의 보유공지

취급하는 위험물의 최대수량	공지의 너비
지정수량의 10배 이하	3m 이상
지정수량의 10배 초과	5m 이상

3) 제조소의 표지 및 게시판

① 제조소의 보기 쉬운 곳에 "위험물제조소"라는 표시를 설치

㉠ 표지의 크기 : 한 변의 길이 0.3m 이상, 다른 한 변의 길이 0.6m 이상인 직사각형

㉡ 표지의 색상 : 백색 바탕에 흑색문자

② 주의사항을 표시한 게시판 설치

위험물의 종류	주의사항	게시판
제1류 위험물 중 알칼리금속의 과산화물 제3류 위험물 중 금수성물질	물기엄금	청색 바탕에 백색 문자
제2류 위험물(인화성 고체는 제외)	화기주의	적색 바탕에 백색 문자
제2류 위험물 중 인화성 고체 제3류 위험물 중 자연발화성 물질 제4류 위험물 제5류 위험물	화기엄금	적색 바탕에 백색 문자

4) 제조소 건축물의 구조

① 지하층이 없도록 할 것

② 벽 · 기둥 · 바닥 · 보 · 서까래 및 계단 : 불연재료

③ 지붕 : 폭발력이 위로 방출될 정도의 가벼운 불연재료
④ 출입구와 비상구 : 60분+방화문 또는 30분방화문을 설치
⑤ 창 및 출입구에 유리를 이용하는 경우에는 망입유리
⑥ 액체의 위험물을 취급하는 건축물의 바닥은 적당한 경사를 두고 그 최저부에 집유설비

5) 피뢰설비
지정수량의 10배 이상의 위험물을 취급하는 제조소(제6류 위험물을 취급하는 위험물제조소는 제외)

6) 위험물제조소의 옥외에 있는 위험물 취급탱크의 방유제 설치기준
① 탱크가 1개인 경우 방유제의 용량 : 당해 탱크용량의 50% 이상
② 탱크가 2개 이상인 경우 방유제 용량 : 당해 탱크 중 용량이 최대인 것의 50%에 나머지 탱크 용량 합계의 10%를 가산한 양 이상

(2) 위험물저장소

1) 옥외탱크저장소의 방유제 설치기준
① 방유제의 용량

탱크가 1개일 때	탱크가 2개 이상일 때
탱크용량의 110% 이상	탱크 중 용량이 **최대인 것의 용량의** 110% 이상

② 방유제의 높이 : 0.5m 이상 3m 이하, 두께 0.2m 이상, 지하매설깊이 1m 이상
③ 방유제 내의 면적 : 80,000m^2 이하
④ 방유제 내에 설치하는 옥외저장탱크의 수는 10개 이하로 할 것

2) 옥외탱크저장소의 밸브 없는 통기관
① 직경 : 30mm 이상
② 통기관의 선단 : 수평면보다 45° 이상 구부려 빗물 등의 침투를 막는 구조
③ 가는 눈의 구리망 등으로 **인화방지장치**를 할 것

3) 간이탱크저장소의 설치기준
① 간이탱크 설치장소 : 옥외에 설치
② 하나의 간이탱크저장소에 설치하는 간이저장탱크의 수 : 3개 이하
③ 간이저장탱크의 용량 : 600L 이하
④ 간이저장탱크의 두께 : 3.2mm 이상의 강판
⑤ 통기관의 지름 : 25mm 이상

(3) 위험물 취급소

1) 취급소의 종류 : 주유취급소, 판매취급소, 일반취급소, 이송취급소

2) 주유취급소의 주유 공지 : 너비 15m 이상, 길이 6m 이상

3) 주유취급소의 표지 및 게시판
① 표지 : "위험물 주유취급소"(백색 바탕, 흑색 문자)
② 게시판 : 주유 중 엔진정지(황색 바탕, 흑색 문자)

4) 판매취급소의 종류 및 지정수량
① 제1종 판매취급소 : 지정수량의 20배 이하
② 제2종 판매취급소 : 지정수량의 40배 이하

5) 판매취급소의 위험물 배합실 기준
① 바닥면적 : $6m^2$ 이상 $15m^2$ 이하일 것
② 벽의 구획 : 내화구조 또는 불연재료
③ 바닥의 구조 : 적당한 경사를 두고 집유설비를 할 것
④ 출입구의 문 : 자동폐쇄식의 60분+방화문을 설치할 것
⑤ 출입구 문턱의 높이 : 바닥면으로부터 0.1m 이상

(4) 위험물의 혼재기준

위험물의 구분	제1류	제2류	제3류	제4류	제5류	제6류
제1류						○
제2류				○	○	
제3류				○		
제4류		○	○		○	
제5류		○		○		
제6류	○					

P·a·r·t 04

소방기계시설의 구조 및 원리

CHAPTER PART 04 소방기계시설의 구조 및 원리

01 소화설비

01 소화기구 및 자동소화장치

(1) 소화기구 및 자동소화장치의 종류

1) 소화기구의 종류

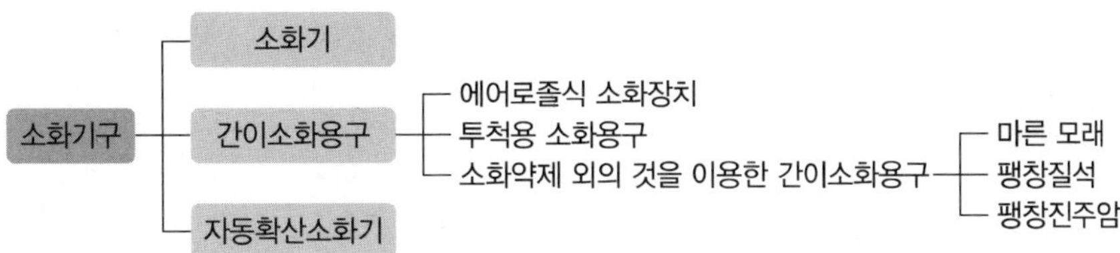

2) 자동소화장치의 종류

① 주거용 주방자동소화장치

② 상업용 주방자동소화장치

③ 캐비닛형 자동소화장치

④ 가스자동소화장치

⑤ 분말자동소화장치

⑥ 고체에어로졸자동소화장치

(2) 용어의 정의

1) 소화기

소화약제를 압력에 따라 방사하는 기구로서 사람이 수동으로 조작하여 소화하는 것

① 소형소화기 : 능력단위가 1단위 이상이고 대형소화기의 능력단위 미만

② 대형소화기 : 능력단위가 A급 10단위 이상, B급 20단위 이상인 소화기로서 화재 시 사람이 운반할 수 있도록 운반대와 바퀴가 설치되어 있는 것

2) 자동확산소화기

화재를 감지하여 자동으로 소화약제를 방출·확산시켜 국소적으로 소화하는 소화기

3) 자동소화장치

소화약제를 자동으로 방사하는 고정된 소화장치

① 주거용 주방자동소화장치 : 주거용 주방에 설치된 열발생 조리기구의 사용으로 인한 화재 발생 시 열원(전기 또는 가스)을 자동으로 차단하며 소화약제를 방출하는 소화장치
② 상업용 주방자동소화장치 : 상업용 주방에 설치된 열발생 조리기구의 사용으로 인한 화재 발생 시 열원(전기 또는 가스)을 자동으로 차단하며 소화약제를 방출하는 소화장치
③ 캐비닛형 자동소화장치 : 열, 연기 또는 불꽃 등을 감지하여 소화약제를 방사하여 소화하는 캐비닛형태의 소화장치
④ 가스자동소화장치 : 열, 연기 또는 불꽃 등을 감지하여 가스계 소화약제를 방사하여 소화하는 소화장치
⑤ 분말자동소화장치 : 열, 연기 또는 불꽃 등을 감지하여 분말의 소화약제를 방사하여 소화하는 소화장치
⑥ 고체에어로졸자동소화장치 : 열, 연기 또는 불꽃 등을 감지하여 에어로졸의 소화약제를 방사하여 소화하는 소화장치

4) 거실

거주 · 집무 · 작업 · 집회 · 오락 그 밖에 이와 유사한 목적을 위하여 사용하는 방

5) 일반화재(A급 화재)

나무, 섬유, 종이, 고무, 플라스틱류와 같은 일반 가연물이 타고 나서 재가 남는 화재

6) 유류화재(B급 화재)

인화성 액체, 가연성 액체, 석유 그리스, 타르, 오일, 유성도료, 솔벤트, 래커, 알코올 및 인화성 가스와 같은 유류가 타고 나서 재가 남지 않는 화재

7) 전기화재(C급 화재)

전류가 흐르고 있는 전기기기, 배선과 관련된 화재

8) 주방화재(K급 화재)

주방에서 동식물유를 취급하는 조리기구에서 일어나는 화재

(3) 설치대상

1) 소화기구의 설치대상(2022년 개정)

① 연면적 33[m^2] 이상인 것
② 가스시설, 발전시설 중 전기저장시설 및 문화재
③ 터널, 지하구

2) 주거용 주방자동소화장치의 설치대상(2022년 개정)

① 아파트 등　② 오피스텔의 모든 층

(4) 소화기구의 분류

1) 능력단위 및 보행거리에 따른 소화기의 구분

구분	소형소화기	대형소화기
능력단위	1단위 이상 대형 미만	A급 10단위 이상 B급 20단위 이상
보행거리	20[m] 이내	30[m] 이내

[소형소화기]

[대형소화기]

2) 대형소화기의 소화약제 충전량

소화약제의 종별	충전량
포	20[l] 이상
강화액	60[l] 이상
물	80[l] 이상
분말	20[kg] 이상
할로겐화합물	30[kg] 이상
이산화탄소	50[kg] 이상

3) 소화기의 사용온도

소화약제의 종별	사용온도
분말소화약제, 강화액	−20∼40[℃]
그 밖의 것	0∼40[℃]

4) 호스를 부착하지 않아도 되는 소화기

소화기의 종류	약제 중량
할로겐화합물소화기	4[kg] 미만
이산화탄소 소화기	3[kg] 미만
분말소화기	2[kg] 미만
액체계 소화약제 소화기	3[l] 미만

(5) 설치기준 등

1) 소화기구의 설치기준

① 각 층마다 설치할 것

② 바닥면적이 33[m^2] 이상으로 구획된 각 거실(아파트는 각 세대)에도 배치

③ 보행거리 : 소형소화기 20[m] 이내, 대형소화기 30[m] 이내

④ 설치높이 : 바닥으로부터 1.5[m] 이하

⑤ 표지 : 소화기에는 "**소화기**", 투척용 소화용구에는 "**투척용 소화용구**", 마른 모래에는 "**소화용 모래**", 팽창질석 및 팽창진주암에는 "**소화질석**"

2) 주거용 주방자동소화장치의 설치기준

① 소화약제 방출구 : 환기구의 청소부분과 분리되어 있어야 하며, 형식승인을 받은 유효설치 높이 및 방호면적에 따라 설치할 것

② 감지부 : 형식승인을 받은 유효한 높이 및 위치에 설치할 것

③ 차단장치(전기 또는 가스) : 상시 확인 및 점검이 가능하도록 설치할 것

④ 수신부 : 주위의 열기류 또는 습기 등과 주위온도에 영향을 받지 아니하고 사용자가 상시 볼 수 있는 장소에 설치할 것

⑤ 탐지부(가스용 주방자동소화장치를 사용하는 경우) : 탐지부는 수신부와 분리하여 설치하되, 공기보다 가벼운 가스를 사용하는 경우에는 **천장면으로부터 30[cm] 이하의 위치에 설치하고**, 공기보다 무거운 가스를 사용하는 장소에는 **바닥면으로부터 30[cm] 이하의 위치에 설치할 것**

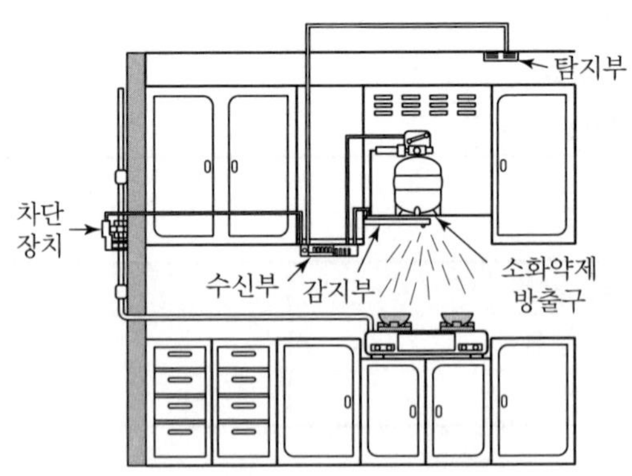

[주거용 주방자동소화장치]

3) 주거용 주방자동소화장치의 기능

① 가스누설 시 **자동경보기능**

② 가스누설 시 **가스밸브의 자동차단기능**

③ 가스레인지 화재 시 **소화약제 자동분사 및 경보기능**

4) 이산화탄소 또는 할로겐화합물소화기를 설치할 수 없는 장소

① 지하층　　② 무창층　　③ 밀폐된 거실

로서 그 바닥면적이 20[m^2] 미만의 장소

5) 소화약제 외의 것을 이용한 간이소화용구의 능력단위

간이소화용구		능력단위
마른 모래	삽을 상비한 50[l] 이상의 것 1포	0.5 단위
• 팽창질석 • 팽창진주암	삽을 상비한 80[l] 이상의 것 1포	

6) 소화기구의 소화약제별 적응성

소화약제 구분 / 적응대상	가스			분말		액체				기타			
	이산화탄소 소화약제	할론소화약제	할로겐화합물 및 불활성기체 소화약제	인산염류 소화약제	중탄산염류 소화약제	산알칼리 소화약제	강화액 소화약제	포소화약제	물·침윤 소화약제	고체에어로졸화합물	마른모래	팽창질석·팽창진주암	그 밖의 것
일반화재 (A급 화재)	–	○	○	○	–	○	○	○	○	○	○	○	–
유류화재 (B급 화재)	○	○	○	○	○	○	○	○	○	○	○	○	–
전기화재 (C급 화재)	○	○	○	○	○	*	*	*	*	○	–	–	–
주방화재 (K급 화재)	–	–	–	–	*	–	*	*	*	–	–	–	*

주) "*"의 소화약제별 적응성은 형식승인 및 제품검사의 기술기준에 따라 화재종류별 적응성에 적합한 것으로 인정되는 경우에 한한다.

(6) 특정소방대상물별 소화기구의 능력단위기준

특정소방대상물	능력단위 1단위 이상 (기타 구조)	능력단위 1단위 이상 (내화구조로서 불연, 준불연, 난연)
위락시설	바닥면적 30[m^2]마다	바닥면적 60[m^2]마다
공연장・집회장・관람장・문화재・장례식장 및 의료시설	바닥면적 50[m^2]마다	바닥면적 100[m^2]마다
근린생활시설・판매시설・노유자시설・숙박시설・공장・창고시설・운수시설・전시장・공동주택・업무시설・방송통신시설・항공기 및 자동차 관련 시설・관광휴게시설	바닥면적 100[m^2]마다	바닥면적 200[m^2]마다
그 밖의 것	바닥면적 200[m^2]마다	바닥면적 400[m^2]마다

※ 내화구조로서 불연, 준불연, 난연인 경우 : 기타 구조×2배

예제 **바닥면적이 750[m^2]인 병원에 ABC급 분말소화기를 비치하고자 한다. 최소 A급 몇 단위가 필요한가?(단, 이 건물은 내화구조로서 내장재는 불연재이며, 배치상의 보행거리는 고려하지 않는다.)**

① 5단위 ② 6단위
③ 7단위 ④ 8단위

풀이 • 병원(의료시설)의 기준면적 : 50[m^2] 마다
내화구조로서 내장재는 불연재료이면 2배 : 50[m^2]×2배=100[m^2]

• $능력단위 = \frac{바닥면적[m^2]}{기준면적[m^2]} = \frac{750[m^2]}{100[m^2]} = 7.5$ ∴ 8단위

※ 소수점 이하 절상

정답 : ④

(7) 부속용도별로 추가하여야 할 소화기구 및 자동소화장치

1) 보일러실 · 건조실 · 세탁소 · 대량화기취급소에 추가하여야 할 소화기구
① 소화기 : 바닥면적 25[m^2]마다 능력단위 1단위 이상의 소화기 1대 이상
② 자동확산소화기 : 바닥면적 10[m^2] 이하는 1개, 10[m^2] 초과는 2개 설치

2) 음식점 · 다중이용업소 · 호텔 · 기숙사 · 노유자시설 · 의료시설 · 업무시설 · 공장 · 장례식장 · 교육연구시설 · 교정 및 군사시설의 주방에 추가하여야 할 소화기구
① 소화기 : 바닥면적 25[m^2]마다 능력단위 1단위 이상(1개 이상은 K급 소화기 설치)
② 자동확산소화기 : 바닥면적 10[m^2] 이하는 1개, 10[m^2] 초과는 2개 설치

3) 발전실 · 변전실 · 송전실 · 변압기실 · 배전반실 · 통신기기실 · 전산기기실 · 기타 이와 유사한 시설

① 바닥면적 50[m^2]마다 적응성이 있는 소화기 1개 이상

② 유효설치방호체적 이내의 가스 · 분말 · 고체에어로졸자동소화장치, 캐비닛형 자동소화장치

예제 **바닥면적 280[m^2]인 발전실에 부속용도별로 추가하여야 할 적응성이 있는 수동식 소화기 수량은 몇 개 이상이어야 하는가?**

① 2개 ② 4개

③ 6개 ④ 12개

풀이 • 발전실이므로 바닥면적 **50[m^2]** 마다 적응성이 있는 소화기 1개 이상

• 적응성 있는 소화기의 수 $= 280[\mathrm{m}^2]/50[\mathrm{m}^2] = 5.6$ ∴ 6개

정답 : ③

02 옥내소화전설비

(1) 계통도 및 구성요소

1) 계통도

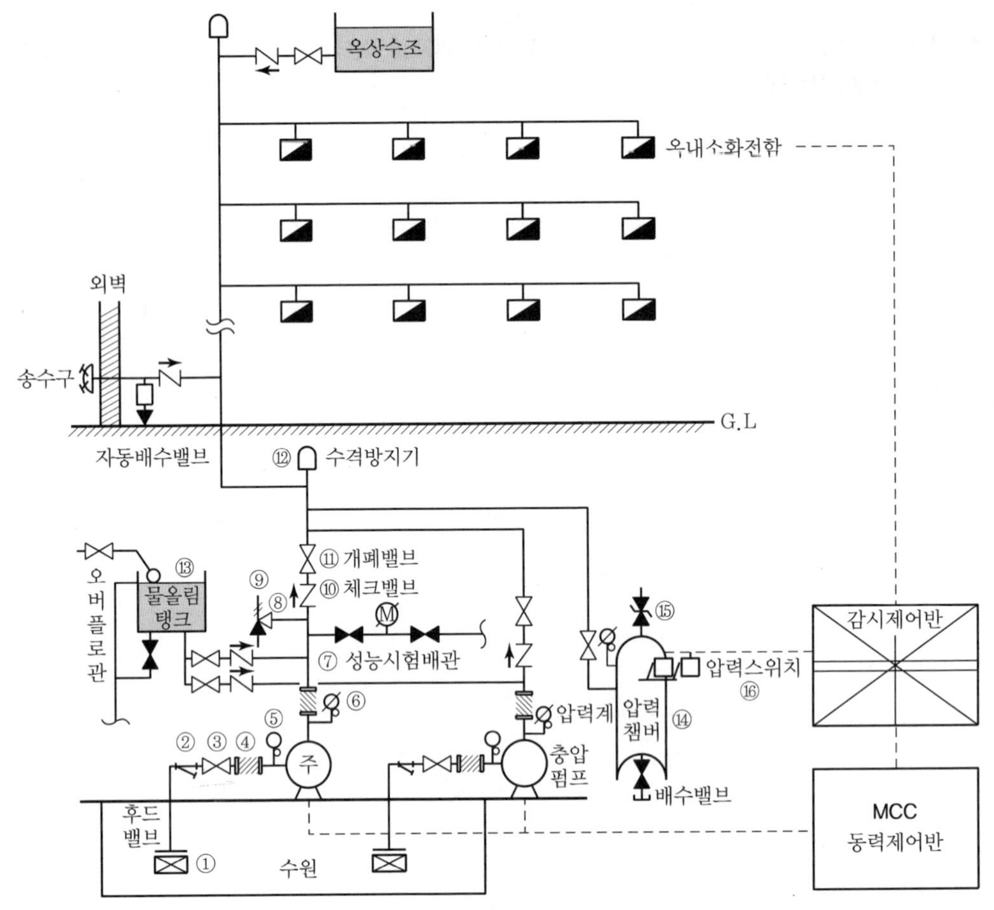

[옥내소화전설비 계통도]

2) 주요 구성요소

① 풋밸브 : **여과기능**(이물질 제거) 및 **체크기능**(역류방지기능)

② 스트레이너 : 펌프흡입 측 배관 내의 **여과기능**

③ 펌프흡입 측 개폐표시형 밸브 : 흡입 측 배관의 개방 · 폐쇄기능 및 개폐 여부 확인, 풋밸브 또는 스트레이너 교체 · 보수 시 밸프 폐쇄

④ 플렉시블조인트 : 펌프의 진동을 흡수하여 배관 보호

⑤ 진공계 또는 연성계 : 펌프흡입 측 배관의 압력표시(진공계 : 부압표시, 연성계 : 부압 및 정압표시)

⑥ 압력계 : 펌프토출 측 배관의 압력표시(정압표시)

⑦ 성능시험배관 : 주펌프의 펌프성능시험을 위해 설치한 것으로서 개폐밸브, 유량조절밸브, 유량계로 구성

⑧ 순환배관 : 펌프의 체절운전 시 수온상승 방지

⑨ 릴리프밸브 : 체절압력 미만에서 작동하여 배관 내 물을 배출함으로써 수온상승 방지

⑩ 스모렌스키체크밸브 : 역류방지기능, 바이패스기능, 수격작용 방지기능

⑪ 펌프토출 측 개폐표시형 밸브 : 급수배관의 개방 · 폐쇄기능 및 개폐 여부 확인, 체크밸브나 펌프의 교체 · 보수 시 배관 폐쇄

⑫ 수격방지기 : 펌프의 기동 · 정지, 밸브의 급격한 조작 등으로 발생하는 수격작용 방지

⑬ 물올림장치 : 펌프흡입 측 배관에 마중물 충수(수원의 높이가 펌프보다 낮을 경우 설치)

⑭ 기동용 수압 개폐장치(압력챔버) : 펌프 2차 측 배관 내의 압력을 감지하여 주펌프의 기동, 충압펌프의 기동 및 정지기능과 압력챔버 내 압축공기에 의한 수격작용 방지기능

⑮ 안전밸브 : 호칭압력~호칭압력의 1.3배의 범위에서 작동하여 압력챔버 보호

⑯ 압력스위치 : 펌프의 기동 및 정지

(2) 펌프토출량 및 수원

1) 펌프토출량 $Q[l/\text{min}]$

$$Q[l/\text{min}] = N \times Q_1 \qquad Q[l/\text{min}] = N \times 130$$

여기서, N : 가장 많이 설치된 층의 옥내소화전 개수(2개 이상은 2개)

Q_1 : 130[l/min](옥내소화전 노즐 1개의 분당 방출량)

2) 수원의 양 $Q[l]\,[\text{m}^3]$

$$Q[l] = N \times Q_1 \times T \qquad Q[\text{m}^3] = 2.6N$$

여기서, N : 가장 많이 설치된 층의 옥내소화전 개수(2개 이상은 2개)

Q_1 : 130[l/min](옥내소화전 노즐 1개의 분당 방출량)

T : 방사시간[min](29층 이하 : 20min, 30~49층 : 40min, 50층 이상 : 60min)

① 29층 이하 건축물의 수원의 양(N : 2개 이상은 2개)

$Q[l] = N \times 130 \times 20 = 2{,}600\,N \quad \therefore\ Q[\text{m}^3] = 2.6\,N$

② 30층 이상 49층 이하 건축물의 수원의 양(N : 5개 이상은 5개)

$Q[l] = N \times 130 \times 40 = 5{,}200\,N \quad \therefore\ Q[\text{m}^3] = 5.2\,N$

③ 50층 이상 건축물의 수원의 양(N : 5개 이상은 5개)

$Q[l] = N \times 130 \times 60 = 7{,}800\,N \quad \therefore\ Q[\text{m}^3] = 7.8\,N$

예제 **5층 건물에 옥내소화전이 1층에 3개, 2층 이상에 각각 2개씩 총 11개가 설치되어 있을 경우 수원의 수량으로 옳은 것은?**

① 7.8[m^3]
② 5.2[m^3]
③ 28.6[m^3]
④ 13.0[m^3]

풀이 • 수원의 양 $Q[\mathrm{m}^3] = 2.6N$
• N= 2개 : 가장 많이 설치된 층의 옥내소화전 개수(2개 이상은 2개)
• $Q[\mathrm{m}^3] = 2.6 \times 2 = 5.2[\mathrm{m}^3]$

정답 : ②

3) 수조의 설치기준

① **점검**에 편리한 곳에 설치할 것
② **동결방지조치**를 하거나 동결의 우려가 없는 장소에 설치할 것
③ 수조의 외측에 **수위계**를 설치할 것
④ 수조의 상단이 바닥보다 높은 때에는 수조의 외측에 **고정식 사다리**를 설치할 것
⑤ 수조가 실내에 설치된 때에는 그 실내에 **조명설비**를 설치할 것
⑥ 수조의 밑부분에는 **청소용 배수밸브** 또는 **배수관**을 설치할 것
⑦ 수조의 외측의 보기 쉬운 곳에 **"옥내소화전설비용 수조"**라고 표시한 표지를 할 것
⑧ 옥내소화전펌프의 흡수배관 또는 옥내소화전설비의 수직배관과 수조의 접속부분에는 **"옥내소화전설비용 배관"**이라고 표시한 표지를 할 것

4) 겸용 시 저수량의 산정(유효수량)

다른 설비와 겸용하여 옥내소화전설비용 수조를 설치하는 경우에는 옥내소화전설비의 풋밸브 · 흡수구 또는 수직배관의 급수구와 다른 설비의 풋밸브 · 흡수구 또는 수직배관의 급수구와의 사이의 수량을 그 유효수량으로 한다.

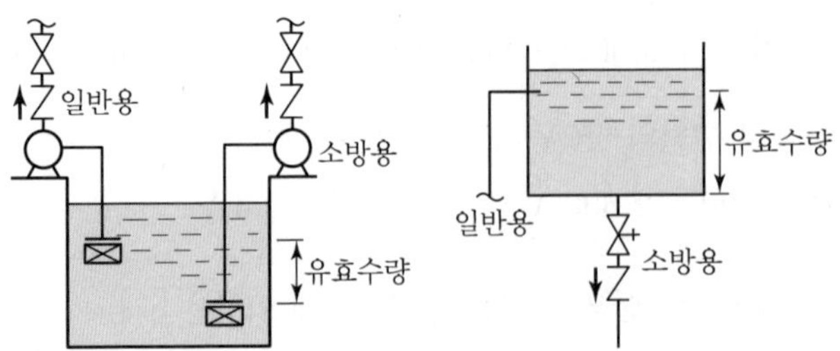

[다른 설비와 겸용 시 유효수량]

5) 옥상수조

① 옥상수조의 수원의 양

앞에서 구한 유효수량의 $\frac{1}{3}$ 이상을 옥상에 설치하여야 한다.

$$Q[l] = N \times Q_1 \times T \times \frac{1}{3}$$

② 옥상수조의 면제

㉠ **지하층**만 있는 건축물

㉡ **가압수조**를 가압송수장치로 설치한 옥내소화전설비

㉢ **고가수조**를 가압송수장치로 설치한 옥내소화전설비

㉣ **수원**이 건축물의 최상층에 설치된 **방수구**보다 높은 위치에 설치된 경우

㉤ 건축물의 **높이**가 지표면으로부터 10[m] 이하인 경우

㉥ 주펌프와 동등 이상의 성능이 있는 **별도의 펌프**로서 내연기관의 기동과 연동하여 작동되거나 비상전원을 연결하여 설치한 경우

㉦ 학교 · 공장 · 창고시설로서 **동결**의 우려가 있는 장소(옥내소화전설비만 해당)

(3) 가압송수장치

[가압송수장치의 종류]

① 펌프방식　② 고가수조방식　③ 압력수조방식　④ 가압수조방식

1) 펌프방식(전동기 또는 내연기관)

① 방수압력 및 방수량

옥내소화전이 2개 이상 설치된 경우 2개의 옥내소화전을 동시 사용 시 각 노즐에서의 방수압력 및 방수량은 다음과 같다.

㉠ 방수압력(P) : 0.17[MPa] 이상 0.7[MPa] 이하(0.7[MPa]을 초과 시 감압장치 설치)

㉡ 방수량(Q_1) : 130[l/min](호스릴 옥내소화전설비 포함) 이상

$$Q_1[l/\text{min}] = 0.653\, d^2 \sqrt{10\, P}$$

여기서, Q_1 : 옥내소화전노즐 1개의 분당 방수량[l/min]

d : 노즐의 구경[mm]

P : 노즐에서의 방수압력[MPa]

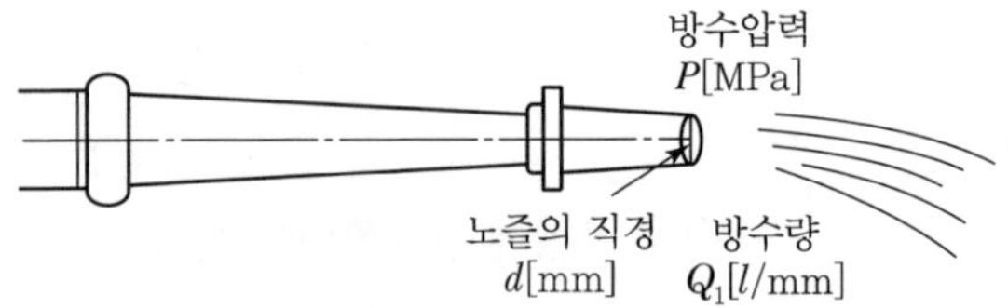

[옥내소화전 노즐(관창)]

② 펌프토출량 : 옥내옥내소화전이 가장 많이 설치된 층의 설치개수(옥내소화전이 2개 이상은 2개)에 130[l/min]를 곱한 양 이상이 되도록 할 것

$$Q[l/\text{min}] = N \times Q_1[130\,l/\text{min}]$$

③ 펌프의 전양정 H[m]

$$H = h_1 + h_2 + h_3 + 17$$

여기서, h_1 : 소방호스의 마찰손실 수두[m], h_2 : 배관의 마찰손실 수두[m]
h_3 : 실양정(흡입양정+토출양정)[m], 17 : 옥내소화전 노즐에서의 방사압 수두[m]

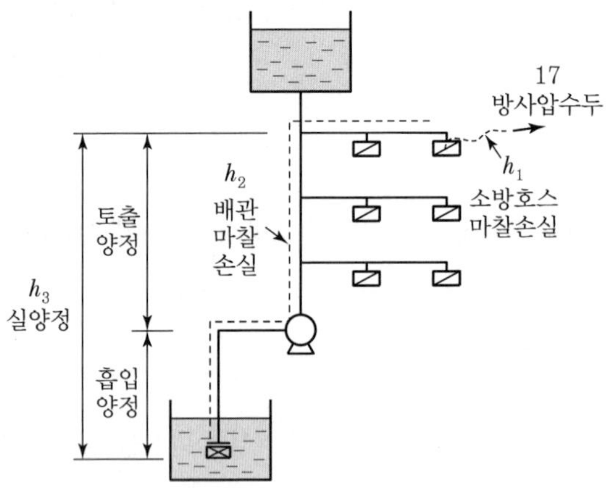

[펌프의 전양정]

④ 펌프의 동력

㉠ 수동력 : 펌프에 의해 액체로 공급되는 동력

$$L_w[\text{kW}] = \frac{\gamma[\text{kg}_\text{f}/\text{m}^3] \times Q[\text{m}^3/\text{s}] \times H[\text{m}]}{102}$$

$$L_w[\text{kW}] = \frac{\gamma[\text{N}/\text{m}^3] \times Q[\text{m}^3/\text{s}] \times H[\text{m}]}{1{,}000}$$

㉡ 축동력 : 모터에 의해 실제로 펌프에 주어지는 동력

$$L_s[\mathrm{kW}] = \frac{\gamma[\mathrm{kg_f/m^3}] \times Q[\mathrm{m^3/s}] \times H[\mathrm{m}]}{102\eta}$$

$$L_s[\mathrm{kW}] = \frac{\gamma[\mathrm{N/m^3}] \times Q[\mathrm{m^3/s}] \times H[\mathrm{m}]}{1{,}000\eta}$$

㉢ 모터동력 : 모터 또는 엔진에 전달되는 동력

$$P[\mathrm{kW}] = \frac{\gamma[\mathrm{kg_f/m^3}] \times Q[\mathrm{m^3/s}] \times H[\mathrm{m}]}{102\eta} \times K$$

$$P[\mathrm{kW}] = \frac{\gamma[\mathrm{N/m^3}] \times Q[\mathrm{m^3/s}] \times H[\mathrm{m}]}{1{,}000\eta} \times K$$

여기서, L_w : 수동력[kW], L_s : 축동력[kW]
P : 모터동력[kW], H : 전양정[m]
γ : 비중량(1,000[kgf/m^3], 9,800[N/m^3])
Q : 유량[m^3/s], η : 펌프효율, K : 전달계수

예제 **옥내소화전설비에서 소화전 말단 노즐의 구경이 13[mm]이고, 방수압이 0.26[MPa]이었다면, 이 노즐을 통하여 방사되는 방수량은 얼마인가?**

① 192[L/min] ② 130[L/min] ③ 156[L/min] ④ 178[L/min]

풀이 • 방수압력 및 방수량 $Q_1[l/\mathrm{min}] = 0.653\, d^2 \sqrt{10P}$

• $Q_1[l/\mathrm{min}] = 0.653 \times 13^2 \times \sqrt{10 \times 0.26} = 178[l/\mathrm{min}]$

정답 : ④

예제 **전동소화펌프의 토출량이 500[l/min], 전양정이 50[m], 펌프의 효율이 0.6인 경우 전동기의 용량은 얼마가 적당한가?(단, 전동기의 전달계수는 1.1임)**

① 5[kW] ② 7.5[kW] ③ 10[kW] ④ 15[kW]

풀이 • 전동기 동력 : $P[\mathrm{kW}] = \dfrac{\gamma[\mathrm{N/m^3}] \times Q[\mathrm{m^3/s}] \times H[\mathrm{m}]}{1{,}000\eta} \times K$

γ : 9,800[N/m^3], Q : $500\dfrac{[l]}{[\mathrm{min}]} \times \dfrac{1[\mathrm{m^3}]}{1{,}000[l]} \times \dfrac{1[\mathrm{min}]}{60[\mathrm{s}]} = 0.00833[\mathrm{m^3/s}]$

H : 50[m], η : 0.6, K : 1.1

• $P[\mathrm{kW}] = \dfrac{9{,}800[\mathrm{N/m^3}] \times 0.0083[\mathrm{m^3/s}] \times 50[\mathrm{m}]}{1{,}000 \times 0.6} \times 1.1 = 7.456[\mathrm{kW}] \fallingdotseq 7.5[\mathrm{kW}]$

정답 : ②

2) 고가수조방식

① 정의

구조물 또는 지형지물 등에 설치하여 자연낙차의 압력으로 급수하는 수조

② 고가수조의 구성

㉠ 수위계 ㉡ 배수관 ㉢ 급수관 ㉣ 오버플로관 ㉤ 맨홀

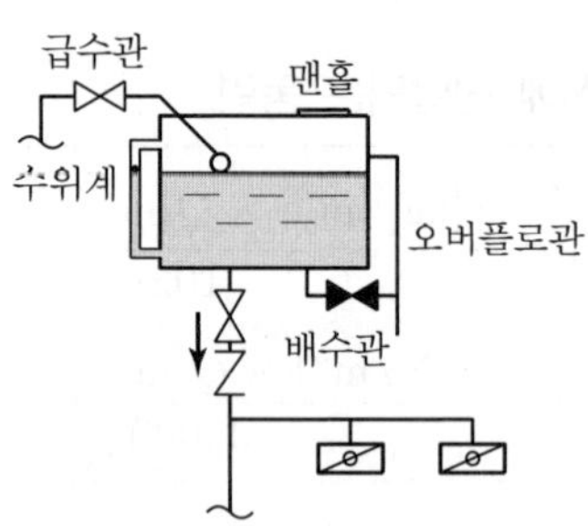

[고가수조의 구성도]

③ 고가수조의 자연낙차 수두(필요낙차) H[m]

수조의 하단으로부터 최고층에 설치된 소화전 호스접결구까지의 수직거리

$$H = h_1 + h_2 + 17$$

여기서, H : 필요낙차[m], h_1 : 소방용 호스의 마찰손실 수두[m]

h_2 : 배관의 마찰손실 수두[m], 17 : 옥내소화전 노즐에서의 방사압 수두[m]

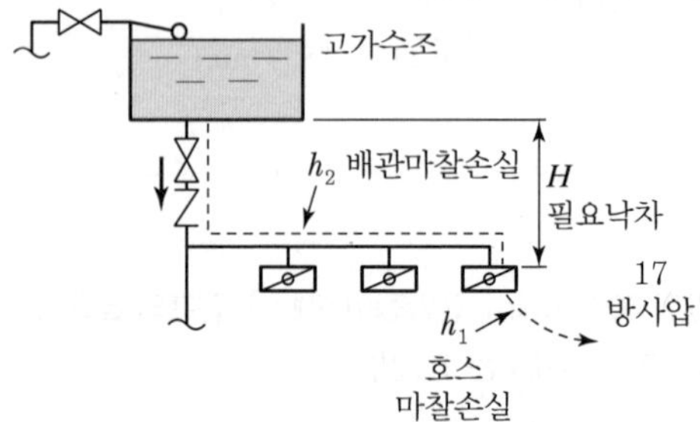

[고가수조의 필요낙차]

3) 압력수조방식

① 정의

소화용수와 공기를 채우고 일정압력 이상으로 가압하여 그 압력으로 급수하는 수조

② 압력수조의 구성

㉠ 수위계 ㉡ 급수관 ㉢ 배수관 ㉣ 급기관

㉤ 맨홀 ㉥ 압력계 ㉦ 안전장치 ㉧ 자동식 공기압축기

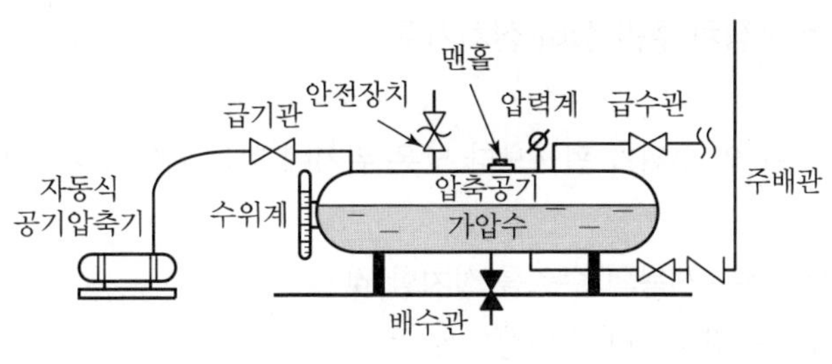

[압력수조의 구성도]

③ 압력수조의 압력 P[MPa]

압력수조에 2/3는 물을 넣고 나머지 1/3에 압축공기로 압력을 가하여 가압수를 송수하는 방식

$$P = p_1 + p_2 + p_3 + 0.17$$

여기서, p_1 : 소방호스의 마찰손실 수두압[MPa], p_2 : 배관의 마찰손실 수두압[MPa]

p_3 : 낙차환산 수두압[MPa], 0.17 : 옥내소화전 노즐에서의 방사압 수두[MPa]

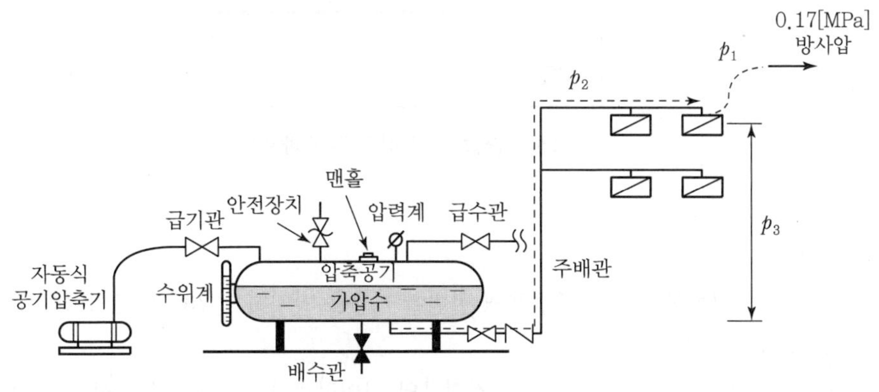

[압력수조의 필요공기압]

4) 가압수조방식

① 정의

가압원인 압축공기 또는 불연성 고압기체에 따라 소방용수를 가압하는 수조

② 설치기준

㉠ 가압수조의 압력은 방수량 및 방수압이 20분 이상 유지되도록 할 것

㉡ 가압수조 및 가압원은 방화구획 된 장소에 설치할 것

㉢ 가압수조를 이용한 가압송수장치는 「가압수조식가압송수장치의 성능인증 및 제품검사의 기술기준」에 적합한 것으로 설치할 것

5) 펌프방식의 가압송수장치 주변 설비 설치기준

① 물올림장치

㉠ 설치대상 : 수원의 수위가 펌프보다 낮은 위치에 있는 가압송수장치

㉡ 설치기준

- 물올림장치에는 **전용**의 수조를 설치할 것
- 수조의 유효수량 : 100[l] 이상
- 급수배관 : 구경 15[mm] 이상

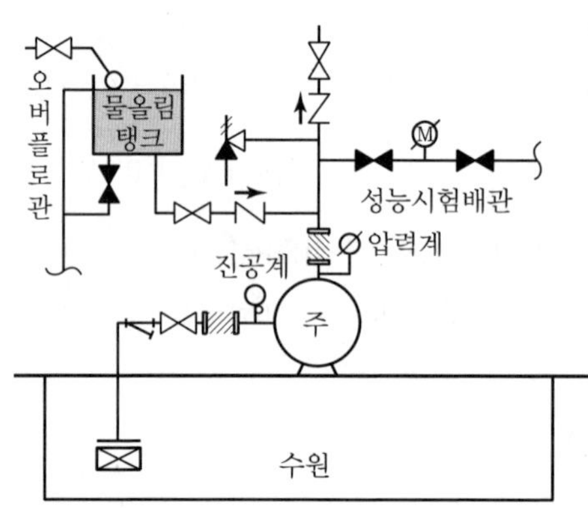

[물올림장치 및 펌프 주위 배관]

② 충압펌프

㉠ 정의

배관 내 압력손실에 따른 주펌프의 빈번한 기동을 방지하기 위하여 충압역할을 하는 펌프

㉡ 설치기준

- 펌프의 토출압력 : 최고위 호스접결구의 자연압보다 0.2[MPa] 이상 더 크도록 하거나 가압송수장치의 정격토출압력과 같게 할 것
- 펌프의 정격토출량 : 정상적인 누설량보다 적어서는 아니 되며, 옥내소화전설비가 자동적으로 작동할 수 있도록 충분한 토출량을 유지할 것

③ 압력계, 진공계 및 연성계

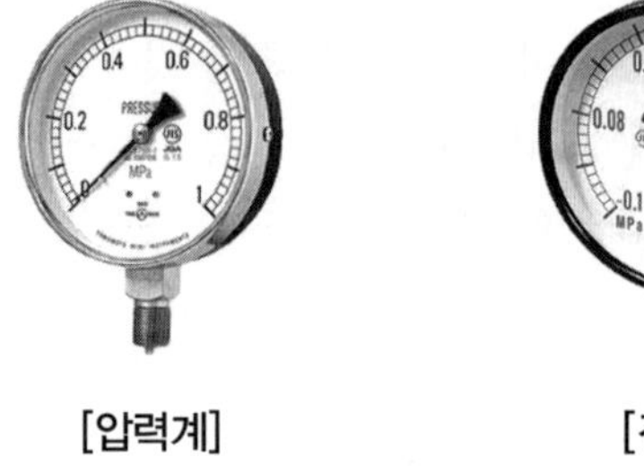

[압력계] **[진공계]**

[연성계]

- 압력계 : 대기압 이상의 압력 측정(정압 측정)
- 진공계 : 대기압 이하의 압력 측정(부압 측정)
- 연성계 : 대기압 이상과 대기압 이하의 압력 측정(정압, 부압 측정)

㉠ 압력계

펌프의 토출 측 체크밸브 이전에 펌프토출 측 플랜지에서 가까운 곳에 설치

㉡ 연성계 또는 진공계

펌프흡입 측에 설치(수원의 수위가 펌프의 위치보다 높거나 수직회전축 펌프의 경우에는 연성계 또는 진공계 설치 제외 가능)

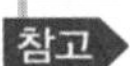

수원의 수위가 펌프보다 낮을 경우 설치하여야 하는 설비

① 물올림장치　　② 풋밸브　　③ 진공계 또는 연성계

④ 기동용 수압개폐장치(압력챔버)

㉠ 기동장치로는 **기동용 수압개폐장치** 또는 이와 동등 이상의 성능이 있는 것을 설치할 것(학교 · 공장 · 창고시설로서 동결의 우려가 있는 장소에 있어서는 기동스위치에 보호판을 부착하여 옥내소화전함 내에 설치할 수 있다.)

㉡ 기동용 수압개폐장치(압력챔버)를 사용할 경우 그 용적은 100[l] 이상의 것으로 할 것

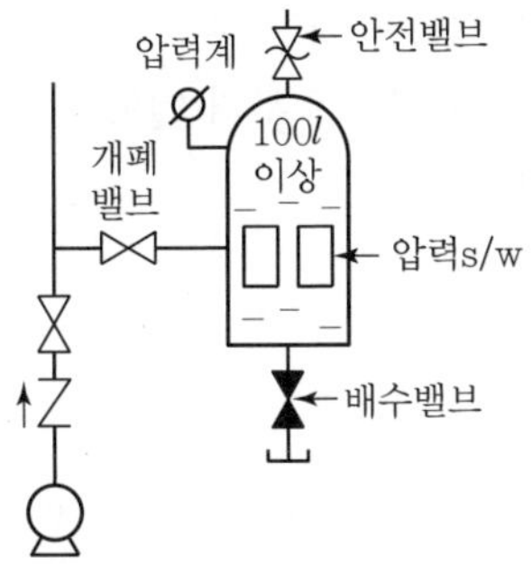

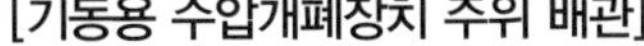
[기동용 수압개폐장치 주위 배관]

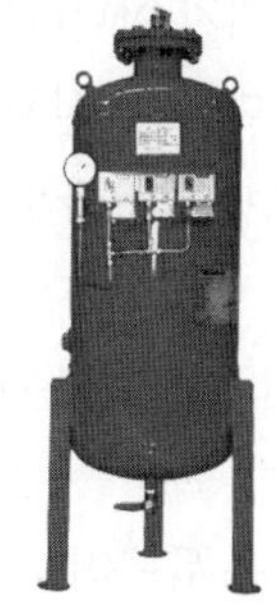
[기동용 수압 개폐장치]

⑤ 펌프는 **전용**으로 할 것. 다만, 다른 소화설비와 겸용하는 경우 각각의 소화설비의 성능에 지장이 없을 때에는 그러하지 아니하다.

⑥ 점검하기에 충분한 공간이 있는 장소로서 화재 및 침수 등의 재해로 인한 피해를 받을 우려가 없는 곳에 설치할 것

⑦ 동결방지조치를 하거나 동결의 우려가 없는 장소에 설치할 것

⑧ 가압송수장치에는 "옥내소화전펌프"라고 표시한 표지를 할 것

⑨ 가압송수장치가 기동이 된 경우에는 자동으로 정지되지 아니하도록 하여야 한다(충압펌프는 제외).

(4) 옥내소화전설비의 배관

1) 사용배관

① 배관 내 사용압력이 1.2[MPa] 미만일 경우

㉠ 배관용 탄소강관(KS D 3507)

㉡ 이음매 없는 구리 및 구리합금관(KS D 5301)(습식만 해당)

㉢ 배관용 스테인리스강관(KS D 3576) 또는 일반배관용 스테인리스강관(KS D 3595)

㉣ 덕타일 주철관(KS D 4311)

② 배관 내 사용압력이 1.2[MPa] 이상일 경우

㉠ 압력배관용 탄소강관(KS D 3562)

㉡ 배관용 아크용접 탄소강강관(KS D 3583)

2) 소방용 합성수지배관을 설치할 수 있는 경우

① 배관을 **지하**에 매설하는 경우

② 다른 부분과 **내화구조**로 구획된 덕트 또는 피트의 내부에 설치하는 경우

③ **천장**과 **반자**를 불연재료 또는 준불연재료로 설치하고 소화배관 내부에 항상 소화수가 채워진 상태로 설치하는 경우

3) 펌프흡입 측 배관의 설치기준

① **공기고임**이 생기지 아니하는 구조로 하고 **여과장치**를 설치할 것

② 수조가 펌프보다 낮게 설치된 경우에는 각 펌프마다 수조로부터 **별도**로 설치할 것

③ **버터플라이밸브** 외의 개폐표시형 밸브를 설치할 것

4) 펌프토출 측 배관의 설치기준

① 옥내소화전설비 토출 측 주배관의 구경 산정

주배관의 구경은 **유속**이 4[m/s] 이하가 될 수 있는 크기 이상으로 할 것

$Q[\mathrm{m^3/s}] = AV,\ Q[\mathrm{m^3/s}] = \dfrac{\pi d^2}{4} \times V$에서

$$d = \sqrt{\frac{4Q}{\pi V}}$$

여기서, d : 주배관의 구경[m], V : 주배관의 유속(4[m/s] 이하)

② 옥내소화전방수구와 연결되는 가지배관의 구경

40[mm](호스릴 옥내소화전설비의 경우에는 25[mm]) 이상

③ 주배관 중 수직배관의 구경
50[mm](호스릴 옥내소화전설비의 경우에는 32[mm]) 이상

④ 연결송수관설비의 배관과 겸용할 경우
㉠ 주배관은 구경 100[mm] 이상
㉡ 방수구로 연결되는 배관의 구경은 65[mm] 이상

5) 성능시험배관

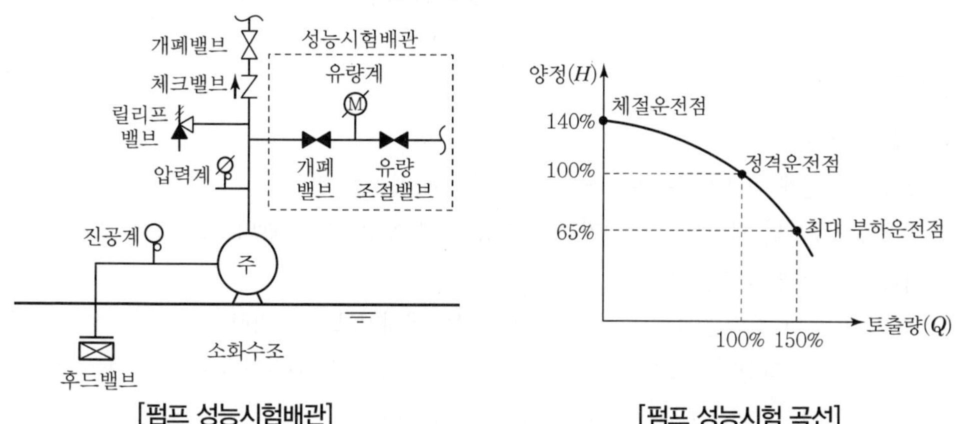

[펌프 성능시험배관] **[펌프 성능시험 곡선]**

① 펌프 성능시험배관의 설치기준
㉠ 펌프의 토출 측에 설치된 **개폐밸브 이전**에서 분기하여 설치하고 유량측정장치를 기준으로 전단 직관부에 **개폐밸브**, 후단 직관부에 **유량조절밸브**를 설치할 것
㉡ 유량측정장치 : 정격토출량의 175[%] 이상 측정

② 펌프의 성능시험
㉠ 체절운전
정격토출압력의 140[%]를 초과하지 아니할 것
㉡ 최대 부하운전
정격토출량의 150[%]로 운전 시 정격토출압력의 65[%] 이상일 것

6) 릴리프밸브
① 설치목적
가압송수장치의 체절운전 시 수온의 상승 방지
② 설치기준
㉠ 체크밸브와 펌프 사이에서 분기할 것
㉡ 배관구경 : 구경 20[mm] 이상(순환배관)
㉢ 작동압력 : **체절압력 미만**에서 개방할 것

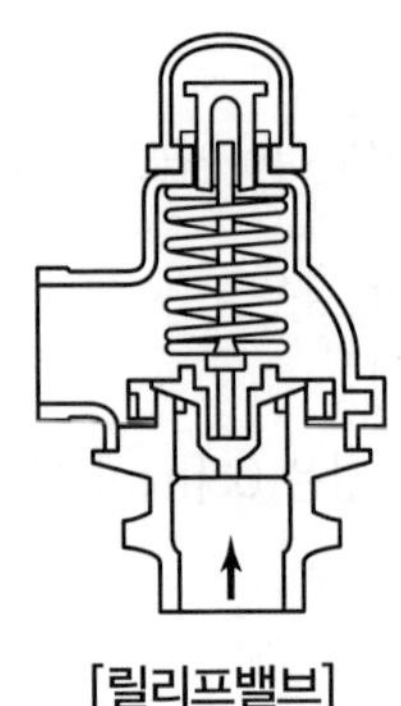
[릴리프밸브]

(5) 송수구

1) 송수구 설치기준

① 소방차가 쉽게 접근할 수 있는 잘 보이는 장소에 설치할 것

② 화재층으로부터 지면으로 떨어지는 유리창 등이 송수 및 그 밖의 소화작업에 지장을 주지 아니하는 장소에 설치할 것

③ 송수구로부터 주배관에 이르는 연결배관에는 개폐밸브를 설치하지 아니할 것(스프링클러설비 · 물분무소화설비 · 포소화설비 또는 연결송수관설비의 배관과 겸용하는 경우 제외)

④ 송수구 높이 : 지면으로부터 0.5[m] 이상 1[m] 이하

⑤ 송수구의 구경 : 65[mm]의 쌍구형 또는 단구형

⑥ 송수구에는 이물질을 막기 위한 마개를 씌울 것

⑦ 송수구 → 자동배수밸브 → 체크밸브 순으로 설치할 것

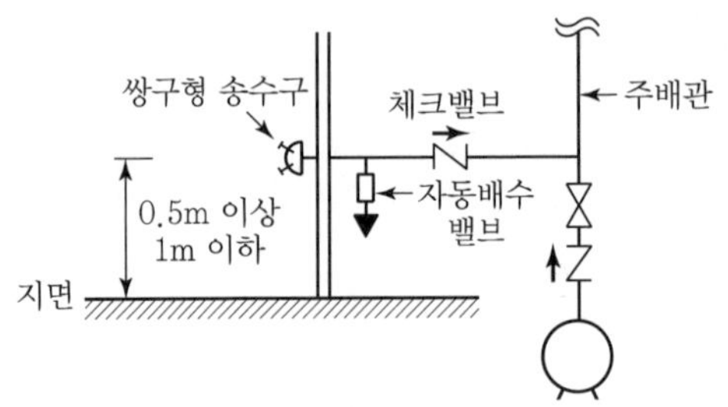

[옥내소화전 송수구 주변도]

[옥내소화전 송수구(쌍구형)]

2) 옥내소화전함

① 함의 재료

㉠ 강판 : 1.5[mm] 이상

㉡ 합성수지 : 4.0[mm] 이상으로서 내열성, 난연성이 있을 것

② 문의 면적 : 0.5[m^2] 이상(0.5[m]×1.0[m])으로 호스 수납에 충분한 여유가 있을 것

③ 문열림 : 120[°] 이상 열리는 구조일 것

④ 문의 구조 : 두 번 이하의 동작에 의하여 열리고 두 번 이하의 동작에 의하여 닫히는 구조일 것
⑤ 옥내소화전설비의 함에는 그 표면에 "소화전"이라는 표시를 할 것
⑥ 옥내소화전설비의 함 가까이 보기 쉬운 곳에 그 사용요령을 기재한 표지판을 붙일 것
⑦ 표지판을 함의 문에 붙이는 경우에는 문의 내부 및 외부 모두에 붙일 것
⑧ 사용요령은 외국어와 시각적인 그림을 포함하여 작성할 것

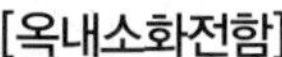
[옥내소화전함]

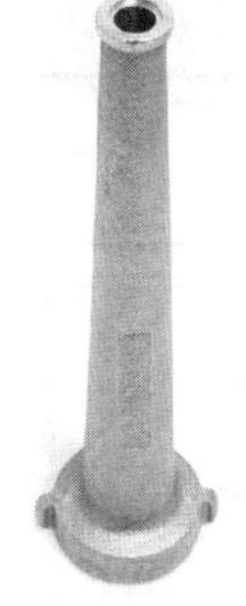
[직사형 관창]

[방사형 관창]

3) 옥내소화전 방수구의 설치기준
① 특정소방대상물의 층마다 설치할 것
② 각 부분으로부터 방수구까지의 수평거리 : 25[m](호스릴 포함) 이하
③ 방수구의 높이 : 바닥으로부터 1.5[m] 이하
④ 호스는 구경 40[mm](호스릴 25[mm]) 이상의 것으로서 특정소방대상물의 각 부분에 물이 유효하게 뿌려질 수 있는 길이로 설치할 것

[옥내소화전 방수구]

[옥내소화전 호스 및 노즐]

4) 방수구 설치 제외
① 냉장창고 중 온도가 영하인 냉장실 또는 냉동창고의 냉동실
② 발전소 · 변전소 등으로서 전기시설이 설치된 장소
③ 고온의 노가 설치된 장소 또는 물과 격렬하게 반응하는 물품의 저장 또는 취급 장소
④ 야외음악당 · 야외극장 또는 그 밖의 이와 비슷한 장소
⑤ 식물원 · 수족관 · 목욕실 · 수영장(관람석 부분을 제외한다) 또는 그 밖의 이와 비슷한 장소

03 옥외소화전설비

(1) 계통도 및 구성요소

1) 계통도

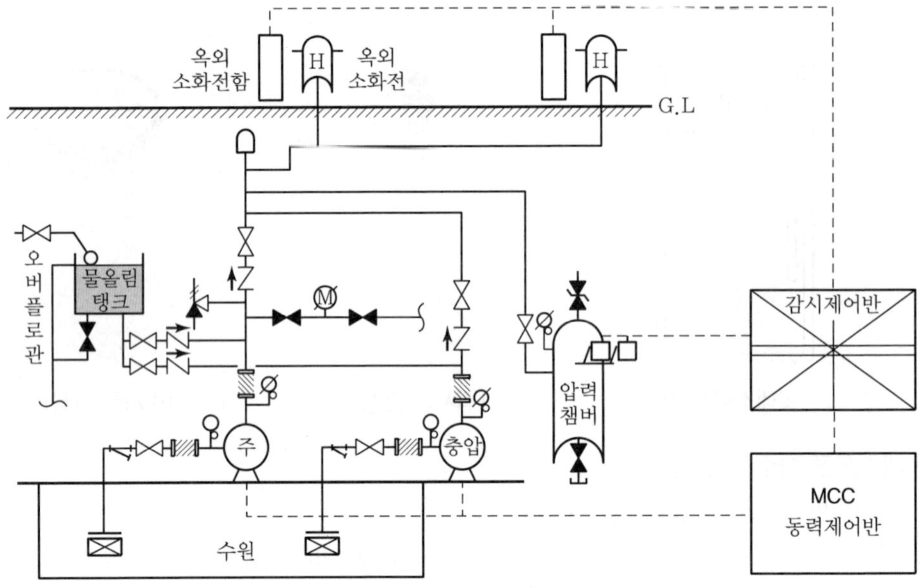

[옥외소화전설비 계통도]

2) 구성요소

① 펌프 주위 배관 : 옥내소화전설비와 동일

② 지상에 옥외소화전과 옥외소화전함 설치

③ 옥외소화전설비 전용에서는 옥상수조와 송수구는 설치 면제

(2) 펌프토출량 및 수원

1) 펌프토출량 $Q[l/\text{min}]$

$$Q[l/\text{min}] = N \times Q_1 \qquad Q[l/\text{min}] = N \times 350$$

여기서, N : 옥외소화전 설치개수(2개 이상은 2개)

Q_1 : 350[l/min](옥외소화전 노즐 1개의 분당 방출량)

2) 수원의 양 $Q[l][\text{m}^3]$

$$Q[l] = N \times Q_1 \times T \qquad Q[\text{m}^3] = 7N$$

여기서, N : 옥외소화전 설치개수(2개 이상은 2개)
Q_1 : 350[l/min](옥외소화전 노즐 1개의 분당 방출량)
T : 방사시간(20min)

예제 **판매시설에 옥외소화전을 설치하려고 한다. 옥외소화전을 5개 설치 시 필요한 수원의 양은 얼마인가?**

① 14[m^3] 이상　　② 35[m^3] 이상
③ 36[m^3] 이상　　④ 54[m^3] 이상

풀이 • $Q[m^3] = 7N$
N : 2(2개 이상은 2개)
• $Q[m^3] = 7 \times 2 = 14[m^3]$

정답 : ①

(3) 가압송수장치

[가압송수장치의 종류]
① 펌프방식　② 고가수조방식　③ 압력수조방식

1) 펌프방식(전동기 또는 내연기관)

① 옥외소화전이 2개 이상 설치된 경우에는 2개의 옥외소화전을 동시 사용 시 각 노즐에서의 방수압력 및 방수량은 다음과 같다.
㉠ 방수압력 : 0.25[MPa] 이상 0.7[MPa] 이하(0.7[MPa]을 초과 시 감압장치 설치)
㉡ 방수량 : 350[l/min] 이상

② 펌프토출량 : 옥외소화전의 설치개수
(2개 이상 2개)에 350[l/min]를 곱한 양 이상이 되도록 할 것

$$Q[l/\text{min}] = N \times Q_1[l/\text{min}]$$

③ 펌프의 전양정 H[m]

$$H = h_1 + h_2 + h_3 + 25$$

여기서, h_1 : 소방호스의 마찰손실 수두[m], h_2 : 배관의 마찰손실 수두[m]
h_3 : 실양정(흡입양정+토출양정)[m], 25 : 옥외소화전 노즐에서의 방사압 수두[m]

④ 펌프의 동력 $P[\mathrm{kW}]$

$$P[\mathrm{kW}] = \frac{\gamma[\mathrm{kg_f/m^3}] \times Q[\mathrm{m^3/s}] \times H[\mathrm{m}]}{102\eta} \times K$$

$$P[\mathrm{kW}] = \frac{\gamma[\mathrm{N/m^3}] \times Q[\mathrm{m^3/s}] \times H[\mathrm{m}]}{1,000\eta} \times K$$

여기서, P : 모터동력[kW], H : 전양정[m], γ : 비중량(1,000[$\mathrm{kg_f/m^3}$], 9,800[$\mathrm{N/m^3}$]),
Q : 유량[$\mathrm{m^3/s}$], η : 펌프효율, K : 전달계수

2) 고가수조의 자연낙하 수두(필요낙차) $H[\mathrm{m}]$

$$H = h_1 + h_2 + 25$$

여기서, H : 필요낙차[m], h_1 : 소방호스의 마찰손실 수두[m]
h_2 : 배관의 마찰손실 수두[m], 25 : 옥외소화전 노즐에서의 방사압 수두[m]

3) 압력수조의 필요압력 $P[\mathrm{MPa}]$

$$P = p_1 + p_2 + p_3 + 0.25$$

여기서, p_1 : 소방호스의 마찰손실 수두압[MPa], p_2 : 배관의 마찰손실 수두압[MPa]
p_3 : 낙차환산 수두압[MPa], 0.25 : 옥외소화전 노즐에서의 방사압[MPa]

(4) 옥외소화전설비의 방수구 등

1) 호스접결구(방수구)

① 설치높이 : 지면으로부터 0.5[m] 이상 1[m] 이하

② 호스 및 방수구의 구경 : 65[mm]

③ 각 부분으로부터 하나의 호스접결구까지의 수평거리 : 40[m] 이하

2) 옥외소화전함

① 옥외소화전함의 설치기준

㉠ 옥외소화전설비에는 옥외소화전마다 그로부터 5[m] 이내의 장소에 소화전함을 설치할 것

㉡ 옥외소화전설비의 함은 밸브의 조작, 호스의 수납 등에 충분한 여유를 가질 수 있도록 할 것

㉢ 소화전함 표면에는 "**옥외소화전**"이라고 표시한 표지를 하고, 가압송수장치의 조작부 또는 그 부근에는 가압송수장치의 기동을 명시하는 **적색등**을 설치하여야 한다.

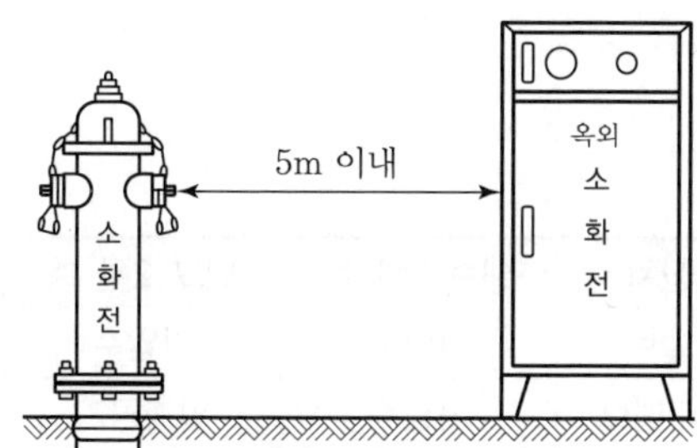

[옥외소화전함의 설치기준]

3) 옥외소화전함의 설치수량

① 옥외소화전이 10개 이하일 때 : 옥외소화전마다 5[m] 이내의 장소에 1개 이상

② 옥외소화전이 11개 이상 30개 이하일 때 : 11개 이상의 소화전함을 각각 분산하여 설치

③ 옥외소화전이 31개 이상일 때 : 옥외소화전 3개마다 1개 이상의 소화전함 설치

04 스프링클러설비

(1) 스프링클러설비의 종류

구분	유수검지장치	밸브 1차 측	밸브 2차 측	헤드	감지기회로
습식	알람체크밸브	가압수	가압수	폐쇄형	없음
건식	드라이(건식)밸브	가압수	압축공기	폐쇄형	없음
준비작동식	준비작동식 밸브	가압수	대기압	폐쇄형	교차회로
일제살수식	일제개방밸브	가압수	대기압	개방형	교차회로
부압식	준비작동식 밸브	가압수	부압수	폐쇄형	1회로

1) 습식 스프링클러설비

알람체크밸브의 1차 측과 2차 측에 상시 가압수가 충수되어 있다가 화재가 발생하여 폐쇄형 헤드가 개방되면 즉시 살수하여 소화하는 방식으로 신뢰성은 가장 높으나 수손피해의 우려가 있다.

① 계통도

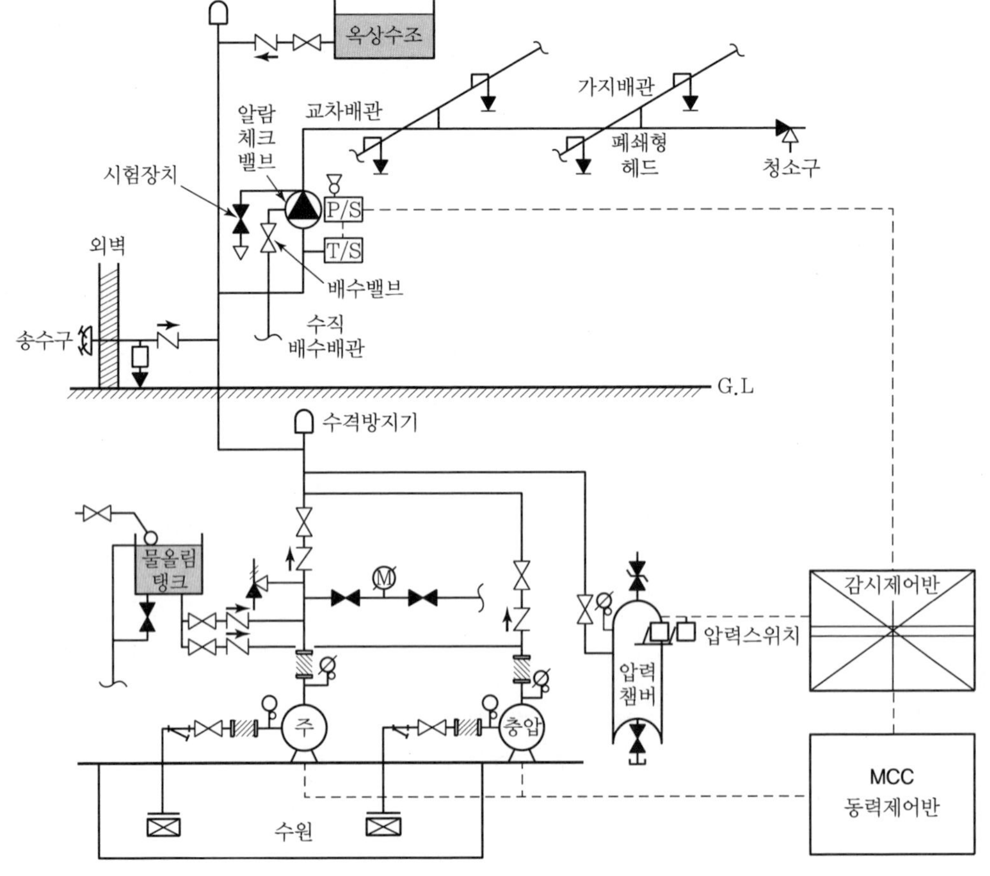

[습식 스프링클러설비 계통도]

② 주요 구성요소

㉠ 알람체크밸브(습식 밸브)

- 평상시 클래퍼 1차 측과 2차 측은 동압에 가까우나 클래퍼 자중에 의해 밸브는 닫혀 있는 상태이다.
- 화재에 의해 헤드가 개방되면 클래퍼 2차 측의 압력이 감압되어 클래퍼가 개방된다.

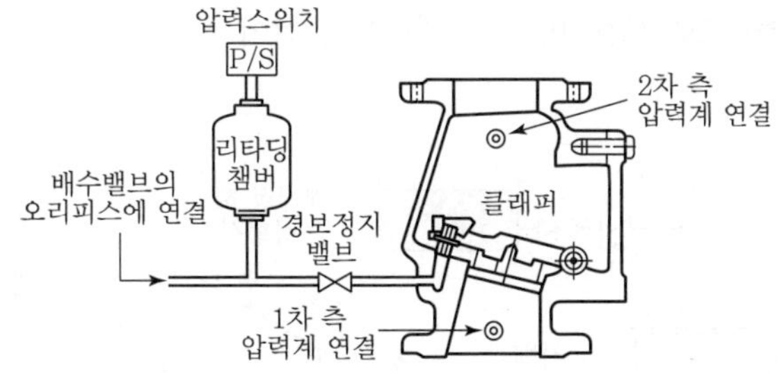

[알람체크밸브와 주위 배관]

㉡ 압력스위치

클래퍼가 개방되면 시트링홀을 따라 흘러 들어온 가압수의 압력에 의해 동작하여 제어반에 신호를 보내 밸브개방표시등과 사이렌을 기동한다.

㉢ 리타딩챔버

- 클래퍼가 개방되면 시트링홀에 가압수가 흘러들어 압력스위치가 동작하게 되는데 이때 리타딩챔버의 공기가 압축되면서 동작시간을 지연하게 된다.
- 즉, 일시적인 클래퍼 개방에는 리타딩챔버에 의해 압력스위치의 동작을 지연하여 **오동작을 방지**하는 기능을 한다.

㉣ 경보정지밸브

알람체크밸브와 압력스위치의 연결배관에 설치하여 가압수를 차단하여 경보를 정지한다.

㉤ 배수밸브

알람체크밸브의 클래퍼 2차 측에 설치하여 2차 측 가압수를 배수할 때 사용한다.

㉥ 1차 측 압력계

알람체크밸브의 1차 측 압력을 지시한다.

㉦ 2차 측 압력계

알람체크밸브의 2차 측 압력을 지시한다.

㉧ 시험장치

- 구성 : 개폐밸브, 개방형 헤드(반사판 및 프레임을 제거한 오리피스만으로 설치 가능) 또는 스프링클러헤드와 동등한 방수성능을 가진 오리피스
- 설치위치 : 유수검지장치 2차 측 배관에 연결하여 설치
- 시험장치 배관구경 : 25mm 이상
- 설치목적 : 헤드를 직접 개방하지 않고 시험밸브를 개방하여 작동시험을 함으로써 스프링클러설비의 정상동작 유무 확인

2) 건식 스프링클러설비

- 건식 밸브 1차 측은 가압수, 2차 측은 압축공기를 충압한 상태에서 화재가 발생하면 **폐쇄형 헤드**가 개방되고 압축공기가 방출되면서 2차 측 압력이 저하되면 건식 밸브의 클래퍼가 개방되어 가압수가 헤드에 도달한 후 살수하여 소화하는 방식이다.
- 동파의 우려가 있는 장소에 사용하면 유용하나 헤드 개방 후 압축공기가 방출된 후에 가압수가 헤드까지 도달하므로 시간지연이 발생하는 단점이 있다.

① 계통도

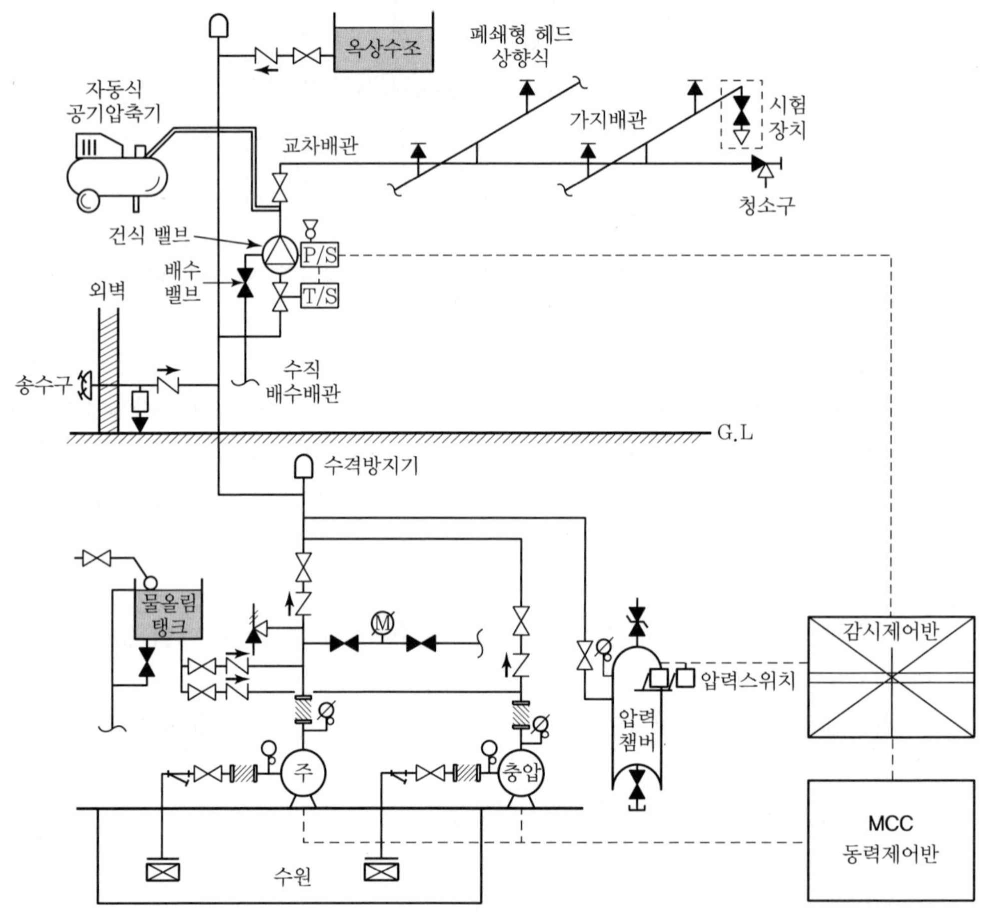

[건식 스프링클러설비 계통도]

② 주요 구성요소

㉠ 건식 밸브

건식 밸브 1차 측은 가압수, 2차 측은 압축공기로 충압되어 있다가 폐쇄형 헤드가 개방되면 2차 측의 압력이 저하되어 클래퍼가 개방된다.

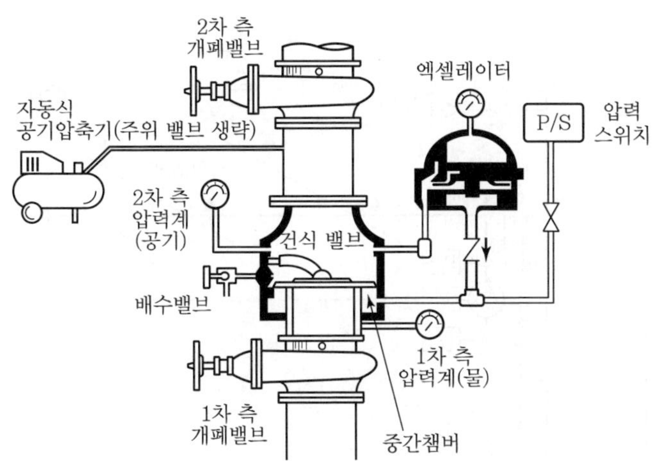

[건식 밸브와 주위 배관]

㉡ 급속개방장치(Quick Opening Devices)

- 엑셀레이터(Accelerator) : 폐쇄형 헤드가 개방되어 건식 밸브 2차 측 공기압이 저하되면 작동하여 2차 측 공기의 일부를 클래퍼 1차 측의 중간챔버로 보내어 클래퍼를 신속하게 개방한다.
- 이그조스터(Exhauster) : 폐쇄형 헤드가 개방되어 건식 밸브 2차 측의 압력이 저하되면 작동하여 압축공기를 대기 중으로 배출하여 2차 측의 공기압력을 감소시킴으로써 클래퍼를 신속하게 작동한다.

㉢ 자동식 공기압축기

건식 밸브 2차 측에 압축공기를 충압한다.

㉣ 1차 측 압력계

건식 밸브 1차 측의 가압수 압력을 지시한다.

㉤ 2차 측 압력계

건식 밸브 2차 측 압축공기의 압력을 지시한다.

㉥ 압력스위치

클래퍼가 개방되면 가압수의 압력에 의해 동작하여 제어반에 신호를 보내 밸브개방표시등과 사이렌을 기동한다.

3) 준비작동식 스프링클러설비

준비작동식 밸브(프리액션밸브)의 1차 측은 **가압수**, 2차 측은 **대기압** 상태이다. 화재가 발생하면 **교차회로**의 두 감지기가 작동하여 준비작동식 밸브의 솔레노이드밸브를 작동시켜 클래퍼를 개방한다. 가압수는 폐쇄형 헤드까지 보내진 후 헤드가 개방되면 살수하여 소화한다.

① 계통도

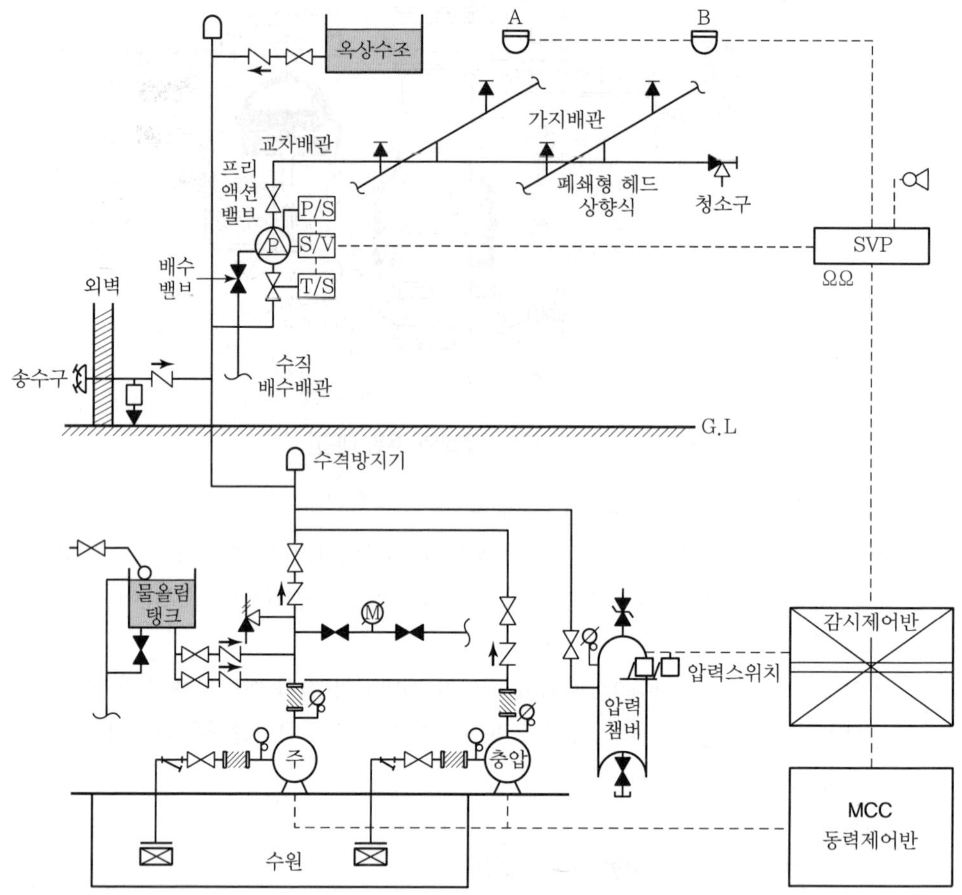

[준비작동식 스프링클러설비 계통도]

② 주요 구성요소

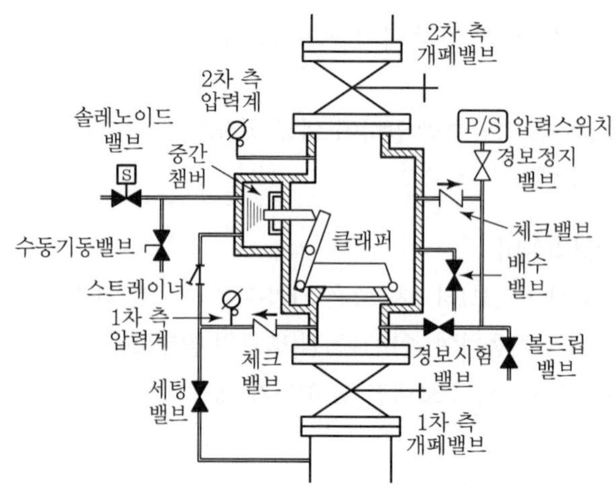

[준비작동식 밸브와 주위 배관]

㉠ 준비작동식 밸브(프리액션밸브)

제어반에서 신호를 받아 솔레노이드가 작동하면 클래퍼가 개방되어 1차 측의 가압수를 2차 측으로 송수한다.

㉡ 교차회로 방식의 감지기

하나의 준비작동식 유수검지장치의 담당구역 내에 2 이상의 화재감지기회로를 설치하고 인접한 2 이상의 화재감지기가 동시에 감지되는 때에 준비작동식 유수검지장치가 개방 · 작동되는 방식이다.

㉢ 솔레노이드밸브

제어반에서 신호를 받아 솔레노이드밸브가 작동하면 중간챔버를 감압하여 클래퍼를 개방한다.

㉣ 수동기동밸브

준비작동식 밸브를 수동으로 작동하려고 할 때 사용하는 것으로 수동기동밸브를 개방하면 솔레노이드밸브가 동작했을 때와 동일한 상태가 된다.

㉤ 압력스위치

클래퍼가 개방되면 가압수의 압력에 의해 동작하여 제어반에 신호를 보내 밸브개방표시등과 사이렌을 기동한다.

㉥ 슈퍼비조리 패널(Supervisory Panel)

프리액션밸브의 수동기동스위치와 밸브개방, 밸브주의표시등 등이 설치되어 있어 스프링클러 시스템의 감시역할을 하는 장치이다.

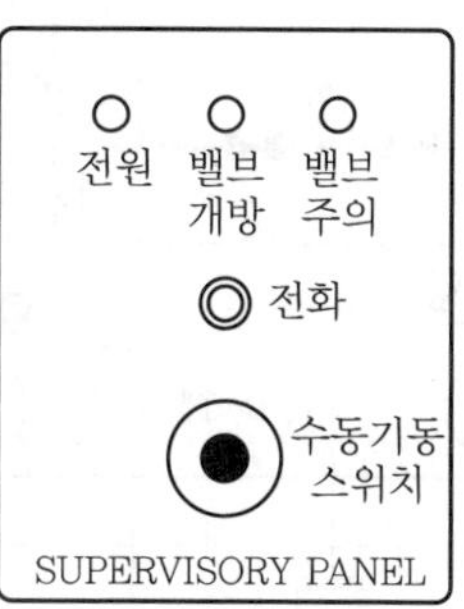

[슈퍼비조리 패널]

4) 일제살수식 스프링클러설비

일제개방밸브를 사용하며 밸브 1차 측은 가압수, 2차 측은 대기압상태이며 헤드는 개방형 헤드를 사용한다. 화재가 발생하면 **교차회로**의 두 감지기가 작동하여 일제개방밸브의 솔레노이드밸브를 작동하여 클래퍼를 개방한다. 가압수는 개방형 헤드로 보내져 일시에 방호구역에 방사하는 설비이다.

① 계통도

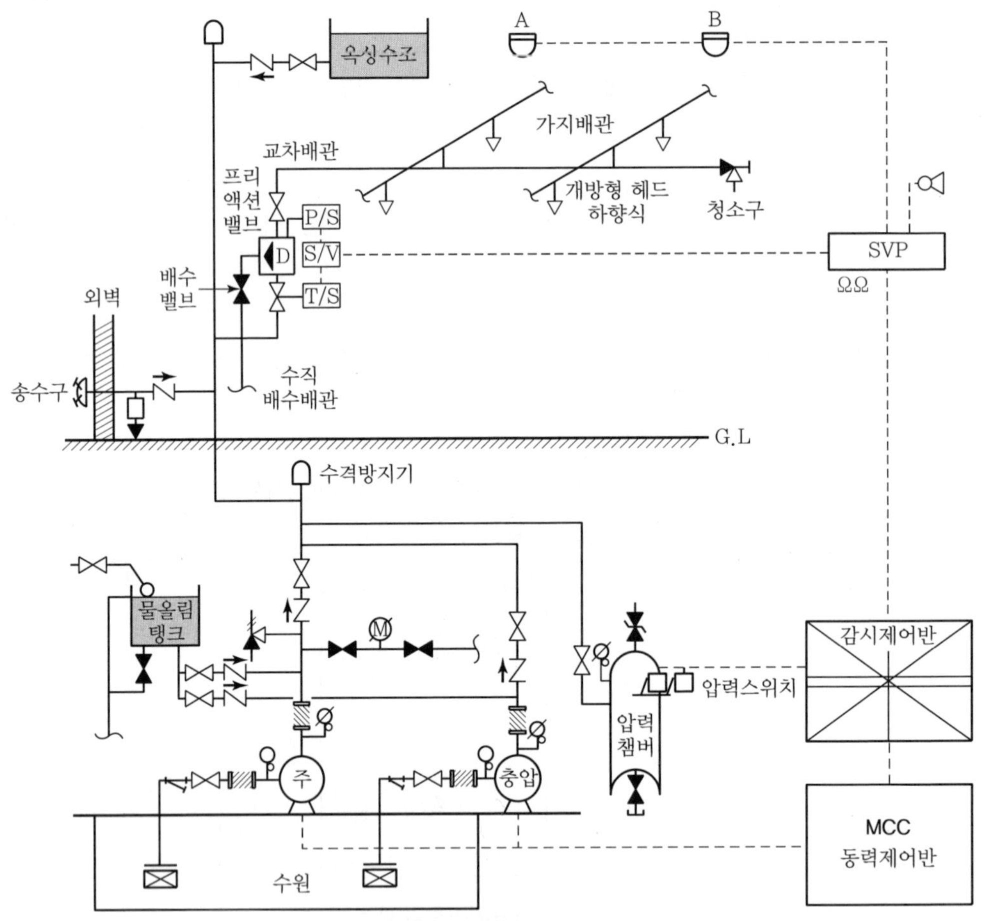

[일제살수식 스프링클러설비 계통도]

② 주요 구성요소

㉠ 일제개방밸브(델류지밸브)

제어반에서 신호를 받아 전동볼밸브(솔레노이드)가 작동하면 클래퍼가 개방되어 1차 측의 가압수를 2차 측으로 송수한다. 개방형 헤드를 사용하므로 방호구역에 일시에 방수된다.

㉡ 일제개방밸브의 동작원리는 프리액션밸브와 거의 같으며 구조가 간단하다.

㉢ 일제개방밸브는 개방형 헤드를 사용하는 일제살수식스프링클러설비, 물분무소화설비, 포소화설비 등에 사용된다.

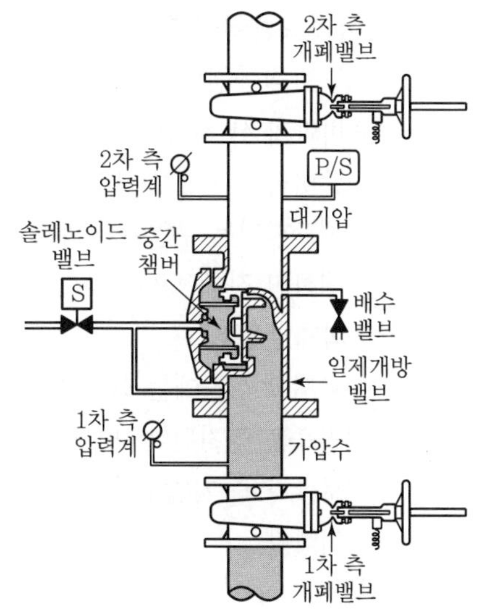

[일제개방밸브와 주위 배관]

③ 일제개방밸브의 종류

㉠ 감압개방방식

평상시 중간챔버에 가압수가 채워져 있어 수압에 의해 밸브가 닫혀 있고 화재 시 솔레노이드밸브가 개방되면 중간챔버의 가압수가 방출되어 밸브가 개방되는 방식이다.

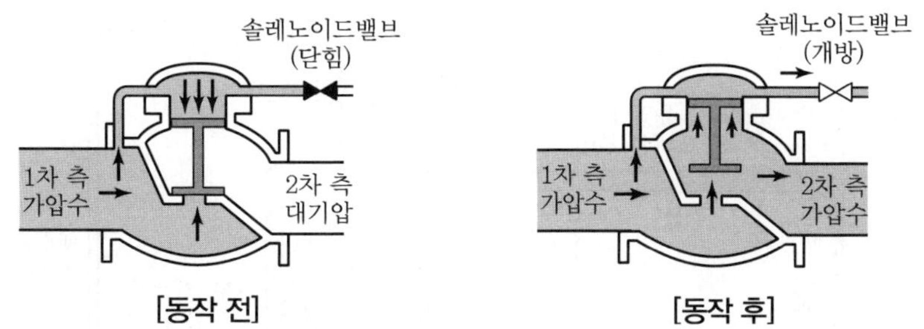

[동작 전] [동작 후]

㉡ 가압개방방식

평상시 중간챔버는 압력이 없는 상태로 유지되며 화재 시 솔레노이드밸브가 개방되면 가압수가 중간챔버를 가압하여 일제개방밸브가 개방되는 방식이다.

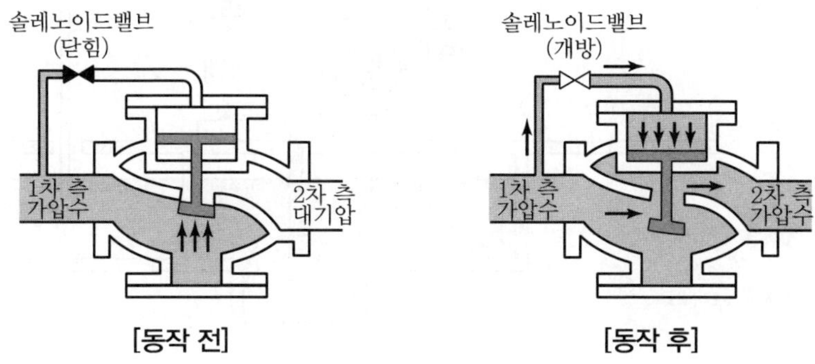

[동작 전] [동작 후]

5) 부압식 스프링클러설비

① 구조 및 작동원리

㉠ 비화재 시 헤드파손 등 배관의 손상발생 시

준비작동식 밸브(프리액션밸브)의 1차 측은 가압수가 채워져 있고 밸브 2차 측에서 폐쇄형 헤드까지는 부압수가 채워져 있다. 비화재상태에서 폐쇄형 헤드 파손 등의 배관손상이 발생하면 진공펌프에 의해 밸브 2차 측 부압수를 흡입함으로써 수손피해를 방지한다.

㉡ 화재발생 시

화재발생 시에는 화재감지기(1회선)의 신호에 의해 프리액션밸브가 작동함과 동시에 진공펌프는 정지된다. 밸브의 2차 측은 부압수가 충만해 있는 상태에서 프리액션밸브 개방으로 1차 측 가압수가 송수되고 폐쇄형 헤드가 개방되면 즉시 방수될 수 있어 조기소화에 유리하다.

② 계통도

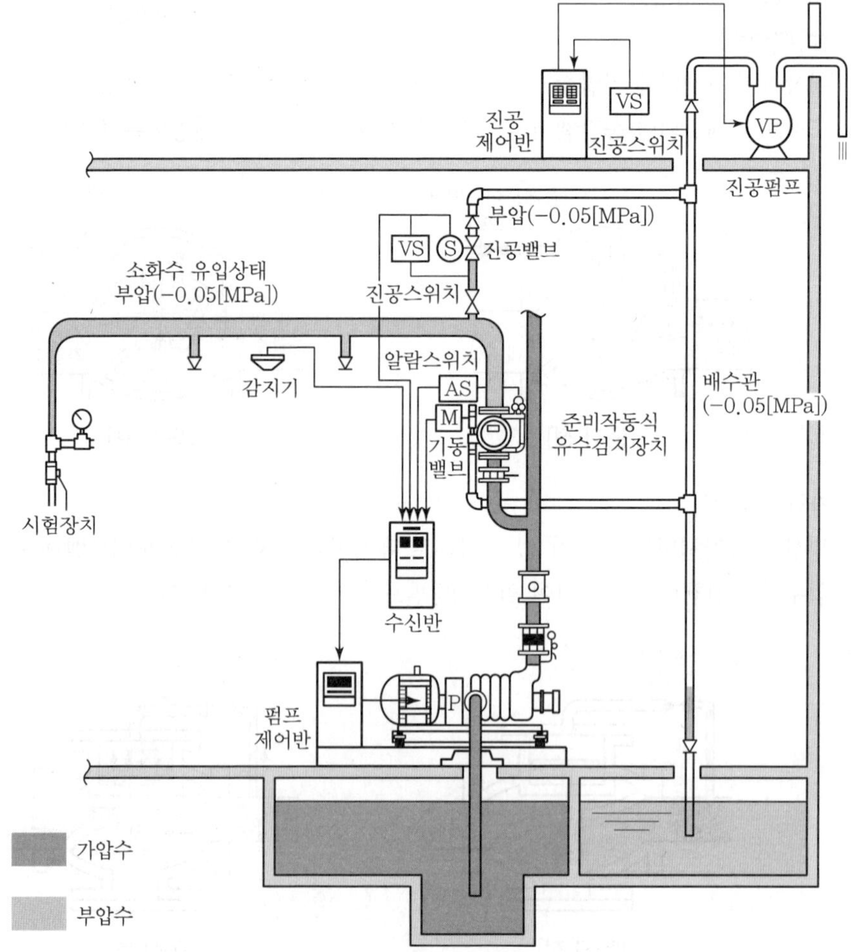

[부압식 스프링클러설비 계통도]

(2) 펌프토출량 및 수원

1) 폐쇄형 스프링클러헤드

① 펌프토출량 $Q[l/\text{min}]$

$$Q[l/\text{min}] = N \times Q_1 \qquad Q[l/\text{min}] = N \times 80$$

여기서, N : 기준개수(기준개수보다 설치개수가 적으면 그 설치개수)
Q_1 : 80[l/min](스크링클러헤드 1개의 분당 방출량)

② 수원의 양 $Q[l][\text{m}^3]$

$$Q[l] = N \times Q_1 \times T \qquad Q[\text{m}^3] = 1.6N$$

여기서, N : 기준개수(기준개수보다 설치개수가 적으면 그 설치개수)
Q_1 : 80[l/min](스크링클러헤드 1개의 분당 방출량)
T : 방사시간[min](29층 이하 : 20min, 30~49층 : 40min, 50층 이상 : 60min)

㉠ 29층 이하 건축물의 수원의 양

$Q[l] = N \times 80 \times 20 = 1{,}600N \qquad \therefore\ Q[\text{m}^3] = 1.6N$

㉡ 30층 이상 49층 이하 건축물의 수원의 양

$Q[l] = N \times 80 \times 40 = 3{,}200N \qquad \therefore\ Q[\text{m}^3] = 3.2N$

㉢ 50층 이상 건축물의 수원의 양

$Q[l] = N \times 80 \times 60 = 4{,}800N \qquad \therefore\ Q[\text{m}^3] = 4.8N$

③ 설치장소별 스프링클러헤드의 기준개수(N)

스프링클러설비 설치장소			기준개수
지하층을 제외한 층수 10층 이하	공장 · 창고 · 랙식창고	특수가연물 저장 · 취급	30
		그 밖의 것	20
	판매시설 · 판매시설이 설치된 복합건축물		30
	근린생활시설 · 운수시설 · 그 밖의 복합건축물		20
	그 밖의 것	헤드부착높이 8[m] 이상	20
		헤드부착높이 8[m] 미만	10
아파트			10
지하층을 제외한 층수 11층 이상 · 지하상가 · 지하역사			30

예제 **스프링클러설비에 있어서 지하층을 제외한 건축물의 층수가 11층 이상인 업무용 건물에 설치하는 펌프의 양수량은 얼마 이상이어야 하는가?**

① 1,000[l/min]
② 1,200[l/min]
③ 2,400[l/min]
④ 2,000[l/min]

풀이 • $Q[l/\text{min}] = N \times Q_1$
Q_1 : 80[l/min] (스프링클러헤드 1개의 분당 방출량)
N : 30개
• $Q[l/\text{min}] = 30 \times 80[l/\text{min}] = 2,400[l/\text{min}]$

정답 : ③

예제 **층별 바닥면적이 2,000[m^2]인 5층 백화점 건물에 폐쇄형 스프링클러설비가 설치되어 있을 때 스프링클러설비에 필요한 수원의 양은 얼마인가?**

① 16[m^3]
② 24[m^3]
③ 32[m^3]
④ 48[m^3]

풀이 • $Q[\text{m}^3] = 1.6N$
N : 30개(백화점은 판매시설이므로 기준개수 30개)
• $Q[\text{m}^3] = 1.6 \times 30 = 48[\text{m}^3]$

정답 : ④

2) 개방형 스프링클러헤드

① 설치헤드 수가 30개 이하인 것

㉠ 펌프토출량 $Q[l/\text{min}]$

$$Q[l/\text{min}] = N \times Q_1 \qquad Q[l/\text{min}] = N \times 80$$

여기서, N : 개방형 헤드의 설치개수
Q_1 : 80[l/min](스크링클러헤드 1개의 분당 방출량)

㉡ 수원의 양 $Q[l][\text{m}^3]$

$$Q[l] = N \times Q_1 \times T \qquad Q[\text{m}^3] = 1.6N$$

여기서, N : 개방형 헤드의 설치개수
Q_1 : 80[l/min](스크링클러헤드 1개의 분당 방출량)

② 설치헤드 수가 30개를 초과하는 것

㉠ 펌프토출량 $Q[l/\text{min}]$

$$Q[l/\text{min}] = N \times Q_1 \qquad Q[l/\text{min}] = N \times K\sqrt{10P}\ [l/\text{min}]$$

㉡ 수원의 양 $Q[l][\text{m}^3]$

$$Q[l] = N \times Q_1 \times T \qquad Q[l/\text{min}] = N \times K\sqrt{10P}\ [l/\text{min}] \times 20[\text{min}]$$

여기서, N : 개방형 헤드의 설치개수

Q_1 : 개방형 헤드에서 규정방사압이 나올 때 헤드의 분당방수량$[l/\text{min}]$

$Q_1[l/\text{min}] = K\sqrt{10P}$, K : 방출계수, P : 헤드선단의 방수압력[MPa]

T : 방수시간(20min)

(3) 가압송수장치

[가압송수장치의 종류]

① 펌프방식 ② 고가수조방식 ③ 압력수조방식 ④ 가압수조방식

1) 펌프방식(전동기 또는 내연기관)

① 가압송수장치의 성능

가압송수장치는 기준개수의 모든 헤드선단에서 다음의 기준을 충족시킬 수 있는 성능 이상으로 할 것

㉠ 규정방수압(P) : 0.1[MPa] 이상 1.2[MPa] 이하

㉡ 분당 방수량(Q_1) : 80[l/min] 이상

② 펌프토출량 : 기준개수에 80[l/min]를 곱한 양 이상이 되도록 할 것

$$Q[l/\text{min}] = N \times Q_1[80l/\text{min}]$$

③ 펌프의 전양정 $H[\text{m}]$

$$H = h_1 + h_2 + 10$$

여기서, h_1 : 실양정(흡입양정+토출양정)[m], h_2 : 배관의 마찰손실 수두[m]

10 : 헤드에서의 규정방사압 수두[m]

④ 펌프의 동력 $P\,[\mathrm{kW}]$

㉠ 수동력 : 펌프에 의해 액체로 공급되는 동력

$$L_w\,[\mathrm{kW}] = \frac{\gamma\,[\mathrm{kg_f/m^3}] \times Q\,[\mathrm{m^3/s}] \times H\,[\mathrm{m}]}{102}$$

$$L_w\,[\mathrm{kW}] = \frac{\gamma\,[\mathrm{N/m^3}] \times Q\,[\mathrm{m^3/s}] \times H\,[\mathrm{m}]}{1{,}000}$$

㉡ 축동력 : 모터에 의해 실제로 펌프에 주어지는 동력

$$L_s\,[\mathrm{kW}] = \frac{\gamma\,[\mathrm{kg_f/m^3}] \times Q\,[\mathrm{m^3/s}] \times H\,[\mathrm{m}]}{102\eta}$$

$$L_s\,[\mathrm{kW}] = \frac{\gamma\,[\mathrm{N/m^3}] \times Q\,[\mathrm{m^3/s}] \times H\,[\mathrm{m}]}{1{,}000\eta}$$

㉢ 모터동력 : 모터 또는 엔진에 전달되는 동력

$$P\,[\mathrm{kW}] = \frac{\gamma\,[\mathrm{kg_f/m^3}] \times Q\,[\mathrm{m^3/s}] \times H\,[\mathrm{m}]}{102\eta} \times K$$

$$P\,[\mathrm{kW}] = \frac{\gamma\,[\mathrm{N/m^3}] \times Q\,[\mathrm{m^3/s}] \times H\,[\mathrm{m}]}{1{,}000\eta} \times K$$

여기서, L_w : 수동력[kW], L_s : 축동력[kW], P : 모터동력[kW], H : 전양정[m]
γ : 비중량(1,000[kgf/m³], 9,800[N/m³]), Q : 유량[m³/s], η : 펌프효율, K : 전달계수

예제 **스프링클러설비에 있어서 지하층을 제외한 건축물의 층수가 11층 이상인 업무용 건물에 설치하는 펌프의 동력은 얼마 이상이어야 하는가?(단, 전양정은 50[m], 효율은 60[%], 전달계수는 1.1로 한다.)**

① 25.6[kW] ② 30.7[kW]
③ 35.9[kW] ④ 40.5[kW]

풀이 • $P[\mathrm{kW}] = \frac{\gamma[\mathrm{N/m^3}] \times Q[\mathrm{m^3/s}] \times H[\mathrm{m}]}{1{,}000\eta} \times K$

$Q[l/\mathrm{min}] = 30 \times 80[l/\mathrm{min}] = 2{,}400[l/\mathrm{min}]$, $2{,}400[l/\mathrm{min}] = \frac{2.4}{60}[\mathrm{m^3/s}]$

γ(비중량) : 9,800[N/m³], H : 50m , η : 0.6, K : 1.1

• $P[\mathrm{kW}] = \frac{9{,}800\,[\mathrm{N/m^3}] \times 2.4\,/\,60[\mathrm{m^3/s}] \times 50[\mathrm{m}]}{1{,}000 \times 0.6} \times 1.1 = 35.93[\mathrm{kW}]$

정답 : ③

2) 고가수조방식

① 정의

구조물 또는 지형지물 등에 설치하여 자연낙차의 압력으로 급수하는 수조

② 고가수조의 구성

㉠ 수위계　㉡ 배수관　㉢ 급수관　㉣ 오버플로관　㉤ 맨홀

③ 고가수조의 자연낙차 수두 H[m](필요낙차)

수조의 하단으로부터 최고층에 설치된 소화전 호스접결구까지의 수직거리

$$H = h_1 + 10$$

여기서, H : 필요낙차[m], h_1 : 배관의 마찰손실 수두[m]

10 : 헤드에서의 규정방사압 수두[m]

3) 압력수조방식

① 정의

소화용수와 공기를 채우고 일정압력 이상으로 가압하여 그 압력으로 급수하는 수조

② 압력수조의 구성

㉠ 수위계　㉡ 급수관　㉢ 배수관　㉣ 급기관
㉤ 맨홀　㉥ 압력계　㉦ 안전장치　㉧ 자동식 공기압축기

③ 압력수조의 압력 P[MPa]

$$P = p_1 + p_2 + 0.1$$

여기서, p_1 : 낙차환산 수두압[MPa], p_2 : 배관의 마찰손실 수두압[MPa]

0.1 : 헤드에서의 규정방사압[MPa]

4) 가압수조방식

① 정의

가압원인 압축공기 또는 불연성 고압기체에 따라 소방용수를 가압하는 수조

② 설치기준

㉠ 가압수조의 압력은 방수량 80[l/min] 이상 및 방수압 0.1[MPa] 이상이 20분 이상 유지되도록 할 것

㉡ 가압수조 및 가압원은 방화구획 된 장소에 설치할 것

㉢ 가압수조를 이용한 가압송수장치는 「가압수조식가압송수장치의 성능인증 및 제품검사의 기술기준」에 적합한 것으로 설치할 것

(4) 폐쇄형 스크링클러설비의 방호구역 · 유수검지장치

① 하나의 방호구역의 바닥면적은 3,000[m^2]를 초과하지 아니할 것

② 하나의 방호구역에는 1개 이상의 **유수검지장치**를 설치할 것

③ 하나의 방호구역은 2개 층에 미치지 아니하도록 할 것(단, 다음의 경우 예외)

ⓐ 1개 층에 설치되는 스프링클러헤드의 수가 10개 이하인 경우 3개 층 이내

ⓑ 복층형 구조의 **공동주택**에는 3개 층 이내로 할 수 있다.

④ 유수검지장치의 높이 : 바닥으로부터 0.8[m] 이상 1.5[m] 이하

⑤ 유수검지장치의 출입문 크기 : 가로 0.5[m] 이상 세로 1[m] 이상

⑥ 표지 : 그 출입문 상단에 "**유수검지장치실**"이라고 표시한 표지를 설치할 것

⑦ 스프링클러헤드에 공급되는 물은 유수검지장치를 지나도록 할 것(송수구 제외)

⑧ 자연낙차에 따른 압력수가 흐르는 배관상에 설치된 유수검지장치는 화재 시 물의 흐름을 검지할 수 있는 최소한의 압력이 얻어질 수 있도록 수조의 하단으로부터 낙차를 두어 설치할 것

⑨ **조기반응형** 스프링클러헤드를 설치하는 경우에는 **습식** 유수검지장치를 설치할 것

(5) 개방형 스프링클러설비의 방수구역 및 일제개방밸브

① 하나의 방수구역은 2개 층에 미치지 아니할 것

② 방수구역마다 **일제개방밸브**를 설치할 것

③ 하나의 방수구역을 담당하는 헤드의 개수는 50개 이하로 할 것(단, 2개 이상의 방수구역으로 나눌 경우에는 하나의 방수구역을 담당하는 헤드의 개수는 25개 이상)

④ 일제개방밸브의 표지는 "**일제개방밸브실**"이라고 표시할 것

(6) 스크링클러설비 배관

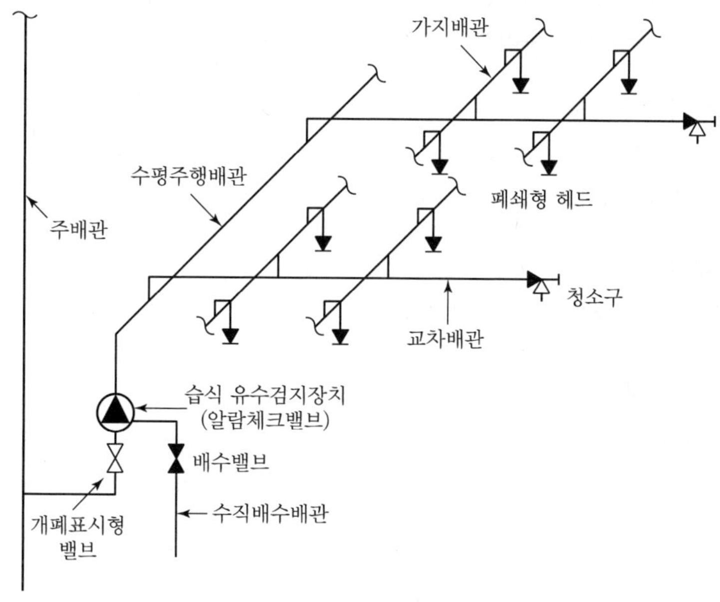

[스프링클러설비 배관]

1) 급수배관(수원에서 헤드까지 경로가 되는 모든 배관)

① 전용으로 할 것

② 급수를 차단할 수 있는 개폐밸브는 **개폐표시형**으로 할 것. 이 경우 펌프의 흡입 측 배관에는 **버터플라이밸브** 외의 개폐표시형 밸브를 설치하여야 한다.

③ 헤드 수에 따른 급수관의 구경

(단위 : mm)

급수관의 구경 / 헤드 수	25	32	40	50	65	80	90	100	125	150
가. 폐쇄형	2	3	5	10	30	60	80	100	160	161 이상
나. 상하향식	2	4	7	15	30	60	65	100	160	161 이상
다. 개방형	1	2	5	8	15	27	40	55	90	91 이상

㉠ **폐쇄형 스프링클러헤드**를 사용하는 설비

- "가"란의 헤드 수에 따를 것
- **무대부 · 특수가연물**을 저장 또는 취급하는 장소는 "다"란의 헤드 수에 따를 것
- 1개 층에 하나의 급수배관이 담당하는 최대 면적은 3,000[m^2]를 초과하지 아니할 것

㉡ 폐쇄형 스프링클러헤드를 설치하고 반자 아래의 헤드와 반자 속의 헤드를 동일 급수관의 가지관상에 **병설**하는 경우에는 "나"란의 헤드 수에 따를 것

㉢ 개방형 스프링클러헤드를 설치하는 경우
- 하나의 방수구역이 담당하는 헤드의 개수가 30개 이하일 때는 "다"란의 헤드 수에 따를 것
- 30개를 초과할 때는 수리계산 방법에 따를 것

④ 수리계산에 따르는 경우
㉠ 가지배관의 유속 : 6[m/s] 이하
㉡ 그 밖의 배관의 유속 : 10[m/s] 이하

2) 가지배관의 배열
① 토너먼트(Tournament) 방식이 아닐 것
② 교차배관에서 분기되는 지점을 기점으로 한쪽 가지배관에 설치되는 헤드의 개수는 8개 이하로 할 것. 다만, 다음에 해당하는 경우에는 그러하지 아니하다.
㉠ 기존의 방호구역 안에서 칸막이 등으로 구획하여 1개의 헤드를 증설하는 경우
㉡ 습식 스프링클러설비 또는 부압식 스프링클러설비에 격자형 배관방식을 채택하는 경우

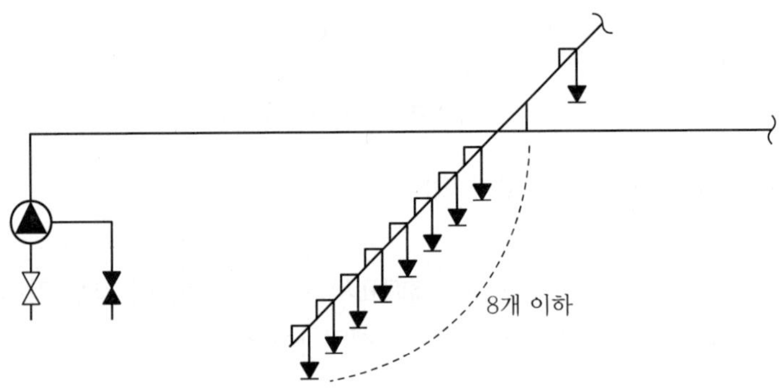

[가지배관에 설치하는 헤드 수]

3) 교차배관의 위치 · 청소구 및 가지배관의 헤드설치기준
① 교차배관은 가지배관과 수평으로 설치하거나 또는 가지배관 밑에 설치
② 교차배관의 구경 : 최소 구경이 40[mm] 이상
③ 청소구는 교차배관 끝에 개폐밸브를 설치하고, 호스접결이 가능한 나사식 또는 고정배수 배관식으로 할 것
④ 하향식 헤드를 설치하는 경우에 가지배관으로부터 헤드에 이르는 헤드접속배관은 가지관상부에서 분기할 것

[하향식 헤드] [상향식 헤드]

4) 배관의 구경

① 가지배관 : 25[mm] 이상

② 교차배관 : 40[mm] 이상

③ 수직배수배관 : 50[mm] 이상

④ 연결송수관설비의 배관과 겸용할 경우

㉠ 주배관 : 100[mm] 이상

㉡ 방수구로 연결되는 배관 : 65[mm] 이상

5) 배수를 위한 배관의 기울기

① 습식 스프링클러설비 또는 부압식 스프링클러설비 : 배관을 수평으로 할 것

② 습식 스프링클러설비 또는 부압식 스프링클러설비 외의 설비는 헤드를 향하여 상향으로

㉠ 수평주행배관의 기울기를 500분의 1 이상

㉡ 가지배관의 기울기를 250분의 1 이상으로 할 것

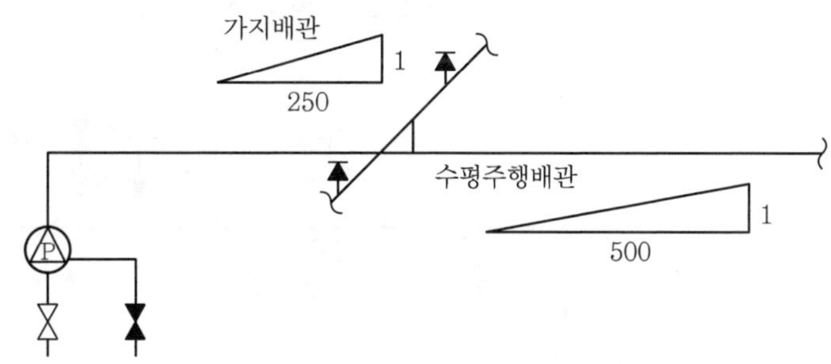

[배관의 기울기]

6) 시험장치

① 습식 스프링클러설비 및 부압식 스프링클러설비의 시험장치

㉠ 설치목적 : 헤드를 직접 개방하지 않고 시험밸브를 개방하여 작동시험을 함으로써 스프링클러설비의 정상동작 유무를 확인

㉡ 구성 : 개폐밸브, 개방형 헤드(반사판 및 프레임을 제거한 오리피스만으로 설치 가능) 또는 스프링클러헤드와 동등한 방수성능을 가진 오리피스

㉢ 설치위치 : 유수검지장치 2차 측 배관에 연결하여 설치

㉣ 시험장치 배관구경 : 25[mm] 이상

㉤ 시험배관의 끝에는 물받이 통 및 배수관을 설치하여 시험 중 방사된 물이 바닥에 흘러내리지 아니하도록 할 것. 다만, 목욕실 · 화장실 또는 그 밖의 곳으로서 배수처리가 쉬운 장소에 시험배관을 설치한 경우에는 그러하지 아니하다.

② 건식 스프링클러설비의 시험장치

㉠ 설치위치 : 유수검지장치에서 가장 먼 거리에 위치한 가지배관의 끝으로부터 연결하여 설치

㉡ 유수검지장치 2차 측 설비의 내용적이 2,840[L]를 초과하는 건식 스프링클러설비의 경우 시험장치 개폐밸브를 완전 개방 후 1분 이내에 물이 방사되어야 한다.

㉢ 기타 부분은 습식과 동일

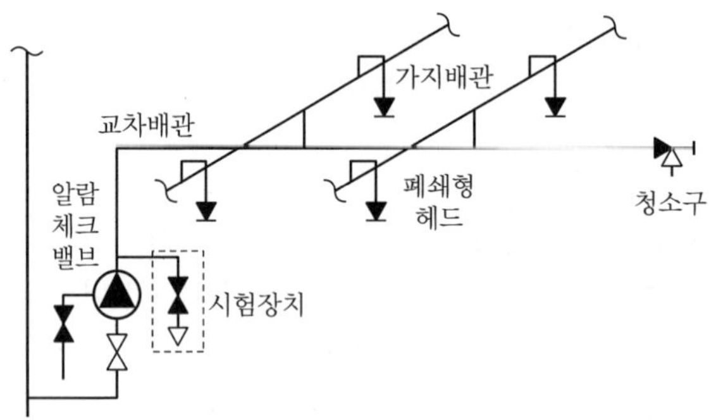

[습식 스프링클러설비의 시험장치]

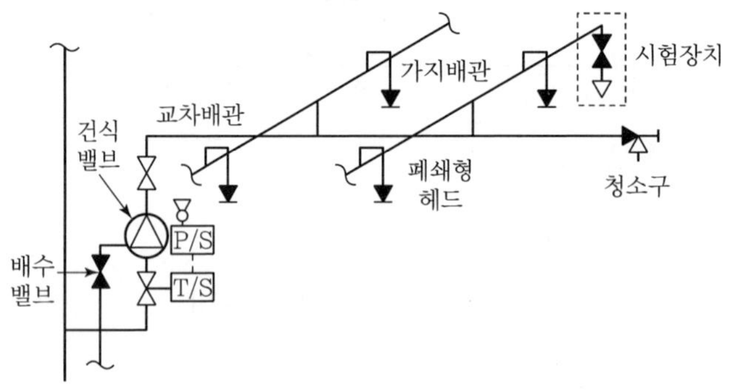

[건식 스프링클러설비의 시험장치]

7) 준비작동식 유수검지장치 또는 일제개방밸브를 사용하는 스프링클러설비에 있어서 동밸브 2차 측 배관의 부대설비

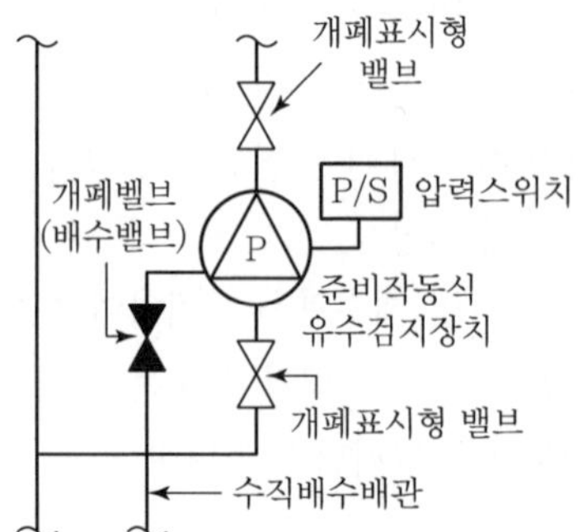

[준비작동식 유수검지장치 2차 측 배관]

① 개폐표시형 밸브를 설치할 것

② 개폐표시형 밸브와 준비작동식 유수검지장치 또는 일제개방밸브 사이의 배관 구조

㉠ 수직배수배관과 연결하고 동연결배관상에는 개폐밸브를 설치할 것

㉡ 자동배수장치 및 압력스위치를 설치할 것

㉢ 압력스위치는 수신부에서 준비작동식 유수검지장치 또는 일제개방밸브의 개방 여부를 확인할 수 있게 설치할 것

8) 배관에 설치되는 행가의 설치기준

① 가지배관

헤드의 설치지점 사이마다 1개 이상의 행가를 설치하되, 헤드 간의 거리가 3.5[m]를 초과하는 경우에는 3.5[m] 이내마다 1개 이상 설치할 것. 이 경우 상향식 헤드와 행가 사이에는 8[cm] 이상의 간격을 두어야 한다.

② 교차배관

가지배관과 가지배관 사이마다 1개 이상의 행가를 설치하되, 가지배관 사이의 거리가 4.5[m]를 초과하는 경우에는 4.5[m] 이내마다 1개 이상 설치할 것

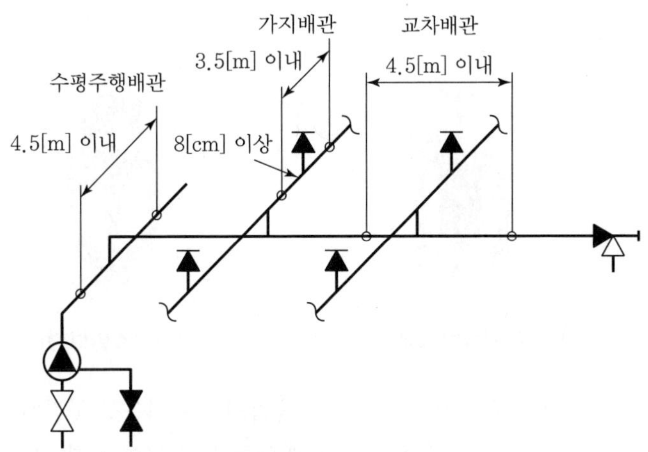

[배관별 행가 설치간격]

9) 주차장의 스프링클러설비

① 스프링클러 방식 : 습식 외의 스프링클러설비로 할 것(건식, 준비작동식, 일제살수식)

② 습식 스프링클러설비로 할 수 있는 경우

㉠ 동절기에 상시 난방이 되는 곳이거나 그 밖에 동결의 염려가 없는 곳

㉡ 스프링클러설비의 동결을 방지할 수 있는 구조 또는 장치가 된 것

(7) 헤드

1) 스프링클러헤드의 분류

① 감열부의 유무에 따른 분류

[폐쇄형 헤드]

[개방형 헤드]

㉠ 폐쇄형 헤드(감열부가 있다.)

방수구를 막고 있는 감열체가 일정온도에서 자동적으로 파괴 · 용해 또는 이탈됨으로써 방수구가 개방되는 스프링클러헤드로서 **감열부, 디플렉터, 프레임**으로 구성

㉡ 개방형 헤드(감열부가 없다.)

감열체 없이 방수구가 항상 열려 있는 스프링클러헤드로서 디플렉터와 프레임으로 구성

② 감열부의 종류에 따른 분류

[퓨지블링크형]

[글라스벌브형]

㉠ 퓨지블링크 : 감열체 중 이융성 금속으로 융착되거나 이융성 물질에 의하여 조립된 것

㉡ 유리(글라스)벌브 : 감열체 중 유리구 안에 액체 등을 넣어 봉한 것

③ 살수방향에 따른 분류

[하향형]

[상향형]

[측벽형(수평형)]

㉠ 하향형 : 가압수가 하향으로 방사되어 디플렉터에 충돌 후 원추형으로 주수된다. 주로 반자가 있는 장소의 반자 하부에 설치한다.

㉡ 상향형 : 가압수가 상향으로 방사되어 디플렉터에 충돌 후 하방으로 주수된다. 주로 반자가 없는 주차장 등의 장소에 설치한다.

㉢ 측벽형 : 천장 상부에 헤드를 설치하기 어려운 장소 등의 측벽에 설치한다. 방화구획 부분, 호텔객실, 에스컬레이터 주변 등에 설치한다.

④ 반응시간지수(RTI)에 따른 분류

㉠ 반응시간지수(RTI : Response Time Index)

기류의 온도 · 속도 및 작동시간에 대하여 스프링클러헤드의 반응을 예상한 지수

㉡ 반응시간지수의 계산

$$\mathrm{RTI} = \tau\sqrt{u}$$

여기서, τ : 감열체의 시간상수[s], u : 기류의 속도[m/s]

㉢ RTI 값에 따른 스프링클러헤드의 분류

스프링클러헤드의 분류	RTI
표준반응형(Standard Response)	80 초과~350 이하
특수반응형(Special Response)	51 초과~80 이하
조기반응형(Fast Response)	50 이하

2) 스프링클러헤드의 설치대상

① 일반헤드

특정소방대상물의 천장 · 반자 · 천장과 반자 사이 · 덕트 · 선반 기타 이와 유사한 부분으로서 폭이 1.2[m]를 초과하는 것

② 측벽형 헤드

폭이 9[m] 이하인 실내

③ 랙크식 창고

㉠ 특수가연물을 저장 또는 취급하는 것 : 랙크높이 4[m] 이하

㉡ 그 밖의 것을 취급하는 것 : 랙크높이 6[m] 이하

㉢ 조기진압용 스프링클러헤드 : 랙크식 창고의 천장높이가 13.7[m] 이하

④ 개방형 헤드

무대부 또는 연소할 우려가 있는 개구부

⑤ 조기반응형 스프링클러헤드

㉠ 공동주택 · 병원의 입원실 · 노유자시설의 거실

㉡ 숙박시설의 침실 · 오피스텔

3) 스프링클러헤드의 배치

① 헤드의 배치기준

특정소방대상물의 용도	헤드와 각 부분의 수평거리[m]
무대부 · 특수가연물	1.7 이하
랙크식 창고	2.5 이하
기타구조	2.1 이하
내화구조	2.3 이하
아파트의 거실	3.2 이하

② 헤드의 배치형태

㉠ 정방형(정사각형 형태로 배열)

$$S = 2R\cos 45°$$

여기서, S : 헤드 간 거리[m], R : 수평거리[m]

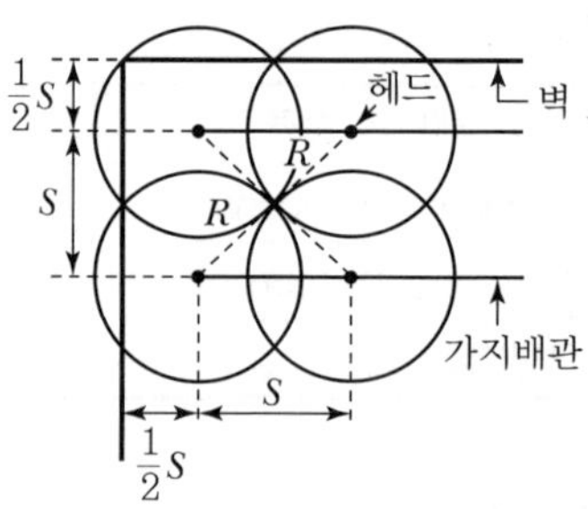

예제 **내화구조인 업무시설에 스프링클러헤드를 정방형으로 배치하고자 한다. 헤드와 헤드 간 거리는 몇 m 이내로 하여야 하는가?**

① 2.40 ② 2.97
③ 3.25 ④ 3.53

풀이
- $S = 2R\cos 45°$ R : 2.3[m](내화구조)
- $S = 2 \times 2.3 \times \cos 45° = 3.25$[m]

정답 : ③

㉡ 장방형(직사각형 형태로 배열)

$$S = \sqrt{4R^2 - L^2}$$

여기서, S : 헤드 간 거리[m], R : 수평거리[m], L : 가지배관의 간격[m]

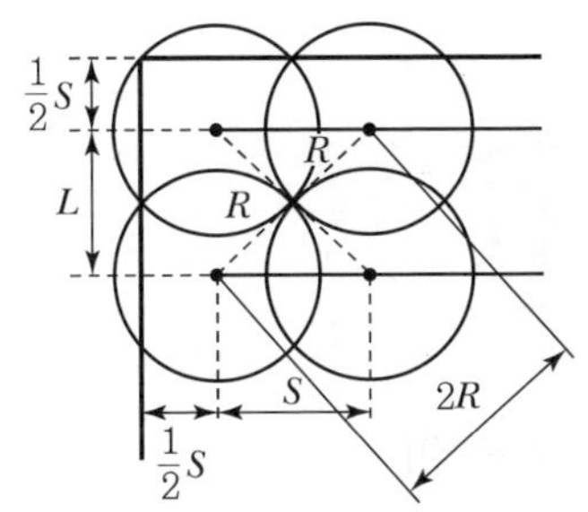

4) 설치장소의 최고 주위온도에 따른 폐쇄형 헤드의 표시온도

설치장소의 최고 주위온도	폐쇄형 헤드의 표시온도
39[℃] 미만	79[℃] 미만
39[℃] 이상 64[℃] 미만	79[℃] 이상 121[℃] 미만
64[℃] 이상 106[℃] 미만	121[℃] 이상 162[℃] 미만
106[℃] 이상	162[℃] 이상

※ 높이가 4[m] 이상인 공장 및 창고에 설치하는 헤드는 최고 주위온도에 관계없이 표시온도 121[℃] 이상의 것으로 할 수 있다.

5) 스프링클러헤드의 설치기준

① 살수가 방해되지 아니하도록 스프링클러헤드로부터 반경 60[cm] 이상의 공간을 보유할 것

② 벽과 스프링클러헤드 간의 공간은 10[cm] 이상으로 할 것

③ 스프링클러헤드와 그 부착면(상향식 헤드의 경우에는 그 헤드의 직상부의 천장 · 반자)과의 거리는 30[cm] 이하로 할 것

④ 배관 · 행가 및 조명기구 등 살수를 방해하는 것이 있는 경우에는 그로부터 아래에 헤드를 설치하여 살수에 장애가 없도록 할 것(단, 장애물 폭의 3배 이상 거리를 확보한 경우는 제외)

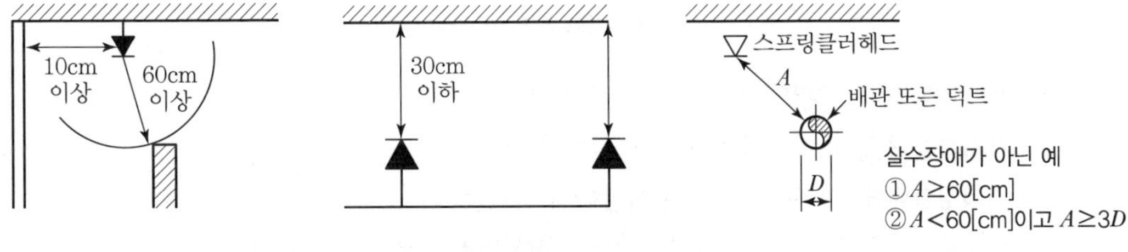

[스프링클러헤드의 설치기준]

⑤ 스프링클러헤드의 반사판은 그 부착면과 평행하게 설치할 것

⑥ 상부에 설치된 헤드의 방출수에 따라 감열부에 영향을 받을 우려가 있는 헤드에는 방출수를 차단할 수 있는 유효한 차폐판을 설치할 것

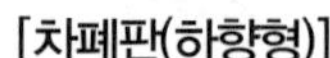

[차폐판(하향형)]

[차폐판(상향형)]

⑦ 습식 스프링클러설비 및 부압식 스프링클러설비 외의 설비에는 상향식 스프링클러헤드를 설치할 것(단, 다음의 경우 하향식으로 할 수 있다.)

㉠ 드라이펜던트 스프링클러헤드를 사용하는 경우

㉡ 스프링클러헤드의 설치장소가 동파의 우려가 없는 곳인 경우

㉢ 개방형 스프링클러헤드를 사용하는 경우

⑧ 측벽형 스프링클러헤드

㉠ 폭이 4.5[m] 미만인 실의 경우 긴 변의 한쪽 벽에 3.6[m] 이내마다 일렬로 설치

㉡ 폭이 4.5[m] 이상 9[m] 이하인 실은 긴 변의 양쪽에 각각 일렬로 설치하되 마주보는 스프링클러헤드가 나란히꼴이 되도록 설치하고 3.6[m] 이내마다 설치할 것

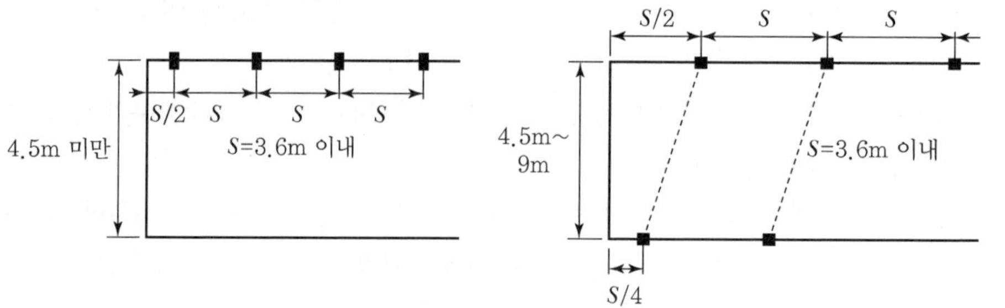

[측벽형 헤드의 설치기준]

⑨ 천장의 기울기가 10분의 1을 초과하는 경우

㉠ 가지관을 천장의 마루와 평행하게 설치할 것

㉡ 스프링클러헤드는 다음 기준에 적합하게 설치할 것

- 최상부에 설치하는 스프링클러헤드의 반사판을 수평으로 설치할 것
- 천장의 최상부를 중심으로 가지관을 서로 마주보게 설치하는 경우에는 최상부의 가지관 상호 간의 거리가 가지관상의 스프링클러헤드 상호 간의 거리의 1/2 이하(최소 1[m] 이상)가 되게 스프링클러헤드를 설치할 것
- 가지관의 최상부에 설치하는 스프링클러헤드는 천장의 최상부로부터의 수직거리가 90[cm] 이하가 되도록 할 것

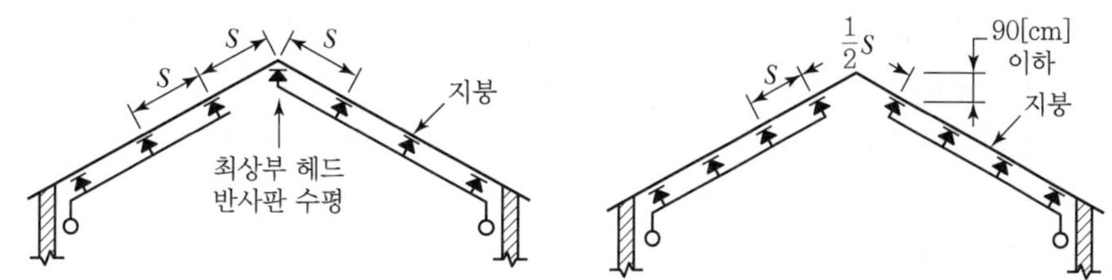

[경사지붕에 헤드를 설치하는 경우]

6) 연소할 우려가 있는 개구부

① 정의 : 각 방화구획을 관통하는 컨베이어 · 에스컬레이터 또는 이와 유사한 시설의 주위로서 방화구획을 할 수 없는 부분

② **무대부** 또는 **연소할 우려가 있는 개구부**에는 **개방형 스프링클러헤드**를 설치하여야 한다.

③ 연소할 우려가 있는 개구부의 스프링클러헤드 설치기준

㉠ 그 상하좌우에 2.5[m] 간격으로(개구부의 폭이 2.5[m] 이하인 경우에는 그 중앙에) 스프링클러헤드를 설치할 것

㉡ 스프링클러헤드와 개구부의 내측 면으로부터 직선거리는 15[cm] 이하가 되도록 할 것. 이 경우 통행에 지장이 있는 때에는 개구부의 상부 또는 측면에 헤드 상호 간의 간격은 1.2[m] 이하로 설치할 것

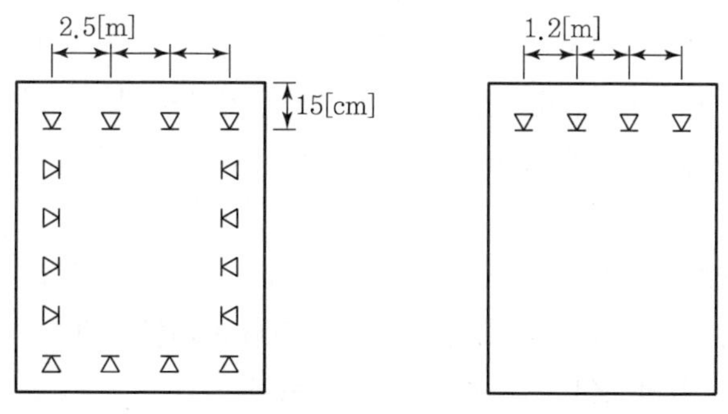

[통행에 지장이 없는 경우] [통행에 지장이 있는 경우]

7) 드렌처설비

① 드렌처설비의 설치대상

연소할 우려가 있는 개구부에 드렌처설비를 설치할 경우 해당 개구부에 한하여 **개방형 스프링클러헤드**를 설치하지 아니할 수 있다.

② 드렌처설비의 설치기준

㉠ 드렌처헤드는 개구부 위 측에 2.5[m] 이내마다 1개를 설치할 것

㉡ 제어밸브(일제개방밸브 · 개폐표시형 밸브 및 수동조작부를 합한 것)는 특정소방대상물 층마다에 바닥면으로부터 0.8[m] 이상 1.5[m] 이하의 위치에 설치할 것

㉢ 수원의 수량은 드렌처헤드가 가장 많이 설치된 제어밸브의 드렌처헤드의 설치개수에 1.6[m^3]를 곱하여 얻은 수치 이상이 되도록 할 것

㉣ 드렌처설비는 드렌처헤드가 가장 많이 설치된 제어밸브에 설치된 드렌처헤드를 동시에 사용하는 경우에 각각의 헤드선단에 방수압력이 0.1[MPa] 이상, 방수량이 80[l/min] 이상이 되도록 할 것

㉤ 수원에 연결하는 가압송수장치는 점검이 쉽고 화재 등의 재해로 인한 피해우려가 없는 장소에 설치할 것

8) 헤드의 설치 제외

① **계단실(특별피난계단의 부속실 포함)** · **경사로** · 승강기의 승강로 · 비상용 승강기의 승강장 · 파이프덕트 및 덕트피트 · 목욕실 · 수영장 · 화장실 · 직접 외기에 개방되어 있는 복도 · 기타 이와 유사한 장소

② **통신기기실** · 전자기기실 · 기타 이와 유사한 장소

③ **발전실** · **변전실** · **변압기** · 기타 이와 유사한 전기설비가 설치되어 있는 장소

④ **병원의 수술실** · 응급처치실 · 기타 이와 유사한 장소

⑤ **천장과 반자** 양쪽이 불연재료로 되어 있는 경우

㉠ 천장과 반자 사이의 거리가 2[m] **미만**인 부분

㉡ 천장과 반자 사이의 벽이 불연재료이고 천장과 반자 사이의 거리가 2[m] 이상으로서 그 사이에 가연물이 존재하지 아니하는 부분

⑥ 천장 · 반자 중 한쪽이 불연재료인 경우 : 천장과 반자 사이의 거리가 1[m] **미만**인 부분

⑦ 천장 및 반자가 불연재료 외의 것으로 되어 있는 경우 : 천장과 반자 사이의 거리가 0.5[m] **미만**인 부분

⑧ **펌프실** · **물탱크실** · 엘리베이터 권상기실 그 밖의 이와 비슷한 장소

⑨ 현관 또는 로비 등으로서 바닥으로부터 높이가 20[m] **이상**인 장소

⑩ 영하의 냉장창고의 **냉장실** 또는 냉동창고의 **냉동실**

⑪ **고온의 노**가 설치된 장소 또는 **물과 격렬하게 반응**하는 물품의 저장 또는 취급장소

⑫ 공동주택 중 아파트의 **대피공간**

⑬ 실내에 설치된 테니스장 · 게이트볼장 · 정구장 또는 이와 비슷한 장소로서 실내 바닥 · 벽 · 천장이 불연재료 또는 준불연재료로 구성되어 있고 가연물이 존재하지 않는 장소로서 **관람석이 없는 운동시설**(지하층은 제외)

⑭ 가연성 물질이 존재하지 않는 방풍실

(8) 송수구

1) 송수구의 설치기준

① 송수구는 소방차가 쉽게 접근할 수 있는 잘 보이는 장소에 설치하되 화재층으로부터 지면으로

떨어지는 유리창 등이 송수 및 그 밖의 소화작업에 지장을 주지 아니하는 장소에 설치할 것

② 송수구로부터 스프링클러설비의 주배관에 이르는 연결배관에 **개폐밸브**를 설치한 때에는 그 개폐상태를 쉽게 확인 및 조작할 수 있는 옥외 또는 기계실 등의 장소에 설치할 것

③ 구경 65[mm]의 **쌍구형**으로 할 것

④ 송수구에는 그 가까운 곳의 보기 쉬운 곳에 **송수압력범위를 표시**한 표지를 할 것

⑤ 송수구는 하나의 층의 바닥면적이 3,000[m^2]를 넘을 때마다 1개 이상(5개 이상 5개)을 설치할 것

⑥ 지면으로부터 높이가 0.5[m] 이상 1[m] 이하의 위치에 설치할 것

⑦ **송수구**의 가까운 부분에 **자동배수밸브**및 **체크밸브**를 설치할 것

⑧ 송수구에는 이물질을 막기 위한 **마개**를 씌울 것

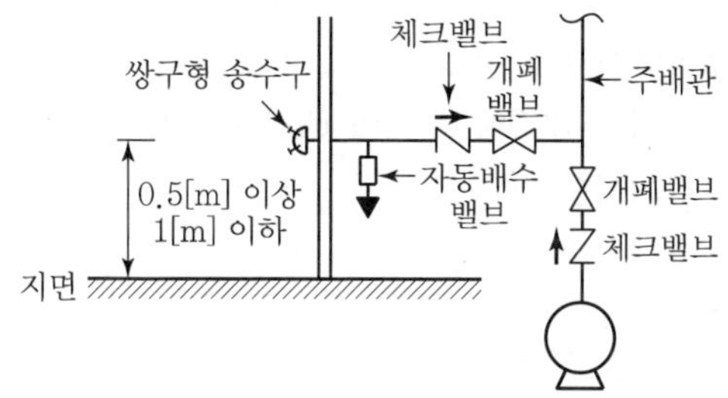

[스프링클러 송수구 주변도]

[스프링클러 송수구]

(9) 간이스프링클러설비

1) 수원의 양

① 상수도 직결형 : 수돗물

② 수조를 사용하는 경우 1개 이상의 자동급수장치를 갖추어야 한다.

㉠ 수원의 양

$$Q[l] = N \times Q_1 \times T$$
$$Q[l] = 2\text{개} \times 50[l/\text{min} \cdot \text{개}] \times 10[\text{min}] = 1{,}000[l]$$

여기서, N : 기준개수(2개), Q_1 : 50[l/min](간이스프링클러헤드 1개의 분당 방출량)
T : 방사시간(10min)

㉡ 수원의 양(㉠항 외의 간이스프링클러 설치대상 특정소방대상물로서 다음의 것)

- **근린생활시설**로 바닥면적 합계가 1,000[m^2] 이상인 것은 모든 층
- **숙박시설**로 사용되는 바닥면적의 합계가 300[m^2] 이상 600[m^2]미만인 것
- **복합건축물**로서 연면적 1,000[m^2] 이상인 것은 모든 층

$$Q[l] = N \times Q_1 \times T$$
$$Q[l] = 5\text{개} \times 50[l/\min \cdot \text{개}] \times 20[\min] = 5{,}000[l]$$

여기서, N : 기준개수(5개), Q_1 : 50[l/min](간이스프링클러헤드 1개의 분당 방출량)
T : 방사시간(20min)

2) 가압송수장치

① 방수압력 및 방수량

㉠ 가장 먼 가지배관에서 2개의 간이헤드를 동시에 개방할 경우 각각의 간이헤드 선단 방수압력은 0.1[MPa] 이상, 방수량은 50[l/min](표준형 80[l/min])이어야 한다.

㉡ 다음의 것은 5개의 간이헤드를 동시에 개방할 경우 각각의 간이헤드 선단 방수압력은 0.1[MPa] 이상, 방수량은 50[l/min](표준형 80[l/min])이어야 한다.

- 근린생활시설로 바닥면적 합계가 1,000[m^2] 이상인 것은 모든 층
- 숙박시설로 사용되는 바닥면적의 합계가 300[m^2] 이상 600[m^2]미만인 것(2022년 개정)
- 복합건축물로서 연면적 1,000[m^2] 이상인 것은 모든 층

3) 간이스프링클러설비의 방호구역 · 유수검지장치

① 하나의 방호구역의 바닥면적은 1,000[m^2]를 초과하지 아니할 것

② 하나의 방호구역에는 1개 이상의 유수검지장치를 설치할 것

③ 하나의 방호구역은 2개 층에 미치지 아니하도록 할 것(단, 1개 층에 설치되는 간이스프링클러헤드의 수가 10개 이하인 경우에는 3개 층 이내)

④ 유수검지장치의 높이 : 바닥으로부터 0.8[m] 이상 1.5[m] 이하

⑤ 유수검지장치의 출입문 크기 : 가로 0.5[m] 이상 세로 1[m] 이상

⑥ 표지 : 그 출입문 상단에 "유수검지장치실"이라고 표시한 표지를 설치할 것

⑦ 간이헤드에 공급되는 물은 유수검지장치를 지나도록 할 것(송수구 제외)

4) 간이스프링클러설비의 배관 및 밸브 등의 순서

① 상수도직결형(수도배관은 호칭지름 32[mm] 이상의 배관일 것)

수도용 계량기, 급수차단장치, 개폐표시형 밸브, 체크밸브, 압력계, 유수검지장치(압력스위치 등), 2개의 시험밸브의 순으로 설치할 것

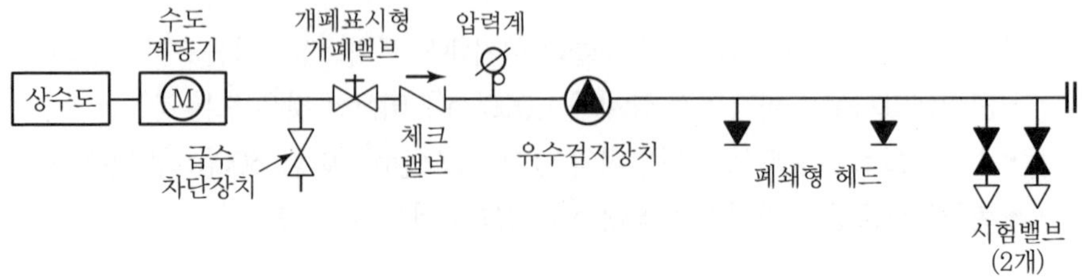

[상수도직결형 설치순서]

② 펌프방식

수원, 연성계 또는 진공계, 펌프 또는 압력수조, 압력계, 체크밸브, 성능시험배관, 개폐표시형 밸브, 유수검지장치, 시험밸브의 순으로 설치할 것

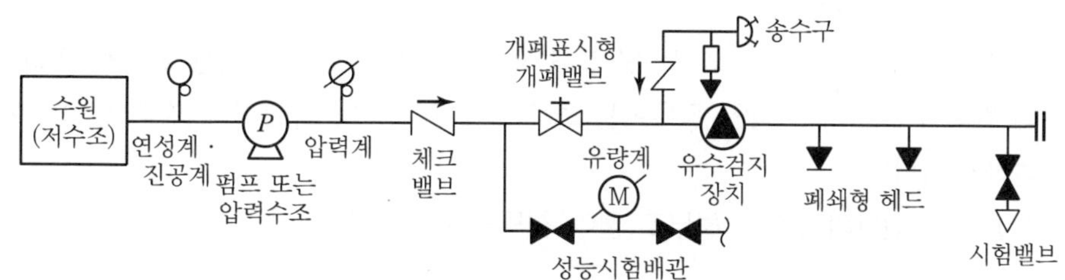

[펌프방식 설치순서]

③ 가압수조방식

수원, 가압수조, 압력계, 체크밸브, 성능시험배관, 개폐표시형 밸브, 유수검지장치, 2개의 시험밸브의 순으로 설치할 것

④ 캐비닛형의 가압송수장치

수원, 연성계 또는 진공계, 펌프 또는 압력수조, 압력계, 체크밸브, 개폐표시형 밸브, 2개의 시험밸브의 순으로 설치할 것

5) 간이헤드

① 폐쇄형 간이헤드를 사용할 것

② 간이헤드의 작동온도

최대 주위 천장온도	공칭작동온도
0[℃] 이상 38[℃] 이하	57[℃]～77[℃]
39[℃] 이상 66[℃] 이하	79[℃]～109[℃]

③ 각 부분으로부터 간이헤드까지의 수평거리는 2.3m 이하

④ 간이헤드의 디플렉터에서 천장 또는 반자까지의 거리

㉠ 상향식 간이헤드 · 하향식 간이헤드 : 25～102[mm]

㉡ 측벽형 간이헤드 : 102～152[mm]

㉢ 플러쉬 스프링클러헤드 : 102[mm] 이하

(10) 화재조기진압용 스프링클러설비

1) 설치장소의 구조(랙크식 창고)

① 해당 층의 높이가 13.7[m] 이하일 것(단, 2층 이상일 경우에는 해당 층의 바닥을 내화구조로 하고 다른 부분과 방화구획 할 것)

② 천장의 기울기가 168/1,000을 초과하지 않아야 하고, 이를 초과하는 경우에는 반자를 지면과 수평으로 설치할 것

③ 천장은 평평하여야 하며 철재나 목재트러스 구조인 경우, 철재나 목재의 돌출부분이 102[mm]를 초과하지 아니할 것

④ 보로 사용되는 목재·콘크리트 및 철재 사이의 간격이 0.9[m] 이상 2.3[m] 이하일 것(단, 보의 간격이 2.3[m] 이상인 경우에는 보로 구획된 부분의 천장 및 반자의 넓이가 28[m^2]를 초과하지 아니할 것)

⑤ 창고 내의 선반의 형태는 하부로 물이 침투되는 구소로 할 것

2) 수원의 양

가장 먼 가지배관 3개에 각각 4개의 스프링클러헤드가 동시에 개방되었을 때 헤드선단의 압력이 화재안전기술기준 표 2.2.1에 따른 값 이상으로 60분간 방사할 수 있는 양

$$Q[l] = 12 \times 60 \times K\sqrt{10P}$$

여기서, Q : 수원의 양[l], K : 방출계수, P : 헤드선단의 방사압[MPa]
60 : 방사시간[min], 12 : 기준개수(3×4개)

3) 화재조기진압용 스프링클러헤드 설치기준

① 헤드 하나의 방호면적 : 6.0[m^2] 이상 9.3[m^2] 이하

② 가지배관의 헤드 사이의 거리

㉠ 천장의 높이가 9.1[m] 미만 : 2.4[m] 이상 3.7[m] 이하

㉡ 천장의 높이가 9.1[m] 이상 13.7[m] 이하 : 2.4[m] 이상 3.1[m] 이하

③ 헤드의 반사판과 저장물의 최상부의 거리 : 914[mm] 이상

④ 헤드의 작동온도 : 74[℃] 이하

⑤ 상부에 설치된 헤드의 방출수에 따라 감열부에 영향을 받을 우려가 있는 헤드에는 방출수를 차단할 수 있는 유효한 차폐판을 설치할 것

4) 화재조기진압용 스프링클러 설치 제외

① 제4류 위험물

② 타이어, 두루마리 종이 및 섬유류, 섬유제품 등 연소 시 화염의 속도가 빠르고 방사된 물이 하부까지에 도달하지 못하는 것

05 물분무소화설비

(1) 계통도 및 작동방식

1) 계통도

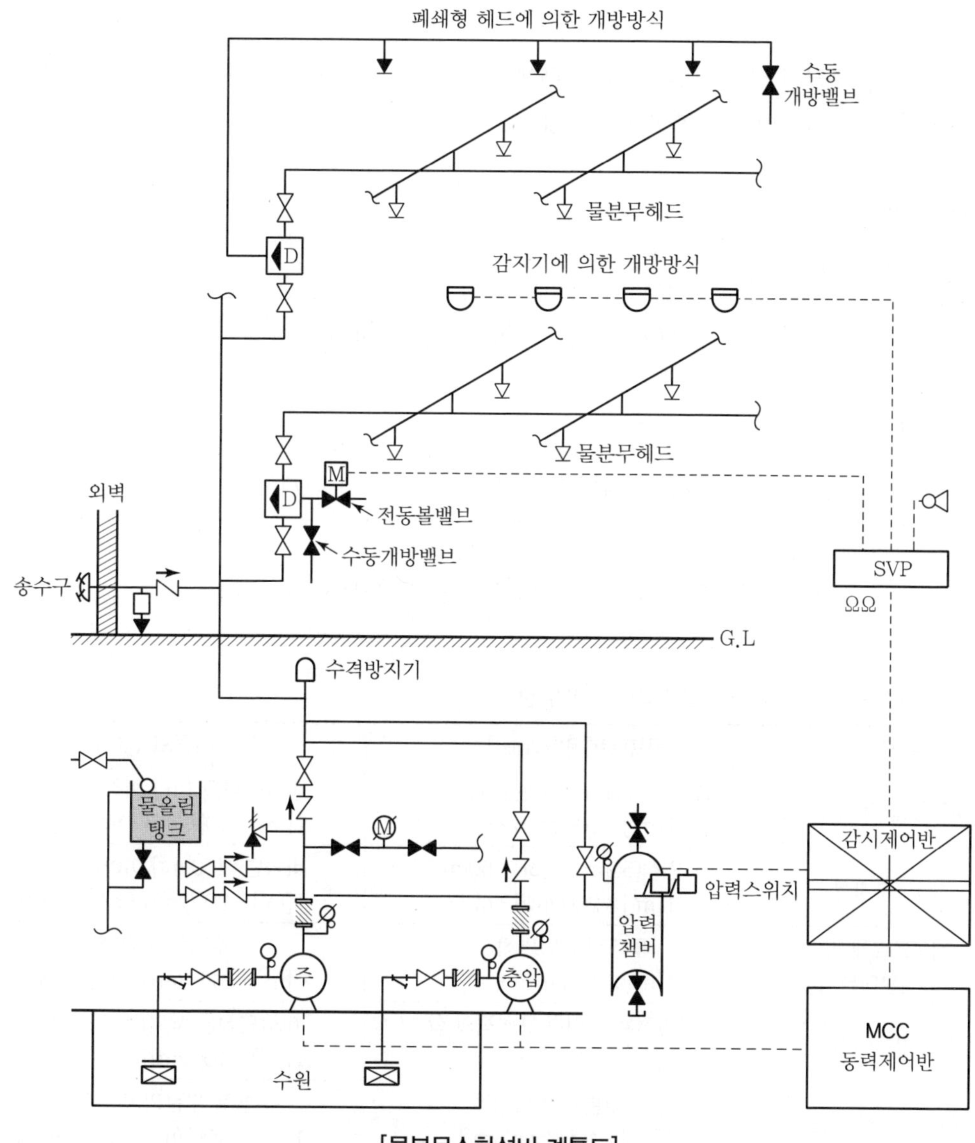

[물분무소화설비 계통도]

2) 작동방식의 종류

① 화재감지기에 의한 작동방식

교차회로의 화재감지기를 설치하여 감지기 동작신호에 의해 전동볼밸브를 작동하여 일제개방밸브를 개방하는 방식

② 폐쇄형 헤드의 개방에 의한 작동방식

일제개방밸브의 중간챔버의 라인에 폐쇄형 헤드를 설치하여 화재에 의해 헤드가 개방되면 중간챔버가 감압되어 일제개방밸브를 개방하는 방식

(2) 펌프토출량 및 수원

1) 펌프토출량 $Q\,[l/\mathrm{min}]$

$$Q[l/\mathrm{min}] = A[\mathrm{m}^2] \times Q_1[l/\mathrm{min} \cdot \mathrm{m}^2]$$

2) 수원의 양 $Q[l]\,[\mathrm{m}^3]$

$$Q[l] = A[\mathrm{m}^2] \times Q_1[l/\mathrm{min} \cdot \mathrm{m}^2] \times T[\mathrm{min}]$$

여기서, A : 물분무설비가 설치된 특정소방대상물의 면적$[\mathrm{m}^2]$

Q_1 : 특정소방대상물별 면적 $1[\mathrm{m}^2]$당 분당 방출량$[l/\mathrm{min} \cdot \mathrm{m}^2]$

T : 방사시간(20min)

3) 물분무소화설비의 펌프토출량과 수원의 양

설치장소	펌프토출량$[l/\mathrm{min}]$	수원의 양$[l]$
특수가연물 저장, 취급	바닥면적(50$[\mathrm{m}^2]$ 이하는 50$[\mathrm{m}^2]$) $A[\mathrm{m}^2] \times 10[l/\mathrm{min} \cdot \mathrm{m}^2]$	바닥면적(50$[\mathrm{m}^2]$ 이하는 50$[\mathrm{m}^2]$) $A[\mathrm{m}^2] \times 10[l/\mathrm{min} \cdot \mathrm{m}^2] \times 20[\mathrm{min}]$
차고, 주차장	바닥면적(50$[\mathrm{m}^2]$ 이하는 50$[\mathrm{m}^2]$) $A[\mathrm{m}^2] \times 20[l/\mathrm{min} \cdot \mathrm{m}^2]$	바닥면적(50$[\mathrm{m}^2]$ 이하는 50$[\mathrm{m}^2]$) $A[\mathrm{m}^2] \times 20[l/\mathrm{min} \cdot \mathrm{m}^2] \times 20[\mathrm{min}]$
케이블트레이, 케이블덕트	투영된 바닥면적 $A[\mathrm{m}^2] \times 12[l/\mathrm{min} \cdot \mathrm{m}^2]$	투영된 바닥면적 $A[\mathrm{m}^2] \times 12[l/\mathrm{min} \cdot \mathrm{m}^2] \times 20[\mathrm{min}]$
절연유 봉입 변압기	바닥면적을 제외한 표면적의 합 $A[\mathrm{m}^2] \times 10[l/\mathrm{min} \cdot \mathrm{m}^2]$	바닥면적을 제외한 표면적의 합 $A[\mathrm{m}^2] \times 10[l/\mathrm{min} \cdot \mathrm{m}^2] \times 20[\mathrm{min}]$
콘베이어 벨트 등	벨트 부분의 바닥면적 $A[\mathrm{m}^2] \times 10[l/\mathrm{min} \cdot \mathrm{m}^2]$	벨트 부분의 바닥면적 $A[\mathrm{m}^2] \times 10[l/\mathrm{min} \cdot \mathrm{m}^2] \times 20[\mathrm{min}]$

(3) 가압송수장치의 양정

1) 펌프의 전양정 H[m]

$$H = h_1 + h_2 + h_3$$

여기서, h_1 : 실양정(흡입양정+토출양정)[m], h_2 : 배관의 마찰손실 수두[m]
h_3 : 물분무헤드의 설계압력환산 수두[m]

2) 고가수조방식

① 정의

구조물 또는 지형지물 등에 설치하여 자연낙차의 압력으로 급수하는 수조

② 고가수조의 구성

㉠ 수위계 ㉡ 배수관 ㉢ 급수관 ㉣ 오버플로관 ㉤ 맨홀

③ 고가수조의 자연낙차 수두 H(필요낙차)

수조의 하단으로부터 최고층에 설치된 물분무헤드까지의 수직거리

$$H = h_1 + h_2$$

여기서, H : 필요낙차[m], h_1 : 배관의 마찰손실 수두[m]
h_2 : 물분무헤드의 설계압력환산 수두[m]

3) 압력수조방식

① 정의

소화용수와 공기를 채우고 일정압력 이상으로 가압하여 그 압력으로 급수하는 수조

② 압력수조의 구성

㉠ 수위계 ㉡ 급수관 ㉢ 배수관 ㉣ 급기관
㉤ 맨홀 ㉥ 압력계 ㉦ 안전장치 ㉧ 자동식 공기압축기

③ 압력수조의 압력 P[MPa]

$$P = p_1 + p_2 + p_3$$

여기서, p_1 : 낙차환산 수두압[MPa], p_2 : 배관의 마찰손실 수두압[MPa]
p_3 : 물분무헤드의 설계압력[MPa]

(4) 기동장치

1) 수동식 기동장치의 설치기준

① 직접 조작 또는 원격조작에 따라 각각의 가압송수장치 및 수동식 개방밸브 또는 가압송수장치 및 자동개방밸브를 개방할 수 있도록 설치할 것

② 기동장치의 가까운 곳의 보기 쉬운 곳에 "기동장치"라고 표시한 표지를 할 것

2) 자동식 기동장치의 설치기준

자동화재탐지설비의 감지기의 작동 또는 폐쇄형 스프링클러헤드의 개방과 연동하여 경보를 발하고, 가압송수장치 및 자동개방밸브를 기동할 수 있는 것으로 하여야 한다.

(5) 헤드 등

1) 물분무헤드의 종류

① 충돌형 : 작은 오리피스를 통과한 수류를 서로 충돌시켜 미세한 물방울을 만드는 헤드

② 분사형 : 작은 구경의 오리피스에 고압으로 수류를 분사하여 오리피스를 통과하는 순간 미세한 물방울을 만드는 헤드

③ 선회류형 : 방출되는 수류를 선회류에 의해 확산 방출하여 미세한 물방울을 만드는 헤드

④ 디플렉터형 : 수류를 디플렉터(반사판)에 충돌시켜 미세한 물방울을 만드는 헤드

⑤ 슬리트형 : 수류를 슬리트(작고 긴 구멍)에 방출하여 미세한 물방울을 만드는 헤드

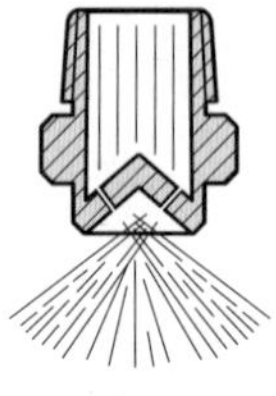
[충돌형]

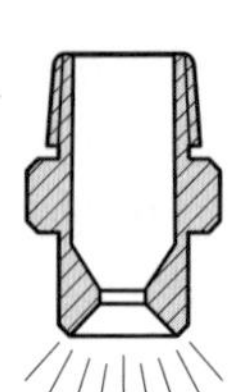
[분사형]

[선회류형]

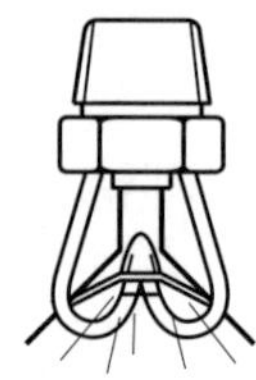
[디플렉터형]

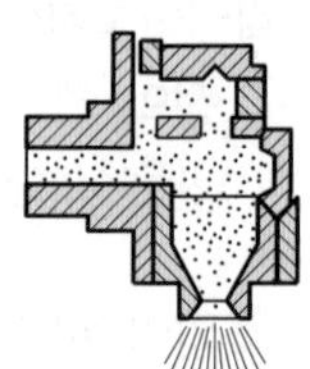
[슬리트형]

2) 고압기기와 물분무헤드의 이격거리

전압[kV]	이격거리[cm]
66 이하	70 이상
66 초과 77 이하	80 이상
77 초과 110 이하	110 이상
110 초과 154 이하	150 이상
154 초과 181 이하	180 이상
181 초과 220 이하	210 이상
220 초과 275 이하	260 이상

3) 물분무헤드의 설치 제외

① 물에 심하게 반응하는 물질 또는 물과 반응하여 위험한 물질을 생성하는 물질을 저장 또는 취급하는 장소(제1류 위험물 중 무기과산화물, 제3류 위험물 등)

② 고온의 물질 및 증류범위가 넓어 끓어넘치는 위험이 있는 물질을 저장 또는 취급하는 장소

③ 운전 시에 표면의 온도가 260[℃] 이상으로 되는 등 직접 분무를 하는 경우 그 부분에 손상을 입힐 우려가 있는 기계장치 등이 있는 장소

> 참고 **물분무설비의 소화효과**
> 질식효과, 냉각효과, 유화효과, 희석효과

(6) 송수구

① 송수구는 화재층으로부터 **지면으로 떨어지는 유리창** 등이 송수 및 그 밖의 소화작업에 지장을 주지 아니하는 장소에 설치할 것. 이 경우 가연성 가스의 저장 · 취급시설에 설치하는 송수구는 그 방호대상물로부터 20[m] 이상의 거리를 두거나 방호대상물에 면하는 부분이 높이 1.5[m] 이상 폭 2.5[m] 이상의 철근콘크리트 벽으로 가려진 장소에 설치할 것

② 송수구로부터 스프링클러설비의 주배관에 이르는 연결배관에 **개폐밸브**를 설치한 때에는 그 개폐상태를 쉽게 확인 및 조작할 수 있는 옥외 또는 기계실 등의 장소에 설치할 것

③ 구경 65[mm]의 **쌍구형**으로 할 것

④ 송수구에는 그 가까운 곳의 보기 쉬운 곳에 **송수압력범위를 표시**한 표지를 할 것

⑤ 송수구는 하나의 층의 바닥면적이 3,000[m^2]를 넘을 때마다 1개 이상(5개 이상 5개)을 설치할 것

⑥ 지면으로부터 높이가 0.5[m] 이상 1[m] 이하의 위치에 설치할 것

⑦ **송수구**의 가까운 부분에 **자동배수밸브** 및 **체크밸브**를 설치할 것

⑧ 송수구에는 이물질을 막기 위한 **마개**를 씌울 것

(7) 배수설비(차고, 주차장)

① 차량이 주차하는 장소의 적당한 곳에 높이 10[cm] 이상의 경계턱으로 배수구를 설치할 것

② 배수구에는 새어나온 기름을 모아 소화할 수 있도록 길이 40[m] 이하마다 집수관 · 소화 피트 등 기름분리장치를 설치할 것

③ 차량이 주차하는 바닥은 배수구를 향하여 100분의 2 이상의 기울기를 유지할 것

④ 배수설비는 가압송수장치의 최대 송수능력의 수량을 유효하게 배수할 수 있는 크기 및 기울기로 할 것

(8) 미분무소화설비

1) 미분무소화설비

가압된 물이 헤드 통과 후 미세한 입자로 분무됨으로써 소화성능을 가지는 설비를 말하며, 소화력을 증가시키기 위해 강화액 등을 첨가할 수 있다.

2) 미분무의 정의

물만을 사용하여 소화하는 방식으로 최소 설계압력에서 헤드로부터 방출되는 물입자 중 99[%]의 **누적체적분포가 400[μm] 이하로 분무되고 A, B, C급 화재에 적응성을 갖는 것**

3) 미분무소화설비의 분류

① 저압 미분무소화설비 : 최고 사용압력이 1.2[MPa] 이하
② 중압 미분무소화설비 : 사용압력이 1.2[MPa]을 초과하고 3.5[MPa] 이하
③ 고압 미분무소화설비 : 최저 사용압력이 3.5[MPa] 초과

4) 수원

① 수원의 양 $Q[\mathrm{m}^3]$

$$Q[\mathrm{m}^3] = [N \times D \times T \times S] + V$$

여기서, Q : 수원의 양[m^3], N : 방호구역 내의 헤드 수, D : 설계유량[m^3/min]
T : 설계방수시간[min], S : 안전율(1.2 이상), V : 배관의 총체적[m^3]

② 수원은 「먹는물관리법」 제5조에 적합하고, 저수조 등에 충수할 경우 필터(Filter) 또는 스트레이너(Strainer)를 통하여야 하며, 사용되는 물에는 입자·용해고체 또는 염분이 없을 것
③ 배관의 연결부(용접부는 제외) 또는 주배관의 유입 측에는 **필터 또는 스트레이너**를 설치할 것
④ 사용되는 필터 또는 스트레이너의 메시는 **헤드 오리피스 지름의 80% 이하**일 것

5) 미분무설비 배관의 배수를 위한 기울기

① 폐쇄형 미분무소화설비
소화설비의 배관을 수평으로 할 것
② 개방형 미분무소화설비
㉠ **수평주행배관** : 헤드를 향하여 상향으로 기울기를 1/500 이상
㉡ **가지배관** : 기울기 1/250 이상

06 포소화설비

(1) 포소화설비의 분류

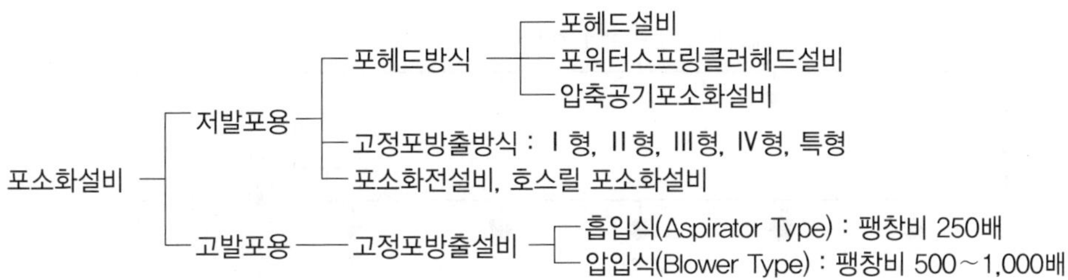

(2) 특정소방대상물에 따라 적응하는 포소화설비

특정소방대상물	포소화설비
• 특수가연물을 저장 · 취급하는 공장, 창고 • 차고 또는 주차장 • 항공기 격납고	• 포워터스프링클러설비 • 포헤드설비 • 고정포방출설비 • 압축공기포소화설비
• 완전 개방된 옥상주차장 • 지상 1층으로서 지붕이 없는 부분 • 고가 밑의 주차장으로서 주된 벽이 없고 기둥뿐이거나 주위가 위해방지용 철주 등으로 둘러싸인 부분	• 호스릴 포소화설비 • 포소화전설비
발전기실, 엔진펌프실, 변압기, 전기케이블실, 유압설비 등으로서 바닥면적의 합계가 **300[m²] 미만**의 장소	고정식 압축공기포소화설비

(3) 포헤드설비

1) 계통도 및 작동방식의 종류

① 계통도

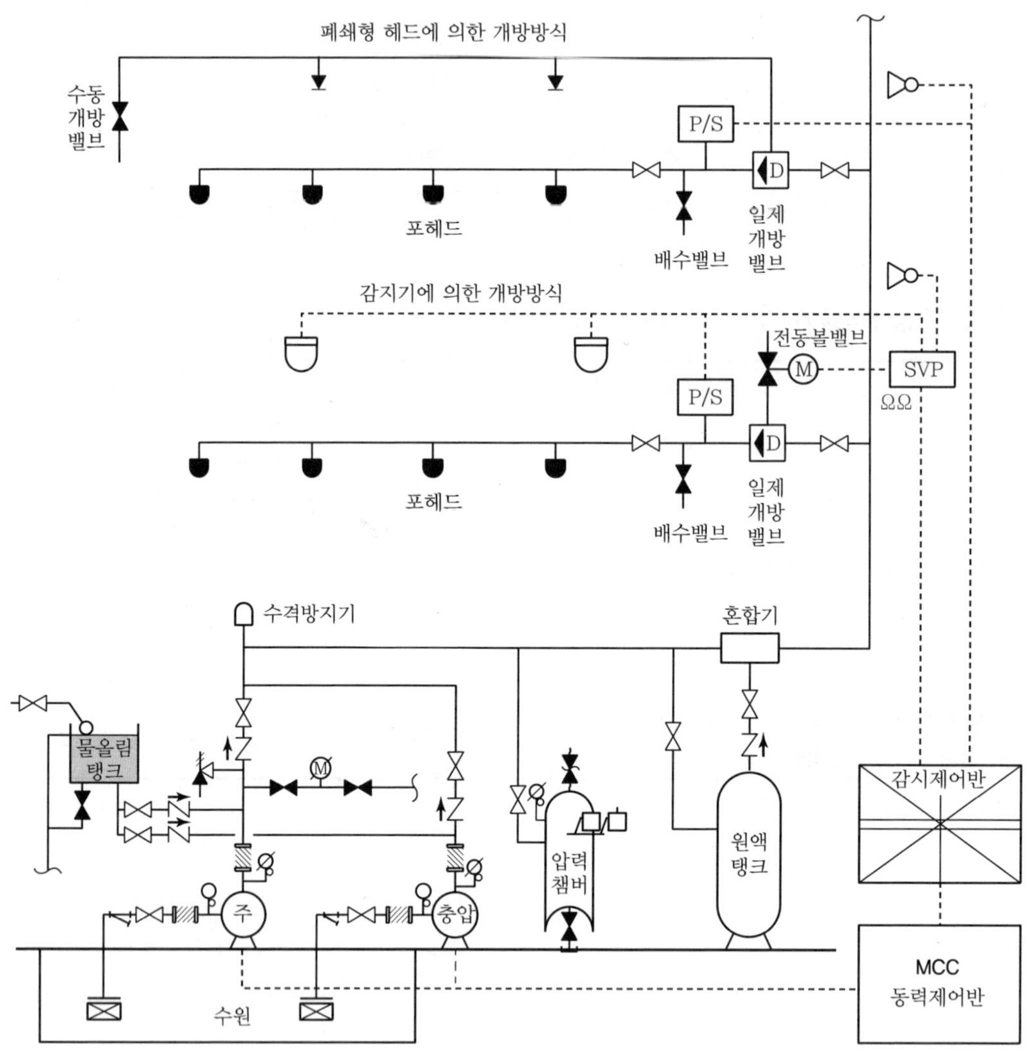

[포소화설비(포헤드방식) 계통도]

② 작동방식의 종류

㉠ 화재감지기에 의한 작동방식 : 교차회로의 화재감지기를 설치하여 감지기 동작신호에 의해 전동볼밸브를 작동하여 일제개방밸브를 개방하는 방식

㉡ 폐쇄형 헤드의 개방에 의한 작동방식 : 일제개방밸브의 중간챔버의 라인에 폐쇄형 헤드를 설치하여 화재에 의해 헤드가 개방되면 중간챔버가 감압되어 일제개방밸브를 개방하는 방식

2) 포헤드설비(포헤드방식)

① 펌프토출량

$$Q[l/\mathrm{min}] = A[\mathrm{m}^2] \times Q_1[l/\mathrm{min} \cdot \mathrm{m}^2]$$

② 수용액량

$$Q[l] = A[\mathrm{m}^2] \times Q_1[l/\mathrm{min} \cdot \mathrm{m}^2] \times T[\mathrm{min}]$$

③ 수원의 양

$$Q[l] = A[\mathrm{m}^2] \times Q_1[l/\mathrm{min} \cdot \mathrm{m}^2] \times T[\mathrm{min}] \times (1-S)$$

④ 포약제량

$$Q[l] = A[\mathrm{m}^2] \times Q_1[l/\mathrm{min} \cdot \mathrm{m}^2] \times T[\mathrm{min}] \times S$$

여기서, A : 바닥면적[m^2], Q_1 : 바닥면적 $1\mathrm{m}^2$당 분당 토출량[$l/\mathrm{min} \cdot \mathrm{m}^2$]
T : 방사시간[min](포헤드설비 10mim), S : 포소화약제의 농도[%]

⑤ 방사시간

포헤드, 포워터스프링클러헤드, 압축공기포 : 10[min] 이상

⑥ 포헤드의 바닥면적 1[m^2]당 분당 방사량 $Q_1[l/\mathrm{min} \cdot \mathrm{m}^2]$

소방대상물	포소화약제의 종류	방사량[$l/\mathrm{min} \cdot \mathrm{m}^2$]
• 차고 · 주차장 • 항공기격납고	수성막포	3.7 이상
	단백포	6.5 이상
	합성계면활성제포	8.0 이상
특수가연물 저장 · 취급 장소	위 3종류 약제 모두 동일	6.5 이상

⑦ 포헤드 1개의 방호면적

㉠ 포헤드 : 바닥면적 9[m^2]마다 1개 이상

㉡ 포워터스프링클러헤드 : 바닥면적 8[m^2]마다 1개 이상

㉢ 압축공기포 분사헤드

- 유류탱크 주위 : 바닥면적 13.9[m^2]마다 1개 이상
- 특수가연물저장소 : 바닥면적 9.3[m^2]마다 1개 이상

예제 **포소화설비의 포헤드를 설치하고자 한다. 방호대상 바닥면적이 40[m²]일 때 필요한 최소 포헤드 수는?**

① 4개 ② 5개
③ 6개 ④ 8개

풀이 • 포헤드 : 바닥면적 9[m²]마다 1개 이상
• 40[m²]/9[m²]=4.44 ∴ 5개(소수점 이하 절상)

정답 : ②

⑧ 포헤드의 배치

㉠ 정방형(정사각형 형태로 배열)

$$S = 2R\cos 45°$$

여기서, S : 포헤드 상호 간 거리[m], R : 수평거리(2.1m)

벽과 헤드 간 거리 : $\frac{1}{2}S$ 이하

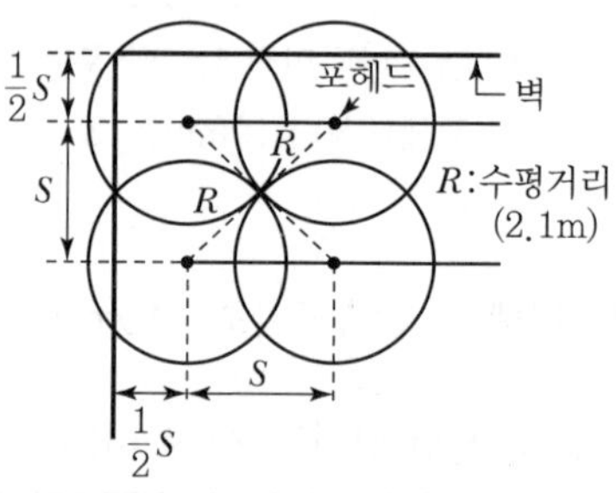

[포헤드의 배치방법(정방형)]

예제 **포헤드를 정방형으로 설치 시 헤드와 벽과의 최대 이격거리는 약 몇 [m]인가?**

① 1.48 ② 1.62
③ 1.76 ④ 1.91

풀이 • $S = 2R\cos 45°$
$= 2 \times 2.1 \times \cos 45° = 2.9698[m]$
• 헤드와 벽과의 최대 이격거리는 헤드 간 거리의 1/2이므로 2.9698/2=1.48[m]

정답 : ①

(4) 고정포방출구 방식

1) 계통도

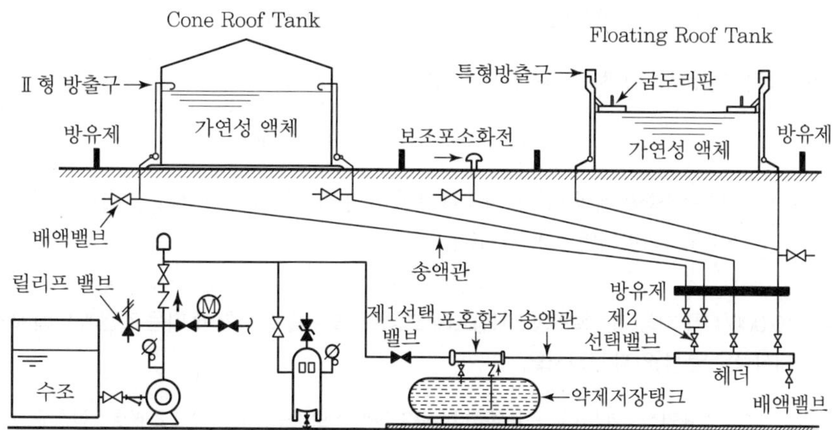

[고정포방출구 포소화설비 계통도]

2) 고정포방출구의 종류

구분	탱크의 종류	포주입방식	특징
Ⅰ형	고정지붕구조(CRT)	상부 포주입법	통계단, 미끄럼판
Ⅱ형	고정지붕구조(CRT) 부상덮개부착 고정지붕구조(IFRT)	상부 포주입법	반사판
Ⅲ형	고정지붕구조(CRT)	하부 포주입법	하부 송포관
Ⅳ형	고정지붕구조(CRT)	하부 포주입법	특수호스
특형	부상지붕구조(FRT)	상부 포주입법	반사판, 굽도리판

3) 포소화약제 저장량

① 고정포방출구 방식의 포소화약제량(전체)

$$Q[l] = \text{고정포방출구 약제량} + \text{보조포 약제량} + \text{배관 보정량}$$

② **고정포방출구**에서 필요한 약제량

$$Q[l] = A \times Q_1 \times T \times S$$

여기서, Q : 포소화약제의 양[l], A : 탱크의 액표면적[m^2], T : 방출시간[min]
Q_1 : 단위 포소화수용액의 양[l/min · m^2], S : 포소화약제의 사용농도[%]

③ **보조포소화전**에서 필요한 약제량

$$Q[l] = N \times Q_1 \times T \times S \qquad Q[l] = N \times S \times 8{,}000$$

여기서, Q : 포소화약제의 양[l]
N : 보조포 호스접결구의 수(3개 이상 3개)(쌍구형은 2개로 계산)
Q_1 : 단위 포소화수용액의 양[l/min · 개](400l/min · 개)
T : 방출시간(20min), S : 포소화약제의 사용농도[%]

④ 배관보정량(75[mm] 이하의 송액관 제외)

$$Q[l] = A \times L \times S \times 1{,}000$$

여기서, Q : 포소화약제의 양[l], A : 배관의 단면적[m^2], L : 배관의 길이[m]
S : 포소화약제의 사용농도[%]

예제 **경유 10,000[l]를 저장하는 옥외탱크저장소에 고정포방출구를 설치할 때 다음 조건에 의해 포소화약제의 최소 저장량은 몇 [l]인지 구하시오.**

[조건] • 탱크 액표면적 : 20[m^2], • 고정포방출구 : 1개, • 보조포소화전 수 : 2개(호스접결구 수 4개)
• 소화약제 농도 : 3[%]형, • 단위 포소화수용액의양 : 4[l/m^2 · min], • 방출시간 : 0.5시간

① 432
② 552
③ 612
④ 792

풀이 • 고정포방출구에 필요한 약제량
Q_1: 4[l/min · m^2], A: 20[m^2], T: 30[min](0.5시간), S: 0.03
$Q = 20[m^2] \times 4[l/m^2 \cdot min] \times 30[min] \times 0.03 = 72[l]$
• 보조포소화전에 필요한 약제량
$Q[l] = N \times S \times 8{,}000$
N : 3개, 보조포소화전 수 2개(호스접결구 수 4개) : 보조포호스접결구 3개 이상 3개
$Q = 3 \times 0.03 \times 8{,}000 = 720[l]$
• 필요한 약제량 $= 72 + 720 = 792[l]$
(배관보정량은 조건에 없으므로 무시한다.)

정답 : ④

(5) 옥내포소화전 또는 호스릴 방식

1) 포소화약제량(바닥면적 200[m^2] 미만 75[%])

$$Q[l] = N \times Q_1 \times T \times S \qquad Q[l] = N \times S \times 6{,}000$$

여기서, Q : 포소화약제의 양[l], N : 호스접결구 수(5개 이상 5개)
Q_1 : 호스릴 노즐 1개의 분당 방출량[l/min · 개](300l/min · 개)
T : 방출시간(20min), S : 포소화약제의 사용농도[%]

예제 **바닥면적이 180[m^2]인 호스릴 방식의 포소화설비를 설치한 건축물 내부에 호스접결구가 2개이고, 약제농도 3[%]형을 사용할 때 포약제의 최소 필요량은 몇 [l]인가?**

① 720　　② 360
③ 270　　④ 180

풀이 • $Q[l] = N \times S \times 6{,}000$　　N : 2개, S : 0.03
$= 2 \times 0.03 \times 6{,}000 = 360[l]$
• 바닥면적이 200[m2] 미만이므로 약제량의 75[%]를 적용한다.
$Q[l] = 360 \times 0.75 = 270[l]$

정답 : ③

2) 차고 · 주차장에 설치하는 호스릴 포소화설비 또는 포소화전설비
① 방사압력 : 0.35[MPa] 이상
② 분당 방출량 : 300[l/min](바닥면적 200[m^2] 이하인 경우에는 230[l/min] 이상)
③ 호스릴 수평거리 : 15[m] 이상
④ 호스릴함과 방수구의 거리 : 3[m] 이내
⑤ 호스릴함의 높이 : 1.5[m] 이하

(6) 고발포용 고정포방출구

1) 전역방출방식 고발포용 고정포방출구
① 개구부에 **자동폐쇄장치**를 설치할 것
② 고정포방출구는 특정소방대상물 및 포의 팽창비에 따른 종별에 따라 해당 방호구역의 **관포체적**(해당 바닥면으로부터 방호대상물의 높이보다 0.5[m] 높은 위치까지의 체적을 말한다) 1[m^3]에 대하여 1분당 방출량이 기준 표에 따른 양 이상이 되도록 할 것
③ 고정포방출구는 바닥면적 **500[m^2]마다 1개 이상**으로 하여 방호대상물의 화재를 유효하게 소화할 수 있도록 할 것
④ 고정포방출구는 방호대상물의 최고부분보다 높은 위치에 설치할 것

2) 국소방출방식 고발포용 고정포방출구
① 방호대상물이 서로 인접하여 불이 쉽게 붙을 우려가 있는 경우에는 불이 옮겨붙을 우려가 있는 범위 내의 방호대상물을 하나의 방호대상물로 하여 설치할 것
② 고정포방출구는 방호대상물의 **높이의 3배(1[m] 미만의 경우에는 1[m])**의 거리를 수평으로 연장한 선(외주선)으로 둘러싸인 부분의 면적 1[m^2]에 대하여 1분당 방출량이 다음 표에 따른 양 이상이 되도록 할 것

방호대상물	방호면적 1[m²]에 대한 분당 방출량[l/min · m²]
특수가연물	3
기타	2

(7) 팽창비

1) 정의

① 최종 발생한 포체적을 원래 포수용액 체적으로 나눈 값

② $팽창비 = \frac{발포\ 후\ 포의\ 체적}{발포\ 전\ 포수용액의\ 체적}$

2) 팽창비에 따른 포방출구의 종류

팽창비	포방출구
20 이하(저발포)	포헤드, 압축공기포헤드, 고정포방출구
80 이상 1,000 미만(고발포)	고발포용 고정포방출구

(8) 포소화약제 혼합장치

1) 펌프 프로포셔너 방식

펌프의 토출관과 흡입관 사이의 배관도중에 설치한 흡입기(혼합기)에 펌프에서 토출된 물의 일부를 보내고, **농도 조절밸브**에서 조정된 포소화약제의 필요량을 포소화약제 탱크에서 펌프**흡입측**으로 보내어 이를 혼합하는 방식이다.

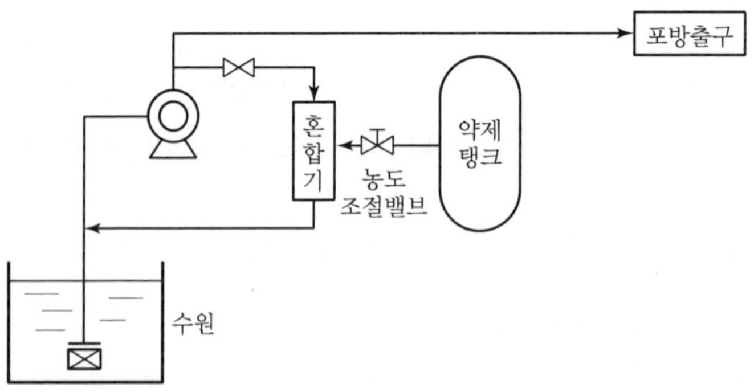

2) 프레져 프로포셔너 방식

펌프와 발포기의 중간에 설치된 **벤추리관의 벤추리작용**과 **펌프 가압수**의 포소화약제 저장탱크에 대한 압력에 따라 포소화약제를 흡입 · 혼합하는 방식이다.

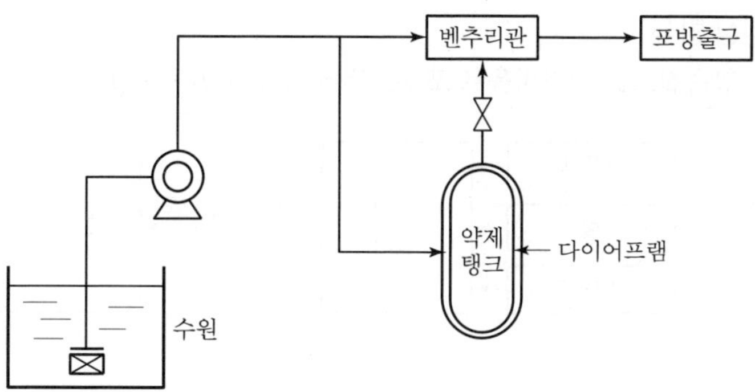

3) 라인 프로포셔너 방식

펌프와 발포기의 중간에 설치된 벤추리관의 **벤추리작용**에 따라 포소화약제를 흡입 · 혼합하는 방식이다.

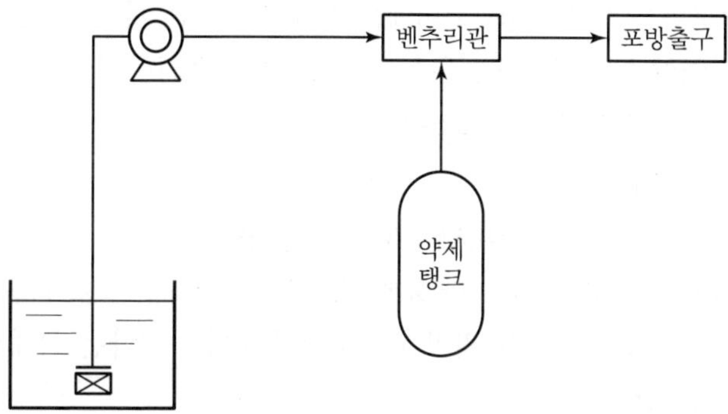

4) 프레져 사이드 프로포셔너 방식

펌프의 토출관에 **압입기**를 설치하여 포소화약제 **압입용 펌프**로 포소화약제를 압입하여 혼합하는 방식이다.

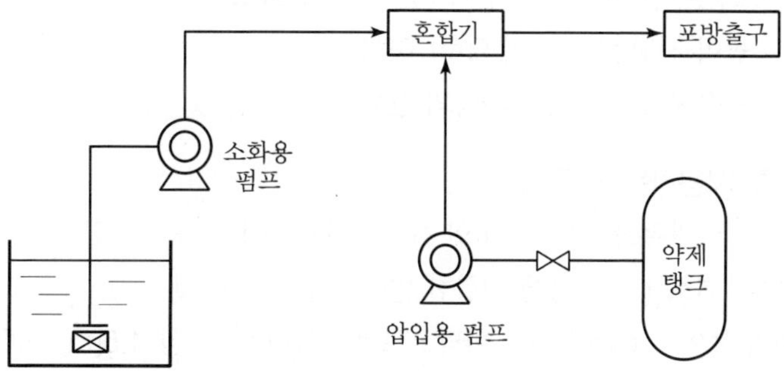

5) 압축공기포 믹싱 방식

압축공기 또는 압축질소를 일정비율로 포수용액에 강제 주입 · 혼합하는 방식이다.

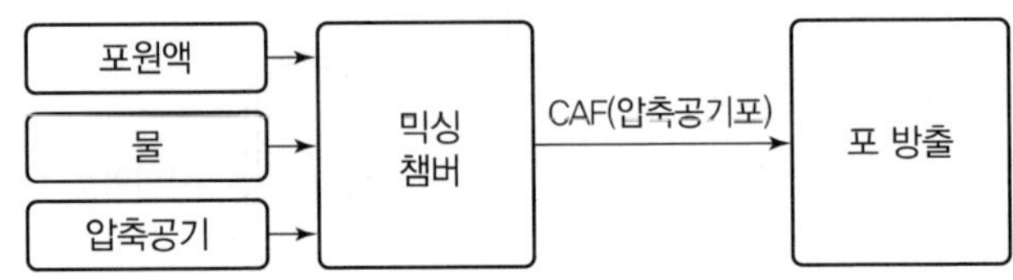

(9) 기동장치

1) 수동식 기동장치의 설치기준

① 직접조작 또는 원격조작에 따라 가압송수장치 · 수동식 개방밸브 및 소화약제 혼합장치를 기동할 수 있는 것으로 할 것

② 2 이상의 방사구역을 가진 포소화설비에는 방사구역을 선택할 수 있는 구조로 할 것

③ 높이 : 0.8[m] 이상 1.5[m] 이하, 유효한 보호장치를 설치할 것

④ 표지 : "기동장치의 조작부" 및 "접결구"

⑤ 수동기동장치의 설치개수

㉠ 차고 또는 주차장 : 방사구역마다 1개 이상 설치할 것

㉡ 항공기격납고 : 각 방사구역마다 2개 이상을 설치하되, 그중 1개는 각 방사구역으로부터 가장 가까운 곳 또는 조작에 편리한 장소에 설치하고, 1개는 화재감지수신기를 설치한 감시실 등에 설치할 것

2) 자동식 기동장치의 설치기준

① 폐쇄형 스프링클러헤드를 사용하는 경우

㉠ 표시온도 : 79[℃] 미만

㉡ 1개의 스프링클러헤드의 경계면적 : 20[m^2] 이하로 할 것

㉢ 부착면의 높이 : 바닥으로부터 5[m] 이하

㉣ 하나의 감지장치 경계구역은 하나의 층이 되도록 할 것

② 화재감지기를 사용하는 경우

㉠ 화재감지기는 자동화재탐지설비의 화재안전기준에 따라 설치할 것

㉡ 화재감지기 회로에는 다음에 적합한 발신기를 설치할 것

ⓐ 스위치 높이 : 조작이 쉽고 바닥으로부터 0.8[m] 이상 1.5[m] 이하

ⓑ 발신기의 배치

- 특정소방대상물의 층마다 설치
- 해당 특정소방대상물의 각 부분으로부터 수평거리가 25[m] 이하
- 복도 또는 별도로 구획된 실로서 보행거리가 40[m] 이상일 경우에는 추가로 설치

㉢ 발신기의 위치
- 표시등은 함의 상부에 설치할 것
- 그 불빛은 부착면으로부터 15[°] 이상의 범위 안에서 부착지점으로부터 10[m] 이내의 어느 곳에서도 쉽게 식별할 수 있는 **적색등**으로 할 것

07 이산화탄소 소화설비

(1) 계통도 및 작동 흐름도

1) 계통도

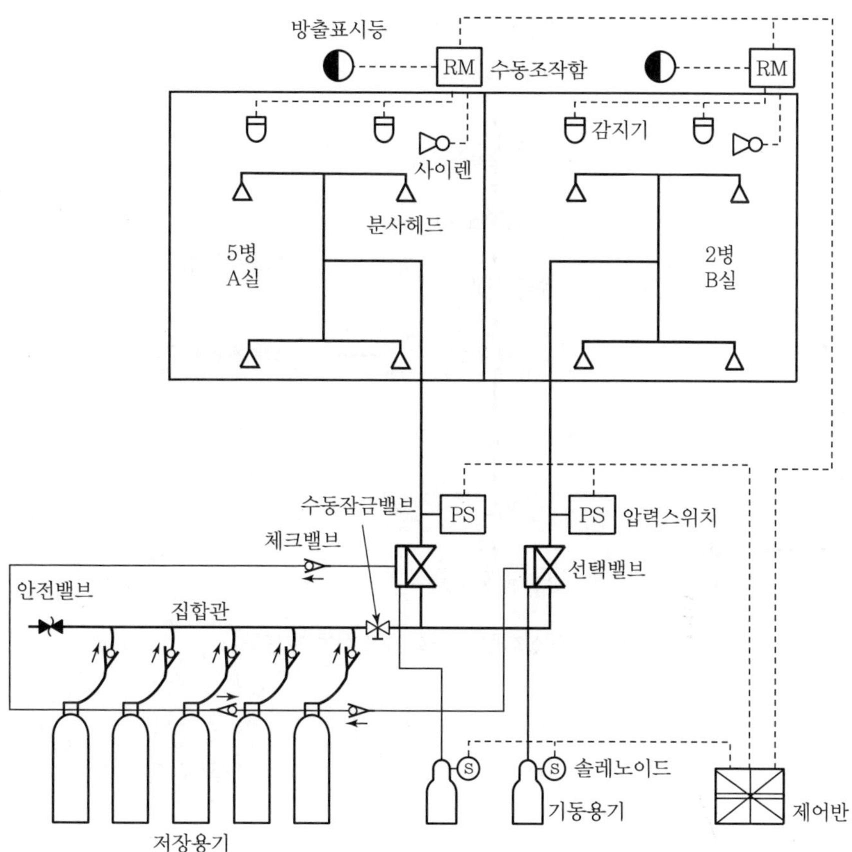

[이산화탄소 소화설비 계통도]

2) 작동 흐름도

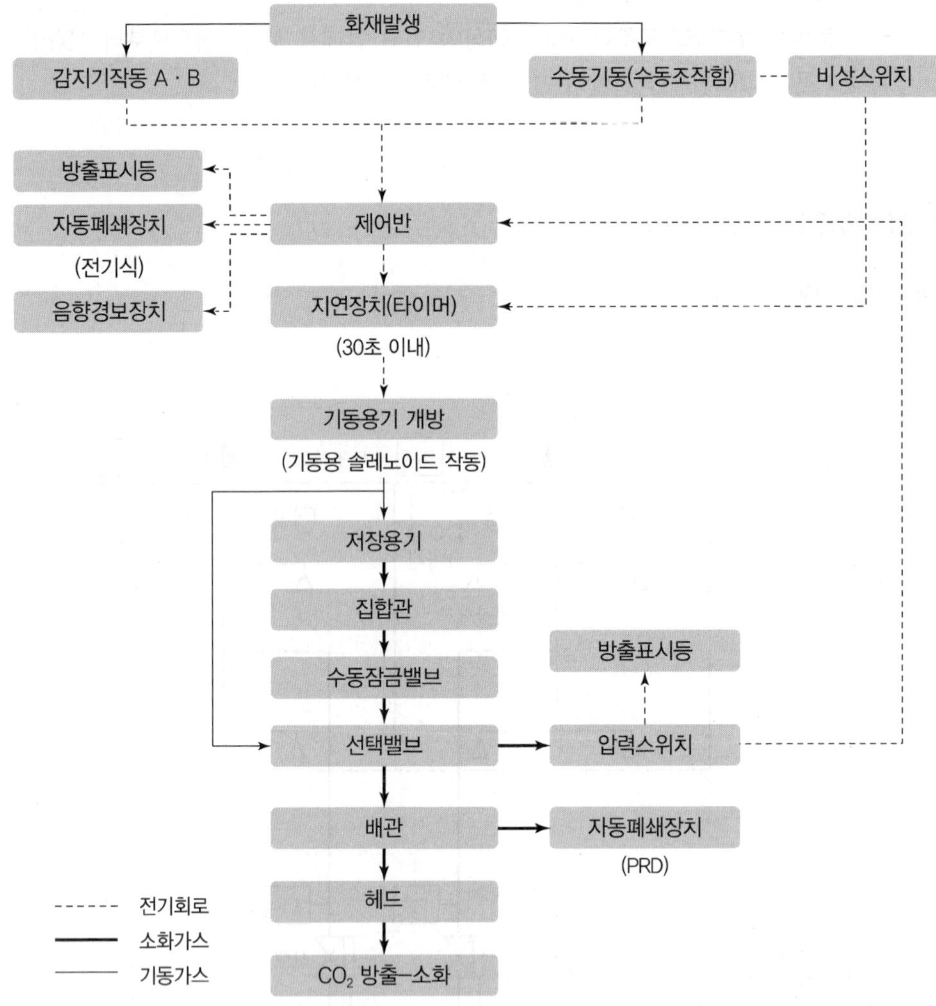

[이산화탄소 소화설비 작동 흐름도]

(2) 소화약제의 저장용기

1) 저장용기 설치장소의 기준

① **방호구역** 외의 장소에 설치할 것(단, 방호구역 내에 설치 시 피난구 부근에 설치)

② **온도가 40[℃] 이하**이고, 온도변화가 적은 곳에 설치할 것

③ **직사광선 및 빗물이** 침투할 우려가 없는 곳에 설치할 것

④ **방화문**으로 구획된 실에 설치할 것

⑤ **용기**의 설치장소에는 해당 용기가 설치된 곳임을 표시하는 **표지**를 할 것

⑥ **용기간의 간격**은 점검에 지장이 없도록 **3[cm] 이상**의 간격을 유지할 것

⑦ **저장용기**와 집합관을 연결하는 연결배관에는 **체크밸브**를 설치할 것

2) 저장용기의 설치기준

① **충전비 및 내압시험압력**

구분	저압식	고압식
충전비	1.1 이상 1.4 이하	1.5 이상 1.9 이하
내압시험압력	3.5[MPa] 이상	25[MPa] 이상

※ 충전비 : 저장용기의 체적과 소화약제의 중량의 비율

$$C = \frac{V[l]}{G[\mathrm{kg}]}$$

여기서, C : 충전비[l/kg], V : 저장용기의 체적[l], G : 소화약제의 중량[kg]

② **이산화탄소 저장용기의 개방밸브**

㉠ 자동개방방식 : **전기식 · 가스압력식 또는 기계식**

㉡ **수동으로도 개방**되는 것으로서 안전장치가 부착된 것으로 하여야 한다.

③ **고압식 배관의 안전장치**

㉠ 설치위치 : 저장용기와 선택밸브 또는 개폐밸브 사이

㉡ 작동압력 : 내압시험압력의 **0.8배**

④ **저압식 저장용기**

㉠ 안전밸브 : 내압시험압력의 **0.64배부터 0.8배**의 압력에서 작동

㉡ 봉판 : 내압시험압력의 **0.8배**부터 내압시험압력에서 작동

㉢ 저압식 저장용기에는 **액면계 및 압력계** 설치

㉣ 압력경보장치 : **2.3[MPa] 이상 1.9[MPa] 이하**의 압력에서 작동

㉤ 자동냉동장치 : 용기내부의 온도가 섭씨 **영하 18[℃]** 이하에서 **2.1[MPa]**의 압력 유지

(3) 소화약제 저장량 산정

1) 전역방출방식

① 정의

고정식 이산화탄소 공급장치에 배관 및 분사헤드를 고정 설치하여 밀폐 방호구역 내에 이산화탄소를 방출하는 설비

② 약제량 산정

㉠ 표면화재(가연성 액체, 가연성 가스)

$$Q\,[\text{kg}] = V \cdot K_1 \cdot N + A \cdot K_2$$

여기서, Q : 약제량[kg], V : 방호구역 체적[m^3], N : 보정계수
K_1[kg/m^3] : 방호구역 체적 $1m^3$에 대한 소화약제의 양[kg]
K_2[kg/m^2] : 방호구역에 설치된 개구부 $1m^2$당 약제가산량[kg]
A : 개구부 면적[m^2](개구부의 면적은 방호구역 전체 표면적의 3[%] 이하)

방호구역의 체적[m^3]	체적 $1m^3$당 소화약제의 양 K_1[kg/m^3]	최저한도량 [kg]	개구부 가산량 K_2[kg/m^2]
45 미만	1.0	45	5
45 이상 150 미만	0.9		
150 이상 1,450 미만	0.8	135	
1,450 이상	0.75	1,125	

㉡ 심부화재(종이 · 목재 · 석탄 · 섬유류 · 합성수지류 등)

$$Q\,[\text{kg}] = V \cdot K_1 + A \cdot K_2$$

여기서, Q : 약제량[kg], V : 방호구역 체적[m^3]
K_1[kg/m^3] : 방호구역 체적 $1m^3$에 대한 소화약제의 양[kg]
K_2[kg/m^2] : 방호구역에 설치된 개구부 $1m^2$당 약제가산량[kg]
A : 개구부 면적[m^2](개구부의 면적은 방호구역 전체 표면적의 3[%] 이하)

방호대상물	체적 $1m^3$당 소화약제의 양 K_1[kg/m^3]	설계농도 [%]	개구부 가산량 K_2[kg/m^2]
유압기기를 제외한 전기설비, 케이블실	1.3	50	10
체적 $55m^3$ 미만의 전기설비	1.6	50	
박물관, 목재가공품창고, 전자제품창고, 서고	2.0	65	
고무류, 모피창고, 면화류, 석탄, 집진설비	2.7	75	

예제 유압기기를 제외한 전기설비, 케이블실에 이산화탄소 소화설비를 전역방출방식으로 설치할 경우 방호구역의 체적이 600[m^3]라면 이산화탄소소화약제 저장량은 몇 [kg]인가?(단, 이때 설계농도는 50[%]이고, 개구부 면적은 무시한다.)

① 780　　② 960
③ 1,200　　④ 1,620

풀이 • $Q[\text{kg}] = V \cdot K_1 + A \cdot K_2$
V : 600[m^3], K_1 : 1.3[kg/m^3], A : 0[m^2], K_2 : 10[kg/m^3]
• $Q[\text{kg}] = 600[\text{m}^3] \times 1.3[\text{kg/m}^3] + 0[\text{m}^2] \times 10[\text{kg/m}^3] = 780[\text{kg}]$

정답 : ①

2) 국소방출방식

① 정의

고정식 이산화탄소 공급장치에 배관 및 분사헤드를 설치하여 직접 화점에 이산화탄소를 방출하는 설비로, 화재발생 부분에만 집중적으로 소화약제를 방출하도록 설치하는 방식

② 약제량 산정

㉠ 평면화재

윗면이 개방된 용기에 저장하는 경우와 화재 시 연소면이 한정되고 가연물이 비산할 우려가 없는 경우

$$Q[\text{kg}] = A[\text{m}^2] \times 13[\text{kg/m}^2] \times (\text{고압식} : 1.4,\ \text{저압식} : 1.1)$$

여기서, Q : 소화약제의 양[kg], A : 방호대상물의 표면적[m^2]

㉡ 입면화재

평면화재 이외의 것

$$Q[\text{kg}] = \left(8 - 6\frac{a}{A}\right) \times V \times (\text{고압식} : 1.4,\ \text{저압식} : 1.1)$$

여기서, Q : 소화약제의 양[kg]
a : 방호공간 주위에 설치된 벽의 면적 합계[m^2]
A : 방호공간의 벽면적(벽이 없는 경우 벽이 있는 것으로 가정)의 합계[m^2]
V : 방호구역 체적[m^3](방호대상물의 각 부분으로부터 0.6[m]의 거리에 따라 둘러싸인 공간의 체적)

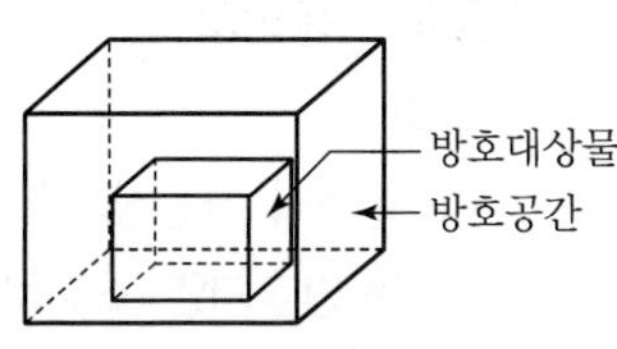

[방호공간의 개념]

3) 호스릴 방식

① 정의

분사헤드가 배관에 고정되어 있지 않고 소화약제 저장용기에 호스를 연결하여 사람이 직접 화점에 소화약제를 방출하는 이동식 소화설비

② 호스릴 설치장소

㉠ 지상 1층 및 피난층에 있는 부분으로서 지상에서 수동 또는 원격조작에 따라 개방할 수 있는 개구부의 유효면적의 합계가 바닥면적의 15[%] 이상이 되는 부분

㉡ 전기설비가 설치되어 있는 부분 또는 다량의 화기를 사용하는 부분의 바닥면적이 해당 설비가 설치되어 있는 구획의 바닥면적의 5분의 1 미만이 되는 부분

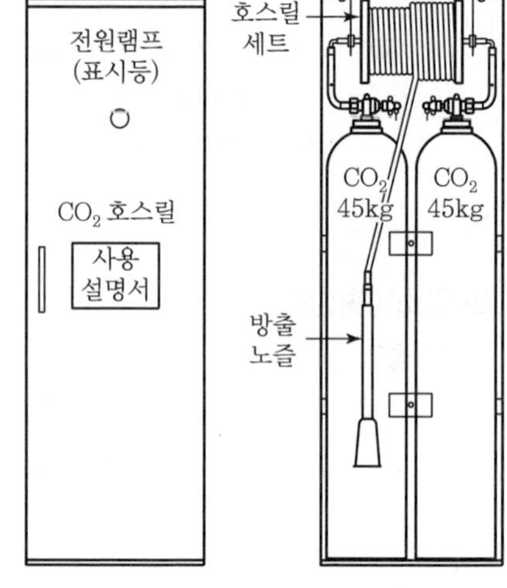

[이산화탄소 호스릴 소화장치]

③ 약제량

㉠ 노즐 1개당 약제저장량 : 90[kg]

㉡ 노즐 1개당 분당 방사량 : 60[kg/min]

④ 설치기준

㉠ CO_2 호스릴의 수평거리 : 15[m] 이하

㉡ 소화약제 저장용기는 호스릴을 설치하는 **장소마다** 설치할 것

㉢ 소화약제 저장용기의 개방밸브는 호스의 설치장소에서 **수동으로** 개폐할 수 있는 것으로 할 것

㉣ 소화약제 저장용기의 가장 가까운 곳의 보기 쉬운 곳에 **표시등**을 설치하고, "호스릴 이산화탄소 소화설비"가 있다는 뜻을 표시한 표지를 할 것

(4) 기동장치

1) 수동식 기동장치

① 구조

㉠ 수동식 기동장치의 부근에는 소화약제의 **방출**을 **지연**시킬 수 있는 **방출지연 스위치**를 설치하여야 한다.

㉡ 방출지연 스위치 : 자동복귀형 스위치로서 수동식 기동장치의 타이머를 순간 정지시키는 기능의 스위치

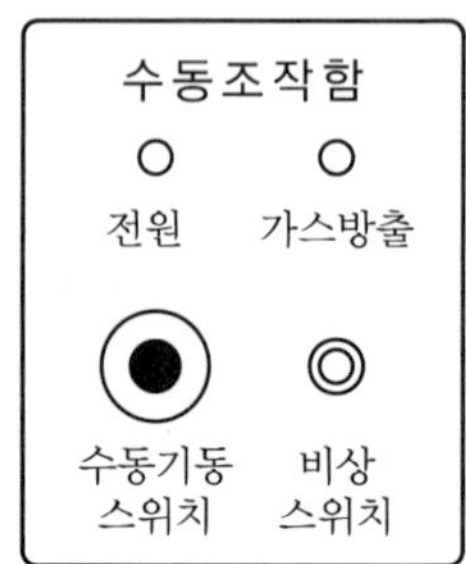

[수동식 기동장치]

② 설치기준

㉠ 전역방출방식은 **방호구역**마다, 국소방출방식은 **방호대상물**마다 설치할 것

㉡ **출입구 부분 등** 쉽게 피난할 수 있는 장소에 설치할 것

㉢ 조작부의 높이 : 0.8[m] 이상 1.5[m] 이하, 보호판 등에 따른 보호장치 설치

㉣ 표지 : "이산화탄소소화설비 수동식 기동장치"

㉤ 전기를 사용하는 기동장치에는 **전원표시등**을 설치

㉥ 기동장치의 방출용 스위치는 음향경보장치와 연동하여 조작될 수 있는 것으로 할 것

2) 자동식 기동장치

① 자동화재탐지설비의 **감지기의 작동과 연동**하는 것일 것

② 자동식 기동장치에는 **수동으로도 기동**할 수 있는 구조로 할 것

③ **전기식 기동장치 : 7병 이상**의 저장용기를 동시에 개방하는 설비는 2병 이상의 저장용기에 전자 개방밸브를 부착할 것

④ 가스압력식 기동장치

㉠ 기동용 가스용기 및 해당 용기에 사용하는 밸브는 25[MPa] 이상의 압력에 견딜 수 있는 것으로 할 것

㉡ 기동용 가스용기에는 내압시험압력의 **0.8배부터 내압시험압력 이하**에서 작동하는 안전장치를 설치할 것

㉢ 기동용 가스용기의 용적은 **5[l] 이상**으로 하고, 해당 용기에 저장하는 질소 등의 비활성 기체는 **6.0[MPa] 이상**(21[℃] 기준)의 압력으로 충전할 것

㉣ 기동용 가스용기에는 충전 여부를 확인할 수 있는 **압력게이지**를 설치할 것

(5) 배관

1) 설치기준

① 배관은 전용으로 할 것

② 강관

㉠ 고압식 : 압력배관용 탄소강관(KS D 3562) 중 **스케줄 80 이상**

㉡ 저압식 : 압력배관용 탄소강관(KS D 3562) 중 **스케줄 40 이상**

㉢ 이와 동등 이상의 강도를 가진 것으로 아연도금 등으로 방식처리된 것을 사용할 것(단, 호칭구경 20[mm] 이하는 스케줄 40 이상인 것을 사용 가능)

③ 동관

이음이 없는 동 및 동합금관(KS D 5301)으로서

㉠ 고압식 : 16.5[MPa] 이상

㉡ 저압식 : 3.75[MPa] 이상

④ 개폐밸브 또는 선택밸브의 2차 측 배관부속의 호칭압력
㉠ 고압식 : 1차 측-4.0[MPa] 이상, 2차 측-2.0[MPa] 이상
㉡ 저압식 : 1차 측, 2차 측-2.0[MPa] 이상

2) 배관의 굵기 산정
이산화탄소의 소요량이 다음 기준에 따른 시간 내에 방사될 수 있을 것
① 전역방출방식
㉠ 표면화재 : 1분
㉡ 심부화재 : 7분(이 경우 설계농도가 2분 이내에 30[%]에 도달)
② 국소방출방식 : 30초

(6) 이산화탄소 소화설비의 분사헤드

1) 전역방출방식 분사헤드 설치기준
① 방사된 소화약제가 방호구역의 전역에 균일하게 신속히 확산할 수 있도록 할 것
② 방사압력 : 고압식은 2.1[MPa], 저압식은 1.05[MPa] 이상
③ 방사시간
㉠ 표면화재 : 1분
㉡ 심부화재 : 7분(이 경우 설계농도가 2분 이내에 30[%]에 도달)

2) 국소방출방식 분사헤드 설치기준
① 소화약제의 방사에 따라 가연물이 비산하지 아니하는 장소에 설치할 것
② 방사시간 : 30초 이내

3) 분사헤드 설치 제외
① **방재실** · 제어실 등 사람이 상시 근무하는 장소
② **니트로셀룰로오스** · 셀룰로이드제품 등 자기연소성 물질을 저장 · 취급하는 장소
③ **나트륨** · 칼륨 · 칼슘 등 활성금속물질을 저장 · 취급하는 장소
④ **전시장** 등의 관람을 위하여 다수인이 출입 · 통행하는 통로 및 전시실 등

4) 분사헤드의 오리피스구경 등
① 분사헤드에는 부식방지조치를 하여야 하며 오리피스의 크기, 제조일자, 제조업체가 표시되도록 할 것
② 분사헤드의 개수는 방호구역에 방사시간이 충족되도록 설치할 것
③ 분사헤드의 방출률 및 방출압력은 제조업체에서 정한 값으로 할 것
④ 분사헤드의 **오리피스의 면적**은 분사헤드가 연결되는 **배관구경면적의 70[%]**를 초과하지 아니할 것

(7) 자동폐쇄장치

1) 설치기준

① 환기장치를 설치한 것은 이산화탄소가 방사되기 전에 해당 환기장치가 정지할 수 있도록 할 것

② 개구부가 있거나 천장으로부터 1[m] 이상의 **아랫부분** 또는 바닥으로부터 해당 층의 높이의 3분의 2 이내의 부분에 통기구가 있어 이산화탄소의 유출에 따라 소화효과를 감소시킬 우려가 있는 것은 이산화탄소가 방사되기 전에 해당 개구부 및 통기구를 폐쇄할 수 있도록 할 것

③ 자동폐쇄장치는 방호구역 또는 방호대상물이 있는 구획의 밖에서 복구할 수 있는 구조로 하고, 그 위치를 표시하는 표지를 할 것

(8) 안전시설 등

1) 이산화탄소 소화설비가 설치된 장소의 안전시설

① 소화약제 방출 시 방호구역 내와 부근에 가스방출 시 영향을 미칠 수 있는 장소에 **시각경보장치**를 설치하여 소화약제가 방출되었음을 알도록 할 것

② 방호구역의 출입구 부근의 잘 보이는 장소에 약제방출에 따른 **위험경고표지**를 부착할 것

08 할론소화설비

(1) 계통도 및 작동 흐름도

이산화탄소 소화설비와 동일함

(2) 소화약제의 저장용기

1) 저장용기 설치장소의 기준

① **방호구역 외**의 장소에 설치할 것(단, 방호구역 내에 설치 시 피난구 부근에 설치)

② **온도가 40[℃] 이하**이고, 온도변화가 적은 곳에 설치할 것

③ **직사광선** 및 빗물이 침투할 우려가 없는 곳에 설치할 것

④ **방화문**으로 구획된 실에 설치할 것

⑤ **용기**의 설치장소에는 해당 용기가 설치된 곳임을 표시하는 **표지**를 할 것

⑥ **용기** 간의 간격은 점검에 지장이 없도록 **3[cm] 이상**의 간격을 유지할 것

⑦ **저장용기**와 집합관을 연결하는 연결배관에는 **체크밸브**를 설치할 것

2) 저장용기의 설치기준

① 축압식 저장용기 설치기준

㉠ 축압식 저장용기의 압력

구분	할론 1211	할론 1301
축압식 저장용기의 압력	1.1[MPa] 또는 2.5[MPa]	2.5[MPa] 또는 4.2[MPa]
축압가스의 종류	질소(N_2)	질소(N_2)

㉡ 충전비

구분	할론 1211	할론 1301
충전비	**0.7 이상 1.4 이하**	**0.9 이상 1.6 이하**

㉢ 동일 집합관에 접속되는 용기의 소화약제 충전량은 동일 충전비의 것이어야 할 것

② 가압식 저장용기 설치기준

㉠ 가압용기의 압력 : 2.5[MPa] 또는 4.2[MPa]

㉡ 가압용 가스 : **질소**(N_2)

㉢ 압력조정장치의 조정압력 : 2.0[MPa] 이하

③ 할론 저장용기의 개방밸브

㉠ 자동개방방식 : **전**기식 · **가**스압력식 또는 **기**계식

㉡ 수동으로도 개방되는 것으로서 안전장치가 부착된 것으로 하여야 한다.

④ 별도 독립방식의 배관 설치

하나의 구역을 담당하는 소화약제 저장용기의 소화약제량의 체적합계보다 그 소화약제 방출 시 방출경로가 되는 배관(집합관 포함)의 내용적이 1.5배 이상일 경우

(3) 소화약제 저장량 산정

1) 전역방출방식

① 약제량 산정

$$Q\,[\text{kg}] = V \cdot K_1 + A \cdot K_2$$

여기서, Q : 약제량[kg], V : 방호구역 체적[m^3]

K_1[kg/m^3] : 방호구역 체적 $1m^3$에 대한 소화약제의 양[kg]

K_2[kg/m^2] : 방호구역에 설치된 개구부 $1m^2$당 약제가산량[kg]

A : 개구부 면적[m^2]

② 할론 1301 소화약제의 체적당 약제량 및 개구부 가산량

소방대상물	체적 1m³당 소화약제의 양 K_1[kg/m³]	개구부 가산량 K_2[kg/m²]
차고 · 주차장 · 전기실 · 통신기기실, 가연성 고체, 가연성 액체, 합성수지류 등	0.32	2.4
면화, 나무껍질, 넝마, 사류, 볏짚류, 목재가공품 등	0.52	3.9

예제 **체적 50[m³]의 변전실에 전역방출방식의 할로겐화합물 소화설비를 설치하는 경우 할론 1301의 저장량은 최소 몇 [kg] 이상이어야 하는가?(단, 변전실에는 자동폐쇄장치가 부착된 개구부가 있음)**

① 5　　② 10
③ 13　　④ 16

풀이 ① $Q[\text{kg}] = V \cdot K_1 + A \cdot K_2$

V : 50[m³], K_1 : 0.32[kg/m³], A : 0[m²], K_2 : 2.4[kg/m²]

- 자동폐쇄장치가 있는 경우 : 개구부의 크기는 0[m²]이다.
- 자동폐쇄장치가 없는 경우 : 개구부의 크기는 개구부의 면적이다.

② $Q[\text{kg}] = 50[\text{m}^3] \times 0.32[\text{kg/m}^3] + 0[\text{m}^2] \times 2.4[\text{kg/m}^2] = 16[\text{kg}]$

정답 : ④

2) 국소방출방식

① 약제량 산정(할론 1301)

㉠ 평면화재

윗면이 개방된 용기에 저장하는 경우와 화재 시 연소면이 한정되고 가연물이 비산할 우려가 없는 경우

$$Q[\text{kg}] = A[\text{m}^2] \times 6.8[\text{kg/m}^2] \times 1.25$$

여기서, Q : 소화약제의 양[kg], A : 방호대상물의 표면적[m²]

㉡ 입면화재(할론 1301)

평면화재 이외의 것으로 가연물이 비산할 우려가 있는 경우

$$Q[\text{kg}] = \left(X - Y\frac{a}{A}\right) \times V \times 1.25$$

여기서, Q : 소화약제의 양[kg], a : 방호공간 주위에 설치된 벽의 면적 합계[m²]
A : 방호공간의 벽면적(벽이 없는 경우 벽이 있는 것으로 가정)의 합계[m²]
V : 방호공간의 체적[m³](방호대상물의 각 부분으로부터 0.6[m]의 거리에 따라 둘러싸인 공간의 체적)
X : 4.0, Y : 3.0(할론 1301의 값)

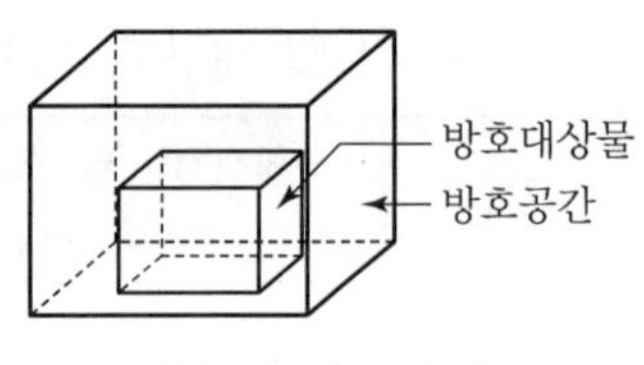

[방호공간의 개념]

3) 호스릴 방식

① 호스릴 설치장소

㉠ 지상 1층 및 피난층에 있는 부분으로서 지상에서 수동 또는 원격조작에 따라 개방할 수 있는 개구부의 유효면적의 합계가 바닥면적의 15[%] 이상이 되는 부분

㉡ 전기설비가 설치되어 있는 부분 또는 다량의 화기를 사용하는 부분의 바닥면적이 해당 설비가 설치되어 있는 구획의 바닥면적의 1/5 미만이 되는 부분

② 하나의 노즐당 약제저장량

할론소화약제의 종류	약제저장량[kg]
할론 1211 또는 2402	50
할론 1301	45

③ 호스릴 할론소화설비 설치기준

㉠ 방호대상물의 각 부분으로부터 하나의 호스접결구까지의 수평거리가 20[m] 이하

㉡ 저장용기의 개방밸브는 수동으로 개폐할 수 있는 것으로 할 것

㉢ 소화약제의 저장용기는 호스릴을 설치하는 장소마다 설치할 것

㉣ 노즐 하나의 1분당 방사량

할론소화약제의 종류	1분당 방사량[kg]
할론 1301	35
할론 1211	40
할론 2402	45

(4) 자동식 기동장치

1) 자동식 기동장치의 설치기준

① 자동식 기동장치는 자동화재탐지설비 **감지기의 작동과 연동**할 것

② 자동식 기동장치에는 **수동으로도 기동**할 수 있는 구조로 할 것

③ 전기식 기동장치 : 기동장치로서 **7병 이상**의 저장용기를 동시에 개방하는 설비는 2병 이상의 저장용기에 전자개방밸브를 부착할 것

④ 가스압력식 기동장치

㉠ 기동용 가스용기 및 밸브는 **25[MPa] 이상**의 압력에 견딜 수 있는 것으로 할 것

㉡ 기동용 가스용기에는 내압시험압력 **0.8배부터 내압시험압력** 이하에서 작동하는 안전장치를 설치할 것

㉢ 기동용 가스용기의 체적은 5[l] 이상으로 하고, 해당 용기에 저장하는 질소 등의 비활성기체는 6.0[MPa] 이상(21℃ 기준)의 압력으로 충전할 것. 다만, 기동용 가스용기의 체적을 1[l] 이상으로 하고, 해당 용기에 저장하는 이산화탄소의 양은 0.6[kg] 이상으로 하며, 충전비는 1.5 이상 1.9 이하의 기동용 가스용기로 할 수 있다.

⑤ 기계식 기동장치 : 저장용기를 쉽게 개방할 수 있는 구조로 할 것

(5) 배관

① 배관은 전용으로 할 것

② 강관

압력배관용 탄소강관(KS D 3562) 중 **스케줄 40 이상**의 것 또는 이와 동등 이상의 강도를 가진 것으로서 아연도금 등에 따라 방식처리된 것을 사용할 것

③ 동관

이음이 없는 동 및 동합금관(KS D 5301)의 것으로서 고압식은 **16.5[MPa] 이상**, 저압식은 **3.75[MPa] 이상**

④ 배관부속 및 밸브류는 강관 또는 동관과 동등 이상의 강도 및 내식성이 있을 것

(6) 분사헤드

① 분사헤드의 **방사압력** 및 **방사시간**

구분	할론 2402	할론 1211	할론 1301
방사압력	0.1[MPa] 이상	0.2[MPa] 이상	**0.9[MPa] 이상**
방사시간	10초 이내	10초 이내	**10초 이내**

② 할론 2402를 방출하는 분사헤드는 해당 소화약제가 **무상으로 분무**되는 것으로 할 것

③ 전역방출방식

방사된 소화약제가 방호구역의 **전역에 균일**하게 신속히 확산할 수 있도록 할 것

④ 국소방출방식

소화약제의 방사에 따라 가연물이 비산하지 아니하는 장소에 설치할 것

09 할로겐화합물 및 불활성 기체 소화설비

할로겐화합물 및 불활성 기체 소화약제란 할로겐화합물및 불활성 기체로서 전기적으로 비전도성이며 휘발성이 있거나 증발 후 잔여물을 남기지 않는 소화약제이다.

(1) 할로겐화합물 소화약제

1) 정의

불소, 염소, 브롬 또는 요오드 중 하나 이상의 원소를 포함하고 있는 유기화합물을 기본성분으로 하는 소화약제를 말한다.

2) 할로겐화합물 소화약제의 종류(액화가스)

<table>
<tr><th>소화약제</th><th>화학식</th><th>비고</th></tr>
<tr><td>FC-3-1-10(퍼플루오로부탄)</td><td>C_4F_{10}</td><td></td></tr>
<tr><td>HCFC BLEND A
(하이드로 클로로플루오로카본 혼화제)</td><td>HCFC-123($CHCl_2CF_3$) : 4.75[%]
HCFC-22($CHClF_2$) : 82[%]
HCFC-124($CHClFCF_3$) : 9.5[%]
$C_{10}H_{16}$: 3.75[%]</td><td rowspan="2">HCFC 계열
염소(Cl)
함유</td></tr>
<tr><td>HCFC-124
(클로로테트라플루오로에탄)</td><td>$CHClFCF_3$</td></tr>
<tr><td>HFC-125
(펜타플루오로에탄)</td><td>CHF_2CF_3</td><td rowspan="4">HFC 계열
염소(Cl)
미함유</td></tr>
<tr><td>HFC-23
(트리플루오로메탄)</td><td>CHF_3</td></tr>
<tr><td>HFC-227ea
(헵타플루오로프로판)</td><td>CF_3CHFCF_3</td></tr>
<tr><td>HFC-236fa
(헥사플루오로프로판)</td><td>$CF_3CH_2CF_3$</td></tr>
<tr><td>FIC-13I1
(트리플루오로이오다이드)</td><td>CF_3I</td><td>요오드(I) 함유</td></tr>
<tr><td>FK-5-1-12
(도데카플루오로-2-메틸펜탄-3-원)</td><td>$CF_3CF_2C(O)CF(CF_3)_2$</td><td></td></tr>
</table>

3) 약제량 산정(할로겐화합물 소화약제)

$$W = \frac{V}{S} \times \left(\frac{C}{100-C}\right)$$

여기서, W : 소화약제량[kg], V : 방호구역의 체적[m^3]
S : 소화약제별 선형상수($K_1 + K_2 t$)[m^3/kg]
t : 방호구역의 최소 예상온도[℃]
C : 소화약제의 설계농도[%](설계농도=소화농도×[A · C급 화재 : 1.2, B급 화재 : 1.3])

(2) 불활성 기체 소화약제

1) 정의

헬륨, 네온, 아르곤 또는 질소가스 중 하나 이상의 원소를 기본성분으로 하는 소화약제를 말한다.

2) 불활성 기체 소화약제의 종류(압축가스)

소화약제	화학식
IG-01	Ar
IG-100	N_2
IG-55	N_2 : 50[%], Ar : 50[%]
IG-541	N_2 : 52[%], Ar : 40[%], CO_2 : 8[%]

3) 약제량 산정(불활성 기체 소화약제)

$$X = 2.303 \times \frac{V_S}{S} \times \left(\log_{10} \frac{100}{100 - C}\right) \times V$$

여기서, X : 소화약제량[m^3], S : 소화약제별 선형상수($K_1 + K_2 t$)[m^3/kg]

t : 방호구역의 최소 예상온도[℃], V_S : 20℃에서 소화약제의 비체적[m^3/kg]

C : 소화약제의 설계농도[%](설계농도=소화농도×[A · C급 화재 : 1.2, B급 화재 : 1.3])

V : 방호구역의 체적[m^3]

(3) 소화약제의 저장용기

1) 저장용기 설치장소의 기준

① 방호구역 외의 장소에 설치할 것(단, 방호구역 내에 설치 시 피난구 부근에 설치)

② 온도가 55[℃] 이하이고, 온도변화가 적은 곳에 설치할 것

③ 직사광선 및 빗물이 침투할 우려가 없는 곳에 설치할 것

④ 방화문으로 구획된 실에 설치할 것

⑤ 용기의 설치장소에는 해당 용기가 설치된 곳임을 표시하는 **표지**를 할 것

⑥ 용기 간의 간격은 점검에 지장이 없도록 3[cm] 이상의 간격을 유지할 것

⑦ 저장용기와 집합관을 연결하는 연결배관에는 **체크밸브**를 설치할 것

⑧ 50N 이하의 힘을 가하여 기동할 수 있는 구조로 할 것

2) 저장용기의 설치기준

① 저장용기의 충전밀도 및 충전압력은 화재안전기준에 따를 것

② 저장용기의 표시사항 : 약제명 · 자체중량 · 총중량 · 충전일시 · 충전압력 및 약제의 체적

③ 집합관에 접속되는 저장용기는 동일한 내용적을 가진 것으로 충전량 및 충전압력이 같도록 할 것

④ 저장용기에 충전량 및 충전압력을 확인할 수 있는 장치를 하는 경우에는 해당 소화약제에 적합한 구조로 할 것

⑤ 저장용기의 교체 또는 재충전

㉠ 할로겐화합물 소화약제 : 약제량 손실이 5[%]를 초과하거나 압력손실이 10[%]를 초과할 경우

㉡ 불활성 기체 소화약제 : 압력손실이 5[%]를 초과할 경우

⑥ 별도 독립방식의 배관 설치

하나의 방호구역을 담당하는 저장용기의 소화약제의 체적합계보다 소화약제의 방출 시 방출 경로가 되는 배관의 내용적의 비율이 할로겐화합물 및 불활성 기체 소화약제 제조업체의 설계기준에서 정한 값 이상일 경우에는 해당 방호구역에 대한 설비는 별도 독립방식으로 하여야 한다.

(4) 배관

1) 배관의 설치기준

① 배관은 전용으로 할 것

② 배관 · 배관부속 및 밸브류는 저장용기의 방출내압을 견딜 수 있을 것

③ 강관 : 압력배관용 탄소강관(KS D 3562) 또는 이와 동등 이상의 강도를 가진 것으로서 아연도금 등에 따라 방식처리된 것을 사용할 것

④ 동관 : 사용하는 경우의 배관은 이음이 없는 동 및 동합금관(KS D 5301)의 것을 사용할 것

⑤ 배관부속 및 밸브류 : 강관 또는 동관과 동등 이상의 강도 및 내식성이 있는 것으로 할 것

⑥ 배관과 배관, 배관과 배관부속 및 밸브류의 접속방법 : **나사접합, 용접접합, 압축접합** 또는 **플랜지접합**

2) 배관의 두께

$$t = \frac{PD}{2SE} + A$$

여기서, t : 배관의 두께[mm], P : 최대 허용압력[kPa], D : 배관의 바깥지름[mm]

SE : 최대 허용응력[kPa]

(배관재질 인장강도의 1/4 값과 항복점의 2/3 값 중 작은 값×배관이음효율×1.2)

A : 나사이음 · 홈이음 등의 허용값[mm]

- 나사이음 : 나사의 높이
- 절단홈 이음 : 홈의 깊이
- 용접이음 : 0

※ 배관이음효율

- 이음매 없는 배관 : 1.0
- 전기저항용접 배관 : 0.85
- 가열 및 맞대기용접 배관 : 0.60

(5) 분사헤드

① 분사헤드의 설치높이

바닥으로부터 최소 0.2[m] 이상 최대 3.7[m] 이하로 하여야 하며 천장높이가 3.7[m]를 초과할 경우에는 추가로 다른 열의 분사헤드를 설치할 것

② 분사헤드의 개수

해당 방호구역에 할로겐화합물 소화약제는 10초 이내에, 불활성 기체 소화약제는 A · C급 화재 2분, B급 화재 1분 이내에 방호구역 각 부분에 최소설계농도의 95[%] 이상 해당하는 약제량이 방출되도록 하여야 한다.

③ 분사헤드에는 **부식방지조치**를 하여야 하며 오리피스의 크기, 제조일자, 제조업체가 표시되도록 할 것

④ 분사헤드의 방출률 및 방출압력은 제조업체에서 정한 값으로 한다.

⑤ 분사헤드의 오리피스의 면적

분사헤드가 연결되는 배관구경면적의 70[%]를 초과하여서는 아니 된다.

(6) 할로겐화합물 및 불활성 기체 소화설비의 설치 제외

① 사람이 상주하는 곳으로서 **최대 허용설계농도**를 초과하는 장소

② 제3류 위험물 및 제5류 위험물을 사용하는 장소

(7) 할로겐화합물 및 불활성 기체 소화약제 최대 허용설계농도

소화약제	최대 허용설계농도[%]
FC−3−1−10	40
HCFC BLEND A	10
HCFC−124	1.0
HFC−125	11.5
HFC−227ea	10.5
HFC−23	30
HFC−236fa	12.5
FIC−13I1	0.3
FK−5−1−12	10
IG−01	43
IG−100	43
IG−541	43
IG−55	43

10 분말소화설비

(1) 계통도 및 작동 흐름도

1) 계통도

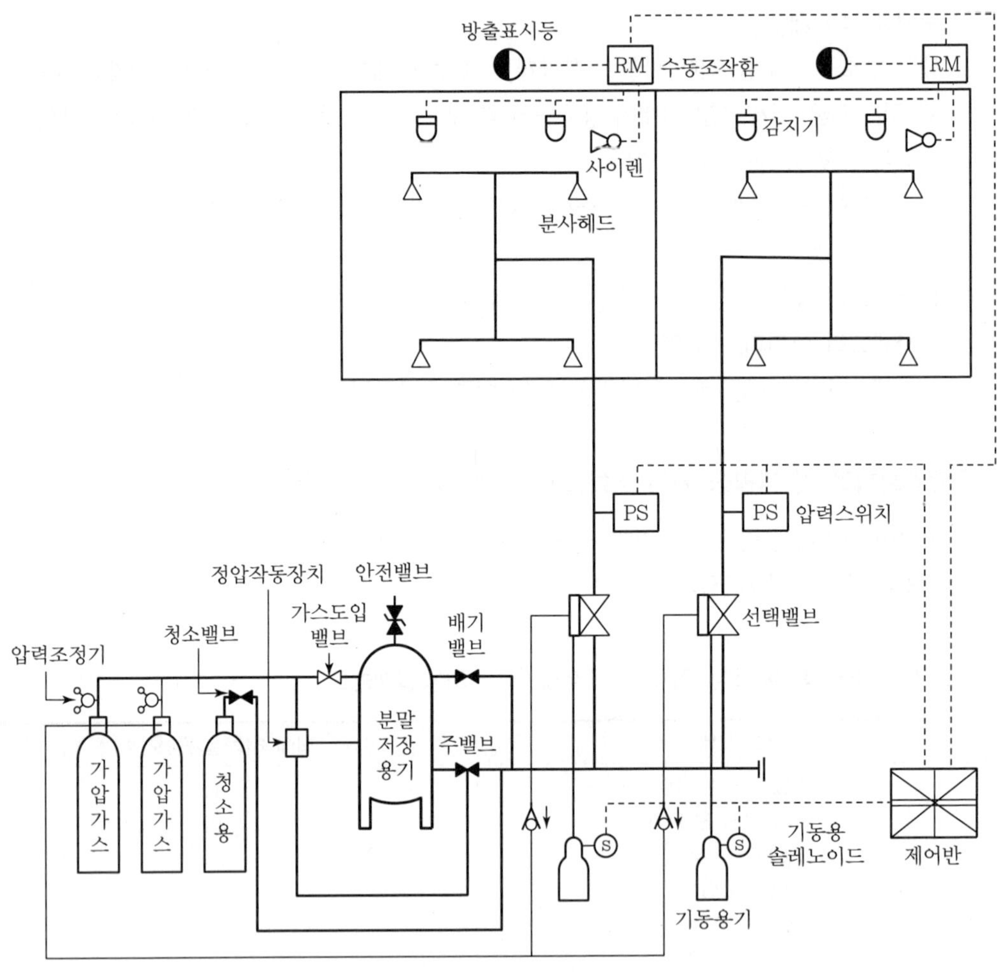

[분말소화설비 계통도(가압식)]

2) 작동 흐름도

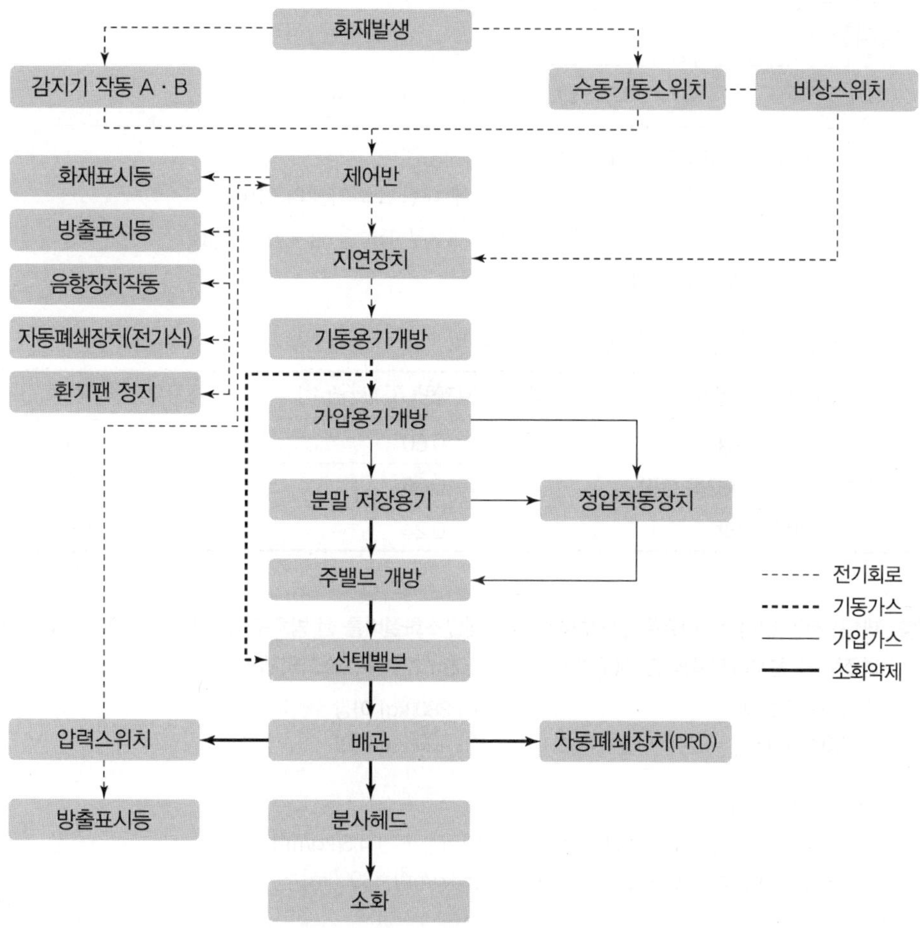

[분말소화설비 작동 흐름도(가압식)]

(2) 소화약제 저장량 산정

1) 전역방출방식

① 약제량 산정

$$Q\,[\text{kg}] = V \cdot K_1 + A \cdot K_2$$

여기서, Q : 약제량[kg], V : 방호구역 체적[m^3]
K_1[kg/m^3] : 방호구역 체적 $1m^3$에 대한 소화약제의 양[kg]
K_2[kg/m^2] : 방호구역에 설치된 개구부 $1m^2$당 약제가산량[kg]
A : 개구부 면적[m^2]

② 분말소화약제별 방호구역 체적당 약제량 및 개구부 가산량

소화약제의 종별	체적당 약제량(K_1)[kg/m^3]	개구부 가산량(K_2)[kg/m^2]
제1종 분말	0.60	4.5
제2종 분말 또는 제3종 분말	0.36	2.7
제4종 분말	0.24	1.8

예제 제1종 분말 탄산수소나트륨 전역방출방식의 분말소화설비를 한 방호구역의 체적이 500[m^3]이고 자동폐쇄 장치를 설치하지 아니한 개구부의 면적이 20[m^2]인 경우 소화약제의 저장량은?

① 300[kg] 이상
② 380[kg] 이상
③ 390[kg] 이상
④ 400[kg] 이상

풀이 • $Q\,[\text{kg}] = V \cdot K_1 + A \cdot K_2$
V : 500[m^3], K_1 : 0.60[kg/m^3], A : 20[m^2], K_2 : 4.5[kg/m^2]
• Q=500[m^3]×0.6[kg/m^3]+20[m^2]×4.5[kg/m^2]=390[kg]

정답 : ③

(3) 저장용기

1) 저장용기의 설치기준

① 약제 1[kg]당 저장용기의 내용적(충전비)

소화약제의 종별	충전비 [l/kg]
제1종 분말	0.8
제2종 분말	1.0
제3종 분말	1.0
제4종 분말	1.25

② 저장용기에는 가압식은 **최고 사용압력의 1.8배 이하**, 축압식은 용기의 **내압시험압력의 0.8배 이하**의 압력에서 작동하는 안전밸브를 설치할 것
③ 저장용기에는 저장용기의 내부압력이 설정압력으로 되었을 때 **주밸브를 개방하는 정압작동장치**를 설치할 것
④ 저장용기의 **충전비는 0.8 이상**으로 할 것
⑤ 저장용기 및 배관에는 잔류 소화약제를 처리할 수 있는 **청소장치**를 설치할 것
⑥ 축압식의 분말소화설비는 사용압력의 범위를 표시한 **지시압력계**를 설치할 것

(4) 가압용 가스용기

1) 가압용 가스용기의 설치기준
① 분말소화약제의 가스용기는 분말소화약제의 저장용기에 접속하여 설치할 것
② **전자개방밸브**의 설치수량 : 가압용 가스용기를 **3병 이상** 설치한 경우에는 **2개 이상의 용기**에 부착할 것
③ **압력조정기**의 조정압력 : 2.5[MPa] 이하

2) 가압용 가스 또는 축압용 가스의 종류 및 저장량
① 가압용 가스 또는 축압용 가스는 **질소가스** 또는 **이산화탄소**로 할 것
② 분말소화약제 1[kg]당 가압용 · 축압용 가스의 저장량

방식 \ 가스	질소(N_2)	이산화탄소(CO_2)
가압용	40 [l/kg]	20 [g/kg]
축압용	10 [l/kg]	20 [g/kg]

③ **배관의 청소**에 필요한 양의 가스는 **별도의 용기**에 저장할 것

(5) 배관

1) 배관은 **전용**으로 할 것
2) 강관
① 아연도금에 따른 배관용 탄소강관이나 이와 동등 이상의 강도 · 내식성 및 내열성을 가진 것으로 할 것
② 축압식 분말소화설비에 사용하는 것 중 20[℃]에서 압력이 2.5[MPa] 이상 4.2[MPa] 이하인 것은 압력배관용 탄소강관 중 이음이 없는 **스케줄 40 이상**의 것 또는 이와 동등 이상의 강도를 가진 것으로서 아연도금으로 방식처리된 것을 사용하여야 한다.
3) **동관** : 고정압력 또는 **최고 사용압력의 1.5배 이상**의 압력에 견딜 수 있는 것을 사용할 것
4) **밸브류** : 개폐위치 또는 **개폐방향을 표시**한 것으로 할 것

5) **배관의 관부속 및 밸브류** : 배관과 동등 이상의 강도 및 내식성이 있는 것으로 할 것
6) **분기배관** : 제품검사에 합격한 것으로 설치할 것

(6) 분사헤드

1) 전역방출방식
① 방사된 소화약제가 방호구역의 **전역**에 **균일하고 신속하게 확산**할 수 있도록 할 것
② 방사시간 : **30초 이내**

2) 국소방출방식
① 소화약제의 방사에 따라 가연물이 비산하지 아니하는 장소에 설치할 것
② 방사시간 : **30초 이내**

(7) 호스릴 분말소화설비

1) 설치장소
① 화재 시 현저하게 연기가 찰 우려가 없는 장소로서 다음에 해당하는 장소
㉠ 지상 1층 및 피난층에 있는 부분으로서 지상에서 수동 또는 원격조작에 따라 개방할 수 있는 개구부의 유효면적의 합계가 바닥면적의 **15[%] 이상**이 되는 부분
㉡ 전기설비가 설치되어 있는 부분 또는 다량의 화기를 사용하는 부분의 바닥면적이 해당 설비가 설치되어 있는 구획의 바닥면적의 **1/5 미만**이 되는 부분

2) 호스릴 하나의 노즐당 저장량 및 분당 방사량

소화약제의 종별	소화약제 저장량[kg]	1분당 방사량[kg/min]
제1종 분말	50	45
제2종 분말 또는 제3종 분말	30	27
제4종 분말	20	18

3) 호스릴 설치기준
① 호스릴 수평거리 : **15[m] 이하**
② 저장용기의 개방밸브는 호스릴의 설치장소에서 **수동으로 개폐**할 수 있을 것
③ 소화약제의 저장용기는 호스릴을 설치하는 **장소마다** 설치할 것
④ 저장용기에는 그 가까운 곳의 보기 쉬운 곳에 **적색의 표시등**을 설치하고, “이동식 분말소화설비”가 있다는 뜻을 표시한 **표지**를 할 것

(8) 정압작동장치

1) 설치목적

가압용 가스가 분말소화약제 저장용기를 가압하여 일정압력에 도달하거나 또는 일정시간이 경과되면 주밸브를 개방하는 역할

2) 정압작동장치의 종류

① 압력스위치방식

약제탱크 내부의 압력을 감지할 수 있는 압력스위치를 설치하여 일정압력에 도달하면 압력스위치가 폐로되어 전자밸브를 작동하는 방식

② 시한릴레이방식

소화설비의 기동과 동시에 타이머가 작동하여 일정시간 후 접점이 폐로되어 전자밸브를 작동하는 방식

③ 기계적 방식

약제탱크 내부의 압력에 의해 밸브의 레버를 이동시켜 정압작동장치가 개방되어 주밸브 쪽으로 가압가스를 보내 주밸브를 개방하는 방식

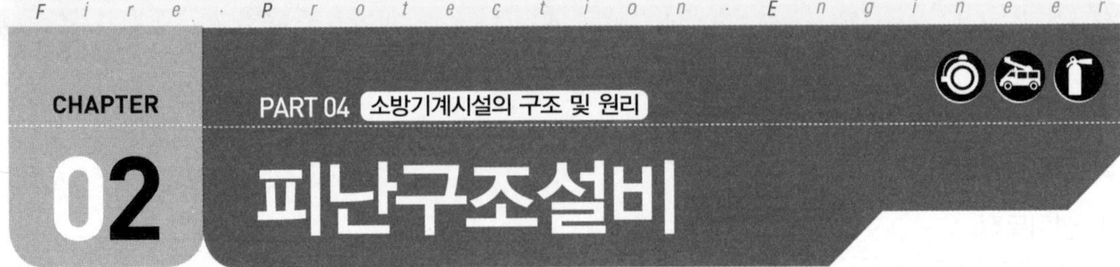

• 피난구조설비의 정의

화재가 발생할 경우 피난하기 위하여 사용하는 기구 또는 설비를 말한다.

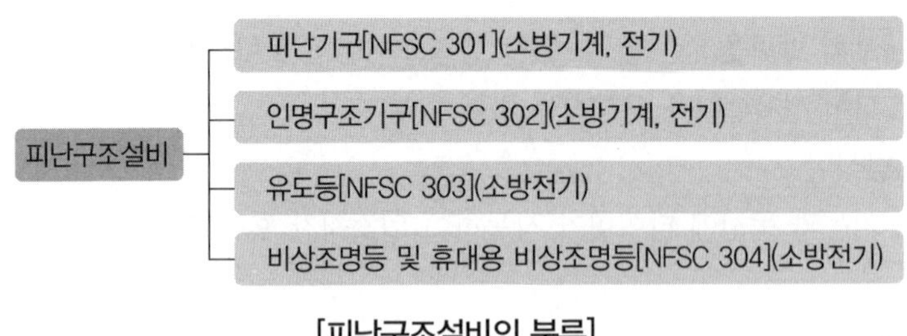

[피난구조설비의 분류]

01 피난기구

(1) 피난기구의 설치대상

1) 특정소방대상물의 모든 층에 화재안전기준에 적합한 것으로 설치할 것

2) 설치 제외 대상

① 피난층, 지상 1층, 지상 2층(노유자시설 중 피난층이 아닌 지상 1, 2층은 제외)

② 층수가 11층 이상인 층

③ 위험물 저장 및 처리시설 중 가스시설, 지하가 중 터널 또는 지하구

(2) 피난기구의 종류

① 피난교 ② 완강기 ③ 간이완강기 ④ 구조대
⑤ 피난용 트랩 ⑥ 미끄럼대 ⑦ 공기안전매트 ⑧ 피난사다리
⑨ 다수인 피난장비 ⑩ 승강식 피난기

1) 피난사다리

① **정의** : 화재 시 긴급대피를 위해 사용하는 사다리

② **피난사다리의 종류**

㉠ **고정식** 사다리 : 항시 사용 가능한 상태로 소방대상물에 고정되어 사용되는 사다리

㉡ **올림식** 사다리 : 소방대상물 등에 기대어 세워서 사용하는 사다리

㉢ **내림식** 사다리 : 평상시에는 접어 둔 상태로 두었다가 사용하는 때에 소방대상물 등에 걸어 내려 사용하는 사다리(하향식 피난구용 내림식 사다리 포함)

③ 고정식 사다리의 종류

㉠ **수납식** : 횡봉이 종봉 내에 수납되어 사용하는 때에 횡봉을 꺼내어 사용할 수 있는 구조

㉡ **접는식** : 사다리를 접을 수 있는 구조

㉢ **신축식** : 사다리 하부를 신축할 수 있는 구조

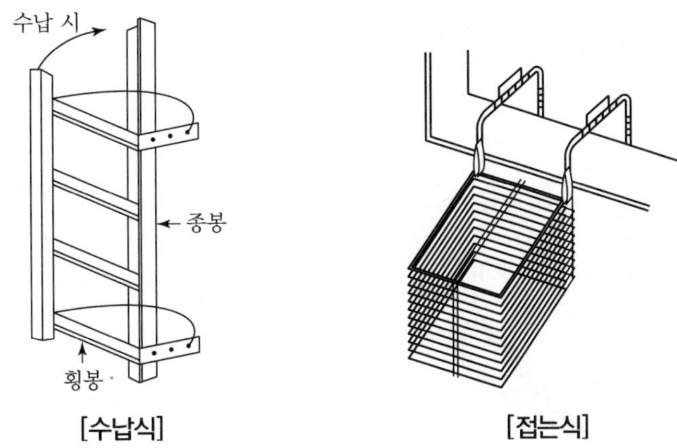

[수납식] [접는식]

④ 하향식 피난구용 내림식 사다리

하향식 피난구 해치(피난사다리를 항상 사용 가능한 상태로 넣어 두는 장치)에 격납하여 보관되다가 사용하는 때에 사다리의 돌자 등이 소방대상물과 접촉되지 아니하는 내림식 사다리

⑤ 올림식 사다리의 구조

㉠ 상부 지지점(끝부분으로부터 60[cm] 이내의 임의의 부분)에 미끄러지거나 넘어지지 아니하도록 하기 위하여 안전장치를 설치하여야 한다.

㉡ 하부 지지점에는 **미끄러짐을 막는 장치**를 설치하여야 한다.

⑥ 내림식 사다리의 구조

㉠ 사용 시 소방대상물로부터 **10[cm] 이상**의 거리를 유지하기 위한 유효한 돌자를 횡봉의 위치마다 설치하여야 한다. 다만, 그 돌자를 설치하지 아니하여도 사용 시 소방대상물에서 **10[cm] 이상**의 거리를 유지할 수 있는 것은 그러하지 아니하다.

㉡ 종봉의 끝부분에는 가변식 걸고리 또는 걸림장치(하향식 피난구용 내림식 사다리는 해치 등에 고정할 수 있는 장치)가 부착되어 있어야 한다.

2) 완강기

① 정의

㉠ 완강기 : 사용자의 몸무게에 따라 자동적으로 내려올 수 있는 기구 중 사용자가 교대하여 **연속적으로 사용할 수 있는 것**

㉡ 간이완강기 : 사용자의 몸무게에 따라 자동적으로 내려올 수 있는 기구 중 사용자가 **연속적으로 사용할 수 없는 것**

② 완강기의 구성

㉠ 속도조절기(조속기) : 완강기의 강하속도를 일정범위로 조절하는 장치

㉡ 속도조절기의 연결부(후크) : 지지대와 속도조절기를 연결하는 부분

㉢ 연결금속구 : 로프와 벨트의 연결부위에 사용하는 금속구 및 완강기 또는 간이완강기를 지지대에 연결할 때 사용하는 금속구 등

㉣ 로프 : 와이어로프로서 지름 3[mm] 이상

㉤ 벨트 : 강도는 6,500[N]의 인장하중을 가하는 시험에서 현저한 변형이 없을 것

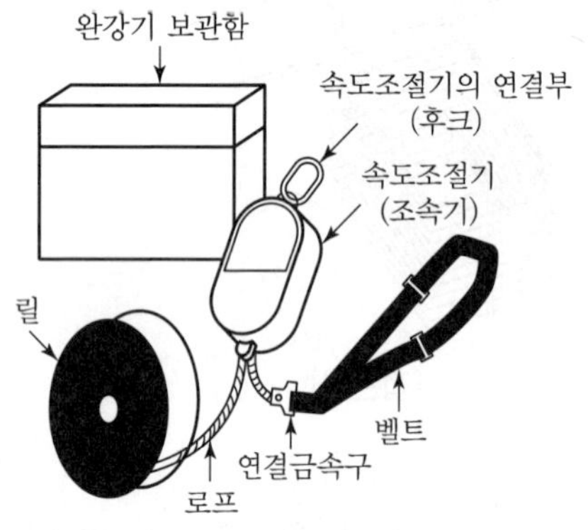

[완강기의 구성요소]

[완강기 지지대]

③ 완강기 및 간이완강기의 구조 및 성능

㉠ 속도조절기 · 속도조절기의 연결부 · 로프 · 연결금속구 및 벨트로 구성되어야 한다.

㉡ 강하 시 사용자를 심하게 선회시키지 아니하여야 한다.

④ 속도조절기(조속기)의 구조 및 성능

㉠ 견고하고 내구성이 있어야 한다.

㉡ 평상시에 분해 청소 등을 하지 아니하여도 작동할 수 있어야 한다.

㉢ 강하 시 발생하는 열에 의하여 기능에 이상이 생기지 아니하여야 한다.

㉣ 속도조절기는 사용 중에 분해 · 손상 · 변형되지 아니하여야 하며, 속도조절기의 이탈이 생기지 아니하도록 덮개를 하여야 한다.

㉤ 강하 시 로프가 손상되지 아니하여야 한다.

㉥ 속도조절기의 풀리 등으로부터 로프가 노출되지 아니하는 구조이어야 한다.

㉦ 기능에 이상이 생길 수 있는 모래나 기타의 이물질이 쉽게 들어가지 아니하도록 견고한 덮개로 덮여 있어야 한다.

⑤ 지지대

㉠ 화재 시 피난용으로 사용되는 완강기와 간이완강기를 소방대상물에 고정 설치해 줄 수 있는 기구

㉡ 지지대는 연직방향으로 최대 사용자 수에 5,000[N]을 곱한 하중을 가하는 경우 파괴 · 균열 및 현저한 변형이 없어야 한다.

⑥ 최대 사용하중 및 최대 사용자 수

㉠ 완강기, 간이완강기 및 지지대를 사용함에 있어서 당해 완강기, 간이완강기 및 지지대에 가할 수 있는 최대 하중

㉡ 최대 사용하중 : 1,500[N] 이상

㉢ 최대 사용자 수(1회에 강하할 수 있는 사용자의 최대 수)
최대 사용하중을 1,500[N]으로 나누어서 얻은 값(1 미만 삭제)으로 한다.

3) 구조대

① 정의
포지 등을 사용하여 자루형태로 만든 것으로서 화재 시 사용자가 그 내부에 들어가서 내려옴으로써 대피할 수 있는 것

② 구조대의 종류

㉠ **경사강하식** 구조대 : 소방대상물에 비스듬하게 고정시키거나 설치하여 사용자가 미끄럼식으로 내려올 수 있는 구조대

㉡ **수직강하식** 구조대 : 소방대상물 또는 기타 장비 등에 수직으로 설치하여 사용하는 구조대

③ 경사강하식 구조대의 구조기준

㉠ 입구틀 및 취부틀의 입구는 지름 **50[cm] 이상**의 구체가 통과할 수 있어야 한다.

㉡ 구조대 본체는 **강하방향으로 봉합부**가 설치되지 **아니하여야** 한다.

㉢ 구조대 본체의 활강부는 낙하방지를 위해 **포를 2중구조**로 하거나 또는 망목의 변의 길이가 **8[cm] 이하인 망**을 설치하여야 한다.

㉣ 본체의 포지는 하부 지지장치에 **인장력이 균등**하게 걸리도록 부착하여야 하며 하부 지지장치는 쉽게 조작할 수 있어야 한다.

㉤ 손잡이는 출구 부근에 좌우 각 **3개 이상 균일한 간격**으로 견고하게 부착하여야 한다.

㉥ 구조대본체의 끝부분에는 **길이 4[m] 이상, 지름 4[mm] 이상의 유도선**을 부착하여야 하며, 유도선 끝에는 중량 **3[N](300[g]) 이상**의 모래주머니 등을 설치하여야 한다.

④ 수직강하식 구조대의 구조기준

㉠ 구조대의 포지는 **외부포지와 내부포지로 구성**하되, 외부포지와 내부포지의 사이에 충분한 공기층을 두어야 한다.

㉡ 입구틀 및 취부틀의 입구는 지름 **50[cm] 이상**의 구체가 통과할 수 있는 것이어야 한다.

㉢ 구조대는 **연속하여 강하**할 수 있는 구조이어야 한다.

㉣ 포지는 사용 시 **수직방향**으로 현저하게 늘어나지 **아니하여야** 한다.

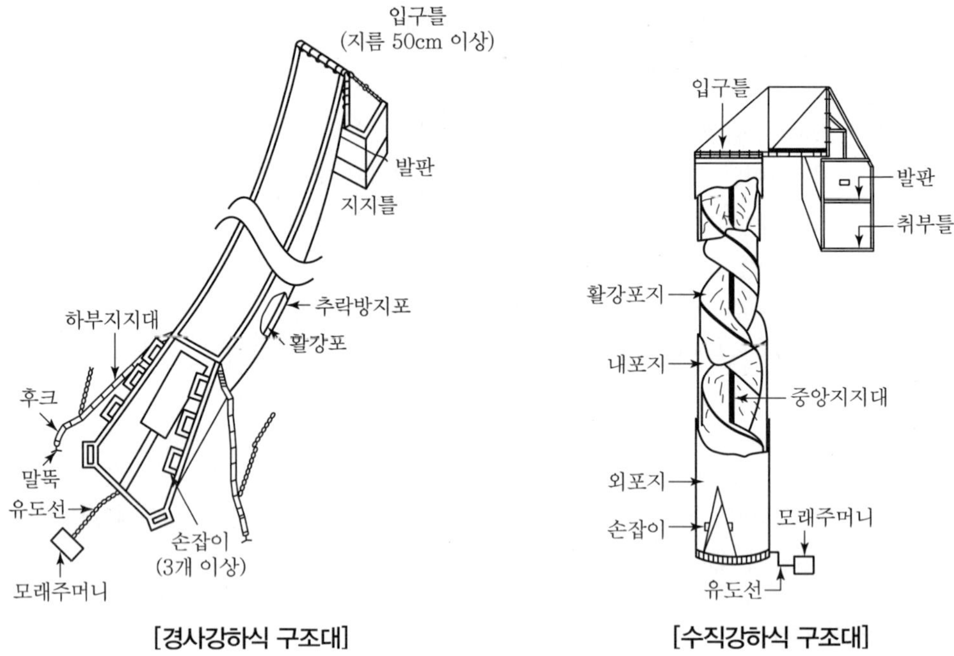

[경사강하식 구조대] [수직강하식 구조대]

(3) 피난기구 설치개수 산정

1) 특정소방대상물별 기준면적[m^2]당 1개 이상 설치

특정소방대상물	기준면적
숙박시설 · 노유자시설 및 의료시설	그 층의 바닥면적 500[m^2]마다
위락시설, 문화 및 집회시설, 운동시설, 판매시설, 복합용도의 층	그 층의 바닥면적 800[m^2]마다
그 밖의 용도의 층	그 층의 바닥면적 1,000[m^2]마다
계단실형 아파트	**각 세대**마다 1개 이상

2) 추가 설치

① **숙박시설**(휴양콘도미니엄 제외) : 객실마다 **완강기** 또는 **2개 이상의 간이완강기** 추가 설치

② **공동주택** : **공기안전매트 1개 이상** 추가 설치

③ 노유자시설 중 4층 이상에 설치된 구조대의 적응성 : 장애인 관련 시설로서 주된 사용자 중 스스로 피난이 불가한 자가 있는 경우 추가로 설치

(4) 피난기구의 설치기준

1) 공통사항

① 소화활동상 **유효한 개구부**에 **고정**하여 설치하거나 필요한 때에 신속하고 유효하게 설치할 수 있는 상태에 둘 것

② 유효한 개구부

㉠ 가로 0.5[m] 이상 세로 1[m] 이상인 것

㉡ 이 경우 개구부 하단이 바닥에서 1.2[m] 이상이면 발판 등을 설치할 것

㉢ 밀폐된 창문은 쉽게 파괴할 수 있는 파괴장치를 비치할 것

③ 피난기구를 설치하는 개구부는 서로 **동일직선상이 아닌 위치**에 있을 것(피난교 · 피난용트랩 · 간이완강기 · 아파트에 설치되는 피난기구는 제외)

④ 피난기구는 소방대상물의 기둥 · 바닥 · 보 기타 구조상 견고한 부분에 **볼트조임 · 매입 · 용접** 기타의 방법으로 견고하게 부착할 것

⑤ 피난사다리

㉠ 4층 이상의 층에 피난사다리를 설치하는 경우에는 **금속성 고정사다리**를 설치할 것

㉡ 당해 고정사다리에는 쉽게 피난할 수 있는 구조의 **노대**를 설치할 것

⑥ 완강기

㉠ 강하 시 로프가 소방대상물과 **접촉하여 손상**되지 아니하도록 할 것

㉡ 완강기로프의 길이는 **피난상 유효한 착지면까지의 길이**로 할 것

⑦ 미끄럼대

안전한 강하속도를 유지하도록 하고, **전락방지를 위한 안전조치**를 할 것

⑧ 구조대

구조대의 길이는 피난상 지장이 없고 안정한 강하속도를 유지할 수 있는 길이로 할 것

⑨ 피난기구를 설치한 장소에는 가까운 곳의 보기 쉬운 곳에 피난기구의 위치를 표시하는 **발광식 또는 축광식 표지**와 그 사용방법을 표시한 표지를 부착할 것

2) 다수인 피난장비

① 정의

화재 시 2인 이상의 피난자가 동시에 해당 층에서 지상 또는 피난층으로 하강하는 피난기구

② 설치기준

㉠ 다수인 피난장비 보관실은 건물 **외측보다 돌출되지 아니하고**, 빗물 · 먼지 등으로부터 장비를 보호할 수 있는 구조일 것

㉡ 사용 시에 보관실 **외측 문이 먼저 열리고** 탑승기가 **외측으로 자동으로 전개**될 것

㉢ 하강 시에 탑승기가 **건물 외벽이나 돌출물에 충돌하지 않도록 설치**할 것

㉣ 상 · 하층에 설치할 경우에는 탑승기의 **하강경로가 중첩되지 않도록** 할 것

㉤ 하강 시에는 안전하고 일정한 속도를 유지하도록 하고 전복, 흔들림, 경로**이탈 방지를 위한 안전조치**를 할 것

ⓑ 보관실의 문에는 **오작동 방지조치**를 하고, 문 개방 시에는 당해 소방대상물에 설치된 경보설비와 연동하여 **유효한 경보음**을 발하도록 할 것

ⓢ 피난층에는 해당 층에 설치된 피난기구가 착지에 지장이 없도록 **충분한 공간을 확보**할 것

3) 승강식 피난기 및 하향식 피난구용 내림식 사다리

① 정의

㉠ **승강식 피난기** : 사용자의 몸무게에 의하여 자동으로 하강하고, 내려서면 스스로 상승하여 연속적으로 사용할 수 있는 무동력 승강식 피난기

㉡ **하향식 피난구용 내림식 사다리** : 하향식 피난구 해치에 격납하여 보관하고 사용 시에는 사다리 등이 소방대상물과 접촉되지 아니하는 내림식 사다리

② 설치기준

㉠ 설치경로가 **설치층에서 피난층까지 연계**될 수 있는 구조로 설치할 것

㉡ **대피실의 면적** : 2[m^2](2세대 이상일 경우에는 3[m^2]) 이상

㉢ **하강구(개구부) 규격** : **직경 60[cm]** 이상

㉣ **대피실의 출입문** : **60분+방화문 또는 60분방화문**

㉤ **표지** : 피난방향에서 식별할 수 있는 위치에 "**대피실**" 표지판을 부착할 것

㉥ **착지점과 하강구의 간격** : 상호 수평거리 **15[cm] 이상**

㉦ **대피실 조명** : **비상조명등**

㉧ 대피실 **출입문이 개방**되거나, 피난기구 작동 시 **해당 층 및 직하층** 거실에 설치된 **표시등 및 경보장치**가 작동되고, 감시제어반에서는 피난기구의 작동을 확인할 수 있어야 할 것

㉨ **하강구 내측**에는 기구의 연결금속구 등이 없어야 하며 전개된 피난기구는 하강구 수평투영면적 **공간 내의 범위를 침범하지 않는 구조**이어야 할 것

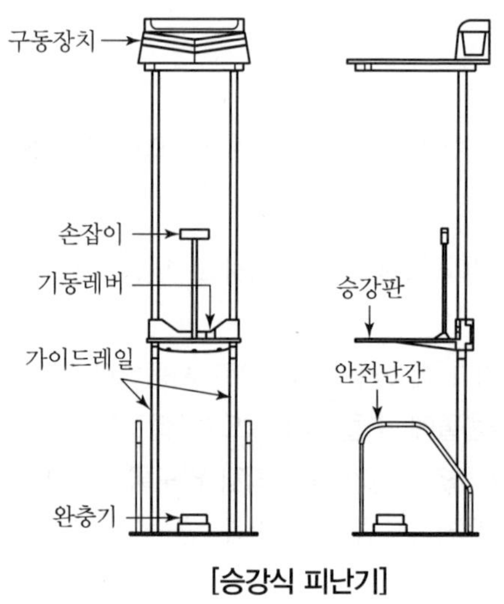

[승강식 피난기]

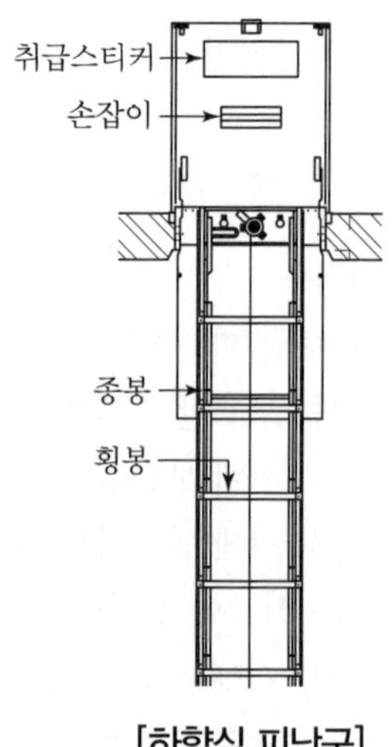

[하향식 피난구]

(5) 피난기구의 설치장소별 적응성

층별 / 설치장소별 구분	1층	2층	3층	4층 이상 10층 이하
노유자시설	미끄럼대 · 구조대 · 피난교 · 다수인 피난장비 · 승강식 피난기	미끄럼대 · 구조대 · 피난교 · 다수인 피난장비 · 승강식 피난기	미끄럼대 · 구조대 · 피난교 · 다수인 피난장비 · 승강식 피난기	구조대 · 피난교 · 다수인 피난장비 · 승강식 피난기
의료시설 · 근린생활시설 중 입원실이 있는 의원 · 접골원 · 조산원			미끄럼대 · 구조대 · 피난교 · 피난용 트랩 · 다수인 피난장비 · 승강식 피난기	구조대 · 피난교 · 피난용 트랩 · 다수인 피난장비 · 승강식 피난기
다중이용업소로서 영업장의 위치가 4층 이하인 다중이용업소		미끄럼대 · 피난사다리 · 구조대 · 완강기 · 다수인 피난장비 · 승강식 피난기	미끄럼대 · 피난사다리 · 구조대 · 완강기 · 다수인 피난장비 · 승강식 피난기	미끄럼대 · 피난사다리 · 구조대 · 완강기 · 다수인 피난장비 · 승강식 피난기
그 밖의 것			미끄럼대 · 피난사다리 · 구조대 · 완강기 · 피난교 · 피난용 트랩 · 간이완강기 · 공기안전매트 · 다수인 피난장비 · 승강식 피난기	피난사다리 · 구조대 · 완강기 · 피난교 · 간이완강기 · 공기안전매트 · 다수인 피난장비 · 승강식 피난기

※ 비고

- 간이완강기의 적응성 : **숙박시설의 3층 이상**에 있는 객실
- 공기안전매트의 적응성 : **공동주택**
- 노유자시설 중 4층 이상에 설치된 구조대의 적응성 : 장애인 관련 시설로서 주된 사용자 중 스스로 피난이 불가한 자가 있는 경우 추가로 설치

※ 지하층에 설치하는 피난기구 삭제됨(2022년 12월 개정)

(6) 피난기구 설치의 감소

1) 피난기구의 2분의 1을 감소할 수 있는 경우

① 주요 구조부가 내화구조로 되어 있을 것

② 직통계단인 피난계단 또는 특별피난계단이 2 이상 설치되어 있을 것

2) 피난기구를 설치하여야 할 소방대상물 중 **주요 구조부가 내화구조**이고 다음 기준에 적합한 **건널 복도**가 설치되어 있는 층에는 피난기구의 수에서 해당 **건널 복도의 수의 2배의 수를 뺀 수**로 한다.

① 내화구조 또는 철골조로 되어 있을 것

② 건널 복도 양단의 출입구에 자동폐쇄장치를 한 60분+방화문 또는 60분방화문(방화셔터를 제외)이 설치되어 있을 것

③ 피난 · 통행 또는 운반의 전용 용도일 것

3) 피난기구의 설치 제외

① 다음 기준에 적합한 층

㉠ 주요 구조부가 내화구조로 되어 있어야 할 것

㉡ 실내의 면하는 부분의 마감이 불연재료 · 준불연재료 또는 난연재료로 되어 있고 방화구획이 되어 있어야 할 것

㉢ 거실의 각 부분으로부터 직접 복도로 쉽게 통할 수 있어야 할 것

㉣ 복도에 2 이상의 특별피난계단 또는 피난계단이 적합하게 설치되어 있어야 할 것

㉤ 복도의 어느 부분에서도 2 이상의 방향으로 각각 다른 계단에 도달할 수 있어야 할 것

② 다음 기준에 적합한 소방대상물 중 그 옥상의 직하층 또는 최상층

㉠ 주요 구조부가 내화구조로 되어 있어야 할 것

㉡ 옥상의 면적이 1,500[m^2] 이상이어야 할 것

㉢ 옥상으로 쉽게 통할 수 있는 창 또는 출입구가 설치되어 있어야 할 것

㉣ 옥상이 소방사다리차가 쉽게 통행할 수 있는 도로(폭 6[m] 이상) 또는 공지(공원 또는 광장 등)에 면하여 설치되어 있거나 옥상으로부터 피난층 또는 지상으로 통하는 2 이상의 피난계단 또는 특별피난계단이 적합하게 설치되어 있어야 할 것

02 인명구조기구

(1) 인명구조기구의 종류

① 방열복

고온의 복사열에 가까이 접근하여 소방활동을 수행할 수 있는 내열피복

② 방화복(헬멧, 보호장갑 및 안전화 포함)

화재진압 등의 소방활동을 수행할 수 있는 피복

③ 공기호흡기

소화활동 시에 화재로 인하여 발생하는 각종 유독가스 중에서 일정시간 사용할 수 있도록 제조된 압축공기식 개인호흡장비(보조마스크 포함)

④ 인공소생기

호흡부전 상태인 사람에게 인공호흡을 시켜 환자를 보호하거나 구급하는 기구

(2) 인명구조기구의 설치장소별 적응성

특정소방대상물	인명구조기구의 종류	설치 수량
지하층을 포함하는 층수 • 7층 이상인 관광호텔 • 5층 이상인 병원	• **방**열복 또는 방화복 (헬멧, 보호장갑 및 안전화 포함) • **공**기호흡기 • **인**공소생기(병원은 설치 제외)	**각 2개** 이상 비치
• 문화 및 집회시설 중 수용인원 100명 이상의 영화상영관 • 판매시설 중 대규모 점포 • 운수시설 중 지하역사 • 지하가 중 지하상가	공기호흡기	**층마다 2개** 이상 비치
물분무 등 소화설비 중 **이산화탄소 소화설비**를 설치하여야 하는 특정소방대상물	공기호흡기	이산화탄소 소화설비가 설치된 장소의 **출입구 외부 인근에 1대 이상** 비치

03 소화용수설비

• 소화용수설비의 정의

화재를 진압하는 데 필요한 물을 공급하거나 저장하는 다음 설비를 말한다.

① 상수도소화용수설비

② 소화수조 · 저수조, 그 밖의 소화용수설비

01 상수도소화용수설비

(1) 설치대상

① 연면적 5,000[m^2] 이상인 것(가스시설, 터널, 지하구 제외)

② 가스시설로서 지상에 노출된 탱크의 저장용량의 합계가 100[ton] 이상인 것

(2) 설치기준

① 호칭지름 75[mm] 이상의 수도배관에 호칭지름 100[mm] 이상의 소화전을 접속할 것

② 소화전은 소방자동차 등의 진입이 쉬운 **도로변 또는 공지**에 설치할 것

③ 소화전은 특정소방대상물의 수평투영면의 각 부분으로부터 140[m] 이하가 되도록 설치할 것

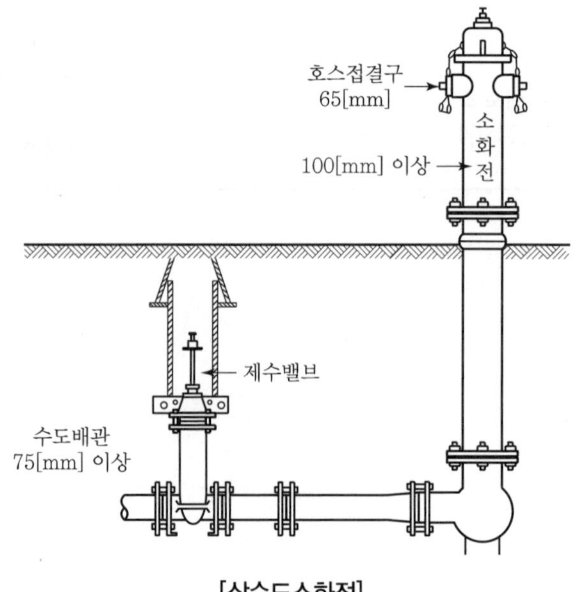

[상수도소화전]

02 소화수조 및 저수조

(1) 설치대상

상수도소화용수설비를 설치하여야 하는 특정소방대상물의 대지 경계선으로부터 180[m] 이내에 지름 75[mm] 이상인 상수도용 배수관이 설치되지 않은 지역

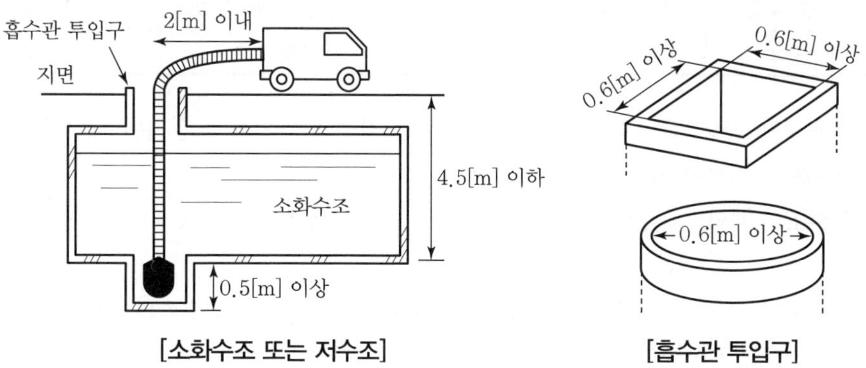

[소화수조 또는 저수조] [흡수관 투입구]

(2) 소화수조 등

1) 소화수조 또는 저수조의 저수량

특정소방대상물의 연면적을 다음 표의 기준면적으로 나누어 얻은 수(소수점 이하의 수는 1로 본다)에 20[m^3]를 곱한 양 이상

소방대상물의 구분	기준 면적
1층 및 2층의 바닥면적합계 15,000[m^2] 이상	7,500[m^2]
그 밖의 소방대상물	12,500[m^2]

2) 흡수관 투입구 및 채수구

① 채수구 또는 흡수관 투입구는 소방차가 2[m] 이내의 지점까지 접근할 수 있는 위치에 설치하여야 한다.

② 흡수관 투입구

㉠ 크기 : 한 변이 0.6[m] 이상이거나 직경이 0.6[m] 이상일 것

㉡ 흡수관 투입구의 수량

소요 수량	80[m^3] 미만	80[m^3] 이상
흡수관 투입구의 수	1개 이상	2개 이상

㉢ 표지 : "**흡관투입구**"라고 표시한 표지를 할 것

③ 채수구

㉠ 채수구는 **구경** 65[mm] 이상의 나사식 결합금속구를 설치할 것

㉡ 채수구의 높이 : 지면으로부터의 높이가 0.5[m] 이상 1[m] 이하

㉢ 표지 : **"채수구"**라고 표시한 표지를 할 것

㉣ 채수구의 수

소요 수량	20[m³] 이상 40[m³] 미만	40[m³] 이상 100[m³] 미만	100[m³] 이상
채수구의 수	1개	2개	3개

④ 소화수조가 옥상 또는 옥탑의 부분에 설치된 경우에는 지상에 설치된 채수구에서의 압력이 0.15[MPa] 이상이 되도록 하여야 한다.

⑤ 소화수조의 제외 : 유수의 양이 $0.8[m^3/min]$ 이상인 유수를 사용할 수 있는 경우

예제 **5층 건물의 연면적이 65,000[m²]인 소방대상물에 설치되어야 하는 소화수조 또는 저수조의 저수량은? (단, 각 층의 바닥면적은 동일하다.)**

① 180 [m³] 이상
② 240 [m³] 이상
③ 200 [m³] 이상
④ 220 [m³] 이상

풀이 • 바닥면적 : 연면적/층수=65,000[m²]/5층=13,000[m²]
1층 및 2층의 바닥면적 합계 : 13,000[m²]+13,000[m²]=26,000[m²]
• 기준면적 : 7,500[m²]
• 연면적/기준면적 : 65,000[m²]/7,500[m²]=8.67, 정수화=9
• 저수량=9×20[m³]=180[m³]

정답 : ①

(3) 가압송수장치

1) 설치대상

소화수조 또는 저수조가 지표면으로부터의 깊이 4.5[m] 이상인 지하에 있는 경우

2) 가압송수장치의 송수량

소요 수량	20[m³] 이상 40[m³] 미만	40[m³] 이상 100[m³] 미만	100[m³] 이상
가압송수장치의 송수량	1,100[l/min]	2,200[l/min]	3,300[l/min]

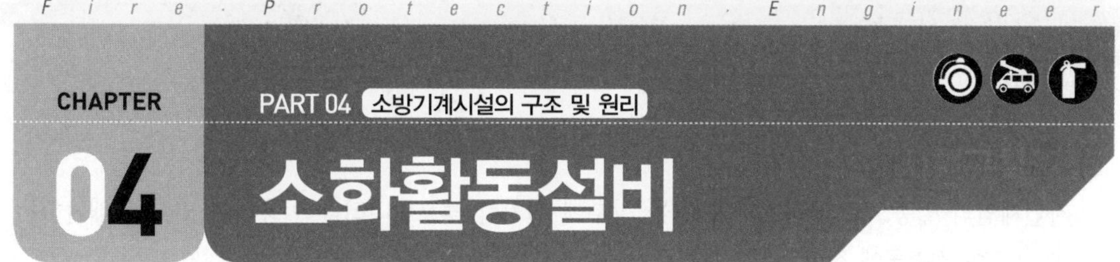

Fire · Protection · Engineer
CHAPTER 04
PART 04 소방기계시설의 구조 및 원리
소화활동설비

CHAPTER 04 소화활동설비

- 소화활동설비의 정의

화재를 진압하거나 인명구조활동을 위하여 사용하는 다음 설비를 말한다.

01 제연설비(거실제연설비)

제연설비는 화재발생 시 발생한 연기를 배출함과 동시에 신선한 공기를 공급함으로써 청결층을 확보하여 안전한 피난을 확보하고 소화활동의 거점을 확보하는 것을 목적으로 한다.

(1) 제연방식의 분류

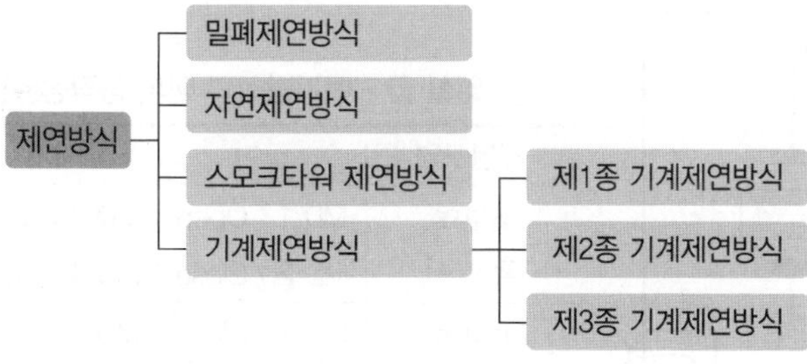

1) 밀폐제연방식

화재발생 공간을 밀폐하여 연기의 유출을 방지함으로써 연기를 제어하는 방식

2) 자연제연방식

굴뚝효과에 의해 자연적으로 연기를 배출하는 제연방식

3) 스모크타워 제연방식

자연제연의 일종으로 굴뚝효과와 건물 상부에 설치한 **루프모니터**를 이용하여 연기를 배출하는 방식(**고층 건축물**에 적합)

4) 기계제연방식

① 제1종 기계제연방식

급기팬과 **배기팬**을 설치하여 **급기**와 **배기**를 **동시**에 시행하는 제연방식

② 제2종 기계제연방식

급기팬을 설치하여 급기하고 배기는 자연배기하는 방식

③ 제3종 기계제연방식

배기팬을 설치하여 연기를 배출하고 급기는 자연급기하는 방식

(2) 거실제연방식

1) 거실제연방식의 종류

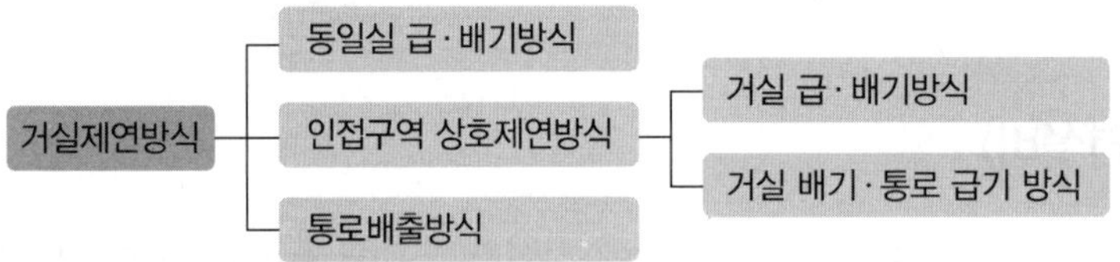

① 동일실 급 · 배기방식

㉠ 화재실에서 급기와 배기를 동시에 실시하는 방식

㉡ 소규모 거실에 적용

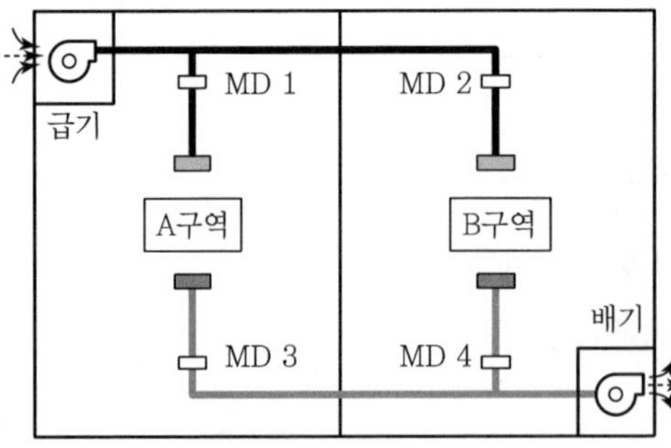

[동일실 급 · 배기방식]

[동일실 급 · 배기방식의 댐퍼 동작상황]

제연구역	급기	배기
A구역 화재 시	MD 1 : Open	MD 3 : Open
	MD 2 : Close	MD 4 : Close
B구역 화재 시	MD 1 : Close	MD 3 : Close
	MD 2 : Open	MD 4 : Open

② 인접구역 상호제연방식

㉠ 거실 급 · 배기 방식

• 화재실은 배기, 인접구역에서 급기하는 방식
• 대규모 거실에 적용

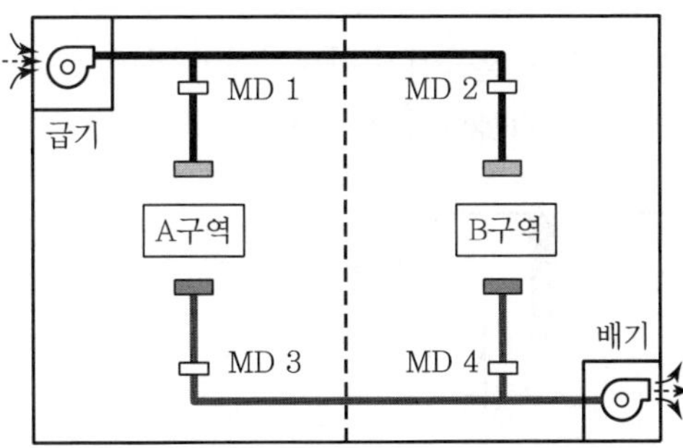

[화재실 배기 · 인접구역 급기방식]

[인접구역 거실 급 · 배기방식의 댐퍼 동작상황]

제연구역	급기	배기
A구역 화재 시	MD 1 : Close	**MD 3 : Open**
	MD 2 : Open	MD 4 : Close
B구역 화재 시	**MD 1 : Open**	MD 3 : Close
	MD 2 : Close	**MD 4 : Open**

㉡ 거실배기 · 통로급기방식

• 화재실은 배기, 통로에서 급기하는 방식
• 각 실이 구획되어 있고 통로에 면하는 상가 등에 적용

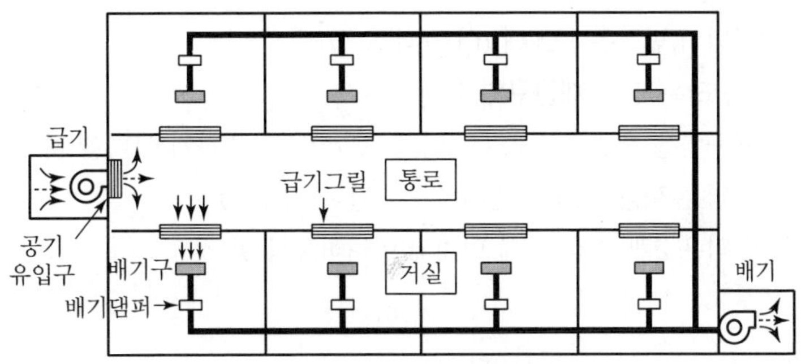

[거실 배기 · 통로 급기방식]

③ 통로배출방식

㉠ 통로에서 배출하는 방식으로 거실에서는 아무것도 하지 않는 방식

㉡ 거실이 50[m^2] 미만으로 구획되고 그 거실이 통로에 면한 구조에 적용

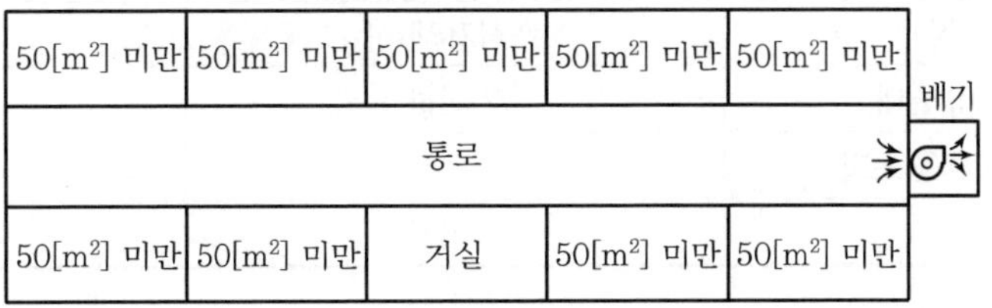

2) 제연구역의 구획기준(보 · 제연경계 및 벽 · 가동벽 · 셔터 · 방화문)

① 재질은 내화재료, 불연재료 또는 제연경계벽으로 성능을 인정받은 것으로서 화재 시 쉽게 변형 · 파괴되지 아니하고 연기가 누설되지 않는 기밀성 있는 재료로 할 것

② 제연경계는 **제연경계의 폭이 0.6[m] 이상이고, 수직거리는 2[m] 이내이어야** 한다(구조상 불가피한 경우는 2[m]를 초과).

③ 제연경계벽은 배연 시 기류에 따라 그 하단이 쉽게 흔들리지 아니하여야 하며, 또한 가동식의 경우에는 급속히 하강하여 인명에 위해를 주지 아니하는 구조일 것

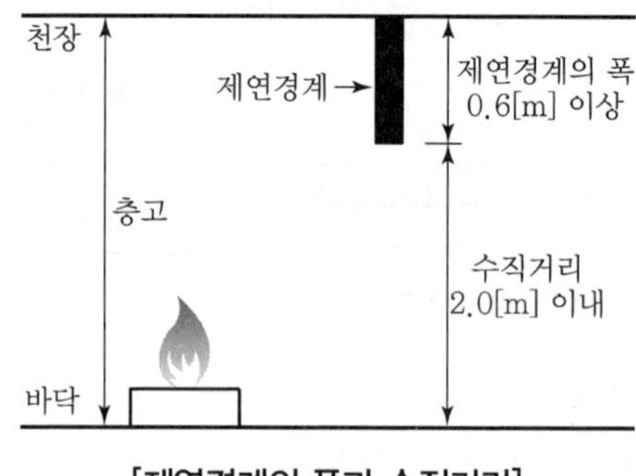

[제연경계의 폭과 수직거리]

3) 제연구역의 설정기준

① 하나의 제연구역의 면적은 1,000[m^2] 이내로 할 것

② 거실과 통로(복도)는 각각 **제연구획**할 것

③ 통로상의 제연구역은 보행중심선의 길이가 60[m]를 초과하지 아니할 것

④ 하나의 제연구역은 직경 60[m] 원내에 들어갈 수 있을 것

⑤ 하나의 제연구역은 2개 이상 층에 미치지 아니하도록 할 것

(3) 배출량 산정

1) 소규모 거실(바닥면적이 400[m^2] 미만)

① 배출량 산정 : 바닥면적 1[m^2]당 1[m^3/min] 이상

② 최저 배출량 : 5,000[m^3/hr] 이상

2) 대규모 거실(바닥면적 400[m^2] 이상)

제연구역	수직거리[m]	배출량[m^3/hr]
직경 40[m] 원내	2 이하	40,000 이상
직경 40[m] 원을 초과	2 이하	45,000 이상
통로인 경우	2 이하	45,000 이상

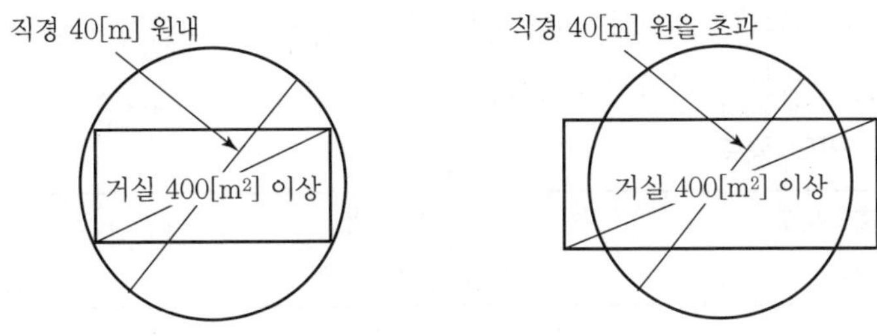

[대규모 거실에서의 배출량 산정]

(4) 공기유입구

① 바닥면적 400[m^2] 미만의 거실의 공기유입구
바닥 외의 장소에 설치하고 공기유입구와 배출구 간의 직선거리는 5[m] 이상 또는 구획된 실의 장변의 1/2 이상으로 할 것

② 바닥면적 400[m^2] 이상의 거실의 공기유입구
바닥으로부터 1.5[m] 이하의 높이에 설치하고 그 주변은 공기의 유입에 장애가 없도록 할 것

③ 공기가 유입되는 순간의 풍속 : 5[m/s] 이하
④ 유입구의 구조 : 유입공기를 상향으로 분출하지 않도록 설치할 것
⑤ 공기유입구의 크기 : 배출량 1[m^3/min]에 대하여 35[cm^2] 이상으로 하여야 한다.

(5) 배출구

1) 바닥면적이 400[m^2] 미만의 예상제연구역에 대한 배출구
① 예상제연구역이 벽으로 구획되어 있는 경우
배출구는 천장 또는 반자와 바닥 사이의 중간 윗부분에 설치할 것
② 예상제연구역 중 어느 한 부분이 제연경계로 구획되어 있는 경우
천장 · 반자 또는 이에 가까운 벽의 부분에 설치할 것

2) 예상제연구역의 각 부분으로부터 하나의 배출구까지의 수평거리
10[m] 이내가 되도록 할 것

(6) 배출기 및 배출풍도

① 배출기와 배출풍도의 접속 부분에 사용하는 캔버스는 내열성(석면재료는 제외)이 있는 것으로 할 것
② 배출기의 전동기 부분과 배풍기 부분은 분리하여 설치하여야 하며, 배풍기 부분은 유효한 내열처리를 할 것

③ 배출풍도는 아연도금강판 또는 이와 동등 이상의 내식성 · 내열성이 있는 것으로 하며, 불연재료(석면재료를 제외)인 단열재로 **유효한 단열처리**를 할 것

④ **배출기풍도 안의 풍속**

배출기풍도	흡입 측	배출 측
풍속	15[m/s] 이하	20[m/s] 이하

⑤ 배출풍도의 크기에 따른 강판의 두께

풍도단면의 긴 변 또는 직경의 크기	450[mm] 이하	450[mm] 초과 750[mm] 이하	750[mm] 초과 1,500[mm] 이하	1,500[mm] 초과 2,250[mm] 이하	2,250[mm] 초과
강판두께	0.5[mm]	0.6[mm]	0.8[mm]	1.0[mm]	1.2[mm]

(7) 유입풍도

① 유입풍도 안의 풍속 : 20[m/s] 이하

② 옥외에 면하는 배출구 및 공기유입구는 비 또는 눈 등이 들어가지 아니하도록 할 것

③ 배출된 연기가 공기유입구로 순환유입 되지 아니하도록 할 것

(8) 배출용 송풍기의 용량계산

$$P[\mathrm{kW}] = \frac{P_T[\mathrm{mmAq}] \times Q[\mathrm{m^3/s}]}{102\,\eta} \times K$$

여기서, Q : 풍량[$\mathrm{m^3/s}$]

P_T : 전압[mmAq]

η : 효율

K : 여유율

02 특별피난계단의 계단실 및 부속실의 제연설비

특별피난계단 제연설비란 가압하고자 하는 공간(계단실 · 부속실 또는 비상용 승강기 승강장)에 공기를 공급하여 그 공간의 기압이 거실의 기압보다 높게 함으로써 차압을 형성하게 하는 것을 말한다. 즉, 특별피난계단의 계단실 · 부속실 또는 비상용 승강장에 옥외로부터 신선한 공기를 공급받아 가압하여 화재공간과 일정압력의 차이를 유지하여 화재실의 연기가 계단실 등으로 침투하지 못하도록 하여 피난경로를 보호하고 소화활동상의 거점을 확보하는 데 목적이 있다.

(1) 용어의 정의

1) 제연구역

제연하고자 하는 **계단실, 부속실** 또는 **비상용 승강기의 승강장**

2) 차압

제연구역(계단실, 부속실 또는 비상용 승강기의 승강장)의 기압과 제연구역 이외 옥내의 기압과의 차이

3) 방연풍속

옥내로부터 제연구역 내로 연기의 유입을 유효하게 방지할 수 있는 풍속

4) 급기량

제연구역에 공급하여야 할 공기의 양(급기량=누설량+보충량)

5) 누설량

틈새를 통하여 제연구역으로부터 흘러나가는 공기량

6) 보충량

방연풍속을 유지하기 위하여 제연구역에 보충하여야 할 공기량

7) 유입공기

제연구역으로부터 옥내로 유입하는 공기로서 차압에 따라 누설하는 것과 출입문의 개방에 따라 유입하는 것

8) 자동폐쇄장치

제연구역의 출입문 등에 설치하는 것으로서 화재발생 시 옥내에 설치된 감지기 작동과 연동하여 출입문을 자동적으로 닫게 하는 장치

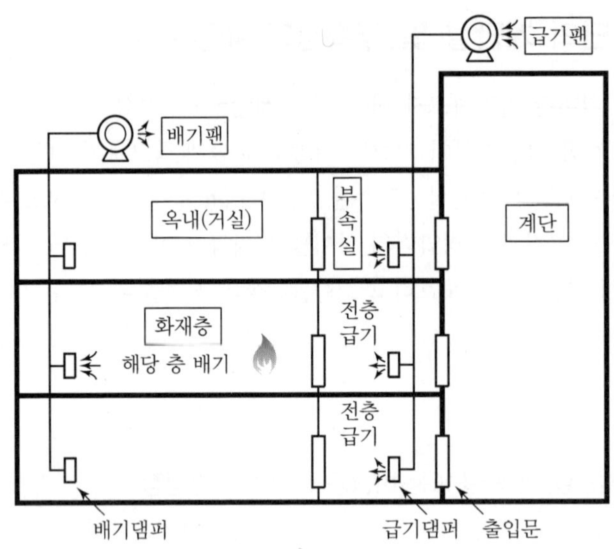

[특별피난계단의 부속실 제연설비]

(2) 제연방식

1) 차압 유지

제연구역에 옥외의 신선한 공기를 공급하여 제연구역의 기압을 제연구역 이외 옥내보다 높게 하되 일정한 기압의 차이(차압)를 유지하게 함으로써 옥내로부터 제연구역 내로 연기가 침투하지 못하도록 할 것

2) 방연풍속 유지

피난을 위하여 제연구역의 출입문이 일시적으로 개방되는 경우 방연풍속을 유지하도록 옥외의 공기를 제연구역 내로 보충·공급하도록 할 것

3) 과압방지 조치

출입문이 닫히는 경우 제연구역의 과압을 방지할 수 있는 유효한 조치를 하여 차압을 유지할 것

(3) 제연구역의 선정

① 계단실 및 그 부속실을 동시에 제연하는 것
② 부속실만을 단독으로 제연하는 것
③ 계단실을 단독 제연하는 것
④ 비상용 승강기 승강장을 단독 제연하는 것

(4) 차압 등

① 제연구역과 옥내와의 사이에 유지하여야 하는 차압의 기준
  ㉠ 최소 차압 : 40[Pa] 이상
  ㉡ 옥내에 스프링클러설비가 설치된 경우 : 12.5[Pa] 이상

② 제연설비가 가동되었을 경우 출입문의 개방에 필요한 힘 : 110[N] 이하

③ 출입문이 일시적으로 개방되는 경우 개방되지 않은 제연구역과 옥내와의 차압
  기준 차압의 70[%] 이상일 것

④ 계단실과 부속실을 동시에 제연하는 경우 : 부속실의 기압은 계단실과 같게 하거나 계단실의 기압보다 낮게 할 경우에는 부속실과 계단실의 압력차이는 5[Pa] 이하가 되도록 하여야 한다.

(5) 방연풍속

① 옥내로부터 제연구역 내로 연기의 유입을 유효하게 방지할 수 있는 풍속

② 제연구역의 선정방식에 따른 방연풍속[m/s]

제연구역		방연풍속[m/s]
계단실 및 그 부속실을 동시에 제연하는 것 또는 계단실만 단독으로 제연하는 것		0.5 이상
부속실만 단독으로 제연하는 것 또는 비상용 승강기의 승강장만 단독으로 제연하는 것	부속실 또는 승강장이 면하는 옥내가 거실인 경우	0.7 이상
	부속실 또는 승강장이 면하는 옥내가 복도로서 그 구조가 방화구조(내화시간이 30분 이상인 구조를 포함한다)인 것	0.5 이상

(6) 급기량, 누설량, 보충량

1) 급기량

① 제연구역에 공급하여야 할 공기의 양

② 급기량=누설량+보충량

2) 누설량

① 틈새를 통하여 제연구역으로부터 흘러나가는 공기량

② 누설량은 제연구역의 누설량을 합한 양으로 할 것

③ 출입문이 2개소 이상인 경우에는 각 출입문의 누설틈새면적을 합한 것

3) 보충량

① 방연풍속을 유지하기 위하여 제연구역에 보충하여야 할 공기량

② 부속실(또는 승강장)의 수가 20 이하는 1개 층 이상, 20을 초과하는 경우에는 2개 층 이상의 보충량

(7) 유입공기의 배출

1) 유입공기의 배출방법

유입공기는 화재층의 제연구역과 면하는 옥내로부터 옥외로 배출되도록 할 것

2) 유입공기의 배출방식

① **수직풍도**에 따른 배출 : 옥상으로 직통하는 전용의 배출용 수직풍도를 설치하여 배출하는 것

㉠ **자연배출식** : 굴뚝효과에 따라 배출

㉡ **기계배출식** : 수직풍도의 상부에 배출용 송풍기를 설치하여 강제로 배출

② **배출구**에 따른 배출 : 건물의 옥내와 면하는 외벽마다 옥외와 통하는 배출구를 설치하여 배출

③ **제연설비**에 따른 배출 : 거실제연설비가 설치되어 있고 당해 옥내로부터 옥외로 배출하여야 하는 유입공기의 양을 거실제연설비의 배출량에 합하여 배출하는 경우 유입공기의 배출은 당해 거실제연설비에 따른 배출로 갈음할 수 있다.

3) 배출댐퍼의 설치기준

① 배출댐퍼는 두께 1.5[mm] **이상**의 강판 또는 이와 동등 이상의 성능이 있는 것으로 설치하여야 하며 비내식성 재료의 경우에는 부식방지 조치를 할 것

② **평상시 닫힌 구조**로 기밀상태를 유지할 것

③ **개폐 여부**를 당해 장치 및 제어반에서 확인할 수 있는 **감지기능**을 내장하고 있을 것

④ **구동부의 작동상태**와 닫혀 있을 때의 기밀상태를 수시로 점검할 수 있는 구조일 것

⑤ 풍도의 내부마감상태에 대한 점검 및 댐퍼의 정비가 가능한 **이 · 탈착구조**로 할 것

⑥ 화재층의 옥내에 설치된 **화재감지기의 동작**에 따라 당해 층의 댐퍼가 개방될 것

⑦ 개방 시의 **실제 개구부의 크기**는 수직풍도의 내부단면적과 같도록 할 것

⑧ 댐퍼는 풍도 내의 공기흐름에 지장을 주지 않도록 수직풍도의 **내부로 돌출하지 않게** 설치할 것

(8) 급기

1) 급기방식

① **부속실 단독 제연** : 동일 수직선상의 모든 부속실은 하나의 전용수직풍도를 통해 동시에 급기할 것

② **계단실 및 부속실 동시 제연** : 계단실에 대하여는 그 부속실의 수직풍도를 통해 급기할 수 있다.

③ **계단실 단독 제연** : 전용수직풍도를 설치하거나 계단실에 급기풍도 또는 급기송풍기를 직접 연결하여 급기하는 방식으로 할 것

④ **비상용 승강기의 승강장** : 비상용 승강기의 승강로를 급기풍도로 사용할 수 있다.

⑤ 하나의 수직풍도마다 **전용의 송풍기**로 급기할 것

2) 급기댐퍼의 설치기준

① 급기댐퍼는 두께 1.5[mm] **이상**의 강판 또는 이와 동등 이상의 강도가 있을 것

② 옥내에 설치된 **화재감지기**에 따라 **모든 제연구역의 댐퍼가 개방**되도록 할 것(단, 둘 이상의 특정소방대상물이 지하에 설치된 주차장으로 연결되어 있는 경우에는 주차장에서 하나의 특정소방대상물의 제연구역으로 들어가는 입구에 설치된 제연용 연기감지기의 작동에 따라 특정소방대상물의 해당 수직풍도에 연결된 모든 제연구역의 댐퍼가 개방되도록 할 것)

③ 자동차압조절형이 아닌 댐퍼를 설치하는 경우
개구율을 수동으로 조절할 수 있는 구조로 할 것

④ 자동차압급기댐퍼를 설치하는 경우

㉠ 차압범위의 **수동설정기능**과 설정범위의 차압이 유지되도록 **개구율을 자동 조절**하는 기능이 있을 것

㉡ 옥내와 면하는 개방된 출입문이 완전히 닫히기 전에 개구율을 자동 감소시켜 **과압을 방지하는 기능**이 있을 것

㉢ 주위온도 및 습도의 변화에 의해 기능이 영향을 받지 아니하는 구조일 것

(9) 급기송풍기

1) 급기송풍기의 설치기준

① 송풍기는 옥내의 **화재감지기의 동작**에 따라 작동하도록 할 것

② 송풍능력은 송풍기가 담당하는 제연구역에 대한 **급기량의 1.15배 이상**으로 할 것

③ 송풍기에는 **풍량조절장치**를 설치하여 풍량조절을 할 수 있도록 할 것

④ 송풍기에는 **풍량을 실측**할 수 있는 유효한 조치를 할 것

⑤ 화재로부터 영향을 받지 아니하고 접근 및 **점검이 용이**한 곳에 설치할 것

⑥ 송풍기와 연결되는 **캔버스는 내열성(석면재료 제외)**이 있는 것으로 할 것

2) 급기송풍기의 용량계산

$$P[\mathrm{kW}] = \frac{P_T[\mathrm{mmAq}] \times 1.15\,Q\,[\mathrm{m^3/s}]}{102\,\eta} \times K$$

여기서, Q : 급기량[$\mathrm{m^3/s}$]
P_T : 전압[mmAq]
η : 효율
K : 여유율

03 연결송수관설비

연결송수관설비는 화재가 발생한 장소에 소방차가 출동하여 외벽에 설치된 송수구를 통하여 물을 공급하고 소방대원은 방수구에 소방호스를 연결하여 소화하는 소화활동설비이다. 연결송수관설비는 옥내소화전설비 · 스프링클러설비 · 물분무소화설비 · 포소화설비 등의 배관과 겸용이 가능하다.

(1) 연결송수관설비의 분류

1) 습식 연결송수관설비

① 계통도

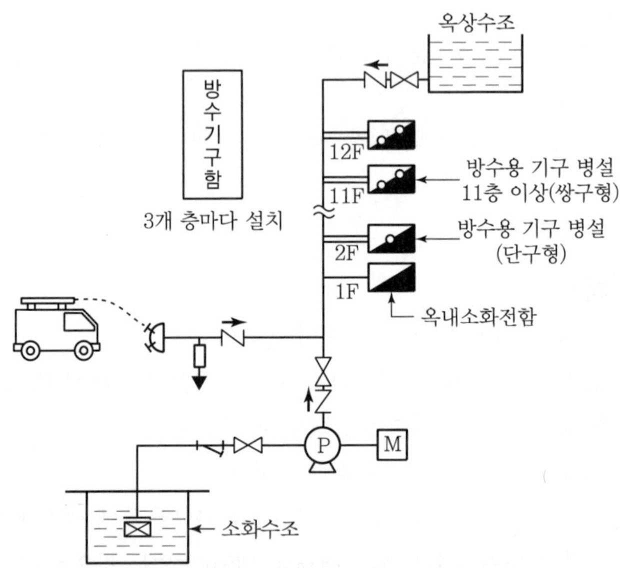

[연결송수관설비(습식, 옥내소화전 겸용) 계통도]

② 습식 연결송수관설비의 설치대상

㉠ 지면으로부터의 높이가 31[m] 이상인 특정소방대상물

㉡ 지상 11층 이상인 특정소방대상물

③ 구조

㉠ 송수구로부터 각 층의 방수구까지 배관 내에 물이 항상 들어 있는 방식으로 일반적으로 옥내소화전이나 스프링클러 등의 배관과 겸용한다.

㉡ **송**수구 → **자**동배수밸브→ **체**크밸브의 순으로 설치

2) 건식 연결송수관설비

① 계통도

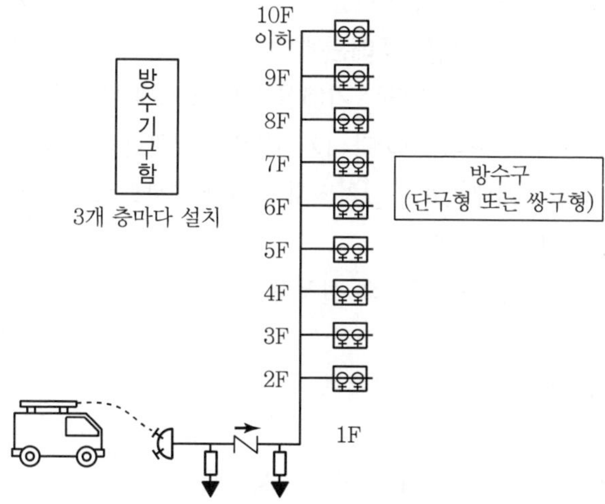

[건식 연결송수관설비 계통도]

② 건식 연결송수관설비의 설치대상

지면으로부터의 높이가 31[m] 미만인 특정소방대상물 또는 지상 10층 이하인 특정소방대상물

③ 구조

㉠ 송수구로부터 각 층의 방수구까지 배관에 평상시 물이 들어 있지 않은 방식

㉡ **송**수구 → **자**동배수밸브→ **체**크밸브 → **자**동배수밸브의 순으로 설치

(2) 송수구

① 소방차가 쉽게 접근할 수 있고 잘 보이는 장소에 설치할 것

② 송수구의 높이 : 지면으로부터 높이가 0.5[m] 이상 1[m] 이하

③ 송수구의 구경 : 65[mm]의 쌍구형

[연결송수관 송수구(쌍구형)]

④ 표지 : 송수구에는 가까운 곳의 보기 쉬운 곳에 **"연결송수관설비송수구"**라고 표시할 것

⑤ 송수구에는 그 가까운 곳의 보기 쉬운 곳에 **송수압력범위를 표시**한 표지를 할 것

⑥ 송수구에는 이물질을 막기 위한 마개를 씌울 것

⑦ 송수구 설치장소 : 화재층으로부터 지면으로 떨어지는 유리창 등이 송수 및 그 밖의 소화작업에 지장을 주지 아니하는 장소에 설치할 것

⑧ 송수구로부터 연결송수관설비의 주배관에 이르는 연결배관에 개폐밸브를 설치한 때에는 쉽게 확인 및 조작할 수 있는 옥외 또는 기계실 등의 장소에 설치할 것

⑨ 송수구는 연결송수관의 수직배관마다 1개 이상을 설치할 것. 다만, 하나의 건축물에 설치된 각 수직배관이 중간에 개폐밸브가 설치되지 아니한 배관으로 상호 연결되어 있는 경우에는 건축물마다 1개씩 설치할 수 있다.

⑩ 송수구 · 자동배수밸브 및 체크밸브의 설치순서

㉠ 습식

송수구 → **자**동배수밸브 → **체**크밸브

㉡ 건식

송수구 → **자**동배수밸브 → **체**크밸브 → **자**동배수밸브

(3) 방수구 및 방수기구함

1) 방수구의 설치층과 제외 가능한 층

① 방수구 설치층

특정소방대상물의 층마다 설치할 것

② 방수구 설치 제외 가능한 층

㉠ 아파트의 1층 및 2층

㉡ 소방대원이 소방차로부터 각 부분에 쉽게 도달할 수 있는 피난층

㉢ 송수구가 부설된 옥내소화전을 설치한 특정소방대상물(집회장 · 관람장 · 백화점 · 도매시장 · 소매시장 · 판매시설 · 공장 · 창고시설 또는 지하가 제외)로서 다음의 어느 하나에 해당하는 층

- 지하층을 제외한 층수가 4층 이하이고 연면적이 6,000[m^2] 미만인 지상층
- 지하층의 층수가 2 이하인 특정소방대상물의 지하층

2) 방수구의 설치위치

① 아파트 또는 바닥면적이 1,000[m^2] 미만인 층의 경우

계단(계단이 2 이상 있는 경우 그중 1개의 계단)으로부터 5[m] 이내

② 바닥면적 1,000[m^2] 이상인 층(아파트를 제외)의 경우

각 계단(계단이 3 이상 있는 층은 그중 2개의 계단)으로부터 5[m] 이내

③ 방수구의 추가 설치

㉠ 지하가 또는 지하층의 바닥면적의 합계가 3,000[m^2] 이상인 것 : 수평거리 25[m]

㉡ 그 밖의 것 : 수평거리 50[m]

3) 방수구 설치기준

① 방수구의 높이 : 바닥으로부터 높이 0.5[m] 이상 1[m] 이하

② 방수구의 구경 : 65[mm]의 것으로 설치

③ 방수구는 **개폐기능**을 가진 것으로 설치하여야 하며, 평상시 닫힌 상태를 유지할 것

④ **쌍구형 및 단구형 방수구**

㉠ 쌍구형 방수구 설치대상 : **11층 이상**의 부분

㉡ 단구형 방수구 설치 가능 장소

- **아파트**의 용도로 사용되는 층
- **스프링클러설비**가 유효하게 설치되어 있고 **방수구**가 2개소 이상 설치된 층

4) 방수기구함

① 방수기구함의 설치위치

㉠ 피난층과 가장 가까운 층을 기준으로 3개 **층마다** 설치할 것

㉡ 그 층의 방수구마다 **보행거리** 5[m] 이내에 설치할 것

② 방수기구함에는 길이 15[m]의 **호스**와 **방사형 관창**을 다음 기준에 따라 비치할 것

㉠ 호스는 방수구에 연결하였을 때 그 방수구가 담당하는 구역의 각 부분에 유효하게 물이 뿌려질 수 있는 개수 이상을 비치할 것. 이 경우 **쌍구형 방수구**는 단구형 방수구의 2배 이상의 개수를 설치할 것

㉡ 방사형 관창의 수량

단구형 방수구의 경우에는 1개, **쌍구형 방수구의 경우에는** 2개 이상 비치할 것

㉢ 방수기구함에는 "**방수기구함**"이라고 표시한 **축광식 표지**를 할 것

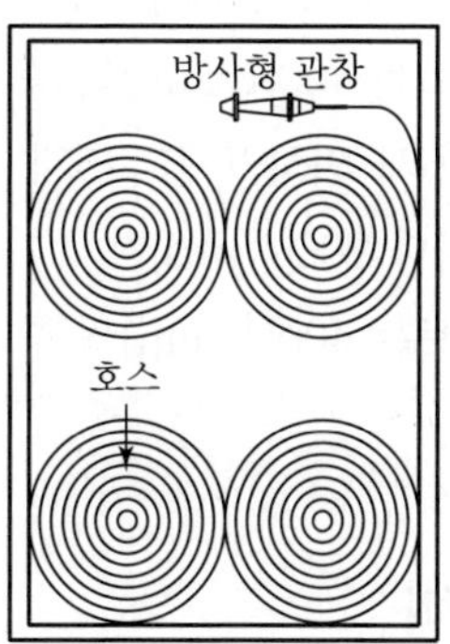

[연결송수관설비의 방수기구함]

(4) 배관

① 주배관의 구경은 100[mm] 이상의 것으로 할 것

② 지면으로부터의 높이가 31[m] 이상인 특정소방대상물 또는 지상 11층 이상인 특정소방대상물에 있어서는 습식 설비로 할 것

③ 연결송수관설비의 배관은 주배관의 구경이 100[mm] 이상인 옥내소화전설비 · 스프링클러설비 또는 물분무 등 소화설비의 배관과 겸용할 수 있다.

④ 연결송수관설비의 수직배관은 내화구조로 구획된 계단실(부속실을 포함) 또는 파이프덕트 등 화재의 우려가 없는 장소에 설치하여야 한다.

(5) 가압송수장치

1) 가압송수장치 설치대상

지표면에서 최상층 방수구의 높이가 70[m] 이상의 특정소방대상물

2) 펌프의 양정

최상층에 설치된 노즐선단의 압력이 0.35[MPa] 이상의 압력이 되도록 할 것

3) 펌프의 토출량

① 방수구의 수가 1개에서 3개인 경우

㉠ 2,400[l/min] 이상

㉡ 계단식 아파트는 1,200[l/min] 이상

② 방수구의 수가 4개인 경우

㉠ 방수구 1개마다 800[l/min]씩 증가(2,400+800[l/min])

㉡ 계단식 아파트는 400[l/min]씩 증가(1,200+400[l/min])

③ 방수구의 수가 5개 이상인 경우(5개 이상은 5개)

㉠ 방수구 1개마다 800[l/min]씩 증가(2,400+800+800[l/min])

㉡ 계단식 아파트는 400[l/min]씩 증가(1,200+400+400[l/min])

04 연결살수설비

연결살수설비는 스프링클러설비 등이 설치되지 아니한 지하층 또는 판매시설 등에 설치하여 화재발생 시 소방차가 송수구로 수원을 공급하면 연결살수헤드로 소화수가 방수되어 소화하는 설비이다.

(1) 연결살수설비의 분류

1) 개방형 헤드를 사용하는 방식

화재 시 소방차가 송수구로 수원을 공급하면 개방형 살수헤드에서 소화수를 살수하여 화재를 진압하는 방식

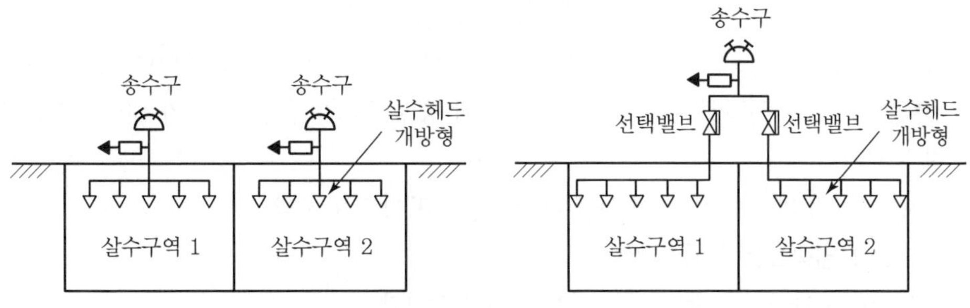

[살수구역에 각각 송수구를 설치한 경우] [선택밸브를 설치한 경우]

2) 폐쇄형 헤드를 사용하는 방식

연결살수설비용 주배관을 옥내소화전설비의 주배관 및 수도배관 또는 옥상에 설치된 수조에 접속하여 설치하고 헤드는 폐쇄형 헤드를 사용함으로써 배관 내에는 항시 소화수가 충만한 상태로 유지되다가 화재 시 폐쇄형 헤드가 개방되어 소화하는 방식

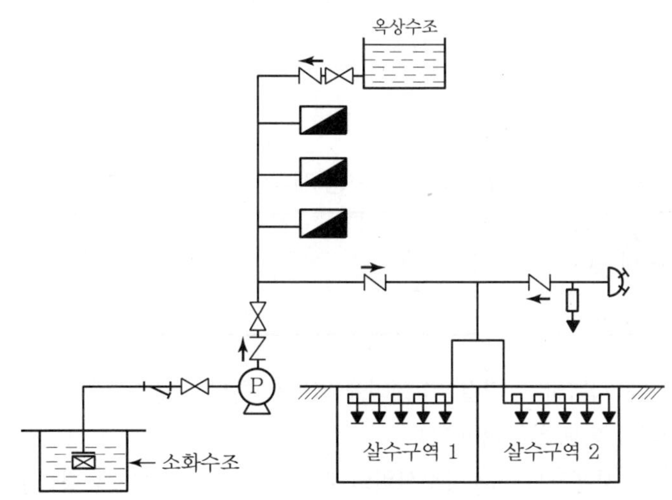

[폐쇄형 헤드를 사용하는 방식]

(2) 송수구 등

1) 연결살수설비의 송수구 설치기준

① 소방차가 쉽게 접근할 수 있고 노출된 장소에 설치할 것

② 가연성 가스의 저장 · 취급시설에 설치하는 연결살수설비의 송수구

㉠ 그 방호대상물로부터 20[m] 이상의 거리를 두거나

㉡ 방호대상물에 면하는 부분이 높이 1.5[m] 이상 폭 2.5[m] 이상의 철근콘크리트 벽으로 가려진 장소에 설치할 것

③ 송수구는 **구경** 65[mm]의 **쌍구형**으로 설치할 것(단, 하나의 송수구역에 부착하는 살수헤드의 수가 10개 이하인 것은 **단구형**의 것으로 할 수 있다.)

④ 송수구 높이 : 지면으로부터 높이가 0.5[m] 이상 1[m] 이하

⑤ **개방형 헤드**를 사용하는 송수구의 호스접결구는 각 **송수구역마다** 설치할 것(단, 송수구역을 선택할 수 있는 **선택밸브**가 설치되어 있고 각 송수구역의 주요구조부가 내화구조로 되어 있는 경우 제외)

⑥ 표지 : 송수구의 부근에는 **"연결살수설비 송수구"**라고 표시할 것

⑦ **송수구역 일람표**를 설치할 것

⑧ 송수구에는 이물질을 막기 위한 **마개**를 씌워야 한다.

2) 송수구 · 자동배수밸브 · 체크밸브 설치순서

① 폐쇄형 헤드를 사용하는 설비

송수구 → **자**동배수밸브 → **체**크밸브

② 개방형 헤드를 사용하는 설비

송수구 → **자**동배수밸브

(3) 배관 등

1) 개방형 헤드를 사용하는 연결살수설비

① 연결살수 전용헤드 수에 따른 배관의 구경(개방형 헤드)

하나의 배관에 부착하는 살수헤드의 개수	1개	2개	3개	4개 또는 5개	6개 이상 10개 이하
배관의 구경(mm)	32	40	50	65	80

② **개방형 헤드를 사용하는 연결살수설비**에 있어서 하나의 송수구역에 설치하는 살수헤드의 수는 10개 이하가 되도록 하여야 한다.

③ 개방형 헤드를 사용하는 연결살수설비의 수평주행배관은 헤드를 향하여 상향으로 1/100 이상의 기울기로 설치할 것

2) 폐쇄형 헤드를 사용하는 연결살수설비

① 배관은 다음의 배관 또는 수조에 접속할 것

㉠ **옥내소화전설비**의 주배관(옥내소화전설비가 설치된 경우에 한함)

㉡ **수도배관**(수도배관 중 구경이 가장 큰 배관)

㉢ 옥상에 설치된 **수조**(다른 설비의 수조 포함)

② 접속 부분에는 **체크밸브**를 설치할 것

(4) 연결살수설비의 헤드

1) 건축물에 설치하는 연결살수헤드의 설치기준

① 천장 또는 반자의 실내에 면하는 부분에 설치할 것

② 천장 또는 반자의 각 부분으로부터 하나의 살수헤드까지의 수평거리

헤드의 종류	연결살수전용헤드	스프링클러헤드
수평거리	3.7[m] 이하	2.3[m] 이하

2) 가연성 가스의 저장 · 취급시설에 설치하는 연결살수설비의 헤드

㉠ 연결살수설비 **전용의 개방형 헤드**를 설치할 것

㉡ 가스저장탱크 · 가스홀더 및 가스발생기의 주위에 설치하되, **헤드상호 간의 거리는 3.7[m] 이하로** 할 것

㉢ 헤드의 살수범위는 가스저장탱크 · 가스홀더 및 가스발생기의 몸체의 중간 윗부분의 모든 부분이 포함되도록 하여야 하고 살수된 물이 흘러내리면서 살수범위에 포함되지 아니한 부분에도 모두 적셔질 수 있도록 할 것

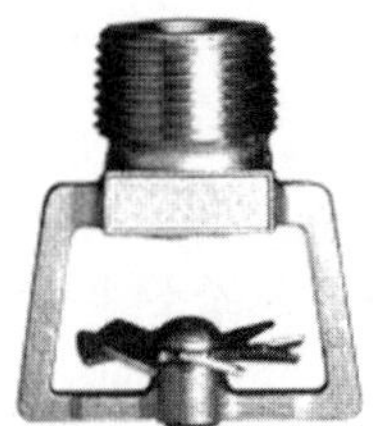

[연결살수 전용헤드]

(5) 헤드 설치 제외

① **상점**(판매시설과 운수시설, 바닥면적이 150[m^2] 이상인 지하층에 설치된 것 제외)으로서 주요구조부가 내화구조 또는 방화구조로 되어 있고 바닥면적이 **500[m^2] 미만**으로 방화구획되어 있는 특정소방대상물 또는 그 부분

② 그 밖의 것은 스프링클러설비의 헤드 설치 제외 부분과 동일

05 연소방지설비

연소방지설비는 지하구에 설치하여 케이블 등의 화재 시 화재를 일정공간으로 한정하여 연소확대 방지를 위한 설비이다.

(1) 방수헤드

1) 천장 또는 벽면에 설치할 것
2) 방수헤드 간의 수평거리

헤드의 종류	전용헤드	스프링클러헤드
헤드 간 수평거리	2.0[m] 이하	1.5[m] 이하

3) 살수구역
① 소방대원의 출입이 가능한 환기구 · 작업구마다 지하구의 양쪽 방향으로 살수헤드를 설정할 것
② 한쪽 방향의 살수구역의 길이 : 3[m] 이상
③ 환기구 사이의 간격이 700[m]를 초과할 경우 700[m]마다 살수구역을 설정할 것

(2) 연소방지설비 전용헤드를 사용하는 경우 배관의 구경

하나의 배관에 부착하는 살수헤드의 개수	1개	2개	3개	4개 또는 5개	6개 이상
배관의 구경[mm]	32	40	50	65	80

(3) 송수구

① 소방차가 쉽게 접근할 수 있는 노출된 장소에 설치하되, 눈에 띄기 쉬운 보도 또는 차도에 설치할 것
② 송수구는 **구경 65[mm]의 쌍구형**으로 할 것
③ 지면으로부터 **높이가 0.5[m] 이상 1[m] 이하**의 위치에 설치할 것
④ 송수구로부터 **1[m] 이내에 살수구역 안내표지**를 설치할 것
⑤ 송수구의 가까운 부분에 **자동배수밸브**를 설치할 것
⑥ 송수구로부터 주배관에 이르는 연결배관에는 개폐밸브를 설치하지 아니할 것
⑦ 송수구에는 이물질을 막기 위한 **마개**를 씌어야 한다.

(4) 방화벽

① **내화구조**로서 홀로 설 수 있는 구조일 것
② 방화벽에 출입문을 설치하는 경우에는 60분+방화문 또는 60분방화문으로 설치할 것
③ 방화벽을 관통하는 케이블 · 전선 등에는 **내화충전구조로 마감**할 것
④ 방화벽은 분기구 및 국사 · 변전소 등의 건축물과 지하구가 연결되는 부위(건축물로부터 20[m] 이내)에 설치할 것
⑤ 자동폐쇄장치를 설치한 경우에는 자동폐쇄장치의 성능인증 및 제품검사 기술기준에 적합한 것으로 설치할 것

P·a·r·t 05

과년도 기출문제

2017년 1회, 2회, 4회

2018년 1회, 2회, 4회

2019년 1회, 2회, 4회

2020년 (통합)1 · 2회, 3회, 4회

2021년 1회, 2회, 4회

2022년 1회, 2회, 4회

2023년 1회, 2회, 4회

소방설비기사(기계분야)

기 · 출 · 문 · 제

2017년 1회

1과목 소방원론

01 고층 건축물 내 연기거동 중 굴뚝효과에 영향을 미치는 요소가 아닌 것은?

① 건물 내 · 외의 온도차
② 화재실의 온도
③ 건물의 높이
④ 층의 면적

해설

굴뚝효과
1) 정의 : 건물의 내부와 외부 공기의 온도 차이에 의한 압력차로 인하여 건물의 수직통로에서 급격한 연기의 이동이 발생하는 현상
2) 굴뚝효과의 크기
① 건물의 높이가 높을수록
② 건물 내부와 외부의 온도차가 클수록 커진다.
3) 굴뚝효과 관련 공식

$$\triangle P = 3{,}460\,H\left(\frac{1}{T_o} - \frac{1}{T_i}\right)$$

여기서, ΔP : 압력차[Pa]
T_o : 건물 외부온도[K]
T_i : 건물 내부온도[K]
H : 중성대로부터의 높이[m]

④ 층의 면적 → 면적과는 무관하다.

02 섭씨 30도는 랭킨(Rankine)온도로 나타내면 몇 도인가?

① 546도 ② 515도 ③ 498도 ④ 463도

해설

여러 가지 온도 단위
1) 섭씨[℃]
1atm에서의 물의 어는점을 0도, 끓는점을 100도로 정한 온도 체계
2) 화씨 [°F]
물이 어는 온도는 32도(섭씨 0도)이며, 물이 끓는 온도는 212도(섭씨 100도)이고, 이 사이의 온도는 180등분된다.

$°F = \frac{9}{5} \times ℃ + 32$ 여기서, °F : 화씨, ℃ : 섭씨

3) 켈빈온도[K]
켈빈은 절대 온도를 측정하는 단위이다. 0[K]은 절대 영도이며, 섭씨 0도는 273.15K에 해당한다.
K=273+℃ 여기서, K : 켈빈온도, ℃ : 섭씨
4) 랭킨온도[°R]
°R=°F+460 여기서, °R : 랭킨온도, °F : 화씨

[풀이]
① 섭씨를 화씨로 변환
$°F = \frac{9}{5} \times ℃ + 32$, $°F = \frac{9}{5} \times 30 + 32 = 86$[°F]
② 화씨를 랭킨온도로 변환
°R=°F+460, °R=86+460=546[°R]

03 물질의 연소범위와 화재 위험도에 대한 설명으로 틀린 것은?

① 연소범위의 폭이 클수록 화재 위험이 높다.
② 연소범위의 하한계가 낮을수록 화재 위험이 높다.
③ 연소범위의 상한계가 높을수록 화재 위험이 높다.
④ 연소범위의 하한계가 높을수록 화재 위험이 높다.

해설

위험도(H)
1) 연소범위를 알면 가연성 기체의 위험도를 계산할 수 있다.
2) 위험도값이 클수록 위험성이 크다.

$$H = \frac{UFL - LFL}{LFL}$$

여기서, H : 위험도, UFL : 연소상한계[%]
LFL : 연소하한계[%]
$(UFL - LFL)$: 연소범위

정답 01 ④ 02 ① 03 ④

① 연소범위의 폭이 넓을수록 위험도가 크다.
② 연소범위의 하한계가 낮을수록 위험도가 크다.
③ 연소범위의 상한계가 높을수록 위험도가 크다.

04 A급, B급, C급 화재에 사용이 가능한 제3종 분말소화약제의 분자식은?

① $NaHCO_3$ ② $KHCO_3$
③ $NH_4H_2PO_4$ ④ Na_2CO_3

해설

분말소화약제의 종류

종별	분자식	착색	적응 화재	충전비 [l/kg]
제1종 분말	탄산수소나트륨 ($NaHCO_3$)	백색	BC급	0.8
제2종 분말	탄산수소칼륨 ($KHCO_3$)	담회색 (담자색)	BC급	1.0
제3종 분말	제1인산암모늄 ($NH_4H_2PO_4$)	담홍색	ABC급	1.0
제4종 분말	탄산수소칼륨+요소 ($KHCO_3+(NH_2)_2CO$)	회색	BC급	1.25

05 할론(Halon) 1301의 분자식은?

① CH_3Cl ② CH_3Br
③ CF_3Cl ④ CF_3Br

해설

1) 할론소화약제 명명법

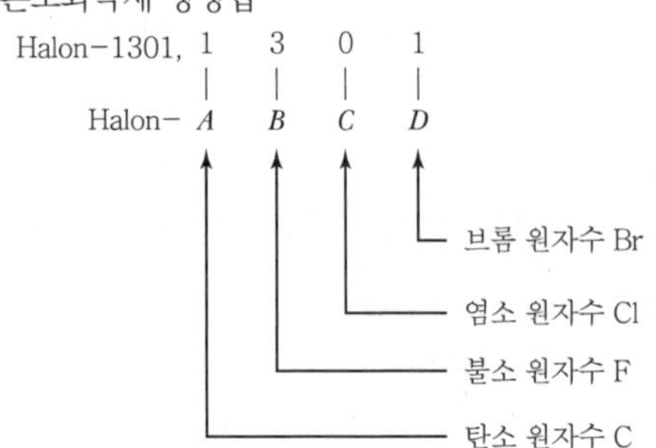

2) 할론소화약제의 물성

구분	Halon 1211	Halon 1301	Halon 2402	Halon 1011
화학식	CF_2ClBr	CF_3Br	$C_2F_4Br_2$	CH_2ClBr
분자량	165.4	148.9	259.8	129.4
증기비중	5.7	5.13	8.96	4.46
상온, 상압에서 상태	기체	기체	액체	액체

06 소화약제의 방출수단에 대한 설명으로 가장 옳은 것은?

① 액체 화학반응을 이용하여 발생되는 열로 방출한다.
② 기체의 압력으로 폭발, 기화작용 등을 이용하여 방출한다.
③ 외기의 온도, 습도, 기압 등을 이용하여 방출한다.
④ 가스압력, 동력, 사람의 손 등에 의하여 방출한다.

해설

소화약제의 방출수단
1) 가스압력 : 가스계 소화설비
2) 동력 : 수계 소화설비의 펌프
3) 사람의 손 : 수동식 소화기 등

07 다음 중 가연성 가스가 아닌 것은?

① 일산화탄소 ② 프로판
③ 아르곤 ④ 수소

해설

① 일산화탄소 → 가연성 가스, 연소범위(12.5%~74%)
② 프로판 → 가연성 가스, 연소범위(2.1%~9.5%)
③ 아르곤 → 불활성 기체, 18족 원소
(He, Ne, Ar, Kr, Xe 등)
④ 수소 → 가연성 가스, 연소범위(4.0%~75%)

정답 04 ③ 05 ④ 06 ④ 07 ③

08 1기압, 100℃에서의 물 1g의 기화잠열은 약 몇 cal 인가?

① 425　　② 539
③ 647　　④ 734

해설

잠열
물질의 온도변화는 없이 상태변화에만 필요한 열량

1) 물의 융해잠열 : 80[cal/g], 80[kcal/kg]
   1기압, 0℃에서의 얼음 1kg을 융해시키는 데 필요한 열량
2) 물의 기화잠열 : 539[cal/g], 539[kcal/kg]
   1기압, 100℃에서의 물 1kg을 기화시키는 데 필요한 열량

$$Q = m \cdot r$$

여기서, Q : 잠열량[kcal]
m : 질량[kg],
r : 잠열[kcal/kg]

09 건축물의 화재 시 피난자들의 집중으로 패닉(panic) 현상이 일어날 수 있는 피난방향은?

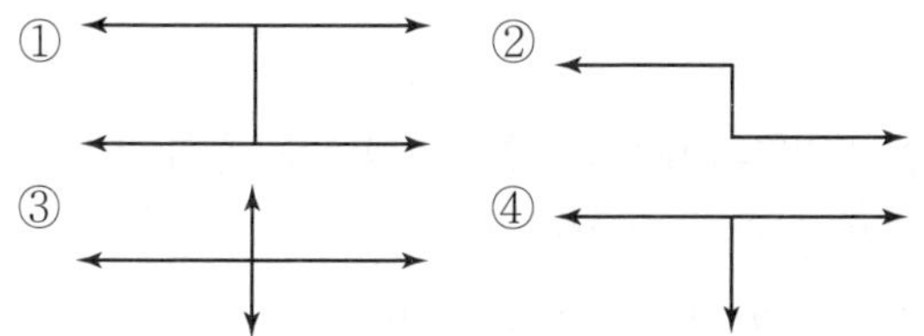

해설

피난로의 구조 및 특징

구분	구조	피난로의 특징
X형		양방향 피난으로 확실한 피난로 보장
T형		피난방향을 확실하게 구분할 수 있는 형태
H형		피난자들의 중앙집중으로 패닉의 우려가 있는 형태
Z형		중앙복도형으로 양호한 양방향피난을 할 수 있는 형태

10 연기의 감광계수(m^{-1})에 대한 설명으로 옳은 것은?

① 0.5는 앞이 거의 보이지 않을 정도이다.
② 10은 화재 최성기 때의 농도이다.
③ 0.5는 가시거리가 20~30m 정도이다.
④ 10은 연기감지기가 작동하기 직전의 농도이다.

해설

감광계수와 가시거리의 관계

감광계수 $Cs[m^{-1}]$	가시거리 d[m]	상황
0.1	20~30	연기감지기가 작동할 때의 농도
0.3	5	건물 내부에 익숙한 사람이 피난에 지장을 느낄 정도의 농도
0.5	3	어두컴컴함을 느낄 정도의 농도
1	1~2	앞이 거의 보이지 않을 정도의 농도
10	0.2~0.5	화재 최성기 때의 농도

11 위험물의 저장 방법으로 틀린 것은?

① 금속나트륨 – 석유류에 저장
② 이황화탄소 – 수조 물탱크에 저장
③ 알킬알루미늄 – 벤젠액에 희석하여 저장
④ 산화프로필렌 – 구리 용기에 넣고 불연성 가스를 봉입하여 저장

해설

④ 산화프로필렌, 아세트알데히드 → 구리, 마그네슘, 은, 수은과 반응하여 아세틸라이드를 생성하므로 절대 구리 용기에 저장하여서는 안 된다.

12 건축방화계획에서 건축구조 및 재료를 불연화하여 화재를 미연에 방지하고자 하는 공간적 대응방법은?

① 회피성 대응　　② 도피성 대응
③ 대항성 대응　　④ 설비적 대응

정답 08 ② 09 ① 10 ② 11 ④ 12 ①

해설

건축물의 방화계획

1) 공간적 대응

공간적 대응	대응방법
대항성	내화구조, 방화구획, 방연성능 등 화재에 직접대응
회피성	불연화, 난연화, 내장재의 제한 등 화재의 발생억제
도피성	피난통로, 피난시설 등 화재발생 시 안전하게 피난할 수 있는 공간확보

2) 설비적 대응 : 화재에 능동적으로 대응하는 소화설비, 제연설비, 경보설비, 피난설비 등

13 할론가스 45kg과 함께 기동가스로 질소 2kg을 충전하였다. 이때 질소가스의 몰분율은?(단, 할론가스의 분자량은 149이다.)

① 0.19 ② 0.24 ③ 0.31 ④ 0.39

해설

1) 몰분율

혼합기체에서 어떤성분의 몰수와 전체 성분의 몰수와의 비

$$몰분율 = \frac{어떤\ 성분의\ 몰수}{전체\ 몰수}$$

2) 몰수

① 할론가스의 몰수 : $n = \frac{W}{M} = \frac{45}{149} = 0.3[\text{kmol}]$

② 질소가스의 몰수 : $n = \frac{W}{M} = \frac{2}{28} = 0.07[\text{kmol}]$

여기서, n : 몰수[kmol], W : 기체의 질량[kg]

M : 기체의 분자량[kg/kmol]

③ 전체 성분의 몰수 : 0.3+0.07=0.37[kmol]

3) 질소가스의 몰분율

$$몰분율 = \frac{질소가스의\ 몰수}{전체\ 몰수} = \frac{0.07}{0.37} = 0.19$$

14 다음 중 착화온도가 가장 낮은 것은?

① 에틸알코올 ② 톨루엔

③ 등유 ④ 가솔린

해설

착화온도(발화점)

물질	에틸알코올	톨루엔	등유	가솔린
착화온도	423℃	552℃	210℃	300℃

15 B급 화재 시 사용할 수 없는 소화방법은?

① CO_2 소화약제로 소화한다.

② 봉상주수로 소화한다.

③ 3종 분말약제로 소화한다.

④ 단백포로 소화한다.

해설

B급 화재(유류화재)

① CO_2 소화약제로 소화한다. → A, B, C급 화재에 적응성 (소화기는 B, C급만 해당)

② 봉상주수로 소화한다. → A급 화재에 적응성

③ 3종 분말약제로 소화한다. → A, B, C급 화재에 적응성

④ 단백포로 소화한다. → A, B급 화재에 적응성

※ B급 화재(유류화재)에 봉상주수하면 연소면이 확대되어 화염이 확산된다.

16 가연물의 제거와 가장 관련이 없는 소화방법은?

① 촛불을 입김으로 불어서 끈다.

② 산불 화재 시 나무를 잘라 없앤다.

③ 팽창 진주암을 사용하여 진화한다.

④ 가스화재 시 중간밸브를 잠근다.

해설

제거소화

1) 가연물을 제거하여 소화

2) 고체 가연물 : 가연물을 화재 현장으로부터 즉시 제거함 (산림화재 시 앞쪽에서 벌목하여 진화)

3) 액체 및 기체 : 가연성 물질을 누출시키는 용기의 밸브를 폐쇄

4) 전기화재 : 전원스위치를 차단하여 전기의 공급을 차단

5) 수용성 액체 : 다량의 물을 주입하여 농도를 연소범위 이하로 낮춤

③ 팽창 진주암을 사용하여 진화한다. → 질식소화

정답 13 ① 14 ③ 15 ② 16 ③

17 유류 저장탱크의 화재에서 일어날 수 있는 현상이 아닌 것은?

① 플래시오버(Flash Over)
② 보일오버(Boil Over)
③ 슬롭오버(Slop Over)
④ 프로스오버(Froth Over)

해설

유류 저장탱크의 화재에서 일어날 수 있는 현상
1) 보일오버(Boil Over) : 중질유 화재 시 탱크하부의 물이 팽창하여 물과 기름이 비산, 분출하는 현상
2) 슬롭오버(Slop Over) : 연소하고 있는 액면에 물이 뿌려지면 액면의 기름과 물이 함께 탱크 외부로 비산하는 현상
3) 프로스오버(Froth Over) : 물이 점성이 있는 뜨거운 기름 표면 아래에서 끓을 때 화재를 수반하지 않고 용기가 넘치는 현상

① 플래시오버(Flash Over) → 건축물 화재 시 발생하는 현상으로 화재발생 후 일정시간이 경과하면 실내에 열과 가연성 가스가 축적되고 복사열에 의해 실 전체에 순간적으로 화재가 확산되는 현상

18 분말소화약제 중 탄산수소칼륨($KHCO_3$)과 요소($CO(NH_2)_2$)와의 반응물을 주성분으로 하는 소화약제는?

① 제1종 분말 ② 제2종 분말
③ 제3종 분말 ④ 제4종 분말

해설

분말소화약제의 종류

종별	분자식	착색	적응 화재	충전비 [l/kg]
제1종 분말	탄산수소나트륨 ($NaHCO_3$)	백색	BC급	0.8
제2종 분말	탄산수소칼륨 ($KHCO_3$)	담회색 (담자색)	BC급	1.0
제3종 분말	제1인산암모늄 ($NH_4H_2PO_4$)	담홍색	ABC급	1.0
제4종 분말	탄산수소칼륨＋요소 ($KHCO_3+(NH_2)_2CO$)	회색	BC급	1.25

19 소화효과를 고려하였을 경우 화재 시 사용할 수 있는 물질이 아닌 것은?

① 이산화탄소 ② 아세틸렌
③ Halon 1211 ④ Halon 1301

해설

① 이산화탄소 → 이산화탄소 소화약제, 질식소화
② 아세틸렌 → 가연성 가스, 연소범위(2.5%~81%)
③ Halon 1211 → 할론소화약제, 억제소화
④ Halon 1301 → 할론소화약제, 억제소화

20 인화성 액체의 연소점, 인화점, 발화점을 온도가 높은 것부터 옳게 나열한 것은?

① 발화점＞연소점＞인화점
② 연소점＞인화점＞발화점
③ 인화점＞발화점＞연소점
④ 인화점＞연소점＞발화점

해설

1) 가연성 가스의 연소범위

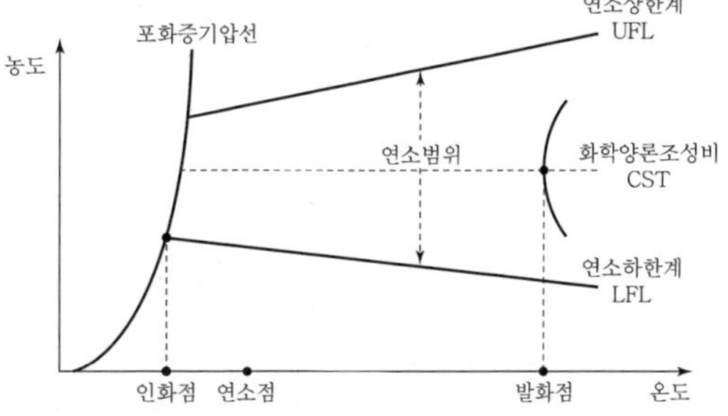

2) 인화점, 연소점, 발화점
① 인화점(Flash Point)
- 가연성 혼합기(연소범위)를 형성할 수 있는 최저온도를 인화점이라 한다.
- 인화점이 낮을수록 위험성은 크다.
- 인화점 이하에서는 점화원을 가하여도 불꽃연소는 발생하지 않는다.

② 연소점(Fire Point)
- 연소상태를 지속하기 위한 온도로서 인화점보다 5~10[℃] 정도 높다.
- 인화점에서는 점화원을 제거하면 연소가 중단되나 연소점에서는 점화원을 제거해도 연소가 지속된다.

정답 17 ① 18 ④ 19 ② 20 ①

③ 발화점(착화점, Ignition Point)
- 점화원을 가하지 않아도 스스로 착화될 수 있는 최저온도를 발화점이라 한다.
- 발화점은 낮을수록 위험성이 커진다.

④ 인화점 < 연소점 < 발화점 순으로 온도가 높다.

2과목 소방유체역학

21 다음 중 펌프를 직렬 운전해야 할 상황으로 가장 적절한 것은?

① 유량의 변화가 크고 1대로는 유량이 부족할 때
② 소요되는 양정이 일정하지 않고 크게 변동될 때
③ 펌프에 폐입현상이 발생할 때
④ 펌프에 무구속속도(Run Away Speed)가 나타날 때

해설

펌프의 운전방식에 따른 유량, 양정

구분	유량(Q)	양정(H)
직렬 연결	Q	$2H$
병렬 연결	$2Q$	H

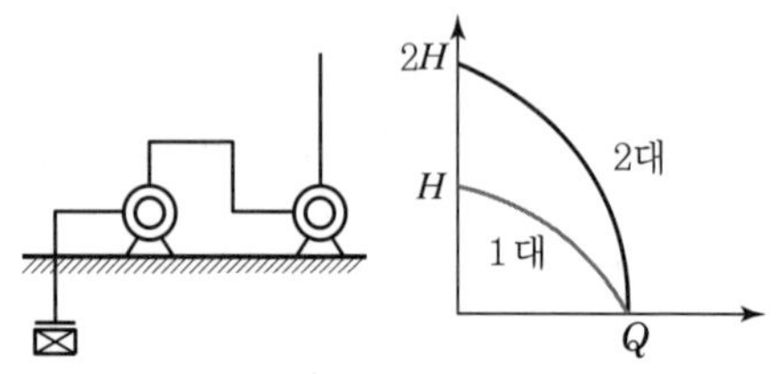

[펌프의 직렬 연결]

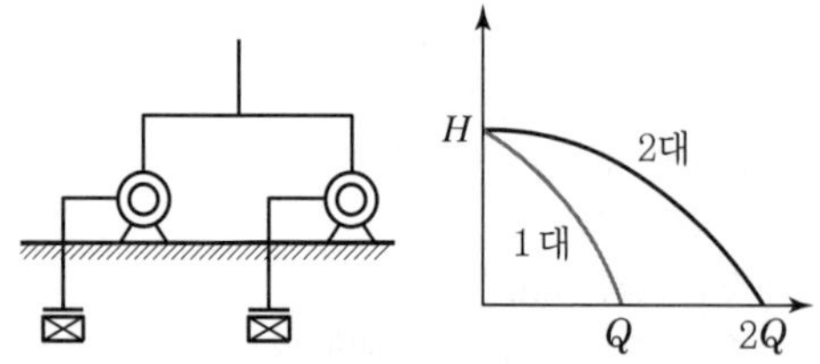

[펌프의 병렬 연결]

22 펌프 운전 중 발생하는 수격작용의 발생을 예방하기 위한 방법에 해당되지 않는 것은?

① 밸브를 가능한 한 펌프송출구에서 멀리 설치한다.
② 서지탱크를 관로에 설치한다.
③ 밸브의 조작을 천천히 한다.
④ 관 내의 유속을 낮게 한다.

해설

수격(Water Hammering)작용

펌프나 밸브를 갑작스럽게 조작하면 관 속을 흐르는 액체의 속도가 급격히 변하면서 운동에너지가 압력에너지로 바뀌게 된다. 이때 고압이 발생되어 배관이나 관 부속물에 무리한 힘을 가하게 되는데, 이러한 현상을 수격작용이라 한다.

1) 발생원인
   ① 펌프의 급격한 기동 또는 급격한 정지 시
   ② 밸브의 급격한 폐쇄 또는 급격한 개방 시
2) 방지법
   ① 배관의 관경을 크게 하여 유속을 낮춘다.
   ② 펌프에 플라이휠(Fly Wheel)을 설치하여 펌프의 급격한 속도변화를 방지한다.
   ③ 조압수조(Surge Tank)를 설치한다.
   ④ 수격방지기(Water Hammering Cushion)를 설치한다.
   ⑤ 밸브는 펌프송출구 가까이 설치한다.

23 그림과 같이 반지름이 0.8m이고 폭이 2m인 곡면 AB가 수문으로 이용된다. 물에 의한 힘의 수평성분의 크기는 약 몇 kN인가?(단, 수문의 폭은 2m이다.)

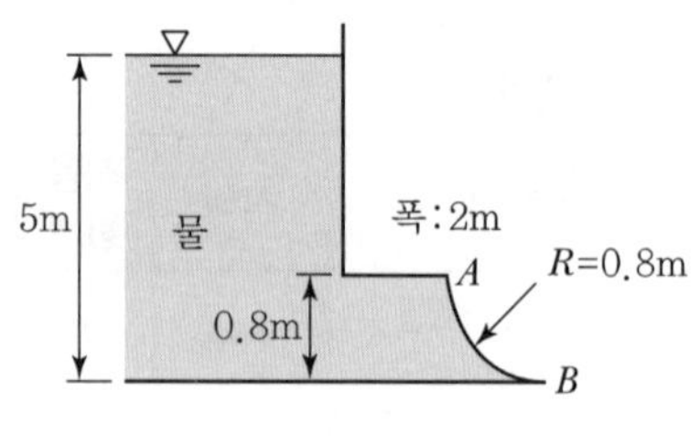

① 72.1 ② 84.7
③ 90.2 ④ 95.4

정답 21 ② 22 ① 23 ①

해설

수평분력 F_H

$$F_H = \gamma \bar{h} A$$

여기서, F_H : 수평분력[N]

$\bar{h}$: 투영면적 중심에서 수면까지 수직깊이[m]

A : 수평투영면적[m^2]

1) 물의 비중량 γ : 9,800[N/m^3], 9.8[kN/m^3]

2) $\bar{h}$: 투영면적 중심에서 수면까지 수직깊이[m]

$\bar{h} = (5-0.8) + \frac{0.8}{2} = 4.6[m]$

3) A : 투영면적[m^2]

A = 폭×높이 = 2m×0.8m = 1.6[m^2]

4) 수평분력

$F_H = \gamma \bar{h} A = 9.8[kN/m^3] \times 4.6[m] \times 1.6[m^2]$

$= 72.13[kN]$

24 베르누이 방정식을 적용할 수 있는 기본 전제조건으로 옳은 것은?

① 비압축성 흐름, 점성 흐름, 정상 유동
② 압축성 흐름, 비점성 흐름, 정상 유동
③ 비압축성 흐름, 비점성 흐름, 비정상 유동
④ 비압축성 흐름, 비점성 흐름, 정상 유동

해설

베르누이 방정식과 성립요건

1) 베르누이 방정식

$$\frac{V^2}{2g} + \frac{P}{\gamma} + Z = \text{Constant}$$

여기서, $\frac{p}{\gamma}$: 압력수두, $\frac{V^2}{2g}$: 속도수두, z : 위치수두

V : 유속[m/s], P : 압력[N/m^2]

Z : 높이[m], g : 중력가속도 9.8[m/s^2]

γ : 비중량[N/m^3]

2) 성립요건

① 유선을 따르는 흐름일 것
② 정상류의 흐름일 것
③ 마찰이 없는 흐름일 것(점성이 없을 것)
④ 비압축성 유체의 흐름일 것

25 그림과 같이 매끄러운 유리관에 물이 채워져 있을 때 모세관 상승높이 h는 약 몇 m인가?

[조건]
- 액체의 표면장력 $\sigma = 0.073N/m$
- $R = 1mm$
- 매끄러운 유리관의 접촉각 $\theta \approx 0°$

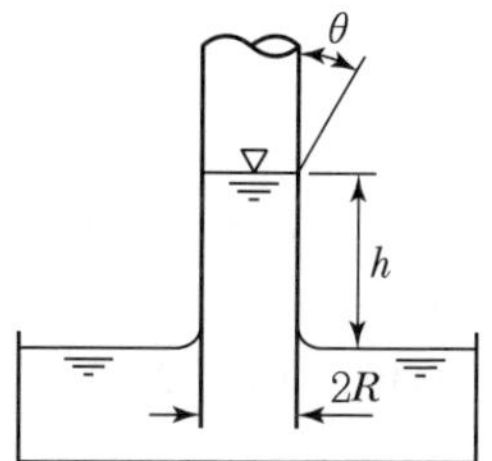

① 0.007 ② 0.015
③ 0.07 ④ 0.15

해설

모세관의 상승높이

$$h = \frac{4\sigma\cos\theta}{\gamma d}$$

여기서, h : 모세관의 높이[m], σ : 표면장력[N/m]

γ : 유체의 비중량[N/m^3], d : 관의 직경

θ : 접촉각

[풀이]

1) γ = 9,800[N/m^3]

모세관의 직경 : $d = 2R = 2 \times 0.001[m]$

2) $h = \frac{4\sigma\cos\theta}{\gamma d} = \frac{4 \times 0.073 \times \cos 0°}{9{,}800 \times (2 \times 0.001)} = 0.01489$

≒0.015[m]

정답 24 ④ 25 ②

26 공기 10kg과 수증기 1kg이 혼합되어 10m^{3}의 용기 안에 들어 있다. 이 혼합기체의 온도가 60℃라면, 이 혼합기체의 압력은 약 몇 kPa인가?(단, 수증기 및 공기의 기체상수는 각각 0.462 및 0.287kJ/kg · K이고 수증기는 모두 기체상태이다.)

① 95.6 ② 111 ③ 126 ④ 145

해설

이상기체 상태방정식

$$PV = W\overline{R}T$$

여기서, P : 절대압력[kPa, kN/m^2], V : 체적[m^3]
W : 기체의 질량[kg], T : 절대온도[K]
$\overline{R}$: 특별기체상수[kJ/kg · K]

[풀이]

1) 수증기의 압력 P_1

V : 10[m^3], W : 1[kg], T : (60+273)[K]

$\overline{R}$: 0.462[kJ/kg · K]

$P_1 \times 10 = 1 \times 0.462 \times (60+273)$

$$P_1 = \frac{0.462 \times (60+273)}{10} = 15.38[\text{kPa}]$$

2) 공기의 압력 P_2

V : 10[m^3], W : 10[kg], T : (60+273)[K]

$\overline{R}$: 0.287[kJ/kg · K]

$P_2 \times 10 = 10 \times 0.287 \times (60+273)$

$$P_2 = \frac{10 \times 0.287 \times (60+273)}{10} = 95.57[\text{kPa}]$$

3) 달톤의 분압법칙

혼합기체에서 부피와 온도가 일정할 때 각 성분기체압력의 합이 기체혼합물 전체의 압력과 같다.

$P_T = P_1 + P_2 = 15.38 + 95.57 = 110.95 ≒ 111[\text{kPa}]$

27 파이프 내에 정상 비압축성 유동에 있어서 관마찰계수는 어떤 변수들의 함수인가?

① 절대조도와 관지름

② 절대조도와 상대조도

③ 레이놀즈수와 상대조도

④ 마하수와 코우시수

해설

관마찰계수(Pipe Friction Coefficient)

1) 층류흐름일 때($Re < 2{,}100$) : 관마찰계수(f)는 레이놀즈수만의 함수이다.

$$f = \frac{64}{Re}$$

2) 천이영역($2{,}100 < Re < 4{,}000$)

관마찰계수(f)는 레이놀즈수와 상대조도와$\left(\frac{e}{D}\right)$의 함수인 영역이다.

3) 난류($Re > 4{,}000$)

① 매끈한 관 : $f = 0.3164\,Re^{-\frac{1}{4}}$

여기서, Re : 레이놀즈수

② 거친 관 : $\frac{1}{\sqrt{f}} = 1.14 - 0.86\ln\left(\frac{e}{d}\right)$

여기서, $\frac{e}{d}$: 상대조도

③ 난류에서의 관마찰계수는 배관의 거칠기에 따라 레이놀즈수와 상대조도의 함수가 된다.

28 점성계수의 단위로 사용되는 푸아즈(Poise)의 환산단위로 옳은 것은?

① cm^2/s

② N · s^2/m^2

③ dyne/cm · s

④ dyne · s/cm^2

해설

점성계수 μ

1) 유체가 가지는 점성의 크기를 나타내는 값으로 끈끈한 정도를 나타낸다.

$\tau[\text{N/m}^2] = \mu\frac{du}{dy}$에서

$$\mu = \tau\frac{dy}{du}\ [\text{N} \cdot \text{s/m}^2]$$

2) 점성계수의 단위

[N · s/m^2]=[kg/m · s]=[Pa · s]

[dyne · s/cm^2]=[g/cm · s]=[Poise]

정답 26 ② 27 ③ 28 ④

29 3m/s의 속도로 물이 흐르고 있는 관로 내에 피토관을 삽입하고, 비중 1.8의 액체를 넣은 시차액주계에서 나타나게 되는 액주 차는 약 몇 m인가?

① 0.191 ② 0.573
③ 1.41 ④ 2.15

해설

피토정압관에서의 유속 V

$$V = \sqrt{2gh\left(\frac{\gamma_0 - \gamma}{\gamma}\right)} \qquad V = \sqrt{2gh\left(\frac{S_0 - S}{S}\right)}$$

여기서, γ_0 : 액주계 내의 유체비중량[N/m³]
γ : 배관을 흐르는 유체의 비중량[N/m³]
S_0 : 액주계 내의 유체비중
S : 배관을 흐르는 유체의 비중
h : 액주계 내 유체의 높이 차[m]

[풀이]

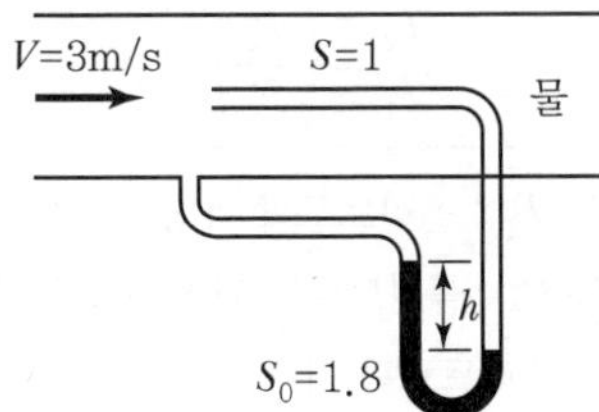

$$V = \sqrt{2gh\left(\frac{S_0 - S}{S}\right)}$$

$$3 = \sqrt{2\times 9.8\times h\left(\frac{1.8-1}{1}\right)}$$

양변을 제곱하면

$$3^2 = 2\times 9.8\times 0.8\times h$$

$$h = \frac{9}{2\times 9.8\times 0.8} = 0.5739[\text{m}]$$

30 온도 50℃, 압력 100kPa인 공기가 지름 10mm인 관 속을 흐르고 있다. 임계 레이놀즈수가 2,100일 때 층류를 흐를 수 있는 최대 평균속도(V)와 유량(Q)은 각각 약 얼마인가?(단, 공기의 점성계수는 19.5×10^{-6}kg/m · s이며, 기체상수는 287J/kg · K이다.)

① V=0.6m/s, $Q=0.5\times10^{-4}\text{m}^3/\text{s}$
② V=1.9m/s, $Q=1.5\times10^{-4}\text{m}^3/\text{s}$
③ V=3.8m/s, $Q=3.0\times10^{-4}\text{m}^3/\text{s}$
④ V=5.8m/s, $Q=6.1\times10^{-4}\text{m}^3/\text{s}$

해설

최대 평균속도(V)와 유량(Q)

1) 레이놀즈수(Reynolds Number)

$$Re = \frac{\rho VD}{\mu} = \frac{VD}{\nu}$$

여기서, ρ : 유체의 밀도[kg/m³]
μ : 유체의 점성계수 [kg/m · s]
D : 관의 직경[m]
ν : 유체의 동점성계수[m²/s]
V : 유속[m/s]

2) 이상기체 상태방정식

$$PV = W\overline{R}T$$

여기서, P : 절대압력[Pa, N/m²], V : 체적[m³]
W : 기체의 질량[kg], T : 절대온도[K]
$\overline{R}$: 특별기체상수[J/kg · K][N · m/kg · K]

3) 기체의 밀도 ρ[kg/m³]

$\rho = \dfrac{W}{V}$[kg/m³]이므로 이상기체 상태방정식을 정리하면

$$\frac{W}{V} = \frac{P}{\overline{R}T} \qquad \rho = \frac{P}{\overline{R}T}$$

[풀이]

1) 기체의 밀도

P : 100,000[Pa][N/m²], T : (50+273)[K]

$\overline{R}$: 287[J/kg · K]

$$\rho = \frac{100{,}000}{287\times(50+273)} = 1.078[\text{kg/m}^3]$$

2) 최대 평균속도

하임계 Re : 2,100, μ : 19.5×10^{-6}[kg/m · s]

D : 10[mm]=0.01[m]

$$Re = \frac{\rho VD}{\mu} \qquad 2{,}100 = \frac{1.078\times V\times 0.01}{19.5\times10^{-6}}$$

정답 29 ② 30 ③

$$V = \frac{2{,}100 \times 19.5 \times 10^{-6}}{1.078 \times 0.01} = 3.79 \fallingdotseq 3.8[\text{m/s}]$$

3) 유량

$$Q = AV$$

$$= \frac{\pi \times 0.01^2}{4} \times 3.8 = 0.0003 = 3.0 \times 10^{-4}[\text{m}^3/\text{s}]$$

31 아래 그림과 같은 탱크에 물이 들어 있다. 물이 탱크의 밑면에 가하는 힘은 약 몇 N인가?(단 물의 밀도는 1,000kg/m³, 중력가속도는 10m/s²로 가정하며 대기압은 무시한다. 또한 탱크의 폭은 전체가 1m로 동일하다.)

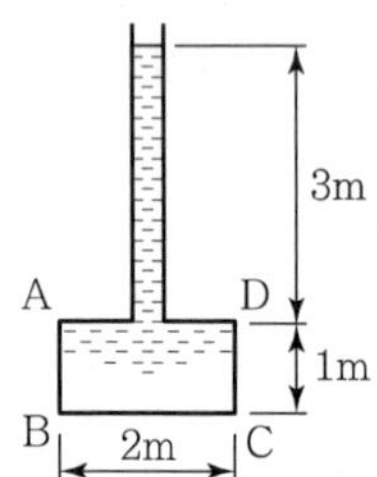

① 40,000 ② 20,000
③ 80,000 ④ 60,000

해설

탱크 밑면에 작용하는 힘

$$F = PA = \gamma h A$$

여기서, F : 밑면에 작용하는 전압력(힘)[N]
P : 밑면에 작용하는 압력[Pa]
A : 밑면의 면적[m²], γ : 비중량[N/m³]
h : 수면으로부터의 깊이[m]

[풀이]

1) $\gamma = \rho[\text{N} \cdot \text{s}^2/\text{m}^4] \times g[\text{m/s}^2]$
$= 1{,}000 \times 10 = 1{,}000[\text{N/m}^3]$
여기서, $\rho = 1{,}000[\text{kg/m}^3] = 1{,}000[\text{N} \cdot \text{s}^2/\text{m}^4]$
$g = 10[\text{m/s}^2]$

2) $h = (3+1)[\text{m}]$, $A = (2 \times 1)[\text{m}^2]$

3) $F = \gamma h A$
$= 10{,}000[\text{N/m}^3] \times (3+1)[\text{m}] \times (2 \times 1)[\text{m}^2]$
$= 80{,}000[\text{N}]$

32 압력 200kPa, 온도 60℃의 공기 2kg이 이상적인 폴리트로픽 과정으로 압축되어 압력 2MPa, 온도 250℃로 변화하였을 때 이 과정 동안 소요된 일의 양은 약 몇 kJ인가?(단, 기체상수는 0.287kJ/kg · K이다.)

① 224 ② 327 ③ 447 ④ 560

해설

1) 폴리트로픽 과정에서의 절대일 $_1W_2$[kJ]

$$_1W_2 = \frac{mR}{n-1}(T_1 - T_2)$$

여기서, m : 질량[kg], n : 폴리트로픽 지수
R : 기체상수[kJ/kg · K]
$(T_1 - T_2)$: 폴리트로픽 과정 전후의 온도 차[K]

2) 폴리트로픽 과정에서 온도와 압력의 관계

$$\frac{T_2}{T_1} = \left(\frac{P_2}{P_1}\right)^{\frac{n-1}{n}}$$

여기서, T_1, T_2 : 폴리트로픽 과정 전후의 온도[K]
P_1, P_2 : 폴리트로픽 과정 전후의 압력[kPa]
n : 폴리트로픽 지수

[풀이]

1) 위 식에서 폴리트로픽지수(n)를 구하면
$T_1 = (60+273)[\text{K}]$, $T_2 = (250+273)[\text{K}]$
$P_1 = 200[\text{kPa}]$, $P_2 = 2[\text{MPa}] = 2{,}000[\text{kPa}]$

$$\frac{(250+273)}{(60+273)} = \left(\frac{2{,}000}{200}\right)^{\frac{n-1}{n}}, \ 1.57 = 10^{\frac{n-1}{n}}$$

양변에 log를 취하면

$$\log 1.57 = \frac{n-1}{n}, \ 0.1959 = \frac{n-1}{n}$$

$0.1959n = n - 1$
$n - 0.1959n = 1$, $n(1-0.1959) = 1$

$$n = \frac{1}{0.8041} = 1.2436$$

2) 폴리트로픽 과정에서의 절대일 $_1W_2$[kJ]

$$_1W_2 = \frac{2 \times 0.287}{1.2436 - 1} \times (60+273) - (250+273)$$

$= -447.7[\text{kJ}]$

절대일 $|_1W_2| = |-447.7| = 447.7[\text{kJ}]$

정답 31 ③ 32 ③

33 표면적이 A, 절대온도가 T_1인 흑체와 절대 온도가 T_2인 흑체 주위 밀폐 공간 사이의 열전달량은?

① $T_1 - T_2$에 비례한다.

② ${T_1}^2 - {T_2}^2$에 비례한다.

③ ${T_1}^3 - {T_2}^3$에 비례한다.

④ ${T_1}^4 - {T_2}^4$에 비례한다.

해설

1) 복사(Radiation)

① 정의 : 열이 매질 없이 전자기파 형태로 전달되는 형태

② 스테판–볼츠만 법칙(Stefan–Boltzmann's Law)

$$q[\text{W}] = \sigma A(T_1^4 - {T_2}^4)[\text{W}]$$

여기서, q : 열전달량[W], T : 절대온도[K]

A : 열전달면적[m^2]

σ : 스테판–볼츠만 상수 (5.67×10^{-8}[W/m$^2\cdot$K^4])

2) 흑체에서의 복사열은 절대온도 차의 4승에 비례한다.

34 그림과 같이 수평면에 대하여 60° 기울어진 경사관에 비중(S)이 13.6인 수은이 채워져 있으며, A와 B에는 물이 채워져 있다. A의 압력이 250kPa, B의 압력이 200kPa일 때, 길이 L은 약 몇 cm인가?

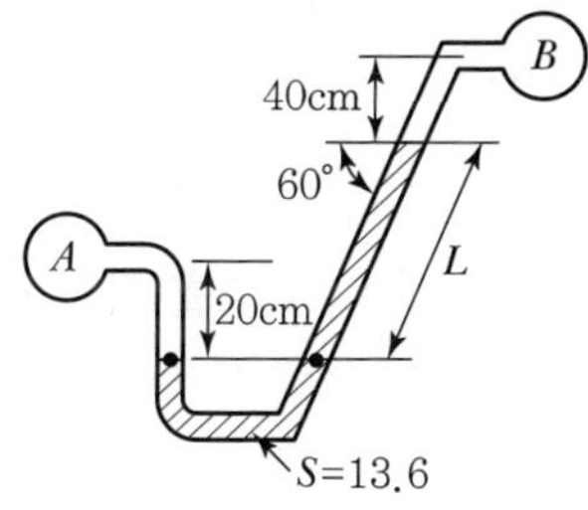

① 33.3 ② 38.2

③ 41.6 ④ 45.1

해설

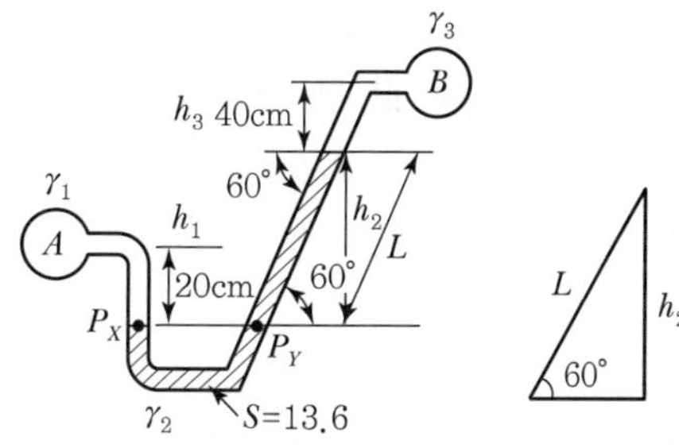

1) $P_X = P_Y$, X점의 압력과 Y점의 압력은 같다.

$P_X = P_A + \gamma_1 h_1$, $P_Y = P_B + \gamma_2 h_2 + \gamma_3 h_3$

$$P_A + \gamma_1 h_1 = P_B + \gamma_2 h_2 + \gamma_3 h_3$$

2) 비중량 γ

$\gamma = S\gamma_w$

여기서, S : 비중(물의 비중=1)

γ_w : 물의 비중량(9.8[kN/m^3])

① $\gamma_1 = S_1 \gamma_w$
$= 1\times 9.8[\text{kN/m}^3] = 9.8[\text{kN/m}^3]$

② $\gamma_2 = S_2 \gamma_w$
$= 13.6\times 9.8[\text{kN/m}^3]$
$= 133.28[\text{kN/m}^3]$

③ $\gamma_3 = S_3 \gamma_w$
$= 1\times 9.8[\text{kN/m}^3]$
$= 9.8[\text{kN/m}^3]$

3) h_2를 구하면

$P_A + \gamma_1 h_1 = P_B + \gamma_2 h_2 + \gamma_3 h_3$

$250 + 9.8\times0.2 = 200 + 133.28\times h_2 + 9.8\times0.4$

$251.96 = 203.92 + 133.28 h_2$

$133.28 h_2 = 251.96 - 203.92$

$h_2 = 0.36[\text{m}] = 36[\text{cm}]$

4) L의 길이

$\sin60° = \dfrac{h_2}{L}$, $L = \dfrac{h_2}{\sin60°}$, $L = \dfrac{36[\text{cm}]}{0.866}$

$L = 41.6[\text{cm}]$

정답 33 ④ 34 ③

35 압력 0.1MPa, 온도 250℃ 상태인 물의 엔탈피가 2974.33kJ/kg이고 비체적은 2.40604m^3/kg이다. 이 상태에서 물의 내부에너지(kJ/kg)는?

① 2733.7　② 2974.1
③ 3214.9　④ 3582.7

해설

엔탈피
일정한 온도와 압력에서 가질 수 있는 에너지 함량

$$H = U + PV$$

여기서, H : 엔탈피[kJ/kg], U : 내부에너지[kJ/kg]
P : 압력[kPa], V : 비체적[m^3/kg]

[풀이]
H : 2974.33[kJ/kg], P : 100[kPa][kN/m^2]
V : 2.40604[m^3/kg]
2974.33[kJ/kg] = U + 100[kN/m^2] × 2.40604[m^3/kg]
U = 2974.33[kJ/kg] − 240.604[kJ/kg]
= 2733.73[kJ/kg]

36 길이가 400m이고 유동단면이 20cm×30cm인 직사각형 관에 물이 가득 차서 평균속도 3m/s로 흐르고 있다. 이때 손실수두는 약 몇 m인가?(단, 관 마찰계수는 0.01이다.)

① 2.38　② 4.76
③ 7.65　④ 9.52

해설

비원형 관에서의 마찰손실
원형 단면에 적용하는 식을 비원형 단면에도 적용하기 위하여 수력직경을 적용한다.

$$H_l = f \frac{l}{D_h} \frac{V^2}{2g}$$

여기서, H_l : 마찰손실수두[m], f : 관마찰계수
D_h : 수력직경[m], l : 직관의 길이[m]
V : 유체의 유속[m/sec]

1) 수력반경 R_h

$$R_h = \frac{A}{P} \qquad 수력반경 = \frac{접수면적}{접수길이}$$

2) 수력직경 D_h : 비원형 단면을 원형 단면으로 적용했을 때의 직경을 말한다.

$$D_h = 4R_h$$

[풀이]

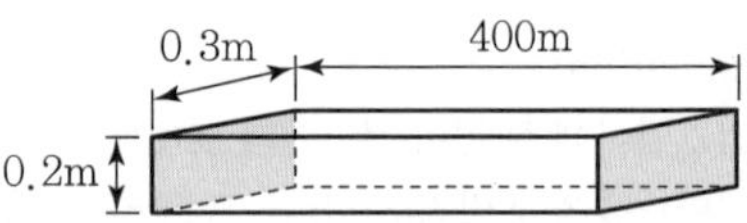

1) 수력반경 R_h
① 접수길이 : (0.3×2)+(0.2×2)=1.0[m]
② 접수면적 : 0.3×0.2=0.06[m^2]

$$R_h = \frac{A}{P} = \frac{0.06\,m^2}{1.0m} = 0.06\,[m]$$

2) 수력직경 D_h

$$D_h = 4R_h = 4 \times 0.06 = 0.24[m]$$

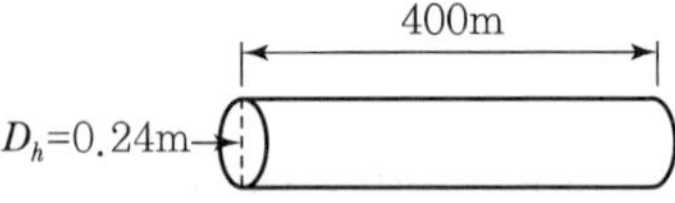

3) 마찰손실
f : 0.01, D_h : 0.24[m]
l : 400[m], V : 3[m/sec]

$$H_l = 0.01 \times \frac{400}{0.24} \times \frac{3^2}{2 \times 9.8} = 7.65[m]$$

37 안지름 100mm인 파이프를 통해 2m/s의 속도로 흐르는 물의 질량유량은 약 몇 kg/min인가?

① 15.7　② 157
③ 94.2　④ 942

해설

질량유량($\overline{m}$ [kg/s] : Mass Flowrate)

$$\overline{m}\,[kg/s] = \rho A V \qquad \rho_1 A_1 V_1 = \rho_2 A_2 V_2$$

여기서, A : 배관의 단면적[m^2], V : 유속[m/s]
ρ : 밀도[kg/m^3]

정답　35 ①　36 ③　37 ④

[풀이]

1) $A = \frac{\pi d^2}{4} = \frac{\pi \times 0.1^2}{4} = 0.00785[m^2]$

d : 100[mm] = 0.1[m]

2) ρ : 1,000[kg/m^3], V=2[m/s]

3) $\overline{m}$ = 1,000[kg/m^3]×0.00785[m^2]×2[m/s]

= 15.708[kg/s]

$15.708 \frac{kg}{s} \times \frac{60s}{1min} = 942.48[kg/min]$

38 유량이 0.6m^3/min일 때 손실수두가 5m인 관로를 통하여 10m 높이 위에 있는 저수조로 물을 이송하고자 한다. 펌프의 효율이 85%라고 할 때 펌프에 공급해야 하는 전력은 약 몇 kW인가?

① 0.58 ② 1.15 ③ 1.47 ④ 1.73

해설

축동력

모터에 의해 실제로 펌프에 주어지는 동력(전달계수 K가 없다.)

$$L_s[kW] = \frac{\gamma[N/m^3] \times Q[m^3/s] \times H[m]}{1,000\eta}$$

여기서, L_s : 축동력[kW], γ : 비중량[N/m^3]

Q : 유량[m^3/s], H : 전양정[m]

η : 펌프효율

[풀이]

1) 유량 : $Q = 0.6 \frac{m^3}{min} \times \frac{1min}{60s} = 0.01[m^3/s]$

2) 전양정 = 실양정 + 마찰손실양정

H=10m+5m=15[m]

3) γ=9,800[N/m^3], η=0.85

4) 축동력

$L_s[kW] = \frac{9,800[N/m^3] \times 0.01[m^3/s] \times 15[m]}{1,000 \times 0.85}$

= 1.73[kW]

39 대기의 압력이 1.08kg$_f$/cm^{2}였다면 게이지압력이 12.5kg$_f$/cm^{2}인 용기에서 절대압력(kg$_f$/cm^2)은?

① 12.50 ② 13.58

③ 11.42 ④ 14.50

해설

절대압력

1) 절대압 = 대기압 + 계기압

2) 절대압 = 대기압 − 진공압

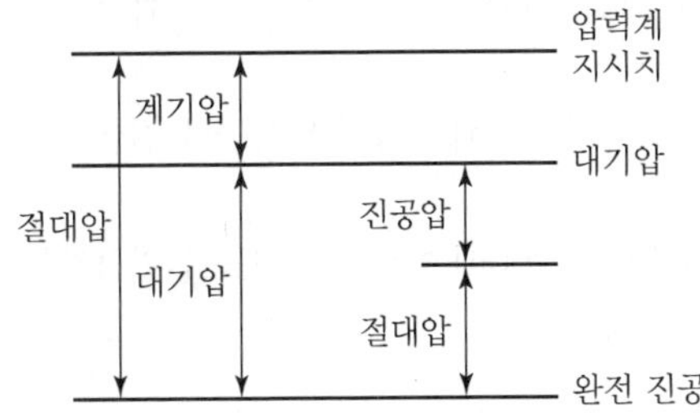

[풀이]

절대압 = 1.08kg$_f$/cm^2 + 12.5kg$_f$/cm^2

= 13.58[kg$_f$/cm^2]

40 시간 Δt 사이에 유체의 선운동량이 ΔP만큼 변했을 때 $\Delta P/\Delta t$는 무엇을 뜻하는가?

① 유체 운동량의 변화량

② 유체 충격량의 변화량

③ 유체의 가속도

④ 유체에 작용하는 힘

해설

뉴턴의 제2운동법칙

$F = ma = m\frac{dV}{dt} = \frac{d}{dt}(m \cdot V)$

$F = \frac{d}{dt}(m \cdot V)$, $F \cdot dt = d(m \cdot V)$

여기서, F : 힘[N], m : 질량[kg], V : 속도[m/s]

위 식을 시간에 대해 적분하면

$F \cdot t = m \cdot V$

1) 운동량 = 질량×속도 : $\vec{p} = m \cdot V$

2) 충격량 = 힘×시간 : $\vec{p} = F \cdot t$

3) 힘 = $\frac{충격량}{시간}$: $F = \frac{\vec{p}}{t}$

정답 38 ④ 39 ② 40 ④

3과목 소방관계법규

41 관계인이 예방규정을 정하여야 하는 제조소 등의 기준이 아닌 것은?

① 지정수량의 10배 이상의 위험물을 취급하는 제조소
② 지정수량의 50배 이상의 위험물을 취급하는 옥외저장소
③ 지정수량의 150배 이상의 위험물을 취급하는 옥내저장소
④ 지정수량의 200배 이상의 위험물을 취급하는 옥외탱크저장소

해설

예방규정을 정해야 하는 제조소 등
1) 지정수량의 10배 이상의 위험물을 취급하는 제조소
2) 지정수량의 100배 이상의 위험물을 저장하는 옥외저장소
3) 지정수량의 150배 이상의 위험물을 저장하는 옥내저장소
4) 지정수량의 200배 이상의 위험물을 저장하는 옥외탱크저장소
5) 암반탱크저장소
6) 이송취급소

② 지정수량의 50배 이상의 위험물을 취급하는 제조소 → 10배 이상

42 특정소방대상물이 증축되는 경우 기존 부분에 대해서 증축 당시의 소방시설의 설치에 관한 대통령령 또는 화재안전기준을 적용하지 않는 경우가 아닌 것은?

① 증축으로 인하여 천장 · 바닥 · 벽 등에 고정되어 있는 가연성 물질의 양이 줄어드는 경우
② 자동차 생산공장 등 화재 위험이 낮은 특정소방대상물 내부에 연면적 $33m^2$ 이하의 직원 휴게실을 증축하는 경우
③ 기존 부분과 증축 부분이 자동방화셔터 또는 60분+방화문으로 구획되어 있는 경우
④ 자동차 생산공장 등 화재 위험이 낮은 특정소방대상물에 캐노피(3면 이상에 벽이 없는 구조의 캐노피)를 설치하는 경우

해설

특정소방대상물이 증축되는 경우에는 기존 부분을 포함한 특정소방대상물의 전체에 대하여 증축 당시의 소방시설의 설치에 관한 대통령령 또는 화재안전기준을 적용하여야 한다. 다만, 다음 각 호의 어느 히니에 해당하는 경우에는 기존 부분에 대해서는 증축 당시의 소방시설의 설치에 관한 대통령령 또는 화재안전기준을 적용하지 아니한다.
1) 기존 부분과 증축 부분이 내화구조로 된 바닥과 벽으로 구획된 경우
2) 기존 부분과 증축 부분이 자동방화셔터 또는 60분+방화문으로 구획되어 있는 경우
3) 자동차 생산공장 등 화재 위험이 낮은 특정소방대상물 내부에 연면적 $33m^2$ 이하의 직원 휴게실을 증축하는 경우
4) 자동차 생산공장 등 화재 위험이 낮은 특정소방대상물에 캐노피(3면 이상에 벽이 없는 구조의 캐노피)를 설치하는 경우

43 소방공사업법상의 대통령령으로 정하는 특정소방대상물 소방시설공사의 완공검사를 위하여 소방본부장이나 소방서장의 현장확인 대상 범위가 아닌 것은?

① 문화 및 집회시설
② 수계 소화설비가 설치되는 것
③ 연면적 $10,000m^2$ 이상이거나 11층 이상인 특정소방대상물(아파트는 제외)
④ 가연성 가스를 제조 · 저장 또는 취급하는 시설 중 지상에 노출된 가연성 가스탱크의 저장용량의 합계가 1,000톤 이상인 시설

해설

완공검사를 위한 현장 확인 대상 특정소방대상물의 범위
1) 문화 및 집회시설, 종교시설, 판매시설, 노유자시설, 수련시설, 운동시설, 숙박시설, 창고시설, 지하상가 및 다중이용업소
2) 다음 각 목의 어느 하나에 해당하는 설비가 설치되는 특정소방대상물
   ① 스프링클러설비 등
   ② 물분무 등 소화설비(호스릴방식 제외)
3) 연면적 1만m^2 이상이거나 11층 이상인 특정소방대상물(아파트는 제외)

정답 41 ② 42 ① 43 ②

4) 지상에 노출된 가연성 가스탱크의 저장용량 합계가 1,000톤 이상인 시설

44 소화난이도등급 Ⅲ인 지하탱크저장소에 설치하여야 하는 소화설비의 설치기준으로 옳은 것은?

① 능력단위 수치가 3 이상의 소형 수동식 소화기 등 1개 이상
② 능력단위 수치가 3 이상의 소형 수동식 소화기 등 2개 이상
③ 능력단위 수치가 2 이상의 소형 수동식 소화기 등 1개 이상
④ 능력단위 수치가 2 이상의 소형 수동식 소화기 등 2개 이상

해설

소화난이도등급 Ⅲ의 제조소 등에 설치하여야 하는 소화설비

제조소 등의 구분	소화설비	설치기준	
지하탱크 저장소	소형 수동식 소화기 등	능력단위의 수치가 3 이상	2개 이상

45 화재안전조사의 연기를 신청하려는 자는 화재안전조사 시작 며칠 전까지 소방청장, 소방본부장 또는 소방서장에게 화재안전조사 연기신청서에 증명서류를 첨부하여 제출해야 하는가?(단, 천재지변 및 그 밖에 대통령령으로 정하는 사유로 화재안전조사를 받기 곤란한 경우이다.)

① 3 ② 5 ③ 7 ④ 10

해설

화재안전조사의 연기

1) 연기신청 : 화재안전조사 시작 3일 전까지 소방청장, 소방본부장 또는 소방서장에게 제출
2) 화재안전조사를 연기할 수 있는 사유
   ① 국민의 생명 · 신체 · 재산과 국가에 피해를 주거나 줄 수 있는 재난이 발생한 경우
   ② 관계인의 질병, 사고, 장기출장 등의 경우
   ③ 권한 있는 기관에 자체점검기록부, 교육 · 훈련일지 등 화재안전조사에 필요한 장부 · 서류 등이 압수되거나 영치(領置)되어 있는 경우
   ④ 소방대상물의 증축 · 용도변경 또는 대수선 등의 공사로 화재안전조사를 실시하기 어려운 경우

46 시장지역에서 화재로 오인할 만한 우려가 있는 불을 피우거나 연막소독을 하려는 자가 소방본부장 또는 소방서장에게 신고를 하지 아니하여 소방자동차를 출동하게 한 자에 대한 과태료 부과금액 기준으로 옳은 것은?

① 20만 원 이하 ② 50만 원 이하
③ 100만 원 이하 ④ 200만 원 이하

해설

1) 화재로 오인할 만한 우려가 있는 불을 피우거나 연막(煙幕) 소독 시 반드시 관할 소방본부장 또는 소방서장에게 신고하여야 하는 지역
   ① 시장지역
   ② 공장 · 창고가 밀집한 지역
   ③ 목조건물이 밀집한 지역
   ④ 위험물의 저장 및 처리시설이 밀집한 지역
   ⑤ 석유화학제품을 생산하는 공장이 있는 지역
   ⑥ 그 밖에 시 · 도의 조례로 정하는 지역 또는 장소
2) 화재로 오인할 만한 우려가 있는 불을 피우거나 연막(煙幕) 소독 시 반드시 관할 소방본부장 또는 소방서장에게 신고하지 아니한 경우 : 20만 원 이하의 과태료

47 소방청장, 소방본부장 또는 소방서장이 화재안전조사 조치명령서를 해당 소방대상물의 관계인에게 발급하는 경우가 아닌 것은?

① 소방대상물의 신축 ② 소방대상물의 개수
③ 소방대상물의 이전 ④ 소방대상물의 제거

해설

화재안전조사 결과에 따른 조치명령

1) 조치명령권자 : 소방청장, 소방본부장 또는 소방서장
2) 조치대상 : 소방대상물의 위치 · 구조 · 설비
3) 조치방법 : 관계인에게 그 소방대상물의 개수 · 이전 · 제거, 사용의 금지 또는 제한, 사용폐쇄, 공사의 정지 또는 중지 등

정답 44 ② 45 ① 46 ① 47 ①

48 대통령령 또는 화재안전기준이 변경되어 그 기준이 강화되는 경우에 기존 특정소방대상물의 소방시설에 대하여 변경으로 강화된 기준을 적용할 수 있는 소방시설은?

① 비상경보설비 ② 비상콘센트설비
③ 비상방송설비 ④ 옥내소화전설비

해설

소방시설기준 적용의 특례

대통령령 또는 화재안전기준이 변경되어 그 기준이 강화되는 경우 기존의 특정소방대상물의 소방시설에 대하여는 변경 전의 대통령령 또는 화재안전기준을 적용한다. 다만, 다음에 해당하는 소방시설의 경우에는 대통령령 또는 화재안전기준의 변경으로 강화된 기준을 적용할 수 있다.

1) 강화된 기준을 적용할 수 있는 소방시설
① 소화기구
② 비상경보설비
③ 자동화재탐지설비
④ 자동화재속보설비
⑤ 피난구조설비
2) 다음의 특정소방대상물에 설치하는 소방시설
① 전력 및 통신사업용 지하구, 공동구 : 소화기, 자동소화장치, 자동화재탐지설비, 통합감시시설, 유도등 및 연소방지설비
② 노유자시설 : 간이스프링클러설비, 자동화재탐지설비 및 단독경보형 감지기
③ 의료시설 : 스프링클러설비, 간이스프링클러설비, 자동화재탐지설비 및 자동화재속보설비

49 출동한 소방대의 화재진압 및 인명구조 · 구급 등 소방활동 방해에 따른 벌칙이 5년 이하의 징역 또는 5000만 원 이하의 벌금에 처하는 행위가 아닌 것은?

① 위력을 사용하여 출동한 소방대의 구급활동을 방해하는 행위
② 화재진압을 마치고 소방서로 복귀 중인 소방자동차의 통행을 고의로 방해하는 행위
③ 출동한 소방대원에게 협박을 행사하여 구급활동을 방해하는 행위
④ 출동한 소방대의 소방장비를 파손하거나 그 효용을 해하여 구급활동을 방해하는 행위

해설

5년 이하의 징역 또는 5천만 원 이하의 벌금

1) "출동한 소방대의 화재진압 및 인명구조 · 구급 등 소방활동을 방해하여서는 아니 된다."의 조항을 위반하여 다음 어느 하나에 해당하는 행위를 한 사람
① 위력을 사용하여 출동한 소방대의 화재진압 · 인명구조 또는 구급활동을 방해하는 행위
② 소방대가 화재진압 · 인명구조 또는 구급활동을 위하여 현장에 출동하거나 현장에 출입하는 것을 고의로 방해하는 행위
③ 출동한 소방대원에게 폭행 또는 협박을 행사하여 화재진압 · 인명구조 또는 구급활동을 방해하는 행위
④ 출동한 소방대의 소방장비를 파손하거나 그 효용을 해하여 화재진압 · 인명구조 또는 구급활동을 방해하는 행위
2) 소방자동차의 출동을 방해한 사람
3) 사람을 구출하는 일 또는 불을 끄거나 불이 번지지 아니하도록 하는 일을 방해한 사람
4) 정당한 사유 없이 소방용수시설 또는 비상소화장치를 사용하거나 소방용수시설 또는 비상소화장치의 효용을 해치거나 그 정당한 사용을 방해한 사람

50 소방시설 설치 및 관리에 관한 법률상 특정소방대상물 중 오피스텔이 해당하는 것은?

① 숙박시설 ② 업무시설
③ 공동주택 ④ 근린생활시설

해설

업무시설

1) 공공업무시설 : 국가 또는 지방자치단체의 청사 등의 건축물로서 근린생활시설에 해당하지 않는 것
2) 일반업무시설 : 금융업소, 사무소, 신문사, 오피스텔 등으로서 근린생활시설에 해당하지 않는 것
3) 주민자치센터, 경찰서, 지구대, 파출소, 소방서, 119안전센터, 우체국, 보건소, 공공도서관, 국민건강보험공단
4) 마을회관, 마을공동작업소, 마을공동구판장
5) 변전소, 양수장, 정수장, 대피소, 공중화장실

정답 48 ① 49 ② 50 ②

51 소방시설업에 대한 행정처분 기준 중 1차 처분이 영업정지 3개월이 아닌 경우는?

① 국가, 지방자치단체 또는 공공기관이 발주하는 소방시설의 설계 · 감리업자 선정에 따른 사업수행능력 평가에 관한 서류를 위조하거나 변조하는 등 거짓이나 그 밖의 부정한 방법으로 입찰에 참여한 경우
② 소방시설업의 감독을 위하여 필요한 보고나 자료제출 명령을 위반하여 보고 또는 자료 제출을 하지 아니하거나 거짓으로 보고 또는 자료 제출을 한 경우
③ 정당한 사유 없이 출입 · 검사업무에 따른 관계 공무원의 출입 또는 검사 · 조사를 거부 · 방해 또는 기피한 경우
④ 감리업자의 감리 시 소방시설공사가 설계도서에 맞지 아니하여 공사업자에게 공사의 시정 또는 보완 등의 요구를 하였으나 따르지 아니한 경우

해설

소방시설업에 대한 행정처분기준

위반사항	행정처분 기준		
	1차	2차	3차
감리업자의 감리 시 소방시설공사가 설계도서에 맞지 아니하여 공사업자에게 공사의 시정 또는 보완 등의 요구를 하였으나 따르지 아니한 경우	영업정지 1개월	영업정지 3개월	등록취소
국가, 지방자치단체 또는 공공기관이 발주하는 소방시설의 설계 · 감리업자 선정에 따른 사업수행능력 평가에 관한 서류를 위조하거나 변조하는 등 거짓이나 그 밖의 부정한 방법으로 입찰에 참여한 경우	영업정지 3개월	영업정지 6개월	등록취소
소방시설업의 감독을 위하여 필요한 보고나 자료제출 명령을 위반하여 보고 또는 자료 제출을 하지 아니하거나 거짓으로 보고 또는 자료 제출을 한 경우	영업정지 3개월	영업정지 6개월	등록취소
정당한 사유 없이 출입 · 검사업무에 따른 관계 공무원의 출입 또는 검사 · 조사를 거부 · 방해 또는 기피한 경우	영업정지 3개월	영업정지 6개월	등록취소

52 지정수량 미만인 위험물의 저장 또는 취급에 관한 기술상의 기준은 무엇으로 정하는가?

① 대통령령 ② 소방청장 고시
③ 행정안전부장관령 ④ 시 · 도의 조례

해설

1) 위험물 : 인화성 또는 발화성 등의 성질을 가지는 것으로서 대통령령이 정하는 물품
2) 지정수량 미만인 위험물의 저장 · 취급 : 시 · 도의 조례

53 소방시설기준 적용의 특례 중 특정소방대상물의 관계인이 소방시설을 갖추어야 함에도 불구하고 관련 소방시설을 설치하지 아니할 수 있는 소방시설의 범위로 옳은 것은?(단, 화재 위험도가 낮은 특정소방대상물로서 석재, 불연성 금속, 불연성 건축재료 등의 가공공장 · 기계조립공장 · 주물공장 또는 불연성 물품을 저장하는 창고이다.)

① 옥외소화전 및 연결살수설비
② 연결송수관설비 및 연결살수설비
③ 자동화재탐지설비, 상수도소화용수설비 및 연결살수설비
④ 스프링클러설비, 상수도소화용수설비 및 연결살수설비

해설

소방시설을 설치하지 아니할 수 있는 특정소방대상물 및 소방시설의 범위

구분	특정소방대상물	소방시설
화재 위험도가 낮은 특정소방대상물	석재, 불연성 금속, 불연성 건축재료 등의 가공공장 주물공장 또는 불연성 물품을 저장하는 창고	옥외소화전 및 연결살수설비
화재안전기준을 달리 적용하여야 하는 특수한 용도의 특정소방대상물	원자력발전소, 핵폐기물처리시설	연결송수관설비 및 연결살수설비

정답 51 ④ 52 ④ 53 ①

54 소방용수시설 급수탑 개폐밸브의 설치기준으로 옳은 것은?

① 지상에서 1.0m 이상 1.5m 이하
② 지상에서 1.5m 이상 1.7m 이하
③ 지상에서 1.2m 이상 1.8m 이하
④ 지상에서 1.5m 이상 2.0m 이하

해설

소방용수시설의 설치기준

1) 공통기준
  ① 주거지역 · 상업지역 · 공업지역 : 수평거리 100m 이하
  ② 그 밖의 지역 : 수평거리 140m 이하

2) 소방용수시설별 설치기준
  ① 소화전의 설치기준
    - 상수도와 연결하여 지하식 또는 지상식의 구조로 할 것
    - 소방용호스와 연결하는 소화전의 연결금속구의 구경 : 65mm
  ② 급수탑의 설치기준
    - 급수배관의 구경 : 100mm 이상
    - 개폐밸브의 높이 : 지상에서 1.5m 이상 1.7m 이하의 위치에 설치할 것
  ③ 저수조의 설치기준
    - 지면으로부터의 낙차 : 4.5m 이하
    - 흡수부분의 수심 : 0.5m 이상
    - 흡수관의 투입구가 사각형 : 한 변의 길이가 60cm 이상
    - 흡수관의 투입구가 원형 : 지름이 60cm 이상
    - 소방펌프자동차가 쉽게 접근할 수 있을 것
    - 흡수에 지장이 없도록 토사 및 쓰레기 등을 제거할 수 있는 설비를 갖출 것
    - 저수조에 물 공급은 상수도에 연결하여 자동으로 급수되는 구조일 것

55 옥내저장소의 위치 · 구조 및 설비의 기준 중 지정수량의 몇 배 이상의 저장창고(제6류 위험물의 저장창고 제외)에 피뢰침을 설치해야 하는가?(단, 저장창고 주위의 상황이 안전상 지장이 없는 경우는 제외한다.)

① 10배　② 20배　③ 30배　④ 40배

해설

피뢰설비
지정수량의 10배 이상의 제조소(제6류 위험물 제외)

56 소방시설 설치 및 관리에 관한 법령상 우수품질인증표시를 하거나 우수품질인증 표시를 위조 또는 변조하여 사용한 자에 대한 벌칙기준은?

① 1년 이하의 징역 또는 100만 원 이하의 벌금
② 1년 이하의 징역 또는 200만 원 이하의 벌금
③ 1년 이하의 징역 또는 1000만 원 이하의 벌금
④ 1년 이하의 징역 또는 3000만 원 이하의 벌금

해설

1년 이하의 징역 또는 1천만 원 이하의 벌금(소방시설 설치 및 관리에 관한 법률)

1) 소방시설 등에 대하여 스스로 점검을 하지 아니하거나 관리업자 등으로 하여금 정기적으로 점검하게 하지 아니한 자
2) 소방시설관리사증을 다른 사람에게 빌려주거나 빌리거나 이를 알선한 자
3) 동시에 둘 이상의 업체에 취업한 자
4) 자격정지처분을 받고 그 자격정지기간 중에 관리사의 업무를 한 자
5) 관리업의 등록증이나 등록수첩을 다른 자에게 빌려주거나 빌리거나 이를 알선한 자
6) 영업정지처분을 받고 그 영업정지기간 중에 관리업의 업무를 한 자
7) 제품검사에 합격하지 아니한 제품에 합격표시를 하거나 합격표시를 위조 또는 변조하여 사용한 자
8) 형식승인의 변경승인 또는 성능인증의 변경인증을 받지 아니한 자
9) 제품검사에 합격하지 아니한 소방용품에 성능인증을 받았다는 표시 또는 제품검사에 합격하였다는 표시를 하거나 성능인증을 받았다는 표시 또는 제품검사에 합격하였다는 표시를 위조 또는 변조하여 사용한 자
10) 우수품질인증을 받지 아니한 제품에 우수품질인증 표시를 하거나 우수품질인증 표시를 위조하거나 변조하여 사용한 자
11) 관계 공무원이 관계인의 정당한 업무를 방해하거나 출입 · 검사 업무를 수행하면서 알게 된 비밀을 다른 사람에게 누설한 자

정답 54 ② 55 ① 56 ③

57 다음 조건을 참고하여 숙박시설이 있는 특정소방대상물의 수용인원을 산정한 수로 옳은 것은?

> 침대가 있는 숙박시설로서 1인용 침대의 수는 20개이고, 2인용 침대의 수는 10개이며, 종업원의 수는 3명이다.

① 33　② 40　③ 43　④ 46

해설

수용인원의 산정방법

1) 숙박시설이 있는 특정소방대상물
   ① 침대가 있는 숙박시설 : 종사자 수+침대 수(2인용 침대는 2개)
   ② 침대가 없는 숙박시설 : 종사자 수+바닥면적의 합계를 $3m^2$로 나누어 얻은 수

2) 1) 외의 특정소방대상물
   ① 강의실·교무실·상담실·실습실·휴게실 용도로 쓰이는 특정소방대상물 : 바닥면적의 합계를 $1.9m^2$로 나누어 얻은 수
   ② 강당, 문화 및 집회시설, 운동시설, 종교시설 : 바닥면적의 합계를 $4.6m^2$로 나누어 얻은 수
   ③ • 관람석이 있는 경우 고정식 의자를 설치한 부분 : 의자 수
   • 긴 의자의 경우 : 의자의 정면너비를 0.45m로 나누어 얻은 수

3) 그 밖의 특정소방대상물 : 바닥면적의 합계를 $3m^2$로 나누어 얻은 수(소수점 이하의 수는 반올림할 것)

[풀이]

- 침대가 있는 숙박시설 : 종사자 수+침대 수(2인용 침대는 2개)
- 수용인원 : 3명(종사자)+20개(1인용)+10개(2인용)×2=43명

58 성능위주설계를 실시하여야 하는 특정소방대상물의 범위 기준으로 틀린 것은?

① 연면적 $200,000m^2$ 이상인 특정소방대상물(아파트 등은 제외)
② 지하층을 포함한 층수가 30층 이상인 특정소방대상물(아파트 등은 제외)
③ 건축물의 높이가 120m 이상인 특정소방대상물(아파트 등은 제외)
④ 하나의 건축물에 영화상영관이 5개 이상인 특정소방대상물

해설

성능위주설계를 해야 하는 특정소방대상물의 범위

1) 연면적 20만m^2 이상인 특정소방대상물(아파트 등 제외)
2) 50층 이상(지하층 제외)이거나 지상으로부터 높이가 200m 이상인 아파트 등
3) 30층 이상(지하층 포함)이거나 지상으로부터 높이가 120m 이상인 특정소방대상물(아파트 등 제외)
4) 연면적 3만m^2 이상인 특정소방대상물로서 철도 및 도시철도 시설, 공항시설
5) 창고시설 중 연면적 10만m^2 이상인 것 또는 지하층의 층수가 2개층 이상이고 지하층의 바닥면적의 합이 3만m^2 이상인 것
6) 하나의 건축물에 영화상영관이 10개 이상인 특정소방대상물
7) 지하연계 복합건축물에 해당하는 특정소방대상물
8) 터널 중 수저(水底)터널 또는 길이가 5,000m 이상인 것

④ 하나의 건축물에 영화상영관이 5개 이상인 → 10개 이상

59 소방본부장 또는 소방서장은 건축허가 등의 동의 요구서류를 접수한 날부터 최대 며칠 이내에 건축허가 등의 동의 여부를 회신하여야 하는가?(단, 허가 신청한 건축물은 지상으로부터 높이가 200m인 아파트이다.)

① 5일　② 7일　③ 10일　④ 15일

해설

1) 건축허가 동의 회신기간
   ① 건축허가 등의 동의요구서류를 접수한 날부터 5일
   ② 다음의 특급 소방안전관리대상물인 경우는 10일
      ㉠ 50층 이상(지하층은 제외)이거나 높이가 200m 이상인 아파트
      ㉡ 30층 이상(지하층을 포함)이거나 높이가 120m 이상인 특정소방대상물(아파트는 제외)
      ㉢ 연면적이 10만m^2 이상인 특정소방대상물(아파트는 제외)
2) 건축허가동의요구서의 첨부서류 보완기간 : 4일 이내

정답　57 ③　58 ④　59 ③

3) 건축허가 등의 동의 취소 : 7일 이내에 소방본부장 또는 소방서장에게 통보

60 고급감리원 이상의 소방공사감리원의 소방시설공사 배치 현장기준으로 옳은 것은?

① 연면적 5,000m^2 이상 30,000m^2 미만인 특정소방대상물의 공사 현장
② 연면적 30,000m^2 이상 200,000m^2 미만인 아파트의 공사 현장
③ 연면적 30,000m^2 이상 200,000m^2 미만인 특정소방대상물(아파트는 제외)의 공사 현장
④ 연면적 200,000m^2 이상인 특정소방대상물의 공사 현장

해설

소방공사 감리원의 배치기준(소방시설공사업법 시행령 별표4)

감리원의 배치기준		소방시설공사 현장의 기준
책임감리원	보조감리원	
특급감리원 중 소방기술사	초급감리원 이상의 소방공사 감리원(기계분야 및 전기분야)	• 연면적 20만m^2 이상인 특정소방대상물의 공사 현장 • 지하층을 포함한 층수가 40층 이상인 특정소방대상물의 공사 현장
특급감리원 이상의 소방공사 감리원(기계분야 및 전기분야)	초급감리원 이상의 소방공사 감리원(기계분야 및 전기분야)	• 연면적 3만m^2 이상 20만m^2 미만인 특정소방대상물의 공사 현장(아파트는 제외) • 지하층을 포함한 층수가 16층 이상 40층 미만인 특정소방대상물의 공사 현장
고급감리원 이상의 소방공사 감리원(기계분야 및 전기분야)	초급감리원 이상의 소방공사 감리원(기계분야 및 전기분야)	• 물분무 등 소화설비(호스릴 방식의 소화설비는 제외) 또는 제연설비가 설치되는 특정소방대상물의 공사 현장 • 연면적 3만m^2 이상 20만m^2 미만인 아파트의 공사 현장
중급감리원 이상의 소방공사 감리원(기계분야 및 전기분야)		연면적 5,000m^2 이상 3만m^2 미만인 특정소방대상물의 공사 현장
초급감리원 이상의 소방공사 감리원(기계분야 및 전기분야)		• 연면적 5,000m^2 미만인 특정소방대상물의 공사 현장 • 지하구의 공사 현장

4과목 소방기계시설의 구조 및 원리

61 옥내소화전설비 수원을 산출된 유효수량 외에 유효수량의 1/3 이상을 옥상에 설치해야 하는 경우는?

① 지하층만 있는 건축물
② 건축물의 높이가 지표면으로부터 15m인 경우
③ 수원이 건축물의 최상층에 설치된 방수구보다 높은 위치에 설치된 경우
④ 주펌프와 동등 이상의 성능이 있는 별도의 펌프로서 내연기관의 기동과 연동하여 작동되거나 비상전원을 연결하여 설치한 경우

해설

옥상수조의 면제
1) 지하층만 있는 건축물
2) 가압수조를 가압송수장치로 설치한 옥내소화전설비
3) 고가수조를 가압송수장치로 설치한 옥내소화전설비
4) 수원이 건축물의 최상층에 설치된 방수구보다 높은 위치에 설치된 경우
5) 건축물의 높이가 지표면으로부터 10m 이하인 경우
6) 주펌프와 동등 이상의 성능이 있는 별도의 펌프로서 내연기관의 기동과 연동하여 작동되거나 비상전원을 연결하여 설치한 경우
7) 학교 · 공장 · 창고시설로서 동결의 우려가 있는 장소(옥내소화전설비만 해당)

② 건축물의 높이가 지표면으로부터 15m인 경우 → 10m 이하인 경우 옥상수조 면제

62 조기반응형 스프링클러헤드를 설치해야 하는 장소가 아닌 것은?

① 공동주택의 거실
② 수련시설의 침실
③ 오피스텔의 침실
④ 병원의 입원실

정답 60 ② 61 ② 62 ②

해설

조기반응형 스프링클러헤드 설치장소
1) 공동주택
2) 병원의 입원실
3) 노유자시설의 거실
4) 숙박시설의 침실
5) 오피스텔

63 특정소방대상물별 소화기구의 능력단위기준 중 다음 ( ) 안에 알맞은 것은?(단, 건축물의 주요 구조부는 내화구조가 아니고 벽 및 반자의 실내에 면하는 부분이 불연재료 · 준불연재료 또는 난연재료로 된 특정소방대상물이 아니다.)

> 공연장은 해당 용도의 바닥면적 ( )m^2마다 소화기구의 능력단위 1단위 이상

① 30　② 50
③ 100　④ 200

해설

특정소방대상물별 소화기구의 능력단위기준

특정소방대상물	능력단위 1단위 이상 (기타 구조)	능력단위 1단위 이상 (내화구조로서 불연, 준불연, 난연)
위락시설	바닥면적 $30m^2$마다	바닥면적 $60m^2$마다
공연장 · 집회장 · 관람장 · 문화재 · 장례식장 및 의료시설	바닥면적 $50m^2$마다	바닥면적 $100m^2$마다
근린생활시설 · 판매시설 · 노유자시설 · 숙박시설 · 공장 · 창고시설 · 운수시설 · 전시장 · 공동주택 · 업무시설 · 방송통신시설 · 항공기 및 자동차 관련 시설 · 관광휴게시설	바닥면적 $100m^2$마다	바닥면적 $200m^2$마다
그 밖의 것	바닥면적 $200m^2$마다	바닥면적 $400m^2$마다

※ 내화구조로서 불연, 준불연, 난연인 경우 : 기타 구조×2배

64 상수도소화용수설비 소화전의 설치기준 중 다음 ( ) 안에 알맞은 것은?

> • 호칭지름 (㉠)mm 이상의 수도배관의 호칭지름 (㉡)mm 이상의 소화전을 접속할 것
> • 소화전은 특정소방대상물의 수평투영면의 각 부분으로부터 (㉢)m 이하가 되도록 설치할 것

① ㉠ 65, ㉡ 120, ㉢ 160
② ㉠ 75, ㉡ 100, ㉢ 140
③ ㉠ 80, ㉡ 90, ㉢ 140
④ ㉠ 100, ㉡ 100, ㉢ 180

해설

상수도 소화용수설비의 설치기준
1) 호칭지름 75mm 이상의 수도배관에 호칭지름 100mm 이상의 소화전을 접속할 것
2) 소화전은 소방자동차 등의 진입이 쉬운 도로변 또는 공지에 설치할 것
3) 소화전은 특정소방대상물의 수평투영면의 각 부분으로부터 140m 이하가 되도록 설치할 것

65 할로겐화합물 및 불활성 기체 소화약제 소화설비의 분사헤드에 대한 설치기준 중 다음 ( ) 안에 알맞은 것은?(단, 분사헤드의 성능인증 범위 내에서 설치하는 경우는 제외한다.)

> 분사헤드의 설치높이는 방호구역의 바닥으로부터 최소 (㉠)m 이상 최대 (㉡)m 이하로 하여야 한다.

① ㉠ 0.2, ㉡ 3.7　② ㉠ 0.8, ㉡ 1.5
③ ㉠ 1.5, ㉡ 2.0　④ ㉠ 2.0, ㉡ 2.5

해설

할로겐화합물 및 불활성 기체 소화설비의 분사헤드 설치기준
1) 분사헤드의 설치높이
바닥으로부터 최소 0.2m 이상 최대 3.7m 이하로 하여야 하며 천장높이가 3.7m를 초과할 경우에는 추가로 다른 열의 분사헤드를 설치할 것

정답　63 ②　64 ②　65 ①

2) 분사헤드의 개수
해당 방호구역에 할로겐화합물 소화약제는 10초 이내에, 불활성 기체 소화약제는 A · C급 화재 2분, B급 화재 1분 이내에 방호구역 각 부분에 최소 설계농도의 95% 이상에 해당하는 약제량이 방출되도록 하여야 한다.
3) 분사헤드에는 부식방지조치를 하여야 하며 오리피스의 크기, 제조일자, 제조업체가 표시되도록 할 것
4) 분사헤드의 방출률 및 방출압력은 제조업체에서 정한 값으로 한다.
5) 분사헤드의 오리피스의 면적
분사헤드가 연결되는 배관구경면적의 70%를 초과하여서는 아니 된다.

66 완강기의 최대 사용하중은 몇 N 이상의 하중이어야 하는가?

① 800 ② 1,000
③ 1,200 ④ 1,500

해설

완강기 최대 사용하중 및 최대 사용자 수
1) 완강기, 간이완강기 및 지지대를 사용함에 있어서 당해 완강기, 간이완강기 및 지지대에 가할 수 있는 최대 하중
2) 최대 사용하중 : 1,500N 이상
3) 최대 사용자 수(1회에 강하할 수 있는 사용자의 최대 수) 최대 사용하중을 1,500N으로 나누어서 얻은 값(1 미만 삭제)으로 한다.

67 물분무소화설비를 설치하는 차고 또는 주차장의 배수설비 설치기준으로 틀린 것은?

① 차량이 주차하는 바닥은 배수구를 향해 1/100 이상의 기울기를 유지할 것
② 배수구에서 새어나온 기름을 모아 소화할 수 있도록 길이 40m 이하마다 집수관, 소화피트 등 기름분리장치를 설치할 것
③ 차량이 주차하는 장소의 적당한 곳에 높이 10cm 이상의 경계턱으로 배수구를 설치할 것
④ 배수설비는 가압송수장치의 최대 송수능력의 수량을 유효하게 배수할 수 있는 크기 및 기울기로 할 것

해설

물분무소화설비를 설치하는 차고, 주차장 배수설비 설치기준
1) 차량이 주차하는 장소의 적당한 곳에 높이 10cm 이상의 경계턱으로 배수구를 설치할 것
2) 배수구에는 새어나온 기름을 모아 소화할 수 있도록 길이 40m 이하마다 집수관 · 소화피트 등 기름분리장치를 설치할 것
3) 차량이 주차하는 바닥은 배수구를 향하여 100분의 2 이상의 기울기를 유지할 것
4) 배수설비는 가압송수장치의 최대 송수능력의 수량을 유효하게 배수할 수 있는 크기 및 기울기로 할 것

① 1/100 이상 → 100분의 2 이상

68 스프링클러설비 배관의 설치기준으로 틀린 것은?

① 급수배관의 구경은 수리계산에 따르는 경우 가지배관의 유속은 6m/s, 그 밖의 배관의 유속은 10m/s를 초과할 수 없다.
② 연결송수관설비의 배관과 겸용할 경우의 주배관은 구경 100mm 이상, 방수구로의 연결되는 배관의 구경은 65mm 이상의 것으로 하여야 한다.
③ 수직배수배관의 구경은 50mm 이상으로 하여야 한다.
④ 가지배관에는 헤드의 설치지점 사이마다 1개 이상의 행가를 설치하되, 헤드 간의 거리가 4.5m를 초과하는 경우에는 4.5m 이내마다 1개 이상 설치해야 한다.

해설

스프링클러설비 배관의 설치기준
1) 급수배관의 구경(수리계산에 따르는 경우)
① 가지배관의 유속 : 6m/s 이하
② 그 밖의 배관의 유속 : 10m/s 이하
2) 연결송수관설비의 배관과 겸용할 경우
① 주배관 : 100mm 이상
② 방수구로 연결되는 배관 : 65mm 이상
3) 배관의 구경
① 가지배관 : 25mm 이상
② 교차배관 : 40mm 이상

정답 66 ④ 67 ① 68 ④

③ 수직배수배관 : 50mm 이상

4) 배관에 설치되는 행가의 설치기준
   ① 가지배관 : 헤드의 설치지점 사이마다 1개 이상의 행가를 설치하되, 헤드 간의 거리가 3.5m를 초과하는 경우에는 3.5m 이내마다 1개 이상 설치할 것. 이 경우 상향식 헤드와 행가 사이에는 8cm 이상의 간격을 두어야 한다.
   ② 교차배관 : 가지배관과 가지배관 사이마다 1개 이상의 행가를 설치하되, 가지배관 사이의 거리가 4.5m를 초과하는 경우에는 4.5m 이내마다 1개 이상 설치할 것
   ③ 수평주행배관에는 4.5m 이내마다 1개 이상 설치할 것

④ 가지배관에는 헤드의 설치지점 사이마다 1개 이상의 행가를 설치하되, 헤드 간의 거리가 4.5m를 초과하는 경우에는 4.5m 이내 → 3.5m를 초과하는 경우에는 3.5m 이내

69 포소화설비의 자동식 기동장치로 폐쇄형 스프링클러헤드를 사용하는 경우의 설치기준 중 다음 ( ) 안에 알맞은 것은?

- 표시온도가 (㉠)℃ 미만인 것을 사용하고 1개의 스프링클러헤드의 경계 면적은 (㉡)m^2 이하로 할 것
- 부착면의 높이는 바닥으로부터 (㉢)m 이하로 하고 화재를 유효하게 감지할 수 있도록 할 것

① ㉠ 60, ㉡ 10, ㉢ 7
② ㉠ 60, ㉡ 20, ㉢ 7
③ ㉠ 79, ㉡ 10, ㉢ 5
④ ㉠ 79, ㉡ 20, ㉢ 5

해설

자동식 기동장치의 설치기준

1) 폐쇄형 스프링클러헤드를 사용하는 경우
   ① 표시온도 : 79℃ 미만
   ② 1개의 스프링클러헤드의 경계면적 : 20m^2 이하로 할 것
   ③ 부착면의 높이 : 바닥으로부터 5m 이하
   ④ 하나의 감지장치 경계구역은 하나의 층이 되도록 할 것

2) 화재감지기를 사용하는 경우
   ① 화재감지기는 자동화재탐지설비의 화재안전기준에 따라 설치할 것
   ② 화재감지기 회로에는 발신기를 설치할 것

70 할론소화설비 소화약제 저장용기의 설치기준 중 다음 ( ) 안에 알맞은 것은?

축압식 저장용기의 압력은 온도 20℃에서 할론 1301을 저장하는 것은 (㉠)MPa 또는 (㉡)MPa이 되도록 질소가스로 축압할 것

① ㉠ 2.5, ㉡ 4.2
② ㉠ 2.0, ㉡ 3.5
③ ㉠ 1.5, ㉡ 3.0
④ ㉠ 1.1, ㉡ 2.5

해설

할론소화설비 소화약제 저장용기의 설치기준

1) 축압식 저장용기 설치기준
   ① 축압식 저장용기의 압력

구분	할론 1211	할론 1301
축압식 저장용기의 압력	1.1MPa 또는 2.5MPa	2.5MPa 또는 4.2MPa
축압가스의 종류	질소(N_2)	질소(N_2)

   ② 충전비

구분	할론 1211	할론 1301
충전비	0.7 이상 1.4 이하	0.9 이상 1.6 이하

   ③ 동일 집합관에 접속되는 용기의 소화약제 충전량은 동일 충전비의 것이어야 할 것

2) 가압식 저장용기 설치기준
   ① 가압용기의 압력 : 2.5MPa 또는 4.2MPa
   ② 가압용 가스 : 질소(N_2)
   ③ 압력조정장치의 조정압력 : 2.0MPa 이하

71 대형소화기의 정의 중 다음 ( ) 안에 알맞은 것은?

화재 시 사람이 운반할 수 있도록 운반대와 바퀴가 설치되어 있고 능력단위가 A급 (㉠)단위 이상, B급 (㉡)단위 이상인 소화기를 말한다.

① ㉠ 20, ㉡ 10
② ㉠ 10, ㉡ 5
③ ㉠ 5, ㉡ 10
④ ㉠ 10, ㉡ 20

정답 69 ④ 70 ① 71 ④

해설

용어의 정의

1) 소화기 : 소화약제를 압력에 따라 방사하는 기구로서 사람이 수동으로 조작하여 소화하는 것
2) 소형소화기 : 능력단위가 1단위 이상이고 대형소화기의 능력단위 미만인 것
3) 대형소화기 : 능력단위가 A급 10단위 이상, B급 20단위 이상인 소화기로서 화재 시 사람이 운반할 수 있도록 운반대와 바퀴가 설치되어 있는 것

72 연결살수설비 배관의 설치기준 중 하나의 배관에 부착하는 살수헤드의 개수가 3개인 경우 배관의 구경은 최소 몇 mm 이상으로 설치해야 하는가?(단, 연결살수설비 전용헤드를 사용하는 경우이다.)

① 40 ② 50
③ 65 ④ 80

해설

1) 연결살수 전용헤드 수에 따른 배관의 구경(개방형 헤드)

헤드 수	1개	2개	3개	4~5개	6~10개
구경[mm]	32	40	50	65	80

2) 개방형 헤드를 사용하는 연결살수설비에 있어서 하나의 송수구역에 설치하는 살수헤드의 수는 10개 이하가 되도록 하여야 한다.
3) 개방형 헤드를 사용하는 연결살수설비의 수평주행배관은 헤드를 향하여 상향으로 1/100 이상의 기울기로 설치할 것

73 연소방지설비 방수헤드의 설치기준 중 살수구역은 환기구 등을 기준으로 지하구의 길이방향으로 몇 m 이내마다 1개 이상 설치하여야 하는가?

① 150 ② 200
③ 350 ④ 400

해설

연소방지설비의 화재안전기준

1) 살수구역(화재안전기준 개정)
   ① 소방대원의 출입이 가능한 환기구 · 작업구마다 지하구의 양쪽 방향으로 살수헤드를 설정할 것
   ② 한쪽 방향의 살수구역의 길이 : 3m 이상
   ③ 환기구 사이의 간격이 700m를 초과할 경우 700m마다 살수구역을 설정할 것

2) 방수헤드
   ① 천장 또는 벽면에 설치할 것
   ② 방수헤드 간의 수평거리

헤드의 종류	전용헤드	스프링클러헤드
헤드 간 수평거리	2.0m 이하	1.5m 이하

3) 연소방지설비 전용헤드를 사용하는 경우 배관의 구경

헤드 수	1개	2개	3개	4~5개	6개 이상
구경[mm]	32	40	50	65	80

74 110kV 초과 154kV 이하의 고압 전기기기와 물분무헤드 사이의 최소 이격거리는 몇 cm인가?

① 110 ② 150
③ 180 ④ 210

해설

고압기기와 물분무헤드와의 이격거리

전압[kV]	이격거리[cm]
66 이하	70 이상
66 초과 77 이하	80 이상
77 초과 110 이하	110 이상
110 초과 154 이하	150 이상
154 초과 181 이하	180 이상
181 초과 220 이하	210 이상
220 초과 275 이하	260 이상

정답 72 ② 73 정답 없음 74 ②

75 특정소방대상물의 용도 및 장소별로 설치해야 할 인명구조기구의 기준으로 틀린 것은?

① 지하가 중 지하상가는 인공소생기를 층마다 2개 이상 비치할 것
② 판매시설 중 대규모 점포는 공기호흡기를 층마다 2개 이상 비치할 것
③ 지하층을 포함하는 층수가 7층 이상인 관광호텔은 방열복, 공기호흡기, 인공소생기를 각 2개 이상 비치할 것
④ 물분무 등 소화설비 중 이산화탄소 소화설비를 설치해야 하는 특정소방대상물은 공기호흡기를 이산화탄소 소화설비가 설치된 장소의 출입구 인근에 1대 이상 비치할 것

해설

인명구조기구의 설치장소별 적응성

특정소방대상물	인명구조기구의 종류	설치 수량
지하층을 포함하는 층수 • 7층 이상인 관광호텔 • 5층 이상인 병원	• 방열복 또는 방화복(헬멧, 보호장갑 및 안전화를 포함) • 공기호흡기 • 인공소생기(병원은 설치 제외)	각 2개 이상 비치
• 문화 및 집회시설 중 수용인원 100명 이상의 영화상영관 • 판매시설 중 대규모 점포 • 운수시설 중 지하역사 • 지하가 중 지하상가	공기호흡기	층마다 2개 이상 비치
물분무 등 소화설비 중 이산화탄소 소화설비를 설치하여야 하는 특정소방대상물	공기호흡기	이산화탄소 소화설비가 설치된 장소의 출입구 외부 인근에 1대 이상 비치

① 지하가 중 지하상가는 인공소생기 → 공기호흡기

76 제연설비 설치장소의 제연구역 구획기준으로 틀린 것은?

① 하나의 제연구역의 면적은 1,000m^2 이내로 할 것
② 하나의 제연구역은 직경 60m 원내에 들어갈 수 있을 것
③ 하나의 제연구역은 3개 이상 층에 미치지 아니하도록 할 것
④ 통로상의 제연구역은 보행중심선의 길이가 60m를 초과하지 아니할 것

해설

제연구역의 구획기준
1) 하나의 제연구역의 면적은 1,000m^2 이내로 할 것
2) 거실과 통로(복도)는 각각 제연구획할 것
3) 통로상의 제연구역은 보행중심선의 길이가 60m를 초과하지 아니할 것
4) 하나의 제연구역은 직경 60m 원내에 들어갈 수 있을 것
5) 하나의 제연구역은 2개 이상 층에 미치지 아니하도록 할 것

③ 하나의 제연구역은 3개 이상 층 → 2개 이상 층

77 물분무소화설비의 설치장소별 1m^2에 대한 수원의 최소 저수량으로 옳은 것은?

① 케이블트레이 : 12L/min×20분×투영된 바닥면적
② 절연유 봉입 변압기 : 15L/min×20분×바닥 부분을 제외한 표면적을 합한 면적
③ 차고 : 30L/min×20분×바닥면적
④ 콘베이어 벨트 : 37L/min×20분×벨트 부분의 바닥면적

해설

물분무소화설비의 펌프토출량과 수원의 양

설치장소	펌프토출량 [l/min]	수원의 양[l]
특수가연물 저장, 취급	바닥면적(50m^2 이하는 50m^2) $A[m^2]\times 10[l/min\cdot m^2]$	바닥면적(50m^2 이하는 50m^2) $A[m^2]\times 10[l/min\cdot m^2]\times 20[min]$

정답 75 ① 76 ③ 77 ①

설치장소	펌프토출량 [l/min]	수원의 양[l]
차고, 주차장	바닥면적(50m^2 이하는 50m^2) A[m^2]× 20[l/min · m^2]	바닥면적(50m^2 이하는 50m^2) A[m^2]× 20[l/min · m^2] ×20[min]
케이블트레이, 케이블덕트	투영된 바닥면적 A[m^2]× 12[l/min · m^2]	투영된 바닥면적 A[m^2]× 12[l/min · m^2] ×20[min]
절연유 봉입 변압기	바닥면적을 제외한 표면적의 합 A[m^2]× 10[l/min · m^2]	바닥면적을 제외한 표면적의 합 A[m^2]× 10[l/min · m^2] ×20[min]
콘베이어 벨트 등	벨트 부분의 바닥면적 A[m^2]× 10[l/min · m^2]	벨트 부분의 바닥면적 A[m^2]× 10[l/min · m^2] ×20[min]

78 개방형 스프링클러설비의 일제개방밸브가 하나의 방수구역을 담당하는 헤드의 최대 개수는?(단, 2개 이상의 방수구역으로 나눌 경우는 제외한다.)

① 60 ② 50
③ 30 ④ 25

해설

개방형 스프링클러설비의 방수구역 및 일제개방밸브

1) 하나의 방수구역은 2개 층에 미치지 아니할 것
2) 방수구역마다 일제개방밸브를 설치할 것
3) 하나의 방수구역을 담당하는 헤드의 개수는 50개 이하로 할 것(단, 2개 이상의 방수구역으로 나눌 경우에는 하나의 방수구역을 담당하는 헤드의 개수는 25개 이상)
4) 일제개방밸브의 표지는 "일제개방밸브실"이라고 표시할 것

79 분말소화설비의 저장용기에 설치된 밸브 중 잔압 방출 시 개방 · 폐쇄 상태로 옳은 것은?

① 가스도입밸브 – 폐쇄
② 주밸브(방출밸브) – 개방
③ 배기밸브 – 폐쇄
④ 클리닝밸브 – 개방

해설

1) 잔압 방출 시 밸브의 개방 · 폐쇄 상태

밸브 개방	밸브 폐쇄
• 배기밸브 • 선택밸브	• 주밸브 • 가스도입밸브 • 청소밸브

2) 배관 청소 시 밸브의 개방 · 폐쇄 상태

밸브 개방	밸브 폐쇄
• 청소밸브 • 선택밸브	• 주밸브 • 가스도입밸브 • 배기밸브

80 차고 · 주차장에 호스릴 포소화설비 또는 포소화전설비를 설치할 수 있는 부분이 아닌 것은?

① 지상 1층으로서 방화구획 되거나 지붕이 없는 부분
② 지상에서 수동 또는 원격 조작에 따라 개방이 가능한 개구부의 유효면적의 합계가 바닥면적의 10% 이상인 부분
③ 옥외로 통하는 개구부가 상시 개방된 구조의 부분으로서 그 개방된 부분의 합계면적이 해당 차고 또는 주차장의 바닥면적의 15% 이상인 부분
④ 완전 개방된 옥상주차장 또는 고가 밑의 주차장 등으로서 주된 벽이 없고 기둥뿐이거나 주위가 위해방지용 철주 등으로 둘러싸인 부분

정답 78 ② 79 ① 80 ②, ③

해설

특정소방대상물에 따라 적응하는 포소화설비

특정소방대상물	포소화설비
• 특수가연물을 저장 · 취급하는 공장, 창고 • 차고 또는 주차장 • 항공기격납고	• 포워터스프링클러설비 • 포헤드설비 • 고정포방출설비 • 압축공기포소화설비
• 완전 개방된 옥상주차장 • 지상 1층으로서 지붕이 없는 부분 • 고가 밑의 주차장으로서 주된 벽이 없고 기둥뿐이거나 주위가 위해방지용 철주 등으로 둘러싸인 부분	• 호스릴 포소화설비 • 포소화전설비
발전기실, 엔진펌프실, 변압기, 전기케이블실, 유압설비 등으로서 바닥면적의 합계가 300m^2 미만의 장소	고정식 압축공기포소화설비

※ 화재안전기준 개정으로 ②, ③번 항목이 삭제되었다. 출제 당시의 답은 ②번이나, 2019.8.13. 이후에는 답이 ②, ③번이 되었다.

정답

소방설비기사(기계분야)

기 · 출 · 문 · 제

2017년 2회

1과목 소방원론

01 다음 중 열전도율이 가장 작은 것은?

① 알루미늄 ② 철재
③ 은 ④ 암면(광물섬유)

해설

1) 열전도율[W/m · K]
일정한 시간 동안 뜨거운 면에서 차가운 면으로 전달되는 에너지의 양

2) 20℃에서 물질의 열전도율[W/m · K]

알루미늄	철	은	암면
237	80	429	0.048

02 공기와 할론 1301의 혼합기체에서 할론 1301에 비해 공기의 확산속도는 약 몇 배인가?(단, 공기의 평균 분자량은 29, 할론 1301의 분자량은 149이다.)

① 2.27배 ② 3.85배
③ 5.17배 ④ 6.46배

해설

1) 기체의 확산속도

$$\frac{V_B}{V_A} = \sqrt{\frac{M_A}{M_B}}$$

여기서, V_A : A기체의 확산속도[m/s]
V_B : B기체의 확산속도[m/s]
M_A: A기체의 분자량
M_B: B기체의 분자량

2) 기체의 확산속도는 그 기체의 분자량의 제곱근에 반비례한다.

[풀이]

$$\frac{V_B}{V_A} = \sqrt{\frac{149}{29}},\ V_B = 2.27\,V_A$$

여기서, V_A : 할론 1301의 확산속도[m/s]
V_B : 공기의 확산속도[m/s]
M_A: 할론 1301의 분자량
M_B: 공기의 분자량

03 건물화재의 표준 온도-시간 곡선에서 화재발생 후 1시간이 경과할 경우 내부 온도는 약 몇 ℃ 정도 되는가?

① 225 ② 625 ③ 840 ④ 925

해설

내화건축물의 표준 온도-시간곡선

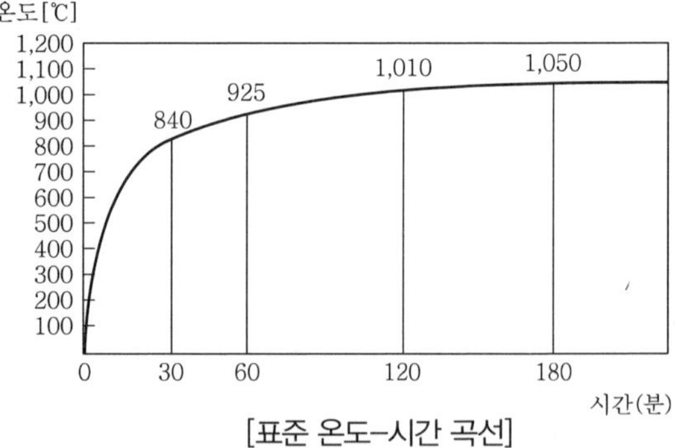

[표준 온도-시간 곡선]

04 건축물의 피난동선에 대한 설명으로 틀린 것은?

① 피난동선은 가급적 단순한 형태가 좋다.
② 피난동선은 가급적 상호 반대방향으로 다수의 출구와 연결되는 것이 좋다.
③ 피난동선은 수평동선과 수직동선으로 구분된다.
④ 피난동선은 복도, 계단을 제외한 엘리베이터와 같은 피난전용의 통행구조를 말한다.

정답 01 ④ 02 ① 03 ④ 04 ④

해설

피난동선의 특성
1) 수평동선과 수직동선으로 구분할 것
2) 어느 곳에서도 2개 이상의 방향으로 피난할 수 있으며 그 말단은 화재로부터 안전한 장소일 것
3) 양방향 피난이 가능하고 상호 반대방향으로 다수의 출구와 연결될 수 있을 것
4) 가급적 단순형태일 것

④ 수평동선은 복도, 수직동선은 계단, 피난용 승강기와 비상용 승강기 등을 의미한다. 피난용 승강기와 비상용 승강기를 제외한 일반 엘리베이터는 피난동선에 속하지 않는다.

05 질식소화 시 공기 중의 산소농도는 일반적으로 약 몇 vol% 이하로 하여야 하는가?

① 25　② 21　③ 19　④ 15

해설

질식소화
1) 공기 중의 산소농도(21%)를 15% 이하로 희박하게 하여 소화하는 방법
2) 이산화탄소, 불활성 가스 등을 분사하여 산소농도를 낮춤

06 내화구조의 기준 중 벽의 경우 벽돌조로서 두께가 최소 몇 cm 이상이어야 하는가?

① 5　② 10　③ 12　④ 19

해설

내화구조의 기준(건축물의 피난, 방화 등에 관한 규칙 제3조)

구조부의 구분		내화구조의 기준
벽	벽	• 철근, 철골 · 철근콘크리트조로서 두께가 10cm 이상인 것 • 골구를 철골조로 하고 그 양면을 두께 4cm 이상의 철망 모르타르 또는 두께 5cm 이상의 콘크리트 블록 · 벽돌 또는 석재로 덮은 것 • 철재로 보강된 콘크리트 블록조, 벽돌조, 석조로서 철재에 덮은 콘크리트 블록의 두께가 5cm 이상인 것 • 벽돌조로서 두께가 19cm 이상인 것
벽	외벽 중 비내력벽	• 철근콘크리트조, 철골 · 철근콘크리트조로서 두께가 7cm 이상인 것 • 골구를 철골조로 하고 그 양면을 두께 3cm 이상의 철망 모르타르로 덮은 것 또는 두께 4cm 이상의 콘크리트 블록 · 벽돌 또는 석재로 덮은 것 • 철재로 보강된 콘크리트 블록조, 벽돌조, 석조로서 철재에 덮은 콘크리트 블록의 두께가 4cm 이상인 것

07 다음 원소 중 수소와의 결합력이 가장 큰 것은?

① F　② Cl　③ Br　④ I

해설

할로겐원소의 전기음성도(결합력) 및 소화효과
1) 전기음성도(결합력)의 크기 : F>Cl>Br>I
2) 소화효과의 크기 : F<Cl<Br<I

08 다음 중 연소 시 아황산가스를 발생시키는 것은?

① 적린　② 유황
③ 트리에틸알루미늄　④ 황린

해설

이산화황(SO_2)
1) $S+O_2 \rightarrow SO_2$
2) 황 화합물이 완전연소 시 발생되는 가스이다.

09 화재를 소화하는 방법 중 물리적 방법에 의한 소화가 아닌 것은?

① 억제소화　② 제거소화
③ 질식소화　④ 냉각소화

해설

1) 물리적 소화
 ① 연소의 3요소 중 한 가지를 차단하여 소화하는 방법
 ② 점화원을 제거하는 냉각소화
 ③ 산소를 제거하는 질식소화
 ④ 가연물을 제거하는 제거소화

정답　05 ④　06 ④　07 ①　08 ②　09 ①

2) 화학적 소화
① 연소의 4요소인 연쇄반응을 억제하여 소화하는 방법
② 억제소화 또는 부촉매소화라 한다.

10 화재 시 소화원리에 따른 소회방법의 적용으로 틀린 것은?

① 냉각소화 : 스프링클러설비
② 질식소화 : 이산화탄소 소화설비
③ 제거소화 : 포소화설비
④ 억제소화 : 할로겐화합물 소화설비

해설
③ 질식, 냉각소화 : 포소화설비

11 표면온도가 300℃에서 안전하게 작동하도록 설계된 히터의 표면온도가 360℃로 상승하면 300℃에 비하여 약 몇 배의 열을 방출할 수 있는가?

① 1.1배 ② 1.5배
③ 2.0배 ④ 2.5배

해설
복사(Radiation)
1) 정의 : 열이 매질 없이 전자기파 형태로 전달되는 형태
2) 스테판-볼츠만 법칙(Stefan-Boltzmann's Law)

복사열 플럭스 $q=\sigma T^4$[W/m^2],
복사열량 $Q=\sigma A T^4$[W]

여기서, T : 절대온도[K]
σ : 스테판-볼츠만 상수(5.67×10-8[W/m^2·K^4]
A : 열전달 면적[m^2]

[풀이]
열 복사량의 배수$=\dfrac{q_2}{q_1}=\dfrac{\sigma T_2^4}{\sigma T_1^4}=\dfrac{T_2^4}{T_1^4}$
$=\dfrac{(360+273)^4}{(300+273)^4}\fallingdotseq 1.5$배
여기서, 절대온도 T[K] = 섭씨온도 + 273

12 프로판 50vol%, 부탄 40vol%, 프로필렌 10vol%로 된 혼합가스의 폭발하한계는 약 vol%인가?(단, 각 가스의 폭발하한계는 프로판은 2.2vol%, 부탄은 1.9vol% 프로필렌은 2.4vol%이다.)

① 0.83 ② 2.09 ③ 5.05 ④ 9.44

해설
혼합가스의 연소범위
가연성 가스가 2종류 이상 혼합되어 있는 경우의 연소범위 계산

$$\frac{V_m}{L_m}=\frac{V_1}{L_1}+\frac{V_2}{L_2}+\frac{V_3}{L_3}\cdots\cdots$$

여기서, L_m : 혼합가스의 연소하한계
V_m : 각 가연성 가스의 부피(Vol%) 합 $(V_1+V_2+V_3\cdots)$
$V_1,\ V_2,\ V_3\cdots$: 각 가연성 가스의 부피(Vol%)
$L_1,\ L_2,\ L_3\cdots$: 각 가연성 가스의 연소하한계

[풀이]
$$\frac{100}{L_m}=\frac{50}{2.2}+\frac{40}{1.9}+\frac{10}{2.4}$$
$\therefore\ L_m=2.09$[%]

13 동식물유류에서 "요오드값이 크다."라는 의미를 옳게 설명한 것은?

① 불포화도가 높다. ② 불건성유이다.
③ 자연발화성이 낮다. ④ 산소와의 결합이 어렵다.

해설
1) 요오드값
① 유지 100g에 부가되는 요오드의 g 수
② 요오드값이 클수록 불포화도가 크고, 자연발화가 용이하다.

2) 동식물유
① 건성유(요오드값이 130 이상인 것) : 아마인유, 들기름, 정어리기름, 동유, 해바라기기름 등
② 반건성유(요오드값이 100 이상 130 미만인 것) : 참기름, 옥수수기름, 청어기름, 콩기름, 면실유, 채종유 등
③ 불건성유(요오드값이 100 미만인 것) : 피마자유, 올리브유, 땅콩기름, 팜유, 야자유 등

정답 10 ③ 11 ② 12 ② 13 ①

14 탄화칼슘이 물과 반응할 때 발생되는 기체는?

① 일산화탄소 ② 아세틸렌
③ 황화수소 ④ 수소

해설

• 탄화칼슘과 물의 반응식
$CaC_2 + 2H_2O \rightarrow Ca(OH)_2 + C_2H_2$(아세틸렌 발생)
• 나트륨과 물의 반응식
$2Na + 2H_2O \rightarrow 2NaOH + H_2$(수소 발생)

15 에테르, 케톤, 에스테르, 알데히드, 카르복실산, 아민 등과 같은 가연성인 수용성 용매에 유효한 포 소화약제는?

① 단백포 ② 수성막포
③ 불화단백포 ④ 내알코올포

해설

내알코올포 소화약제
1) 단백질의 가수분해 생성물과 합성세제 등을 주성분으로 제조하며 일반 포로서는 소화작용이 어려운 수용성 액체 위험물의 소화에 적합
2) 알코올류, 에스테르류, 케톤류 등의 수용성 액체의 화재에 적합
3) 종류 : 금속비누형, 고분자겔형, 불화단백형

16 화재 시 이산화탄소를 사용하여 화재를 진압하려고 할 때 산소의 농도를 13vol%로 낮추어 화재를 진압하려면 공기 중 이산화탄소의 농도는 약 몇 vol%가 되어야 하는가?

① 18.1 ② 28.1 ③ 38.1 ④ 48.1

해설

소화가스의 농도[%] 계산

$$CO_2[\%] = \frac{21 - O_2}{21} \times 100$$

여기서, CO_2[%] : 방호구역에 방출된 소화가스의 농도[%]
O_2 : 소화가스 방출 후 방호구역의 산소농도[%]

$$CO_2[\%] = \frac{21 - 13}{21} \times 100 = 38.1[\%]$$

17 유류탱크에 화재 시 발생하는 슬롭오버(Slop over) 현상에 관한 설명으로 틀린 것은?

① 소화 시 외부에서 방사하는 포에 의해 발생한다.
② 연소유가 비산되어 탱크 외부까지 화재가 확산된다.
③ 탱크의 바닥에 고인 물의 비등 팽창에 의해 발생한다.
④ 연소면의 온도가 100℃ 이상일 때 물을 주수하면 발생된다.

해설

1) 슬롭오버(Slop Over)
연소하고 있는 액면에 물이 뿌려지면 액면의 기름과 물이 함께 탱크 외부로 비산하는 현상
2) 블레비(BLEVE)
탱크 주위 화재로 탱크 내 인화성 액체가 비등하고 가스 부분의 압력이 상승하여 탱크가 파괴되고 폭발을 일으키는 현상
3) 보일오버(Boil Over)
중질유 화재 시 탱크하부의 물이 팽창하여 물과 기름이 비산, 분출하는 현상
4) 파이어볼(Fire Ball)
강력한 폭발 발생 후 화염이 버섯구름 형태로 만들어진 후 공(Ball) 모양의 형태가 되는 현상
5) 프로스오버(Froth Over)
물이 점성이 있는 뜨거운 기름 표면 아래에서 끓을 때 화재를 수반하지 않고 용기가 넘치는 현상

③ 탱크의 바닥에 고인 물의 비등 팽창에 의해 발생한다. → 보일오버

18 가연물이 연소가 잘 되기 위한 구비조건으로 틀린 것은?

① 열전도율이 클 것
② 산소와 화학적으로 친화력이 클 것
③ 표면적이 클 것
④ 활성화 에너지가 작을 것

해설

가연물이 될 수 있는 조건
1) 발열량이 클 것
2) 산소와의 친화력이 좋을 것
3) 표면적이 넓을 것
4) 활성화 에너지가 작을 것
5) 열전도도가 작을 것

정답 14 ② 15 ④ 16 ③ 17 ③ 18 ①

19 주성분이 인산염류인 제3종 분말소화약제를 다른 분말소화약제와 다르게 A급 화재에 적용할 수 있는 이유는?

① 열분해 생성물인 CO_2가 열을 흡수하므로 냉각에 의하여 소화된다.
② 열분해 생성물인 수증기가 산소를 차단하여 탈수작용한다.
③ 열분해 생성물인 메타인산(HPO_3)이 산소의 차단 역할을 하므로 소화가 된다.
④ 열분해 생성물인 암모니아가 부촉매작용을 하므로 소화가 된다.

해설

제3종 분말소화약제($NH_4H_2PO_4$)

1) 소화효과
   ① A급, B급, C급의 어떤 화재에도 사용할 수 있기 때문에 ABC 분말소화약제라 한다.
   ② 열분해 시 흡열 반응에 의한 냉각효과
   ③ 열분해 시 발생되는 불연성 가스(NH_3, H_2O 등)에 의한 질식효과
   ④ 반응 과정에서 생성된 메타인산(HPO_3)의 방진효과(A급 화재에 적응성)
   ⑤ 열분해 시 유리된 NH_4^+에 의한 부촉매소화
   ⑥ 분말 운무에 의한 열방사의 차단 효과

2) 분말소화약제 열분해 반응식

구분	약제명	열분해 반응식
1종 분말	탄산수소나트륨	$2NaHCO_3 \rightarrow Na_2CO_3 + H_2O + CO_2$
2종 분말	탄산수소칼륨	$2KHCO_3 \rightarrow K_2CO_3 + H_2O + CO_2$
3종 분말	제1인산암모늄	$NH_4H_2PO_4 \rightarrow NH_3 + H_2O + HPO_3$
4종 분말	탄산수소칼륨+요소	$2KHCO_3 + (NH_2)_2CO \rightarrow K_2CO_3 + 2NH_3 + 2CO_2$

20 위험물의 유별 성질이 자연발화성 및 금수성 물질은 제 몇 류 위험물인가?

① 제1류 위험물　② 제2류 위험물
③ 제3류 위험물　④ 제4류 위험류

해설

위험물의 분류 및 성질

위험물의 분류	성질
제1류 위험물	산화성 고체
제2류 위험물	가연성 고체
제3류 위험물	자연발화성 및 금수성 물질
제4류 위험물	인화성 액체
제5류 위험물	자기반응성 물질
제6류 위험물	산화성 액체

2과목 소방유체역학

21 그림과 같은 삼각형 모양의 평판이 수직으로 유체 내에 놓여 있을 때 압력에 의한 힘의 작용점은 자유표면에서 얼마나 떨어져 있는가?(단, 삼각형의 도심에서 단면 2차 모멘트는 $bh^3/36$이다.)

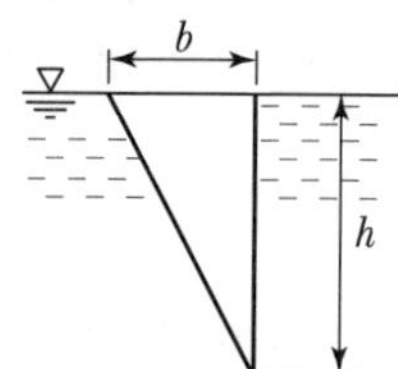

① $h/4$　② $h/3$　③ $h/2$　④ $2h/3$

해설

압력에 의한 힘의 작용점 y_p

$$y_p = \frac{I_C}{\bar{y} A} + \bar{y}$$

여기서, y_p : 작용점, A : 수문의 단면적[m^2]
$\bar{y}$: 수면에서 도심까지의 거리[m]
I_C : 도심점(중심)을 지나고 x 축과 평행한 축에 관한 단면 2차 모멘트

정답 19 ③ 20 ③ 21 ③

[풀이]

1) 수면에서 도심까지의 거리[m]

$\bar{y} = \frac{1}{3}h$

2) I_C 단면 2차 모멘트

$I_C = \frac{b\,h^3}{36}$

여기서, b : 폭의 길이[m], h : 높이[m]

도심 $\frac{1}{3}h$ $\frac{2}{3}h$ h

3) 삼각형의 면적

$A = \frac{1}{2}b\,h$

$$y_p = \frac{\frac{b\,h^3}{36}}{\frac{1}{3}h \times \frac{1}{2}b\,h} + \frac{1}{3}h = \frac{\frac{b\,h^3}{36}}{\frac{b\,h^2}{6}} + \frac{1}{3}h$$

$$= \frac{1}{6}h + \frac{1}{3}h = \frac{1}{6}h + \frac{2}{6}h = \frac{3}{6}h = \frac{1}{2}h$$

22 압력의 변화가 없을 경우 0℃의 이상기체는 약 몇 ℃가 되면 부피가 2배로 되는가?

① 273℃　② 373℃

③ 546℃　④ 646℃

해설

샤를의 법칙(Charles's Law)

압력이 일정할 때 기체의 체적은 절대온도에 비례한다.

$P_1 = P_2$

$$\frac{V_1}{T_1} = \frac{V_2}{T_2} \qquad \frac{V}{T} = C$$

여기서, P : 절대압력, T : 절대온도[K], V : 체적[m^3]

[풀이]

1) $P_1 = P_2$, $T_1 = 0 + 273 = 273K$, $T_2 = ?\,K$

$V_2 = 2V_1$

$\frac{V_1}{T_1} = \frac{V_2}{T_2}$, $\frac{V_1}{273} = \frac{2V_1}{T_2}$

$T_2 = \frac{2V_1}{V_1} \times 273 = 546[K]$

2) 섭씨[℃]=절대온도−273=546−273=273[℃]

23 서로 다른 재질로 만든 평판의 양쪽 온도가 다음과 같을 때, 동일한 면적 및 두께를 통한 열류량이 모두 동일하다면, 어느 것이 단열재로서 성능이 가장 우수한가?

① 30~10℃　② 10~−10℃

③ 20~10℃　④ 40~10℃

해설

푸리에 전도법칙(Fourier's Law)

$$q[\mathrm{W}] = \frac{k}{L}A\Delta T$$

여기서, q : 열전달량[W], k : 열전도도[W/m · K]

L : 물체의 두께[m], A : 열전달면적[m^2]

ΔT : 온도 차[K]

[풀이]

1) 동일 열류량 q[W], 동일 면적 A[m^2], 동일 두께 L[m]이라면 열전도도 k는 온도 차 ΔT에 반비례한다.

$k \propto \frac{1}{\Delta T}$

2) 열전도도 k가 작을수록 단열성능은 우수하다.

3) 그러므로 온도 차가 클수록 단열성능이 우수하다.

40℃−10℃=30℃

24 지름 40cm인 소방용 배관에 물이 80kg/s로 흐르고 있다면 물의 유속은 약 몇 m/s인가?

① 6.4　② 0.64

③ 12.7　④ 1.27

해설

질량유량($\overline{m}$ [kg/s] : Mass Flowrate)

$$\overline{m}\,[\mathrm{kg/s}] = \rho A V \qquad \rho_1 A_1 V_1 = \rho_2 A_2 V_2$$

여기서, A : 배관의 단면적[m^2], V : 유속[m/s]

ρ : 밀도[kg/m^3]

[풀이]

1) $A = \frac{\pi d^2}{4} = \frac{\pi \times 0.4^2}{4} = 0.1256[\mathrm{m}^2]$

d : 40[cm]=0.4[m]

정답 22 ① 23 ④ 24 ②

2) $\overline{m}$: 80[kg/s], ρ : 1,000[kg/m^3]

3) 80[kg/s] = 1,00[kg/m^3] × 0.1256[m^2] × V[m/s]

$$V = \frac{80}{1{,}000 \times 0.1256} = 0.64[\text{m/s}]$$

25 동력(Power)의 차원을 옳게 표시한 것은?(단, M : 질량, L : 길이, T : 시간을 나타낸다.)

① ML^2T^{-3}　② L^2T^{-1}

③ $ML^{-1}T^{-1}$　④ MLT^{-2}

해설

동력 P[kW]

단위시간당 한 일의 양

1) $P = \frac{W}{t}$　여기서, $W = F \cdot d$(일 = 힘 × 이동거리)

$P = \frac{F \cdot d}{t}$　여기서, $F = m \cdot a$(힘 = 질량 × 가속도)

$P = \frac{m \cdot a \cdot d}{t}\ [\frac{\text{kg} \cdot \text{m} \cdot \text{m}}{\text{s} \cdot \text{s}^2}][\frac{\text{kg} \cdot \text{m}^2}{\text{s}^3}]$

2) 차원

단위 $\frac{\text{kg} \cdot \text{m}^2}{\text{s}^3}$ → 차원$[\frac{M \cdot L^2}{T^3}] = [ML^2T^{-3}]$

26 계기압력(Gauge Pressure)이 50kPa인 파이프 속의 압력은 진공압력(Vacuum Pressure)이 30kPa인 용기 속의 압력보다 얼마나 높은가?

① 0kPa(동일하다)　② 20kPa

③ 80kPa　④ 130kPa

해설

1) 절대압 = 대기압 + 계기압

2) 절대압 = 대기압 − 진공압

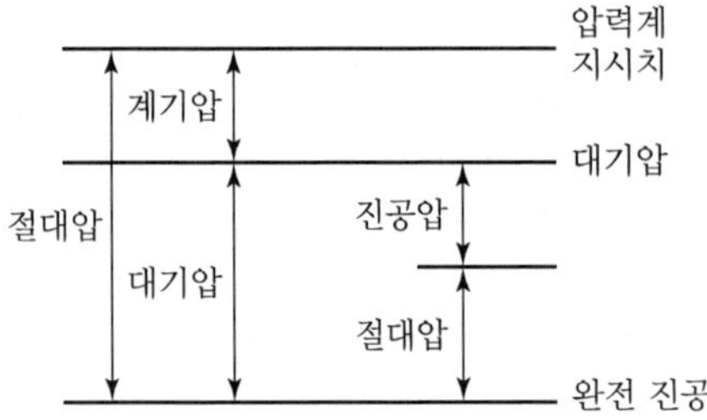

[풀이]

1) 파이프 속의 절대압

절대압 1 = 대기압 + 50kPa

2) 용기 속의 절대압

절대압 2 = 대기압 − 30kPa

3) 파이프 속의 압력과 용기 속 압력의 차이

ΔP = 절대압 1 − 절대압 2

= (대기압 + 50kPa) − (대기압 − 30kPa)

= 80[kPa]

27 그림에서 두 피스톤의 지름이 각각 30cm와 5cm이다. 큰 피스톤이 1cm 아래로 움직이면 작은 피스톤은 위로 몇 cm 움직이는가?

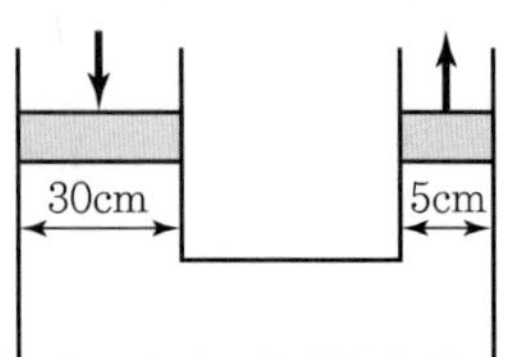

① 1cm　② 5cm

③ 30cm　④ 36cm

해설

피스톤이 한 일

$W_1 = W_2$

$W_1 = F_1 \times l_1$,　$W_2 = F_2 \times l_2$

$F_1 \times l_1 = F_2 \times l_2$

여기서, $F = PA$이므로

$P_1 \times A_1 \times l_1 = P_2 \times A_2 \times l_2$

수압기 속 유체의 압력은 같으므로 $P_1 = P_2$

$$A_1 \times l_1 = A_2 \times l_2 \qquad \frac{\pi d_1^2}{4} \times l_1 = \frac{\pi d_2^2}{4} \times l_2$$

[풀이]

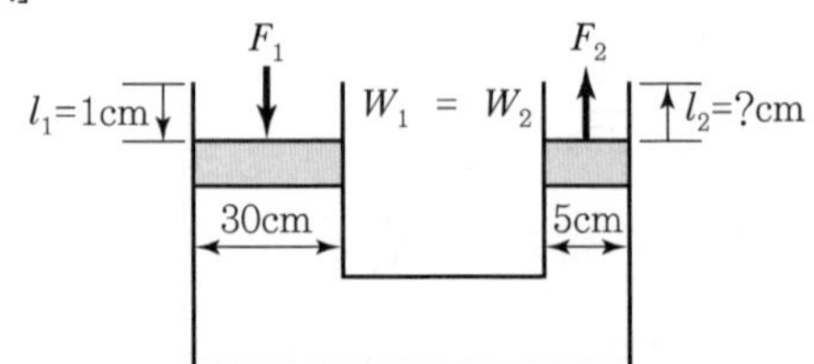

정답 25 ① 26 ③ 27 ④

작은 피스톤이 움직이는 거리 l_2

$$l_2 = \frac{\pi d_1^2}{4} \times l_1 \times \frac{4}{\pi d_2^2} = \frac{d_1^2}{d_2^2} \times l_1$$

$$l_2 = \frac{d_1^2}{d_2^2} \times l_1 = \frac{30^2}{5^2} \times 1 = 36[\text{cm}]$$

28 직사각형 단면의 덕트에서 가로와 세로가 각각 a 및 $1.5a$이고, 길이가 L이며, 이 안에서 공기가 V의 평균속도로 흐르고 있다. 이때 손실수두를 구하는 식으로 옳은 것은?(단, f는 이 수력지름에 기초한 마찰계수이고, g는 중력가속도를 의미한다.)

① $f\frac{L}{a}\frac{V^2}{2.4g}$　② $f\frac{L}{a}\frac{V^2}{2g}$

③ $f\frac{L}{a}\frac{V^2}{1.4g}$　④ $f\frac{L}{a}\frac{V^2}{g}$

해설

비원형 관에서의 마찰손실

원형 단면에 적용하는 식을 비원형 단면에도 적용하기 위하여 수력직경을 적용한다.

$$H_l = f\frac{l}{D_h}\frac{V^2}{2g}$$

여기서, H_l : 마찰손실수두[m], f : 관마찰계수
D_h : 수력직경[m], l : 직관의 길이[m]
V : 유체의 유속[m/sec]

1) 수력반경 R_h

$$R_h = \frac{A}{P} \qquad 수력반경 = \frac{접수면적}{접수길이}$$

2) 수력직경 D_h : 비원형 단면을 원형 단면으로 적용했을 때의 직경을 말한다.

$$D_h = 4R_h$$

[풀이]

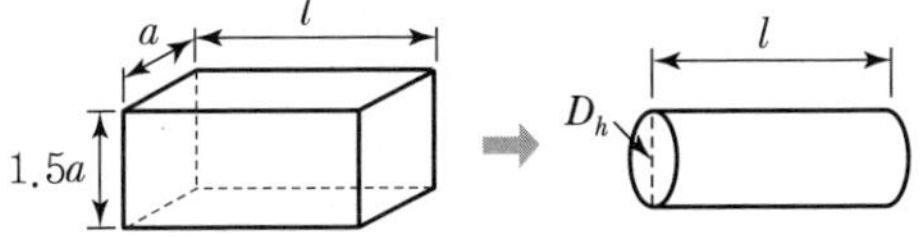

1) 수력반경 R_h

$$R_h = \frac{A}{P} = \frac{a \times 1.5a}{(a\times 2)+(1.5a \times 2)} = \frac{1.5a^2}{5a} = 0.3a$$

2) 수력직경 D_h

$D_h = 4R_h = 4 \times 0.3a = 1.2a$

3) 마찰손실수두

$$H_l = f\frac{l}{D_h}\frac{V^2}{2g} = f\frac{l}{1.2a}\frac{V^2}{2g} = f\frac{l}{a}\frac{V^2}{2.4g}$$

29 65%의 효율을 가진 원심펌프를 통하여 물을 $1\text{m}^3/\text{s}$의 유량으로 송출 시 필요한 펌프수두가 6m이다. 이때 펌프에 필요한 축동력은 약 몇 kW인가?

① 40kW　② 60kW

③ 80kW　④ 90kW

해설

축동력

모터에 의해 실제로 펌프에 주어지는 동력(전달계수 K가 없다.)

$$L_s[\text{kW}] = \frac{\gamma[\text{N/m}^3] \times Q[\text{m}^3/\text{s}] \times H[\text{m}]}{1{,}000\eta}$$

여기서, L_s : 축동력[kW], γ : 비중량[N/m³]
Q : 유량[m³/s], H : 전양정[m], η : 펌프효율

[풀이]

1) 유량 : $Q=1[\text{m}^3/\text{s}]$, 전양정 $H=6[\text{m}]$

2) 비중량 : $\gamma=9{,}800[\text{N/m}^3]$, 효율 : $\eta=0.65$

$$L_s[\text{kW}] = \frac{9{,}800[\text{N/m}^3] \times 1[\text{m}^3/\text{s}] \times 6[\text{m}]}{1{,}000 \times 0.65} = 90.46[\text{kW}]$$

30 중력가속도가 2m/s^2인 곳에서 무게가 8kN이고 부피가 5m^3인 물체의 비중은 약 얼마인가?

① 0.2　② 0.8

③ 1.0　④ 1.6

정답　28 ①　29 ④　30 ②

해설

비중

$$S = \frac{\gamma}{\gamma_w} = \frac{\rho g}{\rho_w g} = \frac{\rho}{\rho_w}$$

여기서, S : 비중, γ : 비중량[N/m³]
γ_w : 물의 비중량(9,800[N/m³]=9.8[kN/m³])
ρ : 물체의 밀도[kg/m³]
ρ_w : 물의 밀도
(1,000[kg/m³]=1,000[N · s²/m⁴])

[풀이]

1) 물체의 비중량

$$\gamma[\text{N/m}^3] = \frac{F}{V}$$

여기서, γ : 비중량[N/m³], F : 힘, 무게[N]
V : 체적[m³]

$$\gamma = \frac{8[\text{kN}]}{5[\text{m}^3]} = 1.6[\text{kN/m}^3]$$

2) 물체의 밀도

$$\rho = \frac{\gamma}{g} = \frac{1.6[\text{kN/m}^3]}{2[\text{m/s}^2]}$$
$$= 0.8[\text{kN}\cdot\text{s}^2/\text{m}^4] = 800[\text{N}\cdot\text{s}^2/\text{m}^4][\text{kg/m}^3]$$

3) 물체의 비중

$$S = \frac{\rho}{\rho_w} = \frac{800[\text{kg/m}^3]}{1{,}000[\text{kg/m}^3]} = 0.8$$

31 관 내 물의 속도가 12m/s, 압력이 103kPa이다. 속도수두(H_v)와 압력수두(H_p)는 각각 약 몇 m인가?

① H_v=7.35, H_p=9.8
② H_v=7.35, H_p=10.5
③ H_v=6.52, H_p=9.8
④ H_v=6.52, H_p=10.5

해설

1) 속도수두

$$H_v = \frac{V^2}{2g}$$

여기서, H_v : 속도수두[m], V : 유속[m/s]
g : 중력가속도[m/s²]

$$H_v = \frac{12^2}{2\times 9.8} = 7.35[\text{m}]$$

2) 압력수두

$$H_p = \frac{P}{\gamma}$$

여기서, H_p : 압력수두[m], P : 압력[kN/m²][kPa]
γ : 비중량[N/m³]

$$H_p = \frac{103[\text{kN/m}^2]}{9.8[\text{kN/m}^3]} = 10.51[\text{m}]$$

32 그림과 같이 물탱크에서 2m²의 단면적을 가진 파이프를 통해 터빈으로 물이 공급되고 있다. 송출되는 터빈은 수면으로부터 30m 아래에 위치하고, 유량은 10m³/s이고 터빈 효율이 80%일 때 터빈 출력은 약 몇 kW인가?(단, 밴드나 밸브 등에 의한 부차적 손실계수는 2로 가정한다.)

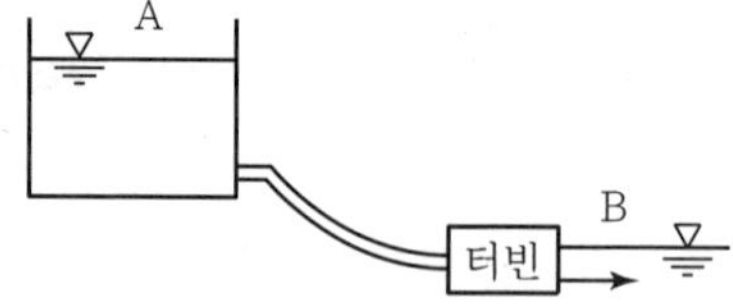

① 1,254 ② 2,690
③ 2,152 ④ 3,363

해설

터빈의 출력

1) 발전기 터빈의 효율

$$\eta = \frac{\text{출력}}{\text{입력}} = \frac{P[W]}{\gamma Q H}$$

2) 발전기의 출력

$$P[W] = \gamma Q H \eta \qquad P[\text{kW}] = \frac{\gamma Q H \eta}{1{,}000}$$

여기서, P : 발전기 출력[kW]
H : 터빈에 공급되는 양정[m]
Q : 유량[m³/s], η : 펌프효율
γ : 비중량(9,800[N/m³])

정답 31 ② 32 ③

[풀이]
1) $Q=10[m^3/s]$, $\eta=0.8$, γ : $9,800[N/m^3]$

2) 터빈에 공급되는 양정
H=실양정 − 마찰손실양정
여기서, 실양정 : 30[m]

마찰손실양정 $h_l = K\dfrac{V^2}{2g}$[m]

부차적 손실계수 $K=2$

$$Q = AV,\ V = \frac{Q}{A} = \frac{10[m^3/s]}{2[m^2]} = 5[m/s]$$

$$h_l = 2 \times \frac{5^2}{2\times 9.8} = 2.55[m]$$

$H=30[m]-2.55[m]=27.45[m]$

3) 터빈의 출력

$$P[kW] = \frac{\gamma QH\eta}{1,000}$$
$$= \frac{9,800\times 10\times 27.45\times 0.8}{1,000} = 2,152[kW]$$

33 노즐에서 분사되는 물의 속도가 12m/s이고, 분류에 수직인 평판은 속도 u=4m/s로 움직일 때, 평판이 받는 힘은 약 몇 N인가?[단, 노즐(분류)의 단면적은 $0.01m^2$이다.]

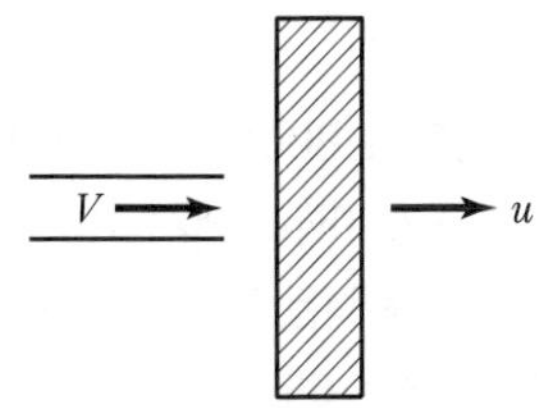

① 640　② 960
③ 1,280　④ 1,440

해설

이동평판에 작용하는 힘

$$F = \rho Q(V-u) = \rho A(V-u)^2$$

여기서, ρ : 밀도$[N\cdot s^2/m^4][kg/m^3]$, Q : 유량$[m^3/s]$
A : 노즐의 단면적$[m^2]$
V : 분사되는 물의 유속[m/s]
u : 이동하는 평판의 속도[m/s]

[풀이]
ρ : $1,000[N\cdot s^2/m^4][kg/m^3]$, V : 12[m/s]
u : 4[m/s], A : $0.01[m^2]$
$F=\rho A(V-u)^2$
$=1,000\times 0.01\times(12-4)^2$
$=640[N]$

34 가역단열과정에서 엔트로피 변화 ΔS는?

① $\Delta S>1$　② $0<\Delta S<1$
③ $\Delta S=1$　④ $\Delta S=0$

해설

가역단열과정
1) 가역단열과정은 엔트로피가 일정하다.
2) 엔트로피의 변화량

$$\Delta S = \frac{\Delta Q}{T} \qquad \Delta S = 0$$

3) 열출입이 없는 단열과정에서는 ΔQ가 0이므로 ΔS는 0이 된다.
4) 엔트로피 변화량 $\Delta S=0$이 된다는 것은 엔트로피가 일정하다는 의미이다.

35 온도가 37.5℃인 원유가 $0.3m^3/s$의 유량으로 원관에 흐르고 있다. 레이놀즈수가 2,100일 때, 관의 지름은 약 몇 m인가?(단, 원유의 동점성계수는 $6\times 10^{-5}m^2/s$이다.)

① 1.25　② 2.45
③ 3.03　④ 4.45

해설

레이놀즈수 Re

$$Re = \frac{\rho VD}{\mu} = \frac{VD}{\nu}$$

여기서, ρ : 유체의 밀도$[kg/m^3]$
μ : 유체의 점성계수$[kg/m\cdot s]$
D : 관의 직경[m]
ν : 유체의 동점성계수$[m^2/s]$
V : 유속[m/s]

정답　33 ①　34 ④　35 ③

[풀이]

1) 유속이 주어지지 않고 유량만 주어졌으므로 식 변환

$Re = \frac{VD}{\nu}$ ················· ①

$Q = AV,\ V = \frac{Q}{A},\ V = \frac{Q}{\frac{\pi D^2}{4}} = \frac{4Q}{\pi D^2}$

$V = \frac{4Q}{\pi D^2}$ ················· ②

②식을 ①식에 대입

2) $Re = \frac{D}{\nu} \times \frac{4Q}{\pi D^2} = \frac{4Q}{\nu \pi D}$

$2{,}100 = \frac{4 \times 0.3}{6 \times 10^{-5} \times \pi \times D}$

$D = \frac{4 \times 0.3}{6 \times 10^{-5} \times \pi \times 2{,}100} = 3.03[\mathrm{m}]$

36 안지름 300mm, 길이 200m인 수평 원관을 통해 유량 0.2m³/s의 물이 흐르고 있다. 관의 양 끝단에서의 압력 차이가 500mmHg이면 관의 마찰계수는 약 얼마인가?(단, 수은의 비중은 13.6이다.)

① 0.017　② 0.025
③ 0.038　④ 0.041

해설

배관의 마찰손실수두(Darcy – Weisbach Formula)

$$H_l = f\frac{l}{d}\frac{V^2}{2g}$$

여기서, H_l : 마찰손실수두[m], f : 관마찰계수
d : 배관의 직경[m], l : 직관의 길이[m]
V : 유체의 유속[m/sec]

[풀이]

1) 마찰손실의 수은주[mmHg]를 수두로 환산 H_l[m]

$500\mathrm{mmHg} \times \frac{10.332\ \mathrm{mAq}}{760\ \mathrm{mmHg}} = 6.8[\mathrm{m}]$

2) d : 300[mm]=0.3[m], l : 200[m], Q : 0.2[m³/s]

유속 $V = \frac{Q}{A},\ V = \frac{Q}{\frac{\pi d^2}{4}} = \frac{4Q}{\pi d^2}$

$V = \frac{4 \times 0.2}{\pi \times 0.3^2} = 2.83[\mathrm{m/s}]$

3) 마찰계수 f

$6.8 = f \times \frac{200}{0.3} \times \frac{2.83^2}{2 \times 9.8}$

$f = \frac{6.8 \times 0.3 \times 2 \times 9.8}{200 \times 2.83^2} = 0.025$

37 뉴턴(Newton)의 점성법칙을 이용한 회전원통식 점도계는?

① 세이볼트 점도계
② 오스트발트 점도계
③ 레드우드 점도계
④ 스토머 점도계

해설

점성의 측정

점도계의 종류	관련법칙
오스트발트(오스왈드) 점도계, 세이볼트 점도계	하겐-포아젤 방정식
낙구식 점도계	스토크스 법칙
맥미셀 점도계, 스토머 점도계	뉴턴의 점성법칙

38 분당 토출량이 1,600L, 전양정이 100m인 물펌프의 회전수를 1,000rpm에서 1,400rpm으로 증가하면 전동기 소요동력은 약 몇 kW가 되어야 하는가?(단, 펌프의 효율은 65%이고, 전달계수는 1.1이다.)

① 441　② 82.1
③ 121　④ 142

해설

상사의 법칙

1) 유량(Q)에서의 상사의 법칙

$\frac{Q_2}{Q_1} = \left(\frac{N_2}{N_1}\right)\left(\frac{D_2}{D_1}\right)^3$

정답　36 ②　37 ④　38 ③

2) 양정(H)에서의 상사의 법칙

$$\frac{H_2}{H_1} = \left(\frac{N_2}{N_1}\right)^2 \left(\frac{D_2}{D_1}\right)^2$$

3) 동력(P)에서의 상사의 법칙

$$\frac{P_2}{P_1} = \left(\frac{N_2}{N_1}\right)^3 \left(\frac{D_2}{D_1}\right)^5$$

여기서, N : 회전수[rpm], D : 임펠러의 직경[m]

[풀이]

$$\frac{P_2}{P_1} = \left(\frac{N_2}{N_1}\right)^3 \left(\frac{D_2}{D_1}\right)^5$$

임펠러 직경의 변화는 없으므로 $\left(\frac{D_2}{D_1}\right)^5 = 1$

$$\frac{P_2}{P_1} = \left(\frac{N_2}{N_1}\right)^3$$

1) N_1 : 1,000rpm, N_2 : 1,400rpm, $P_2 = ?$

2) $P_1 = \frac{9{,}800 \times (1.6/60) \times 100}{1{,}000 \times 0.65} \times 1.1$

$= 44.23$[kW]

여기서, P_1 : 처음동력[kW], H : 100[m]

γ : 비중량(9,800[N/m^3]), η : 0.65

K : 1.1

Q : 1,600[l/min] $= \frac{1.6}{60}$[m^3/s]

3) 회전수 증가 후 전동기 소요동력 P_2

$$\frac{P_2}{P_1} = \left(\frac{N_2}{N_1}\right)^3, \quad \frac{P_2}{44.23} = \left(\frac{1{,}400}{1{,}000}\right)^3$$

$P_2 = 2.744 \times 44.23 = 121.36$[kW]

39 펌프의 공동현상(Cavitation)을 방지하기 위한 방법이 아닌 것은?

① 펌프의 설치 위치를 되도록 낮게 하여 흡입양정을 짧게 한다.
② 단흡입펌프보다는 양흡입펌프를 사용한다.
③ 펌프의 흡입관경을 크게 한다.
④ 펌프의 회전수를 크게 한다.

해설

공동(Cavitation)현상

1) 정의

펌프 흡입 측 배관에서 발생될 수 있는 현상으로 흡수되는 물의 압력이 그 온도에서의 포화증기압보다 작게 되면 물이 급격하게 증발되어 기포가 생성되는 현상이다. 기포가 흐름을 따라 이동하면서 진동, 소음을 수반하고 심한 경우 양수불능까지도 초래하게 된다.

2) 공동현상의 발생원인 및 방지대책

발생원인	방지대책
흡입 측 배관 내 물의 온도가 높은 경우	배관 내 물의 온도를 낮게 유지한다.
흡입 측 배관 내 물의 압력이 낮은 경우	배관 내 물의 압력을 높게 유지한다.
흡입 측 배관의 마찰손실이 큰 경우	배관의 마찰손실을 작게 한다.
흡입 측 배관의 유속이 빠른 경우	배관 내 유체의 유속을 낮게 한다.
흡입 측 배관의 구경이 작은 경우	배관의 구경을 크게 한다.(양흡입펌프 사용)
흡입 측 배관의 길이가 긴 경우	흡입양정을 작게 한다.

40 체적 2,000L의 용기 내에서 압력 0.4MPa, 온도 55℃의 혼합기체의 체적비가 각각 메탄(CH_4) 35%, 수소(H_2) 40%, 질소(N_2) 25%이다. 이 혼합기체의 질량은 약 몇 kg인가?(단, 일반기체상수는 8.314kJ/kmol · K이다.)

① 3.11 ② 3.53 ③ 3.93 ④ 4.52

해설

이상기체 상태방정식

$$PV = nRT \qquad PV = \frac{W}{M}RT$$

여기서, P : 절대압력[kPa][kN/m^2], V : 체적[m^3]

n : 몰수$\left(n = \frac{W}{M}\right)$, W : 기체의 질량[kg]

M : 분자량

정답 39 ④ 40 ③

R : 일반기체상수(8.314[kJ/kmol · K])
T : 절대온도[K]

[풀이]

1) 혼합기체의 분자량 M

메탄 CH_4 : (12+1×4)×0.35=5.6

수소 H_2 : (1×2)×0.4=0.8

질소 N_2 : (14×2)×0.25=7.0

혼합기체의 분자량 M

=5.6+0.8+7.0=13.4[kg/kmol]

2) 혼합기체의 질량 W

P : 0.4[MPa]=400[kPa], V : 2,000[l]=2[m^3]

R : 8.314[kJ/kmol · K], T : (55+273)=328[K]

$$PV = \frac{W}{M}RT$$

$$400[\text{kPa}] \times 2[\text{m}^3] = \frac{\text{W}[\text{kg}]}{13.4[\text{kg/kmol}]} \times 8.314[\text{kJ/kmol} \cdot \text{k}] \times 328[\text{K}]$$

$$W = \frac{400 \times 2 \times 13.4}{8.314 \times 328} = 3.93[\text{kg}]$$

3과목 소방관계법규

41 소방기본법상 소방대장의 권한이 아닌 것은?

① 화재가 발생하였을 때에는 화재의 원인 및 피해 등에 대한 조사

② 화재, 재난 · 재해 그 밖의 위급한 상황이 발생한 현장에 소방활동구역을 정하여 소방활동에 필요한 사람으로서 대통령령으로 정하는 사람 외에는 그 구역에 출입하는 것을 제한

③ 사람을 구출하거나 불이 번지는 것을 막기 위하여 필요할 때에는 화재가 발생하거나 불이 번질 우려가 있는 소방대상물 및 토지를 일시적으로 사용하거나 그 사용의 제한 또는 소방활동에 필요한 처분

④ 화재 진압 등 소방활동을 위하여 필요할 때에는 소방용수 외에 댐 · 저수지 또는 수영장 등의 물을 사용하거나 수도의 개폐장치 등을 조작

해설

소방대장의 권한

1) 소방활동구역 설정 및 출입제한 : 대통령령으로 정하는 사람 외에는 그 구역에 출입하는 것을 제한
2) 소방활동 종사 명령 : 사람을 구출하는 일 또는 불을 끄거나 불이 번지지 아니하도록 하는 일을 명령
3) 강제처분 : 소방대상물 및 토지를 일시적으로 사용하거나 사용의 제한 또는 처분
4) 피난명령 : 그 구역에 있는 사람에게 그 구역 밖으로 피난할 것을 명령
5) 긴급조치 : 댐 · 저수지 또는 수영장 등의 물을 사용하거나 수도의 개폐장치

① 화재가 발생하였을 때에는 화재의 원인 및 피해 등에 대한 조사 → 소방청장, 소방본부장, 소방서장

42 위험물안전관리법상 위험물시설의 변경기준 중 다음 (   ) 안에 알맞은 것은?

> 제조소 등의 위치 · 구조 또는 설비의 변경 없이 당해 제조소 등에서 저장하거나 취급하는 위험물의 품명 · 수량 또는 지정수량의 배수를 변경하고자 하는 자는 변경하고자 하는 날의 (㉠)일 전까지 행정안전부령이 정하는 바에 따라 (㉡)에게 신고하여야 한다.

① ㉠ 1, ㉡ 소방본부장 또는 소장서장

② ㉠ 1, ㉡ 시 · 도지사

③ ㉠ 7, ㉡ 소방본부장 또는 소장서장

④ ㉠ 7, ㉡ 시 · 도지사

해설

제조소 등의 설치허가

1) 제조소 등의 설치허가권자 : 시 · 도지사
2) 제조소 등의 위치 · 구조 또는 설비의 변경 없이 당해 제조소 등에서 저장하거나 취급하는 위험물의 품명 · 수량 또는 지정수량의 배수를 변경하고자 하는 자는 변경하고자 할 때 : 행정안전부령에 따라 1일 전까지 시 · 도지사에게 신고
3) 제조소 등의 허가를 받지 아니하고 당해 제조소 등을 설치하거나 그 위치 · 구조 또는 설비를 변경할 수 있으며, 신고를 하지 아니하고 위험물의 품명 · 수량 또는 지정수량의 배수를 변경할 수 있는 경우

정답 41 ① 42 ②

① 주택의 난방시설(공동주택의 중앙난방 제외)을 위한 저장소 또는 취급소
② 농예용·축산용 또는 수산용으로 필요한 난방시설 또는 건조시설을 위한 지정수량 20배 이하의 저장소

43 소방시설 설치 및 관리에 관한 법령상 자동화재탐지설비를 설치하여야 하는 특정소방대상물의 기준으로 틀린 것은?

① 문화 및 집회시설로서 연면적이 1,000m^2 이상인 것
② 지하가(터널은 제외)로서 연면적이 1,000m^2 이상인 것
③ 의료시설(정신의료기관 또는 요양병원은 제외)로서 연면적이 1,000m^2 이상인것
④ 지하가 중 터널로서 길이가 1,000m 이상인 것

해설

자동화재탐지설비 설치대상

특정소방대상물	설치대상
노유자시설	연면적 400m^2 이상
근린생활시설, 의료시설, 위락시설, 장례시설 및 복합건축물	연면적 600m^2 이상
근린생활시설 중 목욕장, 문화 및 집회시설, 종교시설, 판매시설, 운수시설, 운동시설, 업무시설, 공장, 창고시설, 위험물 저장 및 처리시설, 항공기 및 자동차 관련 시설, 교정 및 군사시설 중 국방·군사시설, 방송통신시설, 발전시설, 관광 휴게시설, 지하가	연면적 1,000m^2 이상
교육연구시설, 수련시설, 동물 및 식물 관련 시설, 분뇨 및 쓰레기 처리시설, 교정 및 군사시설 또는 묘지 관련 시설	연면적 2,000m^2 이상인 것
숙박시설이 있는 수련시설	수용인원 100명 이상인 것
지하가 중 터널	길이가 1,000m 이상인 것
공동주택 중 아파트 등·기숙사, 숙박시설, 노유자생활시설, 지하구, 판매시설 중 전통시장, 층수가 6층 이상인 건축물, 산후조리원, 조산원	모든 층
특수가연물	500배 이상

44 위험물안전관리법령상 제조소 등의 완공검사 신청시기 기준으로 틀린 것은?

① 지하탱크가 있는 제조소 등의 경우에는 당해 지하탱크를 매설하기 전
② 이동탱크저장소의 경우에는 이동저장탱크를 완공하고 상치장소를 확보한 후
③ 이송취급소의 경우에는 이송배관 공사의 전체 또는 일부를 완료한 후
④ 배관을 지하에 설치하는 경우에는 소방서장이 지정하는 부분을 매몰하고 난 직후

해설

완공검사의 신청시기

1) 지하탱크가 있는 제조소 등 : 당해 지하탱크를 매설하기 전
2) 이동탱크저장소 : 이동저장탱크를 완공하고 상치장소를 확보한 후
3) 이송취급소 : 이송배관 공사의 전체 또는 일부를 완료한 후. 다만, 매설하는 이송배관의 공사의 경우에는 이송배관을 매설하기 전
4) 그 밖의 제조소 등 : 제조소 등의 공사를 완료한 후

45 위험물안전관리법령상 제조소 또는 일반 취급소에서 취급하는 제4류 위험물의 최대 수량의 합이 지정수량의 24만 배 이상 48만 배 미만인 사업소의 관계인이 두어야 하는 화학소방자동차와 자체소방대원의 수의 기준으로 옳은 것은?(단, 화재 그 밖의 재난발생 시 다른 사업소 등과 상호 응원에 관한 협정을 체결하고 있는 사업소는 제외한다.)

① 화학소방자동차–2대, 자체소방대원의 수 –10인
② 화학소방자동차–3대, 자체소방대원의 수 –10인
③ 화학소방자동차–3대, 자체소방대원의 수 –15인
④ 화학소방자동차–4대, 자체소방대원의 수 –20인

정답 43 ③ 44 ④ 45 ③

해설

자체소방대

1) 자체소방대 설치대상 : 제4류 위험물을 취급하는 제조소 또는 일반취급소로서 지정수량의 3,000배 이상
2) 자체소방대에 두는 화학소방자동차 및 인원

사업소의 구분	화학소방 자동차	자체소방 대원의 수
지정수량의 12만 배 미만	1대	5인
지정수량의 12만 배 이상 24만 배 미만	2대	10인
지정수량의 24만 배 이상 48만 배 미만	3대	15인
지정수량의 48만 배 이상	4대	20인

46 소방시설공사업법령상 하자를 보수하여야 하는 소방시설과 소방시설별 하자보수 보증기간으로 옳은 것은?

① 유도등 : 1년
② 자동소화장치 : 3년
③ 자동화재탐지설비 : 2년
④ 상수도소화용수설비 : 2년

해설

공사의 하자보수 등

1) 공사업자가 하자발생 통보를 받은 후 하자를 보수하거나 보수 일정을 기록한 하자보수 계획을 관계인에게 서면으로 알려야 하는 기간 : 3일 이내
2) 하자보수 보증금 : 공사금액의 3/100 이상
3) 하자보수 대상 소방시설과 하자보수 보증기간

하자보수 대상 소방시설	하자보수 보증기간
피난기구, 유도등, 유도표지, 비상경보설비, 비상조명등, 비상방송설비 및 무선통신보조설비	2년
자동소화장치, 옥내소화전설비, 스프링클러설비, 간이스프링클러설비, 물분무 등 소화설비, 옥외소화전설비, 자동화재탐지설비, 상수도소화용수설비 및 소화활동설비(무선통신보조설비는 제외)	3년

47 소방시설 설치 및 관리에 관한 법률상 시 · 도지사는 관리업자에게 영업정지를 명하는 경우로서 그 영업정지가 국민에세 심한 불편을 주거나 그 밖에 공익을 해칠 우려가 있을 때에는 영업정지처분을 갈음하여 얼마 이하의 과징금을 부과할 수 있는가?

① 3천만 원　② 1억 원
③ 2억 원　④ 3억 원

해설

과징금

1) 정의 : 영업정지가 그 이용자에게 불편을 주거나 그 밖에 공익을 해칠 우려가 있을 때에는 영업정지처분을 갈음하여 부과하는 돈
2) 과징금 부과권자 : 시 · 도지사
3) 과징금 부과금액

소방시설관리업의 영업정지 갈음	소방시설업의 영업정지 갈음	위험물제조소의 사용정지 갈음
3천만 원 이하	2억 원 이하	2억 원 이하

48 소방기본법령상 불꽃을 사용하는 용접 · 용단기구의 용접 또는 용단 작업장에서 지켜야 하는 사항 중 다음 (　) 안에 알맞은 것은?

- 용접 또는 용단 작업자로부터 (㉠) 이내에 소화기를 갖추어 둘 것
- 용접 또는 용단 작업장 주변 반경 (㉡) 이내에는 가연물을 쌓아두거나 놓아두지 말 것. 다만, 가연물의 제거가 곤란하여 방지포 등으로 방호조치를 한 경우는 제외한다.

① ㉠ 3, ㉡ 5　② ㉠ 5, ㉡ 3
③ ㉠ 5, ㉡ 10　④ ㉠ 10, ㉡ 5

해설

화재예방을 위하여 불의 사용에 있어서 지켜야 하는 사항

불꽃을 사용하는 용접 · 용단기구	용접 또는 용단 작업장 1. 용접 또는 용단 작업자로부터 반경 5m 이내에 소화기를 갖추어 둘 것 2. 용접 또는 용단 작업장 주변 반경 10m 이내에는 가연물을 쌓아두거나 놓아두지 말 것

정답 46 ② 47 ① 48 ③

49 소방시설 설치 및 관리에 관한 법률상 소방시설에 폐쇄 · 차단 등의 행위를 하여 사람을 상해에 이르게 한 때에 대한 벌칙기준으로 옳은 것은?

① 10년 이하의 징역 또는 1억 원 이하의 벌금
② 7년 이하의 징역 또는 7000만 원 이하의 벌금
③ 5년 이하의 징역 또는 5000만 원 이하의 벌금
④ 3년 이하의 징역 또는 3000만 원 이하의 벌금

해설

소방시설 설치 및 관리에 관한 법률상 벌칙
1) 5년 이하의 징역 또는 5천만 원 이하의 벌금
소방시설에 폐쇄 · 차단 등의 행위를 한 자
2) 7년 이하의 징역 또는 7천만 원 이하의 벌금
소방시설에 폐쇄 · 차단 등의 행위를 하여 사람을 상해에 이르게 한 때
3) 10년 이하의 징역 또는 1억 원 이하의 벌금
소방시설에 폐쇄 · 차단 등의 행위를 하여 사람을 사망에 이르게 한 때

50 소방기본법상 관계인의 소방활동을 위반하여 정당한 사유 없이 소방대가 현장에 도착할 때까지 사람을 구출하는 조치 또는 불을 끄거나 불이 번지지 아니하도록 하는 조치를 하지 아니한 자에 대한 벌칙기준으로 옳은 것은?

① 100만 원 이하의 벌금
② 200만 원 이하의 벌금
③ 300만 원 이하의 벌금
④ 400만 원 이하의 벌금

해설

100만 원 이하의 벌금
1) 정당한 사유 없이 소방대의 생활안전활동을 방해한 자
2) 정당한 사유 없이 소방대가 현장에 도착할 때까지 사람을 구출하는 조치 또는 불을 끄거나 불이 번지지 아니하도록 하는 조치를 하지 아니한 사람
3) 피난 명령을 위반한 사람
4) 정당한 사유 없이 물의 사용이나 수도의 개폐장치의 사용 또는 조작을 하지 못하게 하거나 방해한 자
5) 화재 발생을 막거나 폭발 등으로 화재가 확대되는 것을 막기 위하여 가스 · 전기 또는 유류 등의 시설에 대하여 위험물질의 공급을 차단하는 조치를 정당한 사유 없이 방해한 자

51 소방시설 설치 및 관리에 관한 법령상 펄프공장의 작업장, 음료수 공장의 충전을 하는 작업장 등과 같이 화재안전기준을 적용하기 어려운 특정소방대상물에 설치하지 아니할 수 있는 소방시설의 종류가 아닌 것은?

① 연결송수관설비 ② 스프링클러설비
③ 상수도소화용수설비 ④ 연결살수설비

해설

소방시설을 설치하지 아니할 수 있는 특정소방대상물 및 소방시설의 범위

구분	특정소방대상물	소방시설
화재안전기준을 적용하기 어려운 특정소방대상물	펄프공장의 작업장, 음료수 공장의 세정 또는 충전을 하는 작업장, 그 밖에 이와 비슷한 용도로 사용하는 것	스프링클러설비, 상수도소화용수설비 및 연결살수설비
	정수장, 수영장, 목욕장, 농예 · 축산 · 어류양식용 시설, 그 밖에 이와 비슷한 용도로 사용되는 것	자동화재탐지설비, 상수도소화용수설비 및 연결살수설비
화재안전기준을 달리 적용하여야 하는 특수한 용도의 특정소방대상물	원자력발전소, 핵폐기물처리시설	연결송수관설비 및 연결살수설비

52 제조소 등의 위치 · 구조 및 설비의 기준 중 위험물을 취급하는 건축물의 환기설비 설치기준으로 다음 (　　) 안에 알맞은 것은?

> 급기구는 당해 급기구가 설치된 실의 바닥면적 (㉠) [m^2]마다 1개 이상으로 하되, 급기구의 크기는 (㉡) [cm^2] 이상으로 할 것

정답 49 ② 50 ① 51 ① 52 ②

① ㉠ 100, ㉡ 800　　② ㉠ 150, ㉡ 800
③ ㉠ 100, ㉡ 1,000　　④ ㉠ 150, ㉡ 1,000

해설

환기설비의 설치기준
1) 환기는 자연배기방식으로 할 것
2) 급기구는 당해 급기구가 설치된 실의 바닥면적 $150m^2$마다 1개 이상으로 하되, 급기구의 크기는 $800cm^2$ 이상으로 할 것. 다만 바닥면적이 $150m^2$ 미만인 경우에는 다음의 표에 의할 것

바닥면적	급기구의 면적
$60m^2$ 미만	$150cm^2$ 이상
$60m^2$ 이상 $90m^2$ 미만	$300cm^2$ 이상
$90m^2$ 이상 $120m^2$ 미만	$450cm^2$ 이상
$120m^2$ 이상 $150m^2$ 미만	$600cm^2$ 이상

3) 급기구는 낮은 곳에 설치하고 가는 눈의 구리망 등으로 인화방지망을 설치할 것
4) 환기구는 지붕 위 또는 지상 2m 이상의 높이에 회전식 고정벤틸레이터 또는 루프팬 방식으로 설치할 것

53 소방시설공사업법령상 특정소방대상물에 설치된 소방시설 등을 구성하는 것의 전부 또는 일부를 개설, 이전 또는 정비하는 공사의 경우 소방시설공사의 착공신고 대상이 아닌 것은?(단, 고장 또는 파손 등으로 인하여 작동시킬 수 없는 소방시설을 긴급히 교체하거나 보수하여야 하는 경우는 제외한다.)

① 수신반　　② 소화펌프
③ 동력(감시)제어반　　④ 압력챔버

해설

착공신고
다음의 소방시설 등을 구성하는 것의 전부 또는 일부를 개설, 이전 또는 정비하는 공사. 다만, 고장 또는 파손 등으로 인하여 작동시킬 수 없는 소방시설을 긴급히 교체하거나 보수하여야 하는 경우에는 착공신고를 하지 않을 수 있다.
㉠ 수신반
㉡ 소화펌프
㉢ 동력(감시)제어반

54 특정소방대상물에서 사용하는 방염대상물품의 방염성능검사 방법과 검사 결과에 따른 합격 표시 등에 필요한 사항은 무엇으로 정하는가?

① 대통령령　　② 행정안전부령
③ 소방청장고시　　④ 시 · 도의 조례

해설

1) 방염대상물품의 방염성능검사 방법과 검사결과에 따른 합격표시 등에 필요한 사항 : 행정안전부령

2) 방염대상 물품
 ① 창문에 설치하는 커튼류(블라인드를 포함)
 ② 카펫, 두께가 2mm 미만인 벽지류(종이벽지는 제외)
 ③ 전시용 합판 또는 섬유판, 무대용 합판 또는 섬유판
 ④ 암막 · 무대막
 ⑤ 섬유류 또는 합성수지류 등을 원료로 하여 제작된 소파 · 의자(단란주점영업, 유흥주점영업 및 노래연습장업의 영업장에 설치하는 것만 해당)

55 시장지역에서 화재로 오인할 만한 우려가 있는 불을 피우거나 연막소독을 하려는 자가 신고를 하지 아니하여 소방자동차를 출동하게 한 자에 대한 과태료 부과 · 징수권자는?

① 소방청장　　② 행정안전부장관
③ 시 · 도지사　　④ 소방서장

해설

1) 화재로 오인할 만한 우려가 있는 불을 피우거나 연막(煙幕) 소독 시 반드시 관할 소방본부장 또는 소방서장에게 신고하여야 하는 지역
 ① 시장지역
 ② 공장 · 창고가 밀집한 지역
 ③ 목조건물이 밀집한 지역
 ④ 위험물의 저장 및 처리시설이 밀집한 지역
 ⑤ 석유화학제품을 생산하는 공장이 있는 지역
 ⑥ 그 밖에 시 · 도의 조례로 정하는 지역 또는 장소

2) 1)의 내용을 신고하지 아니한 경우 : 20만 원 이하의 과태료

3) 과태료 부과 · 징수권자 : 소방본부장 또는 소방서장

정답　53 ④　54 ②　55 ④

56 소방기본법령상 소방용수시설에 대한 설명으로 틀린 것은?

① 시 · 도지사는 소방활동에 필요한 소방용수시설을 설치하고 유지 · 관리하여야 한다.
② 수도법의 규정에 따라 설치된 소화전도 시 · 도지사가 유지 · 관리하여야 한다.
③ 소방본부장 또는 소방서장은 원활한 소방활동을 위하여 소방용수시설에 대한 조사를 월 1회 이상 실시하여야 한다.
④ 소방용수시설 조사의 결과는 2년간 보관하여야 한다.

해설

1) 소방용수시설의 설치 및 관리
① 소방용수시설의 유지, 관리권자 : 시 · 도지사
② 소방용수시설과 비상소화장치의 설치기준 : 행정안전부령
③ 소방용수시설의 종류 : 소화전, 급수탑, 저수조

2) 소방용수시설 및 지리조사
① 조사 실시권자 : 소방본부장 또는 소방서장
② 조사 횟수 : 월 1회 이상
③ 조사 내용
- 설치된 소방용수시설에 대한 조사
- 소방대상물에 인접한 도로의 폭 · 교통상황, 도로주변의 토지의 고저 · 건축물의 개황
- 그 밖의 소방활동에 필요한 지리에 대한 조사
④ 조사결과의 보관기간 : 2년

57 소방기본법령상 소방서 종합상황실의 실장이 서면 · 팩스 또는 컴퓨터통신 등으로 소방본부의 종합상황실에 지체 없이 보고하여야 하는 기준으로 틀린 것은?

① 사망자가 5인 이상 발생하거나 사상자가 10인 이상 발생한 화재
② 층수가 11층 이상인 건축물에서 발생한 화재
③ 이재민이 50인 이상 발생한 화재
④ 재산피해액이 50억 원 이상 발생한 화재

해설

소방서의 종합상황실 실장이 서면 · 팩스 또는 컴퓨터통신 등으로 소방본부의 종합상황실에 보고하여야 하는 화재

1) 사망자가 5인 이상 발생하거나 사상자가 10인 이상 발생한 화재
2) 이재민이 100인 이상 발생한 화재
3) 재산피해액이 50억 원 이상 발생한 화재
4) 관공서 · 학교 · 정부미도정공장 · 문화재 · 지하철 또는 지하구의 화재
5) 관광호텔, 층수가 11층 이상인 건축물, 지하상가, 시장, 백화점, 지정수량의 3,000배 이상의 위험물의 제조소 · 저장소 · 취급소, 층수가 5층 이상이거나 객실이 30실 이상인 숙박시설, 층수가 5층 이상이거나 병상이 30개 이상인 종합병원 · 정신병원 · 요양소, 연면적 1만5천제곱미터 이상인 공장 또는 화재예방강화지구에서 발생한 화재
6) 철도차량, 항구에 매어둔 총 톤수가 1,000톤 이상인 선박, 항공기, 발전소 또는 변전소에서 발생한 화재
7) 가스 및 화약류의 폭발에 의한 화재
8) 다중이용업소의 화재
9) 언론에 보도된 재난상황

58 소방시설 설치 및 관리에 관한 법령상 시 · 도지사가 실시하는 방염성능 검사 대상으로 옳은 것은?

① 설치 현장에서 방염처리를 하는 합판 · 목재
② 제조 또는 가공 공정에서 방염처리를 한 카펫
③ 제조 또는 가공 공정에서 방염처리를 한 창문에 설치하는 블라인드
④ 설치 현장에서 방염처리를 하는 암막 · 무대막

해설

방염대상 물품

1) 제조 또는 가공 공정에서 방염처리를 한 물품으로서 다음에 해당하는 것
① 창문에 설치하는 커튼류(블라인드를 포함)
② 카펫, 두께가 2mm 미만인 벽지류(종이벽지는 제외)
③ 전시용 합판 또는 섬유판, 무대용 합판 또는 섬유판
④ 암막 · 무대막
⑤ 섬유류 또는 합성수지류 등을 원료로 하여 제작된 소파 · 의자(단란주점영업, 유흥주점영업 및 노래연습장업의 영업장에 설치하는 것만 해당)

정답 56 ② 57 ③ 58 ①

2) 시 · 도지사가 실시하는 방염성능검사
방염대상물품 중 설치 현장에서 방염처리를 하는 합판 · 목재

59 소방시설 설치 및 관리에 관한 법령상 건축허가 등의 동의를 요구하는 때 동의요구서에 첨부하여야 하는 설계도서가 아닌 것은?(단, 소방시설공사 착공 신고대상에 해당하는 경우이다.)

① 창호도
② 실내 전개도
③ 건축물의 단면도
④ 건축물의 주단면 및 입면도

해설

건축허가 동의요구서의 첨부서류
① 건축허가신청서 및 건축허가서 또는 건축 · 대수선 · 용도변경신고서 등의 사본
② 다음 각 목의 설계도서
㉠ 건축물 관련 상세도면
- 건축개요 및 배치도
- 주단면도 및 입면도
- 층별 평면도(용도별 기준층 평면도를 포함)
- 방화구획도(창호도를 포함)
- 실내재료 마감표 등
- 소방자동차 진입 동선도 및 부서 공간 위치도(조경계획을 포함)

㉡ 소방시설 등 관련 상세도면
- 소방시설의 층별 평면도 및 층별 계통도(시설별 계산서를 포함)
- 실내장식물 방염대상물품 설치 계획

㉢ 소방시설의 내진설계 계통도 및 평면도 등 기본설계 도면

③ 소방시설 설치계획표
④ 임시소방시설 설치계획서
⑤ 소방시설설계업등록증과 소방시설을 설계한 기술인력의 기술자격증 사본
⑥ 소방시설설계 계약서 사본 1부

60 지하층을 포함한 층수가 16층 이상 40층 미만인 특정소방대상물의 소방시설 공사현장에 배치하여야 할 소방공사 책임감리원의 배치기준으로 옳은 것은?

① 행정안전부령으로 정하는 특급감리원 중 소방기술사
② 행정안전부령으로 정하는 특급감리원 이상의 소방공사감리원(기계분야 및 전기분야)
③ 행정안전부령으로 정하는 고급감리원 이상의 소방공사감리원(기계분야 및 전기분야)
④ 행정안전부령으로 정하는 중급감리원 이상의 소방공사감리원(기계분야 및 전기분야)

해설

소방공사 감리원의 배치기준(소방시설공사업법 시행령 별표4)

감리원의 배치기준		소방시설공사 현장의 기준
책임감리원	보조감리원	
특급감리원 중 소방기술사	초급감리원 이상의 소방 공사 감리원(기계분야 및 전기분야)	• 연면적 20만m^2 이상인 특정소방대상물의 공사 현장 • 지하층을 포함한 층수가 40층 이상인 특정소방대상물의 공사 현장
특급감리원 이상의 소방공사 감리원(기계분야 및 전기분야)	초급감리원 이상의 소방공사 감리원(기계분야 및 전기분야)	• 연면적 3만m^2 이상 20만m^2 미만인 특정소방대상물의 공사 현장(아파트는 제외) • 지하층을 포함한 층수가 16층 이상 40층 미만인 특정소방대상물의 공사 현장
고급감리원 이상의 소방공사 감리원(기계분야 및 전기분야)	초급감리원 이상의 소방공사 감리원(기계분야 및 전기분야)	• 물분무 등 소화설비(호스릴 방식의 소화설비는 제외) 또는 제연설비가 설치되는 특정소방대상물의 공사 현장 • 연면적 3만m^2 이상 20만m^2 미만인 아파트의 공사 현장
중급감리원 이상의 소방공사 감리원(기계분야 및 전기분야)		연면적 5,000m^2 이상 3만m^2 미만인 특정소방대상물의 공사 현장
초급감리원 이상의 소방공사 감리원(기계분야 및 전기분야)		• 연면적 5,000m^2 미만인 특정소방대상물의 공사 현장 • 지하구의 공사 현장

정답 59 ② 60 ②

4과목 소방기계시설의 구조 및 원리

61 소방설비용 헤드의 분류 중 수류를 살수판에 충돌시켜 미세한 물방울을 만드는 물분무헤드는?

① 디플렉터형 ② 충돌형
③ 슬리트형 ④ 분사형

해설

물분무헤드의 종류
1) 충돌형 : 작은 오리피스를 통과한 수류를 서로 충돌시켜 미세한 물방울을 만드는 헤드
2) 분사형 : 작은 구경의 오리피스에 고압으로 수류를 분사하여 오리피스를 통과하는 순간 미세한 물방울을 만드는 헤드
3) 선회류형 : 방출되는 수류를 선회류에 의해 확산 · 방출하여 미세한 물방울을 만드는 헤드
4) 디플렉터형 : 수류를 디플렉터(반사판)에 충돌시켜 미세한 물방울을 만드는 헤드
5) 슬리트형 : 수류를 슬리트(작고 긴 구멍)에 방출하여 미세한 물방울을 만드는 헤드

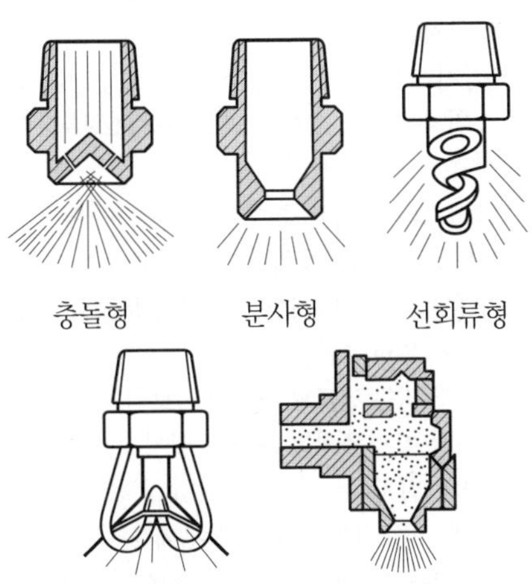

62 물분무소화설비의 가압송수장치의 설치기준 중 틀린 것은?(단, 전동기 또는 내연기관에 따른 펌프를 이용하는 가압송수장치이다.)

① 기동용 수압개폐장치를 기동장치로 사용할 경우에 설치하는 충압펌프의 토출압력은 가압송수장치의 정격토출압력과 같게 한다.
② 가압송수장치가 기동된 경우에는 자동으로 정지되도록 한다.
③ 기동용 수압개폐장치(압력챔버)를 사용할 경우 그 용적은 100L 이상으로 한다.
④ 수원의 수위가 펌프보다 낮은 위치에 있는 가압송수장치에는 물올림장치를 설치한다.

해설

물분무소화설비의 가압송수장치의 설치기준
1) 충압펌프
   ① 펌프의 토출압력 : 최고위 호스접결구의 자연압보다 0.2MPa 이상 더 크도록 하거나 가압송수장치의 정격토출압력과 같게 할 것
   ② 펌프의 정격토출량 : 정상적인 누설량보다 적어서는 아니 되며, 옥내소화전설비가 자동적으로 작동할 수 있도록 충분한 토출량을 유지할 것
2) 가압송수장치가 기동이 된 경우에는 자동으로 정지되지 아니하도록 하여야 한다(충압펌프는 제외).
3) 기동용수압개폐장치(압력챔버)를 사용할 경우 그 용적은 100L 이상의 것으로 할 것
4) 물올림장치
   ① 설치대상 : 수원의 수위가 펌프보다 낮은 위치에 있는 가압송수장치
   ② 설치기준
      - 물올림장치에는 전용의 수조를 설치할 것
      - 수조의 유효수량 : 100L 이상
      - 급수배관 : 구경 15mm 이상

② 자동으로 정지되도록 한다. → 자동으로 정지되지 아니하도록 하여야 한다.

정답 61 ① 62 ②

63 건축물의 층수가 40층인 특별피난계단의 계단실 및 부속실 제연설비의 비상전원은 몇 분 이상 유효하게 작동할 수 있어야 하는가?

① 20 ② 30
③ 40 ④ 60

해설

특별피난계단의 계단실 및 부속실 제연설의 비상전원 설치기준

1) 점검에 편리하고 화재 및 침수 등의 재해로 인한 피해를 받을 우려가 없는 곳에 설치할 것
2) 제연설비를 유효하게 20분(층수가 30층 이상 49층 이하는 40분, 50층 이상은 60분) 이상 작동할 수 있도록 할 것
3) 상용전원으로부터 전력의 공급이 중단된 때에는 자동으로 비상전원으로부터 전력을 공급받을 수 있도록 할 것
4) 비상전원의 설치장소는 다른 장소와 방화구획 할 것
5) 비상전원을 실내에 설치하는 때에는 그 실내에 비상조명등을 설치할 것

64 옥내소화전설비 배관의 설치기준 중 다음 ( ) 안에 알맞은 것은?

> 연결송수관설비의 배관과 겸용할 경우 주배관은 구경 (㉠)mm 이상, 방수구로 연결되는 배관의 구경은 (㉡)mm 이상의 것으로 하여야 한다.

① ㉠ 80, ㉡ 65 ② ㉠ 80, ㉡ 50
③ ㉠ 100, ㉡ 65 ④ ㉠ 125, ㉡ 65

해설

1) 옥내소화전설비 배관을 연결송수관설비의 배관과 겸용할 경우
   ① 주배관은 구경 : 100mm 이상
   ② 방수구로 연결되는 배관의 구경 : 65mm 이상
2) 주배관의 구경
   유속이 4m/s 이하가 될 수 있는 크기 이상으로 할 것
3) 주배관 중 수직배관의 구경
   50mm(호스릴 옥내소화전설비의 경우에는 32mm) 이상
4) 옥내소화전방수구와 연결되는 가지배관의 구경
   40mm(호스릴 옥내소화전설비의 경우에는 25mm) 이상

65 포소화설비의 자동식 기동장치의 설치기준 중 다음 ( ) 안에 알맞은 것은?(단, 화재감지기를 사용하는 경우이며, 자동화재탐지설비의 수신기가 설치된 장소에 상시 사람이 근무하고 있고, 화재 시 즉시 해당 조작부를 작동시킬 수 있는 경우는 제외한다.)

> 화재감지기 회로에는 다음의 기준에 따른 발신기를 설치할 것
> 특정소방대상물의 층마다 설치하되, 해당 특정소방대상물의 각 부분으로부터 수평거리가 (㉠)m 이하가 되도록 할 것. 다만, 복도 또는 별도로 구획된 실로서 보행거리가 (㉡)m 이상일 경우에는 추가로 설치하여야 한다.

① ㉠ 25, ㉡ 30 ② ㉠ 25, ㉡ 40
③ ㉠ 15, ㉡ 30 ④ ㉠ 15, ㉡ 40

해설

자동식 기동장치의 설치기준

1) 화재감지기를 사용하는 경우
   ① 화재감지기는 자동화재탐지설비의 화재안전기준에 따라 설치할 것
   ② 화재감지기 회로에는 다음에 적합한 발신기를 설치할 것
      ㉠ 스위치 높이 : 조작이 쉽고 바닥으로부터 0.8m 이상 1.5m 이하
      ㉡ 발신기의 배치
         • 특정소방대상물의 층마다 설치
         • 해당 특정소방대상물의 각 부분으로부터 수평거리가 25m 이하
         • 복도 또는 별도로 구획된 실로서 보행거리가 40m 이상일 경우에는 추가로 설치
   ③ 발신기의 위치
      • 표시하는 표시등은 함의 상부에 설치
      • 그 불빛은 부착면으로부터 15° 이상의 범위 안에서 부착지점으로부터 10m 이내의 어느 곳에서도 쉽게 식별할 수 있는 적색등으로 할 것
2) 폐쇄형 스프링클러헤드를 사용하는 경우
   ① 표시온도 : 79℃ 미만
   ② 1개의 스프링클러헤드의 경계면적 : 20m^2 이하로 할 것
   ③ 부착면의 높이 : 바닥으로부터 5m 이하
   ④ 하나의 감지장치 경계구역은 하나의 층이 되도록 할 것

정답 63 ③ 64 ③ 65 ②

66 이산화탄소 소화설비 기동장치의 설치기준으로 옳은 것은?

① 가스압력식 기동장치 기동용 가스용기의 용적은 3L 이상으로 한다.
② 전기식 기동장치로서 5병의 저장용기를 동시에 개방하는 설비는 2병 이상의 저장용기에 전자개방밸브를 부착해야 한다.
③ 수동식 기동장치는 전역방출방식에 있어서 방호대상물마다 설치한다.
④ 수동식 기동장치의 부근에는 방출지연을 위한 방출지연 스위치를 설치해야 한다.

해설

이산화탄소 소화설비 기동장치의 설치기준

1) 수동식 기동장치
 ① 구조
  • 수동식 기동장치의 부근에는 소화약제의 방출을 지연시킬 수 있는 방출지연 스위치를 설치하여야 한다.
  • 방출지연 스위치 : 자동복귀형 스위치로서 수동식 기동장치의 타이머를 순간 정지시키는 기능의 스위치
  • 비상스위치 → 방출지연 스위치(2022년 개정)
 ② 설치기준
  • 전역방출방식은 방호구역마다, 국소방출방식은 방호대상물마다 설치할 것
  • 출입구 부분 등 쉽게 피난할 수 있는 장소에 설치할 것
  • 조작부의 높이 : 0.8m 이상 1.5m 이하, 보호판 등에 따른 보호장치 설치
  • 표지 : "이산화탄소 소화설비 수동식 기동장치"
  • 전기를 사용하는 기동장치에는 전원표시등을 설치
  • 기동장치의 방출용 스위치는 음향경보장치와 연동하여 조작될 수 있는 것으로 할 것

2) 자동식 기동장치
 ① 자동화재탐지설비의 감지기의 작동과 연동하는 것으로 할 것
 ② 자동식 기동장치에는 수동으로도 기동할 수 있는 구조로 할 것
 ③ 전기식 기동장치 : 7병 이상의 저장용기를 동시에 개방하는 설비는 2병 이상의 저장용기에 전자 개방밸브를 부착할 것
 ④ 가스압력식 기동장치
  • 기동용 가스용기 및 해당 용기에 사용하는 밸브는 25MPa 이상의 압력에 견딜 수 있는 것으로 할 것
  • 기동용 가스용기에는 내압시험압력의 0.8배부터 내압시험압력 이하에서 작동하는 안전장치를 설치할 것
  • 기동용 가스용기의 용적은 5L 이상으로 하고, 해당 용기에 저장하는 질소 등의 비활성 기체는 6.0MPa 이상(21℃ 기준)의 압력으로 충전할 것
  • 기동용 가스용기에는 충전 여부를 확인할 수 있는 압력게이지를 설치할 것

① 가스압력식 기동장치 기동용 가스용기의 용적은 3L 이상 → 5L 이상
② 전기식 기동장치로서 5병 → 7병 이상
③ 수동식 기동장치는 전역방출방식에 있어서 방호대상물마다 → 방호구역마다

67 연결살수설비의 배관에 관한 설치기준 중 옳은 것은?

① 개방형 헤드를 사용하는 연결살수설비의 수평주행배관은 헤드를 향하여 상향으로 100분의 5 이상의 기울기로 설치한다.
② 가지배관 또는 교차배관을 설치하는 경우에는 가지배관의 배열은 토너먼트 방식이어야 한다.
③ 교차배관에는 가지배관과 가지배관 사이마다 1개 이상의 행가를 설치하되, 가지배관 사이의 거리가 4.5m를 초과하는 경우에는 4.5m 이내마다 1개 이상 설치한다.
④ 가지배관은 교차배관 또는 주배관에서 분기되는 지점을 기점으로 한쪽 가지배관에 설치되는 헤드의 개수는 6개 이하로 하여야 한다.

해설

연결살수설비 배관의 설치기준

1) 개방형 헤드를 사용하는 연결살수설비의 수평주행배관은 헤드를 향하여 상향으로 1/100 이상의 기울기로 설치할 것
2) 가지배관의 배열은 토너먼트(Tournament) 방식이 아닐 것
3) 배관에 설치되는 행가의 설치기준
 ① 가지배관 : 헤드의 설치지점 사이마다 1개 이상의 행

정답 66 ④ 67 ③

가를 설치하되, 헤드 간의 거리가 3.5m를 초과하는 경우에는 3.5m 이내마다 1개 이상 설치할 것. 이 경우 상향식 헤드와 행가 사이에는 8cm 이상의 간격을 두어야 한다.

② 교차배관 : 가지배관과 가지배관 사이마다 1개 이상의 행가를 설치하되, 가지배관 사이의 거리가 4.5m를 초과하는 경우에는 4.5m 이내마다 1개 이상 설치할 것

③ 수평주행배관에는 4.5m 이내마다 1개 이상 설치할 것

4) 교차배관에서 분기되는 지점을 기점으로 한쪽 가지배관에 설치되는 헤드의 개수는 8개 이하로 할 것

① 수평주행배관은 헤드를 향하여 상향으로 100분의 5 이상 → 1/100 이상의 기울기

② 가지배관의 배열은 토너먼트 방식이어야 한다. → 토너먼트 방식이 아닐 것

④ 가지배관은 교차배관 또는 주배관에서 분기되는 지점을 기점으로 한쪽 가지배관에 설치되는 헤드의 개수는 6개 이하 → 8개 이하

68 스프링클러설비의 교차배관에서 분기되는 지점을 기점으로 한쪽 가지배관에 설치되는 헤드의 개수는 최대 몇 개 이하인가?(단, 방호구역 안에서 칸막이 등으로 구획하여 헤드를 증설하는 경우와 격자형 배관방식을 채택하는 경우는 제외한다.)

① 8　② 10
③ 12　④ 15

해설

스프링클러설비 가지배관의 배열

교차배관에서 분기되는 지점을 기점으로 한쪽 가지배관에 설치되는 헤드의 개수는 8개 이하로 할 것. 다만, 다음 각 목의 어느 하나에 해당하는 경우에는 그러하지 아니하다.

1) 기존의 방호구역 안에서 칸막이 등으로 구획하여 1개의 헤드를 증설하는 경우
2) 습식 스프링클러설비 또는 부압식 스프링클러설비에 격자형 배관방식

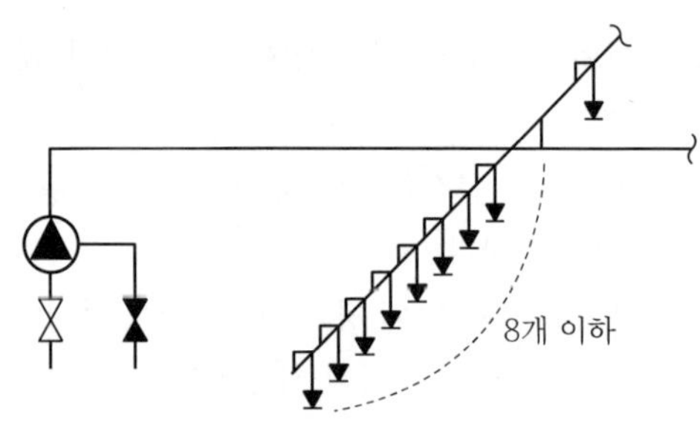

[가지배관에 설치하는 헤드 수]

69 차고 · 주차장에 설치하는 포소화전설비의 설치기준 중 다음 ( ) 안에 알맞은 것은?(단, 1개 층의 바닥면적이 200m^2 이하인 경우는 제외한다.)

> 특정소방대상물의 어느 층에 있어서도 그 층에 설치된 포소화전방수구(포소화전 방수가 5개 이상 설치된 경우에는 5개)를 동시에 사용할 경우 각 이동식 포노즐 선단의 포수용액 방사압력이 (㉠)MPa 이상이고 (㉡) L/min 이상의 포수용액을 수평거리 15m 이상으로 방사할 수 있도록 할 것

① ㉠ 0.25, ㉡ 230
② ㉠ 0.25, ㉡ 300
③ ㉠ 0.35, ㉡ 230
④ ㉠ 0.35, ㉡ 300

해설

차고 · 주차장에 설치하는 호스릴 포소화설비 또는 포소화전설비

1) 방사압력 : 0.35MPa 이상
2) 분당방출량 : 300l/min(바닥면적 200m^2 이하인 경우에는 230l/min 이상)
3) 호스릴 수평거리 : 15m 이상
4) 호스릴함과 방수구와의 거리 : 3m 이내
5) 호스릴함의 높이 : 1.5m 이하

정답 68 ① 69 ④

70 물분무소화설비 송수구의 설치기준 중 틀린 것은?

① 구경 65mm의 쌍구형으로 할 것
② 지면으로부터 높이가 0.5m 이상 1m 이하의 위치에 설치할 것
③ 가연성 가스의 저장·취급시설에 설치하는 송수구는 그 방호대상물로부터 20m 이상의 거리를 두거나 방호대상물에 면하는 부분이 높이 1.5m 이상, 폭 2.5m 이상의 철근콘크리트 벽으로 가려진 장소에 설치할 것
④ 송수구는 하나의 층의 바닥면적이 1,500m²를 넘을 때마다 1개(5개를 넘을 경우에는 5개로 한다.) 이상을 설치할 것

해설

물분무소화설비 송수구의 설치기준
1) 송수구는 화재층으로부터 지면으로 떨어지는 유리창 등이 송수 및 그 밖의 소화작업에 지장을 주지 아니하는 장소에 설치할 것. 이 경우 가연성 가스의 저장·취급시설에 설치하는 송수구는 그 방호대상물로부터 20m 이상의 거리를 두거나 방호대상물에 면하는 부분이 높이 1.5m 이상 폭 2.5m 이상의 철근콘크리트 벽으로 가려진 장소에 설치
2) 송수구로부터 스프링클러설비의 주배관에 이르는 연결배관에 개폐밸브를 설치한 때에는 그 개폐상태를 쉽게 확인 및 조작할 수 있는 옥외 또는 기계실 등의 장소에 설치할 것
3) 구경 65mm의 쌍구형으로 할 것
4) 송수구에는 그 가까운 곳의 보기 쉬운 곳에 송수압력범위를 표시한 표지를 할 것
5) 송수구는 하나의 층의 바닥면적이 3,000m²를 넘을 때마다 1개 이상(5개 이상 5개)을 설치할 것
6) 지면으로부터 높이가 0.5m 이상 1m 이하의 위치에 설치할 것
7) 송수구의 가까운 부분에 자동배수밸브 및 체크밸브를 설치할 것
8) 송수구에는 이물질을 막기 위한 마개를 씌울 것

④ 송수구는 하나의 층의 바닥면적이 1,500m²를 → 3,000m²를 넘을 때마다

71 분말소화약제 저장용기의 설치기준으로 틀린 것은?

① 설치장소의 온도가 40℃ 이하이고, 온도변화가 적은 곳에 설치할 것
② 용기 간의 간격은 점검에 지장이 없도록 5cm 이상의 간격을 유지할 것
③ 저장용기의 충전비는 0.8 이상으로 할 것
④ 저장용기에는 가압식은 최고 사용압력의 1.8배 이하, 축압식은 용기의 내압시험압력의 0.8배 이하의 압력에서 작동하는 안전밸브를 설치할 것

해설

1) 저장용기 설치장소의 기준
① 방호구역 외의 장소에 설치할 것(단, 방호구역 내에 설치 시 피난구 부근에 설치)
② 온도가 40℃ 이하이고, 온도변화가 적은 곳에 설치할 것
③ 직사광선 및 빗물이 침투할 우려가 없는 곳에 설치할 것
④ 방화문으로 구획된 실에 설치할 것
⑤ 용기의 설치장소에는 해당 용기가 설치된 곳임을 표시하는 표지를 할 것
⑥ 용기 간의 간격은 점검에 지장이 없도록 3cm 이상의 간격을 유지할 것
⑦ 저장용기와 집합관을 연결하는 연결배관에는 체크밸브를 설치할 것

2) 저장용기의 설치기준
① 분말소화약제 1kg당 저장용기의 내용적(충전비)

소화약제의 종별	충전비
제1종 분말	0.8[l/kg]
제2종 분말	1.0[l/kg]
제3종 분말	1.0[l/kg]
제4종 분말	1.25[l/kg]

② 저장용기에는 가압식은 최고 사용압력의 1.8배 이하, 축압식은 용기의 내압시험압력의 0.8배 이하의 압력에서 작동하는 안전밸브를 설치할 것
③ 저장용기에는 저장용기의 내부압력이 설정압력으로 되었을 때 주밸브를 개방하는 정압작동장치를 설치할 것
④ 저장용기의 충전비는 0.8 이상으로 할 것
⑤ 저장용기 및 배관에는 잔류 소화약제를 처리할 수 있는 청소장치를 설치할 것

정답 **70** ④ **71** ②

⑥ 축압식의 분말소화설비는 사용압력의 범위를 표시한 지시압력계를 설치할 것

② 용기 간의 간격은 점검에 지장이 없도록 5cm 이상 → 3cm 이상

72 국소방출방식의 분말소화설비 분사헤드는 기준저장량의 소화약제를 몇 초 이내에 방사할 수 있는 것이어야 하는가?

① 60 ② 30
③ 20 ④ 10

해설

분말소화설비 분사헤드

1) 전역방출방식
① 방사된 소화약제가 방호구역의 전역에 균일하고 신속하게 확산할 수 있도록 할 것
② 방사시간 : 30초 이내

2) 국소방출방식
① 소화약제의 방사에 따라 가연물이 비산하지 아니하는 장소에 설치할 것
② 방사시간 : 30초 이내

73 축압식 분말소화기 지시압력계의 정상 사용압력 범위 중 상한값은?

① 0.68MPa ② 0.78MPa
③ 0.88MPa ④ 0.98MPa

해설

축압식 분말소화기 지시압력계

황색 녹색 적색 황색 녹색 적색

[압력누설] [정상압력]

압력계 지시 색상	황색	녹색	적색
상태	압력누설	정상	과충전
압력범위	0.7MPa 미만	0.7~0.98 MPa	0.98MPa 이상

74 노유자시설의 3층에 적응성을 가진 피난기구가 아닌 것은?

① 미끄럼대 ② 피난교
③ 구조대 ④ 간이완강기

해설

피난기구의 설치장소별 적응성

설치 장소별 구분 \ 층별	1층	2층	3층	4층 이상 10층 이하
노유자시설	미끄럼대 · 구조대 · 피난교 · 다수인 피난장비 · 승강식피난기	미끄럼대 · 구조대 · 피난교 · 다수인 피난장비 · 승강식피난기	미끄럼대 · 구조대 · 피난교 · 다수인 피난장비 · 승강식피난기	구조대 · 피난교 · 다수인 피난장비 · 승강식피난기
의료시설 · 근린생활시설 중 입원실이 있는 의원 · 접골원 · 조산원			미끄럼대 · 구조대 · 피난교 · 피난용 트랩 · 다수인 피난장비 · 승강식피난기	구조대 · 피난교 · 피난용 트랩 · 다수인 피난장비 · 승강식피난기
「다중이용업소의 안전관리에 관한 특별법 시행령」 제2조에 따른 다중이용업소로서 영업장의 위치가 4층 이하인 다중이용업소		미끄럼대 · 피난사다리 · 구조대 · 완강기 · 다수인 피난장비 · 승강식피난기	미끄럼대 · 피난사다리 · 구조대 · 완강기 · 다수인 피난장비 · 승강식피난기	미끄럼대 · 피난사다리 · 구조대 · 완강기 · 다수인 피난장비 · 승강식피난기
그 밖의 것			미끄럼대 · 피난사다리 · 구조대 · 완강기 · 피난교 · 피난용 트랩 · 간이완강기 · 공기안전 매트 · 다수인 피난장비 · 승강식피난기	피난사다리 · 구조대 · 완강기 · 피난교 · 간이완강기 · 공기안전 매트 · 다수인 피난장비 · 승강식피난기

정답 72 ② 73 ④ 74 ④

※ 비고
- 간이완강기의 적응성 : 숙박시설의 3층 이상에 있는 객실
- 공기안전매트의 적응성 : 공동주택
- 노유자시설 중 4층 이상에 설치된 구조대의 적응성 : 장애인 관련 시설로서 주된 사용자 중 스스로 피난이 불가한 자가 있는 경우 추가로 설치

75 연소할 우려가 있는 개구부에 드렌처설비를 설치한 경우 해당 개구부에 한하여 스프링클러헤드를 설치하지 아니할 수 있는 기준으로 틀린 것은?

① 드렌처헤드는 개구부 위 측에 2.5m 이내마다 1개를 설치할 것
② 제어밸브는 특정소방대상물 층마다에 바닥면으로부터 0.5m 이상 1.5m 이하의 위치에 설치할 것
③ 드렌처헤드가 가장 많이 설치된 제어밸브에 설치된 드렌처헤드를 동시에 사용하는 경우에 각 헤드선단의 방수량은 80L/min 이상이 되도록 할 것
④ 드렌처헤드가 가장 많이 설치된 제어밸브에 설치된 드렌처헤드를 동시에 사용하는 경우에 각 헤드선단의 방수압력은 0.1MPa 이상이 되도록 할 것

해설

드렌처설비의 설치기준
1) 드렌처헤드는 개구부 위 측에 2.5m 이내마다 1개를 설치할 것
2) 제어밸브(일제개방밸브 · 개폐표시형 밸브 및 수동조작부를 합한 것)는 특정소방대상물 층마다에 바닥면으로부터 0.8m 이상 1.5m 이하의 위치에 설치할 것
3) 수원의 수량은 드렌처헤드가 가장 많이 설치된 제어밸브의 드렌처헤드의 설치개수에 $1.6m^3$를 곱하여 얻은 수치 이상이 되도록 할 것
4) 드렌처설비는 드렌처헤드가 가장 많이 설치된 제어밸브에 설치된 드렌처헤드를 동시에 사용하는 경우에 각각의 헤드선단에 방수압력이 0.1MPa 이상, 방수량이 80L/min 이상이 되도록 할 것
5) 수원에 연결하는 가압송수장치는 점검이 쉽고 화재 등의 재해로 인한 피해우려가 없는 장소에 설치할 것

② 층마다에 바닥면으로부터 0.5m 이상 1.5m 이하 → 0.8m 이상 1.5m 이하

76 연소방지설비 방수헤드의 설치기준으로 옳은 것은?

① 방수헤드 간의 수평거리는 연소방지설비 전용헤드의 경우에는 1.5m 이하로 할 것
② 방수헤드 간의 수평거리는 스프링클러헤드의 경우에는 2m 이하로 할 것
③ 살수구역은 환기구 등을 기준으로 지하구의 길이방향으로 350m 이내마다 1개 이상 설치할 것
④ 하나의 살수구역의 길이는 2m 이상으로 할 것

해설

방수헤드
1) 천장 또는 벽면에 설치할 것
2) 방수헤드 간의 수평거리

헤드의 종류	전용헤드	스프링클러헤드
헤드 간 수평거리	2.0m 이하	1.5m 이하

3) 살수구역(화재안전기준 개정)
① 소방대원의 출입이 가능한 환기구 · 작업구마다 지하구의 양쪽 방향으로 살수헤드를 설정할 것
② 한쪽 방향의 살수구역의 길이 : 3m 이상
③ 환기구 사이의 간격이 700m를 초과할 경우 700m마다 살수구역을 설정할 것

77 내림식 사다리의 구조기준 중 다음 ( ) 안에 공통으로 들어갈 내용은?

> 사용 시 소방대상물로부터 ( )cm 이상의 거리를 유지하기 위한 유효한 돌자를 횡봉의 위치마다 설치하여야 한다. 다만, 그 돌자를 설치하지 아니하여도 사용 시 소방대상물에서 ( )cm 이상의 거리를 유지할 수 있는 것은 그러하지 아니하다.

① 15 ② 10 ③ 7 ④ 5

해설

1) 내림식 사다리의 구조
① 사용 시 소방대상물로부터 10cm 이상의 거리를 유지하기 위한 유효한 돌자를 횡봉의 위치마다 설치하여야 한다. 다만, 그 돌자를 설치하지 아니하여도 사용 시

정답 75 ② 76 정답 없음 77 ②

소방대상물에서 10cm 이상의 거리를 유지할 수 있는 것은 그러하지 아니하다.

② 종봉의 끝부분에는 가변식 걸고리 또는 걸림장치(하향식 피난구용 내림식 사다리는 해치 등에 고정할 수 있는 장치를 말함)가 부착되어 있어야 한다.

2) 올림식 사다리의 구조

① 상부 지지점(끝부분으로부터 60cm 이내의 임의의 부분)에 미끄러지거나 넘어지지 아니하도록 하기 위하여 안전장치를 설치하여야 한다.

② 하부 지지점에는 미끄러짐을 막는 장치를 설치하여야 한다.

78 할로겐화합물 및 불활성 기체 소화약제 중 약제의 저장용기 내에서 저장상태가 기체상태의 압축가스인 소화약제는?

① IG 541

② HCFC BLEND A

③ HFC~227ea

④ HFC−23

해설

1) 할로겐화합물 소화약제의 종류(액화가스)

소화약제	화학식	비고
FC−3−1−10	C_4F_{10}	
HCFC BLEND A	HCFC−123($CHCl_2CF_3$) : 4.75% HCFC−22($CHClF_2$) : 82% HCFC−124($CHClFCF_3$) : 9.5% $C_{10}H_{16}$: 3.75%	HCFC 계열 염소(Cl) 함유
HCFC−124	$CHClFCF_3$	
HFC−125	CHF_2CF_3	HFC 계열 염소(Cl) 미함유
HFC−23	CHF_3	
HFC−227ea	CF_3CHFCF_3	
HFC−236fa	$CF_3CH_2CF_3$	
FIC− 13I1	CF_3I	요오드(I) 함유
FK−5−1−12	$CF_3CF_2C(O)CF(CF_3)_2$	

2) 불활성 기체 소화약제의 종류(압축가스)

소화약제	화학식
IG−01	Ar
IG−100	N_2
IG−55	N_2 : 50%, Ar : 50%
IG−541	N_2 : 52%, Ar : 40% , CO_2 : 8%

79 연결송수관설비의 가압송수장치의 설치기준으로 틀린 것은?(단, 지표면에서 최상층 방수구의 높이가 70m 이상의 특정소방대상물이다.)

① 펌프의 양정은 최상층에 설치된 노즐선단의 압력이 0.35MPa 이상의 압력이 되도록 할 것

② 계단식 아파트의 경우 펌프의 토출량은 1,200L/min 이상이 되는 것으로 할 것

③ 계단식 아파트의 경우 해당 층에 설치된 방수구가 3개를 초과하는 것은 1개마다 400L/min을 가산한 양이 펌프의 토출량이 되는 것으로 할 것

④ 내연기관을 사용하는 경우(층수가 30층 이상 49층 이하) 내연기관의 연료량은 20분 이상 운전할 수 있는 용량일 것

해설

1) 연결송수관설비 가압송수장치 설치대상
지표면에서 최상층 방수구의 높이가 70m 이상의 특정소방대상물

2) 펌프의 양정
최상층에 설치된 노즐선단의 압력이 0.35MPa 이상의 압력이 되도록 할 것

3) 펌프의 토출량

① 방수구의 수가 1개에서 3개인 경우
- 2,400[l/min] 이상
- 계단식 아파트는 1,200[l/min] 이상

② 방수구의 수가 4개인 경우
- 방수구 1개마다 800[l/min]씩 증가 (2,400+800[l/min])
- 계단식 아파트는 400[l/min]씩 증가 (1,200+400)[l/min])

정답 78 ① 79 ④

③ 방수구의 수가 5개 이상인 경우(5개 이상은 5개)
- 방수구 1개마다 800[l/min]씩 증가
(2,400+800+800[l/min])
- 계단식 아파트는 400[l/min]
(1,200+400+400[l/min])

4) 내연기관의 연료량
펌프를 20분(층수가 30층 이상 49층 이하는 40분, 50층이 이상은 60분) 이상 운전할 수 있는 용량일 것

④ 내연기관을 사용하는 경우(층수가 30층 이상 49층 이하)
내연기관의 연료량은 20분 이상 → 40분 이상

80 소화수조 및 저수조의 가압송수장치 설치기준 중 다음 ( ) 안에 알맞은 것은?

소화수조가 옥상 또는 옥탑의 부분에 설치된 경우에는 지상에 설치된 채수구에서의 압력이 ( )MPa 이상이 되도록 하여야 한다.

① 0.1　② 0.15
③ 0.17　④ 0.25

해설

채수구 설치기준
1) 채수구는 구경 65mm 이상의 나사식 결합금속구를 설치할 것
2) 채수구의 높이 : 지면으로부터의 높이가 0.5m 이상 1m 이하
3) 표지 : "채수구"라고 표시한 표지
4) 채수구의 수

소요수량	20m^3 이상 40m^3 미만	40m^3 이상 100m^3 미만	100m^3 이상
채수구의 수	1개	2개	3개

5) 소화수조가 옥상 또는 옥탑의 부분에 설치된 경우에는 지상에 설치된 채수구에서의 압력이 0.15MPa 이상이 되도록 하여야 한다.

정답 80 ②

소방설비기사(기계분야)

기 · 출 · 문 · 제 2017년 4회

1과목 소방원론

01 목재 화재 시 다량의 물을 뿌려 소화할 경우 기대되는 주된 소화효과는?

① 제거효과 ② 냉각효과
③ 부촉매소화 ④ 희석효과

해설

소화의 방법

1) 질식소화
 ① 공기 중의 산소농도를 15% 이하로 희박하게 하여 소화하는 방법
 ② 이산화탄소, 불활성가스 등을 분사하여 산소농도를 낮춤

2) 냉각소화
 ① 점화원을 발화점 이하로 냉각시켜 소화하는 방법
 ② 물의 현열과 증발잠열을 이용하는 방법이 가장 많이 사용됨

3) 제거소화
 ① 가연물을 제거하여 소화
 ② 고체 가연물 : 가연물을 화재현장으로부터 즉시 제거함(산림화재 시 앞쪽에서 벌목하여 진화)
 ③ 액체 및 기체 : 가연성 물질을 누출시키는 용기의 밸브를 폐쇄
 ④ 전기화재 : 전원스위치를 차단하여 전기의 공급을 차단
 ⑤ 수용성 액체 : 다량의 물을 주입하여 농도를 연소범위 이하로 낮춤

4) 억제소화(부촉매소화)
 ① 할론소화약제, 할로겐화합물소화약제, 분말소화약제 등을 사용하여 소화
 ② 불꽃연소 시 발생하는 H^*, OH^* 활성라디칼을 포착하여 연쇄반응을 억제
 ③ 불꽃연소에 적응성이 뛰어나고 훈소에는 적응성이 거의 없다.

02 포 소화약제 중 고팽창포로 사용할 수 있는 것은?

① 단백포 ② 불화단백포
③ 내알코올포 ④ 합성계면활성제포

해설

포 소화약제의 종류

1) 수성막포 소화약제(AFFF : Aqueous Film-Forming Foam)
 ① 미국의 3M 사가 개발한 소화약제로 일명 Light Water라고 한다.
 ② 불소계 계면활성제로 유류화재에 적응성이 높다.
 ③ 내유성과 유동성은 좋지만 내열성은 좋지 않다.
 ④ 연소하고 있는 액체 위에 얇은 수성막을 형성하여 공기를 차단함으로서 질식, 냉각 소화한다.

2) 단백포 소화약제
 ① 동물성 단백질의 가수분해물에 염화제1철염의 안정제를 첨가하여 제조한 소화약제이다.
 ② 변질의 우려가 있어 약제를 자주 교환하여야 하고 냄새가 고약하다.

3) 합성계면활성제포 소화약제
 ① 계면활성제가 주성분이며 안정제를 첨가한 소화약제이다.
 ② 저팽창포와 고팽창포에서 모두 사용 가능하다.

4) 불화단백포 소화약제
 ① 단백포와 유사한 약제에 불소계 계면활성제를 첨가한 것
 ② 내유성이 좋아 표면하 주입방식에 사용 가능하다.

5) 내알코올포 소화약제
 ① 단백질의 가수분해 생성물과 합성세제 등을 주성분으로 제조하며 일반포로서는 소화작용이 어려운 수용성 액체(알코올류, 에스테르류, 케톤류 등) 위험물의 소화에 적합
 ② 종류 : 금속비누형, 고분자겔형, 불화단백형

정답 01 ② 02 ④

03 'FM200'이라는 상품명을 가지며 오존파괴지수(ODP)가 0인 할론 대체 소화약제는 무슨 계열인가?

① HFC 계열 ② HCFC 계열
③ FC 계열 ④ Blend 계열

해설

HFC-227ea(헵타플로오로프로판)
1) 상품명 : FM200
2) 화학식 : CF_3CHFCF_3
3) HFC 계열의 소화약제로 ODP가 0이다.
4) ALT : 31~42년으로 대기권 잔존수명이 매우 짧다.
5) LC_{50} : 800ppm 이상으로 독성이 작다.

04 화재 시 소화에 관한 설명으로 틀린 것은?

① 내알코올포 소화약제는 수용성 용제의 화재에 적합하다.
② 물은 불에 닿을 때 증발하면서 다량의 열을 흡수하여 소화한다.
③ 제3종 분말소화약제는 식용유화재에 적합하다.
④ 할로겐화합물 소화약제는 연쇄반응을 억제하여 소화한다.

해설

제1종 분말소화약제($NaHCO_3$)
1) 주성분인 탄산수소나트륨이 열분해될 때 발생하는 이산화탄소와 수증기에 의한 질식효과
2) 열분해 시의 흡열 반응에 의한 냉각효과
3) 분말 운무에 의한 열방사의 차단효과
4) 비누화 현상에 의한 질식 · 냉각효과(식용유화재에 적응성)

05 화재의 종류에 따른 분류가 틀린 것은?

① A급 : 일반화재 ② B급 : 유류화재
③ C급 : 가스화재 ④ D급 : 금속화재

해설

화재의 종류

구분	화재의 종류	표시색	주된 소화효과
A급 화재	일반화재	백색	냉각소화
B급 화재	유류, 가스화재	황색	질식소화
C급 화재	전기화재(통전)	청색	질식소화
D급 화재	금속화재	무색	질식소화
K급 화재	주방화재	–	냉각, 질식소화

06 휘발유의 위험성에 관한 설명으로 틀린 것은?

① 일반적인 고체 가연물에 비해 인화점이 낮다.
② 상온에서 가연성 증기가 발생한다.
③ 증기는 공기보다 무거워 낮은 곳에 체류한다.
④ 물보다 무거워 화재발생 시 물분무 소화는 효과가 없다.

해설

휘발유
1) 유별 분류 : 제4류 위험물 중 제1석유류의 인화성 액체
2) 인화점 : −43℃, 발화점 : 300℃
3) 증기는 공기보다 무겁고, 액체 상태에서는 물보다 가볍다.
4) 물보다 가벼워 주수소화하면 연소면이 확대되므로 주수소화 금지
5) 무상주수에 의한 유화효과로 소화 가능(물분무소화설비)

07 질소 79.2vol%, 산소 20.8vol%로 이루어진 공기의 평균분자량은?

① 15.44 ② 20.21
③ 28.83 ④ 36.00

해설

1) 질소의 분자량
$N_2 = 14 \times 2 = 28$
2) 산소의 분자량
$O_2 = 16 \times 2 = 32$
3) 공기의 평균분자량
$(28 \times 0.792) + (32 \times 0.208) = 28.83$

정답 03 ① 04 ③ 05 ③ 06 ④ 07 ③

08 고비점 유류의 탱크화재 시 열유층에 의해 탱크 아래의 물이 비등 · 팽창하여 유류를 탱크 외부로 분출시켜 화재를 확대시키는 현상은?

① 보일오버(Boil Over)
② 롤오버(Roll Over)
③ 백드래프트(Back Draft)
④ 플래시오버(Flash Over)

해설

① 보일오버(Boil Over) : 중질유 화재 시 탱크하부의 물이 팽창하여 물과 기름이 비산, 분출하는 현상
② 롤오버(Roll Over) : 축적된 가연성 증기가 인화점에 도달하여 전체가 연소하기 시작하면 불덩어리가 천장을 따라 굴러다니는 것처럼 뿜어져 나오는 현상
③ 백드래프트(Back Draft) : 실내에 화재로 인한 열 축적으로 과압이 형성되어 있다가 신선한 공기가 유입되면 가연성 가스가 폭풍을 동반한 화재로 실 외부에 분출되는 현상
④ 플래시오버(Flash Over) : 화재발생 후 일정시간이 경과하면 실내에 열과 가연성 가스가 축적되고 복사열에 의해 실 전체에 순간적으로 화재가 확산되는 현상

09 전기불꽃, 아크 등이 발생하는 부분을 기름 속에 넣어 폭발을 방지하는 방폭구조는?

① 내압방폭구조 ② 유입방폭구조
③ 안전증방폭구조 ④ 특수방폭구조

해설

1) 내압방폭구조 : 점화원이 될 수 있는 아크, 정전기, 불꽃 등의 발생부분을 전폐구조의 기구에 넣고 그 내부에서 폭발 시 용기가 폭발압력에 견뎌 화염이 용기 밖으로 분출하지 못하도록 만든 구조
2) 압력방폭구조 : 용기 내부에 보호기체를 압입시켜 내부 압력을 유지시킴으로서 폭발성 가스나 증기의 침입을 방지하는 구조
3) 유입방폭구조 : 불꽃, 아크발생 부분을 기름 속에 넣어 폭발성가스와의 접촉을 차단함으로써 폭발을 방지한 구조
4) 본질안전방폭구조 : 정상 및 사고 시 발생하는 불꽃, 아크, 고온 등에 의해 폭발성 가스가 본질적으로 점화되지 않도록 점화시험 등에 의해 확인된 구조
5) 안전증방폭구조 : 전기불꽃, 아크발생 등의 방지를 위해 특별히 안전도를 증가시킨 구조

10 할로겐원소의 소화효과가 큰 순서대로 배열된 것은?

① I>Br>Cl>F ② Br>I>F>Cl
③ Cl>F>I>Br ④ F>Cl>Br>I

해설

1) 할로겐원소
F : 불소, Cl : 염소, Br : 브롬, I : 요오드
2) 할로겐원소의 전기음성도(결합력) 및 소화효과
① 전기음성도(결합력)의 크기 : F > Cl > Br > I
② 소화효과의 크기 : F < Cl < Br < I

11 이산화탄소 20g은 몇 mol인가?

① 0.23 ② 0.45
③ 2.2 ④ 4.4

해설

1) 몰수[mol] $= \dfrac{W}{M}$
여기서, M : 분자량[g/mol]
W : 기체의 질량[g]
2) 이산화탄소의 분자량
CO_2에서 C 의 원자량 : 12, O의 원자량 : 16
CO_2의 분자량 : $12+(16\times 2)=44$
3) CO_2 몰수[mol] $= \dfrac{20[g]}{44[g/mol]} = 0.45[mol]$

12 공기 중에서 연소범위가 가장 넓은 물질은?

① 수소 ② 이황화탄소
③ 아세틸렌 ④ 에테르

정답 08 ① 09 ② 10 ① 11 ② 12 ③

해설

가연성 가스의 폭발범위(연소범위)

가연성 가스	연소하한계[%]	연소상한계[%]
아세틸렌(C_2H_2)	2.5	81
수소(H_2)	4.0	75
메탄(CH_4)	5.0	15
에탄(C_2H_6)	3.0	12.4
프로판(C_3H_8)	2.1	9.5
부탄(C_4H_{10})	1.8	8.4
일산화탄소(CO)	12.5	74
디에틸에테르($C_2H_5OC_2H_5$)	1.9	48
이황화탄소(CS_2)	1.2	44

※ 에테르 = 디에틸에테르 = 에틸에테르

13 건축물에 설치하는 방화벽의 구조에 대한 기준 중 틀린 것은?

① 내화구조로서 홀로 설 수 있는 구조이어야 한다.
② 방화벽의 양쪽 끝은 지붕면으로부터 0.2m 이상 튀어나오게 하여야 한다.
③ 방화벽의 위쪽 끝은 지붕면으로부터 0.5m 이상 튀어나오게 하여야 한다.
④ 방화벽에 설치하는 출입문은 너비 및 높이가 각각 2.5m 이하인 60분+방화문 또는 60분방화문을 설치하여야 한다.

해설

방화벽의 설치기준

1) 내화구조로서 홀로 설 수 있는 구조일 것
2) 방화벽의 양쪽 끝과 위쪽 끝을 건축물의 외벽면 및 지붕면으로부터 0.5m 이상 튀어나오게 할 것
3) 방화벽에 설치하는 출입문의 너비 및 높이는 각각 2.5m 이하로 하고, 해당 출입문에는 60분+방화문 또는 60분방화문을 설치할 것(2021년 개정)

② 방화벽의 양쪽 끝은 지붕면으로부터 0.2m 이상 → 0.5m 이상

14 분말소화약제에 관한 설명 중 틀린 것은?

① 제1종 분말은 담홍색 또는 황색으로 착색되어 있다.
② 분말의 고화를 방지하기 위하여 실리콘 수지 등으로 방습처리 한다.
③ 일반화재에도 사용할 수 있는 분말소화약제는 제3종 분말이다.
④ 제2종 분말의 열분해식은 $2KHCO_3 \rightarrow K_2CO_3 + CO_2 + H_2O$이다.

해설

분말소화약제의 종류

종별	분자식	착색	적응 화재	충전비 [l/kg]
제1종 분말	탄산수소나트륨 ($NaHCO_3$)	백색	BC급	0.8
제2종 분말	탄산수소칼륨 ($KHCO_3$)	담회색 (담자색)	BC급	1.0
제3종 분말	제1인산암모늄 ($NH_4H_2PO_4$)	담홍색	ABC급	1.0
제4종 분말	탄산수소칼륨+요소 ($KHCO_3+(NH_2)_2CO$)	회색	BC급	1.25

① 제1종 분말은 담홍색 또는 황색으로 착색 → 백색으로 착색

15 공기 중에서 자연발화 위험성이 높은 물질은?

① 벤젠　② 톨루엔
③ 이황화탄소　④ 트리에틸알루미늄

해설

벤젠	톨루엔	이황화탄소	트리에틸알미늄
제4류 위험물 중 제1석유류	제4류 위험물 중 제1석유류	제4류 위험물 중 특수인화물	제3류 위험물
인화성 액체	인화성 액체	인화성 액체	자연발화성 및 금수성 물질

정답 13 ② 14 ① 15 ④

16 제3류 위험물로서 자연발화성만 있고 금수성이 없기 때문에 물속에 보관하는 물질은?

① 염소산암모늄　② 황린
③ 칼륨　④ 질산

해설

1) 황린
　① 발화점 : 34℃
　② 보관 : pH 9 정도의 약알칼리의 물속에 보관
2) 나트륨, 칼륨 : 경유, 등유, 유동파라핀 속에 보관

17 건물의 주요 구조부에 해당되지 않는 것은?

① 바닥　② 천장
③ 기둥　④ 주계단

해설

건축물의 주요구조부
1) 내력벽
2) 보(작은 보 제외)
3) 지붕틀(차양 제외)
4) 바닥(최하층 바닥 제외)
5) 주계단(옥외계단 제외)
6) 기둥(사잇기둥 제외)

18 폭발의 형태 중 화학적 폭발이 아닌 것은?

① 분해폭발　② 가스폭발
③ 수증기폭발　④ 분진폭발

해설

1) 물리적 폭발
　① 물과 고온의 금속접촉에 의한 수증기폭발(증기폭발)
　② 고압용기 파손에 의한 압력개방 폭발
　③ 진공용기 파손에 의한 폭발
　④ 전선에 허용전류를 초과하는 대전류인가로 인한 전선의 용해, 증발에 의한 전선폭발
　⑤ 화산폭발, 운석충돌 등
2) 화학적 폭발
　① 산화폭발 : 가연성 가스, 증기 등의 급격한 연소에 의한 폭발
　② 분해폭발 : 니트로셀룰로오스, 셀룰로이드, 아세틸렌 등이 분해연소하면서 폭발하는 현상
　③ 중합폭발 : 시안화수소, 염화비닐 등의 단량체가 중합되면서 발생하는 폭발
　④ 분해, 중합폭발 : 산화에틸렌
　⑤ 분진폭발 등

19 연소확대 방지를 위한 방화구획과 관계없는 것은?

① 일반 승강기의 승강장 구획
② 층 또는 면적별 구획
③ 용도별 구획
④ 방화댐퍼

해설

방화구획의 종류
1) 면적별 방화구획
2) 층별 방화구획
3) 용도별 방화구획

① 일반 승강기의 승강장 구획 → 비상용 승강기의 승강장 구획
④ 방화댐퍼 : 방화구획의 벽을 덕트가 관통할 경우에 천장 속의 덕트와 연결 설치되어 화재발생 시 연돌효과(Stack Effect)에 의해 다른 방화구획으로 급속하게 확산되는 화염이나 연기의 흐름을 자동적으로 차단시키는 기구

20 피난층에 대한 정의로 옳은 것은?

① 지상으로 통하는 피난계단이 있는 층
② 비상용 승강기의 승강장이 있는 층
③ 비상용 출입구가 설치되어 있는 층
④ 직접 지상으로 통하는 출입구가 있는 층

해설

소방시설 설치 및 관리에 관한 법률 시행령 제2조 제2항
"피난층"이란 곧바로 지상으로 갈 수 있는 출입구가 있는 층을 말한다.

정답　16 ②　17 ②　18 ③　19 ①　20 ④

2과목 소방유체역학

21 질량 m[kg]의 어떤 기체로 구성된 밀폐계가 Q[kg]의 열을 받아 일을 하고, 이 기체의 온도가 ΔT℃ 상승하였다면 이 계가 외부에 한 일(W)은? (단, 이 기체의 정적비열은 C_v[kJ/(kg · K)], 정압비열은 C_p [kJ/(kg · K)]이다.)

① $W = Q - mC_v \triangle T$ ② $W = Q + mC_v \triangle T$
③ $W = Q - mC_p \triangle T$ ④ $W = Q + mC_p \triangle T$

해설

1) 열역학 1법칙(에너지 보존의 법칙)
① 어떠한 밀폐계에 가한 일의 크기는 그 계의 열량변화량의 크기와 같다.
② 일에너지는 열에너지로, 열에너지는 일에너지로 변환이 가능하지만 그 에너지의 총량은 항상 일정하게 보존된다.
③ 계의 내부에너지 변화량=계가 받은 열에너지－계가 외부에 한 일

$$\Delta U = \Delta Q - \Delta W \qquad \Delta U = \Delta Q - P\Delta V$$

여기서, ΔU : 내부에너지 변화량
ΔQ : 열에너지 변화량
P : 압력, V : 체적

2) 계가 외부에 한 일 W
$W = Q - \Delta U$
여기서, $\Delta U = m\,C_V\,\triangle T$
내부에너지 변화량은 체적이 일정한 상태에서 온도변화에 의한 현열의 변화량이다.
$W = Q - m\,C_V\,\triangle T$

22 그림과 같이 수조의 밑부분에 구멍을 뚫고 물을 유량 Q로 방출시키고 있다. 손실을 무시할 때 수위가 처음 높이의 1/2로 되었을 때 방출되는 유량은 어떻게 되는가?

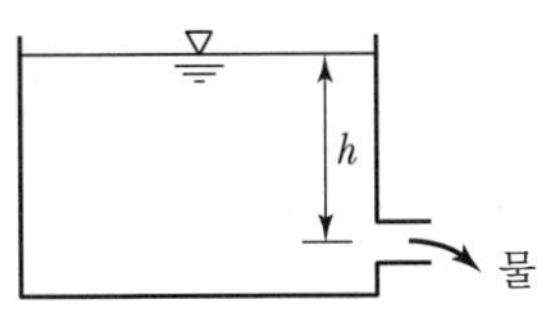

① $\frac{1}{\sqrt{2}}Q$ ② $\frac{1}{2}Q$
③ $\frac{1}{\sqrt{3}}Q$ ④ $\frac{1}{3}Q$

해설

연속방정식과 토리첼리식

$$Q = AV \qquad V = \sqrt{2gh} \qquad Q = A\sqrt{2gh}$$

여기서, Q : 유량[m^3/s], A : 배관의 단면적[m^2]
V : 유속[m/s], h : 높이[m]

[풀이]
1) 처음 상태의 유량
$Q_1 = A\sqrt{2gh}$ [m^3/s]
2) 수위가 처음 높이의 1/2로 되었을 때 방출되는 유량
$Q_2 = A\sqrt{2g \times \frac{1}{2}h} = A\sqrt{gh}$ [m^3/s]
3) $\frac{Q_2}{Q_1} = \frac{A\sqrt{gh}}{A\sqrt{2gh}}$
$Q_2 = \frac{1}{\sqrt{2}}Q_1$

23 그림과 같이 기름이 흐르는 관에 오리피스가 설치되어 있고, 그 사이의 압력을 측정하기 위해 U자형 차압 액주계가 설치되어 있다. 이때 두 지점 간의 압력 차($P_x - P_y$)는 약 몇 kPa인가?

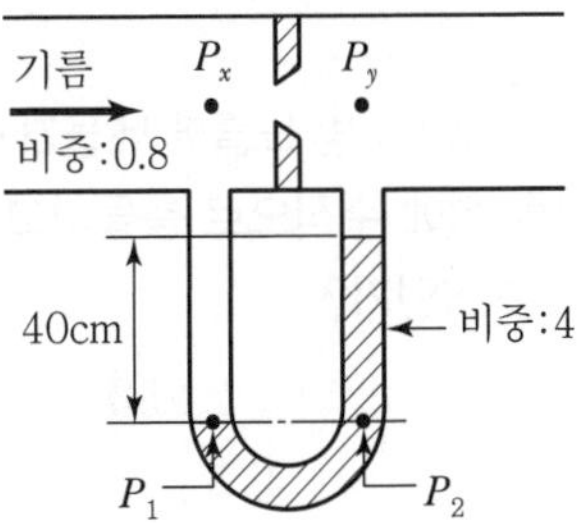

① 28.8 ② 15.7 ③ 12.5 ④ 3.14

정답 21 ① 22 ① 23 ③

해설

오리피스의 압력 차($P_x - P_y$)

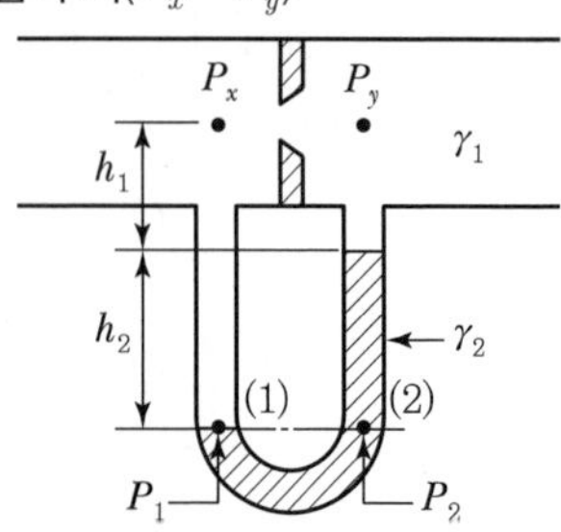

$P_1 = P_2$, (1)점의 압력과 (2)점의 압력은 같다.

1) $P_1 = P_x + \gamma_1 h_1 + \gamma_1 h_2$

$P_2 = P_y + \gamma_1 h_1 + \gamma_2 h_2$

2) $P_x + \gamma_1 h_1 + \gamma_1 h_2 = P_y + \gamma_1 h_1 + \gamma_2 h_2$

3) $P_x - P_y = \gamma_1 h_1 + \gamma_2 h_2 - \gamma_1 h_1 - \gamma_1 h_2$

$P_x - P_y = \gamma_2 h_2 - \gamma_1 h_2$

$$P_x - P_y = h_2(\gamma_2 - \gamma_1)$$

[풀이]

$\gamma = S\ \gamma_w$

여기서, S : 비중

γ_w : 물의 비중량(9.8[kN/m³])

1) $\gamma_1 = S_1 \gamma_w$

$= 0.8 \times 9.8[\text{kN/m}^3] = 7.84[\text{kN/m}^3]$

2) $\gamma_2 = S_2 \gamma_w$

$= 4 \times 9.8[\text{kN/m}^3] = 39.2[\text{kN/m}^3]$

3) $h_2 = 40[\text{cm}] = 0.4[\text{m}]$

4) $P_x - P_y = h_2(\gamma_2 - \gamma_1)$

$= 0.4(39.2 - 7.84) = 12.54[\text{kPa}]$

24 지름이 5cm인 소방 노즐에서 물제트가 40m/s의 속도로 건물 벽에 수직으로 충돌하고 있다. 벽이 받는 힘은 약 몇 N인가?

① 1,204 ② 2,253

③ 2,570 ④ 3,141

해설

고정평판에 작용하는 힘(추력, 반동력, 노즐의 반발력)

$$F = \rho Q V \qquad F = \rho A V^2$$

여기서, ρ : 밀도[N · s²/m⁴], Q : 유량[m³/s]

V : 유속[m/s], A : 노즐의 단면적[m²]

[풀이]

ρ : 1,000[N · s²/m⁴], V : 40[m/s]

$d = 5[\text{cm}] = 0.05[\text{m}]$, $A = \dfrac{\pi \times 0.05^2}{4}[\text{m}^2]$

$F = \rho A V^2$

$F = 1{,}000 \times \left(\dfrac{\pi \times 0.05^2}{4}\right) \times 40^2 = 3141.59[\text{N}]$

25 체적이 0.1m³인 탱크 안에 절대압력이 1,000kPa인 공기가 6.5kg/m³의 밀도로 채워져 있다. 시간이 t=0일 때 단면적이 70mm²인 1차원 출구로 공기가 300m/s의 속도로 빠져나가기 시작한다면 그 순간에서의 밀도 변화율(kg/m³ · s)은 약 얼마인가?(단, 탱크 안의 유체의 특성량은 일정하다고 가정한다.)

① −1.365 ② −1.865

③ −2.365 ④ −2.865

해설

1) 밀도 변화율

$$\frac{d\rho}{dt}[\text{kg/m}^3 \cdot \text{s}] = \overline{m}[\text{kg/s}] \cdot \frac{1}{V}[1/\text{m}^3]$$

$$= \frac{\overline{m}}{V}[\text{kg/m}^3 \cdot \text{s}]$$

여기서, $\overline{m}$: 질량유량[kg/s]

V : 체적[m³]

2) 질량유량($\overline{m}$ [kg/s] : Mass Flowrate)

$\overline{m}[\text{kg/s}] = \rho A V$

여기서, A : 배관의 단면적[m²]

V : 유속[m/s]

ρ : 밀도[kg/m³]

정답 24 ④ 25 ①

[풀이]

1) $\rho = 6.5\,[\mathrm{kg/m^3}]$

$A = 70\,[\mathrm{mm^2}] = 70 \times 10^{-6}\,[\mathrm{m^2}]$

$V = 300\,[\mathrm{m/s}]$

$\overline{m}\,[\mathrm{kg/s}] = 6.5\,[\mathrm{kg/m^3}] \times 70 \times 10^{-6}\,[\mathrm{m^2}] \times 300\,[\mathrm{m/s}] = 0.1365\,[\mathrm{kg/s}]$

2) $\dfrac{d\rho}{dt} = \dfrac{\overline{m}}{V}\,[\mathrm{kg/m^3 \cdot s}]$ 여기서, $V = 0.1\,[\mathrm{m^3}]$

$\dfrac{d\rho}{dt} = \dfrac{0.1365\,[\mathrm{kg/s}]}{0.1\,[\mathrm{m^3}]} = 1.365\,[\mathrm{kg/m^3 \cdot s}]$

공기가 빠져나가므로 밀도는 감소한다.

$\therefore \dfrac{d\rho}{dt} = -1.365\,[\mathrm{kg/m^3 \cdot s}]$

26 모세관에 일정한 압력 차를 가함에 따라 발생하는 층류 유동의 유량을 측정함으로써 유체의 점도를 측정할 수 있다. 같은 압력 차에서 두 유체의 유량의 비 $Q_2/Q_1 = 2$이고, 밀도비 $\rho_2/\rho_1 = 2$일 때, 점성계수비 μ_2/μ_1은?

① 1/4　② 1/2　③ 1　④ 2

해설

하겐-포아젤 방정식

직경이 일정한 직관 속에서 정상류인 비압축성 유체의 층류 흐름에서 마찰손실압력을 계산할 때 사용된다.

$$\triangle P = \frac{128 \mu l Q}{\pi d^4}$$

여기서, $\triangle P$: 압력 차[Pa], f : 관마찰계수
d : 배관의 직경[m], γ : 비중량[N/m^3]
l : 직관의 길이[m], μ : 점성계수[N · s/m^2]
Q : 유량[m^3/s]

[풀이]

1) 하겐-포아젤 방정식에서 유량(Q)와 점성계수(μ)는 반비례한다.

2) $\dfrac{Q_2}{Q_1} = 2$이면 $\dfrac{\mu_2}{\mu_1} = \dfrac{1}{2}$이 된다.

27 다음 중 동일한 액체의 물성치를 나타낸 것이 아닌 것은?

① 비중이 0.8　② 밀도가 800kg/m^3

③ 비중량이 7,840N/m^3　④ 비체적이 1.25m^3/kg

해설

① $S = 0.8$

② $\rho = 800\mathrm{kg/m^3}$, $S = \dfrac{\rho}{\rho_w} = \dfrac{800\,[\mathrm{kg/m^3}]}{1{,}000\,[\mathrm{kg/m^3}]} = 0.8$

③ $\gamma = 7{,}840\mathrm{N/m^3}$, $S = \dfrac{\gamma}{\gamma_w} = \dfrac{7{,}840\,[\mathrm{N/m^3}]}{9{,}800\,[\mathrm{N/m^3}]} = 0.8$

④ $V_S = 1.25\mathrm{m^3/kg}$, $\rho = \dfrac{1}{V_S} = \dfrac{1}{1.25} = 0.8\,[\mathrm{kg/m^3}]$

$S = \dfrac{\rho}{\rho_w} = \dfrac{0.8\,[\mathrm{kg/m^3}]}{1{,}000\,[\mathrm{kg/m^3}]} = 0.00008$

28 길이가 5m이며 외경과 내경이 각각 40cm와 30cm인 환형(Annular)관에 물이 4m/s의 평균속도로 흐르고 있다. 수력지름에 기초한 마찰계수가 0.02일 때 손실수두는 약 몇 m인가?

① 0.063　② 0.204　③ 0.472　④ 0.816

해설

비원형관 내 유동에서의 마찰손실수두

1) 수력반경 R_h : 원형 단면에 적용하는 식을 비원형 단면에도 적용하기 위하여 수력반경을 적용한다.

$$R_h = \frac{A}{P} \qquad \text{수력반경} = \frac{\text{접수면적}}{\text{접수길이}}$$

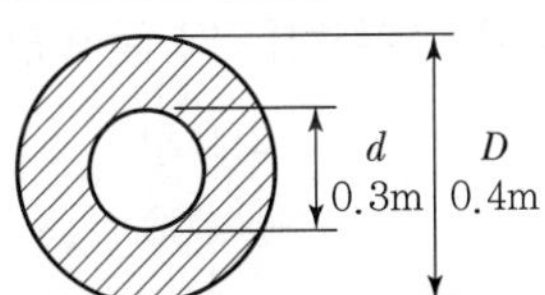

[환형 2중관]

① 접수면적 : 빗금 친 부분으로 물이 흐르므로 접수면적 빗금 친 부분의 면적이다.

$A = \dfrac{\pi D^2}{4} - \dfrac{\pi d^2}{4} = \dfrac{\pi (D^2 - d^2)}{4}$

$= \dfrac{\pi (0.4^2 - 0.3^2)}{4} = 0.055\,[\mathrm{m^2}]$

정답 26 ② 27 ④ 28 ④

② 접수길이 : 큰 원의 원주길이와 작은 원의 원주길이의 합

$P=\pi D+\pi d=\pi(D+d)$

$=\pi(0.4+0.3)=2.2[\mathrm{m}]$

③ 수력반경 $R_h=\dfrac{A}{P}=\dfrac{0.055}{2.2}=0.025[\mathrm{m}]$

2) 수력직경 D_h : 비원형 단면을 원형 단면으로 적용했을 때의 직경을 말한다.

$$D_h=4R_h$$

수력직경(수력지름) $D_h=4\times0.025=0.1[\mathrm{m}]$

※ 2중관의 수력직경은 큰 원의 직경에서 작은 원의 직경을 빼주는 방법으로 쉽게 구할 수 있다.
(0.4−0.3=0.1[m])

3) 비원형 관 내 유동에서의 마찰손실수두

$$H_l=f\frac{l}{D_h}\frac{V^2}{2g}$$

여기서, H_l : 마찰손실수두[m], f : 관마찰계수
D_h : 수력 직경[m], l : 직관의 길이[m]
V : 유체의 유속[m/sec]

$$H_l=0.02\times\frac{5}{0.1}\times\frac{4^2}{2\times9.8}=0.816[\mathrm{m}]$$

29 열전달면적이 A이고 온도 차이가 10℃, 벽의 열전도율이 10W/m · k, 두께 25cm인 벽을 통한 열류량은 100W이다. 동일한 열전달면적에서 온도 차이가 2배, 벽의 열전도율이 4배가 되고 벽의 두께가 2배가 되는 경우 −열류량은 약 몇 W인가?

① 50 ② 200
③ 400 ④ 800

해설

푸리에 전도법칙(Fourier's Law)

$$q[\mathrm{W}]=\frac{k}{L}A\Delta T$$

여기서, q : 열전달량[W], k : 열전도도[W/m · K]
L : 물체의 두께[m], A : 열전달면적[m^2]
ΔT : 온도 차[K]

[풀이]

1) q_1 : 100[W], k_1 : 10[W/m · K]
L_1 : 25[cm]=0.25[m], $A_1=A_2[\mathrm{m}^2]$
ΔT_1 : 10[K]

$$q_1[\mathrm{W}]=\frac{k_1}{L_1}A_1\Delta T_1$$

$$100=\frac{10}{0.25}\times A_1\times10$$

$$A_1=\frac{100\times0.25}{10\times10}=0.25[\mathrm{m}^2]$$

2) q_2 : ?[W], k_2 : 10×4[W/m · K]
L_2 : 0.25×2[m], $A_1=A_2=0.25[\mathrm{m}^2]$
ΔT_1 : 10×2[K]

$$q_2[\mathrm{W}]=\frac{k_2}{L_2}A_2\Delta T_2$$

$$=\frac{10\times4}{0.25\times2}\times0.25\times10\times2=400[\mathrm{W}]$$

30 길이 1,200m, 안지름 100mm인 매끈한 원관을 통해서 0.01m³/s의 유량으로 기름을 수송한다. 이때 관에서 발생하는 압력손실은 약 몇 kPa인가? (단, 기름의 비중은 0.8, 점성계수는 0.06N · s/m² 이다.)

① 163.2 ② 201.5
③ 293.4 ④ 349.7

해설

하겐−포아젤 방정식

직경이 일정한 직관 속에서 정상류인 비압축성 유체의 층류 흐름에서 마찰손실압력을 계산할 때 사용된다.

$$\Delta P=\frac{128\mu l Q}{\pi d^4}$$

여기서, ΔP : 압력손실[Pa], d : 배관의 직경[m]
l : 직관의 길이[m], μ : 점성계수[N · s/m²]
Q : 유량[m³/s]

정답 29 ③ 30 ③

[풀이]

d : 100[mm]=0.1[m], l : 1,200[m]

μ : 0.06[N · s/m^2], Q : 0.01[m^3/s]

$$\triangle P=\frac{128\times 0.06\times 1{,}200\times 0.01}{\pi\times 0.1^4}$$

$=293,354$[Pa]≒293.4[kPa]

31 Carnot 사이클이 800K의 고온 열원과 500K의 저온 열원 사이에서 작동한다. 이 사이클에 공급하는 열량이 사이클당 800kJ이라 할 때, 한 사이클당 외부에 하는 일은 약 몇 kJ인가?

① 200 ② 300
③ 400 ④ 500

해설

1) 카르노 사이클의 열효율

$$\eta=\frac{T_H-T_L}{T_H}=1-\frac{T_L}{T_H}$$

여기서, T_H : 고온체의 온도[K]

T_L : 저온체의 온도[K]

$$\eta=1-\frac{T_L}{T_H}=1-\frac{500}{800}=0.375$$

2) 한 사이클당 외부에 하는 일

$W[\text{kJ}]=Q\eta$

여기서, Q : 사이클에 공급하는 열량

η : 카르노 사이클의 열효율

$W=800[\text{kJ}]\times 0.375=300[\text{kJ}]$

32 대기 중으로 방사되는 물제트에 피토관의 흡입구를 갖다 대었을 때, 피토관의 수직부에 나타나는 수주의 높이가 0.6m라고 하면, 물제트의 유속은 약 몇 m/s인가?(단, 모든 손실은 무시한다.)

① 0.25 ② 1.55
③ 2.75 ④ 3.43

해설

물제트 유속(토리첼리 정리)

$$V=\sqrt{2gh}$$

여기서, V : 유속[m/s]

h : 속도수두[m]

g : 중력가속도 9.8[m/s^2]

[풀이]

$V=\sqrt{2\times 9.8\times 0.6}=3.43[\text{m/s}]$

33 안지름이 13mm인 옥내소화전의 노즐에서 방출되는 물의 압력(계기압력)이 230kPa이라면 10분 동안의 방수량은 약 몇 m^{3}인가?

① 1.7 ② 3.6
③ 5.2 ④ 7.4

해설

노즐에서의 방수량 Q

$$Q[l/\text{min}]=0.653\,d^2\sqrt{10P}$$

여기서, d : 노즐의 구경[mm]

P : 방수압[MPa]

[풀이]

1) $Q[l/\text{min}]=\dfrac{V[l]}{t[\text{min}]}$ 이므로

2) $\dfrac{V[l]}{t[\text{min}]}=0.653\,d^2\sqrt{10P}$

d : 13[mm], P : 230[kPa]=0.23[MPa]

$$\frac{V[l]}{10[\text{min}]}=0.653\times 13^2\times\sqrt{10\times 0.23}$$

$V=1{,}673[l]=1.67[\text{m}^3]≒1.7[\text{m}^3]$

34 계기압력이 730mmHg이고 대기압이 101.3kPa일 때 절대압력은 약 몇 kPa인가?(단, 수은의 비중은 13.6이다.)

① 198.6 ② 100.2
③ 214.4 ④ 93.2

정답 31 ② 32 ④ 33 ① 34 ①

해설

1) 절대압=대기압+계기압
2) 절대압=대기압−진공압

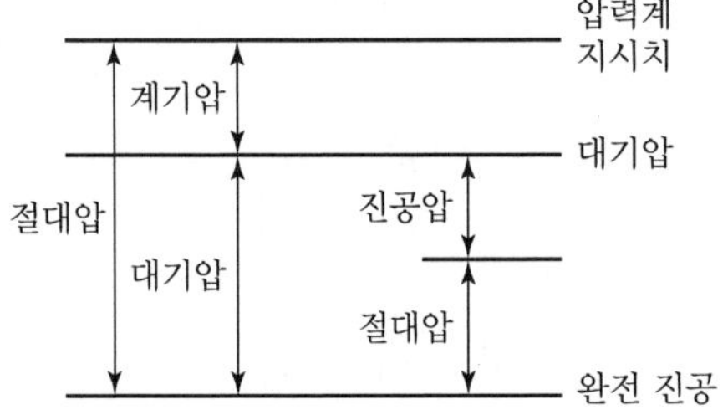

[풀이]

1) 계기압력 : $730\text{mmHg} \times \dfrac{101.3\text{kPa}}{760\text{mmHg}} = 97.3[\text{kPa}]$
2) 절대압=101.3kPa+97.3kPa=198.6[kPa]

35 펌프의 공동현상(Cavitation)을 방지하기 위한 대책으로 옳지 않은 것은?

① 펌프의 설치높이를 될 수 있는 대로 높여서 흡입양정을 길게 한다.
② 펌프의 회전수를 낮추어 흡입비속도를 작게 한다.
③ 단흡입펌프보다는 양흡입펌프를 사용한다.
④ 밸브, 플랜지 등의 부속품 수를 줄여서 손실수두를 줄인다.

해설

공동(Cavitation)현상

1) 정의
펌프 흡입 측 배관에서 발생될 수 있는 현상으로 흡수되는 물의 압력이 그 온도에서의 포화증기압보다 작게 되면 물이 급격하게 증발되어 기포가 생성되는 현상이다. 기포가 흐름을 따라 이동하면서 진동, 소음을 수반하고 심한 경우 양수불능까지도 초래하게 된다.

2) 공동현상의 발생원인 및 방지대책

발생원인	방지대책
흡입 측 배관 내 물의 온도가 높은 경우	배관 내 물의 온도를 낮게 유지한다.
흡입 측 배관 내 물의 압력이 낮은 경우	배관 내 물의 압력을 높게 유지한다.
흡입 측 배관의 마찰손실이 큰 경우	배관의 마찰손실을 작게 한다.
흡입 측 배관의 유속이 빠른 경우	배관 내 유체의 유속을 낮게 한다.
흡입 측 배관의 구경이 작은 경우	배관의 구경을 크게 한다.(양흡입펌프 사용)
흡입 측 배관의 길이가 긴 경우	흡입양정을 작게 한다.

36 이상적인 교축과정(Throttling Process)에 대한 설명 중 옳은 것은?

① 압력이 변하지 않는다.
② 온도가 변하지 않는다.
③ 엔탈피가 변하지 않는다.
④ 엔트로피가 변하지 않는다.

해설

교축과정(Throttling Process)

1) 교축과정은 대표적인 비가역과정이다.
2) 열전달이 전혀 없고 일을 하지 않는 과정이다.
3) 엔탈피가 일정한 과정으로서 엔트로피는 항상 증가하며 압력은 감소하는 과정이다.

37 피스톤 A_2의 반지름이 A_1의 반지름의 2배이며, A_1과 A_2 사이에 작용하는 압력을 각각 P_1, P_2라 하면, 두 피스톤이 같은 높이에서 평형을 이룰 때 P_1과 P_2 사이의 관계는?

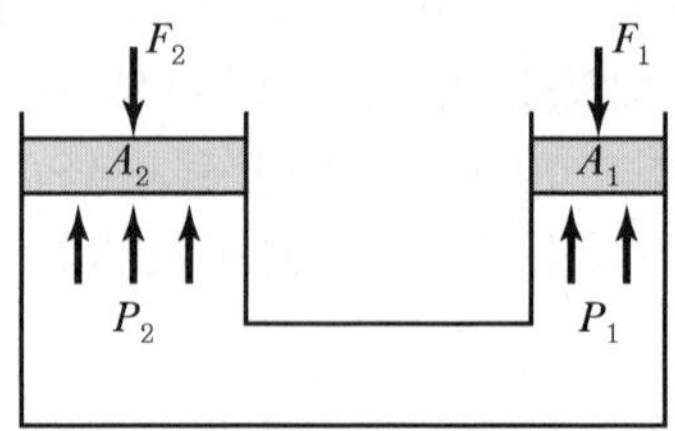

① $P_1 = 2P_2$　② $P_2 = 4P_1$
③ $P_1 = P_2$　④ $P_2 = 2P_1$

정답 35 ① 36 ③ 37 ③

해설

파스칼의 원리
밀폐된 용기 속에 유체에 가한 압력은 모든 방향에 같은 크기로 전달된다.

$$P_1 = P_2 \qquad \frac{F_1}{A_1} = \frac{F_2}{A_2}$$

여기서, P : 유체 내의 압력[Pa], F : 힘[N]
A : 피스톤의 단면적[m^2], d : 피스톤의 직경[m]

38 전양정 80m, 토출량 500L/min인 물을 사용하는 소화펌프가 있다. 펌프효율 65%, 전달계수(K) 1.1인 경우 필요한 전동기의 최소 동력은 약 몇 kW인가?

① 9kW ② 11kW
③ 13kW ④ 15kW

해설

전동기의 동력
전동기 또는 엔진에 전달되는 동력

$$P[\mathrm{kW}] = \frac{\gamma[\mathrm{N/m^3}] \times Q[\mathrm{m^3/s}] \times H[\mathrm{m}]}{1{,}000\ \eta} \times K$$

여기서, P : 전동기 동력[kW], γ : 비중량[N/m^3]
Q : 유량[m^3/s], H : 전양정[m]
η : 펌프효율, K : 전달계수

[풀이]

1) $Q = 500\dfrac{[l]}{[\mathrm{min}]} \times \dfrac{1[\mathrm{m^3}]}{1{,}000[l]} \times \dfrac{1[\mathrm{min}]}{60[\mathrm{s}]} = \dfrac{0.5}{60}[\mathrm{m^3/s}]$

2) $\gamma = 9{,}800[\mathrm{N/m^3}]$, $H = 80[\mathrm{m}]$, $\eta = 0.65$, $K = 1.1$

3) $P[\mathrm{kW}] = \dfrac{\gamma[\mathrm{N/m^3}] \times Q[\mathrm{m^3/s}] \times H[\mathrm{m}]}{1{,}000\eta} \times K$

$= \dfrac{9{,}800[\mathrm{N/m^3}] \times 0.5/60[\mathrm{m^3/s}] \times 80[\mathrm{m}]}{1{,}000 \times 0.65} \times 1.1$

$= 11.06[\mathrm{kW}]$

39 그림과 같이 수조에 비중이 1.03인 액체가 담겨 있다. 이 수조의 바닥면적이 4m^{2}일 때 수조바닥 전체에 작용하는 힘은 약 몇 kN인가?(단, 대기압은 무시한다.)

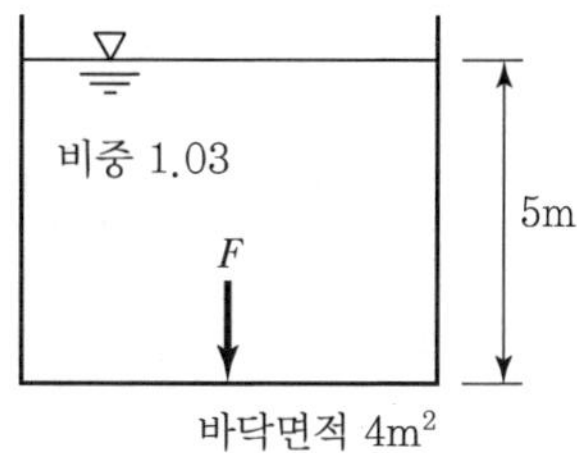

① 98 ② 51 ③ 156 ④ 202

해설

수조바닥에 작용하는 힘 F

$$F[\mathrm{N}] = PA \qquad F[\mathrm{N}] = \gamma h A$$

여기서, P : 수조바닥에서의 압력[kN/m^3]
A : 바닥의 면적[m^2], γ : 비중량[kN/m^3]
h : 깊이[m]

[풀이]

1) $\gamma = S\gamma_w$
$= 1.03 \times 9.8[\mathrm{kN/m^3}] = 10.094[\mathrm{kN/m^3}]$

2) $h = 5[\mathrm{m}]$, $A = 4[\mathrm{m^2}]$

3) $F = \gamma h A$
$= 10.094[\mathrm{kN/m^3}] \times 5[\mathrm{m}] \times 4[\mathrm{m^2}]$
$= 201.88 \fallingdotseq 202[\mathrm{kN}]$

40 유체가 평판 위를 u(m/s)=500y−6y^2의 속도 분포로 흐르고 있다. 이때 y(m)는 벽면으로부터 측정된 수직거리일 때 벽면에서의 전단응력은 약 몇 N/m^{2}인가?(단, 점성계수는 1.4×10^{-3}Pa · s이다.)

① 14 ② 7 ③ 1.4 ④ 0.7

해설

전단응력 τ

$$\tau[\mathrm{N/m^2}] = \mu\frac{du}{dy}$$

정답 38 ② 39 ④ 40 ④

여기서, τ : 전단응력[N/m^2]
μ : 점성계수[kg/m · s][Pa · s]
$\frac{du}{dy}$: 속도구배, u : 평판의 속도[m/s]
y : 벽면에서 평판까지의 수직거리[m]

[풀이]

1) $\tau[\text{N/m}^2] = \mu\frac{du}{dy} = 1.4\times10^{-3}\times\frac{d}{dy}(500y-6y^2)$

2) $\frac{d}{dy}(500y-6y^2)$을 미분하면
$(500-2\times6y^{2-1})=(500-12y)$

3) $\tau[\text{N/m}^2] = 1.4\times10^{-3}\times(500-12y)$
벽면에서의 전단응력이므로 $y=0$
$\tau = 1.4\times10^{-3}\times500 = 0.7[\text{N/m}^2]$

3과목 소방관계법규

41 위험물안전관리자로 선임할 수 있는 위험물취급자격자가 취급할 수 있는 위험물기준으로 틀린 것은?

① 위험물기능장 자격 취득자 : 모든 위험물
② 안전관리자 교육이수자 : 위험물 중 제4류 위험물
③ 소방공무원으로 근무한 경력이 3년 이상인 자 : 위험물 중 제4류 위험물
④ 위험물산업기사 자격 취득자 : 위험물 중 제4류 위험물

해설

위험물 취급자의 자격(취급소)

위험물취급자격자의 구분	취급할 수 있는 위험물
위험물기능장, 위험물산업기사, 위험물기능사	모든 위험물
안전관리자 교육이수자	제4류 위험물
소방공무원으로 근무한 경력이 3년 이상	

42 소방용수시설의 설치기준 중 주거지역 · 상업지역 및 공업지역에 설치하는 경우 소방대상물과의 수평거리는 최대 몇 m 이하인가?

① 50 ② 100
③ 150 ④ 200

해설

소방용수시설의 설치기준

1) 공통기준
① 주거지역 · 상업지역 · 공업지역 : 수평거리 100m 이하
② 그 밖의 지역 : 수평거리 140m 이하

2) 소방용수시설별 설치기준
① 소화전의 설치기준
- 상수도와 연결하여 지하식 또는 지상식의 구조로 할 것
- 소방용 호스와 연결하는 소화전의 연결금속구의 구경 : 65mm

② 급수탑의 설치기준
- 급수배관의 구경 : 100mm 이상
- 개폐밸브의 높이 : 지상에서 1.5m 이상 1.7m 이하의 위치에 설치할 것

③ 저수조의 설치기준
- 지면으로부터의 낙차 : 4.5m 이하
- 흡수부분의 수심 : 0.5m 이상
- 흡수관의 투입구가 사각형 : 한 변의 길이가 60cm 이상
- 흡수관의 투입구가 원형 : 지름이 60cm 이상
- 소방펌프자동차가 쉽게 접근할 수 있을 것
- 흡수에 지장이 없도록 토사 및 쓰레기 등을 제거할 수 있는 설비를 갖출 것
- 저수조에 물 공급은 상수도에 연결하여 자동으로 급수되는 구조일 것

43 정기점검의 대상이 되는 제조소 등이 아닌 것은?

① 옥내탱크저장소
② 지하탱크저장소
③ 이동탱크저장소
④ 이송취급소

정답 41 ④ 42 ② 43 ①

해설

정기점검

1) 정기점검의 횟수 : 연 1회 이상

2) 정기점검의 대상인 제조소 등
  ① 예방규정을 정해야 하는 제조소 등
    • 지정수량의 10배 이상의 위험물을 취급하는 제조소
    • 지정수량의 100배 이상의 위험물을 저장하는 옥외저장소
    • 지정수량의 150배 이상의 위험물을 저장하는 옥내저장소
    • 지정수량의 200배 이상의 위험물을 저장하는 옥외탱크저장소
    • 암반탱크저장소
    • 이송취급소
  ② 지하탱크저장소
  ③ 이동탱크저장소
  ④ 지하에 매설된 탱크가 있는 제조소 · 주유취급소 또는 일반취급소

44 1급 소방안전관리대상물에 대한 기준이 아닌 것은?(단, 동 · 식물원, 철강 등 불연성 물품을 저장 · 취급하는 창고, 위험물저장 및 처리시설 중 위험물제조소 등, 지하구를 제외한 것이다.)

① 연면적 15,000m^2 이상인 특정소방대상물(아파트 및 연립주택 제외)
② 150세대 이상으로서 승강기가 설치된 공동주택
③ 가연성 가스를 1,000톤 이상 저장 · 취급하는 시설
④ 30층 이상(지하층은 제외)이거나 지상으로부터 높이가 120m 이상인 아파트

해설

1급 소방안전관리대상물(동 · 식물원, 철강 등 불연성 물품을 저장 · 취급하는 창고, 위험물 저장 및 처리 시설 중 위험물 제조소 등, 지하구를 제외)
① 30층 이상(지하층은 제외)이거나 지상으로부터 높이가 120m 이상인 아파트
② 연면적 1만5천m^2 이상인 특정소방대상물(아파트 및 연립주택 제외)
③ 층수가 11층 이상인 특정소방대상물(아파트는 제외)
④ 가연성 가스를 1,000톤 이상 저장 · 취급하는 시설

45 대통령령으로 정하는 특정소방대상물의 소방시설 중 내진설계 대상이 아닌 것은?

① 옥내소화전설비　② 스프링클러설비
③ 미분무소화설비　④ 연결살수설비

해설

1) 내진설계를 하여야 하는 소방시설
  ① 옥내소화전설비
  ② 스프링클러설비
  ③ 물분무 등 소화설비

2) 물분무 등 소화설비의 종류
  ① 물분무소화설비
  ② 미분무소화설비
  ③ 포소화설비
  ④ 이산화탄소소화설비
  ⑤ 할론소화설비
  ⑥ 할로겐화합물 및 불활성 기체소화설비
  ⑦ 분말소화설비
  ⑧ 강화액소화설비
  ⑨ 고체에어로졸소화설비

46 건축물의 공사 현장에 설치하여야 하는 임시소방시설과 기능 및 성능이 유사하여 임시소방시설을 설치한 것으로 보는 소방시설로 연결이 틀린 것은?(단, 임시소방시설-임시소방시설을 설치한 것으로 보는 소방시설 순이다.)

① 간이소화장치 – 옥내소화전
② 간이피난유도선 – 유도표지
③ 비상경보장치 – 비상방송설비
④ 비상경보장치 – 자동화재탐지설비

해설

임시소방시설과 기능 및 성능이 유사한 소방시설로서 임시소방시설을 설치한 것으로 보는 소방시설
1) 간이소화장치를 설치한 것으로 보는 소방시설
  ① 대형소화기를 작업지점으로부터 25m 이내의 쉽게 보이는 장소에 6개 이상을 배치한 경우
  ② 옥내소화전설비

정답　44 ②　45 ④　46 ②

2) 비상경보장치를 설치한 것으로 보는 소방시설
비상방송설비 또는 자동화재탐지설비
3) 간이피난유도선을 설치한 것으로 보는 소방시설
피난유도선, 피난구유도등, 통로유도등 또는 비상조명등

47 연소 우려가 있는 구조에 대한 기준 중 다음 (　) 안에 알맞은 것은?

> 건축물대장의 건축물 현황도에 표시된 대지 경계선 안에 2 이상의 건축물이 있는 경우로서 각각의 건축물이 다른 건축물의 외벽으로부터 수평거리가 1층의 경우에는 (㉠)[m] 이하, 2층 이상의 층의 경우에는 (㉡)[m] 이하이고 개구부가 다른 건축물을 향하여 설치된 구조를 말한다.

① ㉠ 3, ㉡ 5　② ㉠ 5, ㉡ 8
③ ㉠ 6, ㉡ 8　④ ㉠ 6, ㉡ 10

해설

연소 우려가 있는 건축물의 구조
1) 건축물대장의 대지경계선 안에 둘 이상의 건축물이 있는 경우
2) 각각의 건축물이 다른 건축물의 외벽으로부터 수평거리가 1층의 경우에는 6미터 이하, 2층 이상의 층의 경우에는 10미터 이하인 경우
3) 개구부가 다른 건축물을 향하여 설치되어 있는 경우

48 특정소방대상물의 소방시설 설치의 면제기준 중 다음 (　) 안에 알맞은 것은?

> 비상경보설비 또는 단독경보형 감지기를 설치하여야 하는 특정소방대상물에 (　)(을)를 화재안전기준에 적합하게 설치한 경우에는 그 설비의 유효범위에서 설치가 면제된다.

① 자동화재탐지설비
② 스프링클러설비
③ 비상조명등
④ 무선통신보조설비

해설

소방시설 설치의 면제기준

설치가 면제되는 소방시설	설치 면제 조건이 되는 설비
스프링클러설비	물분무 등 소화설비
물분무 등 소화설비	스프링클러설비(차고, 주차장)
간이스프링클러설비	스프링클러설비, 물분무소화설비 또는 미분무소화설비
연결살수설비	송수구를 부설한 스프링클러설비, 간이스프링클러설비, 물분무소화설비 또는 미분무소화설비를 설치한 경우
비상경보설비 또는 단독경보형 감지기	자동화재탐지설비 또는 화재알림설비
비상경보설비	단독경보형 감지기를 2개 이상의 단독경보형 감지기와 연동하여 설치하는 경우
비상조명등	피난구유도등 또는 통로유도등

49 위험물로서 제1석유류에 속하는 것은?

① 중유　② 휘발유
③ 실린더유　④ 등유

해설

제4류 위험물
1) 성질 : 인화성 액체
2) 소화방법
① 이산화탄소, 할론, 분말 등에 의한 질식, 부촉매소화
② 포 소화약제에 의한 질식, 냉각소화
3) 품명 및 지정수량

위험등급	품명	지정수량
I	특수인화물(디에틸에테르, 아세트알데히드, 산화프로필렌, 이황화탄소) 1기압에서 발화점이 100℃ 이하인 것 또는 인화점이 −20℃ 이하이고 비점이 섭씨 40℃ 이하인 것	50[l]

정답 47 ④ 48 ① 49 ②

위험등급	품명		지정수량
II	제1석유류(아세톤, 휘발유) 인화점 21℃ 미만	비수용성 액체	200[l]
		수용성 액체	400[l]
	알코올류 탄소원자의 수가 1개부터 3개까지인 포화1가 알코올		400[l]
III	제2석유류(경유, 등유) 인화점이 21℃ 이상 70℃ 미만	비수용성 액체	1,000[l]
		수용성 액체	2,000[l]
	제3석유류(중유, 클레오소트유) 인화점이 70℃ 이상 200℃ 미만	비수용성 액체	2,000[l]
		수용성 액체	4,000[l]
	제4석유류(기어유, 실린더유) 인화점이 200℃ 이상 250℃ 미만		6,000[l]
	동·식물유류(건성유, 반건성유, 불건성유) 동물의 지육 등 또는 식물의 종자나 과육으로부터 추출한 것으로서 1기압에서 인화점이 250℃ 미만		10,000[l]

50 건축허가 등을 함에 있어서 미리 소방본부장 또는 소방서장의 동의를 받아야 하는 건축물 등의 범위 기준이 아닌 것은?

① 노유자시설 및 수련시설로서 연면적 100m^2 이상인 건축물
② 지하층 또는 무창층이 있는 건축물로서 바닥면적이 150m^2 이상인 층이 있는 것
③ 차고 · 주차장으로 사용되는 바닥면적이 200m^2 이상인 층이 있는 건축물이나 주차시설
④ 장애인 의료재활시설로서 연면적 300m^2 이상인 건축물

해설

건축허가 등의 동의대상물의 범위
1) 연면적이 400m^2 이상인 건축물
2) 학교시설 : 100m^2 이상
3) 노유자시설 및 수련시설 : 200m^2 이상
4) 차고 · 주차장 : 바닥면적이 200m^2 이상인 층이 있는 건축물이나 주차시설
5) 승강기 등 기계장치에 의한 주차시설 : 20대 이상
6) 지하층, 무창층 : 바닥면적이 150m^2(공연장의 경우에는 100m^2) 이상인 층
7) 정신의료기관, 장애인 의료재활시설 : 300m^2 이상
8) 항공기격납고, 관망탑, 항공관제탑, 방송용 송수신탑
9) 조산원, 산후조리원, 위험물 저장 및 처리시설, 발전시설 중 전기저장시설, 지하구
10) 층수가 6층 이상인 건축물

51 종합점검 실시 대상이 되는 특정소방대상물의 기준 중 다음 (　　) 안에 알맞은 것은?

> 물분무등소화설비[호스릴(Hose Reel) 방식의 물분무등소화설비만을 설치한 경우는 제외한다]가 설치된 연면적 (　　)m^2 이상인 특정소방대상물(위험물 제조소 등은 제외한다.)

① 2,000　　② 3,000
③ 4,000　　④ 5,000

해설

종합점검

구분	기준
정의	소방시설 등의 작동점검을 포함하여 소방시설 등의 설비별 주요 구성 부품의 구조기준이 화재안전기준과 건축법 등 관련 법령에서 정하는 기준에 적합한지 여부를 점검하는 것
점검 대상	• 스프링클러설비가 설치된 특정소방대상물 • 물분무 등 소화설비 : 연면적 5,000m^2 이상(호스릴 제외, 위험물제조소 등 제외) • 다중이용업의 영업장 : 연면적이 2,000m^2 이상인 것 • 제연설비가 설치된 터널 • 공공기관 : 연면적이 1,000m^2 이상인 것으로서 옥내소화전설비 또는 자동화재탐지설비가 설치된 것

정답　50 ①　51 ④

구분	기준
점검자의 자격	• 소방시설관리업에 등록된 기술인력 중 소방시설관리사 • 소방안전관리자로 선임된 소방시설관리사 및 소방기술사
점검횟수	• 연 1회 이상 • 특급소방안전관리 대상물(반기당 1회 이상)

52 방염성능기준 이상의 실내장식물 등을 설치해야 하는 특정소방대상물이 아닌 것은?

① 건축물 옥내에 있는 종교시설
② 방송통신시설 중 방송국 및 촬영소
③ 층수가 11층 이상인 아파트
④ 숙박이 가능한 수련시설

해설

방염성능기준 이상의 실내장식물 등을 설치하여야 하는 특정소방대상물

1) 근린생활시설 중 의원, 조산원, 산후조리원, 체력단련장, 공연장 및 종교집회장
2) 건축물의 옥내에 있는 시설로서 다음 각 목의 시설
   ① 문화 및 집회시설
   ② 종교시설
   ③ 운동시설(수영장은 제외)
3) 의료시설
4) 교육연구시설 중 합숙소
5) 노유자시설
6) 숙박이 가능한 수련시설
7) 숙박시설
8) 방송통신시설 중 방송국 및 촬영소
9) 다중이용업소
10) 층수가 11층 이상인 것(아파트는 제외)

53 화재의 예방조치 등과 관련하여 모닥불, 흡연, 화기 취급, 그 밖에 화재예방상 위험하다고 인정되는 행위의 금지 또는 제한의 명령을 할 수 있는 사람이 아닌 것은?

① 소방본부장　　② 소방서장
③ 소방청장　　④ 시 · 도지사

해설

화재의 예방조치 등

1) 화재의 예방조치 : 소방청장, 소방본부장 또는 소방서장
2) 화재예방강화지구에서 금지 행위
   ① 모닥불, 흡연 등 화기의 취급
   ② 풍등 등 소형열기구 날리기
   ③ 용접 · 용단 등 불꽃을 발생시키는 행위
   ④ 화재발생 위험이 있는 가연성 · 폭발성 물질을 안전조치 없이 방치하는 행위

54 다음 중 2급 소방안전관리대상물의 소방안전관리자 자격증을 발급받을 수 있는 사람의 기준으로 틀린 것은?

① 위험물기능사 자격을 가진 사람
② 소방공무원으로 3년 이상 근무한 경력이 있는 자
③ 의용소방대원으로 2년 이상 근무한 경력이 있는 자
④ 위험물산업기사 자격을 가진 자

해설

2급 소방안전관리대상물의 소방안전관리자

다음에 해당하는 사람으로서 2급 또는 특급, 1급 소방안전관리자 자격증을 발급받은 사람

1) 위험물기능장 · 위험물산업기사 또는 위험물기능사 자격을 가진 사람
2) 소방공무원으로 3년 이상 근무한 경력이 있는 사람
3) 소방청장이 실시하는 2급 소방안전관리대상물의 소방안전관리에 관한 시험에 합격한 사람

③ 의용소방대원으로 3년 이상 근무한 경력이 있는 자는 2급 소방안전관리자 시험에 응시할 수 있는 자격이 주어진다.

정답 52 ③ 53 ④ 54 ③

55 경보설비 중 단독경보형 감지기를 설치해야 하는 특정소방대상물의 기준으로 틀린 것은?

① 공동주택 중 연립주택 및 다세대주택
② 연면적 2,000m^2 미만의 수련시설 내에 있는 기숙사 또는 합숙소
③ 숙박시설이 있는 수련시설로서 수용인원 100명 미만인 것
④ 교육연구시설 내에 있는 연면적 3,000m^2 미만의 합숙소

해설

단독경보형 감지기 설치대상
1) 공동주택 중 연립주택 및 다세대주택
2) 교육연구시설 내에 있는 기숙사 또는 합숙소 : 연면적 2,000m^2 미만인 것
3) 수련시설 내에 있는 기숙사 또는 합숙소 : 연면적 2,000m^2 미만인 것
4) 숙박시설이 있는 수련시설로서 수용인원 100명 미만인 것
5) 연면적 400m^2 미만의 유치원

56 다음 중 과태료 대상이 아닌 것은?

① 소방안전관리대상물의 소방안전관리자를 선임하지 아니한 자
② 소방안전관리업무를 하지 아니한 관계인 또는 소방안전관리대상물의 소방안전관리자
③ 소방안전관리대상물 근무자 및 거주자 등에 대한 소방훈련 및 교육을 하지 아니한 관계인
④ 특정소방대상물 소방시설 등의 점검 결과를 보고하지 아니하거나 거짓으로 보고한 자

해설

① 소방안전관리대상물의 소방안전관리자를 선임하지 아니한 자 → 300만 원 이하의 벌금
② 소방안전관리업무를 하지 아니한 관계인 또는 소방안전관리대상물의 소방안전관리자 → 300만 원 이하의 과태료
③ 소방안전관리대상물 근무자 및 거주자 등에 대한 소방훈련 및 교육을 하지 아니한 관계인 → 300만 원 이하의 과태료
④ 특정소방대상물 소방시설 등의 점검 결과를 보고하지 아니하거나 거짓으로 보고한 자 → 300만 원 이하의 과태료

57 시 · 도지사가 소방시설업의 영업정지처분에 갈음하여 부과할 수 있는 최대 과징금의 범위로 옳은 것은?

① 5천만 원 이하　② 1억 원 이하
③ 2억 원 이하　④ 3억 원 이하

해설

과징금
1) 정의 : 영업정지가 그 이용자에게 불편을 주거나 그 밖에 공익을 해칠 우려가 있을 때에는 영업정지처분을 갈음하여 부과하는 돈
2) 과징금 부과권자 : 시 · 도지사
3) 과징금 부과금액

소방시설관리업의 영업정지 갈음	소방시설업의 영업정지 갈음	위험물제조소의 사용정지 갈음
3천만 원 이하	2억 원 이하	2억 원 이하

58 화재예방강화지구의 지정대상이 아닌 것은?

① 공장 · 창고가 밀집한 지역
② 목조건물이 밀집한 지역
③ 농촌지역
④ 시장지역

해설

1) 화재예방강화지구 지정권자 : 시 · 도지사
2) 화재예방강화지구 지정의 요청권자 : 소방청장
3) 화재예방강화지구
① 시장지역
② 공장 · 창고가 밀집한 지역
③ 목조건물이 밀집한 지역
④ 노후 · 불량건축물이 밀집한 지역
⑤ 위험물의 저장 및 처리 시설이 밀집한 지역
⑥ 석유화학제품을 생산하는 공장이 있는 지역
⑦ 산업입지 및 개발에 관한 법률에 따른 산업단지
⑧ 소방시설 · 소방용수시설 또는 소방출동로가 없는 지역

정답 55 ④ 56 ① 57 ③ 58 ③

⑨ 소방관서장이 화재예방강화지구로 지정할 필요가 있다고 인정하는 지역

59 소방시설업의 반드시 등록 취소에 해당하는 경우는?

① 거짓이나 그 밖의 부정한 방법으로 등록한 경우
② 다른 자에게 등록증 또는 등록수첩을 빌려준 경우
③ 소속 소방기술자를 공사현장에 배치하지 아니하거나 거짓으로 한 경우
④ 등록을 한 후 정당한 사유 없이 1년이 지날 때까지 영업을 시작하지 아니하거나 계속하여 1년 이상 휴업한 경우

해설

소방시설업의 등록취소
1) 등록취소와 영업정지권자 : 시 · 도지사
2) 등록취소를 할 수 있는 경우
 ① 거짓이나 그 밖의 부정한 방법으로 등록한 경우
 ② 등록 결격사유에 해당하게 된 경우
 ③ 영업정지 기간 중에 소방시설공사 등을 한 경우

60 자동화재탐지설비의 일반 공사감리기간으로 포함시켜 산정할 수 있는 항목은?

① 고정금속구를 설치하는 기간
② 전선관의 매립을 하는 공사기간
③ 공기유입구의 설치기간
④ 소화약제 저장용기 설치기간

해설

일반 공사감리기간(소방시설공사업법 시행규칙 별표3)
자동화재탐지설비 · 시각경보기 · 비상경보설비 · 비상방송설비 · 통합감시시설 · 유도등 · 비상콘센트설비 및 무선통신보조설비의 경우 : 전선관의 매립, 감지기 · 유도등 · 조명등 및 비상콘센트의 설치, 증폭기의 접속, 누설동축케이블 등의 부설, 무선기기의 접속단자 · 분배기 · 증폭기의 설치 및 동력전원의 접속공사를 하는 기간

4과목 소방기계시설의 구조 및 원리

61 분말소화약제의 가압용 가스 또는 축압용 가스의 설치기준 중 틀린 것은?

① 가압용 가스에 이산화탄소를 사용하는 것의 이산화탄소는 소화약제 1kg에 대하여 20g에 배관의 청소에 필요한 양을 가산한 양 이상으로 할 것
② 가압용 가스에 질소가스를 사용하는 것의 질소가스는 소화약제 1kg마다 40L(35℃에서 1기압의 압력상태로 환산한 것) 이상으로 할 것
③ 축압용 가스에 이산화탄소를 사용하는 것의 이산화탄소는 소화약제 1kg에 대하여 20g에 배관의 청소에 필요한 양을 가산한 양 이상으로 할 것
④ 축압용 가스에 질소가스를 사용하는 것의 질소가스는 소화약제 1kg에 대하여 40L(35℃에서 1기압의 압력상태로 환산한 것) 이상으로 할 것

해설

가압용 가스 또는 축압용 가스의 종류 및 저장량
1) 가압용 가스 또는 축압용 가스는 질소가스 또는 이산화탄소로 할 것
2) 분말소화약제 1[kg]당 가압용, 축압용 가스의 저장량

방식 \ 가스	질소(N_2)	이산화탄소(CO_2)
가압용	40[l/kg]	20[g/kg]
축압용	10[l/kg]	20[g/kg]

3) 배관의 청소에 필요한 양의 가스는 별도의 용기에 저장할 것

④ 축압용 가스에 질소가스를 사용하는 것의 질소가스는 소화약제 1kg에 대하여 40l → 10l

62 소화기에 호스를 부착하지 아니할 수 있는 기준 중 옳은 것은?

① 소화약제의 중량이 2kg 미만인 이산화탄소 소화기
② 소화약제의 중량이 3L 미만인 액체계 소화약제 소화기
③ 소화약제의 중량이 3kg 미만인 할로겐화합물 소화기
④ 소화약제의 중량이 4kg 미만인 분말 소화기

정답 59 ① 60 ② 61 ④ 62 ②

해설

호스를 부착하지 않아도 되는 소화기

소화기의 종류	약제 중량
할로겐화합물 소화기	4kg 미만
이산화탄소 소화기	3kg 미만
분말 소화기	2kg 미만
액체계 소화약제 소화기	3l 미만

63 경사강하식 구조대의 구조기준 중 틀린 것은?

① 구조대 본체는 강하방향으로 봉합부가 설치되어야 한다.

② 손잡이는 출구 부근에 좌우 각 3개 이상 균일한 간격으로 견고하게 부착하여야 한다.

③ 구조대 본체의 끝부분에는 길이 4m 이상, 지름 4mm 이상의 유도선을 부착하여야 하며, 유도선 끝에는 중량 3N(300g) 이상의 모래주머니 등을 설치하여야 한다.

④ 본체의 포지는 하부 지지장치에 인장력이 균등하게 걸리도록 부착하여야 하며 하부 지지장치는 쉽게 조작할 수 있어야 한다.

해설

경사강하식 구조대의 구조 기준

1) 입구틀 및 취부틀의 입구는 지름 50cm 이상의 구체가 통과할 수 있어야 한다.
2) 구조대 본체는 강하방향으로 봉합부가 설치되지 아니하여야 한다.
3) 구조대 본체의 활강부는 낙하방지를 위해 포를 2중구조로 하거나 또는 망목의 변의 길이가 8cm 이하인 망을 설치하여야 한다.
4) 본체의 포지는 하부 지지장치에 인장력이 균등하게 걸리도록 부착하여야 하며 하부 지지장치는 쉽게 조작할 수 있어야 한다.
5) 손잡이는 출구 부근에 좌우 각 3개 이상 균일한 간격으로 견고하게 부착하여야 한다.
6) 구조대 본체의 끝부분에는 길이 4m 이상, 지름 4mm 이상의 유도선을 부착하여야 하며, 유도선 끝에는 중량 3N(300g) 이상의 모래주머니 등을 설치하여야 한다.

① 구조대 본체는 강하방향으로 봉합부가 설치되어야 → 설치되지 아니하여야 한다.

64 옥내소화전설비 배관과 배관이음쇠의 설치기준 중 배관 내 사용압력이 1.2MPa 미만일 경우에 사용하는 것이 아닌 것은?

① 배관용 탄소강관(KS D 3507)

② 배관용 스테인리스강관(KS D 3576)

③ 덕타일 주철관(KS D 4311)

④ 배관용 아크용접 탄소강강관(KS D 3583)

해설

1) 배관 내 사용압력이 1.2MPa 미만일 경우
   ① 배관용 탄소강관(KS D 3507)
   ② 이음매 없는 구리 및 구리합금관(KS D 5301)(습식만 해당)
   ③ 배관용 스테인리스강관(KS D 3576) 또는 일반배관용 스테인리스강관(KS D 3595)
   ④ 덕타일 주철관(KS D 4311)
2) 배관 내 사용압력이 1.2MPa 이상일 경우
   ① 압력배관용 탄소강관(KS D 3562)
   ② 배관용 아크용접 탄소강강관(KS D 3583)

65 특정소방대상물에 따라 적응하는 포소화설비의 설치기준 중 발전기실, 엔진펌프실, 변압기, 전기케이블실, 유압설비 바닥면적의 합계가 $300m^2$ 미만의 장소에 설치할 수 있는 것은?

① 포헤드설비

② 호스릴 포소화설비

③ 포워터스프링클러설비

④ 고정식 압축공기포소화설비

정답 63 ① 64 ④ 65 ④

해설

특정소방대상물에 따라 적응하는 포소화설비

특정소방대상물	포소화설비
• 특수가연물을 저장 · 취급하는 공장, 창고 • 차고 또는 주차장 • 항공기격납고	• 포워터스프링클러설비 • 포헤드설비 • 고정포방출설비 • 압축공기포소화설비
• 완전 개방된 옥상주차장 • 지상 1층으로서 지붕이 없는 부분 • 고가 밑의 주차장으로서 주된 벽이 없고 기둥뿐이거나 주위가 위해방지용 철주 등으로 둘러싸인 부분	• 호스릴 포소화설비 • 포소화전설비
발전기실, 엔진펌프실, 변압기, 전기케이블실, 유압설비 등으로서 바닥면적의 합계가 300m^2 미만의 장소	고정식 압축공기포소화설비

66 소화수조가 옥상 또는 옥탑의 부분에 설치된 경우에는 지상에 설치된 채수구에서의 압력이 최소 몇 MPa 이상이 되도록 하여야 하는가?

① 0.1　　② 0.15
③ 0.17　　④ 0.25

해설

채수구 설치기준

1) 채수구는 구경 65mm 이상의 나사식 결합금속구를 설치할 것
2) 채수구의 높이 : 지면으로부터의 높이가 0.5m 이상 1m 이하
3) 표지 : "채수구"라고 표시한 표지
4) 채수구의 수

소요수량	20m^3 이상 40m^3 미만	40m^3 이상 100m^3 미만	100m^3 이상
채수구의 수	1개	2개	3개

5) 소화수조가 옥상 또는 옥탑의 부분에 설치된 경우에는 지상에 설치된 채수구에서의 압력이 0.15MPa 이상이 되도록 하여야 한다.

67 차고 또는 주차장에 설치하는 분말소화설비 의 소화약제로 옳은 것은?

① 제1종 분말　　② 제2종 분말
③ 제3종 분말　　④ 제4종 분말

해설

분말소화약제의 화재별 적응성

소화약제의 종별	적응성
제1종 분말	B, C급 화재
제2종 분말	B, C급 화재
제3종 분말	A, B, C급 화재
제4종 분말	B, C급 화재

※ 차고 또는 주차장은 A, B, C급 화재가 공존하므로 제3종 분말소화약제를 설치한다.

68 스프링클러헤드의 설치기준 중 다음 ( ) 안에 알맞은 것은?

> 연소할 우려가 있는 개구부에는 그 상하좌우에 (㉠)m 간격으로 스프링클러헤드를 설치하되, 스프링클러헤드와 개구부의 내측면으로부터 직선거리는 (㉡)cm 이하가 되도록 할 것

① ㉠ 1.7, ㉡ 15　　② ㉠ 2.5, ㉡ 15
③ ㉠ 1.7, ㉡ 25　　④ ㉠ 2.5, ㉡ 25

해설

연소할 우려가 있는 개구부

1) 정의 : 각 방화구획을 관통하는 컨베이어 · 에스컬레이터 또는 이와 유사한 시설의 주위로서 방화구획을 할 수 없는 부분
2) 무대부 또는 연소할 우려가 있는 개구부에는 개방형 스프링클러헤드를 설치하여야 한다.
3) 연소할 우려가 있는 개구부의 스프링클러헤드 설치기준
   ① 그 상하좌우에 2.5m 간격으로(개구부의 폭이 2.5m 이하인 경우에는 그 중앙에) 스프링클러헤드를 설치할 것
   ② 스프링클러헤드와 개구부의 내측면으로부터 직선거리는 15cm 이하가 되도록 할 것. 이 경우 통행에 지장이 있는 때에는 개구부의 상부 또는 측면에 헤드 상호 간의 간격은 1.2m 이하로 설치할 것

정답　66 ②　67 ③　68 ②

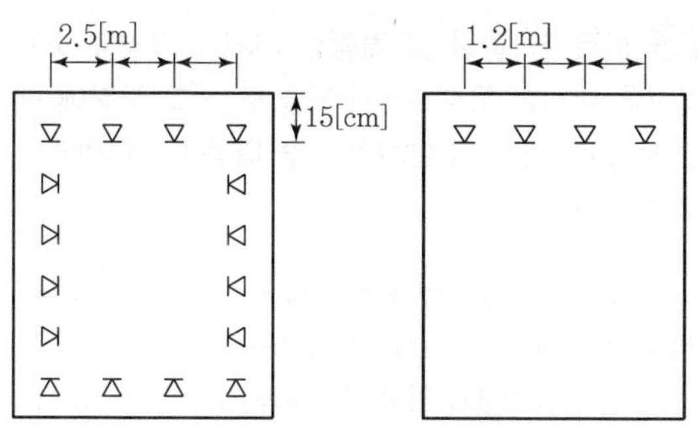

[통행에 지장이 없는 경우] [통행에 지장이 있는 경우]

69 연소방지설비 방수헤드의 설치기준 중 다음 ( ) 안에 알맞은 것은?

> 방수헤드 간의 수평거리는 연소방지설비 전용헤드의 경우에는 (㉠)m 이하, 스프링클러헤드의 경우에는 (㉡)m 이하로 할 것

① ㉠ 2, ㉡ 1.5　② ㉠ 1.5, ㉡ 2
③ ㉠ 1.7, ㉡ 2.5　④ ㉠ 2.5, ㉡ 1.7

해설

연소방지설비 방수헤드
1) 천장 또는 벽면에 설치할 것
2) 방수헤드 간의 수평거리

헤드의 종류	전용헤드	스프링클러헤드
헤드 간 수평거리	2.0m 이하	1.5m 이하

3) 연소방지설비 전용헤드를 사용하는 경우 배관의 구경

헤드 수	1개	2개	3개	4~5개	6개 이상
구경[mm]	32	40	50	65	80

70 완강기와 간이완강기를 소방대상물에 고정 설치해 줄 수 있는 지지대의 강도시험기준 중 ( ) 안에 알맞은 것은?

> 지지대는 연직방향으로 최대 사용자 수에 ( )N을 곱한 하중을 가하는 경우 파괴 · 균열 및 현저한 변형이 없어야 한다.

① 250　② 750
③ 1,500　④ 5,000

해설

1) 지지대
   ① 화재 시 피난용으로 사용되는 완강기와 간이완강기를 소방대상물에 고정 설치해 줄 수 있는 기구
   ② 지지대는 연직방향으로 최대 사용자 수에 5,000N을 곱한 하중을 가하는 경우 파괴 · 균열 및 현저한 변형이 없어야 한다.
2) 최대 사용하중 및 최대 사용자 수
   ① 완강기, 간이완강기 및 지지대를 사용함에 있어서 당해 완강기, 간이완강기 및 지지대에 가할 수 있는 최대하중
   ② 최대 사용하중 : 1,500N 이상
   ③ 최대 사용자 수(1회에 강하할 수 있는 사용자의 최대 수) 최대 사용하중을 1,500N으로 나누어서 얻은 값(1 미만 삭제)으로 한다.

71 상수도 소화용수설비의 설치기준 중 다음 ( ) 안에 알맞은 것은?

> 호칭지름 (㉠)mm 이상의 수도배관에 호칭지름 (㉡) mm 이상의 소화전을 접속하여야 하며, 소화전은 특정소방대상물의 수평투영면의 각 부분으로부터 (㉢)m 이하가 되도록 설치할 것

① ㉠ 65, ㉡ 100, ㉢ 120
② ㉠ 65, ㉡ 100, ㉢ 140
③ ㉠ 75, ㉡ 100, ㉢ 120
④ ㉠ 75, ㉡ 100, ㉢ 140

해설

1) 상수도 소화용수설비의 설치기준
   ① 호칭지름 75mm 이상의 수도배관에 호칭지름 100mm 이상의 소화전을 접속할 것
   ② 소화전은 소방자동차 등의 진입이 쉬운 도로변 또는 공지에 설치할 것
   ③ 소화전은 특정소방대상물의 수평투영면의 각 부분으로부터 140m 이하가 되도록 설치할 것

정답 69 ① 70 ④ 71 ④

2) 상수도 소화용수설비의 설치대상
   ① 연면적 5,000m^2 이상인 것(가스시설, 터널, 지하구 제외)
   ② 가스시설로서 지상에 노출된 탱크의 저장용량의 합계가 100ton 이상인 것

72 물분무소화설비를 설치하는 차고 또는 주차장의 배수설비 설치기준 중 틀린 것은?

① 차량이 주차하는 장소의 적당한 곳에 높이 10cm 이상 경계턱으로 배수구를 설치할 것
② 배수구에는 새어나온 기름을 모아 소화할 수 있도록 길이 30m 이하마다 집수관, 소화피트 등 기름분리장치를 설치할 것
③ 차량이 주차하는 바닥은 배수구를 향하여 100분의 2 이상의 기울기를 유지할 것
④ 배수설비는 가압송수장치의 최대 송수능력의 수량을 유효하게 배수할 수 있는 크기 및 기울기로 할 것

해설

물분무소화설비를 설치하는 차고 또는 주차장의 배수설비 설치기준
1) 차량이 주차하는 장소의 적당한 곳에 높이 10cm 이상의 경계턱으로 배수구를 설치할 것
2) 배수구에는 새어나온 기름을 모아 소화할 수 있도록 길이 40m 이하마다 집수관 · 소화피트 등 기름분리장치를 설치할 것
3) 차량이 주차하는 바닥은 배수구를 향하여 100분의 2 이상의 기울기를 유지할 것
4) 배수설비는 가압송수장치의 최대 송수능력의 수량을 유효하게 배수할 수 있는 크기 및 기울기로 할 것

② 배수구에는 새어나온 기름을 모아 소화할 수 있도록 길이 30m 이하 → 40m 이하

73 할로겐화합물 및 불활성 기체 소화약제 소화설비를 설치한 특정소방대상물 또는 그 부분에 대한 자동폐쇄장치의 설치기준 중 다음 (　) 안에 알맞은 것은?

> 개구부가 있거나 천장으로부터 (㉠)m 이상의 아랫부분 또는 바닥으로부터 해당 층의 높이의 (㉡) 이내의 부분에 통기구가 있어 할로겐화합물 및 불활성 기체 소화약제의 유출에 따라 소화효과를 감소시킬 우려가 있는 것은 할로겐화합물 및 불활성 기체 소화약제가 방사되기 전에 당해 개구부 및 통기구를 폐쇄할 수 있도록 할 것

① ㉠ 1, ㉡ 3분의 2
② ㉠ 2, ㉡ 3분의 2
③ ㉠ 1, ㉡ 2분의 1
④ ㉠ 2, ㉡ 2분의 1

해설

자동폐쇄장치 설치기준
1) 환기장치를 설치한 것은 할로겐화합물 및 불활성 기체 소화약제가 방사되기 전에 해당 환기장치가 정지할 수 있도록 할 것
2) 개구부가 있거나 천장으로부터 1m 이상의 아랫부분 또는 바닥으로부터 해당 층의 높이의 3분의 2 이내의 부분에 통기구가 있어 할로겐화합물 및 불활성 기체 소화약제의 유출에 따라 소화효과를 감소시킬 우려가 있는 것은 할로겐화합물 및 불활성 기체 소화약제가 방사되기 전에 해당 개구부 및 통기구를 폐쇄할 수 있도록 할 것
3) 자동폐쇄장치는 방호구역 또는 방호대상물이 있는 구획의 밖에서 복구할 수 있는 구조로 하고, 그 위치를 표시하는 표지를 할 것

74 특별피난계단의 계단실 및 부속실 제연설비의 비상전원은 제연설비를 유효하게 최소 몇 분 이상 작동할 수 있도록 하여야 하는가?(단, 층수가 30층 이상 49층 이하인 경우이다.)

① 20　　② 30
③ 40　　④ 60

정답　72 ②　73 ①　74 ③

해설

특별피난계단의 계단실 및 부속실 제연설의 비상전원 설치기준

1) 점검에 편리하고 화재 및 침수 등의 재해로 인한 피해를 받을 우려가 없는 곳에 설치할 것
2) 제연설비를 유효하게 20분(층수가 30층 이상 49층 이하는 40분, 50층 이상은 60분) 이상 작동할 수 있도록 할 것
3) 상용전원으로부터 전력의 공급이 중단된 때에는 자동으로 비상전원으로부터 전력을 공급받을 수 있도록 할 것
4) 비상전원의 설치장소는 다른 장소와 방화구획 할 것
5) 비상전원을 실내에 설치하는 때에는 그 실내에 비상조명 등을 설치할 것

75 스프링클러헤드를 설치하는 천장 · 반자 · 천장과 반자 사이 · 덕트 · 선반 등의 각 부분으로부터 하나의 스프링클러헤드까지의 수평거리기준으로 틀린 것은?

① 무대부에 있어서는 1.7m 이하
② 랙크식 창고에 있어서는 2.5m 이하
③ 공동주택(아파트) 세대 내의 거실에 있어서는 3.2m 이하
④ 특수가연물을 저장 또는 취급하는 장소에 있어서는 2.1m 이하

해설

스프링클러헤드의 배치기준

특정소방대상물의 용도	헤드와 각 부분과의 수평거리
무대부 · 특수가연물	1.7m 이하
랙크식 창고	2.5m 이하
기타구조	2.1m 이하
내화구조	2.3m 이하
아파트의 거실	3.2m 이하

④ 특수가연물을 저장 또는 취급하는 장소에 있어서는 2.1m 이하 → 1.7m 이하

76 소화약제 외의 것을 이용한 간이소화용구의 능력단위기준 중 다음 (　) 안에 알맞은 것은?

간이소화용구		능력단위
마른 모래	삽을 상비한 (㉠)l 이상의 것 1포	0.5 단위
팽창질석 또는 팽창진주암	삽을 상비한 (㉡)l 이상의 것 1포	

① ㉠ 50, ㉡ 80　　② ㉠ 50, ㉡ 160
③ ㉠ 100, ㉡ 80　　④ ㉠ 100, ㉡ 160

해설

1) 소화약제 외의 것을 이용한 간이소화용구의 능력단위

간이소화용구		능력단위
마른 모래	삽을 상비한 50l 이상의 것 1포	0.5 단위
• 팽창질석 • 팽창진주암	삽을 상비한 80l 이상의 것 1포	

2) 간이소화용구의 종류
① 에어로졸식 소화용구
② 투척용 소화용구
③ 소화약제 외의 것을 이용한 간이소화용구

3) 소화약제 외의 것을 이용한 간이소화용구의 종류
• 마른 모래　• 팽창질석　• 팽창진주암

77 물분무헤드를 설치하지 아니할 수 있는 장소의 기준 중 다음 (　) 안에 알맞은 것은?

> 운전 시에 표면의 온도가 (　)℃ 이상으로 되는 등 직접 분무를 하는 경우 그 부분에 손상을 입힐 우려가 있는 기계장치 등이 있는 장소

① 160　　② 200
③ 260　　④ 300

해설

물분무헤드의 설치 제외

1) 물에 심하게 반응하는 물질 또는 물과 반응하여 위험한 물질을 생성하는 물질을 저장 또는 취급하는 장소(제1류 위험물 중 무기과산화물, 제3류 위험물 등)

정답　75 ④　76 ①　77 ③

2) 고온의 물질 및 증류범위가 넓어 끓어넘치는 위험이 있는 물질을 저장 또는 취급하는 장소
3) 운전 시에 표면의 온도가 260℃ 이상으로 되는 등 직접 분무를 하는 경우 그 부분에 손상을 입힐 우려가 있는 기계장치 등이 있는 장소

78 할로겐화합물 및 불활성 기체 소화약제 저장용기의 설치장소기준 중 다음 ( ) 안에 알맞은 것은?

> 할로겐화합물 및 불활성 기체 소화약제의 저장용기는 온도가 ( )℃ 이하이고 온도의 변화가 적은 곳에 설치할 것

① 40　② 55　③ 60　④ 75

해설

할로겐화합물 및 불활성 기체 소화약제 저장용기의 설치장소기준

1) 방호구역 외의 장소에 설치할 것(단, 방호구역 내에 설치 시 피난구 부근에 설치)
2) 저장용기는 온도가 55℃ 이하이고, 온도변화가 적은 곳에 설치할 것
3) 직사광선 및 빗물이 침투할 우려가 없는 곳에 설치할 것
4) 방화문으로 구획된 실에 설치할 것
5) 용기의 설치장소에는 해당 용기가 설치된 곳임을 표시하는 표지를 할 것
6) 용기 간의 간격은 점검에 지장이 없도록 3cm 이상의 간격을 유지할 것
7) 저장용기와 집합관을 연결하는 연결배관에는 체크밸브를 설치할 것

※ CO_2, 할론, 분말소화설비 : 40℃
할로겐화합물 및 불활성 기체 소화설비 : 55℃

79 포소화약제의 저장량 설치기준 중 포헤드방식 및 압축공기포소화설비에 있어서 하나의 방사구역 안에 설치된 포헤드를 동시에 개방하여 표준방사량으로 몇 분간 방사할 수 있는 양 이상으로 하여야 하는가?

① 10　② 20　③ 30　④ 60

해설

1) 포헤드 방사시간
포헤드, 포워터스프링클러헤드, 압축공기포 : 10min 이상

2) 포헤드 1개의 방호면적
① 포헤드 : 바닥면적 $9m^2$마다 1개 이상
② 포워터스프링클러헤드 : 바닥면적 $8m^2$마다 1개 이상
③ 압축공기포 분사헤드
• 유류탱크 주위 : 바닥면적 $13.9m^2$마다 1개 이상
• 특수가연물저장소 : 바닥면적 $9.3m^2$마다 1개 이상

80 폐쇄형 간이헤드를 사용하는 설비의 경우로서 1개 층에 하나의 급수배관(또는 밸브 등)이 담당하는 구역의 최대 면적은 몇 m^2를 초과하지 아니하여야 하는가?

① 1,000　② 2,000
③ 2,500　④ 3,000

해설

간이헤드 수별 급수관의 구경

급수관의 구경 / 헤드 수	25	32	40	50	65	80	100	125	150
가	2	3	5	10	30	60	100	160	161 이상
나	2	4	7	15	30	60	100	160	161 이상

1) 폐쇄형 간이스프링클러헤드를 사용하는 설비
① "가"란의 헤드 수에 따를 것
② 1개 층에 하나의 급수배관이 담당하는 최대 면적은 $1,000m^2$를 초과하지 아니할 것

2) 폐쇄형 간이 스프링클러헤드를 설치하고 반자 아래의 헤드와 반자 속의 헤드를 동일 급수관의 가지관상에 병설하는 경우에는 "나"란의 헤드 수에 따를 것
3) "캐비닛형" 및 "상수도직결형"을 사용하는 경우 주배관은 32, 수평주행배관은 32, 가지배관은 25 이상으로 하고 간이헤드를 3개 이내로 설치할 것

정답 78 ② 79 ① 80 ①

소방설비기사(기계분야)

기·출·문·제

2018년 1회

1과목 소방원론

01 분진폭발의 위험성이 가장 낮은 것은?

① 알루미늄분 ② 유황
③ 팽창질석 ④ 소맥분

해설

분진폭발

미세한 고체분진이 공기 중에 부유하여 적당한 양으로 혼합되어 있을 때 점화원이 작용하여 폭발하는 현상

1) 분진폭발을 일으키는 물질 : 금속분진, 곡류의 분진, 플라스틱분진, 석탄분진 등
2) 분진폭발을 일으키지 않는 물질 : 생석회[CaO], 소석회[$Ca(OH)_2$], 시멘트, 팽창질석, 팽창진주암 등

02 0℃, 1atm 상태에서 부탄(C_4H_{10}) 1mol을 완전 연소시키기 위해 필요한 산소의 mol 수는?

① 2 ② 4
③ 5.5 ④ 6.5

해설

부탄의 완전연소 반응식

$$C_4H_{10} + 6.5O_2 \rightarrow 4CO_2 + 5H_2O$$

1mol의 C_4H_{10}을 완전 연소시키기 위해 6.5mol의 O_2가 필요하다.

03 고분자 재료와 열적 특성의 연결이 옳은 것은?

① 폴리염화비닐수지 – 열가소성
② 페놀수지 – 열가소성
③ 폴리에틸렌수지 – 열경화성
④ 멜라민수지 – 열가소성

해설

열가소성 수지, 열경화성 수지

구분	열가소성수지	열경화성수지
특성	열에 의해 쉽게 용융, 변형되는 특성을 가진 수지	열에 의해 용융되지 않고 바로 분해되는 특성을 가진 수지
종류	폴리에틸렌, 폴리스티렌, 폴리프로필렌, 폴리염화비닐(PVC) 등	멜라민수지, 페놀수지, 요소수지 등

04 상온, 상압에서 액체인 물질은?

① CO_2 ② Halon 1301
③ Halon 1211 ④ Halon 2402

해설

할론소화약제의 물성

구분	Halon 1211	Halon 1301	Halon 2402	Halon 1011
화학식	CF_2ClBr	CF_3Br	$C_2F_4Br_2$	CH_2ClBr
분자량	165.4	148.9	259.8	129.4
증기비중	5.7	5.13	8.96	4.46
상온, 상압에서 상태	기체	기체	액체	액체

05 다음 그림에서 목조건물의 표준 화재 온도-시간 곡선으로 옳은 것은?

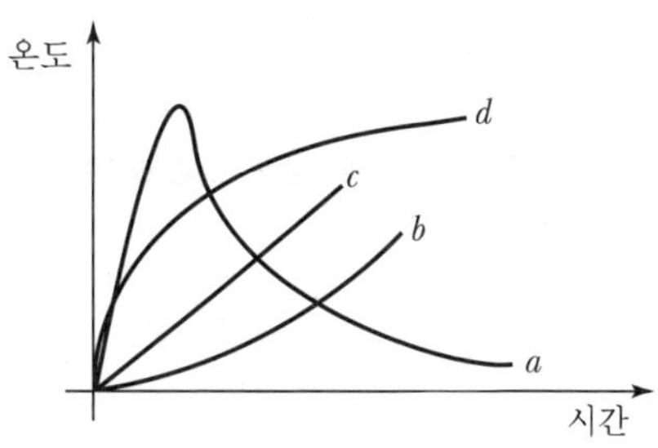

정답 01 ③ 02 ④ 03 ① 04 ④ 05 ①

① a　　② b
③ c　　④ d

해설

목조건축물과 내화건축물의 화재특성 비교
① 목조건축물 : 고온단기형
② 내화건축물 : 저온장기형

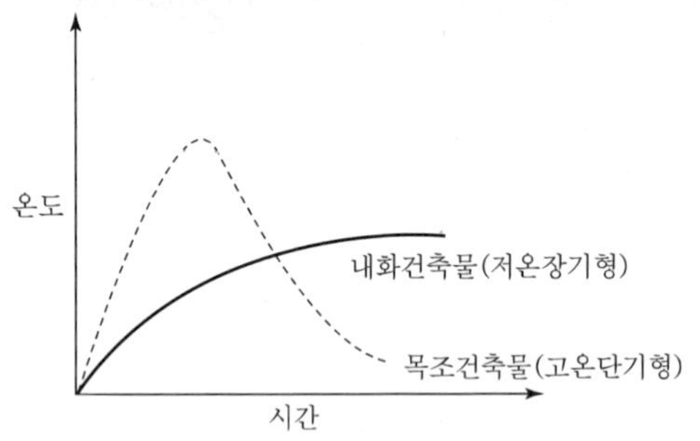

06 1기압상태에서, 100℃ 물 1g이 모두 기체로 변하는 데 필요한 열량은 몇 cal인가?

① 429　　② 499
③ 539　　④ 639

해설

잠열
물질의 온도변화는 없이 상태변화에만 필요한 열량
1) 물의 융해잠열 : 80[cal/g], 80[kcal/kg]
1기압, 0℃에서의 얼음 1kg을 융해시키는 데 필요한 열량
2) 물의 증발잠열 : 539[cal/g], 539[kcal/kg]
1기압, 100℃에서의 물 1kg을 기화시키는 데 필요한 열량

$$Q = m \cdot r$$

여기서, Q : 잠열량(kcal)
m : 질량(kg)
r : 잠열(kcal/kg)

07 pH 9 정도의 물을 보호액으로 하여 보호액 속에 저장하는 물질은?

① 나트륨　　② 탄화칼슘
③ 칼륨　　④ 황린

해설

1) 황린(P_4) : pH9 정도의 약알칼리의 물속에 보관
2) 이황화탄소(CS_2) : 탱크를 물속에 보관
3) 나트륨, 칼륨 : 경유, 등유, 유동파라핀 속에 보관
① 나트륨과 물의 반응식
$2Na + 2H_2O \rightarrow 2NaOH + H_2$(수소 발생)
② 칼륨과 물의 반응식
$2K + 2H_2O \rightarrow 2KOH + H_2$(수소 발생)
③ 탄화칼슘과 물의 반응식
$CaC_2 + 2H_2O \rightarrow Ca(OH)_2 + C_2H_2$(아세틸렌 발생)

08 포 소화약제가 갖추어야 할 조건이 아닌 것은?

① 부착성이 있을 것
② 유동성과 내열성이 있을 것
③ 응집성과 안정성이 있을 것
④ 소포성이 있고 기화가 용이할 것

해설

포 소화약제의 조건
1) 부착성이 있을 것
2) 유동성과 내열성이 있을 것
3) 응집성과 안정성이 있을 것
4) 내유성이 좋고 소포성이 작을 것

④ 소포성은 포가 파괴되는 성질로서 소포성이 작을수록 좋다.

09 소화의 방법으로 틀린 것은?

① 가연성 물질을 제거한다.
② 불연성 가스의 공기 중 농도를 높인다.
③ 산소의 공급을 원활히 한다.
④ 가연성 물질을 냉각시킨다.

해설

① 가연성 물질을 제거한다. → 제거소화
② 불연성 가스의 공기 중 농도를 높인다. → 질식소화
③ 산소의 공급을 원활히 한다. → 산소의 공급을 차단하여 질식소화
④ 가연성 물질을 냉각시킨다. → 냉각소화

정답 06 ③ 07 ④ 08 ④ 09 ③

10 대두유가 침적된 기름걸레를 쓰레기통에 장시간 방치한 결과 자연발화에 의하여 화재가 발생한 경우 그 이유로 옳은 것은?

① 분해열 축적 ② 산화열 축적
③ 흡착열 축적 ④ 발효열 축적

해설

자연발화의 형태
1) 산화열 : 건성유, 석탄분말, 금속분말 등
2) 분해열 : 니트로셀룰로오드, 셀룰로이드 등
3) 흡착열 : 목탄, 활성탄 등
4) 중합열 : 시안화수소
5) 미생물에 의한 발화 : 먼지, 퇴비 등

※ 건성유나 반건성유가 침적된 걸레를 밀폐공간에 방치하면 산화열이 축적되어 자연발화 한다.

11 탄화칼슘이 물과 반응 시 발생하는 가연성 가스는?

① 메탄 ② 포스핀
③ 아세틸렌 ④ 수소

해설

1) 탄화칼슘과 물의 반응식
$CaC_2 + 2H_2O \rightarrow Ca(OH)_2 + C_2H_2$(아세틸렌 발생)
2) 나트륨과 물의 반응식
$2Na + 2H_2O \rightarrow 2NaOH + H_2$(수소 발생)
3) 칼륨과 물의 반응식
$2K + 2H_2O \rightarrow 2KOH + H_2$(수소 발생)
4) 인화칼슘과 물의 반응식
$Ca_3P_2 + 6H_2O \rightarrow 3Ca(OH)_2 + 2PH_3$(포스핀 발생)

12 위험물안전관리법령에서 정하는 위험물의 한계에 대한 정의로 틀린 것은?

① 유황은 순도가 60중량퍼센트 이상인 것
② 인화성 고체는 고형알코올 그 밖에 1기압에서 인화점이 섭씨 40도 미만인 고체
③ 과산화수소는 그 농도가 35중량퍼센트 이상인 것
④ 제1석유류는 아세톤, 휘발유 그 밖에 1기압에서 인화점이 섭씨 21도 미만인 것

해설

③ 과산화수소 : 그 농도가 35중량퍼센트 이상인 것 → 농도가 36[w%] 이상인 것

13 Fourier 법칙(전도)에 대한 설명으로 틀린 것은?

① 이동열량은 전열체의 단면적에 비례한다.
② 이동열량은 전열체의 두께에 비례한다.
③ 이동열량은 전열체의 열전도도에 비례한다.
④ 이동열량은 전열체 내 · 외부의 온도차에 비례한다.

해설

푸리에 전도법칙(Fourier's Law)

$$q[W] = \frac{k}{L} A \Delta T$$

여기서, k : 열전도도[W/m · K], L : 물체의 두께[m]
A : 열전달 면적[m^2], ΔT : 온도차[K]

② 이동열량은 전열체의 두께에 비례 → 반비례

14 건축물 내 방화벽에 설치하는 출입문의 너비 및 높이의 기준은 각각 몇 m 이하인가?

① 2.5 ② 3.0
③ 3.5 ④ 4.0

해설

방화벽 설치대상
내화구조가 아닌 건축물로서 연면적 1,000m^2 이상인 건축물은 방화벽으로 구획하되, 각 구획된 바닥면적의 합계는 1,000m^2 미만이 되도록 할 것

방화벽의 구조
1) 내화구조로서 홀로 설 수 있는 구조일 것
2) 방화벽의 양쪽 끝과 위쪽 끝을 건축물의 외벽면 및 지붕면으로부터 0.5m 이상 튀어나오게 할 것
3) 방화벽에 설치하는 출입문의 너비 및 높이는 각각 2.5m 이하로 하고, 해당 출입문에는 60분+방화문 또는 60분 방화문을 설치할 것(2021년 개정)

정답 10 ② 11 ③ 12 ③ 13 ② 14 ①

15 다음 중 발화점이 가장 낮은 물질은?

① 휘발유 ② 이황화탄소
③ 적린 ④ 황린

해설

명칭	휘발유	이황화탄소	적린	황린
유별	제4류 위험물 중 1석유류	제4류 위험물 중 특수인화물	제2류 위험물	제3류 위험물
발화점	300℃	100℃	260℃	34℃

16 MOC(Minimum Oxygen Concentration : 최소 산소 농도)가 가장 작은 물질은?

① 메탄 ② 에탄
③ 프로판 ④ 부탄

해설

MOC(Minimum Oxygen Concentration)
가연성 기체에서 화염을 전파하기 위해 필요한 최소한의 산소농도

$MOC = LFL \times O_2$ 몰수

여기서, LFL : 연소하한계, O_2 : 산소

※ 가연성 가스의 연소범위는 암기하여야 하고 산소의 몰수는 완전연소반응식을 숙지하여 구한 후 MOC를 구한다.

가연성 가스의 연소범위

가연성 가스	연소하한계[%]	연소상한계[%]
메탄(CH_4)	5.0	15
에탄(C_2H_6)	3.0	12.4
프로판(C_3H_8)	2.1	9.5
부탄(C_4H_{10})	1.8	8.4

① $CH_4 + 2O_2 \rightarrow CO_2 + 2H_2O$,
$MOC = 5 \times 2 = 10\%$
② $C_2H_6 + 3.5O_2 \rightarrow 2CO_2 + 3H_2O$,
$MOC = 3 \times 3.5 = 10.5\%$
③ $C_3H_8 + 5O_2 \rightarrow 3CO_2 + 4H_2O$,
$MOC = 2.1 \times 5 = 10.5\%$
④ $C_4H_{10} + 6.5O_2 \rightarrow 4CO_2 + 5H_2O$,
$MOC = 1.8 \times 6.5 = 11.7\%$

17 수성막포 소화약제의 특성에 대한 설명으로 틀린 것은?

① 내열성이 우수하여 고온에서 수성막의 형성이 용이하다.
② 기름에 의한 오염이 적다.
③ 다른 소화약제와 병용하여 사용이 가능하다.
④ 불소계 계면활성제가 주성분이다.

해설

수성막포 소화약제(AFFF : Aqueous Film – Forming Foam)
1) 미국의 3M 사가 개발한 소화약제로 일명 Light Water라고 한다.
2) 불소계 계면활성제로 유류화재에 적응성이 높다.
3) 내유성과 유동성은 좋지만 내열성은 좋지 않다.
4) 가연물 위에 얇은 수성막을 형성해 공기를 차단함으로 질식, 냉각 소화한다.
5) 분말소화 약제와 병용하면 소화효과를 높일 수 있다.

① 내열성이 우수하여 → 내열성이 좋지 않아 고온에서 수성막이 깨진다.

18 다음의 가연성 물질 중 위험도가 가장 높은 것은?

① 수소 ② 에틸렌
③ 아세틸렌 ④ 이황화탄소

해설

위험도(H)

$$H = \frac{UFL - LFL}{LFL}$$

여기서, H : 위험도, UFL : 연소상한계[%]
LFL : 연소하한계[%]

① 수소의 연소범위 : 4~75%
$$H = \frac{75 - 4}{4} = 17.75$$
② 에틸렌의 연소범위 : 2.7~36%
$$H = \frac{36 - 2.7}{2.7} = 12.33$$
③ 아세틸렌의 연소범위 : 2.5~81%
$$H = \frac{81 - 2.5}{2.5} = 31.4$$
④ 이황화탄소의 연소범위 : 1.2~44%
$$H = \frac{44 - 1.2}{1.2} = 35.67$$

정답 15 ④ 16 ① 17 ① 18 ④

19 소화약제로 물을 사용하는 주된 이유는?

① 촉매역할을 하기 때문에
② 증발잠열이 크기 때문에
③ 연소작용을 하기 때문에
④ 제거작용을 하기 때문에

해설

물소화약제의 장점
1) 증발잠열에 의한 냉각효과가 커서 소화성능이 우수하다.
2) 무상주수하면 질식, 냉각, 유화, 희석효과 등에 의해 소화효과가 우수하다.
3) 인체에 무해하며 환경영향성이 작다.
4) 가격이 저렴하고 장기간 보존이 가능하다.

20 건축물의 바깥쪽에 설치하는 피난계단의 구조 기준 중 계단의 유효너비는 몇 m 이상으로 하여야 하는가?

① 0.6 ② 0.7
③ 0.8 ④ 0.9

해설

건축물의 바깥쪽에 설치하는 피난계단의 구조
1) 계단은 그 계단으로 통하는 출입구 외의 창문 등으로부터의 거리 : 2m 이상
2) 건축물의 내부에서 계단으로 통하는 출입구 : 60분+방화문 또는 60분방화문을 설치(2021년 개정)
3) 계단의 유효너비 : 0.9m 이상
4) 계단의 구조 : 내화구조로 하고 지상까지 직접 연결되도록 할 것

2과목 소방유체역학

21 유속 6m/s로 정상류의 물이 화살표 방향으로 흐르는 배관에 압력계와 피토계가 설치되어 있다. 이때 압력계의 계기압력이 300kPa이었다면 피토계의 계기압력은 약 몇 kPa인가?

300kPa
P=?kPa
6m/s

① 180
② 280
③ 318
④ 336

해설

피토게이지의 압력(전압)
전압＝정압＋동압

[풀이]
1) 정압 : 300[kPa](압력계의 압력)
2) 동압(속도수두의 압력)
① 속도수두 : $h=\dfrac{V^2}{2g}$, $h=\dfrac{6^2}{2\times 9.8}=1.8367[\text{m}]$
② 속도수두를 압력으로 환산
$P[\text{kPa}]=\gamma[\text{kN/m}^3]\times h[\text{m}]$
$P=9.8[\text{kN/m}^3]\times 1.8367[\text{m}]=18[\text{kPa}]$
3) 전압＝300[kPa]＋18[kPa]＝318[kPa]

22 관 내에 흐르는 유체의 흐름을 구분하는 데 사용되는 레이놀즈수의 물리적인 의미는?

① 관성력/중력 ② 관성력/탄성력
③ 관성력/압축력 ④ 관성력/점성력

해설

무차원수의 종류 및 물리적 의미

무차원수의 종류	물리적 의미
레이놀즈수	관성력/점성력
오일러수	압축력/관성력
마하수	관성력/탄성력
프루드수	관성력/중력
웨버수	관성력/표면장력

정답 19 ② 20 ④ 21 ③ 22 ④

23 정육면체의 그릇에 물을 가득 채울 때, 그릇 밑면이 받는 압력에 의한 수직방향 평균 힘의 크기를 P라고 하면, 한 측면이 받는 압력에 의한 수평방향 평균 힘의 크기는 얼마인가?

① $0.5P$ ② P
③ $2P$ ④ $4P$

해설

1) 그릇 밑면이 받는 전압력을 P라 하면
$P[\text{N}] = \gamma h A$

2) 측면이 받는 수평방향의 힘의 크기(수평분력)

$F_H[\text{N}] = \gamma \bar{h} A$ 여기서, $\bar{h} = \dfrac{h}{2}$이므로

$F_H[\text{N}] = \gamma \dfrac{h}{2} A$ 여기서, $\gamma h A = P$이므로

$F_H[\text{N}] = \dfrac{P}{2} = 0.5P$

24 그림과 같이 수직평판에 속도 2m/s로 단면적이 0.01m^2인 물제트가 수직으로 세워진 벽면에 충돌하고 있다. 벽면의 오른쪽에서 물제트를 왼쪽 방향으로 쏘아 벽면의 평형을 이루게 하려면 물제트의 속도를 약 몇 m/s로 해야 하는가?(단, 오른쪽에서 쏘는 물제트의 단면적은 0.005m^2이다.)

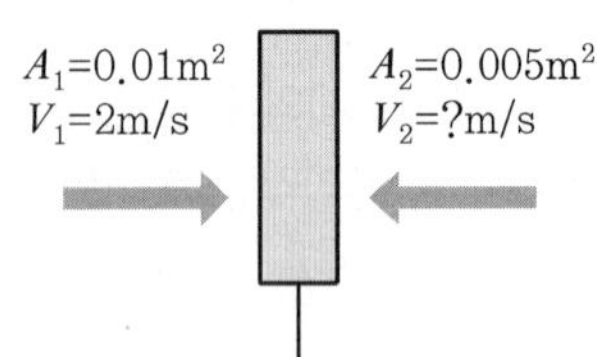

① 1.42 ② 2.00
③ 2.83 ④ 4.00

해설

고정평판에 작용하는 힘

$F = \rho Q V$	$F = \rho A V^2$

여기서, ρ : 밀도[$\text{N}\cdot\text{s}^2/\text{m}^4$], Q : 유량[m^3/s]
V : 유속[m/s], A : 노즐의 단면적[m^2]

[풀이]
왼쪽에서 쏘는 물제트의 힘과 오른쪽에서 쏘는 물제트의 힘은 같다.

$F_1 = F_2,\ \rho A_1 V_1^{\,2} = \rho A_2 V_2^2$

$1{,}000[\text{N}\cdot\text{s}^2/\text{m}^4] \times 0.01[\text{m}^2] \times 2^2[\text{m}^2/\text{s}^2]$
$= 1{,}000[\text{N}\cdot\text{s}^2/\text{m}^4] \times 0.005[\text{m}^2] \times V_2^{\,2}[\text{m}^2/\text{s}^2]$

$V_2^{\,2} = 8,\ V_2 = \sqrt{8}$

$V_2 = 2.83[\text{m/s}]$

25 그림과 같은 사이펀에서 마찰손실을 무시할 때, 사이펀 끝단에서의 속도(V)가 4m/s이기 위해서는 h가 약 몇 m이어야 하는가?

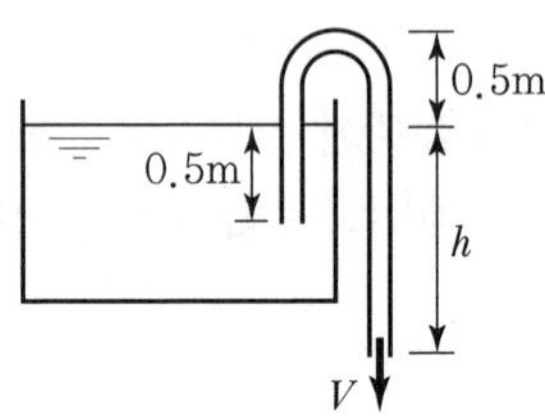

① 0.82m ② 0.77m
③ 0.72m ④ 0.87m

해설

속도수두와 최대 유속

$h[\text{m}] = \dfrac{V^2}{2g}$	$V = \sqrt{2gh}$

여기서, V : 유속[m/s], h : 속도수두[m]
g : 중력가속도 9.8[m/s^2]

[풀이]

$h[\text{m}] = \dfrac{V^2}{2g} = \dfrac{4^2}{2 \times 9.8} = 0.816[\text{m}]$

26 펌프에 의하여 유체에 실제로 주어지는 동력은?[단, L_w는 동력(kW), γ는 물의 비중량(N/m^3), Q는 토출량(m^3/min), H는 전양정(m), g는 중력가속도(m/s^2)이다.]

정답 23 ① 24 ③ 25 ① 26 ②

① $L_w = \dfrac{\gamma QH}{102 \times 60}$ ② $L_w = \dfrac{\gamma QH}{1{,}000 \times 60}$

③ $L_w = \dfrac{\gamma QHg}{102 \times 60}$ ④ $L_w = \dfrac{\gamma QHg}{1{,}000 \times 60}$

해설

펌프의 수동력

1) $L_w[\text{kW}] = \dfrac{\gamma[\text{N/m}^3] \times Q[\text{m}^3/\text{s}] \times H[\text{m}]}{1{,}000} = \dfrac{\gamma[\text{N/m}^3] \times Q[\text{m}^3/\text{min}] \times H[\text{m}]}{1{,}000 \times 60}$

2) $L_w[\text{kW}] = \dfrac{\gamma[\text{kg}_f/\text{m}^3] \times Q[\text{m}^3/\text{s}] \times H[\text{m}]}{102} = \dfrac{\gamma[\text{kg}_f/\text{m}^3] \times Q[\text{m}^3/\text{min}] \times H[\text{m}]}{102 \times 60}$

여기서, L_w : 수동력[kW], γ : 비중량[N/m^3][kg$_f$/m^3]

Q : 유량([m^3/s], $\dfrac{Q}{60}$[m^3/min])

H : 전양정[m]

27 성능이 같은 3대의 펌프를 병렬로 연결하였을 경우 양정과 유량은 얼마인가?(단, 펌프 1대에서 유량은 Q, 양정은 H라고 한다.)

① 유량은 $9Q$, 양정은 H
② 유량은 $9Q$, 양정은 $3H$
③ 유량은 $3Q$, 양정은 $3H$
④ 유량은 $3Q$, 양정은 H

해설

펌프의 직렬운전, 병렬운전

운전방법	유량[Q]	양정[H]
직렬운전	Q	$N \times H$
병렬운전	$N \times Q$	H

여기서, N은 펌프의 대수

[풀이]

1) 병렬운전 시 유량 : $3 \times Q$
2) 병렬운전 시 양정 : H

28 비압축성 유체의 2차원 정상 유동에서 x방향의 속도를 u, y방향의 속도를 v라고 할 때 다음에 주어진 식들 중에서 연속 방정식을 만족하는 것은 어느 것인가?

① $u = 2x + 2y,\ v = 2x - 2y$
② $u = a + 2y,\ v = x^2 - 2y$
③ $u = 2x + y,\ v = x^2 + 2y$
④ $u = x + 2y,\ v = 2x - y^2$

해설

비압축성 유체의 2차원 정상 유동에서 연속 방정식을 만족하는 것

1) X방향의 속도 : $u = 2x + 2y$
2) Y방향의 속도 : $v = 2x - 2y$

29 다음 중 동력의 단위가 아닌 것은?

① J/s ② W
③ kg · m^2/s ④ N · m/s

해설

동력

1) 정의 : 단위 시간당 한 일의 양
2) 동력의 단위

$$\text{동력} = \frac{\text{한 일}}{\text{단위시간}} = \frac{\text{J}}{\text{s}} = \frac{\text{N} \cdot \text{m}}{\text{s}} = \text{W}$$

30 지름 10cm인 금속구가 대류에 의해 열을 외부 공기로 방출한다. 이때 발생하는 열전달량이 40W이고, 구 표면과 공기 사이의 온도 차가 50℃라면 공기와 구 사이의 대류열전달계수(W/m^2 · K)는 약 얼마인가?

① 25 ② 50
③ 75 ④ 100

해설

대류(Convection)

1) 정의 : 입자들 간의 직접 에너지 교환이 아니라 유체의 운동에 의해 에너지를 가진 입자가 공간상을 이동하는 과정

정답 27 ④ 28 ① 29 ③ 30 ①

2) 뉴턴의 냉각 법칙(Newton's Law of Cooling)

$$q[W] = hA\Delta T$$

여기서, q : 열전달량[W]
h : 대류열전달계수[$W/m^2 \cdot K$]
A : 열전달면적[m^2]
ΔT : 온도 차[K]

[풀이]

1) 금속구의 표면적

$A = 4\pi r^2 = 4 \times \pi \times 0.05^2 = 0.0314[m^2]$

여기서, $d = 10[cm] = 0.1[m]$, $r = 5[cm] = 0.05[m]$

2) 온도 차 $\Delta T = 50[℃] = 50[K]$

온도의 차이이므로 섭씨와 절대온도는 같다.

3) 대류열전달계수($W/m^2 \cdot K$)

$40[W] = h \times 0.0314[m^2] \times 50[K]$

$h = 25.47[W/m^2 \cdot K]$

31 지름 0.4m인 관에 물이 $0.5m^3/s$로 흐를 때 길이 300m에 대한 동력손실은 60kW였다. 이때 관마찰계수 f는 약 얼마인가?

① 0.015 ② 0.020
③ 0.025 ④ 0.030

해설

동력손실

여기에서 동력손실은 배관 내의 마찰손실에 의해 발생한 손실이다.

$$P_l[kW] = \frac{\gamma[N/m^3] \times Q[m^3/s] \times H_l[m]}{1,000}$$

여기서, P_l : 손실동력[kW]
γ : 비중량(9,800[N/m^3])
Q : 유량[m^3/s]
H_l : 배관의 마찰손실양정[m]

[풀이]

1) 마찰손실 H_l

$$60[kW] = \frac{9,800[N/m^3] \times 0.5[m^3/s] \times H_l[m]}{1,000}$$

$H_l = 12.24[m]$

2) 직관에서의 마찰손실(Darcy-Weisbach formula)

$$H_l = f\frac{l}{d}\frac{V^2}{2g}$$

여기서, H_l : 마찰손실수두[m], f : 관마찰계수
d : 배관의 직경[m], l : 직관의 길이[m]
V : 유체의 유속[m/sec]

① 유속

$$V = \frac{Q}{A} = \frac{0.5}{\frac{\pi \times 0.4^2}{4}} = 3.98[m/s]$$

② 관마찰계수 f

$$12.24[m] = f \times \frac{300[m]}{0.4[m]} \times \frac{3.98^2}{2 \times 9.8}$$

$f = 0.02$

32 체적이 $10m^3$인 기름의 무게가 30,000N이라면 이 기름의 비중은 얼마인가?(단, 물의 밀도는 $1,000kg/m^3$이다.)

① 0.153 ② 0.306
③ 0.459 ④ 0.612

해설

1) 비중 S

$$S = \frac{\gamma}{\gamma_w} = \frac{\rho}{\rho_w}$$

여기서, S : 비중, γ : 비중량[N/m^3]
$\gamma_w = 9,800[N/m^3] = 9.8[kN/m^3]$
ρ : 밀도[kg/m^3]
$\rho_w = 1,000[kg/m^3] = 1,000[N \cdot s^2/m^4]$

2) 비중량 γ

$$\gamma = \frac{F}{V} \qquad \gamma = \rho g \qquad \gamma = S\gamma_w$$

여기서, γ : 비중량[N/m^3], F : 힘[N]
V : 체적[m^3], ρ : 밀도[$N \cdot s^2/m^4$]
g : 중력가속도 9.8[m/s^2]

정답 31 ② 32 ②

[풀이]

1) 기름의 비중량 γ

$$\gamma = \frac{F}{V} = \frac{30,000[N]}{10[m^3]} = 3,000[N/m^3]$$

2) 물의 비중량 γ_w

$$\gamma_w = \rho_w\, g = 1,000[N \cdot s^2/m^4] \times 9.8[m/s^2] = 9,800[N/m^3]$$

3) 기름의 비중

$$S = \frac{\gamma}{\gamma_w} = \frac{3,000[N/m^3]}{9,800[N/m^3]} = 0.306$$

33 비열에 대한 다음 설명 중 틀린 것은?

① 정적비열은 체적이 일정하게 유지되는 동안 온도변화에 대한 내부에너지 변화율이다.

② 정압비열을 정적비열로 나눈 것이 비열비이다.

③ 정압비열은 압력이 일정하게 유지될 때 온도변화에 대한 엔탈피 변화율이다.

④ 비열비는 일반적으로 1보다 크나 1보다 작은 물질도 있다.

해설

비열

1) 정적비열

① 정적과정에서 단위질량을 1[℃] 올리는 데 필요한 열량

② 정적과정에서 온도변화에 대한 내부에너지 변화율

2) 비열비

$k = \frac{C_P}{C_V}$, 비열비는 정압비열을 정적비열로 나눈 값이다.

3) 정압비열

① 정압과정에서 단위질량을 1[℃] 올리는 데 필요한 열량

② 정압과정에서 온도변화에 대한 엔탈피 변화율

4) $k = \frac{C_P}{C_V}$, 비열비는 언제나 1보다 크다.

34 비중 0.92인 빙산이 비중 1.025의 바닷물 수면에 떠 있다. 수면 위에 나온 빙산의 체적이 150m³이면 빙산의 전체 체적은 약 몇 m³인가?

① 1,314　　② 1,464

③ 1,725　　④ 1,875

해설

부력(F_B)과 빙산의 무게(F_g)

$F_B\,[N] = \gamma_1 V_1$	$F_g\,[N] = \gamma_2 V_2$

여기서, γ_1 : 바닷물의 비중량

γ_2 : 빙산의 비중량

V_1 : 바닷물 속에 잠긴 빙산의 체적

V_2 : 빙산의 전체 체적

[풀이]

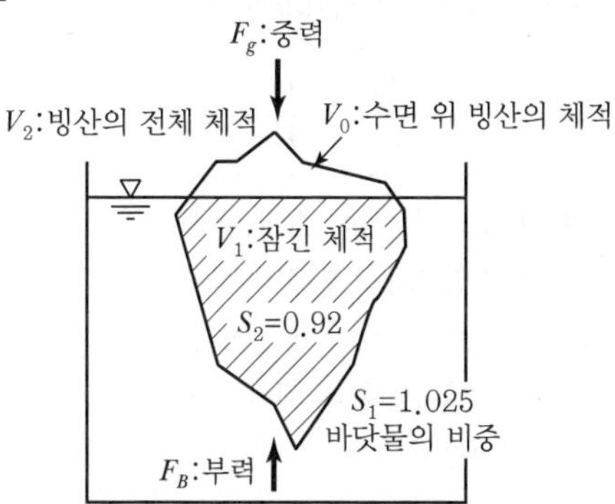

1) 빙산이 바닷물의 수면에 떠 있을 때 빙산의 무게와 부력은 같다.

$F_B = F_g$

$\gamma_1 V_1 = \gamma_2 V_2$　　여기서, $\gamma = S\gamma_w$이므로

$S_1 \gamma_w V_1 = S_2 \gamma_w V_2$

$$S_1 V_1 = S_2 V_2$$

$V_2 = \frac{S_1}{S_2} V_1$ ………… ①

여기서, $V_1 = V_2 - V_0$

조건에서 $V_0 = 150[m^3]$이므로

$V_1 = (V_2 - 150)$ ………… ②

2) ①식에 ②식을 대입하면

$V_2 = \frac{S_1}{S_2}(V_2 - 150)$, $V_2 = \frac{1.025}{0.92}(V_2 - 150)$

$V_2 = 1.114\,V_2 - 167.1$

$1.114\,V_2 - 1\,V_2 = 167.1$

정답 33 ④ 34 ②

$V_2(1.114-1)=167.1$

$V_2=\dfrac{167.1}{0.114}=1465.79[\mathrm{m}^3]$

35 초기 상태에서 압력 100kPa, 온도 15℃인 공기가 있다. 공기의 부피가 초기 부피의 1/20이 될 때까지 단열압축할 때 압축 후의 온도는 약 몇 ℃인가?(단, 공기의 비열비는 1.4이다.)

① 54 ② 348 ③ 682 ④ 912

해설

단열압축 시 절대온도와 체적과의 관계

$$\frac{T_2}{T_1}=\left(\frac{V_1}{V_2}\right)^{k-1}$$

여기서, T_1 : 초기상태의 절대온도[K]
T_2 : 단열압축 후 절대온도[K]
V_1 : 초기상태의 체적[m³]
V_2 : 단열압축 후 체적[m³]
k : 비열비

[풀이]

1) 초기상태의 절대온도 : $T_1=(15+273)=288[\mathrm{K}]$
초기부피 : V_1
단열압축 후 부피 : $V_2=\dfrac{1}{20}V_1$, $k=1.4$

2) $\dfrac{T_2}{288}=\left(\dfrac{V_1}{\frac{1}{20}V_1}\right)^{1.4-1}$

$T_2=20^{0.4}\times 288=954.56[\mathrm{K}]$

3) 단열압축 후의 온도[℃]
섭씨[℃]=절대온도[K]−273
=954.56[K]−273=681.56[℃]

36 수격작용에 대한 설명으로 맞는 것은?

① 관로가 변할 때 물의 급격한 압력 저하로 인해 수중에서 공기가 분리되어 기포가 발생하는 것을 말한다.
② 펌프의 운전 중에 송출압력과 송출유량이 주기적으로 변동하는 현상을 말한다.
③ 관로의 급격한 온도변화로 인해 응결되는 현상을 말한다.
④ 흐르는 물을 갑자기 정지시킬 때 수압이 급격히 변화하는 현상을 말한다.

해설

수격(Water Hammering)작용
펌프나 밸브를 갑작스럽게 조작하면 관 속을 흐르는 액체의 속도가 급격히 변하면서 운동에너지가 압력에너지로 바뀌게 된다. 이때 고압이 발생되어 배관이나 관부속물에 무리한 힘을 가하게 되는데, 이러한 현상을 수격작용이라 한다.

1) 발생원인
① 펌프의 급격한 기동 또는 급격한 정지 시
② 밸브의 급격한 폐쇄 또는 급격한 개방 시

2) 방지법
① 배관의 관경을 크게 하여 유속을 낮춘다.
② 펌프에 플라이휠(Fly Wheel)을 설치하여 펌프의 급격한 속도변화를 방지한다.
③ 조압수조(Surge Tank)를 설치한다.
④ 수격방지기(Water Hammering Cushion)를 설치한다.
⑤ 밸브는 펌프송출구 가까이 설치한다.

①은 공동현상, ②는 맥동현상에 대한 설명이다.

37 그림에서 $h_1=120\mathrm{mm}$, $h_2=180\mathrm{mm}$, $h_3=100\mathrm{mm}$일 때 A에서의 압력과 B에서의 압력의 차이 (P_A-P_B)를 구하면?[단, A, B 속의 액체는 물이고, 차압액주계에서의 중간 액체는 수은(비중 13.6)이다.]

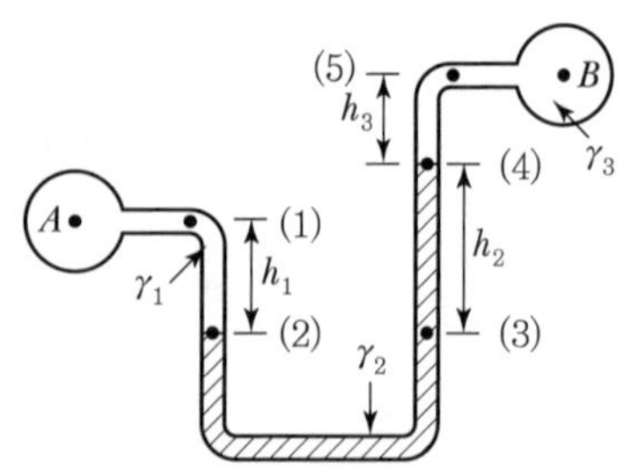

① 20.4kPa ② 23.8kPa
③ 26.4kPa ④ 29.8kPa

정답 35 ③ 36 ④ 37 ②

해설

액주계에서 압력 차($P_A - P_B$)

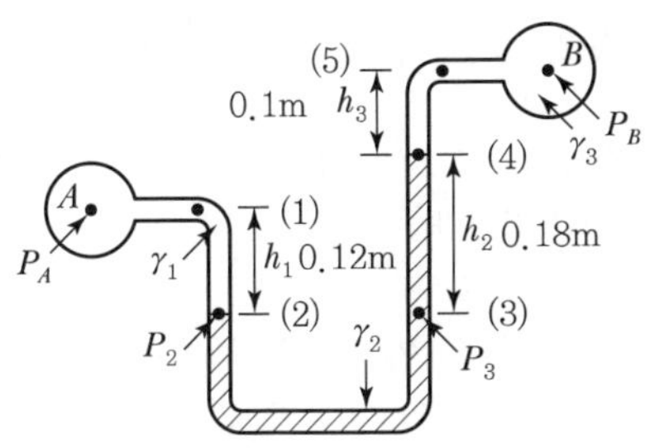

1) $P_2 = P_3$, (2)점의 압력과 (3)점의 압력은 같다.
   ① $P_2 = P_A + \gamma_1 h_1$, $P_3 = P_B + \gamma_2 h_2 + \gamma_3 h_3$
   ② $P_A + \gamma_1 h_1 = P_B + \gamma_2 h_2 + \gamma_3 h_3$

$$P_A - P_B = \gamma_2 h_2 + \gamma_3 h_3 - \gamma_1 h_1$$

2) 비중량 γ
   $\gamma = S\gamma_w$
   여기서, S : 비중(물의 비중=1)
   γ_w : 물의 비중량(9,800[N/m^3])
   (9.8[kN/m^3])
   ① $\gamma_1 = S_1 \gamma_w = 1 \times 9.8$[kN/m^3]$=9.8$[kN/m^3]
   ② $\gamma_2 = S_2 \gamma_w = 13.6 \times 9.8$[kN/m^3]$=133.28$[kN/m^3]
   ③ $\gamma_3 = S_3 \gamma_w = 1 \times 9.8$[kN/m^3]$=9.8$[kN/m^3]

3) $P_A - P_B = \gamma_2 h_2 + \gamma_3 h_3 - \gamma_1 h_1$
   $=133.28 \times 0.18 + 9.8 \times 0.1 - 9.8 \times 0.12$
   $=23.794$[kN/m^2]
   $\therefore P_A - P_B \fallingdotseq 23.80$[kN/m^2][kPa]

38 원형 단면을 가진 관 내에 유체가 완전 발달된 비압축성 층류유동으로 흐를 때 전단응력은?

① 중심에서 0이고, 중심선으로부터 거리에 비례하여 변한다.
② 관벽에서 0이고, 중심선에서 최대이며 선형분포한다.
③ 중심에서 0이고, 중심선으로부터 거리의 제곱에 비례하여 변한다.
④ 전 단면에 걸쳐 일정하다.

해설

뉴턴의 점성법칙

1) 층류일 때 전단응력의 분포
   수평원관에 유체가 흐를 때 전단응력은 중심선에서 0이고, 반지름에 비례하여 관벽까지 직선적으로 증가한다.

2) 층류일때 속도분포
   수평원관에 유체가 층류로 흐를 때 속도분포는 배관 벽에서 0이고, 배관 중심선에 가까울수록 포물선적으로 증가하여 배관의 중심에서 최대가 된다.

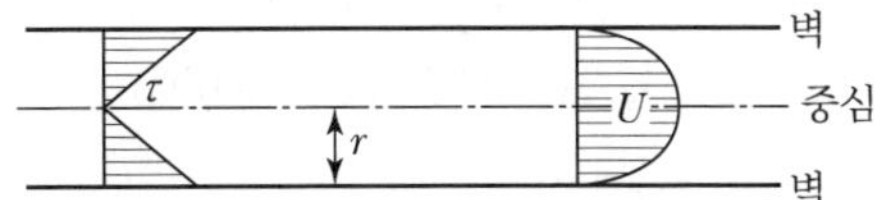

[전단응력분포도] [속도분포도]

3) 전단응력과 속도분포

구분	전단응력	속도분포
배관 벽	최대	0
배관 중심	0	최대

39 부피가 0.3m^{3}로 일정한 용기 내의 공기가 원래 300kPa(절대압력), 400K의 상태였으나, 일정시간 동안 출구가 개방되어 공기가 빠져나가 200kPa(절대압력), 350K의 상태가 되었다. 빠져나간 공기의 질량은 약 몇 g인가?(단, 공기는 이상기체로 가정하며 기체상수는 287J/kg · K이다.)

① 74　② 187
③ 295　④ 388

해설

보일-샤를의 법칙(Boyle-Charles's Law)

1) 기체의 체적은 압력에 반비례하며, 절대온도에 비례한다.

$$\frac{P_1 V_1}{T_1} = \frac{P_2 V_2}{T_2} \qquad \frac{PV}{T} = C$$

여기서, P : 절대압력[kPa], V : 체적[m^3]
T : 절대온도[K]

정답 38 ① 39 ②

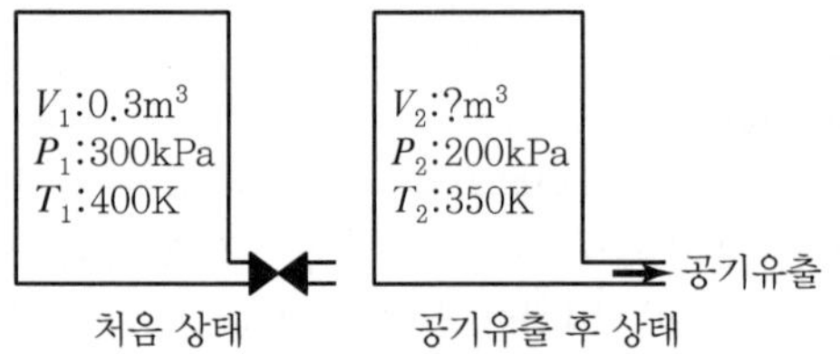

① 압력과 온도가 떨어졌을 때의 체적 V_2

$$\frac{300 \times 0.3}{400} = \frac{200 \times V_2}{350},\ V_2 = 0.39375[m^3]$$

② 빠져나간 공기의 체적을 V라 하면

$V = V_2 - V_1 = 0.39375 - 0.3 = 0.09375[m^3]$

2) 이상기체 상태방정식

$$PV = W\overline{R}T$$

여기서, P : 절대압력[Pa][N/m²], V : 체적[m³]
W : 기체의 질량[kg], T : 절대온도[K]
$\overline{R}$: 특별기체상수[J/kg · K][N · m/kg · K]

① 빠져나간 공기체적을 질량으로 환산

200,000[Pa]×0.09375[m³]
= W[kg]×287[J/kg · K]×350[K]
W=0.186667[kg]=186.67[g]

40 한 변의 길이가 L인 정사각형 단면의 수력지름(Hydraulic Diameter)은?

① $\frac{L}{4}$　② $\frac{L}{2}$
③ L　④ $2L$

해설

1) 수력반경 R_h : 원형 단면에 적용하는 식을 비원형 단면에도 적용하기 위하여 수력반경을 적용한다.

$$R_h = \frac{A}{P} \qquad 수력반경 = \frac{접수면적}{접수길이}$$

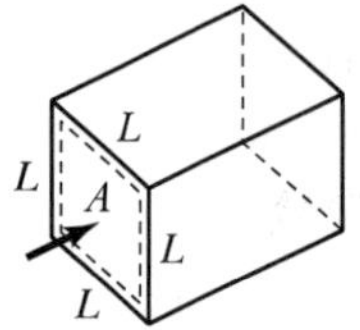

① 접수면적 : $A = L \times L = L^2$
② 접수길이 : $P = L + L + L + L = 4L$
③ 수력반경 : $R_h = \frac{A}{P} = \frac{L^2}{4L} = \frac{1}{4}L$

2) 수력직경 D_h : 비원형 단면을 원형 단면으로 적용했을 때의 직경을 말한다.

$$D_h = 4R_h \qquad D_h = \frac{4A}{P}$$

수력직경(수력지름) $D_h = 4 \times \frac{1}{4}L = L$

3과목 소방관계법규

41 종합점검 실시대상이 되는 특정소방대상물의 기준 중 다음 ( ) 안에 들어갈 말로 알맞은 것은?

> 물분무 등 소화설비(호스릴방식의 물분무 등 소화설비만을 설치한 경우는 제외)가 설치된 연면적 ( )[m²] 이상인 특정소방대상물(위험물제조소 등은 제외)

① 1,000　② 2,000
③ 3,000　④ 5,000

해설

종합점검

구분	기준
정의	소방시설 등의 작동점검을 포함하여 소방시설 등의 설비별 주요 구성 부품의 구조기준이 화재안전기준과 건축법 등 관련 법령에서 정하는 기준에 적합한지 여부를 점검하는 것
점검대상	• 스프링클러설비가 설치된 특정소방대상물 • 물분무 등 소화설비 : 연면적 5,000m² 이상(호스릴 제외, 위험물제조소 등 제외) • 다중이용업의 영업장 : 연면적이 2,000m² 이상인 것 • 제연설비가 설치된 터널 • 공공기관 : 연면적이 1,000m² 이상인 것으로서 옥내소화전설비 또는 자동화재탐지설비가 설치된 것

정답 40 ③ 41 ④

점검자의 자격	• 소방시설관리업에 등록된 기술인력 중 소방시설관리사 • 소방안전관리자로 선임된 소방시설관리사 및 소방기술사
점검횟수	• 연 1회 이상 • 특급소방안전관리 대상물(반기당 1회 이상)

42 소방기본법령상 일반음식점에서 조리를 위하여 불을 사용하는 설비를 설치하는 경우 지켜야 하는 사항 중 다음 (　) 안에 들어갈 말로 알맞은 것은?

> • 주방설비에 부속된 배기덕트는 (㉠)[mm] 이상의 아연도금강판 또는 이와 동등 이상의 내식성 불연재료로 설치할 것
> • 열을 발생하는 조리기구로부터 (㉡)[m] 이내의 거리에 있는 가연성 주요구조부는 석면판 또는 단열성이 있는 불연재료로 덮어씌울 것

① ㉠ 0.5, ㉡ 0.15　② ㉠ 0.5, ㉡ 0.6
③ ㉠ 0.6, ㉡ 0.15　④ ㉠ 0.6, ㉡ 0.5

해설

음식조리를 위하여 설치하는 설비
1) 주방설비에 부속된 배기덕트 : 0.5mm 이상의 아연도금강판
2) 주방시설에는 동물 또는 식물의 기름을 제거할 수 있는 필터를 설치할 것
3) 열을 발생하는 조리기구 : 반자 또는 선반으로부터 0.6m 이상
4) 열을 발생하는 조리기구로부터 0.15m 이내의 거리에 있는 가연성 주요구조부는 석면판 또는 단열성이 있는 불연재료로 덮어씌울 것

43 위험물안전관리법상 시 · 도지사의 허가를 받지 아니하고 당해 제조소 등을 설치할 수 있는 기준 중 다음 (　) 안에 들어갈 말로 알맞은 것은?

> 농예용 · 축산용 또는 수산용으로 필요한 난방시설 또는 건조시설을 위한 지정수량 (　)배 이하의 저장소

① 20　② 30　③ 40　④ 50

해설

제조소 등의 허가를 받지 아니하고 당해 제조소 등을 설치하거나 그 위치 · 구조 또는 설비를 변경할 수 있으며, 신고를 하지 아니하고 위험물의 품명 · 수량 또는 지정수량의 배수를 변경할 수 있는 경우
① 주택의 난방시설(공동주택의 중앙난방 제외)을 위한 저장소 또는 취급소
② 농예용 · 축산용 또는 수산용으로 필요한 난방시설 또는 건조시설을 위한 지정수량 20배 이하의 저장소

44 소방기본법상 소방업무의 응원에 대한 설명 중 틀린 것은?

① 소방본부장이나 소방서장은 소방활동을 할 때에 긴급한 경우에는 이웃한 소방본부장 또는 소방서장에게 소방업무의 응원을 요청할 수 있다.
② 소방업무의 응원 요청을 받은 소방본부장 또는 소방서장은 정당한 사유 없이 그 요청을 거절하여서는 아니 된다.
③ 소방업무의 응원을 위하여 파견된 소방대원은 응원을 요청한 소방본부장 또는 소방서장의 지휘에 따라야 한다.
④ 시 · 도지사는 소방업무의 응원을 요청하는 경우를 대비하여 출동 대상지역 및 규모와 필요한 경비의 부담 등에 관하여 필요한 사항을 대통령령으로 정하는 바에 따라 이웃하는 시 · 도지사와 협의하여 미리 규약으로 정하여야 한다.

해설

소방업무의 응원
1) 소방본부장이나 소방서장은 소방활동을 할 때에 긴급한 경우에는 이웃한 소방본부장 또는 소방서장에게 소방업무의 응원을 요청할 수 있다.
2) 소방업무의 응원 요청을 받은 소방본부장 또는 소방서장은 정당한 사유 없이 그 요청을 거절하여서는 아니 된다.
3) 소방업무의 응원을 위하여 파견된 소방대원은 응원을 요청한 소방본부장 또는 소방서장의 지휘에 따라야 한다.
4) 시 · 도지사는 소방업무의 응원을 요청하는 경우를 대비하여 출동 대상지역 및 규모와 필요한 경비의 부담 등에

정답　42 ①　43 ①　44 ④

관하여 필요한 사항을 행정안전부령으로 정하는 바에 따라 이웃하는 시 · 도지사와 협의하여 미리 규약으로 정하여야 한다.

④ 대통령령으로 → 행정안전부령으로

45 화재의 예방 및 안전관리에 관한 법령상 소방안전관리대상물의 소방안전관리자가 소방훈련 및 교육을 하지 않은 경우 1차 위반 시 과태료 금액기준으로 옳은 것은?

① 20만 원 ② 50만 원
③ 100만 원 ④ 200만 원

해설

소방안전관리자가 소방훈련 및 교육을 하지 않은 경우의 과태료

위반행위	과태료 금액		
	1차 위반	2차 위반	3차 이상
소방훈련 및 교육을 하지 않은 경우	100만 원	200만 원	300만 원

46 소방기본법령상 소방용수시설별 설치기준 중 옳은 것은?

① 저수조는 지면으로부터의 낙차가 4.5m 이상일 것
② 소화전은 상수도와 연결하여 지하식 또는 지상식의 구조로 하고, 소방용호스와 연결하는 소화전의 연결금속구의 구경은 50mm로 할 것
③ 저수조 흡수관의 투입구가 사각형의 경우에는 한 변의 길이가 60cm 이상일 것
④ 급수탑 급수배관의 구경은 65mm 이상으로 하고, 개폐밸브는 지상에서 0.8m 이상, 1.5m 이하의 위치에 설치하도록 할 것

해설

소방용수시설의 설치기준

1) 공통기준
① 주거지역 · 상업지역 · 공업지역 : 수평거리 100m 이하
② 그 밖의 지역 : 수평거리 140m 이하

2) 소방용수시설별 설치기준
① 소화전의 설치기준
• 상수도와 연결하여 지하식 또는 지상식의 구조로 할 것
• 소방용 호스와 연결하는 소화전의 연결금속구의 구경 : 65mm
② 급수탑의 설치기준
• 급수배관의 구경 : 100mm 이상
• 개폐밸브의 높이 : 지상에서 1.5m 이상 1.7m 이하의 위치에 설치할 것
③ 저수조의 설치기준
• 지면으로부터의 낙차 : 4.5m 이하
• 흡수부분의 수심 : 0.5m 이상
• 흡수관의 투입구가 사각형 : 한 변의 길이가 60cm 이상
• 흡수관의 투입구가 원형 : 지름이 60cm 이상
• 소방펌프자동차가 쉽게 접근할 수 있을 것
• 흡수에 지장이 없도록 토사 및 쓰레기 등을 제거할 수 있는 설비를 갖출 것
• 저수조에 물 공급은 상수도에 연결하여 자동으로 급수되는 구조일 것

① 저수조는 지면으로부터의 낙차가 4.5m 이상 → 4.5m 이하
② 연결금속구의 구경은 50mm → 65mm
④ 급수탑 급수배관의 구경은 65mm 이상 → 100mm 이상 개폐밸브는 지상에서 0.8m 이상, 1.5m 이하 → 1.5m 이상 1.7m 이하

47 소방시설 설치 및 관리에 관한 법률상 중앙소방기술심의위원회의 심의사항이 아닌 것은?

① 화재안전기준에 관한 사항
② 소방시설의 설계 및 공사감리의 방법에 관한 사항
③ 소방시설에 하자가 있는지의 판단에 관한 사항
④ 소방시설공사의 하자를 판단하는 기준에 관한 사항

해설

1) 중앙소방기술심의위원회의 심의사항
① 화재안전기준에 관한 사항
② 소방시설의 구조 및 원리 등에서 공법이 특수한 설계 및 시공에 관한 사항
③ 소방시설의 설계 및 공사감리의 방법에 관한 사항

정답 45 ③ 46 ③ 47 ③

④ 소방시설공사의 하자를 판단하는 기준에 관한 사항
⑤ 신기술 · 신공법 등 검토 · 평가에 고도의 기술이 필요한 경우로서 중앙위원회에 심의를 요청한 사항
⑥ 연면적 10만m^2 이상의 특정소방대상물에 설치된 소방시설의 설계 · 시공 · 감리의 하자 유무에 관한 사항
⑦ 새로운 소방시설과 소방용품 등의 도입 여부에 관한 사항

2) 지방소방기술심의위원회의 심의사항
① 소방시설에 하자가 있는지의 판단에 관한 사항
② 연면적 10만m^2 미만의 특정소방대상물에 설치된 소방시설의 설계 · 시공 · 감리의 하자 유무에 관한 사항
③ 소방본부장 또는 소방서장이 화재안전기준 또는 위험물 제조소 등의 시설기준의 적용에 관하여 기술검토를 요청하는 사항

③ 소방시설에 하자가 있는지의 판단에 관한 사항 → 소방시설공사의 하자를 판단하는 기준에 관한 사항

48 화재의 예방 및 안전관리에 관한 법령상 특수가연물의 품명별 수량기준으로 틀린 것은?

① 합성수지류(발포시킨 것) : 20m^3 이상
② 가연성 액체류 : 2m^3 이상
③ 넝마 및 종이부스러기 : 400kg 이상
④ 볏짚류 : 1,000kg 이상

해설

특수가연물의 품명 및 수량

품명		수량
면화류		200kg 이상
나무껍질 및 대팻밥		400kg 이상
넝마 및 종이부스러기		1,000kg 이상
사류(絲類)		1,000kg 이상
볏짚류		1,000kg 이상
가연성 고체류		3,000kg 이상
석탄 · 목탄류		10,000kg 이상
가연성 액체류		2m^3 이상
목재가공품 및 나무부스러기		10m^3 이상
고무류 · 플라스틱류	발포시킨 것	20m^3 이상
	그 밖의 것	3,000kg 이상

③ 넝마 및 종이부스러기 : 400kg 이상 → 1,000kg 이상

49 단독경보형 감지기를 설치하여야 하는 특정소방대상물의 기준 중 옳은 것은?

① 교육연구시설 내에 있는 기숙사 또는 합숙소 로서 연면적 3,000m^2 미만인 것
② 수련시설 내에 있는 기숙사 또는 합숙소로서 연면적 2,000m^2 미만인 것
③ 숙박시설이 있는 수련시설로서 수용인원 500명 미만인 것
④ 연면적 600m^2 미만의 유치원

해설

단독경보형 감지기 설치대상
1) 공동주택 중 연립주택 및 다세대주택
2) 교육연구시설 내에 있는 기숙사 또는 합숙소 : 연면적 2,000m^2 미만인 것
3) 수련시설 내에 있는 기숙사 또는 합숙소 : 연면적 2,000m^2 미만인 것
4) 숙박시설이 있는 수련시설로서 수용인원 100명 미만인 것
5) 연면적 400m^2 미만의 유치원

50 소방시설 설치 및 관리에 관한 법령상 화재안전기준을 달리 적용하여야 하는 특수한 용도 또는 구조를 가진 특정소방대상물인 원자력발전소에 설치하지 아니할 수 있는 소방시설은?

① 물분무 등 소화설비
② 스프링클러설비
③ 상수도소화용수설비
④ 연결살수설비

해설

소방시설을 설치하지 아니할 수 있는 특정소방대상물 및 소방시설의 범위

구분	특정소방대상물	소방시설
화재안전기준을 달리 적용하여야 하는 특수한 용도의 특정소방대상물	원자력발전소, 핵폐기물처리시설	연결송수관설비 및 연결살수설비

정답 48 ③ 49 ② 50 ④

51 소방시설공사업법령상 소방시설공사 완공검사를 위한 현장 확인 대상 특정소방대상물의 범위가 아닌 것은?

① 위락시설　　② 판매시설
③ 운동시설　　④ 창고시설

해설

완공검사를 위한 현장 확인 대상 특정소방대상물의 범위
1) 문화 및 집회시설, 종교시설, 판매시설, 노유자시설, 수련시설, 운동시설, 숙박시설, 창고시설, 지하상가 및 다중이용업소
2) 다음 각 목의 어느 하나에 해당하는 설비가 설치되는 특정소방대상물
   ① 스프링클러설비 등
   ② 물분무 등 소화설비(호스릴방식 제외)
3) 연면적 1만m^2 이상이거나 11층 이상인 특정소방대상물(아파트는 제외)
4) 지상에 노출된 가연성 가스탱크의 저장용량 합계가 1,000톤 이상인 시설

52 시·도지사가 화재예방강화지구로 지정할 필요가 있는 지역을 화재예방강화지구로 지정하지 아니하는 경우 해당 시·도지사에게 해당 지역의 화재예방강화지구 지정을 요청할 수 있는 자는?

① 행정안전부장관　　② 소방청장
③ 소방본부장　　④ 소방서장

해설

1) 화재예방강화지구 지정권자 : 시·도지사
2) 화재예방강화지구 지정의 요청권자 : 소방청장
3) 화재예방강화지구
   ① 시장지역
   ② 공장·창고가 밀집한 지역
   ③ 목조건물이 밀집한 지역
   ④ 노후·불량건축물이 밀집한 지역
   ⑤ 위험물의 저장 및 처리 시설이 밀집한 지역
   ⑥ 석유화학제품을 생산하는 공장이 있는 지역
   ⑦ 산업입지 및 개발에 관한 법률에 따른 산업단지
   ⑧ 소방시설·소방용수시설 또는 소방출동로가 없는 지역
   ⑨ 소방관서장이 화재예방강화지구로 지정할 필요가 있다고 인정하는 지역

53 위험물안전관리법령상 제조소의 위치·구조 및 설비의 기준 중 위험물을 취급하는 건축물 그 밖의 시설의 주위에는 그 취급하는 위험물을 최대수량이 지정수량의 10배 이하인 경우 보유하여야 할 공지의 너비는 몇 m 이상이어야 하는가?

① 3　　② 5
③ 8　　④ 10

해설

제조소의 보유공지

취급하는 위험물의 최대수량	공지의 너비
지정수량의 10배 이하	3[m] 이상
지정수량의 10배 초과	5[m] 이상

54 위험물안전관리법령상 인화성 액체위험물(이황화탄소를 제외)의 옥외탱크저장소의 탱크 주위에 설치하여야 하는 방유제의 설치기준 중 틀린 것은?

① 방유제 내의 면적은 60,000m^2 이하로 하여야 한다.
② 방유제는 높이 0.5m 이상 3m 이하, 두께 0.2m 이상, 지하매설깊이 1m 이상으로 할 것. 다만, 방유제와 옥외저장탱크 사이의 지반면 아래에 불침윤성 구조물을 설치하는 경우에는 지하매설깊이를 해당 불침윤성 구조물까지로 할 수 있다.
③ 방유제의 용량은 방유제 안에 설치된 탱크가 하나인 때에는 그 탱크 용량의 110% 이상, 2기 이상인 때에는 그 탱크 중 용량이 최대인 것의 용량의 110% 이상으로 하여야 한다.
④ 방유제는 철근콘크리트로 하고, 방유제와 옥외저장탱크 사이의 지표면은 불연성과 불침윤성이 있는 구조(철근콘크리트 등)로 할 것. 다만, 누출된 위험물을 수용할 수 있는 전용유조 및 펌프 등의 설비를 갖춘 경우에는 방유제와 옥외저장탱크 사이의 지표면을 흙으로 할 수 있다.

정답　51 ①　52 ②　53 ①　54 ①

해설

옥외탱크 저장소의 방유제 설치기준

1) 방유제의 용량

탱크가 1개일 때	탱크가 2개 이상일 때
탱크용량의 110[%] 이상	탱크 중 용량이 최대인 것의 용량의 110[%] 이상

2) 방유제의 높이 : 0.5[m] 이상 3[m] 이하, 두께 : 0.2[m] 이상, 지하매설깊이 : 1[m] 이상
3) 방유제 내의 면적 : 80,000[m^2] 이하
4) 방유제 내에 설치하는 옥외저장탱크의 수는 10개 이하로 할 것

① 방유제 내의 면적은 60,000m^2 이하 → 80,000m^2 이하

55 소방시설 설치 및 관리에 관한 법령상 용어의 정의 중 다음 ( ) 안에 들어갈 말로 알맞은 것은?

> 특정소방대상물이란 소방시설을 설치하여야 하는 소방대상물로서 ( )으로 정하는 것을 말한다.

① 행정안전부령 ② 국토교통부령
③ 고용노동부령 ④ 대통령령

해설

특정소방대상물(소방시설 설치 및 관리에 관한 법률 시행령 별표2)

시행령＝대통령령

56 소방시설공사업법상 특정소방대상물의 관계인 또는 발주자가 해당 도급계약의 수급인을 도급계약 해지할 수 있는 경우의 기준 중 틀린 것은?

① 하도급계약의 적정성 심사 결과 하수급인 또는 하도급계약 내용의 변경 요구에 정당한 사유 없이 따르지 아니하는 경우
② 정당한 사유 없이 15일 이상 소방시설공사를 계속하지 아니하는 경우
③ 소방시설업이 등록취소되거나 영업정지된 경우
④ 소방시설업을 휴업하거나 폐업한 경우

해설

도급계약의 해지

1) 소방시설업이 등록취소되거나 영업정지된 경우
2) 소방시설업을 휴업하거나 폐업한 경우
3) 정당한 사유 없이 30일 이상 소방시설공사를 계속하지 아니하는 경우
4) 발주자의 요구에 정당한 사유 없이 따르지 아니하는 경우

② 정당한 사유 없이 15일 이상 → 30일 이상

57 위험물안전관리법상 업무상 과실로 제조소 등에서 위험물을 유출·방출 또는 확산시켜 사람의 생명·신체 또는 재산에 대하여 위험을 발생시킨 자에 대한 벌칙기준으로 옳은 것은?

① 10년 이하의 징역 또는 금고나 1억 원 이하의 벌금
② 7년 이하의 금고 또는 7천만 원 이하의 벌금
③ 5년 이하의 징역 또는 1억 원 이하의 벌금
④ 3년 이하의 징역 또는 3천만 원 이하의 벌금

해설

위험물안전관리법 제34조(벌칙)

1) 7년 이하의 금고 또는 7천만 원 이하의 벌금
업무상 과실로 제조소 등에서 위험물을 유출·방출 또는 확산시켜 사람의 생명·신체 또는 재산에 대하여 위험을 발생시킨 자
2) 10년 이하의 징역 또는 금고나 1억 원 이하의 벌금
업무상 과실로 제조소 등에서 위험물을 유출·방출 또는 확산시켜 사람을 사상에 이르게 한 자

58 소방안전 특별관리시설물의 대상기준 중 틀린 것은?

① 수련시설
② 항만시설
③ 전력용 및 통신용 지하구
④ 지정문화재인 시설(시설이 아닌 지정문화재를 보호하거나 소장하고 있는 시설을 포함)

정답 55 ④ 56 ② 57 ② 58 ①

해설

1) 소방안전 특별관리시설물
화재 등 재난이 발생할 경우 사회·경제적으로 피해가 클 것으로 예상되는 특정소방대상물
2) 소방안전 특별관리시설물의 종류
① 공항시설, 항만시설
② 철도시설, 도시철도시설
③ 지정문화재인 시설
④ 산업기술단지
⑤ 초고층 건축물 및 지하연계 복합건축물
⑥ 수용인원 1,000명 이상인 영화상영관
⑦ 전력용 및 통신용 지하구
⑧ 석유비축시설
⑨ 천연가스 인수기지 및 공급망
⑩ 점포가 500개 이상인 전통시장 등

59 화재의 예방 및 안전관리에 관한 법령상 총괄소방안전관리자 선임대상 특정소방대상물의 기준 중 틀린 것은?

① 판매시설 중 상점
② 복합건축물으로서 지하층을 제외한 층수가 11층 이상건축물
③ 지하가(지하의 인공구조물 안에 설치된 상점 및 사무실, 그 밖에 이와 비슷한 시설이 연속하여 지하도에 접하여 설치된 것과 그 지하도를 합한 것)
④ 복합건축물으로서 연면적 30,000m^2 이상인 건축물

해설

총괄소방안전관리자 선임 대상 건축물
1) 복합건축물(지하층을 제외한 층수가 11층 이상 또는 연면적 30,000m^2 이상인 건축물)
2) 지하가(지하의 인공구조물 안에 설치된 상점 및 사무실, 그 밖에 이와 비슷한 시설이 연속하여 지하도에 접하여 설치된 것과 그 지하도를 합한 것)
3) 판매시설 중 도매시장, 소매시장 및 전통시장

① 판매시설 중 상점 → 판매시설 중 도매시장, 소매시장 및 전통시장

60 화재의 예방 및 안전관리에 관한 법령상 특수가연물의 저장 및 취급의 기준 중 다음 ( ) 안에 들어갈 말로 알맞은 것은?(단, 석탄·목탄류를 발전용으로 저장하는 경우는 제외한다.)

> 살수설비를 설치하거나, 방사능력 범위에 해당 특수가연물이 포함되도록 대형수동식 소화기를 설치하는 경우에는 쌓는 높이를 (㉠)[m] 이하, 석탄·목탄류의 경우에는 쌓는 부분의 바닥면적을 (㉡)[m^2] 이하로 할 수 있다.

① ㉠ 10, ㉡ 50　② ㉠ 10, ㉡ 200
③ ㉠ 15, ㉡ 200　④ ㉠ 15, ㉡ 300

해설

특수가연물의 쌓는 높이 및 쌓는 부분의 바닥면적

구분	살수설비 또는 대형소화기가 없는 경우	살수설비 또는 대형소화기가 있는 경우
쌓는 높이	10m 이하	15m 이하
쌓는 부분의 바닥면적	50m^2 이하 (석탄, 목탄 200m^2)	200m^2 이하 (석탄, 목탄 300m^2)

4과목 소방기계시설의 구조 및 원리

61 제연설비의 배출량기준 중 다음 ( ) 안에 알맞은 것은?

> 거실의 바닥면적이 400m^2 미만으로 구획된 예상제연구역에 대한 배출량은 바닥면적 1m^2당 (㉠)m^3/min 이상으로 하되, 예상제연구역 전체에 대한 최저 배출량은 (㉡)m^3/hr 이상으로 하여야 한다.

① ㉠ 0.5 ㉡ 10,000
② ㉠ 1 ㉡ 5,000
③ ㉠ 1.5 ㉡ 15,000
④ ㉠ 2 ㉡ 5,000

정답 59 ① 60 ④ 61 ②

해설

1) 소규모 거실(바닥면적 400m^2 미만)
   ① 배출량 산정 : 바닥면적 1m^{2}당 1m^3/min 이상
   ② 최저 배출량 : 5,000m^3/hr 이상

2) 대규모 거실(바닥면적 400m^2 이상)

제연구역	수직거리	배출량
직경 40m 원내	2m 이하	40,000m^3/hr 이상
직경 40m 원을 초과	2m 이하	45,000m^3/hr 이상
통로인 경우	2m 이하	45,000m^3/hr 이상

62 케이블트레이에 물분무소화설비를 설치하는 경우 저장하여야 할 수원의 최소 저수량은 몇 m^{3}인가? (단, 케이블트레이의 투영된 바닥면적은 70m^{2}이다.)

① 12.4　　② 14
③ 16.8　　④ 28

해설

물분무소화설비의 펌프토출량과 수원의 양

설치장소	펌프토출량 [l/min]	수원의 양[l]
특수가연물 저장, 취급	바닥면적(50m^2 이하는 50m^2) A[m^2]× 10[l/min · m^2]	바닥면적(50m^2 이하는 50m^2) A[m^2]× 10[l/min · m^2] ×20[min]
차고, 주차장	바닥면적(50m^2 이하는 50m^2) A[m^2]× 20[l/min · m^2]	바닥면적(50m^2 이하는 50m^2) A[m^2]× 20[l/min · m^2] ×20[min]
케이블트레이, 케이블덕트	투영된 바닥면적 A[m^2]× 12[l/min · m^2]	투영된 바닥면적 A[m^2]× 12[l/min · m^2] ×20[min]
절연유 봉입 변압기	바닥면적을 제외한 표면적의 합 A[m^2]× 10[l/min · m^2]	바닥면적을 제외한 표면적의 합 A[m^2]× 10[l/min · m^2] ×20[min]
콘베이어 벨트 등	벨트 부분의 바닥면적 A[m^2]× 10[l/min · m^2]	벨트 부분의 바닥면적 A[m^2]× 10[l/min · m^2] ×20[min]

[풀이]
케이블트레이
A : 70[m^2], Q_1 : 12[l/min · m^2], T : 20[min]

$$Q[l] = A[\mathrm{m}^2] \times Q_1[l/\mathrm{min} \cdot \mathrm{m}^2] \times T[\mathrm{min}]$$
$$= 70[\mathrm{m}^2] \times 12[l/\mathrm{min} \cdot \mathrm{m}^2] \times 20[\mathrm{min}]$$
$$= 16,800[l]$$
$$\therefore Q = 16.8[\mathrm{m}^3]$$

63 호스릴 이산화탄소 소화설비의 노즐은 20℃에서 하나의 노즐마다 몇 kg/min 이상의 소화약제를 방사할 수 있는 것이어야 하는가?

① 40　② 50　③ 60　④ 80

해설

1) 이산화탄소 소화설비 호스릴 설치장소
   ① 지상 1층 및 피난층에 있는 부분으로서 지상에서 수동 또는 원격조작에 따라 개방할 수 있는 개구부의 유효면적의 합계가 바닥면적의 15% 이상이 되는 부분
   ② 전기설비가 설치되어 있는 부분 또는 다량의 화기를 사용하는 부분의 바닥면적이 해당 설비가 설치되어 있는 구획의 바닥면적의 5분의 1 미만이 되는 부분

2) 이산화탄소 소화설비 호스릴 약제량
   ① 노즐 1개당 약제저장량 : 90kg
   ② 노즐 1개당 분당 방사량 : 60kg/min

3) 이산화탄소 소화설비 호스릴 설치기준
   ① CO_2 호스릴의 수평거리 : 15m 이하
   ② 소화약제 저장용기는 호스릴을 설치하는 장소마다 설치할 것
   ③ 소화약제 저장용기의 개방밸브는 호스의 설치장소에서 수동으로 개폐할 수 있는 것으로 할 것

정답　62 ③　63 ③

④ 소화약제 저장용기의 가장 가까운 곳의 보기 쉬운 곳에 표시등을 설치하고, 호스릴 이산화탄소 소화설비가 있다는 뜻을 표시한 표지를 할 것

64 차고 · 주차장의 부분에 호스릴 포소화설비 또는 포소화전설비를 설치할 수 있는 기준 중 틀린 것은?

① 지상 1층으로서 방화구획 되거나 지붕이 없는 부분
② 지상에서 수동 또는 원격조작에 따라 개방이 가능한 개구부의 유효면적의 합계가 바닥면적의 20% 이상인 부분
③ 옥외로 통하는 개구부가 상시 개방된 구조의 부분으로서 그 개방된 부분의 합계면적이 해당 차고 또는 주차장의 바닥면적의 20% 이상인 부분
④ 완전 개방된 옥상주차장 또는 고가 밑의 주차장 등으로서 주된 벽이 없고 기둥뿐이거나 주위가 위해방지용 철주 등으로 둘러싸인 부분

해설

화재안전기준 개정 이전에는 ③번 바닥면적 20% → 15% 이상인 부분이 답이었으나, 2019.8.13. 화재안전기준 개정으로 ②, ③항이 삭제되었다.

65 특별피난계단의 계단실 및 부속실 제연설비의 수직풍도에 따른 배출기준 중 각 층의 옥내와 면하는 수직풍도의 관통부에 설치하여야 하는 배출댐퍼 설치기준으로 틀린 것은?

① 화재층의 옥내에 설치된 화재감지기의 동작에 따라 당해 층의 댐퍼가 개방될 것
② 풍도의 배출댐퍼는 이 · 탈착구조가 되지 않도록 설치할 것
③ 개폐 여부를 당해 장치 및 제어반에서 확인할 수 있는 감지기능을 내장하고 있을 것
④ 배출댐퍼는 두께 1.5mm 이상의 강판 또는 이와 동등 이상의 성능이 있는 것으로 설치하여야 하며 비내식성 재료의 경우에는 부식방지 조치를 할 것

해설

배출댐퍼의 설치기준

1) 배출댐퍼는 두께 1.5mm 이상의 강판 또는 이와 동등 이상의 성능이 있는 것으로 설치하여야 하며 비내식성 재료의 경우에는 부식방지 조치를 할 것
2) 평상시 닫힌 구조로 기밀상태를 유지할 것
3) 개폐 여부를 당해 장치 및 제어반에서 확인할 수 있는 감지기능을 내장하고 있을 것
4) 구동부의 작동상태와 닫혀 있을 때의 기밀상태를 수시로 점검할 수 있는 구조일 것
5) 풍도의 내부마감상태에 대한 점검 및 댐퍼의 정비가 가능한 이 · 탈착구조로 할 것
6) 화재층의 옥내에 설치된 화재감지기의 동작에 따라 당해 층의 댐퍼가 개방될 것
7) 개방 시의 실제 개구부의 크기는 수직풍도의 내부단면적과 같도록 할 것
8) 댐퍼는 풍도 내의 공기흐름에 지장을 주지 않도록 수직풍도의 내부로 돌출하지 않게 설치할 것

② 풍도의 배출댐퍼는 이 · 탈착구조가 되지 않도록 → 이 · 탈착구조로 할 것

66 인명구조기구의 종류가 아닌 것은?

① 방열복　　② 구조대
③ 공기호흡기　　④ 인공소생기

해설

인명구조기구의 종류

1) 방열복
고온의 복사열에 가까이 접근하여 소방활동을 수행할 수 있는 내열피복
2) 방화복(헬멧, 보호장갑 및 안전화 포함)
화재진압 등의 소방활동을 수행할 수 있는 피복
3) 공기호흡기
소화활동 시에 화재로 인하여 발생하는 각종 유독가스 중에서 일정시간 사용할 수 있도록 제조된 압축공기식 개인호흡장비(보조마스크를 포함)
4) 인공소생기
호흡부전 상태인 사람에게 인공호흡을 시켜 환자를 보호하거나 구급하는 기구

② 구조대 → 피난기구

정답　64 ②, ③　65 ②　66 ②

67 분말소화약제의 가압용 가스용기의 설치기준 중 틀린 것은?

① 분말소화약제의 저장용기에 접속하여 설치하여야 한다.
② 가압용 가스는 질소가스 또는 이산화탄소로 하여야 한다.
③ 가압용 가스용기를 3병 이상 설치한 경우에 있어서는 2개 이상의 용기에 전자개방밸브를 부착하여야 한다.
④ 가압용 가스용기에는 2.5MPa 이상의 압력에서 압력 조정이 가능한 압력조정기를 설치하여야 한다.

해설

1) 분말소화약제 가압용 가스용기
   ① 분말소화약제의 가스용기는 분말소화약제의 저장용기에 접속하여 설치할 것
   ② 분말소화약제의 가압용 가스용기를 3병 이상 설치한 경우에는 2개 이상의 용기에 전자개방밸브를 부착하여야 한다.
   ③ 분말소화약제의 가압용 가스용기에는 2.5MPa 이하의 압력에서 조정이 가능한 압력조정기를 설치하여야 한다.

2) 분말소화약제 1kg당 가압용 가스 또는 축압용 가스의 양

구분	질소(N_2)	이산화탄소 (CO_2)
가압용 가스	40[l/kg]	20[g/kg]
축압용 가스	10[l/kg]	20[g/kg]

3) 배관의 청소에 필요한 양의 가스는 별도의 용기에 저장할 것

④ 가압용 가스용기에는 2.5MPa 이상의 압력 → 2.5MPa 이하의 압력

68 스프링클러헤드의 설치기준 중 옳은 것은?

① 살수가 방해되지 아니하도록 스프링클러헤드로부터 반경 30cm 이상의 공간을 보유할 것
② 스프링클러헤드와 그 부착면과의 거리는 60cm 이하로 할 것
③ 측벽형 스프링클러헤드를 설치하는 경우 긴 변의 한쪽 벽에 일렬로 설치하고 3.2m 이내마다 설치할 것
④ 연소할 우려가 있는 개구부에는 그 상하좌우에 2.5m 간격으로 스프링클러헤드를 설치하되, 스프링클러헤드와 개구부의 내측면으로부터 직선거리는 15cm 이하가 되도록 할 것

해설

스프링클러헤드의 설치기준

1) 살수가 방해되지 아니하도록 스프링클러헤드로부터 반경 60cm 이상의 공간을 보유할 것
2) 벽과 스프링클러헤드 간의 공간은 10cm 이상으로 할 것
3) 스프링클러헤드와 그 부착면(상향식 헤드의 경우에는 그 헤드의 직상부의 천장 · 반자)과의 거리는 30cm 이하로 할 것
4) 측벽형 스프링클러헤드
   ① 폭이 4.5m 미만인 실의 경우 긴 변의 한쪽 벽에 3.6m 이내마다 일렬로 설치할 것
   ② 폭이 4.5m 이상 9m 이하인 실은 긴 변의 양쪽에 각각 일렬로 설치하되 마주보는 스프링클러헤드가 나란히꼴이 되도록 설치하고 3.6m 이내마다 설치할 것
5) 연소할 우려가 있는 개구부의 스프링클러헤드 설치기준
   ① 그 상하좌우에 2.5m 간격으로(개구부의 폭이 2.5m 이하인 경우에는 그 중앙에) 스프링클러헤드를 설치할 것
   ② 스프링클러헤드와 개구부의 내측면으로부터 직선거리는 15cm 이하가 되도록 할 것. 이 경우 통행에 지장이 있는 때에는 개구부의 상부 또는 측면에 헤드 상호 간의 간격은 1.2m 이하로 설치할 것

① 스프링클러헤드로부터 반경 30cm 이상 → 반경 60cm 이상
② 스프링클러헤드와 그 부착면과의 거리는 60cm 이하 → 30cm 이하
③ 긴 변의 한쪽 벽에 일렬로 설치하고 3.2m 이내 → 3.6m 이내

정답 67 ④ 68 ④

69 포헤드의 설치기준 중 다음 ( ) 안에 알맞은 것은?

압축공기포소화설비의 분사헤드는 천장 또는 반자에 설치하되 방호대상물에 따라 측벽에 설치할 수 있으며 유류탱크 주위에는 바닥면적 (㉠)m^2마다 1개 이상, 특수가연물저장소에는 바닥면적 (㉡)m^2마다 1개 이상으로 당해 방호대상물의 화재를 유효하게 소화할 수 있도록 할 것

① ㉠ 8, ㉡ 9
② ㉠ 9, ㉡ 8
③ ㉠ 9.3, ㉡ 13.9
④ ㉠ 13.9, ㉡ 9.3

해설

포헤드 1개의 방호면적

1) 포헤드 : 바닥면적 $9m^2$마다 1개 이상
2) 포워터스프링클러헤드 : 바닥면적 $8m^2$마다 1개 이상
3) 압축공기포 분사헤드
   ① 유류탱크 주위 : 바닥면적 $13.9m^2$마다 1개 이상
   ② 특수 가연물저장소 : 바닥면적 $9.3m^2$마다 1개 이상

70 분말소화설비의 수동식 기동장치의 부근에 설치하는 방출지연 스위치에 대한 설명으로 옳은 것은?

① 자동복귀형 스위치로서 수동식 기동장치의 타이머를 순간 정지시키는 기능의 스위치를 말한다.
② 자동복귀형 스위치로서 수동식 기동장치가 수신기를 순간 정지시키는 기능의 스위치를 말한다.
③ 수동복귀형 스위치로서 수동식 기동장치의 타이머를 순간 정지시키는 기능의 스위치를 말한다.
④ 수동복귀형 스위치로서 수동식 기동장치가 수신기를 순간 정지시키는 기능의 스위치를 말한다.

해설

수동식 기동장치

1) 구조
   ① 수동식 기동장치의 부근에는 소화약제의 방출을 지연시킬 수 있는 방출지연 스위치를 설치하여야 한다.
   ② 방출지연 스위치 : 자동복귀형 스위치로서 수동식 기동장치의 타이머를 순간 정지시키는 기능의 스위치
   • 비상스위치 → 방출지연 스위치(2022년 개정)

[수동식 기동장치]

2) 수동식 기동장치 설치기준
   ① 전역방출방식은 방호구역마다, 국소방출방식은 방호대상물마다 설치할 것
   ② 출입구 부분 등 쉽게 피난할 수 있는 장소에 설치할 것
   ③ 조작부의 높이 : 0.8m 이상 1.5m 이하, 보호판 등에 따른 보호장치 설치
   ④ 표지 : "○○ 소화설비 수동식 기동장치"
   ⑤ 전기를 사용하는 기동장치에는 전원표시등을 설치
   ⑥ 기동장치의 방출용 스위치는 음향경보장치와 연동하여 조작될 수 있는 것으로 할 것

71 이산화탄소 소화설비의 배관의 설치기준 중 다음 ( ) 안에 알맞은 것은?

고압식의 경우 개폐밸브 또는 선택밸브의 2차 측 배관부속은 호칭압력 2.0MPa 이상의 것을 사용하여야 하며, 1차 측 배관부속은 호칭압력 (㉠)MPa 이상의 것을 사용하여야 하고, 저압식의 경우에는 (㉡)MPa의 압력에 견딜 수 있는 배관부속을 사용할 것

① ㉠ 3.0, ㉡ 2.0
② ㉠ 4.0, ㉡ 2.0
③ ㉠ 3.0, ㉡ 2.5
④ ㉠ 4.0, ㉡ 2.5

해설

이산화탄소 소화설비 배관 설치기준

1) 배관은 전용으로 할 것
2) 강관
   ① 고압식 : 압력배관용 탄소강관(KS D 3562) 중 스케줄 80 이상
   ② 저압식 : 압력배관용 탄소강관(KS D 3562) 중 스케줄 40 이상

정답 69 ④ 70 ① 71 ②

③ 이와 동등 이상의 강도를 가진 것으로 아연도금 등으로 방식처리된 것을 사용할 것(단, 호칭구경 20mm 이하는 스케줄 40 이상인 것을 사용 가능)

3) 동관
이음이 없는 동 및 동합금관(KS D 5301)으로서
① 고압식 : 16.5MPa 이상
② 저압식 : 3.75MPa 이상

4) 개폐밸브 또는 선택밸브의 2차 측 배관부속의 호칭압력
① 고압식 : 1차 측 4.0MPa 이상, 2차 측 2.0MPa 이상
② 저압식 : 1차 측 · 2차 측 2.0MPa 이상

72 옥외소화전설비 설치 시 고가수조의 자연낙차를 이용한 가압송수장치의 설치기준 중 고가수조의 최소 자연낙차수두 산출공식으로 옳은 것은?[단, H : 필요한 낙차(m), h_1 : 소방용 호스 마찰손실 수두(m) h_2 : 배관의 마찰손실 수두(m)이다.]

① $H=h_1+h_2+25$
② $H=h_1+h_2+17$
③ $H=h_1+h_2+12$
④ $H=h_1+h_2+10$

해설

옥외소화전 설비의 양정
1) 고가수조의 자연낙차 수두 H[m](필요낙차)

$$H=h_1+h_2+25$$

여기서, H : 필요낙차[m]
h_1 : 소방용 호스의 마찰손실 수두[m]
h_2 : 배관의 마찰손실 수두[m]
25 : 옥외소화전 노즐에서의 방사압 수두[m]

2) 펌프의 전양정 H[m]

$$H=h_1+h_2+h_3+25$$

여기서, h_1 : 소방용 호스의 마찰손실 수두[m]
h_2 : 배관의 마찰손실 수두[m]
h_3 : 실양정(흡입양정+토출양정)[m]
25 : 옥외소화전 노즐에서의 방사압 수두[m]

73 물분무헤드의 설치제외 기준 중 다음 ( ) 안에 알맞은 것은?

> 운전 시에 표면의 온도가 ( )℃ 이상으로 되는 등 직접 분무를 하는 경우 그 부분에 손상을 입힐 우려가 있는 기계장치 등이 있는 장소

① 100 ② 260
③ 280 ④ 980

해설

물분무헤드의 설치 제외
1) 물에 심하게 반응하는 물질 또는 물과 반응하여 위험한 물질을 생성하는 물질을 저장 또는 취급하는 장소(제1류 위험물 중 무기과산화물, 제3류 위험물 등)
2) 고온의 물질 및 증류범위가 넓어 끓어넘치는 위험이 있는 물질을 저장 또는 취급하는 장소
3) 운전 시에 표면의 온도가 260℃ 이상으로 되는 등 직접 분무를 하는 경우 그 부분에 손상을 입힐 우려가 있는 기계장치 등이 있는 장소

74 연면적이 35,000m^{2}인 특정소방대상물에 소화용수설비를 설치하는 경우 소화수조의 최소 저수량은 약 몇 m^{3}인가?(단, 지상 1층 및 2층의 바닥면적 합계가 1,5000m^2 이상인 경우이다.)

① 40 ② 60
③ 80 ④ 100

해설

소화수조 또는 저수조의 저수량
특정소방대상물의 연면적을 다음 표의 기준면적으로 나누어 얻은 수(소수점 이하의 수는 1로 본다)에 20m^{3}를 곱한 양 이상

소방대상물의 구분	기준 면적
1층 및 2층의 바닥면적합계 15,000m^2 이상	7,500m^2
그 밖의 소방대상물	12,500m^2

[풀이]
1) 기준면적
지상 1층 및 2층의 바닥면적 합계 15,000m^2 이상이므로
기준면적 : 7,500m^2

정답 72 ① 73 ② 74 ④

2) 연면적/기준면적

$\frac{35,000}{7,500} = 4.67$

소수점 이하는 올려서 정수화 : 5

3) $5 \times 20m^3 = 100[m^3]$

75 소화기에 호스를 부착하지 아니할 수 있는 기준 중 틀린 것은?

① 소화약제의 중량이 2kg 미만인 분말 소화기
② 소화약제의 중량이 3kg 미만인 이산화탄소 소화기
③ 소화약제의 중량이 4kg 미만인 할로겐화합물 소화기
④ 소화약제의 중량이 5kg 미만인 산알칼리 소화기

해설

호스를 부착하지 않아도 되는 소화기

소화기의 종류	약제 중량
할로겐화합물 소화기	4kg 미만
이산화탄소 소화기	3kg 미만
분말 소화기	2kg 미만
액체계 소화약제 소화기	3l 미만

76 고정식 사다리의 구조에 따른 분류로 틀린 것은?

① 굽히는식　② 수납식
③ 접는식　④ 신축식

해설

1) 피난사다리의 종류
① 고정식 사다리 : 항시 사용 가능한 상태로 소방대상물에 고정되어 사용되는 사다리
② 올림식 사다리 : 소방대상물 등에 기대어 세워서 사용하는 사다리
③ 내림식 사다리 : 평상시에는 접어 둔 상태로 두었다가 사용하는 때에 소방대상물 등에 걸어 내려 사용하는 사다리(하향식 피난구용 내림식 사다리를 포함)

2) 고정식 사다리의 종류
① 수납식 : 횡봉이 종봉 내에 수납되어 사용하는 때에 횡봉을 꺼내어 사용할 수 있는 구조
② 접는식 : 사다리를 접을 수 있는 구조
③ 신축식 : 사다리 하부를 신축할 수 있는 구조

77 폐쇄형 스프링클러헤드 퓨지블링크형의 표시온도가 121~162℃인 경우 프레임의 색별로 옳은 것은?(단, 폐쇄형 헤드이다.)

① 파랑　② 빨강
③ 초록　④ 흰색

해설

표시온도에 따른 색표시(폐쇄형 헤드)

유리벌브형		퓨지블링크형	
표시온도	액체의 색별	표시온도	프레임의 색별
57℃	오렌지	77℃ 미만	색 표시 안 함
68℃	빨강	78~120℃	흰색
79℃	노랑	121~162℃	파랑
93℃	초록	163~203℃	빨강
141℃	파랑	204~259℃	초록
182℃	연한 자주	260~319℃	오렌지
227℃ 이상	검정	320℃ 이상	검정

78 발전실의 용도로 사용되는 바닥면적이 $280m^2$인 발전실에 부속용도별로 추가하여야 할 적응성이 있는 소화기의 최소 수량은 몇 개인가?

① 2　② 4
③ 6　④ 12

해설

부속용도별로 추가하여야 할 소화기구 및 자동소화장치

1) 보일러실 · 건조실 · 세탁소 · 대량화기취급소에 추가하여야 할 소화기구
① 소화기 : 바닥면적 $25m^2$마다 능력단위 1단위 이상의 소화기 1대 이상
② 자동확산소화기 : 바닥면적 $10m^2$ 이하는 1개, $10m^2$ 초과는 2개를 설치

2) 음식점 · 다중이용업소 · 호텔 · 기숙사 · 노유자 시설 · 의료시설 · 업무시설 · 공장 · 장례식장 · 교육연구시설 · 교정 및 군사시설의 주방에 추가하여야 할 소화기구

정답 75 ④ 76 ① 77 ① 78 ③

① 소화기 : 바닥면적 25m²마다 능력단위 1단위 이상(1개 이상은 K급 소화기 설치)의 소화기 1대 이상
② 자동확산소화기 : 바닥면적 10m² 이하는 1개, 10m² 초과는 2개를 설치

3) 발전실 · 변전실 · 송전실 · 변압기실 · 배전반실 · 통신기기실 · 전산기기실 · 기타 이와 유사한 시설
① 바닥면적 50m²마다 적응성이 있는 소화기 1개 이상
② 유효설치방호체적 이내의 가스 · 분말 · 고체에어로졸 자동소화장치, 캐비닛형 자동소화장치

[풀이]

$\frac{280\,m^2}{50m^2} = 5.6$ ∴ 6개 추가

79 습식 유수검지장치를 사용하는 스프링클러설비에 동장치를 시험할 수 있는 시험장치의 설치위치 기준으로 옳은 것은?

① 유수검지장치의 2차 측 배관에 설치할 것
② 교차관의 중간 부분에 연결하여 설치할 것
③ 유수검지장치의 측면배관에 연결하여 설치할 것
④ 유수검지장치에서 가장 먼 교차배관의 끝으로부터 연결하여 설치할 것

해설

시험장치(2021년 개정)

1) 구성 : 개폐밸브, 개방형 헤드(반사판 및 프레임을 제거한 오리피스만으로 설치 가능) 또는 스프링클러헤드와 동등한 방수성능을 가진 오리피스
2) 설치위치 : 유수검지장치 2차 측 배관에 연결하여 설치
3) 시험장치 배관구경 : 25mm 이상
4) 설치목적 : 헤드를 직접 개방하지 않고 시험밸브를 개방하여 작동시험을 함으로써 스프링클러설비의 정상동작 유무 확인

80 물분무소화설비 수원의 저수량 설치기준으로 옳지 않은 것은?

① 특수가연물을 저장 또는 취급하는 특정소방대상물 또는 그 부분에 있어서 그 바닥면적 1m²에 대하여 10l/min으로 20분간 방수할 수 있는 양 이상으로 할 것
② 차고 또는 주차장은 그 바닥면적 1m²에 대하여 20l/min으로 20분간 방수할 수 있는 양 이상으로 할 것
③ 케이블덕트는 투영된 바닥면적 1m²에 대하여 12l/min으로 20분간 방수할 수 있는 양 이상으로 할 것
④ 콘베이어 벨트 등은 벨트 부분의 바닥면적 1m²에 대하여 20l/min으로 20분간 방수할 수 있는 양 이상으로 할 것

해설

물분무소화설비의 펌프토출량과 수원의 양

설치장소	펌프토출량 [l/min]	수원의 양[l]
특수가연물 저장, 취급	바닥면적(50m² 이하는 50m²) $A[m^2] \times 10[l/min \cdot m^2]$	바닥면적(50m² 이하는 50m²) $A[m^2] \times 10[l/min \cdot m^2] \times 20[min]$
차고, 주차장	바닥면적(50m² 이하는 50m²) $A[m^2] \times 20[l/min \cdot m^2]$	바닥면적(50m² 이하는 50m²) $A[m^2] \times 20[l/min \cdot m^2] \times 20[min]$
케이블트레이, 케이블덕트	투영된 바닥면적 $A[m^2] \times 12[l/min \cdot m^2]$	투영된 바닥면적 $A[m^2] \times 12[l/min \cdot m^2] \times 20[min]$
절연유 봉입 변압기	바닥면적을 제외한 표면적의 합 $A[m^2] \times 10[l/min \cdot m^2]$	바닥면적을 제외한 표면적의 합 $A[m^2] \times 10[l/min \cdot m^2] \times 20[min]$
콘베이어 벨트 등	벨트 부분의 바닥면적 $A[m^2] \times 10[l/min \cdot m^2]$	벨트 부분의 바닥면적 $A[m^2] \times 10[l/min \cdot m^2] \times 20[min]$

④ 콘베이어 벨트 등은 벨트 부분의 바닥면적 1m²에 대하여 20l/min → 10l/min

정답 79 ① 80 ④

소방설비기사(기계분야)

기 · 출 · 문 · 제

2018년 2회

1과목 소방원론

01 액화석유가스(LPG)에 대한 성질로 틀린 것은?

① 주성분은 프로판, 부탄이다.
② 천연고무를 잘 녹인다.
③ 물에 녹지 않으나 유기용매에 용해된다.
④ 공기보다 1.5배 가볍다.

해설

LPG(액화석유가스, Liquefied Petroleum Gas)
1) 주성분은 프로판(C_3H_8)과 부탄(C_4H_{10})이다.
2) 액화하면 물보다 가볍고, 기화하면 공기보다 무겁다.
3) C_3H_8의 증기비중 : $\frac{44}{29}=1.52$, 공기보다 1.52배 무겁다.
   C_3H_8의 분자량 : 44, 공기의 분자량 : 29
4) 무색무취하다.
5) 독성이 없다.
6) 물에 녹지 않고, 휘발유 등 유기용매에 잘 녹는다.
7) 석유류, 동식물류, 천연고무를 잘 녹인다.

LNG(액화천연가스, Liquefied Natural Gas)
1) 주성분은 메탄(CH_4)이다.
2) 액화하면 물보다 가볍고, 기화하면 공기보다 가볍다.
3) CH_4의 증기비중 : $\frac{16}{29}=0.55$, 공기보다 0.55배 가볍다.
   CH_4의 분자량 : 16, 공기의 분자량 : 29
4) 무색무취하다.

④ 공기보다 1.5배 가볍다 → 무겁다

02 다음의 소화약제 중 오존파괴지수(ODP)가 가장 큰 것은?

① 할론 104　② 할론 1301
③ 할론 1211　④ 할론 2402

해설

오존 파괴지수 ODP(Ozone Depletion Potential)
어떤 물질 1[kg]의 오존층 파괴 정도를 나타내는 지표로서 CFC- 11 가스 1[kg]의 ODP를 1로 정하고 이를 기준으로 하여 크기를 나타낸다.

$$ODP=\frac{\text{어떤 물질 1[kg]이 파괴하는 오존의 양}}{\text{CFC}-11\text{ 가스 1[kg]이 파괴하는 오존의 양}}$$

할론소화약제의 오존층 파괴지수

소화약제	Halon 1301	Halon 1211	Halon 2402	CFC-11
ODP	10.0	3.0	6.0	1.0

03 건축물에 설치하는 방화구획의 설치기준 중 스프링클러설비를 설치한 11층 이상의 층은 바닥면적 몇 m^2 이내마다 방화구획을 하여야 하는가?(단, 벽 및 반자의 실내에 접하는 부분의 마감은 불연재료가 아닌 경우이다.)

① 200　② 600
③ 1,000　④ 3,000

해설

1) 방화구획의 대상
   내화구조 또는 불연재료로 된 건축물로서 연면적이 $1,000m^2$를 넘는 것
2) 방화구획의 종류
   ① 면적별 방화구획
   ② 층별 방화구획
   ③ 용도별 방화구획

정답 01 ④ 02 ② 03 ②

3) 면적별 방화구획의 기준

구획 층		구획방법	자동식 소화설비 설치 시
지상 10층 이하 (지하층 포함)		바닥면적 1,000m^2마다 구획	바닥면적 3,000m^2마다 구획
11층 이상	일반	바닥면적 200m^2마다 구획	바닥면적 600m^2마다 구획
	실내마감 불연재료	바닥면적 500m^2마다 구획	바닥면적 1,500m^2마다 구획

4) 층별 방화구획
매 층마다 구획할 것(다만, 지하 1층에서 지상으로 연결하는 경사로 부위는 제외)

04 산림화재 시 소화효과를 증대시키기 위해 물에 첨가하는 증점제로서 적합한 것은?

① Ethylene Glycol
② Potassium Carbonate
③ Ammonium Phosphate
④ Sodium Carboxy Methyl Cellulose

해설

증점제(Viscosity agents)
1) 물의 점도를 증가시켜 가연물에 소화약제 부착을 용이하게 하기 위해 사용 산림화재에 적합하다.
2) 증점제의 종류
① CMC(Sodium Carboxy Methyl Cellulose)
② Gelgard

① Ethylene Glycol : 에틸렌 글리콜 → 부동액
② Potassium Carbonate : 포타슘 카보네이트 → 탄산칼륨(K_2CO_3)
③ Ammonium Phosphate : 암모늄 포스페이트 → 인산암모늄($NH_4H_2PO_4$)

05 소화방법 중 제거소화에 해당되지 않는 것은?

① 산불이 발생하면 화재의 진행방향을 앞질러 벌목
② 방안에서 화재가 발생하면 이불이나 담요로 덮음
③ 가스 화재 시 밸브를 잠가 가스흐름을 차단
④ 불타지 않는 장작더미 속에서 아직 타지 않은 것을 안전한 곳으로 운반

해설

제거소화
1) 가연물을 제거하여 소화
2) 고체 가연물 : 가연물을 화재 현장으로부터 즉시 제거함(산림화재 시 앞쪽에서 벌목하여 진화)
3) 액체 및 기체 : 가연성 물질을 누출시키는 용기의 밸브를 폐쇄
4) 전기화재 : 전원스위치를 차단하여 전기의 공급을 차단
5) 수용성 액체 : 다량의 물을 주입하여 농도를 연소범위 이하로 낮춤

② 방안에서 화재가 발생하면 이불이나 담요로 덮음 → 질식소화

06 포 소화약제의 적응성이 있는 것은?

① 칼륨 화재
② 알킬리튬 화재
③ 가솔린 화재
④ 인화알루미늄 화재

해설

포 소화약제의 특성
1) 가연성 액체 화재 시 질식, 냉각효과가 우수하다.(4류 위험물)
2) 인체에 무해하나 불소계 소화약제는 환경오염발생 우려가 있다.
3) 0℃ 이하에서 동결의 우려가 있다.
4) 전기화재, 금속화재에는 적응성이 없다.
5) 약제방사 후 잔유물이 남는다.

① 칼륨과 물의 반응식
$2K + 2H_2O \rightarrow 2KOH + H_2$(수소 발생)
② 알킬리튬과 물의 반응식
$CH_3Li + H_2O \rightarrow LiOH + CH_4$(메탄가스 발생)
④ 인화알루미늄과 물의 반응식
$AlP + 3H_2O \rightarrow Al(OH)_3 + PH_3$ (포스핀가스 발생)

정답 04 ④ 05 ② 06 ③

07 제2류 위험물에 해당되는 것은?

① 유황 ② 질산칼륨
③ 칼륨 ④ 톨루엔

해설

제2류 위험물
1) 성질 : 가연성 고체
2) 품명 및 지정수량

위험등급	품명	지정수량
II	황화린	100[kg]
	적린	
	유황(순도 60[w%] 이상)	
III	철분(철의 분말로서 53[μm]의 표준체를 통과하는 것이 50[w%] 미만인 것은 제외)	500[kg]
	마그네슘 • 2[mm]체를 통과하지 아니하는 덩어리 상태의 것은 제외 • 직경 2[mm] 이상의 막대 모양의 것은 제외	
	금속분 • 구리분 · 니켈분 제외 • 150[μm]체를 통과하는 것이 50[w%] 미만 제외	
	인화성 고체(고형알코올 그 밖에 1기압에서 인화점이 섭씨 40도 미만인 고체)	1,000[kg]

② 질산칼륨 → 제1류 위험물
③ 칼륨 → 제3류 위험물
④ 톨루엔 → 제4류 위험물 중 제1석유류

08 주수소화 시 가연물에 따라 발생하는 가연성 가스의 연결이 틀린 것은?

① 탄화칼슘 – 아세틸렌
② 탄화알루미늄 – 프로판
③ 인화칼슘 – 포스핀
④ 수소화리튬 – 수소

해설

① 탄화칼슘
$CaC_2 + 2H_2O \rightarrow Ca(OH)_2 + C_2H_2$(아세틸렌 발생)
② 탄화알루미늄
$Al_4C_3 + 12H_2O \rightarrow 4Al(OH)_3 + 3CH_4$(메탄 발생)
③ 인화칼슘
$Ca_3P_2 + 6H_2O \rightarrow 3Ca(OH)_2 + 2PH_3$(포스핀 발생)
④ 수소화리튬
$LiH + H_2O \rightarrow LiOH + H_2$(수소 발생)

09 물리적 폭발에 해당되는 것은?

① 분해폭발 ② 분진폭발
③ 증기운폭발 ④ 수증기폭발

해설

1) 물리적 폭발
① 물과 고온의 금속접촉에 의한 수증기폭발(증기폭발)
② 고압용기 파손에 의한 압력개방 폭발
③ 진공용기 파손에 의한 폭발
④ 전선에 허용전류를 초과하는 대전류인가로 인한 전선의 용해, 증발에 의한 전선폭발
⑤ 화산폭발, 운석충돌

2) 화학적 폭발
① 산화폭발 : 가연성 가스, 증기 등의 급격한 연소에 의한 폭발
② 분해폭발 : 니트로셀룰로오스, 셀룰로이드, 아세틸렌 등이 분해연소하면서 폭발하는 현상
③ 중합폭발 : 시안화수소, 염화비닐 등의 단량체가 중합되면서 발생하는 폭발
④ 분해, 중합폭발 : 산화에틸렌
⑤ 분진폭발, 증기운폭발 등

10 위험물안전관리법령상 지정된 동식물유류의 성질에 대한 설명으로 틀린 것은?

① 요오드가가 작을수록 자연발화의 위험성이 크다.
② 상온에서 모두 액체이다.
③ 물에는 불용성이지만 에테르 및 벤젠 등의 유기용매에는 잘 녹는다.
④ 인화점은 1기압하에서 250℃ 미만이다.

정답 07 ① 08 ② 09 ④ 10 ①

해설

동식물유

동물의 지육 등 또는 식물의 종자나 과육으로부터 추출한 것으로서 1기압에서 인화점이 250℃ 미만

1) 건성유(요오드값이 130 이상인 것) : 아마인유, 들기름, 정어리기름, 동유, 해바라기기름 등
2) 반건성유(요오드값이 100 이상 130 미만인 것) : 참기름, 옥수수기름, 청어기름, 콩기름, 면실유, 채종유 등
3) 불건성유(요오드값이 100 미만인 것) : 피마자유, 올리브유, 땅콩기름, 팜유, 야자유 등

① 요오드가가 작을수록 → 클수록
요오드값이 클수록 불포화도도 크고 건성유가 되어 자연발화 위험성이 커진다.

11 피난계획의 일반원칙 중 Fool Proof 원칙에 대한 설명으로 옳은 것은?

① 1가지가 고장이 나도 다른 수단을 이용하는 원칙
② 2방향의 피난동선을 항상 확보하는 원칙
③ 피난수단을 이동식 시설로 하는 원칙
④ 피난수단을 조작이 간편한 원시적 방법으로 하는 원칙

해설

피난계획의 일반원칙

1) Fool Proof : 화재 시 패닉에 의해 판단능력이 저하되므로 누구나 알 수 있는 문자 · 그림 등을 이용하여 피난이 가능하도록 설계하는 원칙
2) Fail Safe : 하나의 피난수단이 실패하더라도 다른 피난수단에 의해 안전하게 피난할 수 있도록 둘 이상의 피난수단이 확보되도록 설계하는 원칙

① 1가지가 고장이 나도 다른 수단을 이용하는 원칙 → Fail Safe
② 2방향의 피난동선을 항상 확보하는 원칙 → Fail Safe
③ 피난수단을 이동식 시설 → 고정식

12 인화점이 낮은 것부터 높은 순서로 옳게 나열된 것은?

① 에틸알코올 < 이황화탄소 < 아세톤
② 이황화탄소 < 에틸알코올 < 아세톤
③ 에틸알코올 < 아세톤 < 이황화탄소
④ 이황화탄소 < 아세톤 < 에틸알코올

해설

특수인화물(인화점이 낮은 순)

명칭	디에틸 에테르	아세트 알데히드	산화 프로필렌	이황화탄소
인화점	−45℃	−38℃	−37℃	−30℃

• 아세톤 : 제1석유류, 인화점 −18℃
• 에틸알코올 : 알코올류, 인화점 13℃

13 화재발생 시 발생하는 연기에 대한 설명으로 틀린 것은?

① 연기의 유동속도는 수평방향이 수직방향보다 빠르다.
② 동일한 가연물에 있어 환기지배형 화재가 연료지배형 화재에 비하여 연기발생량이 많다.
③ 고온상태의 연기는 유동확산이 빨라 화재전파의 원인이 되기도 한다.
④ 연기는 일반적으로 불완전연소 시에 발생한 고체, 액체, 기체 생성물의 집합체이다.

해설

1) 연기의 정의
가연물이 연소할 때 발생하는 고체, 액체의 미립자이다. 가연물이 불완전연소에 의해 발생하는 농연 및 독성가스로 인해 인체에 흡입 시 치명적 결과를 초래한다.

2) 연기의 이동속도

구분	수평방향	수직방향	계단
연기속도	0.5~1.0[m/s]	2.0~3.0[m/s]	3.0~5.0[m/s]

① 연기의 유동속도는 수평방향이 수직방향보다 빠르다. → 수직방향이 더 빠르다.

정답 11 ④ 12 ④ 13 ①

14 물과 반응하여 가연성 기체를 발생시키지 않는 것은?

① 칼륨 ② 인화아연
③ 산화칼슘 ④ 탄화알루미늄

해설

① 칼륨
$2K + 2H_2O \rightarrow 2KOH + H_2$(수소 발생)
② 인화아연
$Zn_3P_2 + 6H_2O \rightarrow 3Zn(OH)_2 + 2PH_3$(포스핀 발생)
③ 산화칼슘
$CaO + H_2O \rightarrow Ca(OH)_2$(수산화칼슘, 소석회 생성)
④ 탄화알루미늄
$Al_4C_3 + 12H_2O \rightarrow 4Al(OH)_3 + 3CH_4$(메탄 발생)

15 건축물의 화재발생 시 인간의 피난특성으로 틀린 것은?

① 평상시 사용하는 출입구나 통로를 사용하는 경향이 있다.
② 화재의 공포감으로 인하여 빛을 피해 어두운 곳으로 몸을 숨기는 경향이 있다.
③ 화염, 연기에 대한 공포감으로 발화지점의 반대방향으로 이동하는 경향이 있다.
④ 화재 시 최초로 행동을 개시한 사람을 따라 전체가 움직이는 경향이 있다.

해설

화재발생 시 인간의 피난특성

피난특성	내용
추종본능	화재와 같은 급박한 상황에서는 먼저 행동한 사람을 따라 하는 특성
귀소본능	자주 이용하는 경로 및 원래 온 길로 돌아가려는 특성
퇴피본능	화재가 발생하면 반사적으로 화염, 열, 연기의 반대쪽으로 멀어지려는 특성
좌회본능	피난 시 시계반대방향으로 회전하려는 본능
지광본능	화재 시 빛을 찾아 외부로 빠져나오려는 특성

② 화재의 공포감으로 인하여 빛을 피해 → 화염, 열, 연기 등을 피해

16 물체의 표면온도가 250℃에서 650℃로 상승하면 열복사량은 약 몇 배 정도 상승하는가?

① 2.5 ② 5.7
③ 7.5 ④ 9.7

해설

복사(Radiation)
1) 정의 : 열이 매질 없이 전자기파 형태로 전달되는 형태
2) 스테판–볼츠만 법칙(Stefan–Boltzmann's Law)

복사열 플럭스 $q = \sigma T^4 [W/m^2]$,   복사열량 $Q = \sigma A T^4 [W]$

여기서, T : 절대온도[K]
σ : 스테판–볼츠만 상수(5.67×10–8[W/m² · K⁴]
A : 열전달 면적[m²]

[풀이]

$$\text{열 복사량의 배수} = \frac{q_2}{q_1} = \frac{\sigma T_2^4}{\sigma T_1^4} = \frac{T_2^4}{T_1^4} = \frac{(650+273)^4}{(250+273)^4} = 9.7\text{배}$$

여기서, 절대온도 T[K] = 섭씨온도 + 273

17 조연성 가스에 해당되는 것은?

① 일산화탄소 ② 산소
③ 수소 ④ 부탄

해설

1) 조연성 가스 : 산소, 공기, 오존, 불소, 염소 등
2) 가연성 가스의 폭발범위(연소범위)

가연성 가스	연소하한계[%]	연소상한계[%]
수소(H_2)	4.0	75
부탄(C_4H_{10})	1.8	8.4
일산화탄소(CO)	12.5	74

18 자연발화 방지대책에 대한 설명 중 틀린 것은?

① 저장실의 온도를 낮게 유지한다.
② 저장실의 환기를 원활히 시킨다.

정답 14 ③ 15 ② 16 ④ 17 ② 18 ④

③ 촉매물질과의 접촉을 피한다.
④ 저장실의 습도를 높게 유지한다.

해설

자연발화의 조건 및 방지법

자연발화의 조건	자연발화의 방지법
• 열전도율이 작을 것 • 발열량이 클 것 • 주위온도가 높을 것 • 비표면적이 클 것	• 통풍이 잘 되는 장소에 보관할 것 • 열 축적 방지(발열<방열) • 저장실의 온도를 낮게 유지할 것 • 습도를 낮게 유지할 것(습기가 촉매로 작용)

19 분말소화약제로서 ABC급 화재에 적응성이 있는 소화약제의 종류는?

① $NH_4H_2PO_4$ ② $NaHCO_3$
③ Na_2CO_3 ④ $KHCO_3$

해설

분말소화약제의 종류

종별	분자식	착색	적응 화재	충전비 [l/kg]
제1종 분말	탄산수소나트륨 ($NaHCO_3$)	백색	BC급	0.8
제2종 분말	탄산수소칼륨 ($KHCO_3$)	담회색 (담자색)	BC급	1.0
제3종 분말	제1인산암모늄 ($NH_4H_2PO_4$)	담홍색	ABC급	1.0
제4종 분말	탄산수소칼륨+요소 ($KHCO_3+(NH_2)_2CO$)	회색	BC급	1.25

20 과산화칼륨이 물과 접촉하였을 때 발생하는 것은?

① 산소 ② 수소
③ 메탄 ④ 아세틸렌

해설

과산화칼륨 : 제1류 위험물 중 무기과산화물
무기과산화물은 물과 접촉 시 산소를 방출한다.
$2K_2O_2 + 2H_2O \rightarrow 4KOH + O_2$

2과목 소방유체역학

21 효율이 50%인 펌프를 이용하여 저수지의 물을 1초에 10L씩 30m 위쪽에 있는 논으로 퍼 올리는 데 필요한 동력은 약 몇 kW인가?

① 18.83 ② 10.48
③ 2.94 ④ 5.88

해설

펌프의 동력
축동력 : 모터에 의해 실제로 펌프에 주어지는 동력

$$L_s[\text{kW}] = \frac{\gamma[\text{N/m}^3] \times Q[\text{m}^3/\text{s}] \times H[\text{m}]}{1{,}000\eta}$$

여기서, L_s : 축동력[kW], γ : 비중량[N/m³]
Q : 유량[m³/s], H : 전양정[m]
η : 펌프효율

[풀이]

1) 비중량 : $\gamma = 9{,}800[\text{N/m}^3]$

유량 : $Q = 10\,\frac{l}{\text{s}} \times \frac{1\text{m}^3}{1{,}000\,l} = 0.01[\text{m}^3/\text{s}]$

전양정 : $H = 30[\text{m}]$, 효율 : $\eta = 0.5$

2) 축동력

$$L_s = \frac{9{,}800[\text{N/m}^3] \times 0.01[\text{m}^3/\text{s}] \times 30[\text{m}]}{1{,}000 \times 0.5}$$
$$= 5.88[\text{kW}]$$

22 펌프가 실제 유동시스템에 사용될 때 펌프의 운전점은 어떻게 결정하는 것이 좋은가?

① 시스템 곡선과 펌프 성능곡선의 교점에서 운전한다.
② 시스템 곡선과 펌프 효율곡선의 교점에서 운전한다.
③ 펌프 성능곡선과 펌프 효율곡선의 교점에서 운전한다.
④ 펌프 효율곡선의 최고점, 즉 최고 효율점에서 운전한다.

정답 19 ① 20 ① 21 ④ 22 ①

해설

펌프 특성곡선과 시스템 특성곡선

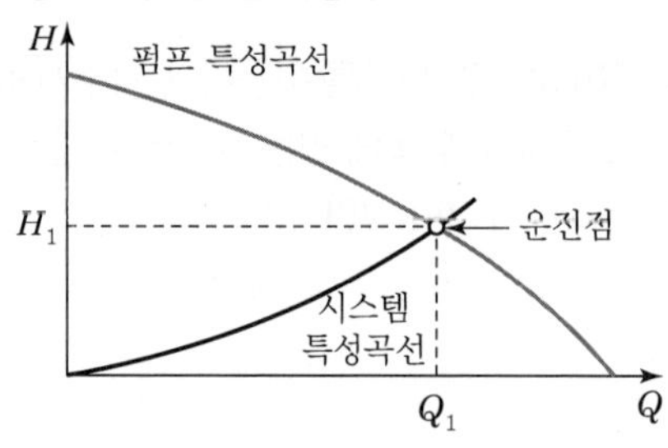

1) 시스템 특성곡선
시스템상의 압력손실을 유량에 따라 나타낸 곡선

2) 펌프의 운전점
펌프 특성곡선과 시스템 특성곡선의 교점에서 운전한다.

23 비중이 1.03인 바닷물에 비중 0.9인 빙산이 떠 있다. 전체 부피의 몇 %가 해수면 위로 올라와 있는가?

① 12.6 ② 10.8
③ 7.2 ④ 6.3

해설

부력(F_B)과 빙산의 무게(F_g)

$$F_B[\mathrm{N}] = \gamma_1 V_1,\ F_g[\mathrm{N}] = \gamma_2 V_2$$

여기서, γ_1 : 바닷물의 비중량, γ_2 : 빙산의 비중량
V_1 : 바닷물 속에 잠긴 빙산의 체적
V_2 : 빙산의 전체 체적

[풀이]

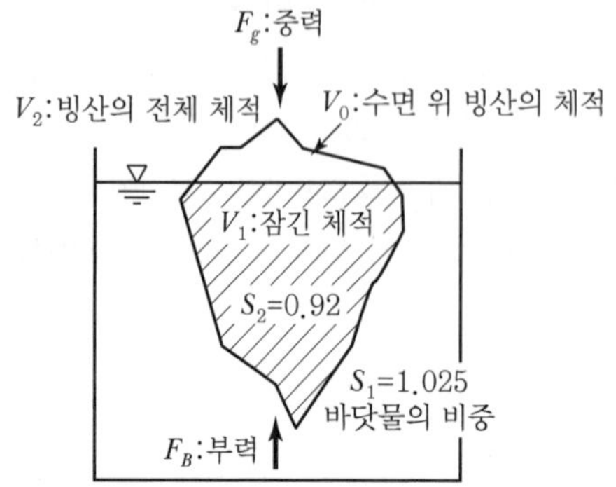

빙산이 바닷물의 수면에 떠 있을 때 빙산의 무게와 부력은 같다.

$F_B = F_g$

$\gamma_1 V_1 = \gamma_2 V_2$ 여기서, $\gamma = S\gamma_w$이므로

$S_1\gamma_w V_1 = S_2\gamma_w V_2$

$$S_1 V_1 = S_2 V_2$$

여기서, $V_1 = (V_2 - V_0)$을 대입하면

$S_1(V_2 - V_0) = S_2 V_2$

여기서, $S_1 = 1.03$, $S_2 = 0.9$를 대입

$1.03(V_2 - V_0) = 0.9V_2$, $1.03V_2 - 1.03V_0 = 0.9V_2$

$1.03V_0 = 1.03V_2 - 0.9V_2$, $V_0 = \dfrac{1.03-0.9}{1.03}V_2$

$V_0 = 0.126V_2$, V_0는 V_2의 0.126배이다.

즉, 떠 있는 빙산의 체적은 전체 체적의 12.6%이다.

24 그림과 같이 중앙부분에 구멍이 뚫린 원판에 지름 D의 원형 물제트가 대기압 상태에서 V의 속도로 충돌하여, 원판 뒤로 지름 $D/2$의 원형 물제트가 V의 속도로 흘러나가고 있을 때, 이 원판이 받는 힘은 얼마인가?(단, ρ는 물의 밀도이다.)

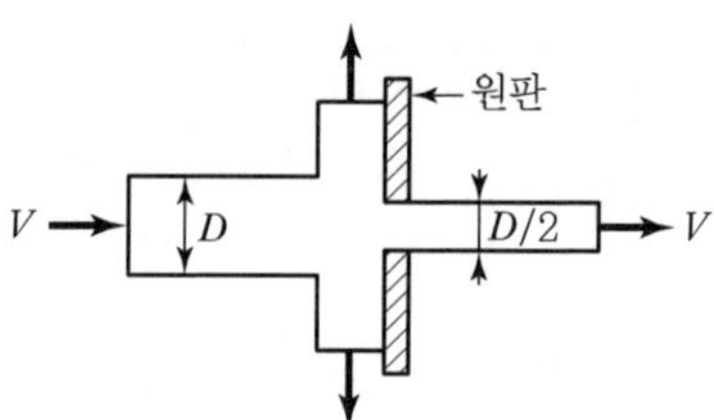

① $\dfrac{3}{16}\rho\pi V^2D^2$ ② $\dfrac{3}{8}\rho\pi V^2D^2$

③ $\dfrac{3}{4}\rho\pi V^2D^2$ ④ $3\rho\pi V^2D^2$

해설

고정평판에 작용하는 힘(추력, 반동력, 노즐의 반발력)

$$F = \rho QV \qquad F = \rho AV^2$$

여기서, ρ : 밀도[$\mathrm{N\cdot s^2/m^4}$]
Q : 유량[$\mathrm{m^3/s}$]
V : 유속[m/s]
A : 노즐의 단면적[$\mathrm{m^2}$]

정답 23 ① 24 ①

[풀이]

1) 구멍이 없는 경우 원판에 작용하는 힘 F_1

$$F_1 = \rho A_1 V_1^2,\ F_1 = \rho \frac{\pi D^2}{4} V^2 = \frac{1}{4}\rho\pi V^2 D^2$$

여기서, $V = V_1 = V_2$

2) 구멍으로 빠져나가는 힘성분 F_2

$$F_2 = \rho A_2 V_2^2$$

$$= \rho \frac{\pi\left(\frac{D}{2}\right)^2}{4} V^2 = \frac{1}{16}\rho\pi V^2 D^2$$

3) 원판이 받는 힘 F

$$F = F_1 - F_2$$

$$= \frac{1}{4}\rho\pi V^2 D^2 - \frac{1}{16}\rho\pi V^2 D^2$$

$$= \left(\frac{4}{16} - \frac{1}{16}\right)\rho\pi V^2 D^2$$

$$= \frac{3}{16}\rho\pi V^2 D^2$$

25 저장용기로부터 20℃의 물을 길이 300m, 지름 900mm인 콘크리트 수평 원관을 통하여 공급하고 있다. 유량이 1m^3/s일 때 원관에서의 압력강하는 약 몇 kPa인가?(단, 관마찰계수는 약 0.023이다.)

① 3.57 ② 9.47
③ 14.3 ④ 18.8

해설

배관의 마찰손실수두(Darcy-Weisbach Formula)

$$H_l = f\frac{l}{d}\frac{V^2}{2g}$$

여기서, H_l : 마찰손실수두[m], f : 관마찰계수
d : 배관의 직경[m], l : 직관의 길이[m]
V : 유체의 유속[m/sec]

[풀이]

1) d : 900[mm]=0.9[m], l : 300[m], f : 0.023

2) $V = \frac{Q}{A}$, $V = \frac{1[\text{m}^3/\text{s}]}{\frac{\pi \times 0.9^2}{4}[\text{m}^2]} = 1.572[\text{m/s}]$

3) 마찰손실수두 H_l[m]

$$H_l = 0.023 \times \frac{300}{0.9} \times \frac{1.572^2}{2 \times 9.8} = 0.966[\text{m}]$$

4) 압력강하 P[kPa]

$P[\text{kPa}] = \gamma[\text{kN/m}^3] \times H_l[\text{m}]$

여기서, 물의 비중량 $\gamma = 9.8[\text{N/m}^3]$

$P = 9.8[\text{kN/m}^3] \times 0.966[\text{m}] = 9.47[\text{kPa}]$

26 물탱크에 담긴 물의 수면의 높이가 10m인데, 물탱크 바닥에 원형 구멍이 생겨서 10L/s만큼 물이 유출되고 있다. 원형 구멍의 지름은 약 몇 cm인가?(단, 구멍의 유량보정계수는 0.6이다.)

① 2.7 ② 3.1
③ 3.5 ④ 3.9

해설

연속방정식과 토리첼리식

$$Q = CAV \quad V = C\sqrt{2gh} \quad Q = CA\sqrt{2gh}$$

여기서, Q : 유량[m^3/s], A : 배관의 단면적[m^2]
V : 유속[m/s], h : 물의 높이[m]
C : 유량보정계수

[풀이]

1) $Q = CA\sqrt{2gh} = C \times \frac{\pi d^2}{4} \times \sqrt{2gh}$

2) $Q = 10\frac{l}{s} \times \frac{\text{m}^3}{1{,}000\,l} = 0.01[\text{m}^3/\text{s}]$

h : 10[m], C : 0.6

3) $0.01 = 0.6 \times \frac{\pi \times d^2}{4} \times \sqrt{2 \times 9.8 \times 10}$

$$d^2 = \frac{0.01 \times 4}{0.6 \times \pi \times \sqrt{2 \times 9.8 \times 10}} = 0.001515$$

$$d = \sqrt{0.001515} = 0.039[\text{m}] = 3.9[\text{cm}]$$

27 20℃ 물 100L를 화재현장의 화염에 살수하였다. 물이 모두 끓는 온도(100℃)까지 가열되는 동안 흡수하는 열량은 약 몇 kJ인가?(단, 물의 비열은 4.2kJ/kg · K이다.)

정답 25 ② 26 ④ 27 ④

① 500 ② 2,000
③ 8,000 ④ 33,600

해설

현열

물질의 상태변화 없이 온도만 변하는 데 필요한 열량

$$Q[\text{kJ}] = m \cdot C \cdot \Delta T$$

여기서, Q : 현열량[kJ], m : 질량[kg]
C : 비열[kJ/kg · K], ΔT=온도 차[K][℃]

[풀이]

1) 물의 질량 m[kg]

물의 밀도 : $1{,}000\,\frac{\text{kg}}{\text{m}^3} \times \frac{1\,\text{m}^3}{1{,}000\,l} = 1\,[\text{kg}/l]$

물의 체적 : 100[l]

물의 질량 : $m[\text{kg}] = \rho[\text{kg}/l] \times V[l]$
$= 1[\text{kg}/l] \times 100[l]$
$= 100[\text{kg}]$

2) 온도 차 $\Delta T = 100 - 20 = 80$[K][℃]

3) 현열

$Q[\text{kJ}] = 100[\text{kg}] \times 4.2[\text{J/kg} \cdot \text{K}] \times 80[\text{K}]$
$= 33{,}600[\text{kJ}]$

28 아래 그림과 같은 반지름이 1m이고, 폭이 3m인 곡면의 수문 AB가 받는 수평분력은 약 몇 N인가?

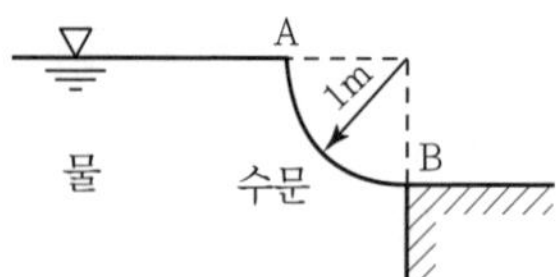

① 7,350 ② 14,700
③ 23,900 ④ 29,400

해설

수평분력(F_H)

$$F_H = \gamma \, \bar{h} \, A$$

여기서, F_H : 수평분력[N]
$\bar{h}$: 투영면적 중심에서 수면까지 수직깊이[m]
A : 수평투영면적[m^2]

[풀이]

1) 물의 비중량 γ : 9,800[N/m^3]

2) $\bar{h}$: 투영면적 중심에서 수면까지 수직깊이[m]

$\bar{h} = \frac{h}{2} = \frac{1\,\text{m}}{2} = 0.5\,[\text{m}]$

3) A : 수평투영면적[m^2]

A=폭×높이=3m×1m=3[m^2]

4) 수평분력

$F_H = \gamma \bar{h} A - 9{,}800[\text{N/m}^3] \times 0.5[\text{m}] \times 3[\text{m}^2]$
$= 14{,}700[\text{N}]$

29 초기온도와 압력이 각각 50℃, 600kPa인 이상기체를 100kPa까지 가역 단열팽창시켰을 때 온도는 약 몇 K인가?(단, 이 기체의 비열비는 1.4이다.)

① 194 ② 216
③ 248 ④ 262

해설

단열팽창과정에서 온도와 압력과의 관계

$$\frac{T_2}{T_1} = \left(\frac{P_2}{P_1}\right)^{\frac{k-1}{k}}$$

여기서, T_1 : 팽창 전 온도[K]
T_2 : 팽창 후 온도[K]
P_1 : 팽창 전 압력[atm]
P_2 : 팽창 후 압력[atm]
k : 비열비

[풀이]

1) $T_1 = (50+273)$[K], T_2=?[K]

$P_1 = 600$[kPa], $P_2 = 100$[kPa], k : 1.289

$\left(\frac{T_2}{50+273}\right) = \left(\frac{100}{600}\right)^{\frac{1.4-1}{1.4}}$, $\left(\frac{T_2}{323}\right) = \left(\frac{1}{6}\right)^{0.2857}$

2) $T_2 = \left(\frac{1}{6}\right)^{0.2857} \times 323$, $T_2 = 193.6$[K]

정답 28 ② 29 ①

30 100cm×100cm이고, 300℃로 가열된 평판에 25℃의 공기를 불어준다고 할 때 열전달량은 약 몇 kW인가?(단, 대류열전달계수는 $30W/m^2 \cdot K$이다.)

① 2.98　② 5.34　③ 8.25　④ 10.91

해설

대류(Convection)

1) 정의 : 입자들 간의 직접 에너지 교환이 아니라 유체의 운동에 의해 에너지를 가진 입자가 공간상을 이동하는 과정

2) 뉴턴의 냉각 법칙(Newton's Law of Cooling)

$$q[W] = hA\Delta T$$

여기서, q : 열전달량[W]
h : 대류열전달계수$[W/m^2 \cdot K]$
A : 열전달면적$[m^2]$
ΔT : 온도 차[K]

[풀이]

1) 평판의 면적
$A = 1m \times 1m = 1[m^2]$　여기서, 100[cm]=1[m]

2) 온도 차 : $\Delta T = 300 - 25 = 275$[K][℃]
온도의 차이이므로 섭씨와 절대온도는 같다.

3) 대류열전달량
$q[W] = 30[W/m^2 \cdot K] \times 1[m^2] \times 275[K]$
$= 8,250[W] = 8.25[kW]$

31 호주에서 무게가 20N인 어떤 물체를 한국에서 재어보니 19.8N이었다면 한국에서의 중력가속도는 약 몇 m/s^2인가?(단, 호주에서의 중력가속도는 $9.82\ m/s^2$이다.)

① 9.72　② 9.75　③ 9.78　④ 9.82

해설

무게 F

$$F = mg$$

여기서, F : 무게(힘)[N]
m : 질량[kg]
g : 중력가속도$[m/s^2]$

[풀이]

1) 호주에서의 무게 : $F_1 = 20$[N]
호주에서의 중력가속도 : $g_1 = 9.82[m/s^2]$

2) 한국에서의 무게 : $F_2 = 19.8$[N]
한국에서의 중력가속도 : $g_2 = ?[m/s^2]$

3) $F_1 = m g_1$, $20[N] = m \times 9.82[m/s^2]$

$$m = \frac{20}{9.82} = 2.0366[kg]$$

질량은 물질의 고유한 양으로서 어느 곳에서든 변하지 않는다.

4) 한국에서의 중력가속도
$F_2 = m g_2$, $19.8[N] = 2.0366[kg] \times g_2$

$$g_2 = \frac{19.8}{2.0366} = 9.72[m/s^2]$$

32 비압축성 유체를 설명한 것으로 가장 옳은 것은?

① 체적탄성계수가 0인 유체를 말한다.
② 관로 내에 흐르는 유체를 말한다.
③ 점성을 갖고 있는 유체를 말한다.
④ 난류 유동을 하는 유체를 말한다.

해설

1) 비압축성 유체와 압축성 유체

비압축성 유체(액체)	압축성 유체(기체)
온도 또는 압력에 의해 체적 또는 밀도가 변하지 않는 유체	온도 또는 압력에 의해 체적 또는 밀도가 변하는 유체

2) 체적탄성계수
어떤 물질이 압축에 저항하는 정도를 의미한다.

$$K[kPa] = \frac{\Delta P}{-\frac{\Delta V}{V}}$$

여기서, K : 체적탄성계수[kPa]
ΔP : 압력변화량[kPa]
ΔV : 체적변화량$[m^3]$, V : 처음 체적$[m^3]$

① 체적탄성계수가 $K=0$인 유체라는 의미는 압력변화량ΔP가 0이 된다는 의미이다.
② 유체의 압력변화량이 없다는 것은 비압축성 유체를 의미한다.

정답　30 ③　31 ①　32 ①

33 지름 20cm의 소화용 호스에 물이 질량유량 80kg/s로 흐른다. 이때 평균유속은 약 몇 m/s인가?

① 0.58　② 2.55　③ 5.97　④ 25.48

해설

질량유량($\overline{m}$ [kg/s] : Mass Flowrate)

$$\overline{m}\,[\mathrm{kg/s}] = \rho A V \qquad \rho_1 A_1 V_1 = \rho_2 A_2 V_2$$

여기서, A : 배관의 단면적[m^2], V : 유속[m/s]
ρ : 밀도[kg/m^3]

[풀이]

1) $A = \dfrac{\pi d^2}{4} = \dfrac{\pi \times 0.2^2}{4} = 0.0314[m^2]$

d : 20[cm] = 0.2[m]

2) $\overline{m}$: 80[kg/s], ρ : 1,000[kg/m^3]

3) 80[kg/s] = 1,000[kg/m^3] × 0.0304[m^2] × V[m/s]

$V = \dfrac{80}{1{,}000 \times 0.0314} = 2.55[m/s]$

34 깊이 1m까지 물을 넣은 물탱크의 밑에 오리피스가 있다. 수면에 대기압이 작용할 때의 초기 오리피스에서의 유속 대비 2배 유속으로 물을 유출시키려면 수면에는 몇 kPa의 압력을 더 가하면 되는가? (단, 손실은 무시한다.)

① 9.8　② 19.6　③ 29.4　④ 39.2

해설

유속(토리첼리 정리)

$$V = \sqrt{2gh}$$

여기서, V : 유속[m/s], h : 물의 높이[m]
g : 중력가속도 9.8[m/s^2]

[풀이]

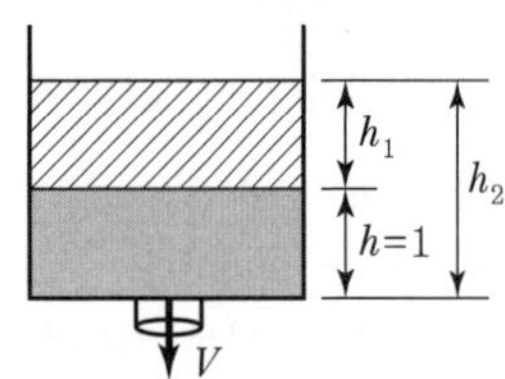

1) $h = 1[m]$일 때의 유속

$V = \sqrt{2 \times 9.8 \times 1} = 4.427[m/s]$

2) 유속이 두배($2V$)일 때 물의 높이 h_2

$4.427 \times 2 = \sqrt{2 \times 9.8 \times h_2}$

$h_2 = \dfrac{(4.427 \times 2)^2}{2 \times 9.8} = 4[m]$

3) 유속을 2배로 하기 위해 더해진 높이 h_1

$h_1 = h_2 - h = 4 - 1 = 3[m]$

4) 압력[kPa]으로 환산하면

$P = \gamma h = 9.8[kN/m^3] \times 3[m]$

$= 29.4[kN/m^2][kPa]$

35 그림과 같은 거꾸로 된 마노미터에서 물과 기름, 수은이 채워져 있다. a=10cm, c=25cm이고 A의 압력이 B의 압력보다 80kPa작을 때 b의 길이는 약 몇 cm인가?(단, 수은의 비중량은 133,100N/m^3, 기름의 비중은 0.90이다.)

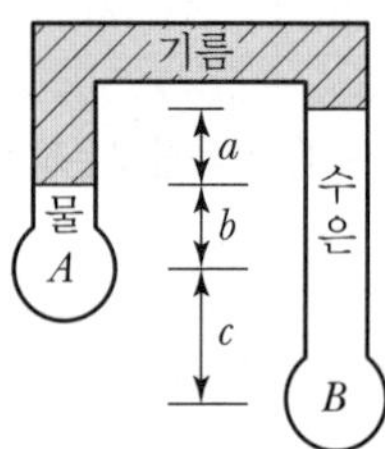

① 17.8　② 27.8　③ 37.8　④ 47.8

해설

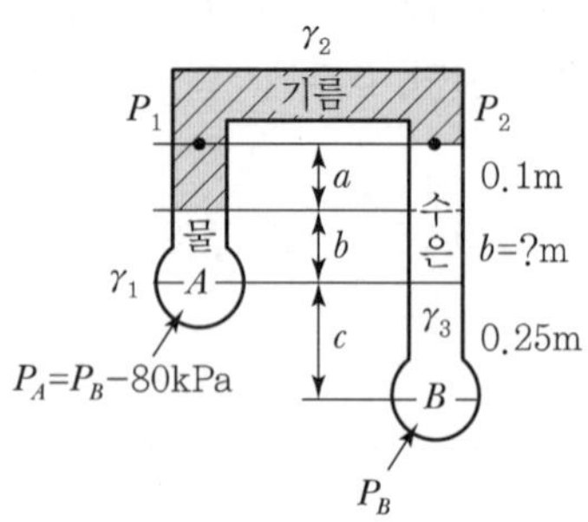

역 U자관 액주계

$P_1 = P_A - \gamma_1 b - \gamma_2 a$

$P_2 = P_B - \gamma_3 a - \gamma_3 b - \gamma_3 c$

$= P_B - \gamma_3 (a + b + c)$

정답 33 ② 34 ③ 35 ②

$P_1 = P_2$

$P_A - \gamma_1 b - \gamma_2 a = P_B - \gamma_3 (a+b+c)$

$P_B - P_A = \gamma_3 (a+b+c) - \gamma_1 b - \gamma_2 a$

[풀이]

1) A의 압력이 B의 압력보다 80kPa 작을 때

$P_A = P_B - 80\text{kPa}$이므로

$P_B - P_A = 80\text{kPa}$, a : 0.1m, c : 0.25m

2) $\gamma_1 = 9.8[\text{kN/m}^3]$, $\gamma_3 = 133.1[\text{kN/m}^3]$

3) $\gamma_2 = S_2\ \gamma_w$, $\gamma_2 = 0.9 \times 9.8 = 8.82[\text{kN/m}^3]$

4) $P_B - P_A = \gamma_3 (a+b+c) - \gamma_1 b - \gamma_2 a$

$80[\text{kPa}] = 133.1[\text{kN/m}^3] \times (0.1 + b + 0.25)$
$\qquad - 9.8[\text{kN/m}^3] \times b - 8.82[\text{kN/m}^3] \times 0.1$

$80 = 13.31 + 133.1b + 33.275 - 9.8b - 0.882$

$80 - 13.31 - 33.275 + 0.882 = 133.1b - 9.8b$

$123.3b = 34.297$

$b = 0.278[\text{m}] = 27.8[\text{cm}]$

36 공기를 체적비율이 산소(O_2, 분자량 32g/mol) 20%, 질소(N_2, 분자량 28g/mol) 80%의 혼합기체라 가정할 때 공기의 기체상수는 약 몇 kJ/kg · K인가?(단, 일반기체상수는 8.3145kJ/kmol · K이다.)

① 0.294 ② 0.289
③ 0.284 ④ 0.279

해설

특별기체상수($\overline{R}$)를 이용한 이상기체 상태방정식

1) 특별기체상수 : 일반기체상수를 분자량으로 나눈 값

$$\overline{R} = \frac{R}{M}$$

여기서, $\overline{R}$: 특별기체상수, R : 일반기체상수
M : 기체의 분자량

2) 이상기체 상태방정식

$$PV = W\overline{R}T$$

여기서, P : 절대압력[Pa][N/m²], V : 체적[m³]
W : 기체의 질량[kg], T : 절대온도[K]
$\overline{R}$: 특별기체상수[N · m/kg · K] [J/kg · K]

[풀이]

1) 혼합기체의 분자량

$M = 32 \times 0.2 + 28 \times 0.8 = 28.8[\text{g/mol}]$
$= 28.8[\text{kg/kmol}]$

2) 공기의 특별기체상수

$\overline{R} = \frac{R}{M} = \frac{8.3145[\text{kJ/kmol} \cdot \text{K}]}{28.8[\text{kg/kmol}]}$
$= 0.289[\text{kJ/kg} \cdot \text{K}]$

37 물이 소방노즐을 통해 대기로 방출될 때 유속이 24m/s가 되도록 하기 위해서는 노즐입구의 압력은 몇 kPa이 되어야 하는가?(단, 압력은 계기압력으로 표시되며 마찰손실 및 노즐입구에서의 속도는 무시한다.)

① 153 ② 203 ③ 288 ④ 312

해설

속도수두와 최대 유속

- 속도수두 : $h = \frac{V^2}{2g}[\text{m}]$
- 최대 유속 : $V = \sqrt{2gh}$

[풀이]

1) 속도수두 : $h = \frac{V^2}{2g}[\text{m}] = \frac{24^2}{2 \times 9.8} = 29.38[\text{m}]$

2) 압력[kPa]으로 환산

$P = \gamma h$
$= 9.8[\text{kN/m}^3] \times 29.38[\text{m}] = 287.92[\text{kPa}]$

38 무한한 두 평판 사이에 유체가 채워져 있고 한 평판은 정지해 있고 또 다른 평판은 일정한 속도로 움직이는 Couette 유동을 하고 있다. 유체 A만 채워져 있을 때 평판을 움직이기 위한 단위면적당 힘을 τ_1이라 하고 같은 평판 사이에 점성이 다른 유체 B만 채워져 있을 때 필요한 힘을 τ_2라 하면 유체 A와 B가 반반씩 위아래로 채워져 있을 때 평판을 같은 속도로 움직이기 위한 단위면적당 힘에 대한 표현으로 옳은 것은?

정답 36 ② 37 ③ 38 ③

① $\dfrac{\tau_1 + \tau_2}{2}$ ② $\sqrt{\tau_1 \tau_2}$

③ $\dfrac{2\tau_1 \tau_2}{\tau_1 + \tau_2}$ ④ $\tau_1 + \tau_2$

해설

유체가 반반씩 채워져 있을 때 평판을 같은 속도로 움직이기 위한 단위면적당 힘

$$\tau[\mathrm{N/m^2}] = \frac{2\,\tau_1 \tau_2}{\tau_1 + \tau_2}$$

여기서, τ_1 : 유체 하나만 채워져 있을 때 평판을 움직이기 위한 단위면적당 힘

τ_2 : 평판 사이에 점성이 다른 유체가 채워져 있을 때 필요한 힘

39 동점성계수가 $1.15\times10^{-6}\mathrm{m^2/s}$인 물이 30mm의 지름 원관 속을 흐르고 있다. 층류가 기대될 수 있는 최대 유량은 약 몇 $\mathrm{m^3/s}$인가?(단, 임계 레이놀즈수는 2,100이다.)

① 2.85×10^{-5} ② 5.69×10^{-5}

③ 2.85×10^{-7} ④ 5.69×10^{-7}

해설

레이놀즈수(Reynolds Number)

$$Re = \frac{\rho VD}{\mu} = \frac{VD}{\nu}$$

여기서, ρ : 유체의 밀도[$\mathrm{kg/m^3}$]

μ : 유체의 점성계수[kg/m · s]

D : 관의 직경[m]

ν : 유체의 동점성계수[$\mathrm{m^2/s}$]

V : 유속[m/s]

[풀이]

1) 유속 V

$$Re = \frac{VD}{\nu},\ 2{,}100 = \frac{V\times0.03}{1.15\times10^{-6}}$$

여기서, D : 30[mm]=0.03[m]

$$V = \frac{2{,}100\times1.15\times10^{-6}}{0.03} = 0.0805[\mathrm{m/s}]$$

2) 유량 $Q = AV$

$$Q = \frac{\pi\times0.03^2}{4}\times0.0805 = 5.69\times10^{-5}[\mathrm{m^3/s}]$$

40 다음과 같은 유동형태를 갖는 파이프 입구 영역의 유동에서 부차적 손실계수가 가장 큰 것은?

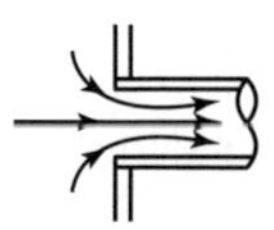
날카로운 모서리

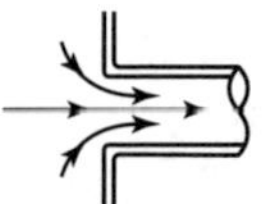
약간 둥근 모서리

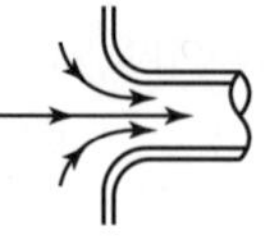
잘 다듬어진 모서리

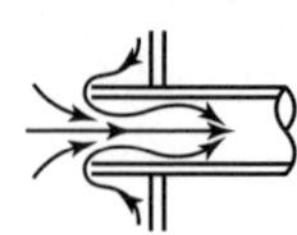
돌출 입구

① 날카로운 모서리

② 약간 둥근 모서리

③ 잘 다듬어진 모서리

④ 돌출 입구

해설

1) 급격한 축소관에서의 부차적 손실

$$H_l = K_2 \cdot \frac{V_2^{\,2}}{2g}$$

여기서, H_l : 마찰손실수두[m]

K_2 : 부차적 손실계수(급격한 축소관)

V_2 : 축소관에서 유체의 유속[m/sec]

2) 부차적 손실계수의 크기

돌출 입구 > 날카로운 모서리 > 약간 둥근 모서리 > 잘 다듬어진 모서리

정답 39 ② 40 ④

3과목 소방관계법규

41 소방시설 설치 및 관리에 관한 법령상 비상경보설비를 설치하여야 할 특정소방대상물의 기준 중 옳은 것은?

① 지하층 또는 무창층의 바닥면적이 $50m^2$ 이상인 것
② 연면적이 $400m^2$ 이상인 것
③ 지하가 중 터널로서 길이가 300m 이상인 것
④ 30명 이상의 근로자가 작업하는 옥내작업장

해설

비상경보설비의 설치대상
1) 연면적 $400m^2$ 이상
2) 지하층 또는 무창층의 바닥면적이 $150m^2$(공연장의 경우 $100m^2$) 이상
3) 지하가 중 터널로서 길이가 500m 이상
4) 50명 이상의 근로자가 작업하는 옥내작업장

42 화재의 예방 및 관리에 관한 법령상 위험물 또는 물건의 보관기간은 소방관서의 홈페이지에 공고하는 기간의 종료일 다음 날부터 며칠로 하는가?

① 3　② 4
③ 5　④ 7

해설

옮긴 물건 등에 대한 보관기간 및 보관기간 경과 후 처리 등
1) 공고기간 : 보관일로부터 14일 동안 소방청, 소방본부 또는 소방서의 인터넷 홈페이지에 그 사실을 공고
2) 보관기간 : 소방관서 홈페이지에 공고하는 기간의 종료일 다음 날부터 7일
3) 보관기간의 종료 후 처리 : 매각 또는 폐기
4) 물건의 소유자가 보상을 요구하는 경우 : 협의 후 보상

43 소방시설 설치 및 관리에 관한 법령상 스프링클러설비를 설치하여야 하는 특정소방대상물의 기준 중 틀린 것은?(단, 위험물 저장 및 처리 시설 중 가스시설 또는 지하구는 제외한다.)

① 숙박이 가능한 수련시설 용도로 사용되는 시설의 바닥면적의 합계가 $600m^2$ 이상인 것은 모든 층
② 창고시설(물류터미널은 제외)로서 바닥면적 합계가 $5,000m^2$ 이상인 경우에는 모든 층
③ 판매시설, 운수시설 및 창고시설(물류터미널에 한정)로서 바닥면적의 합계가 5,000m 이상이거나 수용인원이 500명 이상인 경우에는 모든 층
④ 복합건축물로서 연면적이 $3,000m^2$ 이상인 경우에는 모든 층

해설

스프링클러설비의 설치대상
1) 층수가 6층 이상인 특정소방대상물의 경우에는 모든 층
2) 기숙사 또는 복합건축물로서 연면적 $5,000m^2$ 이상인 경우에는 모든 층
3) 창고시설(물류터미널은 제외)로서 바닥면적 합계가 $5,000m^2$ 이상인 경우에는 모든 층
4) 판매시설, 운수시설 및 창고시설(물류터미널로 한정)로서 바닥면적의 합계가 $5,000m^2$ 이상이거나 수용인원이 500명 이상인 경우에는 모든 층
5) 다음에 해당하는 용도로 사용되는 시설의 바닥면적의 합계가 $600m^2$ 이상인 것 모든 층
   - 근린생활시설 중 조산원 및 산후조리원
   - 의료시설 중 정신의료기관
   - 의료시설 중 종합병원, 병원, 치과병원, 한방병원 및 요양병원
   - 노유자 시설
   - 숙박이 가능한 수련시설
   - 숙박시설
6) 특정소방대상물의 지하층 · 무창층(축사는 제외) 또는 층수가 4층 이상인 층으로서 바닥면적이 $1,000m^2$ 이상인 층이 있는 경우에는 해당 층
7) 지하가(터널은 제외)로서 연면적 $1,000m^2$ 이상인 것

④ 복합건축물로서 연면적이 $3,000m^2$ 이상 → $5,000m^2$ 이상

정답 41 ② 42 ④ 43 ④

44 소방기본법상 소방본부장, 소방서장 또는 소방대장의 권한이 아닌 것은?

① 화재, 재난 · 재해, 그 밖의 위급한 상황이 발생한 현장에서 소방활동을 위하여 필요할 때에는 그 관할구역에 사는 사람 또는 그 현장에 있는 사람으로 하여금 사람을 구출하는 일 또는 불을 끄거나 불이 번지지 아니하도록 하는 일을 하게 할 수 있다.
② 소방활동을 할 때에 긴급한 경우에는 이웃한 소방본부장 또는 소방서장에게 소방업무와 응원을 요청할 수 있다.
③ 사람을 구출하거나 불이 번지는 것을 막기 위하여 필요할 때에는 화재가 발생하거나 불이 번질 우려가 있는 소방대상물 및 토지를 일시적으로 사용하거나 그 사용의 제한 또는 소방활동에 필요한 처분을 할 수 있다.
④ 소방활동을 위하여 긴급하게 출동할 때에는 소방자동차의 통행과 소방활동에 방해가 되는 주차 또는 정차된 차량 및 물건 등을 제거하거나 이동시킬 수 있다.

해설

강제처분 등(소방본부장, 소방서장, 소방대장)

1) 소방본부장, 소방서장 또는 소방대장은 사람을 구출하거나 불이 번지는 것을 막기 위하여 필요할 때에는 화재가 발생하거나 불이 번질 우려가 있는 소방대상물 및 토지를 일시적으로 사용하거나 그 사용의 제한 또는 소방활동에 필요한 처분을 할 수 있다.
2) 소방본부장, 소방서장 또는 소방대장은 사람을 구출하거나 불이 번지는 것을 막기 위하여 긴급하다고 인정할 때에는 소방대상물 또는 토지 외의 소방대상물과 토지에 대하여 처분을 할 수 있다.
3) 소방본부장, 소방서장 또는 소방대장은 소방활동을 위하여 긴급하게 출동할 때에는 소방자동차의 통행과 소방활동에 방해가 되는 주차 또는 정차된 차량 및 물건 등을 제거하거나 이동시킬 수 있다.
4) 소방본부장, 소방서장 또는 소방대장은 소방활동에 방해가 되는 주차 또는 정차된 차량의 제거나 이동을 위하여 관할 지방자치단체 등 관련 기관에 견인차량과 인력 등에 대한 지원을 요청할 수 있고, 요청을 받은 관련 기관의 장은 정당한 사유가 없으면 이에 협조하여야 한다.

② 소방업무와 응원을 요청 : 소방본부장이나 소방서장

45 위험물안전관리법상 지정수량 미만인 위험물의 저장 또는 취급에 관한 기술상의 기준은 무엇으로 정하는가?

① 대통령령　② 소방청장 고시
③ 시 · 도의 조례　④ 행정안전부령

해설

1) 위험물 : 인화성 또는 발화성 등의 성질을 가지는 것으로서 대통령령이 정하는 물품
2) 지정수량 미만인 위험물의 저장 · 취급 : 시 · 도의 조례

46 위험물안전관리법상 업무상 과실로 제조소 등에서 위험물을 유출 · 방출 또는 확산시켜 사람의 생명 · 신체 또는 재산에 대하여 위험을 발생시킨 자에 대한 벌칙기준으로 옳은 것은?

① 5년 이하의 금고 또는 2000만 원 이하의 벌금
② 5년 이하의 금고 또는 7000만 원 이하의 벌금
③ 7년 이하의 금고 또는 2000만 원 이하의 벌금
④ 7년 이하의 금고 또는 7000만 원 이하의 벌금

해설

위험물안전관리법 제34조(벌칙)

1) 7년 이하의 금고 또는 7천만 원 이하의 벌금
업무상 과실로 제조소 등에서 위험물을 유출 · 방출 또는 확산시켜 사람의 생명 · 신체 또는 재산에 대하여 위험을 발생시킨 자
2) 10년 이하의 징역 또는 금고나 1억 원 이하의 벌금
업무상 과실로 제조소 등에서 위험물을 유출 · 방출 또는 확산시켜 사람을 사상에 이르게 한 자

47 소방기본법상 소방활동구역의 설정권자로 옳은 것은?

① 소방본부장　② 소방서장
③ 소방대장　④ 시 · 도지사

해설

소방활동구역

1) 화재, 재난 · 재해, 그 밖의 위급한 상황이 발생한 현장에 소방활동구역 설정

정답　44 ②　45 ③　46 ④　47 ③

2) 소방활동구역 설정 및 출입을 제한할 수 있는 자 : 소방대장
3) 소방활동구역에 출입할 수 있는 사람
   ① 소방활동구역 안에 있는 소방대상물의 소유자 · 관리자 또는 점유자
   ② 전기 · 가스 · 수도 · 통신 · 교통의 업무에 종사하는 사람으로서 원활한 소방활동을 위하여 필요한 사람
   ③ 의사 · 간호사 그 밖의 구조 · 구급업무에 종사하는 사람
   ④ 취재인력 등 보도업무에 종사하는 사람
   ⑤ 수사업무에 종사하는 사람
   ⑥ 그 밖에 소방대장이 소방활동을 위하여 출입을 허가한 사람

48 소방기본법령상 소방용수시설별 설치기준 중 틀린 것은?

① 급수탑 개폐밸브는 지상에서 1.5m 이상 1.7m 이하의 위치에 설치하도록 할 것
② 소화전은 상수도와 연결하여 지하식 또는 지상식의 구조로 하고, 소방용호스와 연결하는 소화전의 연결금속구의 구경은 100mm로 할 것
③ 저수조 흡수관의 투입구가 사각형의 경우에는 한 변의 길이가 60cm 이상, 원형의 경우에는 지름이 60cm 이상일 것
④ 저수조는 지면으로부터의 낙차가 4.5m 이하일 것

해설

소방용수시설의 설치기준
1) 공통기준
   ① 주거지역 · 상업지역 · 공업지역 : 수평거리 100m 이하
   ② 그 밖의 지역 : 수평거리 140m 이하
2) 소방용수시설별 설치기준
   ① 소화전
      • 상수도와 연결하여 지하식 또는 지상식의 구조로 할 것
      • 소방용호스와 연결하는 소화전의 연결금속구의 구경 : 65mm
   ② 급수탑
      • 급수배관의 구경 : 100mm 이상
      • 개폐밸브의 높이 : 지상에서 1.5m 이상 1.7m 이하의 위치에 설치할 것
   ③ 저수조의
      • 지면으로부터의 낙차 : 4.5m 이하
      • 흡수부분의 수심 : 0.5m 이상
      • 흡수관의 투입구가 사각형 : 한 변의 길이가 60cm 이상
      • 흡수관의 투입구가 원형 : 지름이 60cm 이상
      • 소방펌프자동차가 쉽게 접근할 수 있을 것
      • 흡수에 지장이 없도록 토사 및 쓰레기 등을 제거할 수 있는 설비를 갖출 것
      • 저수조에 물 공급은 상수도에 연결하여 자동으로 급수되는 구조일 것

② 연결금속구의 구경은 100mm → 65mm

49 소방시설 설치 및 관리에 관한 법률상 특정소방대상물에 소방시설이 화재안전기준에 따라 설치 · 관리되어 있지 아니할 때 해당 특정소방대상물의 관계인에게 필요한 조치를 명할 수 있는 자는?

① 소방본부장　　② 소방청장
③ 시 · 도지사　　④ 행정안전부장관

해설

특정소방대상물에 설치하는 소방시설의 관리 등
1) 특정소방대상물의 관계인은 대통령령으로 정하는 소방시설을 화재안전기준에 따라 설치 · 관리하여야 한다.
2) 소방본부장이나 소방서장은 소방시설이 화재안전기준에 따라 설치 · 관리되고 있지 아니할 때에는 해당 특정소방대상물의 관계인에게 필요한 조치를 명할 수 있다.
3) 특정소방대상물의 관계인은 소방시설을 설치 · 관리하는 경우 화재 시 소방시설의 기능과 성능에 지장을 줄 수 있는 폐쇄 · 차단 등의 행위를 하여서는 아니 된다. 다만, 소방시설의 점검 · 정비를 위하여 필요한 경우 폐쇄 · 차단은 할 수 있다.

50 화재의 예방 및 안전관리에 관한 법령상 소방안전관리대상물의 소방안전관리자 업무가 아닌 것은?

① 소방시설의 공사
② 자위소방대 및 초기 대응체계의 구성 · 운영 · 교육
③ 피난시설, 방화구획 및 방화시설의 유지 · 관리
④ 피난계획에 관한 사항과 대통령령으로 정하는 사항이 포함된 소방계획서의 작성 및 시행

정답　48 ②　49 ①　50 ①

해설

소방안전관리자의 업무
① 소방계획서의 작성 및 시행
② 자위소방대 및 초기대응체계의 구성 · 운영 · 교육
③ 피난시설, 방화구획 및 방화시설의 관리
④ 소방훈련 및 교육
⑤ 소방시설이나 그 밖의 소방 관련 시설의 관리
⑥ 화기 취급의 감독
⑦ 소방안전관리에 관한 업무 수행에 관한 기록 · 유지(③, ④, ⑥의 업무)

51 화재의 예방 및 안전관리에 관한 법령상 소방안전관리대상물의 소방계획서에 포함되어야 하는 사항이 아닌 것은?

① 예방규정을 정하는 제조소 등의 위험물 저장 · 취급에 관한 사항
② 소방시설 · 피난시설 및 방화시설의 점검 · 정비계획
③ 특정소방대상물의 근무자 및 거주자의 자위소방대 조직과 대원의 임무에 관한 사항
④ 방화구획, 제연구획, 건축물의 내부 마감재료(불연재료 · 준불연재료 또는 난연재료로 사용된 것) 및 방염물품의 사용현황과 그 밖의 방화구조 및 설비의 유지 · 관리계획

해설

소방안전관리대상물의 소방계획서의 포함사항
1) 소방안전관리대상물의 위치 · 구조 · 연면적 · 용도 및 수용인원 등 일반 현황
2) 소방시설 · 방화시설, 전기시설 · 가스시설 및 위험물시설의 현황
3) 화재 예방을 위한 자체점검계획 및 진압대책
4) 소방시설 · 피난시설 및 방화시설의 점검 · 정비계획
5) 피난층 및 피난시설의 위치와 피난경로의 설정 등을 포함한 피난계획
6) 방화구획, 제연구획, 건축물의 내부 마감재료 및 방염물품의 사용현황과 그 밖의 방화구조 및 설비의 유지 · 관리계획
7) 소방훈련 및 교육에 관한 계획
8) 자위소방대 조직과 대원의 임무에 관한 사항
9) 화기 취급 작업에 대한 사전 안전조치 및 감독 등 공사 중 소방안전관리에 관한 사항
10) 총괄 및 분임 소방안전관리에 관한 사항
11) 소화와 연소 방지에 관한 사항
12) 위험물의 저장 · 취급에 관한 사항

52 소방시설 설치 및 관리에 관한 법률상 소방시설등에 대하여 스스로 점검을 하지 아니하거나 관리업자 등으로 하여금 정기적으로 점검하게 하지 아니한 자에 대한 벌칙기준으로 옳은 것은?

① 6개월 이하의 징역 또는 1000만 원 이하의 벌금
② 1년 이하의 징역 또는 1000만 원 이하의 벌금
③ 3년 이하의 징역 또는 1500만 원 이하의 벌금
④ 3년 이하의 징역 또는 3000만 원 이하의 벌금

해설

1년 이하의 징역 또는 1000만 원 이하의 벌금(소방시설 설치 및 관리에 관한 법률)
1) 소방시설 등에 대하여 스스로 점검을 하지 아니하거나 관리업자 등으로 하여금 정기적으로 점검하게 하지 아니한 자
2) 소방시설관리사증을 다른 사람에게 빌려주거나 빌리거나 이를 알선한 자
3) 동시에 둘 이상의 업체에 취업한 자
4) 자격정지처분을 받고 그 자격정지기간 중에 관리사의 업무를 한 자
5) 관리업의 등록증이나 등록수첩을 다른 자에게 빌려주거나 빌리거나 이를 알선한 자
6) 영업정지처분을 받고 그 영업정지기간 중에 관리업의 업무를 한 자
7) 제품검사에 합격하지 아니한 제품에 합격표시를 하거나 합격표시를 위조 또는 변조하여 사용한 자
8) 형식승인의 변경승인 또는 성능인증의 변경인증을 받지 아니한 자
9) 제품검사에 합격하지 아니한 소방용품에 성능인증을 받았다는 표시 또는 제품검사에 합격하였다는 표시를 하거나 성능인증을 받았다는 표시 또는 제품검사에 합격하였다는 표시를 위조 또는 변조하여 사용한 자

정답 51 ① 52 ②

10) 우수품질인증을 받지 아니한 제품에 우수품질인증 표시를 하거나 우수품질인증 표시를 위조하거나 변조하여 사용한 자
11) 관계 공무원이 관계인의 정당한 업무를 방해하거나 출입 · 검사 업무를 수행하면서 알게 된 비밀을 다른 사람에게 누설한 자

53 소방시설 설치 및 관리에 관한 법령상 소방용품이 아닌 것은?

① 소화약제 외의 것을 이용한 간이소화용구
② 자동소화장치
③ 가스누설경보기
④ 소화용으로 사용하는 방염제

해설

소방용품의 종류

1) 소화설비를 구성하는 제품 또는 기기
 ① 소화기구(소화약제 외의 간이소화용구는 제외)
 ② 자동소화장치
 ③ 소화설비를 구성하는 소화전, 관창, 소방호스, 스프링클러헤드, 기동용 수압개폐장치, 유수제어밸브 및 가스관선택밸브
2) 경보설비를 구성하는 제품 또는 기기
 ① 누전경보기 및 가스누설경보기
 ② 경보설비 중 발신기, 수신기, 중계기, 감지기 및 음향장치(경종만 해당)
3) 피난구조설비를 구성하는 제품 또는 기기
 ① 피난사다리, 구조대, 완강기, 간이완강기
 ② 공기호흡기
 ③ 피난구유도등, 통로유도등, 객석유도등 및 예비 전원이 내장된 비상조명등
4) 소화용으로 사용하는 제품 또는 기기
 ① 소화약제
 ② 방염제(방염액 · 방염도료 및 방염성 물질)

54 소방기본법령상 소방본부 종합상황실 실장이 소방청의 종합상황실에 서면 · 팩스 또는 컴퓨터통신 등으로 보고하여야 하는 화재의 기준 중 틀린 것은?

① 항구에 매어둔 총 톤수가 1,000톤 이상인 선박에서 발생한 화재
② 층수가 5층 이상이거나 병상이 30개 이상인 종합병원 · 한방병원 · 요양소에서 발생한 화재
③ 지정수량의 1,000배 이상의 위험물의 제조소 · 저장소 · 취급소에서 발생한 화재
④ 연면적 15,000m^2 이상인 공장 또는 화재예방강화지구에서 발생한 화재

해설

소방본부의 종합상황실 실장이 서면 · 팩스 또는 컴퓨터통신 등으로 소방청의 종합상황실에 보고하여야 하는 화재

1) 사망자가 5인 이상 발생하거나 사상자가 10인 이상 발생한 화재
2) 이재민이 100인 이상 발생한 화재
3) 재산피해액이 50억 원 이상 발생한 화재
4) 관공서 · 학교 · 정부미도정공장 · 문화재 · 지하철 또는 지하구의 화재
5) 관광호텔, 층수가 11층 이상인 건축물, 지하상가, 시장, 백화점, 지정수량의 3,000배 이상의 위험물의 제조소 · 저장소 · 취급소, 층수가 5층 이상이거나 객실이 30실 이상인 숙박시설, 층수가 5층 이상이거나 병상이 30개 이상인 종합병원 · 정신병원 · 요양소, 연면적 1만5천제곱미터 이상인 공장 또는 화재예방강화지구에서 발생한 화재
6) 철도차량, 항구에 매어둔 총 톤수가 1,000톤 이상인 선박, 항공기, 발전소 또는 변전소에서 발생한 화재
7) 가스 및 화약류의 폭발에 의한 화재
8) 다중이용업소의 화재
9) 언론에 보도된 재난상황

③ 지정수량의 1,000배 이상 → 지정수량의 3,000배 이상

정답 **53** ① **54** ③

55 위험물안전관리법령상 위험물의 안전관리와 관련된 업무를 수행하는 자로서 소방청장이 실시하는 안전교육대상자가 아닌 것은?

① 안전관리자로 선임된 자
② 탱크시험자의 기술인력으로 종사하는 자
③ 위험물운송자로 종사하는 자
④ 제조소 등의 관계인

해설

위험물 안전관리자
1) 위험물 안전관리자 선임 : 30일 이내(관계인이 선임)
2) 위험물 안전관리자 선임 신고 : 14일 이내(소방본부장, 소방서장)
3) 대리자의 직무대행 기간 : 30일 이내
4) 안전교육대상자
① 안전관리자로 선임된 자
② 탱크시험자의 기술인력으로 종사하는 자
③ 위험물운송자로 종사하는 자

56 소방공사업법령상 공사감리자 지정대상 특정소방대상물의 범위가 아닌 것은?

① 캐비닛형 간이스프링클러설비를 신설·개설하거나 방호·방수구역을 증설할 때
② 물분무 등 소화설비(호스릴 방식의 소화설비는 제외)를 신설·개설하거나 방호·방수 구역을 증설할 때
③ 제연설비를 신설·개설하거나 방호·방수 구역을 증설할 때
④ 연소방지설비를 신설·개설하거나 살수구역을 증설할 때

해설

공사감리자 지정대상 특정소방대상물의 범위(소방시설공사업법 시행령 제10조)
1) 옥내소화전설비를 신설·개설 또는 증설할 때
2) 스프링클러설비등(캐비닛형 간이스프링클러설비는 제외)을 신설·개설하거나 방호·방수 구역을 증설할 때
3) 물분무 등 소화설비(호스릴 방식 제외)를 신설·개설하거나 방호·방수 구역을 증설할 때
4) 옥외소화전설비를 신설·개설 또는 증설할 때
5) 자동화재탐지설비를 신설 또는 개설할 때
5)의2 비상방송설비를 신설 또는 개설할 때
6) 통합감시시설을 신설 또는 개설할 때
6)의2 비상조명등을 신설 또는 개설할 때
7) 소화용수설비를 신설 또는 개설할 때
8) 다음 각 목에 따른 소화활동설비에 대하여 각 목에 따른 시공을 할 때
① 제연설비를 신설·개설하거나 제연구역을 증설할 때
② 연결송수관설비를 신설 또는 개설할 때
③ 연결살수설비를 신설·개설하거나 송수구역을 증설할 때
④ 비상콘센트설비를 신설·개설하거나 전용회로를 증설할 때
⑤ 무선통신보조설비를 신설 또는 개설할 때
⑥ 연소방지설비를 신설·개설하거나 살수구역을 증설할 때

57 위험물안전관리법상 위험물시설의 설치 및 변경 등에 관한 기준 중 다음 (   ) 안에 들어갈 말로 알맞은 것은?

> 제조소 등의 위치·구조 또는 설비의 변경 없이 당해 제조소 등에서 저장하거나 취급하는 위험물의 품명·수량 또는 지정수량의 배수를 변경하고자 하는 자는 변경하고자 하는 날의 (㉠)일 전까지 (㉡)이 정하는 바에 따라 (㉢)에게 신고하여야 한다.

① ㉠ 1, ㉡ 행정안전부령, ㉢ 시·도지사
② ㉠ 1, ㉡ 대통령령, ㉢ 소방본부장·소방서장
③ ㉠ 14, ㉡ 행정안전부령, ㉢ 시·도지사
④ ㉠ 14, ㉡ 대통령령, ㉢ 소방본부장·소방서장

해설

제조소 등의 설치허가
1) 제조소 등의 설치허가권자 : 시·도지사
2) 제조소 등의 위치·구조 또는 설비의 변경 없이 당해 제조소 등에서 저장하거나 취급하는 위험물의 품명·수량 또는 지정수량의 배수를 변경하고자 하는 자는 변경하고자 할 때 : 행정안전부령에 따라 1일 전까지 시·도지사에게 신고

정답 55 ④ 56 ① 57 ①

3) 제조소 등의 허가를 받지 아니하고 당해 제조소 등을 설치하거나 그 위치 · 구조 또는 설비를 변경할 수 있으며, 신고를 하지 아니하고 위험물의 품명 · 수량 또는 지정수량의 배수를 변경할 수 있는 경우
   ① 주택의 난방시설(공동주택의 중앙난방 제외)을 위한 저장소 또는 취급소
   ② 농예용 · 축산용 또는 수산용으로 필요한 난방시설 또는 건조시설을 위한 지정수량 20배 이하의 저장소

58 소방시설의 설치 및 관리에 관한 법령상 특정소방대상물의 피난시설, 방화 구획 또는 방화시설에 폐쇄 · 훼손 · 변경 등의 행위를 한 자에 대한 과태료 기준으로 옳은 것은?

① 200만 원 이하의 과태료
② 300만 원 이하의 과태료
③ 500만 원 이하의 과태료
④ 600만 원 이하의 과태료

해설

300만 원 이하의 과태료
1) 소방시설을 화재안전기준에 따라 설치 · 관리하지 아니한 자
2) 공사 현장에 임시소방시설을 설치 · 관리하지 아니한 자
3) 피난시설, 방화구획 또는 방화시설의 폐쇄 · 훼손 · 변경 등의 행위를 한 자
4) 방염대상물품을 방염성능기준 이상으로 설치하지 아니한 자
5) 점검능력 평가를 받지 아니하고 점검을 한 관리업자
6) 관계인에게 점검 결과를 제출하지 아니한 관리업자등
7) 점검인력의 배치기준 등 자체점검 시 준수사항을 위반한 자
8) 점검 결과를 보고하지 아니하거나 거짓으로 보고한 자

59 화재의 예방 및 안전관리에 관한 법령상 특수가연물의 저장 및 취급 기준 중 다음 (　) 안에 들어갈 말로 알맞은 것은?(단, 석탄 · 목탄류를 발전용으로 저장하는 경우는 제외한다.)

> 살수설비를 설치하거나, 방사능력 범위에 해당 특수가연물이 포함되도록 대형수동식 소화기를 설치하는 경우에는 쌓는 높이를 (㉠)[m] 이하, 쌓는 부분의 바닥면적을 (㉡)[m^2] 이하로 할 수 있다.

① ㉠ 10, ㉡ 30　② ㉠ 10, ㉡ 50
③ ㉠ 15, ㉡ 100　④ ㉠ 15, ㉡ 200

해설

특수가연물의 쌓는 높이 및 쌓는 부분의 바닥면적

구분	살수설비 또는 대형 소화기가 없는 경우	살수설비 또는 대형 소화기가 있는 경우
쌓는 높이	10m 이하	15m 이하
쌓는 부분의 바닥면적	50m^2 이하 (석탄, 목탄 200m^2)	200m^2 이하 (석탄, 목탄 300m^2)

60 소방시설공사업법령상 상주 공사감리 대상기준 중 다음 (　) 안에 들어갈 말로 알맞은 것은?

> • 연면적 (㉠)[m^2] 이상인 특정소방대상물(아파트 제외)에 대한 소방시설의 공사
> • 지하층을 포함한 층수가 (㉡)층 이상으로서 (㉢) 세대 이상인 아파트에 대한 소방시설의 공사

① ㉠ 10,000, ㉡ 11, ㉢ 600
② ㉠ 10,000, ㉡ 16, ㉢ 500
③ ㉠ 30,000, ㉡ 11, ㉢ 600
④ ㉠ 30,000, ㉡ 16, ㉢ 500

해설

소방공사 감리의 종류

종류	대상
상주 공사감리	• 연면적 3만m^2 이상의 특정소방대상물에 대한 소방시설의 공사(아파트는 제외) • 지하층을 포함한 층수가 16층 이상으로서 500세대 이상인 아파트에 대한 소방시설의 공사
일반 공사감리	상주 공사감리에 해당하지 않는 소방시설의 공사

정답　58 ②　59 ④　60 ④

4과목 소방기계시설의 구조 및 원리

61 전역방출방식의 분말소화설비에 있어서 방호구역의 용적이 500m^3일 때 적합한 분사헤드의 수는?(단, 제1종 분말이며, 체적 1m^3당 소화약제의 양은 0.60kg이며, 분사헤드 1개의 분당 표준 방사량은 18kg이다.)

① 17개 ② 30개
③ 34개 ④ 134개

해설

전역방출방식 분말소화설비 약제량 산정

$$Q[\text{kg}] = V \cdot K_1 + A \cdot K_2$$

여기서, Q[kg] : 약제량, V[m^3] : 방호구역 체적
K_1[kg/m^3] : 방호구역 체적 1m^3에 대한 소화약제의 양[kg]
K_2[kg/m^2] : 방호구역에 설치된 개구부 1m^2당 약제가산량[kg]
A[m^2] : 개구부 면적

[풀이]
1) 약제량
$Q[\text{kg}] = 500[m^3] \times 0.6[kg/m^3] = 300[\text{kg}]$
2) 분사헤드 1개의 분당 표준 방사량 Q_1(조건에서)
$$Q_1[\text{kg/min} \cdot 개] = \frac{W[\text{kg}]}{t[\text{min}] \times N[개]}$$
Q_1 : 18[kg/min · 개]
W : 300[kg]
t : 0.5[min](분말소화약제 방사시간 30초)
$$18[\text{kg/min} \cdot 개] = \frac{300[\text{kg}]}{0.5[\text{min}] \times N[개]}$$
$\therefore N = 33.33$
3) 분사헤드 수 N= 34개

62 이산화탄소 소화약제의 저장용기 설치기준 중 옳은 것은?

① 저장용기의 충전비는 고압식은 1.9 이상 2.3 이하, 저압식은 1.5 이상 1.9 이하로 할 것
② 저압식 저장용기에는 액면계 및 압력계와 2.1MPa 이상 1.9MPa 이하의 압력에서 작동하는 압력경보장치를 설치할 것
③ 저장용기 고압식은 25MPa 이상, 저압식은 3.5MPa 이상의 내압시험압력에 합격한 것으로 할 것
④ 저압식 저장용기에는 내압시험압력의 1.8배의 압력에서 작동하는 안전밸브와 내압시험압력의 0.8배로부터 내압시험압력에서 작동하는 봉판을 설치할 것

해설

1) 이산화탄소 소화약제 저장용기의 충전비 및 내압시험압력

구분	저압식	고압식
충전비	1.1 이상 1.4 이하	1.5 이상 1.9 이하
내압시험압력	3.5MPa 이상	25MPa 이상

2) 고압식 배관의 안전장치
① 설치위치 : 저장용기와 선택밸브 또는 개폐밸브 사이
② 작동압력 : 내압시험압력의 0.8배

3) 저압식 저장용기
① 안전밸브 : 내압시험압력의 0.64배부터 0.8배의 압력에서 작동
② 봉판 : 내압시험압력의 0.8배부터 내압시험압력에서 작동
③ 저압식 저장용기에는 액면계 및 압력계 설치
④ 압력경보장치 : 2.3MPa 이상 1.9MPa 이하의 압력에서 작동
⑤ 자동냉동장치 : 용기 내부의 온도가 섭씨 영하 18℃ 이하에서 2.1MPa의 압력을 유지

① 저장용기의 충전비는 고압식은 1.5 이상 1.9 이하, 저압식은 1.1 이상 1.4 이하
② 2.1MPa 이상 1.9MPa 이하 → 2.3MPa 이상 1.9MPa 이하
④ 내압시험압력의 1.8배 → 0.64배부터 0.8배

정답 61 ③ 62 ③

63 화재 시 연기가 찰 우려가 없는 장소로서 호스릴 분말소화설비를 설치할 수 있는 기준 중 다음 ( ) 안에 알맞은 것은?

> • 지상 1층 및 피난층에 있는 부분으로서 지상에서 수동 또는 원격조작에 따라 개방할 수 있는 개구부의 유효면적의 합계가 바닥면적의 (㉠)% 이상이 되는 부분
> • 전기설비가 설치되어 있는 부분 또는 다량의 화기를 사용하는 부분의 바닥면적이 해당 설비가 설치되어 있는 구획의 바닥면적의 (㉡) 미만이 되는 부분

① ㉠ 15, ㉡ 1/5　② ㉠ 15, ㉡ 1/2
③ ㉠ 20, ㉡ 1/5　④ ㉠ 20, ㉡ 1/2

해설

호스릴 분말소화설비 설치장소

화재 시 현저하게 연기가 찰 우려가 없는 장소로서 다음에 해당하는 장소

1) 지상 1층 및 피난층에 있는 부분으로서 지상에서 수동 또는 원격조작에 따라 개방할 수 있는 개구부의 유효면적의 합계가 바닥면적의 15% 이상이 되는 부분
2) 전기설비가 설치되어 있는 부분 또는 다량의 화기를 사용하는 부분의 바닥면적이 해당 설비가 설치되어 있는 구획의 바닥면적의 1/5 미만이 되는 부분

64 소화수조의 소요수량이 20m³ 이상 40m³ 미만인 경우 설치하여야 하는 채수구의 개수로 옳은 것은?

① 1개　② 2개
③ 3개　④ 4개

해설

흡수관투입구 · 채수구 · 가압송수장치 등의 설치기준

1) 채수구 또는 흡수관투입구는 소방차가 2m 이내의 지점까지 접근할 수 있는 위치에 설치하여야 한다.
2) 흡수관투입구
   ① 크기 : 한 변이 0.6m 이상이거나 직경이 0.6m 이상일 것
   ② 흡수관투입구의 수량

소요수량	80m³ 미만	80m³ 이상
흡수관투입구의 수	1개 이상	2개 이상

   ③ 표지 : "흡관투입구"라고 표시한 표지
3) 채수구
   ① 채수구는 구경 65mm 이상의 나사식 결합금속구를 설치할 것
   ② 채수구의 높이 : 지면으로부터의 높이가 0.5m 이상 1m 이하
   ③ 표지 : "채수구"라고 표시한 표지
   ④ 채수구의 수

소요수량	20m³ 이상 40m³ 미만	40m³ 이상 100m³ 미만	100m³ 이상
채수구의 수	1개	2개	3개

4) 소화수조가 옥상 또는 옥탑의 부분에 설치된 경우에는 지상에 설치된 채수구에서의 압력이 0.15MPa 이상이 되도록 하여야 한다.
5) 소화수조의 제외
   유수의 양이 0.8m³/min 이상인 유수를 사용할 수 있는 경우
6) 가압송수장치
   ① 설치대상
   소화수조 또는 저수조가 지표면으로부터의 깊이 4.5m 이상인 지하에 있는 경우
   ② 가압송수장치의 분당 송수량

소요수량	20m³ 이상 40m³ 미만	40m³ 이상 100m³ 미만	100m³ 이상
가압송수 장치의 분당 송수량	1,100l	2,200l	3,300l

65 건축물에 설치하는 연결살수설비헤드의 설치기준 중 다음 ( ) 안에 알맞은 것은?

> 천장 또는 반자의 각 부분으로부터 하나의 살수헤드까지의 수평거리가 연결살수설비 전용헤드의 경우는 (㉠)m 이하, 스프링클러헤드의 경우는 (㉡)m 이하로 할 것. 다만, 살수헤드의 부착면과 바닥과의 높이가 (㉢)m 이하인 부분은 살수헤드의 살수분포에 따른 거리로 할 수 있다.

① ㉠ 3.7, ㉡ 2.3, ㉢ 2.1
② ㉠ 3.7, ㉡ 2.1, ㉢ 2.3

정답　63 ①　64 ①　65 ①

③ ㉠ 2.3, ㉡ 3.7, ㉢ 2.3
④ ㉠ 2.3, ㉡ 3.7, ㉢ 2.1

해설

건축물에 설치하는 연결살수헤드의 설치기준
1) 천장 또는 반자의 실내에 면하는 부분에 설치할 것
2) 천장 또는 반자의 각 부분으로부터 하나의 살수헤드까지의 수평거리

헤드의 종류	연결살수전용헤드	스프링클러헤드
수평거리	3.7m 이하	2.3m 이하

다만, 살수헤드의 부착면과 바닥과의 높이가 2.1m 이하인 부분은 살수헤드의 살수분포에 따른 거리로 할 수 있다.

66 포소화설비의 자동식 기동장치를 폐쇄형 스프링클러헤드의 개방과 연동하여 가압송수장치 · 일제개방밸브 및 포소화약제 혼합장치를 기동하는 경우의 설치기준 중 다음 ( ) 안에 알맞은 것은?(단, 자동화재탐지설비의 수신기가 설치된 장소에 상시 사람이 근무하고 있고, 화재 시 즉시 해당 조작부를 작동시킬 수 있는 경우는 제외한다.)

> 표시온도가 (㉠)℃ 미만의 것을 사용하고 1개의 스프링클러헤드의 경계면적은 (㉡)m^2 이하로 할 것

① ㉠ 79, ㉡ 8 ② ㉠ 121, ㉡ 8
③ ㉠ 79, ㉡ 20 ④ ㉠ 121, ㉡ 20

해설

1) 폐쇄형 스프링클러헤드를 사용하는 경우
① 표시온도 : 79℃ 미만
② 1개의 스프링클러헤드의 경계면적 : 20m^2 이하로 할 것
③ 부착면의 높이 : 바닥으로부터 5m 이하
④ 하나의 감지장치 경계구역은 하나의 층이 되도록 할 것

2) 화재감지기를 사용하는 경우
① 화재감지기는 자동화재탐지설비의 화재안전기준에 따라 설치할 것
② 화재감지기 회로에는 발신기를 설치할 것

67 스프링클러설비 가압송수장치의 설치기준 중 고가수조를 이용한 가압송수장치에 설치하지 않아도 되는 것은?

① 수위계 ② 배수관
③ 오버플로관 ④ 압력계

해설

1) 고가수조의 구성
① 수위계 ② 배수관
③ 급수관 ④ 오버플로관
⑤ 맨홀

2) 압력수조의 구성
① 수위계 ② 급수관
③ 배수관 ④ 급기관
⑤ 맨홀 ⑥ 압력계
⑦ 안전장치 ⑧ 자동식 공기압축기

68 특별피난계단의 계단실 및 부속실 제연설비의 차압 등에 관한 기준 중 다음 ( ) 안에 알맞은 것은?

> 제연설비가 가동되었을 경우 출입문의 개방에 필요한 힘은 ( )N 이하로 하여야 한다.

① 12.5 ② 40
③ 70 ④ 110

해설

차압 등
1) 제연구역과 옥내와의 사이에 유지하여야 하는 차압의 기준
① 최소 차압 : 40Pa 이상
② 옥내에 스프링클러설비가 설치된 경우 : 12.5Pa 이상
2) 제연설비가 가동되었을 경우 출입문의 개방에 필요한 힘 : 110N 이하
3) 출입문이 일시적으로 개방되는 경우 개방되지 않은 제연구역과 옥내와의 차압 : 기준차압의 70% 이상일 것
4) 계단실과 부속실을 동시에 제연하는 경우 부속실의 기압은 계단실과 같게 하거나 계단실의 기압보다 낮게 할 경우에는 부속실과 계단실의 압력 차이는 5Pa 이하가 되도록 하여야 한다.

정답 66 ③ 67 ④ 68 ④

69 완강기의 최대 사용자 수 기준 중 다음 ( ) 안에 알맞은 것은?

> 최대 사용자 수(1회에 강하할 수 있는 사용자의 최대 수)는 최대 사용하중을 ( )N으로 나누어서 얻은 값으로 한다.

① 250　　② 500
③ 750　　④ 1,500

해설

최대 사용하중 및 최대 사용자 수
1) 완강기, 간이완강기 및 지지대를 사용함에 있어서 당해 완강기, 간이완강기 및 지지대에 가할 수 있는 최대 하중
2) 최대 사용하중 : 1,500N 이상
3) 최대 사용자 수(1회에 강하할 수 있는 사용자의 최대 수) 최대 사용하중을 1,500N으로 나누어서 얻은 값(1 미만 삭제)으로 한다.

70 화재조기진압용 스프링클러설비 가지배관의 배열기준 중 천장의 높이가 9.1m 이상 13.7m 이하인 경우 가지배관 사이의 거리기준으로 옳은 것은?

① 2.4m 이상 3.1m 이하
② 2.4m 이상 3.7m 이하
③ 6.0m 이상 8.5m 이하
④ 6.0m 이상 9.3m 이하

해설

화재조기진압용 스프링클러헤드 설치기준
1) 헤드 하나의 방호면적 : 6.0m^2 이상 9.3m^2 이하
2) 가지배관의 헤드 사이의 거리
   ① 천장의 높이가 9.1m 미만 : 2.4m 이상 3.7m 이하
   ② 천장의 높이가 9.1m 이상 13.7m 이하 : 2.4m 이상 3.1m 이하
3) 헤드의 반사판과 저장물의 최상부의 거리 : 914mm 이상
4) 헤드의 작동온도 : 74℃ 이하
5) 상부에 설치된 헤드의 방출수에 따라 감열부에 영향을 받을 우려가 있는 헤드에는 방출수를 차단할 수 있는 유효한 차폐판을 설치할 것

71 스프링클러설비헤드의 설치기준 중 다음 ( ) 안에 알맞은 것은?

> 살수가 방해되지 아니하도록 스프링클러헤드로부터 반경 (㉠)cm 이상의 공간을 보유할 것. 다만, 벽과 스프링클러헤드 간의 공간은 (㉡)cm 이상으로 한다.

① ㉠ 10, ㉡ 60　　② ㉠ 30, ㉡ 10
③ ㉠ 60, ㉡ 10　　④ ㉠ 90, ㉡ 60

해설

스프링클러헤드의 설치기준
1) 살수가 방해되지 아니하도록 스프링클러헤드로부터 반경 60cm 이상의 공간을 보유할 것
2) 벽과 스프링클러헤드 간의 공간은 10cm 이상으로 할 것
3) 스프링클러헤드와 그 부착면(상향식 헤드의 경우에는 그 헤드의 직상부의 천장 · 반자)과의 거리는 30cm 이하로 할 것
4) 배관 · 행가 및 조명기구 등 살수를 방해하는 것이 있는 경우에는 그로부터 아래에 헤드를 설치하여 살수에 장애가 없도록 할 것(단, 장애물 폭의 3배 이상 거리를 확보한 경우 제외)

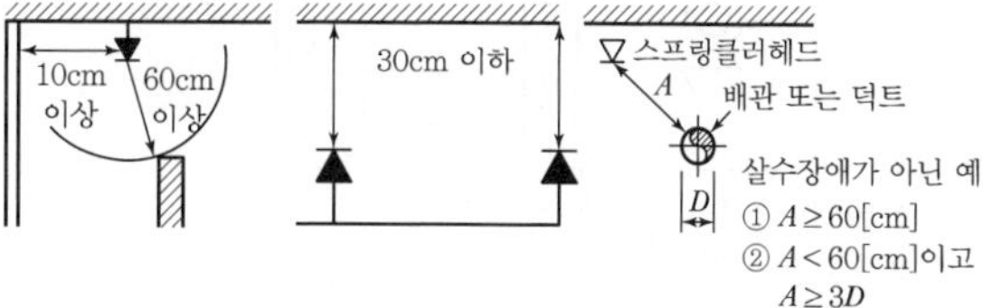

5) 스프링클러헤드의 반사판은 그 부착면과 평행하게 설치할 것
6) 상부에 설치된 헤드의 방출수에 따라 감열부에 영향을 받을 우려가 있는 헤드에는 방출수를 차단할 수 있는 유효한 차폐판을 설치할 것

72 포소화약제의 혼합장치에 대한 설명 중 옳은 것은?

① 라인 프로포셔너 방식이란 펌프의 토출관과 흡입관 사이의 배관 도중에 설치한 흡입기에 펌프에서 토출된 물의 일부를 보내고, 농도조절밸브에서 조정된 포소화약제의 필요량을 포소화약제 탱크에서 펌프 흡입 측으로 보내어 이를 혼합하는 방식을 말한다.

정답　69 ④　70 ①　71 ③　72 ②

② 프레져 사이드 프로포셔너 방식이란 펌프의 토출관에 압입기를 설치하여 포소화약제 압입용 펌프로 포소화약제를 압입시켜 혼합하는 방식을 말한다.
③ 프레져 프로포셔너 방식이란 펌프와 발포기 중간에 설치된 벤추리관의 벤추리작용에 따라 포소화약제를 흡입 · 혼합하는 방식을 말한다.
④ 펌프 프로포셔너 방식이란 펌프와 발포기의 중간에 설치된 벤추리관의 벤추리작용과 펌프 가압수의 포소화약제 저장탱크에 대한 압력에 따라 포소화약제를 흡입 · 혼합하는 방식을 말한다.

해설

1) 펌프 프로포셔너 방식
펌프의 토출관과 흡입관 사이의 배관도중에 설치한 흡입기에 펌프에서 토출된 물의 일부를 보내고, 농도 조절밸브에서 조정된 포소화약제의 필요량을 포소화약제 탱크에서 펌프 흡입 측으로 보내어 이를 혼합하는 방식을 말한다.

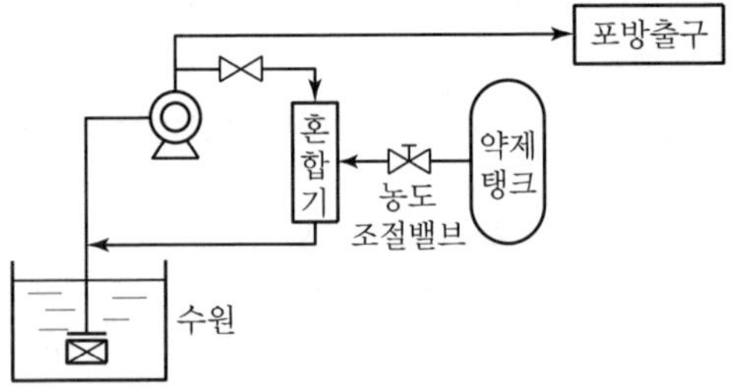

2) 프레져 프로포셔너 방식
펌프와 발포기의 중간에 설치된 벤추리관의 벤추리작용과 펌프 가압수의 포소화약제 저장탱크에 대한 압력에 따라 포소화약제를 흡입 · 혼합하는 방식을 말한다.

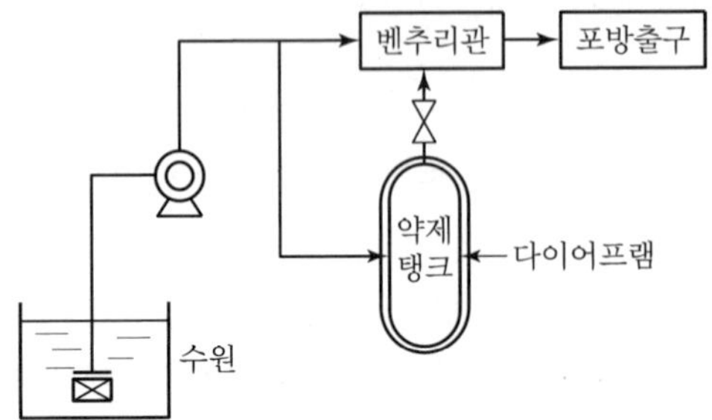

3) 라인 프로포셔너 방식
펌프와 발포기의 중간에 설치된 벤추리관의 벤추리작용에 따라 포소화약제를 흡입 · 혼합하는 방식

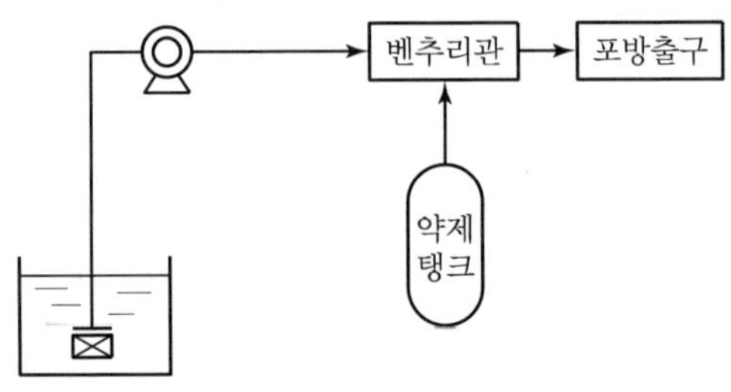

4) 프레져 사이드 프로포셔너 방식
펌프의 토출관에 압입기를 설치하여 포소화약제 압입용 펌프로 포소화약제를 압입시켜 혼합하는 방식

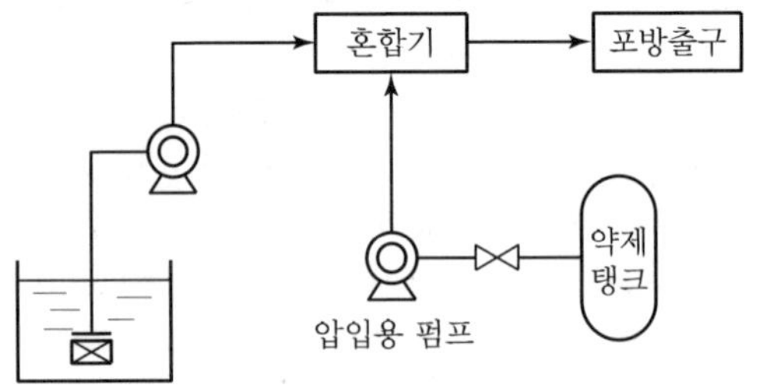

① 라인 프로포셔너 방식 → 펌프 프로포셔너 방식
③ 프레져 프로포셔너 방식 → 라인 프로포셔너 방식
④ 펌프 프로포셔너 방식 → 프레져 프로포셔너 방식

73 전동기 또는 내연기관에 따른 펌프를 이용하는 옥외소화전설비의 가압송수장치의 설치기준 중 다음 ( ) 안에 알맞은 것은?

> 해당 특정소방대상물에 설치된 옥외소화전(2개 이상 설치된 경우에는 2개의 옥외소화전)을 동시에 사용할 경우 각 옥외소화전의 노즐선단에서 방수압력이 (㉠) MPa 이상이고, 방수량이 (㉡)l/min 이상이 되는 성능의 것으로 할 것

① ㉠ 0.17, ㉡ 350　　② ㉠ 0.25, ㉡ 350
③ ㉠ 0.17, ㉡ 130　　④ ㉠ 0.25, ㉡ 130

해설

옥외소화전설비 가압송수장치의 설치기준
1) 옥외소화전이 2개 이상 설치된 경우 2개의 옥외소화전을 동시 사용 시 각 노즐에서의 방수압력 및 방수량은 다음과 같다.

정답 73 ②

① 방수압력 : 0.25MPa 이상 0.7MPa 이하(0.7MPa을 초과 시 감압장치를 설치)
② 방수량 : 350l/min 이상

2) 펌프토출량 : 옥외소화전의 설치개수(2개 이상 2개)에 350l/min를 곱한 양 이상이 되도록 할 것

$$Q[l/\text{min}] = N \times 350[l/\text{min}]$$

3) 펌프의 전양정 H[m]

$$H = h_1 + h_2 + h_3 + 25$$

여기서, h_1 : 소방용 호스의 마찰손실 수두[m]
h_2 : 배관의 마찰손실 수두[m]
h_3 : 실양정(흡입양정+토출양정)[m]
25 : 옥외소화전 노즐에서의 방사압 수두[m]

74 미분무소화설비 용어의 정의 중 다음 ( ) 안에 알맞은 것은?

> "미분무"란 물만을 사용하여 소화하는 방식으로 최소 설계압력에서 헤드로부터 방출되는 물입자 중 99%의 누적체적분포가 (㉠)μm 이하로 분무되고 (㉡)급 화재에 적응성을 갖는 것을 말한다.

① ㉠ 400, ㉡ A, B, C
② ㉠ 400, ㉡ B, C
③ ㉠ 200, ㉡ A, B, C
④ ㉠ 200, ㉡ B, C

해설

1) 미분무의 정의
물만을 사용하여 소화하는 방식으로 최소 설계압력에서 헤드로부터 방출되는 물입자 중 99%의 누적체적분포가 400μm 이하로 분무되고 A, B, C급 화재에 적응성을 갖는 것

2) 미분무소화설비의 분류
① 저압 미분무소화설비 : 최고 사용압력 1.2MPa 이하
② 중압 미분무소화설비 : 1.2MPa 초과 3.5MPa 이하
③ 고압 미분무소화설비 : 최저 사용압력 3.5MPa 초과

75 소화기구의 소화약제별 적응성 중 C급 화재에 적응성이 없는 소화약제는?

① 마른 모래
② 할로겐화합물 및 불활성 기체 소화약제
③ 이산화탄소 소화약제
④ 중탄산염류 소화약제

해설

소화기구의 소화약제별 적응성

소화약제 구분 \ 적응 대상		일반화재 (A급 화재)	유류화재 (B급 화재)	전기화재 (C급 화재)	주방화재 (K급 화재)
가스	이산화탄소 소화약제	–	○	○	–
	할론소화약제	○	○	○	–
	할로겐화합물 및 불활성 기체 소화약제	○	○	○	–
분말	인산염류 소화약제	○	○	○	–
	중탄산염류 소화약제	–	○	○	*
액체	산알칼리성 소화약제	○	○	*	–
	강화액 소화약제	○	○	*	*
	포소화약제	○	○	*	*
	물·침윤 소화약제	○	○	*	*
기타	고체에어로졸 화합물	○	○	○	–
	마른 모래	○	○	–	–
	팽창질석·팽창진주암	○	○	–	–
	그 밖의 것	–	–	–	*

주) "*"적응성은 형식승인 및 제품검사의 기술기준에 따라 화재 종류별 적응성에 적합한 것으로 인정되는 경우에 한한다.

정답 74 ① 75 ①

76 소화약제 외의 것을 이용한 간이소화용구의 능력단위기준 중 다음 ( ) 안에 알맞은 것은?

간이소화용구		능력단위
마른 모래	삽을 상비한 50L 이상의 것 1포	( )단위

① 0.5　② 1
③ 3　④ 5

해설

소화약제 외의 것을 이용한 간이소화용구의 능력단위

간이소화용구		능력단위
마른 모래	삽을 상비한 $50l$ 이상의 것 1포	0.5 단위
• 팽창질석 • 팽창진주암	삽을 상비한 $80l$ 이상의 것 1포	

77 다음과 같은 소방대상물의 부분에 완강기를 설치할 경우 부착 금속구의 부착위치로서 가장 적합한 위치는?

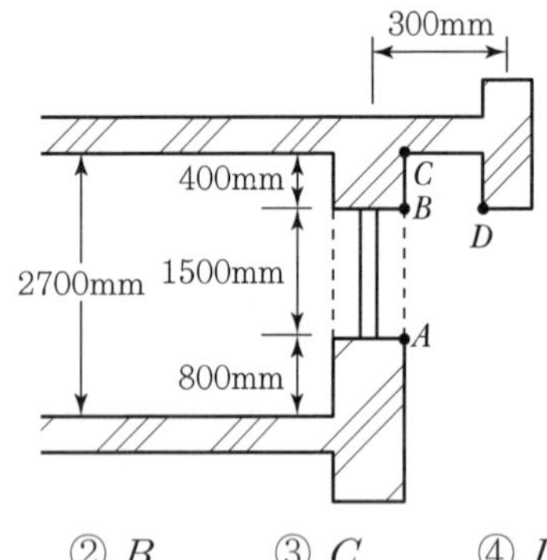

① A　② B　③ C　④ D

해설

완강기 설치기준

1) 강하 시 로프가 소방대상물과 접촉하여 손상되지 아니하도록 할 것
2) 완강기로프의 길이는 피난상 유효한 착지면까지의 길이로 할 것

※ D위치에 설치해야 강하 시 로프가 소방대상물과 접촉하여 손상되지 아니한다.

78 연소방지설비 배관의 설치기준 중 다음 ( ) 안에 알맞은 것은?

> 연소방지설비에 있어서의 수평주행배관의 구경은 100mm 이상의 것으로 하되, 연소방지설비 전용헤드 및 스프링클러헤드를 향하여 상향으로 ( ) 이상의 기울기로 설치하여야 한다.

① 2/100　② 1/1,000
③ 1/100　④ 1/500

해설

1) 수평주행배관(화재안전기준 개정 – 내용 삭제됨)
   ① 구경 : 100mm 이상
   ② 기울기 : 헤드를 향하여 상향으로 1/1,000 이상
2) 연소방지설비 전용헤드를 사용하는 경우 배관의 구경

헤드 수	1개	2개	3개	4~5개	6개 이상
구경[mm]	32	40	50	65	80

79 상수도소화용수설비의 소화전은 특정소방대상물의 수평투영면의 각 부분으로부터 몇 m 이하가 되도록 설치하여야 하는가?

① 200　② 140
③ 100　④ 70

해설

상수도소화용수설비 설치기준

1) 호칭지름 75mm 이상의 수도배관에 호칭지름 100mm 이상의 소화전을 접속할 것
2) 소화전은 소방자동차 등의 진입이 쉬운 도로변 또는 공지에 설치할 것
3) 소화전은 특정소방대상물의 수평투영면의 각 부분으로부터 140m 이하가 되도록 설치할 것

정답　76 ①　77 ④　78 정답 없음　79 ②

80 이산화탄소 소화약제 저압식 저장용기의 충전비로 옳은 것은?

① 0.9 이상 1.1 이하
② 1.1 이상 1.4 이하
③ 1.4 이상 1.7 이하
④ 1.5 이상 1.9 이하

해설

1) 이산화탄소 소화약제 저장용기의 충전비 및 내압시험압력

구분	저압식	고압식
충전비	1.1 이상 1.4 이하	1.5 이상 1.9 이하
내압시험압력	3.5MPa 이상	25MPa 이상

2) 고압식 배관의 안전장치
① 설치위치 : 저장용기와 선택밸브 또는 개폐밸브 사이
② 작동압력 : 내압시험압력의 0.8배

3) 저압식 저장용기
① 안전밸브 : 내압시험압력의 0.64배부터 0.8배의 압력에서 작동
② 봉판 : 내압시험압력의 0.8배부터 내압시험압력에서 작동
③ 저압식 저장용기에는 액면계 및 압력계 설치
④ 압력경보장치 : 2.3MPa 이상 1.9MPa 이하의 압력에서 작동
⑤ 자동냉동장치 : 용기 내부의 온도가 섭씨 영하 18℃ 이하에서 2.1MPa의 압력을 유지

정답 80 ②

소방설비기사(기계분야)

기 · 출 · 문 · 제

2018년 4회

1과목 소방원론

01 염소산염류, 과염소산염류, 알칼리 금속의 과산화물, 질산염류, 과망간산염류의 특징과 화재 시 소화방법에 대한 설명 중 틀린 것은?

① 가열 등에 의해 분해하여 산소를 발생시키고 화재 시 산소의 공급원 역할을 한다.
② 가연물, 유기물, 기타 산화하기 쉬운 물질과 혼합물은 가열, 충격, 마찰 등에 의해 폭발하는 수도 있다.
③ 알칼리금속의 과산화물을 제외하고 다량의 물로 냉각소화한다.
④ 그 자체가 가연성이며 폭발성을 지니고 있어 화약류 취급 시와 같이 주의를 요한다.

해설

제1류 위험물의 특성
1) 상온에서 고체상태이다.
2) 조연성, 조해성 물질이다.
3) 가열 · 충격 및 다른 화학제품과 접촉 시 쉽게 분해하여 산소를 방출한다.
4) 무기과산화물은 물과 접촉 시 산소를 방출하기 때문에 주수소화가 불가능하다.
$2Na_2O_2 + 2H_2O \rightarrow 4NaOH + O_2$

④ 그 자체가 가연성이며 폭발성 → 그 자체는 불연성이고 가열, 충격 등에 의해 발생하는 산소에 의해 연소를 도와주는 조연성이다.

02 어떤 기체가 0℃, 1기압에서 부피가 11.2L, 기체질량이 22g이었다면 이 기체의 분자량은?(단, 이상기체로 가정한다.)

① 22　　② 35
③ 44　　④ 56

해설

이상기체 상태방정식

$PV = nRT \quad PV = \frac{W}{M}RT$

여기서, P : 절대압력[atm], V : 체적[l]
n : 몰수$\left(n = \frac{W}{M}\right)$, W : 기체의 질량[g]
M : 분자량
R : 기체상수(0.082[atm · l / mol · K])
T : 절대온도[K]

[풀이]
P : 1[atm], V : 11.2[l], W : 22[g], M : 분자량
R : 0.082[atm · l / mol · K], T : 273+0℃[K]

$$1[\text{atm}] \times 11.2[l] = \frac{22[\text{g}]}{M} \times 0.082[\text{atm} \cdot l/\text{mol} \cdot \text{K}] \times 273[K]$$

$$M = \frac{22[\text{g}] \times 0.082[\text{atm} \cdot l/\text{mol} \cdot \text{K}] \times 273[\text{K}]}{1[\text{atm}] \times 11.2[l]} = 44$$

03 소방시설 설치 및 관리에 관한 법령에 따른 개구부의 기준으로 틀린 것은?

① 해당 층의 바닥면으로부터 개구부 밑부분까지의 높이가 1.5m 이내일 것
② 크기는 지름 50cm 이상의 원이 내접할 수 있는 크기일 것
③ 도로 또는 차량이 진입할 수 있는 빈터를 향할 것
④ 내부 또는 외부에서 쉽게 부수거나 열 수 있을 것

해설

무창층
지상층 중 다음 각 목의 요건을 모두 갖춘 개구부의 면적의 합계가 해당 층의 바닥면적의 30분의 1 이하가 되는 층
1) 크기는 지름 50cm 이상의 원이 내접할 수 있는 크기일 것
2) 해당 층의 바닥면으로부터 개구부 밑부분까지의 높이가 1.2m 이내일 것
3) 도로 또는 차량이 진입할 수 있는 빈터를 향할 것

정답 01 ④ 02 ③ 03 ①

4) 화재 시 건축물로부터 쉽게 피난할 수 있도록 창살이나 그 밖의 장애물이 설치되지 아니할 것
5) 내부 또는 외부에서 쉽게 파괴되거나 열 수 있을 것

① 해당 층의 바닥면으로부터 개구부 밑부분까지의 높이가 1.5m 이내 → 1.2m 이내일 것

04 제4류 위험물의 물리 · 화학적 특성에 대한 설명으로 틀린 것은?

① 증기비중은 공기보다 크다.
② 정전기에 의한 화재발생위험이 있다.
③ 인화성 액체이다.
④ 인화점이 높을수록 증기발생이 용이하다.

해설

제4류 위험물의 특성
1) 상온에서 액체이며 인화의 위험성이 높다(인화성 액체).
2) 대부분 물보다 가볍다(CS_2 제외).
3) 증기는 공기보다 무겁다(HCN 제외).
4) 가연성 혼합기가 형성된 상태에서는 정전기에 의한 발화 위험성이 크다.
5) 인화점이 낮을수록 위험하다.

④ 인화점이 높을수록 → 낮을수록

05 갑종방화문과 을종방화문의 비차열 성능은 각각 최소 몇 분 이상이어야 하는가?

① 갑종 : 90분, 을종 : 40분
② 갑종 : 60분, 을종 : 30분
③ 갑종 : 45분, 을종 : 20분
④ 갑종 : 30분, 을종 : 10분

해설

방화문의 구분(2021년 개정)

방화문의 종류	성능
60분+방화문	연기 및 불꽃차단시간 60분 이상 + 열차단시간 30분 이상
60분방화문	연기 및 불꽃차단시간 60분 이상
30분방화문	연기 및 불꽃차단시간 30분 이상 60분 미만

06 피난로의 안전구획 중 2차 안전구획에 속하는 것은?

① 복도
② 계단부속실(계단전실)
③ 계단
④ 피난층에서 외부와 직면한 현관

해설

피난시설의 안전구획
1) 1차 안전구획 : 복도
2) 2차 안전구획 : 특별피난계단의 부속실(전실)
3) 3차 안전구획 : 계단

07 할론계 소화약제의 주된 소화효과 및 방법에 대한 설명으로 옳은 것은?

① 소화약제의 증발잠열에 의한 소화방법이다.
② 산소의 농도를 15% 이하로 낮게 하는 소화방법이다.
③ 소화약제의 열분해에 의해 발생하는 이산화탄소에 의한 소화방법이다.
④ 자유활성기(free radical)의 생성을 억제하는 소화방법이다.

해설

① 소화약제의 증발잠열에 의한 소화방법이다. → 냉각소화(물 소화약제)
② 산소의 농도를 15% 이하로 낮게 하는 소화방법이다. → 질식소화(이산화탄소 소화약제)
③ 소화약제의 열분해에 의해 발생하는 이산화탄소에 의한 소화방법이다. → 분말소화약제
④ 자유활성기(free radical)의 생성을 억제하는 소화방법이다. → 억제소화(할론소화약제)

08 유류탱크의 화재 시 탱크 저부의 물이 뜨거운 열류층에 의하여 수증기로 변하면서 급작스런 부피 팽창을 일으켜 유류가 탱크 외부로 분출하는 현상은?

① 슬롭오버(Slop Over)
② 블레비(BLEVE)

정답 04 ④ 05 정답 없음 06 ② 07 ④ 08 ③

③ 보일오버(Boil Over)
④ 파이어볼(Fire Ball)

해설

1) 슬롭오버(Slop Over) : 연소하고 있는 액면에 물이 뿌려지면 액면의 기름과 물이 함께 탱크외부로 비산하는 현상
2) 블레비(BLEVE) : 탱크 주위 화재로 탱크 내 인화성 액체가 비등하고 가스부분의 압력이 상승하여 탱크가 파괴되고 폭발을 일으키는 현상
3) 보일오버(Boil Over) : 중질유 화재 시 탱크하부의 물이 팽창하여 물과 기름이 비산, 분출하는 현상
4) 파이어볼(Fire Ball) : 강력한 폭발 발생 후 화염이 버섯구름 형태로 만들어진 후 공(Ball) 모양의 형태가 되는 현상
5) 프로스오버(Froth Over) : 물이 점성이 있는 뜨거운 기름 표면 아래에서 끓을 때 화재를 수반하지 않고 용기가 넘치는 현상

09 어떤 유기화합물을 원소 분석한 결과 중량백분율이 C : 39.9%, H : 6.7%, O : 53.4%인 경우 이 화합물의 분자식은?(단, 원자량은 C=12, O=16, H=1이다.)

① $C_3H_8O_2$ ② $C_2H_4O_2$
③ C_2H_4O ④ $C_2H_6O_2$

해설

1) 원자량은 C=12, H=1, O=16
2) $C : H : O = \frac{39.9}{12} : \frac{6.7}{1} : \frac{53.4}{16}$
$C : H : O = 3.33 : 6.7 : 3.33 = 1 : 2 : 1$
3) 실험식 : CH_2O
4) 분자식 : $CH_2O \times 2 = C_2H_4O_2$

10 내화구조에 해당하지 않는 것은?

① 철근콘크리트조로 두께가 10cm 이상인 벽
② 철근콘크리트조로 두께가 5cm 이상인 외벽 중 비내력벽
③ 벽돌조로서 두께가 19cm 이상인 벽
④ 철골철근콘크리트조로서 두께가 10cm 이상인 벽

해설

내화구조의 기준(건축물의 피난 · 방화 등에 관한 규칙 제3조)

구조부의 구분		내화구조의 기준
벽	벽	• 철근, 철골 · 철근콘크리트조로서 두께가 10cm 이상인 것 • 골구를 철골조로 하고 그 양면을 두께 4cm 이상의 철망 모르타르 또는 두께 5cm 이상의 콘크리트 블록 · 벽돌 또는 석재로 덮은 것 • 철재로 보강된 콘크리트 블록조, 벽돌조, 석조로서 철재에 덮은 콘크리트 블록의 두께가 5cm 이상인 것 • 벽돌조로서 두께가 19cm 이상인 것
	외벽 중 비내력벽	• 철근콘크리트조, 철골 · 철근콘크리트조로서 두께가 7cm 이상인 것 • 골구를 철골조로 하고 그 양면을 두께 3cm 이상의 철망 모르타르로 덮은 것 또는 두께 4cm 이상의 콘크리트 블록 · 벽돌 또는 석재로 덮은 것 • 철재로 보강된 콘크리트 블록조, 벽돌조, 석조로서 철재에 덮은 콘크리트 블록의 두께가 4cm 이상인 것

11 소방시설 중 피난구조설비에 해당하지 않는 것은?

① 무선통신보조설비 ② 완강기
③ 구조대 ④ 공기안전매트

해설

피난구조설비의 분류
1) 피난기구
① 피난교 ② 구조대
③ 피난용 트랩 ④ 미끄럼대
⑤ 완강기 ⑥ 간이완강기
⑦ 공기안전매트 ⑧ 피난사다리
⑨ 다수인 피난장비 ⑩ 승강식 피난기

2) 인명구조기구
① 방화복 ② 방열복
③ 공기호흡기 ④ 인공소생기

정답 09 ② 10 ② 11 ①

3) 유도등 및 유도표지
① 피난구유도등 ② 통로유도등
③ 객석유도등 ④ 유도표지
⑤ 피난유도선

4) 비상조명등 및 휴대용 비상조명등

① 무선통신보조설비 → 소화활동설비

12 연소의 4요소 중 자유활성기(free radical)의 생성을 저하시켜 연쇄반응을 중지시키는 소화방법은?

① 제거소화 ② 냉각소화
③ 질식소화 ④ 억제소화

해설

1) 물리적 소화
① 연소의 3요소 중 한 가지를 차단하여 소화하는 방법
② 점화원을 제거하는 냉각소화
③ 산소를 제거하는 질식소화
④ 가연물을 제거하는 제거소화

2) 화학적 소화
① 연소의 4요소인 연쇄반응을 억제(자유활성기의 생성 저하)하여 소화하는 방법
② 억제소화 또는 부촉매소화라 한다.

13 소화약제로 사용할 수 없는 것은?

① $KHCO_3$ ② $NaHCO_3$
③ CO_2 ④ NH_3

해설

분말소화약제의 종류

종별	분자식	착색	적응 화재	충전비 [l/kg]
제1종 분말	탄산수소나트륨 ($NaHCO_3$)	백색	BC급	0.8
제2종 분말	탄산수소칼륨 ($KHCO_3$)	담회색 (담자색)	BC급	1.0
제3종 분말	제1인산암모늄 ($NH_4H_2PO_4$)	담홍색	ABC급	1.0
제4종 분말	탄산수소칼륨 + 요소 ($KHCO_3 + (NH_2)_2CO$)	회색	BC급	1.25

③ CO_2(이산화탄소 소화약제) : 질식소화, 냉각소화
④ NH_3(암모니아) : 독성과 자극성이 있는 물질로서 소화약제로 부적합

14 폭연에서 폭굉으로 전이되기 위한 조건에 대한 설명으로 틀린 것은?

① 정상연소속도가 작은 가스일수록 폭굉으로 전이가 용이하다.
② 배관 내에 장애물이 존재할 경우 폭굉으로 전이가 용이하다.
③ 배관의 관경이 가늘수록 폭굉으로 전이가 용이하다.
④ 배관 내 압력이 높을수록 폭굉으로 전이가 용이하다.

해설

1) 폭연-폭굉으로의 전이과정

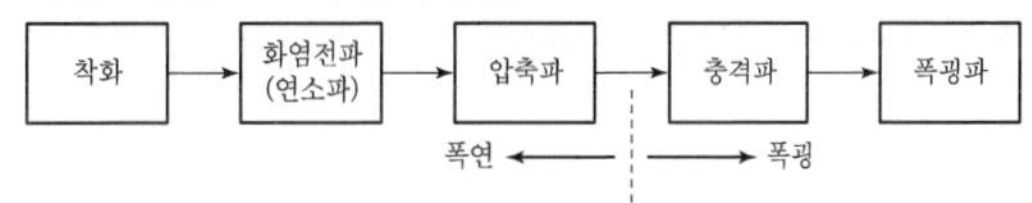

2) 폭굉 유도거리가 짧아지는 요건
① 배관의 내면이 거칠거나 장애물이 있는경우
② 배관구경이 적정한 크기일 때(배관의 길이가 배관직경의 10배 이상일 때)
③ 배관 내 미연소가스의 온도 및 압력이 높을수록
④ 가연성 가스의 연소속도가 빠르고 연소열이 클수록

① 정상연소속도가 작은 가스일수록 → 연소속도가 클수록

15 제3종 분말소화약제에 대한 설명으로 틀린 것은?

① A, B, C급 화재에 모두 적응한다.
② 주성분은 탄산수소칼륨과 요소이다.
③ 열분해 시 발생되는 불연성 가스에 의한 질식효과가 있다.
④ 분말운무에 의한 열방사를 차단하는 효과가 있다.

해설

제3종 분말 소화약제($NH_4H_2PO_4$)

1) 소화효과
A급, B급, C급의 어떤 화재에도 사용할 수 있기 때문에 ABC 분말소화약제라 한다.

정답 12 ④ 13 ④ 14 ① 15 ②

① 열분해 시 흡열 반응에 의한 냉각효과
② 열분해 시 발생되는 불연성 가스(NH_3, H_2O 등)에 의한 질식 효과
③ 반응 과정에서 생성된 메타인산(HPO_3)의 방진효과 (A급 화재에 적응성)
④ 열분해 시 유리된 NH_4^+에 의한 부촉매소화
⑤ 분말 운무에 의한 열방사의 차단 효과

2) 열분해 반응식
$NH_4H_2PO_4 \rightarrow NH_3 + H_2O + HPO_3$
190℃ : $NH_4H_2PO_4 \rightarrow H_3PO_4$(올소인산) + NH_3
215℃ : $2H_3PO_4 \rightarrow H_4P_2O_7$(피로인산) + H_2O
300℃ : $H_4P_2O_7 \rightarrow 2HPO_3$(메타인산) + H_2O

② 주성분은 탄산수소칼륨과 요소 → 주성분은 제1인산암모늄

16 비열이 가장 큰 물질은?

① 구리 ② 수은
③ 물 ④ 철

해설

비열(Specific heat)
1) 어떤 물질 1[kg]의 온도를 1℃ 높이는 데 필요한 열량
2) 물의 비열
물 1g을 14.5℃에서 15.5℃까지 1℃ 올리는 데 필요한 열량
물의 비열 1[cal/g℃], 1[kcal/kg℃], 4.184[J/g℃], 4.184 [kJ/kg℃]
3) 각 물질의 비열

물질	구리	수은	물	철
비열	0.0924 [cal/g℃]	0.033 [cal/g℃]	1 [cal/g℃]	0.107 [cal/g℃]

17 TLV(Threshold Limit Value)가 가장 높은 가스는?

① 시안화수소 ② 포스겐
③ 일산화탄소 ④ 이산화탄소

해설

1) TLV-TWA(Threshold Limit Value-Time Weighted Average) : 독성가스 허용농도
시간가중치로서 거의 모든 노동자가 1일 8시간 또는 주 40시간의 평상작업에 있어서 악 영향을 받지 않는다고 생각되는 농도

물질	시안화수소	포스겐	일산화탄소	이산화탄소
TLV	10ppm	0.1 ppm	25ppm	5,000ppm

2) LD_{50}(Lethal Dose Fifty)
LD_{50}은 실험동물에 화학물질, 약품 등을 투여한 경우, 실험동물의 50%가 사망하는 약품 투여량(mg/kg 실험동물)을 말한다.

3) LC_{50}(Lethal Concentration Fifty)
LC_{50}은 실험동물에 화학물질, 약품 등을 일정시간 흡입시킨 후 실험동물의 50%가 사망하는 약품농도(ppm, mg/m^3)를 말한다.

18 경유화재가 발생했을 때 주수소화가 오히려 위험할 수 있는 이유는?

① 경유는 물과 반응하여 유독가스를 발생시키므로
② 경유의 연소열로 인하여 산소가 방출되어 연소를 돕기 때문에
③ 경유는 물보다 비중이 가벼워 화재면의 확대 우려가 있으므로
④ 경유가 연소할 때 수소가스를 발생하여 연소를 돕기 때문에

해설

유류화재 시 주수소화가 불가한 이유
1) 4류 위험물은 대부분 물보다 가볍기 때문에 유류화재 시 주수하면 탱크 내에서 물은 가라앉고 기름은 뜨게 된다.
2) 이때 계속 주수하게 되면 기름이 탱크 밖으로 넘치게 되어 연소면이 확대된다.
3) 또한 슬롭오버에 의해 액면의 기름과 물이 탱크 외부로 비산하여 화염이 확산된다.

정답 16 ③ 17 ④ 18 ③

19 건축물의 피난 · 방화구조 등의 기준에 관한 규칙에 따른 철망모르타르로서 그 바름 두께가 최소 몇 cm 이상인 것을 방화구조로 규정하는가?

① 2　② 2.5
③ 3　④ 3.5

해설

방화구조의 종류 및 기준

방화구조	기준
철망모르타르	바름 두께가 2cm 이상
석면시멘트 판 또는 석고판 위에 시멘트모르타르 또는 회반죽을 바른 것	두께의 합계가 2.5cm 이상
시멘트모르타르 위에 타일을 붙인 것	두께의 합계가 2.5cm 이상
심벽에 흙으로 맞벽치기한 것	해당 없음
한국산업표준이 정하는 바에 따라 시험한 결과	방화 2급 이상에 해당

20 다음 중 분진폭발의 위험성이 가장 낮은 것은?

① 소석회　② 알루미늄분
③ 석탄분말　④ 밀가루

해설

분진폭발

1) 미세한 고체분진이 공기중에 부유하여 적당한 양으로 혼합되어있을 때 점화원이 작용하여 폭발하는 현상
2) 분진폭발을 일으키는 물질
   금속분진, 곡류의 분진, 플라스틱분진, 석탄분진 등
3) 분진폭발을 일으키지 않는 물질
   생석회[CaO], 소석회[$Ca(OH)_2$], 시멘트, 팽창질석, 팽창진주암 등

2과목 소방유체역학

21 관 내에서 물이 평균속도 9.8m/s로 흐를 때의 속도수두는 약 몇 m인가?

① 4.9　② 9.8　③ 48　④ 128

해설

속도수두

$$h = \frac{V^2}{2g}[\text{m}]$$

여기서, h : 속도수두[m], V : 유속[m/s]
g : 중력가속도 9.8[m/s^2]

[풀이]

$$h = \frac{9.8^2}{2 \times 9.8} = 4.9[\text{m}]$$

22 다음 기체, 유체, 액체에 대한 설명 중 옳은 것만을 모두 고른 것은?

ⓐ 기체 : 매우 작은 응집력을 가지고 있으며, 자유표면을 가지지 않고 주어진 공간을 가득 채우는 물질
ⓑ 유체 : 전단응력을 받을 때 연속적으로 변형하는 물질
ⓒ 액체 : 전단응력이 전단변형률과 선형적인 관계를 가지는 물질

① ⓐ, ⓑ　② ⓐ, ⓒ
③ ⓑ, ⓒ　④ ⓐ, ⓑ, ⓒ

해설

1) 기체 : 매우 작은 응집력을 가지고 있으며, 자유표면을 가지지 않고 주어진 공간을 가득 채우는 물질
2) 유체 : 전단력을 받았을 때 저항하지 못하고 연속적으로 변형하는 물질
3) 액체 : 비압축성 유체로서 액체는 자유롭게 모양을 바꿀 수 있으나 그 부피는 압력과 상관없이 거의 일정하다.
4) 뉴턴유체 : 전단응력과 전단변형률의 관계가 선형적인 관계를 가지는 물질

정답　19 ①　20 ①　21 ①　22 ①

23 이상기체의 등엔트로피 과정에 대한 설명 중 틀린 것은?

① 폴리트로픽 과정의 일종이다.
② 가역 단열과정에서 나타난다.
③ 온도가 증가하면 압력이 증가한다.
④ 온도가 증가하면 비체적이 증가한다.

해설

등엔트로피 과정

1) 외부와 열교환이 없는 완전 단열된 실린더 내에서 기체를 압축하는 과정 등이 등엔트로피 과정의 예이다.
2) 기체가 압축 또는 팽창되는 과정에서 엔트로피 변화가 없다면 주변과의 열교환이 없음을 의미한다.
3) 가역 단열(등엔트로피)과정에서의 온도, 압력, 체적의 관계

$$\frac{T_2}{T_1}=\left(\frac{P_2}{P_1}\right)^{\frac{k-1}{k}}=\left(\frac{V_1}{V_2}\right)^{k-1}$$

① 폴리트로픽 과정의 일종이다.
② 가역 단열과정은 반드시 등엔트로피 과정이다.
③ 온도가 증가하면 압력이 증가한다.
④ 온도가 증가하면 비체적은 감소한다.

24 관 A에는 비중 S_1=1.5인 유체가 있으며, 마노미터 유체는 비중 S_2=13.6인 수은이고, 마노미터에서의 수은의 높이 차 h_2는 20cm이다. 이후 관 A의 압력을 종전보다 40kPa 증가했을 때, 마노미터에서 수은의 새로운 높이 차(h_2')는 약 몇 cm인가?

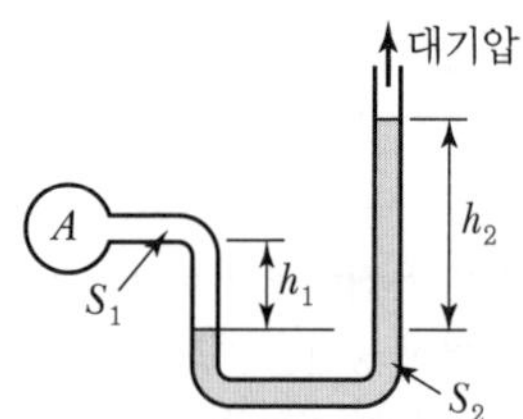

① 28.4 ② 35.9
③ 46.2 ④ 51.8

해설

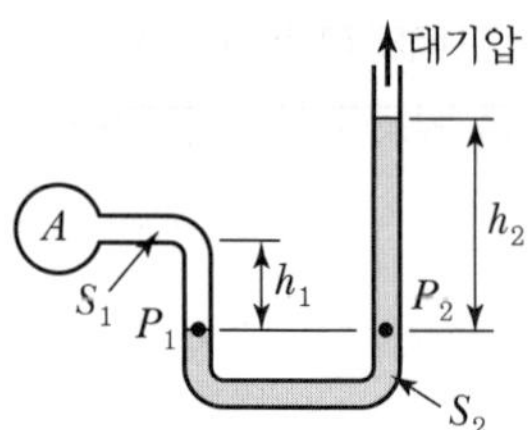

1) $P_1 = P_2$

$P_1 = P_A + \gamma_1 h_1$, $P_2 = \gamma_2 h_2$

$P_A + \gamma_1 h_1 = \gamma_2 h_2$ 여기서, $\gamma = S\gamma_w$이므로

$P_A + S_1 \gamma_w h_1 = S_2 \gamma_w h_2$

2) 처음 상태에서 $P_A = 0$[kPa]로 하여 h_1을 구하면

$0+1.5\times 9.8[\text{kN/m}^3]\times h_1$

$=13.6\times 9.8[\text{kN/m}^3]\times 0.2[\text{m}]$

$$h_1 = \frac{13.6\times 9.8\times 0.2}{1.5\times 9.8} = 1.8133[\text{m}]$$

3) 나중 상태 $P_A = 0+40 = 40$[kPa]일 때 h_2'

$40[\text{kN/m}^2]+1.5\times 9.8[\text{kN/m}^3]\times 1.8133[\text{m}]$

$=13.6\times 9.8[\text{kN/m}^3]\times h_2'[\text{m}]$

$$h_2' = \frac{(40+1.5\times 9.8\times 1.8133)}{13.6\times 9.8} = 0.50011[\text{m}]$$

$=50.01[\text{cm}]$

25 피스톤의 지름이 각각 10mm, 50mm인 두 개의 유압장치가 있다. 두 피스톤에 안에 작용하는 압력은 동일하고, 큰 피스톤이 1,000N의 힘을 발생시킨다고 할 때 작은 피스톤에서 발생시키는 힘은 약 몇 N인가?

① 40
② 400
③ 25,000
④ 245,000

정답 23 ④ 24 ④ 25 ①

해설

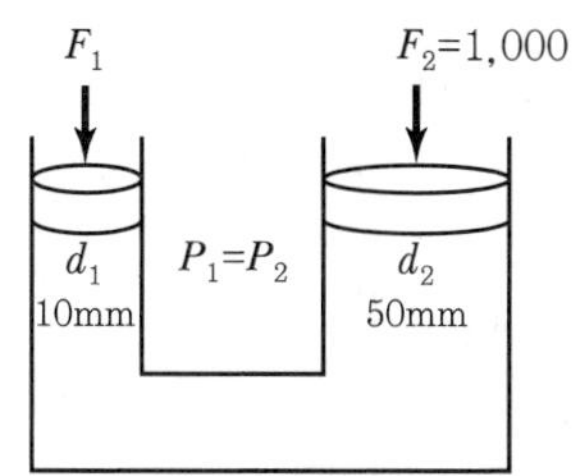

1) 두 피스톤에 안에 작용하는 압력은 동일

$P_1 = P_2$ 　　여기서, $P = \frac{F}{A}$ 이므로

$$\frac{F_1}{A_1} = \frac{F_2}{A_2}, \quad \frac{F_1}{\frac{\pi d_1^2}{4}} = \frac{F_2}{\frac{\pi d_2^2}{4}}, \quad \frac{F_1}{d_1^2} = \frac{F_2}{d_2^2}$$

2) 작은 피스톤에서 발생시키는 힘

$$F_1 = \frac{d_1^2}{d_2^2} F_2 = \frac{10^2}{50^2} \times 1,000 = 40[\text{N}]$$

26 펌프의 캐비테이션을 방지하기 위한 방법으로 틀린 것은?

① 펌프의 설치 위치를 낮추어서 흡입양정을 작게 한다.
② 흡입관을 크게 하거나 밸브, 플랜지 등을 조정하여 흡입손실수두를 줄인다.
③ 펌프의 회전속도를 높여 흡입속도를 크게 한다.
④ 2대 이상의 펌프를 사용한다.

해설

공동(Cavitation)현상

1) 정의

펌프 흡입 측 배관에서 발생될 수 있는 현상으로 흡수되는 물의 압력이 그 온도에서의 포화증기압보다 작게 되면 물이 급격하게 증발되어 기포가 생성되는 현상이다. 기포가 흐름을 따라 이동하면서 진동, 소음을 수반하고 심한 경우 양수불능까지도 초래하게 된다.

2) 공동현상의 발생원인 및 방지대책

발생원인	방지대책
흡입 측 배관 내 물의 온도가 높은 경우	배관 내 물의 온도를 낮게 유지한다.
흡입 측 배관 내 물의 압력이 낮은 경우	배관 내 물의 압력을 높게 유지한다.
흡입 측 배관의 마찰손실이 큰 경우	배관의 마찰손실을 작게 한다.
흡입 측 배관의 유속이 빠른 경우	배관 내 유체의 유속을 낮게 한다.
흡입 측 배관의 구경이 작은 경우	배관의 구경을 크게 한다. (양흡입펌프 사용)
흡입 측 배관의 길이가 긴 경우	흡입양정을 작게 한다.

27 2cm 떨어진 두 수평한 판 사이에 기름이 차 있고, 두 판 사이의 정중앙에 두께가 매우 얇은 한 변의 길이가 10cm인 정사각형 판이 놓여 있다. 이 판을 10cm/s의 일정한 속도로 수평하게 움직이는 데 0.02N의 힘이 필요하다면, 기름의 점도는 약 몇 N · s/m²인가?(단, 정사각형 판의 두께는 무시한다.)

① 0.1　　② 0.2
③ 0.01　　④ 0.02

해설

전단응력

$$\tau[\text{N/m}^2] = \mu \frac{du}{dy}$$

여기서, τ : 전단응력[N/m²], μ : 점성계수[kg/m · s]
$\frac{du}{dy}$: 속도구배

[풀이]

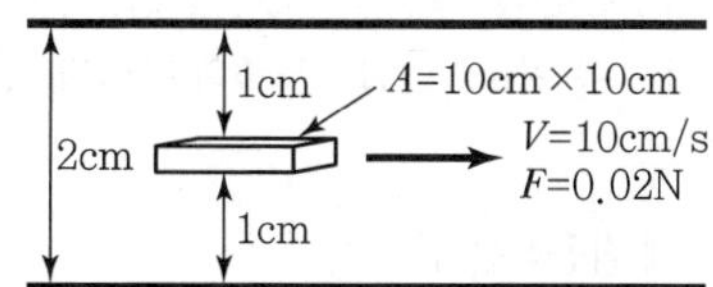

정답　26 ③　27 ①

정중앙의 판에 위쪽과 아래쪽으로 균일하게 2배의 전단응력이 작용한다.

1) $\tau[N/m^2] = \frac{F}{A}[N/m^2] = \mu\frac{du}{dy}\times 2$

2) $F=0.02[N]$

$A=10[cm]\times 10[cm]=0.1[m]\times 0.1[m]=0.01[m^2]$

$V=10[cm/s]=0.1[m/s]$

$y=2[cm]\times\frac{1}{2}=1[cm]=0.01[m]$

3) $\tau[N/m^2]=\mu\frac{du}{dy}\times 2$, $\frac{F}{A}[N/m^2]=\mu\frac{du}{dy}\times 2$

$\frac{0.02}{(0.1\times 0.1)}[N/m^2]=\mu\times\frac{0.1[m/s]}{0.01[m]}\times 2$

점성계수 $\mu=\frac{0.02}{(0.1\times 0.1)}\times\frac{0.01}{0.1\times 2}$

$=0.1[N\cdot s/m^2]$

28 그림과 같이 스프링상수(Spring Constant)가 10N/cm인 4개의 스프링으로 평판 A를 벽 B에 그림과 같이 설치되어 있다. 이 평판에 유량 $0.01m^3/s$, 속도 10m/s인 물제트가 평판 A의 중앙에 직각으로 충돌할 때, 물제트에 의해 평판과 벽 사이의 단축되는 거리는 약 몇 cm인가?

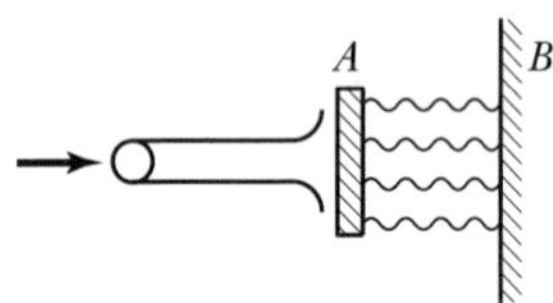

① 2.5 ② 5 ③ 10 ④ 40

해설

고정평판에 작용하는 힘 F[N]

$$F=\rho Q V \qquad F=\rho A V^2$$

여기서, ρ : 밀도$[N\cdot s^2/m^4]$, Q : 유량$[m^3/s]$

V : 유속[m/s], A : 노즐의 단면적$[m^2]$

[풀이]

1) 고정평판에 작용하는 힘

물의 밀도 ρ : $1,000[N\cdot s^2/m^4]$

유량 Q : $0.01[m^3/s]$, 속도 V : 10[m/s]

$F=1,000[N\cdot s^2/m^4]\times 0.01[m^3/s]\times 10[m/s]$

$=100[N]$

2) 평판과 벽 사이의 단축되는 거리

스프링상수$[N/cm]=\frac{F[N]}{l[cm]}$

$10[N/cm]\times 4$개$=\frac{100[N]}{l[cm]}$

$l=\frac{100[N]}{40[N/cm]}=2.5[cm]$

29 파이프 단면적이 2.5배로 급격하게 확대되는 구간을 지난 후의 유속이 1.2m/s이다. 부차적 손실계수가 0.36이라면 급격확대로 인한 손실수두는 몇 m인가?

① 0.0264 ② 0.0661

③ 0.165 ④ 0.331

해설

급격한 확대관에서의 부차적 손실

$$H_l=K\frac{V_1^2}{2g}$$

여기서, K : 손실계수(급격한 확대관)

V_1 : 확대 전 배관의 유속[m/s]

[풀이]

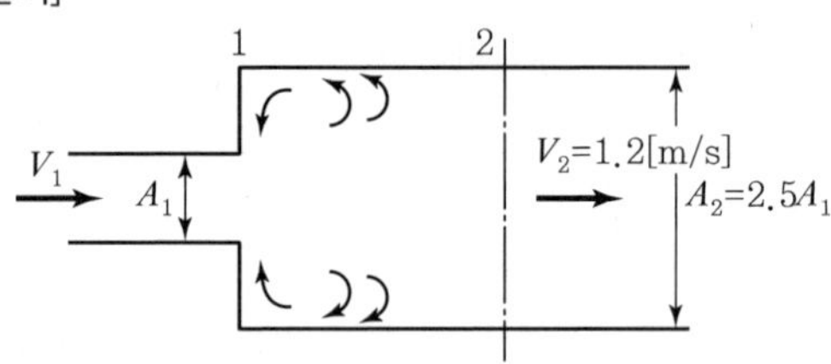

1) 확대 전 배관의 유속 V_1

$Q_1=Q_2$, $A_1V_1=A_2V_2$

문제의 조건에서 $A_2=2.5A_1$, $V_2=1.2[m/s]$

$A_1V_1=2.5A_1V_2$, $A_1V_1=2.5A_1\times 1.2[m/s]$

$V_1=2.5\times 1.2=3[m/s]$

2) 급격확대로 인한 손실수두

$H_l=0.36\times\frac{3^2}{2\times 9.8}=0.165[m]$

정답 28 ① 29 ③

30 관로에서 20℃의 물이 수조에 5분 동안 유입되었을 때 유입된 물의 중량이 60kN이라면 이때 유량은 몇 m^3/s인가?

① 0.015　② 0.02
③ 0.025　④ 0.03

해설

유체의 연속방정식

1) 질량유량($\overline{m}$ [kg/s] : Mass Flowrate)

$$\overline{m}\,[\text{kg/s}] = \rho A V \qquad \rho_1 A_1 V_1 = \rho_2 A_2 V_2$$

2) 중량유량($\overline{G}$[N/s][kg_f/s] : Weight Flowrate)

$$\overline{G}[\text{N/s}] = \gamma A V \qquad \gamma_1 A_1 V_1 = \gamma_2 A_2 V_2$$

3) 체적유량(Q[m^3/s] : Volumetric Flowrate)
비압축성 유체일 경우는 $\rho_1 = \rho_2$, $\gamma_1 = \gamma_2$ 이므로

$$Q[\text{m}^3/\text{s}] = A V \qquad A_1 V_1 = A_2 V_2$$

여기서, A : 배관의 단면적[m^2], V : 유속[m/s]
ρ : 밀도[kg/m^3], γ : 비중량[N/m^3]

[풀이]
중량유량

$$\overline{G} = \frac{60\text{kN}}{5\text{min} \times \dfrac{60\text{s}}{1\text{min}}} = 0.2[\text{kN/s}]$$

$\overline{G}[\text{N/s}] = \gamma A V$　　여기서, $Q = AV$이므로
$= \gamma\,[\text{N/m}^3] \times Q[\text{m}^3/\text{s}]$
$\overline{G}[\text{kN/s}] = \gamma\,[\text{kN/m}^3] \times Q[\text{m}^3/\text{s}]$
$0.2\,[\text{kN/s}] = 9.8\,[\text{kN/m}^3] \times Q[\text{m}^3/\text{s}]$

$$Q = \frac{0.2}{9.8} = 0.02[\text{m}^3/\text{s}]$$

31 관 내에 물이 흐르고 있을 때, 그림과 같이 액주계를 설치하였다. 관 내에서 물의 유속은 약 몇 m/s인가?

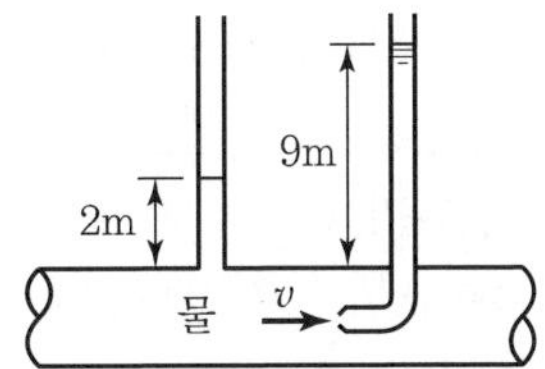

① 2.6　② 7
③ 11.7　④ 137.2

해설

관 내에서 물의 유속

1) 피토관의 수두(전압수두) : 9[m]
전압수두 = 정압수두 + 동압수두

2) 정압관의 수두(정압수두) : 2[m]

3) 동압수두(속도수두)
동압수두 = 전압수두 − 정압수두
동압수두 = 9m − 2m = 7[m]

4) 유속(토리첼리 정리)

$$V = \sqrt{2gh}$$

여기서, V : 유속[m/s], h : 속도수두[m]
g : 중력가속도 9.8[m/s^2]

$$V = \sqrt{2 \times 9.8 \times 7} = 11.71[\text{m/s}]$$

32 펌프를 이용하여 10m 높이 위에 있는 물탱크로 유량 0.3m^3/min의 물을 퍼 올리려고 한다. 관로 내 마찰손실수두가 3.8m이고, 펌프의 효율이 85%일 때 펌프에 공급해야 하는 동력은 약 몇 W인가?

① 128　② 796
③ 677　④ 219

정답　30 ②　31 ③　32 ②

해설

축동력

모터에 의해 실제로 펌프에 주어지는 동력(전달계수 K가 없다.)

$$L_s[\text{kW}] = \frac{\gamma[\text{N/m}^3] \times Q[\text{m}^3/\text{s}] \times H[\text{m}]}{1{,}000\eta}$$

여기서, L_s : 축동력[kW], γ : 비중량[N/m^3]
Q : 유량[m^3/s], H : 전양정[m]
η : 펌프효율

[풀이]

1) 유량 : $Q = 0.3\frac{\text{m}^3}{\text{min}} \times \frac{1\text{min}}{60\text{s}} = 0.005[\text{m}^3/\text{s}]$

2) 전양정 = 실양정 + 마찰손실양정
$H = 10\text{m} + 3.8\text{m} = 13.8[\text{m}]$

3) $\gamma = 9{,}800[\text{N/m}^3]$, $\eta = 0.85$

4) 축동력

$$L_s[\text{kW}] = \frac{9{,}800[\text{N/m}^3] \times 0.005[\text{m}^3/\text{s}] \times 13.8[\text{m}]}{1{,}000 \times 0.85} = 0.7955[\text{kW}] \fallingdotseq 796[\text{W}]$$

33 유체가 매끈한 원관 속을 흐를 때 레이놀즈수가 1,200이라면 관마찰계수는 얼마인가?

① 0.0254 ② 0.00128
③ 0.0059 ④ 0.053

해설

관마찰계수 f

층류흐름일 때($Re < 2{,}100$) : 관마찰계수(f)는 레이놀즈수만의 함수이다.

$$f = \frac{64}{Re}$$

[풀이]

$$f = \frac{64}{Re} = \frac{64}{1{,}200} = 0.053$$

34 그림과 같이 30°로 경사진 0.5m×3m 크기의 수문평판 AB가 있다. A지점에서 힌지로 연결되어 있을 때 이 수문을 열기 위하여 B점에서 수문에 직각방향으로 가해야 할 최소 힘은 약 몇 N인가?(단, 힌지 A에서의 마찰은 무시한다.)

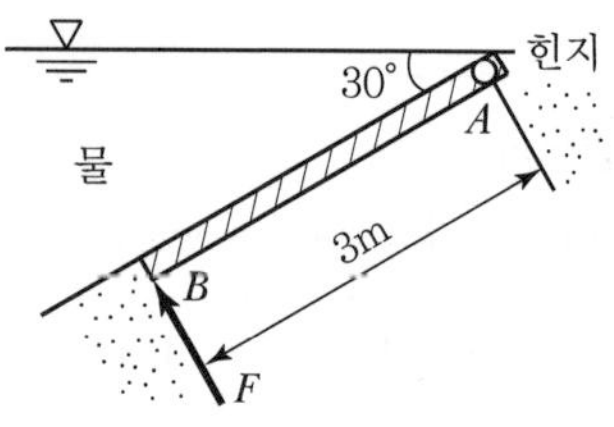

① 7,350 ② 7,355
③ 14,700 ④ 14,710

해설

1) 경사면에 작용하는 전압력 F

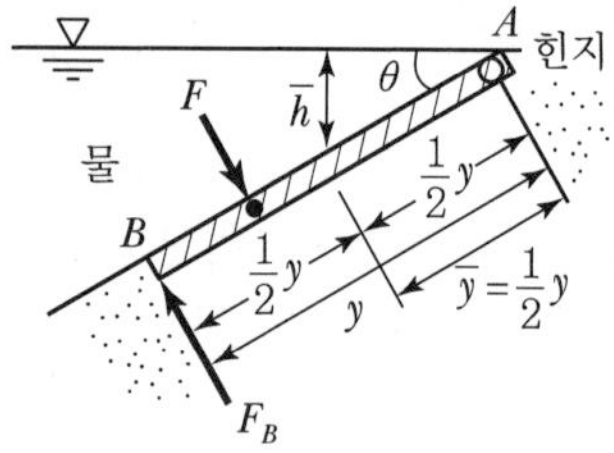

$$F = \gamma \bar{h} A = \gamma \bar{y} \sin\theta A$$

여기서, F : 경사면에 작용하는 전압력[N]
γ : 비중량[N/m^3]
$\bar{y}$: 수면에서 수문 중심까지의 경사거리[m]
$\bar{h}$: 수면에서 수문 중심까지의 수직거리[m]
A : 수문의 단면적[m^2]

γ : 9,800[N/m^3], $\bar{y} = \frac{3\text{m}}{2} = 1.5[\text{m}]$, $\theta = 30°$

$A = 0.5 \times 3 = 1.5[\text{m}^2]$

$F = \gamma \bar{y} \sin\theta A$
$= 9{,}800 \times 1.5 \times \sin 30 \times 1.5 = 11{,}025[\text{N}]$

2) B점에서 수문에 직각방향으로 가해야 할 최소 힘 F_B

① 힘의 작용점

$$y_p = \frac{I_C}{\bar{y} A} + \bar{y}$$

정답 33 ④ 34 ①

여기서, y_p : 작용점, A : 수문의 단면적[m^2]

$\bar{y}$: 수면에서 수문 중심까지의 경사거리[m]

I_C : 도심점(중심)을 지나고 x축과 평행한 축에 관한 단면 2차 모멘트

② 단면 2차 모멘트 I_C

$I_C = \frac{bH^3}{12}$ 여기서, b : 폭의 길이[m], H : 높이[m]

$= \frac{0.5 \times 3^3}{12} = 1.125$

③ 힘의 작용점

$y_p = \frac{1.125}{1.5 \times 1.5} + 1.5 = 2[\text{m}]$

④ B점에서 수문에 직각방향으로 가해야 할 최소 힘

$F \times l_p = F_B \times l_B$

여기서, F : 경사면에 작용하는 전압력(힘)[N]

F_B : B점에서의 힘[N]

l_p : 작용점까지의 거리[m]

l_B : B점까지의 거리[m]

$11{,}025[\text{N}] \times 2[\text{m}] = F_B \times 3[\text{m}]$

$F_B = \frac{2}{3} \times 11{,}025 = 7{,}350[\text{N}]$

35 부자(Float)의 오르내림에 의해서 배관 내의 유량을 측정하는 기구의 명칭은?

① 피토관(Pitot Tube)
② 로터미터(Rotameter)
③ 오리피스(Orifice)
④ 벤추리미터(Venturi Meter)

해설

유량측정 장치의 종류

1) 벤추리미터 : 축소 · 확대관의 축소관 부분에서 유속을 빠르게 하여 압력변화를 일으킴으로써 유량을 측정할 수 있는 장치이다.
2) 오리피스미터 : 배관에 얇은 판을 끼워 넣어 유속을 크게 함으로써 압력변화를 일으키고 압력 차에 의해 유량을 측정할 수 있는 장치이다.
3) 위어 : 개수로의 유량측정에 사용하는 장치이다.
4) 로터미터 : 부자(Float)의 높이를 직접 눈으로 읽어 유량을 측정하는 장치이다.

36 이상기체의 정압비열 C_p와 정적비열 C_v와의 관계로 옳은 것은?(단, R은 이상기체 상수이고, k는 비열이다.)

① $C_p = \frac{1}{2} C_v$　　② $C_p < C_v$

③ $C_p - C_v = R$　　④ $\frac{C_v}{C_p} = k$

해설

1) 비열비 k

$$k = \frac{C_P}{C_V}$$

여기서, C_P : 정압비열, C_V : 정적비열

2) 특별기체상수 $\overline{R}$

$$C_P - C_V = \overline{R}$$

※ $\overline{R}$는 특별기체상수로서 일반기체상수와 구분하기 위해 바를 붙인 것이며 일반적으로 R만을 사용한다.

37 지름 2cm의 금속 공은 선풍기를 켠 상태에서 냉각하고, 지름 4cm의 금속 공은 선풍기를 끄고 냉각할 때 동일 시간당 발생하는 대류열전달량의 비(2cm 공 : 4cm 공)는?(단, 두 경우 온도 차는 같고, 선풍기를 켜면 대류열전달계수가 10배가 된다고 가정한다.)

① 1 : 0.3375　　② 1 : 0.4
③ 1 : 5　　④ 1 : 10

해설

대류(Convection)

1) 정의 : 입자들 간의 직접 에너지 교환이 아니라 유체의 운동에 의해 에너지를 가진 입자가 공간상을 이동하는 과정
2) 뉴턴의 냉각법칙(Newton's Law of Cooling)

$$q[\text{W}] = hA\Delta T$$

여기서, q : 열전달량[W]

h : 대류열전달계수[W/m^2 · K]

정답　35 ②　36 ③　37 ②

A : 열전달면적[m^2]
ΔT : 온도 차[K]

[풀이]

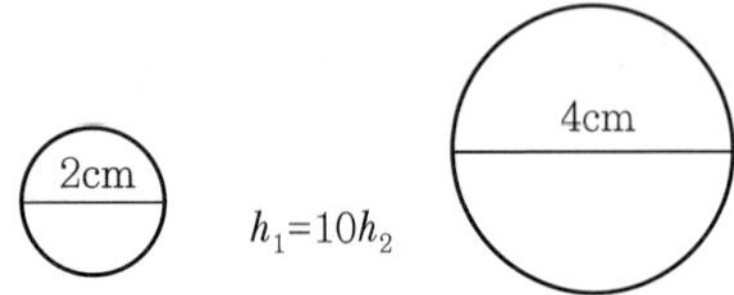

선풍기 on　　　　　선풍기 off
반지름 : r_1=0.01m　　　r_2=0.02m

$q_1[W] = h_1 A_1 \Delta T_1$, $q_2[W] = h_2 A_2 \Delta T_2$

여기서, $h_1 = 10h_2$, $\Delta T_1 = \Delta T_2$

구의 표면적 $A = 4\pi r^2$

$q_1[W] : q_2[W]$

$= 10h_2 \times 4 \times \pi \times 0.01^2 : h_2 \times 4 \times \pi \times 0.02^2$

$q_1[W] : q_2[W] = 0.001 : 0.0004$

양변을 0.001로 나누면

$q_1[W] : q_2[W] = 1 : 0.4$

38 다음 열역학적 용어에 대한 설명으로 틀린 것은?

① 물질의 3중점(Triple Point)은 고체, 액체, 기체의 3상이 평형상태로 공존하는 상태의 지점을 말한다.
② 일정한 압력하에서 고체가 상변화를 일으켜 액체로 변화할 때 필요한 열을 융해열(융해 잠열)이라 한다.
③ 고체가 일정한 압력하에서 액체를 거치지 않고 직접 기체로 변화하는 데 필요한 열을 승화열이라 한다.
④ 포화액체를 정압하에서 가열할 때 온도변화 없이 포화증기로 상변화를 일으키는 데 사용되는 열을 현열이라 한다.

해설

④ 포화액체를 정압하에서 가열할 때 온도변화 없이 포화증기로 상변화를 일으키는 데 사용되는 열을 현열 → 기화 잠열

39 모세관 현상에 있어서 물이 모세관을 따라 올라가는 높이에 대한 설명으로 옳은 것은?

① 표면장력이 클수록 높이 올라간다.
② 관의 지름이 클수록 높이 올라간다.
③ 밀도가 클수록 높이 올라간다.
④ 중력의 크기와는 무관하다.

해설

모세관현상(Capillary Action)

1) 모세관을 액체 속에 넣었을 때, 관 속의 액면이 관 밖의 액면보다 높아지거나 낮아지는 현상

2) 응집력 < 부착력 : 액면상승(물)
응집력 > 부착력 : 액면하강(수은)

3) 모세관의 상승높이

$$h = \frac{4\sigma\cos\theta}{\gamma d} = \frac{4\sigma\cos\theta}{\rho g d}$$

여기서, h : 모세관의 높이[m], σ : 표면장력[N/m]
γ : 유체의 비중량[N/m^3], d : 관의 직경[m]
θ : 접촉각, ρ : 유체의 밀도[kg/m^3]
g : 중력가속도 9.8[m/s^2]

40 회전속도 1,000rpm일 때 송출량 $Q m^3$/min, 전양정 Hm인 원심펌프가 상사한 조건에서 송출량이 $1.1Q m^3$/min가 되도록 회전속도를 증가시킬 때, 전양정은 어떻게 되는가?

① $0.91H$　　② H
③ $1.1H$　　④ $1.21H$

해설

상사의 법칙

비속도가 같은 펌프는 기하학적으로 상사(유사)하고 이러한 펌프 사이에는 상사의 법칙이 성립한다.

1) 유량(Q)에서의 상사의 법칙

$$\frac{Q_2}{Q_1} = \left(\frac{N_2}{N_1}\right)\left(\frac{D_2}{D_1}\right)^3$$

2) 양정(H)에서의 상사의 법칙

$$\frac{H_2}{H_1} = \left(\frac{N_2}{N_1}\right)^2\left(\frac{D_2}{D_1}\right)^2$$

정답　38 ④　39 ①　40 ④

3) 동력(P)에서의 상사의 법칙

$$\frac{P_2}{P_1} = \left(\frac{N_2}{N_1}\right)^3 \left(\frac{D_2}{D_1}\right)^5$$

여기서, N : 회전수[rpm], D : 임펠러의 직경[m]

[풀이]

N_1 : 1,000[rpm], Q_1 : Q[m^3/min], H_1 : H[m]

N_2 : ?　　　　Q_2 : 1.1Q[m^3/min], H_2 : ?

1) $\frac{Q_2}{Q_1} = \left(\frac{N_2}{N_1}\right)$, $\frac{1.1Q}{Q} = \frac{N_2}{1,000}$, $N_2 = 1,100$[rpm]

2) $\frac{H_2}{H_1} = \left(\frac{N_2}{N_1}\right)^2$, $\frac{H_2}{H} = \left(\frac{1,100}{1,000}\right)^2$

$H_2 = 1.21H$

3과목 소방관계법규

41 소방시설 설치 및 관리에 관한 법령에 따른 화재안전기준을 달리 적용하여야 하는 특수한 용도 또는 구조를 가진 특정소방대상물 중 핵폐기물처리시설에 설치하지 아니할 수 있는 소방시설은?

① 소화용수설비
② 옥외소화전설비
③ 물분무 등 소화설비
④ 연결송수관설비 및 연결살수설비

해설

소방시설을 설치하지 아니할 수 있는 특정소방대상물 및 소방시설의 범위

구분	특정소방대상물	소방시설
화재안전기준을 달리 적용하여야 하는 특수한 용도의 특정소방대상물	원자력발전소, 핵폐기물처리시설	연결송수관설비 및 연결살수설비

42 소방기본법령에 따른 소방대원에게 실시할 교육·훈련 횟수 및 기간의 기준 중 다음 ( ) 안에 알맞은 것은?

횟수	기간
(㉠)년마다 1회	(㉡)주 이상

① ㉠ 2, ㉡ 2　② ㉠ 2, ㉡ 4
③ ㉠ 1, ㉡ 2　④ ㉠ 1, ㉡ 4

해설

1) 교육·훈련 횟수 및 기간

횟수	기간
2년마다 1회	2주 이상

2) 교육·훈련의 종류 및 교육·훈련을 받아야 할 대상자

종류	교육·훈련을 받아야 할 대상자
화재진압 훈련	1) 화재진압업무를 담당하는 소방공무원 2) 의무소방원 3) 의용소방대원
인명구조 훈련	1) 구조업무를 담당하는 소방공무원 2) 의무소방원 3) 의용소방대원
응급처치 훈련	1) 구급업무를 담당하는 소방공무원 2) 의무소방원 3) 의용소방대원
인명대피 훈련	1) 소방공무원 2) 의무소방원 3) 의용소방대원
현장지휘 훈련	소방공무원 중 다음의 계급에 있는 사람 1) 지방소방정　2) 지방소방령 3) 지방소방경　4) 지방소방위

43 위험물안전관리법령에 따른 인화성 액체위험물(이황화탄소를 제외)의 옥외탱크저장소의 탱크 주위에 설치하는 방유제의 설치기준 중 옳은 것은?

① 방유제의 높이는 0.5m 이상 2.0m 이하로 할 것
② 방유제 내의 면적은 100,000m^2 이하로 할 것

정답　41 ④　42 ①　43 ④

③ 방유제의 용량은 방유제 안에 설치된 탱크가 2기 이상인 때에는 그 탱크 중 용량이 최대인 것의 용량의 120% 이상으로 할 것
④ 높이가 1m를 넘는 방유제 및 간막이 둑의 안팎에는 방유제 내에 출입하기 위한 계단 또는 경사로를 약 50m마다 설치할 것

해설

옥외탱크 저장소의 방유제 설치기준

1) 방유제의 용량

탱크가 1개일 때	탱크가 2개 이상일 때
탱크용량의 110[%] 이상	탱크 중 용량이 최대인 것의 용량의 110[%] 이상

2) 방유제의 높이 : 0.5[m] 이상 3[m] 이하, 두께 : 0.2[m] 이상, 지하매설깊이 : 1[m] 이상
3) 방유제 내의 면적 : 80,000[m^2] 이하
4) 방유제 내에 설치하는 옥외저장탱크의 수는 10개 이하로 할 것

간막이 둑 설치기준

1) 간막이 둑의 높이는 0.3m 이상으로 하되, 방유제의 높이보다 0.2m 이상 낮게 할 것
2) 간막이 둑은 흙 또는 철근콘크리트로 할 것
3) 간막이 둑의 용량은 간막이 둑 안에 설치된 탱크 용량의 10% 이상일 것
4) 높이가 1m를 넘는 방유제 및 간막이 둑의 안팎에는 방유제 내에 출입하기 위한 계단 또는 경사로를 약 50m마다 설치할 것

44 소방안전 특별관리시설물의 안전관리 대상인 전통시장의 기준 중 다음 (　) 안에 들어갈 말로 알맞은 것은?

> 전통시장으로서 대통령령으로 정하는 전통시장 : 점포가 (　)개 이상인 전통시장

① 100　② 300
③ 500　④ 600

해설

1) 소방안전 특별관리시설물
화재 등 재난이 발생할 경우 사회·경제적으로 피해가 클 것으로 예상되는 특정소방대상물
2) 소방안전 특별관리시설물의 종류
① 공항시설, 항만시설
② 철도시설, 도시철도시설
③ 지정문화재인 시설
④ 산업기술단지
⑤ 초고층 건축물 및 지하연계 복합건축물
⑥ 수용인원 1,000명 이상인 영화상영관
⑦ 전력용 및 통신용 지하구
⑧ 석유비축시설
⑨ 천연가스 인수기지 및 공급망
⑩ 점포가 500개 이상인 전통시장 등

45 소방기본법에 따른 소방력의 기준에 따라 관할 구역의 소방력을 확충하기 위하여 필요한 계획을 수립하여 시행하여야 하는 자는?

① 소방서장　② 소방본부장
③ 시·도지사　④ 행정안전부장관

해설

1) 소방력의 기준
① 소방업무에 필요한 인력과 장비 등에 관한 기준 : 행정안전부령
② 소방력을 확충하기 위하여 필요한 계획 수립 : 시·도지사

2) 소방장비 등에 대한 국고보조
국가는 소방장비의 구입 등 시·도의 소방업무에 필요한 경비의 일부를 보조하고 보조 대상사업의 범위와 기준보조율 : 대통령령

3) 소방활동장비 및 설비의 종류와 규격 : 행정안전부령

4) 국고보조 대상사업의 범위
① 소방자동차
② 소방헬리콥터 및 소방정
③ 소방전용통신설비 및 전산설비
④ 그 밖에 방화복 등 소방활동에 필요한 소방장비
⑤ 소방관서용 청사의 건축

정답 44 ③ 45 ③

46 소방시설 설치 및 관리에 관한 법령에 따른 특정소방대상물의 수용인원의 산정방법기준 중 틀린 것은?

① 침대가 있는 숙박시설의 경우는 해당 특정소방대상물의 종사자 수에 침대수(2인용 침대는 2인으로 산정)를 합한 수

② 침대가 없는 숙박시설의 경우는 해당 특정소방대상물의 종사자 수에 숙박시설 바닥면적의 합계를 $3m^2$로 나누어 얻은 수를 합한 수

③ 강의실 용도로 쓰이는 특정소방대상물의 경우는 해당 용도로 사용하는 바닥면적의 합계를 $1.9m^2$로 나누어 얻은 수

④ 문화 및 집회시설의 경우는 해당 용도로 사용하는 바닥면적의 합계를 $2.6m^2$로 나누어 얻은 수

해설

수용인원의 산정방법

1) 숙박시설이 있는 특정소방대상물
   ① 침대가 있는 숙박시설 : 종사자 수+침대 수(2인용 침대는 2개)
   ② 침대가 없는 숙박시설 : 종사자 수+바닥면적의 합계를 $3m^2$로 나누어 얻은 수

2) 1) 외의 특정소방대상물
   ① 강의실 · 교무실 · 상담실 · 실습실 · 휴게실 용도로 쓰이는 특정소방대상물 : 바닥면적의 합계를 $1.9m^2$로 나누어 얻은 수
   ② 강당, 문화 및 집회시설, 운동시설, 종교시설 : 바닥면적의 합계를 $4.6m^2$로 나누어 얻은 수
   ③ 관람석이 있는 경우 고정식 의자를 설치한 부분 : 의자 수 긴 의자의 경우 : 의자의 정면너비를 0.45m로 나누어 얻은 수

3) 그 밖의 특정소방대상물 : 바닥면적의 합계를 $3m^2$로 나누어 얻은 수(소수점 이하의 수는 반올림할 것)

④ 바닥면적의 합계를 $2.6m^2$로 나누어 얻은 수 → $4.6m^2$로 나누어 얻은 수

47 방염성능기준 이상의 실내장식물 등을 설치하여야 하는 특정소방대상물의 기준 중 틀린 것은?

① 건축물의 옥내에 있는 시설로서 종교시설

② 층수가 11층 이상인 아파트

③ 의료시설 중 종합병원

④ 노유자시설

해설

방염성능기준 이상의 실내장식물 등을 설치하여야 하는 특정소방대상물

1) 근린생활시설 중 의원, 조산원, 산후조리원, 체력단련장, 공연장 및 종교집회장
2) 건축물의 옥내에 있는 시설로서 다음 각 목의 시설
   ① 문화 및 집회시설
   ② 종교시설
   ③ 운동시설(수영장은 제외)
3) 의료시설
4) 교육연구시설 중 합숙소
5) 노유자시설
6) 숙박이 가능한 수련시설
7) 숙박시설
8) 방송통신시설 중 방송국 및 촬영소
9) 다중이용업소
10) 층수가 11층 이상인 것(아파트는 제외)

② 층수가 11층 이상인 아파트 → 아파트는 제외된다.

48 소방기본법에 따른 벌칙의 기준이 다른 것은?

① 정당한 사유 없이 화재예방강화지구에서 모닥불, 흡연 등 화기의 취급 등의 행위를 한 자

② 소방 활동 종사 명령에 따른 사람을 구출하는 일 또는 불을 끄거나 번지지 아니하록 하는 일을 방해한 사람

③ 정당한 사유 없이 소방용수시설 또는 비상소화장치를 사용하거나 소방용수시설 또는 비상소화장치의 효용을 해치거나 그 정당한 사용을 방해한 사람

④ 출동한 소방대의 소방장비를 파손하거나 그 효용을 해하여 화재진압 · 인명구조 또는 구급활동을 방해하는 행위를 한 사람

정답 46 ④ 47 ② 48 ①

해설

5년 이하의 징역 또는 5천만 원 이하의 벌금

1) "출동한 소방대의 화재진압 및 인명구조 · 구급 등 소방활동을 방해하여서는 아니 된다."의 조항을 위반하여 다음 어느 하나에 해당하는 행위를 한 사람
   ① 위력을 사용하여 출동한 소방대의 화재진압 · 인명구조 또는 구급활동을 방해하는 행위
   ② 소방대가 화재진압 · 인명구조 또는 구급활동을 위하여 현장에 출동하거나 현장에 출입하는 것을 고의로 방해하는 행위
   ③ 출동한 소방대원에게 폭행 또는 협박을 행사하여 화재진압 · 인명구조 또는 구급활동을 방해하는 행위
   ④ 출동한 소방대의 소방장비를 파손하거나 그 효용을 해하여 화재진압 · 인명구조 또는 구급활동을 방해하는 행위
2) 소방자동차의 출동을 방해한 사람
3) 사람을 구출하는 일 또는 불을 끄거나 불이 번지지 아니하도록 하는 일을 방해한 사람
4) 정당한 사유 없이 소방용수시설 또는 비상소화장치를 사용하거나 소방용수시설 또는 비상소화장치의 효용을 해치거나 그 정당한 사용을 방해한 사람

① 정당한 사유 없이 화재예방강화지구에서 모닥불, 흡연 등 화기의 취급 등의 행위를 한 자 → 300만 원 이하의 벌금

49 다음의 특정소방대상물 중 의료시설에 해당하지 않는 것은?

① 요양병원　② 마약진료소
③ 한방병원　④ 노인의료복지시설

해설

의료시설

1) 병원 : 종합병원, 병원, 치과병원, 한방병원, 요양병원
2) 격리병원 : 전염병원, 마약진료소, 그 밖에 이와 비슷한 것
3) 정신의료기관
4) 장애인 의료재활시설

노유자시설

1) 노인 관련 시설
2) 아동 관련 시설(어린이집, 유치원)
3) 장애인 관련 시설
4) 정신질환자 관련 시설(정신재활시설, 정신요양시설 등)
5) 노숙인 관련 시설 : 노숙인 복지시설(노숙인 일시보호시설, 노숙인 자활시설, 노숙인 재활시설, 노숙인 요양시설 및 쪽방 상담소), 노숙인 종합 지원센터 등
6) 결핵환자, 한센인 요양시설 등

50 소방시설 설치 및 관리에 관한 법령에 따른 임시소방시설 중 간이소화장치를 설치하여야 하는 공사의 작업현장의 규모의 기준 중 다음 ( ) 안에 들어갈 말로 알맞은 것은?

- 연면적 (㉠)[m^2] 이상
- 지하층, 무창층 또는 (㉡)층 이상의 층. 이 경우 해당 층의 바닥면적이 (㉢)[m^2] 이상인 경우만 해당

① ㉠ 1,000, ㉡ 6, ㉢ 150
② ㉠ 1,000, ㉡ 6, ㉢ 600
③ ㉠ 3,000, ㉡ 4, ㉢ 150
④ ㉠ 3,000, ㉡ 4, ㉢ 600

해설

임시소방시설을 설치해야 하는 공사의 종류와 규모

1) 소화기
   건축허가동의를 받아야 하는 특정소방대상물의 신축 · 증축 · 개축 · 재축 · 이전 · 용도변경 또는 대수선 등을 위한 공사 현장에 설치
2) 간이소화장치
   ① 연면적 3,000m^2 이상
   ② 지하층, 무창층 또는 4층 이상의 층. 이 경우 해당 층의 바닥면적이 600m^2 이상인 경우만 해당
3) 비상경보장치
   ㉠ 연면적 400m^2 이상
   ㉡ 지하층 또는 무창층 : 바닥면적이 150m^2 이상
4) 가스누설경보기, 간이피난유도선, 비상조명등
   바닥면적이 150m^2 이상인 지하층 또는 무창층의 작업현장
5) 방화포 : 용접 · 용단 작업이 진행되는 작업현장

정답 49 ④ 50 ④

51 자체점검 실시결과 보고서를 제출받거나 스스로 자체점검을 실시한 관계인은 점검이 끝난 날부터 며칠 이내에 소방시설 등 자체점검 실시결과 보고서에 소방시설 등의 자체점검결과 이행계획서를 첨부하여 소방본부장 또는 소방서장에게 보고해야 하는가?

① 15 ② 10 ③ 7 ④ 5

해설

소방시설 등의 자체점검 결과의 조치 등

① 관리업자 또는 소방안전관리자로 선임된 소방시설관리사 및 소방기술사는 점검이 끝난 날부터 10일 이내에 소방시설 등 자체점검 실시결과 보고서를 관계인에게 제출해야 한다.
② 자체점검 실시결과 보고서를 제출받거나 스스로 자체점검을 실시한 관계인은 점검이 끝난 날부터 15일 이내에 소방시설 등 자체점검 실시결과 보고서에 소방시설 등의 자체점검결과 이행계획서를 첨부하여 소방본부장 또는 소방서장에게 보고해야 한다. 이 경우 소방청장이 지정하는 전산망을 통하여 그 점검결과를 보고할 수 있다.
② 관계인은 그 점검결과를 점검이 끝난 날부터 2년간 자체 보관해야 한다.

52 화재의 예방 및 안전관리에 관한 법령에 따른 총괄 소방안전관리자를 선임하여야 하는 특정소방대상물 중 복합 건축물은 지하층을 제외한 층수가 몇 층 이상인 건축물만 해당되는가?

① 6층 ② 11층 ③ 20층 ④ 30층

해설

총괄소방안전관리자 선임 대상 건축물

1) 복합건축물(지하층을 제외한 층수가 11층 이상 또는 연면적 30,000m^2 이상인 건축물)
2) 지하가(지하의 인공구조물 안에 설치된 상점 및 사무실, 그 밖에 이와 비슷한 시설이 연속하여 지하도에 접하여 설치된 것과 그 지하도를 합한 것)
3) 판매시설 중 도매시장, 소매시장 및 전통시장

53 피난시설, 방화구획 또는 방화시설을 폐쇄 · 훼손 · 변경 등의 행위를 3차 이상 위반한 경우에 대한 과태료 부과기준으로 옳은 것은?

① 200만 원 ② 300만 원
③ 500만 원 ④ 1000만 원

해설

위반행위	과태료 금액(단위 : 만 원)		
	1차 위반	2차 위반	3차 이상
피난시설, 방화구획 또는 방화시설을 폐쇄 · 훼손 · 변경하는 등의 행위를 한 경우	100	200	300

54 소방시설 설치 및 관리에 관한 법령상 성능위주설계를 할 수 있는 특정소방대상물의 범위 중 틀린 것은?

① 연면적 30,000m^2 이상인 특정소방대상물로서 공항시설
② 연면적 100,000m^2 이상인 특정소방대상물(단, 아파트 등은 제외)
③ 지하층을 포함한 층수가 30층 이상인 특정소방대상물(단, 아파트 등은 제외)
④ 하나의 건축물에 영화상영관이 10개 이하인 특정소방대상물

해설

성능위주설계를 해야 하는 특정소방대상물의 범위

1) 연면적 20만m^2 이상인 특정소방대상물(아파트 등 제외)
2) 50층 이상(지하층 제외)이거나 지상으로부터 높이가 200m 이상인 아파트 등
3) 30층 이상(지하층 포함)이거나 지상으로부터 높이가 120m 이상인 특정소방대상물(아파트 등 제외)
4) 연면적 3만m^2 이상인 특정소방대상물로서 철도 및 도시철도 시설, 공항시설
5) 창고시설 중 연면적 10만m^2 이상인 것 또는 지하층의 층수가 2개층 이상이고 지하층의 바닥면적의 합이 3만m^2 이상인 것

정답 51 ① 52 ② 53 ② 54 ②

6) 하나의 건축물에 영화상영관이 10개 이상인 특정소방대상물
7) 지하연계 복합건축물에 해당하는 특정소방대상물
8) 터널 중 수저(水底)터널 또는 길이가 5,000m 이상인 것

② 연면적 100,000m^2 이상 → 연면적 20만m^2 이상

55 화재예방강화지구의 관리기준 중 다음 ( ) 안에 들어갈 말로 알맞은 것은?

- 소방본부장 또는 소방서장은 화재예방강화지구 안의 소방대상물의 위치 · 구조 및 설비 등에 대한 화재안전조사를 (㉠)회 이상 실시하여야 한다.
- 소방본부장 또는 소방서장은 소방상 필요한 훈련 및 교육을 실시하고자 하는 때에는 화재예방강화지구 안의 관계인에게 훈련 또는 교육 (㉡)일 전까지 그 사실을 통보하여야 한다.

① ㉠ 월 1, ㉡ 7　② ㉠ 월 1, ㉡ 10
③ ㉠ 연 1, ㉡ 7　④ ㉠ 연 1, ㉡ 10

해설

1) 화재예방강화지구 지정권자 : 시 · 도지사
2) 화재예방강화지구 지정의 요청권자 : 소방청장
3) 화재예방강화지구에 대한 화재안전조사와 교육 및 훈련

구분	화재안전조사	교육 및 훈련
실시권자	소방관서장	소방관서장
횟수	연 1회 이상	연 1회 이상
통보 등	사전에 7일 이상 조사계획을 공개	10일 전까지 통보
대상	소방대상물의 위치 · 구조 및 설비	관계인
연기	3일 전까지 신청	–

56 화재의 예방 및 안전관리에 관한 법률에 따른 용접 또는 용단 작업장에서 불꽃을 사용하는 용접 · 용단기구 사용에 있어서 작업자로부터 반경 몇 m 이내에 소화기를 갖추어야 하는가?(단, 산업안전보건법에 따른 안전조치의 적용을 받는 사업장의 경우는 제외한다.)

① 1　② 3
③ 5　④ 7

해설

불꽃을 사용하는 용접 · 용단기구

종류	내용
불꽃을 사용하는 용접 · 용단 기구	용접 또는 용단 작업장 1) 용접 또는 용단 작업자로부터 반경 5m 이내에 소화기를 갖추어 둘 것 2) 용접 또는 용단 작업장 주변 반경 10m 이내에는 가연물을 쌓아두거나 놓아두지 말 것

57 위험물안전관리법령에 따른 위험물제조소의 옥외에 있는 위험물취급탱크 용량이 100m^3 및 180m^3인 2개의 취급탱크 주위에 하나의 방유제를 설치하는 경우 방유제의 최소 용량은 몇 m^3이어야 하는가?

① 100　② 140
③ 180　④ 280

해설

위험물제조소의 옥외에 있는 위험물 취급탱크의 방유제 설치기준

1) 탱크가 1개인 경우 방유제의 용량 : 당해 탱크용량의 50[%] 이상
2) 탱크가 2개 이상인 경우 방유제 용량 : 당해 탱크 중 용량이 최대인 것의 50[%]에 나머지 탱크용량 합계의 10[%]를 가산한 양 이상

[풀이]

① 최대탱크용량의 50[%] : $180[m^3] \times 0.5 = 90[m^3]$
② 나머지 탱크용량 합계의 10[%] : $100[m^3] \times 0.1 = 10[m^3]$
③ 방유제 용량 : $90 + 10 = 100[m^3]$

※ 옥외탱크저장소의 방유제 설치기준
1) 방유제의 용량

탱크가 1개일 때	탱크가 2개 이상일 때
탱크용량의 110[%] 이상	탱크 중 용량이 최대인 것의 용량의 110[%] 이상

정답 55 ④ 56 ③ 57 ①

2) 방유제의 높이 : 0.5[m] 이상 3[m] 이하, 두께 : 0.2[m] 이상, 지하매설깊이 : 1[m] 이상
3) 방유제 내의 면적 : 80,000[m^2] 이하
4) 방유제 내에 설치하는 옥외저장탱크의 수는 10개 이하로 할 것

58 위험물안전관리법령에 따른 정기점검의 대상인 제조소 등의 기준 중 틀린 것은?

① 암반탱크저장소
② 지하탱크저장소
③ 이동탱크저장소
④ 지정수량의 150배 이상의 위험물을 저장하는 옥외탱크저장소

해설

정기점검
1) 정기점검의 횟수 : 연 1회 이상
2) 정기점검의 대상인 제조소 등
① 예방규정을 정해야 하는 제조소 등
- 지정수량의 10배 이상의 위험물을 취급하는 제조소
- 지정수량의 100배 이상의 위험물을 저장하는 옥외저장소
- 지정수량의 150배 이상의 위험물을 저장하는 옥내저장소
- 지정수량의 200배 이상의 위험물을 저장하는 옥외탱크저장소
- 암반탱크저장소
- 이송취급소
② 지하탱크저장소
③ 이동탱크저장소
④ 지하에 매설된 탱크가 있는 제조소 · 주유취급소 또는 일반취급소

④ 지정수량의 150배 이상의 위험물을 저장하는 옥외탱크저장소 → 옥내저장소

59 위험물안전관리법령에 따른 소화난이도등급 Ⅰ의 옥내탱크저장소에서 유황만을 저장 · 취급할 경우 설치하여야 하는 소화설비로 옳은 것은?

① 물분무소화설비 ② 스프링클러설비
③ 포소화설비 ④ 옥내소화전설비

해설

소화난이도등급 Ⅰ의 제조소 등에 설치하여야 하는 소화설비

제조소 등의 구분		소화설비
옥내탱크저장소	유황만을 저장 취급하는 것	물분무소화설비
	인화점 70℃ 이상의 제4류 위험물만을 저장 취급하는 것	물분무소화설비, 고정식 포소화설비, 이동식 이외의 불활성가스소화설비, 이동식 이외의 할로겐화합물소화설비 또는 이동식 이외의 분말소화설비
	그 밖의 것	고정식 포소화설비, 이동식 이외의 불활성가스소화설비, 이동식 이외의 할로겐화합물소화설비 또는 이동식 이외의 분말소화설비

60 소방시설공사업법령에 따른 소방시설공사 중 특정소방대상물에 설치된 소방시설 등을 구성하는 것의 전부 또는 일부를 개설, 이전 또는 정비하는 공사의 착공신고 대상이 아닌 것은?

① 수신반 ② 소화펌프
③ 동력(감시)제어반 ④ 제연설비의 제연구역

해설

착공신고
다음의 소방시설 등을 구성하는 것의 전부 또는 일부를 개설, 이전 또는 정비하는 공사. 다만, 고장 또는 파손 등으로 인하여 작동시킬 수 없는 소방시설을 긴급히 교체하거나 보수하여야 하는 경우에는 착공신고를 하지 않을 수 있다.
㉠ 수신반 ㉡ 소화펌프 ㉢ 동력(감시)제어반

정답 58 ④ 59 ① 60 ④

4과목 소방기계시설의 구조 및 원리

61 자동화재탐지설비의 감지기의 작동과 연동하는 분말소화설비 자동식 기동장치의 설치기준 중 다음 ( ) 안에 알맞은 것은?

> • 전기식 기동장치로서 (㉠)병 이상의 저장용기를 동시에 개방하는 설비는 2병 이상의 저장용기에 전자개방밸브를 부착할 것
> • 가스압력식 기동장치의 기동용 가스용기 및 해당 용기에 사용하는 밸브는 (㉡)MPa 이상의 압력에 견딜 수 있는 것으로 할 것

① ㉠ 3, ㉡ 2.5　　② ㉠ 7, ㉡ 2.5
③ ㉠ 3, ㉡ 25　　④ ㉠ 7, ㉡ 25

해설

분말소화설비의 자동식 기동장치 설치기준

1) 자동화재탐지설비의 감지기의 작동과 연동하는 것으로 할 것
2) 자동식 기동장치에는 수동으로도 기동할 수 있는 구조로 할 것
3) 전기식 기동장치 : 7병 이상의 저장용기를 동시에 개방하는 설비는 2병 이상의 저장용기에 전자개방밸브를 부착할 것
4) 가스압력식 기동장치
   ① 기동용 가스용기 및 해당 용기에 사용하는 밸브는 25MPa 이상의 압력에 견딜 수 있는 것으로 할 것
   ② 기동용 가스용기에는 내압시험압력의 0.8배 내지 내압시험압력 이하에서 작동하는 안전장치를 설치할 것
   ③ 기동용 가스용기의 체적은 5l 이상으로 하고 질소 등의 비활성기체는 6.0MPa 이상의 압력으로 충전할 것. 다만, 기동용 가스용기의 용적은 1l 이상으로 하고, 해당 용기에 저장하는 이산화탄소의 양은 0.6kg 이상으로 하며, 충전비는 1.5 이상 1.9 이하의 기동용기로 할 수 있다.

62 특별피난계단의 계단실 및 부속실 제연설비의 차압 등에 관한 기준 중 옳은 것은?

① 제연설비가 가동되었을 경우 출입문의 개방에 필요한 힘은 130N 이하로 하여야 한다.
② 제연구역과 옥내와의 사이에 유지하여야 하는 최소 차압은 40Pa(옥내에 스프링클러설비가 설치된 경우에는 12.5Pa) 이상으로 하여야 한다.
③ 피난을 위하여 제연구역의 출입문이 일시적으로 개방되는 경우 개방되지 아니하는 제연구역과 옥내와의 차압은 기준차압의 60% 미만이 되어서는 아니된다.
④ 계단실과 부속실을 동시에 제연하는 경우 부속실의 기압은 계단실과 같게 하거나 계단실의 기압보다 낮게 할 경우에는 부속실과 계단실의 압력 차이는 10Pa 이하가 되도록 하여야 한다.

해설

차압 등

1) 제연구역과 옥내와의 사이에 유지하여야 하는 차압의 기준
   ① 최소 차압 : 40Pa 이상
   ② 옥내에 스프링클러설비가 설치된 경우 : 12.5Pa 이상
2) 제연설비가 가동되었을 경우 출입문의 개방에 필요한 힘 : 110N 이하
3) 출입문이 일시적으로 개방되는 경우 개방되지 않은 제연구역과 옥내와의 차압 : 기준차압의 70% 이상일 것
4) 계단실과 부속실을 동시에 제연하는 경우 : 부속실의 기압은 계단실과 같게 하거나 계단실의 기압보다 낮게 할 경우에는 부속실과 계단실의 압력차이는 5Pa 이하가 되도록 하여야 한다.

① 출입문의 개방에 필요한 힘은 130N 이하 → 110N 이하
③ 제연구역과 옥내와의 차압은 기준 차압의 60% 미만 → 70% 이상
④ 부속실과 계단실의 압력차이는 10Pa 이하 → 5Pa 이하

정답 61 ④ 62 ②

63 소화용수설비에 설치하는 채수구의 설치기준 중 다음 ( ) 안에 알맞은 것은?

> 채수구는 지면으로부터의 높이가 (㉠)m 이상 (㉡) 이하의 위치에서 설치하고 "채수구"라고 표시한 표지를 할 것

① ㉠ 0.5, ㉡ 1.0　② ㉠ 0.5, ㉡ 1.5
③ ㉠ 0.8, ㉡ 1.0　④ ㉠ 0.8, ㉡ 1.5

해설

채수구 설치기준
1) 채수구는 구경 65mm 이상의 나사식 결합금속구를 설치할 것
2) 채수구의 높이 : 지면으로부터의 높이가 0.5m 이상 1m 이하
3) 표지 : "채수구"라고 표시한 표지
4) 채수구의 수

소요수량	$20m^3$ 이상 $40m^3$ 미만	$40m^3$ 이상 $100m^3$ 미만	$100m^3$ 이상
채수구의 수	1개	2개	3개

5) 소화수조가 옥상 또는 옥탑의 부분에 설치된 경우에는 지상에 설치된 채수구에서의 압력이 0.15MPa 이상이 되도록 하여야 한다.

64 국소방출방식의 할론소화설비의 분사헤드 설치기준 중 다음 ( ) 안에 알맞은 것은?

> 분사헤드의 방사압력은 할론 2402를 방사하는 것은 (㉠)MPa 이상, 할론 2402를 방출하는 분사헤드는 해당 소화약제가 (㉡)으로 분무되는 것으로 하여야 하며, 기준저장량의 소화약제를 (㉢)초 이내에 방사할 수 있는 것으로 할 것

① ㉠ 0.1, ㉡ 무상, ㉢ 10
② ㉠ 0.2, ㉡ 적상, ㉢ 10
③ ㉠ 0.1, ㉡ 무상, ㉢ 30
④ ㉠ 0.2, ㉡ 적상, ㉢ 30

해설

할론소화설비의 분사헤드
1) 분사헤드의 방사압력 및 방사시간

구분	할론 2402	할론 1211	할론 1301
방사압력	0.1MPa 이상	0.2MPa 이상	0.9MPa 이상
방사시간	10초 이내	10초 이내	10초 이내

2) 할론 2402를 방출하는 분사헤드는 해당 소화약제가 무상으로 분무되는 것으로 할 것
3) 전역방출방식 : 방사된 소화약제가 방호구역의 전역에 균일하게 신속히 확산할 수 있도록 할 것
4) 국소방출방식 : 소화약제의 방사에 따라 가연물이 비산하지 아니하는 장소에 설치할 것

65 특정소방대상물에 따라 적응하는 포소화설비의 설치기준 중 특수가연물을 저장 · 취급하는 공장 또는 창고에 적응성을 갖는 포소화설비가 아닌 것은?

① 포헤드설비　② 고정포방출설비
③ 압축공기포소화설비　④ 호스릴 포소화설비

해설

특정소방대상물에 따라 적응하는 포소화설비

특정소방대상물	포소화설비
• 특수가연물을 저장 · 취급하는 공장, 창고 • 차고 또는 주차장 • 항공기격납고	• 포워터스프링클러설비 • 포헤드설비 • 고정포방출설비 • 압축공기포소화설비
• 완전 개방된 옥상주차장 • 지상 1층으로서 지붕이 없는 부분 • 고가 밑의 주차장으로서 주된 벽이 없고 기둥뿐이거나 주위가 위해방지용 철주 등으로 둘러싸인 부분	• 호스릴 포소화설비 • 포소화전설비
발전기실, 엔진펌프실, 변압기, 전기케이블실, 유압설비 등으로서 바닥면적의 합계가 $300m^2$ 미만의 장소	고정식 압축공기포소화설비

정답 63 ① 64 ① 65 ④

66 송수구가 부설된 옥내소화전을 설치한 특정소방대상물로서 연결송수관설비의 방수구를 설치하지 아니할 수 있는 층의 기준 중 다음 ( ) 안에 알맞은 것은?(단, 집회장 · 관람장 · 백화점 · 도매시장 · 소매시장 · 판매시설 · 공장 · 창고시설 또는 지하가를 제외한다.)

- 지하층을 제외한 층수가 (㉠)층 이하이고 연면적이 (㉡)m^2 미만인 특정소방대상물의 지상층의 용도로 사용되는 층
- 지하층의 층수가 (㉢) 이하인 특정소방대상물의 지하층

① ㉠ 3, ㉡ 5000, ㉢ 3
② ㉠ 4, ㉡ 6000, ㉢ 2
③ ㉠ 5, ㉡ 3000, ㉢ 3
④ ㉠ 6, ㉡ 4000, ㉢ 2

해설

방수구 설치 제외 가능한 층
1) 아파트의 1층 및 2층
2) 소방대원이 소방차로부터 각 부분에 쉽게 도달할 수 있는 피난층
3) 송수구가 부설된 옥내소화전을 설치한 특정소방대상물(집회장 · 관람장 · 백화점 · 도매시장 · 소매시장 · 판매시설 · 공장 · 창고시설 또는 지하가 제외)로서 다음의 어느 하나에 해당하는 층
   ① 지하층을 제외한 층수가 4층 이하이고 연면적이 6,000m^2 미만인 지상층
   ② 지하층의 층수가 2 이하인 특정소방대상물의 지하층

67 스프링클러설비를 설치하여야 할 특정소방대상물에 있어서 스프링클러헤드를 설치하지 아니할 수 있는 기준 중 틀린 것은?

① 천장과 반자 양쪽이 불연재료로 되어 있고 천장과 반자 사이의 거리가 2.5m 미만인 부분
② 천장 및 반자가 불연재료 외의 것으로 되어 있고 천장과 반자 사이의 거리가 0.5m 미만인 부분
③ 천장 · 반자 중 한쪽이 불연재료로 되어 있고 천장과 반자 사이의 거리가 1m 미만인 부분
④ 현관 또는 로비 등으로서 바닥으로부터 높이가 20m 이상인 장소

해설

스프링클러헤드의 설치 제외
1) 계단실(특별피난계단의 부속실 포함) · 경사로 · 승강기의 승강로 · 비상용 승강기의 승강장 · 파이프덕트 및 덕트피트 · 목욕실 · 수영장 · 화장실 · 직접 외기에 개방되어 있는 복도 · 기타 이와 유사한 장소
2) 통신기기실 · 전자기기실 · 기타 이와 유사한 장소
3) 발전실 · 변전실 · 변압기 · 기타 이와 유사한 전기설비가 설치되어 있는 장소
4) 병원의 수술실 · 응급처치실 · 기타 이와 유사한 장소
5) 천장과 반자 양쪽이 불연재료로 되어 있는 경우
   ① 천장과 반자 사이의 거리가 2m 미만인 부분
   ② 천장과 반자 사이의 벽이 불연재료이고 천장과 반자 사이의 거리가 2m 이상으로서 그 사이에 가연물이 존재하지 아니하는 부분
6) 천장 · 반자 중 한쪽이 불연재료인 경우 : 천장과 반자 사이의 거리가 1m 미만인 부분
7) 천장 및 반자가 불연재료 외의 것으로 되어 있는 경우 : 천장과 반자 사이의 거리가 0.5m 미만인 부분
8) 펌프실 · 물탱크실 · 엘리베이터 권상기실 그 밖의 이와 비슷한 장소
9) 현관 또는 로비 등으로서 바닥으로부터 높이가 20m 이상인 장소
10) 영하의 냉장창고의 냉장실 또는 냉동창고의 냉동실
11) 고온의 노가 설치된 장소 또는 물과 격렬하게 반응하는 물품의 저장 또는 취급장소
12) 공동주택 중 아파트의 대피공간
13) 실내에 설치된 테니스장 · 게이트볼장 · 정구장 또는 이와 비슷한 장소로서 실내 바닥 · 벽 · 천장이 불연재료 또는 준불연재료로 구성되어 있고 가연물이 존재하지 않는 장소로서 관람석이 없는 운동시설(지하층은 제외)
14) 가연성 물질이 존재하지 않는 방풍실

① 천장과 반자 양쪽이 불연재료로서 천장과 반자 사이의 거리가 2.5m 미만 → 2m 미만

정답 66 ② 67 ①

68 미분무소화설비의 배관의 배수를 위한 기울기 기준 중 다음 (   ) 안에 알맞은 것은?(단, 배관의 구조상 기울기를 줄 수 없는 경우는 제외한다.)

> 개방형 미분무소화설비에는 헤드를 향하여 상향으로 수평주행배관의 기울기를 (㉠) 이상, 가지배관의 기울기를 (㉡) 이상으로 할 것

① ㉠ 1/100, ㉡ 1/500
② ㉠ 1/500, ㉡ 1/100
③ ㉠ 1/250, ㉡ 1/500
④ ㉠ 1/500, ㉡ 1/250

해설

미분무설비 배관의 배수를 위한 기울기
1) 폐쇄형 미분무소화설비
   소화설비의 배관을 수평으로 할 것
2) 개방형 미분무소화설비
   ① 수평주행배관 : 헤드를 향하여 상향으로의 기울기를 1/500 이상
   ② 가지배관 : 기울기 1/250 이상

69 할로겐화합물 및 불활성 기체 소화설비를 설치할 수 없는 장소의 기준 중 옳은 것은?(단, 소화성능이 인정되는 위험물은 제외한다.)

① 제1류 위험물 및 제2류 위험물 사용
② 제2류 위험물 및 제4류 위험물 사용
③ 제3류 위험물 및 제5류 위험물 사용
④ 제4류 위험물 및 제6류 위험물 사용

해설

할로겐화합물 및 불활성 기체 소화설비의 설치 제외
1) 사람이 상주하는 곳으로서 최대 허용설계농도를 초과하는 장소
2) 제3류 위험물 및 제5류 위험물을 사용하는 장소

70 개방형 스프링클러헤드 30개를 설치하는 경우 급수관의 구경은 몇 mm로 하여야 하는가?

① 65　② 80　③ 90　④ 100

해설

헤드 수에 따른 급수관의 구경

헤드 수 \ 구경	25	32	40	50	65	80	90	100	125	150
가) 폐쇄형	2	3	5	10	30	60	80	100	160	161 이상
나) 상하향식	2	4	7	15	30	60	65	100	160	161 이상
다) 개방형	1	2	5	8	15	27	40	55	90	91 이상

개방형 헤드를 사용하는 경우와 폐쇄형 헤드로서 무대부, 특수가연물 저장창고에 설치하는 경우, 다)란에 따른다.

71 분말소화설비 분말소화약제의 저장용기의 설치기준 중 옳은 것은?

① 저장용기에는 가압식은 최고 사용압력의 0.8배 이하, 축압식은 용기의 내압시험압력의 1.8배 이하의 압력에서 작동하는 안전밸브를 설치할 것
② 저장용기의 충전비는 0.8 이상으로 할 것
③ 저장용기 간의 간격은 점검에 지장이 없도록 5cm 이상의 간격을 유지할 것
④ 저장용기에는 저장용기의 내부압력이 설정압력으로 되었을 때 주밸브를 개방하는 압력조정기를 설치할 것

해설

저장용기의 설치기준
1) 분말소화약제 1kg당 저장용기의 내용적(충전비)

소화약제의 종별	충전비
제1종 분말	0.8[l/kg]
제2종 분말	1.0[l/kg]
제3종 분말	1.0[l/kg]
제4종 분말	1.25[l/kg]

정답 68 ④ 69 ③ 70 ③ 71 ②

2) 저장용기에는 가압식은 최고 사용압력의 1.8배 이하, 축압식은 용기의 내압시험압력의 0.8배 이하의 압력에서 작동하는 안전밸브를 설치할 것
3) 저장용기에는 저장용기의 내부압력이 설정압력으로 되었을 때 주밸브를 개방하는 정압작동장치를 설치할 것
4) 저장용기의 충전비는 0.8 이상으로 할 것
5) 저장용기 및 배관에는 잔류 소화약제를 처리할 수 있는 청소장치를 설치할 것
6) 축압식의 분말소화설비는 사용압력의 범위를 표시한 지시압력계를 설치할 것

① 저장용기에는 가압식은 최고 사용압력의 0.8배 이하 → 1.8배 이하
축압식은 용기의 내압시험 압력의 1.8배 이하 → 0.8배 이하
③ 저장용기 간의 간격은 점검에 지장이 없도록 5cm 이상 → 3cm 이상
④ 저장용기에는 저장용기의 내부압력이 설정압력으로 되었을 때 주밸브를 개방하는 압력조정기 → 정압작동장치를 설치할 것

72 바닥면적이 1,300m²인 관람장에 소화기구를 설치할 경우 소화기구의 최소 능력단위는?(단, 주요구조부가 내화구조이고, 벽 및 반자의 실내와 면하는 부분이 불연재료로 된 특정소방대상물이다.)

① 7단위　② 13단위
③ 22단위　④ 26단위

해설

특정소방대상물별 소화기구의 능력단위기준

특정소방대상물	능력단위 1단위 이상 (기타 구조)	능력단위 1단위 이상 (내화구조로서 불연, 준불연, 난연)
위락시설	바닥면적 30m²마다	바닥면적 60m²마다
공연장 · 집회장 · 관람장 · 문화재 · 장례식장 및 의료시설	바닥면적 50m²마다	바닥면적 100m²마다
근린생활시설 · 판매시설 · 노유자시설 · 숙박시설 · 공장 · 창고시설 · 운수시설 · 전시장 · 공동주택 · 업무시설 · 방송통신시설 · 항공기 및 자동차 관련 시설 · 관광휴게시설	바닥면적 100m²마다	바닥면적 200m²마다
그 밖의 것	바닥면적 200m²마다	바닥면적 400m²마다

※ 내화구조로서 불연, 준불연, 난연인 경우 : 기타 구조×2배

[풀이]
1) 관람장으로서 내화구조, 불연재료 : 기준면적 100m²
2) 능력단위 $= \dfrac{1,300\text{m}^2}{100\text{m}^2} = 13$단위

73 특정소방대상물의 용도 및 장소별로 설치하여야 할 인명구조기구 종류의 기준 중 다음 (　) 안에 알맞은 것은?

특정소방대상물	인명구조기구의 종류
물분무 등 소화설비 중 (　)를 설치하여야 하는 특정소방대상물	공기호흡기

① 이산화탄소 소화설비
② 분말소화설비
③ 할론소화설비
④ 할로겐화합물 및 불활성 기체 소화설비

정답　72 ②　73 ①

해설

인명구조기구의 설치장소별 적응성

특정소방대상물	인명구조기구의 종류	설치 수량
지하층을 포함하는 층수 • 7층 이상인 관광호텔 • 5층 이상인 병원	• 방열복 또는 방화복(헬멧, 보호장갑 및 안전화를 포함) • 공기호흡기 • 인공소생기(병원은 설치 제외)	각 2개 이상 비치
• 문화 및 집회시설 중 수용인원 100명 이상의 영화상영관 • 판매시설 중 대규모 점포 • 운수시설 중 지하역사 • 지하가 중 지하상가	공기호흡기	층마다 2개 이상 비치
물분무 등 소화설비 중 이산화탄소 소화설비를 설치하여야 하는 특정소방대상물	공기호흡기	이산화탄소 소화설비가 설치된 장소의 출입구 외부 인근에 1대 이상 비치

74 고압의 전기기기가 있는 장소에 있어서 전기의 절연을 위한 전기기기와 물분무헤드 사이의 최소 이격거리 기준 중 옳은 것은?

① 66kV 이하 – 60cm 이상
② 66kV 초과 77kV 이하 – 80cm 이상
③ 77kV 초과 110kV 이하 – 100cm 이상
④ 110kV 초과 154kV 이하 – 140cm 이상

해설

고압기기와 물분무헤드와의 이격거리

전압[kV]	이격거리[cm]
66 이하	70 이상
66 초과 77 이하	80 이상
77 초과 110 이하	110 이상
110 초과 154 이하	150 이상
154 초과 181 이하	180 이상
181 초과 220 이하	210 이상
220 초과 275 이하	260 이상

75 화재조기진압용 스프링클러설비헤드의 기준 중 다음 (　) 안에 알맞은 것은?

> 헤드 하나의 방호면적은 (㉠)m^2 이상 (㉡)m^2 이하로 할 것

① ㉠ 2.4, ㉡ 3.7　　② ㉠ 3.7, ㉡ 9.1
③ ㉠ 6.0, ㉡ 9.3　　④ ㉠ 9.1, ㉡ 13.7

해설

화재조기진압용 스프링클러헤드의 설치기준

1) 헤드 하나의 방호면적 : 6.0m^2 이상 9.3m^2 이하

2) 가지배관의 헤드 사이의 거리
   ① 천장의 높이가 9.1m 미만 : 2.4m 이상 3.7m 이하
   ② 천장의 높이가 9.1m 이상 13.7m 이하 : 2.4m 이상 3.1m 이하

3) 헤드의 반사판과 저장물의 최상부의 거리 : 914mm 이상
4) 헤드의 작동온도 : 74℃ 이하
5) 상부에 설치된 헤드의 방출수에 따라 감열부에 영향을 받을 우려가 있는 헤드에는 방출수를 차단할 수 있는 유효한 차폐판을 설치할 것

76 옥내소화전설비 수원의 산출된 유효수량 외에 유효수량의 1/3 이상을 옥상에 설치하지 아니할 수 있는 경우의 기준 중 다음 (　)에 알맞은 것은?

> • 수원이 건축물의 최상층에 설치된 (㉠)보다 높은 위치에 설치된 경우
> • 건축물의 높이가 지표면으로부터 (㉡)m 이하인 경우

① ㉠ 송수구, ㉡ 7　　② ㉠ 방수구, ㉡ 7
③ ㉠ 송수구, ㉡ 10　　④ ㉠ 방수구, ㉡ 10

정답　74 ②　75 ③　76 ④

해설

옥상수조의 면제
1) 지하층만 있는 건축물
2) 가압수조를 가압송수장치로 설치한 옥내소화전설비
3) 고가수조를 가압송수장치로 설치한 옥내소화전설비
4) 수원이 건축물의 최상층에 설치된 방수구보다 높은 위치에 설치된 경우
5) 건축물의 높이가 지표면으로부터 10m 이하인 경우
6) 주펌프와 동등 이상의 성능이 있는 별도의 펌프로서 내연기관의 기동과 연동하여 작동되거나 비상전원을 연결하여 설치한 경우
7) 학교 · 공장 · 창고시설로서 동결의 우려가 있는 장소(옥내소화전설비만 해당)

77 다수인 피난장비 설치기준 중 틀린 것은?

① 사용 시에 보관실 외측 문이 먼저 열리고 탑승기가 외측으로 자동으로 전개될 것
② 보관실의 문은 상시 개방상태를 유지하도록 할 것
③ 하강 시에 탑승기가 건물 외벽이나 돌출물에 충돌하지 않도록 설치할 것
④ 피난층에는 해당 층에 설치된 피난기구가 착지에 지장이 없도록 충분한 공간을 확보할 것

해설

다수인 피난장비
1) 정의
화재 시 2인 이상의 피난자가 동시에 해당 층에서 지상 또는 피난층으로 하강하는 피난기구
2) 설치기준
① 다수인 피난장비 보관실은 건물 외측보다 돌출되지 아니하고, 빗물 · 먼지 등으로부터 장비를 보호할 수 있는 구조일 것
② 사용 시에 보관실 외측 문이 먼저 열리고 탑승기가 외측으로 자동으로 전개될 것
③ 하강 시에 탑승기가 건물 외벽이나 돌출물에 충돌하지 않도록 설치할 것
④ 상 · 하층에 설치할 경우에는 탑승기의 하강경로가 중첩되지 않도록 할 것
⑤ 하강 시에는 안전하고 일정한 속도를 유지하도록 하고 전복, 흔들림, 경로이탈 방지를 위한 안전조치를 할 것
⑥ 보관실의 문에는 오작동 방지조치를 하고, 문 개방 시에는 당해 소방대상물에 설치된 경보설비와 연동하여 유효한 경보음을 발하도록 할 것
⑦ 피난층에는 해당 층에 설치된 피난기구가 착지에 지장이 없도록 충분한 공간을 확보할 것

78 포소화설비의 배관 등의 설치기준 중 옳은 것은?

① 포워터스프링클러 설비 또는 포헤드설비의 가지배관의 배열은 토너먼트 방식으로 한다.
② 송액관은 겸용으로 하여야 한다. 다만, 포소화전의 기동장치의 조작과 동시에 다른 설비의 용도에 사용하는 배관의 송수를 차단할 수 있거나, 포소화설비의 성능에 지상이 없는 경우에는 전용으로 할 수 있다.
③ 송액관은 포의 방출 종료 후 배관 안의 액을 배출하기 위하여 적당한 기울기를 유지하도록 하고 그 낮은 부분에 배액밸브를 설치하여야 한다.
④ 연결송수관설비의 배관과 겸용할 경우의 주배관은 구경 65mm 이상, 방수구로 연결되는 배관의 구경은 100mm 이상의 것으로 하여야 한다.

해설

포소화설비 배관의 설치기준
1) 포워터스프링클러 또는 포헤드설비의 가지배관의 배열은 토너먼트 방식이 아닐 것
2) 송액관은 전용으로 하여야 한다. 다만, 포소화전의 기동장치의 조작과 동시에 다른 설비의 용도에 사용하는 배관의 송수를 차단할 수 있거나, 포소화설비의 성능에 지장이 없는 경우에는 다른 설비와 겸용할 수 있다.
3) 송액관은 포의 방출 종료 후 배관 안의 액을 배출하기 위하여 적당한 기울기를 유지하도록 하고 그 낮은 부분에 배액밸브를 설치하여야 한다.
4) 연결송수관설비의 배관과 겸용할 경우의 주배관은 구경 100mm 이상, 방수구로 연결되는 배관의 구경은 65mm 이상의 것으로 하여야 한다.

정답 77 ② 78 ③

79 대형소화기에 충전하는 최소 소화약제의 기준 중 다음 ( ) 안에 알맞은 것은?

• 분말소화기 : (㉠)kg 이상
• 물소화기 : (㉡)L 이상
• 이산화탄소 소화기 : (㉢)kg 이상

① ㉠ 30, ㉡ 80, ㉢ 50
② ㉠ 30, ㉡ 50, ㉢ 60
③ ㉠ 20, ㉡ 80, ㉢ 50
④ ㉠ 20, ㉡ 50, ㉢ 60

해설

대형소화기의 소화약제 충전량

소화약제의 종별	충전량
포	20l 이상
강화액	60l 이상
물	80l 이상
분말	20kg 이상
할로겐화합물	30kg 이상
이산화탄소	50kg 이상

80 소화용수설비인 소화수조가 옥상 또는 옥탑 부근에 설치된 경우에는 지상에 설치된 채수구에서의 압력이 최소 몇 MPa 이상이 되어야 하는가?

① 0.8 ② 0.13
③ 0.15 ④ 0.25

해설

채수구 설치기준
1) 채수구는 구경 65mm 이상의 나사식 결합금속구를 설치할 것
2) 채수구의 높이 : 지면으로부터의 높이가 0.5m 이상 1m 이하
3) 표지 : "채수구"라고 표시한 표지
4) 채수구의 수

소요수량	20m^3 이상 40m^3 미만	40m^3 이상 100m^3 미만	100m^3 이상
채수구의 수	1개	2개	3개

5) 소화수조가 옥상 또는 옥탑의 부분에 설치된 경우에는 지상에 설치된 채수구에서의 압력이 0.15MPa 이상이 되도록 하여야 한다.

정답 79 ③ 80 ③

소방설비기사(기계분야)

기 · 출 · 문 · 제

2019년 1회

1과목 소방원론

01 공기와 접촉되었을 때 위험도(H)가 가장 큰 것은?

① 에테르 ② 수소
③ 에틸렌 ④ 부탄

해설

위험도 $H = \frac{U-L}{L}$

여기서, H : 위험도, U : 연소 상한계[%]
L : 연소 하한계[%]

① 에테르 연소범위 : 1.9~48
에테르 위험도 $H = \frac{48-1.9}{1.9} = 24.26$

② 수소 연소범위 : 4~75
수소 위험도 $H = \frac{75-4}{4} = 17.75$

③ 에틸렌 연소범위 : 2.7~36
에틸렌 위험도 $H = \frac{36-2.7}{2.7} = 12.33$

④ 부탄의 연소범위 : 1.8~8.4
부탄의 위험도 $H = \frac{8.4-1.8}{1.8} = 3.67$

02 연면적이 1,000m^2 이상인 목조건축물은 그 외벽 및 처마 밑의 연소할 우려가 있는 부분을 방화구조로 하여야 하는데 이때 연소우려가 있는 부분은?(단, 동일한 대지 안에 2동 이상의 건물이 있는 경우이며, 공원 · 광장 · 하천의 공지나 수면 또는 내화구조의 벽 기타 이와 유사한 것에 접하는 부분을 제외한다.)

① 상호의 외벽 간 중심선으로부터 1층은 3m 이내의 부분
② 상호의 외벽 간 중심선으로부터 2층은 7m 이내의 부분
③ 상호의 외벽 간 중심선으로부터 3층은 11m 이내의 부분
④ 상호의 외벽 간 중심선으로부터 4층은 13m 이내의 부분

해설

① 연소의 우려가 있는 부분(건축물의 피난 · 방화구조 등의 기준에 관한 규칙 제22조)

연소의 우려가 있는 부분	건축물 상호의 외벽 간의 중심선(중앙)으로부터의 거리
1층	3m 이내
2층 이상 층	5m 이내

② 방화구조의 대상
연면적이 1,000m^2 이상인 목조의 건축물은 그 외벽 및 처마 밑의 연소할 우려가 있는 부분을 방화구조로 하여야 한다.

03 주요구조부가 내화구조로 된 건축물에서 거실 각 부분으로부터 하나의 직통계단에 이르는 보행거리는 피난자의 안전상 몇 m 이하이어야 하는가?

① 50 ② 60
③ 70 ④ 80

해설

거실 각 부분으로부터 하나의 직통계단에 이르는 보행거리(건축법 시행령 제34조)

건축물의 구조	거실의 각 부분으로부터 하나의 직통계단에 이르는 보행거리
기타 구조	30미터 이하
내화구조 또는 불연재료로 된 건축물	50미터 이하
16층 이상인 공동주택	40미터 이하

정답 01 ① 02 ① 03 ①

04 제2류 위험물에 해당하지 않는 것은?

① 유황 ② 황화린
③ 적린 ④ 황린

해설

명칭	유황	황화린	적린	황린
유별	제2류 위험물	제2류 위험물	제2류 위험물	제3류 위험물
지정수량	100kg	100kg	100kg	20kg

05 화재에 관련된 국제적인 규정을 제정하는 단체는?

① IMO(International Maritime Organization)
② SFPE(Society of Fire Protection)
③ NFPA(Nation Fire Protection Association)
④ ISO(International Organization for Standardi-zation) TC 92

해설

① IMO(International Maritime Organization) : 국제해사기구
② SFPE(Society of Fire Protection) : 미국 소방 기술사회
③ NFPA(Nation Fire Protection Association) : 미국 화재예방 협회
④ ISO(International Organization for Standardization) TC 92 : 국제표준화기구 화재안전기술위원회

06 이산화탄소 소화약제의 임계온도로 옳은 것은?

① 24.4℃ ② 31.1℃
③ 56.4℃ ④ 78.2℃

해설

이산화탄소의 상평형도
승화점 : −79℃, 삼중점 : −57℃, 임계온도 : 31.35℃

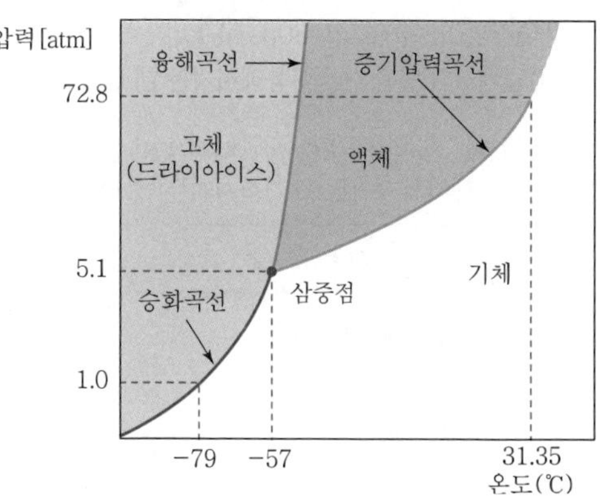

07 위험물안전관리법령상 위험물의 지정수량이 틀린 것은?

① 과산화나트륨 − 50kg
② 적린 − 100kg
③ 트리니트로톨루엔 − 200kg
④ 탄화알루미늄 − 400kg

해설

명칭	과산화나트륨	적린	트리니트로톨루엔	탄화알루미늄
유별	제1류 위험물	제2류 위험물	제5류 위험물	제3류 위험물
지정수량	50kg	100kg	200kg	300kg

08 물질의 취급 또는 위험성에 대한 설명 중 틀린 것은?

① 융해열은 점화원이다.
② 질산은 물과 반응 시 발열 반응하므로 주의를 해야 한다.
③ 네온, 이산화탄소, 질소는 불연성 물질로 취급한다.
④ 암모니아를 충전하는 공업용 용기의 색상은 백색이다.

정답 04 ④ 05 ④ 06 ② 07 ④ 08 ①

해설

잠열
물질의 온도변화는 없이 상태변화에만 필요한 열량

1) 물의 융해잠열 : 80[cal/g], 80[kcal/kg]
   1기압, 0℃에서의 얼음 1kg을 융해시키는 데 필요한 열량

2) 물의 증발잠열 : 539[cal/g], 539[kcal/kg]
   1기압, 100℃에서의 물 1kg을 기화시키는 데 필요한 열량

$$Q = m \cdot r$$

여기서, Q : 잠열량(kcal)
m : 질량(kg)
r : 잠열(kcal/kg)

① 융해열은 점화원이다. → 융해열이나 기화열은 주위의 열을 흡수하여 상변화하는 것이므로 점화원이 될 수 없다.

09 인화점이 40℃ 이하인 위험물을 저장, 취급하는 장소에 설치하는 전기설비는 방폭구조로 설치하는데, 용기의 내부에 기체를 압입하여 압력을 유지하도록 함으로써 폭발성 가스가 침입하는 것을 방지하는 구조는?

① 압력방폭구조 ② 유입방폭구조
③ 안전증방폭구조 ④ 본질안전방폭구조

해설

1) 내압방폭구조 : 점화원이 될 수 있는 아크, 정전기, 불꽃 등의 발생 부분을 전폐구조의 기구에 넣고 그 내부에서 폭발 시 용기가 폭발압력에 견디어 화염이 용기 밖으로 분출하지 못하도록 만든 구조
2) 압력방폭구조 : 용기 내부에 보호기체를 압입시켜 내부 압력을 유지시킴으로써 폭발성 가스나 증기의 침입을 방지하는 구조
3) 유입방폭구조 : 불꽃, 아크발생 부분을 기름 속에 넣어 폭발성가스와의 접촉을 차단함으로써 폭발을 방지한 구조
4) 본질안전방폭구조 : 정상 및 사고 시 발생하는 불꽃, 아크, 고온 등에 의해 폭발성 가스가 본질적으로 점화되지 않도록 점화시험 등에 의해 확인된 구조
5) 안전증방폭구조 : 전기불꽃, 아크발생 등의 방지를 위해 특별히 안전도를 증가시킨 구조

10 화재의 분류방법 중 유류화재를 나타낸 것은?

① A급 화재 ② B급 화재
③ C급 화재 ④ D급 화재

해설

화재의 분류

구분	화재의 종류	표시색	주된 소화효과
A급 화재	일반화재	백색	냉각소화
B급 화재	유류, 가스화재	황색	질식소화
C급 화재	전기화재(통전)	청색	질식소화
D급 화재	금속화재	무색	질식소화
K급 화재	주방화재	–	냉각, 질식소화

11 마그네슘의 화재에 주수하였을 때 물과 마그네슘의 반응으로 인하여 생성되는 가스는?

① 산소 ② 수소
③ 일산화탄소 ④ 이산화탄소

해설

1) 마그네슘과 물의 반응식
   $Mg + 2H_2O \rightarrow Mg(OH)_2 + H_2$(수소 발생)

2) 마그네슘과 이산화탄소의 반응식
   $2Mg + CO_2 \rightarrow 2MgO + C$(가연성 탄소 발생)

12 물의 기화열이 539.6cal/g인 것은 어떤 의미인가?

① 0℃의 물 1g이 얼음으로 변화하는 데 539.6cal의 열량이 필요하다.
② 0℃의 얼음이 1g이 물로 변화하는 데 539.6cal의 열량이 필요하다.
③ 0℃의 물 1g이 100℃의 물로 변화하는 데 539.6cal의 열량이 필요하다.
④ 100℃의 물 1g이 수증기로 변화하는 데 539.6cal의 열량이 필요하다.

정답 09 ① 10 ② 11 ② 12 ④

해설

잠열
물질의 온도변화는 없이 상태변화에만 필요한 열량

1) 물의 융해잠열 : 80[cal/g], 80[kcal/kg]
1기압, 0℃에서의 얼음 1kg을 융해시키는 데 필요한 열량

2) 물의 증발잠열 : 539[cal/g], 539[kcal/kg]
1기압, 100℃에서의 물 1kg을 기화시키는 데 필요한 열량

$$Q = m \cdot r$$

여기서, Q : 잠열량(kcal)
m : 질량(kg)
r : 잠열(kcal/kg)

13 방화구획의 설치기준 중 스프링클러 기타 이와 유사한 자동식소화설비를 설치한 10층 이하의 층은 몇 m^2 이내마다 구획하여야 하는가?

① 1,000 ② 1,500
③ 2,000 ④ 3,000

해설

면적별 방화구획의 기준

구획 층		구획방법	자동식 소화설비 설치 시
지상 10층 이하 (지하층 포함)		바닥면적 1,000m^2마다 구획	바닥면적 3,000m^2마다 구획
11층 이상	일반	바닥면적 200m^2마다 구획	바닥면적 600m^2마다 구획
	실내마감 불연재료	바닥면적 500m^2마다 구획	바닥면적 1,500m^2마다 구획

14 불활성 가스에 해당하는 것은?

① 수증기 ② 일산화탄소
③ 아르곤 ④ 아세틸렌

해설

불활성 가스
아르곤, 헬륨, 질소, 이산화탄소 등 다른 물질과 회합하지 않는 비활성 기체

15 이산화탄소의 질식 및 냉각효과에 대한 설명 중 틀린 것은?

① 이산화탄소의 증기비중이 산소보다 크기 때문에 가연물과 산소의 접촉을 방해한다.
② 액체 이산화탄소가 기화되는 과정에서 열을 흡수한다.
③ 이산화탄소는 불연성 가스로서 가연물의 연소반응을 방해한다.
④ 이산화탄소는 산소와 반응하며 이 과정에서 발생한 연소열을 흡수하므로 냉각효과를 나타낸다.

해설

이산화탄소 소화약제의 특성
1) 공기보다 비중이 1.52배 무거우므로 피복질식효과가 우수하다.
2) 독성은 없으나 질식의 우려가 있다.
3) 이산화탄소에 의한 지구온난화를 발생시킨다.
4) 무색무취의 기체로 화학적으로 안정하다.
5) 고압의 배관에서 대기 중으로 방사 시 줄-톰슨효과에 의한 냉각소화작용이 있다.
6) 약제방사 시 드라이아이스에 의해 시야가 제한되는 운무현상이 발생한다.
7) 소화 후 잔존물이 없고 전기적으로 비전도성이다.

④ 이산화탄소는 산소와 반응하며 → 반응이 완료된 물질로 산소와 반응하지 않는다.

16 분말소화약제 분말입도의 소화성능에 관한 설명으로 옳은 것은?

① 미세할수록 소화성능이 우수하다.
② 입도가 클수록 소화성능이 우수하다.
③ 입도와 소화성능과는 관련이 없다.
④ 입도가 너무 미세하거나 너무 커도 소화성능은 저하된다.

정답 13 ④ 14 ③ 15 ④ 16 ④

해설

분말소화약제의 특성

1) 최적의 소화효과를 나타내는 입도는 20~25μm이다.
2) 분말소화약제는 부촉매, 질식, 냉각, 복사열 차단효과 등이 복합적으로 나타남으로 인해 소화효과가 우수하다.
3) 분말소화약제는 유류화재와 전기화재에 적응성이 있는 BC분말과 일반화재, 유류, 전기화재까지 적응성이 있는 ABC분말로 분류된다.

17 화재하중에 대한 설명 중 틀린 것은?

① 화재하중이 크면 단위면적당의 발열량이 크다.
② 화재하중이 크다는 것은 화재구획의 공간이 넓다는 것이다.
③ 화재하중이 같더라도 물질의 상태에 따라 가혹도는 달라진다.
④ 화재하중은 화재구획실 내의 가연물 총량을 목재 중량당비로 환산하여 면적으로 나눈 수치이다.

해설

1) 건축물의 화재하중
 ① 정의 : 화재구역의 단위면적당 가연물(목재로 환산한)의 양 [kg/m^2]
 ② 화재하중의 계산

$$Q[\text{kg/m}^2] = \frac{\Sigma G_t H_t}{HA} = \frac{\Sigma G_t H_t}{4{,}500\,A}$$

여기서, Q : 화재하중[kg/m^2], G_t : 가연물의 양[kg]
H_t : 가연물의 단위중량당 발열량[kcal/kg]
H : 목재의 단위중량당 발열량(4,500[kcal/kg])
A : 바닥면적[m^2]

2) 화재가혹도
 ① 화재강도가 커지면 화재 시 그 건축물의 최고온도가 상승한다.
 ② 화재하중이 커지면 화재의 지속시간이 길어지게 된다.
 ③ 화재가혹도는 최고온도가 지속되는 시간을 의미한다.

화재가혹도＝최고온도×지속시간

② 화재하중이 크다는 것 → 화재하중의 크기는 구획공간의 넓이 A[m^2]에 반비례한다.

18 분말소화약제 중 A급, B급, C급 화재에 모두 사용할 수 있는 것은?

① Na_2CO_3　② $NH_4H_2PO_4$
③ $KHCO_3$　④ $NaHCO_3$

해설

종별	분자식	착색	적응 화재	충전비 [l/kg]
제1종 분말	탄산수소나트륨 ($NaHCO_3$)	백색	BC급	0.8
제2종 분말	탄산수소칼륨 ($KHCO_3$)	담회색 (담자색)	BC급	1.0
제3종 분말	제1인산암모늄 ($NH_4H_2PO_4$)	담홍색	ABC급	1.0
제4종 분말	탄산수소칼륨＋요소 ($KHCO_3+(NH_2)_2CO$)	회색	BC급	1.25

19 증기비중의 정의로 옳은 것은?(단, 분자, 분모의 단위는 모두 g/mol이다.)

① $\frac{\text{분자량}}{22.4}$　② $\frac{\text{분자량}}{29}$
③ $\frac{\text{분자량}}{44.8}$　④ $\frac{\text{분자량}}{100}$

해설

1) 증기비중 $= \frac{\text{분자량}}{\text{공기의 평균분자량}(29)}$
2) 이산화탄소 증기비중 : $\frac{44}{29} = 1.52$, 공기보다 1.52배 정도 무겁다.

20 탄화칼슘의 화재 시 물을 주수하였을 때 발생하는 가스로 옳은 것은?

① C_2H_2　② H_2
③ O_2　④ C_2H_6

정답 17 ② 18 ② 19 ② 20 ①

해설

- 탄화칼슘과 물의 반응식
  $CaC_2 + 2H_2O \rightarrow Ca(OH)_2 + C_2H_2$(아세틸렌 발생)
- 나트륨과 물의 반응식
  $2Na + 2H_2O \rightarrow 2NaOH + H_2$(수소 발생)

2과목 소방유체역학

21 다음 중 열역학 제1법칙에 관한 설명으로 옳은 것은?

① 열은 그 자신만으로 저온에서 고온으로 이동할 수 없다.
② 일은 열로 변환시킬 수 있고 열은 일로 변환시킬 수 있다.
③ 사이클 과정에서 열이 모두 일로 변화할 수 없다.
④ 열평형 상태에 있는 물체의 온도는 같다.

해설

열역학 법칙

1) 열역학 0법칙(열평형의 법칙)
물체 A와 C가 열적 평형상태에 있고 B와 C가 열적 평형상태에 있으면, A와 B도 열평형상태에 있다는 법칙이다.

2) 열역학 1법칙(에너지 보존의 법칙)
① 어떠한 밀폐계에 가한 일의 크기는 그 계의 열량변화량의 크기와 같다.
② 일에너지는 열에너지로, 열에너지는 일에너지로 변환이 가능하지만 그 에너지의 총량은 항상 일정하게 보존된다.
③ 계의 내부에너지 변화량 = 계가 받은 열에너지 − 계가 외부에 한 일

3) 열역학 2법칙(비가역성의 법칙)
① 열은 스스로 저온에서 고온으로 이동하지 않는다.
② 자연계에서 엔트로피는 증가하는 방향으로만 진행한다.
③ 열기관에서 열역학 제2법칙은 손실의 의미한다. 즉, 열을 일로 완전히 바꿀 수 있는 열기관은 존재하지 않는다.

4) 열역학 3법칙
열역학적 과정에서의 절대온도가 0K이 되면, 엔트로피도 0이 된다.

22 안지름 25mm, 길이 10m의 수평 파이프를 통해 비중 0.8, 점성계수는 5×10^{-3}kg/m·s인 기름을 유량 0.2×10^{-3}m^3/s로 수송하고자 할 때, 필요한 펌프의 최소 동력은 약 몇 W인가?

① 0.21 ② 0.58 ③ 0.77 ④ 0.81

해설

펌프의 최소 동력(수동력) L_w

$$L_w[\text{W}] = \gamma[\text{N/m}^3] \times Q[\text{m}^3/\text{s}] \times H[\text{m}]$$

$$L_w[\text{kW}] = \frac{\gamma[\text{N/m}^3] \times Q[\text{m}^3/\text{s}] \times H[\text{m}]}{1{,}000}$$

여기서, γ : 비중량, $\gamma_w = 9{,}800$[N/m^3]
Q : 유량[m^3/s], H : 전양정[m]

1) 기름의 비중량 γ
$S = \dfrac{\gamma}{\gamma_w}$, $\gamma = S \cdot \gamma_w$
$\gamma = 0.8 \times 9{,}800[\text{N/m}^3] = 7{,}840[\text{N/m}^3]$
여기서, S : 비중, γ_w : 물의 비중량[N/m^3]

2) 유량 Q
$Q[\text{m}^3/\text{s}] = 0.2\times10^{-3}[\text{m}^3/\text{s}]$

3) 전양정 H
H = 실양정 + 배관마찰손실양정
조건에서 수평 파이프이므로 실양정 = 0
∴ 전양정 H = 배관의 마찰손실양정

4) 배관의 마찰손실 H_l(Darcy-Weisbach Formula)

$$H_l = f\frac{l}{d}\frac{V^2}{2g}$$

여기서, H_l : 마찰손실수두[m], f : 관마찰계수
d : 배관의 직경[m], l : 직관의 길이[m]
V : 유체의 유속[m/sec]

정답 21 ② 22 ①

① 마찰계수 f

$$f=\frac{64}{Re}$$

② 레이놀즈수 Re

$$Re=\frac{\rho VD}{\mu}=\frac{VD}{\nu}$$

여기서, ρ : 유체의 밀도[kg/m³]
μ : 유체의 점성계수[kg/m · s]
D : 관의 직경[m]
ν : 유체의 동점성계수[m²/s]
V : 유속[m/s]

③ 밀도 ρ

$$S=\frac{\rho}{\rho_w},\ \rho=S\cdot\rho_w$$

여기서, S : 비중, ρ_w : 물의 밀도(1,000kg/m³)

$$\rho=0.8\times1{,}000[\text{kg/m}^3]=800[\text{kg/m}^3]$$

④ 유속 V

$$Q=AV=\frac{\pi d^2}{4}V$$

$$0.2\times10^{-3}=\frac{\pi\times0.025^2}{4}\times V$$

$$V=0.4074[\text{m/s}]$$

⑤ $Re=\dfrac{800\times0.4074\times0.025}{5\times10^{-3}}=1629.6$

⑥ $f=\dfrac{64}{1629.6}=0.03927$

⑦ $H_l=0.03927\times\dfrac{10}{0.025}\times\dfrac{0.4074^2}{2\times9.8}=0.133[\text{m}]$

5) 펌프의 최소 동력

$$L_w=7{,}840[\text{N/m}^3]\times0.2\times10^{-3}[\text{m}^3/\text{s}]\times0.133[\text{m}]$$
$$=0.208\fallingdotseq0.21[\text{W}]$$

23 수은의 비중이 13.6일 때 수은의 비체적은 몇 m³/kg인가?

① $\dfrac{1}{13.6}$
② $\dfrac{1}{13.6}\times10^{-3}$
③ 13.6
④ 13.6×10^{-3}

해설

비체적 V_S

단위질량당 체적[m³/kg]을 의미하며 밀도의 역수이다.

$$V_S[\text{m}^3/\text{kg}]=\frac{1}{\rho}$$

수은의 밀도 ρ

$$S=\frac{\rho}{\rho_w},\ \rho=S\cdot\rho_w$$

$$\rho=13.6\times1{,}000=13{,}600[\text{kg/m}^3]$$

여기서, S : 비중, ρ_w : 물의 밀도(1,000kg/m³)

$$V_S=\frac{1}{\rho}=\frac{1}{13{,}600}=\frac{1}{13.6}\times10^{-3}[\text{m}^3/\text{kg}]$$

24 그림과 같은 U자관 차압액주계에서 A와 B에 있는 유체는 물이고 그 중간의 유체는 수은(비중 13.6)이다. 또한 그림에서 h_1=20cm, h_2=30cm, h_3=15cm일 때 A의 압력(P_A)과 B의 압력(P_B)의 차이(P_A-P_B)는 약 몇 kPa인가?

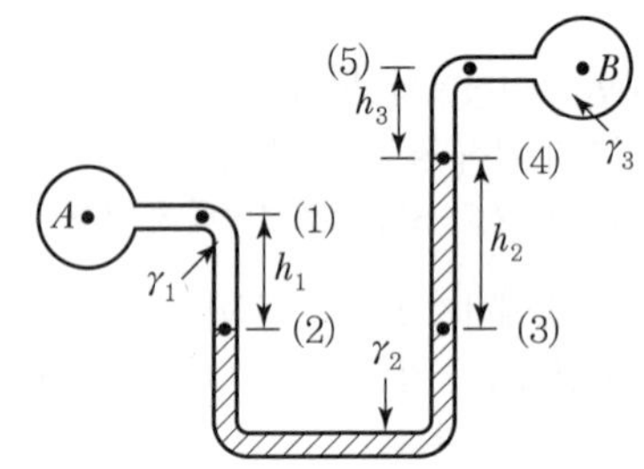

① 35.4
② 39.5
③ 44.7
④ 49.8

해설

액주계에서 압력 차(P_A-P_B)

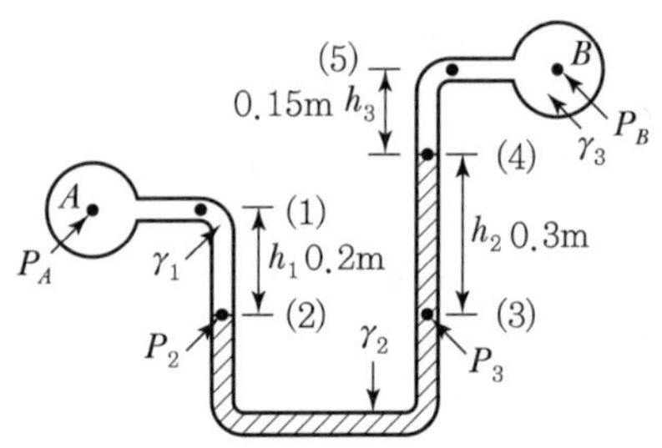

정답 23 ② 24 ②

1) $P_2 = P_3$, (2)점의 압력과 (3)점의 압력은 같다.

① $P_2 = P_A + \gamma_1 h_1$, $P_3 = P_B + \gamma_2 h_2 + \gamma_3 h_3$

② $P_A + \gamma_1 h_1 = P_B + \gamma_2 h_2 + \gamma_3 h_3$

$$P_A - P_B = \gamma_2 h_2 + \gamma_3 h_3 - \gamma_1 h_1$$

2) 비중량 γ

$\gamma = S\gamma_w$

여기서, S : 비중(물의 비중=1)

γ_w : 물의 비중량(9,800N/m^3) (9.8kN/m^3)

① $\gamma_1 = S_1 \gamma_w$, $\gamma_1 = 1 \times 9.8[\text{kN/m}^3] = 9.8[\text{kN/m}^3]$

② $\gamma_2 = S_2 \gamma_w$, $\gamma_2 = 13.6 \times 9.8[\text{kN/m}^3]$
$= 133.28[\text{kN/m}^3]$

③ $\gamma_3 = S_3 \gamma_w$, $\gamma_3 = 1 \times 9.8[\text{kN/m}^3] = 9.8[\text{kN/m}^3]$

3) $P_A - P_B = \gamma_2 h_2 + \gamma_3 h_3 - \gamma_1 h_1$

$P_A - P_B = 133.28 \times 0.3 + 9.8 \times 0.15 - 9.8 \times 0.2$
$= 39.49[\text{kN/m}^2]$

$\therefore P_A - P_B \fallingdotseq 39.5[\text{kN/m}^2]$ [kPa]

25 평균유속 2m/s로 50L/s 유량의 물을 흐르게 하는 데 필요한 관의 안지름은 약 몇 mm인가?

① 158 ② 168 ③ 178 ④ 188

해설

연속방정식

$$Q = AV \qquad V = \frac{Q}{A}$$

$$V = \frac{Q}{\frac{\pi d^2}{4}} = \frac{4Q}{\pi d^2} \qquad d = \sqrt{\frac{4Q}{\pi V}}$$

여기서, Q : 유량[m^3/s], A : 배관의 단면적[m^2]

V : 유속[m/s], d : 배관의 구경[m]

[풀이]

1) $Q = 50\frac{l}{\text{s}} \times \frac{1\text{m}^3}{1{,}000l} = 0.05[\text{m}^3/\text{s}]$

$V = 2[\text{m/s}]$

2) 배관의 안지름 d

$d = \sqrt{\frac{4Q}{\pi V}} = \sqrt{\frac{4 \times 0.05}{\pi \times 2}} = 0.17841[\text{m}]$

$\therefore$ 178.41[mm]

26 30℃에서 부피가 10L인 이상기체를 일정한 압력으로 0℃로 냉각시키면 부피는 약 몇 L로 변하는가?

① 3 ② 9 ③ 12 ④ 18

해설

샤를의 법칙(Charles's Law)

압력이 일정할 때 기체의 체적은 절대온도에 비례한다.

$P_1 = P_2$

$$\frac{V_1}{T_1} = \frac{V_2}{T_2} \qquad \frac{V}{T} = C$$

여기서, P : 절대압력, T : 절대온도[K], V : 체적[m^3]

[풀이]

$P_1 = P_2$, $T_1 = 30 + 273 = 303[\text{K}]$

$T_2 = 0 + 273 = 273[\text{K}]$, $V_1 = 10[\text{L}]$, $V_2 = ?[\text{L}]$

$\frac{V_1}{T_1} = \frac{V_2}{T_2}$, $\frac{10}{303} = \frac{V_2}{273}$

$V_2 = \frac{273 \times 10}{303} = 9[\text{L}]$

27 이상적인 카르노 사이클의 과정인 단열압축과 등온압축의 엔트로피 변화에 관한 설명으로 옳은 것은?

① 등온압축의 경우 엔트로피 변화는 없고, 단열압축의 경우 엔트로피 변화는 감소한다.

② 등온압축의 경우 엔트로피 변화는 없고, 단열압축의 경우 엔트로피 변화는 증가한다.

③ 단열압축의 경우 엔트로피 변화는 없고, 등온압축의 경우 엔트로피 변화는 감소한다.

④ 단열압축의 경우 엔트로피 변화는 없고, 등온압축의 경우 엔트로피 변화는 증가한다.

정답 25 ③ 26 ② 27 ③

해설

카르노 사이클(Carnot Cycle)

공급열량을 일로 치환시키는 데 전 과정을 가역과정으로 하여 에너지손실을 적게 한 사이클로서 이상적 가역사이클이다. 실제상태에서 존재하지 않으며 사이클의 개념을 이해하기 위해 사용되는 사이클이다. 단열과정은 엔트로피의 변화가 없고 등온과정은 온도변화가 없다.

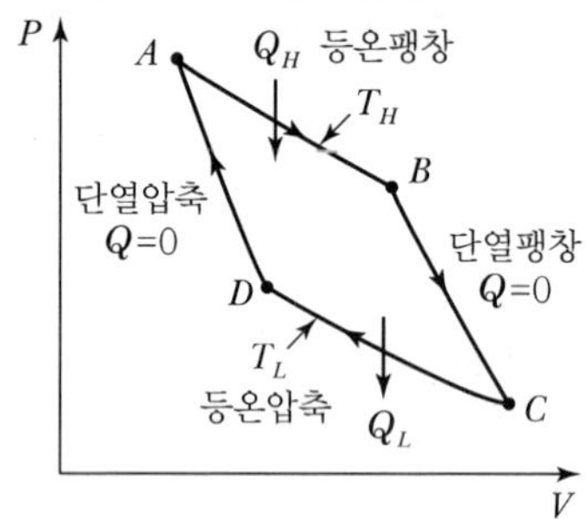

1) $A-B$과정(등온팽창)
   실린더 헤드를 고온열원과 접촉시키면 실린더 내의 유체는 온도 T_H에서 열량 Q_H를 받아 상태 B까지 팽창하여 외부에 일을 한다.이 과정은 온도는 변하지 않고 부피가 팽창하는 등온팽창 과정이다.

2) $B-C$과정(단열팽창)
   고온열원을 제거한 후 실린더 헤드를 단열하고 상태 C까지 팽창을 계속시킨다. 이때 실린더의 내부는 단열상태이므로 작동유체는 내부에너지를 소비하여 외부에 팽창일을 하며, 작동유체의 온도는 T_H에서 T_L로 강하한다.

3) $C-D$과정(등온압축)
   단열체를 제거한 후 실린더 헤드를 저온열원에 접촉시키면 열량이 방출되어 피스톤을 밀어 압축시킨다. 이로 인해 작동유체는 온도 T_L의 상태에서 저온 열원에 열량 Q_L를 방출한다. 이 때 저온열원의 온도는 변하지 않으므로 등온압축과정이다.

4) $D-A$과정(단열압축)
   저온열원을 제거하고 실린더를 단열한 후 상태 A까지 압축을 계속한다. 이때 실린더 내부는 단열상태이며 작동유체에 가해진 압축일은 모두 내부에너지의 증가로 나타나는데, 작동유체의 온도는 T_L에서 T_H로 상승한다.

28 그림에서 물 탱크차가 받는 추력은 약 몇 N인가?(단, 노즐의 단면적은 0.03m^{2}이며, 탱크 내의 계기압력은 40kPa이다. 또한 노즐에서 마찰손실은 무시한다.)

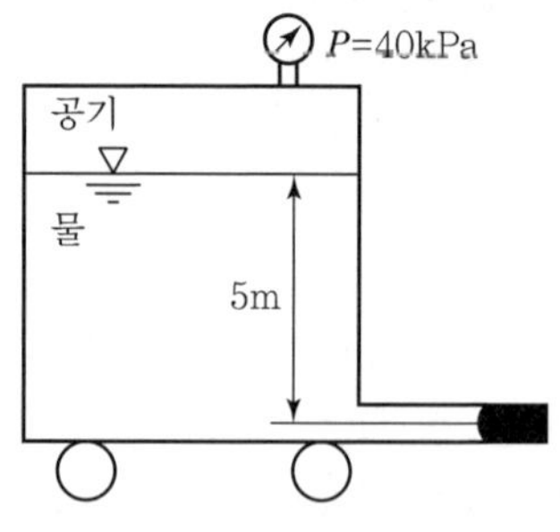

① 812 ② 1,489
③ 2,709 ④ 5,339

해설

고정평판에 작용하는 힘(추력, 반동력, 노즐의 반발력)

$$F=\rho Q V \qquad F=\rho A V^2$$

여기서, ρ : 밀도[N · s^2/m^4], Q : 유량[m^3/s]
V : 유속[m/s], A : 노즐의 단면적[m^2]

[풀이]

1) 물의 밀도 ρ : 1,000[N · s^2/m^4]
   노즐의 단면적 A : 0.03[m^2]
2) 유속 : $V=\sqrt{2gh}$
   h =물의 높이(h_1)+공기의 압력수두(h_2)
   $h_1=5$[m]
   $$h_2=\frac{P}{\gamma}=\frac{40\,[\text{kN/m}^2]}{9.8\,[\text{kN/m}^3]}=4.08\,[\text{m}]$$
   $h=5+4.08=9.08$[m]
   $V=\sqrt{2\times 9.8\times 9.08}=13.34$[m/s]
3) $F=\rho A V^2$
   $=1{,}000\times 0.03\times 13.34^2=5338.67$[N]

정답 28 ④

29 비중이 0.877인 기름이 단면적이 변하는 원관을 흐르고 있으며 체적유량은 $0.146m^3/s$이다. A점에서는 안지름이 150mm, 압력이 91kPa이고, B점에서는 안지름이 450mm, 압력이 60.3kPa이다. 또한 B점은 A점보다 3.66m 높은 곳에 위치한다. 기름이 A점에서 B점까지 흐르는 동안 손실수두는 약 몇 m인가?(단, 물의 비중량은 $9,810N/m^3$이다.)

① 3.3 ② 7.2
③ 10.7 ④ 14.1

해설

수정 베르누이 방정식(Modified Bernoulli's Equation)
손실수두를 고려한 베르누이 방정식

$$\frac{V_A^2}{2g}+\frac{P_A}{\gamma}+Z_A=\frac{V_B^2}{2g}+\frac{P_B}{\gamma}+Z_B+H_L$$

여기서, $\frac{V^2}{2g}$: 속도수두[m], $\frac{P}{\gamma}$: 압력수두[m]
Z : 위치수두[m], V : 유속[m/s]
P : 압력[N/m^2], Z : 높이[m]
g : 중력가속도[m/s^2], γ : 비중량[N/m^3]
H_L : 마찰손실수두

[풀이]

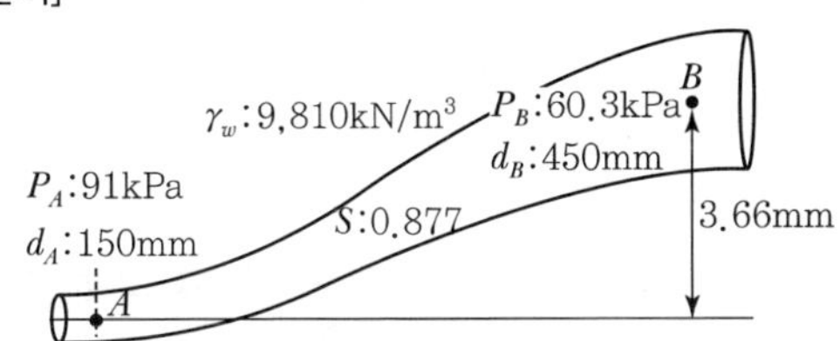

1) A점의 유속 : $V_A=\frac{Q}{A_A}=\frac{0.146}{\frac{\pi\times0.15^2}{4}}=8.26[m/s]$

2) B점의 유속 : $V_B=\frac{Q}{A_B}=\frac{0.146}{\frac{\pi\times0.45^2}{4}}=0.92[m/s]$

3) 기름의 비중량

$S=\frac{\gamma}{\gamma_w}$, $\gamma=S\gamma_w$

$\gamma=0.877\times9.81[kN/m^3]=8.6[kN/m^3]$

여기서, $S=0.877$
$\gamma_w=9,810[N/m^3]=9.81[kN/m^3]$

4) $Z_A=0[m]$, $Z_B=3.66[m]$

5) H_L : 기름이 A점에서 B점까지 흐르는 동안 손실수두

$$\frac{8.26^2}{2\times9.8}+\frac{91}{8.6}+0=\frac{0.92^2}{2\times9.8}+\frac{60.3}{8.6}+3.66+H_L$$

$H_L=3.35[m]$

30 그림과 같이 피스톤의 지름이 각각 25cm와 5cm이다. 작은 피스톤을 화살표 방향으로 20cm만큼 움직일 경우 큰 피스톤이 움직이는 거리는 약 몇 mm인가?(단, 누설은 없고, 비압축성이라고 가정한다.)

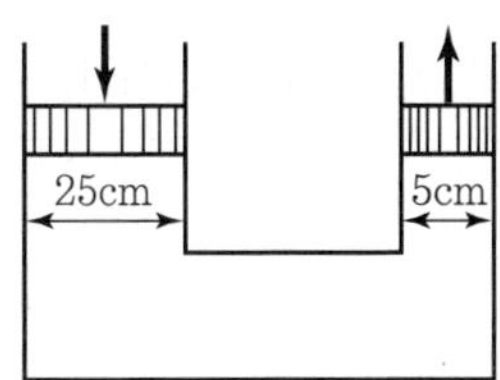

① 2 ② 4
③ 8 ④ 10

해설

피스톤이 한 일

$W_1=W_2$

$W_1=F_1\times l_1$, $W_2=F_2\times l_2$

$F_1\times l_1=F_2\times l_2$

여기서, $F=PA$이므로

$P_1\times A_1\times l_1=P_2\times A_2\times l_2$

수압기 속 유체의 압력은 같으므로 $P_1=P_2$

$$A_1\times l_1=A_2\times l_2 \qquad \frac{\pi d_1^2}{4}\times l_1=\frac{\pi d_2^2}{4}\times l_2$$

[풀이]

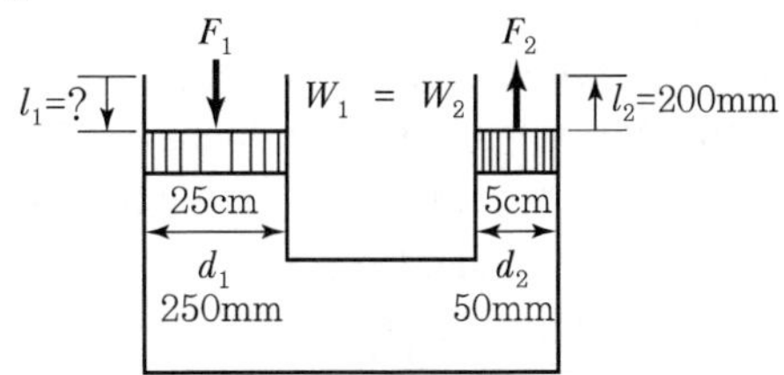

정답 29 ① 30 ③

큰 피스톤이 움직이는 거리 l_1

$$l_1 = \frac{\pi d_2^2}{4} \times l_2 \times \frac{4}{\pi d_1^2} = \frac{d_2^2}{d_1^2} \times l_2$$

$$l_1 = \frac{d_2^2}{d_1^2} \times l_2 = \frac{50^2}{250^2} \times 200 = 8[\text{mm}]$$

31 스프링클러헤드의 방수압이 4배가 되면 방수량은 몇 배가 되는가?

① $\sqrt{2}$배 ② 2배
③ 4배 ④ 8배

해설

헤드에서의 방수량 및 방사압의 관계식

$$Q = K\sqrt{10P}$$

여기서, Q : 방수량[l/min], P : 방사압[MPa]
K : 방출계수

$Q_1 : \sqrt{P_1} = Q_2 : \sqrt{P_2}$

$P_2 = 4P_1$이므로

$Q_1 : \sqrt{P_1} = Q_2 : \sqrt{4P_1}$

$$\sqrt{P_1} \times Q_2 = \sqrt{4P_1} \times Q_1,\ Q_2 = \frac{\sqrt{4P_1}}{\sqrt{P_1}} \times Q_1$$

$\therefore Q_2 = 2Q_1$

32 다음 중 표준대기압인 1기압에 가장 가까운 것은?

① 860mmHg ② 10.33mAq
③ 101.325bar ④ 1.0332kg$_f$/m^2

해설

표준대기압

1atm = 1.0332[kg$_f$/cm^2] = 10332[kg$_f$/m^2]
= 10.332[mAq][mH$_2$O] = 10332[mmAq]
= 101325[Pa][N/m^2] = 101.325[kPa], [kN/m^2)
= 0.101325[MPa][MN/m^2]
= 760[mmHg] = 76[cmHg]
= 1.013[bar] = 1013[mbar] = 14.7[PSI]

33 안지름 10cm의 관로에서 마찰손실수두가 속도수두와 같다면 그 관로의 길이는 약 몇 m인가?(단, 관마찰계수는 0.03이다.)

① 1.58 ② 2.54 ③ 3.33 ④ 4.52

해설

1) 배관의 마찰손실수두(Darcy-Weisbach Formula)

$$H_l = f\frac{l}{d}\frac{V^2}{2g}$$

여기서, H_l : 마찰손실수두[m], f : 관마찰계수
d : 배관의 직경[m], l : 직관의 길이[m]
V : 유체의 유속[m/sec]

2) 베르누이 방정식

$$\frac{V^2}{2g} + \frac{P}{\gamma} + Z = \text{Constant}$$

여기서, $\frac{p}{\gamma}$: 압력수두, $\frac{V^2}{2g}$: 속도수두, z : 위치수두

3) 마찰손실수두가 속도수두와 같은 경우

$f\frac{l}{d}\frac{V^2}{2g}$(마찰손실수두) $= \frac{V^2}{2g}$(속도수두), $f\frac{l}{d} = 1$

4) 관로의 길이

$$l = \frac{d}{f} = \frac{0.1}{0.03} = 3.33[\text{m}]$$

34 원심식 송풍기에서 회전수를 변화시킬 때 동력변화를 구하는 식으로 옳은 것은?(단, 변화 전후의 회전수는 각각 N_1, N_2, 동력은 L_1, L_2이다.)

① $L_2 = L_1 \times \left(\frac{N_1}{N_2}\right)^3$ ② $L_2 = L_1 \times \left(\frac{N_1}{N_2}\right)^2$

③ $L_2 = L_1 \times \left(\frac{N_2}{N_1}\right)^3$ ④ $L_2 = L_1 \times \left(\frac{N_2}{N_1}\right)^2$

해설

상사의 법칙

비속도가 같은 펌프는 기하학적으로 상사(유사)하고 이러한 펌프 사이에는 상사의 법칙이 성립한다.

정답 31 ② 32 ② 33 ③ 34 ③

1) 유량(Q)에서의 상사의 법칙

$$\frac{Q_2}{Q_1} = \left(\frac{N_2}{N_1}\right)\left(\frac{D_2}{D_1}\right)^3$$

2) 양정(H)에서의 상사의 법칙

$$\frac{H_2}{H_1} = \left(\frac{N_2}{N_1}\right)^2\left(\frac{D_2}{D_1}\right)^2$$

3) 동력(L)에서의 상사의 법칙

$$\frac{L_2}{L_1} = \left(\frac{N_2}{N_1}\right)^3\left(\frac{D_2}{D_1}\right)^5,\ L_2 = L_1 \times \left(\frac{N_2}{N_1}\right)^3\left(\frac{D_2}{D_1}\right)^5$$

35 그림과 같은 1/4 원형의 수문(水門) AB가 받는 수평성분 힘(F_H)과 수직성분 힘(F_V)은 각각 약 몇 kN인가?(단, 수문의 반지름은 2m이고, 폭은 3m이다.)

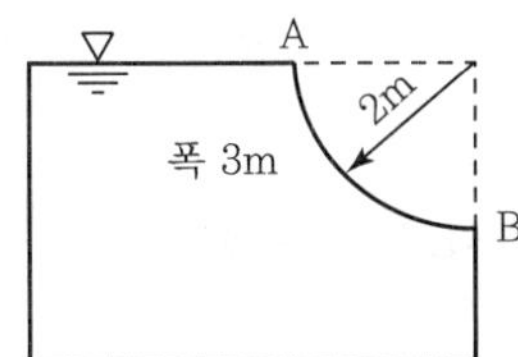

① $F_H = 24.4$, $F_V = 46.2$

② $F_H = 24.4$, $F_V = 92.4$

③ $F_H = 58.8$, $F_V = 46.2$

④ $F_H = 58.8$, $F_V = 92.4$

해설

수평성분 힘과 수직성분 힘

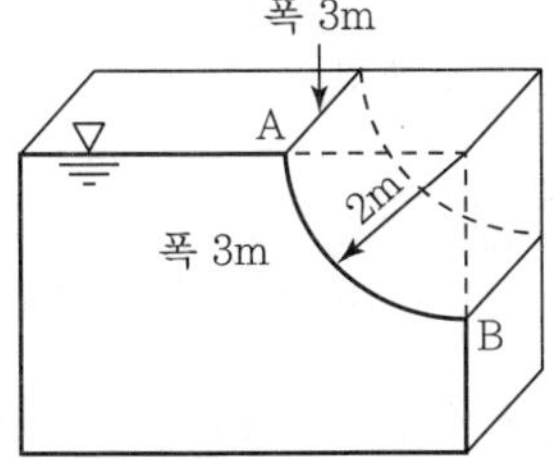

1) 수평성분 힘 F_H

$$F_H = \gamma \bar{h} A$$

여기서, F_H : 수평분력[N]

$\bar{h}$: 투영면적 중심에서 수면까지 수직깊이[m]

A : 수평투영면적[m^2]

① 물의 비중량 γ : 9,800[N/m^3], 9.8[kN/m^3]

② $\bar{h}$: 투영면적 중심에서 수면까지 수직깊이[m]

$\bar{h} = \frac{h}{2} = \frac{2\text{m}}{2} = 1[\text{m}]$

③ A : 투영면적[m^2]

$A =$ 폭 $\times$ 높이 $= 3\text{m} \times 2\text{m} = 6[\text{m}^2]$

④ 수평분력

$F_H = \gamma\ \bar{h}\ A = 9.8[\text{kN/m}^3] \times 1[\text{m}] \times 6[\text{m}^2]$

$= 58.8[\text{kN}]$

2) 수직성분 힘 F_V

$$F_V = \gamma V$$

여기서, F_V : 수직분력[N], γ : 비중량[N/m^3]

V : 곡면연직상방의 체적[m^3]

① 물의 비중량 γ : 9,800[N/m^3], 9.8[kN/m^3]

② V : 곡면연직상방의 체적[m^3]

원기둥 부피의 1/4

$V = \pi r^2$[원의 면적] $\times$ W[폭] $\times \frac{1}{4}$

$= \pi \times 2^2 \times 3 \times \frac{1}{4} = 9.4247[\text{m}^3]$

③ 수직분력

$F_V = \gamma V = 9.8[\text{kN/m}^3] \times 9.4247[\text{m}^3]$

$= 92.36[\text{kN}] \fallingdotseq 92.4[\text{kN}]$

36 펌프 중심으로부터 2m 아래에 있는 물을 펌프 중심으로부터 15m 위에 있는 송출수면으로 양수하려 한다. 관로의 전 손실수두가 6m이고, 송출수량이 1m^3/min라면 필요한 펌프의 동력은 약 몇 W인가?

① 2,777 ② 3,103

③ 3,430 ④ 3,757

정답 35 ④ 36 ④

해설

펌프의 동력(수동력)

$$L_w\,[\mathrm{W}] = \gamma[\mathrm{N/m^3}] \times Q[\mathrm{m^3/s}] \times H[\mathrm{m}]$$

$$L_w\,[\mathrm{kW}] = \frac{\gamma[\mathrm{N/m^3}] \times Q[\mathrm{m^3/s}] \times H[\mathrm{m}]}{1{,}000}$$

여기서, L_w : 수동력[kW]
γ : 물의 비중량[N/m³]
Q : 유량[m³/s]
H : 전양정[m]

[풀이]

1) 물의 비중량 γ : 9,800[N/m³]

2) 유량 $Q = 1\frac{\mathrm{m^3}}{\mathrm{min}} \times \frac{1\,\mathrm{min}}{60\,\mathrm{s}} = \frac{1}{60}\,[\mathrm{m^3/s}]$

3) 전양정 H=실양정+마찰손실수두
실양정=흡입양정+토출양정
=2m+15m=17[m]
마찰손실수두=6[m]
H=17m+6m=23[m]

4) 펌프의 동력 (수동력)
$L_w\,[\mathrm{W}] = \gamma[\mathrm{N/m^3}] \times Q[\mathrm{m^3/s}] \times H[\mathrm{m}]$
$= 9{,}800[\mathrm{N/m^3}] \times \frac{1}{60}[\mathrm{m^3/s}] \times 23[\mathrm{m}]$
$= 3756.67[\mathrm{W}]$

37 일반적인 배관 시스템에서 발생되는 손실을 주 손실과 부차적 손실로 구분할 때 다음 중 주 손실에 속하는 것은?

① 직관에서 발생하는 마찰손실
② 파이프 입구와 출구에서의 손실
③ 단면의 확대 및 축소에 의한 손실
④ 배관부품(엘보, 리턴밴드, 티, 리듀서, 유니언, 밸브 등)에서 발생하는 손실

해설

1) 주 손실
직관에서 배관마찰에 의한 손실

2) 부차적 손실
① 관 부속품에서 발생하는 손실
② 급격한 확대관에 의한 손실
③ 급격한 축소관에 의한 손실
④ 유동단면의 장애물에 의한 손실
⑤ 곡선부에 의한 손실

38 온도 차이 20℃, 열전도율 5W/m · k, 두께 20cm인 벽을 통한 열유속(Heat Flux)과 온도 차이 40℃, 열전도율 10W/m · k, 두께 t인 같은 면적을 가진 벽을 통한 열유속이 같다면 두께 t는 약 몇 cm인가?

① 10　② 20　③ 40　④ 80

해설

푸리에 전도법칙(Fourier's Law)

$$q[\mathrm{W}] = \frac{k}{t}A\Delta T$$

여기서, q : 열전달량[W], k : 열전도도[W/m · K]
t : 물체의 두께[m], A : 열전달면적[m²]
ΔT : 온도 차[K]

같은 면적을 가진 벽을 통한 열유속이 같다.

1) $q_1 = q_2$
$$\frac{k_1}{t_1}A_1\ \Delta T_1 = \frac{k_2}{t_2}A_2\ \Delta T_2$$

2) $A_1 = A_2$
$$\frac{k_1}{t_1}\ \Delta T_1 = \frac{k_2}{t_2}\ \Delta T_2$$

[풀이]

ΔT_1 : 20[℃], k_1 : 5[W/m · k], t_1 : 20[cm]
ΔT_2 : 40[℃], k_2 : 10[W/m · k], t_2 : ?[cm]

$$\frac{5}{20} \times 20 = \frac{10}{t_2} \times 40,\ t_2 = \frac{10 \times 40 \times 20}{5 \times 20} = 80[\mathrm{cm}]$$

정답 37 ① 38 ④

39 낙구식 점도계는 어떤 법칙을 이론적 근거로 하는가?

① Stokes의 법칙
② 열역학 제1법칙
③ Hagen–Poiseuille의 법칙
④ Boyle의 법칙

해설

점성의 측정

점도계의 종류	관련 법칙
오스왈드 점도계 세이볼트 점도계	하겐–포아젤 방정식
낙구식 점도계	스토크스 법칙
맥미셸 점도계, 스토머 점도계	뉴턴의 점성법칙

40 지면으로부터 4m의 높이에 설치된 수평관 내로 물이 4m/s로 흐르고 있다. 물의 압력이 78.4kPa인 관 내의 한 점에서 전수두는 지면을 기준으로 약 몇 m인가?

① 4.76　　② 6.24
③ 8.82　　④ 12.81

해설

배관 내 한 점에서의 전수두

$$H=\frac{V^2}{2g}+\frac{P}{\gamma}+Z$$

여기서, H : 전수두[m], $\frac{P}{\gamma}$: 압력수두

$\frac{V^2}{2g}$: 속도수두, Z : 위치수두

V : 유속[m/s], P : 정압[kPa][kN/m^2]

[풀이]

V : 4[m/s], P : 78.4[kPa], γ : 9.8[kN/m^3]

Z : 4[m]

$$H=\frac{4^2}{2\times9.8}+\frac{78.4}{9.8}+4=12.816[\text{m}]$$

3과목 소방관계법규

41 화재의 예방 및 안전관리에 관한 법령상 소방본부장 또는 소방서장은 소방상 필요한 훈련 및 교육을 실시하고자 하는 때에는 화재예방강화지구 안의 관계인에게 훈련 또는 교육 며칠 전까지 그 사실을 통보하여야 하는가?

① 5　　② 7
③ 10　　④ 14

해설

1) 화재예방강화지구 지정권자 : 시 · 도지사
2) 화재예방강화지구 지정의 요청권자 : 소방청장
3) 화재예방강화지구에 대한 화재안전조사와 교육 및 훈련

구분	화재안전조사	교육 및 훈련
실시권자	소방관서장	소방관서장
횟수	연 1회 이상	연 1회 이상
통보 등	사전에 7일 이상 조사계획을 공개	10일 전까지 통보
대상	소방대상물의 위치 · 구조 및 설비	관계인
연기	3일 전까지 신청	–

42 특정소방대상물의 관계인이 소방안전관리자를 해임한 경우 재선임을 해야 하는 기준은?(단, 해임한 날부터를 기준일로 한다.)

① 10일 이내　　② 20일 이내
③ 30일 이내　　④ 40일 이내

해설

소방안전관리자의 선임

1) 소방안전관리자 선임 : 해당 사유 발생일로부터 30일 이내에 선임
2) 소방안전관리자의 선임신고 : 선임한 날부터 14일 이내에 소방본부장, 소방서장에게 신고

정답 39 ① 40 ③ 41 ③ 42 ③

43 소방용수시설 중 소화전과 급수탑의 설치기준으로 틀린 것은?

① 급수탑 급수배관의 구경은 100mm 이상으로 할 것
② 소화전은 상수도와 연결하여 지하식 또는 지상식의 구조로 할 것
③ 소방용호스와 연결하는 소화전의 연결금속구의 구경은 65mm로 할 것
④ 급수탑의 개폐밸브는 지상에서 1.5m 이상 1.8m 이하의 위치에 설치할 것

해설

소방용수시설의 설치기준

1) 공통기준
① 주거지역 · 상업지역 · 공업지역 : 수평거리 100m 이하
② 그 밖의 지역 : 수평거리를 140m 이하

2) 소방용수시설별 설치기준
① 소화전의 설치기준
- 상수도와 연결하여 지하식 또는 지상식의 구조로 할 것
- 소방용 호스와 연결하는 소화전의 연결금속구의 구경 : 65mm

② 급수탑의 설치기준
- 급수배관의 구경 : 100mm 이상
- 개폐밸브의 높이 : 지상에서 1.5m 이상 1.7m 이하의 위치에 설치할 것

③ 저수조의 설치기준
- 지면으로부터의 낙차 : 4.5m 이하
- 흡수부분의 수심 : 0.5m 이상
- 흡수관의 투입구가 사각형 : 한 변의 길이가 60cm 이상
- 흡수관의 투입구가 원형 : 지름이 60cm 이상
- 소방펌프자동차가 쉽게 접근할 수 있을 것
- 흡수에 지장이 없도록 토사 및 쓰레기 등을 제거할 수 있는 설비를 갖출 것
- 저수조에 물 공급은 상수도에 연결하여 자동으로 급수되는 구조일 것

④ 1.5m 이상 1.8m 이하 → 1.5m 이상 1.7m 이하

44 경유의 저장량이 2,000리터, 중유의 저장량이 4,000리터, 등유의 저장량이 2,000리터인 저장소에 있어서 지정수량의 배수는?

① 동일 ② 6배
③ 3배 ④ 2배

해설

1) 둘 이상의 위험물을 같은 장소에서 저장 또는 취급하는 경우에 있어서 당해 장소에서 저장 또는 취급하는 각 위험물의 수량을 그 위험물의 지정수량으로 각각 나누어 얻은 수의 합계가 1 이상인 경우 당해 위험물은 지정수량 이상의 위험물로 본다.

$$\text{지정수량의 배수} = \frac{\text{저장량}(1)}{\text{지정수량}(1)} + \frac{\text{저장량}(2)}{\text{지정수량}(2)} \cdots$$

2) 경유, 등유 : 제2석유류, 비수용성, 지정수량 $1,000l$
중유 : 제3석유류, 비수용성, 지정수량 $2,000l$

3) 지정수량의 배수

$$= \frac{2,000l}{1,000l} + \frac{4,000l}{2,000l} + \frac{2,000l}{1,000l} = 6\text{배}$$

45 소방기본법상 명령권자가 소방본부장, 소방서장 또는 소방대장에게 있는 사항은?

① 소방활동을 할 때에 긴급한 경우에는 이웃한 소방본부장 또는 소방서장에게 소방업무의 응원을 요청할 수 있다.
② 화재, 재난 · 재해, 그 밖의 위급한 상황이 발생한 현장에서 소방활동을 위하여 필요할 때에는 그 관할구역에 사는 사람 또는 그 현장에 있는 사람으로 하여금 사람을 구출하는 일 또는 불을 끄거나 불이 번지지 아니하도록 하는 일을 하게 할 수 있다.
③ 수사기관이 방화 또는 실화의 혐의가 있어서 이미 피의자를 체포하였거나 증거물을 압수하였을 때에 화재조사를 위하여 필요한 경우에는 수사에 지장을 주지 아니하는 범위에서 그 피의자 또는 압수된 증거물에 대한 조사를 할 수 있다.

정답 43 ④ 44 ② 45 ②

④ 화재, 재난 · 재해, 그 밖의 위급한 상황이 발생하였을 때에는 소방대를 현장에 신속하게 출동시켜 화재진압과 인명구조 · 구급 등 소방에 필요한 활동을 하게 하여야 한다.

해설

① 소방업무의 응원을 할 수 있는 자 : 소방본부장 또는 소방서장
② 소방활동 종사명령 : 소방본부장, 소방서장 또는 소방대장
③ 수사기관에 체포된 사람에 대한 조사 : 소방청장, 소방본부장 또는 소방서장
④ 소방대의 화재진압 및 인명구조 · 구급 등 소방활동 : 소방청장, 소방본부장 또는 소방서장

46 화재가 발생하는 경우 인명 또는 재산의 피해가 클 것으로 예상되는 때 소방대상물의 개수 · 이전 · 제거, 사용금지 등의 필요한 조치를 명할 수 있는 자는?

① 시 · 도지사
② 의용소방대장
③ 기초자치단체장
④ 소방본부장 또는 소방서장

해설

화재안전조사 결과에 따른 조치명령
① 조치명령권자 : 소방청장, 소방본부장 또는 소방서장
② 조치대상 : 소방대상물의 위치 · 구조 · 설비
③ 조치방법 : 관계인에게 그 소방대상물의 개수 · 이전 · 제거, 사용의 금지 또는 제한, 사용폐쇄, 공사의 정지 또는 중지 등

47 화재의 예방 및 안전관리에 관한 법령상 보일러, 난로, 건조설비, 가스 · 전기시설, 그 밖에 화재 발생 우려가 있는 설비 또는 기구 등의 위치 · 구조 및 관리와 화재 예방을 위하여 불을 사용할 때 지켜야 하는 사항은 무엇으로 정하는가?

① 소방청장고시 ② 대통령령
③ 시 · 도 조례 ④ 행정안전부령

해설

불을 사용하는 설비 등의 관리
① 보일러, 난로, 건조설비, 가스 · 전기시설, 그 밖에 화재 발생 우려가 있는 설비 또는 기구 등의 위치 · 구조 및 관리와 화재 예방을 위하여 불을 사용할 때 지켜야 하는 사항 : 대통령령
② 보일러 등의 위치 · 구조 및 관리와 화재예방을 위하여 불의 사용에 있어서 지켜야 하는 사항

종류	내용
보일러	1. 가연성 벽 · 바닥 또는 천장과 접촉하는 증기기관 또는 연통의 부분 규조토 · 석면 등 난연성 단열재로 덮어씌울 것 2. 경유 · 등유 등 액체연료를 사용하는 경우 가. 연료탱크는 보일러본체로부터 수평거리 : 1m 이상 나. 연료를 차단할 수 있는 개폐밸브 : 연료탱크로부터 0.5m 이내 다. 연료탱크 또는 연료를 공급하는 배관 : 여과장치 라. 사용이 허용된 연료 외의 것을 사용하지 아니할 것 마. 연료탱크에는 불연재료로 된 받침대를 설치하여 연료탱크가 넘어지지 아니하도록 할 것 3. 기체연료를 사용하는 경우 가. 보일러를 설치하는 장소에는 환기구를 설치하는 등 가연성 가스가 머무르지 아니하도록 할 것 나. 연료를 공급하는 배관 : 금속관 다. 긴급시 연료를 차단할 수 있는 개폐밸브 : 연료용기로부터 0.5m 이내 라. 보일러가 설치된 장소 : 가스누설경보기 4. 보일러와 벽 · 천장 사이의 거리 : 0.6m 이상 5. 보일러를 실내에 설치하는 경우에는 콘크리트바닥 또는 금속 외의 불연재료로 된 바닥 위에 설치하여야 한다.
불꽃을 사용하는 용접 · 용단 기구	용접 또는 용단 작업장 1. 용접 또는 용단 작업자로부터 반경 5m 이내에 소화기를 갖추어 둘 것 2. 용접 또는 용단 작업장 주변 반경 10m 이내에는 가연물을 쌓아두거나 놓아두지 말 것

정답 46 ④ 47 ②

종류	내용
음식조리를 위하여 설치하는 설비	일반음식점에서 조리를 위하여 불을 사용하는 설비 가. 주방설비에 부속된 배기덕트 : 0.5mm 이상의 아연도금강판 나. 주방시설에는 동물 또는 식물의 기름을 제거할 수 있는 필터를 설치할 것 다. 열을 발생하는 조리기구 : 반자 또는 선반으로부터 0.6미터 이상 라. 열을 발생하는 조리기구로부터 0.15m 이내의 거리에 있는 가연성 주요구조부는 석면판 또는 단열성이 있는 불연재료로 덮어씌울 것

48 아파트로 층수가 20층인 특정소방대상물에서 스프링클러설비를 하여야 하는 층수는?(단, 아파트는 신축을 실시하는 경우이다.)

① 전층 ② 15층 이상
③ 11층 이상 ④ 6층 이상

해설

스프링클러설비의 설치대상

1) 층수가 6층 이상인 특정소방대상물의 경우에는 모든 층
2) 기숙사 또는 복합건축물로서 연면적 5,000m^2 이상인 경우에는 모든 층
3) 창고시설(물류터미널은 제외)로서 바닥면적 합계가 5,000m^2 이상인 경우에는 모든 층
4) 판매시설, 운수시설 및 창고시설(물류터미널로 한정)로서 바닥면적의 합계가 5,000m^2 이상이거나 수용인원이 500명 이상인 경우에는 모든 층
5) 다음에 해당하는 용도로 사용되는 시설의 바닥면적의 합계가 600m^2 이상인 것 모든 층
   - 근린생활시설 중 조산원 및 산후조리원
   - 의료시설 중 정신의료기관
   - 의료시설 중 종합병원, 병원, 치과병원, 한방병원 및 요양병원
   - 노유자 시설
   - 숙박이 가능한 수련시설
   - 숙박시설
6) 특정소방대상물의 지하층 · 무창층(축사는 제외) 또는 층수가 4층 이상인 층으로서 바닥면적이 1,000m^2 이상인 층이 있는 경우에는 해당 층
7) 지하가(터널은 제외)로서 연면적 1,000m^2 이상인 것

※ 아파트의 층수가 6층 이상이므로 전층에 스프링클러설비를 설치한다.

49 소방본부 종합상황실 실장이 소방청의 종합상황실에 서면 · 팩스 또는 컴퓨터통신 등으로 보고하여야 하는 화재의 기준에 해당하지 않는 것은?

① 항구에 매어둔 총 톤수가 1,000톤 이상인 선박에서 발생한 화재
② 연면적 15,000m^2 이상인 공장 또는 화재예방강화지구에서 발생한 화재
③ 지정수량의 1,000배 이상의 위험물의 제조소 · 저장소 · 취급소에서 발생한 화재
④ 층수가 5층 이상이거나 병상이 30개 이상인 종합병원 · 정신병원 · 한방병원 · 요양소에서 발생한 화재

해설

소방본부의 종합상황실 실장이 서면 · 팩스 또는 컴퓨터통신 등으로 소방청의 종합상황실에 보고하여야 하는 화재

1) 사망자가 5인 이상 발생하거나 사상자가 10인 이상 발생한 화재
2) 이재민이 100인 이상 발생한 화재
3) 재산피해액이 50억 원 이상 발생한 화재
4) 관공서 · 학교 · 정부미도정공장 · 문화재 · 지하철 또는 지하구의 화재
5) 관광호텔, 층수가 11층 이상인 건축물, 지하상가, 시장, 백화점, 지정수량의 3,000배 이상의 위험물의 제조소 · 저장소 · 취급소, 층수가 5층 이상이거나 객실이 30실 이상인 숙박시설, 층수가 5층 이상이거나 병상이 30개 이상인 종합병원 · 정신병원 · 요양소, 연면적 1만5천제곱미터 이상인 공장 또는 화재예방강화지구에서 발생한 화재
6) 철도차량, 항구에 매어둔 총 톤수가 1,000톤 이상인 선박, 항공기, 발전소 또는 변전소에서 발생한 화재
7) 가스 및 화약류의 폭발에 의한 화재
8) 다중이용업소의 화재
9) 언론에 보도된 재난상황

③ 지정수량의 1,000배 이상 → 지정수량의 3,000배 이상

정답 48 ① 49 ③

50 소방시설 설치 및 관리에 관한 법률상 소방시설 등에 대하여 스스로 점검을 하지 아니하거나 관리업자 등으로 하여금 정기적으로 점검하게 하지 아니한 자에 대한 벌칙기준으로 옳은 것은?

① 1년 이하의 징역 또는 1000만 원 이하의 벌금
② 3년 이하의 징역 또는 1500만 원 이하의 벌금
③ 3년 이하의 징역 또는 3000만 원 이하의 벌금
④ 6개월 이하의 징역 또는 1000만 원 이하의 벌금

해설

1년 이하의 징역 또는 1000만 원 이하의 벌금(소방시설 설치 및 관리에 관한 법률)

1) 소방시설 등에 대하여 스스로 점검을 하지 아니하거나 관리업자 등으로 하여금 정기적으로 점검하게 하지 아니한 자
2) 소방시설관리사증을 다른 사람에게 빌려주거나 빌리거나 이를 알선한 자
3) 동시에 둘 이상의 업체에 취업한 자
4) 자격정지처분을 받고 그 자격정지기간 중에 관리사의 업무를 한 자
5) 관리업의 등록증이나 등록수첩을 다른 자에게 빌려주거나 빌리거나 이를 알선한 자
6) 영업정지처분을 받고 그 영업정지기간 중에 관리업의 업무를 한 자
7) 제품검사에 합격하지 아니한 제품에 합격표시를 하거나 합격표시를 위조 또는 변조하여 사용한 자
8) 형식승인의 변경승인 또는 성능인증의 변경인증을 받지 아니한 자
9) 제품검사에 합격하지 아니한 소방용품에 성능인증을 받았다는 표시 또는 제품검사에 합격하였다는 표시를 하거나 성능인증을 받았다는 표시 또는 제품검사에 합격하였다는 표시를 위조 또는 변조하여 사용한 자
10) 우수품질인증을 받지 아니한 제품에 우수품질인증 표시를 하거나 우수품질인증 표 시를 위조하거나 변조하여 사용한 자
11) 관계 공무원이 관계인의 정당한 업무를 방해하거나 출입 · 검사 업무를 수행하면서 알게 된 비밀을 다른 사람에게 누설한 자

51 화재의 예방 및 안전관리에 관한 법령상 특수가연물의 저장 및 취급 기준 중 석탄 · 목탄류를 발전용 외의 용도로 저장하는 경우 쌓는 부분의 바닥면적은 몇 m^2 이하인가?(단, 살수설비를 설치하거나, 방사능력 범위에 해당 특수가연물이 포함되도록 대형수동식 소화기를 설치하는 경우이다.)

① 200 ② 250
③ 300 ④ 350

해설

특수가연물의 쌓는 높이 및 쌓는 부분의 바닥면적

구분	살수설비 또는 대형 소화기가 없는 경우	살수설비 또는 대형 소화기가 있는 경우
쌓는 높이	10m 이하	15m 이하
쌓는 부분의 바닥면적	$50m^2$ 이하 (석탄, 목탄 $200m^2$)	$200m^2$ 이하 (석탄, 목탄 $300m^2$)

52 제3류 위험물 중 금수성 물품에 적응성이 있는 소화약제는?

① 물 ② 강화액
③ 팽창질석 ④ 인산염류분말

해설

제3류 위험물

1) 성질 : 자연발화성 및 금수성 물질
2) 소화방법 : 마른 모래, 팽창질석, 팽창진주암을 이용한 질식소화(주수소화 엄금)
3) 위험등급, 품명 및 지정수량

위험등급	품명	지정수량
I	칼륨	10[kg]
	나트륨	
	알킬알루미늄	
	알킬리튬	
	황린	20[kg]
II	알칼리금속	50[kg]
	알칼리토금속	
	유기금속화합물	

정답 50 ① 51 ③ 52 ③

위험등급	품명	지정수량
III	금속수소화합물	300[kg]
	금속인화합물	
	칼슘 또는 알루미늄의 탄화물	

53 화재의 예방 및 안전관리에 관한 법령상 화재안전조사위원회의 위원의 자격에 해당하지 아니하는 사람은?

① 소방기술사
② 소방시설관리사
③ 소방 관련 분야의 석사학위 이상을 취득한 사람
④ 소방 관련 법인 또는 단체에서 소방 관련 업무에 3년 이상 종사한 사람

해설

화재안전조사위원회
1) 인원 : 위원장 1명을 포함한 7명 이내
2) 화재안전조사위원의 자격
① 과장급 직위 이상의 소방공무원
② 소방기술사
③ 소방시설관리사
④ 소방 관련 분야의 석사학위 이상을 취득한 사람
⑤ 소방 관련 법인 또는 단체에서 소방 관련 업무에 5년 이상 종사한 사람

④ 3년 이상 종사한 사람 → 5년 이상 종사한 사람

54 화재안전조사 결과에 따른 조치명령으로 손실을 입어 손실을 보상하는 경우 그 손실을 입은 자는 누구와 손실보상을 협의하여야 하는가?

① 소방서장 ② 시 · 도지사
③ 소방본부장 ④ 행정안전부장관

해설

1) 화재안전조사 결과에 따른 조치명령
① 조치명령권자 : 소방청장, 소방본부장 또는 소방서장
② 조치대상 : 소방대상물의 위치 · 구조 · 설비
③ 조치방법 : 관계인에게 그 소방대상물의 개수 · 이전 · 제거, 사용의 금지 또는 제한, 사용폐쇄, 공사의 정지 또는 중지 등
2) 화재안전조사에 따른 손실보상
손실보상권자 : 소방청장, 시 · 도지사

55 위험물 운송자 자격을 취득하지 아니한 자가 위험물 이동탱크저장소 운전 시의 벌칙으로 옳은 것은?

① 100만 원 이하의 벌금
② 300만 원 이하의 벌금
③ 500만 원 이하의 벌금
④ 1000만 원 이하의 벌금

해설

1천만 원 이하의 벌금
1) 위험물의 취급에 관한 안전관리와 감독을 하지 아니한 자
2) 안전관리자 또는 그 대리자가 참여하지 아니한 상태에서 위험물을 취급한 자
3) 위험물의 운반에 관한 자격을 취득 또는 교육을 수료하지 않고 위험물을 운반한 자
4) 운송책임자의 감독 또는 지원을 받아 운송하여야 하는 규정을 위반한 위험물 운송자
5) 관계인의 정당한 업무를 방해하거나 출입 · 검사 등을 수행하면서 알게 된 비밀을 누설한 자

56 1급 소방안전관리대상물이 아닌 것은?

① 15층인 특정소방대상물(아파트는 제외)
② 가연성 가스를 2,000톤 저장 · 취급하는 시설
③ 21층인 아파트로서 300세대인 것
④ 연면적 $20,000m^2$인 문화집회 및 운동시설

해설

1급 소방안전관리대상물
(동 · 식물원, 철강 등 불연성 물품을 저장 · 취급하는 창고, 위험물 저장 및 처리 시설 중 위험물 제조소 등, 지하구를 제외)
① 30층 이상(지하층은 제외)이거나 지상으로부터 높이가 120m 이상인 아파트
② 연면적 1만5천m^2 이상인 특정소방대상물(아파트 및 연립주택 제외)

정답 53 ④ 54 ② 55 ④ 56 ③

③ 층수가 11층 이상인 특정소방대상물(아파트는 제외)
④ 가연성 가스를 1,000톤 이상 저장 · 취급하는 시설

※ 21층인 아파트는 29층 이하이므로 2급 소방안전관리대상물이다.

57 문화재보호법의 규정에 의한 유형문화재와 지정문화재에 있어서는 제조소 등과의 수평거리를 몇 m 이상 유지하여야 하는가?

① 20　② 30
③ 50　④ 70

해설

제조소의 안전거리

건축물	안전거리
유형문화재, 지정문화재	50[m] 이상
• 수용인원 300명 이상(학교, 병원, 극장, 공연장, 영화상영관) • 수용인원 20인 이상(아동복지시설, 노인복지시설, 장애인복지시설, 한부모가족복지시설, 어린이집, 성매매피해자 등을 위한 지원시설, 정신보건시설 등) 사용	30[m] 이상
고압가스, 액화석유가스, 도시가스를 저장 또는 취급하는 시설	20[m] 이상
주거용으로 사용되는 것(제조소가 설치된 부지 내에 있는 것 제외)	10[m] 이상
사용전압이 35,000V를 초과하는 특고압가공전선	5[m] 이상
사용전압이 7,000V 초과 35,000V 이하의 특고압가공전선	3[m] 이상

58 다음 중 중급기술자의 학력 · 경력자에 대한 기준으로 옳은 것은?(단, "학력 · 경력자"란 고등학교 · 대학 또는 이와 같은 수준 이상의 교육기관의 소방 관련학과의 정해진 교육과정을 이수하고 졸업하거나 그 밖의 관계법령에 따라 국내 또는 외국에서 이와 같은 수준 이상의 학력이 있다고 인정되는 사람을 말한다.)

① 고등학교를 졸업 후 10년 이상 소방 관련 업무를 수행한 자
② 학사학위를 취득한 후 6년 이상 소방 관련 업무를 수행한 자
③ 석사학위를 취득한 후 2년 이상 소방 관련 업무를 수행한 자
④ 박사학위를 취득한 후 1년 이상 소방 관련 업무를 수행한 자

해설

중급기술자의 학력 · 경력자에 대한 기준(2023년 개정)
① 박사학위를 취득한 사람
② 석사학위를 취득한 후 2년 이상 소방 관련 업무를 수행한 사람
③ 학사학위를 취득한 후 5년 이상 소방 관련 업무를 수행한 사람
④ 전문학사학위를 취득한 후 8년 이상 소방 관련 업무를 수행한 사람
⑤ 고등학교를 졸업한 후 12년 이상 소방 관련 업무를 수행한 사람

59 소방시설공사업법령상 상주 공사감리 대상기준 중 다음 (　) 안에 들어갈 말로 알맞은 것은?

> • 연면적 (㉠)[m^2] 이상인 특정소방대상물(아파트 제외)에 대한 소방시설의 공사
> • 지하층을 포함한 층수가 (㉡)층 이상으로서 (㉢) 세대 이상인 아파트에 대한 소방시설의 공사

① ㉠ 10,000, ㉡ 11, ㉢ 600
② ㉠ 10,000, ㉡ 16, ㉢ 500
③ ㉠ 30,000, ㉡ 11, ㉢ 600
④ ㉠ 30,000, ㉡ 16, ㉢ 500

해설

상주 공사감리 대상 건축물
1) 연면적 3만m^2 이상의 특정소방대상물에 대한 소방시설의 공사(아파트는 제외)
2) 지하층을 포함한 층수가 16층 이상으로서 500세대 이상인 아파트에 대한 소방시설의 공사

정답　57 ③　58 ③　59 ④

60 화재의 예방 및 안전관리에 관한 법률상 소방안전관리대상물의 소방안전관리자 업무가 아닌 것은?

① 소방시설의 공사
② 피난시설, 방화구획 및 방화시설의 유지 · 관리
③ 자위소방대 및 초기 대응체계의 구성 · 운영 · 교육
④ 피난계획에 관한 사항과 대통령령으로 정하는 사항이 포함된 소방계획서의 작성 및 시행

해설

소방안전관리자의 업무
① 소방계획서의 작성 및 시행
② 자위소방대 및 초기대응체계의 구성 · 운영 · 교육
③ 피난시설, 방화구획 및 방화시설의 관리
④ 소방훈련 및 교육
⑤ 소방시설이나 그 밖의 소방 관련 시설의 관리
⑥ 화기 취급의 감독
⑦ 소방안전관리에 관한 업무 수행에 관한 기록 · 유지(③, ④, ⑥의 업무)

4과목 소방기계시설의 구조 및 원리

61 대형 이산화탄소 소화기의 소화약제 충전량은 얼마인가?

① 20kg 이상 ② 30kg 이상
③ 50kg 이상 ④ 70kg 이상

해설

1) 대형소화기의 소화약제 충전량

소화약제의 종별	충전량
포	20l 이상
강화액	60l 이상
물	80l 이상
분말	20kg 이상
할로겐화합물	30kg 이상
이산화탄소	50kg 이상

2) 능력단위 및 보행거리에 따른 소화기의 구분

구분	소형소화기	대형소화기
능력단위	1단위 이상	A급 10단위 이상 B급 20단위 이상
보행거리	20m 이내	30m 이내

62 개방형 스프링클러설비에서 하나의 방수구역을 담당하는 헤드의 개수는 몇 개 이하로 해야 하는가?(단, 방수구역은 나누어져 있지 않고 하나의 구역으로 되어 있다.)

① 50 ② 40 ③ 30 ④ 20

해설

개방형 스프링클러설비의 방수구역 및 일제개방밸브
1) 하나의 방수구역은 2개 층에 미치지 아니할 것
2) 방수구역마다 일제개방밸브를 설치할 것
3) 하나의 방수구역을 담당하는 헤드의 개수는 50개 이하로 할 것(단, 2개 이상의 방수구역으로 나눌 경우에는 하나의 방수구역을 담당하는 헤드의 개수는 25개 이상)
4) 일제개방밸브의 표지는 "일제개방밸브실"이라고 표시할 것

63 분말소화설비의 가압용 가스용기에 대한 설명으로 틀린 것은?

① 가압용 가스용기를 3병 이상 설치한 경우에는 2개 이상의 용기에 전자개방밸브를 부착할 것
② 가압용 가스용기에는 2.5MPa 이하의 압력에서 조정이 가능한 압력조정기를 설치할 것
③ 가압용 가스에 질소가스를 사용하는 것의 질소가스는 소화약제 1kg마다 20L(35℃에서 1기압의 압력상태로 환산한 것) 이상으로 할 것
④ 축압용 가스에 질소가스를 사용하는 것의 질소가스는 소화약제 1kg에 대하여 10L(35℃에서 1기압의 압력상태로 환산한 것) 이상으로 할 것

정답 60 ① 61 ③ 62 ① 63 ③

해설

1) 가압용 가스용기 설치기준
   ① 분말소화약제의 가스용기는 분말소화약제의 저장용기에 접속하여 설치할 것
   ② 전자개방밸브의 설치수량 : 가압용 가스용기를 3병 이상 설치한 경우에는 2개 이상의 용기에 부착할 것
   ③ 압력조정기의 조정압력 : 2.5MPa 이하

2) 가압용 가스 또는 축압용 가스의 종류 및 저장량
   ① 가압용 가스 또는 축압용 가스는 질소가스 또는 이산화탄소로 할 것
   ② 분말 소화약제 1kg당 가압용, 축압용 가스의 저장량

방식 \ 가스	질소(N_2)	이산화탄소(CO_2)
가압용	40[l/kg]	20[g/kg]
축압용	10[l/kg]	20[g/kg]

3) 배관의 청소에 필요한 양의 가스는 별도의 용기에 저장할 것

③ 가압용 가스에 질소가스는 소화약제 1kg마다 20L → 40L

64 소화용수설비의 소화수조가 옥상 또는 옥탑의 부분에 설치된 경우 지상에 설치된 채수구에서의 압력은 얼마 이상이어야 하는가?

① 0.15MPa ② 0.20MPa
③ 0.25MPa ④ 0.35MPa

해설

채수구 설치기준

1) 채수구는 구경 65mm 이상의 나사식 결합금속구를 설치할 것
2) 채수구의 높이 : 지면으로부터의 높이가 0.5m 이상 1m 이하
3) 표지 : "채수구"라고 표시한 표지
4) 채수구의 수

소요수량	20m³ 이상 40m³ 미만	40m³ 이상 100m³ 미만	100m³ 이상
채수구의 수	1개	2개	3개

5) 소화수조가 옥상 또는 옥탑의 부분에 설치된 경우에는 지상에 설치된 채수구에서의 압력이 0.15MPa 이상이 되도록 하여야 한다.

65 스프링클러소화설비의 배관 내 압력이 얼마 이상일 때 압력배관용 탄소강관을 사용해야 하는가?

① 0.1MPa ② 0.5MPa
③ 0.8MPa ④ 1.2MPa

해설

1) 배관 내 사용압력이 1.2MPa 미만일 경우
   ① 배관용 탄소강관(KS D 3507)
   ② 이음매 없는 구리 및 구리합금관(KS D 5301)(습식만 해당)
   ③ 배관용 스테인리스강관(KS D 3576) 또는 일반배관용 스테인리스강관(KS D 3595)
   ④ 덕타일 주철관(KS D 4311)

2) 배관 내 사용압력이 1.2MPa 이상일 경우
   ① 압력배관용 탄소강관(KS D 3562)
   ② 배관용 아크용접 탄소강강관(KS D 3583)

66 할론소화설비에서 국소방출방식의 경우 할론 소화약제의 양을 산출하는 식은 다음과 같다. 여기서 A는 무엇을 의미하는가?(단, 가연물이 비산할 우려가 있는 경우로 가정한다.)

$$Q = X - Y\frac{a}{A}$$

① 방호공간의 벽면적의 합계
② 창문이나 문의 틈새면적의 합계
③ 개구부 면적의 합계
④ 방호대상물 주위에 설치된 벽의 면적의 합계

해설

국소방출방식(입면화재)

1) 평면화재 이외의 것으로 가연물이 비산할 우려가 있는 경우

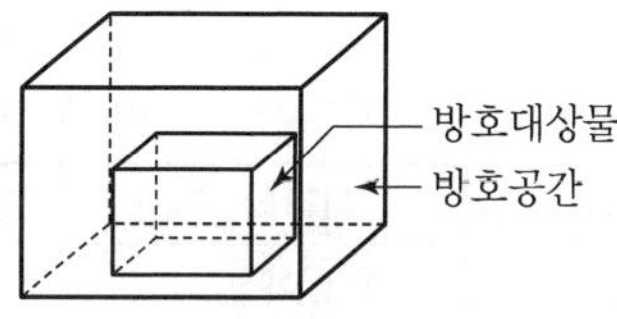

[방호공간의 개념]

정답 64 ① 65 ④ 66 ①

$$Q[\text{kg/m}^3] = X - Y\frac{a}{A}$$

여기서, Q : 소화약제 1[m^3]에 대한 할론소화약제의 양 [kg/m^3]

a : 방호공간 주위에 설치된 벽의 면적 합계[m^2]

A : 방호공간의 벽면적(벽이 없는 경우 벽이 있는 것으로 가정)의 합계[m^2]

V : 방호공간의 체적[m^2](방호대상물의 각 부분으로부터 0.6m의 거리에 따라 둘러싸인 공간의 체적)

2) X, Y(소화약제의 종별에 따른 상수)의 수치

소화약제의 종별	X의 수치	Y의 수치
할론 1301	4.0	3.0
할론 1211	4.4	3.3
할론 2402	5.2	3.9

67 이산화탄소 소화약제의 저장용기 설치기준 중 옳은 것은?

① 저장용기의 충전비는 고압식은 1.9 이상 2.3 이하, 저압식은 1.5 이상 1.9 이하로 할 것
② 저압식 저장용기에는 액면계 및 압력계와 2.1MPa 이상 1.7MPa 이하의 압력에서 작동하는 압력경보장치를 설치할 것
③ 저장용기는 고압식은 25MPa 이상, 저압식은 3.5MPa 이상의 내압시험압력에 합격한 것으로 할 것
④ 저압식 저장용기에는 내압시험압력의 1.8배의 압력에서 작동하는 안전밸브와 내압시험압력의 0.8배부터 내압시험압력까지의 범위에서 작동하는 봉판을 설치할 것

해설

1) 이산화탄소 소화약제의 저장용기 충전비 및 내압시험압력

구분	저압식	고압식
충전비	1.1 이상 1.4 이하	1.5 이상 1.9 이하
내압시험압력	3.5MPa 이상	25MPa 이상

2) 고압식 배관의 안전장치
① 설치위치 : 저장용기와 선택밸브 또는 개폐밸브 사이
② 작동압력 : 내압시험압력의 0.8배

3) 저압식 저장용기
① 안전밸브 : 내압시험압력의 0.64배부터 0.8배의 압력에서 작동
② 봉판 : 내압시험압력의 0.8배부터 내압시험압력에서 작동
③ 저압식 저장용기에는 액면계 및 압력계 설치
④ 압력경보장치 : 2.3MPa 이상 1.9MPa 이하의 압력에서 작동
⑤ 자동냉동장치 : 용기 내부의 온도가 섭씨 영하 18℃ 이하에서 2.1MPa의 압력을 유지

① 저장용기의 충전비는 고압식은 1.5 이상 1.9 이하, 저압식은 1.1 이상 1.4 이하
② 2.1MPa 이상 1.7MPa 이하 → 2.3MPa 이상 1.9MPa 이하
④ 내압시험압력의 1.8배 → 0.64배부터 0.8배

68 포헤드를 정방형으로 설치 시 헤드와 벽과의 최대 이격거리는 약 몇 m인가?

① 1.48 ② 1.62 ③ 1.76 ④ 1.91

해설

포헤드의 정방형(정사각형 형태) 배치

$$S = 2R\cos 45°$$

여기서, S : 포헤드 상호 간 거리[m]

R : 수평거리 2.1[m]

벽과 헤드 간 거리 : $\frac{1}{2}S$

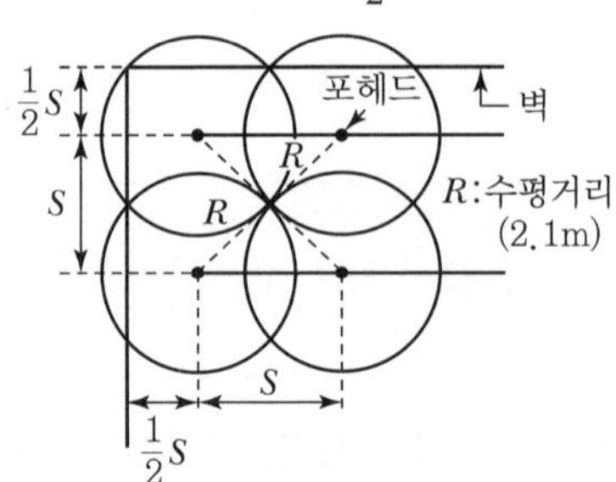

[포헤드의 배치방법(정방형)]

정답 67 ③ 68 ①

[풀이]
$S = 2 \times 2.1 \times \cos 45° = 2.9698[m]$
(포헤드의 R=2.1m 고정)
헤드와 벽과의 거리 : $\frac{2.9698}{2} = 1.48[m]$

69 소화용수설비와 관련하여 다음 설명 중 ( ) 안에 들어갈 항목으로 옳게 짝지어진 것은?

> 상수도소화용수설비를 설치하여야 하는 특정소방대상물은 다음 각 목의 어느 하나와 같다. 다만, 상수도소화용수설비를 설치하여야 하는 특정소방대상물의 대지 경계선으로부터 (㉠)m 이내에 지름 (㉡)mm 이상인 상수도용 배수관이 설치되지 않은 지역의 경우에는 화재안전기준에 따른 소화수조 또는 저수조를 설치하여야 한다.

① ㉠ : 150, ㉡ 75　② ㉠ : 150, ㉡ 100
③ ㉠ : 180, ㉡ 75　④ ㉠ : 180, ㉡ 100

해설

1) 소화수조 및 저수조 설치대상
상수도소화용수설비를 설치하여야 하는 특정소방대상물의 대지 경계선으로부터 180m 이내에 지름 75mm 이상인 상수도용 배수관이 설치되지 않은 지역

2) 상수도소화용수설비 설치대상
① 연면적 5,000m^2 이상인 것(가스시설, 터널, 지하구 제외)
② 가스시설로서 지상에 노출된 탱크의 저장용량의 합계가 100ton 이상인 것

70 연소방지설비의 수평주행배관의 설치기준에 대한 설명 중 ( ) 안의 항목이 옳게 짝지어진 것은?

> 연소방지설비에 있어서의 수평주행배관의 구경은 (㉠)mm 이상의 것으로 하되, 연소방지설비 전용헤드 및 스프링클러헤드를 향하여 상향으로 (㉡) 이상의 기울기로 설치하여야 한다.

① ㉠ 80, ㉡ $\frac{1}{1,000}$　② ㉠ 100, ㉡ $\frac{1}{1,000}$
③ ㉠ 80, ㉡ $\frac{2}{1,000}$　④ ㉠ 100, ㉡ $\frac{2}{1,000}$

해설

1) 연소방지설비 전용헤드를 사용하는 경우 배관의 구경

헤드 수	1개	2개	3개	4~5개	6개 이상
구경[mm]	32	40	50	65	80

2) 수평주행배관(화재안전기준 개정－내용 삭제됨)
① 구경 : 100mm 이상
② 기울기 : 헤드를 향하여 상향으로 1/1,000 이상

71 예상제연구역 바닥면적 400m^2 미만 거실의 공기유입구와 배출구 간의 직선거리 기준으로 옳은 것은?(단, 제연경계에 의한 구획을 제외한다.)

① 2m 이상 확보되어야 한다.
② 3m 이상 확보되어야 한다.
③ 5m 이상 확보되어야 한다.
④ 10m 이상 확보되어야 한다.

해설

공기유입구
1) 바닥면적 400m^2 미만의 거실의 공기유입구
바닥 외의 장소에 설치하고 공기유입구와 배출구 간의 직선거리는 5m 이상 또는 구획된 실의 장변의 1/2 이상으로 할 것
2) 바닥면적 400m^2 이상의 거실의 공기유입구
바닥으로부터 1.5m 이하의 높이에 설치하고 그 주변은 공기의 유입에 장애가 없도록 할 것
3) 공기가 유입되는 순간의 풍속 : 5m/s 이하
4) 유입구의 구조 : 유입공기를 상향으로 분출하지 않도록 설치할 것
5) 공기유입구의 크기 : 배출량 1m^3/min에 대하여 35cm^2 이상으로 하여야 한다.

정답　69 ③　70 정답 없음　71 ③

72 다음 중 스프링클러설비와 비교하여 물분무소화설비의 장점으로 옳지 않은 것은?

① 소량의 물을 사용함으로써 물의 사용량 및 방사량을 줄일 수 있다.
② 운동에너지가 크므로 파괴주수효과가 크다.
③ 전기 절연성이 높아서 고압통전기기의 화재에도 안전하게 사용할 수 있다.
④ 물의 방수과정에서 화재열에 따른 부피증가량이 커서 질식효과를 높일 수 있다.

해설

② 운동에너지가 크므로 파괴주수효과가 크다. → 물방울의 입자가 작아 운동에너지가 작으므로 파괴주수효과는 크지 않다.

73 일정 이상의 층수를 가진 오피스텔에서는 모든 층에 주거용 주방자동소화장치를 설치해야 하는데, 몇 층 이상인 경우 이러한 조치를 취해야 하는가?

① 15층 이상 ② 20층 이상
③ 25층 이상 ④ 30층 이상

해설

1) 주거용 주방자동소화장치의 설치대상
① 아파트 등
② 오피스텔의 모든 층(2022년 개정)

2) 소화기구를 설치하여야 하는 특정소방대상물
① 연면적 33[m^2] 이상(노유자 시설의 경우 산정된 소화기 수량의 1/2 이상을 투척용 소화용구 등으로 설치할 수 있다.)
② 가스시설, 발전시설 중 전기저장시설 및 문화재
③ 터널
④ 지하구

74 수직강하식 구조대가 구조적으로 갖추어야 할 조건으로 옳지 않은 것은?(단, 건물 내부의 별실에 설치하는 경우는 제외한다.)

① 구조대의 포지는 외부포지와 내부포지로 구성한다.
② 포지는 사용 시 충격을 흡수하도록 수직방향으로 현저하게 늘어나야 한다.
③ 구조대는 연속하여 강하할 수 있는 구조이어야 한다.
④ 입구틀 및 취부틀의 입구는 지름 50cm 이상의 구체가 통과할 수 있어야 한다.

해설

수직강하식 구조대의 구조기준
1) 구조대의 포지는 외부포지와 내부포지로 구성하되, 외부포지와 내부포지의 사이에 충분한 공기층을 두어야 한다.
2) 입구틀 및 취부틀의 입구는 지름 50cm 이상의 구체가 통과할 수 있는 것이어야 한다.
3) 구조대는 연속하여 강하할 수 있는 구조이어야 한다.
4) 포지는 사용 시 수직방향으로 현저하게 늘어나지 아니하여야 한다.

75 주차장에 분말소화약제 120kg을 저장하려고 한다. 이때 필요한 저장용기의 최소 내용적(L)은?

① 96 ② 120
③ 150 ④ 180

해설

1) 충전비
저장용기의 체적(내용적)과 소화약제의 중량과의 비율

$$C = \frac{V[l]}{G[\text{kg}]}$$

여기서, C : 충전비[l/kg], V : 저장용기의 체적[l]
G : 소화약제의 중량[kg]

정답 72 ② 73 정답 없음 74 ② 75 ②

2) 분말 저장용기의 충전비

소화약제의 종별	충전비
제1종 분말	0.8[l/kg]
제2종 분말	1.0[l/kg]
제3종 분말	1.0[l/kg]
제4종 분말	1.25[l/kg]

[풀이]

1) 주차장에는 제3종 분말소화약제를 설치한다.

2) $C=\dfrac{V[l]}{G[\text{kg}]}$, C : 1.0[l/kg], G : 120kg

$1.0[l/\text{kg}]=\dfrac{V[l]}{120[\text{kg}]}$, $V=120[l]$

76 다음 중 노유자시설의 4층 이상 10층 이하에서 적응성이 있는 피난기구가 아닌 것은?

① 피난교　② 다수인 피난장비
③ 승강식 피난기　④ 미끄럼대

해설

피난기구의 설치장소별 적응성

설치장소별 구분 \ 층별	1층	2층	3층	4층 이상 10층 이하
노유자시설	미끄럼대·구조대·피난교·다수인 피난장비·승강식피난기	미끄럼대·구조대·피난교·다수인 피난장비·승강식피난기	미끄럼대·구조대·피난교·다수인 피난장비·승강식피난기	구조대·피난교·다수인 피난장비·승강식피난기
의료시설·근린생활시설 중 입원실이 있는 의원·접골원·조산원			미끄럼대·구조대·피난교·피난용 트랩·다수인 피난장비·승강식피난기	구조대·피난교·피난용 트랩·다수인 피난장비·승강식피난기
「다중이용업소의 안전관리에 관한 특별법 시행령」 제2조에 따른 다중이용업소로서 영업장의 위치가 4층 이하인 다중이용업소		미끄럼대·피난사다리·구조대·완강기·다수인 피난장비·승강식피난기	미끄럼대·피난사다리·구조대·완강기·다수인 피난장비·승강식피난기	미끄럼대·피난사다리·구조대·완강기·다수인 피난장비·승강식피난기
그 밖의 것			미끄럼대·피난사다리·구조대·완강기·피난교·피난용 트랩·간이완강기·공기안전 매트·다수인 피난장비·승강식피난기	피난사다리·구조대·완강기·피난교·간이완강기·공기안전 매트·다수인 피난장비·승강식피난기

※ 비고

- 간이완강기의 적응성 : 숙박시설의 3층 이상에 있는 객실
- 공기안전매트의 적응성 : 공동주택
- 노유자시설 중 4층 이상에 설치된 구조대의 적응성 : 장애인 관련 시설로서 주된 사용자 중 스스로 피난이 불가한 자가 있는 경우 추가로 설치

77 물분무소화설비를 설치하는 차고의 배수설비 설치기준 중 틀린 것은?

① 차량이 주차하는 장소의 적당한 곳에 높이 10cm 이상의 경계턱으로 배수구를 설치할 것
② 길이 40m 이하마다 집수관, 소화피트 등 기름분리장치를 설치할 것
③ 차량이 주차하는 바닥은 배수구를 향하여 100분의 1 이상의 기울기를 유지할 것
④ 배수설비는 가압송수장치의 최대 송수능력의 수량을 유효하게 배수할 수 있는 크기 및 기울기로 할 것

해설

배수설비(차고, 주차장) 설치기준

1) 차량이 주차하는 장소의 적당한 곳에 높이 10cm 이상의 경계턱으로 배수구를 설치할 것
2) 배수구에는 새어나온 기름을 모아 소화할 수 있도록 길이 40m 이하마다 집수관·소화피트 등 기름분리장치를 설치할 것
3) 차량이 주차하는 바닥은 배수구를 향하여 2/100 이상의 기울기를 유지할 것

정답 76 ④ 77 ③

4) 배수설비는 가압송수장치의 최대 송수능력의 수량을 유효하게 배수할 수 있는 크기 및 기울기로 할 것

③ 차량이 주차하는 바닥은 배수구를 향하여 100분의 1 이상 → 100분의 2 이상

78 층수가 10층인 일반창고에 습식 폐쇄형 스프링클러헤드가 설치되어 있다면 이 설비에 필요한 수원의 양은 얼마 이상이어야 하는가?(단, 이 창고는 특수가연물을 저장 · 취급하지 않는 일반물품을 적용하고, 헤드가 가장 많이 설치된 층은 8층으로서 40개가 설치되어 있다.)

① $16m^3$　　② $32m^3$
③ $48m^3$　　④ $64m^3$

해설

1) 수원의 양 $Q[l][m^3]$

$$Q[l] = N \times Q_1 \times T \qquad Q[m^3] = 1.6N$$

여기서, N : 기준개수(기준개수보다 설치개수가 적으면 그 설치개수)
Q_1 : $80[l/min]$(스프링클러헤드 1개의 분당 방출량)
T : 방사기간[min](29층 이하 : 20min, 30~49층 : 40min, 50층 이상 : 60min)

2) 설치장소별 스프링클러헤드의 기준개수

<table>
<tr><th colspan="3">스프링클러설비 설치장소</th><th>기준개수</th></tr>
<tr><td rowspan="7">지하층을 제외한 층수 10층 이하</td><td rowspan="2">공장 · 창고 · 랙식창고</td><td>특수가연물 저장 · 취급</td><td>30</td></tr>
<tr><td>그 밖의 것</td><td>20</td></tr>
<tr><td colspan="2">판매시설 · 판매시설이 설치된 복합건축물</td><td>30</td></tr>
<tr><td colspan="2">근린생활시설 · 운수시설 · 그 밖의 복합건축물</td><td>20</td></tr>
<tr><td rowspan="2">그 밖의 것</td><td>헤드부착높이 8m 이상</td><td>20</td></tr>
<tr><td>헤드부착높이 8m 미만</td><td>10</td></tr>
<tr><td colspan="2">아파트</td><td>10</td></tr>
<tr><td colspan="3">지하층을 제외한 층수 11층 이상 · 지하상가 · 지하역사</td><td>30</td></tr>
</table>

[풀이]

1) 표에서 기준개수 : 20개, Q_1 : $80[l/min]$(스프링클러헤드 1개의 분당 방출량)

2) $Q[l] = N \times Q_1 \times T$
$= 20 \times 80 \times 20 = 32{,}000[l] = 32[m^3]$

79 포소화설비에서 펌프의 토출관에 압입기를 설치하여 포소화약제 압입용 펌프로 포소화약제를 압입시켜 혼합하는 방식은?

① 라인 프로포셔너 방식
② 펌프 프로포셔너 방식
③ 프레져 프로포셔너 방식
④ 프레져 사이드 프로포셔너 방식

해설

1) 펌프 프로포셔너 방식
펌프의 토출관과 흡입관 사이의 배관도중에 설치한 흡입기에 펌프에서 토출된 물의 일부를 보내고, 농도 조절밸브에서 조정된 포소화약제의 필요량을 포소화약제 탱크에서 펌프 흡입 측으로 보내어 이를 혼합하는 방식을 말한다.

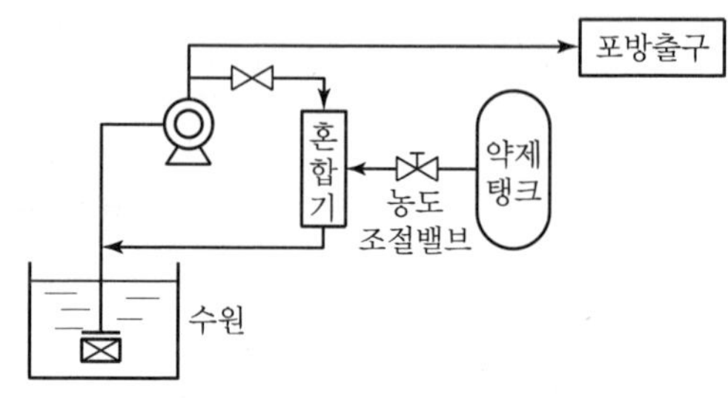

정답 78 ② 79 ④

2) 프레져 프로포셔너 방식
펌프와 발포기의 중간에 설치된 벤추리관의 벤추리작용과 펌프 가압수의 포소화약제 저장탱크에 대한 압력에 따라 포소화약제를 흡입·혼합하는 방식을 말한다.

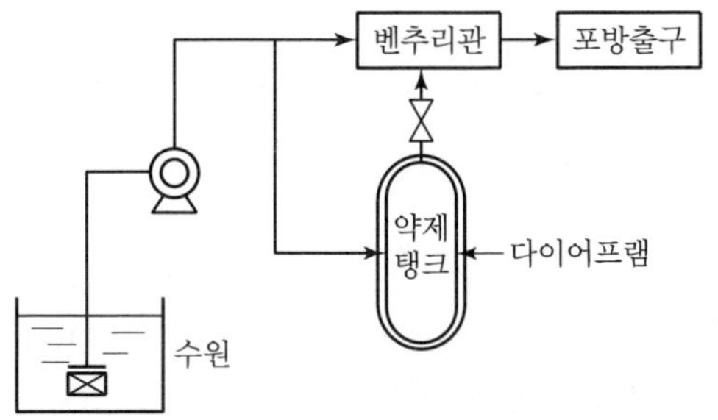

3) 라인 프로포셔너 방식
펌프와 발포기의 중간에 설치된 벤추리관의 벤추리작용에 따라 포소화약제를 흡입·혼합하는 방식

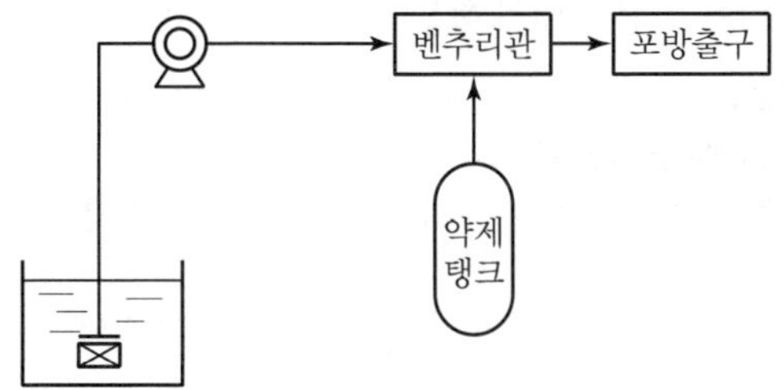

4) 프레져 사이드 프로포셔너 방식
펌프의 토출관에 압입기를 설치하여 포소화약제 압입용 펌프로 포소화약제를 압입시켜 혼합하는 방식

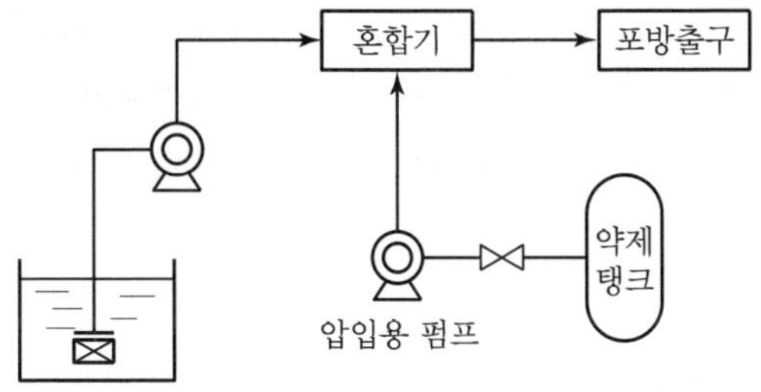

80 다음 중 옥내소화전의 배관 등에 대한 설치방법으로 옳지 않은 것은?

① 펌프의 토출 측 주배관의 구경은 평균유속을 5m/s가 되도록 설치하였다.
② 배관 내 사용압력이 1.1MPa인 곳에 배관용 탄소강관을 사용하였다.
③ 옥내소화전 송수구를 단구형으로 설치하였다.
④ 송수구로부터 주배관에 이르는 연결배관에는 개폐밸브를 설치하지 않았다.

해설

옥내소화전설비의 배관 등
1) 주배관의 구경은 유속이 4m/s 이하가 될 수 있는 크기 이상으로 할 것
2) 배관 내 사용압력이 1.2MPa 미만일 경우
① 배관용 탄소강관(KS D 3507)
② 이음매 없는 구리 및 구리합금관(KS D 5301)(습식만 해당)
③ 배관용 스테인리스강관(KS D 3576) 또는 일반배관용 스테인리스강관(KS D 3595)
④ 덕타일 주철관(KS D 4311)
3) 배관 내 사용압력이 1.2MPa 이상일 경우
① 압력배관용 탄소강관(KS D 3562)
② 배관용 아크용접 탄소강강관(KS D 3583)
4) 송수구의 구경 : 65mm의 쌍구형 또는 단구형
5) 송수구로부터 주배관에 이르는 연결배관에는 개폐밸브를 설치하지 아니할 것

① 펌프의 토출 측 주배관의 구경은 평균유속을 5m/s → 4m/s 이하

정답 80 ①

소방설비기사(기계분야)

기 · 출 · 문 · 제

2019년 2회

1과목 소방원론

01 공기의 부피 비율이 질소 79%, 산소 21%인 전기실에 화재가 발생하여 이산화탄소 소화약제를 방출하여 소화하였다. 이때 산소의 부피농도가 14%이었다면 이 혼합공기의 분자량은 약 얼마인가?(단, 화재 시 발생한 연소가스는 무시한다.)

① 28.9 ② 30.9
③ 33.9 ④ 35.9

해설

1) CO_2의 농도[%]

$$CO_2[\%] = \frac{21 - O_2}{21} \times 100$$

여기서, $CO_2[\%]$: 방호구역에 방출된 소화가스의 농도[%]
O_2 : 소화가스 방출 후 방호구역의 산소농도[%]

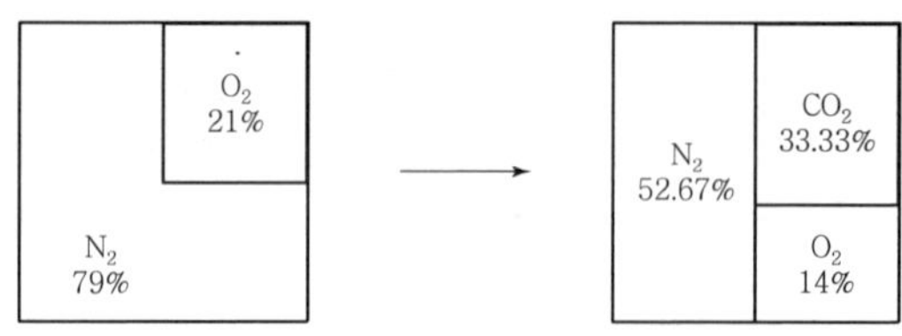

[방출 전] [방출 후]

$$CO_2[\%] = \frac{21 - 14}{21} \times 100 = 33.33[\%]$$

2) CO_2 방출 후 N_2의 농도

$N_2 + CO_2 + O_2 = 100$, $N_2 = 100 - CO_2 - O_2$

$N_2 = 100 - 33.33 - 14 = 52.67[\%]$

3) 각 기체의 분자량

① N_2의 분자량 : $14 \times 2 = 28$
N_2의 비율에 따른 분자량 : $28 \times 0.5267 = 14.75$

② CO_2의 분자량 : $12 + 16 \times 2 = 44$
CO_2의 비율에 따른 분자량 : $44 \times 0.33 = 14.67$

③ O_2의 분자량 : $16 \times 2 = 32$
O_2의 비율에 따른 분자량 : $32 \times 0.14 = 4.48$

4) 혼합공기의 분자량 : $14.75 + 14.67 + 4.48 = 33.9$

02 탱크화재 시 발생되는 보일오버(Boil Over)의 방지방법으로 틀린 것은?

① 탱크 내용물의 기계적 교반
② 물의 배출
③ 과열방지
④ 위험물 탱크 내의 하부에 냉각수 저장

해설

보일오버(Boil Over)

1) 중질유를 저장하는 탱크의 하부에 물이 고여 있는 경우 발생
2) 중질유탱크의 상부에서 정전기, 낙뢰 등의 점화원에 의한 발화
3) 중질유 중 비점이 낮은 물질은 쉽게 올라와서 연소되고, 비점이 높은 물질은 열을 머금고 탱크하부로 가라앉는다.
4) 서서히 내려앉는 고온은 물질이 탱크하부의 물과 접촉하면 물이 갑자기 증발하게 된다.
5) 하부의 물이 수증기로 변하면서 약 1,700배의 부피팽창을 하여 순간적으로 물과 기름이 비산, 분출하게 되는 현상

④ 위험물 탱크 내의 하부에 냉각수 저장 → 탱크 하부의 냉각수를 배출하여야 한다.

03 도장작업 공정에서의 위험도를 설명한 것으로 틀린 것은?

① 도장작업 그 자체 못지않게 건조공정도 위험하다.
② 도장작업에서는 인화성 용제가 쓰이지 않으므로 폭발의 위험이 없다.
③ 도장작업장은 폭발 시를 대비하여 지붕을 시공한다.
④ 도장실의 환기덕트를 주기적으로 청소하여 도료가 덕트 내에 부착되지 않게 한다.

정답 01 ③ 02 ④ 03 ②

해설

② 도장작업에서는 인화성 용제가 많이 쓰이므로 인화성 증기에 의한 폭발위험이 있다.

04 화재 표면온도(절대온도)가 2배로 되면 복사에너지는 몇 배로 증가되는가?

① 2 ② 4

③ 8 ④ 16

해설

1) 스테판-볼츠만 법칙(Stefan-Boltzmann's Law)

복사열 플럭스 $q=\sigma T^4$[W/m^2], 복사열량 $Q=\sigma A T^4$[W]

2) 복사에너지의 배수 $= \dfrac{q_2}{q_1} = \dfrac{\sigma T_2^4}{\sigma T_1^4}$

$$= \frac{T_2^4}{T_1^4} = \frac{2^4}{1^4} = 16\text{배}$$

05 목조 건축물의 화재 진행상황에 관한 설명으로 옳은 것은?

① 화원 – 발염착화 – 무염착화 – 출화 – 최성기 – 소화

② 화원 – 발염착화 – 무염착화 – 소화 – 연소낙하

③ 화원 – 무염착화 – 발염착화 – 출화 – 최성기 – 소화

④ 화원 – 무염착화 – 출화 – 발염착화 – 최성기 – 소화

해설

목조건축물에서의 화재진행과정

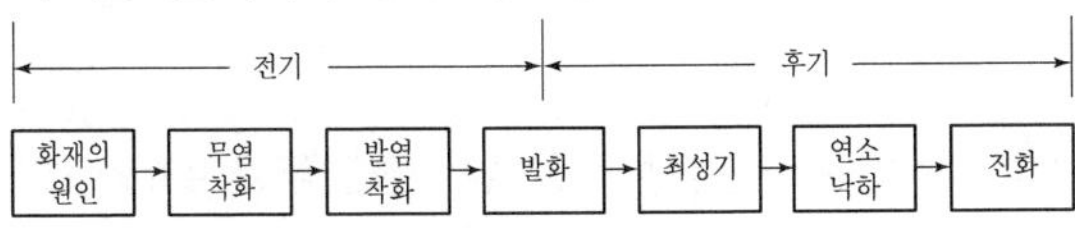

1) 무염착화 : 불꽃이 없는 착화현상
2) 발염착화 : 불꽃이 발생한 후의 착화현상
3) 발화에서 최성기까지의 시간 : 5~15분
4) 발화에서 연소낙하까지의 시간 : 13~25분

06 산불화재의 형태로 틀린 것은?

① 지중화 형태 ② 수평화 형태

③ 지표화 형태 ④ 수관화 형태

해설

산불화재의 형태

1) 수관화(樹冠火) : 나뭇가지나 잎이 무성한 부분이 연소하는 것
2) 수간화(樹幹火) : 나무기둥, 줄기 부분이 연소하는 것
3) 지중화(地中火) : 땅속의 나무의 유기물이 연소하는 것
4) 지표화(地表火) : 지면의 잡초, 관목, 낙엽 등이 연소하는 것

07 다음 가연성 기체 1몰이 완전연소하는 데 필요한 이론공기량으로 틀린 것은?(단, 체적비로 계산하며 공기 중 산소의 농도를 21vol%로 한다.)

① 수소 – 약 2.38mol

② 메탄 – 약 9.52mol

③ 아세틸렌 – 약 16.91mol

④ 프로판 – 약 23.81mol

해설

이론공기량

이론산소량=이론공기량×0.21

$$\text{이론공기량} = \frac{\text{이론산소량}}{0.21}$$

① 수소 : $H_2 + 0.5O_2 \rightarrow H_2O$, O_2 몰수 : 0.5mol

수소의 이론공기량 $= \dfrac{0.5}{0.21} = 2.38$mol

② 메탄 : $CH_4 + 2O_2 \rightarrow CO_2 + 2H_2O$, O_2 몰수 : 2mol

메탄의 이론공기량 $= \dfrac{2}{0.21} = 9.52$mol

③ 아세틸렌 : $C_2H_2 + 2.5O_2 \rightarrow 2CO_2 + H_2O$

O_2 몰수 : 2.5mol

아세틸렌의 이론공기량 $= \dfrac{2.5}{0.21} = 11.9$mol

④ 프로판 : $C_3H_8 + 5O_2 \rightarrow 3CO_2 + 4H_2O$,

O_2 몰수 : 5mol

프로판의 이론공기량 $= \dfrac{5}{0.21} = 23.81$mol

정답 04 ④ 05 ③ 06 ② 07 ③

08 물의 소화능력에 관한 설명 중 틀린 것은?

① 다른 물질보다 비열이 크다.
② 다른 물질보다 융해잠열이 작다.
③ 다른 물질보다 증발잠열이 크다.
④ 밀폐된 장소에서 증발 가열되면 산소희석작용을 한다.

해설

① 비열 : 물 1 g을 14.5℃에서 15.5℃까지 1℃ 올리는 데 필요한 열량
물의 비열 1[cal/g ℃], 1[kcal/kg ℃], 4.184[J/g ℃], 4.184 [kJ/kg ℃]
② 물의 융해잠열 : 80[cal/g], 80[kcal/kg]
③ 물의 증발잠열 : 539[cal/g], 539[kcal/kg]
④ 밀폐된 장소에서 증발 가열되면 수증기에 의한 산소희석작용을 한다.

※ 물은 비열, 융해잠열, 증발잠열이 다른 물질보다 커서 냉각효과가 우수하다.

09 방호공간 안에서 화재의 세기를 나타내고 화재가 진행되는 과정에서 온도에 따라 변하는 것으로 온도-시간 곡선으로 표시할 수 있는 것은?

① 화재저항　② 화재가혹도
③ 화재하중　④ 화재플럼

해설

화재가혹도
최고온도가 지속되는 시간을 의미한다.

화재가혹도＝최고온도×지속시간

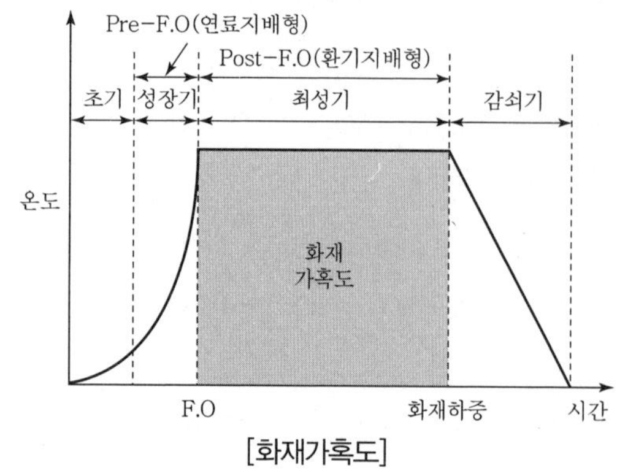

[화재가혹도]

10 연면적이 1,000m^2 이상인 건축물에 설치하는 방화벽이 갖추어야 할 기준으로 틀린 것은?

① 내화구조로서 홀로 설 수 있는 구조일 것
② 방화벽의 양쪽 끝과 위쪽 끝을 건축물의 외벽면 및 지붕면으로부터 0.1m 이상 튀어나오게 할 것
③ 방화벽에 설치하는 출입문의 너비는 2.5m 이하로 할 것
④ 방화벽에 설치하는 출입문의 높이는 2.5m 이하로 할 것

해설

방화벽의 설치기준
1) 내화구조로서 홀로 설 수 있는 구조일 것
2) 방화벽의 양쪽 끝과 위쪽 끝을 건축물의 외벽면 및 지붕면으로부터 0.5m 이상 튀어나오게 할 것
3) 방화벽에 설치하는 출입문의 너비 및 높이는 각각 2.5m 이하로 하고, 해당 출입문에는 60분+방화문 또는 60분 방화문을 설치할 것

② 외벽면 및 지붕면으로부터 0.1m 이상 → 외벽면 및 지붕면으로부터 0.5m 이상

11 화재의 일반적 특성으로 틀린 것은?

① 확대성　② 정형성
③ 우발성　④ 불안정성

해설

화재의 일반적인 특성
• 우발성　• 확대성　• 비정형성　• 불안정성

② 정형성 → 비정형성

12 다음 중 동일한 조건에서 증발잠열(kJ/kg)이 가장 큰 것은?

① 질소　② 할론 1301
③ 이산화탄소　④ 물

정답　08 ②　09 ②　10 ②　11 ②　12 ④

해설

물질의 증발잠열

구분	액화질소	할론 1301	이산화탄소	물
증발잠열	200.5 [kJ/kg]	119 [kJ/kg]	576.5 [kJ/kg]	2,255 [kJ/kg] 539 [kcal/kg]

13 다음 중 가연물의 제거를 통한 소화 방법과 무관한 것은?

① 산불의 확산방지를 위하여 산림의 일부를 벌채한다.
② 화학반응기의 화재 시 원료 공급관의 밸브를 잠근다.
③ 전기실 화재 시 IG-541 약제를 방출한다.
④ 유류탱크 화재 시 주변에 있는 유류탱크의 유류를 다른 곳으로 이동시킨다.

해설

제거소화
1) 가연물을 제거하여 소화
2) 고체 가연물 : 가연물을 화재 현장으로부터 즉시 제거함(산림화재 시 앞쪽에서 벌목하여 진화)
3) 액체 및 기체 : 가연성 물질을 누출시키는 용기의 밸브를 폐쇄
4) 전기화재 : 전원스위치를 차단하여 전기의 공급을 차단
5) 수용성 액체 : 다량의 물을 주입하여 농도를 연소범위 이하로 낮춤

③ 전기실 화재 시 IG-541 약제를 방출한다. → IG-541은 질식소화

14 화재실의 연기를 옥외로 배출시키는 제연방식으로 효과가 가장 적은 것은?

① 자연제연방식
② 스모크타워 제연방식
③ 기계식 제연방식
④ 냉난방설비를 이용한 제연방식

해설

제연방식의 종류
1) 자연제연방식 : 개구부를 통하여 연기를 자연적으로 배출하는 방식
2) 스모크타워 제연방식 : 루프모니터를 설치하여 제연하는 방식
3) 밀폐제연방식 : 불연재료로 구획된 화재실을 밀폐하여 인접실로의 연기유입을 방지하는 방식
4) 기계제연방식 : 송풍기를 이용하여 급, 배기하는 방식

15 분말소화약제의 취급 시 주의사항으로 틀린 것은?

① 습도가 높은 공기 중에 노출되면 고화되므로 항상 주의를 기울인다.
② 충진 시 다른 소화약제와 혼합을 피하기 위하여 종별로 각각 다른 색으로 착색되어 있다.
③ 실내에서 다량 방사하는 경우 분말을 흡입하지 않도록 한다.
④ 분말소화약제와 수성막포를 함께 사용할 경우 포의 소포 현상을 발생시키므로 병용해서는 안 된다.

해설

CDC(Compatible Dry Chemical)
1) CDC는 포소화약제와 함께 사용할 수 있는 분말소화약제를 의미한다.
2) 분말소화약제 중 소포성이 가장 작은 제3종 분말소화약제를 사용한다.
3) 트윈 에이전트 시스템(Twin Agent System)
  ① 제3종 분말소화약제+수성막포
  ② 분말소화약제의 속소성과 포 소화약제의 안정성 등 장점만을 활용

④ 분말소화약제와 수성막포를 함께 사용할 경우 → 소화효과가 상승

16 건축물의 화재를 확산시키는 요인이라 볼 수 없는 것은?

① 비화(飛火) ② 복사열(輻射熱)
③ 자연발화(自然發火) ④ 접염(接炎)

정답 13 ③ 14 ④ 15 ④ 16 ③

해설

건축물의 화재확산원인

구분	현상
접염	불꽃의 접촉에 의해 화재가 확산하는 현상
복사열	매질 없이 전자기파 형태로 열이 전달되는 현상
비화	불꽃이 먼 곳까지 날아가서 옮겨 붙는 현상

③ 자연발화(自然發火) : 발화의 원인이 되지만 화재확산과는 무관하다.

17 화재 시 CO_2를 방사하여 산소농도를 11vol%로 낮추어 소화하려면 공기 중 CO_2의 농도는 약 몇 vol%가 되어야 하는가?

① 47.6 ② 42.9
③ 37.9 ④ 34.5

해설

소화가스의 농도[%] 계산

$$CO_2[\%] = \frac{21 - O_2}{21} \times 100$$

여기서, $CO_2[\%]$: 방호구역에 방출된 소화가스의 농도[%]
O_2 : 소화가스 방출 후 방호구역의 산소농도[%]

$$CO_2[\%] = \frac{21-11}{21} \times 100 = 47.6[\%]$$

18 다음 위험물 중 특수인화물이 아닌 것은?

① 아세톤 ② 디에틸에테르
③ 산화프로필렌 ④ 아세트알데히드

해설

특수인화물

1) 정의 : 1기압에서 발화점이 100℃ 이하인 것 또는 인화점이 − 20℃ 이하이고 비점이 섭씨 40℃ 이하인 것
2) 종류 : 디에틸에테르, 아세트알데히드, 산화프로필렌, 이황화탄소
3) 지정수량 : 50[l]

① 아세톤 → 제1석유류

19 물 소화약제를 어떠한 상태로 주수할 경우 전기화재의 진압에서도 소화능력을 발휘할 수 있는가?

① 물에 의한 봉상주수
② 물에 의한 적상주수
③ 물에 의한 무상주수
④ 어떤 상태의 주수에 의해서도 효과가 없다.

해설

물의 주수형태에 의한 소화

주수형태	내용	설비	소화효과
봉상주수	가늘고 긴 몽둥이모양으로 방사	옥내소화전	냉각
적상주수	물방울 형태로 방사	스프링클러	냉각
무상주수	안개형태로 방사	물분무소화설비	질식, 냉각, 유화, 희석

※ 물을 무상주수하면 전기화재에 적응성이 있다.

20 석유, 고무, 동물의 털, 가죽 등과 같이 황성분을 함유하고 있는 물질이 불완전연소될 때 발생하는 연소가스로 계란 썩는 듯한 냄새가 나는 기체는?

① 아황산가스 ② 시안화수소
③ 황화수소 ④ 암모니아

해설

1) 아황산가스(SO_2), 이산화황
 ① $S + O_2 \rightarrow SO_2$
 ② 황 화합물이 완전연소 시 발생되는 가스이다.

2) 시안화수소(HCN)
 ① 독성이 매우 높은 가스로서 석유제품, 유지, 플라스틱의 불완전연소 시 발생된다. 증기비중이 공기보다 가볍다.
 증기비중 : $\frac{27}{29} = 0.931$
 ② 중합폭발의 위험이 있다.

3) 황화수소(H_2S)
 ① 황 화합물이 불완전연소 시 발생된다.
 ② 달걀 썩는 냄새가 난다.

정답 17 ① 18 ① 19 ③ 20 ③

4) 암모니아(NH_3)
① 질소를 함유한 가연물이 연소 시 발생되는 가스로 눈, 코, 인후 등에 매우 자극적이고 역한 냄새가 난다.
② 물에 잘 용해되고 냉동기의 냉매로 사용된다.

2과목 소방유체역학

21 그림과 같이 물이 들어 있는 아주 큰 탱크에 사이펀이 장치되어 있다. 출구에서의 속도 V와 관의 상부 중심 A지점에서의 게이지압력 P_A를 구하는 식은?(단, g는 중력가속도, ρ는 물의 밀도이며, 관의 직경은 일정하고 모든 손실은 무시한다.)

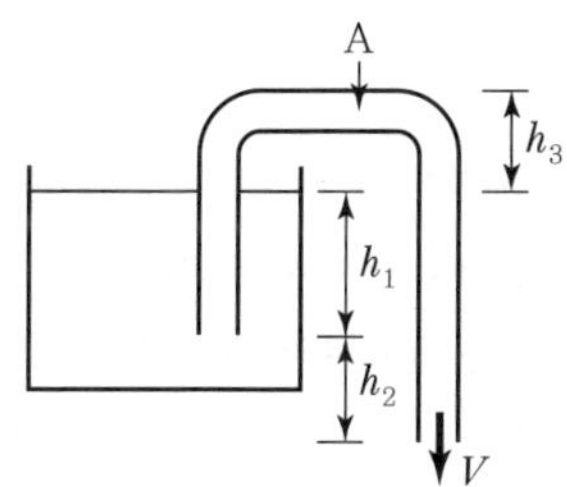

① $V=\sqrt{2g(h_1+h_2)}$
$P_A=-\rho g h_3$
② $V=\sqrt{2g(h_1+h_2)}$
$P_A=-\rho g(h_1+h_2+h_3)$
③ $V=\sqrt{2gh_2}$
$P_A=-\rho g(h_1+h_2+h_3)$
④ $V=\sqrt{2g(h_1+h_2)}$
$P_A=\rho g(h_1+h_2-h_3)$

해설

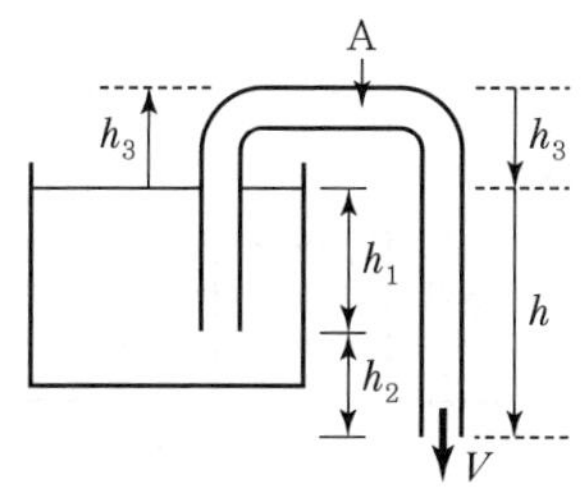

1) 출구에서의 속도
토리첼리의 정리
$V=\sqrt{2gh}$
여기서, $h=h_1+h_2$, h_3는 방향이 서로 반대이므로 상쇄된다.
$\therefore V=\sqrt{2g(h_1+h_2)}$

2) A지점에서의 게이지압력 P_A

$$P=\gamma h=\rho g h$$

여기서, P : 계기압[Pa], ρ : 밀도[$N\cdot s^2/m^4$]
g : 중력가속도[m/s^2]
γ : 비중량[N/m^3], h : 높이[m]

$P=\rho g h$ 여기서, $h=-(h_1+h_2+h_3)$
$\therefore P=-\rho g(h_1+h_2+h_3)$

22 일률(시간당 에너지)의 차원을 기본 차원인 M(질량), L(길이), T(시간)로 올바르게 표시한 것은?

① L^2T^{-2} ② $MT^{-2}L^{-1}$
③ ML^2T^{-2} ④ ML^2T^{-3}

해설

1) 일률(동력)
$$P[W]=\frac{W}{t}[J/s]=\frac{F\cdot d}{t}[N\cdot m/s]$$
$$=\frac{m\cdot a\cdot d}{t}[kg\cdot m\cdot m/s\cdot s^2][kg\cdot m^2/s^3]$$

2) 일률의 단위를 절대단위로 나타내면
[$kg\cdot m^2/s^3$]
절대단위계의 차원 $[\frac{ML^2}{T^3}]=[ML^2T^{-3}]$

3) 차원의 표시방법

	FLT계(공학단위계)	MLT계(절대단위계)
힘[N][kg_f]	F(Force)	
질량[kg]		M(Mass)
길이[m]	L(Length)	L(Length)
시간[s]	T(Time)	T(Time)

정답 21 ② 22 ④

23 0.02m^3의 체적을 갖는 액체가 강제의 실린더 속에서 730kPa의 압력을 받고 있다. 압력이 1,030kPa로 증가되었을 때 액체의 체적이 0.019m^3으로 축소되었다. 이때 이 액체의 체적탄성계수는 약 몇 kPa인가?

① 3,000　② 4,000
③ 5,000　④ 6,000

해설

체적탄성계수

어떤 물질이 압축에 저항하는 정도를 의미한다.

$$K[\text{kPa}] = \frac{\Delta P}{-\frac{\Delta V}{V}}$$

여기서, K : 체적탄성계수[kPa]
ΔP : 압력변화량[kPa]
ΔV : 체적변화량[m^3]
V : 처음 체적[m^3]

[풀이]

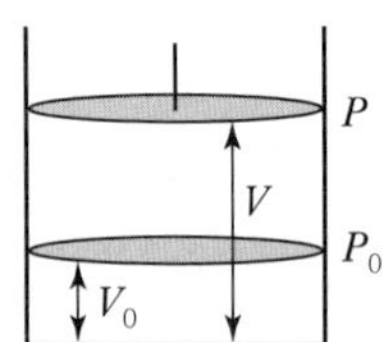

$$K = \frac{\Delta P}{-\frac{\Delta V}{V}} = \frac{1030-730}{-\left(\frac{0.019-0.02}{0.02}\right)} = 6{,}000[\text{kPa}]$$

24 그림과 같은 관에 비압축성 유체가 흐를 때 A 단면의 평균속도가 V_1이라면 B단면에서 의 평균속도 V_2는?(단, A 단면의 지름은 d_1이고, B단면의 지름은 d_2이다.)

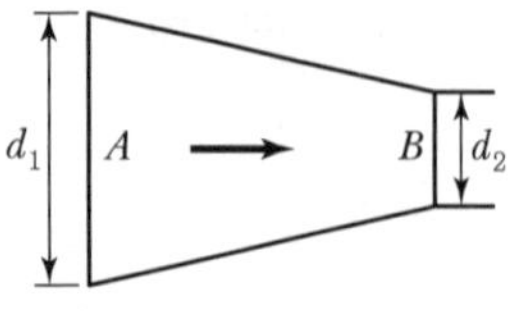

① $V_2 = \left(\frac{d_1}{d_2}\right) V_1$　② $V_2 = \left(\frac{d_1}{d_2}\right)^2 V_1$

③ $V_2 = \left(\frac{d_2}{d_1}\right) V_1$　④ $V_2 = \left(\frac{d_2}{d_1}\right)^2 V_1$

해설

A단면을 흐르는 유량 Q_1과 B단면을 흐르는 유량 Q_2는 같다.

$Q_1 = A_1 V_1$, $Q_2 = A_2 V_2$

$Q_1 = Q_2$이므로, $A_1 V_1 = A_2 V_2$

$$\frac{\pi d_1^2}{4} \times V_1 = \frac{\pi d_2^2}{4} \times V_2$$

$$V_2 = \frac{d_1^2}{d_2^2} V_1, \quad V_2 = \left(\frac{d_1}{d_2}\right)^2 V_1$$

25 10kg의 수증기가 들어 있는 체적 2m^3의 단단한 용기를 냉각하여 온도를 200℃에서 150℃로 낮추었다. 나중 상태에서 액체상태의 물은 약 몇 kg인가?(단, 150℃에서 물의 포화액 및 포화증기의 비체적은 각각 $0.0011\text{m}^3/\text{kg}$, $0.3925\text{m}^3/\text{kg}$이다.)

① 0.508　② 1.24
③ 4.92　④ 7.86

해설

수증기의 비체적

$$V_S = x \cdot V_g + (1-x) \cdot V_f$$

여기서, V_S : 습증기의 비체적[m^3/kg]
V_g : 포화증기의 비체적[m^3/kg]
V_f : 포화액의 비체적[m^3/kg]
x : 건도

[풀이]

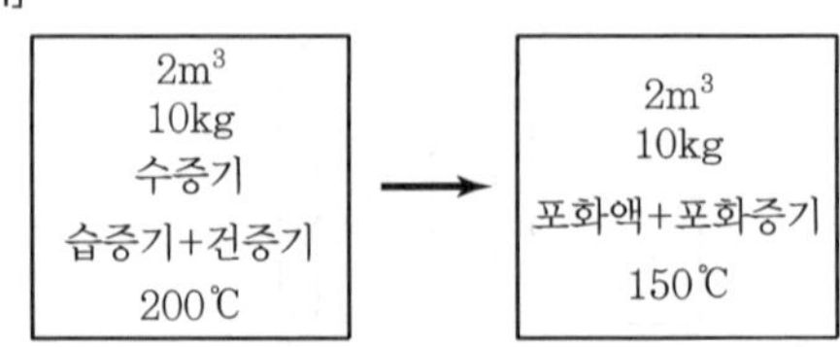

정답　23 ④　24 ②　25 ③

$$V_S = \frac{V}{m} = \frac{2\text{m}^3}{10\text{kg}} = 0.2[\text{m}^3/\text{kg}]$$

V_g : 0.3925[m³/kg], V_f : 0.0011[m³/kg]

$V_S = x \cdot V_g + (1-x) \cdot V_f$

$0.2 = x \cdot 0.3925 + (1-x) \cdot 0.0011$

$0.2 = 0.3925x + 0.0011 - 0.0011x$

$0.3914x = 0.1989$

건도 $x = 0.50817$

∴ 포화증기의 무게 : 10kg×0.50817=5.081[kg]
포화액의 무게 : 10kg×(1−0.50817)=4.918[kg]

26 수평 원관 내 완전 발달유동에서 유동을 일으키는 힘(㉠)과 방해하는 힘(㉡)은 각각 무엇인가?

① ㉠ : 압력 차에 의한 힘, ㉡ : 점성력
② ㉠ : 중력 힘, ㉡ : 점성력
③ ㉠ : 중력 힘, ㉡ : 압력 차에 의한 힘
④ ㉠ : 압력 차에 의한 힘, ㉡ : 중력 힘

해설

1) 수평 원관 내 완전 발달유동에서 유동을 일으키는 힘
압력이 높은 곳에서 낮은 곳으로 흐름 발생

2) 유체의 흐름을 방해하는 힘
점성에 의한 마찰손실 발생

27 펌프의 입구 및 출구 측에 연결된 진공계와 압력계가 각각 25mmHg와 260kPa을 가리켰다. 이 펌프의 배출유량이 0.15m³/s가 되려면 펌프의 동력은 약 몇 kW가 되어야 하는가?(단, 펌프의 입구와 출구의 높이 차는 없고, 입구 측 안지름은 20cm, 출구 측 안지름은 15cm이다.)

① 3.95 ② 4.32
③ 39.5 ④ 43.2

해설

펌프의 동력

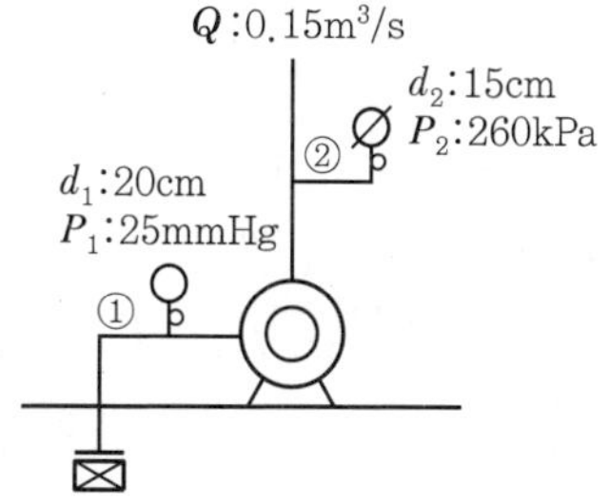

1) 펌프의 동력(수동력)

$$L_w[\text{kW}] = \frac{\gamma[\text{N/m}^3] \times Q[\text{m}^3/\text{s}] \times H[\text{m}]}{1{,}000}$$

여기서, L_w : 수동력[kW], γ : 물의 비중량[N/m³]
Q : 유량[m³/s], H : 전양정[m]

2) 물의 비중량 γ : 9,800[N/m³], 유량 Q : 0.15[m³/s]

3) 전양정 H_P

펌프 흡입 측을 ①지점, 펌프 토출 측을 ②지점이라 하여 베르누이 방정식을 세운다.
배관의 마찰손실 H_l 과 펌프의 전양정 H_P를 고려한 수정 베르누이 방정식

$$\frac{V_1^2}{2g} + \frac{P_1}{\gamma} + Z_1 + H_P = \frac{V_2^2}{2g} + \frac{P_2}{\gamma} + Z_2 + H_l$$

① 흡입 측 유속 V_1

$$V_1 = \frac{Q}{A_1} = \frac{0.15}{\frac{\pi \times 0.2^2}{4}} = 4.77[\text{m/s}]$$

② 토출 측 유속 V_2

$$V_2 = \frac{Q}{A_2} = \frac{0.15}{\frac{\pi \times 0.15^2}{4}} = 8.49[\text{m/s}]$$

③ 흡입 측 압력 P_1 : 흡입 측은 진공압(−)

$$25\text{mmHg} \times \frac{101.325\text{kPa}}{760\text{mmHg}} = 3.333[\text{kPa}]$$

$P_1 = -3.333[\text{kPa}]$

④ 토출 측 압력 $P_2 = 260[\text{kPa}]$

정답 26 ① 27 ④

⑤ 전양정 H_P

$$\frac{V_1^2}{2g}+\frac{P_1}{\gamma}+Z_1+H_P=\frac{V_2^2}{2g}+\frac{P_2}{\gamma}+Z_2+H_l$$

여기서, $Z_1=Z_2$, $H_l=0$(조건 없음)

$$\therefore \frac{V_1^2}{2g}+\frac{P_1}{\gamma}+H_P=\frac{V_2^2}{2g}+\frac{P_2}{\gamma}+0$$

$$\frac{4.77^2}{2\times 9.8}+\frac{(-3.333)}{9.8}+H_P=\frac{8.49^2}{2\times 9.8}+\frac{260}{9.8}+0$$

$$H_P=\frac{8.49^2}{2\times 9.8}+\frac{260}{9.8}-\frac{4.77^2}{2\times 9.8}-\frac{(-3.333)}{9.8}$$

펌프의 전양정 $H_P=29.39[\mathrm{m}]$

4) 펌프의 수동력

$$L_w[\mathrm{kW}]=\frac{9{,}800[\mathrm{N/m^3}]\times 0.15[\mathrm{m^3/s}]\times 29.39[\mathrm{m}]}{1{,}000}$$

$$=43.20[\mathrm{kW}]$$

28 비중병의 무게가 비었을 때는 2N이고, 액체로 충만되어 있을 때는 8N이다. 액체의 체적이 0.5L이면 이 액체의 비중량은 약 몇 N/m³인가?

① 11,000 ② 11,500
③ 12,000 ④ 12,500

해설

비중량

$$\gamma[\mathrm{N/m^3}]=\frac{W[\mathrm{N}]}{V[\mathrm{m^3}]}$$

여기서, γ : 비중량[N/m³], W : 무게[N]
V : 체적[m³]

[풀이]

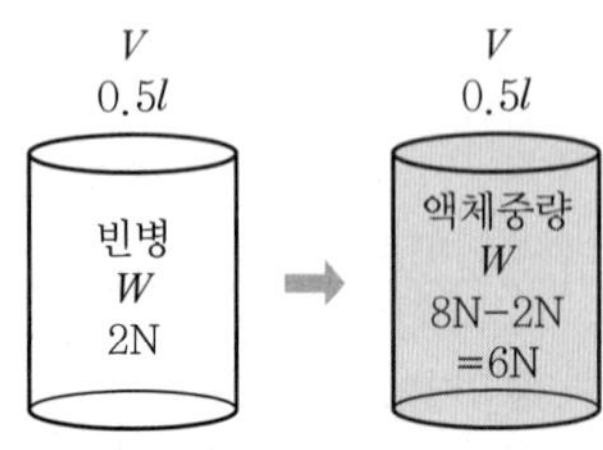

액체중량 = 전체 중량 − 빈 병의 중량

$W=8-2=6[\mathrm{N}]$

$$V=0.5\,\mathrm{L}\times\frac{1\,\mathrm{m^3}}{1{,}000\mathrm{L}}=0.0005[\mathrm{m^3}]$$

$$\gamma[\mathrm{N/m^3}]=\frac{6[\mathrm{N}]}{0.0005[\mathrm{m^3}]}=12{,}000[\mathrm{N/m^3}]$$

29 어떤 용기 내의 이산화탄소(45kg)가 방호공간에 가스상태로 방출되고 있다. 방출온도의 압력이 15℃, 101kPa일 때 방출가스의 체적은 약 몇 m³인가?(단, 일반 기체상수는 8,314J/kmol · K이다.)

① 2.2 ② 12.2
③ 20.2 ④ 24.3

해설

이상기체 상태방정식

$$PV=nRT \qquad PV=\frac{W}{M}RT$$

여기서, P : 절대압력[Pa][N/m²], V : 체적[m³]
n : 몰수$\left(n=\frac{W}{M}\right)$, W : 기체의 질량[kg]
M : 분자량[kg/kmol]
R : 일반기체상수(8,314J/kmol · K)
T : 절대온도[K]

[풀이]

P : $101[\mathrm{kPa}]=101\times 10^3[\mathrm{Pa}]$

M : $\mathrm{C}(12)+\mathrm{O_2}(16\times 2)=44[\mathrm{kg/kmol}]$

T : $15+273=288[\mathrm{K}]$

$101\times 10^3[\mathrm{Pa}]\times V[\mathrm{m^3}]$

$$=\frac{45[\mathrm{kg}]}{44[\mathrm{kg/kmol}]}\times 8{,}314[\mathrm{J/kmol\cdot K}]\times 288[\mathrm{K}]$$

$V=24.25\fallingdotseq 24.3[\mathrm{m^3}]$

정답 28 ③ 29 ④

30 단면적이 A와 $2A$인 U자형 관에 밀도가 d인 기름이 담겨 있다. 단면적이 $2A$인 관에 관벽과는 마찰이 없는 물체를 놓았더니 그림과 같이 평형을 이루었다. 이때 이 물체의 질량은?

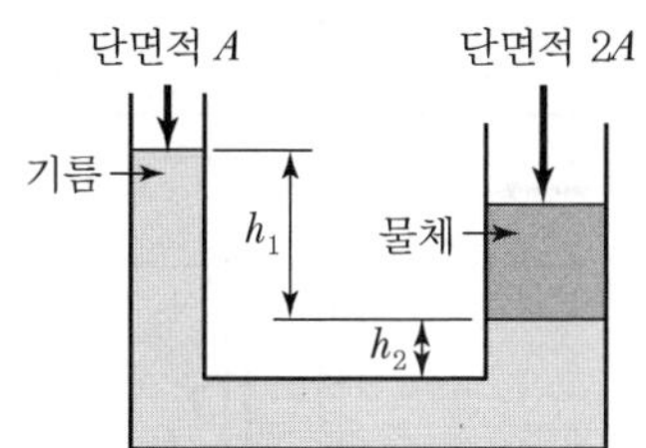

① $2Ah_1d$ ② Ah_1d
③ $A(h_1+h_2)d$ ④ $A(h_1-h_2)d$

해설

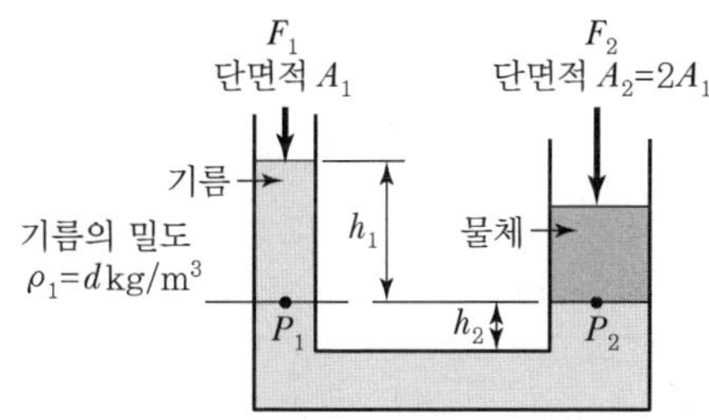

파스칼의 원리

$P_1 = P_2$, 여기서, $P = \dfrac{F}{A}[\text{N/m}^2]$이므로

$\dfrac{F_1}{A_1} = \dfrac{F_2}{A_2}$ 조건에서 $A_2 = 2A_1$

$\dfrac{F_1}{A_1} = \dfrac{F_2}{2A_1}$, $F_2 = \dfrac{2A_1}{A_1}F_1$

$F_2 = 2F_1$ 여기서, $F = mg[\text{N}]$이므로

$m_2 g = 2m_1 g$

$m_2 = 2m_1$ $\rho = \dfrac{m}{V}$이므로 $m_1 = \rho_1 V_1$

여기서, ρ : 밀도[kg/m³], m : 질량[kg], V : 체적[m³]

[풀이]

물체의 질량

$m_2 = 2\rho_1 V_1$

조건에서 기름의 밀도 $\rho_1 = d$, $V_1 = A_1 h_1$, $A_1 = A$

$\therefore m_2 = 2dAh_1 = 2Ah_1 d$

31 수평관의 길이가 100m이고, 안지름이 100mm인 소화설비 배관 내를 평균유속 2m/s로 물이 흐를 때 마찰손실수두는 약 몇 m인가?(단, 관의 마찰계수는 0.05이다.)

① 9.2 ② 10.2
③ 11.2 ④ 12.2

해설

배관의 마찰손실수두(Darcy-Weisbach Formula)

$$H_l = f\frac{l}{d}\frac{V^2}{2g}$$

여기서, H_l : 마찰손실수두[m], f : 관마찰계수
d : 배관의 직경[m], l : 직관의 길이[m]
V : 유체의 유속[m/sec]

[풀이]

f : 0.05, d : 0.1[m], l : 100[m], V=2[m/s]

$$H_l = 0.05\times\frac{100}{0.1}\times\frac{2^2}{2\times 9.8} = 10.20[\text{m}]$$

32 출구 단면적이 0.02m^2인 수평 노즐을 통하여 물이 수평 방향으로 8m/s의 속도로 노즐출구에 놓여 있는 수직 평판에 분사될 때 평판에 작용하는 힘은 약 몇 N인가?

① 800 ② 1,280
③ 2,560 ④ 12,544

해설

고정평판에 작용하는 힘(추력, 반동력, 노즐의 반발력)

$$F = \rho Q V \qquad F = \rho A V^2$$

여기서, ρ : 밀도[N · s²/m⁴], Q : 유량[m³/s]
V : 유속[m/s], A : 노즐의 단면적[m²]

정답 30 ① 31 ② 32 ②

[풀이]

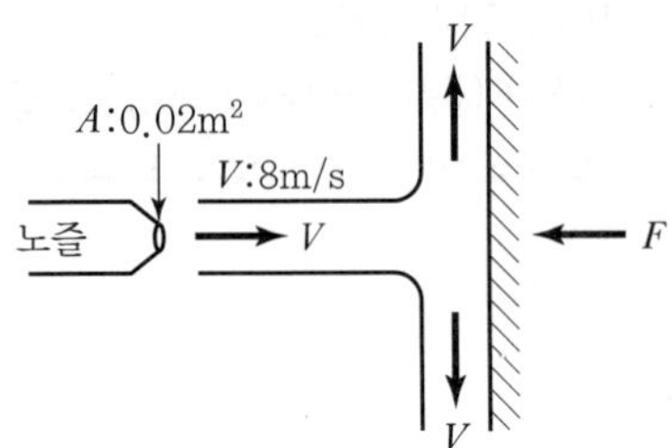

$\rho = 1{,}000[N \cdot s^2/m^4]$, $A = 0.02[m^2]$, $V = 8[m/s]$

$F = 1{,}000 \times 0.02 \times 8^2 = 1{,}280[N]$

33 물의 온도에 상응하는 증기압보다 낮은 부분이 발생하면 물은 증발되고 물속에 있던 공기와 물이 분리되어 기포가 발생하는 펌프의 현상은?

① 피드백(Feed Back)
② 서징현상(Surging)
③ 공동현상(Cavitation)
④ 수격작용(Water Hammering)

해설

공동(Cavitation)현상

1) 정의

펌프 흡입 측 배관에서 발생될 수 있는 현상으로 흡수되는 물의 압력이 그 온도에서의 포화증기압보다 작게 되면 물이 급격하게 증발되어 기포가 생성되는 현상이다. 기포가 흐름을 따라 이동하면서 진동, 소음을 수반하고 심한 경우 양수불능까지도 초래하게 된다.

2) 공동현상의 발생원인 및 방지대책

발생원인	방지대책
흡입 측 배관 내 물의 온도가 높은경우	배관 내 물의 온도를 낮게 유지한다.
흡입 측 배관 내 물의 압력이 낮은 경우	배관 내 물의 압력을 높게 유지한다.
흡입 측 배관의 마찰손실이 큰 경우	배관의 마찰손실을 작게 한다.
흡입 측 배관의 유속이 빠른 경우	배관 내 유체의 유속을 낮게 한다.
흡입 측 배관의 구경이 작은 경우	배관의 구경을 크게 한다.(양흡입펌프 사용)
흡입 측 배관의 길이가 긴 경우	흡입양정을 작게 한다.

34 피토관을 사용하여 일정 속도로 흐르고 있는 물의 유속(V)을 측정하기 위해, 그림과 같이 비중 S인 유체를 갖는 액주계를 설치하였다. $S=2$일 때 액주의 높이 차이가 $H=h$가 되면, $S=3$일 때 액주의 높이 차(H)는 얼마가 되는가?

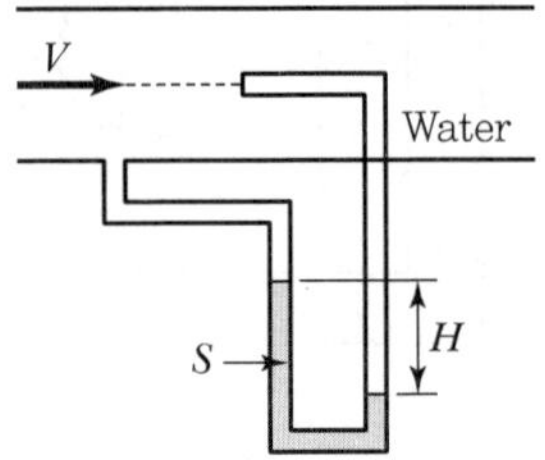

① $\frac{h}{9}$
② $\frac{h}{\sqrt{3}}$
③ $\frac{h}{3}$
④ $\frac{h}{2}$

해설

액주의 높이 차

1) 배관 내의 유속 V

$$V = \sqrt{2gH\left(\frac{\gamma - \gamma_w}{\gamma_w}\right)} \qquad V = \sqrt{2gH\left(\frac{S - S_w}{S_w}\right)}$$

여기서, γ_w : 배관 내의 물의 비중량$[N/m^3]$
γ : 마노미터 내의 유체 비중량$[N/m^3]$
S_w : 배관 내의 물의 비중
S : 마노미터 내의 유체 비중
h : 마노미터 내 유체의 높이 차[m]

2) $S=2$일 때 유속 V_1

$$V_1 = \sqrt{2gH\left(\frac{2-1}{1}\right)},\ V_1 = \sqrt{2gH},\ V_1^2 = 2gH$$

$$H = \frac{V_1^2}{2g}\ (H = h\text{이므로})$$

$$h = \frac{V_1^2}{2g}$$

여기서, $S=2$, $S_w=1$(물의 비중)

3) $S=3$일 때 유속 V_2

$$V_2 = \sqrt{2gH\left(\frac{3-1}{1}\right)},\ V_2 = \sqrt{4gH}$$

정답 33 ③ 34 ④

양변을 제곱하면

$V_2^2 = 4gH,\ H = \dfrac{V_2^2}{4g}$

비중이 $S=2$일 때와 $S=3$일 때의 유속은 같으므로

$V_1 = V_2$

$H = \dfrac{V_2^{\,2}}{4g} = \dfrac{1}{2} \cdot \dfrac{V_1^{\,2}}{2g}$

여기서, $h = \dfrac{V_1^{\,2}}{2g}$ 이므로

$H = \dfrac{1}{2} \cdot h = \dfrac{h}{2}$

35 점성계수와 동점성계수에 관한 설명으로 올바른 것은?

① 동점성계수=점성계수×밀도
② 점성계수=동점성계수×중력가속도
③ 동점성계수=점성계수/밀도
④ 점성계수=동점성계수/중력가속도

해설

동점성계수 ν

1) 정의

점성계수를 그 유체의 밀도로 나눈 값으로 차원은 운동학적 차원을 가지므로 동점성계수라고 한다.

$$\nu[\mathrm{m^2/s}] = \frac{\mu\ [\mathrm{kg/m \cdot s}]}{\rho\ [\mathrm{kg/m^3}]}$$

여기서, ν : 동점성계수[m²/s]
μ : 점성계수[kg/m · s]
ρ : 밀도[kg/m³]

2) 동점성계수의 단위

[m²/s], [cm²/s]=[Stokes]

36 안지름이 25mm인 노즐 선단에서의 방수압력은 계기압력으로 5.8×10^5Pa이다. 이때 방수량은 약 m³/s인가?

① 0.017 ② 0.17
③ 0.034 ④ 0.34

해설

연속방정식과 토리첼리식

$$Q = AV \qquad V = \sqrt{2gh} \qquad Q = A\sqrt{2gh}$$

여기서, Q : 유량[m³/s], A : 배관의 단면적[m²]
V : 유속[m/s], h : 물의 높이[m]

[풀이]

$Q = A \times \sqrt{2gh}\ [\mathrm{m^3/s}]$

$A = \dfrac{\pi d^2}{4}[\mathrm{m^2}] = \dfrac{\pi \times 0.025^2}{4} = 0.00049[\mathrm{m^2}]$

여기서, 25[mm]=0.025[m]

$h[\mathrm{m}] = \dfrac{P[\mathrm{N/m^2}]}{\gamma[\mathrm{N/m^3}]}$

$h[\mathrm{m}] = \dfrac{5.8\times10^5\,[\mathrm{N/m^2}]}{9{,}800\,[\mathrm{N/m^3}]} = 59.18[\mathrm{m}]$

$Q = 0.00049 \times \sqrt{2\times9.8\times59.18}$
$=0.01668 ≒ 0.017[\mathrm{m^3/s}]$

37 외부표면의 온도가 24℃, 내부표면의 온도가 24.5℃일 때, 높이 1.5m, 폭 1.5m, 두께 0.5cm인 유리창을 통한 열전달률은 약 몇 W인가?(단, 유리창의 열전도계수는 0.8W/m · K이다.)

① 180 ② 200
③ 1,800 ④ 2,000

해설

푸리에 전도법칙(Fourier's Law)

$$q[\mathrm{W}] = \frac{k}{L} A \Delta T$$

여기서, q : 열전달량[W], k : 열전도도[W/m · K]
L : 물체의 두께[m], A : 열전달면적[m²]
ΔT : 온도 차[K]

[풀이]

A=높이×폭=1.5[m]×1.5[m]=2.25[m²]

ΔT=(273+24.5)−(273+24)=0.5[K]

L=0.5[cm]=0.005[m]

$q = \dfrac{0.8}{0.005} \times 2.25 \times 0.5 = 180[\mathrm{W}]$

정답 35 ③ 36 ① 37 ①

38 압력 2MPa인 수증기의 건도가 0.2일 때 엔탈피는 몇 kJ/kg인가?(단, 포화증기 엔탈피는 2780.5 kJ/kg이고, 포화액의 엔탈피는 910kJ/kg이다.)

① 1,284 ② 1,466
③ 1,845 ④ 2,406

해설

수증기의 엔탈피 H

$$H[\text{kJ/kg}] = x \cdot h_g + (1-x)\,h_f$$

여기서, x : 수증기의 건도
h_g : 포화증기의 엔탈피[kJ/kg]
h_f : 포화액의 엔탈피[kJ/kg]

[풀이]
$H = 0.2 \times 2780.5 + (1-0.2) \times 910 = 1284.1[\text{kJ/kg}]$

39 그림에서 물에 의하여 점 B에서 힌지된 사분원 모양의 수문이 평형을 유지하기 위하여 수면에서 수문을 잡아당겨야 하는 힘 T는 약 몇 kN인가?(단, 수문의 폭은 1m, 반지름($r = \overline{OB}$)은 2m, 4분원의 중심은 O점에서 왼쪽으로 $4r/3\pi$인 곳에 있다.)

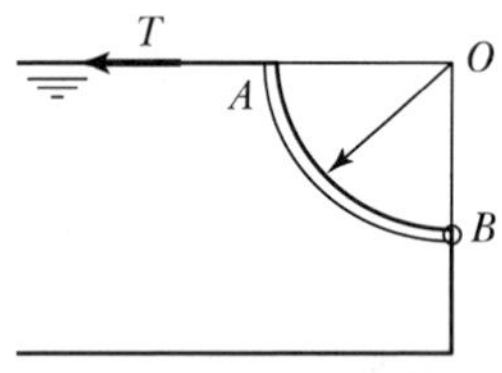

① 1.96 ② 9.8
③ 19.6 ④ 29.4

해설

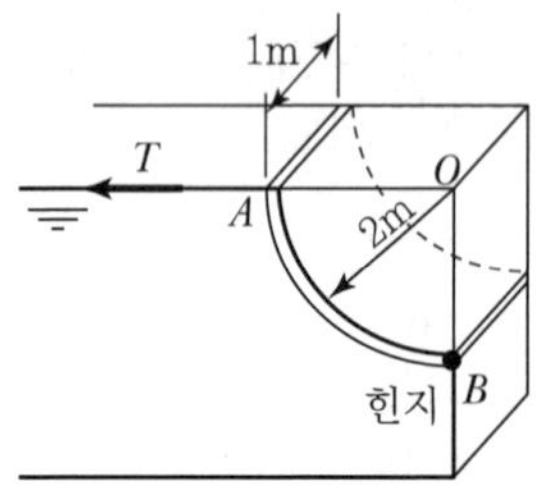

1) $A-B$에 작용하는 수평분력 F_H

$$F_H = \gamma \overline{H} A = \gamma \cdot \frac{R}{2} \cdot (R \times 1) = \frac{1}{2}\gamma R^2[\text{N}]$$

2) 작용점 y_P

$$y_P = \frac{2}{3}R$$

3) $A-B$에 작용하는 수직분력 F_V

$$F_V = \gamma V = \gamma \cdot \pi R^2 \times 1 \times \frac{1}{4} = \gamma \cdot \frac{\pi R^2}{4}[\text{N}]$$

4) 수문을 당겨야 하는 힘 T

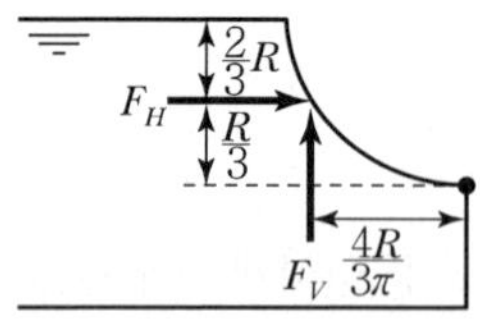

$$F_H \times \frac{R}{3} + F_V \times \frac{4R}{3\pi} = T \times R$$

$$\frac{1}{2}\gamma R^2 \times \frac{R}{3} + \frac{\gamma \pi R^2}{4} \times \frac{4R}{3\pi} = T \times R$$

$$\frac{\gamma R^3}{6} + \frac{\gamma R^3}{3} = T \times R$$

$$\frac{\gamma R^3 + 2\gamma R^3}{6} = T \times R$$

$$\frac{3\gamma R^3}{6} = T \times R$$

$$T = \frac{1}{2}\gamma R^2$$

[풀이]
γ : 9.8[kN/m^3], R : 2[m]

$$T = \frac{1}{2} \times 9.8 \times 2^2 = 19.6[\text{kN}]$$

40 관 내의 흐름에서 부차적 손실에 해당하지 않는 것은?

① 곡선부에 의한 손실
② 직선 원관 내의 손실
③ 유동단면의 장애물에 의한 손실
④ 관 단면의 급격한 확대에 의한 손실

정답 38 ① 39 ③ 40 ②

해설

1) 주 손실
직관에서 배관마찰에 의한 손실

2) 부차적 손실(주 손실 이외의 손실)
① 관 부속품에서 발생하는 손실
② 급격한 확대관에 의한 손실
③ 급격한 축소관에 의한 손실
④ 유동단면의 장애물에 의한 손실
⑤ 곡선부에 의한 손실

3과목 소방관계법규

41 지정수량의 최소 몇 배 이상의 위험물을 취급하는 제조소에는 피뢰침을 설치해야 하는가?(단, 제6류 위험물을 취급하는 위험물제조소는 제외하고, 제조소 주위의 상황에 따라 안전상 지장이 없는 경우도 제외한다.)

① 5배 ② 10배 ③ 50배 ④ 100배

해설

피뢰설비의 설치대상
지정수량의 10배 이상의 위험물을 취급하는 제조소(제6류 위험물을 취급하는 위험물제조소를 제외)

42 소방기본법령상 인접하고 있는 시·도 간 소방업무의 상호응원협정을 체결하고자 할 때, 포함되어야 하는 사항으로 틀린 것은?

① 소방교육·훈련의 종류에 관한 사항
② 화재의 경계·진압활동에 관한 사항
③ 출동대원의 수당·식사 및 피복의 수선의 소요경비의 부담에 관한 사항
④ 화재조사활동에 관한 사항

해설

소방업무의 상호응원협정 시 포함사항
1) 다음의 소방활동에 관한 사항
① 화재의 경계·진압활동
② 구조·구급업무의 지원
③ 화재조사활동
2) 응원출동대상지역 및 규모
3) 다음 각 목의 소요경비의 부담에 관한 사항
① 출동대원의 수당·식사 및 피복의 수선
② 소방장비 및 기구의 정비와 연료의 보급
③ 그 밖의 경비
4) 응원출동의 요청방법
5) 응원출동훈련 및 평가

① 소방교육·훈련의 종류에 관한 사항 → 행정안전부령

43 제4류 위험물을 저장·취급하는 제조소에 "화기엄금"이란 주의사항을 표시하는 게시판을 설치할 경우 게시판의 색상은?

① 청색 바탕에 백색 문자
② 적색 바탕에 백색 문자
③ 백색 바탕에 적색 문자
④ 백색 바탕에 흑색 문자

해설

주의사항을 표시한 게시판 설치

위험물의 종류	주의사항	게시판
제1류 위험물 중 알칼리금속의 과산화물 제3류 위험물 중 금수성 물질	물기엄금	청색 바탕에 백색 문자
제2류 위험물(인화성 고체는 제외)	화기주의	적색 바탕에 백색 문자
제2류 위험물 중 인화성 고체 제3류 위험물 중 자연발화성 물질 제4류 위험물 제5류 위험물	화기엄금	적색 바탕에 백색 문자

정답 41 ② 42 ① 43 ②

44 다음 중 300만 원 이하의 벌금에 해당되지 않는 것은?

① 등록수첩을 다른 자에게 빌려준 자
② 소방시설공사의 완공검사를 받지 아니한 자
③ 소방기술자가 동시에 둘 이상의 업체에 취업한 사람
④ 소방시설공사 현장에 감리원을 배치하지 아니한 자

해설

300만 원 이하의 벌금(소방공사업법)
1) 등록증이나 등록수첩을 다른 자에게 빌려준 자
2) 소방시설공사 현장에 감리원을 배치하지 아니한 자
3) 감리업자의 보완 요구에 따르지 아니한 자
4) 정당한 사유 없이 공사감리 계약을 해지하거나 대가 지급을 거부하거나 지연시키거나 불이익을 준 자
5) 자격수첩 또는 경력수첩을 빌려준 사람
6) 동시에 둘 이상의 업체에 취업한 사람
7) 관계인의 정당한 업무를 방해하거나 업무상 알게 된 비밀을 누설한 사람
8) 소방시설공사를 다른 업종의 공사와 분리하여 도급하지 아니한 자

② 소방시설공사의 완공검사를 받지 아니한 자 → 200만 원 이하의 과태료

45 소방시설 설치 및 관리에 관한 법령상 특정소방대상물 중 오피스텔은 어느 시설에 해당하는가?

① 숙박시설 ② 일반업무시설
③ 공동주택 ④ 근린생활시설

해설

업무시설
1) 공공업무시설 : 국가 또는 지방자치단체의 청사 등의 건축물로서 근린생활시설에 해당하지 않는 것
2) 일반업무시설 : 금융업소, 사무소, 신문사, 오피스텔 등으로서 근린생활시설에 해당하지 않는 것
3) 주민자치센터, 경찰서, 지구대, 파출소, 소방서, 119안전센터, 우체국, 보건소, 공공도서관, 국민건강보험공단
4) 마을회관, 마을공동작업소, 마을공동구판장
5) 변전소, 양수장, 정수장, 대피소, 공중화장실

46 소방대라 함은 화재를 진압하고 화재, 재난 · 재해 그 밖의 위급한 상황에서 구조 · 구급 활동 등을 하기 위하여 구성된 조직체를 말한다. 소방대의 구성원으로 틀린 것은?

① 소방공무원 ② 소방안전관리원
③ 의무소방원 ④ 의용소방대원

해설

소방대
화재를 진압하고 화재, 재난 · 재해, 그 밖의 위급한 상황에서 구조 · 구급 활동 등을 하기 위하여 다음의 사람으로 구성된 조직체

소방공무원 , 의무소방원, 의용소방대원

47 다음 중 품질이 우수하다고 인정되는 소방용품에 대하여 우수품질인증을 할 수 있는 자는?

① 산업통상자원부장관
② 시 · 도지사
③ 소방청장
④ 소방본부장 또는 소방서장

해설

우수품질에 대한 인증
1) 우수품질인증권자 : 소방청장
2) 우수품질인증대상 : 형식승인된 소방용품
3) 우수품질인증의 유효기간 : 5년

48 화재의 예방 및 관리에 관한 법령상 위험물 또는 물건의 보관기간은 소방관서의 홈페이지에 공고하는 기간의 종료일 다음 날부터 며칠로 하는가?

① 3 ② 5
③ 7 ④ 10

해설

옮긴 물건 등에 대한 보관기간 및 보관기간 경과 후 처리 등
1) 공고기간 : 보관일로부터 14일 동안 소방청, 소방본부 또는 소방서의 인터넷 홈페이지에 그 사실을 공고

정답 44 ② 45 ② 46 ② 47 ③ 48 ③

2) 보관기간 : 소방관서 홈페이지에 공고하는 기간의 종료일 다음 날부터 7일
3) 보관기간의 종료 후 처리 : 매각 또는 폐기
4) 물건의 소유자가 보상을 요구하는 경우 : 협의 후 보상

49 소방시설 설치 및 관리에 관한 법령상 건축허가 등의 동의를 요구한 기관이 그 건축허가 등을 취소하였을 때, 취소한 날부터 최대 며칠 이내에 건축물 등의 시공지 또는 소재지를 관할하는 소방본부장 또는 소방서장에게 그 사실을 통보하여야 하는가?

① 3일　　② 4일
③ 7일　　④ 10일

해설

1) 건축허가 동의 회신기간
　① 건축허가 등의 동의요구서류를 접수한 날부터 5일
　② 다음의 특급 소방안전관리대상물인 경우는 10일
　　㉠ 50층 이상(지하층은 제외)이거나 높이가 200m 이상인 아파트
　　㉡ 30층 이상(지하층을 포함)이거나 높이가 120m 이상인 특정소방대상물(아파트는 제외)
　　㉢ 연면적이 10만m^2 이상인 특정소방대상물(아파트는 제외)
2) 건축허가동의요구서의 첨부서류 보완기간 : 4일 이내
3) 건축허가 등의 동의 취소 : 7일 이내에 소방본부장 또는 소방서장에게 통보

50 소방시설 설치 및 관리에 관한 법령상, 종사자 수가 5명이고, 숙박시설이 모두 2인용 침대이며 침대수량은 50개인 청소년 시설에서 수용인원은 몇 명인가?

① 55　　② 75
③ 85　　④ 105

해설

수용인원의 산정방법

1) 숙박시설이 있는 특정소방대상물
　① 침대가 있는 숙박시설 : 종사자 수+침대 수(2인용 침대는 2개)
　② 침대가 없는 숙박시설 : 종사자 수+바닥면적의 합계를 3m^2로 나누어 얻은 수
2) 1) 외의 특정소방대상물
　① 강의실 · 교무실 · 상담실 · 실습실 · 휴게실 용도로 쓰이는 특정소방대상물 : 바닥면적의 합계를 1.9m^2로 나누어 얻은 수
　② 강당, 문화 및 집회시설, 운동시설, 종교시설 : 바닥면적의 합계를 4.6m^2로 나누어 얻은 수
　③ 관람석이 있는 경우 고정식 의자를 설치한 부분 : 의자 수 긴 의자의 경우 : 의자의 정면너비를 0.45m로 나누어 얻은 수
3) 그 밖의 특정소방대상물 : 바닥면적의 합계를 3m^2로 나누어 얻은 수(소수점 이하의 수는 반올림할 것)

수용인원 산정

침대가 있는 숙박시설 : 종사자 수+침대 수(2인용 침대는 2개)
$=5+(50\times2)=105$명

51 소방시설관리업자가 기술인력을 변경하는 경우, 시 · 도지사에게 제출하여야 하는 서류로 틀린 것은?

① 소방시설관리업 등록수첩
② 변경된 기술인력의 기술자격증(자격수첩)
③ 기술인력연명부
④ 사업자등록증 사본

해설

등록변경신고 시 첨부서류

1) 명칭 · 상호 또는 영업소소재지 변경 : 소방시설관리업등록증 및 등록수첩
2) 대표자 변경 : 소방시설관리업등록증 및 등록수첩
3) 기술인력 변경
　① 소방시설관리업등록수첩
　② 변경된 기술인력의 기술자격증(자격수첩)
　③ 기술인력연명부

정답 49 ③ 50 ④ 51 ④

52 소방활동구역의 출입자에 해당되지 않는 자는?

① 소방활동구역 안에 있는 소방대상물의 소유자 · 관리자 또는 점유자
② 전기 · 가스 · 수도 · 통신 · 교통의 업무에 종사하는 사람으로서 원활한 소방활동을 위하여 필요한 자
③ 화재건물과 관련 있는 부동산업자
④ 취재인력 등 보도업무에 종사하는 자

해설

소방활동구역에 출입할 수 있는 사람
1) 소방활동구역 안에 있는 소방대상물의 소유자 · 관리자 또는 점유자
2) 전기 · 가스 · 수도 · 통신 · 교통의 업무에 종사하는 사람으로서 원활한 소방활동을 위하여 필요한 사람
3) 의사 · 간호사 그 밖의 구조 · 구급업무에 종사하는 사람
4) 취재인력 등 보도업무에 종사하는 사람
5) 수사업무에 종사하는 사람
6) 그 밖에 소방대장이 소방활동을 위하여 출입을 허가한 사람

53 화재안전조사 결과 소방대상물의 위치 · 구조 · 설비 또는 관리의 상황이 화재나 재난 · 재해 예방을 위하여 보완될 필요가 있거나 화재가 발생하면 인명 또는 재산의 피해가 클 것으로 예상되는 때에 관계인에게 그 소방대상물의 개수 · 이전 · 제거, 사용의 금지 또는 제한, 사용폐쇄, 공사의 정지 또는 중지, 그 밖의 필요한 조치를 명할 수 있는 자로 틀린 것은?

① 시 · 도지사 ② 소방서장
③ 소방청장 ④ 소방본부장

해설

화재안전조사 결과에 따른 조치명령
1) 조치명령권자 : 소방청장, 소방본부장 또는 소방서장
2) 조치대상 : 소방대상물의 위치 · 구조 · 설비
3) 조치방법 : 관계인에게 그 소방대상물의 개수 · 이전 · 제거, 사용의 금지 또는 제한, 사용폐쇄, 공사의 정지 또는 중지 등

54 소방본부장 또는 소방서장은 건축허가 등의 동의요구 서류를 접수한 날부터 최대 며칠 이내에 건축허가 등의 동의 여부를 회신하여야 하는가?(단, 허가 신청한 건축물은 지상으로부터 높이가 200m인 아파트이다.)

① 5일 ② 7일
③ 10일 ④ 15일

해설

1) 건축허가 동의 회신기간
① 건축허가 등의 동의요구서류를 접수한 날부터 5일
② 다음의 특급 소방안전관리대상물인 경우는 10일
㉠ 50층 이상(지하층은 제외)이거나 높이가 200m 이상인 아파트
㉡ 30층 이상(지하층을 포함)이거나 높이가 120m 이상인 특정소방대상물(아파트는 제외)
㉢ 연면적이 10만m^2 이상인 특정소방대상물(아파트는 제외)
2) 건축허가동의요구서의 첨부서류 보완기간 : 4일 이내
3) 건축허가 등의 동의 취소 : 7일 이내에 소방본부장 또는 소방서장에게 통보

55 소방기본법상 화재 현장에서의 피난 등을 체험할 수 있는 소방체험관의 설립 · 운영권자는?

① 시 · 도지사
② 행정안전부장관
③ 소방본부장 또는 소방서장
④ 소방청장

해설

소방박물관 등의 설립과 운영

구분	소방박물관	소방체험관
설립 · 운영권자	소방청장	시 · 도지사
설립 · 운영에 필요한 사항	행정안전부령	시 · 도의 조례

정답 52 ③ 53 ① 54 ③ 55 ①

56 위험물안전관리법상 청문을 실시하여 처분해야 하는 것은?

① 제조소 등 설치허가의 취소
② 제조소 등 영업정지 처분
③ 탱크시험자의 영업정지 처분
④ 과징금 부과 처분

해설

1) 청문실시권자 : 시 · 도지사, 소방본부장 또는 소방서장
2) 청문을 실시하여 처분하여야 하는 대상
  ① 제조소 등 설치허가의 취소
  ② 탱크시험자의 등록취소

57 산화성 고체인 제1류 위험물에 해당되는 것은?

① 질산염류　② 특수인화물
③ 과염소산　④ 유기과산화물

해설

제1류 위험물의 위험등급, 품명 및 지정수량

위험등급	품명	지정수량
I	아염소산염류	50[kg]
	염소산염류	
	과염소산염류	
	무기과산화물	
II	브롬산염류	300[kg]
	요오드산염류	
	질산염류	
III	과망간산염류	1,000[kg]
	중크롬산염류	

② 특수인화물 → 4류 위험물 중 특수인화물
③ 과염소산 → 6류 위험물
④ 유기과산화물 → 5류 위험물

58 다음 중 고급기술자에 해당하는 학력 · 경력기준으로 옳은 것은?

① 박사학위를 취득한 후 2년 이상 소방 관련 업무를 수행한 사람
② 석사학위를 취득한 후 6년 이상 소방 관련 업무를 수행한 사람
③ 학사학위를 취득한 후 8년 이상 소방 관련 업무를 수행한 사람
④ 고등학교를 졸업 후 10년 이상 소방 관련 업무를 수행한 사람

해설

고급기술자에 해당하는 학력 · 경력기준(2023년 개정)
1) 박사학위를 취득한 후 1년 이상 소방 관련 업무를 수행한 사람
2) 석사학위를 취득한 후 4년 이상 소방 관련 업무를 수행한 사람
3) 학사학위를 취득한 후 7년 이상 소방 관련 업무를 수행한 사람
4) 전문학사학위를 취득한 후 10년 이상 소방 관련 업무를 수행한 사람
5) 고등학교를 졸업한 후 13년 이상 소방 관련 업무를 수행한 사람

59 소방시설을 구분하는 경우 소화설비에 해당되지 않는 것은?

① 스프링클러설비　② 제연설비
③ 자동확산소화기　④ 옥외소화전설비

해설

소화설비
소화기구, 자동소화장치, 옥내소화전설비, 스프링클러설비 등, 물분무 등 소화설비, 옥외소화전설비

② 제연설비 → 소화활동설비

정답 **56** ① **57** ① **58** 정답 없음 **59** ②

60 소방시설 설치 및 관리에 관한 법령상 둘 이상의 특정소방대상물이 내화구조로 된 연결통로가 벽이 없는 구조로서 그 길이가 몇 m 이하인 경우 하나의 소방대상물로 보는가?

① 6　② 9
③ 10　④ 12

해설

둘 이상의 특정소방대상물이 다음에 해당되는 구조의 복도 또는 통로(이하 "연결통로"라 한다)로 연결된 경우에는 이를 하나의 소방대상물로 본다.

1) 내화구조로 된 연결통로가 다음의 어느 하나에 해당되는 경우
   ① 벽이 없는 구조로서 그 길이가 6m 이하인 경우
   ② 벽이 있는 구조로서 그 길이가 10m 이하인 경우
2) 내화구조가 아닌 연결통로로 연결된 경우
3) 컨베이어로 연결되거나 플랜트설비의 배관 등으로 연결되어 있는 경우
4) 지하보도, 지하상가, 지하가로 연결된 경우
5) 자동방화셔터 또는 60분+ 방화문이 설치되지 않은 피트로 연결된 경우
6) 지하구로 연결된 경우

4과목 소방기계시설의 구조 및 원리

61 다음 중 피난사다리 하부 지지점에 미끄럼방지 장치를 설치하여야 하는 것은?

① 내림식 사다리　② 올림식 사다리
③ 수납식 사다리　④ 신축식 사다리

해설

피난사다리

1) 피난사다리의 종류
   ① 고정식 사다리 : 항시 사용 가능한 상태로 소방대상물에 고정되어 사용되는 사다리
   ② 올림식 사다리 : 소방대상물 등에 기대어 세워서 사용하는 사다리
   ③ 내림식 사다리 : 평상시에는 접어 둔 상태로 두었다가 사용하는 때에 소방대상물 등에 걸어 내려 사용하는 사다리(하향식 피난구용 내림식 사다리를 포함)
2) 고정식 사다리의 종류
   ① 수납식 : 횡봉이 종봉 내에 수납되어 사용하는 때에 횡봉을 꺼내어 사용할 수 있는 구조
   ② 접는식 : 사다리를 접을 수 있는 구조
   ③ 신축식 : 사다리 하부를 신축할 수 있는 구조
3) 올림식 사다리의 구조
   ① 상부 지지점(끝부분으로부터 60cm 이내의 임의의 부분)에 미끄러지거나 넘어지지 아니하도록 하기 위하여 안전장치를 설치하여야 한다.
   ② 하부 지지점에는 미끄러짐을 막는 장치를 설치하여야 한다.

62 폐쇄형 스프링클러헤드를 최고 주위온도 40℃인 장소(공장 및 창고 제외)에 설치할 경우 표시온도는 몇 ℃의 것을 설치하여야 하는가?

① 79℃ 미만
② 79℃ 이상 121℃ 미만
③ 121℃ 이상 162℃ 미만
④ 162℃ 이상

해설

설치장소의 최고 주위온도에 따른 폐쇄형 헤드의 표시온도

설치장소의 최고 주위온도	폐쇄형 헤드의 표시온도
39℃ 미만	79℃ 미만
39℃ 이상 64℃ 미만	79℃ 이상 121℃ 미만
64℃ 이상 106℃ 미만	121℃ 이상 162℃ 미만
106℃ 이상	162℃ 이상

※ 높이가 4m 이상인 공장 및 창고에 설치하는 헤드는 최고 주위온도에 관계없이 표시온도 121℃ 이상의 것으로 할 수 있다.

63 다음 중 할론소화설비의 수동기동장치 점검내용으로 옳지 않은 것은?

① 방호구역마다 설치되어 있는지 점검한다.
② 방출지연용 방출지연 스위치가 설치되어 있는지 점검한다.
③ 화재감지기와 연동되어 있는지 점검한다.

정답 60 ① 61 ② 62 ② 63 ③

④ 조작부는 바닥으로부터 0.8m 이상 1.5m 이하의 위치에 설치되어 있는지 점검한다.

해설

할론소화설비의 수동기동장치 설치기준

1) 수동식 기동장치의 부근에는 소화약제의 방출을 지연시킬 수 있는 방출지연 스위치를 설치하여야 한다.
2) 전역방출방식은 방호구역마다, 국소방출방식은 방호대상물마다 설치할 것
3) 출입구 부분 등 쉽게 피난할 수 있는 장소에 설치할 것
4) 조작부의 높이 : 0.8m 이상 1.5m 이하, 보호판 등에 따른 보호장치 설치
5) 표지 : "할론소화설비 수동식 기동장치"
6) 전기를 사용하는 기동장치에는 전원표시등을 설치
7) 기동장치의 방출용 스위치는 음향경보장치와 연동하여 조작될 수 있는 것으로 할 것

③ 화재감지기와 연동되어 있는지 점검한다. → 자동기동장치에 해당

64 물분무소화설비의 수원의 양에 대한 최소 기준으로 옳은 것은?(단, 특수가연물을 저장 · 취급하는 특정소방대상물 및 차고, 주차장의 바닥면적은 $50m^2$ 이하인 경우는 $50m^2$를 기준으로 한다.)

① 차고 또는 주차장의 바닥면적 $1m^2$에 대해 10L/min로 20분간 방수할 수 있는 양 이상
② 특수가연물을 저장 · 취급하는 특정소방대상물의 바닥면적 $1m^2$에 대해 20L/min로 20분간 방수할 수 있는 양 이상
③ 케이블트레이, 케이블덕트는 투영된 바닥면적 $1m^2$에 대해 10L/min로 20분간 방수할 수 있는 양 이상
④ 절연유 봉입 변압기는 바닥면적을 제외한 표면적을 합한 면적 $1m^2$에 대해 10L/min로 20분간 방수할 수 있는 양 이상

해설

물분무소화설비의 펌프토출량과 수원의 양

설치장소	펌프토출량 [l/min]	수원의 양[l]
특수가연물 저장, 취급	바닥면적($50m^2$ 이하는 $50m^2$) $A[m^2]\times$ $10[l/min \cdot m^2]$	바닥면적($50m^2$ 이하는 $50m^2$) $A[m^2]\times$ $10[l/min \cdot m^2]$ $\times 20[min]$
차고, 주차장	바닥면적($50m^2$ 이하는 $50m^2$) $A[m^2]\times$ $20[l/min \cdot m^2]$	바닥면적($50m^2$ 이하는 $50m^2$) $A[m^2]\times$ $20[l/min \cdot m^2]$ $\times 20[min]$
케이블트레이, 케이블덕트	투영된 바닥면적 $A[m^2]\times$ $12[l/min \cdot m^2]$	투영된 바닥면적 $A[m^2]\times$ $12[l/min \cdot m^2]$ $\times 20[min]$
절연유 봉입 변압기	바닥면적을 제외한 표면적의 합 $A[m^2]\times$ $10[l/min \cdot m^2]$	바닥면적을 제외한 표면적의 합 $A[m^2]\times$ $10[l/min \cdot m^2]$ $\times 20[min]$
콘베이어 벨트 등	벨트 부분의 바닥면적 $A[m^2]\times$ $10[l/min \cdot m^2]$	벨트 부분의 바닥면적 $A[m^2]\times$ $10[l/min \cdot m^2]$ $\times 20[min]$

65 거실제연설비 설계 중 배출량 산정에 있어서 고려하지 않아도 되는 사항은?

① 예상제연구역의 수직거리
② 예상제연구역의 바닥면적
③ 제연설비의 배출방식
④ 자동식 소화설비 및 피난설비의 설치 유무

해설

거실제연설비의 배출량 산정

1) 소규모 거실(바닥면적 $400m^2$ 미만)
  ① 배출량 산정 : 바닥면적 $1m^2$당 $1m^3$/min 이상
  ② 최저 배출량 : $5,000m^3$/hr 이상

정답 64 ④ 65 ④

2) 대규모 거실(바닥면적 400m² 이상)

제연구역	수직거리	배출량
직경 40m 원내	2m 이하	40,000m³/hr 이상
직경 40m 원을 초과	2m 이하	45,000m³/hr 이상
통로인 경우	2m 이하	45,000m³/hr 이상

66 제연설비에서 예상제연구역의 각 부분으로부터 하나의 배출구까지의 수평거리를 몇 m 이내가 되도록 하여야 하는가?

① 10m ② 12m ③ 15m ④ 20m

해설

1) 예상제연구역의 각 부분으로부터 하나의 배출구까지의 수평거리 : 10m 이내
2) 공기유입구와 배출구 간의 직선거리 : 5m 이상 또는 구획된 실의 장변의 1/2 이상

67 피난기구 설치기준으로 옳지 않은 것은?

① 피난기구는 소방대상물의 기둥 · 바닥 · 보 기타 구조상 견고한 부분에 볼트조임 · 매입 · 용접 기타의 방법으로 견고하게 부착할 것
② 2층 이상의 층에 피난사다리(하향식 피난구용 내림식 사다리는 제외한다)를 설치하는 경우에는 금속성 고정사다리를 설치하고, 피난에 방해되지 않도록 노대는 설치되지 않아야 할 것
③ 승강식 피난기 및 하향식 피난구용 내림식 사다리는 설치경로가 설치층에서 피난층까지 연계될 수 있는 구조로 설치할 것. 다만, 건축물의 구조 및 설치 여건상 불가피한 경우에는 그러하지 아니하다.
④ 승강식 피난기 및 하향식 피난구용 내림식 사다리의 하강구 내측에는 기구의 연결 금속구 등이 없어야 하며 전개된 피난기구는 하강구 수평투영면적 공간 내의 범위를 침범하지 않는 구조이어야 할 것. 단, 직경 60cm 크기의 범위를 벗어난 경우이거나, 직하층의 바닥면으로부터 높이 50cm 이하의 범위는 제외한다.

해설

피난사다리의 설치기준

1) 4층 이상의 층에 피난사다리를 설치하는 경우에는 금속성 고정사다리를 설치할 것
2) 당해 고정사다리에는 쉽게 피난할 수 있는 구조의 노대를 설치할 것

68 상수도소화용수설비의 소화전은 특정소방대상물의 수평투영면의 각 부분으로부터 최대 몇 m 이하가 되도록 설치하는가?

① 25m ② 40m
③ 100m ④ 140m

해설

상수도소화용수설비의 설치기준

1) 호칭지름 75mm 이상의 수도배관에 호칭지름 100mm 이상의 소화전을 접속할 것
2) 소화전은 소방자동차 등의 진입이 쉬운 도로변 또는 공지에 설치할 것
3) 소화전은 특정소방대상물의 수평투영면의 각 부분으로부터 140m 이하가 되도록 설치할 것

69 스프링클러헤드를 설치하지 않을 수 있는 장소로만 나열된 것은?

① 계단, 병실, 목욕실, 냉동창고의 냉동실, 아파트(대피공간 제외)
② 발전실, 수술실, 응급처치실, 통신기기실, 관람석이 없는 테니스장
③ 냉동창고의 냉동실, 변전실, 병실, 목욕실, 수영장 관람석
④ 수술실, 관람석이 없는 테니스장, 변전실, 발전실, 아파트(대피공간 제외)

해설

스프링클러헤드의 설치 제외

1) 계단실(특별피난계단의 부속실 포함) · 경사로 · 승강기의 승강로 · 비상용 승강기의 승강장 · 파이프덕트 및 덕트피트 · 목욕실 · 수영장 · 화장실 · 직접 외기에 개방되어 있는 복도 · 기타 이와 유사한 장소

정답 66 ① 67 ② 68 ④ 69 ②

2) 통신기기실 · 전자기기실 · 기타 이와 유사한 장소
3) 발전실 · 변전실 · 변압기 · 기타 이와 유사한 전기설비가 설치되어 있는 장소
4) 병원의 수술실 · 응급처치실 · 기타 이와 유사한 장소
5) 천장과 반자 양쪽이 불연재료로 되어 있는 경우
   ① 천장과 반자 사이의 거리가 2m 미만인 부분
   ② 천장과 반자 사이의 벽이 불연재료이고 천장과 반자 사이의 거리가 2m 이상으로서 그 사이에 가연물이 존재하지 아니하는 부분
6) 천장 · 반자 중 한쪽이 불연재료인 경우
   천장과 반자 사이의 거리가 1m 미만인 부분
7) 천장 및 반자가 불연재료 외의 것으로 되어 있는 경우
   천장과 반자 사이의 거리가 0.5m 미만인 부분
8) 펌프실 · 물탱크실 · 엘리베이터 권상기실 그 밖의 이와 비슷한 장소
9) 현관 또는 로비 등으로서 바닥으로부터 높이가 20m 이상인 장소
10) 영하의 냉장창고의 냉장실 또는 냉동창고의 냉동실
11) 고온의 노가 설치된 장소 또는 물과 격렬하게 반응하는 물품의 저장 또는 취급장소
12) 공동주택 중 아파트의 대피공간
13) 실내에 설치된 테니스장 · 게이트볼장 · 정구장 또는 이와 비슷한 장소로서 실내 바닥 · 벽 · 천장이 불연재료 또는 준불연재료로 구성되어 있고 가연물이 존재하지 않는 장소로서 관람석이 없는 운동시설(지하층은 제외)
14) 가연성 물질이 존재하지 않는 방풍실

70 다음 평면도와 같이 반자가 있는 어느 실내에 전등이나 공조용 디퓨저 등의 시설물을 무시하고 수평거리를 2.1m로 하여 스프링클러헤드를 정방형으로 설치하고자 할 때 최소 몇 개의 헤드를 설치해야 하는가?(단, 반자 속에는 헤드를 설치하지 아니하는 것으로 한다.)

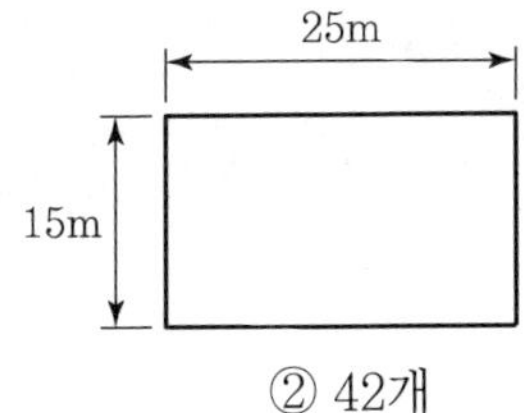

① 24개 ② 42개
③ 54개 ④ 72개

해설

정방형(정사각형 형태 배치)

$$S = 2R\cos 45°$$

여기서, S : 헤드 간 거리[m]
R : 수평거리[m]

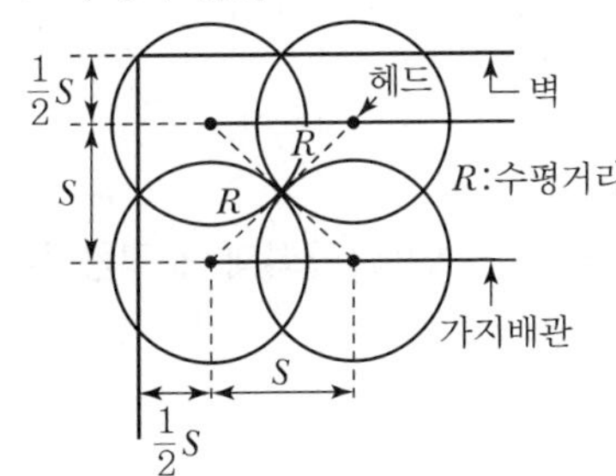

[풀이]

1) 헤드 간 거리 S
   수평거리 R=2.1m
   $S = 2 \times 2.1 \times \cos 45° \fallingdotseq 2.97\text{m}$
2) 가로방향의 헤드 수
   $N_1 = \frac{25\text{m}}{2.97\text{m}} = 8.42 \quad \therefore 9$개
3) 세로방향의 헤드 수
   $N_2 = \frac{15\text{m}}{2.97\text{m}} = 5.05 \quad \therefore 6$개
4) 총헤드 수
   9개×6개=54개

71 작동전압이 22,900V인 고압의 전기기기가 있는 장소에 물분무설비를 설치할 때 전기기기와 물분무헤드 사이의 최소 이격거리는 얼마로 해야 하는가?

① 70cm 이상 ② 80cm 이상
③ 110cm 이상 ④ 150cm 이상

해설

고압기기와 물분무헤드와의 이격거리

전압[kV]	이격거리[cm]
66 이하	70 이상
66 초과 77 이하	80 이상
77 초과 110 이하	110 이상

정답 70 ③ 71 ①

전압[kV]	이격거리[cm]
110 초과 154 이하	150 이상
154 초과 181 이하	180 이상
181 초과 220 이하	210 이상
220 초과 275 이하	260 이상

22,900[V]는 22.9[kV]이고 66[kV] 이하이므로 70[cm] 이상이다.

72 다음 중 일반화재(A급화재)에 적응성을 만족하지 못하는 소화기는?

① 포소화약제
② 강화액 소화약제
③ 할론소화약제
④ 이산화탄소 소화약제

해설

소화기구의 소화약제별 적응성

소화약제 구분		일반화재 (A급화재)	유류화재 (B급화재)	전기화재 (C급화재)	주방화재 (K급화재)
가스	이산화탄소 소화약제	–	○	○	–
가스	할론소화약제	○	○	○	–
가스	할로겐화합물 및 불활성 기체 소화약제	○	○	○	–
분말	인산염류 소화약제	○	○	○	–
분말	중탄산염류 소화약제	–	○	○	*
액체	산알칼리성 소화약제	○	○	*	–
액체	강화액 소화약제	○	○	*	*
액체	포소화약제	○	○	*	*
액체	물·침윤 소화약제	○	○	*	*
기타	고체에어로졸 화합물	○	○	○	–
기타	마른 모래	○	○	–	–
기타	팽창질석·팽창진주암	○	○	–	–
기타	그 밖의 것	–	–	–	*

주) "*"적응성은 형식승인 및 제품검사의 기술기준에 따라 화재 종류별 적응성에 적합한 것으로 인정되는 경우에 한한다.

73 학교, 공장, 창고시설에 설치하는 옥내소화전에서 가압송수장치 및 기동장치가 동결의 우려가 있는 경우 일부 사항을 제외하고는 주펌프와 동등 이상의 성능이 있는 별도의 펌프로서 내연기관의 기동과 연동하여 작동되거나 비상전원을 연결한 펌프를 추가 설치해야 한다. 다음 중 이러한 조치를 취해야 하는 경우는?

① 지하층이 없이 지상층만 있는 건축물
② 고가수조를 가압송수장치로 설치한 경우
③ 수원이 건축물의 최상층에 설치된 방수구보다 높은 위치에 설치된 경우
④ 건축물의 높이가 지표면으로부터 10m 이하인 경우

해설

옥상수조의 면제

1) 지하층만 있는 건축물
2) 가압수조를 가압송수장치로 설치한 옥내소화전설비
3) 고가수조를 가압송수장치로 설치한 옥내소화전설비
4) 수원이 건축물의 최상층에 설치된 방수구보다 높은 위치에 설치된 경우
5) 건축물의 높이가 지표면으로부터 10m 이하인 경우
6) 주펌프와 동등 이상의 성능이 있는 별도의 펌프로서 내연기관의 기동과 연동하여 작동되거나 비상전원을 연결하여 설치한 경우
7) 학교·공장·창고시설로서 동결의 우려가 있는 장소(옥내소화전설비만 해당)

정답 72 ④ 73 ①

[풀이]

1) 옥상수조의 면제조항에 해당되지 않는 건축물에 옥상수조를 설치하지 않을 경우 옥상수조의 면제 6)번 조항에 적합한 예비펌프를 추가로 설치하여야 한다.
2) 문제 보기의 ① 지하층이 없이 지상층만 있는 건축물은 옥상수조 면제조항에 해당하지 않으므로 예비펌프를 추가로 설치해야 한다.

74 화재 시 연기가 찰 우려가 없는 장소로서 호스릴 분말소화설비를 설치할 수 있는 기준 중 다음 ( ) 안에 알맞은 것은?

- 지상 1층 및 피난층에 있는 부분으로서 지상에서 수동 또는 원격조작에 따라 개방할 수 있는 개구부의 유효면적의 합계가 바닥면적의 (㉠)% 이상이 되는 부분
- 전기설비가 설치되어 있는 부분 또는 다량의 화기를 사용하는 부분의 바닥면적이 해당 설비가 설치되어 있는 구획의 바닥면적의 (㉡) 미만이 되는 부분

① ㉠ 15, ㉡ $\frac{1}{5}$ ② ㉠ 15, ㉡ $\frac{1}{2}$

③ ㉠ 20, ㉡ $\frac{1}{5}$ ④ ㉠ 20, ㉡ $\frac{1}{2}$

해설

가스계소화설비 호스릴 설치장소

1) 지상 1층 및 피난층에 있는 부분으로서 지상에서 수동 또는 원격조작에 따라 개방할 수 있는 개구부의 유효면적의 합계가 바닥면적의 15% 이상이 되는 부분
2) 전기설비가 설치되어 있는 부분 또는 다량의 화기를 사용하는 부분의 바닥면적이 해당 설비가 설치되어 있는 구획의 바닥면적의 1/5 미만이 되는 부분

75 특정소방대상물별 소화기구의 능력단위의 기준 중 다음 ( ) 안에 알맞은 것은?

특정소방대상물	소화기구의 능력단위
장례식장 및 의료시설	해당 용도의 바닥면적 (㉠)m^2마다 능력단위 1단위 이상
노유자시설	해당 용도의 바닥면적 (㉡)m^2마다 능력단위 1단위 이상
위락시설	해당 용도의 바닥면적 (㉢)m^2마다 능력단위 1단위 이상

① ㉠ 30, ㉡ 50, ㉢ 100
② ㉠ 30, ㉡ 100, ㉢ 50
③ ㉠ 50, ㉡ 100, ㉢ 30
④ ㉠ 50, ㉡ 30, ㉢ 100

해설

특정소방대상물별 소화기구의 능력단위기준

특정소방대상물	능력단위 1단위 이상 (기타 구조)	능력단위 1단위 이상 (내화구조로서 불연, 준불연, 난연)
위락시설	바닥면적 30m^2마다	바닥면적 60m^2마다
공연장 · 집회장 · 관람장 · 문화재 · 장례식장 및 의료시설	바닥면적 50m^2마다	바닥면적 100m^2마다
근린생활시설 · 판매시설 · 노유자시설 · 숙박시설 · 공장 · 창고시설 · 운수시설 · 전시장 · 공동주택 · 업무시설 · 방송통신시설 · 항공기 및 자동차 관련 시설 · 관광휴게시설	바닥면적 100m^2마다	바닥면적 200m^2마다
그 밖의 것	바닥면적 200m^2마다	바닥면적 400m^2마다

※ 내화구조로서 불연, 준불연, 난연인 경우 : 기타 구조×2배

정답 74 ① 75 ③

76 포소화약제의 혼합장치 중 펌프의 토출관에 압입기를 설치하여 포소화약제 압입용 펌프로 포소화약제를 압입시켜 혼합하는 방식은?

① 펌프 프로포셔너 방식
② 프레져사이드 프로포셔너 방식
③ 라인 프로포셔너 방식
④ 프레져 프로포셔너 방식

해설

1) 펌프 프로포셔너 방식
펌프의 토출관과 흡입관 사이의 배관도중에 설치한 흡입기에 펌프에서 토출된 물의 일부를 보내고, 농도 조절밸브에서 조정된 포소화약제의 필요량을 포소화약제 탱크에서 펌프 흡입 측으로 보내어 이를 혼합하는 방식을 말한다.

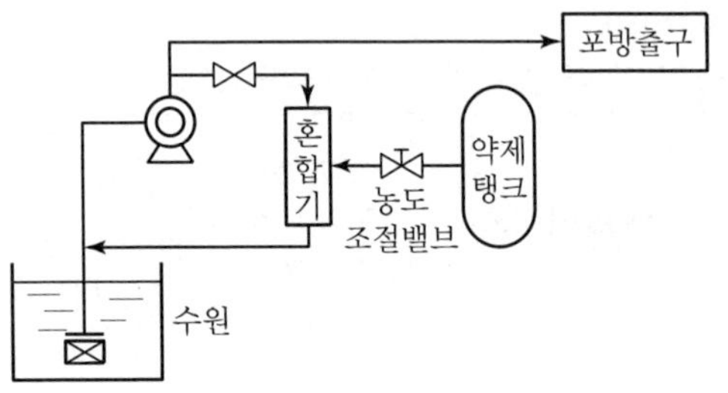

2) 프레져 프로포셔너 방식
펌프와 발포기의 중간에 설치된 벤추리관의 벤추리작용과 펌프 가압수의 포소화약제 저장탱크에 대한 압력에 따라 포소화약제를 흡입 · 혼합하는 방식을 말한다.

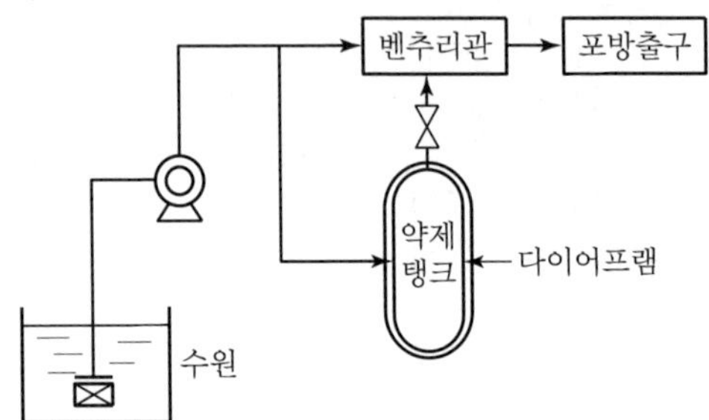

3) 라인 프로포셔너 방식
펌프와 발포기의 중간에 설치된 벤추리관의 벤추리작용에 따라 포소화약제를 흡입 · 혼합하는 방식

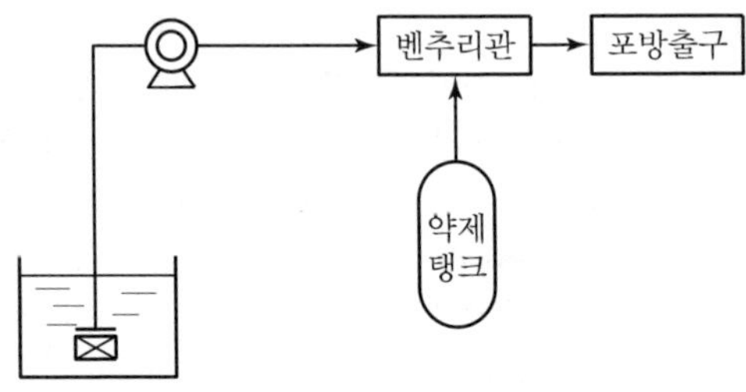

4) 프레져 사이드 프로포셔너 방식
펌프의 토출관에 압입기를 설치하여 포소화약제 압입용 펌프로 포소화약제를 압입시켜 혼합하는 방식

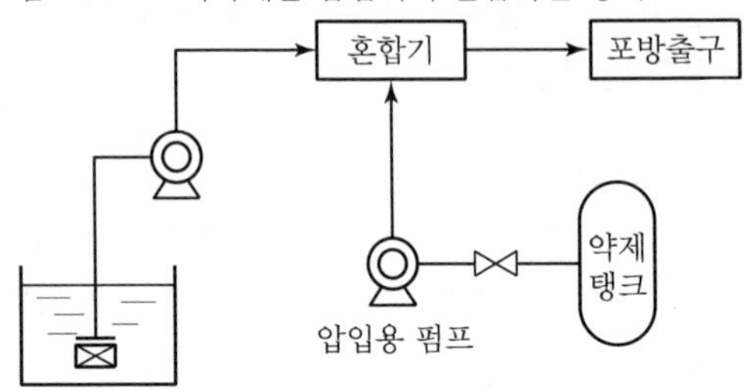

77 다음 ( ) 안에 들어가는 기기로 옳은 것은?

- 분말소화약제의 가압용 가스용기를 3병 이상 설치한 경우에는 2개 이상의 용기에 (㉠)를 부착하여야 한다.
- 분말소화약제의 가압용 가스용기에는 2.5MPa 이하의 압력에서 조정이 가능한 (㉡)를 부착하여야 한다.

① ㉠ 전자개방밸브, ㉡ 압력조정기
② ㉠ 전자개방밸브, ㉡ 정압작동장치
③ ㉠ 압력조정기, ㉡ 전자개방밸브
④ ㉠ 압력조정기, ㉡ 정압작동장치

해설

분말 가압용 가스용기 설치기준

1) 분말소화약제의 가스용기는 분말소화약제의 저장용기에 접속하여 설치할 것
2) 전자개방밸브의 설치수량
가압용 가스용기를 3병 이상 설치한 경우에는 2개 이상의 용기에 부착할 것
3) 압력조정기의 조정압력 : 2.5MPa 이하

정답 76 ② 77 ①

78 이산화탄소 소화약제의 저장용기에 대한 설명으로 옳지 않은 것은?

① 방호구역 내의 장소에 설치하되 피난구 부근을 피하여 설치할 것
② 온도가 40℃ 이하이고, 온도변화가 적은 곳에 설치할 것
③ 직사광선 및 빗물이 침투할 우려가 없는 곳에 설치할 것
④ 용기 간의 간격은 점검에 지장이 없도록 3cm 이상의 간격을 유지할 것

해설

이산화탄소 소화약제 저장용기의 설치장소 기준

1) 방호구역 외의 장소에 설치할 것(단, 방호구역 내에 설치 시 피난구 부근에 설치)
2) 온도가 40℃ 이하이고, 온도변화가 적은 곳에 설치할 것
3) 직사광선 및 빗물이 침투할 우려가 없는 곳에 설치할 것
4) 방화문으로 구획된 실에 설치할 것
5) 용기의 설치장소에는 해당 용기가 설치된 곳임을 표시하는 표지를 할 것
6) 용기 간의 간격은 점검에 지장이 없도록 3cm 이상의 간격을 유지할 것
7) 저장용기와 집합관을 연결하는 연결배관에는 체크밸브를 설치할 것

79 소화용수설비 중 소화수조 및 저수조에 대한 설명으로 틀린 것은?

① 소화수조, 저수조의 채수구 또는 흡수관투입구는 소방차가 2m 이내의 지점까지 접근할 수 있는 위치에 설치할 것
② 지하에 설치하는 소화용수설비의 흡수관투입구는 그 한 변이 0.6m 이상이거나 직경이 0.6m 이상인 것으로 할 것
③ 채수구는 지면으로부터의 높이가 0.5m 이상 1m 이하의 위치에 설치하고 "채수구"라고 표시한 표지를 할 것
④ 소화수조가 옥상 또는 옥탑의 부분에 설치된 경우에는 지상에 설치된 채수구에서의 압력이 0.1MPa 이상이 되도록 할 것

해설

흡수관투입구 및 채수구 설치기준

1) 채수구 또는 흡수관투입구는 소방차가 2m 이내의 지점까지 접근할 수 있는 위치에 설치하여야 한다.

2) 흡수관투입구
① 크기 : 한 변이 0.6m 이상이거나 직경이 0.6m 이상일 것
② 흡수관투입구의 수량

소요수량	$80m^3$ 미만	$80m^3$ 이상
흡수관투입구의 수	1개 이상	2개 이상

③ 표지 : "흡관투입구"라고 표시한 표지

3) 채수구
① 채수구는 구경 65mm 이상의 나사식 결합금속구를 설치할 것
② 채수구의 높이 : 지면으로부터의 높이가 0.5m 이상 1m 이하
③ 표지 : "채수구"라고 표시한 표지
④ 채수구의 수

소요수량	$20m^3$ 이상 $40m^3$ 미만	$40m^3$ 이상 $100m^3$ 미만	$100m^3$ 이상
채수구의 수	1개	2개	3개

4) 소화수조가 옥상 또는 옥탑의 부분에 설치된 경우에는 지상에 설치된 채수구에서의 압력이 0.15MPa 이상이 되도록 하여야 한다.
5) 소화수조의 제외
유수의 양이 $0.8m^3/min$ 이상인 유수를 사용할 수 있는 경우

④ 소화수조가 옥상 또는 옥탑의 부분에 설치된 경우에는 지상에 설치된 채수구에서의 압력이 0.1MPa 이상 → 0.15MPa 이상

정답 78 ① 79 ④

80 포소화설비의 자동식 기동장치를 폐쇄형 스프링클러헤드의 개방과 연동하여 가압송수장치, 일제개방밸브 및 포소화약제 혼합장치를 기동하는 경우 다음 ( ) 안에 알맞은 것은?(단, 자동화재탐지설비의 수신기가 설치된 장소에 상시 사람이 근무하고 있고, 화재 시 즉시 해당 조작부를 작동시킬 수 있는 경우는 제외한다.)

표시온도가 (㉠)℃ 미만인 것을 사용하고, 1개의 스프링클러헤드의 경계면적은 (㉡)m^2 이하로 할 것

① ㉠ 79, ㉡ 8
② ㉠ 121, ㉡ 8
③ ㉠ 79, ㉡ 20
④ ㉠ 121, ㉡ 20

해설

자동식 기동장치의 설치기준

1) 폐쇄형 스프링클러헤드를 사용하는 경우
   ① 표시온도 : 79℃ 미만
   ② 1개의 스프링클러헤드의 경계면적 : 20m^2 이하로 할 것
   ③ 부착면의 높이 : 바닥으로부터 5m 이하
   ④ 하나의 감지장치 경계구역은 하나의 층이 되도록 할 것
2) 화재감지기를 사용하는 경우
   ① 화재감지기는 자동화재탐지설비의 화재안전기준에 따라 설치할 것
   ② 화재감지기 회로에는 발신기를 설치할 것

정답 80 ③

소방설비기사(기계분야)

기·출·문·제

2019년 4회

1과목 소방원론

01 프로판가스의 연소범위(vol%)에 가장 가까운 것은?

① 9.8~28.4 ② 2.5~81
③ 4.0~75 ④ 2.1~9.5

해설

가연성 가스의 폭발범위(연소범위)

가연성 가스	연소하한계[%]	연소상한계[%]
아세틸렌(C_2H_2)	2.5	81
수소(H_2)	4.0	75
메탄(CH_4)	5.0	15
에탄(C_2H_6)	3.0	12.4
프로판(C_3H_8)	2.1	9.5
부탄(C_4H_{10})	1.8	8.4
일산화탄소(CO)	12.5	74
디에틸에테르($C_2H_5OC_2H_5$)	1.9	48
이황화탄소(CS_2)	1.2	44

02 화재의 지속시간 및 온도에 따라 목재건물과 내화건물을 비교했을 때, 목재건물의 화재성상으로 가장 적합한 것은?

① 저온장기형이다.
② 저온단기형이다.
③ 고온장기형이다.
④ 고온단기형이다.

해설

목조건축물과 내화건축물의 화재특성 비교
① 목조건축물 : 고온단기형
② 내화건축물 : 저온장기형

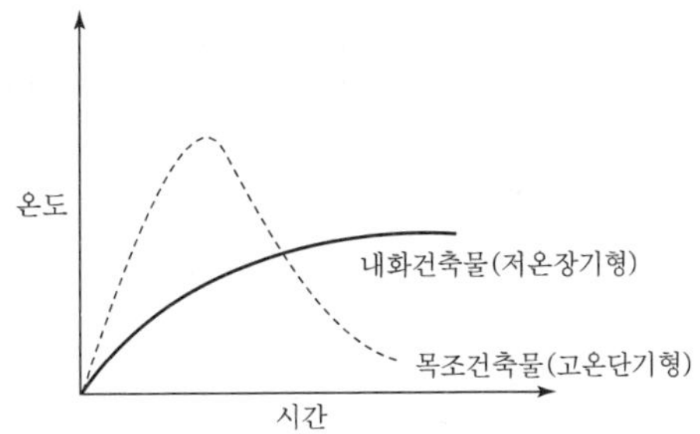

03 특정소방대상물(소방안전관리대상물은 제외)의 관계인과 소방안전관리대상물의 소방안전관리자의 업무가 아닌 것은?

① 화기 취급의 감독
② 자체소방대의 운용
③ 소방 관련 시설의 유지 · 관리
④ 피난시설, 방화구획 및 방화시설의 유지 · 관리

해설

소방안전관리자의 업무
1) 소방계획서의 작성 및 시행
2) 자위소방대 및 초기대응체계의 구성 · 운영 · 교육
3) 피난시설, 방화구획 및 방화시설의 유지 · 관리
4) 소방훈련 및 교육
5) 소방시설이나 그 밖의 소방 관련 시설의 유지 · 관리
6) 화기 취급의 감독

※ 자체소방대 설치대상 : 제4류 위험물을 취급하는 제조소 또는 일반취급소로서 지정수량의 3,000배 이상

② 자체소방대 → 자위소방대

04 가연물의 제거와 가장 관련이 없는 소화방법은?

① 유류화재 시 유류공급 밸브를 잠근다.
② 산불화재 시 나무를 잘라 없앤다.
③ 팽창진주암을 사용하여 진화한다.
④ 가스화재 시 중간밸브를 잠근다.

정답 01 ④ 02 ④ 03 ② 04 ③

해설

제거소화

1) 가연물을 제거하여 소화
2) 고체 가연물 : 가연물을 화재 현장으로부터 즉시 제거함 (산림화재 시 앞쪽에서 벌목하여 진화)
3) 액체 및 기체 : 가연성 물질을 누출시키는 용기의 밸브를 폐쇄
4) 전기화재 : 전원스위치를 차단하여 전기의 공급을 차단
5) 수용성 액체 : 다량의 물을 주입하여 농도를 연소범위 이하로 낮춤

05 화재의 유형별 특성에 관한 설명으로 옳은 것은?

① A급 화재는 무색으로 표시하며, 감전의 위험이 있으므로 주수소화를 엄금한다.
② B급 화재는 황색으로 표시하며, 질식소화를 통해 화재를 진압한다.
③ C급 화재는 백색으로 표시하며, 가연성이 강한 금속의 화재이다.
④ D급 화재는 청색으로 표시하며, 연소 후에 재를 남긴다.

해설

화재의 분류

구분	화재의 종류	표시색	주된 소화효과
A급 화재	일반화재	백색	냉각소화
B급 화재	유류, 가스화재	황색	질식소화
C급 화재	전기화재(통전)	청색	질식소화
D급 화재	금속화재	무색	질식소화
K급 화재	주방화재	–	냉각, 질식소화

06 다음 중 인명구조기구에 속하지 않는 것은?

① 방열복 ② 공기안전매트
③ 공기호흡기 ④ 인공소생기

해설

1) 인명구조기구
   ① 방열복, 방화복(안전헬멧, 보호장갑 및 안전화를 포함)
   ② 공기호흡기 ③ 인공소생기
2) 피난기구
   ① 피난교 ② 구조대
   ③ 피난용 트랩 ④ 미끄럼대
   ⑤ 완강기 ⑥ 간이완강기
   ⑦ 공기안전매트 ⑧ 피난사다리
   ⑨ 다수인 피난장비 ⑩ 승강식 피난기

07 다음 중 전산실, 통신 기기실 등에서의 소화에 가장 적합한 것은?

① 스프링클러설비
② 옥내소화전설비
③ 분말소화설비
④ 할로겐화합물 및 불활성 기체 소화설비

해설

① 스프링클러설비 → 주수소화하므로 C급 화재에 적응성이 없다.
② 옥내소화전설비 → 주수소화하므로 C급 화재에 적응성이 없다.
③ 분말소화설비 → C급 화재에 적응성이 있으나 약제방사 후 잔존물이 남는다.
④ 할로겐화합물 및 불활성 기체 소화설비 → 부촉매소화 또는 질식소화로 C급 화재에 가장 적합하다.

08 화재강도(Fire Intensity)와 관계가 없는 것은?

① 가연물의 비표면적 ② 발화원의 온도
③ 화재실의 구조 ④ 가연물의 발열량

해설

1) 화재강도
   화재발생 시 그 실내에서 상승 가능한 최고온도를 의미한다.
2) 화재강도의 영향요소
   ① 가연물의 비표면적
   ② 가연물의 발열량
   ③ 화재실의 구조

② 발화원의 온도 → 화재 초기에 발화에 영향을 미치지만 화재성장 후 최고온도와는 무관하다.

정답 05 ② 06 ② 07 ④ 08 ②

09 방화벽의 구조기준 중 다음 ( ) 안에 알맞은 것은?

- 방화벽의 양쪽 끝과 위쪽 끝을 건축물의 외벽면 및 지붕면으로부터 (㉠)m 이상 튀어나오게 할 것
- 방화벽에 설치하는 출입문의 너비 및 높이는 각각 (㉡)m 이하로 하고, 해당 출입문에는 60분+방화문 또는 60분방화문을 설치할 것

① ㉠ 0.3, ㉡ 2.5　② ㉠ 0.3, ㉡ 3.0
③ ㉠ 0.5, ㉡ 2.5　④ ㉠ 0.5, ㉡ 3.0

해설

방화벽의 구조

1) 내화구조로서 홀로 설 수 있는 구조일 것
2) 방화벽의 양쪽 끝과 위쪽 끝을 건축물의 외벽면 및 지붕면으로부터 0.5m 이상 튀어나오게 할 것
3) 방화벽에 설치하는 출입문의 너비 및 높이는 각각 2.5m 이하로 하고, 해당 출입문에는 60분+방화문 또는 60분 방화문을 설치할 것(2021년 개정)

10 BLEVE 현상을 설명한 것으로 가장 옳은 것은?

① 물이 뜨거운 기름 표면 아래에서 끓을 때 화재를 수반하지 않고 Over Flow 되는 현상
② 물이 연소유의 뜨거운 표면에 들어갈 때 발생되는 Over Flow 현상
③ 탱크 바닥에 물과 기름의 에멀션이 섞여 있을 때 물의 비등으로 인하여 급격하게 Over Flow 되는 현상
④ 탱크 주위 화재로 탱크 내 인화성 액체가 비등하고 가스 부분의 압력이 상승하여 탱크가 파괴되고 폭발을 일으키는 현상

해설

① 프로스오버(Froth Over) : 물이 점성이 있는 뜨거운 기름 표면 아래에서 끓을 때 화재를 수반하지 않고 용기가 넘치는 현상
② 슬롭오버(Slop Over) : 연소하고 있는 액면에 물이 뿌려지면 액면의 기름과 물이 함께 탱크 외부로 비산하는 현상
③ 보일오버(Boil Over) : 중질유 화재 시 탱크하부의 물이 팽창하여 물과 기름이 비산, 분출하는 현상
④ 블레비(BLEVE) : 탱크 주위 화재로 탱크 내 인화성 액체가 비등하고 가스 부분의 압력이 상승하여 탱크가 파괴되고 폭발을 일으키는 현상

11 화재발생 시 인명피해 방지를 위한 건물로 적합한 것은?

① 피난설비가 없는 건물
② 특별피난계단의 구조로 된 건물
③ 피난기구가 관리되고 있지 않은 건물
④ 피난구 폐쇄 및 피난구유도등이 미비되어 있는 건물

해설

특별피난계단의 구조

1) 건축물의 내부와 계단실은 노대를 통하여 연결하거나 외부를 향하여 열 수 있는 면적 1제곱미터 이상인 창문 또는 배연설비가 있는 면적 3제곱미터 이상인 부속실을 통하여 연결할 것
2) 계단실 · 노대 및 부속실은 창문 등을 제외하고는 내화구조의 벽으로 각각 구획할 것
3) 계단실 및 부속실의 실내에 접하는 부분의 마감은 불연재료로 할 것
4) 계단실에는 예비전원에 의한 조명설비를 할 것
5) 노대 및 부속실에는 계단실 외의 건축물의 내부와 접하는 창문 등을 설치하지 아니할 것
6) 건축물의 내부에서 노대 또는 부속실로 통하는 출입구에는 60분+방화문 또는 60분방화문을 설치하고, 노대 또는 부속실로부터 계단실로 통하는 출입구에는 60분+방화문, 60분방화문 또는 30분방화문을 설치할 것(2021년 개정)
7) 계단은 내화구조로 하되, 피난층 또는 지상까지 직접 연결되도록 할 것
8) 출입구의 유효너비는 0.9미터 이상으로 하고 피난의 방향으로 열 수 있을 것

12 다음 중 인화점이 가장 낮은 물질은?

① 산화프로필렌　② 이황화탄소
③ 메틸알코올　④ 등유

정답 09 ③ 10 ④ 11 ② 12 ①

해설

1) 제4류 위험물의 인화점

명칭	산화 프로필렌	이황화 탄소	메틸 알코올	등유
품명	특수 인화물	특수 인화물	알코올류	제2석유류
인화점	-37℃	-30℃	11℃	37~65℃

2) 특수인화물(인화점이 낮은 순)

명칭	디에틸 에테르	아세트 알데히드	산화 프로필렌	이황화탄소
인화점	-45℃	-38℃	-37℃	-30℃

13 소화원리에 대한 설명으로 틀린 것은?

① 냉각소화 : 물의 증발잠열에 의해서 가연물의 온도를 저하시키는 소화방법
② 제거소화 : 가연성 가스의 분출화재 시 연료공급을 차단시키는 소화방법
③ 질식소화 : 포 소화약제 또는 불연성 가스를 이용해서 공기 중의 산소공급을 차단하여 소화하는 방법
④ 억제소화 : 불활성 기체를 방출하여 연소범위 이하로 낮추어 소화하는 방법

해설

소화의 방법

1) 냉각소화
① 점화원을 발화점 이하로 냉각시켜 소화하는 방법
② 물의 현열과 증발잠열을 이용하는 방법이 가장 많이 사용됨

2) 질식소화
① 공기 중의 산소농도를 15% 이하로 희박하게 하여 소화하는 방법
② 이산화탄소, 불활성 가스 등을 분사하여 산소농도를 낮춤

3) 제거소화
① 가연물을 제거하여 소화
② 고체 가연물 : 가연물을 화재 현장으로부터 즉시 제거함(산림화재 시 앞쪽에서 벌목하여 진화)
③ 액체 및 기체 : 가연성 물질을 누출시키는 용기의 밸브를 폐쇄
④ 전기화재 : 전원스위치를 차단하여 전기의 공급을 차단
⑤ 수용성 액체 : 다량의 물을 주입하여 농도를 연소범위 이하로 낮춤

4) 억제소화(부촉매소화)
① 할론소화약제, 할로겐화합물소화약제, 분말소화약제 등을 사용하여 소화
② 불꽃연소 시 발생하는 H*, OH* 활성라디칼을 포착하여 연쇄반응을 억제
③ 불꽃연소에 적응성이 뛰어나고 훈소에는 적응성이 거의 없다.

14 CF_3Br 소화약제의 명칭을 옳게 나타낸 것은?

① 할론 1011　② 할론 1211
③ 할론 1301　④ 할론 2402

해설

1) 할론소화약제 명명법

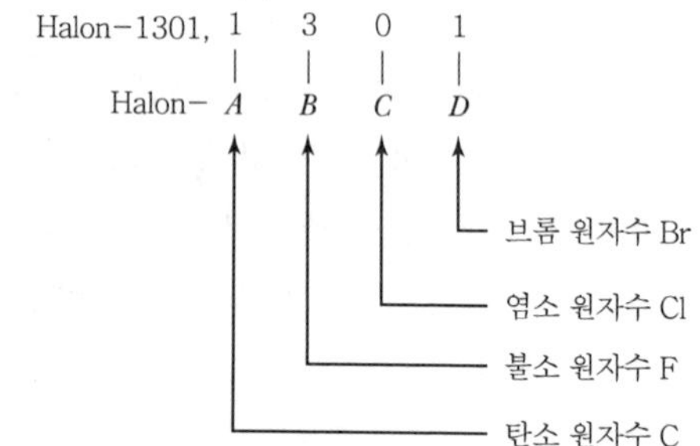

2) 할론소화약제의 물성

구분	Halon 1211	Halon 1301	Halon 2402	Halon 1011
화학식	CF_2ClBr	CF_3Br	$C_2F_4Br_2$	CH_2ClBr
분자량	165.4	148.9	259.8	129.4
증기비중	5.7	5.13	8.96	4.46
상온, 상압에서 상태	기체	기체	액체	액체

정답 13 ④ 14 ③

15 에테르, 케톤, 에스테르, 알데히드, 카르복실산, 아민 등과 같은 가연성인 수용성 용매에 유효한 포 소화약제는?

① 단백포 ② 수성막포
③ 불화단백포 ④ 내알코올포

해설

내알코올포 소화약제

1) 단백질의 가수분해 생성물과 합성세제 등을 주성분으로 제조하며 일반 포로서는 소화 작용이 어려운 수용성 액체 위험물의 소화에 적합
2) 알코올류, 에스테르류, 케톤류 등의 수용성 액체의 화재에 적합
3) 종류 : 금속비누형, 고분자겔형, 불화단백형

16 독성이 매우 높은 가스로서 석유제품, 유지(油脂) 등이 연소할 때 생성되는 알데히드 계통의 가스는?

① 시안화수소 ② 암모니아
③ 포스겐 ④ 아크롤레인

해설

① 시안화수소(HCN) : 질소성분을 가지고 있는 합성수지, 동물의 털, 인조견 등의 섬유가 불완전 연소할 때 발생하는 맹독성 가스이다.
② 암모니아 : 질소를 함유한 가연물이 연소 시 발생되는 가스로 눈, 코, 인후 등에 매우 자극적이고 역한 냄새가 난다.
③ 포스겐 : 맹독성 가스로서 사염화탄소가 이산화탄소나 물, 산소 등과 결합 시 발생한다.
④ 아크롤레인 : 석유제품이나 유지류 등이 연소할 때 발생하는 맹독성 가스로서 독성, 자극성이 매우 크다.

17 물의 소화력을 증대시키기 위하여 첨가하는 첨가제 중 물의 유실을 방지하고 건물, 임야 등의 입체면에 오랫동안 잔류하게 하기 위한 것은?

① 증점제 ② 강화액
③ 침투제 ④ 유화제

해설

증점제(Viscosity Agents)

1) 물의 점도를 증가시켜 가연물에 소화약제 부착을 용이하게 하기 위해 사용하는 것으로 산림화재에 적합하다.
2) 증점제의 종류
   ① CMC(Sodium Carboxy Methyl Cellulose)
   ② Gelgard

18 화재 시 이산화탄소를 방출하여 산소농도를 13vol%로 낮추어 소화하기 위한 공기 중 이산화탄소의 농도는 약 몇 vol%인가?

① 9.5 ② 25.8 ③ 38.1 ④ 61.5

해설

소화가스의 농도[%] 계산

$$CO_2[\%] = \frac{21 - O_2}{21} \times 100$$

여기서, CO_2[%] : 방호구역에 방출된 소화가스의 농도[%]
O_2 : 소화가스 방출 후 방호구역의 산소농도[%]

$$CO_2[\%] = \frac{21 - 13}{21} \times 100 = 38.1[\%]$$

19 할로겐화합물 및 불활성 기체 소화약제는 일반적으로 열을 받으면 할로겐족이 분해되어 가연물질의 연소 과정에서 발생하는 활성종과 화합하여 연소의 연쇄반응을 차단한다. 연쇄반응의 차단과 가장 거리가 먼 것은?

① FC-3-1-10 ② HFC-125
③ IG-541 ④ FIC-13I1

해설

할로겐화합물 및 불활성 기체 소화약제의 종류

1) 할로겐화합물 계열(부촉매소화, 냉각효과, 질식효과)

약제 분류	종류
FC 계열	FC-3-1-10
HFC 계열	HFC-23, HFC-125, HFC-227ea, HFC-236fa

정답 15 ④ 16 ④ 17 ① 18 ③ 19 ③

약제 분류	종류
HCFC 계열	HCFC-Blend A, HCFC-124
FIC 계열	FIC-13I1
기타	FK-5-1-12

2) 불활성 기체 계열 소화약제(질식효과)

약제 분류	성분비
IG-541	N_2(52%), Ar(40%), CO_2(8%)
IG-55	N_2(50%), Ar(50%)
IG-100	N_2(100%)
IG-01	Ar(100%)

20 불포화성 유지나 석탄에 자연발화를 일으키는 원인은?

① 분해열 ② 산화열
③ 발효열 ④ 중합열

해설

자연발화의 형태
1) 산화열 : 건성유, 석탄분말, 금속분말 등
2) 분해열 : 니트로셀룰로오드, 셀룰로이드 등
3) 흡착열 : 목탄, 활성탄 등
4) 중합열 : 시안화수소
5) 미생물에 의한 발화 : 먼지, 퇴비 등

2과목 소방유체역학

21 검사체적(Control Volume)에 대한 운동량 방정식(Momentum Equation)과 가장 관계가 깊은 법칙은?

① 열역학 제2법칙
② 질량보존의 법칙
③ 에너지보존의 법칙
④ 뉴턴(Newton)의 운동법칙

해설

1) 열역학 제2법칙
① 열은 스스로 저온에서 고온으로 이동하지 않는다.
② 자연계에서 엔트로피는 증가하는 방향으로만 진행한다.

2) 질량보존의 법칙
① 관 내의 어느 위치에서나 유입 질량과 유출 질량은 같다.
② $\overline{m}\,[\mathrm{kg_m/s}] = \rho A V \qquad \rho_1 A_1 V_1 = \rho_2 A_2 V_2$

3) 에너지보존의 법칙
① 관 내의 임의의 점에서 에너지의 총합은 항상 일정하다.
② 베르누이 방정식

$$\frac{V^2}{2g} + \frac{P}{\gamma} + Z = \text{Constant}$$

4) 뉴턴(Newton)의 운동법칙
뉴턴의 운동법칙(제2법칙) : $F = m\,a$
운동량=질량×속도 $\vec{p} = m\,v$
충격량=힘×시간 $\vec{p} = F\,t,\ F = \frac{\vec{p}}{t}$

22 폭이 4m이고 반경이 1m인 그림과 같은 1/4 원형 모양으로 설치된 수문 AB가 있다. 이 수문이 받는 수직방향 분력 F_V의 크기(N)는?

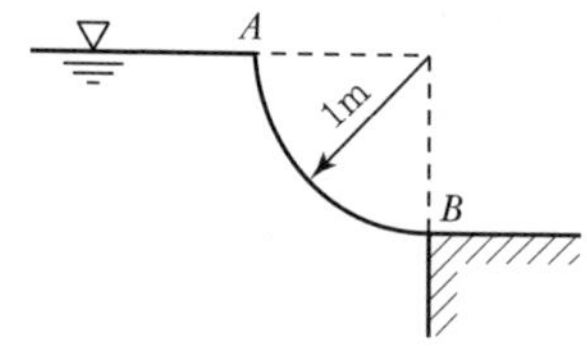

① 7,613 ② 9,801
③ 30,787 ④ 123,000

해설

수직방향의 분력 F_V

$$F_V = \gamma\ V$$

여기서, F_V : 수직분력[N], γ : 비중량[N/m^3]
V : 곡면연직상방의 체적[m^3]

정답 20 ② 21 ④ 22 ③

[풀이]

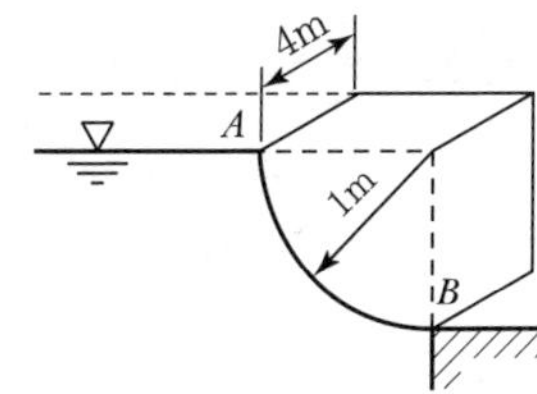

1) 물의 비중량 $\gamma=9,800[N/m^3]$
2) V : 곡면연직상방의 체적$[m^3]$
원기둥 부피의 1/4

$V=\pi r^2$[원의 면적]$\times W$[폭]$\times \frac{1}{4}$

$=\pi\times 1^2\times 4\times \frac{1}{4}=\pi[m^3]$

3) 수직분력
$F_V=\gamma V=9,800[N/m^3]\times\pi[m^3]=30,787[N]$

23 다음 단위 중 3가지는 동일한 단위이고 나머지 하나는 다른 단위이다. 이 중 동일한 단위가 아닌 것은?

① J ② N · s
③ Pa · m³ ④ kg · m²/s²

해설

① $W[J][N\cdot m]=F[N]\times d[m]$: 일의 단위
② $\vec{p}[N\cdot s]=F[N]\times t[s]$: 운동량의 단위
③ $W[J][N\cdot m]=P[N/m^2]\times V[m^3]$: 일의 단위
④ $W[J][N\cdot m]=F[N]\times d[m]$
$=m[kg]\times a[m/s^2]\times d[m]$
$=kg\cdot m^2/s^2$: 일의 단위

24 지름이 150mm인 원관에 비중이 0.85, 동점성계수가 $1.33\times10^{-4}m^2/s$인 기름이 $0.01m^3/s$의 유량으로 흐르고 있다. 이때 관마찰계수는?(단, 임계레이놀즈수는 2,100이다.)

① 0.10 ② 0.14
③ 0.18 ④ 0.22

해설

관마찰계수
1) 층류흐름일 때($Re<2,100$) 관마찰계수

$$f=\frac{64}{Re}$$

여기서, f : 관마찰계수, Re : 레이놀즈수

2) 레이놀즈수 Re

$$Re=\frac{\rho VD}{\mu}=\frac{VD}{\nu}$$

여기서, ρ : 유체의 밀도$[kg/m^3]$
μ : 유체의 점성계수$[kg/m\cdot s]$
D : 관의 직경[m]
ν : 유체의 동점성계수$[m^2/s]$
V : 유속[m/s]

[풀이]

1) 유속 : $V=\frac{Q}{A}$

$$V=\frac{Q}{\frac{\pi d^2}{4}}=\frac{0.01}{\frac{\pi\times0.15^2}{4}}=0.5659[m/s]$$

d : 150[mm]=0.15[m]

2) 레이놀즈수

$$Re=\frac{VD}{\nu}=\frac{0.5659\times0.15}{1.33\times10^{-4}}=638.233$$

$Re<2,100$이므로 층류이다.

3) 관마찰계수

$$f=\frac{64}{Re}=\frac{64}{638.233}=0.10$$

25 물질의 열역학적 변화에 대한 설명으로 틀린 것은?

① 마찰은 비가역성의 원인이 될 수 있다.
② 열역학 제1법칙은 에너지 보존에 대한 것이다.
③ 이상기체는 이상기체 상태방정식을 만족한다.
④ 가역단열과정은 엔트로피가 증가하는 과정이다.

정답 23 ② 24 ① 25 ④

해설

① 마찰은 손실을 발생시키므로 비가역성의 요인이 된다.
② 열역학 제1법칙
일에너지는 열에너지로, 열에너지는 일에너지로 변환이 가능하지만 그 에너지의 총량은 항상 일정하게 보존된다.(에너지보존의 법칙)
③ 이상기체는 이상기체 상태방정식을 만족한다.

$$PV = nRT \qquad PV = \frac{W}{M}RT$$

④ 가역단열과정은 엔트로피가 일정하다.
- 단열과정 : 엔트로피 일정
- 등온과정 : 온도 일정

26 전양정이 60m, 유량이 6m^3/min, 효율이 60%인 펌프를 작동시키는 데 필요한 동력(kW)은?

① 44　　② 60
③ 98　　④ 117

해설

축동력
모터에 의해 실제로 펌프에 주어지는 동력(전달계수 K가 없다.)

$$L_s[\text{kW}] = \frac{\gamma[\text{N/m}^3] \times Q[\text{m}^3/\text{s}] \times H[\text{m}]}{1{,}000\eta}$$

여기서, L_s : 축동력[kW], γ : 비중량[N/m^3]
Q : 유량[m^3/s], H : 전양정[m], η : 펌프효율

[풀이]
1) 비중량 : $\gamma = 9{,}800[\text{N/m}^3]$
2) 유량 : $Q = 6\frac{\text{m}^3}{\text{min}} \times \frac{1\text{min}}{60\text{s}} = 0.1[\text{m}^3/\text{s}]$
3) 양정 : $H = 60[\text{m}]$
4) 축동력

$$L_s[\text{kW}] = \frac{9{,}800[\text{N/m}^3] \times 0.1[\text{m}^3/\text{s}] \times 60[\text{m}]}{1{,}000 \times 0.6} = 98[\text{kW}]$$

27 체적탄성계수가 2×10^{9}Pa인 물의 체적을 3% 감소시키려면 몇 MPa의 압력을 가하여야 하는가?

① 25　　② 30
③ 45　　④ 60

해설

체적탄성계수
어떤 물질이 압축에 저항하는 정도를 의미한다.

$$K[\text{Pa}] = \frac{\Delta P}{-\frac{\Delta V}{V}}$$

여기서, K : 체적탄성계수[Pa], ΔP : 압력변화량[Pa]
ΔV : 체적변화량[m^3], V : 처음 체적[m^3]

[풀이]

$$K : 2\times10^9\,\text{Pa} \times \frac{1\,\text{MPa}}{10^6\,\text{Pa}} = 2\times10^3[\text{MPa}]$$

원래 체적 $V=1$, 체적변화량 $\Delta V = 0.03$

$$2\times10^3[\text{MPa}] = \frac{P[\text{MPa}]}{-\left(\frac{-0.03}{1}\right)}$$

$P = 60[\text{MPa}]$

28 다음 유체기계들의 압력 상승이 일반적으로 큰 것부터 순서대로 바르게 나열한 것은?

① 압축기(Compressor) > 블로어(Blower) > 팬(Fan)
② 블로어(Blower) > 압축기(Compressor) > 팬(Fan)
③ 팬(Fan) > 블로어(Blower) > 압축기(Compressor)
④ 팬(Fan) > 압축기(Compressor) > 블로어(Blower)

해설

유체기계의 상승압력 크기
압축기(0.1[MPa] 이상) > 블로어(0.01~0.1[MPa] 이하) > 팬(0.01[MPa] 이하)

정답 26 ③ 27 ④ 28 ①

29 용량 2,000L의 탱크에 물을 가득 채운 소방차가 화재 현장에 출동하여 노즐압력 390kPa(계기압력), 노즐구경 2.5cm를 사용하여 방수한다면 소방차 내의 물이 전부 방수되는 데 걸리는 시간은?

① 약 2분 26초 ② 약 3분 35초
③ 약 4분 12초 ④ 약 5분 44초

해설

연속방정식과 토리첼리식

$$Q = AV \qquad V = \sqrt{2gh}$$

여기서, Q : 유량[m^3/s], A : 배관의 단면적[m^2]
V : 유속[m/s], h : 속도수두[m]

[풀이]

$Q = A \times \sqrt{2gh}$ [m^3/s], Q[m^3/s] $= \dfrac{V[\text{m}^3]}{t[\text{s}]}$

$\dfrac{V[\text{m}^3]}{t[\text{s}]} = A \times \sqrt{2gh}$ [m^3/s]

1) $A = \dfrac{\pi d^2}{4}[\text{m}^2] = \dfrac{\pi \times 0.025^2}{4} = 0.00049[\text{m}^2]$

여기서, d : 25[mm]=0.025[m]

2) $h[\text{m}] = \dfrac{P[\text{N/m}^2]}{\gamma[\text{N/m}^3]}$

$h[\text{m}] = \dfrac{390[\text{kN/m}^2]}{9.8[\text{kN/m}^3]} = 39.80[\text{m}]$

3) V=2,000[L]=2[m^3]

4) $\dfrac{2[\text{m}^3]}{t[\text{s}]} = 0.00049 \times \sqrt{2 \times 9.8 \times 39.8}$ [m^3/s]

t =146.14[s]
=120[s](2분)+26.14[s]=2분 26초

30 이상기체의 폴리트로픽 변화 'PV^n=일정'에서 n=1인 경우 어느 변화에 속하는가?

① 단열 변화 ② 등온 변화
③ 정적 변화 ④ 정압 변화

해설

폴리트로픽 변화

'$PV^n = C$'에서 폴리트로픽 지수와 각 특성값에 대한 상태 변화는 다음과 같다.

$n=0$	$n=1$	$n=k$	$n=\infty$
등압 변화	등온 변화	단열 변화	등적 변화

여기서, n : 폴리트로픽 지수, k : 비열비

31 피토관으로 파이프 중심선에서 흐르는 물의 유속을 측정할 때 피토관의 액주높이가 5.2m, 정압튜브의 액주높이가 4.2m를 나타낸다면 유속(m/s)은?[단, 속도계수(C_v)는 0.97이다.]

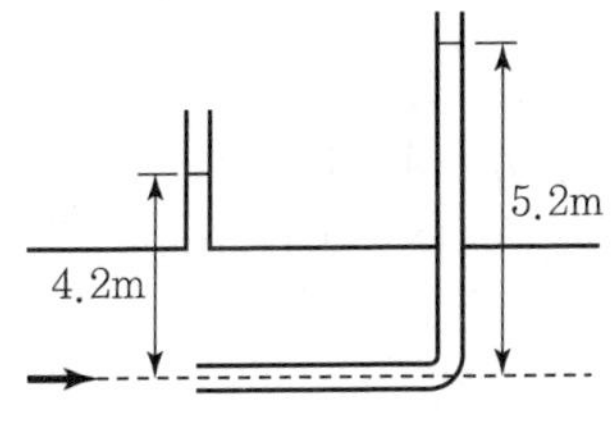

① 4.3 ② 3.5 ③ 2.8 ④ 1.9

해설

토리첼리의 정리

$$V = C_v \sqrt{2gh}$$

여기서, V : 유속[m/s], h : 속도수두[m]
C_v : 유속계수(Coefficient of Velocity)

[풀이]

1) 피토관의 수두(전압)=5.2[m]
전압수두=정압수두+동압(속도수두)
2) 정압튜브의 수두(정압수두)=4.2[m]
3) 동압(속도수두)=전압수두−정압수두
=5.2[m]−4.2[m]=1[m]
4) 유속 $V = 0.97 \times \sqrt{2 \times 9.8 \times 1} = 4.29$[m/s]

정답 29 ① 30 ② 31 ①

32 지름이 75mm인 관로 속에 물이 평균속도 4m/s로 흐르고 있을 때 유량(kg/s)은?

① 45.52　② 16.92
③ 17.67　④ 18.52

해설

질량유량($\overline{m}$ [kg/s] : Mass Flowrate)

$$\overline{m}\,[\text{kg/s}] = \rho A V \qquad \rho_1 A_1 V_1 = \rho_2 A_2 V_2$$

여기서, A : 배관의 단면적[m^2], V : 유속[m/s]
ρ : 밀도[kg/m^3]

[풀이]

1) $A = \frac{\pi d^2}{4} = \frac{\pi \times 0.075^2}{4} = 0.004417[\text{m}^2]$
d : 75[mm]=0.075[m]

2) ρ=1,000[kg/m^3], V=4[m/s]

3) $\overline{m}$ =1,000[kg/m^3]×0.004417[m^2]×4[m/s]
=17.67[kg/s]

33 초기에 비어 있는 체적이 0.1m^{3}인 견고한 용기 안에 공기(이상기체)를 서서히 주입한다. 공기 1kg을 넣었을 때 용기 안의 온도가 300K이 되었다면 이 때 용기 안의 압력(kPa)은?(단, 공기의 기체상수는 0.287kJ/kg · K이다.)

① 287　② 300
③ 448　④ 861

해설

이상기체 상태방정식

$$PV = W\overline{R}\,T$$

여기서, P : 절대압력[Pa, N/m^2], V : 체적[m^3]
W : 기체의 질량[kg], T : 절대온도[K]
$\overline{R}$: 특별기체상수[N · m/kg · K][J/kg · K]

※ 공기의 특별기체상수

$\overline{R} = \frac{R}{M} = \frac{8,314[\text{J/kmol} \cdot \text{K}]}{29[\text{kg/kmol}]}$
$= 287[\text{J/kg} \cdot \text{K}] = 0.287[\text{kJ/kg} \cdot \text{k}]$

[풀이]

1) V : 0.1[m^3], W : 1[kg], T : 300[K]
$\overline{R}$: 0.287[kJ/kg · K]

2) P[kPa]×0.1[m^3]=1[kg]×0.287[kJ/kg · K]×300[K]
P=861[kPa]

34 아래 그림과 같이 두 개의 가벼운 공 사이로 빠른 기류를 불어넣으면 두 개의 공은 어떻게 되겠는가?

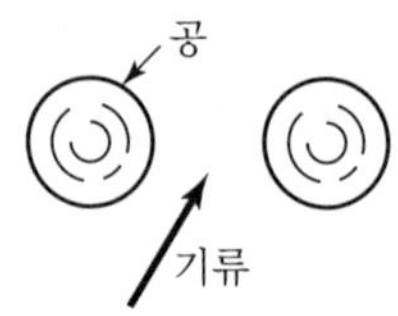

① 뉴턴의 법칙에 따라 벌어진다.
② 뉴턴의 법칙에 따라 가까워진다.
③ 베르누이의 법칙에 따라 벌어진다.
④ 베르누이의 법칙에 따라 가까워진다.

해설

베르누이 방정식

$$\frac{V^2}{2g} + \frac{P}{\gamma} + Z = \text{Constant}$$

여기서, $\frac{V^2}{2g}$: 속도수두[m], $\frac{P}{\gamma}$: 압력수두[m]
Z : 위치수두[m], V : 유속[m/s]
P : 압력[N/m^2], Z : 높이[m]
g : 중력가속도[m/s^2], γ : 비중량[N/m^3]

[풀이]

1) 두 공의 높이는 같으므로 위치수두 Z=0
$\frac{V^2}{2g} + \frac{P}{\gamma} = \text{Constant}$

2) 기류를 불어넣어서 공 사이의 속도가 빨라지면 속도수두가 커진다. 속두수두가 커진 만큼 압력수두가 작아져야 일정한 값을 유지한다.

3) 압력수두가 작아지면 공 사이의 압력이 떨어지므로 공은 서로 가까워진다.

정답 32 ③ 33 ④ 34 ④

35 거리가 1,000m 되는 곳에 안지름 20cm의 관을 통하여 물을 수평으로 수송하려 한다. 한 시간에 $800m^3$를 보내기 위해 필요한 압력(kPa)은?(단, 관의 마찰계수는 0.03이다.)

① 1,370 ② 2,010
③ 3,750 ④ 4,580

해설

배관 속 유체의 마찰손실(Darcy-Weisbach Formula)

$$H_l = f\frac{l}{d}\frac{V^2}{2g}$$

여기서, H_l : 마찰손실수두[m], f : 관마찰계수
d : 배관의 직경[m], l : 직관의 길이[m]
V : 유체의 유속[m/sec]

[풀이]

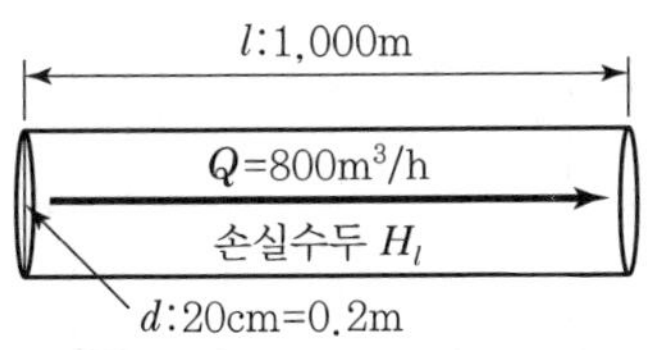

1) f : 0.03, d : 20[cm]=0.2[m], l : 1,000[m]

$$Q = 800\frac{m^3}{h} \times \frac{1h}{3,600s} = \frac{800}{3,600}[m^3/s]$$

2) $$V = \frac{Q}{A} = \frac{\frac{800\,m^3}{3,600\,s}}{\frac{\pi \times 0.2^2}{4}} = 7.07[m/s]$$

3) $$H_l = 0.03 \times \frac{1,000}{0.2} \times \frac{7.07^2}{2 \times 9.8} = 382.54[m]$$

4) $P[kN/m^2][kPa] = \gamma[kN/m^3] \times h[m]$
$P = 9.8\,[kN/m^3] \times 382.54\,[m] = 3748.89\,[kPa]$

36 표면적이 같은 두 물체가 있다. 표면온도가 2,000K인 물체가 내는 복사에너지는 표면온도가 1,000K인 물체가 내는 복사에너지의 몇 배인가?

① 4 ② 8
③ 16 ④ 32

해설

복사(Radiation)
1) 정의 : 열이 매질 없이 전자기파 형태로 전달되는 형태
2) 스테판-볼츠만 법칙(Stefan-Boltzmann's Law)

$$q[W] = \sigma A T^4$$

여기서, q : 열전달량[W]
T : 절대온도[K]
A : 열전달면적[m^2]
σ : 스테판-볼츠만 상수
($5.67 \times 10^{-8}[W/m^2 \cdot K^4]$)

[풀이]

$$\text{복사에너지의 배수} = \frac{q_2[W]}{q_1[W]} = \frac{\sigma A_2 T_2^{\,4}}{\sigma A_1 T_1^{\,4}}$$

여기서, 표면적이 같으므로 $A_1 = A_2$

$$\text{복사에너지의 배수} = \frac{T_2^{\,4}}{T_1^{\,4}} = \frac{2,000^4}{1,000^4} = 16\text{배}$$

37 다음 중 Stokes의 법칙과 관계되는 점도계는?

① Ostwald 점도계
② 낙구식 점도계
③ Satbolt 점도계
④ 회전식 점도계

해설

점성의 측정

점도계의 종류	관련 법칙
오스왈드 점도계, 세이볼트 점도계	하겐-포아젤 방정식
낙구식 점도계	스토크스 법칙
맥미셀 점도계, 스토머 점도계	뉴턴의 점성법칙

정답 35 ③ 36 ③ 37 ②

38 그림의 역 U자관 마노미터에서 압력 차($P_X - P_Y$)는 약 몇 Pa인가?

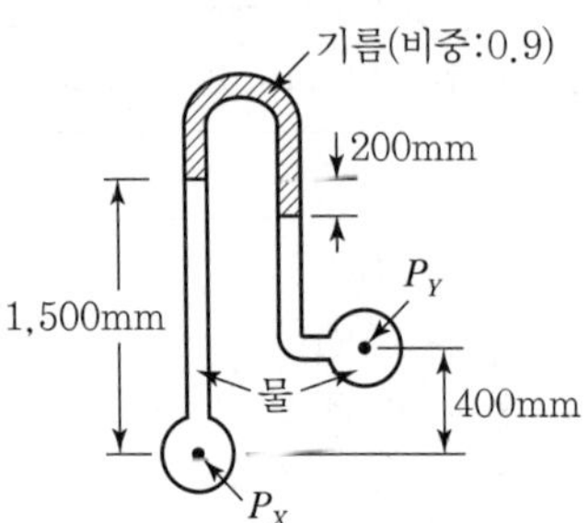

① 3,215　　② 4,116
③ 5,045　　④ 6,826

해설

마노미터에서 압력 차($P_X - P_Y$)

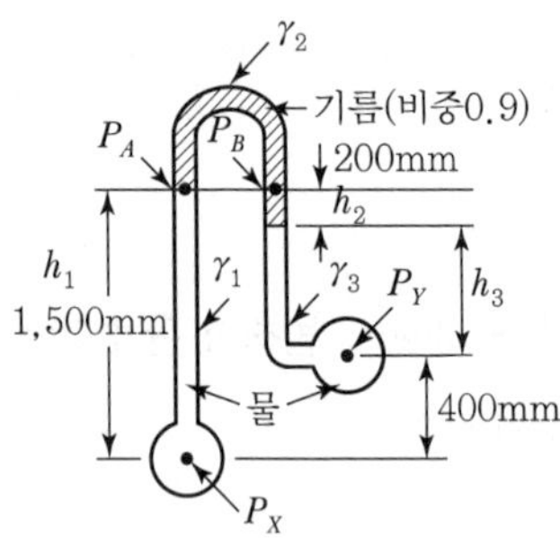

역 U자관 액주계

$P_A = P_B$

$P_X - \gamma_1 h_1 = P_Y - \gamma_2 h_2 - \gamma_3 h_3$

$P_X - P_Y = \gamma_1 h_1 - \gamma_2 h_2 - \gamma_3 h_3$

[풀이]

1) 물의 비중량 γ_1 : 9,800[N/m^3], γ_3 : 9,800[N/m^3]

2) 기름의 비중량

$$S = \frac{\gamma_2}{\gamma_w},\ \gamma_2 = S\gamma_w$$

$\gamma_2 = 0.9 \times 9{,}800[\text{N/m}^3] = 8{,}820[\text{N/m}^3]$

3) $h_1 = 1{,}500[\text{mm}] = 1.5[\text{m}]$, $h_2 = 200[\text{mm}] = 0.2[\text{m}]$,
$h_3 = 1{,}500[\text{mm}] - 200[\text{mm}] - 400[\text{mm}] = 900[\text{mm}] = 0.9[\text{m}]$

4) $P_X - P_Y = 9{,}800 \times 1.5 - 8{,}820 \times 0.2 - 9{,}800 \times 0.9 = 4{,}116[\text{Pa}]$

39 지름이 다른 두 개의 피스톤이 그림과 같이 연결되어 있다. "1" 부분의 피스톤의 지름이 "2" 부분의 2배일 때, 각 피스톤에 작용하는 힘 F_1과 F_2의 관계는?

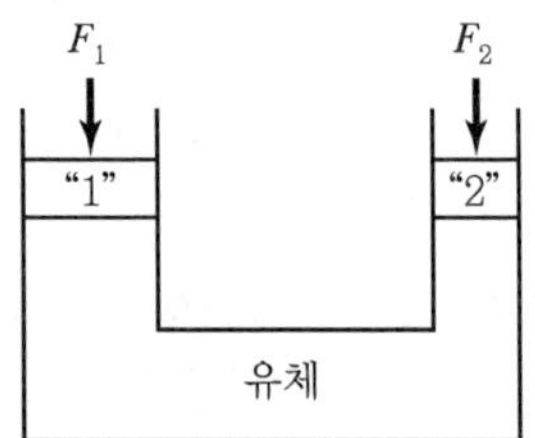

① $F_1 = F_2$　　② $F_1 = 2F_2$
③ $F_1 = 4F_2$　　④ $4F_1 = F_2$

해설

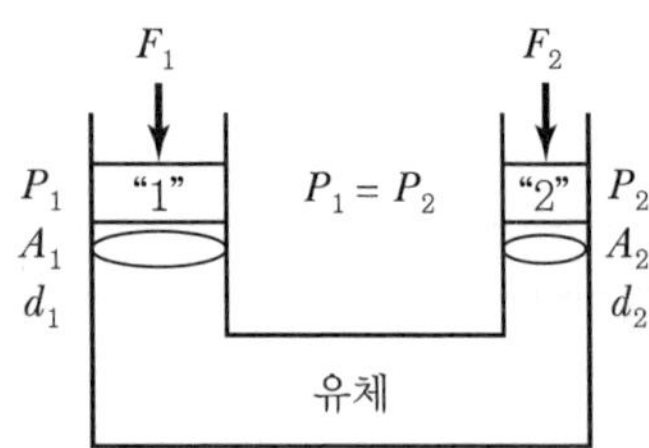

$P_1 = P_2$, $P = \dfrac{F}{A}$이므로

$$\frac{F_1}{A_1} = \frac{F_2}{A_2},\quad F_1 = \frac{A_1}{A_2}F_2,\quad F_1 = \frac{\frac{\pi d_1^2}{4}}{\frac{\pi d_2^2}{4}}F_2$$

$F_1 = \dfrac{d_1^2}{d_2^2}F_2$　조건에서 $d_1 = 2d_2$이므로

$$F_1 = \frac{(2d_2)^2}{d_2^2}F_2 \quad \therefore F_1 = 4F_2$$

정답　38 ②　39 ③

40 글로브밸브에 의한 손실을 지름이 10cm이고 관마찰계수가 0.025인 관의 길이로 환산하면 상당길이가 40m가 된다. 이 밸브의 부차적 손실계수는?

① 0.25　　② 1
③ 2.5　　④ 10

해설

배관부속에 의한 부차적 손실
엘보, 밸브 및 배관에 부착된 부품 등에서 발생하는 손실

$$H_l = K\frac{V^2}{2g} = f\frac{l_e}{d}\frac{V^2}{2g}$$

여기서, H_l : 부차적 손실수두[m]
K : 부차적 손실계수
f : 관마찰계수
d : 배관의 직경[m]
l_e : 관의 상당길이[m]
V : 유체의 유속[m/sec]

1) 손실계수(Loss Coefficient) K

$$K = f\frac{l_e}{d}$$

2) 관의 상당길이(등가길이) l_e
관 부속품을 동일 구경, 동일 유량에 대하여 같은 크기의 마찰손실을 갖는 직관의 길이

$$l_e = \frac{K \cdot d}{f}$$

[풀이]
1) f : 0.025, l_e : 40[m], d : 10[cm]=0.1[m]
2) 부차적 손실계수

$$K = 0.025 \times \frac{40\text{m}}{0.1\text{m}} = 10$$

3과목 소방관계법규

41 소방기본법상 소방대의 구성원에 속하지 않는 자는?

① 소방공무원법에 따른 소방공무원
② 의용소방대 설치 및 운영에 관한 법률에 따른 의용소방대원
③ 위험물안전관리법에 따른 자체소방대원
④ 의무소방대설치법에 따라 임용된 의무소방원

해설

소방대
화재를 진압하고 화재, 재난 · 재해, 그 밖의 위급한 상황에서 구조 · 구급 활동 등을 하기 위하여 다음 각 목의 사람으로 구성된 조직체

소방공무원 , 의무소방원, 의용소방대원

※ 자체소방대
제4류 위험물을 취급하는 제조소 또는 일반취급소로서 지정수량의 3,000배 이상인 경우 설치

42 소방안전관리자 및 소방안전관리보조자에 대한 실무교육의 교육대상, 교육일정 등 실무교육에 필요한 계획을 수립하여 매년 누구의 승인을 얻어 교육을 실시하는가?

① 한국소방안전원장　　② 소방본부장
③ 소방청장　　④ 시 · 도지사

해설

실무교육
1) 실무교육계획의 승인권자 : 소방청장
2) 실무교육 기간 : 선임된 날부터 6개월 이내에 실무교육을 받아야 하며, 그 후에는 2년마다 1회 이상
3) 실무교육 기관 : 한국소방안전원
4) 교육의 통보 : 10일 전까지

정답　40 ④　41 ③　42 ③

43 소방기본법령상 소방활동구역의 출입자에 해당되지 않는 자는?

① 소방활동구역 안에 있는 소방대상물의 소유자 · 관리자 또는 점유자
② 전기 · 가스 · 수도 · 통신 · 교통의 업무에 종사하는 사람으로서 원활한 소방활동을 위하여 필요한 자
③ 화재건물과 관련 있는 부동산업자
④ 취재인력 등 보도업무에 종사하는 자

해설

소방활동구역에 출입할 수 있는 사람
1) 소방활동구역 안에 있는 소방대상물의 소유자 · 관리자 또는 점유자
2) 전기 · 가스 · 수도 · 통신 · 교통의 업무에 종사하는 사람으로서 원활한 소방활동을 위하여 필요한 사람
3) 의사 · 간호사 그 밖의 구조 · 구급업무에 종사하는 사람
4) 취재인력 등 보도업무에 종사하는 사람
5) 수사업무에 종사하는 사람
6) 그 밖에 소방대장이 소방활동을 위하여 출입을 허가한 사람

44 항공기격납고는 특정소방대상물 중 어느 시설에 해당하는가?

① 위험물 저장 및 처리 시설
② 항공기 및 자동차 관련 시설
③ 창고시설
④ 업무시설

해설

항공기 및 자동차 관련 시설
1) 항공기격납고
2) 차고, 주차용 건축물, 철골 조립식 주차시설 및 기계장치에 의한 주차시설
3) 세차장
4) 폐차장
5) 자동차 검사장
6) 자동차 매매장
7) 자동차 정비공장
8) 운전학원 · 정비학원

45 소방대상물의 방염 등과 관련하여 방염성능기준은 무엇으로 정하는가?

① 대통령령 ② 행정안전부령
③ 소방청훈령 ④ 소방청예규

해설

방염성능기준[소방시설 설치 · 및 관리에 관한 법률 시행령(대통령령)]
① 버너의 불꽃을 제거한 때부터 불꽃을 올리며 연소하는 상태가 그칠 때까지 시간은 20초 이내일 것(잔염시간)
② 버너의 불꽃을 제거한 때부터 불꽃을 올리지 아니하고 연소하는 상태가 그칠 때까지 시간은 30초 이내일 것(잔신시간)
③ 탄화한 면적은 50cm^2 이내, 탄화한 길이는 20cm 이내일 것
④ 불꽃에 의하여 완전히 녹을 때까지 불꽃의 접촉 횟수는 3회 이상일 것
⑤ 발연량을 측정하는 경우 최대연기밀도는 400 이하일 것

46 위험물안전관리법령상 제조소 등의 관계인은 위험물의 안전관리에 관한 직무를 수행하게 하기 위하여 제조소 등마다 위험물의 취급에 관한 자격이 있는 자를 위험물안전관리자로 선임하여야 한다. 이 경우 제조소 등의 관계인이 지켜야 할 기준으로 틀린 것은?

① 제조소 등의 관계인은 안전관리자를 해임하거나 안전관리자가 퇴직한 때에는 해임하거나 퇴직한 날로부터 15일 이내에 다시 안전관리자를 선임하여야 한다.
② 제조소 등의 관계인이 안전관리자를 선임한 경우에는 선임한 날부터 14일 이내에 소방본부장 또는 소방서장에게 신고하여야 한다.
③ 제조소 등의 관계인은 안전관리자가 여행 · 질병 그 밖의 사유로 인하여 일시적으로 직무를 수행할 수 없는 경우에는 국가기술자격법에 따른 위험물의 취급에 관한 자격취득자 또는 위험물안전에 관한 기본지식과 경험이 있는 자를 대리자로 지정하여 그

정답 43 ③ 44 ② 45 ① 46 ①

직무를 대행하게 하여야 한다. 이 경우 대행하는 기간은 30일을 초과할 수 없다.

④ 안전관리자는 위험물을 취급하는 작업을 하는 때에는 작업자에게 안전관리에 관한 필요한 지시를 하는 등 위험물의 취급에 관한 안전관리와 감독을 하여야 하고, 제조소 등의 관계인은 안전관리자의 위험물 안전관리에 관한 의견을 존중하고 그 권고에 따라야 한다.

해설

위험물 안전관리자

1) 위험물 안전관리자 선임 : 30일 이내
2) 위험물 안전관리자 선임 신고 : 14일 이내(소방본부장, 소방서장)
3) 대리자의 직무대행 기간 : 30일 이내
4) 안전교육대상자
   ① 안전관리자로 선임된 자
   ② 탱크시험자의 기술인력으로 종사하는 자
   ③ 위험물운송자로 종사하는 자

47 다음 중 상주 공사감리를 하여야 할 대상의 기준으로 옳은 것은?

① 지하층을 포함한 층수가 16층 이상으로서 300세대 이상인 아파트에 대한 소방시설의 공사
② 지하층을 포함한 층수가 16층 이상으로서 500세대 이상인 아파트에 대한 소방시설의 공사
③ 지하층을 포함하지 않은 층수가 16층 이상으로서 300세대 이상인 아파트에 대한 소방시설의 공사
④ 지하층을 포함하지 않은 층수가 16층 이상으로서 500세대 이상인 아파트에 대한 소방시설의 공사

해설

소방공사 감리의 종류

종류	대상
상주 공사감리	• 연면적 3만m^2 이상의 특정소방대상물에 대한 소방시설의 공사(아파트는 제외) • 지하층을 포함한 층수가 16층 이상으로서 500세대 이상인 아파트에 대한 소방시설의 공사
일반 공사감리	상주 공사감리에 해당하지 않는 소방시설의 공사

48 화재의 예방 및 안전관리에 관한 법령상 소방대상물의 개수 · 이전 · 제거 · 사용의 금지 또는 제한, 사용폐쇄, 공사의 정지 또는 중지, 그 밖의 필요한 조치로 인하여 손실을 받은 자가 손실보상청구서에 첨부하여야 하는 서류로 틀린 것은?

① 손실보상합의서
② 손실을 증명할 수 있는 사진
③ 손실을 증명할 수 있는 증빙자료
④ 소방대상물의 관계인임을 증명할 수 있는 서류(건축물대장은 제외)

해설

손실보상청구 시 제출서류

1) 손실보상청구서
2) 손실보상청구서에 첨부하여야 하는 서류
   ① 소방대상물의 관계인임을 증명할 수 있는 서류(건축물대장은 제외)
   ② 손실을 증명할 수 있는 사진 그 밖의 증빙자료

49 제6류 위험물에 속하지 않는 것은?

① 질산 ② 과산화수소
③ 과염소산 ④ 과염소산염류

해설

제6류 위험물

1) 성질 : 산화성 액체
2) 소화방법 : 대량의 물에 의한 희석소화
3) 품명 및 지정수량

위험등급	품명	지정수량
I	과염소산	300[kg]
	과산화수소(농도 36[w%] 이상)	
	질산(비중 1.49 이상)	

④ 과염소산염류 → 1류위험물

정답 47 ② 48 ① 49 ④

50 소방청장, 소방본부장 또는 소방서장은 관할구역에 있는 소방대상물에 대하여 화재안전조사를 실시할 수 있다. 화재안전조사 대상과 거리가 먼 것은?(단, 개인 주거에 대하여는 관계인의 승낙을 득한 경우이다.)

① 화재예방강화지구 등 법령에서 화재안전조사를 하도록 규정되어 있는 경우
② 소방시설 설치 및 관리에 관한 법률에 따른 자체점검이 불성실하거나 불완전하다고 인정되는 경우
③ 화재가 발생할 우려는 없으나 소방대상물의 정기점검이 필요한 경우
④ 국가적 행사 등 주요 행사가 개최되는 장소 및 그 주변의 관계 지역에 대하여 소방안전관리 실태를 조사할 필요가 있는 경우

해설

화재안전조사를 할 수 있는 경우
1) 소방시설 설치 및 관리에 관한 법률에 따른 자체점검이 불성실하거나 불완전하다고 인정되는 경우
2) 화재예방강화지구 등 법령에서 화재안전조사를 하도록 규정되어 있는 경우
3) 화재예방안전진단이 불성실하거나 불완전하다고 인정되는 경우
4) 국가적 행사 등 주요 행사가 개최되는 장소 및 그 주변의 관계 지역에 대하여 소방안전관리 실태를 조사할 필요가 있는 경우
5) 화재가 자주 발생하였거나 발생할 우려가 뚜렷한 곳에 대한 조사가 필요한 경우
6) 재난예측정보, 기상예보 등을 분석한 결과 소방대상물에 화재의 발생 위험이 크다고 판단되는 경우
7) 화재, 그 밖의 긴급한 상황이 발생할 경우 인명 또는 재산피해의 우려가 현저하다고 판단되는 경우

51 소방본부장 또는 소방서장은 화재예방강화지구 안의 관계인에 대하여 소방상 필요한 훈련 및 교육을 연 몇 회 이상 실시할 수 있는가?

① 1 ② 2
③ 3 ④ 4

해설

1) 화재예방강화지구 지정권자 : 시 · 도지사
2) 화재예방강화지구 지정의 요청권자 : 소방청장
3) 화재예방강화지구에 대한 화재안전조사와 교육 및 훈련

구분	화재안전조사	교육 및 훈련
실시권자	소방관서장	소방관서장
횟수	연 1회 이상	연 1회 이상
통보 등	사전에 7일 이상 조사계획을 공개	10일 전까지 통보
대상	소방대상물의 위치 · 구조 및 설비	관계인
연기	3일 전까지 신청	–

52 소방시설 설치 및 관리에 관한 법령상 소방시설 등의 자체점검 시 점검인력 배치기준 중 종합점검에 대한 점검인력 1단위가 하루 동안 점검할 수 있는 특정소방대상물의 연면적기준으로 옳은 것은?(단, 보조 인력을 추가하는 경우는 제외한다.)

① $3,500m^2$ ② $7,000m^2$
③ $8,000m^2$ ④ $10,000m^2$

해설

자체점검 시 인력 배치
1) 점검인력 1단위
소방시설관리사 1명과 보조인력 2명
2) 점검인력 1단위가 하루 동안 점검할 수 있는 특정소방대상물의 연면적

종합점검	작동점검
$8,000m^2$	$10,000m^2$

53 다음 중 한국소방안전원의 업무에 해당하지 않는 것은?

① 소방용 기계 · 기구의 형식승인
② 소방업무에 관하여 행정기관이 위탁하는 업무
③ 화재 예방과 안전관리의식 고취를 위한 대국민 홍보
④ 소방기술과 안전관리에 관한 교육, 조사 · 연구 및 각종 간행물 발간

정답 50 ③ 51 ① 52 ③ 53 ①

해설

한국소방안전원
1) 한국소방안전원의 인가(정관 변경) : 소방청장
2) 한국소방안전원의 업무감독 : 소방청장
3) 한국소방안전원의 사업계획 및 예산에 관한 승인 : 소방청장
4) 한국소방안전원의 업무
   ① 소방기술과 안전관리에 관한 교육 및 조사 · 연구
   ② 소방기술과 안전관리에 관한 각종 간행물 발간
   ③ 화재 예방과 안전관리의식 고취를 위한 대국민 홍보
   ④ 소방업무에 관하여 행정기관이 위탁하는 업무
   ⑤ 소방안전에 관한 국제협력
   ⑥ 그 밖에 회원에 대한 기술지원 등 정관으로 정하는 사항

① 소방용 기계 · 기구의 형식승인 → 한국소방산업기술원

54 소방기본법령상 국고보조 대상사업의 범위 중 소방활동장비와 설비에 해당하지 않는 것은?

① 소방자동차
② 소방헬리콥터 및 소방정
③ 소화용수설비 및 피난구조설비
④ 방화복 등 소방활동에 필요한 소방장비

해설

1) 소방력의 기준
   ① 소방업무에 필요한 인력과 장비 등에 관한 기준 : 행정안전부령
   ② 소방력을 확충하기 위하여 필요한 계획 수립 : 시 · 도지사
2) 소방장비 등에 대한 국고보조
   국가는 소방장비의 구입 등 시 · 도의 소방업무에 필요한 경비의 일부를 보조하고 보조 대상사업의 범위와 기준보조율 : 대통령령
3) 소방활동장비 및 설비의 종류와 규격 : 행정안전부령
4) 국고보조 대상사업의 범위
   ① 소방자동차
   ② 소방헬리콥터 및 소방정
   ③ 소방전용통신설비 및 전산설비
   ④ 그 밖에 방화복 등 소방활동에 필요한 소방장비
   ⑤ 소방관서용 청사의 건축

55 소방시설 설치 및 관리에 관한 법령상 간이스프링클러설비를 설치하여야 하는 특정소방대상물의 기준으로 옳은 것은?

① 근린생활시설로 사용하는 부분의 바닥면적 합계가 1,000m^2 이상인 것은 모든 층
② 교육연구시설 내에 있는 합숙소로서 연면적 500m^2 이상인 것
③ 정신병원과 의료재활시설을 제외한 요양병원으로 사용되는 바닥면적의 합계가 300m^2 이상 600m^2 미만인 시설
④ 정신의료기관 또는 의료재활시설로 사용되는 바닥면적의 합계가 600m^2 미만인 시설

해설

간이스프링클러설비의 설치대상
1) 공동주택 중 연립주택 및 다세대주택(주택전용 간이스프링클러설비 설치)
2) 근린생활시설 중 다음에 해당하는 것
   ① 근린생활시설로 사용하는 부분의 바닥면적 합계가 1,000m^2 이상인 것은 모든 층
   ② 의원, 치과의원 및 한의원으로서 입원실이 있는 시설
   ③ 조산원 및 산후조리원으로서 연면적 600m^2 미만인 시설
3) 의료시설 중 다음에 해당하는 시설
   ① 종합병원, 병원, 치과병원, 한방병원 및 요양병원(의료재활시설은 제외한다)으로 사용되는 바닥면적의 합계가 600m^2 미만인 시설
   ② 정신의료기관 또는 의료재활시설로 사용되는 바닥면적의 합계가 300m^2 이상 600m^2 미만인 시설
   ③ 정신의료기관 또는 의료재활시설로 사용되는 바닥면적의 합계가 300m^2 미만이고, 창살이 설치된 시설
4) 교육연구시설 내에 합숙소로서 연면적 100m^2 이상인 경우에는 모든 층
5) 숙박시설로 사용되는 바닥면적의 합계가 300m^2 이상 600m^2 미만인 시설
6) 복합건축물로서 연면적 1,000m^2 이상인 것은 모든 층

정답 54 ③ 55 ①

56 제조소 등의 위치 · 구조 또는 설비의 변경 없이 당해 제조소 등에서 저장하거나 취급하는 위험물의 품명 · 수량 또는 지정수량의 배수를 변경하고자 할 때는 누구에게 신고해야 하는가?

① 국무총리 ② 시 · 도지사
③ 관할소방서장 ④ 행정안전부장관

해설

1) 제조소 등의 위치 · 구조 또는 설비의 변경 없이 당해 제조소 등에서 저장하거나 취급하는 위험물의 품명 · 수량 또는 지정수량의 배수를 변경하고자 하는 자는 변경하고자 할 때 : 1일 전까지 시 · 도지사에게 신고

2) 제조소 등의 허가를 받지 아니하고 당해 제조소 등을 설치하거나 그 위치 · 구조 또는 설비를 변경할 수 있으며, 신고를 하지 아니하고 위험물의 품명 · 수량 또는 지정수량의 배수를 변경할 수 있는 경우
① 주택의 난방시설(공동주택의 중앙난방 제외)을 위한 저장소 또는 취급소
② 농예용 · 축산용 또는 수산용으로 필요한 난방시설 또는 건조시설을 위한 지정수량 20배 이하의 저장소

57 화재예방강화지구로 지정할 수 있는 대상이 아닌 것은?

① 시장지역
② 소방출동로가 있는 지역
③ 공장 · 창고가 밀집한 지역
④ 목조건물이 밀집한 지역

해설

1) 화재예방강화지구 지정권자 : 시 · 도지사
2) 화재예방강화지구 지정의 요청권자 : 소방청장
3) 화재예방강화지구
① 시장지역
② 공장 · 창고가 밀집한 지역
③ 목조건물이 밀집한 지역
④ 노후 · 불량건축물이 밀집한 지역
⑤ 위험물의 저장 및 처리 시설이 밀집한 지역
⑥ 석유화학제품을 생산하는 공장이 있는 지역
⑦ 산업입지 및 개발에 관한 법률에 따른 산업단지
⑧ 소방시설 · 소방용수시설 또는 소방출동로가 없는 지역
⑨ 소방관서장이 화재예방강화지구로 지정할 필요가 있다고 인정하는 지역

58 다음 조건을 참고하여 숙박시설이 있는 특정소방대상물의 수용인원 산정 수로 옳은 것은?

> 침대가 있는 숙박시설로서 1인용 침대의 수는 20개이고, 2인용 침대의 수는 10개이며, 종업원의 수는 3명이다.

① 33명 ② 40명
③ 43명 ④ 46명

해설

수용인원의 산정방법

1) 숙박시설이 있는 특정소방대상물
① 침대가 있는 숙박시설 : 종사자 수+침대 수(2인용 침대는 2개)
② 침대가 없는 숙박시설 : 종사자 수+바닥면적의 합계를 $3m^2$로 나누어 얻은 수

2) 1) 외의 특정소방대상물
① 강의실 · 교무실 · 상담실 · 실습실 · 휴게실 용도로 쓰이는 특정소방대상물 : 바닥면적의 합계를 $1.9m^2$로 나누어 얻은 수
② 강당, 문화 및 집회시설, 운동시설, 종교시설 : 바닥면적의 합계를 $4.6m^2$로 나누어 얻은 수
③ 관람석이 있는 경우 고정식 의자를 설치한 부분 : 의자 수 긴 의자의 경우 : 의자의 정면너비를 0.45m로 나누어 얻은 수

3) 그 밖의 특정소방대상물 : 바닥면적의 합계를 $3m^2$로 나누어 얻은 수(소수점 이하의 수는 반올림할 것)

수용인원 계산

침대가 있는 숙박시설 : 종사자 수+침대 수(2인용 침대는 2개)
수용인원 : 3명(종사자)+20개(1인용)+10개(2인용)×2=43명

정답 56 ② 57 ② 58 ③

59 화재의 예방 및 안전관리에 관한 법률상 화재안전조사 결과에 따른 조치명령을 정당한 사유 없이 위반한 자에 대한 벌칙으로 옳은 것은?

① 100만 원 이하의 벌금
② 300만 원 이하의 벌금
③ 1년 이하의 징역 또는 1천만 원 이하의 벌금
④ 3년 이하의 징역 또는 3천만 원 이하의 벌금

해설

3년 이하의 징역 또는 3천만 원 이하의 벌금
① 화재안전조사 결과에 따른 조치명령을 정당한 사유 없이 위반한 자
② 소방안전관리자 또는 소방안전관리보조자의 선임명령을 정당한 사유 없이 위반한 자
③ 소방안전 특별관리시설물에 대산 보수 · 보강 등 조치명령을 정당한 사유 없이 위반한 관계인
④ 거짓이나 그 밖의 부정한 방법으로 진단기관 지정을 받은 자

60 위험물안전관리법령상 제조소 등이 아닌 장소에서 지정수량 이상의 위험물을 취급할 수 있는 기준 중 다음 ( ) 안에 알맞은 것은?

> 시 · 도의 조례가 정하는 바에 따라 관할 소방서장의 승인을 받아 지정수량 이상의 위험물을 ( )일 이내의 기간 동안 임시로 저장 또는 취급하는 경우

① 15 ② 30
③ 60 ④ 90

해설

위험물의 저장 및 취급의 제한
1) 제조소 등이 아닌 장소에서 지정수량 이상의 위험물을 취급할 수 있는 경우
 ① 관할소방서장의 승인을 받아 지정수량 이상의 위험물을 90일 이내의 기간동안 임시로 저장 또는 취급하는 경우
 ② 군부대가 지정수량 이상의 위험물을 군사목적으로 임시로 저장 또는 취급하는 경우
2) 임시로 저장 또는 취급하는 장소에서의 저장 또는 취급의 기준과 임시로 저장 또는 취급하는 장소의 위치 · 구조 및 설비의 기준 : 시 · 도의 조례

4과목 소방기계시설의 구조 및 원리

61 이산화탄소 소화설비의 기동장치에 대한 기준으로 틀린 것은?

① 자동식 기동장치에는 수동으로도 기동할 수 있는 구조이어야 한다.
② 가스압력식 기동장치에서 기동용 가스용기 및 해당 용기에 사용하는 밸브는 20MPa 이상의 압력에 견딜 수 있어야 한다.
③ 수동식 기동장치의 조작부는 바닥으로부터 높이 0.8m 이상 1.5m 이하의 위치에 설치한다.
④ 전기식 기동장치로서 7병 이상의 저장용기를 동시에 개방하는 설비는 2병 이상의 저장용기에 전자개방밸브를 부착하여야 한다.

해설

1) 수동식 기동장치 설치기준
 ① 수동식 기동장치의 부근에는 소화약제의 방출을 지연시킬 수 있는 방출지연 스위치(자동복귀형 스위치로서 수동식 기동장치의 타이머를 순간 정지시키는 기능의 스위치)를 설치할 것
 ② 전역방출방식은 방호구역마다, 국소방출방식은 방호대상물마다 설치할 것
 ③ 해당 방호구역의 출입구 부분 등 조작을 하는 자가 쉽게 피난할 수 있는 장소에 설치할 것
 ④ 기동장치의 조작부는 바닥으로부터 높이 0.8m 이상 1.5m 이하의 위치에 설치하고, 보호판 등에 따른 보호장치를 설치할 것
 ⑤ 기동장치에는 그 가까운 곳의 보기 쉬운 곳에 "이산화탄소 소화설비 수동식 기동장치"라고 표시한 표지를 할 것
 ⑥ 전기를 사용하는 기동장치에는 전원표시등을 설치할 것
 ⑦ 기동장치의 방출용 스위치는 음향경보장치와 연동하여 조작될 수 있는 것으로 할 것
2) 자동식 기동장치의 설치기준
 ① 자동식 기동장치는 자동화재탐지설비의 감지기의 작동과 연동하는 것으로 할 것
 ② 자동식 기동장치에는 수동으로도 기동할 수 있는 구조로 할 것
 ③ 전기식 기동장치로서 7병 이상의 저장용기를 동시에 개방하는 설비는 2병 이상의 저장용기에 전자개방밸

정답 59 ④ 60 ④ 61 ②

브를 부착할 것

④ 가스압력식 기동장치는 다음 각 목의 기준에 따를 것

- 기동용 가스용기 및 해당 용기에 사용하는 밸브는 25MPa 이상의 압력에 견딜수 있을 것
- 기동용 가스용기에는 내압시험압력의 0.8배부터 내압시험압력 이하에서 작동하는 안전장치를 설치할 것
- 기동용 가스용기의 용적은 5L 이상으로 하고, 해당 용기에 저장하는 질소 등의 비활성기체는 6.0MPa 이상(21℃ 기준)의 압력으로 충전할 것
- 기동용 가스용기에는 충전 여부를 확인할 수 있는 압력게이지를 설치할 것

⑤ 기계식 기동장치는 저장용기를 쉽게 개방할 수 있는 구조로 할 것

⑥ 출입구 등의 보기 쉬운 곳에 소화약제의 방사를 표시하는 표시등을 설치할 것

② 가스압력식 기동장치에서 기동용 가스용기 및 해당 용기에 사용하는 밸브는 20MPa 이상의 압력 → 25MPa 이상

62 물분무소화설비의 가압송수장치로 압력수조의 필요압력을 산출할 때 필요한 것이 아닌 것은?

① 낙차의 환산수두압

② 물분무헤드의 설계압력

③ 배관의 마찰손실 수두압

④ 소방용 호스의 마찰손실 수두압

해설

압력수조의 압력 P[MPa]

$$P = p_1 + p_2 + p_3$$

여기서, p_1 : 낙차환산 수두압[MPa]

p_2 : 배관의 마찰손실 수두압[MPa]

p_3 : 물분무헤드의 설계압력[MPa]

④ 소방용 호스의 마찰손실 수두압 → 옥내소화전이나 옥외소화전 등 호스를 사용하는 소화설비에 해당된다.

63 소화용수설비에서 소화수조의 소요수량이 20m^3 이상 40m^3 미만인 경우에 설치하여야 하는 채수구의 개수는?

① 1개 ② 2개 ③ 3개 ④ 4개

해설

소화수조 및 저수조의 채수구 설치기준

1) 채수구는 구경 65mm 이상의 나사식 결합금속구를 설치할 것
2) 채수구의 높이 : 지면으로부터의 높이가 0.5m 이상 1m 이하
3) 표지 : "채수구"라고 표시한 표지
4) 채수구의 수

소요수량	20m^3 이상 40m^3 미만	40m^3 이상 100m^3 미만	100m^3 이상
채수구의 수	1개	2개	3개

5) 소화수조가 옥상 또는 옥탑의 부분에 설치된 경우에는 지상에 설치된 채수구에서의 압력이 0.15MPa 이상이 되도록 하여야 한다.

64 천장의 기울기가 10분의 1을 초과할 경우에 가지관의 최상부에 설치되는 톱날지붕의 스프링클러헤드는 천장의 최상부로부터 수직거리가 몇 cm 이하가 되도록 설치하여야 하는가?

① 50 ② 70 ③ 90 ④ 120

해설

천장의 기울기가 10분의 1을 초과하는 경우의 헤드 설치기준

1) 가지관을 천장의 마루와 평행하게 설치할 것
2) 스프링클러헤드는 다음 각 목의 어느 하나의 기준에 적합하게 설치할 것
   ① 최상부에 설치하는 스프링클러헤드의 반사판을 수평으로 설치할 것
   ② 천장의 최상부를 중심으로 가지관을 서로 마주보게 설치하는 경우에는 최상부의 가지관 상호 간의 거리가 가지관상의 스프링클러헤드 상호 간의 거리의 1/2 이하(최소 1m 이상)가 되게 스프링클러헤드를 설치할 것

정답 62 ④ 63 ① 64 ③

③ 가지관의 최상부에 설치하는 스프링클러헤드는 천장의 최상부로부터의 수직거리가 90cm 이하가 되도록 할 것

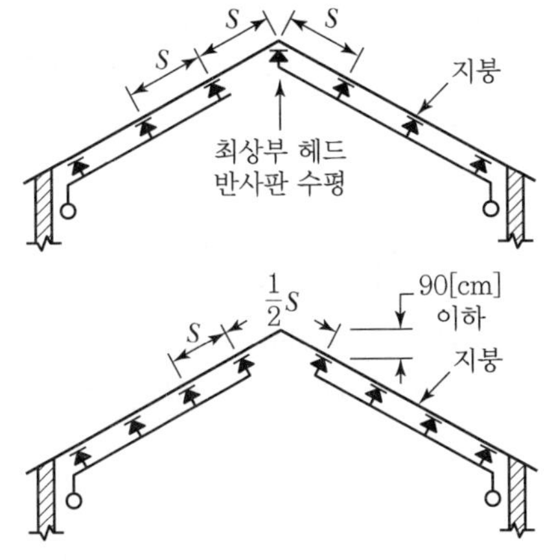

[경사지붕에 헤드를 설치하는 경우]

65 전역방출방식 분말소화설비에서 방호구역의 개구부에 자동폐쇄장치를 설치하지 아니한 경우, 개구부의 면적 $1m^2$에 대한 분말소화약제의 가산량으로 잘못 연결된 것은?

① 제1종 분말 – 4.5kg
② 제2종 분말 – 2.7kg
③ 제3종 분말 – 2.5kg
④ 제4종 분말 – 1.8kg

해설

분말소화설비 전역방출방식

1) 약제량 산정

$$Q[\text{kg}] = V \cdot K_1 + A \cdot K_2$$

여기서, Q[kg] : 약제량, $V[m^3]$: 방호구역 체적
$K_1[kg/m^3]$: 방호구역 체적 $1m^3$에 대한 소화약제의 양[kg]
$K_2[kg/m^2]$: 방호구역에 설치된 개구부 $1m^2$당 약제가산량[kg]
$A[m^2]$: 개구부 면적

2) 분말소화약제별 방호구역 체적당 약제량 및 개구부 가산량

소화약제의 종별	체적당 약제량 (K_1)	개구부 가산량 (K_2)
제1종 분말	0.60[kg/m³]	4.5[kg/m²]
제2종 분말 제3종 분말	0.36[kg/m³]	2.7[kg/m²]
제4종 분말	0.24[kg/m³]	1.8[kg/m²]

66 다음은 상수도소화용수설비의 설치기준에 관한 설명이다. ( ) 안에 들어갈 내용으로 알맞은 것은?

> 호칭지름 75mm 이상의 수도배관에 호칭지름 ( )mm 이상의 소화전을 접속할 것

① 50　② 80
③ 100　④ 125

해설

상수도소화용수설비의 설치기준

1) 호칭지름 75mm 이상의 수도배관에 호칭지름 100mm 이상의 소화전을 접속할 것
2) 소화전은 소방자동차 등의 진입이 쉬운 도로변 또는 공지에 설치할 것
3) 소화전은 특정소방대상물의 수평투영면의 각 부분으로부터 140m 이하가 되도록 설치할 것

67 다음은 포소화설비에서 배관 등 설치기준에 관한 내용이다. ㉠~㉢ 안에 들어갈 내용으로 옳은 것은?

> • 연결송수관설비의 배관과 겸용할 경우 주배관은 구경 100mm 이상, 방수구로 연결되는 배관의 구경은 (㉠)mm 이상의 것으로 하여야 한다.
> • 펌프의 성능은 체절운전 시 정격토출압력의 (㉡)%를 초과하지 아니하고, 정격토출량의 150%로 운전 시 정격토출압력의 (㉢)% 이상이 되어야 한다.

① ㉠ 40, ㉡ 120, ㉢ 65
② ㉠ 40, ㉡ 120, ㉢ 75

정답　65 ③　66 ③　67 ③

③ ㉠ 65, ㉡ 140, ㉢ 65
④ ㉠ 65, ㉡ 140, ㉢ 75

해설

1) 연결송수관설비의 배관과 겸용할 경우
  ① 주배관은 구경 100mm 이상
  ② 방수구로 연결되는 배관의 구경은 65mm 이상

2) 펌프의 성능시험
  ① 체절운전
    정격토출압력의 140%를 초과하지 아니할 것
  ② 최대 부하운전
    정격토출량의 150%로 운전 시 정격토출압력의 65% 이상일 것

68 주거용 주방자동소화장치의 설치기준으로 틀린 것은?

① 감지부는 형식승인을 받은 유효한 높이 및 위치에 설치해야 한다.
② 소화약제 방출구는 환기구의 청소부분과 분리되어 있어야 한다.
③ 가스차단 장치는 상시 확인 및 점검이 가능하도록 설치해야 한다.
④ 탐지부는 수신부와 분리하여 설치하되, 공기보다 무거운 가스를 사용하는 장소에는 바닥면으로부터 0.2m 이하의 위치에 설치해야 한다.

해설

1) 주거용 주방자동소화장치의 설치기준
  ① 소화약제 방출구 : 환기구의 청소부분과 분리되어 있어야 하며, 형식승인을 받은 유효설치 높이 및 방호면적에 따라 설치할 것
  ② 감지부 : 형식승인을 받은 유효한 높이 및 위치에 설치할 것
  ③ 차단장치(전기 또는 가스) : 상시 확인 및 점검이 가능하도록 설치할 것
  ④ 수신부 : 주위의 열기류 또는 습기 등과 주위온도에 영향을 받지 아니하고 사용자가 상시 볼 수 있는 장소에 설치할 것
  ⑤ 탐지부(가스용 주방자동소화장치를 사용하는 경우) : 탐지부는 수신부와 분리하여 설치하되, 공기보다 가벼운 가스를 사용하는 경우에는 천장면으로부터 30cm 이하의 위치에 설치하고, 공기보다 무거운 가스를 사용하는 장소에는 바닥면으로부터 30cm 이하의 위치에 설치할 것

2) 주거용 주방자동소화장치의 설치대상
  ① 아파트 등
  ② 오피스텔의 모든 층(2022년 개정)

④ 탐지부는 수신부와 분리하여 설치하되, 공기보다 무거운 가스를 사용하는 장소에는 바닥면으로부터 0.2m 이하 → 30cm 이하

69 분말소화설비의 분말소화약제 1kg당 저장용기의 내용적 기준으로 틀린 것은?

① 제1종 분말 : 0.8L
② 제2종 분말 : 1.0L
③ 제3종 분말 : 1.0L
④ 제4종 분말 : 1.8L

해설

1) 충전비(1kg당 저장용기의 내용적[l/kg])
  저장용기의 체적(내용적)과 소화약제의 중량과의 비율

$$C = \frac{V[l]}{G[\text{kg}]}$$

여기서, C : 충전비[l/kg], V : 저장용기의 체적[l]
G : 소화약제의 중량[kg]

2) 분말 저장용기의 충전비

소화약제의 종별	충전비
제1종 분말	0.8[l/kg]
제2종 분말	1.0[l/kg]
제3종 분말	1.0[l/kg]
제4종 분말	1.25[l/kg]

정답 68 ④ 69 ④

70 스프링클러설비의 가압송수장치의 정격토출압력은 하나의 헤드선단에 얼마의 방수압력이 될 수 있는 크기이어야 하는가?

① 0.01MPa 이상 0.05MPa 이하
② 0.1MPa 이상 1.2MPa 이하
③ 1.5MPa 이상 2.0MPa 이하
④ 2.5MPa 이상 3.3MPa 이하

해설

스프링클러설비 가압송수장치의 성능
기준개수의 모든 헤드선단에서 다음의 기준을 충족시킬 수 있는 성능 이상으로 할 것
1) 규정방사압(P) : 0.1MPa 이상 1.2MPa 이하
2) 분당방수량(Q_1) : 80l/min 이상

71 물분무소화설비의 소화작용이 아닌 것은?

① 부촉매작용 ② 냉각작용
③ 질식작용 ④ 희석작용

해설

물분무소화설비의 소화효과
1) 질식소화 : 공기 중의 산소농도를 15% 이하로 희박하게 하여 소화하는 방법
2) 냉각소화 : 점화원을 발화점 이하로 냉각하여 소화하는 방법
3) 유화효과(에멀션효과) : 중질유의 표면에 물을 무상으로 분무하여 유화층의 막을 생성하여 산소공급을 차단함으로써 소화하는 방법
4) 희석소화 : 알코올과 같이 수용성 액체는 물에 잘 녹으므로 물을 주입하여 가연물을 연소농도 이하로 희석하는 소화방법

① 부촉매작용 → 할론소화약제, 할로겐화합물소화약제, 분말소화약제

72 제연설비의 설치장소에 따른 제연구역의 구획 기준으로 틀린 것은?

① 거실과 통로는 각각 제연구획할 것
② 하나의 제연구역의 면적은 600m^2 이내로 할 것
③ 하나의 제연구역은 직경 60m 원내에 들어갈 수 있을 것
④ 하나의 제연구역은 2개 이상 층에 미치지 아니하도록 할 것

해설

제연구역의 구획기준
1) 하나의 제연구역의 면적은 1,000m^2 이내로 할 것
2) 거실과 통로(복도)는 각각 제연구획할 것
3) 통로상의 제연구역은 보행중심선의 길이가 60m를 초과하지 아니할 것
4) 하나의 제연구역은 직경 60m 원내에 들어갈 수 있을 것
5) 하나의 제연구역은 2개 이상 층에 미치지 아니하도록 할 것

② 하나의 제연구역의 면적은 600m^2 이내 → 1,000m^2 이내

73 옥내소화전이 하나의 층에는 6개, 또 다른 층에는 3개, 모든 나머지 층에는 4개씩 설치되어 있다. 수원의 최소 수량(m^3) 기준은?

① 7.8 ② 10.4
③ 13 ④ 15.6

해설

옥내소화전설비 수원의 양 $Q[l][\text{m}^3]$

$$Q[l] = N \times Q_1 \times T \qquad Q[\text{m}^3] = 2.6N$$

여기서, N : 가장 많이 설치된 층의 옥내소화전 개수 (2개 이상은 2개) (2021년 개정)
Q_1 : 130[l/min](옥내소화전 노즐 1개의 분당 방출량)
T : 방사시간[min](29층 이하 : 20min, 30~49층 : 40min, 50층 이상 : 60min)

[풀이]
1) N=2 가장 많이 설치된 층의 옥내소화전 개수가 6개이므로(2개 이상은 2개)
2) Q_1 : 130[l/min], T : 20[min]
$Q[l] = 2 \times 130 \times 20 = 5{,}200[l]$
∴ 수원의 양 : 5.2[m^3]

정답 70 ② 71 ① 72 ② 73 정답 없음

74 스프링클러설비의 교차배관에서 분기되는 지점을 기점으로 한쪽 가지배관에 설치되는 헤드는 몇 개 이하로 설치하여야 하는가?(단, 수리학적 배관방식의 경우는 제외한다.)

① 8 ② 10
③ 12 ④ 18

해설

가지배관의 배열
1) 토너먼트(Tournament) 방식이 아닐 것
2) 교차배관에서 분기되는 지점을 기점으로 한쪽 가지배관에 설치되는 헤드의 개수는 8개 이하로 할 것. 다만, 다음 각 목의 어느 하나에 해당하는 경우에는 그러하지 아니하다.
① 기존의 방호구역 안에서 칸막이 등으로 구획하여 1개의 헤드를 증설하는 경우
② 습식 스프링클러설비 또는 부압식 스프링클러설비에 격자형 배관방식을 채택하는 경우

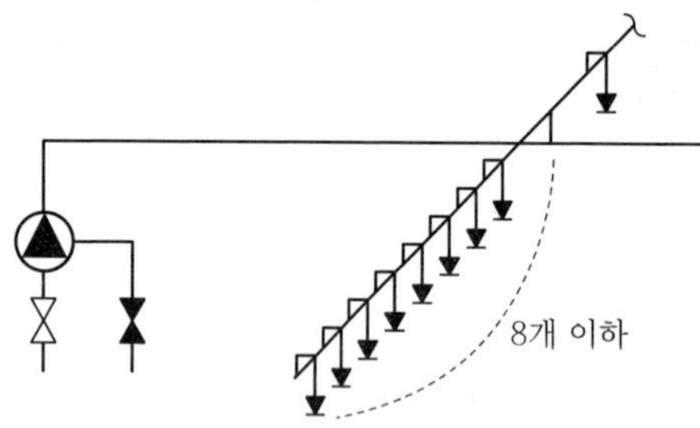

[가지배관에 설치하는 헤드 수]

75 포소화설비의 자동식 기동장치에서 폐쇄형 스프링클러헤드를 사용하는 경우의 설치기준에 대한 설명이다. ㉠~㉢의 내용으로 옳은 것은?

- 표시온도가 (㉠)℃ 미만인 것을 사용하고, 1개의 스프링클러헤드의 경계면적은 (㉡)m^2 이하로 할 것
- 부착면의 높이는 바닥으로부터 (㉢)m 이하로 하고, 화재를 유효하게 감지할 수 있도록 할 것

① ㉠ 68, ㉡ 20, ㉢ 5
② ㉠ 68, ㉡ 30, ㉢ 7
③ ㉠ 79, ㉡ 20, ㉢ 5
④ ㉠ 79, ㉡ 30, ㉢ 7

해설

자동식 기동장치의 설치기준
1) 폐쇄형 스프링클러헤드를 사용하는 경우
① 표시온도 : 79℃ 미만
② 1개의 스프링클러헤드의 경계면적 : 20m^2 이하로 할 것
③ 부착면의 높이 : 바닥으로부터 5m 이하
④ 하나의 감지장치 경계구역은 하나의 층이 되도록 할 것

2) 화재감지기를 사용하는 경우
① 화재감지기는 자동화재탐지설비의 화재안전기준에 따라 설치할 것
② 화재감지기 회로에는 발신기를 설치할 것

76 특별피난계단의 계단실 및 부속실 제연설비의 화재안전기준에 대한 내용으로 틀린 것은?

① 제연구역과 옥내와의 사이에 유지하여야 하는 최소차압은 40Pa 이상으로 하여야 한다.
② 제연설비가 가동되었을 경우 출입문에 개방에 필요한 힘은 110N 이상으로 하여야 한다.
③ 계단실과 부속실을 동시에 제연하는 경우 부속실의 기압은 계단실과 같게 하거나 부속실과 계단실의 압력 차이가 5Pa 이하가 되도록 하여야 한다.
④ 계단실 및 그 부속실을 동시에 제연하거나 또는 계단실만 단독으로 제연할 때의 방연풍속은 0.5m/s 이상이어야 한다.

해설

특별피난계단의 계단실 및 부속실 제연설비의 화재안전기준
1) 차압 등
① 제연구역과 옥내와의 사이에 유지하여야 하는 차압의 기준
- 최소 차압 : 40Pa 이상
- 옥내에 스프링클러설비가 설치된 경우 : 12.5Pa 이상

② 제연설비가 가동되었을 경우 출입문의 개방에 필요한 힘 : 110N 이하
③ 출입문이 일시적으로 개방되는 경우 개방되지 않은 제연구역과 옥내와의 차압 : 기준 차압의 70% 이상
④ 계단실과 부속실을 동시에 제연하는 경우
부속실의 기압은 계단실과 같게 하거나 계단실의 기압

정답 74 ① 75 ③ 76 ②

보다 낮게 할 경우에는 부속실과 계단실의 압력 차이는 5Pa 이하가 되도록 하여야 한다.

2) 제연구역의 선정방식에 따른 방연풍속[m/s]

제연구역		방연풍속
계단실 및 그 부속실을 동시에 제연하는 것 또는 계단실만 단독으로 제연하는 것		0.5m/s 이상
부속실만 단독으로 제연하는 것 또는 비상용 승강기의 승강장만 단독으로 제연하는 것	부속실 또는 승강장이 면하는 옥내가 거실인 경우	0.7m/s 이상
	부속실 또는 승강장이 면하는 옥내가 복도로서 구조가 방화구조(내화시간이 30분 이상인 구조를 포함한다)인 것	0.5m/s 이상

② 제연설비가 가동되었을 경우 출입문에 개방에 필요한 힘은 110N 이상 → 이하

77 체적 100m^{3}의 면화류 창고에 전역방출 방식의 이산화탄소 소화설비를 설치하는 경우에 소화약제는 몇 kg 이상 저장하여야 하는가?(단, 방호구역의 개구부에 자동폐쇄장치가 부착되어 있다.)

① 12 ② 27
③ 120 ④ 270

해설

심부화재의 약제량(종이 · 목재 · 석탄 · 섬유류 · 합성수지류 등)

$$Q[\text{kg}] = V \cdot K_1 + A \cdot K_2$$

여기서, Q[kg] : 약제량, V[m^3] : 방호구역 체적
K_1[kg/m^3] : 방호구역 체적 1m^{3}에 대한 소화약제의 양[kg]
K_2[kg/m^2] : 방호구역에 설치된 개구부 1m^{2}당 약제 가산량[kg]
A[m^2] : 개구부 면적(개구부의 면적은 방호구역 전체 표면적의 3% 이하)

방호대상물	체적 1m^{3}당 소화약제의 양 K_1[kg/m^3]	설계 농도 (%)	개구부 가산량 K_2[kg/m^2]
유압기기를 제외한 전기설비, 케이블실	1.3	50	10
체적 55m^3 미만의 전기설비	1.6	50	
박물관, 목재가공품창고, 전자제품창고, 서고	2.0	65	
고무류, 모피창고, 면화류, 석탄, 집진설비	2.7	75	

[풀이]

1) V=100[m^3], K_1 : 2.7[kg/m^3]

2) 방호구역의 개구부에 자동폐쇄장치가 부착 → 가스방출 시 개구부가 자동으로 폐쇄되어 개구부는 없는 것이 되므로 개구부 가산량은 계산하지 않는다.

3) Q= 100[m^3] × 2.7[kg/m^3] = 270[kg]

78 주요 구조부가 내화구조이고 건널 복도가 설치된 층의 피난기구 수의 설치감소방법으로 적합한 것은?

① 피난기구를 설치하지 아니할 수 있다.

② 피난기구의 수에서 $\frac{1}{2}$을 감소한 수로 한다.

③ 원래의 수에서 건널 복도 수를 더한 수로 한다.

④ 피난기구의 수에서 해당 건널 복도의 수의 2배의 수를 뺀 수로 한다.

해설

1) 피난기구의 2분의 1을 감소할 수 있는 경우
 ① 주요 구조부가 내화구조로 되어 있을 것
 ② 직통계단인 피난계단 또는 특별피난계단이 2 이상 설치되어 있을 것

2) 피난기구를 설치하여야 할 소방대상물 중 주요 구조부가 내화구조이고 다음 각 호의 기준에 적합한 건널 복도가 설치되어 있는 층에는 피난기구의 수에서 해당 건널 복도의 수의 2배의 수를 뺀 수로 한다.
 ① 내화구조 또는 철골조로 되어 있을 것

정답 77 ④ 78 ④

② 건널 복도 양단의 출입구에 자동폐쇄장치를 한 60분+방화문 또는 60분방화문이 설치되어 있을 것
③ 피난 · 통행 또는 운반의 전용 용도일 것

79 스프링클러설비의 누수로 인한 유수검지장치의 오작동을 방지하기 위한 목적으로 설치하는 것은?

① 솔레노이드밸브
② 리타딩챔버
③ 물올림장치
④ 성능시험배관

해설

리타딩챔버
1) 클래퍼가 개방되면 시트링홀에 가압수가 흘러들어 압력스위치가 동작하게 되는데 이때 리타딩챔버의 공기가 압축되면서 동작시간을 지연하게 된다.
2) 즉, 일시적인 클래퍼 개방에는 리타딩챔버에 의해 압력스위치의 동작을 지연하여 오동작을 방지하는 기능을 한다.

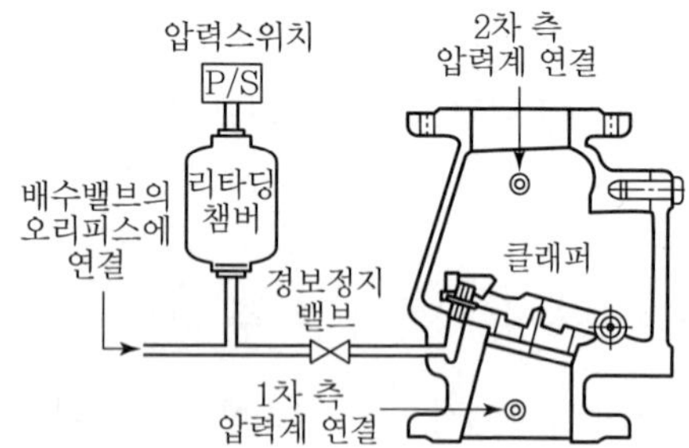

[알람체크밸브와 주위 배관]

80 지상으로부터 높이 30m가 되는 창문에서 구조대용 유도 로프의 모래주머니를 자연낙하 시킨 경우 지상에 도달할 때까지 걸리는 시간(초)은?

① 2.5 ② 5
③ 7.5 ④ 10

해설

자유낙하하는 데 걸리는 시간

$$h = \frac{1}{2} g t^2$$

여기서, h : 낙하거리[m], t : 낙하시간[s]
g : 중력가속도[m/s^2]

[풀이]

$h = \frac{1}{2} g t^2$, $30 = \frac{1}{2} \times 9.8 \times t^2$

$t^2 = 6.12244$, $t = \sqrt{6.12244} = 2.47$[s]

$t ≒ 2.5$[s]

정답 79 ② 80 ①

소방설비기사(기계분야)

기 · 출 · 문 · 제

2020년 (통합)1·2회

1과목 소방원론

01 이산화탄소에 대한 설명으로 틀린 것은?

① 임계온도는 97.5℃이다.
② 고체의 형태로 존재할 수 있다.
③ 불연성 가스로 공기보다 무겁다.
④ 드라이아이스와 분자식이 동일하다.

해설

1) 이산화탄소 소화약제의 특성
① 공기보다 비중이 1.52배 무거우므로 피복질식효과가 우수하다.
② 독성은 없으나 질식의 우려가 있다.
③ 이산화탄소에 의한 지구온난화를 발생시킨다.
④ 무색무취의 기체로 화학적으로 안정하다.
⑤ 고압의 배관에서 대기 중으로 방사 시 줄-톰슨효과에 의한 냉각소화작용이 있다.
⑥ 약제방사 시 드라이아이스에 의해 시야가 제한되는 운무현상이 발생한다.
⑦ 소화 후 잔존물이 없고 전기적으로 비전도성이다.

2) 이산화탄소의 물성

구분	물성
화학식	CO_2
분자량	44
증기비중	1.52
삼중점	-57℃
임계온도	31.35℃
임계압력	73atm
승화점	-79℃

02 물질의 화재 위험성에 대한 설명으로 틀린 것은?

① 인화점 및 착화점이 낮을수록 위험
② 착화에너지가 작을수록 위험
③ 비점 및 융점이 높을수록 위험
④ 연소범위가 넓을수록 위험

해설

화재발생의 영향요소

화재 영향요소	화재 위험성
인화점, 착화점, 비점, 융점	낮을수록 위험
온도, 압력, 농도, 연소상한계	높을수록 위험
연소범위	넓을수록 위험
착화에너지, 활성화에너지	작을수록 위험
연소하한계	낮을수록 위험
증기압, 연소열	클수록 위험

03 다음 중 연소범위를 근거로 계산한 위험도 값이 가장 큰 물질은?

① 이황화탄소 ② 메탄
③ 수소 ④ 일산화탄소

해설

위험도(H)

$$H=\frac{UFL-LFL}{LFL}$$

여기서, H : 위험도, UFL : 연소상한계[%]
LFL : 연소하한계[%]

① 이황화탄소의 연소범위 : 1.2~44%

$$H=\frac{44-1.2}{1.2}=35.67$$

② 메탄의 연소범위 : 5.0~15%

$$H=\frac{15-5}{5}=2$$

정답 01 ① 02 ③ 03 ①

③ 수소의 연소범위 : 4~75%

$$H=\frac{75-4}{4}=17.75$$

④ 일산화탄소의 연소범위 : 12.5~74%

$$H=\frac{74-12.5}{12.5}=4.92$$

04 위험물안전관리법령상 제2석유류에 해당하는 것으로만 나열된 것은?

① 아세톤, 벤젠

② 중유, 아닐린

③ 에테르, 이황화탄소

④ 아세트산, 아크릴산

해설

제4류 위험물

1) 성질 : 인화성 액체

2) 품명 및 지정수량

위험등급	품명		지정수량
I	특수인화물(디에틸에테르, 아세트알데히드, 산화프로필렌, 이황화탄소) 1기압에서 발화점이 100℃ 이하인 것 또는 인화점이 -20℃ 이하이고 비점이 섭씨 40℃ 이하인 것		50[l]
II	제1석유류(아세톤, 휘발유) 인화점 21℃ 미만	비수용성 액체	200[l]
		수용성 액체	400[l]
	알코올류 탄소원자의 수가 1개부터 3개까지인 포화1가 알코올		400[l]
III	제2석유류(경유, 등유) 인화점이 21℃ 이상 70℃ 미만	비수용성 액체	1,000[l]
		수용성 액체	2,000[l]
	제3석유류(중유, 클레오소트유) 인화점이 70℃ 이상 200℃ 미만	비수용성 액체	2,000[l]
		수용성 액체	4,000[l]
	제4석유류(기어유, 실린더유) 인화점이 200℃ 이상 250℃ 미만		6,000[l]
	동 · 식물유류(건성유, 반건성유, 불건성유) 동물의 지육 등 또는 식물의 종자나 과육으로부터 추출한 것으로서 1기압에서 인화점이 250℃ 미만		10,000[l]

① 아세톤, 벤젠 → 제1석유류

② 중유, 아닐린 → 제3석유류

③ 에테르, 이황화탄소 → 특수인화물

④ 아세트산, 아크릴산 → 제2석유류

05 종이, 나무, 섬유류 등에 의한 화재에 해당하는 것은?

① A급 화재 ② B급 화재

③ C급 화재 ④ D급 화재

해설

1) 일반화재(A급 화재, Ash)

① 가연물 : 종이, 목재, 섬유, 플라스틱 등의 일반가연물에 의한 화재

② 특징 : 타고난 후 재를 남김

③ 소화방법 : 대부분 물에 의한 냉각소화 가능

2) 화재의 분류

구분	화재의 종류	표시색	주된 소화효과
A급 화재	일반화재	백색	냉각소화
B급 화재	유류, 가스화재	황색	질식소화
C급 화재	전기화재(통전)	청색	질식소화
D급 화재	금속화재	무색	질식소화
K급 화재	주방화재	-	냉각, 질식소화

정답 04 ④ 05 ①

06 0℃, 1기압에서 44.8m^{3}의 용적을 가진 이산화탄소를 액화하여 얻을 수 있는 액화 탄산가스의 무게는 약 몇 kg인가?

① 88　② 44
③ 22　④ 11

해설

이상기체 상태방정식

$$PV = nRT \qquad PV = \frac{W}{M}RT$$

여기서, P : 절대압력[atm], V : 체적[m^3]
n : 몰수$\left(n = \frac{W}{M}\right)$, W : 기체의 질량[kg]
M : 분자량[kg/kmol]
R : 기체상수(0.082[atm · m^3/kmol · K])
T : 절대온도[K]

[풀이]
P : 1[atm], V : 44.8[m^3], M : 44[kg/kmol]
R : 0.082[atm · m^3/kmol · K], T : 273+0℃[K]

$$1[\text{atm}] \times 44.8[\text{m}^3] = \frac{W[\text{kg}]}{44[\text{kg/kmol}]} \times 0.082[\text{atm} \cdot \text{m}^3/\text{kmol} \cdot \text{K}] \times 273[\text{K}]$$

$$W = \frac{1[\text{atm}] \times 44.8[\text{m}^3] \times 44[\text{kg/kmol}]}{0.082[\text{atm} \cdot \text{m}^3/\text{kmol} \cdot \text{K}] \times 273[\text{K}]} = 88.06[\text{kg}]$$

07 가연물이 연소가 잘 되기 위한 구비조건으로 틀린 것은?

① 열전도율이 클 것
② 산소와 화학적으로 친화력이 클 것
③ 표면적이 클 것
④ 활성화 에너지가 작을 것

해설

가연물이 될 수 있는 조건
1) 발열량이 클 것
2) 산소와의 친화력이 좋을 것
3) 표면적이 넓을 것
4) 활성화에너지가 작을 것
5) 열전도도가 작을 것

08 다음 중 소화에 필요한 이산화탄소 소화약제의 최소 설계농도 값이 가장 높은 물질은?

① 메탄　② 에틸렌
③ 천연가스　④ 아세틸렌

해설

가연성 액체 또는 가연성 가스의 소화에 필요한 설계농도

방호대상물	설계농도 (%)
수소(Hydrogen)	75
아세틸렌(Acetylene)	66
일산화탄소(Carbon Monoxide)	64
산화에틸렌(Ethylene Oxide)	53
에틸렌(Ethylene)	49
에탄(Ethane)	40
석탄가스, 천연가스(Coal, Natural Gas)	37
사이클로 프로판(Cyclo Propane)	37
이소부탄(Iso Butane)	36
프로판(Propane)	36
부탄(Butane)	34
메탄(Methane)	34

09 이산화탄소의 증기비중은 약 얼마인가?(단, 공기의 분자량은 29이다.)

① 0.81　② 1.52
③ 2.02　④ 2.51

해설

1) 증기비중 $= \frac{\text{분자량}}{\text{공기의 평균분자량(29)}}$

2) 이산화탄소 증기비중 : $\frac{44}{29} = 1.52$

∴ 공기보다 1.52배 정도 무겁다.

정답　06 ①　07 ①　08 ④　09 ②

10 유류탱크 화재 시 기름 표면에 물을 살수하면 기름이 탱크 밖으로 비산하여 화재가 확대되는 현상은?

① 슬롭오버(Slop Over)
② 플래시오버(Flash Over)
③ 프로스오버(Froth Over)
④ 블레비(BLEVE)

해설

1) 슬롭오버(Slop Over)
연소하고 있는 액면에 물이 뿌려지면 액면의 기름과 물이 함께 탱크 외부로 비산하는 현상
2) 플래시오버(Flash Over)
건축물 화재 시 발생하는 현상으로 화재발생 후 일정시간이 경과하면 실내에 열과 가연성 가스가 축적되고 복사열에 의해 실 전체에 순간적으로 화재가 확산되는 현상
3) 프로스오버(Froth Over)
물이 점성이 있는 뜨거운 기름 표면 아래에서 끓을 때 화재를 수반하지 않고 용기가 넘치는 현상
4) 블레비(BLEVE)
탱크 주위 화재로 탱크 내 인화성 액체가 비등하고 가스 부분의 압력이 상승하여 탱크가 파괴되고 폭발을 일으키는 현상
5) 보일오버(Boil Over)
중질유 화재 시 탱크하부의 물이 팽창하여 물과 기름이 비산, 분출하는 현상
6) 파이어볼(Fire Ball)
강력한 폭발 발생 후 화염이 버섯구름 형태로 만들어진 후 공(Ball) 모양의 형태가 되는 현상

11 실내 화재 시 발생한 연기로 인한 감광계수(m^{-1})와 가시거리에 대한 설명 중 틀린 것은?

① 감광계수가 0.1일 때 가시거리는 20~30m이다.
② 감광계수가 0.3일 때 가시거리는 15~20m이다.
③ 감광계수가 1.0일 때 가시거리는 1~2m이다.
④ 감광계수가 10일 때 가시거리는 0.2~0.5m이다.

해설

감광계수와 가시거리의 관계

감광계수 $Cs[m^{-1}]$	가시거리 d[m]	상황
0.1	20~30	연기감지기가 작동할 때의 농도
0.3	5	건물 내부에 익숙한 사람이 피난에 지장을 느낄 정도의 농도
0.5	3	어두컴컴함을 느낄 정도의 농도
1	1~2	앞이 거의 보이지 않을 정도의 농도
10	0.2~0.5	화재 최성기 때의 농도

12 $NH_4H_2PO_4$를 주성분으로 한 분말소화약제는 제 몇 종 분말소화약제인가?

① 제1종
② 제2종
③ 제3종
④ 제4종

해설

분말소화약제의 종류

종별	분자식	착색	적응 화재	충전비 [l/kg]
제1종 분말	탄산수소나트륨 ($NaHCO_3$)	백색	BC급	0.8
제2종 분말	탄산수소칼륨 ($KHCO_3$)	담회색 (담자색)	BC급	1.0
제3종 분말	제1인산암모늄 ($NH_4H_2PO_4$)	담홍색	ABC급	1.0
제4종 분말	탄산수소칼륨+요소 ($KHCO_3+(NH_2)_2CO$)	회색	BC급	1.25

정답 10 ① 11 ② 12 ③

13 다음 물질 중 연소하였을 때 시안화수소를 가장 많이 발생시키는 물질은?

① Polyethylene
② Polyurethane
③ Polyvinyl chloride
④ Polystyrene

해설

시안화수소(HCN)

1) 독성이 매우 높은 가스로서 석유제품, 유지, 플라스틱의 불완전연소 시 발생된다. 증기비중이 공기보다 가볍다.
2) 증기비중 : $\frac{27}{29}=0.931$
3) 중합폭발의 위험이 있다.
4) 폴리우레탄(Polyurethane)은 100g당 300ppm 정도의 시안화수소를 발생시킨다.

14 다음 물질의 저장창고에서 화재가 발생하였을 때 주수소화를 할 수 없는 물질은?

① 부틸리튬　② 질산에틸
③ 니트로셀룰로오스　④ 적린

해설

구분	부틸리튬	질산에틸	니트로셀룰로오스	적린
유별	제3류위험물	제5류 위험물	제5류 위험물	제2류 위험물
성질	금수성 및 자연발화성 물질	자기반응성 물질	자기반응성 물질	가연성 고체
소화	질식소화 (주수소화 엄금)	주수소화	주수소화	주수소화

15 다음 중 상온, 상압에서 액체인 것은?

① 탄산가스　② 할론 1301
③ 할론 2402　④ 할론 1211

해설

1) 이산화탄소의 물성

구분	물성
화학식	CO_2
분자량	44
증기비중	1.52
삼중점	-57℃
임계온도	31.35℃
승화점	-79℃
상온, 상압에서 상태	기체

2) 할론소화약제의 물성

구분	Halon 1211	Halon 1301	Halon 2402	Halon 1011
화학식	CF_2ClBr	CF_3Br	$C_2F_4Br_2$	CH_2ClBr
분자량	165.4	148.9	259.8	129.4
증기비중	5.7	5.13	8.96	4.46
상온, 상압에서 상태	기체	기체	액체	액체

16 밀폐된 내화건물의 실내에 화재가 발생했을 때 그 실내의 환경변화에 대한 설명 중 틀린 것은?

① 기압이 급강하한다.
② 산소가 감소된다.
③ 일산화탄소가 증가한다.
④ 이산화탄소가 증가한다.

해설

내화구조 건축물의 화재 시 실내환경 변화

1) 실내의 압력 상승(온도 상승 → 부피 팽창 → 압력 상승)
2) 산소 감소(연소에 의한 산소 소모)
3) 일산화탄소 증가(불완전연소)
4) 이산화탄소 증가(완전연소)

정답 13 ② 14 ① 15 ③ 16 ①

17 제거소화의 예에 해당하지 않는 것은?

① 밀폐 공간에서의 화재 시 공기를 제거한다.
② 가연성 가스 화재 시 가스의 밸브를 닫는다.
③ 산림화재 시 확산을 막기 위하여 산림의 일부를 벌목한다.
④ 유류탱크 화재 시 연소되지 않은 기름을 다른 탱크로 이동시킨다.

해설

제거소화
1) 가연물을 제거하여 소화
2) 고체 가연물 : 가연물을 화재 현장으로부터 즉시 제거함 (산림화재 시 앞쪽에서 벌목하여 진화)
3) 액체 및 기체 : 가연성 물질을 누출시키는 용기의 밸브를 폐쇄
4) 전기화재 : 전원스위치를 차단하여 전기의 공급을 차단
5) 수용성 액체 : 다량의 물을 주입하여 농도를 연소범위 이하로 낮춤

① 밀폐 공간에서의 화재 시 공기를 제거한다 → 질식소화

18 화재 시 나타나는 인간의 피난특성으로 볼 수 없는 것은?

① 어두운 곳으로 대피한다.
② 최초로 행동한 사람을 따른다.
③ 발화지점의 반대방향으로 이동한다.
④ 평소에 사용하던 문, 통로를 사용한다.

해설

① 어두운 곳으로 대피한다. → 빛을 찾아 밝은곳으로 대피 (지광본능)
② 최초로 행동한 사람을 따른다.(추종본능)
③ 발화지점의 반대방향으로 이동한다.(퇴피본능)
④ 평소에 사용하던 문, 통로를 사용한다.(귀소본능)

화재발생 시 인간의 피난특성

피난특성	내용
추종본능	화재와 같은 급박한 상황에서는 먼저 행동한 사람을 따라 하는 특성
귀소본능	자주 이용하는 경로 및 원래 온 길로 돌아가려는 특성
퇴피본능	화재가 발생하면 반사적으로 화염, 열, 연기의 반대쪽으로 멀어지려는 특성
좌회본능	피난 시 시계반대방향으로 회전하려는 본능
지광본능	화재 시 빛을 찾아 외부로 빠져나오려는 특성

19 산소의 농도를 낮추어 소화하는 방법은?

① 냉각소화 ② 질식소화
③ 제거소화 ④ 억제소화

해설

소화의 방법
1) 냉각소화
① 점화원을 발화점 이하로 냉각하여 소화하는 방법
② 물의 현열과 증발잠열을 이용하는 방법이 가장 많이 사용됨

2) 질식소화
① 공기 중의 산소농도를 15% 이하로 희박하게 하여 소화하는 방법
② 이산화탄소, 불활성가스 등을 분사하여 산소농도를 낮춤

3) 제거소화
① 가연물을 제거하여 소화
② 고체 가연물 : 가연물을 화재현장으로부터 즉시 제거함(산림화재 시 앞쪽에서 벌목하여 진화)
③ 액체 및 기체 : 가연성 물질을 누출시키는 용기의 밸브를 폐쇄
④ 전기화재 : 전원스위치를 차단하여 전기의 공급을 차단
⑤ 수용성 액체 : 다량의 물을 주입하여 농도를 연소범위 이하로 낮춤

4) 억제소화(부촉매소화)
① 할론소화약제, 할로겐화합물소화약제, 분말소화약제 등을 사용하여 소화
② 불꽃연소 시 발생하는 H^*, OH^* 활성라디칼을 포착하여 연쇄반응을 억제
③ 불꽃연소에 적응성이 뛰어나고 훈소에는 적응성이 거의 없다.

정답 17 ① 18 ① 19 ②

20 인화알루미늄의 화재 시 주수소화하면 발생하는 물질은?

① 수소 ② 메탄
③ 포스핀 ④ 아세틸렌

해설

3류 위험물 중 금수성 물질의 반응식

1) 나트륨과 물의 반응식
$2Na + 2H_2O \rightarrow 2NaOH + H_2$(수소 발생)

2) 칼륨과 물의 반응식
$2K + 2H_2O \rightarrow 2KOH + H_2$(수소 발생)

3) 탄화칼슘과 물의 반응식
$CaC_2 + 2H_2O \rightarrow Ca(OH)_2 + C_2H_2$(아세틸렌 발생)

4) 인화칼슘과 물의 반응식
$Ca_3P_2 + 6H_2O \rightarrow 3Ca(OH)_2 + 2PH_3$(포스핀가스 발생)

5) 인화알루미늄과 물의 반응식
$AlP + 3H_2O \rightarrow Al(OH)_3 + PH_3$ (포스핀가스 발생)

2과목 소방유체역학

21 비중이 0.8인 액체가 한 변이 10cm인 정육면체 모양 그릇의 반을 채울 때 액체의 질량[kg]은?

① 0.4 ② 0.8 ③ 400 ④ 800

해설

액체의 질량

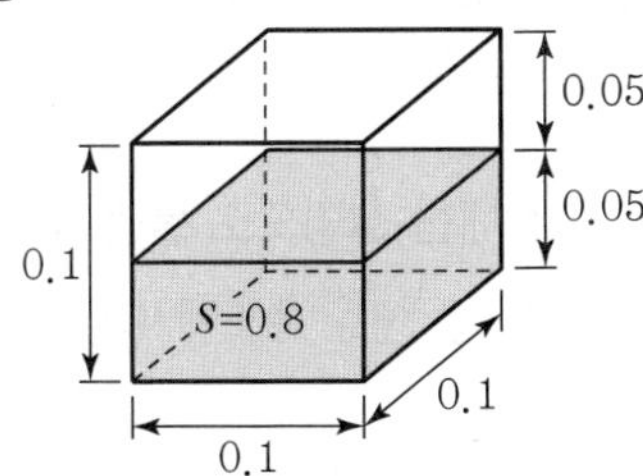

1) 관련 공식

① 밀도, 질량, 체적과의 관계식

$$\rho = \frac{m}{V}\,[kg/m^3] \qquad m = \rho V\,[kg]$$

여기서, ρ : 밀도[kg/m³], V : 체적[m³], m : [kg]

② 비중과 밀도와의 관계식

$$S = \frac{\rho}{\rho_w} \qquad \rho = S\rho_w$$

여기서, S : 비중[무차원]
ρ : 밀도[kg/m³]
ρ_w : 물의 밀도
(1,000[kg/m³] = 1,000[N · s²/m⁴])

[풀이]

1) 액체의 체적
$V = 0.1 \times 0.1 \times 0.05 = 0.0005[m^3]$

2) 액체의 밀도
$\rho = S\,\rho_w = 0.8 \times 1{,}000[kg/m^3] = 800[kg/m^3]$

3) 액체의 질량
$m = \rho V[kg]$
$= 800[kg/m^3] \times 0.0005[m^3] = 0.4[kg]$

22 펌프의 입구에서 진공계의 계기압력은 −160 mmHg, 출구에서 압력계의 압력은 300kPa, 송출유량은 10m³/min일 때 펌프의 수동력[kW]은?(단, 진공계와 압력계 사이의 수직거리는 2m이고, 흡입관과 송출관의 직경은 같으며, 손실은 무시한다.)

① 5.7 ② 56.8
③ 557 ④ 3,400

해설

펌프의 동력

1) 수동력 : 펌프에 의해 액체로 공급되는 동력

$$L_w[kW] = \frac{\gamma[N/m^3] \times Q[m^3/s] \times H[m]}{1{,}000}$$

2) 축동력 : 모터에 의해 실제로 펌프에 주어지는 동력

$$L_s[kW] = \frac{\gamma[N/m^3] \times Q[m^3/s] \times H[m]}{1{,}000\eta}$$

정답 20 ③ 21 ① 22 ②

3) 모터동력 : 모터 또는 엔진에 전달되는 동력

$$P[\mathrm{kW}] = \frac{\gamma[\mathrm{N/m^3}] \times Q[\mathrm{m^3/s}] \times H[\mathrm{m}]}{1{,}000\eta} \times K$$

여기서, L_w : 수동력[kW], L_s : 축동력[kW]
P : 전동기 동력[kW], γ : 비중량
$\gamma_w = 9{,}800[\mathrm{N/m^3}]$
Q : 유량[$\mathrm{m^3/s}$], H : 전양정[m]
η : 펌프효율, K : 전달계수

[풀이]

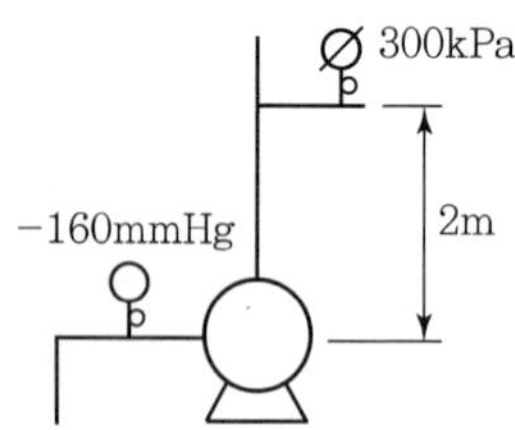

1) 유량 $Q[\mathrm{m^3/s}]$

$$Q = 10\frac{\mathrm{m^3}}{\mathrm{min}} \times \frac{1\mathrm{min}}{60s} = \frac{10}{60}[\mathrm{m^3/s}]$$

2) 전양정 H[m]
(흡입양정+토출양정+진공계와 압력계의 수직거리)

$$H = 160[\mathrm{mmHg}] + 300[\mathrm{kPa}] + 2[\mathrm{m}]$$
$$= 160[\mathrm{mmHg}] \times \frac{10.332[\mathrm{mAq}]}{760[\mathrm{mmHg}]} + 300[\mathrm{kPa}] \times \frac{10.332[\mathrm{mAq}]}{101.325[\mathrm{kPa}]} + 2[\mathrm{mAq}]$$
$$= 2.175[\mathrm{mAq}] + 30.59[\mathrm{mAq}] + 2[\mathrm{mAq}]$$
$$= 34.77[\mathrm{mAq}]$$

※ 진공계의 (−)압력은 펌프가 흡입하는 압력으로 전양정 계산 시 (+)로 계산한다.

3) $$L_w[\mathrm{kW}] = \frac{\gamma[\mathrm{N/m^3}] \times Q[\mathrm{m^3/s}] \times H[\mathrm{m}]}{1{,}000}$$
$$= \frac{9{,}800[\mathrm{N/m^3}] \times \frac{10}{60}[\mathrm{m^3/s}] \times 34.77[\mathrm{m}]}{1{,}000}$$
$$= 56.79[\mathrm{kW}] ≒ 56.8[\mathrm{kW}]$$

23 다음의 ㉠, ㉡에 알맞은 것은?

파이프 속을 유체가 흐를 때 파이프 끝의 밸브를 갑자기 닫으면 유체의 (㉠)에너지가 압력으로 변환되면서 밸브 직전에서 높은 압력이 발생하고 상류로 압축파가 전달되는 (㉡)현상이 발생한다.

① ㉠ 운동, ㉡ 서징
② ㉠ 운동, ㉡ 수격작용
③ ㉠ 위치, ㉡ 서징
④ ㉠ 위치, ㉡ 수격작용

해설

펌프에서 발생하는 이상현상

1) 수격(Water Hammering)작용
펌프나 밸브를 갑작스럽게 조작하면 관 속을 흐르는 액체의 속도가 급격히 변하면서 운동에너지가 압력에너지로 바뀌게 된다. 이때 고압이 발생되어 배관이나 관부속물에 무리한 힘을 가하게 되는데, 이러한 현상을 수격작용이라 한다.

2) 맥동(Surging)현상
펌프의 운전 중 송출유량이 주기적으로 변하면서 압력계의 눈금이 흔들리고 토출배관에 진동과 소음을 수반하는 현상이다. 맥동현상이 계속되면 배관의 장치나 기계가 파손된다.

3) 공동(Cavitation)현상
펌프 흡입 측 배관에서 발생될 수 있는 현상으로 흡수되는 물의 압력이 그 온도에서의 포화증기압보다 작게 되면 물이 급격하게 증발되어 기포가 생성되는 현상이다. 기포가 흐름을 따라 이동하면서 진동, 소음을 수반하고 심한 경우 양수불능까지도 초래하게 된다.

24 과열증기에 대한 설명으로 틀린 것은?

① 과열증기의 압력은 해당 온도에서의 포화압력보다 높다.
② 과열증기의 온도는 해당 압력에서의 포화온도보다 높다.
③ 과열증기의 비체적은 해당 온도에서의 포화증기의 비체적보다 크다.
④ 과열증기의 엔탈피는 해당 압력에서의 포화증기의 엔탈피보다 크다.

정답 23 ② 24 ①

해설

과열증기

1) 과열증기의 정의

액체를 일정한 압력에서 가열하게 될 경우 온도가 상승하다가 일정온도에 이르면 증발이 일어나게 된다. 이 상태에서는 계속 가열하더라도 액체의 전부가 증발하기 전까지는 상태변화하는 데 열량을 사용하기 때문에 온도가 상승하지 않고 액체와 증기가 공존하는데, 이러한 상태를 습윤포화증기라 하며, 계속 가열해 주어 모든 액체가 증발한 경우를 건조포화증기라 한다.

건조포화상태의 증기를 다시 가열하면 증기의 온도는 다시 상승하며 이를 과열증기, 즉 비점보다 높은 온도를 가지는 증기라 한다.

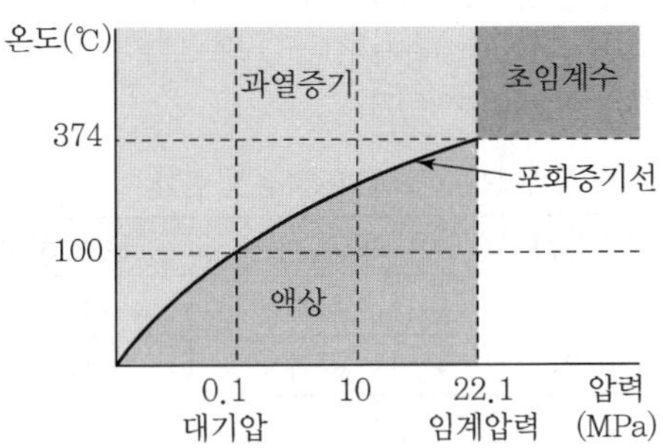

2) 포화온도

액체(물)와 기체(수증기)가 공존 할때의 온도를 말한다.

3) 과열증기의 성질

① 압력 : 해당 온도에서의 포화압력보다 낮다.
② 온도 : 해당 압력에서의 포화온도보다 높다.
③ 비체적 : 해당 온도에서의 포화증기의 비체적보다 크다.
④ 엔탈피 : 해당 압력에서의 포화증기의 엔탈피보다 크다.

4) 과열증기의 엔탈피

액체상태의 현열+증발잠열+기체상태의 현열

25 비중이 0.85이고 동점성계수가 $3\times10^{-4}\text{m}^2/\text{s}$인 기름이 직경 10cm의 수평원형관 내에 20L/s로 흐른다. 이 원관의 100m 거리에서의 수두손실[m]은?(단, 정상 비압축성 유동이다.)

① 16.6　　② 25.0
③ 49.8　　④ 82.2

해설

하겐-포아젤 방정식

직경이 일정한 직관 속에서 정상류인 비압축성 유체의 층류 흐름에서 마찰손실을 계산할 때 사용된다.

$$h_L = \frac{128\mu l Q}{\gamma \pi d^4}$$

여기서, h_L : 마찰손실수두[m], d : 배관의 직경[m]
γ : 비중량[N/m³], l : 직관의 길이[m]
μ : 점성계수[N · s/m²], Q : 유량[m³/s]

[풀이]

1) 비중량

$$S = \frac{\gamma}{\gamma_w},\ \gamma = S\gamma_w$$

$\gamma = 0.85\times9{,}800[\text{N/m}^3] = 8{,}330[\text{N/m}^3]$

2) 밀도

$$S = \frac{\rho}{\rho_w},\ \rho = S\rho_w$$

$\rho = 0.85\times1{,}000[\text{kg/m}^3] = 850[\text{kg/m}^3][\text{N}\cdot\text{s}^2/\text{m}^4]$

여기서, S : 비중, γ : 비중량[N/m³]
$\gamma_w = 9{,}800[\text{N/m}^3] = 9.8[\text{kN/m}^3]$
ρ : 밀도[kg/m³]
$\rho_w = 1{,}000[\text{kg/m}^3] = 1{,}000[\text{N}\cdot\text{s}^2/\text{m}^4]$

3) 점성계수, 동점성계수

$$\nu[\text{m}^2/\text{s}] = \frac{\mu}{\rho},\ \mu[\text{N}\cdot\text{s/m}^2] = \rho\nu$$

$\mu = 850[\text{N}\cdot\text{s}^2/\text{m}^4]\times3\times10^{-4}[\text{m}^2/\text{s}]$
$= 0.255[\text{N}\cdot\text{s/m}^2]$

여기서, ν : 동점성계수[m²/s]
μ : 점성계수[N · s/m²][kg/m · s]
ρ : 밀도[N · s²/m⁴][kg/m³]

4) 유량, 직경

① 유량 : $Q = 20\frac{l}{\text{s}}\times\frac{1\text{m}^3}{1{,}000l} = 0.02[\text{m}^3/\text{s}]$

② 직경 : $d = 10[\text{cm}] = 0.1[\text{m}]$

5) 마찰손실수두

$$h_L = \frac{128\mu l Q}{\gamma\pi d^4} = \frac{128\times0.255\times100\times0.02}{8{,}330\times\pi\times0.1^4}$$
$$= 24.95[\text{m}] \fallingdotseq 25[\text{m}]$$

정답　25 ②

26 그림과 같이 수족관에 직경 3m의 투시경이 설치되어 있다. 이 투시경에 작용하는 힘[kN]은?

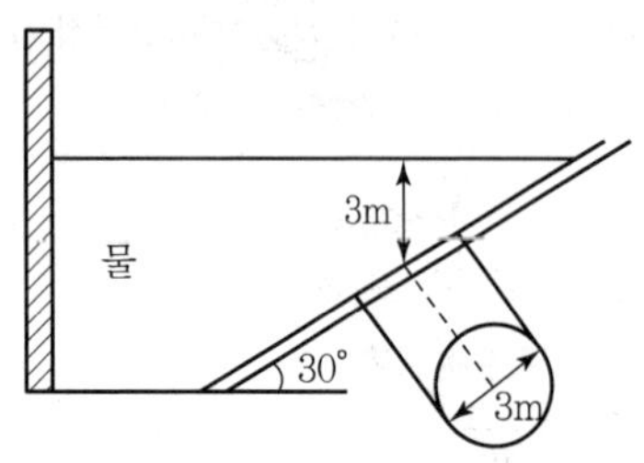

① 207.8 ② 123.9
③ 87.1 ④ 52.4

해설

투시경에 작용하는 힘 F

$$F=\gamma \bar{h} A=\gamma \bar{y} \sin\theta A$$

여기서, F : 투시경에 작용하는 전압력[N]
γ : 비중량[N/m^3], A : 투시경의 단면적[m^2]
$\bar{y}$: 수면에서 투시경 중심까지의 경사거리[m]
$\bar{h}$: 수면에서 투시경 중심까지의 수직거리[m]

[풀이]

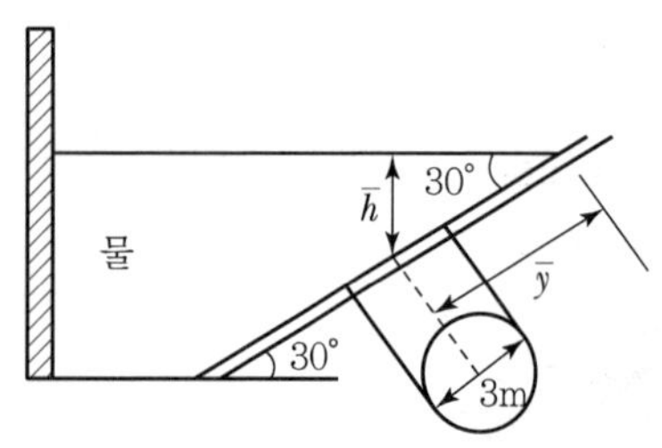

1) 물의 비중량
$\gamma=9{,}800[\mathrm{N/m^3}]=9.8[\mathrm{kN/m^3}]$

2) 투시경 중심까지의 깊이
$\bar{h}=\bar{y}\sin 30$, $\bar{h}=3[\mathrm{m}]$

3) 투시경의 면적
$A=\dfrac{\pi d^2}{4}=\dfrac{\pi\times 3^2}{4}=7.07[\mathrm{m^2}]$

4) 투시경에 작용하는 힘
$F=\gamma \bar{h} A$
$=9.8[\mathrm{kN/m^3}]\times 3[\mathrm{m}]\times 7.07[\mathrm{m^2}]=207.86[\mathrm{kN}]$

27 점성에 관한 설명으로 틀린 것은?

① 액체의 점성은 분자 간 결합력에 관계된다.
② 기체의 점성은 분자 간 운동량 교환에 관계된다.
③ 온도가 증가하면 기체의 점성은 감소된다.
④ 온도가 증가하면 액체의 점성은 감소된다.

해설

액체와 기체의 점성

1) 액체의 점성
액체의 경우 온도가 올라가면 분자 사이의 결합력이 약해져 점성이 약해진다.

2) 기체의 점성
기체는 온도가 높으면 분자의 운동량이 증가하여 분자 사이의 마찰력이 증가하게 된다. 그러므로 온도가 올라가면 기체의 점성은 높아진다.

3) 액체와 기체에서 온도에 따른 점성 변화

점성	온도 상승	온도 하강
액체의 점성	감소	증가
기체의 점성	증가	감소

28 240mmHg의 절대압력은 계기압력으로 약 몇 kPa인가?(단, 대기압은 760mmHg이고, 수은의 비중은 13.6이다.)

① −32.0 ② 32.0
③ −69.3 ④ 69.3

해설

절대압

1) 절대압=대기압+계기압
2) 절대압=대기압−진공압

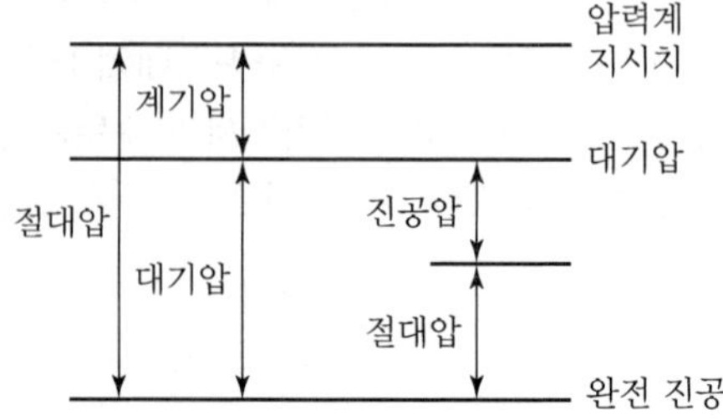

정답 26 ① 27 ③ 28 ③

[풀이]
절대압 = 대기압 + 계기압, 계기압 = 절대압 − 대기압
계기압 = 240[mmHg] − 760[mmHg] = −520[mmHg]

$$\text{계기압} = -520[\text{mmHg}] \times \frac{101.325[\text{kPa}]}{760[\text{mmHg}]} = -69.32[\text{kPa}]$$

29 관의 길이가 l이고, 지름이 d, 관마찰계수가 f일 때, 총손실수두 H[m]를 식으로 바르게 나타낸 것은?(단, 입구 손실계수가 0.5, 출구 손실계수가 1.0, 속도수두는 $\frac{V^2}{2g}$이다.)

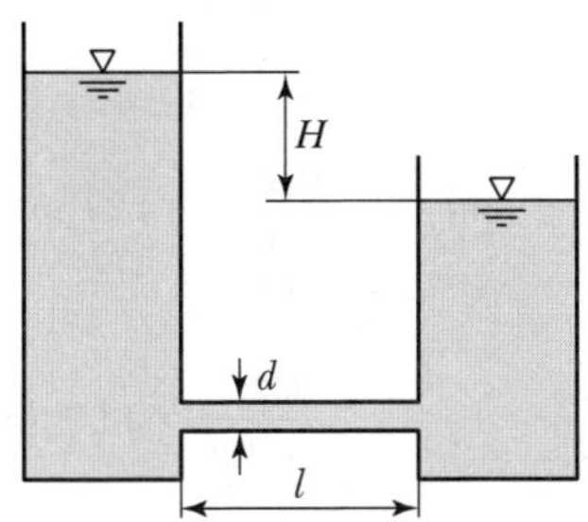

① $\left(1.5+f\frac{l}{d}\right)\frac{V^2}{2g}$　② $\left(f\frac{l}{d}+1\right)\frac{V^2}{2g}$
③ $\left(0.5+f\frac{l}{d}\right)\frac{V^2}{2g}$　④ $\left(f\frac{l}{d}\right)\frac{V^2}{2g}$

해설

관 내 유동에서의 마찰손실

1) 직관에서의 마찰손실(Darcy-Weisbach Formula)

$$H_l = f\frac{l}{d}\frac{V^2}{2g}$$

여기서, H_l : 마찰손실수두[m], f : 관마찰계수
d : 배관의 직경[m], l : 직관의 길이[m]
V : 유체의 유속[m/sec]

2) 급격한 확대관에서의 부차적 손실

$$H_l = K_1\frac{{V_1}^2}{2g}$$

여기서, K_1 : 손실계수(급격한 확대관)

3) 급격한 축소관에서의 부차적 손실

$$H_l = K_2 \cdot \frac{{V_2}^2}{2g}$$

여기서, K_2 : 손실계수(급격한 축소관)

[풀이]
1) 총손실수두
직관의 마찰손실수두 + 급격한확대관의 마찰손실수두 + 급격한 축소관의 마찰손실수두

$$\text{총손실수두} = f\frac{l}{d}\frac{V^2}{2g} + K_1\frac{{V_1}^2}{2g} + K_2\frac{{V_2}^2}{2g}$$
$$= \left(K_1+K_2+f\frac{l}{d}\right)\frac{V^2}{2g}$$
$$= \left(1+0.5+f\frac{l}{d}\right)\frac{V^2}{2g}$$
$$= \left(1.5+f\frac{l}{d}\right)\frac{V^2}{2g}$$

여기서, K_1 : 출구의 손실계수(급격한 확대관)
K_2 : 입구의 손실계수(급격한 축소관)

30 회전속도 N[rpm]일 때 송출량 Q[m³/min], 전양정 H[m]인 원심펌프를 상사한 조건에서 회전속도를 $1.4N$[rpm]으로 바꾸어 작동할 때 ㉠ 유량과 ㉡ 전양정은?

① ㉠ $1.4Q$, ㉡ $1.4H$
② ㉠ $1.4Q$, ㉡ $1.96H$
③ ㉠ $1.96Q$, ㉡ $1.4H$
④ ㉠ $1.96Q$, ㉡ $1.96H$

해설

상사의 법칙

1) 유량(Q)에서의 상사의 법칙

$$\frac{Q_2}{Q_1} = \left(\frac{N_2}{N_1}\right)\left(\frac{D_2}{D_1}\right)^3$$

2) 양정(H)에서의 상사의 법칙

$$\frac{H_2}{H_1} = \left(\frac{N_2}{N_1}\right)^2\left(\frac{D_2}{D_1}\right)^2$$

정답　29 ①　30 ②

3) 동력(P)에서의 상사의 법칙

$$\frac{P_2}{P_1} = \left(\frac{N_2}{N_1}\right)^3 \left(\frac{D_2}{D_1}\right)^5$$

여기서, N : 회전수[rpm], D : 임펠러의 직경[m]

[풀이]

Q_1 : Q[m^3/min], H_1 : H[m], N_1 : N[rpm]

Q_2 : ㉠ [m^3/min], H_2 : ㉡ [m], N_2: $1.4N$[rpm]

1) 유량

$$\frac{Q_2}{Q_1} = \left(\frac{N_2}{N_1}\right),\ \frac{㉠}{Q} = \left(\frac{1.4N}{N}\right),\ ㉠ = 1.4\,Q$$

2) 양정

$$\frac{H_2}{H_1} = \left(\frac{N_2}{N_1}\right)^2,\ \frac{㉡}{H} = \left(\frac{1.4N}{N}\right)^2$$

$㉡ = (1.4)^2\,H = 1.96\,H$

31 그림과 같이 길이 5m, 입구직경(D_1) 30cm, 출구직경(D_2) 16cm인 직관을 수평면과 30° 기울어지게 설치하였다. 입구에서 0.3m^3/s로 유입되어 출구에서 대기 중으로 분출된다면 입구에서의 절대압력(kPa)은?(단, 대기는 표준대기압 상태이고 마찰손실은 없다.)

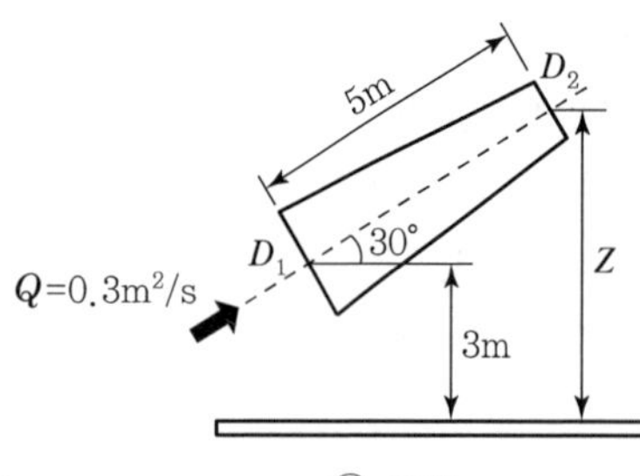

① 24.5　　② 102
③ 127　　④ 228

해설

베르누이 방정식

$$\frac{V_1^{\,2}}{2g} + \frac{P_1}{\gamma} + Z_1 = \frac{V_2^{\,2}}{2g} + \frac{P_2}{\gamma} + Z_2$$

여기서, $\frac{V^2}{2g}$: 속도수두[m], $\frac{P}{\gamma}$: 압력수두[m]

Z : 위치수두[m], V : 유속[m/s]

P : 압력[N/m^2], Z : 높이[m]

g : 중력가속도[m/s^2], γ : 비중량[N/m^3]

[풀이]

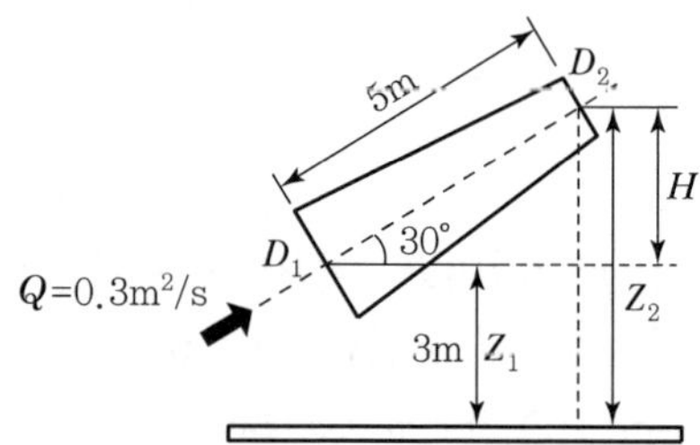

1) 유속

$$Q = AV\text{에서 } V = \frac{Q}{A},\ V = \frac{Q}{\frac{\pi d^2}{4}}$$

$$V_1 = \frac{Q_1}{\frac{\pi d_1^{\,2}}{4}},\ V_1 = \frac{0.3}{\frac{\pi \times 0.3^2}{4}} = 4.24[\text{m/s}]$$

$$V_2 = \frac{Q_2}{\frac{\pi d_2^{\,2}}{4}},\ V_2 = \frac{0.3}{\frac{\pi \times 0.16^2}{4}} = 14.92[\text{m/s}]$$

2) 압력수두

P_1 : ?(계기압), P_2 : 0[kPa](대기압상태이므로 계기압으로 0[kPa]이다.)

γ : 9.8[kN/m^3]

3) 위치수두

$Z_1 = 3$[m]

$Z_2 = Z_1 + H = 3 + 2.5 = 5.5$[m]

여기서, $H = 5 \times \sin 30° = 5 \times 0.5 = 2.5$[m]

4) P_1[kPa](계기압)

$$\frac{4.24^2}{2\times 9.8} + \frac{P_1}{9.8} + 3 = \frac{14.92^2}{2\times 9.8} + \frac{0}{9.8} + 5.5$$

$$P_1 = \left[\frac{14.92^2 - 4.24^2}{2\times 9.8} + (5.5 - 3)\right] \times 9.8$$

$= 126.8$[kPa]

5) P_1[kPa](절대압)

절대압 = 대기압 + 계기압

P_1(절대압) = 101.325[kPa] + 126.81[kPa]

= 228.14[kPa]

정답 31 ④

32 다음 중 배관의 유량을 측정하는 계측장치가 아닌 것은?

① 로터미터(Rotameter)
② 유동노즐(Flow Nozzle)
③ 마노미터(Manometer)
④ 오리피스(Orifice)

해설

유량측정장치의 종류

1) 벤추리미터(Venturi Meter)
축소 · 확대관의 축소관 부분에서 유속을 빠르게 하여 압력변화를 일으킴으로써 유량을 측정할 수 있는 장치이다.

2) 오리피스 미터(Orifice Meter)
배관에 얇은 판을 끼워 넣어 유속을 크게 함으로써 압력 변화를 일으키고 압력 차에 의해 유량을 측정할 수 있는 장치이다.

3) 위어(Weir)
개수로의 유량측정에 사용하는 장치이다.

4) 로터미터(Rota Meter)
부자(Float)의 높이를 직접 눈으로 읽어 유량을 측정하는 장치이다.

③ 마노미터 → 압력에 의해 밀려 올라간 액체 기둥의 높이를 측정하여 그에 상응하는 압력을 측정하는 장치로서 액주계의 액체와 압력을 측정하려고 하는 유체가 다른 경우 사용한다.

33 지름 10cm의 호스에 출구 지름이 3cm인 노즐이 부착되어 있고, 1,500L/min의 물이 대기 중으로 뿜어져 나온다. 이때 4개의 플랜지 볼트를 사용하여 노즐을 호스에 부착하고 있다면 볼트 1개에 작용되는 힘의 크기(N)는?(단, 유동에서 마찰이 존재하지 않는다고 가정한다.)

① 58.3 ② 899.4
③ 1018.4 ④ 4098.2

해설

플랜지 볼트에 작용하는 힘 F[N]

$$F = \frac{\gamma A_1 Q^2}{2g}\left(\frac{A_1 - A_2}{A_1 A_2}\right)^2 [\text{N}]$$

여기서, γ : 9,800[N/m³](물의 비중량)
Q : 유량[m³/s]
A_1 : 입구 측 배관의 면적[m²]
A_2 : 출구 측 배관의 면적[m²]

[풀이]

1) 유량

$$Q = 1{,}500\,\frac{l}{\text{min}} \times \frac{1\,\text{m}^3}{1{,}000\,l} \times \frac{1\,\text{min}}{60\,s} = \frac{1{,}500}{60{,}000}[\text{m}^3/\text{s}] = 0.025[\text{m}^3/\text{s}]$$

2) 배관의 구경

$$A_1 = \frac{\pi d_1^{\ 2}}{4} = \frac{\pi \times 0.1^2}{4} = 0.00785[\text{m}^2]$$

$$A_2 = \frac{\pi d_2^{\ 2}}{4} = \frac{\pi \times 0.03^2}{4} = 0.0007[\text{m}^2]$$

3) 4개의 플랜지 볼트에 작용하는 전체 힘 F_T[N]

$$F_T = \frac{9{,}800 \times 0.00785 \times 0.025^2}{2 \times 9.8} \times \left(\frac{0.00785 - 0.0007}{0.00785 \times 0.0007}\right)^2 = 4153.33[\text{N}]$$

4) 1개의 플랜지 볼트에 작용하는 힘 F_1[N]

$$F_1 = \frac{4153.33}{4} = 1038.33[\text{N}] \fallingdotseq 1018.4[\text{N}]$$

※ 계산의 편의상 소수 다섯 자리에서 반올림하여 계산하여 답과 오차가 있으나 소수점을 반올림하지 않고 전체 소수점 모두를 계산하면 답과 근사한 수치가 계산됨

정답 32 ③ 33 ③

34 -10℃, 6기압의 이산화탄소 10kg이 분사노즐에서 1기압까지 가역 단열팽창하였다면 팽창 후의 온도는 몇 ℃가 되겠는가?(단, 이산화탄소의 비열비는 1.289이다.)

① -85 ② -97
③ -105 ④ -115

해설

단열팽창과정에서 온도와 압력과의 관계

$$\left(\frac{T_2}{T_1}\right)=\left(\frac{P_2}{P_1}\right)^{\frac{k-1}{k}}$$

여기서, T_1 : 팽창 전 온도[K], T_2 : 팽창 후 온도[K]
P_1 : 팽창 전 압력[atm]
P_2 : 팽창 후 압력[atm]

[풀이]

1) $T_1=(-10+273)$[K], $T_2=?$[K], $P_1=6$[atm]
$P_2=1$[atm], $k=1.289$

$$\left(\frac{T_2}{(-10)+273}\right)=\left(\frac{1}{6}\right)^{\frac{1.289-1}{1.289}},\ \left(\frac{T_2}{263}\right)=\left(\frac{1}{6}\right)^{0.2242}$$

$$T_2=\left(\frac{1}{6}\right)^{0.2242}\times 263,\ T_2=176\,[\text{K}]$$

2) 섭씨[℃]=절대온도[K]-273
팽창 후의 섭씨온도=176-273=-97[℃]

35 다음 그림에서 A, B점의 압력 차(kPa)는?(단, A는 비중 1의 물, B는 비중 0.899의 벤젠이다.)

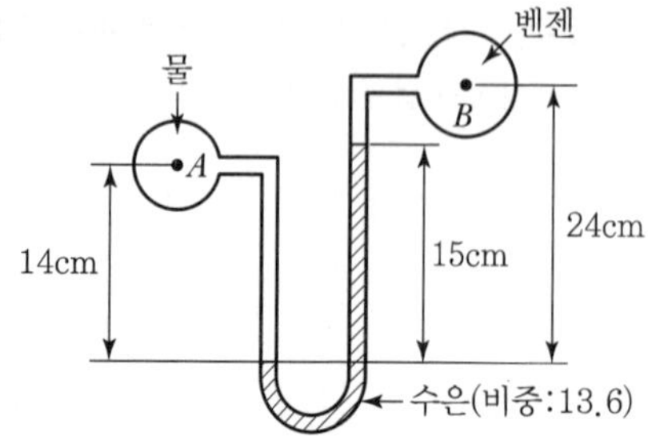

① 278.7 ② 191.4
③ 23.07 ④ 19.4

해설

압력 차(P_A-P_B)

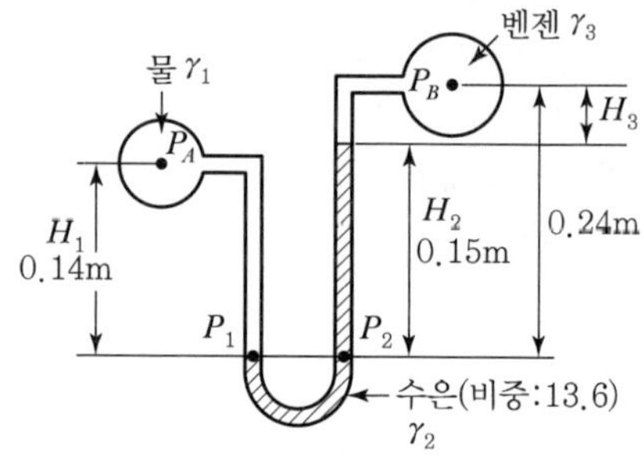

$P_1=P_2$(P_1 점과 P_2점의 압력은 같다)

1) $P_1=P_A+\gamma_1 H_1$
2) $P_2=P_B+\gamma_2 H_2+\gamma_3 H_3$
3) $P_A+\gamma_1 H_1=P_B+\gamma_2 H_2+\gamma_3 H_3$

A, B점의 압력 차
$$P_A-P_B=\gamma_2 H_2+\gamma_3 H_3-\gamma_1 H_1$$

[풀이]

1) 물의 비중량 γ_1[kN/m³]

$$S_1=\frac{\gamma_1}{\gamma_w}$$

$\gamma_1=S_1\times\gamma_w=1\times 9.8[\text{kN/m}^3]=9.8[\text{kN/m}^3]$

2) 수은의 비중량 γ_2[kN/m³]

$$S_2=\frac{\gamma_2}{\gamma_w}$$

$\gamma_2=S_2\times\gamma_w=13.6\times 9.8[\text{kN/m}^3]$
$=133.28[\text{kN/m}^3]$

3) 벤젠의 비중량 γ_3[kN/m³]

$$S_3=\frac{\gamma_3}{\gamma_w}$$

$\gamma_3=S_3\times\gamma_w=0.899\times 9.8[\text{kN/m}^3]=8.81[\text{kN/m}^3]$

4) A, B점의 압력 차(P_A-P_B)
$P_A-P_B=\gamma_2 H_2+\gamma_3 H_3-\gamma_1 H_1$
$P_A-P_B=133.28\times 0.15+8.81\times(0.24-0.15)$
-9.8×0.14
$=19.41$[kPa]

정답 34 ② 35 ④

36 펌프의 일과 손실을 고려할 때 베르누이 수정방정식을 바르게 나타낸 것은?(단, H_P와 H_L은 펌프의 수두와 손실수두를 나타내며, 하첨자 1, 2는 각각 펌프의 전후 위치를 나타낸다.)

① $\frac{V_1^2}{2g}+\frac{P_1}{\gamma}+Z_1=\frac{V_2^2}{2g}+\frac{P_2}{\gamma}+H_L$

② $\frac{V_1^2}{2g}+\frac{P_1}{\gamma}+Z_1+H_P=\frac{V_2^2}{2g}+\frac{P_2}{\gamma}+H_L$

③ $\frac{V_1^2}{2g}+\frac{P_1}{\gamma}+H_P=\frac{V_2^2}{2g}+\frac{P_2}{\gamma}+Z_2+H_L$

④ $\frac{V_1^2}{2g}+\frac{P_1}{\gamma}+Z_1+H_P=\frac{V_2^2}{2g}+\frac{P_2}{\gamma}+Z_2+H_L$

해설

수정 베르누이 방정식(펌프수두와 마찰손실을 고려)
실제 유체의 유동관로에 펌프를 설치하여 유체를 이송할 때

$$\frac{V_1^2}{2g}+\frac{P_1}{\gamma}+Z_1+H_P=\frac{V_2^2}{2g}+\frac{P_2}{\gamma}+Z_2+H_L$$

여기서, $\frac{V^2}{2g}$: 속도수두[m], $\frac{P}{\gamma}$: 압력수두[m]
Z : 위치수두[m], V : 유속[m/s]
P : 압력[N/m²], Z : 높이[m]
g : 중력가속도[m/s²], γ : 비중량[N/m³]
H_L : 마찰손실수두, H_P : 펌프수두

37 그림과 같이 단면 A에서 정압이 500kPa이고 10m/s로 난류의 물이 흐르고 있을 때 단면 B에서의 유속(m/s)은?

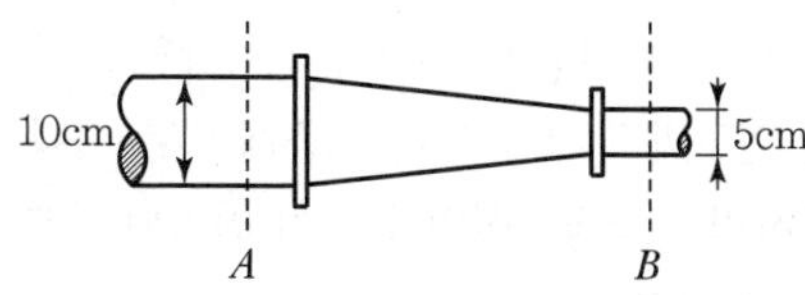

① 20　　② 40
③ 60　　④ 80

해설

B점의 유속 V_B[m/s]

$$Q_A=Q_B \qquad A_A V_A=A_B V_B \qquad V_B=\frac{A_A}{A_B}V_A$$

[풀이]

1) $A_A=\frac{\pi\times d_A^2}{4}=\frac{\pi\times 0.1^2}{4}=0.00785[\text{m}^2]$

2) $A_B=\frac{\pi\times d_B^2}{4}=\frac{\pi\times 0.05^2}{4}=0.00196[\text{m}^2]$

3) $V_B=\frac{A_A}{A_B}V_A$

$V_B=\frac{0.00785}{0.00196}\times 10=40.05 \fallingdotseq 40[\text{m/s}]$

38 압력이 100kPa이고 온도가 20℃인 이산화탄소를 완전 기체라고 가정할 때 밀도(kg/m³)는?(단, 이산화탄소의 기체상수는 188.95 J/kg · K이다.)

① 1.1　　② 1.8
③ 2.56　　④ 3.8

해설

이산화탄소의 밀도
1) 이상기체 상태방정식

$$PV=W\overline{R}T$$

여기서, P : 절대압력[Pa, N/m²], V : 체적[m³]
W : 기체의 질량[kg], T : 절대온도[K]
$\overline{R}$: 특별기체상수[J/kg · K][N · m/kg · K]

2) 기체의 밀도 : ρ[kg/m³]
$\rho=\frac{W}{V}$이므로 이상기체 상태방정식을 정리하면

$$\frac{W}{V}=\frac{P}{\overline{R}T} \qquad \rho=\frac{P}{\overline{R}T}$$

[풀이]

$\rho=\frac{100{,}000[\text{Pa}]}{188.95[\text{J/kg}\cdot\text{K}]\times(20+273)[\text{K}]}$
$=1.8[\text{kg/m}^3]$

정답 36 ④ 37 ② 38 ②

39 온도 차이가 $\triangle T$, 열전도율이 k_1, 두께 x인 벽을 통한 열유속(Heat Flux)과 온도 차이가 $2\triangle T$, 열전도율이 k_2, 두께 $0.5x$인 벽을 통한 열유속이 서로 같다면 두 재질의 열전도율비 k_1/k_2의 값은?

① 1　　② 2
③ 4　　④ 8

해설

두 재질의 열전도율비

1) 푸리에 전도법칙(Fourier's Law)

$$q[\mathrm{W}] = \frac{k}{x}A\triangle T$$

여기서, q : 열전달량[W]
k : 열전도도[W/m · K]
x : 물체의 두께[m]
A : 열전달면적[m²]
ΔT : 온도 차[K]

2) 열유속 : 단위시간, 단위면적당 흐르는 열의 양

$$\dot{q}''[\mathrm{W/m^2}] = \frac{k}{x}\triangle T$$

[풀이]

$$\dot{q}_1''[\mathrm{W/m^2}] = \frac{k_1}{x_1}\triangle T_1 \qquad \dot{q}_2''[\mathrm{W/m^2}] = \frac{k_2}{x_2}\triangle T_2$$

조건에서, $\dot{q}_1'' = \dot{q}_2''$이므로 $\frac{k_1}{x_1}\triangle T_1 = \frac{k_2}{x_2}\triangle T_2$

$\frac{k_1}{k_2} = \frac{x_1}{x_2}\frac{\Delta T_2}{\Delta T_1}$　여기서, $\Delta T_1 = \Delta T$, $\Delta T_2 = 2\Delta T$

$$\frac{k_1}{k_2} = \frac{x}{0.5x}\frac{2\Delta T}{\Delta T} = \frac{2}{0.5} = 4$$

40 표준대기압상태인 어떤 지방의 호수 밑 72.4m에 있던 공기의 기포가 수면으로 올라오면 기포의 부피는 최초 부피의 몇 배가 되는가?(단, 기포 내의 공기는 보일의 법칙을 따른다.)

① 2　　② 4
③ 7　　④ 8

해설

보일의 법칙(Boyle's Law)
온도가 일정할 때 기체의 체적은 절대압력에 반비례한다.

$$P_1 V_1 = P_2 V_2$$

여기서, P : 절대압력[Pa], V : 체적[m³]

[풀이]

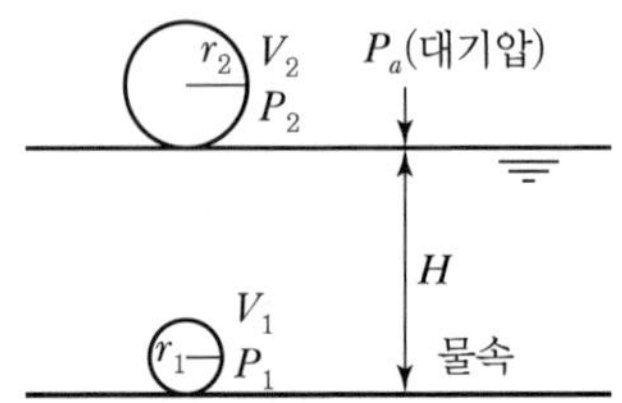

1) $P_1 V_1 = P_2 V_2$, $\frac{V_2}{V_1} = \frac{P_1}{P_2}$

2) 절대압=대기압+계기압
$P_1 = P_a + \gamma H$, $P_2 = P_a$(대기압)

3) $\frac{V_2}{V_1} = \frac{P_1}{P_2}$, $\frac{V_2}{V_1} = \frac{P_a + \gamma H}{P_a}$, $\frac{V_2}{V_1} = 1 + \frac{\gamma H}{P_a}$

$$\frac{V_2}{V_1} = 1 + \frac{9,800[\mathrm{N/m^3}] \times 72.4[\mathrm{m}]}{101325[\mathrm{N/m^2}][\mathrm{Pa}]} = 8$$

$\therefore V_2 = 8V_1$

3과목 소방관계법규

41 소방시설공사업법령에 따른 소방시설업 등록이 가능한 사람은?

① 피성년후견인
② 위험물안전관리법에 따른 금고 이상의 형의 집행유예를 선고받고 그 유예기간 중에 있는 사람
③ 등록하려는 소방시설업 등록이 취소된 날부터 3년이 지난 사람
④ 소방기본법에 따른 금고 이상의 실형을 선고받고 그 집행이 면제된 날부터 1년이 지난 사람

정답 39 ③ 40 ④ 41 ③

해설

소방시설업 등록의 결격사유
1) 피성년후견인
2) 금고 이상의 실형을 선고받고 그 집행이 끝나거나 면제된 날부터 2년이 지나지 아니한 사람
3) 금고 이상의 형의 집행유예를 선고받고 그 유예기간 중에 있는 사람
4) 등록하려는 소방시설업 등록이 취소된 날부터 2년이 지나지 아니한 자
5) 법인의 대표자가 제1)호에서 제4)호까지의 규정에 해당하는 경우 그 법인
6) 법인의 임원이 제2)호부터 제4)호까지의 규정에 해당하는 경우 그 법인

42 방염성능기준 이상의 실내장식물 등을 설치해야 하는 특정소방대상물이 아닌 것은?

① 숙박이 가능한 수련시설
② 층수가 11층 이상인 아파트
③ 건축물 옥내에 있는 종교시설
④ 방송통신시설 중 방송국 및 촬영소

해설

방염성능기준 이상의 실내장식물 등을 설치하여야 하는 특정소방대상물
1) 근린생활시설 중 의원, 조산원, 산후조리원, 체력단련장, 공연장 및 종교집회장
2) 건축물의 옥내에 있는 시설로서 다음 각 목의 시설
   ① 문화 및 집회시설
   ② 종교시설
   ③ 운동시설(수영장은 제외)
3) 의료시설
4) 교육연구시설 중 합숙소
5) 노유자시설
6) 숙박이 가능한 수련시설
7) 숙박시설
8) 방송통신시설 중 방송국 및 촬영소
9) 다중이용업소
10) 층수가 11층 이상인 것(아파트는 제외)

43 소방시설공사업법령상 소방공사감리를 실시함에 있어 용도와 구조에서 특별히 안전성과 보안성이 요구되는 소방대상물로서 소방시설물에 대한 감리를 감리업자가 아닌 자가 감리할 수 있는 장소는?

① 정보기관의 청사
② 교도소 등 교정관련시설
③ 국방 관계시설 설치장소
④ 원자력안전법상 관계시설이 설치되는 장소

해설

감리업자가 아닌 자가 감리할 수 있는 보안성 등이 요구되는 소방대상물의 시공 장소(소방시설공사업법 시행령 제8조)
「원자력안전법」 제2조제10호에 따른 관계시설이 설치되는 장소
※ 관계시설 : 원자로의 안전에 관계되는 시설로서 대통령령으로 정하는 것

44 위험물안전관리법령상 다음의 규정을 위반하여 위험물의 운송에 관한 기준을 따르지 아니한 자에 대한 과태료기준은?

> 위험물운송자는 이동탱크저장소에 의하여 위험물을 운송하는 때에는 행정안전부령으로 정하는 기준을 준수하는 등 당해 위험물의 안전확보를 위하여 세심한 주의를 기울여야 한다.

① 100만 원 이하 ② 300만 원 이하
③ 500만 원 이하 ④ 700만 원 이하

해설

500만 원 이하의 과태료
1) 시·도의 조례가 정하는 바에 따라 관할소방서장의 승인을 받아 지정수량 이상의 위험물을 90일 이내의 기간 동안 임시로 저장 또는 취급하는 경우에서 승인을 받지 않은 경우
2) 제조소 등의 위치·구조 또는 설비의 변경 없이 당해 제조소 등에서 저장하거나 취급하는 위험물의 품명·수량 또는 지정수량의 배수를 변경하고자 하는 자는 변경하고자 하는 날의 1일 전까지 행정안전부령이 정하는 바에 따라 시·도지사에게 신고하여야 하는 조항을 위반하여 기간이내에 신고하지 아니한 자

정답 42 ② 43 ④ 44 ③

3) 지위승계 신고를 30일 이내에 시 · 도지사에게 하지 아니한 자
4) 용도폐지 신고를 14일 이내에 시 · 도지사에게 하지 아니한 자
5) 위험물운송자는 이동탱크저장소에 의하여 위험물을 운송하는 때에는 행정안전부령으로 정하는 기준을 준수하는 등 당해 위험물의 안전확보를 위하여 세심한 주의를 기울여야 하는 조항을 위반한 자

45 다음 소방시설 중 경보설비가 아닌 것은?

① 통합감시시설 ② 가스누설경보기
③ 비상콘센트설비 ④ 자동화재속보설비

해설

경보설비
1) 정의
화재발생 사실을 통보하는 기계 · 기구 또는 설비
2) 종류
① 단독경보형 감지기
② 비상경보설비
㉠ 비상벨설비
㉡ 자동식사이렌설비
③ 자동화재탐지설비
④ 시각경보기
⑤ 화재알림설비
⑥ 비상방송설비
⑦ 자동화재속보설비
⑧ 통합감시시설
⑨ 누전경보기
⑩ 가스누설경보기

③ 비상콘센트설비 → 소화활동설비

46 소방기본법령에 따라 주거지역 · 상업지역 및 공업지역에 소방용수시설을 설치하는 경우 소방대상물과의 수평거리를 몇 m 이하가 되도록 해야 하는가?

① 50 ② 100
③ 150 ④ 200

해설

소방용수시설의 설치기준
1) 공통기준
① 주거지역 · 상업지역 · 공업지역 : 수평거리 100m 이하
② 그 밖의 지역 : 수평거리 140m 이하
2) 소방용수시설별 설치기준
① 소화전의 설치기준 : 상수도와 연결하여 지하식 또는 지상식의 구조로 하고, 소방용 호스와 연결하는 소화전의 연결금속구의 구경 : 65mm
② 급수탑의 설치기준
• 급수배관의 구경 : 100mm 이상
• 개폐밸브의 높이 : 지상에서 1.5m 이상 1.7m 이하의 위치에 설치할 것
③ 저수조의 설치기준
• 지면으로부터의 낙차 : 4.5m 이하
• 흡수부분의 수심 : 0.5m 이상
• 흡수관의 투입구가 사각형 : 한 변의 길이가 60cm 이상
• 흡수관의 투입구가 원형 : 지름이 60cm 이상
• 소방펌프자동차가 쉽게 접근할 수 있을 것
• 흡수에 지장이 없도록 토사 및 쓰레기 등을 제거할 수 있는 설비를 갖출 것
• 저수조에 물을 공급하는 방법은 상수도에 연결하여 자동으로 급수되는 구조일 것

47 소방기본법령상 정당한 사유 없이 소방대가 현장에 도착할 때까지 사람을 구출하는 조치 또는 불을 끄거나 불이 번지지 아니하도록 하는 조치를 하지 아니한 사람에 대한 벌칙은?

① 50만 원 이하의 벌금
② 100만 원 이하의 벌금
③ 300만 원 이하의 벌금
④ 500만 원 이하의 벌금

해설

100만 원 이하의 벌금
1) 정당한 사유 없이 소방대의 생활안전활동을 방해한 자
2) 정당한 사유 없이 소방대가 현장에 도착할 때까지 사람을 구출하는 조치 또는 불을 끄거나 불이 번지지 아니하도록 하는 조치를 하지 아니한 사람

정답 45 ③ 46 ② 47 ②

3) 피난 명령을 위반한 사람
4) 정당한 사유 없이 물의 사용이나 수도의 개폐장치의 사용 또는 조작을 하지 못하게 하거나 방해한 자
5) 화재 발생을 막거나 폭발 등으로 화재가 확대되는 것을 막기 위하여 가스 · 전기 또는 유류 등의 시설에 대하여 위험물질의 공급을 차단하는 조치를 정당한 사유 없이 방해한 자

48 불꽃을 사용하는 용접 · 용단기구의 용접 또는 용단 작업장에서 지켜야 하는 사항 중 다음 ( ) 안에 알맞은 것은?

- 용접 또는 용단 작업자로부터 반경 (㉠)m 이내에 소화기를 갖추어 둘 것
- 용접 또는 용단 작업장 주변 반경 (㉡)m 이내에는 가연물을 쌓아두거나 놓아두지 말 것. 다만, 가연물의 제거가 곤란하여 방지포 등으로 방호조치를 한 경우는 제외한다.

① ㉠ 3, ㉡ 5　② ㉠ 5, ㉡ 3
③ ㉠ 5, ㉡ 10　④ ㉠ 10, ㉡ 5

해설

불의 사용에 있어서 지켜야 하는 사항

종류	내용
불꽃을 사용하는 용접 · 용단 기구	용접 또는 용단 작업장 • 용접 또는 용단 작업자로부터 반경 5m 이내에 소화기를 갖추어 둘 것 • 용접 또는 용단 작업장 주변 반경 10m 이내에는 가연물을 쌓아두거나 놓아두지 말 것
음식조리를 위하여 설치하는 설비	일반음식점에서 조리를 위하여 불을 사용하는 설비 • 주방설비에 부속된 배기덕트 : 0.5mm 이상의 아연도금강판 • 주방시설에는 동물 또는 식물의 기름을 제거할 수 있는 필터를 설치할 것 • 열을 발생하는 조리기구 : 반자 또는 선반으로부터 0.6미터 이상 • 열을 발생하는 조리기구로부터 0.15m 이내의 거리에 있는 가연성 주요구조부는 석면판 또는 단열성이 있는 불연재료로 덮어씌울 것

49 소방기본법령상 소방업무 상호응원협정 체결 시 포함되어야 하는 사항이 아닌 것은?

① 응원출동의 요청방법
② 응원출동훈련 및 평가
③ 응원출동대상지역 및 규모
④ 응원출동 시 현장지휘에 관한 사항

해설

소방업무의 상호응원협정 시 포함사항
1) 다음의 소방활동에 관한 사항
　① 화재의 경계 · 진압활동
　② 구조 · 구급업무의 지원
　③ 화재조사활동
2) 응원출동대상지역 및 규모
3) 다음 각 목의 소요경비의 부담에 관한 사항
　① 출동대원의 수당 · 식사 및 피복의 수선
　② 소방장비 및 기구의 정비와 연료의 보급
　③ 그 밖의 경비
4) 응원출동의 요청방법
5) 응원출동훈련 및 평가

50 위험물안전관리법령상 제조소 등의 경보설비 설치기준에 대한 설명으로 틀린 것은?

① 제조소 및 일반취급소의 연면적이 500m^2 이상인 것에는 자동화재탐지설비를 설치한다.
② 자동신호장치를 갖춘 스프링클러설비 또는 물분무등 소화설비를 설치한 제조소 등에 있어서는 자동화재탐지설비를 설치한 것으로 본다.
③ 경보설비는 자동화재탐지설비 · 자동화재속보설비 · 비상경보설비(비상벨장치 또는 경종 포함) · 확성장치(휴대용확성기 포함) 및 비상방송설비로 구분한다.
④ 지정수량의 10배 이상의 위험물을 저장 또는 취급하는 제조소 등(이동탱크저장소를 포함한다)에는 화재발생 시 이를 알릴 수 있는 경보설비를 설치하여야 한다.

정답 48 ③ 49 ④ 50 ④

해설

1) 제조소 등의 경보설비 설치기준
   ① 지정수량의 10배 이상의 위험물을 저장 또는 취급하는 제조소 등(이동탱크저장소를 제외)에는 화재발생 시 이를 알릴 수 있는 경보설비를 설치하여야 한다.
   ② 경보설비는 자동화재탐지설비 · 자동화재속보설비 · 비상경보설비(비상벨장치 또는 경종을 포함) · 확성장치(휴대용 확성기를 포함) 및 비상방송설비로 구분한다.
   ③ 자동신호장치를 갖춘 스프링클러설비 또는 물분무 등 소화설비를 설치한 제조소 등에 있어서는 자동화재탐지설비를 설치한 것으로 본다.

2) 제조소 등별로 설치하여야 하는 경보설비의 종류
   ① 자동화재탐지설비
      ㉠ 제조소 및 일반취급소
         • 연면적 500m^2 이상인 것
         • 옥내에서 지정수량의 100배 이상을 취급하는 것
      ㉡ 옥내저장소
         • 지정수량의 100배 이상을 저장 또는 취급하는 것
         • 저장창고의 연면적이 150m^2를 초과하는 것
   ② 자동화재탐지설비 · 자동화재속보설비 · 비상경보설비 · 확성장치 또는 비상방송설비 중 1종 이상 지정수량의 10배 이상을 저장 또는 취급하는 것

51 위험물안전관리법령에 따라 위험물안전관리자를 해임하거나 퇴직한 때에는 해임하거나 퇴직한 날부터 며칠 이내에 다시 안전관리자를 선임하여야 하는가?

① 30일　　② 35일
③ 40일　　④ 55일

해설

위험물안전관리자
1) 위험물안전관리자 선임 : 30일 이내(관계인이 선임)
2) 위험물안전관리자 선임 신고 : 14일 이내(소방본부장, 소방서장)
3) 대리자의 직무대행 기간 : 30일 이내
4) 안전교육대상자
   ① 안전관리자로 선임된 자
   ② 탱크시험자의 기술인력으로 종사하는 자
   ③ 위험물운송자로 종사하는 자

52 소방시설공사업법령에 따른 소방시설업의 등록권자는?

① 국무총리　　② 소방서장
③ 시 · 도지사　　④ 한국소방안전협회장

해설

소방시설업
1) 소방시설업의 등록권자 : 시 · 도지사
2) 소방시설업의 업종별 영업범위 : 대통령령
3) 소방시설업의 등록신청과 등록증 · 등록수첩의 발급 · 재발급 신청, 그 밖에 소방시설업 등록에 필요한 사항 : 행정안전부령

53 소방기본법령에 따른 소방용수시설 급수탑 개폐밸브의 설치기준으로 맞는 것은?

① 지상에서 1.0m 이상 1.5m 이하
② 지상에서 1.2m 이상 1.8m 이하
③ 지상에서 1.5m 이상 1.7m 이하
④ 지상에서 1.5m 이상 2.0m 이하

해설

소방용수시설의 설치기준
1) 공통기준
   ① 주거지역 · 상업지역 · 공업지역 : 수평거리 100m 이하
   ② 그 밖의 지역 : 수평거리 140m 이하
2) 소방용수시설별 설치기준
   ① 소화전의 설치기준
      • 상수도와 연결하여 지하식 또는 지상식의 구조로 할 것
      • 소방용 호스와 연결하는 소화전의 연결금속구의 구경 : 65mm
   ② 급수탑의 설치기준
      • 급수배관의 구경 : 100mm 이상
      • 개폐밸브의 높이 : 지상에서 1.5m 이상 1.7m 이하의 위치에 설치할 것
   ③ 저수조의 설치기준
      • 지면으로부터의 낙차 : 4.5m 이하
      • 흡수부분의 수심 : 0.5m 이상
      • 흡수관의 투입구가 사각형 : 한 변의 길이가 60cm 이상

정답 51 ① 52 ③ 53 ③

- 흡수관의 투입구가 원형 : 지름이 60cm 이상
- 소방펌프자동차가 쉽게 접근할 수 있을 것
- 흡수에 지장이 없도록 토사 및 쓰레기 등을 제거할 수 있는 설비를 갖출 것
- 저수조에 물 공급은 상수도에 연결하여 자동으로 급수되는 구조일 것

54 위험물안전관리법령상 정기검사를 받아야 하는 특정 · 준특정옥외탱크저장소의 관계인은 특정 · 준특정옥외탱크저장소의 설치허가에 따른 완공검사필증을 발급받은 날부터 몇 년 이내에 정기검사를 받아야 하는가?

① 9　② 10
③ 11　④ 12

해설

정기검사의 시기(시행규칙 제70조)

1) 특정 · 준특정옥외탱크저장소의 설치허가에 따른 완공검사필증을 발급받은 날부터 12년
2) 최근의 정기검사를 받은 날부터 11년

55 소방시설 설치 및 관리에 관한 법률상 소방시설 등에 대한 자체점검 중 종합점검 대상인 것은?

① 제연설비가 설치되지 않은 터널
② 스프링클러설비가 설치된 아파트
③ 물분무 등 소화설비가 설치된 연면적이 5,000m^2인 위험물제조소
④ 호스릴 방식의 물분무 등 소화설비만을 설치한 연면적 3,000m^2인 특정소방대상물

해설

종합점검

구분	기준
정의	소방시설 등의 작동점검을 포함하여 소방시설 등의 설비별 주요 구성 부품의 구조기준이 화재안전기준과 건축법 등 관련 법령에서 정하는 기준에 적합한지 여부를 점검하는 것
점검대상	• 스프링클러설비가 설치된 특정소방대상물 • 물분무 등 소화설비 : 연면적 5,000m^2 이상(호스릴 제외, 위험물제조소 등 제외) • 다중이용업의 영업장 : 연면적이 2,000m^2 이상인 것 • 제연설비가 설치된 터널 • 공공기관 : 연면적이 1,000m^2 이상인 것으로서 옥내소화전설비 또는 자동화재탐지설비가 설치된 것
점검자의 자격	• 소방시설관리업에 등록된 기술인력 중 소방시설관리사 • 소방안전관리자로 선임된 소방시설관리사 및 소방기술사
점검횟수	• 연 1회 이상 • 특급소방안전관리 대상물(반기당 1회 이상)

56 소방시설 설치 및 관리에 관한 법률상 소방용품의 형식승인을 받지 아니하고 소방용품을 제조하거나 수입한 자에 대한 벌칙기준은?

① 100만 원 이하의 벌금
② 300만 원 이하의 벌금
③ 1년 이하의 징역 또는 1천만 원 이하의 벌금
④ 3년 이하의 징역 또는 3천만 원 이하의 벌금

해설

3년 이하의 징역 또는 3천만 원 이하의 벌금

1) 소방본부장이나 소방서장의 조치명령을 위반한 경우
2) 관리업의 등록을 하지 아니하고 영업을 한 자
3) 소방용품의 형식승인을 받지 아니하고 소방용품을 제조하거나 수입한 자 또는 거짓이나 그 밖의 부정한 방법으로 형식승인을 받은 자
4) 제품검사를 받지 아니한 자 또는 거짓이나 그 밖의 부정한 방법으로 제품검사를 받은 자
5) 소방용품을 판매 · 진열하거나 소방시설공사에 사용한 자
6) 거짓이나 그 밖의 부정한 방법으로 성능인증 또는 제품검사를 받은 자
7) 제품검사를 받지 아니하거나 합격표시를 하지 아니한 소방용품을 판매 · 진열하거나 소방시설공사에 사용한 자
8) 부정한 방법으로 제46조 제1항에 따른 전문기관으로 지정을 받은 자

정답 54 ④ 55 ② 56 ④

57 화재의 예방 및 안전관리에 관한 법령상 소방안전관리대상물의 소방안전관리자의 업무가 아닌 것은?

① 소방시설 공사
② 소방훈련 및 교육
③ 소방계획서의 작성 및 시행
④ 자위소방대의 구성 · 운영 · 교육

해설

소방안전관리자의 업무
① 소방계획서의 작성 및 시행
② 자위소방대 및 초기대응체계의 구성 · 운영 · 교육
③ 피난시설, 방화구획 및 방화시설의 관리
④ 소방훈련 및 교육
⑤ 소방시설이나 그 밖의 소방 관련 시설의 관리
⑥ 화기 취급의 감독
⑦ 소방안전관리에 관한 업무 수행에 관한 기록 · 유지(③, ④, ⑥의 업무)

58 소방기본법에 따라 화재 등 그 밖의 위급한 상황이 발생한 현장에서 소방활동을 위하여 필요한 때에는 그 관할구역에 사는 사람 또는 그 현장에 있는 사람으로 하여금 사람을 구출하는 일 또는 불을 끄는 등의 일을 하도록 명령할 수 있는 권한이 없는 사람은?

① 소방서장 ② 소방대장
③ 시 · 도지사 ④ 소방본부장

해설

소방활동 종사 명령
1) 화재, 재난 · 재해, 그 밖의 위급한 상황이 발생한 현장에서 소방활동을 위하여 필요할 때에는 그 관할구역에 사는 사람 또는 그 현장에 있는 사람으로 하여금 사람을 구출하는 일 또는 불을 끄거나 불이 번지지 아니하도록 하는 일을 하도록 명령할 수 있는 사람 : 소방본부장, 소방서장, 소방대장
2) 소방활동에 필요한 보호장구를 지급하는 등 안전을 위한 조치 : 소방본부장, 소방서장 또는 소방대장
3) 소방활동에 종사한 사람에게 비용지급 : 시 · 도지사
4) 소방활동에 종사 후 비용을 지급받지 못하는 사람
① 소방대상물에 화재, 재난 · 재해, 그 밖의 위급한 상황이 발생한 경우 그 관계인
② 고의 또는 과실로 화재 또는 구조 · 구급 활동이 필요한 상황을 발생시킨 사람
③ 화재 또는 구조 · 구급 현장에서 물건을 가져간 사람

59 소방시설 설치 및 관리에 관한 법령상 펌프공장의 작업장, 음료수 공장의 충전을 하는 작업장 등과 같이 화재안전기준을 적용하기 어려운 특정소방대상물에 설치하지 아니할 수 있는 소방시설의 종류가 아닌 것은?

① 연결살수설비 ② 스프링클러설비
③ 상수도소화용수설비 ④ 연결송수관설비

해설

소방시설을 설치하지 아니할 수 있는 특정소방대상물 및 소방시설의 범위

구분	특정소방대상물	소방시설
화재안전기준을 적용하기 어려운 특정소방대상물	펄프공장의 작업장, 음료수 공장의 세정 또는 충전을 하는 작업장, 그 밖에 이와 비슷한 용도로 사용하는 것	스프링클러설비, 상수도소화용수설비 및 연결살수설비
	정수장, 수영장, 목욕장, 농예 · 축산 · 어류양식용 시설, 그 밖에 이와 비슷한 용도로 사용되는 것	자동화재탐지설비, 상수도소화용수설비 및 연결살수설비
화재안전기준을 달리 적용하여야 하는 특수한 용도의 특정소방대상물	원자력발전소, 핵폐기물처리시설	연결송수관설비 및 연결살수설비

60 소방시설 설치 및 관리에 관한 법령상 건축허가 등의 동의대상물이 아닌 것은?

① 항공기격납고
② 연면적이 300m^{2}인 공연장
③ 바닥면적이 300m^{2}인 차고
④ 연면적이 300m^{2}인 노유자시설

정답 57 ① 58 ③ 59 ④ 60 ②

해설

건축허가 등의 동의대상물의 범위

1) 연면적이 400m^2 이상인 건축물
2) 학교시설 : 100m^2 이상
3) 노유자시설 및 수련시설 : 200m^2 이상
4) 차고 · 주차장 : 바닥면적이 200m^2 이상인 층이 있는 건축물이나 주차시설
5) 승강기 등 기계장치에 의한 주차시설 : 20대 이상
6) 지하층, 무창층 : 바닥면적이 150m^2(공연장의 경우에는 100m^2) 이상인 층
7) 정신의료기관, 장애인 의료재활시설 : 300m^2 이상
8) 항공기격납고, 관망탑, 항공관제탑, 방송용 송수신탑
9) 조산원, 산후조리원, 위험물 저장 및 처리시설, 발전시설 중 전기저장시설, 지하구
10) 층수가 6층 이상인 건축물

4과목 소방기계시설의 구조 및 원리

61 분말소화설비의 화재안전기준상 차고 또는 주차장에 설치하는 분말소화설비의 소화약제는?

① 인산염을 주성분으로 한 분말
② 탄산수소칼륨을 주성분으로 한 분말
③ 탄산수소칼륨과 요소가 화합된 분말
④ 탄산수소나트륨을 주성분으로 한 분말

해설

분말소화약제의 종류

종별	분자식	착색	적응 화재	충전비 [l/kg]
제1종 분말	탄산수소나트륨 ($NaHCO_3$)	백색	BC급	0.8
제2종 분말	탄산수소칼륨 ($KHCO_3$)	담회색 (담자색)	BC급	1.0
제3종 분말	제1인산암모늄 ($NH_4H_2PO_4$)	담홍색	ABC급	1.0
제4종 분말	탄산수소칼륨+요소 ($KHCO_3+(NH_2)_2CO$)	회색	BC급	1.25

※ 차고, 주차장에는 ABC급 화재에 적응성이 있는 제3종 분말소화약제를 사용한다.

62 할론소화설비의 화재안전기준상 축압식 할론소화약제 저장용기에 사용되는 축압용 가스로서 적합한 것은?

① 질소 ② 산소
③ 이산화탄소 ④ 불활성 가스

해설

할론소화약제 저장용기의 설치기준

1) 축압식 저장용기의 압력
 ① Halon 1211 : 1.1MPa 또는 2.5MPa이 되도록 질소가스로 축압
 ② Halon 1301 : 2.5MPa 또는 4.2MPa이 되도록 질소가스로 축압
2) 저장용기의 충전비
 ① Halon 1211 : 0.7 이상 1.4 이하
 ② Halon 1301 : 0.9 이상 1.6 이하
 ③ Halon 2402
  • 가압식 : 0.51 이상 0.67 미만
  • 축압식 : 0.67 이상 2.75 이하
3) 동일 집합관에 접속되는 용기의 소화약제 충전량은 동일 충전비의 것이어야 할 것

63 물분무소화설비의 화재안전기준에 따른 물분무소화설비의 설치장소별 1m^{2}당 수원의 최소 저수량으로 맞는 것은?

① 차고 : 30l/min×20분×바닥면적
② 케이블트레이 : 12l/min×20분×투영된 바닥면적
③ 콘베이어 벨트 : 37l/min×20분×벨트 부분의 바닥면적
④ 특수가연물을 취급하는 특정소방대상물 : 20l/min×20분×바닥면적

해설

물분무소화설비의 펌프토출량과 수원의 양

설치장소	펌프토출량 [l/min]	수원의 양[l]
특수가연물 저장, 취급	바닥면적(50m^2 이하는 50m^2) A[m^2]× 10[l/min · m^2]	바닥면적(50m^2 이하는 50m^2) A[m^2]× 10[l/min · m^2] ×20[min]

정답 61 ① 62 ① 63 ②

설치장소	펌프토출량 [l/min]	수원의 양[l]
차고, 주차장	바닥면적(50m^2 이하는 50m^2) A[m^2]× 20[l/min · m^2]	바닥면적(50m^2 이하는 50m^2) A[m^2]× 20[l/min · m^2] ×20[min]
케이블트레이, 케이블덕트	투영된 바닥면적 A[m^2]× 12[l/min · m^2]	투영된 바닥면적 A[m^2]× 12[l/min · m^2] ×20[min]
절연유 봉입 변압기	바닥면적을 제외한 표면적의 합 A[m^2]× 10[l/min · m^2]	바닥면적을 제외한 표면적의 합 A[m^2]× 10[l/min · m^2] ×20[min]
콘베이어 벨트 등	벨트 부분의 바닥면적 A[m^2]× 10[l/min · m^2]	벨트 부분의 바닥면적 A[m^2]× 10[l/min · m^2] ×20[min]

64 소방시설 설치 및 관리에 관한 법률상 자동소화장치를 모두 고른 것은?

㉠ 분말자동소화장치
㉡ 액체자동소화장치
㉢ 고체에어로졸자동소화장치
㉣ 공업용 주방자동소화장치
㉤ 캐비닛형 자동소화장치

① ㉠, ㉡　　② ㉡, ㉢, ㉣
③ ㉠, ㉢, ㉤　　④ ㉠, ㉡, ㉢, ㉣, ㉤

해설

1) 자동소화장치
① 주거용 주방자동소화장치
② 가스자동소화장치
③ 상업용 주방자동소화장치
④ 분말자동소화장치
⑤ 캐비닛형 자동소화장치
⑥ 고체에어로졸자동소화장치

2) 소화기구
① 소화기
② 간이소화용구 : 에어로졸식 소화용구, 투척용 소화용구 및 소화약제 외의 것을 이용한 간이소화용구(마른모래, 팽창질석, 팽창진주암)
③ 자동확산소화기

65 피난기구를 설치하여야 할 소방대상물 중 피난기구의 2분의 1을 감소할 수 있는 조건이 아닌 것은?

① 주요 구조부가 내화구조로 되어 있다.
② 특별피난계단이 2 이상 설치되어 있다.
③ 소방구조용(비상용) 엘리베이터가 설치되어 있다.
④ 직통계단인 피난계단이 2 이상 설치되어 있다.

해설

피난기구의 2분의 1을 감소할 수 있는 조건
① 주요 구조부가 내화구조로 되어 있을 것
② 직통계단인 피난계단 또는 특별피난계단이 2 이상 설치되어 있을 것

66 소화수조 및 저수조의 화재안전기준에 따라 소화용수설비에 설치하는 채수구의 수는 소요수량이 40m^3 이상 100m^3 미만인 경우 몇 개를 설치해야 하는가?

① 1　　② 2
③ 3　　④ 4

해설

흡수관투입구 · 채수구 등의 설치기준
1) 채수구 또는 흡수관투입구는 소방차가 2m 이내의 지점까지 접근할 수 있는 위치에 설치하여야 한다.
2) 흡수관투입구
① 크기 : 한 변이 0.6m 이상이거나 직경이 0.6m 이상일 것
② 흡수관투입구의 수량

소요수량	80m^3 미만	80m^3 이상
흡수관투입구의 수	1개 이상	2개 이상

③ 표지 : "흡관투입구"라고 표시한 표지

정답 64 ③ 65 ③ 66 ②

3) 채수구
① 채수구는 구경 65mm 이상의 나사식 결합금속구를 설치할 것
② 채수구의 높이 : 지면으로부터의 높이가 0.5m 이상 1m 이하
③ 표지 : "채수구"라고 표시한 표지
④ 채수구의 수

소요수량	$20m^3$ 이상 $40m^3$ 미만	$40m^3$ 이상 $100m^3$ 미만	$100m^3$ 이상
채수구의 수	1개	2개	3개

4) 소화수조가 옥상 또는 옥탑의 부분에 설치된 경우에는 지상에 설치된 채수구에서의 압력이 0.15MPa 이상이 되도록 하여야 한다.

5) 소화수조의 제외
유수의 양이 $0.8m^3$/min 이상인 유수를 사용할 수 있는 경우

67 포소화설비의 화재안전기준에 따라 바닥면적이 $180m^2$인 건축물 내부에 호스릴 방식의 포소화설비를 설치할 경우 가능한 포소화약제의 최소 필요량은 몇 l인가?(단, 호스접결구 : 2개, 약제농도 : 3%)

① 180　　② 270
③ 650　　④ 720

해설

옥내포소화전 방식 또는 호스릴 방식의 포소화약제량
(바닥면적이 $200m^2$ 미만인 경우 75%)

$$Q[l] = N \times S \times 6{,}000$$

여기서, $Q[l]$: 포소화약제의 양
N : 호스접결구 수(5개 이상인 경우는 5)
S : 포소화약제의 사용농도[%]

[풀이]
$Q = 2 \times 0.03 \times 6{,}000 \times 0.75 = 270[l]$
여기서, 바닥면적이 $180m^2$($200m^2$ 미만)이므로 소화약제 저장량은 75%만 산정한다.

68 소화수조 및 저수조의 화재안전기준에 따라 소화용수설비를 설치하여야 할 특정소방대상물에 있어서 유수의 양이 최소 몇 m^3/min 이상인 유수를 사용할 수 있는 경우에 소화수조를 설치하지 아니할 수 있는가?

① 0.8　② 1　③ 1.5　④ 2

해설

1) 소화수조의 설치 제외
유수의 양이 $0.8m^3$/min 이상인 유수를 사용할 수 있는 경우

2) 채수구의 설치기준
① 채수구의 개수
다음 표에 따라 소방용 호스 또는 소방용 흡수관에 사용하는 구경 65mm 이상의 나사식 결합금속구를 설치할 것

소요수량	$20m^3$ 이상 $40m^3$ 미만	$40m^3$ 이상 $100m^3$ 미만	$100m^3$ 이상
채수구의 수	1개	2개	3개

② 채수구의 높이 및 표지
- 높이 : 지면으로부터의 0.5m 이상 1m 이하
- 표지 : "채수구"

69 스프링클러설비의 화재안전기준에 따라 개방형 스프링클러설비에서 하나의 방수구역을 담당하는 헤드 개수는 최대 몇 개 이하로 설치하여야 하는가?

① 30　② 40　③ 50　④ 60

해설

개방형 스프링클러설비의 방수구역 및 일제개방밸브의 설치기준
1) 하나의 방수구역은 2개 층에 미치지 아니할 것
2) 방수구역마다 일제개방밸브를 설치할 것
3) 하나의 방수구역을 담당하는 헤드의 개수는 50개 이하로 할 것(다만, 2개 이상의 방수구역으로 나눌 경우 하나의 방수구역을 담당하는 헤드의 개수는 25개 이상)
4) 일제개방밸브의 설치높이 : 0.8m 이상 1.5m 이하
5) 출입문크기 : 가로 0.5m 이상, 세로 1m 이상
6) 표지 : "일제개방밸브실"이라고 표시할 것

정답　67 ②　68 ①　69 ③

70 완강기의 형식승인 및 제품검사의 기술기준상 완강기의 최대 사용하중은 최소 몇 N 이상의 하중이어야 하는가?

① 800 ② 1,000
③ 1,200 ④ 1,500

해설

1) 완강기의 최대 사용하중
   ① 정의 : 완강기, 간이완강기 및 지지대에 가할 수 있는 최대 하중
   ② 최대 사용하중 : 1,500N 이상

2) 최대 사용자 수
   최대 사용하중을 1,500N으로 나누어서 얻은 값(1 미만은 버림)

71 옥외소화전설비의 화재안전기준에 따라 옥외소화전 배관은 특정소방대상물의 각 부분으로부터 하나의 호스접결구까지의 수평거리가 최대 몇 m 이하가 되도록 설치하여야 하는가?

① 25 ② 35 ③ 40 ④ 50

해설

옥외소화전의 호스접결구
1) 호스접결구의 높이 : 0.5m 이상 1m 이하
2) 각 부분으로부터 하나의 호스접결구까지의 수평거리 : 40m 이하
3) 호스의 구경 : 65mm의 것

72 난방설비가 없는 교육장소에 비치하는 소화기로 가장 적합한 것은?(단, 교육장소의 겨울 최저온도는 −15℃이다.)

① 화학포소화기 ② 기계포소화기
③ 산알칼리 소화기 ④ ABC 분말소화기

해설

소화기의 사용온도

소화약제의 종별	사용온도
분말소화약제, 강화액	−20~40℃
그 밖의 것	0~40℃

73 스프링클러설비의 화재안전기준에 따라 연소할 우려가 있는 개구부에 드렌처설비를 설치한 경우 해당 개구부에 한하여 스프링클러헤드를 설치하지 아니할 수 있다. 관련 기준으로 틀린 것은?

① 드렌처헤드는 개구부 위 측에 2.5m 이내마다 1개를 설치할 것
② 제어밸브는 특정소방대상물 층마다에 바닥면으로부터 0.5m 이상 1.5m 이하의 위치에 설치할 것
③ 드렌처헤드가 가장 많이 설치된 제어밸브에 설치된 드렌처헤드를 동시에 사용하는 경우에 각 헤드선단의 방수압력은 0.1MPa 이상이 되도록 할 것
④ 드렌처헤드가 가장 많이 설치된 제어밸브에 설치된 드랜처헤드를 동시에 사용하는 경우에 각 헤드선단의 방수량은 80l/min 이상이 되도록 할 것

해설

드렌처설비의 설치기준
1) 드렌처헤드는 개구부 위 측에 2.5m 이내마다 1개를 설치할 것
2) 제어밸브(일제개방밸브 · 개폐표시형 밸브 및 수동조작부를 합한 것)는 특정소방대상물 층마다에 바닥면으로부터 0.8m 이상 1.5m 이하의 위치에 설치할 것
3) 수원의 수량은 드렌처헤드가 가장 많이 설치된 제어밸브의 드렌처헤드의 설치개수에 1.6m^3를 곱하여 얻은 수치 이상이 되도록 할 것
4) 드렌처헤드가 가장 많이 설치된 제어밸브에 설치된 드렌처헤드를 동시에 사용하는 경우에 각각의 헤드선단에 방수압력이 0.1MPa 이상, 방수량이 80l/min 이상이 되도록 할 것
5) 수원에 연결하는 가압송수장치는 점검이 쉽고 화재 등의 재해로 인한 피해우려가 없는 장소에 설치할 것

② 제어밸브는 특정소방대상물 층마다에 바닥면으로부터 0.5m 이상 1.5m 이하 → 0.8m 이상 1.5m 이하

정답 70 ④ 71 ③ 72 ④ 73 ②

74 연결살수설비의 화재안전기준에 따른 건축물에 설치하는 연결살수설비의 헤드에 대한 기준 중 다음 ( ) 안에 알맞은 것은?

> 천장 또는 반자의 각 부분으로부터 하나의 살수헤드까지의 수평거리가 연결살수설비 전용헤드의 경우는 (㉠)m 이하, 스프링클러헤드의 경우는(㉡)m 이하로 할 것. 다만, 살수헤드의 부착면과 바닥과의 높이가 (㉢)m 이하인 부분은 살수헤드의 살수분포에 따른 거리로 할 수 있다.

① ㉠ 3.7, ㉡ 2.3, ㉢ 2.1
② ㉠ 3.7, ㉡ 2.3, ㉢ 2.3
③ ㉠ 2.3, ㉡ 3.7, ㉢ 2.3
④ ㉠ 2.3, ㉡ 3.7, ㉢ 2.1

해설

연결살수설비 헤드의 설치기준
1) 천장 또는 반자의 실내에 면하는 부분에 설치할 것
2) 각 부분으로부터 하나의 살수헤드까지의 수평거리

구분	전용헤드	스프링클러헤드
수평거리	3.7m 이하	2.3m 이하

3) 다만, 살수헤드의 부착면과 바닥과의 높이가 2.1m 이하인 부분은 살수헤드의 살수분포에 따른 거리로 할 수 있다.

75 분말소화설비의 화재안전기준에 따라 분말소화약제의 가압용 가스 용기에는 최대 몇 MPa 이하의 압력에서 조정이 가능한 압력조정기를 설치하여야 하는가?

① 1.5 ② 2.0
③ 2.5 ④ 3.0

해설

1) 분말소화약제 가압용 가스용기
 ① 분말소화약제의 가스용기는 분말소화약제의 저장용기에 접속하여 설치할 것
 ② 분말소화약제의 가압용 가스용기를 3병 이상 설치한 경우에는 2개 이상의 용기에 전자개방밸브를 부착하여야 한다.
 ③ 분말소화약제의 가압용 가스용기에는 2.5MPa 이하의 압력에서 조정이 가능한 압력조정기를 설치하여야 한다.
2) 분말소화약제 1kg당 가압용 가스 또는 축압용 가스의 양

구분	질소(N_2)	이산화탄소(CO_2)
가압용 가스	40[l/kg]	20[g/kg]
축압용 가스	10[l/kg]	20[g/kg]

3) 배관의 청소에 필요한 양의 가스는 별도의 용기에 저장할 것

76 포소화설비의 화재안전기준상 차고・주차장에 설치하는 포소화전설비의 설치기준 중 다음 ( ) 안에 알맞은 것은?(단, 1개 층의 바닥면적이 200m^2 이하인 경우는 제외한다.)

> 특정소방대상물의 어느 층에 있어서도 그 층에 설치된 포소화전방수구(포소화전방수구가 5개 이상 설치된 경우에는 5개)를 동시에 사용할 경우 각 이동식 포노즐선단의 포수용액 방사압력이 (㉠)MPa 이상이고 (㉡)l/min 이상의 포수용액을 수평거리 15m 이상으로 방사할 수 있도록 할 것

① ㉠ 0.25, ㉡ 230
② ㉠ 0.25, ㉡ 300
③ ㉠ 0.35, ㉡ 230
④ ㉠ 0.35, ㉡ 300

해설

차고・주차장에 설치하는 호스릴 포소화설비 또는 포소화전설비의 설치기준
1) 특정소방대상물의 어느 층에 있어서도 그 층에 설치된 호스릴 포방수구 또는 포소화전방수구(5개 이상 5개)를 동시에 사용할 경우 각 이동식 포노즐선단의 포수용액 방사압력이 0.35MPa 이상이고 300l/min 이상(1개 층의 바닥면적이 200m^2 이하인 경우에는 230l/min 이상)의 포수용액을 수평거리 15m 이상으로 방사할 수 있도록 할 것
2) 저발포의 포소화약제를 사용할 수 있는 것으로 할 것
3) 호스릴 또는 호스를 호스릴 포방수구 또는 포소화전방수구로 분리하여 비치하는 때에는 그로부터 3m 이내의 거리에 호스릴함 또는 호스함을 설치할 것

정답 74 ① 75 ③ 76 ④

4) 호스릴함 또는 호스함은 바닥으로부터 높이 1.5m 이하의 위치에 설치하고 그 표면에는 “포호스릴함(또는 포소화전함)”이라고 표시한 표지와 적색의 위치표시등을 설치할 것
5) 방호대상물의 각 부분으로부터 하나의 호스릴 포방수구까지의 수평거리는 15m 이하(포소화전방수구의 경우에는 25m 이하)가 되도록 하고 호스릴 또는 호스의 길이는 방호대상물의 각 부분에 포가 유효하게 뿌려질 수 있도록 할 것

77 이산화탄소 소화설비의 화재안전기준에 따른 이산화탄소 소화설비 기동장치의 설치기준으로 맞는 것은?

① 가스압력식 기동장치 기동용 가스용기의 용적은 3L 이상으로 한다.
② 수동식 기동장치는 전역방출방식에 있어서 방호대상물마다 설치한다.
③ 수동식 기동장치의 부근에는 소화약제의 방출을 지연시킬 수 있는 방출지연 스위치를 설치해야 한다.
④ 전기식 기동장치로서 5병의 저장용기를 동시에 개방하는 설비는 2병 이상의 저장용기에 전자개방밸브를 부착해야 한다.

해설

이산화탄소 소화설비 기동장치의 설치기준
1) 수동식 기동장치
① 수동식 기동장치의 부근에는 소화약제의 방출을 지연시킬 수 있는 방출지연 스위치(자동복귀형 스위치로서 수동식 기동장치의 타이머를 순간 정지시키는 기능의 스위치)를 설치할 것(비상스위치 → 방출지연 스위치로 개정)
② 전역방출방식은 방호구역마다, 국소방출방식은 방호대상물마다 설치할 것
③ 해당 방호구역의 출입구부분 등 조작을 하는 자가 쉽게 피난할 수 있는 장소에 설치할 것
④ 기동장치의 조작부는 바닥으로부터 높이 0.8m 이상 1.5m 이하의 위치에 설치하고, 보호판 등에 따른 보호장치를 설치할 것
⑤ 기동장치에는 그 가까운 곳의 보기 쉬운 곳에 “이산화탄소 소화설비 수동식 기동장치”라고 표시한 표지를 할 것
⑥ 전기를 사용하는 기동장치에는 전원표시등을 설치할 것
⑦ 기동장치의 방출용 스위치는 음향경보장치와 연동하여 조작될 수 있는 것으로 할 것
2) 자동식 기동장치
① 자동식 기동장치는 자동화재탐지설비의 감지기의 작동과 연동하는 것으로 할 것
② 자동식 기동장치에는 수동으로도 기동할 수 있는 구조로 할 것
③ 전기식 기동장치로서 7병 이상의 저장용기를 동시에 개방하는 설비는 2병 이상의 저장용기에 전자 개방밸브를 부착할 것
④ 가스압력식 기동장치는 다음 각 목의 기준에 따를 것
- 기동용 가스용기 및 해당 용기에 사용하는 밸브는 25MPa 이상의 압력에 견딜 수 있을 것
- 기동용 가스용기에는 내압시험압력의 0.8배부터 내압시험압력 이하에서 작동하는 안전장치를 설치할 것
- 기동용 가스용기의 용적은 5L 이상으로 하고, 해당 용기에 저장하는 질소 등의 비활성기체는 6.0MPa 이상(21℃ 기준)의 압력으로 충전할 것
- 기동용 가스용기에는 충전 여부를 확인할 수 있는 압력게이지를 설치할 것
⑤ 기계식 기동장치는 저장용기를 쉽게 개방할 수 있는 구조로 할 것
⑥ 출입구 등의 보기 쉬운 곳에 소화약제의 방사를 표시하는 표시등을 설치할 것

① 가스압력식 기동장치 기동용 가스용기의 용적은 3L 이상 → 5L 이상
② 수동식 기동장치는 전역방출방식은 방호대상물마다 → 방호구역마다
④ 전기식 기동장치로서 5병 → 7병 이상

78 물분무소화설비의 화재안전기준에 따른 물분무소화설비의 저수량에 대한 기준 중 다음 ( ) 안의 내용으로 맞는 것은?

절연유 봉입 변압기는 바닥 부분을 제외한 표면적을 합한 면적 1m²에 대하여 ( )l/min로 20분간 방수할 수 있는 양 이상으로 할 것

① 4 ② 8 ③ 10 ④ 12

정답 77 ③ 78 ③

해설

물분무소화설비의 펌프토출량과 수원의 양

설치장소	펌프토출량 [l/min]	수원의 양[l]
특수가연물 저장, 취급	바닥면적(50m² 이하는 50m²) A[m²]×10[l/min·m²]	바닥면적(50m² 이하는 50m²) A[m²]×10[l/min·m²]×20[min]
차고, 주차장	바닥면적(50m² 이하는 50m²) A[m²]×20[l/min·m²]	바닥면적(50m² 이하는 50m²) A[m²]×20[l/min·m²]×20[min]
케이블트레이, 케이블덕트	투영된 바닥면적 A[m²]×12[l/min·m²]	투영된 바닥면적 A[m²]×12[l/min·m²]×20[min]
절연유 봉입 변압기	바닥면적을 제외한 표면적의 합 A[m²]×10[l/min·m²]	바닥면적을 제외한 표면적의 합 A[m²]×10[l/min·m²]×20[min]
콘베이어 벨트 등	벨트 부분의 바닥면적 A[m²]×10[l/min·m²]	벨트 부분의 바닥면적 A[m²]×10[l/min·m²]×20[min]

79 화재조기진압용 스프링클러설비의 화재안전기준상 화재조기진압용 스프링클러설비 설치장소의 구조기준으로 틀린 것은?

① 창고 내의 선반의 형태는 하부로 물이 침투되는 구조로 할 것

② 천장의 기울기가 1,000분의 168을 초과하지 않아야 하고, 이를 초과하는 경우에는 반자를 지면과 수평으로 설치할 것

③ 천장은 평평하여야 하며 철재나 목재트러스 구조인 경우, 철재나 목재의 돌출 부분이 102mm를 초과하지 아니할 것

④ 해당 층의 높이가 10m 이하일 것. 다만, 3층 이상일 경우에는 해당 층의 바닥을 내화구조로 하고 다른 부분과 방화구획 할 것

해설

화재조기진압용 스프링클러설비 설치장소의 구조

1) 해당 층의 높이가 13.7m 이하일 것. 다만, 2층 이상일 경우에는 해당 층의 바닥을 내화구조로 하고 다른 부분과 방화구획 할 것
2) 천장의 기울기가 1,000분의 168을 초과하지 않아야 하고, 이를 초과하는 경우에는 반자를 지면과 수평으로 설치할 것
3) 천장은 평평하여야 하며 철재나 목재트러스 구조인 경우, 철재나 목재의 돌출 부분이 102mm를 초과하지 아니할 것
4) 보로 사용되는 목재·콘크리트 및 철재 사이의 간격이 0.9m 이상 2.3m 이하일 것. 다만, 보의 간격이 2.3m 이상인 경우에는 화재조기진압용 스프링클러헤드의 동작을 원활히 하기 위하여 보로 구획된 부분의 천장 및 반자의 넓이가 28m²를 초과하지 아니할 것
5) 창고 내의 선반의 형태는 하부로 물이 침투되는 구조로 할 것

④ 해당 층의 높이가 10m 이하일 것. 다만, 3층 이상 → 13.7m 이하일 것. 다만, 2층 이상

80 제연설비의 화재안전기준상 유입풍도 및 배출풍도에 관한 설명으로 맞는 것은?

① 유입풍도 안의 풍속은 25m/s 이하로 한다.

② 배출풍도는 석면재료와 같은 내열성의 단열재로 유효한 단열처리를 한다.

③ 배출풍도와 유입풍도의 아연도금강판 최소 두께는 0.45mm 이상으로 하여야 한다.

④ 배출기 흡입 측 풍도 안의 풍속은 15m/s 이하로 하고 배출 측 풍속은 20m/s 이하로 한다.

정답 79 ④ 80 ④

해설

제연설비의 화재안전기준

1) 배출풍도의 설치기준
   ① 배출풍도는 아연도금강판 또는 이와 동등 이상의 내식성·내열성이 있는 것으로 할 것
   ② 불연재료(석면제외)인 단열재로 풍도 외부에 유효한 단열처리를 할 것
   ③ 배출기의 흡입 측 풍도 안의 풍속은 15m/s 이하로 하고 배출 측 풍속은 20m/s 이하로 할 것
   ④ 강판의 두께

풍도단면의 긴 변 또는 직경의 크기	강판두께
450mm 이하	0.5mm
450mm 초과 750mm 이하	0.6mm
750mm 초과 1,500mm 이하	0.8mm
1,500mm 초과 2,250mm 이하	1.0mm
2,250mm 초과	1.2mm

2) 유입풍도의 설치기준
   ① 유입풍도 안의 풍속은 20m/s 이하로 할 것
   ② 옥외에 면하는 배출구 및 공기유입구는 비 또는 눈 등이 들어가지 아니하도록 하고, 배출된 연기가 공기유입구로 순환유입 되지 아니하도록 하여야 한다.
   ③ 강판의 두께는 배출풍도의 기준에 따를 것

① 유입풍도 안의 풍속은 25m/s 이하 → 20m/s 이하
② 배출풍도는 석면재료와 같은 → 석면재료 제외
③ 배출풍도와 유입풍도의 아연도금강판 최소 두께는 0.45mm 이상 → 0.5mm

정답

소방설비기사(기계분야)

기 · 출 · 문 · 제

2020년 3회

1과목 소방원론

01 화재의 종류에 따른 분류가 틀린 것은?

① A급 : 일반화재
② B급 : 유류화재
③ C급 : 가스화재
④ D급 : 금속화재

해설

화재의 분류

구분	화재의 종류	표시색	주된 소화효과
A급 화재	일반화재	백색	냉각소화
B급 화재	유류, 가스화재	황색	질식소화
C급 화재	전기화재(통전)	청색	질식소화
D급 화재	금속화재	무색	질식소화
K급 화재	주방화재	–	냉각, 질식소화

02 다음 중 고체 가연물이 덩어리보다 가루일 때 연소되기 쉬운 이유로 가장 적합한 것은?

① 발열량이 작아지기 때문이다.
② 공기와 접촉면이 커지기 때문이다.
③ 열전도율이 커지기 때문이다.
④ 활성에너지가 커지기 때문이다.

해설

가연물이 될 수 있는 조건
1) 발열량이 클 것
2) 산소와의 친화력이 좋을 것
3) 표면적이 넓을 것(공기와 접촉면적이 커진다.)
4) 활성화에너지가 작을 것
5) 열전도도가 작을 것

03 위험물과 위험물안전관리법령에서 정한 지정수량을 옳게 연결한 것은?

① 무기과산화물 – 300kg
② 황화린 – 500kg
③ 황린 – 20kg
④ 질산에스테르류 – 200kg

해설

구분	무기과산화물	황화린	황린	질산에스테르류
유별	제1류 위험물	제2류 위험물	제3류 위험물	제5류 위험물
지정수량	50kg	100kg	20kg	10kg

04 다음 중 발화점이 가장 낮은 물질은?

① 휘발유
② 이황화탄소
③ 적린
④ 황린

해설

구분	휘발유	이황화탄소	적린	황린
유별	제4류 위험물 중 1석유류	제4류 위험물 중 특수인화물	제2류 위험물	제3류 위험물
발화점	300℃	100℃	260℃	34℃

05 화재 시 발생하는 연소가스 중 인체에서 헤모글로빈과 결합하여 혈액의 산소운반을 저해하고 두통, 근육조절의 장애를 일으키는 것은?

① CO_2
② CO
③ HCN
④ H_2S

해설

1) 일산화탄소(CO)
① 탄소화합물이 불완전연소되면 발생한다.

정답 01 ③ 02 ② 03 ③ 04 ④ 05 ②

② 일산화탄소는 혈액의 헤모글로빈이 산소를 운반하는 것을 방해하여 체내의 산소부족을 유발한다.
③ 그 결과 두통, 어지럼증 등이 발생하고 심해지면 사망에 이른다.

2) 이산화탄소(CO_2)
① 가연성 기스와 산소의 완전연소에 의해 생성된다.
예 $C_3H_8 + 5O_2 \rightarrow 3CO_2 + 4H_2O$
② 증기비중
$\frac{44}{29} = 1.52$, 공기보다 1.52배 무겁다.

3) 시안화수소(HCN)
① 질소성분을 가지고 있는 합성수지, 동물의 털, 인조견 등의 섬유가 불완전연소할 때 발생하는 맹독성 가스이다. 증기비중이 공기보다 가볍다.
② 증기비중 : $\frac{27}{29} = 0.931$
③ 중합폭발의 위험이 있다.

4) 황화수소(H_2S)
① 황화합물이 불완전연소 시 발생된다.
② 달걀 썩는 냄새가 난다.

06 다음 원소 중 전기음성도가 가장 큰 것은?

① F ② Br
③ Cl ④ I

해설

1) 할로겐원소의 전기음성도(결합력) 및 소화효과
① 전기음성도(결합력)의 크기 : F>Cl>Br>I
② 소화효과의 크기 : F<Cl<Br<I

2) 할론소화약제의 물성

구분	Halon 1211	Halon 1301	Halon 2402	Halon 1011
화학식	CF_2ClBr	CF_3Br	$C_2F_4Br_2$	CH_2ClBr
분자량	165.4	148.9	259.8	129.4
증기비중	5.7	5.13	8.96	4.46
상온, 상압에서 상태	기체	기체	액체	액체

07 탄화칼슘이 물과 반응 시 발생하는 가연성 가스는?

① 메탄 ② 포스핀
③ 아세틸렌 ④ 수소

해설

1) 탄화알루미늄과 물의 반응식
$Al_4C_3 + 12H_2O \rightarrow 4Al(OH)_3 + 3CH_4$(메탄 발생)
2) 인화칼슘과 물의 반응식
$Ca_3P_2 + 6H_2O \rightarrow 3Ca(OH)_2 + 2PH_3$(포스핀가스 발생)
3) 탄화칼슘과 물의 반응식
$CaC_2 + 2H_2O \rightarrow Ca(OH)_2 + C_2H_2$(아세틸렌 발생)
4) 나트륨과 물의 반응식
$2Na + 2H_2O \rightarrow 2NaOH + H_2$(수소 발생)

08 공기의 평균 분자량이 29일 때 이산화탄소 기체의 증기비중은 얼마인가?

① 1.44 ② 1.52
③ 2.88 ④ 3.24

해설

1) 증기비중 = $\frac{\text{분자량}}{\text{공기의 평균분자량(29)}}$

2) 이산화탄소 증기비중 : $\frac{44}{29} = 1.52$

∴ 공기보다 1.52배 정도 무겁다.

09 밀폐된 공간에 이산화탄소를 방사하여 산소의 체적농도를 12%가 되게 하려면 상대적으로 방사된 이산화탄소의 농도는 얼마가 되어야 하는가?

① 25.40% ② 28.70%
③ 38.35% ④ 42.86%

해설

소화가스의 농도[%] 계산

$$CO_2[\%] = \frac{21 - O_2}{21} \times 100$$

정답 06 ① 07 ③ 08 ② 09 ④

여기서, CO_2 : 방호구역에 방출된 소화가스의 농도[%]
O_2 : 소화가스 방출 후 방호구역의 산소농도[%]

$$CO_2 = \frac{21-12}{21} \times 100 = 42.86[\%]$$

10 화재하중의 단위로 옳은 것은?

① kg/m^2
② $℃/m^2$
③ $kg \cdot L/m^3$
④ $℃ \cdot L/m^3$

해설

건축물의 화재하중
1) 정의 : 화재구역의 단위면적당 (목재로 환산한) 가연물의 양[kg/m^2]
2) 화재하중의 계산

$$Q[kg/m^2] = \frac{\Sigma G_t H_t}{HA} = \frac{\Sigma G_t H_t}{4,500A}$$

여기서, Q : 화재하중[kg/m^2]
G_t : 가연물의 양[kg]
H_t : 가연물의 단위중량당 발열량[kcal/kg]
H : 목재의 단위중량당 발열량(4,500[kcal/kg])
A : 바닥면적[m^2]

11 인화점이 20℃인 액체위험물을 보관하는 창고의 인화위험성에 대한 설명 중 옳은 것은?

① 여름철에 창고 안이 더워질수록 인화의 위험성이 커진다.
② 겨울철에 창고 안이 추워질수록 인화의 위험성이 커진다.
③ 20℃에서 가장 안전하고 20℃보다 높아지거나 낮아질수록 인화의 위험성이 커진다.
④ 인화의 위험성은 계절의 온도와는 상관없다.

해설

1) 가연성 가스의 연소범위

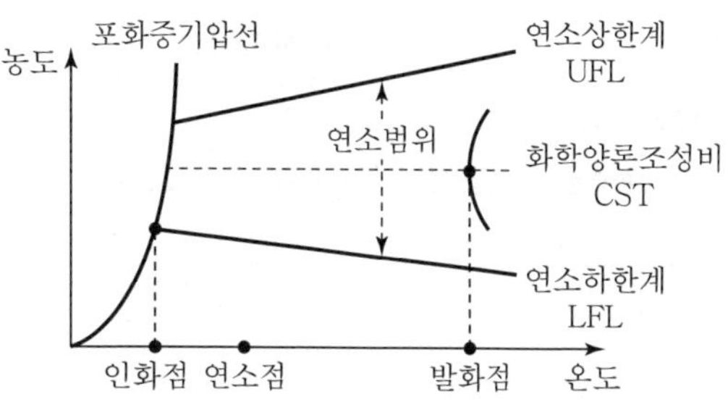

2) 인화점, 연소점, 발화점
① 인화점(Flash Point)
- 가연성 혼합기(연소범위)를 형성할 수 있는 최저온도를 인화점이라 한다.
- 인화점이 낮을수록 위험성은 크다.
- 인화점 이하에서는 점화원을 가하여도 불꽃연소는 발생하지 않는다.

② 연소점(Fire Point)
- 연소상태를 지속하기 위한 온도로서 인화점보다 5~10℃ 정도 높다.
- 인화점에서는 점화원을 제거하면 연소가 중단되나, 연소점에서는 점화원을 제거해도 연소가 지속된다.

③ 발화점(착화점, Ignition Point)
- 점화원을 가하지 않아도 스스로 착화될 수 있는 최저온도를 발화점이라 한다.
- 발화점이 낮을수록 위험성이 커진다.

④ 인화점 < 연소점 < 발화점 순으로 온도가 높다.

② 겨울철에 창고 안이 추워질수록 인화의 위험성이 커진다. → 작아진다.
③ 20℃에서 가장 안전하고 20℃보다 높아지거나 낮아질수록 인화의 위험성이 커진다. → 온도가 높아질수록 인화의 위험성은 커진다.
④ 인화의 위험성은 계절의 온도와는 상관없다.→ 온도가 높은 여름철이 인화위험성이 크다.

정답 10 ① 11 ①

12 소화약제인 IG-541의 성분이 아닌 것은?

① 질소　② 아르곤
③ 헬륨　④ 이산화탄소

해설

할로겐화합물 및 불활성 기체 소화약제의 종류

1) 불활성 기체 계열 소화약제(질식효과)

약제 분류	성분비
IG-541	N_2(52%), Ar(40%), CO_2(8%)
IG-55	N_2(50%), Ar(50%)
IG-100	N_2(100%)
IG-01	Ar(100%)

2) 할로겐화합물 계열(부촉매소화, 냉각효과, 질식효과)

약제 분류	종류
FC 계열	FC-3-1-10
HFC 계열	HFC-23, HFC-125, HFC-227ea, HFC-236fa
HCFC 계열	HCFC-Blend A, HCFC-124
FIC 계열	FIC-13I1
기타	FK-5-1-12

13 이산화탄소 소화약제 저장용기의 설치장소에 대한 설명 중 옳지 않은 것은?

① 반드시 방호구역 내의 장소에 설치한다.
② 온도의 변화가 적은 곳에 설치한다.
③ 방화문으로 구획된 실에 설치한다.
④ 해당 용기가 설치된 곳임을 표시하는 표지를 한다.

해설

이산화탄소 소화약제 저장용기의 설치장소기준

1) 방호구역 외의 장소에 설치할 것(단, 방호구역 내에 설치 시 피난구 부근에 설치)
2) 온도가 40℃ 이하이고, 온도변화가 적은 곳에 설치할 것
3) 직사광선 및 빗물이 침투할 우려가 없는 곳에 설치할 것
4) 방화문으로 구획된 실에 설치할 것
5) 용기의 설치장소에는 해당 용기가 설치된 곳임을 표시하는 표지를 할 것
6) 용기 간의 간격은 점검에 지장이 없도록 3cm 이상의 간격을 유지할 것
7) 저장용기와 집합관을 연결하는 연결배관에는 체크밸브를 설치할 것

14 화재의 소화원리에 따른 소화방법의 적용으로 틀린 것은?

① 냉각소화 : 스프링클러설비
② 질식소화 : 이산화탄소 소화설비
③ 제거소화 : 포소화설비
④ 억제소화 : 할로겐화합물 소화설비

해설

제거소화

1) 가연물을 제거하여 소화
2) 고체 가연물 : 가연물을 화재 현장으로부터 즉시 제거함(산림화재 시 앞쪽에서 벌목하여 진화)
3) 액체 및 기체 : 가연성 물질을 누출시키는 용기의 밸브를 폐쇄
4) 전기화재 : 전원스위치를 차단하여 전기의 공급을 차단
5) 수용성 액체 : 다량의 물을 주입하여 농도를 연소범위 이하로 낮춤

③ 제거소화 : 포소화설비 → 포소화설비는 질식냉각소화이다.

15 건축물의 내화구조에서 바닥의 경우에는 철근콘크리트조의 두께가 몇 cm 이상이어야 하는가?

① 7　② 10　③ 12　④ 15

해설

내화구조의 기준(건축물의 피난 · 방화 구조 등의 기준에 관한 규칙 제3조)

구조부의 구분	내화구조의 기준
벽	• 철근, 철골 · 철근콘크리트조로서 두께가 10cm 이상인 것 • 골구를 철골조로 하고 그 양면을 두께 4cm 이상의 철망모르타르 또는 두께 5cm 이상의 콘크리트블록 · 벽돌 또는 석재로 덮은 것

정답　12 ③　13 ①　14 ③　15 ②

구조부의 구분	내화구조의 기준
벽	• 철재로 보강된 콘크리트블록조, 벽돌조, 석조로서 철재에 덮은 콘크리트블록의 두께가 5cm 이상인 것 • 벽돌조로서 두께가 19cm 이상인 것
바닥	• 철골 · 철근콘크리트조로서 두께가 10cm 이상인 것 • 철재로 보강된 콘크리트블록조, 벽돌조, 석조로서 철재에 덮은 콘크리트블록의 두께가 5cm 이상인 것 • 철재의 양면을 두께 5cm 이상의 철망 모르타르로 덮은 것

16 소화효과를 고려하였을 경우 화재 시 사용할 수 있는 물질이 아닌 것은?

① 이산화탄소 ② 아세틸렌
③ Halon 1211 ④ Halon 1301

해설

① 이산화탄소 → 질식소화
② 아세틸렌 → 가연성 가스로서 연소범위가 2.5~81%이다.
③ Halon 1211 → 부촉매소화
④ Halon 1301 → 부촉매소화

17 질식소화 시 공기 중의 산소농도는 일반적으로 약 몇 vol% 이하로 하여야 하는가?

① 25 ② 21
③ 19 ④ 15

해설

소화방법

1) 질식소화
① 공기 중의 산소농도(21%)를 15% 이하로 희박하게 하여 소화하는 방법
② 이산화탄소, 불활성가스 등을 분사하여 산소농도를 낮춤

2) 냉각소화
① 점화원을 발화점이하로 냉각시켜 소화하는 방법
② 물의 현열과 증발잠열을 이용하는 방법이 가장 많이 사용됨

3) 제거소화
① 가연물을 제거하여 소화
② 고체 가연물 : 가연물을 화재 현장으로부터 즉시 제거함(산림화재 시 앞쪽에서 벌목하여 진화)
③ 액체 및 기체 : 가연성 물질을 누출시키는 용기의 밸브를 폐쇄
④ 전기화재 : 전원스위치를 차단하여 전기의 공급을 차단
⑤ 수용성 액체 : 다량의 물을 주입하여 농도를 연소범위 이하로 낮춤

4) 억제소화(부촉매소화)
① 할론소화약제, 할로겐화합물소화약제, 분말소화약제 등을 사용하여 소화
② 불꽃연소 시 발생하는 H^*, OH^* 활성라디칼을 포착하여 연쇄반응을 억제
③ 불꽃연소에 적응성이 뛰어나고 훈소에는 적응성이 거의 없다.

18 제1종 분말소화약제의 주성분으로 옳은 것은?

① $KHCO_3$ ② $NaHCO_3$
③ $NH_4H_2PO_4$ ④ $Al_2(SO_4)_3$

해설

분말소화약제의 종류

종별	분자식	착색	적응 화재	충전비 [l/kg]
제1종 분말	탄산수소나트륨 ($NaHCO_3$)	백색	BC급	0.8
제2종 분말	탄산수소칼륨 ($KHCO_3$)	담회색 (담자색)	BC급	1.0
제3종 분말	제1인산암모늄 ($NH_4H_2PO_4$)	담홍색	ABC급	1.0
제4종 분말	탄산수소칼륨 + 요소 ($KHCO_3+(NH_2)_2CO$)	회색	BC급	1.25

정답 16 ② 17 ④ 18 ②

19 Halon1301의 분자식은?

① CH_3Cl ② CH_3Br
③ CF_3Cl ④ CF_3Br

해설

1) 할론소화약제 명명법

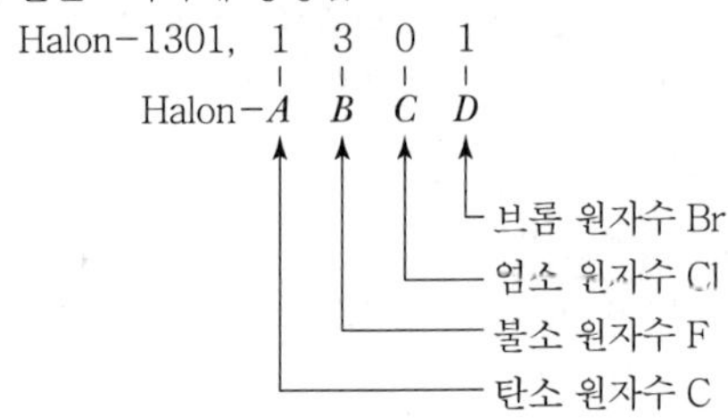

2) 할론소화약제의 물성

구분	Halon 1211	Halon 1301	Halon 2402	Halon 1011
화학식	CF_2ClBr	CF_3Br	$C_2F_4Br_2$	CH_2ClBr
분자량	165.4	148.9	259.8	129.4
증기비중	5.7	5.13	8.96	4.46
상온, 상압에서 상태	기체	기체	액체	액체

20 다음 중 연소와 가장 관련 있는 화학반응은?

① 중화반응
② 치환반응
③ 환원반응
④ 산화반응

해설

1) 연소의 정의
가연물이 공기 중의 산소 또는 산화제와 반응하여 열과 빛을 발생시키면서 산화하는 현상으로, 빛과 열을 수반하는 급격한 산화반응이다.
2) 연소의 3요소 · 4요소
① 연소의 3요소 : 가연물, 산소, 점화원
② 연소의 4요소 : 가연물, 산소, 점화원, 순조로운 연쇄반응

2과목 소방유체역학

21 체적 $0.1m^3$의 밀폐용기 안에 기체상수가 0.4615 kJ/kg · K인 기체 1kg이 압력 2MPa, 온도 250℃ 상태로 들어 있다. 이때 이 기체의 압축계수(또는 압축성 인자)는?

① 0.578 ② 0.828
③ 1.21 ④ 1.73

해설

압축계수

1) 압축계수(압축성 인자)
① 이상기체와 실제기체의 차이를 나타내는 인자이다.
② 이상기체 몰부피에 대한 실체기체 몰부피의 비이다.
③ 이상기체의 압축계수 $Z=1$이다.

$$Z=\frac{V_{real}}{V_{ideal}}$$

여기서, Z : 압축계수
V_{ideal} : 이상기체의 몰부피[l/mol]
V_{real} : 실제기체의 몰부피[l/mol]

2) 실제기체

$$PV=W\overline{R}TZ \qquad Z=\frac{PV}{W\overline{R}T}$$

여기서, P : 절대압력[Pa, N/m^2], V : 체적[m^3]
W : 기체의 질량[kg], T : 절대온도[K]
$\overline{R}$: 특별기체상수[J/kg · K][N · m/kg · K]
Z : 압축계수

[풀이]
1) $P=2$[MPa] = 2,000[kPa], $V=0.1$[m^3]
$W=1$[kg], $\overline{R}=0.4615$[kJ/kg · K]
$T=(250+273)=523$[K]
2) 2,000[kPa]×0.1[m^3]=1[kg]×0.4615[kJ/kg · K] ×523[K]×Z

$$Z=\frac{2{,}000\times0.1}{1\times0.4615\times523}=0.828$$

정답 19 ④ 20 ④ 21 ②

22 물의 체적탄성계수가 2.5GPa일 때 물의 체적을 1% 감소시키기 위해서는 얼마의 압력(MPa)을 가하여야 하는가?

① 20　② 25
③ 30　④ 35

해설

체적탄성계수
어떤 물질이 압축에 저항하는 정도를 의미한다.

$$K[\text{Pa}] = \frac{\Delta P}{-\dfrac{\Delta V}{V}}$$

여기서, K : 체적탄성계수[Pa]
ΔP : 압력변화량[Pa]
ΔV : 체적변화량[m^3]
V : 처음 체적[m^3]

[풀이]

$K : 2.5\times10^9\,\text{Pa}\times\dfrac{1\,\text{MPa}}{10^6\,\text{Pa}} = 2.5\times10^3\,[\text{MPa}]$

원래 체적 $V=1$, 체적변화량 $\Delta V=-0.01$

$$2.5\times10^3\,[\text{MPa}] = \frac{P[\text{MPa}]}{-\left(\dfrac{-0.01}{1}\right)}$$

$P = 25[\text{MPa}]$

23 안지름 40mm의 배관 속을 정상류의 물이 매분 150L로 흐를 때의 평균유속(m/s)은?

① 0.99　② 1.99
③ 2.45　④ 3.01

해설

연속방정식

$$Q = AV \qquad V = \frac{Q}{A} \qquad V = \frac{Q}{\dfrac{\pi d^2}{4}} = \frac{4Q}{\pi d^2}$$

여기서, Q : 유량[m^3/s], A : 배관의 단면적[m^2]
V : 유속[m/s], d : 배관의 구경[m]

[풀이]

1) $Q = 150\,\dfrac{l}{\text{min}}\times\dfrac{\text{m}^3}{1{,}000\,l}\times\dfrac{1\,\text{min}}{60\,\text{s}} = \dfrac{150}{60{,}000}$
$= 0.0025[\text{m}^3/\text{s}]$

2) $d = 40[\text{mm}] = 0.04[\text{m}]$

3) $A = \dfrac{\pi d^2}{4} = \dfrac{\pi\times0.04^2}{4} = 0.001257[\text{m}^2]$

4) $V = \dfrac{Q}{A} = \dfrac{0.0025}{0.001257} = 1.933 \fallingdotseq 1.99[\text{m/s}]$

24 원심 펌프를 이용하여 0.2m^3/s로 저수지의 물을 2m 위의 물탱크로 퍼 올리고자 한다. 펌프의 효율이 80%라고 하면 펌프에 공급해야 하는 동력(kW)은?

① 1.96　② 3.41
③ 3.92　④ 4.90

해설

축동력
모터에 의해 실제로 펌프에 주어지는 동력(전달계수 K가 없다.)

$$L_s[\text{kW}] = \frac{\gamma[\text{N/m}^3]\times Q[\text{m}^3/\text{s}]\times H[\text{m}]}{1{,}000\,\eta}$$

여기서, L_s : 축동력[kW], γ : 비중량[N/m^3]
Q : 유량[m^3/s], H : 전양정[m], η : 펌프효율

[풀이]

1) 물의 비중량 : $\gamma = 9{,}800[\text{N/m}^3]$
유량 : $Q = 0.2[\text{m}^3/\text{s}]$
양정 : $H = 2[\text{m}]$
효율 : $\eta = 0.8$

2) 축동력

$$L_s[\text{kW}] = \frac{9{,}800[\text{N/m}^3]\times0.2[\text{m}^3/\text{s}]\times2[\text{m}]}{1{,}000\times0.8}$$
$= 4.90[\text{kW}]$

정답　22 ②　23 ②　24 ④

25 원관에서 길이가 2배, 속도가 2배가 되면 손실수두는 원래의 몇 배가 되는가?(단, 두 경우 모두 완전 발달 난류유동에 해당되며, 관마찰계수는 일정하다.)

① 동일하다. ② 2배
③ 4배 ④ 8배

해설

배관의 마찰손실[H_l](Darcy-Weisbach Formula)

$$H_l = f\frac{l}{d}\frac{V^2}{2g}$$

여기서, H_l : 마찰손실수두[m], f : 관마찰계수
d : 배관의 직경[m], l : 직관의 길이[m]
V : 유체의 유속[m/sec]

[풀이]

Darcy-Weisbach 방정식은 층류와 난류 모두 적용 가능하다.

1) 초기상태에서의 손실수두 H_{l1}

$$H_{l1} = f\frac{l_1}{d}\frac{V_1^2}{2g}$$

2) 상태변화 후 손실수두 H_{l2}

$$H_{l2} = f\frac{l_2}{d}\frac{V_2^2}{2g}$$

여기서, $l_2 = 2l_1$, $V_2 = 2V_1$이므로

$$H_{l2} = f\frac{2l_1}{d}\frac{(2V_1)^2}{2g},\ H_{l2} = f\frac{l_1}{d}\frac{V_1^2(2\times 2^2)}{2g}$$

$$H_{l2} = f\frac{l_1}{d}\frac{V_1^2}{2g}\times 8 \qquad \therefore\ H_{l2} = 8H_{l1}$$

26 펌프가 운전 중에 한숨을 쉬는 것과 같은 상태가 되어 펌프 입구의 진공계 및 출구의 압력계 지침이 흔들리고 송출유량도 주기적으로 변화하는 이상현상을 무엇이라고 하는가?

① 공동현상(Cavitation)
② 수격현상(Water Hammering)
③ 맥동현상(Surging)
④ 언밸런스(Unbalance)

해설

맥동(Surging)현상

펌프의 운전 중 송출유량이 주기적으로 변하면서 압력계의 눈금이 흔들리고 토출배관에 진동과 소음을 수반하는 현상이다. 맥동현상이 계속되면 배관의 장치나 기계의 파손을 일으킨다.

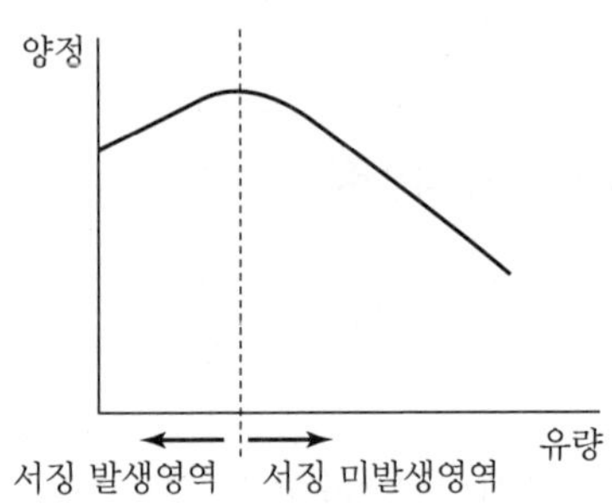

1) 발생원인
① 펌프 특성곡선이 산모양 곡선이고 곡선의 우상향 부분에서 운전할 때
② 배관 중에 물탱크나 공기탱크가 있을 때
③ 유량조절밸브가 탱크 뒤쪽에 있을 때

2) 방지법
① 펌프 특성곡선이 산모양일 경우 운전점을 우하향 부분으로 이동시킨다.
② 펌프의 양수량을 증가시키거나 임펠러의 회전수를 변경한다.
③ 배관 중에 수조 또는 기체상태인 부분이 없도록 한다.

27 터보팬을 6,000rpm으로 회전시킬 경우, 풍량은 0.5m^3/min, 축동력은 0.049kW였다. 만약 터보팬의 회전수를 8,000rpm으로 바꾸어 회전시킬 경우 축동력(kW)은?

① 0.0207 ② 0.207
③ 0.116 ④ 1.161

해설

상사의 법칙

1) 유량(Q)에서의 상사의 법칙

$$\frac{Q_2}{Q_1} = \left(\frac{N_2}{N_1}\right)\left(\frac{D_2}{D_1}\right)^3$$

정답 25 ④ 26 ③ 27 ③

2) 양정(H)에서의 상사의 법칙

$$\frac{H_2}{H_1}=\left(\frac{N_2}{N_1}\right)^2\left(\frac{D_2}{D_1}\right)^2$$

3) 동력(P)에서의 상사의 법칙

$$\frac{P_2}{P_1}=\left(\frac{N_2}{N_1}\right)^3\left(\frac{D_2}{D_1}\right)^5$$

여기서, N : 회전수[rpm], D : 임펠러의 직경[m]

[풀이]

1) N_1 : 6,000[rpm], N_2 : 8,000[rpm]

$P_1=0.049$[kW], $P_2=?$[kW]

2) $\frac{P_2}{P_1}=\left(\frac{N_2}{N_1}\right)^3\left(\frac{D_2}{D_1}\right)^5$

임펠러 직경의 변화는 없으므로 $\left(\frac{D_2}{D_1}\right)^5=1$

3) $\frac{P_2}{P_1}=\left(\frac{N_2}{N_1}\right)^3$, $\frac{P_2}{0.049}=\left(\frac{8,000}{6,000}\right)^3$

$P_2=\left(\frac{8,000}{6,000}\right)^3\times 0.049=0.116$[kW]

28 어떤 기체를 20℃에서 등온 압축하여 절대압력이 0.2MPa에서 1MPa로 변할 때 체적은 초기 체적과 비교하여 어떻게 변화하는가?

① 5배로 증가한다. ② 10배로 증가한다.

③ $\frac{1}{5}$로 감소한다. ④ $\frac{1}{10}$로 감소한다.

해설

보일의 법칙(Boyle's Law)

온도가 일정(등온)할 때 기체의 체적은 절대압력에 반비례한다.

$$P_1 V_1 = P_2 V_2$$

여기서, P : 절대압력[atm], V : 체적[m^3]

[풀이]

1) $P_1=0.2$[MPa], $P_2=1$[MPa]

V_1 : 초기체적, V_2 : 변화 후 체적

2) $P_1 V_1 = P_2 V_2$

$0.2\times V_1 = 1\times V_2$, $V_2=\frac{0.2}{1}V_1$

$V_2=\frac{1}{5}V_1$

∴ 변화 후 체적은 초기체적의 1/5로 감소한다.

29 원관 속의 흐름에서 관의 직경, 유체의 속도, 유체의 밀도, 유체의 점성계수가 각각 D, V, ρ, μ로 표시될 때 층류 흐름의 마찰계수(f)는 어떻게 표현될 수 있는가?

① $f=\frac{64\mu}{DV\rho}$ ② $f=\frac{64\rho}{DV\mu}$

③ $f=\frac{64D}{V\rho\mu}$ ④ $f=\frac{64}{DV\rho\mu}$

해설

층류 흐름의 마찰계수 f

1) 층류 흐름일 때($Re<2,100$)

관마찰계수(f)는 레이놀즈수만의 함수이다.

$$f=\frac{64}{Re}$$

2) 레이놀즈수(Reynolds Number)

$$Re=\frac{\rho VD}{\mu}=\frac{VD}{\nu}$$

여기서, ρ : 유체의 밀도[kg/m^3]

μ : 유체의 점성계수[kg/m · s]

ν : 유체의 동점성계수[m^2/s]

V : 유속[m/s]

D : 관의 직경[m]

[풀이]

1) $f=\frac{64}{Re}$

이 식에 $Re=\frac{\rho VD}{\mu}$를 대입하면

2) $f=\frac{64}{\frac{\rho VD}{\mu}}=\frac{64\mu}{\rho VD}$

$f=\frac{64\mu}{DV\rho}$

정답 28 ③ 29 ①

30 그림과 같이 매우 큰 탱크에 연결된 길이 100m, 안지름 20cm인 원관에 부차적 손실계수가 5인 밸브 A가 부착되어 있다. 관 입구에서의 부차적 손실계수가 0.5, 관마찰계수는 0.02이고, 평균속도가 2m/s일 때 물의 높이 H(m)는?

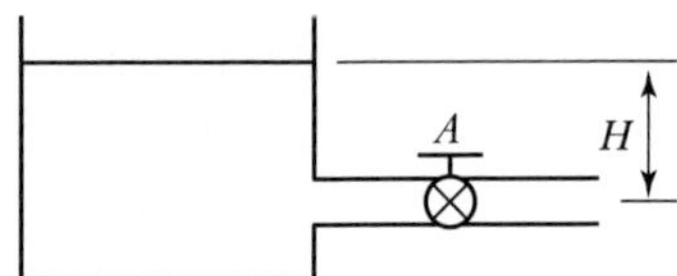

① 1.48　　② 2.14
③ 2.81　　④ 3.36

해설

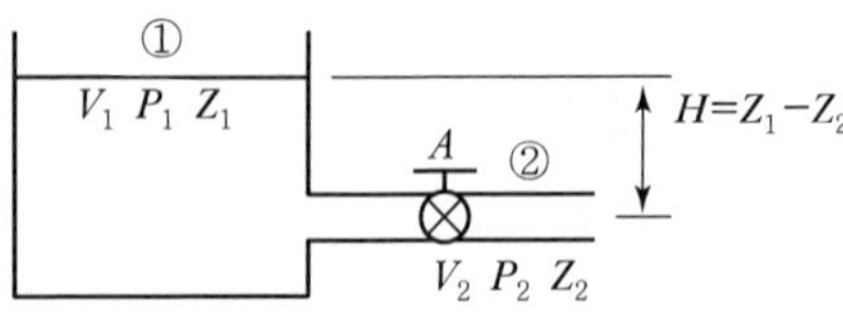

수정 베르누이 방정식(Modified Bernoulli's Equation)

$$\frac{V_1^2}{2g}+\frac{P_1}{\gamma}+Z_1=\frac{V_2^2}{2g}+\frac{P_2}{\gamma}+Z_2+H_L$$

1) $V_1 \ll V_2$이므로 $V_1=0$　$\therefore \frac{V_1^2}{2g}=0$

2) P_1과 P_2는 대기압으로 같으므로

$$\frac{P_1}{\gamma}-\frac{P_2}{\gamma}=0$$

3) $Z_1-Z_2=H$

4) 위 식을 정리하면 물의 높이 H는

$$H=\frac{V_2^2}{2g}+H_L$$

[풀이]

1) 마찰손실 H_L

① 직관에서의 마찰손실 H_{l1}

$f=0.02$
직관의 길이 $l=100[\text{m}]$
배관의 지름 $d=20[\text{cm}]=0.2[\text{m}]$
유속 $V=2[\text{m/s}]$

$$H_{l1}=f\frac{l}{d}\frac{V^2}{2g}$$
$$=0.02\times\frac{100}{0.2}\times\frac{2^2}{2\times9.8}=2.04[\text{m}]$$

② 밸브에서의 부차적 손실 H_{l2}

$K=5$, 유속 $V=2[\text{m/s}]$

$$H_{l2}=K\frac{V^2}{2g}=5\times\frac{2^2}{2\times9.8}=1.02[\text{m}]$$

③ 급격한 축소에 의한 부차적 손실 H_{l3}

$K=0.5$, 유속 $V=2\text{m/s}$

$$H_{l3}=K\frac{V^2}{2g}=0.5\times\frac{2^2}{2\times9.8}=0.1[\text{m}]$$

④ 전체 마찰손실

$$H_L=H_{l1}+H_{l2}+H_{l3}$$
$$=2.04+1.02+0.1=3.16[\text{m}]$$

2) 물의 높이 H

$$H=\frac{V_2^2}{2g}+H_L=\frac{2^2}{2\times9.8}+3.16=3.36[\text{m}]$$

31 마그네슘은 절대온도 293K에서 열전도도가 156W/m · K, 밀도는 1,740kg/m^{3}이고, 비열이 1,017J/kg · K일 때 열확산계수(m^2/s)는?

① 8.96×10^{-2}　　② 1.53×10^{-1}
③ 8.81×10^{-5}　　④ 8.81×10^{-4}

해설

열확산계수 $\alpha\,[\text{m}^2/\text{s}]$
불안정한 열전도특성을 규정하기 위한 물질의 고유 물성으로서 물질이 얼마나 빨리 온도 변화에 대해 반응하는지를 나타낸다.

$$\alpha\,[\text{m}^2/\text{s}]=\frac{k}{\rho\, c_p}$$

여기서, k : 열전도도[W/m · K], ρ : 밀도[kg/m^3]
C_P : 정압비열[kJ/kg · K]

[풀이]

1) $k=156$[W/m · K], $\rho=1{,}740$[kg/m^3]
$C_p=1{,}017$[J/kg · K]

정답　30 ④　31 ③

2) $\alpha = \frac{156}{1,740 \times 1,017} = 0.000088157$

$= 8.81 \times 10^{-5} [m^2/s]$

32 그림과 같이 반지름 1m, 폭(y방향) 2m인 곡면 AB에 작용하는 물에 의한 힘의 수직성분(z방향) F_z와 수평성분(x방향) F_x와의 비(F_z/F_x)는 얼마인가?

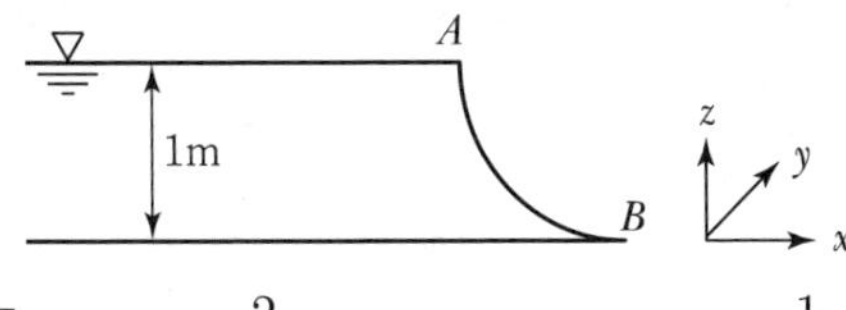

① $\frac{\pi}{2}$ ② $\frac{2}{\pi}$ ③ 2π ④ $\frac{1}{2\pi}$

해설

수직성분과 수평성분의 비(F_z/F_x)

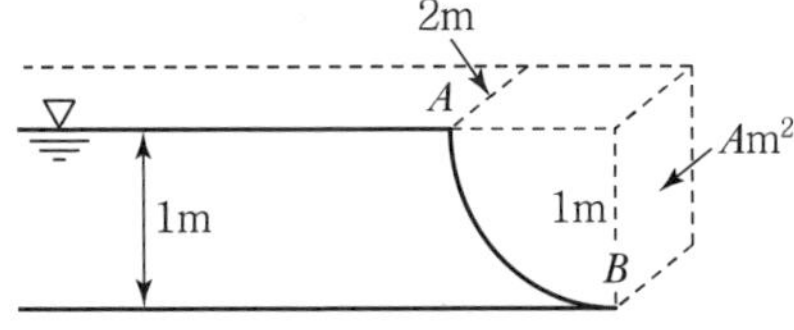

1) 수평성분 힘 F_x

$$F_x = \gamma \bar{h} A$$

여기서, F_x : 수평분력[N]

$\bar{h}$: 투영면적 중심에서 수면까지 수직깊이[m]

A : 수평투영면적[m²]

① γ : 물의 비중량 9,800[N/m³]

② $\bar{h}$: 투영면적 중심에서 수면까지 수직깊이[m]

$\bar{h} = \frac{h}{2} = \frac{1m}{2} = \frac{1}{2} [m]$

③ A : 투영면적[m²]

$A =$ 폭 × 높이 = 2m × 1m = 2[m²]

④ 수평분력 F_x

$F_x = \gamma \bar{h} A = 9,800[N/m^3] \times \frac{1}{2}[m] \times 2[m^2]$

$= 9,800[N]$

2) 수직성분 힘 F_z

$$F_z = \gamma V$$

여기서, F_z : 수직분력[N], γ : 비중량[N/m³]

V : 곡면연직상방의 체적[m³]

① γ : 물의 비중량 9,800[N/m³]

② V : 곡면연직상방의 체적[m³]

원기둥 부피의 1/4

$V = \pi r^2$[원의 면적] × W[폭] × $\frac{1}{4}$

$= \pi \times 1^2 \times 2 \times \frac{1}{4} = \frac{\pi}{2} [m^3]$

③ 수직분력 F_z

$F_z = \gamma V = 9,800[N/m^3] \times \frac{\pi}{2}[m^3]$

$= \frac{9,800\pi}{2} [N]$

3) 수직성분(z방향) F_z와 수평성분(x방향) F_x와의 비 (F_z/F_x)

$$\frac{F_z}{F_x} = \frac{\frac{9,800\pi}{2}}{9,800} = \frac{\pi}{2}$$

33 대기압하에서 10℃의 물 2kg이 전부 증발하여 100℃의 수증기로 되는 동안 흡수되는 열량(kJ)은 얼마인가?(단, 물의 비열은 4.2kJ/kg · K, 기화열은 2,250kJ/kg이다.)

① 756 ② 2,638

③ 5,256 ④ 5,360

해설

1) 현열

물질의 상태변화 없이 온도만 변하는 데 필요한 열량

$$Q[kJ] = m \cdot C \cdot \Delta T$$

여기서, Q : 현열량[kJ], m : 질량[kg]

C : 비열[kJ/kg · K], ΔT : 온도 차[K][℃]

① $m = 2[kg]$, $C = 4.2[kJ/kg \cdot K]$

$\Delta T = 100 - 10 = 90[K][℃]$

정답 32 ① 33 ③

② 현열

Q[kJ]=2[kg]×4.2[kJ/kg · K]×90[K]=756[kJ]

2) 잠열

물질의 온도변화 없이 상태변화에만 필요한 열량

$$Q[\text{kJ}] = m \cdot r$$

여기서, Q : 열량[kJ], m : 질량[kg], r : 잠열[kJ/kg]

① $m = 2$[kg], $r = 2{,}250$[kJ/kg]

② 잠열

$Q[\text{kJ}] = 2 \times 2{,}250 = 4{,}500[\text{kJ}]$

3) 전체 열량=현열+잠열

$Q[\text{kJ}] = m \cdot C \cdot \Delta T + m \cdot r$

$Q = 756 + 4{,}500 = 5{,}256[\text{kJ}]$

34 경사진 관로의 유체흐름에서 수력기울기선의 위치로 옳은 것은?

① 언제나 에너지선보다 위에 있다.

② 에너지선보다 속도수두만큼 아래에 있다.

③ 항상 수평이 된다.

④ 개수로의 수면보다 속도수두만큼 위에 있다.

해설

에너지선과 수력구배선

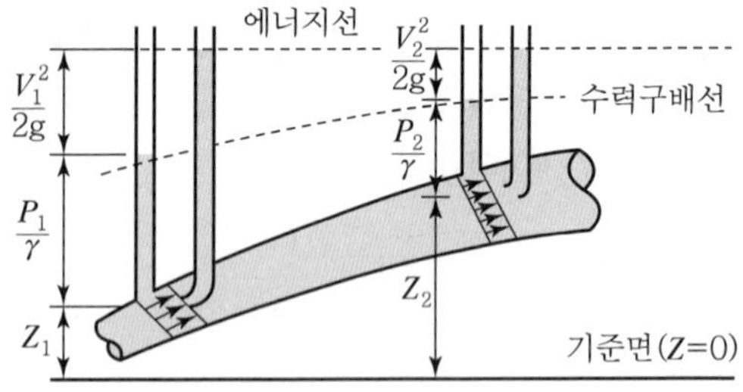

1) 에너지선(EGL)

유동하는 유체의 각 위치에서 $(\frac{V^2}{2g} + \frac{P}{\gamma} + Z)$를 연결한 선, 즉 속도수두와 압력수두, 위치수두의 합으로서 손실이 없다고 가정하면 기준선과 평행하다.

2) 수력구배선(HGL)

유동하는 유체의 각 위치에서 $(\frac{P}{\gamma} + Z)$를 연결한 선, 즉 압력수두와 위치수두의 합으로서 유체의 유동은 수력구배선이 높은 곳에서 낮은 곳으로 이동한다.

3) 에너지선과 수력구배선과의 관계

① 에너지선은 수력구배선보다 속도수두$(\frac{V^2}{2g})$만큼 위쪽에 위치한다.

② 수력구배선은 에너지선보다 속도수두$(\frac{V^2}{2g})$만큼 아래쪽에 위치한다.

35 그림과 같이 폭(b)이 1m이고 깊이(h_0) 1m로 물이 들어 있는 수조가 트럭 위에 실려 있다. 이 트럭이 7m/s^{2}의 가속도로 달릴 때 물의 최대 높이(h_2)와 최소 높이(h_1)는 각각 몇 m인가?

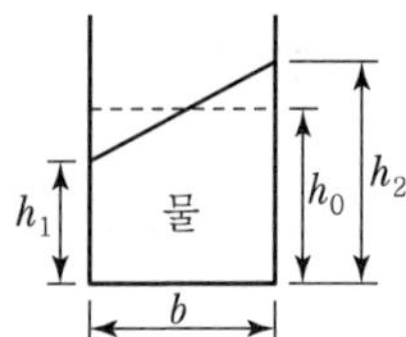

① h_1=0.643m, h_2=1.41m

② h_1=0.643m, h_2=1.357m

③ h_1=0.676m, h_2=1.413m

④ h_1=0.676m, h_2=1.357m

해설

수평가속도를 받는 액체에서 가속도와 수면의 높이와의 관계

$$\alpha = \frac{(h_2 - h_0)}{\frac{b}{2}} g$$

여기서, α : 수평가속도[m/s^2], b : 수조의 길이[m]

h_2 : 물의 최대 높이[m], h_0 : 수면의 높이[m]

h_1 : 물의 최소 높이[m]

g : 중력가속도 9.8[m/s]

정답 34 ② 35 ②

[풀이]

1) 최대 높이 h_2

$\alpha = 7[m/s^2]$, $b = 1[m]$, $h_0 = 1[m]$

$g = 9.8[m/s]$

$7 = \frac{(h_2 - 1)}{\frac{1}{2}} \times 9.8$, $(h_2 - 1) = \frac{7 \times 0.5}{9.8}$

$(h_2 - 1) = 0.357$

$h_2 = 1 + 0.357 = 1.357[m]$

2) 최소 높이 h_1 (수면을 기준으로 위쪽으로 올라간 높이와 아래쪽으로 내려간 높이는 같다.

$h_1 = 1 - 0.357 = 0.643[m]$

36 유체의 거동을 해석하는 데 있어서 비점성 유체에 대한 설명으로 옳은 것은?

① 실제 유체를 말한다.

② 전단응력이 존재하는 유체를 말한다.

③ 유체 유동 시 마찰저항이 속도 기울기에 비례하는 유체이다.

④ 유체 유동 시 마찰저항을 무시한 유체를 말한다.

해설

1) 이상유체와 실제유체

이상유체	실제유체
점성이 없고 비압축성 유체	점성이 있고 압축성 유체

2) 비압축성 유체와 압축성 유체

비압축성 유체(액체)	압축성 유체(기체)
온도 또는 압력에 의해 체적 또는 밀도가 변하지 않는 유체	온도 또는 압력에 의해 체적 또는 밀도가 변하는 유체

④ 유체 유동 시 마찰저항을 무시한 유체를 말한다.→ 비점성은 점성이 없다는 의미이고 점성이 없으면 마찰손실 또한 발생하지 않는다.

37 출구단면적이 $0.0004m^2$인 소방호스로부터 25m/s의 속도로 수평으로 분출되는 물제트가 수직으로 세워진 평판과 충돌한다. 평판을 고정시키기 위한 힘(F)은 몇 N인가?

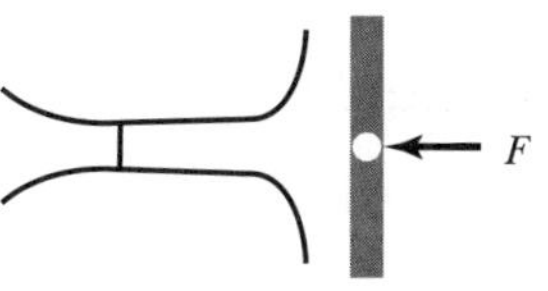

① 150 ② 200 ③ 250 ④ 300

해설

고정평판에 작용하는 힘

$$F = \rho Q V \qquad F = \rho A V^2$$

여기서, ρ : 밀도$[N \cdot s^2/m^4]$, Q : 유량$[m^3/s]$

V : 유속$[m/s]$, A : 노즐의 단면적$[m^2]$

[풀이]

1) 물의 밀도 ρ: $1{,}000[N \cdot s^2/m^4]$

노즐의 단면적 A : $0.0004[m^2]$

유속 : $V = 25[m/s]$

2) 고정평판에 작용하는 힘

$F = \rho A V^2$

$= 1{,}000 \times 0.0004 \times 25^2 = 250[N]$

38 두 개의 가벼운 공을 그림과 같이 실로 매달아 놓았다. 두 개의 공 사이로 공기를 불어넣으면 공은 어떻게 되겠는가?

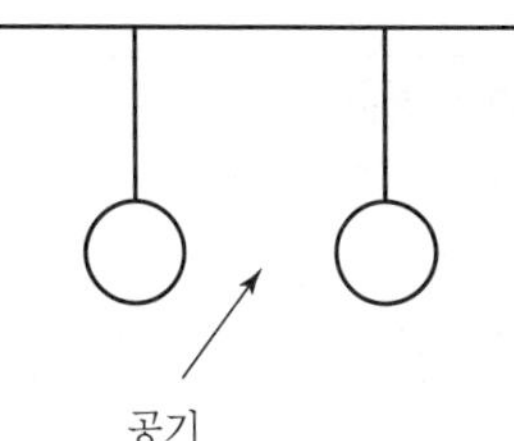

① 파스칼의 법칙에 따라 벌어진다.

② 파스칼의 법칙에 따라 가까워진다.

③ 베르누이의 법칙에 따라 벌어진다.

④ 베르누이의 법칙에 따라 가까워진다.

정답 36 ④ 37 ③ 38 ④

해설

베르누이 방정식

$$\frac{V^2}{2g}+\frac{P}{\gamma}+Z=\text{Constant}$$

여기서, $\frac{V^2}{2g}$: 속도수두[m], $\frac{P}{\gamma}$: 압력수두[m]
Z : 위치수두[m], V : 유속[m/s]
P : 압력[N/m²], Z : 높이[m]
g : 중력가속도[m/s²], γ : 비중량[N/m³]

[풀이]

1) 두 공의 높이는 같으므로 위치수두 $Z=0$
$$\frac{V^2}{2g}+\frac{P}{\gamma}=\text{Constant}$$
2) 기류를 불어넣어서 공 사이의 속도가 빨라지면 속도수두가 커지고, 속두수두가 커진 만큼 압력수두가 작아져야 일정한 값을 유지한다.
3) 압력수두가 작아지면 공 사이의 압력이 떨어지므로 공은 서로 가까워진다.

39 다음 중 뉴턴(Newton)의 점성법칙을 이용하여 만든 회전 원통식 점도계는?

① 세이볼트(Saybolt) 점도계
② 오스왈드(Ostwald) 점도계
③ 레드우드(Redwood) 점도계
④ 맥미셸(MacMichael) 점도계

해설

점성의 측정

점도계의 종류	관련 법칙
오스왈드 점도계, 세이볼트 점도계	하겐-포아젤 방정식
낙구식 점도계	스토크스 법칙
맥미셸 점도계, 스토머 점도계	뉴턴의 점성법칙

40 그림과 같이 수은 마노미터를 이용하여 물의 유속을 측정하고자 한다. 마노미터에서 측정한 높이 차(h)가 30mm일 때 오리피스 전후의 압력(kPa) 차이는?(단, 수은의 비중은 13.6이다.)

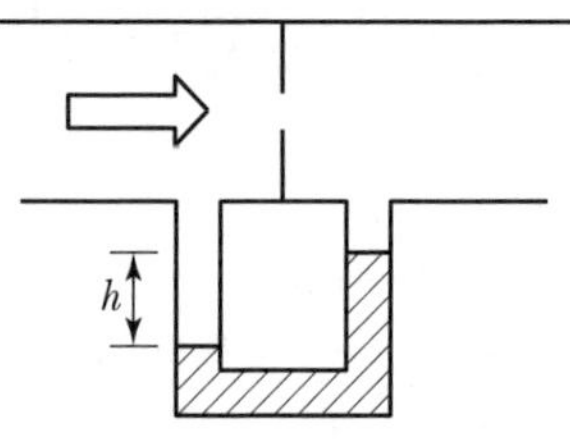

① 3.4
② 3.7
③ 3.9
④ 4.4

해설

오리피스 전후의 압력 차이(P_A-P_B)

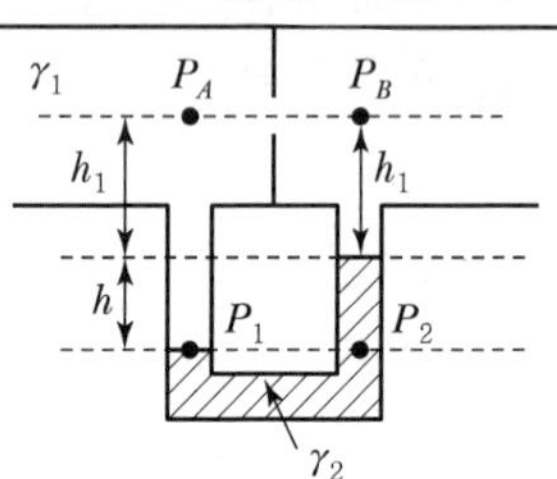

$P_1=P_2$

1) $P_1=P_A+\gamma_1 h_1+\gamma_1 h$
2) $P_2=P_B+\gamma_1 h_1+\gamma_2 h$
3) $P_1=P_2$이므로
$P_A+\gamma_1 h_1+\gamma_1 h=P_B+\gamma_1 h_1+\gamma_2 h$
$P_A-P_B=\gamma_1 h_1+\gamma_2 h-\gamma_1 h_1-\gamma_1 h$
$P_A-P_B=\gamma_2 h-\gamma_1 h$
4) 오리피스 전후의 압력 차

$$P_A-P_B=h(\gamma_2-\gamma_1)$$

[풀이]

1) $\gamma_1=9.8[\text{kN/m}^3]$
$\gamma_2=S_2\gamma_w=13.6\times9.8=133.28[\text{kN/m}^3]$
$h=30[\text{mm}]=0.03[\text{m}]$
2) 오리피스 전후의 압력 차이
$P_A-P_B=h(\gamma_2-\gamma_1)$
$=0.03(133.28-9.8)=3.7[\text{kPa}]$

정답 39 ④ 40 ②

3과목 소방관계법규

41 다음 중 화재의 예방 및 안전관리에 관한 법령상 특수가연물에 해당하는 품명별 기준수량으로 틀린 것은?

① 사류 1,000kg 이상
② 면화류 200kg 이상
③ 나무껍질 및 대팻밥 400kg 이상
④ 넝마 및 종이부스러기 500kg 이상

해설

특수가연물의 품명 및 수량

품명		수량
면화류		200kg 이상
나무껍질 및 대팻밥		400kg 이상
넝마 및 종이부스러기		1,000kg 이상
사류(絲類)		1,000kg 이상
볏짚류		1,000kg 이상
가연성 고체류		3,000kg 이상
석탄 · 목탄류		10,000kg 이상
가연성 액체류		$2m^3$ 이상
목재가공품 및 나무부스러기		$10m^3$ 이상
고무류 · 플라스틱류	발포시킨 것	$20m^3$ 이상
	그 밖의 것	3,000kg 이상

④ 넝마 및 종이부스러기 500kg 이상 → 1,000kg 이상

42 다음 중 소방시설관리업을 등록할 수 있는 자는?

① 피성년후견인
② 소방시설관리업의 등록이 취소된 날부터 2년이 경과된 자
③ 금고 이상의 형의 집행유예를 선고받고 그 유예기간 중에 있는 자
④ 금고 이상의 실형을 선고받고 그 집행이 면제된 날부터 2년이 지나지 아니한 자

해설

소방시설관리업 등록의 결격사유

1) 피성년후견인
2) 금고 이상의 실형을 선고받고 그 집행이 끝나거나 면제된 날부터 2년이 지나지 아니한 사람
3) 금고 이상의 형의 집행유예를 선고받고 그 유예기간 중에 있는 사람
4) 등록하려는 소방시설업 등록이 취소된 날부터 2년이 지나지 아니한 자
5) 법인의 임원 중에 제1)호에서 제4)호까지의 어느 하나에 해당하는 사람이 있는 법인

43 위험물안전관리법령상 위험물취급소의 구분에 해당하지 않는 것은?

① 이송취급소 ② 관리취급소
③ 판매취급소 ④ 일반취급소

해설

위험물취급소의 구분

취급소의 구분	위험물을 제조 외의 목적으로 취급하기 위한 장소
주유취급소	고정된 주유설비에 의하여 자동차 · 항공기 또는 선박 등의 연료탱크에 직접 주유하기 위하여 위험물을 취급하는 장소
판매취급소	점포에서 위험물을 용기에 담아 판매하기 위하여 지정수량의 40배 이하의 위험물을 취급하는 장소
이송취급소	배관 및 이에 부속된 설비에 의하여 위험물을 이송하는 장소
일반취급소	위 외의 장소

44 국민의 안전의식과 화재에 대한 경각심을 높이고 안전문화를 정착시키기 위한 소방의 날은 몇 월 며칠인가?

① 1월 19일 ② 10월 9일
③ 11월 9일 ④ 12월 19일

정답 41 ④ 42 ② 43 ② 44 ③

해설

소방의 날
1) 소방의 날 : 11월 9일
2) 제정목적 : 국민의 안전의식과 화재에 대한 경각심을 높이고 안전문화의 정착을 위함

45 화재의 예방 및 안전관리에 관한 법률상 화재안전조사 결과 소방대상물의 위치 상황이 화재예방을 위하여 보완될 필요가 있을 것으로 예상되는 때에 소방대상물의 개수 · 이전 · 제거, 그 밖의 필요한 조치를 관계인에게 명령할 수 있는 사람은?

① 소방서장 ② 경찰청장
③ 시 · 도지사 ④ 해당 구청장

해설

화재안전조사 결과에 따른 조치명령
1) 조치명령권자 : 소방청장, 소방본부장 또는 소방서장
2) 조치대상 : 소방대상물의 위치 · 구조 · 설비
3) 조치방법 : 관계인에게 그 소방대상물의 개수 · 이전 · 제거, 사용의 금지 또는 제한, 사용폐쇄, 공사의 정지 또는 중지 등

46 소방시설 설치 및 관리에 관한 법령상 지하가 중 터널로서 길이가 1천 미터일 때 설치하지 않아도 되는 소방시설은?

① 인명구조기구 ② 옥내소화전설비
③ 연결송수관설비 ④ 무선통신보조설비

해설

터널에 설치하는 소방설비의 종류
1) 터널길이 500m 이상
① 소화기(모든 터널) ② 비상경보설비
③ 비상조명등 ④ 비상콘센트설비
⑤ 무선통신보조설비
2) 터널길이 1000m 이상
① 옥내소화전설비 ② 자동화재탐지설비
③ 연결송수관설비
3) 지하가 중 예상 교통량, 경사도 등 터널의 특성을 고려하여 행정안전부령으로 정하는 터널
① 물분무소화설비 ② 제연설비

47 위험물안전관리법령상 허가를 받지 아니하고 당해 제조소 등을 설치하거나 그 위치 · 구조 또는 설비를 변경할 수 있으며, 신고를 하지 아니하고 위험물의 품명 · 수량 또는 지정수량의 배수를 변경할 수 있는 기준으로 옳은 것은?

① 축산용으로 필요한 건조시설을 위한 지정수량 40배 이하의 저장소
② 수산용으로 필요한 건조시설을 위한 지정수량 30배 이하의 저장소
③ 농예용으로 필요한 난방시설을 위한 지정수량 40배 이하의 저장소
④ 주택의 난방시설(공동주택의 중앙난방시설 제외)을 위한 저장소

해설

제조소 등의 설치허가
1) 제조소 등의 설치허가권자 : 시 · 도지사
2) 제조소 등의 위치 · 구조 또는 설비의 변경 없이 당해 제조소 등에서 저장하거나 취급하는 위험물의 품명 · 수량 또는 지정수량의 배수를 변경하고자 하는 자는 변경하고자 할 때 : 행정안전부령에 따라 1일 전까지 시 · 도지사에게 신고
3) 제조소 등의 허가를 받지 아니하고 당해 제조소 등을 설치하거나 그 위치 · 구조 또는 설비를 변경할 수 있으며, 신고를 하지 아니하고 위험물의 품명 · 수량 또는 지정수량의 배수를 변경할 수 있는 경우
① 주택의 난방시설(공동주택의 중앙난방 제외)을 위한 저장소 또는 취급소
② 농예용 · 축산용 또는 수산용으로 필요한 난방시설 또는 건조시설을 위한 지정수량 20배 이하의 저장소

정답 45 ① 46 ① 47 ④

48 시장지역에서 화재로 오인할 만한 우려가 있는 불을 피우거나 연막소독을 하려는 자가 신고를 하지 아니하여 소방자동차를 출동하게 한 자에 대한 과태료 부과 · 징수권자는?

① 국무총리
② 시 · 도지사
③ 행정안전부장관
④ 소방본부장 또는 소방서장

해설

1) 화재로 오인할 만한 우려가 있는 불을 피우거나 연막(煙幕) 소독 시 반드시 관할 소방본부장 또는 소방서장에게 신고하여야 하는 지역
   ① 시장지역
   ② 공장 · 창고가 밀집한 지역
   ③ 목조건물이 밀집한 지역
   ④ 위험물의 저장 및 처리시설이 밀집한 지역
   ⑤ 석유화학제품을 생산하는 공장이 있는 지역
   ⑥ 그 밖에 시 · 도의 조례로 정하는 지역 또는 장소
2) 화재로 오인할 만한 우려가 있는 불을 피우거나 연막(煙幕) 소독 시 반드시 관할 소방본부장 또는 소방서장에게 신고하지 아니한 경우 : 20만 원 이하의 과태료
3) 과태료 부과 · 징수권자 : 소방본부장 또는 소방서장

49 소방시설공사업법령상 공사감리자 지정대상 특정소방대상물의 범위가 아닌 것은?

① 제연설비를 신설 · 개설하거나 제연구역을 증설할 때
② 연소방지설비를 신설 · 개설하거나 살수구역을 증설할 때
③ 캐비닛형 간이스프링클러설비를 신설 · 개설하거나 방호 · 방수구역을 증설할 때
④ 물분무 등 소화설비(호스릴 방식의 소화설비 제외)를 신설 · 개설하거나 방호 · 방수구역을 증설할 때

해설

공사감리자 지정대상 특정소방대상물의 범위

<table>
<tr><th>소방설비</th><th>시공형태</th></tr>
<tr><td>옥내소화전설비</td><td>신설 · 개설 또는 증설할 때</td></tr>
<tr><td>스프링클러설비 등
(캐비닛형 간이스프링클러설비는 제외)</td><td rowspan="2">신설 · 개설하거나 방호 · 방수구역을 증설할 때</td></tr>
<tr><td>물분무 등 소화설비
(호스릴 방식의 소화설비는 제외)</td></tr>
<tr><td>옥외소화전설비</td><td rowspan="4">신설 또는 개설할 때</td></tr>
<tr><td>자동화재탐지설비, 비상방송설비</td></tr>
<tr><td>통합감시시설, 비상조명등</td></tr>
<tr><td>소화용수설비</td></tr>
<tr><td>제연설비</td><td>신설 · 개설하거나 제연구역을 증설할 때</td></tr>
<tr><td>연결송수관설비</td><td>신설 또는 개설할 때</td></tr>
<tr><td>연결살수설비</td><td>신설 · 개설하거나 송수구역을 증설할 때</td></tr>
<tr><td>비상콘센트설비</td><td>신설 · 개설하거나 전용회로를 증설할 때</td></tr>
<tr><td>무선통신보조설비</td><td>신설 또는 개설할 때</td></tr>
<tr><td>연소방지설비</td><td>신설 · 개설하거나 살수구역을 증설할 때</td></tr>
</table>

50 소방기본법령상 소방대장의 권한이 아닌 것은?

① 화재 현장에 대통령령으로 정하는 사람 외에는 그 구역에 출입하는 것을 제한할 수 있다.
② 화재 진압 등 소방활동을 위하여 필요한 때에는 소방용수 외에 댐 · 저수지 등의 물을 사용할 수 있다.
③ 국민의 안전의식을 높이기 위하여 소방박물관 및 소방체험관을 설립하여 운영할 수 있다.
④ 불이 번지는 것을 막기 위하여 필요할 때에는 불이 번질 우려가 있는 소방대상물 및 토지를 일시적으로 사용할 수 있다.

정답 48 ④ 49 ③ 50 ③

해설⊕

1) 소방대장
소방본부장 또는 소방서장 등 화재, 재난 · 재해, 그 밖의 위급한 상황이 발생한 현장에서 소방대를 지휘하는 사람

2) 소방대장의 권한
① 소방활동구역 설정 및 출입제한
② 소방활동 종사 명령(소방본부장, 소방서장, 소방대장)
화재, 재난 · 재해, 그 밖의 위급한 상황이 발생한 현장에서 소방활동을 위하여 필요할 때에는 그 관할구역에 사는 사람 또는 그 현장에 있는 사람으로 하여금 사람을 구출하는 일 또는 불을 끄거나 불이 번지지 아니하도록 하는 일을 하도록 명령
③ 강제처분 등(소방본부장, 소방서장, 소방대장)
사람을 구출하거나 불이 번지는 것을 막기 위하여 필요할 때에는 화재가 발생하거나 불이 번질 우려가 있는 소방대상물 및 토지를 일시적으로 사용하거나 그 사용의 제한 또는 소방활동에 필요한 처분 가능
④ 위험시설 등에 대한 긴급조치(소방본부장, 소방서장, 소방대장)
화재 진압 등 소방활동을 위하여 필요할 때에는 소방용수 외에 댐 · 저수지 또는 수영장 등의 물을 사용하거나 수도의 개폐장치 등을 조작 가능

※ 소방박물관 등의 설립과 운영

구분	소방박물관	소방체험관
설립 · 운영권자	소방청장	시 · 도지사
설립 · 운영에 필요한 사항	행정안전부령	시 · 도의 조례

51 스프링클러설비를 설치하여야 하는 특정소방대상물의 기준으로 틀린 것은?(단, 위험물저장 및 처리시설 중 가스시설 또는 지하구는 제외한다.)

① 복합건축물로서 연면적 3,500m^2 이상인 경우에는 모든 층
② 창고시설(물류터미널은 제외)로서 바닥면적 합계가 5,000m^2 이상인 경우에는 모든 층
③ 숙박이 가능한 수련시설 용도로 사용되는 시설의 바닥면적의 합계가 600m^2 이상의 것은 모든 층
④ 판매시설, 운수시설 및 창고시설(물류터미널에 한정)로서 바닥면적의 합계가 5,000m^2 이상이거나 수용인원이 500명 이상인 경우에는 모든 층

해설⊕

스프링클러설비의 설치대상
1) 층수가 6층 이상인 특정소방대상물의 경우에는 모든 층
2) 기숙사 또는 복합건축물로서 연면적 5,000m^2 이상인 경우에는 모든 층
3) 창고시설(물류터미널은 제외)로서 바닥면적 합계가 5,000m^2 이상인 경우에는 모든 층
4) 판매시설, 운수시설 및 창고시설(물류터미널로 한정)로서 바닥면적의 합계가 5,000m^2 이상이거나 수용인원이 500명 이상인 경우에는 모든 층
5) 다음에 해당하는 용도로 사용되는 시설의 바닥면적의 합계가 600m^2 이상인 것 모든 층
- 근린생활시설 중 조산원 및 산후조리원
- 의료시설 중 정신의료기관
- 의료시설 중 종합병원, 병원, 치과병원, 한방병원 및 요양병원
- 노유자 시설
- 숙박이 가능한 수련시설
- 숙박시설
6) 특정소방대상물의 지하층 · 무창층(축사는 제외) 또는 층수가 4층 이상인 층으로서 바닥면적이 1,000m^2 이상인 층이 있는 경우에는 해당 층
7) 지하가(터널은 제외)로서 연면적 1,000m^2 이상인 것

52 단독경보형 감지기를 설치하여야 하는 특정소방대상물의 기준으로 틀린 것은?

① 교육연구시설 내에 있는 기숙사 또는 합숙소로서 연면적 3,000m^2 미만인 것
② 공동주택 중 연립주택 및 다세대주택
③ 수련시설 내에 있는 기숙사 또는 합숙소로서 연면적 2,000m^2 미만인 것
④ 숙박시설이 있는 수련시설로서 수용인원 100명 미만인 것

정답 51 ① 52 ①

해설

단독경보형 감지기 설치대상
1) 공동주택 중 연립주택 및 다세대주택
2) 교육연구시설 내에 있는 기숙사 또는 합숙소 : 연면적 2,000m^2 미만인 것
3) 수련시설 내에 있는 기숙사 또는 합숙소 : 연면적 2,000m^2 미만인 것
4) 숙박시설이 있는 수련시설로서 수용인원 100명 미만인 것
5) 연면적 400m^2 미만의 유치원

53 소방시설공사업법령상 소방시설공사의 하자보수 보증기간이 3년이 아닌 것은?

① 자동소화장치 ② 무선통신보조설비
③ 자동화재탐지설비 ④ 간이스프링클러설비

해설

공사의 하자보수 등
1) 공사업자가 하자발생 통보를 받은 후 하자를 보수하거나 보수 일정을 기록한 하자보수 계획을 관계인에게 서면으로 알려야 하는 기간 : 3일 이내
2) 하자보수 보증금 : 공사금액의 3/100 이상
3) 하자보수 대상 소방시설과 하자보수 보증기간

하자보수 대상 소방시설	하자보수 보증기간
피난기구, 유도등, 유도표지, 비상경보설비, 비상조명등, 비상방송설비 및 무선통신보조설비	2년
자동소화장치, 옥내소화전설비, 스프링클러설비, 간이스프링클러설비, 물분무 등 소화설비, 옥외소화전설비, 자동화재탐지설비, 상수도소화용수설비 및 소화활동설비(무선통신보조설비는 제외)	3년

54 위험물안전관리법령상 제조소의 기준에 따라 건축물의 외벽 또는 이에 상당하는 공작물의 외측으로부터 제조소의 외벽 또는 이에 상당하는 공작물의 외측까지의 안전거리 기준으로 틀린 것은?(단, 제6류 위험물을 취급하는 제조소를 제외하고, 건축물에 불연재료로 된 방화상 유효한 담 또는 벽을 설치하지 않은 경우이다.)

① 의료법에 의한 종합병원에 있어서는 30m 이상
② 도시가스사업법에 의한 가스공급시설에 있어서는 20m 이상
③ 사용전압 35,000V를 초과하는 특고압가공전선에 있어서는 5m 이상
④ 문화재보호법에 의한 유형문화재와 기념물 중 지정문화재에 있어서는 30m 이상

해설

제조소의 안전거리

건축물	안전거리
유형문화재, 지정문화재	50m 이상
• 수용인원 300명 이상(학교, 병원, 극장, 공연장, 영화상영관) • 수용인원 20인 이상(아동복지시설, 노인복지시설, 장애인복지시설, 한부모가족복지시설, 어린이집, 성매매피해자 등을 위한 지원시설, 정신보건시설 등) 사용	30m 이상
고압가스, 액화석유가스, 도시가스를 저장 또는 취급하는 시설	20m 이상
주거용으로 사용되는 것(제조소가 설치된 부지 내에 있는 것 제외)	10m 이상
사용전압이 35,000V를 초과하는 특고압가공전선	5m 이상
사용전압이 7,000V 초과 35,000V 이하의 특고압가공전선	3m 이상

④ 지정문화재에 있어서는 30m 이상 → 50m 이상

정답 53 ② 54 ④

55 소방기본법령상 소방활동구역의 출입자에 해당되지 않는 자는?

① 소방활동구역 안에 있는 소방대상물의 소유자·관리자 또는 점유자
② 화재건물과 관련 있는 부동산업자
③ 전기·가스·수도·통신·교통의 업무에 종사하는 사람으로서 원활한 소방활동을 위하여 필요한 자
④ 취재인력 등 보도업무에 종사하는 자

해설

소방활동구역에 출입할 수 있는 사람
1) 소방활동구역 안에 있는 소방대상물의 소유자·관리자 또는 점유자
2) 전기·가스·수도·통신·교통의 업무에 종사하는 사람으로서 원활한 소방활동을 위하여 필요한 사람
3) 의사·간호사 그 밖의 구조·구급업무에 종사하는 사람
4) 취재인력 등 보도업무에 종사하는 사람
5) 수사업무에 종사하는 사람
6) 그 밖에 소방대장이 소방활동을 위하여 출입을 허가한 사람

56 시·도의 조례가 정하는 바에 따라 지정수량 이상의 위험물을 임시로 저장·취급할 수 있는 기간 (㉠)과 임시저장 승인권자 (㉡)는?

① ㉠ 30일 이내, ㉡ 시·도지사
② ㉠ 60일 이내, ㉡ 소방본부장
③ ㉠ 90일 이내, ㉡ 관할소방서장
④ ㉠ 120일 이내, ㉡ 소방청장

해설

위험물의 저장 및 취급의 제한
제조소 등이 아닌 장소에서 지정수량 이상의 위험물을 취급할 수 있는 경우
1) 관할소방서장의 승인을 받아 지정수량 이상의 위험물을 90일 이내의 기간 동안 임시로 저장 또는 취급하는 경우
2) 군부대가 지정수량 이상의 위험물을 군사목적으로 임시로 저장 또는 취급하는 경우

57 위험물안전관리법령상 위험물시설의 설치 및 변경 등에 관한 기준 중 다음 (   ) 안에 들어갈 내용으로 옳은 것은?

> 제조소 등의 위치·구조 또는 설비의 변경 없이 당해 제조소 등에서 저장하거나 취급하는 위험물의 품명·수량 또는 지정수량의 배수를 변경하고자 하는 자는 변경하고자 하는 날의 (㉠)일 전까지 (㉡)이 정하는 바에 따라 (㉢)에게 신고하여야 한다.

① ㉠ : 1, ㉡ : 대통령령, ㉢ : 소방본부장
② ㉠ : 1, ㉡ : 행정안전부령, ㉢ : 시·도지사
③ ㉠ : 14, ㉡ : 대통령령, ㉢ : 소방서장
④ ㉠ : 14, ㉡ : 행정안전부령, ㉢ : 시·도지사

해설

1) 제조소 등의 위치·구조 또는 설비의 변경 없이 당해 제조소 등에서 저장하거나 취급하는 위험물의 품명·수량 또는 지정수량의 배수를 변경하고자 하는 자는 변경하고자 할 때 : 1일 전까지 행정안전부령이 정하는 바에 따라 시·도지사에게 신고
2) 제조소 등의 허가를 받지 아니하고 당해 제조소 등을 설치하거나 그 위치·구조 또는 설비를 변경할 수 있으며, 신고를 하지 아니하고 위험물의 품명·수량 또는 지정수량의 배수를 변경할 수 있는 경우
   ① 주택의 난방시설(공동주택의 중앙난방 제외)을 위한 저장소 또는 취급소
   ② 농예용·축산용 또는 수산용으로 필요한 난방시설 또는 건조시설을 위한 지정수량 20배 이하의 저장소

58 소방시설 설치 및 관리에 관한 법령상 수용인원 산정방법 중 침대가 없는 숙박시설로서 해당 특정소방대상물의 종사자의 수는 5명, 복도, 계단 및 화장실의 바닥면적을 제외한 바닥면적이 158m^{2}인 경우의 수용인원은 약 몇 명인가?

① 37 ② 45
③ 58 ④ 84

정답 55 ② 56 ③ 57 ② 58 ③

해설

수용인원의 산정방법

1) 숙박시설이 있는 특정소방대상물
   ① 침대가 있는 숙박시설 : 종사자 수+침대 수(2인용 침대는 2개)
   ② 침대가 없는 숙박시설 : 종사자 수+바닥면적의 합계를 $3m^2$로 나누어 얻은 수
2) 1) 외의 특정소방대상물
   ① 강의실 · 교무실 · 상담실 · 실습실 · 휴게실 용도로 쓰이는 특정소방대상물 : 바닥면적의 합계를 $1.9m^2$로 나누어 얻은 수
   ② 강당, 문화 및 집회시설, 운동시설, 종교시설 : 바닥면적의 합계를 $4.6m^2$로 나누어 얻은 수
   ③ • 관람석이 있는 경우 고정식 의자를 설치한 부분 : 의자 수
   • 긴 의자의 경우 : 의자의 정면너비를 0.45m로 나누어 얻은 수
3) 그 밖의 특정소방대상물 : 바닥면적의 합계를 $3m^2$로 나누어 얻은 수(소수점 이하의 수는 반올림할 것)

[풀이]

• 침대가 없는 숙박시설 : 종사자 수+바닥면적의 합계를 $3m^2$로 나누어 얻은 수

• 수용인원 : 5명(종사자)$+\dfrac{158[m^2]}{3[m^2]}=57.67$

∴ 58명

59 화재의 예방 및 안전관리에 관한 법령상 1급 소방안전관리대상물에 해당하는 건축물은?

① 지하구
② 층수가 15층인 공공업무시설
③ 연면적 $15,000m^2$ 이상인 동물원
④ 층수가 20층이고, 지상으로부터 높이가 100미터인 아파트

해설

1급 소방안전관리대상물

동 · 식물원, 철강 등 불연성 물품을 저장 · 취급하는 창고, 위험물 저장 및 처리시설 중 위험물제조소 등, 지하구를 제외한다.

1) 30층 이상(지하층은 제외)이거나 지상으로부터 높이가 120m 이상인 아파트
2) 연면적 1만 5천m^2 이상인 특정소방대상물(아파트 및 연립주택 제외)
3) 층수가 11층 이상인 특정소방대상물(아파트는 제외)
4) 가연성 가스를 1,000톤 이상 저장 · 취급하는 시설

① 지하구 → 2급 소방안전관리대상물
③ 연면적 $15,000m^2$ 이상인 동물원 → 동 · 식물원은 제외
④ 층수가 20층이고, 지상으로부터 높이가 100미터인 아파트 → 2급 소방안전관리대상물

60 소방시설 설치 및 관리에 관한 법령상 1년 이하의 징역 또는 1천만 원 이하의 벌금기준에 해당하는 경우는?

① 소방용품의 형식승인을 받지 아니하고 소방용품을 제조하거나 수입한 자 또는 거짓이나 그 밖의 부정한 방법으로 형식승인을 받은 자
② 제품검사를 받지 아니한 자 또는 거짓이나 그 밖의 부정한 방법으로 제품검사를 받은 자
③ 형식승인을 받지 않은 소방용품을 판매 · 진열하거나 소방시설공사에 사용한 자
④ 소방용품에 대하여 형상 등의 일부를 변경한 후 형식승인의 변경승인을 받지 아니한 자

해설

1) 1년 이하의 징역 또는 1천만 원 이하의 벌금
   ① 소방시설 등에 대하여 스스로 점검을 하지 아니하거나 관리업자 등으로 하여금 정기적으로 점검하게 하지 아니한 자
   ② 소방시설관리사증을 다른 사람에게 빌려주거나 빌리거나 이를 알선한 자
   ③ 동시에 둘 이상의 업체에 취업한 자
   ④ 자격정지처분을 받고 그 자격정지기간 중에 관리사의 업무를 한 자
   ⑤ 관리업의 등록증이나 등록수첩을 다른 자에게 빌려주거나 빌리거나 이를 알선한 자
   ⑥ 영업정지처분을 받고 그 영업정지기간 중에 관리업의 업무를 한 자

정답 59 ② 60 ④

⑦ 제품검사에 합격하지 아니한 제품에 합격표시를 하거나 합격표시를 위조 또는 변조하여 사용한 자
⑧ 형식승인의 변경승인 또는 성능인증의 변경인증을 받지 아니한 자
⑨ 제품검사에 합격하지 아니한 소방용품에 성능인증을 받았다는 표시 또는 제품검사에 합격하였다는 표시를 하거나 성능인증을 받았다는 표시 또는 제품검사에 합격하였다는 표시를 위조 또는 변조하여 사용한 자
⑩ 우수품질인증을 받지 아니한 제품에 우수품질인증 표시를 하거나 우수품질인증 표시를 위조하거나 변조하여 사용한 자
⑪ 관계 공무원이 관계인의 정당한 업무를 방해하거나 출입 · 검사 업무를 수행하면서 알게 된 비밀을 다른 사람에게 누설한 자

2) 3년 이하의 징역 또는 3천만 원 이하의 벌금
① 소방용품의 형식승인을 받지 아니하고 소방용품을 제조하거나 수입한 자 또는 거짓이나 그 밖의 부정한 방법으로 형식승인을 받은 자
② 제품검사를 받지 아니한 자 또는 거짓이나 그 밖의 부정한 방법으로 제품검사를 받은 자
③ 형식승인을 받지 않은 소방용품을 판매 · 진열하거나 소방시설공사에 사용한 자

4과목 소방기계시설의 구조 및 원리

61 다음 중 스프링클러설비에서 자동경보밸브에 리타딩챔버(Retarding Chamber)를 설치하는 목적으로 가장 적절한 것은?

① 자동으로 배수하기 위하여
② 압력수의 압력을 조절하기 위하여
③ 자동경보밸브의 오보를 방지하기 위하여
④ 경보를 발하기까지 시간을 단축하기 위하여

해설

리타딩챔버
1) 클래퍼가 개방되면 시트링홀에 가압수가 흘러들어 압력스위치가 동작하게 되는데 이때 리타딩챔버의 공기가 압축되면서 동작시간을 지연하게 된다.
2) 즉, 일시적인 클래퍼 개방에는 리타딩챔버에 의해 압력스위치의 동작을 지연하여 오동작을 방지하는 기능을 한다.

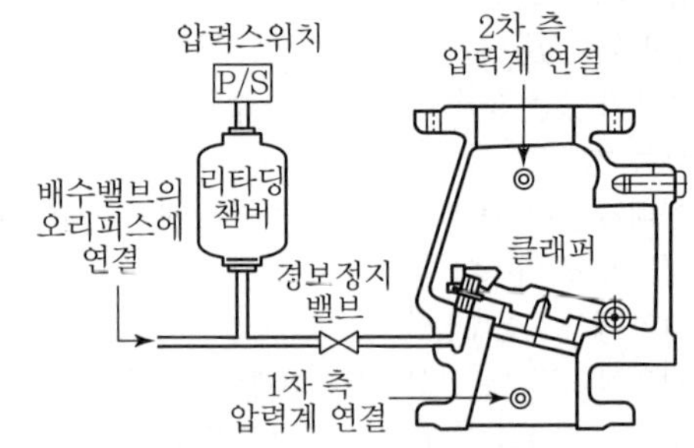

[알람체크밸브와 주위 배관]

62 구조대의 형식승인 및 제품검사의 기술기준상 수직강하식 구조대의 구조기준 중 틀린 것은?

① 구조대는 연속하여 강하할 수 있는 구조이어야 한다.
② 구조대는 안전하고 쉽게 사용할 수 있는 구조이어야 한다.
③ 입구틀 및 취부틀의 입구는 지름 40cm 이하의 구체가 통과할 수 있는 것이어야 한다.
④ 구조대의 포지는 외부포지와 내부포지로 구성하되, 외부포지와 내부포지의 사이에 충분한 공기층을 두어야 한다.

해설

수직강하식 구조대의 구조 기준
1) 구조대의 포지는 외부포지와 내부포지로 구성하되, 외부포지와 내부포지의 사이에 충분한 공기층을 두어야 한다.
2) 입구틀 및 취부틀의 입구는 지름 50cm 이상의 구체가 통과할 수 있는 것이어야 한다.
3) 구조대는 연속하여 강하할 수 있는 구조이어야 한다.
4) 포지는 사용 시 수직방향으로 현저하게 늘어나지 아니하여야 한다.

③ 입구틀 및 취부틀의 입구는 지름 40cm 이하 → 지름 50cm 이상

정답 61 ③ 62 ③

63 분말소화설비의 화재안전기준상 분말소화설비의 가압용 가스로 질소가스를 사용하는 경우 질소가스는 소화약제 1kg마다 최소 몇 L 이상이어야 하는가?(단, 질소가스의 양은 35℃에서 1기압의 압력상태로 환산한 것이다.)

① 10 ② 20
③ 30 ④ 40

해설

1) 가압용 가스 또는 축압용 가스의 종류 및 저장량
① 가압용 가스 또는 축압용 가스는 질소가스 또는 이산화탄소로 할 것
② 분말 소화약제 1kg당 가압용, 축압용 가스의 저장량

방식 \ 가스	질소(N_2)	이산화탄소(CO_2)
가압용	40[l/kg]	20[g/kg]
축압용	10[l/kg]	20[g/kg]

2) 배관의 청소에 필요한 양의 가스는 별도의 용기에 저장할 것

64 도로터널의 화재안전기준상 옥내소화전설비 설치기준 중 (   ) 안에 알맞은 것은?

> 가압송수장치는 옥내소화전 2개(4차로 이상의 터널인 경우 3개)를 동시에 사용할 경우 각 옥내소화전의 노즐선단에서의 방수압력은 (㉠)MPa 이상이고 방수량은 (㉡)l/min 이상이 되는 성능의 것으로 할 것

① ㉠ 0.1, ㉡ 130
② ㉠ 0.17, ㉡ 130
③ ㉠ 0.25, ㉡ 350
④ ㉠ 0.35, ㉡ 190

해설

도로터널의 옥내소화전설비 설치기준

1) 소화전함과 방수구의 간격
① 주행차로 우측 측벽을 따라 50m 이내의 간격으로 설치할 것
② 편도 2차선 이상의 양방향 터널이나 4차로 이상의 일방향 터널의 경우 : 양쪽 측벽에 각각 50m 이내의 간격으로 엇갈리게 설치할 것

2) 수원의 저수량
옥내소화전의 설치개수 2개(4차로 이상의 터널의 경우 3개)를 동시에 40분 이상 사용할 수 있는 충분한 양 이상을 확보할 것

3) 가압송수장치는 옥내소화전 2개(4차로 이상의 터널인 경우 3개)를 동시에 사용할 경우 각 옥내소화전의 노즐선단에서의 방수압력은 0.35MPa 이상이고 방수량은 190l/min 이상이 되는 성능의 것으로 할 것. 다만, 방수압력이 0.7MPa을 초과할 경우에는 호스접결구의 인입 측에 감압장치를 설치하여야 한다.

4) 압력수조나 고가수조가 아닌 전동기 및 내연기관에 의한 펌프를 이용하는 가압송수장치는 주펌프와 동등 이상인 별도의 예비펌프를 설치할 것

5) 방수구는 40mm 구경의 단구형을 옥내소화전이 설치된 벽면의 바닥면으로부터 1.5m 이하의 높이에 설치할 것

6) 소화전함에는 옥내소화전 방수구 1개, 15m 이상의 소방호스 3본 이상 및 방수노즐을 비치할 것

7) 옥내소화전설비의 비상전원은 40분 이상 작동할 수 있을 것

65 물분무소화설비의 화재안전기준상 110kV 초과 154kV 이하의 고압 전기기기와 물분무헤드 사이의 이격거리는 최소 몇 cm 이상이어야 하는가?

① 110 ② 150
③ 180 ④ 210

해설

고압기기와 물분무헤드와의 이격거리

전압[kV]	이격거리[cm]
66 이하	70 이상
66 초과 77 이하	80 이상
77 초과 110 이하	110 이상
110 초과 154 이하	150 이상
154 초과 181 이하	180 이상
181 초과 220 이하	210 이상
220 초과 275 이하	260 이상

정답 63 ④ 64 ④ 65 ②

66 분말소화설비의 화재안전기준상 분말소화설비의 배관으로 동관을 사용하는 경우에는 최고 사용압력의 최소 몇 배 이상의 압력에 견딜 수 있는 것을 사용하여야 하는가?

① 1　② 1.5　③ 2　④ 2.5

해설

분말소화설비 배관

1) 배관은 전용으로 할 것
2) 강관
   ① 아연도금에 따른 배관용 탄소강관이나 이와 동등 이상의 강도 · 내식성 및 내열성을 가진 것으로 할 것
   ② 축압식 분말소화설비에 사용하는 것 중 20℃에서 압력이 2.5MPa 이상 4.2MPa 이하인 것은 압력배관용 탄소강관 중 이음이 없는 스케줄 40 이상의 것 또는 이와 동등 이상의 강도를 가진 것으로서 아연도금으로 방식처리된 것을 사용하여야 한다.
3) 동관 : 고정압력 또는 최고 사용압력의 1.5배 이상의 압력에 견딜 수 있는 것을 사용할 것
4) 밸브류 : 개폐위치 또는 개폐방향을 표시한 것으로 할 것
5) 배관의 관부속 및 밸브류 : 배관과 동등 이상
6) 분기배관 : 제품검사에 합격한 것으로 설치

67 소화기의 형식승인 및 제품검사의 기술기준상 A급 화재용 소화기의 능력단위 산정을 위한 소화능력시험의 내용으로 틀린 것은?

① 모형 배열 시 모형 간의 간격은 3m 이상으로 한다.
② 소화는 최초의 모형에 불을 붙인 다음 1분 후에 시작한다.
③ 소화는 무풍상태(풍속 0.5m/s 이하)와 사용상태에서 실시한다.
④ 소화약제의 방사가 완료된 때 잔염이 없어야 하며, 방사완료 후 2분 이내에 다시 불타지 아니한 경우 그 모형은 완전히 소화된 것으로 본다.

해설

A급 화재용 소화기의 소화능력시험

1) 모형의 배열(1모형 n개, 2모형은 1개만 사용 가능)

[(n+1) 개]

제1 모형	제1 모형	제1 모형	……	제1 모형	제2 모형
3m 이상	3m 이상			3m 이상	

   ① 1모형 : 오리나무 또는 소나무 144개
   ② 2모형 : 오리나무 또는 소나무 90개
2) 제1모형의 연소대에는 3L, 제2모형의 연소대에는 1.5L의 휘발유를 넣어 최초의 제1모형으로부터 순차적으로 불을 붙인다.
3) 소화는 최초의 모형에 불을 붙인 다음 3분 후에 시작하되, 불을 붙인 순으로 한다. 이 경우 그 모형에 잔염이 있다고 인정될 경우 다음 모형에 대한 소화를 계속할 수 없다.
4) 소화기를 조작하는 자는 적합한 작업복(안전모, 내열성의 얼굴가리개, 장갑 등)을 착용할 수 있다.
5) 소화는 무풍상태(풍속이 0.5m/s 이하)와 사용상태(휴대식은 손에 휴대한 상태, 멜빵식은 멜빵으로 착용한 상태, 차륜식은 고정된 상태)에서 실시한다.
6) 소화약제의 방사가 완료된 때 잔염이 없어야 하며, 방사완료 후 2분 이내에 다시 불타지 아니한 경우 그 모형은 완전히 소화된 것으로 본다.
7) 능력단위의 산정
   ① 1모형 : A급 2단위
   ② 2모형 : A급 1단위

② 소화는 최초의 모형에 불을 붙인 다음 1분 후에 → 3분 후

68 상수도소화용수설비의 화재안전기준상 소화전은 특정소방대상물의 수평투영면의 각 부분으로부터 몇 m 이하가 되도록 설치하여야 하는가?

① 70　② 100　③ 140　④ 200

해설

상수도소화용수설비의 설치기준

1) 호칭지름 75mm 이상의 수도배관에 호칭지름 100mm 이상의 소화전을 접속할 것
2) 소화전은 소방자동차 등의 진입이 쉬운 도로변 또는 공지에 설치할 것
3) 소화전은 특정소방대상물의 수평투영면의 각 부분으로부터 140m 이하가 되도록 설치할 것

정답　66 ②　67 ②　68 ③

69 연소방지설비의 화재안전기준상 배관의 설치기준 중 다음 ( ) 안에 알맞은 것은?

> 연소방지설비에 있어서의 수평주행배관의 구경은 100mm 이상의 것으로 하되, 연소방지설비 전용헤드 및 스프링클러헤드를 향하여 상향으로 ( ) 이상의 기울기로 설치하여야 한다.

① $\frac{1}{1,000}$ ② $\frac{2}{100}$ ③ $\frac{1}{100}$ ④ $\frac{1}{500}$

해설

1) 수평주행배관(화재안전기준 개정－내용 삭제됨)
   ① 구경 : 100mm 이상
   ② 기울기 : 헤드를 향하여 상향으로 1/1,000 이상

2) 연소방지설비 전용헤드를 사용하는 경우 배관의 구경

헤드 수	1개	2개	3개	4~5개	6개 이상
구경[mm]	32	40	50	65	80

70 포소화설비의 화재안전기준상 포헤드의 설치기준 중 다음 ( ) 안에 알맞은 것은?

> 압축공기포소화설비의 분사헤드는 천장 또는 반자에 설치하되 방호대상물에 따라 측벽에 설치할 수 있으며 유류탱크 주위에는 바닥면적 (㉠)m^2마다 1개 이상, 특수가연물저장소에는 바닥면적 (㉡)m^2마다 1개 이상으로 당해 방호대상물의 화재를 유효하게 소화할 수 있도록 할 것

① ㉠ 8, ㉡ 9 ② ㉠ 9, ㉡ 8
③ ㉠ 9.3, ㉡ 13.9 ④ ㉠ 13.9, ㉡ 9.3

해설

1) 포헤드 1개의 방호면적
   ① 포헤드 : 바닥면적 $9m^2$마다 1개 이상
   ② 포워터스프링클러헤드 : 바닥면적 $8m^2$마다 1개 이상
   ③ 압축공기포 분사헤드
      • 유류탱크 주위 : 바닥면적 $13.9m^2$마다 1개 이상
      • 특수가연물저장소 : 바닥면적 $9.3m^2$마다 1개 이상

2) 포헤드 방사시간
   포헤드, 포워터스프링클러헤드, 압축공기포 : 10min 이상

71 제연설비의 화재안전기준상 배출구 설치 시 예상제연구역의 각 부분으로부터 하나의 배출구까지의 수평거리는 최대 몇 m 이내가 되어야 하는가?

① 5 ② 10 ③ 15 ④ 20

해설

1) 예상제연구역의 각 부분으로부터 하나의 배출구까지의 수평거리 : 10m 이내
2) 공기유입구와 배출구 간의 직선거리 : 5m 이상 또는 구획된 실의 장변의 1/2 이상

72 스프링클러설비의 화재안전기준상 스프링클러헤드를 설치하는 천장 · 반자 · 천장과 반자 사이 · 덕트 · 선반 등의 각 부분으로부터 하나의 스프링클러헤드까지의 수평거리 기준으로 틀린 것은?(단, 성능이 별도로 인정된 스프링클러헤드를 수리계산에 따라 설치하는 경우는 제외한다.)

① 무대부에 있어서는 1.7m 이하
② 공동주택(아파트) 세대 내의 거실에 있어서는 3.2m 이하
③ 특수가연물을 저장 또는 취급하는 장소에 있어서는 2.1m 이하
④ 특수가연물을 저장 또는 취급하는 랙크식 창고의 경우에는 1.7m 이하

해설

스프링클러헤드의 배치기준

특정소방대상물의 용도	헤드와 각 부분과의 수평거리
무대부 · 특수가연물	1.7m 이하
랙크식 창고	2.5m 이하
기타구조	2.1m 이하
내화구조	2.3m 이하
아파트의 거실	3.2m 이하

정답 69 정답 없음 70 ④ 71 ② 72 ③

③ 특수가연물을 저장 또는 취급하는 장소에 있어서는 2.1m 이하 → 1.7m 이하

73 이산화탄소 소화설비의 화재안전기준상 전역방출방식의 이산화탄소 소화설비의 분사헤드 방사압력은 저압식인 경우 최소 몇 MPa 이상이어야 하는가?

① 0.5 ② 1.05 ③ 1.4 ④ 2.0

해설

1) 전역방출방식 분사헤드 설치기준
   ① 방사된 소화약제가 방호구역의 전역에 균일하게 신속히 확산할 수 있도록 할 것
   ② 방사압력
      - 고압식 : 2.1MPa
      - 저압식 : 1.05MPa 이상
   ③ 방사시간
      - 표면화재 : 1분
      - 심부화재 : 7분(이 경우 설계농도가 2분 이내에 30%에 도달)

2) 국소방출방식 분사헤드 설치기준
   ① 소화약제의 방사에 따라 가연물이 비산하지 아니하는 장소에 설치할 것
   ② 방사시간 : 30초 이내

74 완강기의 형식승인 및 제품검사의 기술기준상 완강기 및 간이완강기의 구성으로 적합한 것은?

① 속도조절기, 속도조절기의 연결부, 하부 지지장치, 연결금속구, 벨트
② 속도조절기, 속도조절기의 연결부, 로프, 연결금속구, 벨트
③ 속도조절기, 가로봉 및 세로봉, 로프, 연결금속구, 벨트
④ 속도조절기, 가로봉 및 세로봉, 로프, 하부 지지장치, 벨트

해설

완강기의 구성
1) 속도조절기(조속기) : 완강기의 강하속도를 일정범위로 조절하는 장치
2) 속도조절기의 연결부(후크) : 지지대와 속도조절기를 연결하는 부분
3) 연결금속구 : 로프와 벨트의 연결부위에 사용하는 금속구 및 완강기 또는 간이 완강기를 지지대에 연결할 때 사용하는 금속구 등
4) 로프 : 와이어로프로서 지름 3mm 이상
5) 벨트 : 강도는 6,500N의 인장하중을 가하는 시험에서 현저한 변형이 없을 것

75 스프링클러설비의 화재안전기준상 스프링클러설비의 교차배관에서 분기되는 지점을 기점으로 한쪽 가지배관에 설치되는 헤드의 개수는 최대 몇 개 이하인가?(단, 방호구역 안에서 칸막이 등으로 구획하여 헤드를 증설하는 경우와 격자형 배관방식을 채택하는 경우는 제외한다.)

① 8 ② 10 ③ 12 ④ 15

해설

가지배관의 배열
1) 토너먼트(Tournament) 방식이 아닐 것
2) 교차배관에서 분기되는 지점을 기점으로 한쪽 가지배관에 설치되는 헤드의 개수는 8개 이하로 할 것. 다만, 다음 각 목의 어느 하나에 해당하는 경우에는 그러하지 아니하다.
   ① 기존의 방호구역 안에서 칸막이 등으로 구획하여 1개의 헤드를 증설하는 경우
   ② 습식 스프링클러설비 또는 부압식 스프링클러설비에 격자형 배관방식

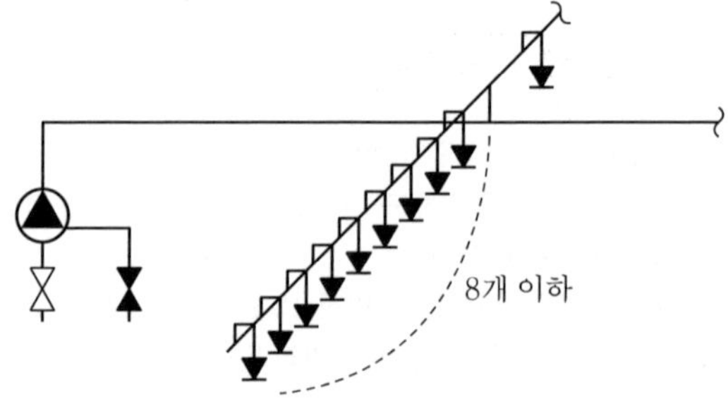

[가지배관에 설치하는 헤드 수]

정답 73 ② 74 ② 75 ①

76 제연설비의 화재안전기준상 제연설비의 설치 장소 기준 중 하나의 제연구역의 면적은 최대 몇 m^2 이내로 하여야 하는가?

① 700　　② 1,000
③ 1,300　　④ 1,500

해설

제연구역의 구획기준
1) 하나의 제연구역의 면적은 1,000m^2 이내로 할 것
2) 거실과 통로(복도)는 각각 제연구획할 것
3) 통로상의 제연구역은 보행중심선의 길이가 60m를 초과하지 아니할 것
4) 하나의 제연구역은 직경 60m 원내에 들어갈 수 있을 것
5) 하나의 제연구역은 2개 이상 층에 미치지 아니하도록 할 것

77 옥내소화전설비의 화재안전기준상 배관의 설치기준 중 다음 (　) 안에 알맞은 것은?

> 연결송수관설비의 배관과 겸용할 경우의 주배관은 구경 (㉠)mm 이상, 방수구로 연결되는 배관의 구경은 (㉡)mm 이상의 것으로 하여야 한다.

① ㉠ 80, ㉡ 65　　② ㉠ 80, ㉡ 50
③ ㉠ 100, ㉡ 65　　④ ㉠ 125, ㉡ 80

해설

옥내소화전설비 배관의 설치기준
1) 연결송수관설비의 배관과 겸용할 경우
① 주배관은 구경 100mm 이상
② 방수구로 연결되는 배관의 구경은 65mm 이상
2) 옥내소화전설비 토출 측 주배관의 구경 산정
주배관의 구경은 유속이 4m/s 이하가 될 수 있는 크기 이상으로 할 것
3) 주배관 중 수직배관의 구경
50mm(호스릴 옥내소화전설비의 경우에는 32mm) 이상
4) 옥내소화전방수구와 연결되는 가지배관의 구경
40mm(호스릴옥내소화전설비의 경우에는 25mm) 이상

78 이산화탄소 소화설비의 화재안전기준상 저압식 이산화탄소 소화약제 저장용기에 설치하는 안전밸브의 작동압력은 내압시험압력의 몇 배에서 작동해야 하는가?

① 0.24~0.4　　② 0.44~0.6
③ 0.64~0.8　　④ 0.84~1

해설

1) 저압식 저장용기
① 안전밸브 : 내압시험압력의 0.64배부터 0.8배의 압력에서 작동
② 봉판 : 내압시험압력의 0.8배부터 내압시험압력에서 작동
③ 저압식 저장용기에는 액면계 및 압력계 설치
④ 압력경보장치 : 2.3MPa 이상 1.9MPa 이하의 압력에서 작동
⑤ 자동냉동장치 : 용기 내부의 온도가 섭씨 영하 18℃ 이하에서 2.1MPa의 압력을 유지

2) 이산화탄소 소화약제의 저장용기 충전비 및 내압시험압력

구분	저압식	고압식
충전비	1.1 이상 1.4 이하	1.5 이상 1.9 이하
내압시험압력	3.5MPa 이상	25MPa 이상

3) 고압식 배관의 안전장치
① 설치위치 : 저장용기와 선택밸브 또는 개폐밸브 사이
② 작동압력 : 내압시험압력의 0.8배

79 소화기구 및 자동소화장치의 화재안전기준상 노유자시설은 당해 용도의 바닥면적 얼마마다 능력단위 1단위 이상의 소화기구를 비치해야 하는가?

① 바닥면적 30m^2마다
② 바닥면적 50m^2마다
③ 바닥면적 100m^2마다
④ 바닥면적 200m^2마다

정답 76 ② 77 ③ 78 ③ 79 ③

해설

특정소방대상물별 소화기구의 능력단위기준

특정소방대상물	능력단위 1단위 이상 (기타 구조)	능력단위 1단위 이상 (내화구조로서 불연, 준불연, 난연)
위락시설	바닥면적 30m^{2}마다	바닥면적 60m^{2}마다
공연장 · 집회장 · 관람장 · 문화재 · 장례식장 및 의료시설	바닥면적 50m^{2}마다	바닥면적 100m^{2}마다
근린생활시설 · 판매시설 · 노유자시설 · 숙박시설 · 공장 · 창고시설 · 운수시설 · 전시장 · 공동주택 · 업무시설 · 방송통신시설 · 항공기 및 자동차 관련 시설 · 관광휴게시설	바닥면적 100m^{2}마다	바닥면적 200m^{2}마다
그 밖의 것	바닥면적 200m^{2}마다	바닥면적 400m^{2}마다

※ 내화구조로서 불연, 준불연, 난연인 경우 : 기타 구조×2배

80 포소화설비의 화재안전기준상 전역방출방식 고발포용 고정포방출구의 설치기준으로 옳은 것은? (단, 해당 방호구역에서 외부로 새는 양 이상의 포수용액을 유효하게 추가하여 방출하는 설비가 있는 경우는 제외한다.)

① 개구부에 자동폐쇄장치를 설치할 것
② 바닥면적 600m^{2}마다 1개 이상으로 할 것
③ 방호대상물의 최고 부분보다 낮은 위치에 설치할 것
④ 특정소방대상물 및 포의 팽창비에 따른 종별에 관계없이 해당 방호구역의 관포체적 1m^{3}에 대한 1분당 포수용액 방출량은 1L 이상으로 할 것

해설

전역방출방식 고발포용 고정포 방출구

1) 개구부에 자동폐쇄장치를 설치할 것
2) 고정포방출구는 특정소방대상물 및 포의 팽창비에 따른 종별에 따라 해당 방호구역의 관포체적(해당 바닥면으로부터 방호대상물의 높이보다 0.5m 높은 위치까지의 체적을 말한다) 1m^{3}에 대하여 1분당 방출량이 기준 표에 따른 양 이상이 되도록 할 것
3) 고정포방출구는 바닥면적 500m^{2}마다 1개 이상으로 하여 방호대상물의 화재를 유효하게 소화할 수 있도록 할 것
4) 고정포방출구는 방호대상물의 최고 부분보다 높은 위치에 설치할 것

② 바닥면적 600m^{2}마다 → 500m^{2}마다 1개 이상
③ 방호대상물의 최고 부분보다 낮은 위치 → 높은 위치
④ 특정소방대상물 및 포의 팽창비에 따른 종별에 관계없이 해당 방호구역의 관포체적 1m^{3}에 대한 1분당 포수용액 방출량은 1L 이상 → 기준 표에 따른 양 이상

정답 80 ①

소방설비기사(기계분야)

기·출·문·제

2020년 4회

1과목 소방원론

01 피난 시 하나의 수단이 고장 등으로 사용이 불가능하더라도 다른 수단 및 방법을 통해서 피난할 수 있도록 하는 것으로 2방향 이상의 피난통로를 확보하는 피난대책의 일반원칙은?

① Risk Down 원칙
② Feed Back 원칙
③ Fool Proof 원칙
④ Fail Safe 원칙

해설

피난계획의 일반원칙

1) Fail Safe : 하나의 피난수단이 실패하더라도 다른 피난수단에 의해 안전하게 피난할 수 있도록 2 이상의 피난수단이 확보되도록 설계하는 원칙
2) Fool Proof : 화재 시 패닉에 의해 판단능력이 저하되므로 누구나 알 수 있는 문자, 그림 등을 이용하여 피난이 가능하도록 설계하는 원칙

02 열분해에 의해 가연물 표면에 유리상의 메타인산 피막을 형성하여 연소에 필요한 산소의 유입을 차단하는 분말약제는?

① 요소
② 탄산수소칼륨
③ 제1인산암모늄
④ 탄산수소나트륨

해설

제3종 분말소화약제($NH_4H_2PO_4$)

1) 소화효과
① A급, B급, C급의 어떤 화재에도 사용할 수 있기 때문에 ABC 분말소화약제라고도 함
② 열분해 시 흡열반응에 의한 냉각효과
③ 열분해 시 발생되는 불연성 가스(NH_3, H_2O 등)에 의한 질식효과
④ 반응 과정에서 생성된 메타인산(HPO_3)의 방진효과(A급 화재에 적응성)
⑤ 열분해 시 유리된 NH_4^+에 의한 부촉매소화
⑥ 분말 운무에 의한 열방사의 차단효과

2) 열분해 반응식
$NH_4H_2PO_4 \rightarrow NH_3 + H_2O + HPO_3$

03 공기 중의 산소의 농도는 약 몇 vol%인가?

① 10 ② 13
③ 17 ④ 21

해설

질식소화

1) 공기 중의 산소농도(21%)를 15% 이하로 희박하게 하여 소화하는 방법
2) 이산화탄소, 불활성가스 등을 분사하여 산소농도를 낮춤

04 일반적인 플라스틱 분류상 열경화성 플라스틱에 해당하는 것은?

① 폴리에틸렌 ② 폴리염화비닐
③ 페놀수지 ④ 폴리스티렌

해설

열가소성 수지, 열경화성 수지

구분	열가소성 수지	열경화성 수지
특성	열에 의해 쉽게 용융, 변형되는 특성을 가진 수지	열에 의해 용융되지 않고 바로 분해되는 특성을 가진 수지
종류	폴리에틸렌, 폴리스티렌, 폴리프로필렌, 폴리염화비닐(PVC) 등	멜라민수지, 페놀수지, 요소수지 등

정답 01 ④ 02 ③ 03 ④ 04 ③

05 자연발화 방지대책에 대한 설명 중 틀린 것은?

① 저장실의 온도를 낮게 유지한다.
② 저장실의 환기를 원활히 시킨다.
③ 촉매물질과의 접촉을 피한다.
④ 저장실의 습도를 높게 유지한다.

해설

자연발화의 조건 및 방지법

자연발화의 조건	자연발화의 방지법
• 열전도율이 작을 것 • 발열량이 클 것 • 주위온도가 높을 것 • 비표면적이 클 것	• 통풍이 잘 되는 장소에 보관할 것 • 열 축적 방지(발열 < 방열) • 저장실의 온도를 낮게 유지할 것 • 습도를 낮게 유지할 것(습기가 촉매로 작용)

06 공기 중에서 수소의 연소범위로 옳은 것은?

① 0.4~4vol%　② 1~12.5vol%
③ 4~75vol%　④ 67~92vol%

해설

가연성 가스의 폭발범위(연소범위)

가연성 가스	연소하한계[%]	연소상한계[%]
아세틸렌(C_2H_2)	2.5	81
수소(H_2)	4.0	75
메탄(CH_4)	5.0	15
에탄(C_2H_6)	3.0	12.4
프로판(C_3H_8)	2.1	9.5
부탄(C_4H_{10})	1.8	8.4
일산화탄소(CO)	12.5	74
디에틸에테르($C_2H_5OC_2H_5$)	1.9	48
이황화탄소(CS_2)	1.2	44

07 탄산수소나트륨이 주성분인 분말소화약제는?

① 제1종 분말　② 제2종 분말
③ 제3종 분말　④ 제4종 분말

해설

분말소화약제의 종류

종별	분자식	착색	적응 화재	충전비 [l/kg]
제1종 분말	탄산수소나트륨 ($NaHCO_3$)	백색	BC급	0.8
제2종 분말	탄산수소칼륨 ($KHCO_3$)	담회색 (담자색)	BC급	1.0
제3종 분말	제1인산암모늄 ($NH_4H_2PO_4$)	담홍색	ABC급	1.0
제4종 분말	탄산수소칼륨＋요소 ($KHCO_3+(NH_2)_2CO$)	회색	BC급	1.25

08 불연성 기체나 고체 등으로 연소물을 감싸 산소공급을 차단하는 소화방법은?

① 질식소화　② 냉각소화
③ 연쇄반응차단소화　④ 제거소화

해설

소화방법

1) 질식소화
① 공기 중의 산소농도를 15% 이하로 희박하게 하여 소화하는 방법
② 이산화탄소, 불활성가스 등을 분사하여 산소농도를 낮춤

2) 냉각소화
① 점화원을 발화점 이하로 냉각하여 소화하는 방법
② 물의 현열과 증발잠열을 이용하는 방법이 가장 많이 사용됨

3) 제거소화
① 가연물을 제거하여 소화
② 고체 가연물 : 가연물을 화재현장으로부터 즉시 제거함(산림화재 시 앞쪽에서 벌목하여 진화)
③ 액체 및 기체 : 가연성 물질을 누출시키는 용기의 밸브를 폐쇄
④ 전기화재 : 전원스위치를 차단하여 전기의 공급을 차단
⑤ 수용성 액체 : 다량의 물을 주입하여 농도를 연소범위 이하로 낮춤

정답　05 ④　06 ③　07 ①　08 ①

4) 억제소화(부촉매소화)
① 할론소화약제, 할로겐화합물소화약제, 분말소화약제 등을 사용하여 소화
② 불꽃연소 시 발생하는 H*, OH* 활성라디칼을 포착하여 연쇄반응을 억제
③ 불꽃연소에 적응성이 뛰어나고 훈소에는 적응성이 거의 없다.

09 증발잠열을 이용하여 가연물의 온도를 떨어뜨려 화재를 진압하는 소화방법은?

① 제거소화 ② 억제소화
③ 질식소화 ④ 냉각소화

해설

문제 8번 해설 참고

10 화재 발생 시 인간의 피난특성으로 틀린 것은?

① 본능적으로 평상시 사용하는 출입구를 사용한다.
② 최초로 행동을 개시한 사람을 따라서 움직인다.
③ 공포감으로 인해서 빛을 피하여 어두운 곳으로 몸을 숨긴다.
④ 무의식 중에 발화장소의 반대쪽으로 이동한다.

해설

화재발생 시 인간의 피난특성

피난특성	내용
추종본능	화재와 같은 급박한 상황에서는 먼저 행동한 사람을 따라 하는 특성
귀소본능	자주 이용하는 경로 및 원래 온 길로 돌아가려는 특성
퇴피본능	화재가 발생하면 반사적으로 화염, 열, 연기의 반대쪽으로 멀어지려는 특성
좌회본능	피난 시 시계반대방향으로 회전하려는 특성
지광본능	화재 시 빛을 찾아 외부로 빠져나오려는 특성

11 공기와 할론 1301의 혼합기체에서 할론 1301에 비해 공기의 확산속도는 약 몇 배인가?(단, 공기의 평균분자량은 29, 할론 1301의 분자량은 149이다.)

① 2.27배 ② 3.85배
③ 5.17배 ④ 6.46배

해설

1) 기체의 확산속도

$$\frac{V_B}{V_A} = \sqrt{\frac{M_A}{M_B}}$$

여기서, V_A : A기체의 확산속도[m/s]
V_B : B기체의 확산속도[m/s]
M_A : A기체의 분자량
M_B : B기체의 분자량

2) 기체의 확산속도는 그 기체의 분자량의 제곱근에 반비례한다.

[풀이]

$$\frac{V_B}{V_A} = \sqrt{\frac{149}{29}}, \quad V_B = 2.27\,V_A$$

여기서, V_A : 할론 1301의 확산속도[m/s]
V_B : 공기의 확산속도[m/s]
M_A : 할론 1301의 분자량
M_B : 공기의 분자량

12 다음 원소 중 할로겐족 원소인 것은?

① Ne ② Ar
③ Cl ④ Xe

해설

1) 할로겐족 원소의 종류
F(불소), Cl(염소), Br(브롬), I(요오드)

2) 할로겐원소의 전기음성도(결합력) 및 소화효과
① 전기음성도(결합력)의 크기 : F > Cl > Br > I
② 소화효과의 크기 : F < Cl < Br < I

3) 불활성 기체의 종류
He(헬륨), Ne(네온), Ar(아르곤), Kr(크립톤), Xe(제논)

정답 09 ④ 10 ③ 11 ① 12 ③

13 건물 내 피난동선의 조건으로 옳지 않은 것은?

① 2개 이상의 방향으로 피난할 수 있어야 한다.
② 가급적 단순한 형태로 한다.
③ 통로의 말단은 안전한 장소이어야 한다.
④ 수직동선은 금하고 수평동선만 고려한다.

해설

피난동선의 특성
1) 수평동선과 수직동선으로 구분할 것
2) 어느 곳에서도 2개 이상의 방향으로 피난할 수 있으며, 그 말단은 화재로부터 안전한 장소일 것
3) 양방향 피난이 가능하고 상호 반대방향으로 다수의 출구와 연결될 수 있을 것
4) 가급적 단순 형태일 것

④ 수직동선 → 피난계단, 비상용 엘리베이터 등
수평동선 → 복도, 통로 등

14 실내화재에서 화재의 최성기에 돌입하기 전에 다량의 가연성 가스가 동시에 연소되면서 급격한 온도상승을 유발하는 현상은?

① 패닉(Panic) 현상
② 스택(Stack) 현상
③ 파이어볼(Fire Ball) 현상
④ 플래시오버(Flash Over) 현상

해설

플래시오버(Flash Over)의 정의 및 특성
1) 화재발생 후 일정시간이 경과하면 실내에 열과 가연성 가스가 축적되고 복사열에 의해 실 전체에 순간적으로 화재가 확산되는 현상
2) 화재 성장기에서 발생하여 플래시오버 후 최성기로 전이된다.
3) 연료지배형 화재에서 환기지배형 화재로 전이된다.
4) 플래시오버 발생시간 : 화재발생 후 약 5~6분 정도
5) 플래시오버 발생 시 실내온도 : 약 800~900℃

① 패닉(Panic) 현상 → 갑작스러운 극심한 공포, 공황 등을 의미
② 스택(Stack) 현상(굴뚝효과) → 고층 건축물이나 굴뚝 등에서 부력에 의해 공기가 흐르는 현상
③ 파이어볼(Fire Ball) 현상 → 강력한 폭발 후 화염이 버섯구름 형태로 만들어진 후 공(Ball) 모양의 형태가 되는 현상

15 과산화수소와 과염소산의 공통성질이 아닌 것은?

① 산화성 액체이다. ② 유기화합물이다.
③ 불연성 물질이다. ④ 비중이 1보다 크다.

해설

제6류 위험물
1) 성질 : 산화성 액체
2) 품명 및 지정수량

위험등급	품명	지정수량
I	과염소산	300kg
	과산화수소(농도 36w% 이상)	
	질산(비중 1.49 이상)	

3) 특성
① 산화성 액체로 비중이 1보다 크며 물에 잘 녹는다.
② 부식성이 강하며 증기는 유독하다.
③ 불연성이지만 분자 내에 산소를 많이 함유하고 있어 다른 물질의 연소를 돕는 조연성 물질이다.

④ $HClO_4$, H_2O_2, HNO_3는 모두 탄소를 포함하지 않는 무기물이다.

16 화재를 소화하는 방법 중 물리적 방법에 의한 소화가 아닌 것은?

① 억제소화 ② 제거소화
③ 질식소화 ④ 냉각소화

해설

1) 물리적 소화
① 연소의 3요소 중 한 가지를 차단하여 소화하는 방법
② 점화원을 제거하는 냉각소화
③ 산소를 제거하는 질식소화
④ 가연물을 제거하는 제거소화
2) 화학적 소화
① 연소의 4요소인 연쇄반응을 억제하여 소화하는 방법
② 억제소화 또는 부촉매소화라고도 함

정답 13 ④ 14 ④ 15 ② 16 ①

17 물과 반응하여 가연성 기체를 발생하지 않는 것은?

① 칼륨 ② 인화아연
③ 산화칼슘 ④ 탄화알루미늄

해설

① 칼륨
$2K + 2H_2O \rightarrow 2KOH + H_2$(수소 발생)
② 인화아연
$Zn_3P_2 + 6H_2O \rightarrow 3Zn(OH)_2 + 2PH_3$(포스핀 발생)
③ 산화칼슘
$CaO + H_2O \rightarrow Ca(OH)_2$(수산화칼슘, 소석회 생성)
④ 탄화알루미늄
$Al_4C_3 + 12H_2O \rightarrow 4Al(OH)_3 + 3CH_4$(메탄 발생)

18 목재건축물의 화재진행과정을 순서대로 나열한 것은?

① 무염착화 – 발염착화 – 발화 – 최성기
② 무염착화 – 최성기 – 발염착화 – 발화
③ 발염착화 – 발화 – 최성기 – 무염착화
④ 발염착화 – 최성기 – 무염착화 – 발화

해설

목조건축물에서의 화재진행과정

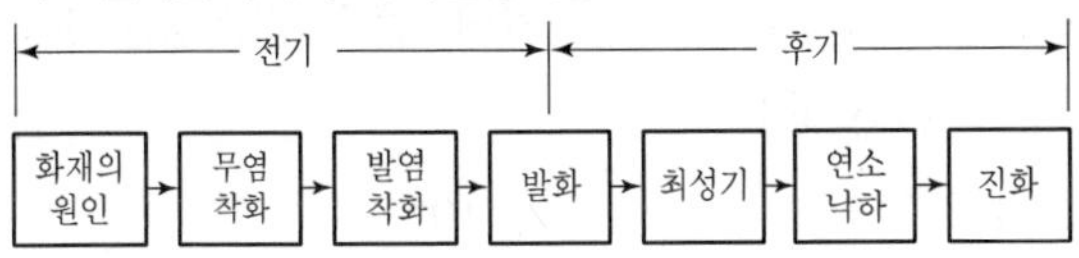

1) 무염착화 : 불꽃이 없는 착화현상
2) 발염착화 : 불꽃이 발생한 후의 착화현상
3) 발화에서 최성기까지의 시간 : 5~15분
4) 발화에서 연소낙하까지의 시간 : 13~25분

19 다음 물질을 저장하고 있는 장소에서 화재가 발생하였을 때 주수소화가 적합하지 않은 것은?

① 적린 ② 마그네슘 분말
③ 과염소산칼륨 ④ 유황

해설

1) 마그네슘과 물의 반응식
$Mg + 2H_2O \rightarrow Mg(OH)_2 + H_2$(수소 발생)
2) 마그네슘과 이산화탄소의 반응식
$2Mg + CO_2 \rightarrow 2MgO + C$(가연성 탄소 발생)

① 적린 : 제2류 위험물(가연성 고체) → 주수소화
③ 과염소산칼륨 : 제1류 위험물(산화성 고체) → 주수소화
④ 유황 : 제2류 위험물(가연성 고체) → 주수소화

20 다음 중 가연성 가스가 아닌 것은?

① 일산화탄소 ② 프로판
③ 아르곤 ④ 메탄

해설

① 일산화탄소 → 가연성 가스, 연소범위(12.5~74%)
② 프로판 → 가연성 가스, 연소범위(2.1~9.5%)
③ 아르곤 → 불활성 기체, 18족 원소
(He, Ne, Ar, Kr, Xe 등)
④ 메탄 → 가연성 가스, 연소범위(5.0~15%)

2과목 소방유체역학

21 그림과 같은 곡관에 물이 흐르고 있을 때 계기압력으로 P_1이 98kPa이고, P_2가 29.42kPa이면 이 곡관을 고정시키는 데 필요한 힘(N)은?(단, 높이차 및 모든 손실은 무시한다.)

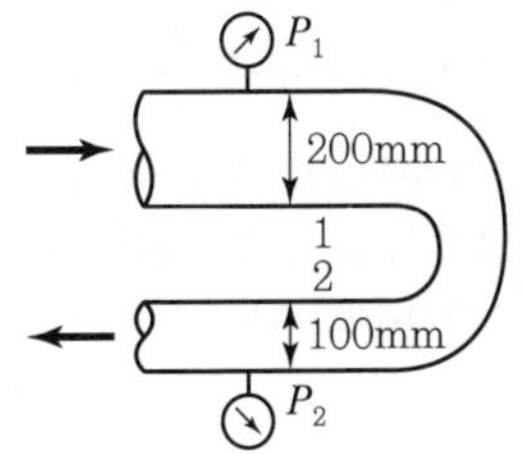

① 4,141 ② 4,314
③ 4,565 ④ 4,744

해설

정답 17 ③ 18 ① 19 ② 20 ③ 21 ④

1) 고정에 필요한 힘 F

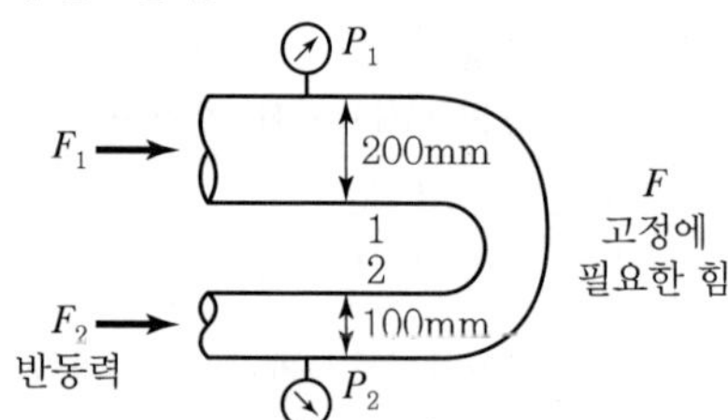

① $F = F_1 + F_2$
힘의 방향이 모두 오른쪽으로 작용하므로 두 힘의 합이 된다.
② $F_1 = P_1 A_1 + \rho Q V_1$, $F_2 = P_2 A_2 + \rho Q V_2$
③ $F = (P_1 A_1 + \rho Q V_1) + (P_2 A_2 + \rho Q V_2)$

$$F = P_1 A_1 + P_2 A_2 + \rho Q(V_1 + V_2)$$

2) 유속 V

① $Q_1 = Q_2$, $Q = AV = \dfrac{\pi d^2}{4} \times V$

② $A_1 V_1 = A_2 V_2$, $\dfrac{\pi {d_1}^2}{4} \times V_1 = \dfrac{\pi {d_2}^2}{4} \times V_2$

$\dfrac{\pi \times 0.2^2}{4} \times V_1 = \dfrac{\pi \times 0.1^2}{4} \times V_2$

$V_2 = \dfrac{0.2^2}{0.1^2} V_1$

$\therefore\ V_2 = 4V_1$

3) 베르누이 방정식

$$\frac{{V_1}^2}{2g} + \frac{P_1}{\gamma} + Z_1 = \frac{{V_2}^2}{2g} + \frac{P_2}{\gamma} + Z_2$$

여기서, $\dfrac{V^2}{2g}$: 속도수두[m], $\dfrac{P}{\gamma}$: 압력수두[m]
Z : 위치수두[m], V : 유속[m/s]
P : 압력[N/m²], Z : 높이[m]
g : 중력가속도[m/s²], γ : 비중량[N/m³]

[풀이]

1) 유속 V_1

$V_2 = 4V_1$, γ : 9.8[kN/m³], P_1 : 98[kN/m²]
P_2 : 29.42[kN/m²], $Z_1 = Z_2$

$\dfrac{{V_1}^2}{2\times 9.8} + \dfrac{98}{9.8} = \dfrac{(4V_1)^2}{2\times 9.8} + \dfrac{29.42}{9.8}$

$\dfrac{16{V_1}^2 - V_1^2}{2\times 9.8} = \dfrac{98 - 29.42}{9.8}$

$V_1^2(16-1) = \left(\dfrac{98-29.42}{9.8}\right) \times 2 \times 9.8$

${V_1}^2 = \dfrac{137.16}{15} = 9.144$

$V_1 = \sqrt{9.144} = 3.02[\text{m/s}]$

2) 유속 V_2

$V_2 = 4V_1$
$V_2 = 4 \times 3.02 = 12.08[\text{m/s}]$

3) 고정에 필요한 힘 F

① $P_1 = 98{,}000[\text{N/m}^2][\text{Pa}]$, $P_2 = 29{,}420[\text{N/m}^2][\text{Pa}]$
$V_1 = 3.02[\text{m/s}]$, $V_2 = 12.08[\text{m/s}]$
$\rho = 1{,}000[\text{N}\cdot\text{s}^2/\text{m}^4]$

② $Q = AV$, $Q = \dfrac{\pi \times 0.2^2}{4} \times 3.02 = 0.095[\text{m}^3/\text{s}]$

③ $F = P_1 A_1 + P_2 A_2 + \rho Q(V_1 + V_2)$

$F = 98{,}000 \times \dfrac{\pi \times 0.2^2}{4} + 29{,}420 \times \dfrac{\pi \times 0.1^2}{4} +$
$1{,}000 \times 0.095(3.02 + 12.08)$
$F = 4744.32[\text{N}]$

22 물의 체적을 5% 감소시키려면 얼마의 압력(kPa)을 가하여야 하는가?(단, 물의 압축률은 $5 \times 10^{-10}\text{m}^2/\text{N}$이다.)

① 1　② 10^2
③ 10^4　④ 10^5

해설

체적탄성계수
어떤 물질이 압축에 저항하는 정도를 의미한다.

$$K[\text{Pa}] = \frac{\Delta P}{-\dfrac{\Delta V}{V}}$$

여기서, K : 체적탄성계수[Pa]
ΔP : 압력변화량[Pa]
ΔV : 체적변화량[m³]
V : 처음 체적[m³]

정답 22 ④

[풀이]

1) $K=\frac{1}{\beta}$ 여기서, β : 압축률

$K=\frac{1}{5\times10^{-10}}=2\times10^{9}[\mathrm{N/m^2}]$

$V=1,\ \Delta V=-0.05$

2) $2\times10^{9}=\dfrac{\Delta P}{-\dfrac{-0.05}{1}}[\mathrm{Pa}]$

$\Delta P=2\times10^{9}\times0.05=1\times10^{8}[\mathrm{Pa}]$

$=1\times10^{5}[\mathrm{kPa}]$

23 열전달면적이 A이고 온도 차이가 10℃, 벽의 열전도율이 10W/m · K, 두께 25cm인 벽을 통한 열류량은 100W이다. 동일한 열전달면적에서 온도 차이가 2배, 벽의 열전도율이 4배가 되고 벽의 두께가 2배가 되는 경우 열류량은 약 몇 W인가?

① 50 ② 200
③ 400 ④ 800

해설

푸리에 전도법칙(Fourier's Law)

$$q[\mathrm{W}]=\frac{k}{L}A\Delta T$$

여기서, q : 열전달량[W], k : 열전도도[W/m · K]
L : 물체의 두께[m], A : 열전달면적[m²]
ΔT : 온도 차[K]

[풀이]

1) q_1 : 100[W], k_1 : 10[W/m · K]

L_1 : 25[cm]=0.25[m], $A_1=A_2[\mathrm{m^2}]$

ΔT_1 : 10[K]

$q_1[\mathrm{W}]=\frac{k_1}{L_1}A_1\ \Delta T_1$

$100=\frac{10}{0.25}\times A_1\times10$

$A_1=\frac{100\times0.25}{10\times10}=0.25[\mathrm{m^2}]$

2) q_2 : ?[W], k_2 : 10×4[W/m · K]

L_2 : 0.25×2[m], $A_1=A_2=0.25[\mathrm{m^2}]$

ΔT_1 : 10×2[K]

$q_2[\mathrm{W}]=\frac{k_2}{L_2}A_2\ \Delta T_2$

$=\frac{10\times4}{0.25\times2}\times0.25\times10\times2$

$=\frac{10\times4}{0.25\times2}\times0.25\times10\times2$

$q_2=400[\mathrm{W}]$

24 공기 중에서 무게가 941N인 돌의 무게가 물속에서 500N이면 이 돌의 체적은 몇 m³인가?(단, 공기의 부력은 무시한다.)

① 0.012 ② 0.028
③ 0.034 ④ 0.045

해설

부력 F_B

$$F_B[\mathrm{N}]=\gamma_1V_1$$

여기서, γ_1 : 물의 비중량, V_1 : 물속에 잠긴 돌의 체적

[풀이]

1) 부력=공기 중 무게−물속 무게

$F_B=941-500=441[\mathrm{N}]$

2) $F_B=\gamma_1V_1[\mathrm{N}]$

$441[\mathrm{N}]=9{,}800[\mathrm{N/m^3}]\times V_1[\mathrm{m^3}]$

$V_1=\frac{441}{9{,}800}=0.045[\mathrm{m^3}]$

25 대기압에서 10℃의 물 10kg을 70℃까지 가열할 경우 엔트로피 증가량(kJ/K)은?(단, 물의 정압비열은 4.18kJ/kg · k이다)

① 0.43 ② 8.03
③ 81.3 ④ 2,508.1

정답 23 ③ 24 ④ 25 ②

해설

엔트로피의 변화량

$$\Delta S = m \cdot C \cdot \ln\frac{T_2}{T_1}$$

여기서, m : 질량[kg], C : 비열[kJ/kg · K]
T_1 : 초기 온도[K], T_2 : 나중 온도[K]

[풀이]

1) $m=10$[kg], $C=4.18$[kJ/kg · K]
$T_1 = 10+273 = 283$[K]
$T_2 = 70+273 = 343$[K]

2) $\Delta S = 10 \times 4.18 \times \ln\frac{343}{283} = 8.03$[kJ/K]

26 12층 건물의 지하 1층에 제연설비용 배연기를 설치하였다. 이 배연기의 풍량은 500m³/min이고, 풍압이 290Pa일 때 배연기의 동력(kW)은?(단, 배연기의 효율은 60%이다.)

① 3.55 ② 4.03
③ 5.55 ④ 6.11

해설

송풍기의 용량

$$P[\text{kW}] = \frac{P_T[\text{mmAq}] \times Q[\text{m}^3/\text{s}]}{102\,\eta} \times K$$

여기서, Q : 풍량[m³/s], P_T : 전압[mmAq]
η : 효율, K : 여유율

[풀이]

1) 풍량 : $500\frac{\text{m}^3}{\text{min}} \times \frac{1\text{min}}{60\text{s}} = \frac{500}{60}[\text{m}^3/\text{s}]$

2) 전압 : $290\,\text{Pa} \times \frac{10332\,\text{mmAq}}{101325\text{Pa}} = 29.57[\text{mmAq}]$
K : 여유율은 주어지지 않으면 생략한다.

3) $P[\text{kW}] = \frac{29.57[\text{mmAq}] \times 500[\text{m}^3/\text{s}]}{102 \times 0.6 \times 60}$
$= 4.03$[kW]

27 지름 40cm인 소방용 배관에 물이 80kg/s로 흐르고 있다면 물의 유속은 약 몇 m/s인가?

① 6.4 ② 0.64
③ 12.7 ④ 1.27

해설

질량유량($\overline{m}$ [kg/s] : Mass Flowrate)

$$\overline{m}[\text{kg/s}] = \rho A V \qquad \rho_1 A_1 V_1 = \rho_2 A_2 V_2$$

여기서, A : 배관의 단면적[m²], V : 유속[m/s]
ρ : 밀도[kg/m³]

[풀이]

1) $A = \frac{\pi d^2}{4} = \frac{\pi \times 0.4^2}{4} = 0.1256[\text{m}^2]$
d : 40[cm]=0.4[m]

2) $\overline{m}$: 80[kg/s], ρ : 1,000[kg/m³]

3) 80[kg/s]=1,000[kg/m³]×0.1256[m²]× V[m/s]
$V = \frac{80}{1{,}000 \times 0.1256} = 0.64[\text{m/s}]$

28 유체에 관한 설명으로 틀린 것은?

① 실제유체는 유동할 때 마찰로 인한 손실이 생긴다.
② 이상유체는 높은 압력에서 밀도가 변화하는 유체이다.
③ 유체에 압력을 가하면 체적이 줄어드는 유체는 압축성 유체이다.
④ 전단력을 받았을 때 저항하지 못하고 연속적으로 변형하는 물질을 유체라 한다.

해설

1) 이상유체와 실제유체

이상유체	실제유체
점성이 없고 비압축성 유체	점성이 있고 압축성 유체

2) 비압축성 유체와 압축성 유체

비압축성 유체(액체)	압축성 유체(기체)
온도 또는 압력에 의해 체적 또는 밀도가 변하지 않는 유체	온도 또는 압력에 의해 체적 또는 밀도가 변하는 유체

정답 26 ② 27 ② 28 ②

29 다음 중 배관의 출구측 형상에 따라 손실계수가 가장 큰 것은?

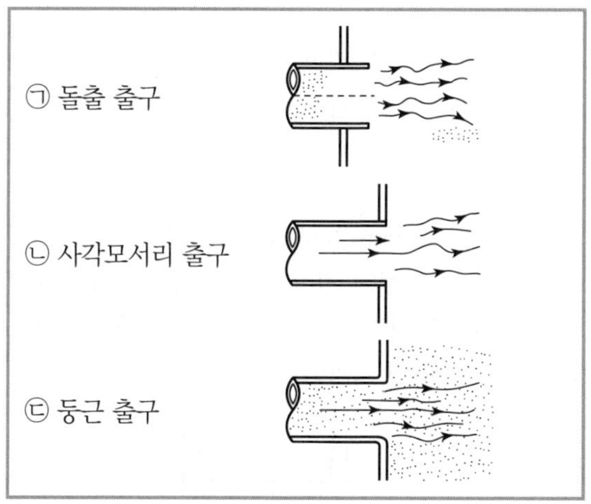

① ㉠ ② ㉡
③ ㉢ ④ 모두 같다.

해설

① 유체의 흐름 방향이 모두 왼쪽에서 오른쪽이다.
② 즉, 입구 측의 형상은 모두 동일하고 출구 측 형상은 서로 다르다.
③ 손실계수는 입구 측의 형상에 의해 좌우되고 출구 측 형상과는 무관하다.
④ 문제의 세 그림은 입구 측 형상이 같으므로 손실계수가 동일하다.

30 원관 내에 유체가 흐를 때 유동의 특성을 결정하는 가장 중요한 요소는?

① 관성력과 점성력 ② 압력과 관성력
③ 중력과 압력 ④ 압력과 점성력

해설

레이놀즈수(Reynolds Number)

1) 실제유체의 유동상태는 두 가지의 아주 상이한 흐름인 층류와 난류로 구분되는데, 이 구분의 척도를 레이놀즈수라고 한다.
2) 레이놀즈수는 실제유체의 유동에 있어서 점성력과 관성력의 비를 나타내며, 직경이 일정한 수평원관 내의 유동에서는 다음과 같이 정의된다.

$$Re = \frac{\rho VD}{\mu} = \frac{VD}{\nu}$$

여기서, ρ : 유체의 밀도[kg/m³]
μ : 유체의 점성계수[kg/m · s]
ν : 유체의 동점성계수[m²/s]
V : 유속[m/s]
D : 관의 직경[m]

31 그림과 같이 비중이 0.8인 기름이 흐르고 있는 관에 U자관이 설치되어 있다. A점에서의 계기압력이 200kPa일 때 높이 h(m)는 얼마인가?(단, U자관 내의 유체의 비중은 13.6이다)

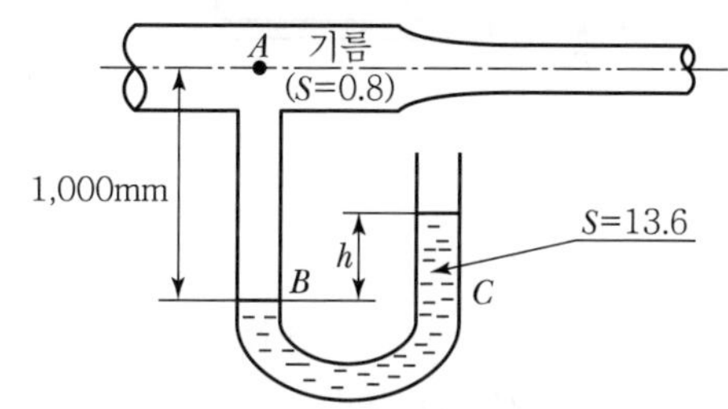

① 1.42 ② 1.56
③ 2.43 ④ 3.20

해설

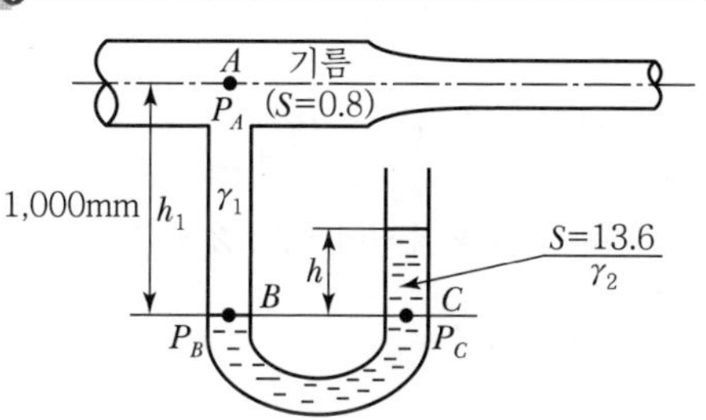

1) $P_B = P_C$
$P_B = P_A + \gamma_1 h_1$, $P_C = \gamma_2 h$
$\therefore P_A + \gamma_1 h_1 = \gamma_2 h$

2) $\gamma_1 = S_1 \cdot \gamma_w = 0.8 \times 9.8[\text{kN/m}^3] = 7.84[\text{kN/m}^3]$
$h_1 = 1{,}000[\text{mm}] = 1[\text{m}]$
$\gamma_2 = S_2 \cdot \gamma_w = 13.6 \times 9.8[\text{kN/m}^3] = 133.28[\text{kN/m}^3]$
$P_A = 200[\text{kPa}]$

정답 29 ④ 30 ① 31 ②

3) $P_A + \gamma_1 h_1 = \gamma_2 h$

$200 + 7.84[\text{kN/m}^3] \times 1[\text{m}] = 133.28[\text{kN/m}^3] \times h$

$h = 1.56[\text{m}]$

32 비중이 0.95인 액체가 흐르는 곳에 그림과 같이 피토 튜브를 직각으로 설치하였을 때 h가 150mm, H가 30mm로 나타났다면 점 1위치에서의 유속(m/s)은?

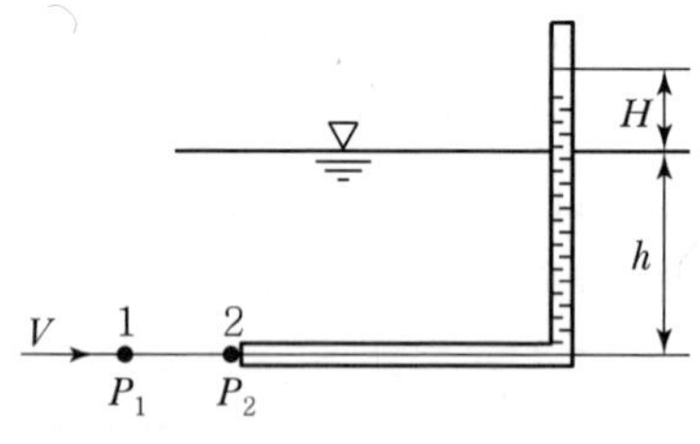

① 0.8　② 1.6
③ 3.2　④ 4.2

해설

1) P_1 : 정압(정압수두 : h), P_2 : 전압(전압수두 : $h+H$)
h=0.15[mm], H : 0.03[m]

2) 전압수두($h+H$)=정압수두(h)+동압수두(H)
동압수두(H)=전압수두($h+H$)−정압수두(h)
=(0.15+0.03)−0.15=0.03[m]

3) 유속

$$\frac{V_1^2}{2g} + \frac{P_1}{\gamma} + Z_1 = \frac{V_2^2}{2g} + \frac{P_2}{\gamma} + Z_2$$

① 1지점과 2지점은 수평이므로 : $Z_1 = Z_2$

② $\frac{P_1}{\gamma} = h$ (정압수두)

③ $\frac{P_2}{\gamma} = h + H$(전압수두)

④ 2지점의 속도는 0이므로 : $\frac{V_2^2}{2g} = 0$

⑤ $\frac{V_1^2}{2g} + h = h + H$　　$\frac{V_1^2}{2g} = H$

$V_1^2 = 2gH$

$\therefore V_1 = \sqrt{2gH}$

$$V = \sqrt{2gH}$$

여기서, V : 유속[m/s], H : 동압수두[m]
g : 중력가속도[m/s²]

$V = \sqrt{2 \times 9.8 \times 0.03} = 0.768 \fallingdotseq 0.8[\text{m/s}]$

33 지름이 400mm인 베어링이 400rpm으로 회전하고 있을 때 마찰에 의한 손실동력은 약 몇 kW인가?(단, 베어링과 축 사이에는 점성계수가 0.049N · s/m²인 기름이 차 있다.)

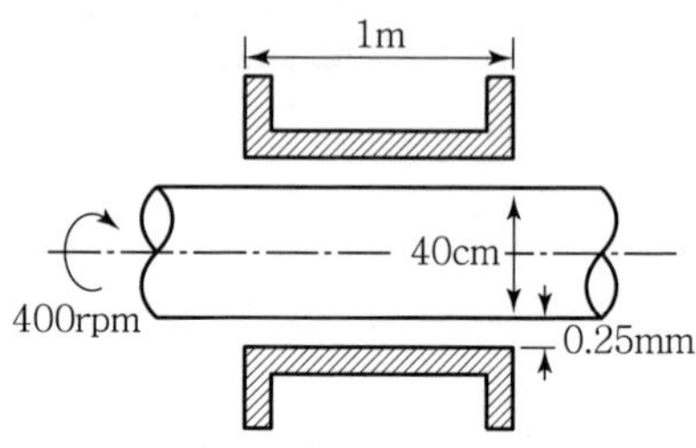

① 15.1　② 15.6　③ 16.3　④ 17.3

해설

마찰에 의한 손실동력

1) 손실동력 P_l

$$P_l[\text{W}] = \frac{W}{t}[\text{J/s}] = \frac{F \cdot d}{t} = F \cdot V$$

여기서, W : 일[J], t : 시간[s], F : 마찰력[N]
d : 이동거리[m], V : 회전속도[m/s]

2) 마찰력 F

$$F[\text{N}] = \mu \frac{V}{C} A$$

여기서, μ : 점성계수[N · s/m²], V : 회전속도[m/s]
C : 틈새길이[m], A : 회전축의 표면적[m²]

3) 회전속도 V

$$V[\text{m/s}] = \pi D n = \frac{\pi D N}{60}$$

여기서, D : 회전축의 직경[m], n : 회전속도[rps]
N : 회전속도[rpm]

정답　32 ①　33 ④

[풀이]

1) 회전축의 표면적 A

$A=\pi Dl,\ A=\pi\times0.4\times1=1.2566[m^2]$

여기서, D=400[mm]=0.4[m], l=1[m]

2) 회전속도 V

$$V=\frac{\pi\times0.4\times400}{60}=8.38[m/s]$$

3) 마찰력 F

$$F=0.049\times\frac{8.38}{0.25\times10^{-3}}\times1.2566=2063.94[N]$$

4) 손실동력 P_l

$P_l=F\cdot V[W]$

$P_l=2063.94\times8.38=17295[W]=17.3[kW]$

34 토출량이 1,800L/min, 회전차의 회전수가 1,000rpm인 소화펌프의 회전수를 1,400rpm으로 증가시키면 토출량은 처음보다 얼마나 더 증가되는가?

① 10% ② 20% ③ 30% ④ 40%

해설

상사의 법칙

1) 유량(Q)에서의 상사의 법칙

$$\frac{Q_2}{Q_1}=\left(\frac{N_2}{N_1}\right)\left(\frac{D_2}{D_1}\right)^3$$

2) 양정(H)에서의 상사의 법칙

$$\frac{H_2}{H_1}=\left(\frac{N_2}{N_1}\right)^2\left(\frac{D_2}{D_1}\right)^2$$

3) 동력(P)에서의 상사의 법칙

$$\frac{P_2}{P_1}=\left(\frac{N_2}{N_1}\right)^3\left(\frac{D_2}{D_1}\right)^5$$

여기서, N : 회전수[rpm], D : 임펠러의 직경[m]

[풀이]

Q_1 : 1,800[l/min], N_1: 1,000[rpm]

Q_2 : ? [l/min], N_2: 1,400[rpm]

$$\frac{Q_2}{Q_1}=\left(\frac{N_2}{N_1}\right),\ \frac{Q_2}{Q_1}=\frac{1{,}400}{1{,}000},\ Q_2=1.4Q_1$$

∴ Q_2는 Q_1보다 40% 증가한다.

35 점성계수가 0.101N · s/m², 비중이 0.85인 기름이 내경 300mm, 길이 3km의 주철관 내부를 0.0444m³/s의 유량으로 흐를 때 손실수두(m)는?

① 7.1 ② 7.7 ③ 8.1 ④ 8.9

해설

1) 레이놀즈수(Reynolds Number)

$$Re=\frac{\rho VD}{\mu}$$

여기서, ρ : 유체의 밀도[kg/m³]
μ : 유체의 점성계수[kg/m · s]
V : 유속[m/s], D : 관의 직경[m]

① $\rho=S\rho_w=0.85\times1{,}000[kg/m^3]=850[kg/m^3]$

② $Q=AV,\ Q=\dfrac{\pi d^2}{4}\times V$

$$0.0444[m^3/s]=\frac{\pi\times0.3^2}{4}\times V$$

$V=0.63[m/s]$

③ 레이놀즈수 Re

$$Re=\frac{850\times0.63\times0.3}{0.101}=1590.59$$

2) 관마찰계수 f(층류)

$$f=\frac{64}{Re}$$

여기서, Re : 레이놀즈수, f : 관마찰계수

$$f=\frac{64}{Re}=\frac{64}{1590.59}=0.04$$

3) 직관에서의 마찰손실(Darcy-Weisbach Formula)

$$H_l=f\frac{l}{d}\frac{V^2}{2g}$$

여기서, H_l : 마찰손실수두[m], f : 관마찰계수
d : 배관의 직경[m], l : 직관의 길이[m]
V : 유체의 유속[m/sec]

① $f=0.04,\ l=3[km]=3{,}000[m]$
$V=0.63[m/s],\ d=300[mm]=0.3[m]$

② $H_l=0.04\times\dfrac{3000}{0.3}\times\dfrac{0.63^2}{2\times9.8}=8.1[m]$

※ 하겐-포아젤 방정식으로 풀어도 결과는 같다.

정답 34 ④ 35 ③

36 물속에 수직으로 완전히 잠긴 원판의 도심과 압력 중심 사이의 최대 거리는 얼마인가?(단, 원판의 반지름은 R이며 이 원판의 면적관성모멘트는 $I_{xc}=\pi R^4/4$이다.)

① $\dfrac{R}{8}$　② $\dfrac{R}{4}$

③ $\dfrac{R}{2}$　④ $\dfrac{2R}{3}$

해설

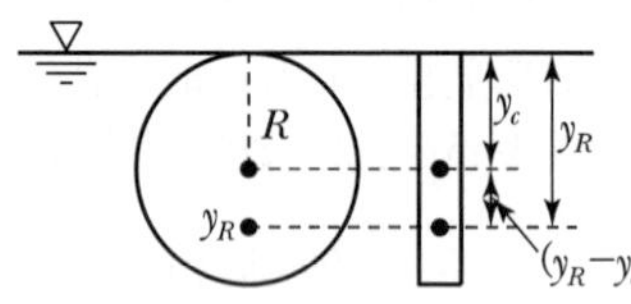

$$R=y_c$$

여기서, R : 원판의 반지름

y_c : 수면으로부터 원판 도심까지의 깊이

y_R : 수면으로부터 작용점까지의 깊이

1) 수면으로부터 작용점(압력 중심)까지의 깊이 y_R

$$y_R=\frac{I_{xc}}{y_c\cdot A}+y_c$$

여기서, y_c : 수면으로부터 원판 도심까지의 깊이[m]

A : 원판의 면적[m^2]

I_{xc} : 관성모멘트($\frac{\pi R^4}{4}$[N · m])

[풀이]

1) $y_R=\dfrac{I_{xc}}{y_c\cdot A}+y_c$

여기서, $A=\pi R^2[m^2]$, $I_{xc}=\dfrac{\pi R^4}{4}$[N · m]

$y_c=R$이므로

$$y_R=\frac{\frac{\pi R^4}{4}}{R\times\pi R^2}+R,\quad y_R=\frac{\pi R^4}{4\times R\times\pi R^2}+R$$

$$y_R=\frac{R}{4}+R=\frac{R}{4}+\frac{4R}{4}=\frac{5}{4}R$$

$$y_R=\frac{5}{4}R$$

2) 원판의 도심과 압력 중심 사이의 최대 거리 H

$H=y_R-y_c$　여기서, $y_R=\dfrac{5}{4}R$, $y_c=R$이므로

$$H=\frac{5}{4}R-\frac{4}{4}R=\frac{1}{4}R$$

$$H=\frac{R}{4}[m]$$

37 다음 중 등엔트로피 과정은 어느 과정인가?

① 가역 단열과정　② 가역 등온과정

③ 비가역 단열과정　④ 비가역 등온과정

해설

등엔트로피 과정

1) 외부와 열교환이 없는 완전 단열된 실린더 내에서 기체를 압축하는 과정 등이 등엔트로피 과정의 예이다.
2) 기체가 압축 또는 팽창되는 과정에서 엔트로피 변화가 없다면 주변과의 열교환이 없음을 의미한다.
3) 가역 단열(등엔트로피)과정에서의 온도, 압력, 체적의 관계

$$\frac{T_2}{T_1}=\left(\frac{P_2}{P_1}\right)^{\frac{k-1}{k}},\qquad \frac{T_2}{T_1}=\left(\frac{V_1}{V_2}\right)^{k-1}$$

① 폴리트로픽 과정의 일종이다.
② 가역 단열과정은 반드시 등엔트로피 과정이다.
③ 온도가 증가하면 압력이 증가한다.
④ 온도가 증가하면 비체적은 감소한다.

38 옥내소화전에서 노즐의 직경이 2cm이고, 방수량이 $0.5m^3$/min라면 방수압(계기압력, kPa)은?

① 35.18　② 351.8

③ 566.4　④ 56.64

해설

연속방정식과 토리첼리식

$$Q=AV\qquad V=\sqrt{2gh}\qquad Q=A\sqrt{2gh}$$

여기서, Q : 유량[m^3/s], A : 배관의 단면적[m^2]

V : 유속[m/s], h : 물의 높이[m]

정답　36 ②　37 ①　38 ②

[풀이]

1) $Q = 0.5\frac{m^3}{min} \times \frac{1min}{60s} = \frac{0.5}{60}[m^3/s]$

2) $A = \frac{\pi d^2}{4}[m^2] = \frac{\pi \times 0.02^2}{4}[m^2]$

3) $Q = A \times \sqrt{2gh}\,[m^3/s]$

$\frac{0.5}{60} = \frac{\pi \times 0.02^2}{4} \times \sqrt{2 \times 9.8 \times h}\,[m^3/s]$

$\sqrt{2 \times 9.8 \times h} = 26.525$

$h = \frac{26.525^2}{2 \times 9.8} = 35.90[m]$

4) $P[kPa] = \gamma[kN/m^3] \times h[m]$

$P[kPa] = 9.8[kN/m^3] \times 35.90[m] = 351.82[kPa]$

39 그림과 같이 수조의 밑부분에 구멍을 뚫고 물을 유량 Q로 방출시키고 있다. 손실을 무시할 때 수위가 처음 높이의 1/2로 되었을 때 방출되는 유량은 어떻게 되는가?

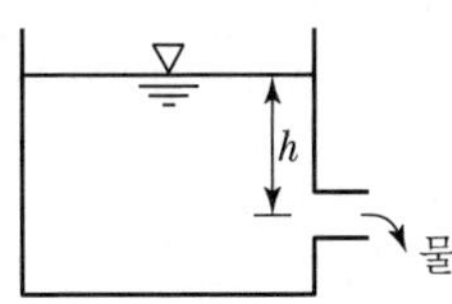

① $\frac{1}{\sqrt{2}}Q$　　② $\frac{1}{2}Q$

③ $\frac{1}{\sqrt{3}}Q$　　④ $\frac{1}{3}Q$

해설

연속방정식과 토리첼리식

$$Q = AV \qquad V = \sqrt{2gh} \qquad Q = A\sqrt{2gh}$$

여기서, Q : 유량[m³/s], A : 배관의 단면적[m²]
V : 유속[m/s], h : 높이[m]

[풀이]

1) 처음 상태의 유량

$Q_1 = A\sqrt{2gh}\,[m^3/s]$

2) 수위가 처음 높이의 1/2로 되었을 때 방출되는 유량

$Q_2 = A\sqrt{2g \times \frac{1}{2}h} = A\sqrt{gh}\,[m^3/s]$

3) $\frac{Q_2}{Q_1} = \frac{A\sqrt{gh}}{A\sqrt{2gh}}$

$Q_2 = \frac{1}{\sqrt{2}}Q_1$

40 어떤 밀폐계가 압력 200kPa, 체적 0.1m³인 상태에서 100kPa, 0.3m³인 상태까지 가역적으로 팽창하였다. 이 과정의 $P-V$선도가 직선으로 표시된다면 이 과정 동안에 계가 한 일은 몇 kJ인가?

① 20　　② 30

③ 45　　④ 60

해설

계가 한 일 W

$$W[kJ] = PV$$

여기서, P : 압력[kPa][kN/m²], V : 체적[m³]

[풀이]

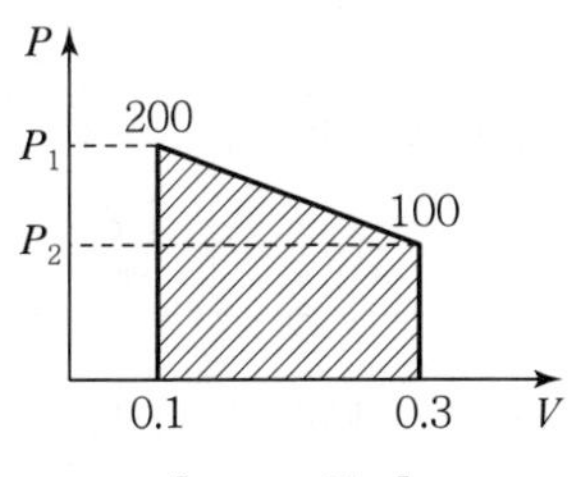

[$P-V$ 선도]

그림에서 빗금 친 면적이 계가 한 일이 된다.

$W = 100 \times (0.3 - 0.1) + \frac{(200-100) \times (0.3-0.1)}{2}$

$= 30[kJ]$

정답　39 ①　40 ②

3과목 소방관계법규

41 위험물안전관리법령상 위험물 중 제1석유류에 속하는 것은?

① 경유 ② 등유 ③ 중유 ④ 아세톤

해설

제4류 위험물

1) 성질 : 인화성 액체

2) 소화방법

① 이산화탄소, 할론, 분말 등에 의한 질식, 부촉매소화

② 포소화약제에 의한 질식, 냉각소화

3) 품명 및 지정수량

위험등급	품명		지정수량
I	특수인화물(디에틸에테르, 아세트알데히드, 산화프로필렌, 이황화탄소) 1기압에서 발화점이 100℃ 이하인 것 또는 인화점이 −20℃ 이하이고 비점이 섭씨 40℃ 이하인 것		50[l]
II	제1석유류(아세톤, 휘발유) 인화점 21℃ 미만	비수용성 액체	200[l]
		수용성 액체	400[l]
	알코올류 탄소원자의 수가 1개부터 3개까지인 포화1가 알코올		400[l]
III	제2석유류(경유, 등유) 인화점이 21℃ 이상 70℃ 미만	비수용성 액체	1,000[l]
		수용성 액체	2,000[l]
	제3석유류(중유, 클레오소트유) 인화점이 70℃ 이상 200℃ 미만	비수용성 액체	2,000[l]
		수용성 액체	4,000[l]
	제4석유류(기어유, 실린더유) 인화점이 200℃ 이상 250℃ 미만		6,000[l]
	동·식물유류(건성유, 반건성유, 불건성유) 동물의 지육 등 또는 식물의 종자나 과육으로부터 추출한 것으로서 1기압에서 인화점이 250℃ 미만		10,000[l]

42 소방시설 설치 및 관리에 관한 법령상 소방시설 등의 자체점검 중 종합점검을 받아야 하는 특정소방대상물 대상기준으로 틀린 것은?

① 제연설비가 설치된 터널

② 스프링클러설비가 설치된 특정소방대상물

③ 공공기관 중 연면적이 1,000m^2 이상인 것으로서 옥내소화전설비 또는 자동화재탐지설비가 설치된 것(단, 소방대가 근무하는 공공기관은 제외한다)

④ 호스릴 방식의 물분무 등 소화설비만이 설치된 연면적 5,000m^2 이상인 특정소방대상물(단, 위험물 제조소 등은 제외한다)

해설

종합점검

구분	기준
정의	소방시설 등의 작동점검을 포함하여 소방시설 등의 설비별 주요 구성 부품의 구조기준이 화재안전기준과 건축법 등 관련 법령에서 정하는 기준에 적합한지 여부를 점검하는 것
점검대상	• 스프링클러설비가 설치된 특정소방대상물 • 물분무 등 소화설비 : 연면적 5,000m^2 이상 (호스릴 제외, 위험물제조소 등 제외) • 다중이용업의 영업장 : 연면적이 2,000m^2 이상인 것 • 제연설비가 설치된 터널 • 공공기관 : 연면적이 1,000m^2 이상인 것으로서 옥내소화전설비 또는 자동화재탐지설비가 설치된 것
점검자의 자격	• 소방시설관리업에 등록된 기술인력 중 소방시설관리사 • 소방안전관리자로 선임된 소방시설관리사 및 소방기술사
점검횟수	• 연 1회 이상 • 특급소방안전관리 대상물(반기당 1회 이상)

43 소방시설 설치 및 관리에 관한 법령상 소방시설이 아닌 것은?

① 소화설비 ② 경보설비

③ 방화설비 ④ 소화활동설비

정답 41 ④ 42 ④ 43 ③

해설

소방시설의 종류

1) 소화설비 : 물 또는 그 밖의 소화약제를 사용하여 소화하는 기계 · 기구 또는 설비
2) 경보설비 : 화재발생 사실을 통보하는 기계 · 기구 또는 설비
3) 피난구조설비 : 화재가 발생할 경우 피난하기 위하여 사용하는 기구 또는 설비
4) 소화용수설비 : 화재를 진압하는 데 필요한 물을 공급하거나 저장하는 설비
5) 소화활동설비 : 화재를 진압하거나 인명구조활동을 위하여 사용하는 설비

44 소방기본법상 소방대장의 권한이 아닌 것은?

① 소방활동을 할 때에 긴급한 경우에는 이웃한 소방본부장 또는 소방서장에게 소방업무의 응원을 요청할 수 있다.
② 화재, 재난 · 재해, 그 밖의 위급한 상황이 발생한 현장에서 소방활동을 위하여 필요할 때에는 그 관할구역에 사는 사람 또는 그 현장에 있는 사람으로 하여금 사람을 구출하는 일 또는 불을 끄거나 불이 번지지 아니하도록 하는 일을 하게 할 수 있다.
③ 사람을 구출하거나 불이 번지는 것을 막기 위하여 필요할 때에는 화재가 발생하거나 불이 번질 우려가 있는 소방대상물 및 토지를 일시적으로 사용하거나 그 사용의 제한 또는 소방활동에 필요한 처분을 할 수 있다.
④ 소방활동을 위하여 긴급하게 출동할 때에는 소방자동차의 통행과 소방활동에 방해가 되는 주차 또는 정차된 차량 및 물건 등을 제거하거나 이동시킬 수 있다.

해설

① 소방업무의 응원요청 : 소방본부장, 소방서장
② 소방활동 종사명령 : 소방본부장, 소방서장, 소방대장
③ 강제처분 등 : 소방본부장, 소방서장, 소방대장
④ 강제처분 등 : 소방본부장, 소방서장, 소방대장

45 위험물안전관리법령상 제조소 등이 아닌 장소에서 지정수량 이상의 위험물을 취급할 수 있는 경우에 대한 기준으로 맞는 것은?(단, 시 · 도의 조례가 정하는 바에 따른다.)

① 관할 소방서장의 승인을 받아 지정수량 이상의 위험물을 60일 이내의 기간 동안 임시로 저장 또는 취급하는 경우
② 관할 소방대장의 승인을 받아 지정수량 이상의 위험물을 60일 이내의 기간 동안 임시로 저장 또는 취급하는 경우
③ 관할 소방서장의 승인을 받아 지정수량 이상의 위험물을 90일 이내의 기간 동안 임시로 저장 또는 취급하는 경우
④ 관할 소방대장의 승인을 받아 지정수량 이상의 위험물을 90일 이내의 기간 동안 임시로 저장 또는 취급하는 경우

해설

제조소 등이 아닌 장소에서 지정수량 이상의 위험물을 취급할 수 있는 경우

1) 관할소방서장의 승인을 받아 지정수량 이상의 위험물을 90일 이내의 기간동안 임시로 저장 또는 취급하는 경우
2) 군부대가 지정수량 이상의 위험물을 군사목적으로 임시로 저장 또는 취급하는 경우

46 위험물안전관리법령상 제4류 위험물별 지정수량 기준의 연결이 틀린 것은?

① 특수인화물 – 50리터
② 알코올류 – 400리터
③ 동식물유류 – 1,000리터
④ 제4석유류 – 6,000리터

해설

문제 41번 해설 참고
③ 동식물유류 – 10,000리터

정답 44 ① 45 ③ 46 ③

47 화재예방강화지구의 지정권자는?

① 소방서장 ② 시 · 도지사
③ 소방본부장 ④ 행정안전부장관

해설

1) 화재예방강화지구 지정권자 : 시 · 도지사
2) 화재예방강화지구 지정의 요청권자 : 소방청장
3) 화재예방강화지구
 ① 시장지역
 ② 공장 · 창고가 밀집한 지역
 ③ 목조건물이 밀집한 지역
 ④ 노후 · 불량건축물이 밀집한 지역
 ⑤ 위험물의 저장 및 처리시설이 밀집한 지역
 ⑥ 석유화학제품을 생산하는 공장이 있는 지역
 ⑦ 산업입지 및 개발에 관한 법률에 따른 산업단지
 ⑧ 소방시설 · 소방용수시설 또는 소방출동로가 없는 지역
 ⑨ 소방관서장이 화재예방강화지구로 지정할 필요가 있다고 인정하는 지역

48 위험물안전관리법령상 관계인이 예방규정을 정하여야 하는 위험물을 취급하는 제조소의 지정수량 기준으로 옳은 것은?

① 지정수량의 10배 이상
② 지정수량의 100배 이상
③ 지정수량의 150배 이상
④ 지정수량의 200배 이상

해설

예방규정을 정해야 하는 제조소 등
1) 지정수량의 10배 이상의 위험물을 취급하는 제조소, 일반취급소
2) 지정수량의 100배 이상의 위험물을 저장하는 옥외저장소
3) 지정수량의 150배 이상의 위험물을 저장하는 옥내저장소
4) 지정수량의 200배 이상의 위험물을 저장하는 옥외탱크저장소
5) 암반탱크저장소
6) 이송취급소

49 소방시설 설치 및 관리에 관한 법령상 비상경보설비를 설치하여야 할 특정소방대상물의 기준 중 옳은 것은?

① 연면적이 400m^2 이상인 것
② 지하층 또는 무창층의 바닥면적이 50m^2 이상인 것
③ 지하가 중 터널로서 길이가 300m 이상인 것
④ 30명 이상의 근로자가 작업하는 옥내작업장

해설

비상경보설비의 설치대상
1) 연면적 400m^2 이상
2) 지하층 또는 무창층의 바닥면적이 150m^2(공연장의 경우 100m^2) 이상
3) 지하가 중 터널로서 길이가 500m 이상
4) 50명 이상의 근로자가 작업하는 옥내작업장

50 소방시설공사업법령상 정의된 업종 중 소방시설업의 종류에 해당되지 않는 것은?

① 소방시설설계업
② 소방시설공사업
③ 소방시설정비업
④ 소방공사감리업

해설

소방시설업의 종류
1) 소방시설설계업 : 소방시설공사에 기본이 되는 공사계획, 설계도면, 설계설명서, 기술계산서 및 이와 관련된 서류를 작성하는 영업
2) 소방시설공사업 : 설계도서에 따라 소방시설을 신설, 증설, 개설, 이전 및 정비하는 영업
3) 소방공사감리업 : 소방시설공사에 관한 발주자의 권한을 대행하여 소방시설공사가 설계도서와 관계 법령에 따라 적법하게 시공되는지를 확인하고, 품질 · 시공관리에 대한 기술지도를 하는 영업
4) 방염처리업 : 방염대상물품에 대하여 방염처리하는 영업

정답 47 ② 48 ① 49 ① 50 ③

51 소방시설 설치 및 관리에 관한 법령상 특정소방대상물로서 숙박시설에 해당되지 않는 것은?

① 오피스텔
② 일반형 숙박시설
③ 생활형 숙박시설
④ 근린생활시설에 해당하지 않는 고시원

해설

숙박시설
1) 일반형 숙박시설 : 「공중위생관리법 시행령」 제4조제1호가목에 따른 숙박업의 시설
2) 생활형 숙박시설 : 「공중위생관리법 시행령」 제4조제1호나목에 따른 숙박업의 시설
3) 고시원(근린생활시설에 해당하지 않는 것)

① 오피스텔 → 업무시설

52 화재의 예방 및 안전관리에 관한 법령상 특수가연물의 저장 및 취급 기준을 위반한 경우 과태료 부과기준은?

① 200만 원	② 300만 원
③ 500만 원	④ 1000만 원

해설

200만 원 이하의 과태료
① 불을 사용할 때 지켜야 하는 사항 및 특수가연물의 저장 및 취급 기준을 위반한 자
② 화재예방강화지구의 예방강화를 위한 소방설비 등의 설치 명령을 정당한 사유 없이 따르지 아니한 관계인
③ 소방안전관리자 또는 소방안전관리보조자의 선임신고를 하지 아니하거나 소방안전관리자의 성명 등을 게시하지 아니한 관계인
④ 건설현장 소방안전관리자를 기간 내에 선임신고를 하지 아니한 자
⑤ 소방안전관리대상물 근무자 및 거주자 등에 대한 소방훈련 및 교육 결과를 기간 내에 제출하지 아니한 자

53 소방시설 설치 및 관리에 관한 법령상 수용인원 산정방법 중 다음과 같은 시설의 수용인원은 몇 명인가?

> 숙박시설이 있는 특정소방대상물로서 종사자 수는 5명, 숙박시설은 모두 2인용 침대이며 침대수량은 50개이다.

① 55	② 75
③ 85	④ 105

해설

수용인원의 산정방법
1) 숙박시설이 있는 특정소방대상물
　① 침대가 있는 숙박시설 : 종사자 수+침대 수(2인용 침대는 2개)
　② 침대가 없는 숙박시설 : 종사자 수+바닥면적의 합계를 $3m^2$로 나누어 얻은 수

2) 1) 외의 특정소방대상물
　① 강의실 · 교무실 · 상담실 · 실습실 · 휴게실 용도로 쓰이는 특정소방대상물 : 바닥면적의 합계를 $1.9m^2$로 나누어 얻은 수
　② 강당, 문화 및 집회시설, 운동시설, 종교시설 : 바닥면적의 합계를 $4.6m^2$로 나누어 얻은 수
　③ • 관람석이 있는 경우 고정식 의자를 설치한 부분 : 의자 수
　　• 긴 의자의 경우 : 의자의 정면너비를 0.45m로 나누어 얻은 수

3) 그 밖의 특정소방대상물 : 바닥면적의 합계를 $3m^2$로 나누어 얻은 수(소수점 이하의 수는 반올림할 것)

[풀이]
• 침대가 있는 숙박시설 : 종사자 수+침대 수(2인용 침대는 2개)
• 수용인원 : 5명(종사자)+50개(2인용)×2=105명

정답 51 ① 52 ① 53 ④

54 소방시설 설치 및 관리에 관한 법률상 소방시설 등에 대하여 스스로 점검을 하지 아니하거나 관리업자 등으로 하여금 정기적으로 점검하게 하지 아니한 자에 대한 벌칙기준으로 옳은 것은?

① 6개월 이하의 징역 또는 1000만 원 이하의 벌금
② 1년 이하의 징역 또는 1000만 원 이하의 벌금
③ 3년 이하의 징역 또는 1500만 원 이하의 벌금
④ 3년 이하의 징역 또는 3000만 원 이하의 벌금

해설

1년 이하의 징역 또는 1천만 원 이하의 벌금(소방시설 설치 및 관리에 관한 법률)

1) 소방시설 등에 대하여 스스로 점검을 하지 아니하거나 관리업자 등으로 하여금 정기적으로 점검하게 하지 아니한 자
2) 소방시설관리사증을 다른 사람에게 빌려주거나 빌리거나 이를 알선한 자
3) 동시에 둘 이상의 업체에 취업한 자
4) 자격정지처분을 받고 그 자격정지기간 중에 관리사의 업무를 한 자
5) 관리업의 등록증이나 등록수첩을 다른 자에게 빌려주거나 빌리거나 이를 알선한 자
6) 영업정지처분을 받고 그 영업정지기간 중에 관리업의 업무를 한 자
7) 제품검사에 합격하지 아니한 제품에 합격표시를 하거나 합격표시를 위조 또는 변조하여 사용한 자
8) 형식승인의 변경승인 또는 성능인증의 변경인증을 받지 아니한 자
9) 제품검사에 합격하지 아니한 소방용품에 성능인증을 받았다는 표시 또는 제품검사에 합격하였다는 표시를 하거나 성능인증을 받았다는 표시 또는 제품검사에 합격하였다는 표시를 위조 또는 변조하여 사용한 자
10) 우수품질인증을 받지 아니한 제품에 우수품질인증 표시를 하거나 우수품질인증 표시를 위조하거나 변조하여 사용한 자
11) 관계 공무원이 관계인의 정당한 업무를 방해하거나 출입·검사 업무를 수행하면서 알게 된 비밀을 다른 사람에게 누설한 자

55 화재예방강화지구의 지정대상이 아닌 것은? (단, 소방청장·소방본부장 또는 소방서장이 화재예방강화지구로 지정할 필요가 있다고 인정하는 지역은 제외한다.)

① 시장지역
② 농촌지역
③ 목조건물이 밀집한 지역
④ 공장·창고가 밀집한 지역

해설

1) 화재예방강화지구 지정권자 : 시·도지사
2) 화재예방강화지구 지정의 요청권자 : 소방청장
3) 화재예방강화지구
   ① 시장지역
   ② 공장·창고가 밀집한 지역
   ③ 목조건물이 밀집한 지역
   ④ 노후·불량건축물이 밀집한 지역
   ⑤ 위험물의 저장 및 처리시설이 밀집한 지역
   ⑥ 석유화학제품을 생산하는 공장이 있는 지역
   ⑦ 산업입지 및 개발에 관한 법률에 따른 산업단지
   ⑧ 소방시설·소방용수시설 또는 소방출동로가 없는 지역
   ⑨ 소방관서장이 화재예방강화지구로 지정할 필요가 있다고 인정하는 지역

56 화재의 예방 및 안전관리에 관한 법령상 특수가연물의 품명과 지정수량 기준의 연결이 틀린 것은?

① 사류 – 1,000kg 이상
② 볏짚류 – 3,000kg 이상
③ 석탄·목탄류 – 10,000kg 이상
④ 고무류·플라스틱류 중 발포시킨 것 – $20m^3$ 이상

해설

특수가연물의 품명 및 수량

품명	수량
면화류	200kg 이상
나무껍질 및 대팻밥	400kg 이상
넝마 및 종이부스러기	1,000kg 이상
사류(絲類)	1,000kg 이상
볏짚류	1,000kg 이상

정답 54 ② 55 ② 56 ②

<table>
<tr><th colspan="2">품명</th><th>수량</th></tr>
<tr><td colspan="2">가연성 고체류</td><td>3,000kg 이상</td></tr>
<tr><td colspan="2">석탄 · 목탄류</td><td>10,000kg 이상</td></tr>
<tr><td colspan="2">가연성 액체류</td><td>2m³ 이상</td></tr>
<tr><td colspan="2">목재가공품 및 나무부스러기</td><td>10m³ 이상</td></tr>
<tr><td rowspan="2">고무류 · 플라스틱류</td><td>발포시킨 것</td><td>20m³ 이상</td></tr>
<tr><td>그 밖의 것</td><td>3,000kg 이상</td></tr>
</table>

② 볏짚류 – 1,000kg 이상

57 소방기본법령상 소방안전교육사의 배치대상별 배치기준으로 틀린 것은?

① 소방청 : 2명 이상 배치
② 소방서 : 1명 이상 배치
③ 소방본부 : 2명 이상 배치
④ 한국소방안전원(본회) : 1명 이상 배치

해설

소방안전교육사의 배치대상별 배치기준

배치대상	배치기준(명)
소방청	2 이상
소방본부	2 이상
소방서	1 이상
한국소방안전원	본회 : 2 이상, 지부 : 1 이상
한국소방산업기술원	2 이상

58 화재의 예방 및 안전관리에 관한 법령상 총괄소방안전관리자를 선임해야 하는 특정소방대상물이 아닌 것은?

① 판매시설 중 도매시장 및 소매시장
② 복합건축물로서 지하층을 제외한 층수가 11층 이상인 것
③ 지하층을 제외한 층수가 7층 이상인 고층건축물
④ 복합건축물로서 연면적이 30,000m² 이상인 것

해설

총괄소방안전관리자 선임 대상 건축물

1) 복합건축물(지하층을 제외한 층수가 11층 이상 또는 연면적 30,000m² 이상인 건축물)
2) 지하가(지하의 인공구조물 안에 설치된 상점 및 사무실, 그 밖에 이와 비슷한 시설이 연속하여 지하도에 접하여 설치된 것과 그 지하도를 합한 것)
3) 판매시설 중 도매시장, 소매시장 및 전통시장

59 소방시설공사업법상 도급을 받은 자가 제3자에게 소방시설공사의 시공을 하도급한 경우에 대한 벌칙기준으로 옳은 것은?(단, 대통령령으로 정하는 경우는 제외한다.)

① 100만 원 이하의 벌금
② 300만 원 이하의 벌금
③ 1년 이하의 징역 또는 1000만 원 이하의 벌금
④ 3년 이하의 징역 또는 1500만 원 이하의 벌금

해설

소방시설 공사업법에 따른 1년 이하의 징역 또는 1000만 원 이하의 벌금

1) 영업정지처분을 받고 그 영업정지 기간에 영업을 한 자
2) 소방공사업법이나 화재안전기준을 위반하여 설계나 시공을 한 자
3) 소방시설감리자의 업무범위를 위반하여 감리를 하거나 거짓으로 감리한 자
4) 소방시설감리업자가 공사감리자를 지정하지 아니한 자
5) 소방본부장이나 소방서장에게 보고를 거짓으로 한 자
6) 공사감리 결과의 통보 또는 공사감리 결과보고서의 제출을 거짓으로 한 자
7) 소방시설업자가 아닌 자에게 소방시설공사 등을 도급한 자
8) 하도급규정을 위반하여 제3자에게 소방시설공사 시공을 하도급한 자
9) 소방기술자가 소방공사업법 또는 명령을 따르지 아니하고 업무를 수행한 자

정답 57 ④ 58 ③ 59 ③

60 소방시설 설치 및 관리에 관한 법령상 정당한 사유 없이 피난시설, 방화구획 및 방화시설의 유지 · 관리에 필요한 조치명령을 위반한 경우 이에 대한 벌칙기준으로 옳은 것은?

① 200만 원 이하의 벌금
② 300만 원 이하의 벌금
③ 1년 이하의 징역 또는 1000만 원 이하의 벌금
④ 3년 이하의 징역 또는 3000만 원 이하의 벌금

해설

3년 이하의 징역 또는 3000만 원 이하의 벌금

1) 정당한 사유 없이 피난시설, 방화구획 및 방화시설의 유지 · 관리에 필요한 소방본부장이나 소방서장의 조치명령을 위반한 경우
2) 관리업의 등록을 하지 아니하고 영업을 한 자
3) 소방용품의 형식승인을 받지 아니하고 소방용품을 제조하거나 수입한 자 또는 거짓이나 그 밖의 부정한 방법으로 형식승인을 받은 자
4) 제품검사를 받지 아니한 자 또는 거짓이나 그 밖의 부정한 방법으로 제품검사를 받은 자
5) 형식승인을 받지 않은 소방용품을 판매 · 진열하거나 소방시설공사에 사용한 자
6) 거짓이나 그 밖의 부정한 방법으로 성능인증 또는 제품검사를 받은 자
7) 제품검사를 받지 아니하거나 합격표시를 하지 아니한 소방용품을 판매 · 진열하거나 소방시설공사에 사용한 자

4과목 소방기계시설의 구조 및 원리

61 상수도소화용수설비의 화재안전기준에 따라 호칭지름 75mm 이상의 수도배관에 호칭지름 100mm 이상의 소화전을 접속한 경우 상수도소화용수설비 소화전의 설치기준으로 맞는 것은?

① 특정소화대상물의 수평투영면의 각 부분으로부터 80m 이하가 되도록 설치할 것
② 특정소화대상물의 수평투영면의 각 부분으로부터 100m 이하가 되도록 설치할 것
③ 특정소화대상물의 수평투영면의 각 부분으로부터 120m 이하가 되도록 설치할 것
④ 특정소화대상물의 수평투영면의 각 부분으로부터 140m 이하가 되도록 설치할 것

해설

상수도소화용수설비의 설치기준

1) 호칭지름 75mm 이상의 수도배관에 호칭지름 100mm 이상의 소화전을 접속할 것
2) 소화전은 소방자동차 등의 진입이 쉬운 도로변 또는 공지에 설치할 것
3) 소화전은 특정소방대상물의 수평투영면의 각 부분으로부터 140m 이하가 되도록 설치할 것

62 분말소화설비의 화재안전기준에 따른 분말소화약제 저장용기의 설치기준으로 맞는 것은?

① 저장용기의 충전비는 0.5 이상으로 할 것
② 제1종 분말(탄산수소나트륨을 주성분으로 한 분말)의 경우 소화약제 1kg당 저장용기의 내용적은 1.25L일 것
③ 저장용기에는 저장용기의 내부압력이 설정압력으로 되었을 때 주밸브를 개방하는 정압작동장치를 설치할 것
④ 저장용기에는 가압식은 최고 사용압력 2배 이하, 축압식은 용기의 내압시험압력의 1배 이하의 압력에서 작동하는 안전밸브를 설치할 것

정답 60 ④ 61 ④ 62 ③

해설

분말소화약제 저장용기의 설치기준

1) 약제 1kg당 저장용기의 내용적(충전비)

소화약제의 종별	충전비
제1종 분말	0.8[l/kg]
제2종 분말	1.0[l/kg]
제3종 분말	1.0[l/kg]
제4종 분말	1.25[l/kg]

2) 저장용기의 충전비는 0.8 이상으로 할 것
3) 안전밸브의 작동압력

가압식	축압식
최고 사용압력의 1.8배 이하	내압시험압력의 0.8배 이하

4) 저장용기에는 저장용기의 내부압력이 설정압력으로 되었을 때 주밸브를 개방하는 정압작동장치를 설치할 것
5) 저장용기 및 배관에는 잔류 소화약제를 처리할 수 있는 청소장치를 설치할 것
6) 축압식의 분말소화설비는 사용압력의 범위를 표시한 지시압력계를 설치할 것

63 할론소화설비의 화재안전기준에 따른 할론 1301 소화약제의 저장용기에 대한 설명으로 틀린 것은?

① 저장용기의 충전비는 0.9 이상 1.6 이하로 할 것
② 동일 집합관에 접속되는 용기의 충전비는 같도록 할 것
③ 저장용기의 개방밸브는 안전장치가 부착된 것으로 하며 수동으로 개방되지 않도록 할 것
④ 축압식 용기의 경우에는 20℃에서 2.5MPa 또는 4.2MPa의 압력이 되도록 질소가스로 축압할 것

해설

저장용기의 설치기준

1) 축압식 저장용기 설치기준
① 축압식 저장용기의 압력

구분	할론 1211	할론 1301
축압식 저장용기의 압력	1.1MPa 또는 2.5MPa	2.5MPa 또는 4.2MPa
축압가스의 종류	질소(N_2)	질소(N_2)

② 충전비

구분	할론 1211	할론 1301
충전비	0.7 이상 1.4 이하	0.9 이상 1.6 이하

③ 동일 집합관에 접속되는 용기의 소화약제 충전량은 동일 충전비의 것이어야 할 것

2) 가압식 저장용기 설치기준
① 가압용기의 압력 : 2.5MPa 또는 4.2MPa
② 가압용 가스 : 질소(N_2)
③ 압력조정장치의 조정압력 : 2.0MPa 이하

3) 할론 저장용기의 개방밸브
① 자동개방방식 : 전기식 · 가스압력식 또는 기계식
② 수동으로도 개방되는 것으로서 안전장치가 부착된 것으로 하여야 한다.

4) 별도 독립배관방식 설치
하나의 구역을 담당하는 소화약제 저장용기의 소화약제량의 체적합계보다 그 소화약제 방출 시 방출경로가 되는 배관(집합관 포함)의 내용적이 1.5배 이상일 경우

③ 수동으로 개방되지 않도록 할 것 → 수동으로도 개방되는 것으로 할 것

64 소화수조 및 저수조의 화재안전기준에 따라 소화수조의 채수구는 소방차가 최대 몇 m 이내의 지점까지 접근할 수 있도록 설치하여야 하는가?

① 1　　② 2　　③ 4　　④ 5

해설

소화수조의 등의 설치기준

1) 소화수조, 저수조의 채수구 또는 흡수관투입구의 위치
소방차가 2m 이내의 지점까지 접근할 수 있는 위치
2) 소화수조 또는 저수조의 저수량
특정소방대상물의 연면적을 다음 표에 따른 기준면적으로 나누어 얻은 수(소수점 이하의 수는 1로 본다)에 $20m^3$를 곱한 양 이상이 되도록 할 것

소방대상물의 구분	면적
1층 및 2층의 바닥면적 합계 $15,000m^2$ 이상	$7,500m^2$
그 밖의 소방대상물	$12,500m^2$

정답 63 ③ 64 ②

3) 흡수관투입구
① 흡수관 투입구의 크기 : 한 변이 0.6m 이상이거나 직경이 0.6m 이상
② 흡수관투입구의 개수 및 표지
- 소요수량이 80m^3 미만 : 1개 이상
- 소요수량이 80m^3 이상 : 2개 이상
- 표지 : "흡관투입구"

4) 채수구
① 채수구의 개수
다음 표에 따라 소방용 호스 또는 소방용 흡수관에 사용하는 구경 65mm 이상의 나사식 결합금속구를 설치할 것

소요수량	20m^3 이상 40m^3 미만	40m^3 이상 100m^3 미만	100m^3 이상
채수구의 수	1개	2개	3개

② 채수구의 높이 및 표지
- 높이 : 지면으로부터의 0.5m 이상 1m 이하
- 표지 : "채수구"

65 옥내소화전설비의 화재안전기준에 따라 옥내소화전 방수구를 반드시 설치하여야 하는 곳은?

① 식물원
② 수족관
③ 수영장의 관람석
④ 냉장창고 중 온도가 영하인 냉장실

해설

옥내소화전 방수구 설치 제외
1) 냉장창고 중 온도가 영하인 냉장실 또는 냉동창고의 냉동실
2) 발전소 · 변전소 등으로서 전기시설이 설치된 장소
3) 고온의 노가 설치된 장소 또는 물과 격렬하게 반응하는 물품의 저장 또는 취급 장소
4) 야외음악당 · 야외극장 또는 그 밖의 이와 비슷한 장소
5) 식물원 · 수족관 · 목욕실 · 수영장(관람석 부분을 제외한다) 또는 그 밖의 이와 비슷한 장소

66 소화기구 및 자동소화장치의 화재안전기준에 따라 대형소화기를 설치할 때 특정소방대상물의 각 부분으로부터 1개의 소화기까지의 보행거리가 최대 몇 m 이내가 되도록 배치하여야 하는가?

① 20 ② 25
③ 30 ④ 40

해설

능력단위 및 보행거리에 따른 소화기의 구분

구분	소형소화기	대형소화기
능력단위	1단위 이상 대형 미만	A급 10단위 이상 B급 20단위 이상
보행거리	20m 이내	30m 이내

67 구조대의 형식승인 및 제품검사의 기술기준에 따른 경사하강식 구조대의 구조에 대한 설명으로 틀린 것은?

① 구조대 본체는 강하방향으로 봉합부가 설치되어야 한다.
② 연속하여 활강할 수 있는 구조로 안전하고 쉽게 사용할 수 있어야 한다.
③ 땅에 닿을 때 충격을 받는 부분에는 완충장치로서 받침포 등을 부착하여야 한다.
④ 입구틀 및 취부틀의 입구는 지름 50cm 이상의 구체가 통과할 수 있어야 한다.

해설

경사강하식 구조대의 구조 기준
1) 입구틀 및 취부틀의 입구는 지름 50cm 이상의 구체가 통과할 수 있어야 한다.
2) 구조대 본체는 강하방향으로 봉합부가 설치되지 아니하여야 한다.
3) 구조대 본체의 활강부는 낙하방지를 위해 포를 2중 구조로 하거나 또는 망목의 변의 길이가 8cm 이하인 망을 설치하여야 한다.
4) 본체의 포지는 하부 지지장치에 인장력이 균등하게 걸리도록 부착하여야 하며 하부 지지장치는 쉽게 조작할 수 있어야 한다.

정답 65 ③ 66 ③ 67 ①

5) 손잡이는 출구 부근에 좌우 각 3개 이상 균일한 간격으로 견고하게 부착하여야 한다.
6) 구조대 본체의 끝부분에는 길이 4m 이상, 지름 4mm 이상의 유도선을 부착하여야 하며, 유도선 끝에는 중량 3N(300g) 이상의 모래주머니 등을 설치하여야 한다.

① 강하방향으로 봉합부가 설치되어야 → 설치되지 아니하여야 한다.

68 소화기구 및 자동소화장치의 화재안전기준에 따른 수동으로 조작하는 대형소화기 B급의 능력단위 기준은?

① 10단위 이상　② 15단위 이상
③ 20단위 이상　④ 25단위 이상

해설

능력단위 및 보행거리에 따른 소화기의 구분

구분	소형소화기	대형소화기
능력단위	1단위 이상 대형 미만	A급 10단위 이상 B급 20단위 이상
보행거리	20m 이내	30m 이내

69 연소방지설비의 화재안전기준에 따라 연소방지설비의 살수구역은 환기구 등을 기준으로 지하구의 길이방향으로 최대 몇 m 이내마다 1개 이상의 방수헤드를 설치하여야 하는가?

① 150　② 200
③ 350　④ 400

해설

연소방지설비의 화재안전기준

1) 살수구역(화재안전기준 개정)
   ① 소방대원의 출입이 가능한 환기구 · 작업구마다 지하구의 양쪽 방향으로 살수헤드를 설정할 것
   ② 한쪽 방향의 살수구역의 길이 : 3m 이상
   ③ 환기구 사이의 간격이 700m를 초과할 경우 700m마다 살수구역을 설정할 것
2) 방수헤드
   ① 천장 또는 벽면에 설치할 것
   ② 방수헤드 간의 수평거리

헤드의 종류	전용헤드	스프링클러헤드
헤드 간 수평거리	2.0m 이하	1.5m 이하

3) 연소방지설비 전용헤드를 사용하는 경우 배관의 구경

헤드 수	1개	2개	3개	4~5개	6개 이상
구경[mm]	32	40	50	65	80

70 포소화설비의 화재안전기준에 따른 용어 정의 중 다음 (　) 안에 알맞은 내용은?

> (　) 프로포셔너 방식이란 펌프와 발포기의 중간에 설치된 벤추리관의 벤추리작용과 펌프 가압수의 포소화약제 저장탱크에 대한 압력에 따라 포소화약제를 흡입 · 혼합하는 방식을 말한다.

① 라인　② 펌프
③ 프레져　④ 프레져 사이드

해설

1) 펌프 프로포셔너 방식
   펌프의 토출관과 흡입관 사이의 배관도중에 설치한 흡입기에 펌프에서 토출된 물의 일부를 보내고, 농도 조절밸브에서 조정된 포소화약제의 필요량을 포소화약제 탱크에서 펌프 흡입 측으로 보내어 이를 혼합하는 방식을 말한다.

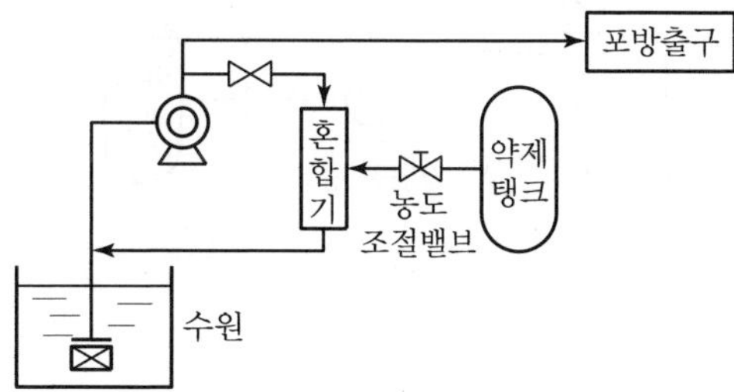

정답 68 ③ 69 정답 없음 70 ③

2) 프레져 프로포셔너 방식
펌프와 발포기의 중간에 설치된 벤추리관의 벤추리작용과 펌프 가압수의 포소화약제 저장탱크에 대한 압력에 따라 포소화약제를 흡입 · 혼합하는 방식을 말한다.

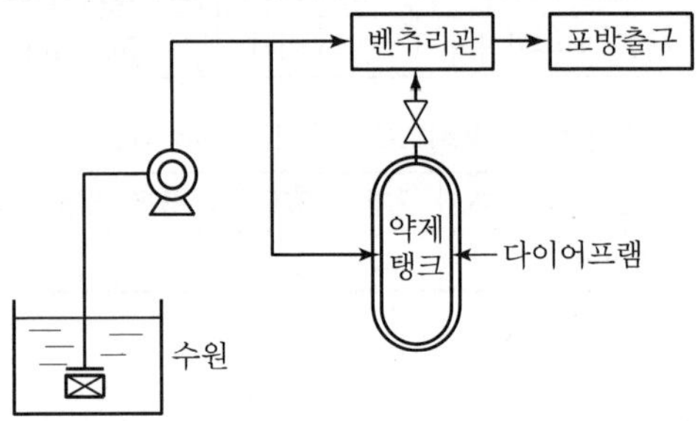

3) 라인 프로포셔너 방식
펌프와 발포기의 중간에 설치된 벤추리관의 벤추리작용에 따라 포소화약제를 흡입 · 혼합하는 방식

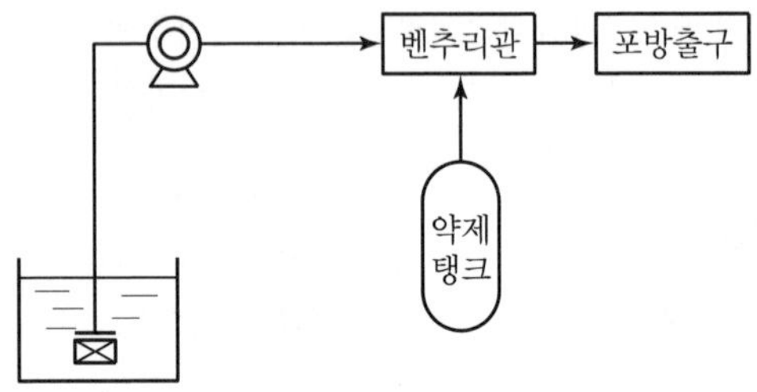

4) 프레져 사이드 프로포셔너 방식
펌프의 토출관에 압입기를 설치하여 포소화약제 압입용 펌프로 포소화약제를 압입시켜 혼합하는 방식

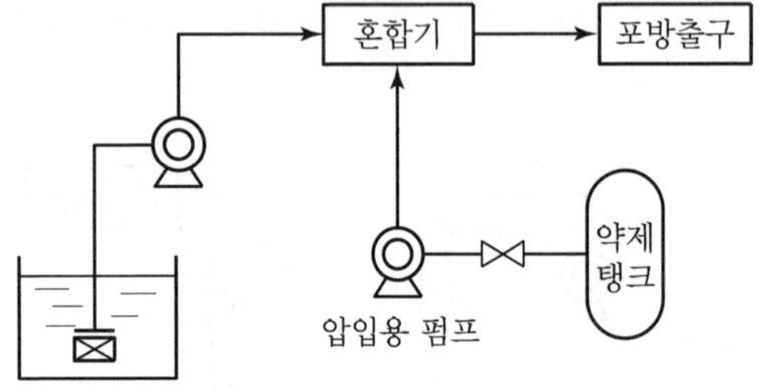

71 다음 설명은 미분무소화설비의 화재안전기준에 따른 미분무소화설비 기동장치의 화재감지기 회로에서 발신기 설치기준이다. ( ) 안에 알맞은 내용은?(단, 자동화재탐지설비의 발신기가 설치된 경우는 제외한다.)

> • 조작이 쉬운 장소에 설치하고, 스위치는 바닥으로부터 0.8m 이상 (㉠)m 이하의 높이에 설치할 것
> • 소방대상물의 층마다 설치하되, 당해 소방대상물의 각 부분으로부터 하나의 발신기까지의 수평거리가 (㉡)m 이하가 되도록 할 것
> • 발신기의 위치를 표시하는 표시등은 함의 상부에 설치하되, 그 불빛은 부착면으로부터 15° 이상의 범위 안에서 부착지점으로부터 (㉢)m 이내의 어느 곳에서도 쉽게 식별할 수 있는 적색등으로 할 것

① ㉠ 1.5, ㉡ 20, ㉢ 10
② ㉠ 1.5, ㉡ 25, ㉢ 10
③ ㉠ 2.0, ㉡ 20, ㉢ 15
④ ㉠ 2.0, ㉡ 25, ㉢ 15

해설

발신기의 설치기준
1) 스위치 높이 : 조작이 쉽고 바닥으로부터 0.8m 이상 1.5m 이하
2) 발신기의 배치
① 특정소방대상물의 층마다 설치
② 해당 특정소방대상물의 각 부분으로부터 수평거리가 25m 이하
③ 복도 또는 별도로 구획된 실로서 보행거리가 40m 이상일 경우에는 추가로 설치

3) 발신기의 위치
① 표시등은 함의 상부에 설치
② 그 불빛은 부착면으로부터 15° 이상의 범위 안에서 부착지점으로부터 10m 이내의 어느 곳에서도 쉽게 식별할 수 있는 적색등으로 할 것

정답 71 ②

72 분말소화설비의 화재안전기준에 따른 분말소화설비의 배관과 선택밸브의 설치기준에 대한 내용으로 틀린 것은?

① 배관은 겸용으로 설치할 것
② 선택밸브는 방호구역 또는 방호대상물마다 설치할 것
③ 동관은 고정압력 또는 최고 사용압력의 1.5배 이상의 압력에 견딜 수 있는 것을 사용할 것
④ 강관은 아연도금에 따른 배관용 탄소강관이나 이와 동등 이상의 강도 · 내식성 및 내열성을 가진 것을 사용할 것

해설

분말소화설비의 배관 및 선택밸브
1) 배관은 전용으로 할 것
2) 강관
 ① 아연도금에 따른 배관용 탄소강관이나 이와 동등 이상의 강도 · 내식성 및 내열성을 가진 것으로 할 것
 ② 축압식 분말소화설비에 사용하는 것 중 20℃에서 압력이 2.5MPa 이상 4.2MPa 이하인 것은 압력배관용 탄소강관 중 이음이 없는 스케줄 40 이상의 것 또는 이와 동등 이상의 강도를 가진 것으로서 아연도금으로 방식처리된 것을 사용하여야 한다.
3) 동관 : 고정압력 또는 최고 사용압력의 1.5배 이상의 압력에 견딜 수 있는 것을 사용할 것
4) 밸브류 : 개폐위치 또는 개폐방향을 표시한 것으로 할 것
5) 선택밸브
 ① 방호구역 또는 방호대상물마다 설치할 것
 ② 각 선택밸브에는 그 담당방호구역 또는 방호대상물을 표시할 것

① 배관은 겸용 → 전용으로 할 것

73 피난기구의 화재안전기준에 따라 숙박시설 · 노유자시설 및 의료시설로 사용되는 층에 있어서는 그 층의 바닥면적이 몇 m^2마다 피난기구를 1개 이상 설치해야 하는가?

① 300 ② 500
③ 800 ④ 1,000

해설

피난기구 설치개수 산정
1) 특정소방대상물별 기준면적[m^2]당 1개 이상 설치

특정소방대상물	기준면적[m^2]
숙박시설 · 노유자시설 및 의료시설	그 층의 바닥면적 500m^2마다
위락시설, 문화 및 집회시설, 운동시설, 판매시설, 복합용도의 층	그 층의 바닥면적 800m^2마다
그 밖의 용도의 층	그 층의 바닥면적 1,000m^2마다
계단실형 아파트	각 세대마다 1개 이상

2) 추가 설치
 ① 숙박시설(휴양콘도미니엄 제외) : 객실마다 완강기 또는 2개 이상의 간이완강기를 추가 설치
 ② 공동주택 : 공기안전매트를 1개 이상 추가 설치
 ③ 노유자시설 중 4층 이상에 설치된 구조대의 적응성 : 장애인 관련 시설로서 주된 사용자 중 스스로 피난이 불가한 자가 있는 경우 추가로 설치

74 스프링클러설비의 화재안전기준에 따른 습식 유수검지장치를 사용하는 스프링클러설비 시험장치의 설치기준에 대한 설명으로 틀린 것은?

① 유수검지장치에서 가장 가까운 가지배관의 끝으로부터 연결하여 설치해야 한다.
② 시험배관의 끝에는 물받이 통 및 배수관을 설치하여 시험 중 방사된 물이 바닥에 흘러내리지 않도록 해야 한다.
③ 화장실과 같은 배수처리가 쉬운 장소에 시험배관을 설치한 경우에는 물받이 통 및 배수관을 생략할 수 있다.
④ 시험장치 배관의 구경은 유수검지장치에서 가장 먼 가지배관의 구경과 동일한 구경으로 하고 그 끝에 개폐밸브 및 개방형 헤드를 설치해야 한다.

해설

시험장치(2021년 개정)
1) 구성 : 개폐밸브, 개방형 헤드(반사판 및 프레임을 제거한 오리피스만으로 설치 가능) 또는 스프링클러헤드와 동등한 방수성능을 가진 오리피스

정답 72 ① 73 ② 74 ①

2) 설치위치 : 유수검지장치 2차 측 배관에 연결하여 설치
3) 시험장치의 배관구경 : 25mm 이상
4) 설치목적 : 헤드를 직접 개방하지 않고 시험밸브를 개방하여 작동시험을 함으로써 스프링클러설비의 정상동작 유무 확인

① 유수검지장치에서 가장 가까운 가지배관의 끝 → 유수검지장치 2차 측 배관에 연결하여 설치

75 소화기구 및 자동소화장치의 화재안전기준에 따른 캐비닛형 자동소화장치 분사헤드의 설치 높이 기준은 방호구역의 바닥으로부터 얼마이어야 하는가?

① 최소 0.1m 이상 최대 2.7m 이하
② 최소 0.1m 이상 최대 3.7m 이하
③ 최소 0.2m 이상 최대 2.7m 이하
④ 최소 0.2m 이상 최대 3.7m 이하

해설

캐비닛형 자동소화장치의 설치기준
1) 분사헤드의 설치 높이 : 바닥으로부터 최소 0.2m 이상 최대 3.7m 이하(2022년 12월 해당 항목 삭제)
2) 화재감지기의 위치 : 방호구역 내의 천장 또는 옥내에 면하는 부분에 설치
3) 방호구역 내의 화재감지기의 감지에 따라 작동되도록 할 것
4) 화재감지기의 회로는 교차회로방식으로 설치할 것
5) 개구부 및 통기구(환기장치를 포함)를 설치한 것에 있어서는 약제가 방사되기 전에 해당 개구부 및 통기구를 자동으로 폐쇄할 수 있도록 할 것

76 스프링클러설비의 화재안전기준에 따른 특정소방대상물의 방호구역 층마다 설치하는 폐쇄형 스프링클러설비 유수검지장치의 설치 높이 기준은?

① 바닥으로부터 0.8m 이상 1.2m 이하
② 바닥으로부터 0.8m 이상 1.5m 이하
③ 바닥으로부터 1.0m 이상 1.2m 이하
④ 바닥으로부터 1.0m 이상 1.5m 이하

해설

폐쇄형 스프링클러설비의 방호구역 · 유수검지장치
1) 하나의 방호구역의 바닥면적은 3,000m^2를 초과하지 아니할 것
2) 하나의 방호구역에는 1개 이상의 유수검지장치를 설치할 것
3) 하나의 방호구역은 2개 층에 미치지 아니하도록 할 것(단, 다음의 경우 예외)
   ① 1개 층에 설치되는 스프링클러헤드의 수가 10개 이하인 경우 3개 층 이내
   ② 복층형 구조의 공동주택에는 3개 층 이내로 할 수 있나.
4) 유수검지장치의 높이 : 바닥으로부터 0.8m 이상 1.5m 이하
5) 유수검지장치의 출입문 크기 : 가로 0.5m 이상, 세로 1m 이상
6) 표지 : 그 출입문 상단에 "유수검지장치실"이라고 표시한 표지를 설치할 것
7) 스프링클러헤드에 공급되는 물은 유수검지장치를 지나도록 할 것(송수구 제외)
8) 자연낙차에 따른 압력수가 흐르는 배관상에 설치된 유수검지장치는 화재 시 물의 흐름을 검지할 수 있는 최소한의 압력이 얻어질 수 있도록 수조의 하단으로부터 낙차를 두어 설치할 것
9) 조기반응형 스프링클러헤드를 설치하는 경우에는 습식유수검지장치를 설치할 것

77 화재조기진압용 스프링클러설비의 화재안전기준에 따라 가지배관을 배열할 때 천장의 높이가 9.1m 이상 13.7m 이하인 경우 가지배관 사이의 거리 기준으로 맞는 것은?

① 2.4m 이상 3.1m 이하
② 2.4m 이상 3.7m 이하
③ 6.0m 이상 8.5m 이하
④ 6.0m 이상 9.3m 이하

해설

화재조기진압용 스프링클러헤드의 설치기준
1) 헤드 하나의 방호면적 : 6.0m^2 이상 9.3m^2 이하
2) 가지배관의 헤드 사이의 거리
   ① 천장의 높이가 9.1m 미만 : 2.4m 이상 3.7m 이하

정답 75 정답 없음 76 ② 77 ①

② 천장의 높이가 9.1m 이상 13.7m 이하 : 2.4m 이상 3.1m 이하

3) 헤드의 반사판과 저장물의 최상부의 거리 : 914mm 이상

4) 헤드의 작동온도 : 74℃ 이하

5) 상부에 설치된 헤드의 방출수에 따라 감열부에 영향을 받을 우려가 있는 헤드에는 방출수를 차단할 수 있는 유효한 차폐판을 설치할 것

78 포소화설비의 화재안전기준에 따른 포소화설비의 포헤드 설치기준에 대한 설명으로 틀린 것은?

① 항공기격납고에 단백포소화약제가 사용되는 경우 1분당 방사량은 바닥면적 $1m^2$당 $6.5l$ 이상 방사되도록 할 것

② 특수가연물을 저장·취급하는 소방대상물에 단백포소화약제가 사용되는 경우 1분당 방사량은 바닥면적 $1m^2$당 $6.5l$ 이상 방사되도록 할 것

③ 특수가연물을 저장·취급하는 소방대상물에 합성계면활성제 포소화약제가 사용되는 경우 1분당 방사량은 바닥면적 $1m^2$당 $8.0l$ 이상 방사되도록 할 것

④ 포헤드는 특정소방대상물의 천장 또는 반자에 설치하되, 바닥면적 $9m^2$마다 1개 이상으로 하여 해당 방호대상물의 화재를 유효하게 소화할 수 있도록 할 것

해설

포헤드의 바닥면적 $1m^2$당 분당 방사량 $Q_1[l/min \cdot m^2]$

소방대상물	포소화약제의 종류	방사량 $[l/min \cdot m^2]$
• 차고·주차장 • 항공기격납고	수성막포	3.7 이상
	단백포	6.5 이상
	합성계면활성제포	8.0 이상
특수가연물 저장·취급 장소	위 3종류 약제 모두 동일	6.5 이상

③ $8.0l$ 이상 → $6.5l$ 이상

79 미분무소화설비의 화재안전기준에 따른 용어 정의 중 다음 ( ) 안에 알맞은 것은?

> "미분무"란 물만을 사용하여 소화하는 방식으로 최소 설계압력에서 헤드로부터 방출되는 물입자 중 99%의 누적체적분포가 (㉠)μm 이하로 분무되고 (㉡)급 화재에 적응성을 갖는 것을 말한다.

① ㉠ 400, ㉡ A, B, C

② ㉠ 400, ㉡ B, C

③ ㉠ 200, ㉡ A, B, C

④ ㉠ 200, ㉡ B, C

해설

1) 미분무의 정의

물만을 사용하여 소화하는 방식으로 최소 설계압력에서 헤드로부터 방출되는 물입자 중 99%의 누적체적분포가 400μm 이하로 분무되고 A, B, C급 화재에 적응성을 갖는 것

2) 미분무소화설비의 분류

① 저압 미분무소화설비 : 최고 사용압력이 1.2MPa 이하

② 중압 미분무소화설비 : 사용압력이 1.2MPa을 초과하고 3.5MPa 이하

③ 고압 미분무소화설비 : 최저 사용압력이 3.5MPa을 초과

80 할로겐화합물 및 불활성 기체 소화설비의 화재안전기준에 따른 할로겐화합물 및 불활성 기체소화설비의 수동식 기동장치의 설치기준에 대한 설명으로 틀린 것은?

① 50N 이상의 힘을 가하여 기동할 수 있는 구조로 할 것

② 전기를 사용하는 기동장치에는 전원표시등을 설치할 것

③ 기동장치의 방출용 스위치는 음향경보장치와 연동하여 조작될 수 있는 것으로 할 것

④ 해당 방호구역의 출입구 부근 등 조작을 하는 자가 쉽게 피난할 수 있는 장소에 설치할 것

정답 78 ③ 79 ① 80 ①

해설

할로겐화합물 및 불활성 기체 소화설비 수동식 기동장치의 설치기준

1) 방호구역마다 설치할 것
2) 출입구 부근 등 쉽게 피난할 수 있는 장소에 설치할 것
3) 조작부의 높이 : 0.8m 이상 1.5m 이하, 보호판 등에 따른 보호장치를 설치할 것
4) 표지 : "할로겐화합물 및 불활성 기체 소화설비 수동식 기동장치"
5) 전기를 사용하는 기동장치에는 전원표시등을 설치할 것
6) 기동장치의 방출용 스위치는 음향경보장치와 연동하여 조작될 수 있는 것으로 할 것
7) 50N 이하의 힘을 가하여 기동할 수 있는 구조로 설치할 것

① 50N 이상의 힘 → 50N 이하의 힘

(5kg 이하 → 50N 이하로 개정)

정답

소방설비기사(기계분야)

기·출·문·제

2021년 1회

1과목 소방원론

01 건축법령상 내력벽, 기둥, 바닥, 보, 지붕틀 및 주계단을 무엇이라 하는가?

① 내진구조부 ② 건축설비부
③ 보조구조부 ④ 주요구조부

해설

건축물의 주요구조부
1) 내력벽
2) 보(작은 보 제외)
3) 지붕틀(차양 제외)
4) 바닥(최하층 바닥 제외)
5) 주계단(옥외계단 제외)
6) 기둥(사잇기둥 제외)

02 이산화탄소의 물성으로 옳은 것은?

① 임계온도 : 31.35℃, 증기비중 : 0.529
② 임계온도 : 31.35℃, 증기비중 : 1.529
③ 임계온도 : 0.35℃, 증기비중 : 1.529
④ 임계온도 : 0.35℃, 증기비중 : 0.529

해설

이산화탄소
1) 이산화탄소의 상평형도

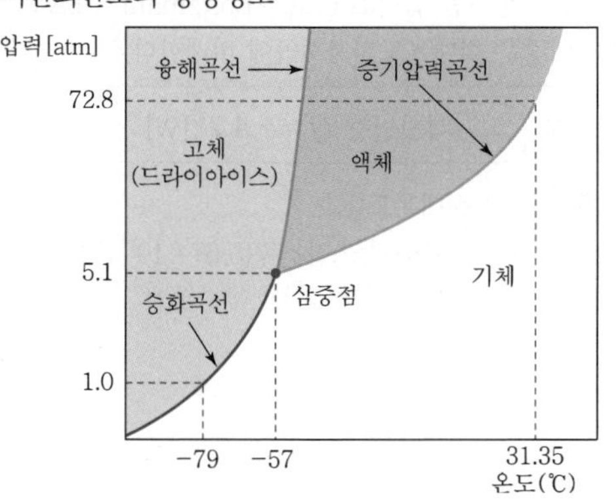

2) 이산화탄소의 물성

구분	물성
화학식	CO_2
분자량	44
증기비중	1.52
삼중점	−57℃
임계온도	31.35℃
임계압력	73[atm]
승화점	−79℃

03 소화약제로 사용하는 물의 증발잠열로 기대할 수 있는 소화효과는?

① 냉각소화 ② 질식소화
③ 제거소화 ④ 촉매소화

해설

소화방법
1) 냉각소화
 ① 점화원을 발화점 이하로 냉각하여 소화하는 방법
 ② 물의 현열과 증발잠열을 이용하는 방법이 가장 많이 사용됨
2) 질식소화
 ① 공기 중의 산소농도를 15% 이하로 희박하게 하여 소화하는 방법
 ② 이산화탄소, 불활성 가스 등을 분사하여 산소농도를 낮춤
3) 제거소화
 ① 가연물을 제거하여 소화
 ② 고체 가연물 : 가연물을 화재현장으로부터 즉시 제거함(산림화재 시 앞쪽에서 벌목하여 진화)
 ③ 액체 및 기체 : 가연성 물질을 누출시키는 용기의 밸브를 폐쇄
 ④ 전기화재 : 전원스위치를 차단하여 전기의 공급을 차단
 ⑤ 수용성 액체 : 다량의 물을 주입하여 농도를 연소범위 이하로 낮춤

정답 01 ④ 02 ② 03 ①

4) 억제소화(부촉매소화)
   ① 할론소화약제, 할로겐화합물소화약제, 분말소화약제 등을 사용하여 소화
   ② 불꽃연소 시 발생하는 H*, OH*활성라디칼을 포착하여 연쇄반응을 억제
   ③ 불꽃연소에 적응성이 뛰어나고 훈소에는 적응성이 거의 없다.

04 블레비(BLEVE) 현상과 관계가 없는 것은?

① 핵분열
② 가연성 액체
③ 화구(Fire Ball)의 형성
④ 복사열의 대량 방출

해설

1) BLEVE(비등액체 팽창증기 폭발)
   BLEVE는 가연성 액화가스가 저장되어 있는 용기 주변에서 화재가 발생하여 탱크의 기체부분이 가열되어 강도가 약해지고 탱크가 파열되면 액화가스는 급격히 기화하고 급격한 부피팽창을 일으켜서 폭발하는 현상이다. 화학적 변화 없이 상변화에 의한 전형적인 물리적 폭발이다.

2) BLEVE 발생 과정
   ① 액화가스 저장용기 주변에서 화재발생
   ② 화재열에 의한 탱크가열, 탱크의 액체부분은 온도변화가 크지 않으나 기체부분은 온도상승
   ③ 탱크 내부 온도상승에 의한 압력상승, 탱크 설계압력 초과 시 탱크에 균열발생
   ④ 탱크균열로 인한 탱크 내부의 급격한 압력강하
   ⑤ 압력이 내려감에 따라 액화가스가 급격히 기화하며 부피팽창
   ⑥ 부피팽창에 의한 압력상승으로 탱크가 파손되며 가연성 가스 비산
   ⑦ 주위의 점화원에 의한 가연성 가스착화
   ⑧ 폭발적인 연소로 Fire Ball이 형성됨
   ⑨ 지상의 Fire Ball이 대량의 복사열 방출

05 할로겐화합물소화약제에 관한 설명으로 옳지 않은 것은?

① 연쇄반응을 차단하여 소화한다.
② 할로겐족 원소가 사용된다.
③ 전기에 도체이므로 전기화재에 효과가 있다.
④ 소화약제의 변질분해 위험성이 낮다.

해설

할로겐화합물소화약제의 특성
1) 할로겐족 원소를 사용하여 연쇄반응 억제에 의한 소화효과가 우수하다.
2) 소화효과가 할론소화약제에 비해 동등 이상이어야 한다.
3) 할로겐화합물은 최대 설계농도 이상이 되면 인체에 유해하다.
4) ODP, GWP가 0에 가깝다.
5) 소화 후 잔존물이 없고 전기적으로 비전도성이다.
6) 소화약제가 고가이다.

06 스테판-볼츠만의 법칙에 의해 복사열과 절대온도와의 관계를 옳게 설명한 것은?

① 복사열은 절대온도의 제곱에 비례한다.
② 복사열은 절대온도의 4제곱에 비례한다.
③ 복사열은 절대온도의 제곱에 반비례한다.
④ 복사열은 절대온도의 4제곱에 반비례한다.

해설

복사(Radiation)
1) 정의 : 열이 매질 없이 전자기파 형태로 전달되는 형태
2) 스테판-볼츠만 법칙(Stefan-Boltzmann's Law)
   복사열량은 절대온도의 4제곱에 비례한다.

복사열량 $Q = \sigma A T^4$[W]

여기서, T : 절대온도[K]
σ : 스테판-볼츠만 상수(5.67×10^{-8}[$W/m^2 \cdot K^4$])
A : 열전달 면적[m^2]

정답 04 ① 05 ③ 06 ②

07 분자식이 CF_2BrCl인 할론소화약제는?

① Halon 1301 ② Halon 1211
③ Halon 2402 ④ Halon 2021

해설

할론소화약제의 물성

구분	Halon 1211	Halon 1301	Halon 2402	Halon 1011
화학식	CF_2ClBr	CF_3Br	$C_2F_4Br_2$	CH_2ClBr
분자량	165.4	148.9	259.8	129.4
증기비중	5.7	5.13	8.96	4.46
상온, 상압에서 상태	기체	기체	액체	액체

08 대두유가 침적된 기름걸레를 쓰레기통에 장시간 방치한 결과 자연발화에 의하여 화재가 발생한 경우 그 이유로 옳은 것은?

① 융해열 축적
② 산화열 축적
③ 증발열 축적
④ 발효열 축적

해설

자연발화의 형태
1) 산화열 : 건성유, 석탄분말, 금속분말 등
2) 분해열 : 니트로셀룰로오드, 셀룰로이드 등
3) 흡착열 : 목탄, 활성탄 등
4) 중합열 : 시안화수소
5) 미생물에 의한 발화 : 먼지, 퇴비 등

※ 건성유나 반건성유가 침적된 걸레를 밀폐공간에 방치하면 산화열이 축적되어 자연발화 한다.

09 조연성 가스에 해당하는 것은?

① 일산화탄소 ② 산소
③ 수소 ④ 부탄

해설

1) 조연성 가스 : 산소, 공기, 오존, 불소, 염소 등
2) 가연성 가스의 폭발범위(연소범위)

가연성 가스	연소하한계[%]	연소상한계[%]
수소(H_2)	4.0	75
부탄(C_4H_{10})	1.8	8.4
일산화탄소(CO)	12.5	74

10 물에 저장하는 것이 안전한 물질은?

① 나트륨 ② 수소화칼슘
③ 이황화탄소 ④ 탄화칼슘

해설

① 나트륨 : 물과 접촉 시 수소 발생
$2Na + 2H_2O \rightarrow 2NaOH + H_2$
② 수소화칼슘 : 물과 접촉 시 수소 발생
$CaH_2 + 2H_2O \rightarrow Ca(OH)_2 + 2H_2$
③ 이황화탄소(CS_2) : 물속에 보관
④ 탄화칼슘 : 물과 접촉 시 아세틸렌 발생
$CaC_2 + 2H_2O \rightarrow Ca(OH)_2 + C_2H_2$

11 다음 각 물질과 물이 반응하였을 때 발생하는 가스의 연결이 틀린 것은?

① 탄화칼슘 – 아세틸렌
② 탄화알루미늄 – 이산화황
③ 인화칼슘 – 포스핀
④ 수소화리튬 – 수소

해설

① 탄화칼슘
$CaC_2 + 2H_2O \rightarrow Ca(OH)_2 + C_2H_2$(아세틸렌 발생)
② 탄화알루미늄
$Al_4C_3 + 12H_2O \rightarrow 4Al(OH)_3 + 3CH_4$(메탄 발생)
③ 인화칼슘
$Ca_3P_2 + 6H_2O \rightarrow 3Ca(OH)_2 + 2PH_3$(포스핀 발생)
④ 수소화리튬
$LiH + H_2O \rightarrow LiOH + H_2$(수소 발생)

정답 07 ② 08 ② 09 ② 10 ③ 11 ②

12 건축물의 화재 시 피난자들의 집중으로 패닉(Panic) 현상이 일어날 수 있는 피난방향은?

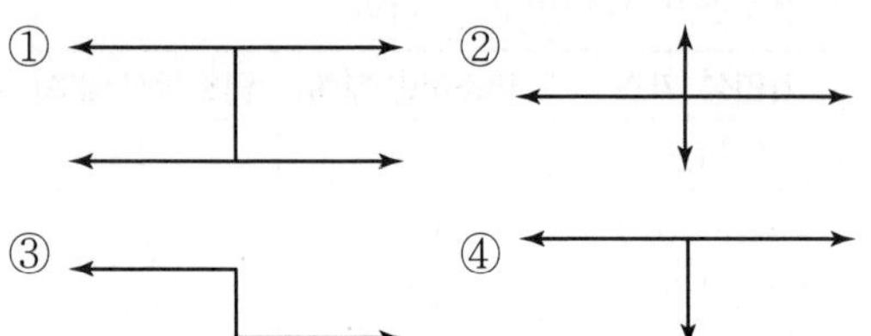

해설

피난로의 구조 및 특징

구분	구조	피난로의 특징
X형		양방향 피난으로 확실한 피난로 보장
T형		피난방향을 확실하게 구분할 수 있는 형태
H형		피난자들의 중앙집중으로 패닉의 우려가 있는 형태
Z형		중앙복도형으로 양호한 양방향피난을 할 수 있는 형태

13 위험물별 저장방법에 대한 설명 중 틀린 것은?

① 유황은 정전기가 축적되지 않도록 하여 저장한다.
② 적린은 화기로부터 격리하여 저장한다.
③ 마그네슘은 건조하면 부유하여 분진폭발의 위험이 있으므로 물에 적시어 보관한다.
④ 황화린은 산화제와 격리하여 저장한다.

해설

제2류 위험물

1) 황화린, 적린, 유황
   ① 지정수량 : 100[kg]
   ② 보관방법 : 화기주의, 점화원 및 산화제 접촉금지
   ③ 소화방법 : 물에 의한 냉각소화

2) 철분, 마그네슘, 금속분
   ① 지정수량 : 500[kg]
   ② 보관방법 : 물기엄금, 물과 접촉 시 가연성 가스 발생
   $Mg + 2H_2O \rightarrow Mg(OH)_2 + H_2$(수소 발생)
   ③ 소화방법 : 마른 모래, 팽창질석, 팽창진주암

14 전기화재의 원인으로 거리가 먼 것은?

① 단락
② 과전류
③ 누전
④ 절연 과다

해설

전기화재의 원인

1) 단락(합선) : 전선의 선간이 맞닿은 상태로, 아크와 동시에 고열이 발생하는 현상
2) 과전류 : 전선에 허용전류 이상의 전류가 흐르면 줄열이 발생하여 화재 발생
3) 누전 : 전선피복이 손상되어 건물의 철근이나 전기기계기구함 등의 금속부분을 통하여 전기가 흐르는 현상(전선피복의 절연이 감소됨을 의미)

④ 절연 과다 → 절연저항이 큰 것을 의미하므로 누전의 위험이 감소된다.

15 인화점이 낮은 것부터 높은 순서로 옳게 나열된 것은?

① 에틸알코올 < 이황화탄소 < 아세톤
② 이황화탄소 < 에틸알코올 < 아세톤
③ 에틸알코올 < 아세톤 < 이황화탄소
④ 이황화탄소 < 아세톤 < 에틸알코올

해설

특수인화물(인화점이 낮은 순)

명칭	디에틸 에테르	아세트 알데히드	산화 프로필렌	이황화탄소
인화점	−45℃	−38℃	−37℃	−30℃

- 아세톤 : 제1석유류, 인화점 −18℃
- 에틸알코올 : 알코올류, 인화점 13℃

16 가연성 가스이면서도 독성 가스인 것은?

① 질소 ② 수소
③ 염소 ④ 황화수소

정답 12 ① 13 ③ 14 ④ 15 ④ 16 ④

해설

황화수소(H_2S)

1) 황화합물이 불완전연소 시 발생된다.
2) 달걀 썩는 냄새가 난다.
3) 독성을 가지고 있기 때문에 주의해서 다루어야 한다.
4) 가연성 가스로서 발화점은 260℃이다.

① 질소(N_2) → 불연성, 무독성 가스
② 수소(H_2) → 가연성, 무독성 가스
③ 염소(Cl_2) → 조연성, 독성 가스

17 1기압 상태에서, 100℃ 물 1g이 모두 기체로 변할 때 필요한 열량은 몇 cal인가?

① 429
② 499
③ 539
④ 639

해설

잠열

물질의 온도변화는 없이 상태변화에만 필요한 열량

1) 물의 융해잠열 : 80[cal/g], 80[kcal/kg]
   1기압, 0℃에서의 얼음 1kg을 융해시키는 데 필요한 열량
2) 물의 증발잠열 : 539[cal/g], 539[kcal/kg]
   1기압, 100℃에서의 물 1kg을 기화시키는 데 필요한 열량

$$Q = m \cdot r$$

여기서, Q : 잠열량[kcal]
m : 질량[kg]
r : 잠열[kcal/kg]

18 다음 물질 중 연소범위를 통해 산출한 위험도 값이 가장 높은 것은?

① 수소
② 에틸렌
③ 메탄
④ 이황화탄소

해설

위험도(H)

$$H = \frac{UFL - LFL}{LFL}$$

여기서, H : 위험도, UFL : 연소상한계[%]
LFL : 연소하한계[%]

① 수소의 연소범위 : 4~75%
$H = \frac{75 - 4}{4} = 17.75$
② 에틸렌의 연소범위 : 2.7~36%
$H = \frac{36 - 2.7}{2.7} = 12.33$
③ 메탄의 연소범위 : 5.0~15%
$H = \frac{15 - 5}{5} = 2$
④ 이황화탄소의 연소범위 : 1.2~44%
$H = \frac{44 - 1.2}{1.2} = 35.67$

19 일반적으로 공기 중 산소농도를 몇 vol% 이하로 감소시키면 연소속도의 감소 및 질식소화가 가능한가?

① 15 ② 21 ③ 25 ④ 31

해설

소화의 방법

1) 질식소화
   ① 공기 중의 산소농도를 15% 이하로 희박하게 하여 소화하는 방법
   ② 이산화탄소, 불활성 가스 등을 분사하여 산소농도를 낮춤
2) 냉각소화
   ① 점화원을 발화점 이하로 냉각시켜 소화하는 방법
   ② 물의 현열과 증발잠열을 이용하는 방법이 가장 많이 사용됨
3) 제거소화
   ① 가연물을 제거하여 소화
   ② 고체 가연물 : 가연물을 화재현장으로부터 즉시 제거함(산림화재 시 앞쪽에서 벌목하여 진화)

정답 17 ③ 18 ④ 19 ①

③ 액체 및 기체 : 가연성 물질을 누출시키는 용기의 밸브를 폐쇄
④ 전기화재 : 전원스위치를 차단하여 전기의 공급을 차단
⑤ 수용성 액체 : 다량의 물을 주입하여 농도를 연소범위 이하로 낮춤

4) 억제소화(부촉매소화)
① 할론소화약제, 할로겐화합물소화약제, 분말소화약제 등을 사용하여 소화
② 불꽃연소 시 발생하는 H*, OH* 활성라디칼을 포착하여 연쇄반응을 억제
③ 불꽃연소에 적응성이 뛰어나고 훈소에는 적응성이 거의 없다.

20 가연물질의 구비조건으로 옳지 않은 것은?

① 화학적 활성이 클 것
② 열의 축적이 용이할 것
③ 활성화 에너지가 작을 것
④ 산소와 결합할 때 발열량이 작을 것

해설

가연물이 될 수 있는 조건
1) 발열량이 클 것
2) 산소와의 친화력이 좋을 것
3) 표면적이 넓을 것
4) 활성화 에너지가 작을 것
5) 열전도도가 작을 것

2과목 소방유체역학

21 대기압이 90kPa인 곳에서 진공압 76mmHg는 절대압력[kPa]으로 약 얼마인가?

① 10.1　② 79.9
③ 99.9　④ 101.1

해설

1) 절대압=대기압+계기압
2) 절대압=대기압−진공압

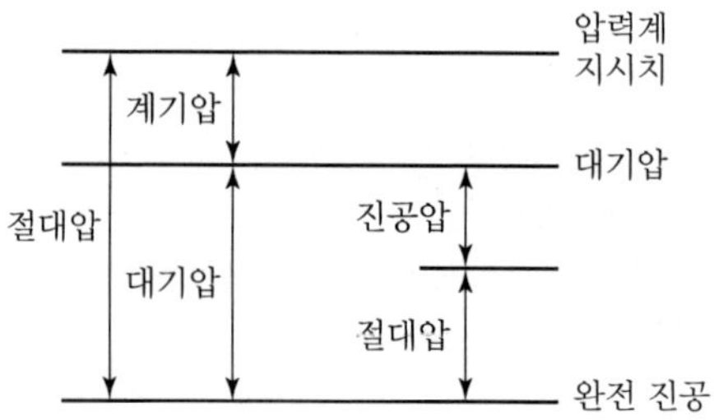

[풀이]
1) 대기압 : 90[kPa]
2) 진공압 : $76[\text{mmHg}] \times \dfrac{101.325[\text{kPa}]}{760[\text{mmHg}]} = 10.13[\text{kPa}]$
3) 절대압 $= 90 - 10.13 = 79.87 \fallingdotseq 79.9[\text{kPa}]$

22 지름 0.4m인 관에 물이 $0.5\text{m}^3/\text{s}$로 흐를 때 길이 300m에 대한 동력손실은 60kW였다. 이때 관마찰계수 f는 약 얼마인가?

① 0.015
② 0.020
③ 0.025
④ 0.030

해설

동력손실
여기에서 동력손실은 배관 내의 마찰손실에 의해 발생한 손실이다.

$$P_l[\text{kW}] = \frac{\gamma[\text{N/m}^3] \times Q[\text{m}^3/\text{s}] \times H_l[\text{m}]}{1{,}000}$$

여기서, P_l : 손실동력[kW]
γ : 물의 비중량(9,800[N/m³])
Q : 유량[m³/s]
H_l : 배관의 마찰손실양정[m]

[풀이]
1) 마찰손실 H_l

$$60[\text{kW}] = \frac{9{,}800[\text{N/m}^3] \times 0.5[\text{m}^3/\text{s}] \times H_l[\text{m}]}{1{,}000}$$

$H_l = 12.24[\text{m}]$

정답 20 ④ 21 ② 22 ②

2) 직관에서의 마찰손실(Darcy-Weisbach Formula)

$$H_l = f\frac{l}{d}\frac{V^2}{2g}$$

여기서, H_l : 마찰손실수두[m], f : 관마찰계수
d : 배관의 직경[m], l : 직관의 길이[m]
V : 유체의 유속[m/sec]

① 유속

$$V = \frac{Q}{A} = \frac{0.5}{\frac{\pi \times 0.4^2}{4}} = 3.98[\text{m/s}]$$

② 관마찰계수 f

$$12.24[\text{m}] = f \times \frac{300[\text{m}]}{0.4[\text{m}]} \times \frac{3.98^2}{2 \times 9.8}$$

$f = 0.02$

23 액체 분자들 사이의 응집력과 고체면에 대한 부착력의 차이에 의하여 관내 액체표면과 자유표면 사이에 높이 차이가 나타나는 것과 가장 관계가 깊은 것은?

① 관성력 ② 점성
③ 뉴턴의 마찰법칙 ④ 모세관현상

해설

모세관현상(Capillary Action)

1) 모세관을 액체 속에 넣었을 때, 관 속의 액면(液面)이 관 밖의 액면보다 높아지거나 낮아지는 현상

2) 응집력 < 부착력 : 액면상승(물)
응집력 > 부착력 : 액면하강(수은)

3) 모세관의 높이

$$h[\text{m}] = \frac{4\sigma\cos\theta}{\gamma d}$$

여기서, h : 모세관의 높이[m], σ : 표면장력[N/m]
γ : 유체의 비중량[N/m³], d : 관의 직경[m]
θ : 접촉각

24 피스톤이 설치된 용기 속에서 1kg의 공기가 일정온도 50℃에서 처음 체적의 5배로 팽창되었다면 이때 전달된 열량[kJ]은 얼마인가?(단, 공기의 기체상수는 0.287kJ/(kg · K)이다.)

① 149.2 ② 170.6
③ 215.8 ④ 240.3

해설

1) 계가 받은 열량
① $Q = \Delta U + W$
② $\Delta U = mc\Delta T$에서 등온과정
$\Delta T = 0$이므로 $\Delta U = 0$
$\therefore Q = W$

2) 등온과정에서 계가 한 일($Q = W$)

$$W = P_1 V_1 \ln\frac{V_2}{V_1}[\text{kJ}]$$

① 처음 압력 P_1

$P_1 V_1 = W\overline{R}\,T$
$P_1 \times 1 = 1 \times 0.287 \times 323$
$P_1 = 92.7[\text{kPa}]$

여기서, V_1 : $1[\text{m}^3]$(처음의 기준체적)
W : 1[kg], R : 0.287[kJ/kg · K]
T : $(50+273) = 323[\text{K}]$

② 계가 받은 열량(Q)=계가 한 일(W)

$$W = P_1 V_1 \ln\frac{V_2}{V_1}[\text{kJ}]$$

$$W = 92.7 \times 1 \times \ln\frac{5V_1}{1V_1} = 149.2[\text{kJ}]$$

$Q = W = 149.2[\text{kJ}]$

25 호주에서 무게가 20N인 어떤 물체를 한국에서 재어보니 19.8N이었다면 한국에서의 중력가속도 [m/s²]는 얼마인가?(단, 호주에서의 중력가속도는 9.82m/s²이다.)

① 9.46 ② 9.61
③ 9.72 ④ 9.82

정답 23 ④ 24 ① 25 ③

해설

무게 F

$$F = mg$$

여기서, F : 무게(힘)[N]
m : 질량[kg]
g : 중력가속도[m/s^2]

[풀이]

1) 호주에서의 무게 : $F_1 = 20$[N]
호주에서의 중력가속도 : $g_1 = 9.82$[m/s^2]

2) 한국에서의 무게 : $F_2 = 19.8$[N]
한국에서의 중력가속도 $g_2 =$? [m/s^2]

3) $F_1 = mg_1$, 20[N] $= m \times 9.82$[m/s^2]

$m = \dfrac{20}{9.82} = 2.0366$[kg]

질량은 물질의 고유한 양으로서 어느 곳에서든 변하지 않는다.

4) 한국에서의 중력가속도
$F_2 = mg_2$, 19.8[N] = 2.0366[kg] $\times g_2$

$g_2 = \dfrac{19.8}{2.0366} = 9.72$[m/s^2]

26 두께 20cm이고 열전도율 4W/(m · K)인 벽의 내부 표면온도는 20℃이고, 외부 벽은 −10℃인 공기에 노출되어 있어 대류열전달이 일어난다. 외부의 대류열전달계수가 20W/(m^2 · K)일 때, 정상상태에서 벽의 외부 표면온도[℃]는 얼마인가?(단, 복사열 전달은 무시한다.)

① 5 ② 10 ③ 15 ④ 20

해설

1) 전도 : 푸리에 전도법칙(Fourier's Law)

$$q[\text{W}] = \frac{k}{L} A \Delta T$$

여기서, q : 열전달량[W], k : 열전도도[W/m · K]
L : 물체의 두께[m], A : 열전달면적[m^2]
ΔT : 온도 차[K]

2) 대류 : 뉴턴의 냉각 법칙(Newton's Law of Cooling)

$$q[\text{W}] = hA\Delta T$$

여기서, q : 열전달량[W]
h : 대류열전달계수[W/m^2 · K]
A : 열전달면적[m^2]
ΔT : 온도 차[K]

[풀이]

1) 전도에 의한 열전달량 q_1

$q_1 = \dfrac{4}{0.2} \times A_1 \times (20 - T_2) = 20A_1(20 - T_2)$

2) 대류에 의한 열전달량 q_2

$q_2 = 20 \times A_2 \times [T_2 - (-10)] = 20A_2(T_2 + 10)$

3) 전도에 의한 열전달량(q_1) = 대류에 의한 열전달량(q_2)

$20A_1(20 - T_2) = 20A_2(T_2 + 10)$

여기서, $A_1 = A_2$이므로

$20 - T_2 = T_2 + 10$

$2T_2 = 10$

$T_2 = 5$[℃]

27 질량 m[kg]의 어떤 기체로 구성된 밀폐계가 Q[kJ]의 열을 받아 일을 하고, 이 기체의 온도가 ΔT[℃] 상승하였다면 이 계가 외부에 한 일 W[kJ]을 구하는 계산식으로 옳은 것은?(단, 이 기체의 정적비열은 C_v[kJ/(kg · K)], 정압비열은 C_p[kJ/(kg · K)]이다.)

① $W = Q - mC_v\Delta T$
② $W = Q + mC_v\Delta T$
③ $W = Q - mC_p\Delta T$
④ $W = Q + mC_p\Delta T$

해설

계가 외부에 한 일

1) 계가 외부에 한 일 = 계가 받은 열에너지 − 계의 내부에너지 변화량

정답 26 ① 27 ①

$$W = Q - \Delta U$$

여기서, ΔU : 내부에너지 변화량
Q : 열에너지 변화량
W : 계가 외부에 한 일

2) 내부에너지 변화량은 체적이 일정한 상태에서 온도변화에 의한 현열의 변화량이다.
$\Delta U = m\,C_V\,\Delta T$ 이므로

$$W = Q - m\,C_V\,\Delta T$$

여기서, m : 질량[kg]
C_V : 정적비열[kJ/kg · K]
Δt : 온도 차[K]

28 정육면체의 그릇에 물을 가득 채울 때, 그릇 밑면이 받는 압력에 의한 수직방향 평균 힘의 크기를 P라고 하면, 한 측면이 받는 압력에 의한 수평방향 평균 힘의 크기는 얼마인가?

① $0.5P$ ② P ③ $2P$ ④ $4P$

해설

1) 그릇 밑면이 받는 전압력을 P라 하면
$P[\mathrm{N}] = \gamma h A$

2) 측면이 받는 수평방향의 힘의 크기(수평분력)
$F_H[\mathrm{N}] = \gamma \bar{h} A$ 여기서, $\bar{h} = \dfrac{h}{2}$ 이므로
$F_H[\mathrm{N}] = \gamma \dfrac{h}{2} A$ 여기서, $\gamma h A = P$ 이므로
$F_H[\mathrm{N}] = \dfrac{P}{2} = 0.5P$

29 베르누이 방정식을 적용할 수 있는 기본 전제조건으로 옳은 것은?

① 비압축성 흐름, 점성 흐름, 정상 유동
② 압축성 흐름, 비점성 흐름, 정상 유동
③ 비압축성 흐름, 비점성 흐름, 비정상 유동
④ 비압축성 흐름, 비점성 흐름, 정상 유동

해설

베르누이 방정식과 성립요건

1) 베르누이 방정식

$$\frac{V^2}{2g} + \frac{P}{\gamma} + Z = \text{Constant}$$

여기서, $\dfrac{p}{\gamma}$: 압력수두, $\dfrac{V^2}{2g}$: 속도수두, z : 위치수두
V : 유속[m/s], P : 압력[N/m^2]
Z : 높이[m], g : 중력가속도 9.8[m/s^2]
γ : 비중량[N/m^3]

2) 성립요건
① 유선을 따르는 흐름일 것
② 정상류의 흐름일 것
③ 마찰이 없는 흐름일 것(점성이 없을 것)
④ 비압축성 유체의 흐름일 것

30 Newton의 점성법칙에 대한 옳은 설명으로 모두 짝지은 것은?

㉮ 전단응력은 점성계수와 속도기울기의 곱이다.
㉯ 전단응력은 점성계수에 비례한다.
㉰ 전단응력은 속도기울기에 반비례한다.

① ㉮, ㉯ ② ㉯, ㉰
③ ㉮, ㉰ ④ ㉮, ㉯, ㉰

해설

전단응력
전단응력은 점성계수와 속도기울기에 비례한다.

$$\tau[\mathrm{N/m^2}] = \mu \frac{du}{dy}$$

여기서, τ : 전단응력[N/m^2], μ : 점성계수[kg/m · s]
$\dfrac{du}{dy}$: 속도기울기

1) 전단응력은 점성계수와 속도기울기의 곱이다.
2) 전단응력은 점성계수에 비례한다.
3) 전단응력은 속도기울기에 비례한다.

정답 28 ① 29 ④ 30 ①

31 물이 배관 내에 유동하고 있을 때 흐르는 물속 어느 부분의 정압이 그때 물의 온도에 해당하는 증기압 이하로 되면 부분적으로 기포가 발생하는 현상을 무엇이라고 하는가?

① 수격현상 ② 서징현상
③ 공동현상 ④ 와류현상

해설

1) 공동(Cavitation)현상
펌프 흡입 측 배관에서 발생될 수 있는 현상으로 흡수되는 물의 압력이 그 온도에서의 포화증기압보다 작게 되면 물이 급격하게 증발되어 기포가 생성되는 현상이다. 기포가 흐름을 따라 이동하면서 진동, 소음을 수반하고 심한 경우 양수불능까지도 초래하게 된다.

2) 수격(Water Hammering)작용
펌프나 밸브를 갑작스럽게 조작하면 관 속을 흐르는 액체의 속도가 급격히 변하면서 운동에너지가 압력에너지로 바뀌게 된다. 이때 고압이 발생되어 배관이나 관 부속물에 무리한 힘을 가하게 되는데, 이러한 현상을 수격작용이라 한다.

3) 맥동(Surging)현상
펌프의 운전 중 송출유량이 주기적으로 변하면서 압력계의 눈금이 흔들리고 토출배관에 진동과 소음을 수반하는 현상이다. 맥동현상이 계속되면 배관의 장치나 기계가 파손된다.

32 그림과 같이 사이펀에 의해 용기 속의 물이 $4.8\text{m}^3/\text{min}$로 방출된다면 전체 손실수두[m]는 얼마인가?(단, 관 내 마찰은 무시한다.)

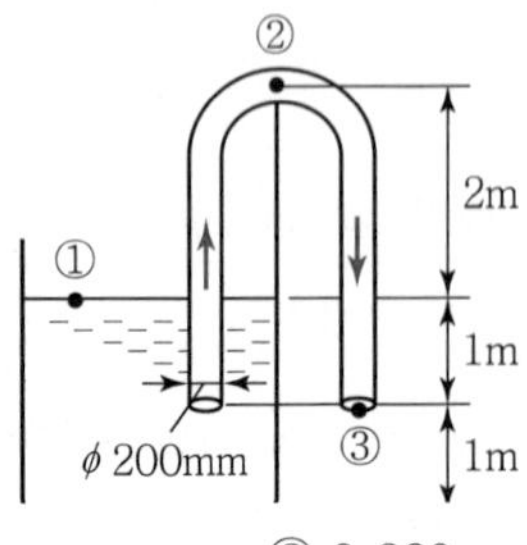

① 0.668 ② 0.330
③ 1.043 ④ 1.826

해설

1) 연속방정식

$$Q = AV \qquad V = \sqrt{2gh} \qquad Q = A\sqrt{2gh}$$

여기서, Q : 유량[m^3/s]
A : 배관의 난면적[m^2]
V : 유속[m/s]
h : 수면에서 출구까지의 높이[m]

2) 사이펀관에서 손실수두를 고려한 유속

$$V = \sqrt{2g(h-h_L)}$$

여기서, h : 수면에서 ③지점까지의 높이[m]
h_L : 손실수두[m]

[풀이]

1) $Q = A\sqrt{2g(h-h_L)} = \frac{\pi d^2}{4} \times \sqrt{2g(h-h_L)}$

Q : $4.8\frac{[\text{m}^3]}{[\text{min}]} \times \frac{1[\text{min}]}{60[\text{s}]} = 0.08[\text{m}^3/\text{s}]$
d : 200[mm]=0.2[m]
h : 1[m]

2) $0.08 = \frac{\pi \times 0.2^2}{4} \times \sqrt{2 \times 9.8 \times (1-h_L)}$

$2.546 = \sqrt{2 \times 9.8 \times (1-h_L)}$

$2.546^2 = 2 \times 9.8 \times (1-h_L)$

$h_L = 1 - 0.3307 = 0.669[\text{m}]$

33 반지름 R_o인 원형 파이프에 유체가 층류로 흐를 때, 중심으로부터 거리 R에서의 유속 U와 최대속도 U_{max}의 비에 대한 분포식으로 옳은 것은?

① $\frac{U}{U_{max}} = (\frac{R}{R_o})^2$

② $\frac{U}{U_{max}} = 2(\frac{R}{R_o})^2$

③ $\frac{U}{U_{max}} = (\frac{R}{R_o})^2 - 2$

④ $\frac{U}{U_{max}} = 1 - (\frac{R}{R_o})^2$

정답 31 ③ 32 ① 33 ④

해설

1) 층류일 때 속도 분포

수평원관에 유체가 층류로 흐를 때 속도분포는 배관 벽에서 0이고, 배관 중심선에 가까울수록 포물선적으로 증가하여 배관의 중심에서 최대가 된다.

① 평균속도

$$U = \frac{1}{2} U_{max}$$

② 중심으로부터 거리 R에서의 유속 U

$$U = U_{max}[1-(\frac{R}{R_0})^2]$$

2) 층류일 때 전단응력의 분포

수평원관에 유체가 흐를 때 전단응력은 중심선에서 0이고, 반지름에 비례하여 관벽까지 직선적으로 증가한다.

34 이상기체의 기체상수에 대해 옳은 설명으로 모두 짝지어진 것은?

a. 기체상수의 단위는 비열의 단위와 차원이 같다.
b. 기체상수는 온도가 높을수록 커진다.
c. 분자량이 큰 기체의 기체상수가 분자량이 작은 기체의 기체상수보다 크다.
d. 기체상수의 값은 기체의 종류에 관계없이 일정하다.

① a ② a, c
③ b, c ④ a, b, d

해설

이상기체 상태방정식

$$PV = W\overline{R}T$$

여기서, P : 절대압력[Pa][N/m²], V : 체적[m³]
W : 기체의 질량[kg], T : 절대온도[K]
$\overline{R}$: 특별기체상수[N · m/kg · K][J/kg · K]

1) 특별기체상수의 단위[J/kg · K]

$$\overline{R} = \frac{PV}{WT}\,[\text{J/kg}\cdot\text{K}]$$

특별기체상수는 온도와 질량에 반비례하고 압력과 체적에 비례한다.

2) 비열의 단위 : [kJ/kg · K], [kcal/kg ℃]

어떤물질 1[kg]의 온도를 1[K] 높이는 데 필요한 열량

3) 특별기체상수와 분자량의 관계

$$\overline{R} = \frac{R}{M}$$

여기서, $\overline{R}$: 특별기체상수
R : 일반기체상수
M : 기체의 분자량

① 특별기체상수는 일반기체상수에 비례하고 분자량에 반비례한다.
② 그러므로 분자량이 크면 특별기체상수는 작아진다.
③ 일반기체상수는 기체의 종류에 관계없이 일정하지만 특별기체상수는 기체의 분자량에 반비례하여 값이 결정된다.

35 그림에서 두 피스톤의 지름이 각각 30cm와 5cm이다. 큰 피스톤이 1cm 아래로 움직이면 작은 피스톤은 위로 몇 cm 움직이는가?

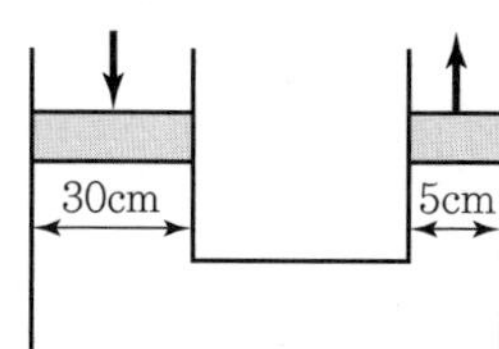

① 1 ② 5
③ 30 ④ 36

해설

피스톤이 한 일

$W_1 = W_2$

$W_1 = F_1 \times l_1$, $W_2 = F_2 \times l_2$

$F_1 \times l_1 = F_2 \times l_2$

여기서, $F = PA$이므로

$P_1 \times A_1 \times l_1 = P_2 \times A_2 \times l_2$

수압기 속 유체의 압력은 같으므로 $P_1 = P_2$

$$A_1 \times l_1 = A_2 \times l_2 \qquad \frac{\pi d_1^2}{4} \times l_1 = \frac{\pi d_2^2}{4} \times l_2$$

정답 34 ① 35 ④

[풀이]

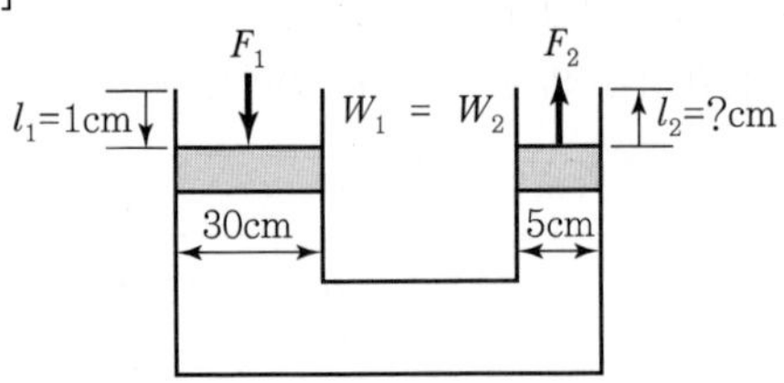

작은 피스톤이 움직이는 거리 l_2

$$l_2 = \frac{\pi d_1^2}{4} \times l_1 \times \frac{4}{\pi d_2^2} = \frac{d_1^2}{d_2^2} \times l_1$$

$$l_2 = \frac{d_1^2}{d_2^2} \times l_1 = \frac{30^2}{5^2} \times 1 = 36[\text{cm}]$$

36 흐르는 유체에서 정상류의 의미로 옳은 것은?

① 흐름의 임의의 점에서 흐름특성이 시간에 따라 일정하게 변하는 흐름
② 흐름의 임의의 점에서 흐름특성이 시간에 관계없이 항상 일정한 상태에 있는 흐름
③ 임의의 시각에 유로 내 모든 점의 속도벡터가 일정한 흐름
④ 임의의 시각에 유로 내 각점의 속도벡터가 다른 흐름

해설

정상류와 비정상류

1) 정상류
유체속의 임의의 점에 있어서 유체의 흐름이 압력[P], 밀도[ρ], 온도[T], 속도[V] 등이 시간의 경과[dt]에 따라 변화하지 않는 흐름을 말한다.

2) 비정상류
유체속의 임의의 점에 있어서 유체의 흐름이 압력[P], 밀도(ρ), 온도[T], 속도[V] 등이 시간의 경과[dt]에 따라 변화하는 흐름을 말한다.

37 용량 1,000L의 탱크차가 만수 상태로 화재현장에 출동하여 노즐압력 294.2kPa, 노즐구경 21mm를 사용하여 방수한다면 탱크차 내의 물을 전부 방수하는 데 몇 분 소요되는가?(단, 모든 손실은 무시한다.)

① 1.7분 ② 2분
③ 2.3분 ④ 2.7분

해설

연속방정식과 토리첼리식

$$Q = AV, \qquad V = \sqrt{2gh}$$

여기서, Q : 유량[m³/s], A : 배관의 단면적[m²]
V : 유속[m/s], h : 물의 높이[m]

[풀이]

$$Q = A \times \sqrt{2gh}\,[\text{m}^3/\text{s}]$$

$$Q[\text{m}^3/\text{s}] = \frac{V[\text{m}^3]}{t[\text{s}]}$$

$$\frac{V[\text{m}^3]}{t[\text{s}]} = A \times \sqrt{2gh}\,[\text{m}^3/\text{s}]$$

여기서, V : 물의 체적(용량)[m³]
t : 방수시간[s]

1) $d = 21[\text{mm}] = 0.021[\text{m}]$

$$A = \frac{\pi d^2}{4}[\text{m}^2] = \frac{\pi \times 0.021^2}{4} = 0.000346[\text{m}^2]$$

2) $h[\text{m}] = \dfrac{P[\text{N/m}^2]}{\gamma[\text{N/m}^3]} = \dfrac{294.2}{9.8} = 30.02[\text{m}]$

3) $V = 1{,}000[\text{L}] = 1[\text{m}^3]$

4) $\dfrac{1[\text{m}^3]}{t[\text{s}]} = 0.000346 \times \sqrt{2 \times 9.8 \times 30.02}\,[\text{m}^3/\text{s}]$

$t = 119.15[\text{s}]$

$t = 119.15[\text{s}] \times \dfrac{1[\text{min}]}{60[\text{s}]} = 1.99[\text{min}] \fallingdotseq 2$분

정답 36 ② 37 ②

38 그림과 같이 60°로 기울어진 고정된 평판에 직경 50mm의 물 분류가 속도 20m/s로 충돌하고 있다. 분류가 충돌할 때 판에 수직으로 작용하는 충격력 R[N]은?

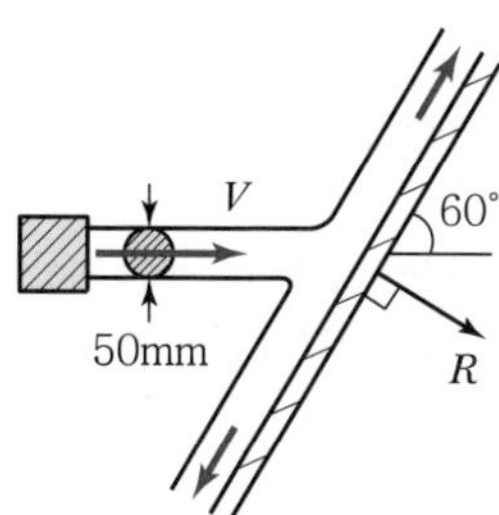

① 296　② 393　③ 680　④ 785

해설

경사평판에 수직으로 작용하는 힘 F, R

$$F[\text{N}] = \rho Q V \sin\theta = \rho A V^2 \sin\theta$$

여기서, ρ : 밀도$[\text{N}\cdot\text{s}^2/\text{m}^4]$, Q : 유량$[\text{m}^3/\text{s}]$,
V : 유속$[\text{m/s}]$, A : 노즐의 단면적$[\text{m}^2]$

[풀이]

ρ : 물의 밀도 $1{,}000[\text{N}\cdot\text{s}^2/\text{m}^4]$,
d : $50[\text{mm}] = 0.05[\text{m}]$, $V : 20[\text{m/s}]$

$$F = 1{,}000 \times \frac{\pi \times 0.05^2}{4} \times 20^2 \times \sin 60 = 680.17[\text{N}]$$

39 외부지름이 30cm이고 내부지름이 20cm인 길이 10m의 환형(Annular) 관에 물이 2m/s의 평균속도로 흐르고 있다. 이때 손실수두가 1m일 때, 수력직경에 기초한 마찰계수는 얼마인가?

① 0.049　② 0.054
③ 0.065　④ 0.078

해설

1) 수력반경 R_h : 원형 단면에 적용하는 식을 비원형 단면에도 적용하기 위하여 수력반경을 적용한다.

$$R_h = \frac{A}{P} \qquad \text{수력반경} = \frac{\text{접수면적}}{\text{접수길이}}$$

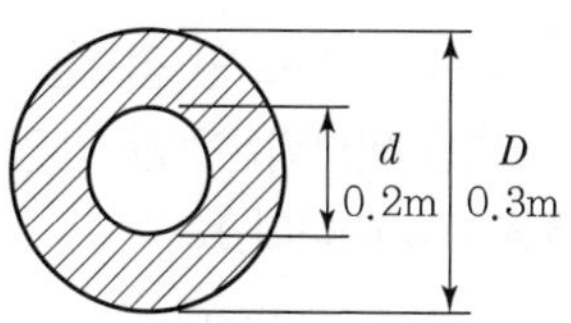

[환형 2중관]

① 접수면적 : 빗금 친 부분으로 물이 흐르므로 접수면적은 빗금 친 부분의 면적이다.

$$A = \frac{\pi D^2}{4} - \frac{\pi d^2}{4} = \frac{\pi(D^2 - d^2)}{4}$$

$$A = \frac{\pi(0.3^2 - 0.2^2)}{4} = 0.039[\text{m}^2]$$

② 접수길이 : 큰 원의 원주길이와 작은 원의 원주길이의 합

$$P = \pi D + \pi d = \pi(D + d) = \pi(0.3 + 0.2) = 1.57[\text{m}]$$

③ 수력반경 : $R_h = \dfrac{A}{P} = \dfrac{0.039}{1.57} = 0.025[\text{m}]$

2) 수력직경 (D_h) : 비원형 단면을 원형단면으로 적용했을 때의 직경을 말한다.

$$D_h = 4R_h$$

수력직경(수력지름) $D_h = 4 \times 0.025 = 0.1[\text{m}]$

※ 2중관의 수력직경은 큰 원의 직경에서 작은 원의 직경을 빼주는 방법으로 쉽게 구할 수 있다.
(0.3−0.2=0.1[m])

3) 비원형 관 내 유동에서의 마찰손실수두

$$H_l = f\frac{l}{D_h}\frac{V^2}{2g}$$

여기서, H_l : 마찰손실수두[m], f : 관마찰계수
D_h : 수력 직경[m], l : 직관의 길이[m]
V : 유체의 유속[m/sec]

$$1 = f \times \frac{10}{0.1} \times \frac{2^2}{2 \times 9.8}$$

$$f = \frac{1 \times 0.1 \times 2 \times 9.8}{10 \times 2^2} = 0.049$$

정답　38 ③　39 ①

40 토출량이 $0.65m^3/min$인 펌프를 사용하는 경우 펌프의 소요 축동력[kW]은?(단, 전양정은 40m이고, 펌프의 효율은 50%이다.)

① 4.2 ② 8.5
③ 17.2 ④ 50.9

해설

축동력
모터에 의해 실제로 펌프에 주어지는 동력(전달계수 K가 없다.)

$$L_s[\mathrm{kW}] = \frac{\gamma[\mathrm{N/m^3}] \times Q[\mathrm{m^3/s}] \times H[\mathrm{m}]}{1000\ \eta}$$

여기서, γ : 비중량$[\mathrm{N/m^3}]$, Q : 유량$[\mathrm{m^3/s}]$
H : 전양정[m], η : 펌프효율

[풀이]

1) $\gamma = 9{,}800[\mathrm{N/m^3}]$, $H = 40[\mathrm{m}]$, $\eta = 0.5$

2) $Q : 0.65\frac{[\mathrm{m^3}]}{[\mathrm{min}]} \times \frac{1[\mathrm{min}]}{60[\mathrm{s}]} = 0.01083[\mathrm{m^3/s}]$

3) 축동력

$L_s = \frac{9{,}800 \times 0.01083 \times 40[\mathrm{m}]}{1{,}000 \times 0.5} = 8.49$

$L_s \fallingdotseq 8.5[\mathrm{kW}]$

3과목 소방관계법규

41 소방기본법령상 저수조의 설치기준으로 틀린 것은?

① 지면으로부터의 낙차가 4.5m 이상일 것
② 흡수부분의 수심이 0.5m 이상일 것
③ 흡수에 지장이 없도록 토사 및 쓰레기 등을 제거할 수 있는 설비를 갖출 것
④ 흡수관의 투입구가 사각형의 경우에는 한 변의 길이가 60cm 이상, 원형의 경우에는 지름이 60cm 이상일 것

해설

소방용수시설의 설치기준

1) 공통기준
① 주거지역 · 상업지역 · 공업지역 : 수평거리 100[m] 이하
② 그 밖의 지역 : 수평거리 140[m] 이하

2) 소방용수시설별 설치기준
① 소화전
- 상수도와 연결하여 지하식 또는 지상식의 구조로 할 것
- 소방용 호스와 연결하는 소화전의 연결금속구의 구경 : 65[mm]

② 급수탑
- 급수배관의 구경 : 100[mm] 이상
- 개폐밸브의 높이 : 지상에서 1.5[m] 이상 1.7[m] 이하의 위치에 설치할 것

③ 저수조
- 지면으로부터의 낙차 : 4.5[m] 이하
- 흡수부분의 수심 : 0.5[m] 이상
- 흡수관의 투입구가 사각형 : 한 변의 길이가 60[cm] 이상
- 흡수관의 투입구가 원형 : 지름이 60[cm] 이상
- 소방펌프자동차가 쉽게 접근할 수 있을 것
- 흡수에 지장이 없도록 토사 및 쓰레기 등을 제거할 수 있는 설비를 갖출 것
- 저수조에 물 공급은 상수도에 연결하여 자동으로 급수되는 구조일 것

① 지면으로부터의 낙차가 4.5[m] 이상 → 이하

42 소방시설공사업법령상 소방시설업 등록을 하지 아니하고 영업을 한 자에 대한 벌칙은?

① 500만 원 이하의 벌금
② 1년 이하의 징역 또는 1000만 원 이하의 벌금
③ 3년 이하의 징역 또는 3000만 원 이하의 벌금
④ 5년 이하의 징역

정답 40 ② 41 ① 42 ③

해설

1) 3년 이하의 징역 또는 3000만 원 이하의 벌금
소방시설업 등록을 하지 아니하고 영업을 한 자

2) 1년 이하의 징역 또는 1000만 원 이하의 벌금
① 영업정지처분을 받고 그 영업정지 기간에 영업을 한 자
② 소방공사업법이나 화재안전기준을 위반하여 설계나 시공을 한 자
③ 소방시설 감리자의 업무범위를 위반하여 감리를 하거나 거짓으로 감리한 자
④ 소방시설감리업자가 공사감리자를 지정하지 아니한 자
⑤ 소방본부장이나 소방서장에게 보고를 거짓으로 한 자
⑥ 공사감리 결과의 통보 또는 공사감리 결과보고서의 제출을 거짓으로 한 자
⑦ 소방시설업자가 아닌 자에게 소방시설공사 등을 도급한 자
⑧ 하도급규정을 위반하여 제3자에게 소방시설공사 시공을 하도급한 자
⑨ 소방기술자가 소방공사업법 또는 명령을 따르지 아니하고 업무를 수행한 자

43 대통령령 또는 화재안전기준이 변경되어 그 기준이 강화되는 경우 기존 특정소방대상물의 소방시설 중 강화된 기준을 적용할 수 있는 소방시설은?

① 비상경보설비 ② 비상방송설비
③ 비상콘센트설비 ④ 옥내소화전설비

해설

소방시설기준 적용의 특례

대통령령 또는 화재안전기준이 변경되어 그 기준이 강화되는 경우 기존의 특정소방대상물의 소방시설에 대하여는 변경 전의 대통령령 또는 화재안전기준을 적용한다. 다만, 다음에 해당하는 소방시설의 경우에는 대통령령 또는 화재안전기준의 변경으로 강화된 기준을 적용할 수 있다.

1) 강화된 기준을 적용할 수 있는 소방시설
① 소화기구
② 비상경보설비
③ 자동화재탐지설비
④ 자동화재속보설비
⑤ 피난구조설비

2) 다음의 특정소방대상물에 설치하는 소방시설
① 전력 및 통신사업용 지하구, 공동구 : 소화기, 자동소화장치, 자동화재탐지설비, 통합감시시설, 유도등 및 연소방지설비
② 노유자시설 : 간이스프링클러설비, 자동화재탐지설비 및 단독경보형 감지기
③ 의료시설 : 스프링클러설비, 간이스프링클러설비, 자동화재탐지설비 및 자동화재속보설비

44 화재의 예방 및 안전관리에 관한 법률에 따른 화재예방강화지구의 관리기준 중 다음 ( ) 안에 들어갈 말로 알맞은 것은?

- 소방본부장 또는 소방서장은 화재예방강화지구 안의 소방대상물의 위치 · 구조 및 설비 등에 대한 화재안전조사를 (㉠)회 이상 실시하여야 한다.
- 소방본부장 또는 소방서장은 소방상 필요한 훈련 및 교육을 실시하고자 하는 때에는 화재예방강화지구 안의 관계인에게 훈련 또는 교육 (㉡)일 전까지 그 사실을 통보하여야 한다.

① ㉠ 연 1, ㉡ 7
② ㉠ 연 1, ㉡ 10
③ ㉠ 월 1, ㉡ 7
④ ㉠ 월 1, ㉡ 10

해설

1) 화재예방강화지구 지정권자 : 시 · 도지사
2) 화재예방강화지구 지정의 요청권자 : 소방청장
3) 화재예방강화지구에 대한 화재안전조사와 교육 및 훈련

구분	화재안전조사	교육 및 훈련
실시권자	소방관서장	소방관서장
횟수	연 1회 이상	연 1회 이상
통보 등	사전에 7일 이상 조사계획을 공개	10일 전까지 통보
대상	소방대상물의 위치 · 구조 및 설비	관계인
연기	3일 전까지 신청	–

정답 43 ① 44 ②

45 소방기본법령상 소방신호의 방법으로 틀린 것은?

① 타종에 의한 훈련신호는 연 3타 반복
② 사이렌에 의한 발화신호는 5초 간격을 두고, 10초씩 3회
③ 타종에 의한 해제신호는 상당한 간격을 두고 1타씩 반복
④ 사이렌에 의한 경계신호는 5초 간격을 두고, 30초씩 3회

해설

1) 소방신호의 종류 및 방법
① 경계신호 : 화재예방상 필요하다고 인정되거나 화재위험경보 시 발령
② 발화신호 : 화재가 발생한 때 발령
③ 해제신호 : 소화활동이 필요 없다고 인정되는 때 발령
④ 훈련신호 : 훈련상 필요하다고 인정되는 때 발령

2) 소방신호의 방법

신호방법 / 종별	타종신호	사이렌신호
경계신호	1타와 연 2타를 반복	5초 간격을 두고 30초씩 3회
발화신호	난타	5초 간격을 두고 5초씩 3회
해제신호	상당한 간격을 두고 1타씩 반복	1분간 1회
훈련신호	연 3타 반복	10초 간격을 두고 1분씩 3회

46 화재의 예방 및 안전관리에 관한 법령상 특정소방대상물의 관계인이 수행하여야 하는 소방안전관리 업무가 아닌 것은?

① 소방훈련의 지도 · 감독
② 화기(火氣) 취급의 감독
③ 피난시설, 방화구획 및 방화시설의 유지 · 관리
④ 소방시설이나 그 밖의 소방 관련시설의 유지 · 관리

해설

소방안전관리자의 업무
① 소방계획서의 작성 및 시행
② 자위소방대 및 초기대응체계의 구성 · 운영 · 교육
③ 피난시설, 방화구획 및 방화시설의 관리
④ 소방훈련 및 교육
⑤ 소방시설이나 그 밖의 소방 관련 시설의 관리
⑥ 화기 취급의 감독
⑦ 소방안전관리에 관한 업무 수행에 관한 기록 · 유지(③, ④, ⑥의 업무)

47 소방기본법에서 정의하는 소방대의 조직구성원이 아닌 것은?

① 의무소방원　② 소방공무원
③ 의용소방대원　④ 공항소방대원

해설

용어의 정의(소방기본법)
1) 소방대상물 : 건축물, 차량, 선박(항구에 매어둔 것), 선박 건조 구조물, 산림, 그 밖의 인공 구조물 또는 물건
2) 관계지역 : 소방대상물이 있는 장소 및 그 이웃 지역으로서 화재의 예방 · 경계 · 진압, 구조 · 구급 등의 활동에 필요한 지역
3) 관계인 : 소방대상물의 소유자 · 관리자 · 점유자
4) 소방본부장 : 특별시 · 광역시 · 특별자치시 · 도 또는 특별자치도에서 화재의 예방 · 경계 · 진압 · 조사 및 구조 · 구급 등의 업무를 담당하는 부서의 장
5) 소방대장 : 소방본부장 또는 소방서장 등 화재, 재난 · 재해, 그 밖의 위급한 상황이 발생한 현장에서 소방대를 지휘하는 사람
6) 소방대 : 화재를 진압하고 화재, 재난 · 재해, 그 밖의 위급한 상황에서 구조 · 구급 활동 등을 하기 위하여 다음 각 목의 사람으로 구성된 조직체
소방공무원, 의무소방원, 의용소방대원

정답 45 ② 46 ① 47 ④

48 위험물안전관리법령상 인화성 액체위험물(이황화탄소를 제외)의 옥외탱크저장소의 탱크 주위에 설치하여야 하는 방유제의 기준 중 틀린 것은?

① 방유제의 용량은 방유제 안에 설치된 탱크가 하나인 때에는 그 탱크용량의 110% 이상으로 할 것
② 방유제의 용량은 방유제 안에 설치된 탱크가 2기 이상인 때에는 그 탱크 중 용량이 최대인 것의 용량의 110% 이상으로 할 것
③ 방유제는 높이 1m 이상 2m 이하, 두께 0.2m 이상, 지하매설 깊이 0.5m 이상으로 할 것
④ 방유제 내의 면적은 80,000m^2 이하로 할 것

해설

옥외탱크 저장소의 방유제 설치기준

1) 방유제의 용량

탱크가 1개일 때	탱크가 2개 이상일 때
탱크용량의 110[%] 이상	탱크 중 용량이 최대인 것의 용량의 110[%] 이상

2) 방유제의 높이 : 0.5[m] 이상 3[m] 이하, 두께 : 0.2[m] 이상, 지하매설깊이 : 1[m] 이상
3) 방유제 내의 면적 : 80,000[m^2] 이하
4) 방유제 내에 설치하는 옥외저장탱크의 수는 10개 이하로 할 것

49 위험물안전관리법상 시 · 도지사의 허가를 받지 아니하고 당해 제조소 등을 설치할 수 있는 기준 중 다음 (   ) 안에 알맞은 것은?

> 농예용 · 축산용 또는 수산용으로 필요한 난방시설 또는 건조시설을 위한 지정수량 (   )배 이하의 저장소

① 20   ② 30   ③ 40   ④ 50

해설

제조소 등의 설치허가

1) 제조소 등의 설치허가권자 : 시 · 도지사
2) 제조소 등의 위치 · 구조 또는 설비의 변경 없이 당해 제조소 등에서 저장하거나 취급하는 위험물의 품명 · 수량 또는 지정수량의 배수를 변경하고자 하는 자는 변경하고자 할 때 : 행정안전부령에 따라 1일 전까지 시 · 도지사에게 신고
3) 제조소 등의 허가를 받지 아니하고 당해 제조소 등을 설치하거나 그 위치 · 구조 또는 설비를 변경할 수 있으며, 신고를 하지 아니하고 위험물의 품명 · 수량 또는 지정수량의 배수를 변경할 수 있는 경우
   ① 주택의 난방시설(공동주택의 중앙난방 제외)을 위한 저장소 또는 취급소
   ② 농예용 · 축산용 또는 수산용으로 필요한 난방시설 또는 건조시설을 위한 지정수량 20배 이하의 저장소

50 소방시설 설치 및 관리에 관한 법령상 건축허가 등의 동의대상물의 범위기준 중 틀린 것은?

① 건축 등을 하려는 학교시설 : 연면적 200m^2 이상
② 노유자시설 : 연면적 200m^2 이상
③ 정신의료기관(입원실이 없는 정신건강의학과 의원은 제외) : 연면적 300m^2 이상
④ 장애인 의료재활시설 : 연면적 300m^2 이상

해설

건축허가 등의 동의대상물의 범위

1) 연면적이 400[m^2] 이상인 건축물
2) 학교시설 : 100[m^2] 이상
3) 노유자시설 및 수련시설 : 200[m^2] 이상
4) 차고 · 주차장 : 바닥면적이 200[m^2] 이상인 층이 있는 건축물이나 주차시설
5) 승강기 등 기계장치에 의한 주차시설 : 20대 이상
6) 지하층, 무창층 : 바닥면적이 150[m^2](공연장의 경우에는 100[m^2]) 이상인 층
7) 정신의료기관, 장애인 의료재활시설 : 300[m^2] 이상
8) 항공기격납고, 관망탑, 항공관제탑, 방송용 송수신탑
9) 조산원, 산후조리원, 위험물 저장 및 처리시설, 발전시설 중 전기저장시설, 지하구
10) 층수가 6층 이상인 건축물
11) 노유자시설 중 다음 각 목의 어느 하나에 해당하는 시설
   ① 노인 관련 시설   ② 아동복지시설
   ③ 장애인 거주시설   ④ 정신질환자 관련 시설
   ⑤ 노숙인 관련 시설 중 노숙인자활시설, 노숙인재활시설 및 노숙인요양시설
   ⑥ 결핵환자나 한센인이 24시간 생활하는 노유자시설

① 학교시설 : 연면적 200[m^2] 이상 → 100[m^2] 이상

정답 48 ③ 49 ① 50 ①

51 소방시설 설치 및 관리에 관한 법령상 지하가는 연면적이 최소 몇 m^2 이상이어야 스프링클러설비를 설치하여야 하는 특정소방대상물에 해당하는가?(단, 터널은 제외한다.)

① 100 ② 200
③ 1,000 ④ 2,000

해설

스프링클러설비의 설치대상
1) 층수가 6층 이상인 특정소방대상물의 경우에는 모든 층
2) 기숙사 또는 복합건축물로서 연면적 5,000m^2 이상인 경우에는 모든 층
3) 창고시설(물류터미널은 제외)로서 바닥면적 합계가 5,000m^2 이상인 경우에는 모든 층
4) 판매시설, 운수시설 및 창고시설(물류터미널로 한정)로서 바닥면적의 합계가 5,000m^2 이상이거나 수용인원이 500명 이상인 경우에는 모든 층
5) 다음에 해당하는 용도로 사용되는 시설의 바닥면적의 합계가 600m^2 이상인 것 모든 층
• 근린생활시설 중 조산원 및 산후조리원
• 의료시설 중 정신의료기관
• 의료시설 중 종합병원, 병원, 치과병원, 한방병원 및 요양병원
• 노유자 시설
• 숙박이 가능한 수련시설
• 숙박시설
6) 특정소방대상물의 지하층 · 무창층(축사는 제외) 또는 층수가 4층 이상인 층으로서 바닥면적이 1,000m^2 이상인 층이 있는 경우에는 해당 층
7) 지하가(터널은 제외)로서 연면적 1,000m^2 이상인 것

52 소방안전관리대상물의 소방계획서에 포함되어야 하는 사항이 아닌 것은?

① 소방시설 · 피난시설 및 방화시설의 점검 · 정비계획
② 위험물안전관리법에 따라 예방규정을 정하는 제조소 등의 위험물 저장 · 취급에 관한 사항
③ 특정소방대상물의 근무자 및 거주자의 자위소방대 조직과 대원의 임무에 관한 사항
④ 방화구획, 제연구획, 건축물의 내부마감재료(불연재료 · 준불연재료 또는 난연재료로 사용된 것) 및 방염물품의 사용현황과 그 밖의 방화구조 및 설비의 유지 · 관리계획

해설

소방안전관리대상물의 소방계획서의 포함사항
1) 소방안전관리대상물의 위치 · 구조 · 연면적 · 용도 및 수용인원 등 일반 현황
2) 소방시설 · 방화시설, 전기시설 · 가스시설 및 위험물시설의 현황
3) 화재예방을 위한 자체점검계획 및 진압대책
4) 소방시설 · 피난시설 및 방화시설의 점검 · 정비계획
5) 피난층 및 피난시설의 위치와 피난경로의 설정 등을 포함한 피난계획
6) 방화구획, 제연구획, 건축물의 내부 마감재료 및 방염물품의 사용현황과 그 밖의 방화구조 및 설비의 유지 · 관리계획
7) 소방훈련 및 교육에 관한 계획
8) 자위소방대 조직과 대원의 임무에 관한 사항
9) 화기 취급 작업에 대한 사전 안전조치 및 감독 등 공사 중 소방안전관리에 관한 사항
10) 총괄 및 분임 소방안전관리에 관한 사항
11) 소화와 연소 방지에 관한 사항
12) 위험물의 저장 · 취급에 관한 사항

53 위험물안전관리법상 업무상 과실로 제조소 등에서 위험물을 유출 · 방출 또는 확산시켜 사람의 생명 · 신체 또는 재산에 대하여 위험을 발생시킨 자에 대한 벌칙기준은?

① 5년 이하의 금고 또는 2000만 원 이하의 벌금
② 5년 이하의 금고 또는 7000만 원 이하의 벌금
③ 7년 이하의 금고 또는 2000만 원 이하의 벌금
④ 7년 이하의 금고 또는 7000만 원 이하의 벌금

정답 51 ③ 52 ② 53 ④

해설

벌칙(위험물안전관리법 제34조)

1) 7년 이하의 금고 또는 7천만 원 이하의 벌금
 업무상 과실로 제조소 등에서 위험물을 유출 · 방출 또는 확산시켜 사람의 생명 · 신체 또는 재산에 대하여 위험을 발생시킨 자
2) 10년 이하의 징역 또는 금고나 1억 원 이하의 벌금
 업무상 과실로 제조소 등에서 위험물을 유출 · 방출 또는 확산시켜 사람을 사상에 이르게 한 자

54 소방기본법령상 소방용수시설의 설치기준 중 급수탑의 급수배관의 구경은 최소 몇 mm 이상이어야 하는가?

① 100 ② 150 ③ 200 ④ 250

해설

소방용수시설의 설치기준

1) 공통기준
 ① 주거지역 · 상업지역 · 공업지역 : 수평거리 100m 이하
 ② 그 밖의 지역 : 수평거리 140[m] 이하

2) 소방용수시설별 설치기준
 ① 소화전
  - 상수도와 연결하여 지하식 또는 지상식의 구조로 할 것
  - 소방용 호스와 연결하는 소화전의 연결금속구의 구경 : 65[mm]
 ② 급수탑
  - 급수배관의 구경 : 100[mm] 이상
  - 개폐밸브의 높이 : 지상에서 1.5[m] 이상 1.7[m] 이하의 위치에 설치할 것
 ③ 저수조
  - 지면으로부터의 낙차 : 4.5[m] 이하
  - 흡수부분의 수심 : 0.5[m] 이상
  - 흡수관의 투입구가 사각형 : 한 변의 길이가 60[cm] 이상
  - 흡수관의 투입구가 원형 : 지름이 60[cm] 이상
  - 소방펌프자동차가 쉽게 접근할 수 있을 것
  - 흡수에 지장이 없도록 토사 및 쓰레기 등을 제거할 수 있는 설비를 갖출 것
  - 저수조에 물 공급은 상수도에 연결하여 자동으로 급수되는 구조일 것

55 소방시설공사업법령상 공사감리자 지정대상 특정소방대상물의 범위가 아닌 것은?

① 물분무 등 소화설비(호스릴 방식의 소화설비는 제외)를 신설 · 개설하거나 방호 · 방수 구역을 증설할 때
② 제연설비를 신설 · 개설하거나 제연구역을 증설할 때
③ 연소방지설비를 신설 · 개설하거나 살수구역을 증설할 때
④ 캐비닛형 간이스프링클러설비를 신설 · 개설하거나 방호 · 방수구역을 증설할 때

해설

공사감리자 지정대상 특정소방대상물의 범위(소방시설공사업법 시행령 제10조)

1) 옥내소화전설비를 신설 · 개설 또는 증설할 때
2) 스프링클러설비등(캐비닛형 간이스프링클러설비는 제외)을 신설 · 개설하거나 방호 · 방수 구역을 증설할 때
3) 물분무 등 소화설비(호스릴 방식 제외)를 신설 · 개설하거나 방호 · 방수 구역을 증설할 때
4) 옥외소화전설비를 신설 · 개설 또는 증설할 때
5) 자동화재탐지설비를 신설 또는 개설할 때
 5)의 2 비상방송설비를 신설 또는 개설할 때
6) 통합감시시설을 신설 또는 개설할 때
6)의2 비상조명등을 신설 또는 개설할 때
7) 소화용수설비를 신설 또는 개설할 때
8) 다음 각 목에 따른 소화활동설비에 대하여 각 목에 따른 시공을 할 때
 ① 제연설비를 신설 · 개설하거나 제연구역을 증설할 때
 ② 연결송수관설비를 신설 또는 개설할 때
 ③ 연결살수설비를 신설 · 개설하거나 송수구역을 증설할 때
 ④ 비상콘센트설비를 신설 · 개설하거나 전용회로를 증설할 때
 ⑤ 무선통신보조설비를 신설 또는 개설할 때
 ⑥ 연소방지설비를 신설 · 개설하거나 살수구역을 증설할 때

정답 54 ① 55 ④

56 소방시설 설치 및 관리에 관한 법령상 자동화재 탐지설비를 설치하여야 하는 특정소방대상물에 대한 기준 중 (   ) 안에 알맞은 것은?

> 근린생활시설(목욕장 제외), 의료시설(정신의료기관 또는 요양병원 제외), 위락시설, 장례시설 및 복합건축물로서 연면적 (   )m^2 이상인 것

① 400　② 600
③ 1,000　④ 3,500

해설

자동화재탐지설비 설치대상

특정소방대상물	설치대상
노유자시설	연면적 400m^2 이상
근린생활시설, 의료시설, 위락시설, 장례시설 및 복합건축물	연면적 600m^2 이상
근린생활시설 중 목욕장, 문화 및 집회시설, 종교시설, 판매시설, 운수시설, 운동시설, 업무시설, 공장, 창고시설, 위험물 저장 및 처리시설, 항공기 및 자동차 관련 시설, 교정 및 군사시설 중 국방·군사시설, 방송통신시설, 발전시설, 관광휴게시설, 지하가	연면적 1,000m^2 이상
교육연구시설, 수련시설, 동물 및 식물 관련 시설(기둥과 지붕만으로 구성되어 외부와 기류가 통하는 장소는 제외한다), 분뇨 및 쓰레기 처리시설, 교정 및 군사시설 또는 묘지 관련 시설	연면적 2,000m^2 이상인 것
숙박시설이 있는 수련시설	수용인원 100명 이상인 것
지하가 중 터널	길이가 1,000m 이상인 것
공동주택 중 아파트 등·기숙사, 숙박시설, 노유자생활시설, 지하구, 판매시설 중 전통시장, 층수가 6층 이상인 건축물, 산후조리원, 조산원	모든 층
특수가연물	500배 이상

57 소방시설 설치 및 관리에 관한 법령상 형식승인을 받지 아니한 소방용품을 판매하거나 판매목적으로 진열하거나 소방시설공사에 사용한 자에 대한 벌칙기준은?

① 3년 이하의 징역 또는 3000만 원 이하의 벌금
② 2년 이하의 징역 또는 1500만 원 이하의 벌금
③ 1년 이하의 징역 또는 1000만 원 이하의 벌금
④ 1년 이하의 징역 또는 500만 원 이하의 벌금

해설

3년 이하의 징역 또는 3천만 원 이하의 벌금
1) 소방본부장이나 소방서장의 조치명령을 위반한 경우
2) 관리업의 등록을 하지 아니하고 영업을 한 자
3) 소방용품의 형식승인을 받지 아니하고 소방용품을 제조하거나 수입한 자 또는 거짓이나 그 밖의 부정한 방법으로 형식승인을 받은 자
4) 제품검사를 받지 아니한 자 또는 거짓이나 그 밖의 부정한 방법으로 제품검사를 받은 자
5) 형식승인을 받지 않은 소방용품을 판매·진열하거나 소방시설공사에 사용한 자
6) 거짓이나 그 밖의 부정한 방법으로 성능인증 또는 제품검사를 받은 자
7) 제품검사를 받지 아니하거나 합격표시를 하지 아니한 소방용품을 판매·진열하거나 소방시설공사에 사용한 자

58 소방기본법에서 정의하는 소방대상물에 해당하지 않는 것은?

① 산림　② 차량
③ 건축물　④ 항해 중인 선박

해설

용어의 정의
1) 소방대상물 : 건축물, 차량, 선박(항구에 매어둔 것), 선박 건조 구조물, 산림, 그 밖의 인공 구조물 또는 물건
2) 관계지역 : 소방대상물이 있는 장소 및 그 이웃 지역으로서 화재의 예방·경계·진압, 구조·구급 등의 활동에 필요한 지역
3) 관계인 : 소방대상물의 소유자·관리자·점유자

④ 항해 중인 선박 → 항구에 매어둔 것만 해당

정답 56 ② 57 ① 58 ④

59 소방시설 설치 및 관리에 관한 법령상 특정소방대상물의 소방시설 설치의 면제기준 중 다음 ( ) 안에 알맞은 것은?

> 물분무 등 소화설비를 설치하여야 하는 차고 · 주차장에 ( )를 설치한 경우에는 그 설비의 유효범위에서 설치가 면제된다.

① 옥내소화전설비
② 스프링클러설비
③ 간이스프링클러설비
④ 할로겐화합물 및 불활성 기체 소화약제

해설

소방시설 설치의 면제기준

설치가 면제되는 소방시설	설치 면제 조건이 되는 설비
스프링클러설비	물분무 등 소화설비
물분무 등 소화설비	스프링클러설비(차고, 주차장)
간이스프링클러설비	스프링클러설비, 물분무소화설비 또는 미분무소화설비
연결살수설비	송수구를 부설한 스프링클러설비, 간이스프링클러설비, 물분무소화설비 또는 미분무소화설비를 설치한 경우
비상경보설비 또는 단독경보형 감지기	자동화재탐지설비 또는 화재알림설비
비상경보설비	단독경보형 감지기를 2개 이상의 단독경보형 감지기와 연동하여 설치하는 경우
비상조명등	피난구유도등 또는 통로유도등

60 위험물안전관리법령상 위험물의 유별 저장 · 취급의 공통기준 중 다음 ( ) 안에 알맞은 것은?

> ( ) 위험물은 산화제와의 접촉 · 혼합이나 불티 · 불꽃 · 고온체와의 접근 또는 과열을 피하는 한편, 철분 · 금속분 · 마그네슘 및 이를 함유한 것에 있어서는 물이나 산과의 접촉을 피하고 인화성 고체에 있어서는 함부로 증기를 발생시키지 아니하여야 한다.

① 제1류　　② 제2류
③ 제3류　　④ 제4류

해설

위험물의 유별 저장 · 취급의 공통기준(중요기준)

1) 제1류 위험물 : 가연물과의 접촉 · 혼합이나 분해를 촉진하는 물품과의 접근 또는 과열 · 충격 · 마찰 등을 피하는 한편, 알카리금속의 과산화물 및 이를 함유한 것에 있어서는 물과의 접촉을 피하여야 한다.
2) 제2류 위험물 : 산화제와의 접촉 · 혼합이나 불티 · 불꽃 · 고온체와의 접근 또는 과열을 피하는 한편, 철분 · 금속분 · 마그네슘 및 이를 함유한 것에 있어서는 물이나 산과의 접촉을 피하고 인화성 고체에 있어서는 함부로 증기를 발생시키지 아니하여야 한다.
3) 제3류 위험물 중 자연발화성 물질 : 불티 · 불꽃 또는 고온체와의 접근 · 과열 또는 공기와의 접촉을 피하고, 금수성 물질에 있어서는 물과의 접촉을 피하여야 한다.
4) 제4류 위험물 : 불티 · 불꽃 · 고온체와의 접근 또는 과열을 피하고, 함부로 증기를 발생시키지 아니하여야 한다.
5) 제5류 위험물 : 불티 · 불꽃 · 고온체와의 접근이나 과열 · 충격 또는 마찰을 피하여야 한다.
6) 제6류 위험물 : 가연물과의 접촉 · 혼합이나 분해를 촉진하는 물품과의 접근 또는 과열을 피하여야 한다.

4과목 소방기계시설의 구조 및 원리

61 스프링클러설비의 화재안전기준상 폐쇄형 스프링클러헤드의 방호구역 · 유수검지장치에 대한 기준으로 틀린 것은?

① 하나의 방호구역에는 1개 이상의 유수검지장치를 설치하되, 화재발생 시 접근이 쉽고 점검하기 편리한 장소에 설치할 것
② 하나의 방호구역은 2개 층에 미치지 아니하도록 할 것. 다만, 1개 층에 설치되는 스프링클러헤드의 수가 10개 이하인 경우와 복층형 구조의 공동주택에는 3개 층 이내로 할 수 있다.

정답　59 ②　60 ②　61 ③

③ 송수구를 통하여 스프링클러헤드에 공급되는 물은 유수검지장치 등을 지나도록 할 것
④ 조기반응형 스프링클러헤드를 설치하는 경우에는 습식 유수검지장치를 설치할 것

해설

폐쇄형 스프링클러설비의 방호구역 · 유수검지장치
1) 하나의 방호구역의 바닥면적은 3,000[m^2]를 초과하지 아니할 것
2) 하나의 방호구역에는 1개 이상의 유수검지장치를 설치할 것
3) 하나의 방호구역은 2개 층에 미치지 아니하도록 할 것 (단, 다음의 경우 예외)
   ① 1개 층에 설치되는 스프링클러헤드의 수가 10개 이하인 경우 3개 층 이내
   ② 복층형 구조의 공동주택에는 3개 층 이내로 할 수 있다.
4) 유수검지장치의 높이 : 바닥으로부터 0.8[m] 이상 1.5[m] 이하
5) 유수검지장치의 출입문 크기 : 가로 0.5[m] 이상, 세로 1[m] 이상
6) 표지 : 그 출입문 상단에 "유수검지장치실"이라고 표시한 표지를 설치할 것
7) 스프링클러헤드에 공급되는 물은 유수검지장치를 지나도록 할 것(송수구 제외)
8) 자연낙차에 따른 압력수가 흐르는 배관상에 설치된 유수검지장치는 화재 시 물의 흐름을 검지할 수 있는 최소한의 압력이 얻어질 수 있도록 수조의 하단으로부터 낙차를 두어 설치할 것
9) 조기반응형 스프링클러헤드를 설치하는 경우에는 습식 유수검지장치를 설치할 것

③ 송수구를 통하여 스프링클러헤드에 공급되는 물은 유수검지장치 등을 지나도록 할 것 → 송수구를 통하여 공급되는 물은 제외한다.

62 스프링클러설비의 화재안전기준상 조기반응형 스프링클러헤드를 설치해야 하는 장소가 아닌 것은?

① 수련시설의 침실　　② 공동주택의 거실
③ 오피스텔의 침실　　④ 병원의 입원실

해설

조기반응형 스프링클러헤드 설치장소
1) 공동주택　　2) 병원의 입원실
3) 노유자시설의 거실　　4) 숙박시설의 침실
5) 오피스텔

63 스프링클러설비의 화재안전기준상 스프링클러설비를 설치하여야 할 특정소방대상물에 있어서 스프링클러헤드를 설치하지 아니할 수 있는 장소기준으로 틀린 것은?

① 천장과 반자 양쪽이 불연재료로 되어 있고 천장과 반자 사이의 거리가 2.5m 미만인 부분
② 천장 및 반자가 불연재료 외의 것으로 되어 있고 천장과 반자 사이의 거리가 0.5m 미만인 부분
③ 천장 · 반자 중 한쪽이 불연재료로 되어 있고 천장과 반자 사이의 거리가 1m 미만인 부분
④ 현관 또는 로비 등으로서 바닥으로부터 높이가 20m 이상인 장소

해설

스프링클러헤드의 설치 제외
1) 계단실(특별피난계단의 부속실 포함) · 경사로 · 승강기의 승강로 · 비상용 승강기의 승강장 · 파이프덕트 및 덕트피트 · 목욕실 · 수영장 · 화장실 · 직접 외기에 개방되어 있는 복도 · 기타 이와 유사한 장소
2) 통신기기실 · 전자기기실 · 기타 이와 유사한 장소
3) 발전실 · 변전실 · 변압기 · 기타 이와 유사한 전기설비가 설치되어 있는 장소
4) 병원의 수술실 · 응급처치실 · 기타 이와 유사한 장소
5) 천장과 반자 양쪽이 불연재료로 되어 있는 경우
   ① 천장과 반자 사이의 거리가 2[m] 미만인 부분
   ② 천장과 반자 사이의 벽이 불연재료이고 천장과 반자 사이의 거리가 2[m] 이상으로서 그 사이에 가연물이 존재하지 아니하는 부분
6) 천장 · 반자 중 한쪽이 불연재료인 경우 : 천장과 반자 사이의 거리가 1[m] 미만인 부분
7) 천장 및 반자가 불연재료 외의 것으로 되어 있는 경우 : 천장과 반자 사이의 거리가 0.5[m] 미만인 부분
8) 펌프실 · 물탱크실 · 엘리베이터 권상기실 그 밖의 이와 비슷한 장소

정답　62 ①　63 ①

9) 현관 또는 로비 등으로서 바닥으로부터 높이가 20[m] 이상인 장소
10) 영하의 냉장창고의 냉장실 또는 냉동창고의 냉동실
11) 고온의 노가 설치된 장소 또는 물과 격렬하게 반응하는 물품의 저장 또는 취급장소
12) 공동주택 중 아파트의 대피공간
13) 실내에 설치된 테니스장 · 게이트볼장 · 정구장 또는 이와 비슷한 장소로서 실내 바닥 · 벽 · 천장이 불연재료 또는 준불연재료로 구성되어 있고 가연물이 존재하지 않는 장소로서 관람석이 없는 운동시설(지하층은 제외)
14) 가연성 물질이 존재하지 않는 방풍실

① 천장과 반자 양쪽이 불연재료로서 천장과 반자 사이의 거리가 2.5[m] 미만 → 2[m] 미만

64 물분무소화설비의 화재안전기준상 배관의 설치기준으로 틀린 것은?

① 펌프 흡입 측 배관은 공기고임이 생기지 않는 구조로 하고 여과장치를 설치한다.

② 펌프의 흡입 측 배관은 수조가 펌프보다 낮게 설치된 경우에는 각 펌프(충압펌프를 포함한다.)마다 수조로부터 별도로 설치한다.

③ 연결송수관설비의 배관과 겸용할 경우의 주배관은 구경 100mm 이상으로 한다.

④ 연결송수관설비의 배관과 겸용할 경우 방수구로 연결되는 배관의 구경은 65mm 이하로 한다.

해설

1) 펌프 흡입 측 배관의 설치기준
 ① 공기고임이 생기지 아니하는 구조로 하고 여과장치를 설치할 것
 ② 수조가 펌프보다 낮게 설치된 경우에는 각 펌프마다 수조로부터 별도로 설치할 것
 ③ 버터플라이밸브 외의 개폐표시형 밸브를 설치할 것

2) 동결방지조치를 하거나 동결의 우려가 없는 장소에 설치할 것

3) 연결송수관설비의 배관과 겸용할 경우
 ① 주배관은 구경 100[mm] 이상
 ② 방수구로 연결되는 배관의 구경은 65[mm] 이상

④ 방수구로 연결되는 배관의 구경은 65[mm] 이하 → 65[mm] 이상

65 분말소화설비의 화재안전기준상 배관에 관한 기준으로 틀린 것은?

① 배관은 전용으로 할 것

② 배관은 모두 스케줄 40 이상으로 할 것

③ 동관을 사용하는 경우의 배관은 고정압력 또는 최고사용압력의 1.5배 이상의 압력에 견딜 수 있는 것을 사용할 것

④ 밸브류는 개폐위치 또는 개폐방향을 표시한 것으로 할 것

해설

분말소화설비 배관

1) 배관은 전용으로 할 것

2) 강관
 ① 아연도금에 따른 배관용 탄소강관이나 이와 동등 이상의 강도 · 내식성 및 내열성을 가진 것으로 할 것
 ② 축압식 분말소화설비에 사용하는 것 중 20℃에서 압력이 2.5[MPa] 이상 4.2[MPa] 이하인 것은 압력배관용 탄소강관 중 이음이 없는 스케줄 40 이상의 것 또는 이와 동등 이상의 강도를 가진 것으로서 아연도금으로 방식처리된 것을 사용하여야 한다.

3) 동관 : 고정압력 또는 최고 사용압력의 1.5배 이상의 압력에 견딜 수 있는 것을 사용할 것
4) 밸브류 : 개폐위치 또는 개폐방향을 표시한 것으로 할 것
5) 저장용기 등으로부터 배관의 굴절부까지의 거리는 배관 구경의 20배 이상으로 할 것

정답 64 ④ 65 ②

66 물분무소화설비의 화재안전기준상 수원의 저수량 설치기준으로 틀린 것은?

① 특수가연물을 저장 또는 취급하는 특정소방대상물 또는 그 부분에 있어서는 그 바닥면적(최대 방수구역의 바닥면적을 기준으로 하며, $50m^2$ 이하인 경우에는 $50m^2$) $1m^2$에 대하여 $10l$/min로 20분간 방수할 수 있는 양 이상으로 할 것
② 차고 또는 주차장은 그 바닥면적(최대 방수구역의 바닥면적을 기준으로 하며, $50m^2$ 이하인 경우에는 $50m^2$) $1m^2$에 대하여 $20l$/min로 20분간 방수할 수 있는 양 이상으로 할 것
③ 케이블트레이, 케이블덕트 등은 투영된 바닥면적 $1m^2$에 대하여 $12l$/min로 20분간 방수할 수 있는 양 이상으로 할 것
④ 콘베이어 벨트 등은 벨트 부분의 바닥면적 $1m^2$에 대하여 $20l$/min로 20분간 방수할 수 있는 양 이상으로 할 것

해설

물분무소화설비의 펌프토출량과 수원의 양

설치장소	펌프토출량 [l/min]	수원의 양[l]
특수가연물 저장, 취급	바닥면적($50m^2$ 이하는 $50m^2$) $A[m^2]\times 10[l/min \cdot m^2]$	바닥면적($50m^2$ 이하는 $50m^2$) $A[m^2]\times 10[l/min \cdot m^2] \times 20[min]$
차고, 주차장	바닥면적($50m^2$ 이하는 $50m^2$) $A[m^2]\times 20[l/min \cdot m^2]$	바닥면적($50m^2$ 이하는 $50m^2$) $A[m^2]\times 20[l/min \cdot m^2] \times 20[min]$
케이블트레이, 케이블덕트	투영된 바닥면적 $A[m^2]\times 12[l/min \cdot m^2]$	투영된 바닥면적 $A[m^2]\times 12[l/min \cdot m^2] \times 20[min]$
절연유 봉입 변압기	바닥면적을 제외한 표면적의 합 $A[m^2]\times 10[l/min \cdot m^2]$	바닥면적을 제외한 표면적의 합 $A[m^2]\times 10[l/min \cdot m^2] \times 20[min]$
콘베이어 벨트 등	벨트 부분의 바닥면적 $A[m^2]\times 10[l/min \cdot m^2]$	벨트 부분의 바닥면적 $A[m^2]\times 10[l/min \cdot m^2] \times 20[min]$

④ 콘베이어 벨트는 벨트부분의 바닥면적 $1[m^2]$에 대하여 20[L/min] → 10[L/min]

67 분말소화설비의 화재안전기준상 제1종 분말을 사용한 전역방출방식 분말소화설비에서 방호구역의 체적 $1m^3$에 대한 소화약제의 양은 몇 kg인가?

① 0.24 ② 0.36
③ 0.60 ④ 0.72

해설

분말소화약제별 방호구역 체적당 약제량 및 개구부 가산량

소화약제의 종별	체적당 약제량 (K_1)	개구부 가산량 (K_2)
제1종 분말	0.60[kg/m^3]	4.5[kg/m^2]
제2종 분말 제3종 분말	0.36[kg/m^3]	2.7[kg/m^2]
제4종 분말	0.24[kg/m^3]	1.8[kg/m^2]

68 옥내소화전설비의 화재안전기준상 가압송수장치를 기동용 수압개폐장치로 사용할 경우 압력챔버의 용적기준은?

① 50L 이상 ② 100L 이상
③ 150L 이상 ④ 200L 이상

해설

기동용 수압개폐장치(압력챔버)

1) 기동장치로는 기동용 수압개폐장치 또는 이와 동등 이상의 성능이 있는 것을 설치할 것(학교 · 공장 · 창고시설로서 동결의 우려가 있는 장소에 있어서는 기동스위치에 보호판을 부착하여 옥내소화전함 내에 설치할 수 있다.)

정답 66 ④ 67 ③ 68 ②

2) 기동용 수압개폐장치(압력챔버)를 사용할 경우 그 용적은 100[L] 이상의 것으로 할 것

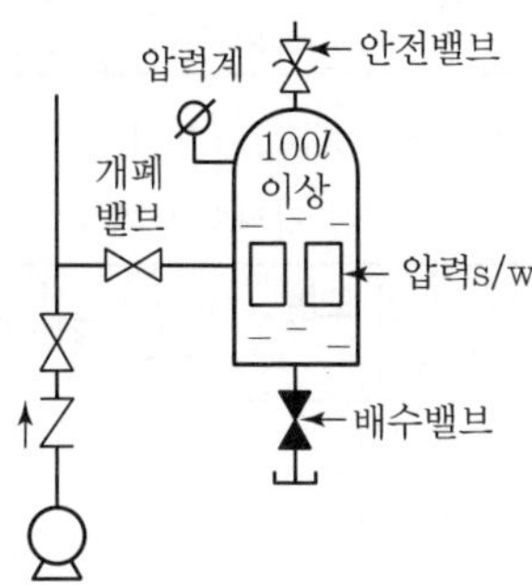

[기동용 수압개폐장치 주위 배관]

69 포소화설비의 화재안전기준상 포헤드를 소방대상물의 천장 또는 반자에 설치하여야 할 경우 헤드 1개가 방호해야 할 바닥면적은 최대 몇 m^2인가?

① 3　② 5
③ 7　④ 9

해설

포헤드 1개의 방호면적
1) 포헤드 : 바닥면적 9[m^2]마다 1개 이상
2) 포워터스프링클러헤드 : 바닥면적 8[m^2]마다 1개 이상
3) 압축공기포 분사헤드
① 유류탱크 주위 : 바닥면적 13.9[m^2]마다 1개 이상
② 특수가연물저장소 : 바닥면적 9.3[m^2]마다 1개 이상

70 소화기구 및 자동소화장치의 화재안전기준상 규정하는 화재의 종류가 아닌 것은?

① A급 화재　② B급 화재
③ G급 화재　④ K급 화재

해설

소화기구 및 자동소화장치의 화재안전기준상 용어의 정의
1) 일반화재(A급 화재)
나무, 섬유, 종이, 고무, 플라스틱류와 같은 일반 가연물이 타고 나서 재가 남는 화재
2) 유류화재(B급 화재)
인화성 액체, 가연성 액체, 석유 그리스, 타르, 오일, 유성도료, 솔벤트, 래커, 알코올 및 인화성 가스와 같은 유류가 타고 나서 재가 남지 않는 화재
3) 전기화재(C급 화재)
전류가 흐르고 있는 전기기기, 배선과 관련된 화재
4) 주방화재(K급 화재)
주방에서 동식물유를 취급하는 조리기구에서 일어나는 화재

71 상수도소화용수설비의 화재안전기준상 소화전은 구경(호칭지름)이 최소 얼마 이상의 수도배관에 접속하여야 하는가?

① 50mm 이상의 수도배관
② 75mm 이상의 수도배관
③ 85mm 이상의 수도배관
④ 100mm 이상의 수도배관

해설

상수도 소화용수설비의 설치기준
1) 호칭지름 75[mm] 이상의 수도배관에 호칭지름 100[mm] 이상의 소화전을 접속할 것
2) 소화전은 소방자동차 등의 진입이 쉬운 도로변 또는 공지에 설치할 것
3) 소화전은 특정소방대상물의 수평투영면의 각 부분으로부터 140[m] 이하가 되도록 설치할 것

72 할로겐화합물 및 불활성 기체 소화설비의 화재안전기준상 저장용기 설치기준으로 틀린 것은?

① 온도가 40℃ 이하이고 온도의 변화가 적은 곳에 설치할 것
② 용기 간의 간격은 점검에 지장이 없도록 3cm 이상의 간격을 유지할 것
③ 직사광선 및 빗물이 침투할 우려가 없는 곳에 설치할 것
④ 저장용기를 방호구역 외에 설치한 경우에는 방화문으로 구획된 실에 설치할 것

정답　69 ④　70 ③　71 ②　72 ①

해설

할로겐화합물 및 불활성 기체 소화약제 저장용기의 설치장소기준

1) 방호구역 외의 장소에 설치할 것(단, 방호구역 내에 설치 시 피난구 부근에 설치)
2) 저장용기는 온도가 55[℃] 이하이고, 온도 변화가 적은 곳에 설치할 것
3) 직사광선 및 빗물이 침투할 우려가 없는 곳에 설치할 것
4) 방화문으로 구획된 실에 설치할 것
5) 용기의 설치장소에는 해당 용기가 설치된 곳임을 표시하는 표지를 할 것
6) 용기 간의 간격은 점검에 지장이 없도록 3[cm] 이상의 간격을 유지할 것
7) 저장용기와 집합관을 연결하는 연결배관에는 체크밸브를 설치할 것

① 온도가 40[℃] 이하이고 → 온도가 55[℃] 이하

73 제연설비의 화재안전기준상 제연풍도의 설치기준으로 틀린 것은?

① 배출기의 전동기 부분과 배풍기 부분은 분리하여 설치할 것
② 배출기와 배출풍도의 접속 부분에 사용하는 캔버스는 내열성이 있는 것으로 할 것
③ 배출기의 흡입 측 풍도 안의 풍속은 20m/s 이하로 할 것
④ 유입풍도 안의 풍속은 20m/s 이하로 할 것

해설

배출기 및 배출풍도

1) 배출기와 배출풍도의 접속 부분에 사용하는 캔버스는 내열성(석면재료는 제외)이 있는 것으로 할 것
2) 배출기의 전동기 부분과 배풍기 부분은 분리하여 설치하여야 하며, 배풍기 부분은 유효한 내열처리를 할 것
3) 배출풍도는 아연도금강판 또는 이와 동등 이상의 내식성·내열성이 있는 것으로 하며, 불연재료(석면제외)인 단열재로 풍도 외부에 유효한 단열처리를 할 것
4) 배출기풍도 안의 풍속

배출기풍도	흡입 측	배출 측
풍속	15[m/s] 이하	20[m/s] 이하

5) 유입풍도 안의 풍속 : 20[m/s] 이하
6) 배출풍도의 크기에 따른 강판의 두께

풍도단면의 긴 변 또는 직경의 크기	강판두께
450[mm] 이하	0.5[mm]
450[mm] 초과 750[mm] 이하	0.6[mm]
750[mm] 초과 1,500[mm] 이하	0.8[mm]
1,500[mm] 초과 2,250[mm] 이하	1.0[mm]
2,250[mm] 초과	1.2[mm]

③ 배출기의 흡입 측 풍도 안의 풍속은 20[m/s] → 15[m/s] 이하

74 포소화설비의 화재안전기준상 압축공기포소화설비의 분사헤드를 유류탱크 주위에 설치하는 경우 바닥면적 몇 m^2마다 1개 이상 설치하여야 하는가?

① 9.3 ② 10.8 ③ 12.3 ④ 13.9

해설

포헤드 1개의 방호면적

1) 압축공기포 분사헤드
   ① 유류탱크 주위 : 바닥면적 13.9[m^2]마다 1개 이상
   ② 특수가연물저장소 : 바닥면적 9.3[m^2]마다 1개 이상
2) 포헤드 : 바닥면적 9[m^2]마다 1개 이상
3) 포워터스프링클러헤드 : 바닥면적 8[m^2]마다 1개 이상

75 소화기구 및 자동소화장치의 화재안전기준상 일반화재, 유류화재, 전기화재 모두에 적응성이 있는 소화약제는?

① 마른 모래 ② 인산염류소화약제
③ 중탄산염류소화약제 ④ 팽창질석·팽창진주암

정답 73 ③ 74 ④ 75 ②

해설

소화기구의 소화약제별 적응성

소화약제 구분		일반 화재 (A급 화재)	유류 화재 (B급 화재)	전기 화재 (C급 화재)	주방 화재 (K급 화재)
가스	이산화탄소 소화약제	–	○	○	–
	할론소화약제	○	○	○	–
	할로겐화합물 및 불활성 기체 소화약제	○	○	○	–
분말	인산염류 소화약제	○	○	○	–
	중탄산염류 소화약제	–	○	○	*
액체	산알칼리성 소화약제	○	○	*	–
	강화액 소화약제	○	○	*	*
	포소화약제	○	○	*	*
	물 · 침윤 소화약제	○	○	*	*
기타	고체에어로졸 화합물	○	○	○	–
	마른 모래	○	○	–	–
	팽창질석 · 팽창진주암	○	○	–	–
	그 밖의 것	–	–	–	*

주) "*"적응성은 형식승인 및 제품검사의 기술기준에 따라 화재종류별 적응성에 적합한 것으로 인정되는 경우에 한한다.

76 소화기구 및 자동소화장치의 화재안전기준상 바닥면적이 280m^{2}인 발전실에 부속용도별로 추가하여야 할 적응성이 있는 소화기의 최소 수량은 몇 개인가?

① 2 ② 4
③ 6 ④ 12

해설

부속용도별로 추가하여야 할 소화기구 및 자동소화장치

1) 보일러실 · 건조실 · 세탁소 · 대량화기취급소에 추가하여야 할 소화기구
   ① 소화기 : 바닥면적 25[m^2]마다 능력단위 1단위 이상의 소화기 1대 이상
   ② 자동확산소화기 : 바닥면적 10[m^2] 이하는 1개, 10[m^2] 초과는 2개를 설치

2) 음식점 · 다중이용업소 · 호텔 · 기숙사 · 노유자 시설 · 의료시설 · 업무시설 · 공장 · 장례식장 · 교육연구시설 · 교정 및 군사시설의 주방에 추가하여야 할 소화기구
   ① 소화기 : 바닥면적 25[m^2]마다 능력단위 1단위 이상 (1개 이상은 K급 소화기 설치)
   ② 자동확산소화기 : 바닥면적 10[m^2] 이하는 1개, 10[m^2] 초과는 2개를 설치

3) 발전실 · 변전실 · 송전실 · 변압기실 · 배전반실 · 통신기기실 · 전산기기실 · 기타 이와 유사한 시설
   ① 바닥면적 50[m^2]마다 적응성이 있는 소화기 1개 이상
   ② 유효설치방호체적 이내의 가스 · 분말 · 고체에어로졸 자동소화장치, 캐비닛형 자동소화장치

[풀이]

$\frac{280[m^2]}{50[m^2]} = 5.6$ ∴ 6개 추가

77 상수도소화용수설비의 화재안전기준상 소화전은 소방대상물의 수평투영면의 각 부분으로부터 최대 몇 m 이하가 되도록 설치하는가?

① 75 ② 100
③ 125 ④ 140

해설

상수도소화용수설비 설치기준

1) 호칭지름 75[mm] 이상의 수도배관에 호칭지름 100[mm] 이상의 소화전을 접속할 것
2) 소화전은 소방자동차 등의 진입이 쉬운 도로변 또는 공지에 설치할 것
3) 소화전은 특정소방대상물의 수평투영면의 각 부분으로부터 140[m] 이하가 되도록 설치할 것

정답 76 ③ 77 ④

78 이산화탄소 소화설비의 화재안전기준상 배관의 설치 기준 중 다음 ( ) 안에 알맞은 것은?

> 고압식의 경우 개폐밸브 또는 선택밸브의 2차 측 배관부속은 호칭압력 2.0MPa 이상의 것을 사용하여야 하며, 1차 측 배관부속은 호칭압력 (㉠)MPa 이상의 것을 사용하여야 하고, 저압식의 경우에는 (㉡) MPa의 압력에 견딜 수 있는 배관부속을 사용할 것

① ㉠ 3.0, ㉡ 2.0
② ㉠ 4.0, ㉡ 2.0
③ ㉠ 3.0, ㉡ 2.5
④ ㉠ 4.0, ㉡ 2.5

해설

이산화탄소 소화설비 배관 설치기준

1) 배관은 전용으로 할 것

2) 강관
① 고압식 : 압력배관용 탄소강관(KS D 3562) 중 스케줄 80 이상
② 저압식 : 압력배관용 탄소강관(KS D 3562) 중 스케줄 40 이상
③ 이와 동등 이상의 강도를 가진 것으로 아연도금 등으로 방식처리된 것을 사용할 것(단, 호칭구경 20[mm] 이하는 스케줄 40 이상인 것을 사용 가능)

3) 동관
이음이 없는 동 및 동합금관(KS D 5301)으로서
① 고압식 : 16.5[MPa] 이상
② 저압식 : 3.75[MPa] 이상

4) 개폐밸브 또는 선택밸브의 2차 측 배관부속의 호칭압력
① 고압식
• 1차 측 : 4.0[MPa] 이상
• 2차 측 : 2.0[MPa] 이상
② 저압식 : 1차 측, 2차 측 : 2.0[MPa] 이상

79 피난기구의 화재안전기준상 의료시설에 구조대를 설치해야 할 층이 아닌 것은?

① 2　② 3
③ 4　④ 5

해설

피난기구의 설치장소별 적응성

층별 / 설치장소별 구분	1층	2층	3층	4층 이상 10층 이하
노유자시설	미끄럼대 · 구조대 · 피난교 · 다수인 피난장비 · 승강식피난기	미끄럼대 · 구조대 · 피난교 · 다수인 피난장비 · 승강식피난기	미끄럼대 · 구조대 · 피난교 · 다수인 피난장비 · 승강식피난기	구조대 · 피난교 · 다수인 피난장비 · 승강식피난기
의료시설 · 근린생활시설 중 입원실이 있는 의원 · 접골원 · 조산원			미끄럼대 · 구조대 · 피난교 · 피난용 트랩 · 다수인 피난장비 · 승강식피난기	구조대 · 피난교 · 피난용 트랩 · 다수인 피난장비 · 승강식피난기
「다중이용업소의 안전관리에 관한 특별법 시행령」 제2조에 따른 다중이용업소로서 영업장의 위치가 4층 이하인 다중이용업소		미끄럼대 · 피난사다리 · 구조대 · 완강기 · 다수인 피난장비 · 승강식피난기	미끄럼대 · 피난사다리 · 구조대 · 완강기 · 다수인 피난장비 · 승강식피난기	미끄럼대 · 피난사다리 · 구조대 · 완강기 · 다수인 피난장비 · 승강식피난기
그 밖의 것			미끄럼대 · 피난사다리 · 구조대 · 완강기 · 피난교 · 피난용 트랩 · 간이완강기 · 공기안전매트 · 다수인 피난장비 · 승강식피난기	피난사다리 · 구조대 · 완강기 · 피난교 · 간이완강기 · 공기안전매트 · 다수인 피난장비 · 승강식피난기

※ 비고
• 간이완강기의 적응성 : 숙박시설의 3층 이상에 있는 객실
• 공기안전매트의 적응성 : 공동주택
• 노유자시설 중 4층 이상에 설치된 구조대의 적응성 : 장애인 관련 시설로서 주된 사용자 중 스스로 피난이 불가한 자가 있는 경우 추가로 설치

정답 78 ② 79 ①

80 인명구조기구의 화재안전기준상 특정소방대상물의 용도 및 장소별로 설치하여야 할 인명구조기구 종류의 기준 중 다음 ( ) 안에 알맞은 것은?

특정소방대상물	인명구조기구의 종류
물분무 등 소화설비 중 ( )를 설치하여야 하는 특정소방대상물	공기호흡기

① 분말소화설비
② 할론소화설비
③ 이산화탄소 소화설비
④ 할로겐화합물 및 불활성 기체 소화설비

해설

인명구조기구의 설치장소별 적응성

특정소방대상물	인명구조기구의 종류	설치 수량
지하층을 포함하는 층수 • 7층 이상인 관광호텔 • 5층 이상인 병원	• 방열복 또는 방화복(헬멧, 보호장갑 및 안전화를 포함) • 공기호흡기 • 인공소생기(병원은 설치 제외)	각 2개 이상 비치
• 문화 및 집회시설 중 수용인원 100명 이상의 영화상영관 • 판매시설 중 대규모 점포 • 운수시설 중 지하역사 • 지하가 중 지하상가	공기호흡기	층마다 2개 이상 비치
물분무 등 소화설비 중 이산화탄소 소화설비를 설치하여야 하는 특정소방대상물	공기호흡기	이산화탄소 소화설비가 설치된 장소의 출입구 외부 인근에 1대 이상 비치

정답 80 ③

소방설비기사(기계분야)

기 · 출 · 문 · 제

2021년 2회

1과목 소방원론

01 제3종 분말소화약제의 주성분은?

① 인산암모늄
② 탄산수소칼륨
③ 탄산수소나트륨
④ 탄산수소칼륨과 요소

해설

분말소화약제의 종류

종별	분자식	착색	적응 화재	충전비 [l/kg]
제1종 분말	탄산수소나트륨 ($NaHCO_3$)	백색	BC급	0.8
제2종 분말	탄산수소칼륨 ($KHCO_3$)	담회색 (담자색)	BC급	1.0
제3종 분말	제1인산암모늄 ($NH_4H_2PO_4$)	담홍색	ABC급	1.0
제4종 분말	탄산수소칼륨+요소 ($KHCO_3+(NH_2)_2CO$)	회색	BC급	1.25

02 화재발생 시 피난기구로 직접 활용할 수 없는 것은?

① 완강기
② 무선통신보조설비
③ 피난사다리
④ 구조대

해설

피난기구의 종류

1) 피난교
2) 구조대
3) 피난용 트랩
4) 미끄럼대
5) 완강기
6) 간이완강기
7) 공기안전매트
8) 피난사다리
9) 다수인 피난장비
10) 승강식 피난기

② 무선통신보조설비 → 소화활동설비

03 소화약제 중 HFC−125의 화학식으로 옳은 것은?

① CHF_2CF_3
② CHF_3
③ CF_3CHFCF_3
④ CF_3I

해설

할로겐화합물 소화약제의 명명법

HFC−125

1) C(탄소원자의 수)
① HFC−125에서 첫 번째 숫자에 +1을 한다.
② 1+1=2이므로 탄소는 C_2가 된다.

2) H(수소원자의 수)
① HFC−125에서 두 번째 숫자에 −1을 한다.
② 2−1=1이므로 수소는 H_1(1은 생략 가능)이 된다.

3) F(불소원자의 수)
① HFC−125에서 세 번째 숫자에 ±0을 한다.
② 5±0=5이므로 불소는 F_5가 된다.

4) 분자식 : C_2HF_5(펜타 플루오로 에탄)
분자화합물 내 원자들의 종류 및 수의 비를 원소기호 및 아래첨자로 나타낸다.

5) 구조식
원자들이 공간에서 배열되는 방식을 선으로 나타내어 보여준다.

```
     F   F
     |   |
H − C − C − F
     |   |
     F   F
```

6) 시성식(화학식) : CHF_2CF_3
원자들이 어떻게 무리 짓는지 보여준다.

정답 01 ① 02 ② 03 ①

04 위험물안전관리법령상 제6류 위험물을 수납하는 운반용기의 외부에 주의사항을 표시하여야 할 경우, 어떤 내용을 표시하여야 하는가?

① 물기엄금
② 화기엄금
③ 화기주의 · 충격주의
④ 가연물 접촉주의

해설

수납하는 위험물에 따른 운반용기 외부에 표시하는 주의사항

1) 제1류 위험물
① 알칼리금속의 과산화물 또는 이를 함유한 것
화기 · 충격주의, 물기엄금 및 가연물 접촉주의
② 그 밖의 것
화기 · 충격주의 및 가연물 접촉주의

2) 제2류 위험물
① 철분 · 금속분 · 마그네슘 또는 이들 중 어느 하나 이상을 함유한 것
화기주의 및 물기엄금
② 인화성 고체 : 화기엄금
③ 그 밖의 것 : 화기주의

3) 제3류 위험물
① 자연발화성 물질 : 화기엄금 및 공기접촉엄금
② 금수성 물질 : 물기엄금

4) 제4류 위험물 : 화기엄금
5) 제5류 위험물 : 화기엄금 및 충격주의
6) 제6류 위험물 : 가연물 접촉주의

05 분말소화약제 중 A급, B급, C급 화재에 모두 사용할 수 있는 것은?

① 제1종 분말
② 제2종 분말
③ 제3종 분말
④ 제4종 분말

해설

분말소화약제의 종류

종별	분자식	착색	적응 화재	충전비 [l/kg]
제1종 분말	탄산수소나트륨 ($NaHCO_3$)	백색	BC급	0.8
제2종 분말	탄산수소칼륨 ($KHCO_3$)	담회색 (담자색)	BC급	1.0
제3종 분말	제1인산암모늄 ($NH_4H_2PO_4$)	담홍색	ABC급	1.0
제4종 분말	탄산수소칼륨+요소 ($KHCO_3+(NH_2)_2CO$)	회색	BC급	1.25

06 열전도도(Thermal Conductivity)를 표시하는 단위에 해당하는 것은?

① $J/m^2 \cdot h$
② $kcal/h \cdot °C^2$
③ $W/m \cdot K$
④ $J \cdot K/m^3$

해설

1) 전도(Conduction)
① 정의 : 분자 및 원자들 간의 직접 에너지 교환으로 열이 전달되는 현상
② 푸리에 전도법칙(Fourier's Law)

$$q[\mathrm{W}] = \frac{k}{L} A \Delta T$$

여기서, k : 열전도도[W/m · K], L : 물체의 두께[m]
A : 열전달 면적[m²], ΔT : 온도차[K]

2) 열전도도(열전도율) : k[W/m · K]
① 열전달을 나타내는 물질의 고유한 성질이다.
② 높은 열전도율을 가지는 물질은 열을 흡수하는 데 쓰이고, 낮은 열전도율을 가지는 물질은 절연에 쓰인다.

$$k = \frac{q \cdot L}{A \cdot \Delta T} \left[\frac{\mathrm{W \cdot m}}{\mathrm{m^2 \cdot K}}\right] [\mathrm{W/m \cdot K}]$$

정답 04 ④ 05 ③ 06 ③

07 알킬알루미늄 화재에 적합한 소화약제는?

① 물　　② 이산화탄소
③ 팽창질석　　④ 할로겐화합물

해설

일킬알루미늄

1) 분류
① 유별 : 제3류 위험물(지정수량 10[kg])
② 종류 : 트리메틸알루미늄, 트리에틸알루미늄 등

2) 성상
① 자연발화성 및 금수성 물질
② 공기 중에 노출하면 자연발화한다.
③ 물과 접촉 시 심하게 반응하고 폭발한다.
④ 산, 할로겐, 알코올, 아민과 접촉하면 심하게 반응한다.

3) 소화방법
마른 모래, 팽창질석, 팽장진주암에 의한 질식소화

08 가연물질의 종류에 따라 화재를 분류하였을 때 섬유류 화재가 속하는 것은?

① A급 화재　　② B급 화재
③ C급 화재　　④ D급 화재

해설

화재의 분류

구분	화재의 종류	표시색	주된 소화효과
A급 화재	일반화재	백색	냉각소화
B급 화재	유류, 가스화재	황색	질식소화
C급 화재	전기화재(통전)	청색	질식소화
D급 화재	금속화재	무색	질식소화
K급 화재	주방화재	–	냉각, 질식소화

09 다음 연소생성물 중 인체에 독성이 가장 높은 것은?

① 이산화탄소　　② 일산화탄소
③ 수증기　　④ 포스겐

해설

1) 이산화탄소(CO_2)
독성은 없으나 농도에 따라 인체에 영향을 미친다.

2) 일산화탄소(CO)
혈액의 헤모글로빈이 산소를 운반하는 것을 방해하여 체내의 산소 부족을 유발한다. 그 결과 두통, 어지럼증 등이 발생하고 심해시면 사망에 이른디.

3) 포스겐($COCl_2$)
맹독성 가스로서 사염화탄소가 이산화탄소나, 물, 산소 등과 결합 시 발생한다.

4) 아크롤레인(CH_2CHCHO)
석유제품이나 유지류 등이 연소할 때 발생하는 맹독성 가스로서 독성, 자극성이 매우 크다.

10 내화건축물과 비교한 목조건축물 화재의 일반적인 특징을 옳게 나타낸 것은?

① 고온, 단시간형　　② 저온, 단시간형
③ 고온, 장시간형　　④ 저온, 장시간형

해설

목조건축물과 내화건축물의 화재특성 비교
① 목조건축물 : 고온단기형
② 내화건축물 : 저온장기형

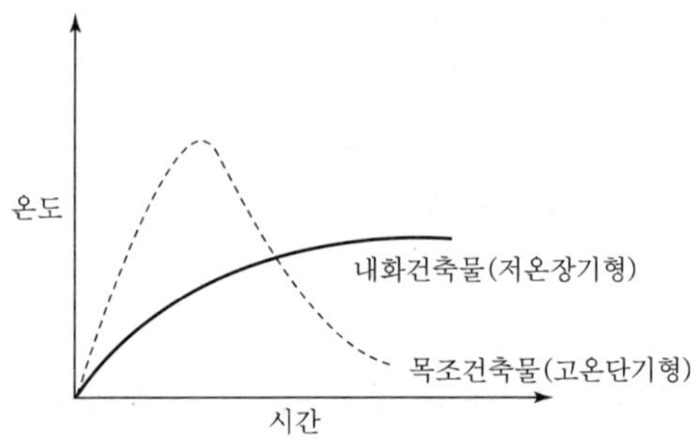

11 정전기에 의한 발화과정으로 옳은 것은?

① 방전 → 전하의 축적 → 전하의 발생 → 발화
② 전하의 발생 → 전하의 축적 → 방전 → 발화
③ 전하의 발생 → 방전 → 전하의 축적 → 발화
④ 전하의 축적 → 방전 → 전하의 발생 → 발화

정답 07 ③ 08 ① 09 ④ 10 ① 11 ②

해설

정전기

1) 정의 : 전류가 흐르지 않고 축적되어 있는 전기로서 방전 현상을 일으킬 때 최소발화에너지 이상의 에너지를 방출하면 점화원으로 작용한다.

2) 정전기에 의한 화재발생 메커니즘
전하의 발생 → 전하의 축적 → 방전 → 발화

3) 정전기 방지대책
① 접지 및 본딩한다.
② 상대습도를 70[%]이상 유지한다.
③ 공기를 이온화한다.

12 물리적 소화방법이 아닌 것은?

① 산소공급원 차단 ② 연쇄반응 차단
③ 온도 냉각 ④ 가연물 제거

해설

1) 물리적 소화
① 연소의 3요소 중 1가지를 차단하여 소화하는 방법
② 점화원을 제거하는 냉각소화
③ 산소를 제거하는 질식소화
④ 가연물을 제거하는 제거소화

2) 화학적 소화
① 연소의 4요소인 연쇄반응을 억제하여 소화하는 방법
② 억제소화 또는 부촉매효과라 한다.

13 이산화탄소 소화기의 일반적인 성질에서 단점이 아닌 것은?

① 밀폐된 공간에서 사용 시 질식의 위험성이 있다.
② 인체에 직접 방출 시 동상의 위험성이 있다.
③ 소화약제의 방사 시 소음이 크다.
④ 전기가 잘 통하기 때문에 전기설비에 사용할 수 없다.

해설

이산화탄소 소화약제의 특성

1) 공기보다 비중이 1.52배 무거우므로 피복질식효과가 우수하다.
2) 독성은 없으나 질식의 우려가 있다.
3) 이산화탄소에 의한 지구온난화를 발생시킨다.
4) 무색, 무취의 기체로 화학적으로 안정하다.
5) 고압의 배관에서 대기 중으로 방사 시 줄-톰슨효과에 의한 냉각소화작용이 있다.
6) 약제방사 시 드라이아이스에 의해 시야가 제한되는 운무현상이 발생한다.
7) 소화 후 잔존물이 없고 전기적으로 비전도성이다.
8) 고압설비가 필요하며 방사 시 소음이 크다.

④ 전기를 잘 통하기 때문에 전기설비에 사용할 수 없다. → 전기적으로 비전도성이므로 전기설비에 사용할 수 있다.

14 위험물안전관리법령상 위험물에 대한 설명으로 옳은 것은?

① 과염소산은 위험물이 아니다.
② 황린은 제2류 위험물이다.
③ 황화린의 지정수량은 100kg이다.
④ 산화성 고체는 제6류 위험물의 성질이다.

해설

① 과염소산 → 제6류 위험물, 지정수량 300[kg]
② 황린 → 제3류 위험물, 지정수량 20[kg]
③ 황화린, 적린, 유황 → 제2류 위험물, 지정수량 100[kg]
④ 산화성 고체 → 제1류 위험물

15 탄화칼슘이 물과 반응할 때 발생되는 기체는?

① 일산화탄소 ② 아세틸렌
③ 황화수소 ④ 수소

해설

1) 탄화칼슘과 물의 반응식
$CaC_2 + 2H_2O \rightarrow Ca(OH)_2 + C_2H_2$(아세틸렌 발생)
2) 인화칼슘과 물의 반응식
$Ca_3P_2 + 6H_2O \rightarrow 3Ca(OH)_2 + 2PH_3$(포스핀 발생)
3) 칼륨과 물의 반응식
$2K + 2H_2O \rightarrow 2KOH + H_2$(수소 발생)
4) 나트륨과 물의 반응식
$2Na + 2H_2O \rightarrow 2NaOH + H_2$(수소 발생)

정답 12 ② 13 ④ 14 ③ 15 ②

16 다음 중 증기비중이 가장 큰 것은?

① Halon 1301 ② Halon 2402
③ Halon 1211 ④ Halon 104

해설

1) $\text{증기비중} = \frac{\text{분자량}}{\text{공기의 평균분자량(29)}}$

2) Halon 2402의 분자량
$C_2F_4Br_2$: $12 \times 2 + 19 \times 4 + 79.9 \times 2 = 259.8$

3) Halon 2402의 증기비중
$\text{증기비중} = \frac{259.8}{29} ≒ 8.96$

할론소화약제의 물성

구분	Halon 1211	Halon 1301	Halon 2402	Halon 1011
화학식	CF_2ClBr	CF_3Br	$C_2F_4Br_2$	CH_2ClBr
분자량	165.4	148.9	259.8	129.4
증기비중	5.7	5.13	8.96	4.46
상온, 상압에서 상태	기체	기체	액체	액체

17 분자 내부에 니트로기를 갖고 있는 TNT, 니트로셀룰로오스 등과 같은 제5류 위험물의 연소형태는?

① 분해연소 ② 자기연소
③ 증발연소 ④ 표면연소

해설

고체의 연소형태

① 분해연소 : 고체 가연물이 온도상승에 의해 열분해되어 가연성 기체를 발생시키고 공기와 혼합하여 가연성 혼합기를 형성한 후 점화원에 의해 연소하는 형태
예 목재, 고무, 종이, 플라스틱 등

② 자기연소 : 가연물 스스로 산소공급원을 함유하고 있는 물질의 연소형태이다. 외부의 산소공급 없이도 연소가 진행될 수 있어 연소속도가 매우 빨라 폭발적으로 연소한다.
예 질산에스테르류, 셀룰로이드류, 니트로화합물류 등(제5류 위험물)

③ 증발연소 : 고체 가연물이 승화 또는 액화 후 기화되어 그 기체가 공기와 혼합하여 가연성 혼합기를 형성한 후 점화원에 의해 연소하는 형태
예 황, 나프탈렌, 파라핀, 왁스 등

④ 표면연소 : 고체의 표면에서 고체 자체가 연소하는 현상으로 가연성 기체가 발생되지 않아 불꽃이 없는 연소를 하는 형태(표면연소=응축연소=작열연소)
예 숯, 목탄, 코크스, 금속분 등

18 IG−541이 15℃에서 내용적 50리터 압력용기에 $155kg_f/cm^2$로 충전되어 있다. 온도가 30℃가 되었다면 IG−541 압력은 약 몇 kg_f/cm^2가 되겠는가?(단, 용기의 팽창은 없다고 가정한다.)

① 78
② 155
③ 163
④ 310

해설

보일−샤를의 법칙(Boyle−Charles's Law)
기체의 체적은 압력에 반비례하며, 절대온도에 비례한다.

$$\frac{P_1 V_1}{T_1} = \frac{P_2 V_2}{T_2}$$

여기서, P : 절대압력[atm]
V : 체적[m^3]
T : 절대온도[K]

[풀이]
P_1 : 155[kg_f/cm^2]
P_2 : ?[kg_f/cm^2]
T_1 : 15+273=288[K]
T_2 : 30+273=303[K]

탱크의 체적은 변함이 없으므로 $V_1 = V_2$

$$\frac{P_1}{T_1} = \frac{P_2}{T_2} \qquad \frac{155}{288} = \frac{P_2}{303}$$

$$P_2 = \frac{155}{288} \times 303 = 163.07[kg_f/cm^2]$$

정답 16 ② 17 ② 18 ③

19 프로판 50vol%, 부탄 40vol%, 프로필렌 10vol%로 된 혼합가스의 폭발하한계는 약 몇 vol% 인가?(단, 각 가스의 폭발하한계는 프로판은 2.2vol%, 부탄은 1.9vol%, 프로필렌은 2.4vol%이다.)

① 0.83　　② 2.09
③ 5.05　　④ 9.44

해설

혼합가스의 연소범위
가연성 가스가 2종류 이상 혼합되어 있는 경우의 연소범위 계산

$$\frac{V_m}{L_m}=\frac{V_1}{L_1}+\frac{V_2}{L_2}+\frac{V_3}{L_3}\cdots\cdots$$

여기서, L_m : 혼합가스의 연소하한계
V_m : 각 가연성 가스의 부피[Vol%] 합 $(V_1+V_2+V_3\cdots)$
$V_1,\ V_2,\ V_3\cdots$: 각 가연성 가스의 부피[Vol%]
$L_1,\ L_2,\ L_3\cdots$: 각 가연성 가스의 연소하한계

[풀이]

$$\frac{100}{L_m}=\frac{50}{2.2}+\frac{40}{1.9}+\frac{10}{2.4}$$

$\therefore\ L_m=2.09[\%]$

20 조연성 가스에 해당하는 것은?

① 수소　　② 일산화탄소
③ 산소　　④ 에탄

해설

1) 조연성 가스 : 산소, 공기, 오존, 불소, 염소 등
2) 가연성 가스의 폭발범위(연소범위)

가연성 가스	연소하한계[%]	연소상한계[%]
수소(H_2)	4.0	75
일산화탄소(CO)	12.5	74
에탄(C_2H_6)	3.0	12.4

2과목 소방유체역학

21 직경 20cm의 소화용 호스에 물이 392N/s 흐른다. 이때의 평균유속[m/s]은?

① 2.96　　② 4.34
③ 3.68　　④ 1.27

해설

중량유량($\overline{G}$[N/s] : Weight Flowrate)

$$\overline{G}[\text{N/s}]=\gamma A V \qquad \gamma_1 A_1 V_1=\gamma_2 A_2 V_2$$

여기서, γ : 비중량[N/m^3]
A : 배관의 단면적[m^2]
V : 유속[m/s]

[풀이]

1) $\overline{G}$: 392[N/s], d : 20[cm] = 0.2[m]
γ : 9,800[N/m^3](물의 비중량)

$$A=\frac{\pi d^2}{4}=\frac{\pi\times 0.2^2}{4}=0.0314[\text{m}^2]$$

2) $\overline{G}[\text{N/s}]=\gamma A V$
392[N/s] = 9,800[N/m^3] × 0.0314[m^2] × V[m/s]

$$V=\frac{392}{9{,}800\times 0.0314}=1.27[\text{m/s}]$$

22 수은이 채워진 U자관에 수은보다 비중이 작은 어떤 액체를 넣었다. 액체기둥의 높이가 10cm, 수은과 액체의 자유 표면의 높이 차이가 6cm일 때 이 액체의 비중은?(단, 수은의 비중은 13.6이다.)

① 5.44　　② 8.16
③ 9.63　　④ 10.88

정답 19 ② 20 ③ 21 ④ 22 ①

해설

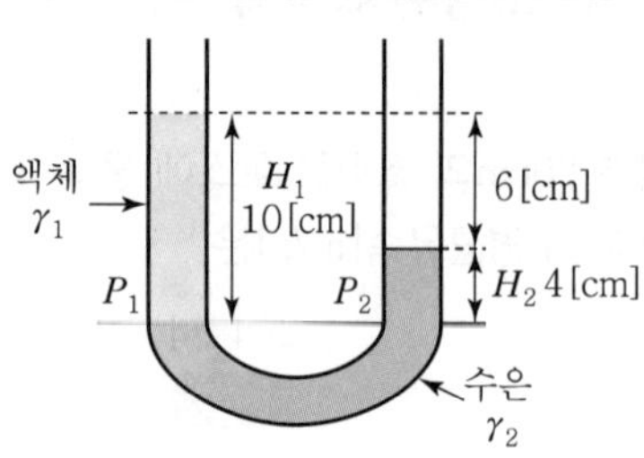

1) 그림에서 P_1점의 압력과 P_2점의 압력은 같다.

$P_1 = P_2$

$P_1 = \gamma_1 H_1$, $P_2 = \gamma_2 H_2$ 이므로

$\gamma_1 H_1 = \gamma_2 H_2$

$\gamma_1 = S_1 \gamma_w$, $\gamma_2 = S_2 \gamma_w$ 이므로

$S_1 \gamma_w H_1 = S_2 \gamma_w H_2$

$\therefore S_1 H_1 = S_2 H_2$

[풀이]

$S_2 = 13.6$, $H_1 = 10[cm] = 0.1[m]$

$H_2 = (10[cm] - 6[cm]) = 4[cm] = 0.04[m]$

$S_1 H_1 = S_2 H_2$

$S_1 \times 0.1 = 13.6 \times 0.04$

$S_1 = 5.44$

23 수압기에서 피스톤의 반지름이 각각 20cm와 10cm이다. 작은 피스톤에 19.6N의 힘을 가하는 경우 평형을 이루기 위해 큰 피스톤에는 몇 N의 하중을 가하여야 하는가?

① 4.9 ② 9.8 ③ 68.4 ④ 78.4

해설

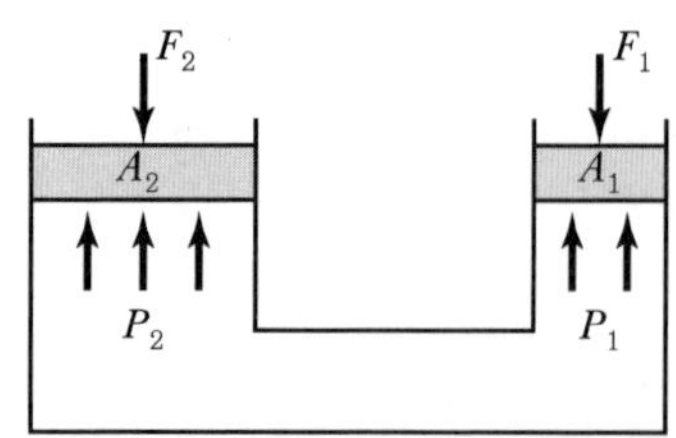

파스칼의 원리

밀폐된 용기 속에 유체에 가한 압력은 모든 방향에 같은 크기로 전달된다.

$$P_1 = P_2 \qquad \frac{F_1}{A_1} = \frac{F_2}{A_2}$$

여기서, P : 유체 내의 압력[Pa], F : 힘[N]
A : 피스톤의 단면적[m^2], d : 피스톤의 직경[m]

[풀이]

1) $\dfrac{F_1}{A_1} = \dfrac{F_2}{A_2}$

$$F_2 = \frac{A_2}{A_1} F_1 = \frac{\frac{\pi d_2^2}{4}}{\frac{\pi d_1^2}{4}} F_1 \quad \text{여기서, } A = \frac{\pi d^2}{4}[\text{m}^2]$$

$$= \frac{d_2^2}{d_1^2} F_1 = \left(\frac{d_2}{d_1}\right)^2 F_1 = \left(\frac{2r_2}{2r_1}\right)^2 F_1 = \left(\frac{r_2}{r_1}\right)^2 F_1$$

여기서, $d = 2r$(d : 지름, r : 반지름)

2) $F_2 = \left(\dfrac{r_2}{r_1}\right)^2 F_1$

$$F_2 = \left(\frac{20}{10}\right)^2 \times 19.6 = 78.4[\text{N}]$$

24 그림과 같이 중앙 부분에 구멍이 뚫린 원판에 지름 D의 원형 물제트가 대기압 상태에서 V의 속도로 충돌하여 원판 뒤로 지름 $D/2$의 원형 물제트가 V의 속도로 흘러나가고 있을 때, 이 원판이 받는 힘을 구하는 계산식으로 옳은 것은?(단, ρ는 물의 밀도이다.)

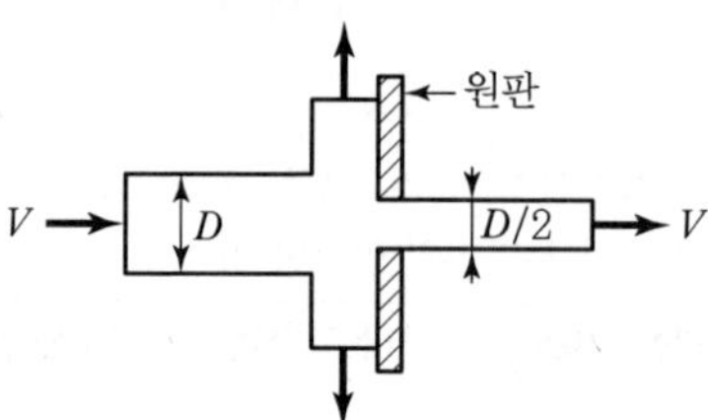

① $\dfrac{3}{16}\rho\pi V^2 D^2$ ② $\dfrac{3}{8}\rho\pi V^2 D^2$

③ $\dfrac{3}{4}\rho\pi V^2 D^2$ ④ $3\rho\pi V^2 D^2$

정답 23 ④ 24 ①

해설

고정평판에 작용하는 힘(추력, 반동력, 노즐의 반발력)

$$F = \rho Q V \qquad F = \rho A V^2$$

여기서, ρ : 밀도[N · s²/m⁴]
Q : 유량[m³/s]
V : 유속[m/s]
A : 노즐의 단면적[m²]

[풀이]

1) 구멍이 없는 경우 원판에 작용하는 힘 F_1

$$F_1 = \rho A_1 V_1^2$$
$$= \rho \frac{\pi D^2}{4} V^2 = \frac{1}{4} \rho \pi V^2 D^2$$

여기서, $V = V_1 = V_2$

2) 구멍으로 빠져나가는 힘성분 F_2

$$F_2 = \rho A_2 V_2^2$$
$$= \rho \frac{\pi \left(\frac{D}{2}\right)^2}{4} V^2 = \frac{1}{16} \rho \pi V^2 D^2$$

3) 원판이 받는 힘 F

$$F = F_1 - F_2$$
$$= \frac{1}{4} \rho \pi V^2 D^2 - \frac{1}{16} \rho \pi V^2 D^2$$
$$= \left(\frac{4}{16} - \frac{1}{16}\right) \rho \pi V^2 D^2$$
$$= \frac{3}{16} \rho \pi V^2 D^2$$

25 압력 0.1MPa, 온도 250℃ 상태인 물의 엔탈피가 2974.33kJ/kg이고 비체적은 2.40604m³/kg이다. 이 상태에서 물의 내부에너지[kJ/kg]는 얼마인가?

① 2733.7 ② 2974.1
③ 3214.9 ④ 3582.7

해설

엔탈피

일정한 온도와 압력에서 가질 수 있는 에너지 함량

$$H = U + PV$$

여기서, H : 엔탈피[kJ/kg], U : 내부에너지[kJ/kg]
P : 압력[kPa], V : 비체적[m³/kg]

[풀이]

1) H : 2974.33[kJ/kg], P : 100[kPa][kN/m²]
V : 2.40604[m³/kg]

2) 2974.33[kJ/kg] = U + 100[kN/m²] × 2.40604[m³/kg]
U = 2974.33[kJ/kg] − 240.604[kJ/kg]
= 2733.73[kJ/kg]

26 300K의 저온 열원을 가지고 카르노 사이클로 작동하는 열기관의 효율이 70%가 되기 위해서 필요한 고온 열원의 온도[K]는?

① 800 ② 900 ③ 1,000 ④ 1,100

해설

카르노 사이클(Carnot Cycle)의 열효율

$$\eta = \frac{T_H - T_L}{T_H} = 1 - \frac{T_L}{T_H}$$

여기서, T_H : 고온체의 온도[K]
T_L : 저온체의 온도[K]

[풀이]

$$\eta = 1 - \frac{T_L}{T_H} \qquad 0.7 = 1 - \frac{300}{T_H}$$

$$T_H = \frac{300}{1 - 0.7} = 1,000[\text{K}]$$

27 물이 들어 있는 탱크에 수면으로부터 20m 깊이에 지름 50mm의 오리피스가 있다. 이 오리피스에서 흘러나오는 유량[m³/min]은?(단, 탱크의 수면 높이는 일정하고 모든 손실은 무시한다.)

① 1.3 ② 2.3 ③ 3.3 ④ 4.3

정답 25 ① 26 ③ 27 ②

해설

연속방정식과 토리첼리식

$$Q = AV \qquad V = \sqrt{2gh} \qquad Q = A\sqrt{2gh}$$

여기서, Q : 유량[m^3/s], A : 오리피스의 단면적[m^2]
V : 유속[m/s], h : 물의 높이[m]

[풀이]

1) $Q = A \times \sqrt{2gh}\,[m^3/s]$

2) $A = \frac{\pi d^2}{4}[m^2] = \frac{\pi \times 0.05^2}{4} = 0.00196[m^2]$

여기서, $d = 50[mm] = 0.05[m]$, $h = 20[m]$

3) $Q = 0.00196 \times \sqrt{2 \times 9.8 \times 20} = 0.0388[m^3/s]$

$Q = 0.0388\frac{[m^3]}{[s]} \times \frac{60[s]}{1[min]} = 2.33[m^3/min]$

28 다음 중 열전달 매질이 없이도 열이 전달되는 형태는?

① 전도 ② 자연대류
③ 복사 ④ 강제대류

해설

열의 전달

1) 전도(Conduction)
① 정의 : 분자 및 원자들 간의 직접 에너지 교환으로 열이 전달되는 현상
② 푸리에 전도법칙(Fourier's Law)

$$q[W] = \frac{k}{L}A\Delta T$$

여기서, k : 열전도도[W/m · K], L : 물체의 두께[m]
A : 열전달 면적[m^2], ΔT : 온도차[K]

2) 대류(Convection)
① 정의 : 입자들 간의 직접 에너지 교환이 아니라 유체의 운동에 의해 에너지를 가진 입자가 공간상을 이동하는 과정
② 뉴턴의 냉각법칙(Newton's Law of Cooling)

$$q[W] = hA\Delta T$$

여기서, q : 열전달량[W]
h : 대류열전달계수[$W/m^2 \cdot K$]
A : 열전달면적[m^2], ΔT : 온도 차[K]

3) 복사(Radiation)
① 정의 : 열이 매질 없이 전자기파 형태로 전달되는 형태
② 스테판-볼츠만 법칙(Stefan-Boltzmann's Law)

$$\text{복사열 플럭스 } q[W/m^2] = \sigma T^4$$
$$\text{복사열량 } Q[W] = \sigma A T^4$$

여기서, T : 절대온도[K]
σ : 스테판-볼츠만 상수($5.67 \times 10^{-8}[W/m^2 \cdot K^4]$)
A : 열전달 면적[m^2]

29 양정 220m, 유량 $0.025m^3/s$, 회전수 2,900 rpm인 4단 원심펌프의 비교회전도(비속도)[m^3/min, m, rpm]는 얼마인가?

① 176 ② 167 ③ 45 ④ 23

해설

비교회전도(비속도)

어떠한 펌프가 단위 토출량 $1m^3/min$에서 단위양정 1m를 내게 할 때 그 회전차에 주어야 하는 회전수

$$N_S = \frac{NQ^{1/2}}{\left(\frac{H}{n}\right)^{3/4}}$$

여기서, N : 회전수[rpm]
Q : 유량[m^3/min](양흡입펌프 $\frac{Q}{2}$)
H : 전양정[m]
n : 단수

[풀이]

$N = 2{,}900[rpm]$, $H = 220[m]$, n : 4

$Q = 0.025\frac{[m^3]}{[s]} \times \frac{60[s]}{1[min]} = 0.025 \times 60 = 1.5[m^3/min]$

$N_S = \frac{2{,}900 \times 1.5^{1/2}}{\left(\frac{220}{4}\right)^{3/4}} = 175.86 \fallingdotseq 176$

$N_S = 176[m^3/min, m, rpm]$

정답 28 ③ 29 ①

30 동력(Power)의 차원을 MLT(질량 M, 길이 L, 시간 T)계로 바르게 나타낸 것은?

① MLT^{-1}　② M^2LT^{-2}
③ ML^2T^{-3}　④ MLT^{-2}

해설

동력 P[kW]
단위시간당 한 일의 양

1) $P=\dfrac{W}{t}$[J/s] 여기서, $W=F\cdot d$(일=힘×이동거리)

$P=\dfrac{F\cdot d}{t}$ 여기서, $F=m\cdot a$(힘=질량×가속도)

$P=\dfrac{m\cdot a\cdot d}{t}\left[\dfrac{kg\cdot m\cdot m}{s\cdot s^2}\right]\left[\dfrac{kg\cdot m^2}{s^3}\right]$

2) 차원

단위 $\dfrac{[kg\cdot m^2]}{[s^3]}$ → 차원$\left[\dfrac{M\cdot L^2}{T^3}\right]=[ML^2T^{-3}]$

31 직사각형 단면의 덕트에서 가로와 세로가 각각 a 및 $1.5a$이고, 길이가 L이며, 이 안에서 공기가 V의 평균속도로 흐르고 있다. 이때 손실수두를 구하는 식으로 옳은 것은?(단, f는 이 수력지름에 기초한 마찰계수이고, g는 중력가속도를 의미한다.)

① $f\dfrac{L}{a}\dfrac{V^2}{2.4g}$　② $f\dfrac{L}{a}\dfrac{V^2}{2g}$
③ $f\dfrac{L}{a}\dfrac{V^2}{1.4g}$　④ $f\dfrac{L}{a}\dfrac{V^2}{g}$

해설

비원형 관에서의 마찰손실
원형 단면에 적용하는 식을 비원형 단면에도 적용하기 위하여 수력직경을 적용한다.

$$H_l=f\frac{l}{D_h}\frac{V^2}{2g}$$

여기서, H_l : 마찰손실수두[m], f : 관마찰계수
D_h : 수력직경[m], l : 직관의 길이[m]
V : 유체의 유속[m/sec]

1) 수력반경 R_h

$$R_h=\frac{A}{P}\qquad 수력반경=\frac{접수면적}{접수길이}$$

2) 수력직경 D_h : 비원형 단면을 원형 단면으로 적용했을 때의 직경을 말한다.

$$D_h=4R_h$$

[풀이]

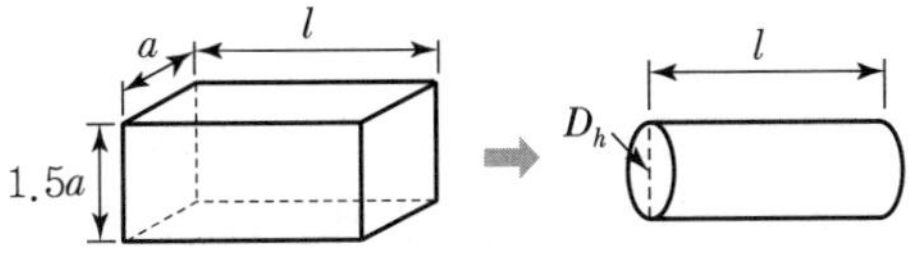

1) 수력반경 R_h

$R_h=\dfrac{A}{P}=\dfrac{a\times1.5a}{(a\times2)+(1.5a\times2)}$
$=\dfrac{1.5a^2}{5a}=0.3a$

2) 수력직경 D_h

$D_h=4R_h=4\times0.3a=1.2a$

3) 마찰손실수두

$H_l=f\dfrac{l}{D_h}\dfrac{V^2}{2g}=f\dfrac{l}{1.2a}\dfrac{V^2}{2g}=f\dfrac{l}{a}\dfrac{V^2}{2.4g}$

32 무차원수 중 레이놀즈수(Reynolds Number)의 물리적인 의미는?

① $\dfrac{관성력}{중력}$　② $\dfrac{관성력}{탄성력}$
③ $\dfrac{관성력}{점성력}$　④ $\dfrac{관성력}{음속}$

정답 30 ③ 31 ① 32 ③

해설

무차원수의 종류 및 물리적 의미

무차원수의 종류	물리적 의미
레이놀즈수	관성력/점성력
오일러수	압축력/관성력
마하수	관성력/탄성력
프루드수	관성력/중력
웨버수	관성력/표면장력

33 동일한 노즐구경을 갖는 소방차에서 방수압력이 1.5배가 되면 방수량은 몇 배로 되는가?

① 1.22배 ② 1.41배
③ 1.52배 ④ 2.25배

해설

노즐의 방수량

$$Q = 0.653 d^2 \sqrt{10P}$$

여기서, Q : 노즐의 방수량[l/min]
d : 노즐의 구경[mm]
P : 노즐에서의 방수압[MPa]

[풀이]

1) 구경이 동일하므로 $Q \propto \sqrt{P}$ 비례한다.

2) $Q_1 : \sqrt{P_1} = Q_2 : \sqrt{P_2}$

조건에서, $P_2 = 1.5P_1$이므로

$Q_1 : \sqrt{P_1} = Q_2 : \sqrt{1.5P_1}$

$Q_2 \times \sqrt{P_1} = Q_1 \times \sqrt{1.5P_1}$

$Q_2 = \dfrac{\sqrt{1.5P_1}}{\sqrt{P_1}} Q_1 = \sqrt{1.5} \times Q$

$Q_2 = 1.22\, Q_1$

34 전양정 80m, 토출량 500L/min인 물을 사용하는 소화펌프가 있다. 펌프효율 65%, 전달계수 1.1인 경우 필요한 전동기의 최소동력[kW]은?

① 9 ② 11 ③ 13 ④ 15

해설

전동기의 동력

전동기 또는 엔진에 전달되는 동력

$$P[\text{kW}] = \frac{\gamma[\text{N/m}^3] \times Q[\text{m}^3/\text{s}] \times H[\text{m}]}{1{,}000\ \eta} \times K$$

여기서, P : 전동기 동력[kW], γ : 비중량[N/m^3]
Q : 유량[m^3/s], H : 전양정[m]
η : 펌프효율, K : 전달계수

[풀이]

1) $Q = 500\dfrac{[l]}{[\text{min}]} \times \dfrac{1[\text{m}^3]}{1{,}000[l]} \times \dfrac{1[\text{min}]}{60[\text{s}]} = \dfrac{0.5}{60}[\text{m}^3/\text{s}]$

2) $\gamma = 9{,}800[\text{N/m}^3]$, $H = 80[\text{m}]$, $\eta = 0.65$, $K = 1.1$

3) $P[\text{kW}] = \dfrac{\gamma[\text{N/m}^3] \times Q[\text{m}^3/\text{s}] \times H[\text{m}]}{1{,}000\eta} \times K$

$= \dfrac{9{,}800[\text{N/m}^3] \times 0.5/60[\text{m}^3/\text{s}] \times 80[\text{m}]}{1{,}000 \times 0.65} \times 1.1$

$= 11.06[\text{kW}]$

35 안지름 10cm인 수평 원관의 층류유동으로 4km 떨어진 곳에 원유(점성계수 0.02N · s/m^2), 비중 0.86을 0.10m^3/min의 유량으로 수송하려 할 때 펌프에 필요한 동력[W]은?(단, 펌프의 효율은 100%로 가정한다.)

① 76 ② 91
③ 10,900 ④ 9,100

해설

펌프에 필요한 동력(축동력) L_s

$$L_s[\text{W}] = \frac{\gamma[\text{N/m}^3] \times Q[\text{m}^3/\text{s}] \times H[\text{m}]}{\eta}$$

$$L_s[\text{kW}] = \frac{\gamma[\text{N/m}^3] \times Q[\text{m}^3/\text{s}] \times H[\text{m}]}{1{,}000\eta}$$

여기서, γ : 비중량 [N/m^3], Q : 유량[m^3/s]
H : 전양정[m], η : 효율

정답 33 ① 34 ② 35 ②

1) 기름의 비중량 γ

$$S = \frac{\gamma}{\gamma_w} \qquad \gamma = S \cdot \gamma_w$$

여기서, S : 비중, γ_w : 물의 비중량[N/m³]

$\gamma = 0.86 \times 9{,}800[\mathrm{N/m^3}] = 8{,}428[\mathrm{N/m^3}]$

2) 유량 Q

$$Q = 0.10\frac{[\mathrm{m^3}]}{[\mathrm{min}]} \times \frac{1[\mathrm{min}]}{60[\mathrm{s}]} = \frac{0.1}{60}[\mathrm{m^3/s}]$$

3) 전양정 H

H = 실양정 + 배관 마찰손실양정

조건에서 수평원관이므로 실양정 = 0

∴ 전양정 H = 배관의 마찰손실양정

4) 배관의 마찰손실 H_l(Darcy – Weisbach Formula)

$$H_l = f\frac{l}{d}\frac{V^2}{2g}$$

여기서, H_l : 마찰손실수두[m], f : 관마찰계수

d : 배관의 직경[m], l : 직관의 길이[m]

V : 유체의 유속[m/sec]

① 마찰계수 f

$$f = \frac{64}{Re}$$

② 레이놀드수 Re

$$Re = \frac{\rho VD}{\mu} = \frac{VD}{\nu}$$

여기서, ρ : 유체의 밀도[kg/m³]

μ : 유체의 점성계수[N · s²/m⁴]

D : 관의 직경[m]

ν : 유체의 동점성계수[m²/s]

V : 유속[m/s]

③ 밀도 ρ : $S = \dfrac{\rho}{\rho_w} \qquad \rho = S \cdot \rho_w$

여기서, S : 비중, ρ_w : 물의 밀도(1,000[kg/m³])

$\rho = 0.86 \times 1{,}000[\mathrm{kg/m^3}] = 860[\mathrm{kg/m^3}]$

④ 유속 V

$$Q = AV = \frac{\pi d^2}{4}V$$

여기서, $Q = \dfrac{0.1}{60}[\mathrm{m^3/s}]$, d : 10[cm] = 0.1[m]

$$\frac{0.1}{60} = \frac{\pi \times 0.1^2}{4} \times V \qquad V = 0.2122[\mathrm{m/s}]$$

⑤ $Re = \dfrac{860 \times 0.2122 \times 0.1}{0.02} = 912.46$

⑥ $f = \dfrac{64}{912.46} = 0.07014$

⑦ $H_l = 0.07014 \times \dfrac{4{,}000}{0.1} \times \dfrac{0.2122^2}{2 \times 9.8} = 6.45[\mathrm{m}]$

(하겐 – 포아젤 방정식으로 풀어도 마찰손실은 같다.)

5) 펌프에 필요한 동력

$$L_s[\mathrm{W}] = \frac{\gamma[\mathrm{N/m^3}] \times Q[\mathrm{m^3/s}] \times H[\mathrm{m}]}{\eta}$$

$$L_s = \frac{8{,}428 \times (0.1/60) \times 6.45}{1.0} = 90.60 \fallingdotseq 91[\mathrm{W}]$$

36 유속 6m/s로 정상류의 물이 화살표 방향으로 흐르는 배관에 압력계와 피토계가 설치되어 있다. 이때 압력계의 계기압력이 300kPa이었다면 피토계의 계기압력은 약 몇 kPa인가?

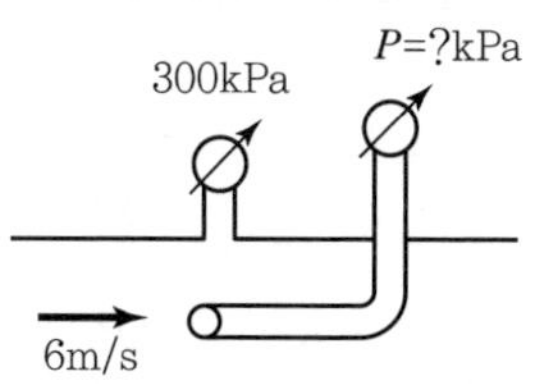

① 180 ② 280 ③ 318 ④ 336

해설

피토게이지의 압력(전압)

전압 = 정압 + 동압

[풀이]

1) 정압 : 300[kPa](압력계의 압력)

2) 동압(속도수두의 환산압력)

① 속도수두 : $h = \dfrac{V^2}{2g} \qquad h = \dfrac{6^2}{2 \times 9.8} = 1.8367[\mathrm{m}]$

② 속도수두를 압력으로 환산

$P[\mathrm{kPa}] = \gamma[\mathrm{kN/m^3}] \times h[\mathrm{m}]$

$P = 9.8[\mathrm{kN/m^3}] \times 1.8367[\mathrm{m}] = 18[\mathrm{kPa}]$

3) 전압 = 300[kPa] + 18[kPa] = 318[kPa]

정답 36 ③

37 유체의 압축률에 관한 설명으로 올바른 것은?

① 압축률=밀도×체적탄성계수
② 압축률=1/체적탄성계수
③ 압축률=밀도/체적탄성계수
④ 압축률=체적탄성계수/밀도

해설

1) 체적탄성계수

$$K[\text{kPa}] = \frac{\Delta P}{-\frac{\Delta V}{V}}$$

여기서, K : 체적탄성계수[kPa]
ΔP : 압력변화량[KPa]
ΔV : 체적변화량[m^3]

① 체적 변화율에 대한 압력의 변화량을 체적탄성계수라 한다.
② 압력과 같은 차원을 갖는다.
③ 압력을 가했을 때 체적은 감소하므로 음(−)의 값이 나오게 되는 것을 보정하기 위해 음(−)의 값을 곱해 준다.

2) 압축률

$$\beta = \frac{1}{K} = \frac{-\frac{\Delta V}{V}}{\Delta P}$$

① 체적탄성계수의 역수로 정의된다.
② 압축률이 크다는 것은 압축하기 쉽다는 것을 의미한다.

38 질량이 5kg인 공기(이상기체)가 온도 333K으로 일정하게 유지되면서 체적이 10배가 되었다. 이 계(System)가 한 일[kJ]은?(단, 공기의 기체상수는 287J/kg · K이다.)

① 220 ② 478
③ 1,100 ④ 4,779

해설

1) 계가 받은 열량
① $Q = \Delta U + W$
② $\Delta U = mc\Delta T$에서 등온과정
$\Delta T = 0$이므로 $\Delta U = 0$
$\therefore Q = W$

2) 등온과정에서 계가 한 일($Q = W$)

$$W = P_1 V_1 \ln\frac{V_2}{V_1}[\text{J}]$$

① 처음 압력 P_1

$P_1 V_1 = W\overline{R}T$
$P_1 \times 1 = 5 \times 287 \times 333$
$P_1 = 477{,}855[\text{Pa}]$

여기서, V_1 : 1[m^3](처음의 기준체적)
W : 5[kg]
R : 287[J/kg · K]
T : 333[K]

② 계가 한 일(W)

$$W = P_1 V_1 \ln\frac{V_2}{V_1}[\text{J}]$$

$$W = 477{,}855 \times 1 \times \ln\frac{10V_1}{1V_1}$$
$$= 1{,}100{,}301[\text{J}] = 1{,}100[\text{kJ}]$$

39 무한한 두 평판 사이에 유체가 채워져 있고 한 평판은 정지해 있고 또 다른 평판은 일정한 속도로 움직이는 Couette 유동을 하고 있다. 유체 A만 채워져 있을 때 평판을 움직이기 위한 단위면적당 힘을 τ_1이라 하고, 같은 평판 사이에 점성이 다른 유체 B만 채워져 있을 때 필요한 힘을 τ_2라 하면 유체 A와 B가 반반씩 위아래로 채워져 있을 때 평판을 같은 속도로 움직이기 위한 단위면적당 힘에 대한 표현으로 옳은 것은?

① $\frac{\tau_1 + \tau_2}{2}$ ② $\sqrt{\tau_1 \tau_2}$
③ $\frac{2\tau_1\tau_2}{\tau_1 + \tau_2}$ ④ $\tau_1 + \tau_2$

정답 37 ② 38 ③ 39 ③

해설

유체 A와 B가 반반씩 위아래로 채워져 있을 때 단위면적당 힘

$$\tau[\mathrm{N/m^2}] = \frac{2\,\tau_1\,\tau_2}{\tau_1 + \tau_2}$$

여기서, τ_1 : 유체 하나만 채워져 있을 때 평판을 움직이기 위한 단위면적당 힘

τ_2 : 평판 사이에 점성이 다른 유체가 채워져 있을 때 필요한 힘

40 2m 깊이로 물이 차 있는 물 탱크 바닥에 한 변이 20cm인 정사각형 모양의 관측창이 설치되어 있다. 관측창이 물로 인하여 받는 순 힘(Net Force)은 몇 N인가?(단, 관측창 밖의 압력은 대기압이다.)

① 784 ② 392
③ 196 ④ 98

해설

정사각형 평판에 작용하는 전압력(힘) F[N]

$$F = \gamma\, h\, A[\mathrm{N}]$$

여기서, P : 평판에 작용하는 압력[Pa] $[\mathrm{N/m^2}]$

A : 평판의 면적$[\mathrm{m^2}]$

γ : 비중량$[\mathrm{N/m^3}]$

h : 수면으로부터의 깊이[m]

[풀이]

γ : 9,800$[\mathrm{N/m^3}]$, h : 2[m], d : 20[cm]=0.2[m]

$A = 0.2 \times 0.2 = 0.04[\mathrm{m^2}]$

$F = \gamma\, h\, A[\mathrm{N}]$

$F = 9{,}800 \times 2 \times 0.04 = 784[\mathrm{N}]$

3과목 소방관계법규

41 소방시설공사업법령에 따른 완공검사를 위한 현장 확인 대상 특정소방대상물의 범위기준으로 틀린 것은?

① 연면적 1만 제곱미터 이상이거나 11층 이상인 특정소방대상물(아파트는 제외)
② 가연성 가스를 제조 · 저장 또는 취급하는 시설 중 지상에 노출된 가연성 가스탱크의 저장용량 합계가 1천 톤 이상인 시설
③ 호스릴 방식의 소화설비가 설치되는 특정소방대상물
④ 문화 및 집회시설, 종교시설, 판매시설, 노유자시설, 수련시설, 운동시설, 숙박시설, 창고시설, 지하상가

해설

완공검사를 위한 현장확인 대상 특정소방대상물의 범위(대통령령)

1) 문화 및 집회시설, 종교시설, 판매시설, 노유자시설, 수련시설, 운동시설, 숙박시설, 창고시설, 지하상가 및 다중이용업소
2) 다음 각 목의 어느 하나에 해당하는 설비가 설치되는 특정소방대상물
   ① 스프링클러설비 등
   ② 물분무 등 소화설비(호스릴 방식 제외)
3) 연면적 10,000$[\mathrm{m^2}]$ 이상이거나 11층 이상인 특정소방대상물(아파트는 제외)
4) 지상에 노출된 가연성 가스탱크의 저장용량 합계가 1,000톤 이상인 시설

③ 호스릴 방식의 소화설비 → 호스릴 방식은 제외된다.

정답 40 ① 41 ③

42 화재의 예방 및 안전관리에 관한 법령에 따른 특수가연물의 기준 중 다음 ( ) 안에 알맞은 것은?

품명	수량
나무껍질 및 대팻밥	(㉠)[kg] 이상
면화류	(㉡)[kg] 이상

① ㉠ 200, ㉡ 400
② ㉠ 200, ㉡ 1,000
③ ㉠ 400, ㉡ 200
④ ㉠ 400, ㉡ 1,000

해설

특수가연물의 품명 및 수량

품명		수량
면화류		200[kg] 이상
나무껍질 및 대팻밥		400[kg] 이상
넝마 및 종이부스러기		1,000[kg] 이상
사류(絲類)		1,000[kg] 이상
볏짚류		1,000[kg] 이상
가연성 고체류		3,000[kg] 이상
석탄 · 목탄류		10,000[kg] 이상
가연성 액체류		$2[m^3]$ 이상
목재가공품 및 나무부스러기		$10[m^3]$ 이상
고무류 · 플라스틱류	발포시킨 것	$20[m^3]$ 이상
	그 밖의 것	3,000[kg] 이상

43 스프링클러설비를 설치하여야 할 특정소방대상물에 다음 중 어떤 소방시설을 화재안전기준에 적합하게 설치하면 면제받을 수 있는가?

① 포소화설비
② 물분무 등 소화설비
③ 간이스프링클러설비
④ 이산화탄소 소화설비

해설

소방시설 설치의 면제기준

설치가 면제되는 소방시설	설치 면제 조건이 되는 설비
스프링클러설비	물분무 등 소화설비
물분무 등 소화설비	스프링클러설비(차고, 주차장)
간이스프링클러설비	스프링클러설비, 물분무소화설비 또는 미분무소화설비
연결살수설비	송수구를 부설한 스프링클러설비, 간이스프링클러설비, 물분무소화설비 또는 미분무소화설비를 설치한 경우
비상경보설비 또는 단독경보형 감지기	자동화재탐지설비 또는 화재알림설비
비상경보설비	단독경보형 감지기를 2개 이상의 단독경보형 감지기와 연동하여 설치하는 경우
비상조명등	피난구유도등 또는 통로유도등

44 소방기본법령상 출동한 소방대원에게 폭행 또는 협박을 행사하여 화재진압 · 인명구조 또는 구급활동을 방해한 사람에 대한 벌칙기준은?

① 500만 원 이하의 과태료
② 1년 이하의 징역 또는 1000만 원 이하의 벌금
③ 3년 이하의 징역 또는 3000만 원 이하의 벌금
④ 5년 이하의 징역 또는 5000만 원 이하의 벌금

해설

5년 이하의 징역 또는 5천만 원 이하의 벌금

1) "출동한 소방대의 화재진압 및 인명구조 · 구급 등 소방활동을 방해하여서는 아니 된다."의 조항을 위반하여 다음 어느 하나에 해당하는 행위를 한 사람
   ① 위력을 사용하여 출동한 소방대의 화재진압 · 인명구조 또는 구급활동을 방해하는 행위
   ② 소방대가 화재진압 · 인명구조 또는 구급활동을 위하여 현장에 출동하거나 현장에 출입하는 것을 고의로 방해하는 행위
   ③ 출동한 소방대원에게 폭행 또는 협박을 행사하여 화재진압 · 인명구조 또는 구급활동을 방해하는 행위

정답 42 ③ 43 ② 44 ④

④ 출동한 소방대의 소방장비를 파손하거나 그 효용을 해하여 화재진압 · 인명구조 또는 구급활동을 방해하는 행위
2) 소방자동차의 출동을 방해한 사람
3) 사람을 구출하는 일 또는 불을 끄거나 불이 번지지 아니하도록 하는 일을 방해한 사람
4) 정당한 사유 없이 소방용수시설 또는 비상소화장치를 사용하거나 소방용수시설 또는 비상소화장치의 효용을 해치거나 그 정당한 사용을 방해한 사람

45 위험물안전관리법령상 제조소 또는 일반취급소에서 취급하는 제4류 위험물의 최대수량의 합이 지정수량의 48만 배 이상인 사업소의 자체소방대에 두는 화학소방자동차 및 인원기준으로 다음 (   ) 안에 알맞은 것은?

화학소방자동차	자체소방대원의 수
(㉠)	(㉡)

① ㉠ 1대, ㉡ 5인
② ㉠ 2대, ㉡ 10인
③ ㉠ 3대, ㉡ 15인
④ ㉠ 4대, ㉡ 20인

해설

자체소방대
1) 자체소방대 설치대상 : 제4류 위험물을 취급하는 제조소 또는 일반취급소로서 지정수량의 3,000배 이상
2) 자체소방대에 두는 화학소방자동차 및 인원

사업소의 구분	화학소방 자동차	자체소방 대원의 수
지정수량의 3천 배 이상 12만 배 미만	1대	5인
지정수량의 12만 배 이상 24만 배 미만	2대	10인
지정수량의 24만 배 이상 48만 배 미만	3대	15인
지정수량의 48만 배 이상	4대	20인

46 소방시설 설치 및 관리에 관한 법령상 펌프공장의 작업장, 음료수 공장의 충전을 하는 작업장 등과 같이 화재안전기준을 적용하기 어려운 특정소방대상물에 설치하지 아니할 수 있는 소방시설의 종류가 아닌 것은?

① 상수도소화용수설비　② 스프링클러설비
③ 연결송수관설비　④ 연결살수설비

해설

소방시설을 설치하지 아니할 수 있는 특정소방대상물 및 소방시설의 범위

구분	특정소방대상물	소방시설
화재안전기준을 적용하기 어려운 특정소방대상물	펌프공장의 작업장, 음료수 공장의 세정 또는 충전을 하는 작업장, 그 밖에 이와 비슷한 용도로 사용하는 것	스프링클러설비, 상수도소화용수설비 및 연결살수설비
	정수장, 수영장, 목욕장, 농예 · 축산 · 어류양식용 시설, 그 밖에 이와 비슷한 용도로 사용되는 것	자동화재탐지설비, 상수도소화용수설비 및 연결살수설비
화재안전기준을 달리 적용하여야 하는 특수한 용도의 특정소방대상물	원자력발전소, 핵폐기물처리시설	연결송수관설비 및 연결살수설비

47 소방기본법의 정의상 소방대상물의 관계인이 아닌 자는?

① 감리자　② 관리자
③ 점유자　④ 소유자

해설

용어의 정의
1) 소방대상물 : 건축물, 차량, 선박(항구에 매어둔 것), 선박 건조 구조물, 산림, 그 밖의 인공 구조물 또는 물건
2) 관계지역 : 소방대상물이 있는 장소 및 그 이웃 지역으로서 화재의 예방 · 경계 · 진압, 구조 · 구급 등의 활동에 필요한 지역
3) 관계인 : 소방대상물의 소유자 · 관리자 · 점유자

정답　45 ④　46 ③　47 ①

48 위험물안전관리법령상 위험물별 성질로서 틀린 것은?

① 제1류 : 산화성 고체
② 제2류 : 가연성 고체
③ 제4류 : 인화성 액체
④ 제6류 : 인화성 고체

해설

위험물의 분류 및 성질

위험물의 분류	성질
제1류 위험물	산화성 고체
제2류 위험물	가연성 고체
제3류 위험물	자연발화성 및 금수성 물질
제4류 위험물	인화성 액체
제5류 위험물	자기반응성 물질
제6류 위험물	산화성 액체

49 소방시설 설치 및 관리에 관한 법령상 시 · 도지사가 소방시설 등의 자체점검을 하지 아니한 관리업자에게 영업정지를 명할 수 있으나, 이로 인해 국민에게 심한 불편을 줄 때에는 영업정지처분을 갈음하여 과징금 처분을 한다. 과징금의 기준은?

① 1000만 원 이하
② 2000만 원 이하
③ 3000만 원 이하
④ 5000만 원 이하

해설

과징금
1) 정의 : 영업정지가 그 이용자에게 불편을 주거나 그 밖에 공익을 해칠 우려가 있을 때에는 영업정지처분을 갈음하여 부과하는 돈
2) 과징금 부과권자 : 시 · 도지사
3) 과징금 부과금액

소방시설관리업의 영업정지 갈음	소방시설업의 영업정지 갈음	위험물제조소의 사용정지 갈음
3천만 원 이하	2억 원 이하	2억 원 이하

50 소방기본법령상 소방대장은 화재, 재난 · 재해 그 밖의 위급한 상황이 발생한 현장에 소방활동구역을 정하여 소방 활동에 필요한 자로서 대통령령으로 정하는 사람 외에는 그 구역에의 출입을 제한할 수 있다. 다음 중 소방활동구역에 출입할 수 없는 사람은?

① 소방활동구역 안에 있는 소방대상물의 소유자 · 관리자 또는 점유자
② 전기 · 가스 · 수도 · 통신 · 교통의 업무에 종사하는 사람으로서 원활한 소방활동을 위하여 필요한 사람
③ 시 · 도지사가 소방 활동을 위하여 출입을 허가한 사람
④ 의사 · 간호사 그 밖의 구조 · 구급업무에 종사하는 사람

해설

소방활동구역
1) 화재, 재난 · 재해, 그 밖의 위급한 상황이 발생한 현장에 소방활동구역 설정
2) 소방활동구역 설정 및 출입을 제한할 수 있는 자 : 소방대장
3) 소방활동구역에 출입할 수 있는 사람
① 소방활동구역 안에 있는 소방대상물의 소유자 · 관리자 또는 점유자
② 전기 · 가스 · 수도 · 통신 · 교통의 업무에 종사하는 사람으로서 원활한 소방 활동을 위하여 필요한 사람
③ 의사 · 간호사 그 밖의 구조 · 구급업무에 종사하는 사람
④ 취재인력 등 보도업무에 종사하는 사람
⑤ 수사업무에 종사하는 사람
⑥ 그 밖에 소방대장이 소방 활동을 위하여 출입을 허가한 사람

③ 시 · 도지사가 → 소방대장이

51 위험물안전관리법령상 취급하는 위험물의 최대수량이 지정수량의 10배 이하인 경우 공지의 너비 기준은?

① 2m 이하 ② 2m 이상
③ 3m 이하 ④ 3m 이상

정답 48 ④ 49 ③ 50 ③ 51 ④

해설

제조소의 보유공지

취급하는 위험물의 최대수량	공지의 너비
지정수량의 10배 이하	3[m] 이상
지정수량의 10배 초과	5[m] 이상

52 화재의 예방 및 안전관리에 관한 법률상 화재안전조사위원회의 위원의 자격에 해당하지 아니하는 사람은?

① 소방기술사
② 소방시설관리사
③ 소방 관련 분야의 석사학위 이상을 취득한 사람
④ 소방 관련 법인 또는 단체에서 소방 관련 업무에 3년 이상 종사한 사람

해설

화재안전조사위원회
1) 인원 : 위원장 1명을 포함한 7명 이내
2) 화재안전조사위원의 자격
① 과장급 직위 이상의 소방공무원
② 소방기술사
③ 소방시설관리사
④ 소방 관련 분야의 석사학위 이상을 취득한 사람
⑤ 소방 관련 법인 또는 단체에서 소방 관련 업무에 5년 이상 종사한 사람

④ 3년 이상 종사한 사람 → 5년 이상 종사한 사람

53 화재의 예방 및 안전관리에 관한 법령상 특수가연물의 저장 및 취급기준이 아닌 것은?(단, 석탄 · 목탄류를 발전용으로 저장하는 경우는 제외)

① 품명별로 구분하여 쌓는다.
② 쌓는 높이는 20m 이하가 되도록 한다.
③ 실내에 쌓을 경우 쌓는 부분의 바닥면적 사이는 1.2m 또는 쌓는 높이의 1/2 중 큰 값이 되도록 한다.
④ 특수가연물을 저장 또는 취급하는 장소에는 품명 · 최대수량 및 화기취급의 금지 등의 표지를 설치해야 한다.

해설

특수가연물의 저장 및 취급의 기준
1) 특수가연물을 저장 또는 취급하는 장소의 표지
품명 · 최대수량 · 단위체적당 질량 · 관리책임자 성명 · 직책, 연락처 및 화기취급의 금지표시가 포함된 특수가연물 표지를 설치할 것
2) 다음의 기준에 따라 쌓아 저장할 것(석탄 · 목탄류를 발전용으로 저장하는 경우는 제외)
① 품명별로 구분하여 쌓을 것
② 실내에 쌓아 저장하는 경우 : 주요 구조부는 내화구조이면서 불연재료이어야 하고, 다른 종류의 특수가연물과 동일 공간 내에서 보관하지 않을 것
③ 실외에 쌓아 저장하는 경우 : 쌓는 부분과 대지경계선, 도로 및 인접 건축물과 최소 6m 이상 간격을 둘 것(쌓는 높이보다 0.9m 이상 높은 내화구조 벽체 설치 시 제외)
④ 쌓는 부분의 사이 간격
- 실내 : 1.2m 또는 쌓는 높이의 1/2 중 큰 값 이상
- 실외 : 3m 또는 쌓는 높이 중 큰 값 이상

⑤ 쌓는 높이 및 쌓는 부분의 바닥면적

구분	살수설비 또는 대형 소화기가 없는 경우	살수설비 또는 대형 소화기가 있는 경우
쌓는 높이	10[m] 이하	15[m] 이하
쌓는 부분의 바닥면적	50[m^2] 이하 (석탄, 목탄 200[m^2])	200[m^2] 이하 (석탄, 목탄 300[m^2])

54 소방시설 설치 및 관리에 관한 법령상 소화설비를 구성하는 제품 또는 기기에 해당하지 않는 것은?

① 가스누설경보기
② 소방호스
③ 스프링클러헤드
④ 분말자동소화장치

해설

소방용품의 종류
1) 소화설비를 구성하는 제품 또는 기기
① 소화기구(소화약제 외의 간이소화용구는 제외)
② 자동소화장치
③ 소화설비를 구성하는 소화전, 관창, 소방호스, 스프링클러헤드, 기동용 수압개폐장치, 유수제어밸브 및 가스관선택밸브

정답 52 ④ 53 ② 54 ①

2) 경보설비를 구성하는 제품 또는 기기
① 누전경보기 및 가스누설경보기
② 경보설비 중 발신기, 수신기, 중계기, 감지기 및 음향장치(경종만 해당)

3) 피난구조설비를 구성하는 제품 또는 기기
① 피난사다리, 구조대, 완강기, 간이완강기
② 공기호흡기
③ 피난구유도등, 통로유도등, 객석유도등 및 예비 전원이 내장된 비상조명등

4) 소화용으로 사용하는 제품 또는 기기
① 소화약제
② 방염제(방염액 · 방염도료 및 방염성 물질)

① 가스누설경보기 → 경보설비를 구성하는 제품 또는 기기

55 소방시설공사업법령상 하자보수를 하여야 하는 소방시설 중 하자보수 보증기간이 3년이 아닌 것은?

① 자동소화장치 ② 비상방송설비
③ 스프링클러설비 ④ 상수도소화용수설비

해설

공사의 하자보수 등
1) 공사업자가 하자발생 통보를 받은 후 하자를 보수하거나 보수 일정을 기록한 하자보수 계획을 관계인에게 서면으로 알려야 하는 기간 : 3일 이내
2) 하자보수 보증금 : 공사금액의 3/100 이상
3) 하자보수 대상 소방시설과 하자보수 보증기간

하자보수 대상 소방시설	하자보수 보증기간
피난기구, 유도등, 유도표지, 비상경보설비, 비상조명등, 비상방송설비 및 무선통신보조설비	2년
자동소화장치, 옥내소화전설비, 스프링클러설비, 간이스프링클러설비, 물분무 등 소화설비, 옥외소화전설비, 자동화재탐지설비, 상수도소화용수설비 및 소화활동설비(무선통신보조설비는 제외)	3년

② 비상방송설비 → 2년

56 위험물안전관리법령상 소화난이도등급 I의 옥내탱크저장소에서 유황만을 저장 · 취급할 경우 설치하여야 하는 소화설비로 옳은 것은?

① 물분무소화설비 ② 스프링클러설비
③ 포소화설비 ④ 옥내소화전설비

해설

소화난이도등급 I 의 제조소 등에 설치하여야 하는 소화설비

제조소 등의 구분		소화설비
옥내 탱크 저장소	유황만을 저장 취급하는 것	물분무소화설비
	인화점 70℃ 이상의 제4류 위험물만을 저장 취급하는 것	물분무소화설비, 고정식 포소화설비, 이동식 이외의 불활성가스소화설비, 이동식 이외의 할로겐화합물소화설비 또는 이동식 이외의 분말소화설비
	그 밖의 것	고정식 포소화설비, 이동식 이외의 불활성가스소화설비, 이동식 이외의 할로겐화합물소화설비 또는 이동식 이외의 분말소화설비

57 대통령령 또는 화재안전기준이 변경되어 그 기준이 강화되는 경우 기존 특정소방대상물의 소방시설 중 강화된 기준을 적용할수 있는 것은?

① 제연설비
② 비상경보설비
③ 옥내소화전설비
④ 화재조기진압용 스프링클러설비

해설

소방시설기준 적용의 특례
대통령령 또는 화재안전기준이 변경되어 그 기준이 강화되는 경우 기존의 특정소방대상물의 소방시설에 대하여는 변경 전의 대통령령 또는 화재안전기준을 적용한다. 다만, 다음에 해당하는 소방시설의 경우에는 대통령령 또는 화재안전기준의 변경으로 강화된 기준을 적용할 수 있다.

정답 55 ② 56 ① 57 ②

1) 강화된 기준을 적용할 수 있는 소방시설
   ① 소화기구
   ② 비상경보설비
   ③ 자동화재탐지설비
   ④ 자동화재속보설비
   ⑤ 피난구조설비
2) 다음의 특정소방대상물에 설치하는 소방시설
   ① 전력 및 통신사업용 지하구, 공동구 : 소화기, 자동소화장치, 자동화재탐지설비, 통합감시시설, 유도등 및 연소방지설비
   ② 노유자시설 : 간이스프링클러설비, 자동화재탐지설비 및 단독경보형 감지기
   ③ 의료시설 : 스프링클러설비, 간이스프링클러설비, 자동화재탐지설비 및 자동화재속보설비

58 소방시설 설치 및 관리에 관한 법령상 소방시설 등의 종합점검 대상기준에 맞게 ( ) 안에 들어갈 내용으로 옳은 것은?

> 물분무 등 소화설비[호스릴 방식의 물분무 등 소화설비만을 설치한 경우는 제외]가 설치된 연면적 ( )m^2 이상인 특정소방대상물(위험물제조소 등은 제외)

① 2,000　② 3,000
③ 4,000　④ 5,000

해설

종합점검

구분	기준
정의	소방시설 등의 작동점검을 포함하여 소방시설 등의 설비별 주요 구성 부품의 구조기준이 화재안전기준과 건축법 등 관련 법령에서 정하는 기준에 적합한지 여부를 점검하는 것
점검대상	• 스프링클러설비가 설치된 특정소방대상물 • 물분무 등 소화설비 : 연면적 5,000[m^2] 이상(호스릴 제외, 위험물제조소 등 제외) • 다중이용업의 영업장 : 연면적이 2,000[m^2] 이상인 것 • 제연설비가 설치된 터널 • 공공기관 : 연면적이 1,000[m^2] 이상인 것으로서 옥내소화전설비 또는 자동화재탐지설비가 설치된 것
점검자의 자격	• 소방시설관리업에 등록된 기술인력 중 소방시설관리사 • 소방안전관리자로 선임된 소방시설관리사 및 소방기술사
점검횟수	• 연 1회 이상 • 특급소방안전관리 대상물(반기당 1회 이상)

59 소방시설 설치 및 관리에 관한 법령상 건축허가 등의 동의대상물의 범위로 틀린 것은?

① 항공기 격납고
② 방송용 송 · 수신탑
③ 연면적이 400제곱미터 이상인 건축물
④ 지하층 또는 무창층이 있는 건축물로서 바닥면적이 50제곱미터 이상인 층이 있는 것

해설

건축허가 등의 동의대상물의 범위
1) 연면적이 400[m^2] 이상인 건축물
2) 학교시설 : 100[m^2] 이상
3) 노유자시설 및 수련시설 : 200[m^2] 이상
4) 차고 · 주차장 : 바닥면적이 200[m^2] 이상인 층이 있는 건축물이나 주차시설
5) 승강기 등 기계장치에 의한 주차시설 : 20대 이상
6) 지하층, 무창층 : 바닥면적이 150[m^2](공연장의 경우에는 100[m^2]) 이상인 층
7) 정신의료기관, 장애인 의료재활시설 : 300[m^2] 이상
8) 항공기격납고, 관망탑, 항공관제탑, 방송용 송수신탑
9) 조산원, 산후조리원, 위험물 저장 및 처리시설, 발전시설 중 전기저장시설, 지하구
10) 층수가 6층 이상인 건축물
11) 노유자시설 중 다음 각 목의 어느 하나에 해당하는 시설
   ① 노인 관련 시설
   ② 아동복지시설
   ③ 장애인 거주시설
   ④ 정신질환자 관련 시설
   ⑤ 노숙인 관련 시설 중 노숙인자활시설, 노숙인재활시설 및 노숙인요양시설
   ⑥ 결핵환자나 한센인이 24시간 생활하는 노유자시설

정답 58 ④ 59 ④

60 화재의 예방조치 등과 관련하여 모닥불, 흡연, 화기 취급, 그 밖에 화재예방상 위험하다고 인정되는 행위의 금지 또는 제한의 명령을 할 수 있는 사람이 아닌 것은?

① 시 · 도지사　　② 소방서장
③ 소방청장　　④ 소방본부장

해설

화재의 예방조치 등
1) 화재의 예방조치 : 소방청장, 소방본부장 또는 소방서장
2) 화재예방강화지구에서 금지 행위
　① 모닥불, 흡연 등 화기의 취급
　② 풍등 등 소형열기구 날리기
　③ 용접 · 용단 등 불꽃을 발생시키는 행위
　④ 화재발생 위험이 있는 가연성 · 폭발성 물질을 안전조치 없이 방치하는 행위

4과목 소방기계시설의 구조 및 원리

61 화재조기진압용 스프링클러설비의 화재안전기준상 헤드의 설치기준 중 (　) 안에 알맞은 것은?

> 헤드 하나의 방호면적은 (㉠)m^2 이상 (㉡)m^2 이하로 할 것

① ㉠ 2.4, ㉡ 3.7　　② ㉠ 3.7, ㉡ 9.1
③ ㉠ 6.0, ㉡ 9.3　　④ ㉠ 9.1, ㉡ 13.7

해설

화재조기진압용 스프링클러헤드의 설치기준
1) 헤드 하나의 방호면적 : 6.0[m^2] 이상 9.3[m^2] 이하
2) 가지배관의 헤드 사이의 거리
　① 천장의 높이가 9.1[m] 미만 : 2.4[m] 이상 3.7[m] 이하
　② 천장의 높이가 9.1[m] 이상 13.7[m] 이하 : 2.4[m] 이상 3.1[m] 이하
3) 헤드의 반사판과 저장물의 최상부의 거리 : 914[mm] 이상
4) 헤드의 작동온도 : 74[℃] 이하
5) 상부에 설치된 헤드의 방출수에 따라 감열부에 영향을 받을 우려가 있는 헤드에는 방출수를 차단할 수 있는 유효한 차폐판을 설치할 것

62 분말소화설비의 화재안전기준상 수동식 기동장치의 부근에 설치하는 방출지연 스위치에 대한 설명으로 옳은 것은?

① 자동복귀형 스위치로서 수동식 기동장치의 타이머를 순간 정지시키는 기능의 스위치를 말한다.
② 자동복귀형 스위치로서 수동식 기동장치가 수신기를 순간 정지시키는 기능의 스위치를 말한다.
③ 수동복귀형 스위치로서 수동식 기동장치의 타이머를 순간 정지시키는 기능의 스위치를 말한다.
④ 수동복귀형 스위치로서 수동식 기동장치가 수신기를 순간 정지시키는 기능의 스위치를 말한다.

해설

수동식 기동장치
1) 구조
　① 수동식 기동장치의 부근에는 소화약제의 방출을 지연시킬 수 있는 방출지연 스위치를 설치하여야 한다.
　② 방출지연 스위치 : 자동복귀형 스위치로서 수동식 기동장치의 타이머를 순간 정지시키는 기능의 스위치
　• 비상스위치 → 방출지연 스위치(2022년 개정)

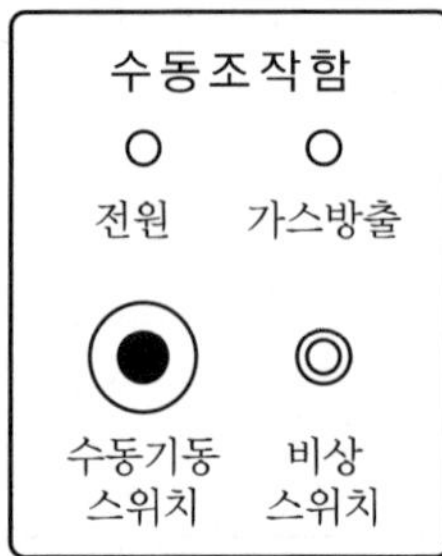

[수동식 기동장치]

2) 수동식 기동장치 설치기준
　① 전역방출방식은 방호구역마다, 국소방출방식은 방호대상물마다 설치할 것
　② 출입구 부분 등 쉽게 피난할 수 있는 장소에 설치할 것
　③ 조작부의 높이 : 0.8[m] 이상 1.5[m] 이하, 보호판 등에 따른 보호장치 설치
　④ 표지 : "○○ 소화설비 수동식 기동장치"
　⑤ 전기를 사용하는 기동장치에는 전원표시등을 설치
　⑥ 기동장치의 방출용 스위치는 음향경보장치와 연동하여 조작될 수 있는 것으로 할 것

정답 60 ① 61 ③ 62 ①

63 할론소화설비의 화재안전기준상 화재표시반의 설치기준이 아닌 것은?

① 소화약제 방출지연 스위치를 설치할 것
② 소화약제의 방출을 명시하는 표시등을 설치할 것
③ 수동식 기동장치는 그 방출용 스위치의 작동을 명시하는 표시등을 설치할 것
④ 자동식 기동장치는 자동 · 수동의 절환을 명시하는 표시등을 설치할 것

해설

할론소화설비의 제어반 및 화재표시반의 설치기준

1) 제어반의 설치기준
  ① 제어반은 수동기동장치 또는 감지기에서의 신호를 수신하여 음향경보장치의 작동, 소화약제의 방출 또는 지연 기타의 제어기능을 가진 것으로 할 것
  ② 제어반에는 전원표시등을 설치할 것

2) 화재표시반의 설치기준
  ① 화재표시반은 제어반에서의 신호를 수신하여 작동하는 기능을 가진 것
  ② 각 방호구역마다 음향경보장치의 조작 및 감지기의 작동을 명시하는 표시등과 이와 연동하여 작동하는 벨 · 부저 등의 경보기를 설치할 것
  ③ 수동식 기동장치는 그 방출용 스위치의 작동을 명시하는 표시등을 설치할 것
  ④ 소화약제의 방출을 명시하는 표시등을 설치할 것
  ⑤ 자동식 기동장치는 자동 · 수동의 절환을 명시하는 표시등을 설치할 것

3) 제어반 및 화재표시반의 설치장소는 화재에 따른 영향, 진동 및 충격에 따른 영향 및 부식의 우려가 없고 점검에 편리한 장소에 설치할 것
4) 제어반 및 화재표시반에는 해당회로도 및 취급설명서를 비치할 것

① 소화약제 방출지연 스위치 → 수동조작함(RM)에 설치한다.

64 피난기구의 화재안전기준상 노유자시설의 4층 이상 10층 이하에서 적응성이 있는 피난기구가 아닌 것은?

① 피난교 ② 다수인피난장비
③ 승강식피난기 ④ 미끄럼대

해설

소방대상물의 설치장소별 피난기구의 적응성

설치 장소별 구분 \ 층별	1층	2층	3층	4층 이상 10층 이하
노유자시설	미끄럼대 · 구조대 · 피난교 · 다수인 피난장비 · 승강식피난기	미끄럼대 · 구조대 · 피난교 · 다수인 피난장비 · 승강식피난기	미끄럼대 · 구조대 · 피난교 · 다수인 피난장비 · 승강식피난기	구조대 · 피난교 · 다수인 피난장비 · 승강식피난기
의료시설 · 근린생활시설 중 입원실이 있는 의원 · 접골원 · 조산원			미끄럼대 · 구조대 · 피난교 · 피난용 트랩 · 다수인 피난장비 · 승강식피난기	구조대 · 피난교 · 피난용 트랩 · 다수인 피난장비 · 승강식피난기
「다중이용업소의 안전관리에 관한 특별법 시행령」 제2조에 따른 다중이용업소로서 영업장의 위치가 4층 이하인 다중이용업소		미끄럼대 · 피난사다리 · 구조대 · 완강기 · 다수인 피난장비 · 승강식피난기	미끄럼대 · 피난사다리 · 구조대 · 완강기 · 다수인 피난장비 · 승강식피난기	미끄럼대 · 피난사다리 · 구조대 · 완강기 · 다수인 피난장비 · 승강식피난기
그 밖의 것			미끄럼대 · 피난사다리 · 구조대 · 완강기 · 피난교 · 피난용 트랩 · 간이완강기 · 공기안전 매트 · 다수인 피난장비 · 승강식피난기	피난사다리 · 구조대 · 완강기 · 피난교 · 간이완강기 · 공기안전 매트 · 다수인 피난장비 · 승강식피난기

정답 63 ① 64 ④

65 분말소화설비의 화재안전기준상 다음 ( ) 안에 알맞은 것은?

> 분말소화약제의 가압용 가스용기에는 ( )의 압력에서 조정이 가능한 압력조정기를 설치하여야 한다.

① 2.5MPa 이하 ② 2.5MPa 이상
③ 25MPa 이하 ④ 25MPa 이상

해설

1) 분말소화약제 가압용 가스용기
   ① 분말소화약제의 가스용기는 분말소화약제의 저장용기에 접속하여 설치할 것
   ② 분말소화약제의 가압용 가스용기를 3병 이상 설치한 경우에는 2개 이상의 용기에 전자개방밸브를 부착하여야 한다.
   ③ 분말소화약제의 가압용 가스용기에는 2.5[MPa] 이하의 압력에서 조정이 가능한 압력조정기를 설치하여야 한다.

2) 분말소화약제 1[kg]당 가압용 가스 또는 축압용 가스의 양

구분	질소(N_2)	이산화탄소(CO_2)
가압용 가스	40[l/kg]	20[g/kg]
축압용 가스	10[l/kg]	20[g/kg]

3) 배관의 청소에 필요한 양의 가스는 별도의 용기에 저장할 것

66 스프링클러설비의 화재안전기준상 개방형 스프링클러설비에서 하나의 방수구역을 담당하는 헤드의 개수는 최대 몇 개 이하로 해야 하는가?(단, 방수구역은 나누어져 있지 않고 하나의 구역으로 되어 있다.)

① 50 ② 40
③ 30 ④ 20

해설

개방형스프링클러설비의 방수구역 및 일제개방밸브의 설치기준

1) 하나의 방수구역은 2개 층에 미치지 아니할 것
2) 방수구역마다 일제개방밸브를 설치할 것
3) 하나의 방수구역을 담당하는 헤드의 개수는 50개 이하로 할 것(다만, 2개 이상의 방수구역으로 나눌 경우 하나의 방수구역을 담당하는 헤드의 개수는 25개 이상)
4) 일제개방밸브의 설치높이 : 0.8[m] 이상 1.5[m] 이하
5) 출입문 크기 : 가로 0.5[m] 이상, 세로 1[m] 이상
6) 표지 : "일제개방밸브실"이라고 표시할 것

67 연결살수설비의 화재안전기준상 배관의 설치기준 중 하나의 배관에 부착하는 살수헤드의 개수가 3개인 경우 배관의 구경은 최소 몇 mm 이상으로 설치해야 하는가?(단, 연결살수설비 전용헤드를 사용하는 경우이다.)

① 40 ② 50
③ 65 ④ 80

해설

1) 연결살수 전용헤드 수에 따른 배관의 구경(개방형 헤드)

헤드 수	1개	2개	3개	4~5개	6~10개
구경[mm]	32	40	50	65	80

2) 개방형 헤드를 사용하는 연결살수설비에 있어서 하나의 송수구역에 설치하는 살수헤드의 수는 10개 이하가 되도록 하여야 한다.
3) 개방형 헤드를 사용하는 연결살수설비의 수평주행배관은 헤드를 향하여 상향으로 1/100 이상의 기울기로 설치할 것

68 이산화탄소 소화설비의 화재안전기준상 수동식 기동장치의 설치기준에 적합하지 않은 것은?

① 전역방출방식에 있어서는 방호대상물마다 설치할 것
② 전기를 사용하는 기동장치에는 전원표시등을 설치할 것
③ 기동장치의 조작부는 바닥으로부터 높이 0.8m 이상 1.5m 이하의 위치에 설치하고, 보호판 등에 따른 보호장치를 설치할 것
④ 기동장치의 방출용 스위치는 음향경보장치와 연동하여 조작될 수 있는 것으로 할 것

정답 65 ① 66 ① 67 ② 68 ①

해설

수동식 기동장치

1) 구조

① 수동식 기동장치의 부근에는 소화약제의 방출을 지연시킬 수 있는 방출지연 스위치를 설치하여야 한다.

② 방출지연 스위치 : 자동복귀형 스위치로서 수동식 기동장치의 타이머를 순간 정지시키는 기능의 스위치

• 비상스위치 → 방출지연 스위치(2022년 개정)

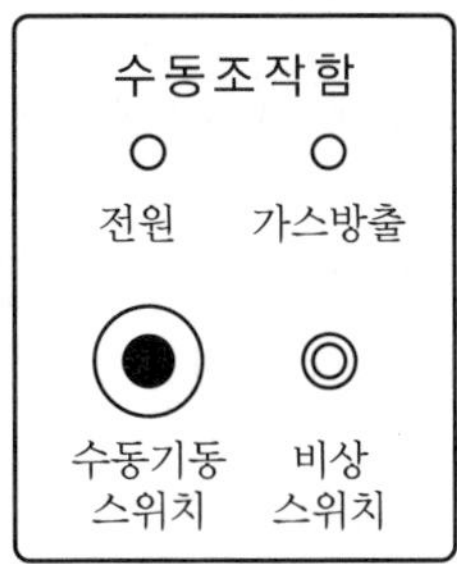

[수동기동장치]

2) 수동식 기동장치 설치기준

① 전역방출방식은 방호구역마다, 국소방출방식은 방호대상물마다 설치할 것

② 출입구부분 등 쉽게 피난할 수 있는 장소에 설치할 것

③ 조작부의 높이 : 0.8[m] 이상 1.5[m] 이하, 보호판 등에 따른 보호장치 설치.

④ 표지 : "이산화탄소 소화설비 수동식 기동장치"

⑤ 전기를 사용하는 기동장치에는 전원표시등을 설치

⑥ 기동장치의 방출용 스위치는 음향경보장치와 연동하여 조작될 수 있는 것으로 할 것

① 전역방출방식에 있어서는 방호대상물마다 → 방호구역마다 설치

69 옥내소화전설비의 화재안전기준상 옥내소화전 펌프의 풋밸브를 소방용 설비 외의 다른 설비의 풋밸브보다 낮은 위치에 설치한 경우의 유효수량으로 옳은 것은?(단, 옥내소화전설비와 다른 설비 수원을 저수조로 겸용하여 사용한 경우이다.)

① 저수조의 바닥면과 상단 사이의 전체 수량

② 옥내소화전설비 풋밸브와 소방용 설비 외의 다른 설비의 풋밸브 사이의 수량

③ 옥내소화전설비의 풋밸브와 저수조 상단 사이의 수량

④ 저수조의 바닥면과 소방용 설비 외의 다른 설비의 풋밸브 사이의 수량

해설

다른 설비와 겸용 시 저수량의 산정(유효수량)

다른 설비와 겸용하여 옥내소화전설비용 수조를 설치하는 경우에는 옥내소화전설비의 풋밸브 · 흡수구 또는 수직배관의 급수구와 다른 설비의 풋밸브 · 흡수구 또는 수직배관의 급수구와의 사이의 수량을 그 유효수량으로 한다.

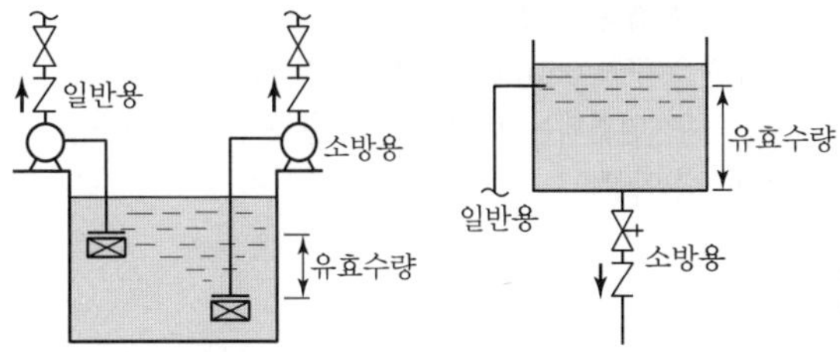

[다른 설비와 겸용 시 유효수량]

70 포소화설비의 화재안전기준상 포소화설비의 배관 등의 설치기준으로 옳은 것은?

① 포워터스프링클러설비 또는 포헤드설비의 가지배관의 배열은 토너먼트 방식으로 한다.

② 송액관은 겸용으로 하여야 한다. 다만, 포소화전의 기동장치의 조작과 동시에 다른 설비의 용도에 사용하는 배관의 송수를 차단할 수 있거나, 포소화설비의 성능에 지장이 없는 경우에는 전용으로 할 수 있다.

③ 송액관은 포의 방출 종료 후 배관 안의 액을 배출하기 위하여 적당한 기울기를 유지하도록 하고 그 낮은 부분에 배액밸브를 설치하여야 한다.

④ 연결송수관설비의 배관과 겸용할 경우의 주배관은 구경 65mm 이상, 방수구로 연결되는 배관의 구경은 100mm 이상의 것으로 하여야 한다.

해설

1) 포워터스프링클러설비 또는 포헤드설비의 가지배관의 배열

① 토너먼트 방식이 아닐 것

② 교차배관에서 분기하는 지점을 기점으로 한쪽 가지배관에 설치하는 헤드의 수는 8개 이하로 할 것

정답 69 ② 70 ③

2) 송액관
  ① 송액관은 전용으로 할 것. 다만, 포소화전의 기동장치의 조작과 동시에 다른 설비의 용도에 사용하는 배관의 송수를 차단할 수 있거나, 포소화설비의 성능에 지장이 없는 경우에는 다른 설비와 겸용할 수 있다.
  ② 포의 방출 종료 후 배관 안의 액을 배출하기 위하여 적당한 기울기를 유지할 것
  ③ 낮은 부분에 배액밸브를 설치할 것

① 토너먼트 방식으로 → 토너먼트 방식이 아닐 것
② 송액관은 겸용 → 전용
④ 주배관은 구경 65[mm] 이상 → 100[mm] 이상
방수구로 연결되는 배관의 구경은 100[mm] 이상 → 65[mm] 이상

71 물분무소화설비의 화재안전기준상 송수구의 설치기준으로 틀린 것은?

① 구경 65mm의 쌍구형으로 할 것
② 지면으로부터 높이가 0.5m 이상 1m 이하의 위치에 설치할 것
③ 송수구는 하나의 층의 바닥면적이 1,500m^{2}를 넘을 때마다 1개(5개를 넘을 경우에는 5개로 한다.) 이상을 설치할 것
④ 가연성 가스의 저장 · 취급시설에 설치하는 송수구는 그 방호대상물로부터 20m 이상의 거리를 두거나 방호대상물에 면하는 부분이 높이 1.5m 이상, 폭 2.5m 이상의 철근콘크리트 벽으로 가려진 장소에 설치할 것

해설

물분무소화설비 송수구의 설치기준
1) 송수구는 화재층으로부터 지면으로 떨어지는 유리창 등이 송수 및 그 밖의 소화작업에 지장을 주지 아니하는 장소에 설치할 것. 이 경우 가연성 가스의 저장 · 취급시설에 설치하는 송수구는 그 방호대상물로부터 20[m] 이상의 거리를 두거나 방호대상물에 면하는 부분이 높이 1.5[m] 이상 폭 2.5[m] 이상의 철근콘크리트 벽으로 가려진 장소에 설치할 것
2) 송수구로부터 스프링클러설비의 주배관에 이르는 연결배관에 개폐밸브를 설치한 때에는 그 개폐상태를 쉽게 확인 및 조작할 수 있는 옥외 또는 기계실 등의 장소에 설치할 것
3) 구경 65[mm]의 쌍구형으로 할 것
4) 송수구에는 그 가까운 곳의 보기 쉬운 곳에 송수압력범위를 표시한 표지를 할 것
5) 송수구는 하나의 층의 바닥면적이 3,000[m^2]를 넘을 때마다 1개 이상(5개 이상 5개)을 설치할 것
6) 지면으로부터 높이가 0.5[m] 이상 1[m] 이하의 위치에 설치할 것
7) 송수구의 가까운 부분에 자동배수밸브 및 체크밸브를 설치할 것
8) 송수구에는 이물질을 막기 위한 마개를 씌울 것

③ 송수구는 하나의 층의 바닥면적이 1,500[m^2] → 3,000[m^2]

72 미분무소화설비의 화재안전기준상 미분무소화설비의 성능을 확인하기 위하여 하나의 발화원을 가정한 설계도서 작성 시 고려하여야 할 인자를 모두 고른 것은?

㉠ 화재 위치
㉡ 점화원의 형태
㉢ 시공 유형과 내장재 유형
㉣ 초기 점화되는 연료 유형
㉤ 공기조화설비, 자연형(문, 창문) 및 기계형 여부
㉥ 문과 창문의 초기상태(열림, 닫힘) 및 시간에 따른 변화상태

① ㉠, ㉢, ㉥
② ㉠, ㉡, ㉢, ㉤
③ ㉠, ㉡, ㉣, ㉤, ㉥
④ ㉠, ㉡, ㉢, ㉣, ㉤, ㉥

해설

설계도서의 작성기준
1) 공통사항
설계도서는 건축물에서 발생 가능한 상황을 선정하되, 건축물의 특성에 따라 일반설계 도서와 특별설계도서 6개 중 1개 이상을 작성한다.

정답 71 ③ 72 ④

2) 일반설계도서
   ① 건물용도, 사용자 중심의 일반적인 화재를 가상한다.
   ② 설계도서에는 다음 사항이 필수적으로 명확히 설명되어야 한다.
      • 건물사용자 특성
      • 사용자의 수와 장소
      • 실 크기
      • 가구와 실내 내용물
      • 연소 가능한 물질들과 그 특성 및 발화원
      • 환기조건
      • 최초 발화물과 발화물의 위치

3) 설계자가 필요한 경우 기타 설계도서에 필요한 사항을 추가할 수 있다.

73 특별피난계단의 계단실 및 부속실 제연설비의 화재안전기준상 차압 등에 관한 기준 중 다음 (　) 안에 알맞은 것은?

> 제연설비가 가동되었을 경우 출입문의 개방에 필요한 힘은 (　)N 이하로 하여야 한다.

① 12.5　　② 40
③ 70　　④ 110

해설

차압 등
1) 제연구역과 옥내와의 사이에 유지하여야 하는 차압의 기준
   ① 최소 차압 : 40[Pa] 이상
   ② 옥내에 스프링클러설비가 설치된 경우 : 12.5[Pa] 이상
2) 제연설비가 가동되었을 경우 출입문의 개방에 필요한 힘 : 110[N] 이하
3) 출입문이 일시적으로 개방되는 경우 개방되지 않은 제연구역과 옥내와의 차압 : 기준차압의 70[%] 이상일 것
4) 계단실과 부속실을 동시에 제연하는 경우 부속실의 기압은 계단실과 같게 하거나 계단실의 기압보다 낮게 할 경우에는 부속실과 계단실의 압력 차이는 5[Pa] 이하가 되도록 하여야 한다.

74 포소화설비의 화재안전기준상 펌프의 토출관에 압입기를 설치하여 포소화약제 압입용 펌프로 포소화약제를 압입시켜 혼합하는 방식은?

① 라인 프로포셔너 방식
② 펌프 프로포셔너 방식
③ 프레져 프로포셔너 방식
④ 프레져 사이드 프로포셔너 방식

해설

1) 펌프 프로포셔너 방식
   펌프의 토출관과 흡입관 사이의 배관도중에 설치한 흡입기에 펌프에서 토출된 물의 일부를 보내고, 농도 조절밸브에서 조정된 포소화약제의 필요량을 포소화약제 탱크에서 펌프 흡입 측으로 보내어 이를 혼합하는 방식을 말한다.

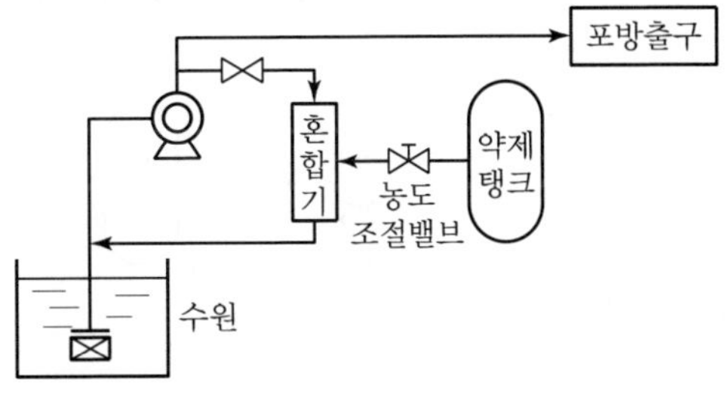

2) 프레져 프로포셔너 방식
   펌프와 발포기의 중간에 설치된 벤추리관의 벤추리작용과 펌프 가압수의 포소화약제 저장탱크에 대한 압력에 따라 포소화약제를 흡입 · 혼합하는 방식을 말한다.

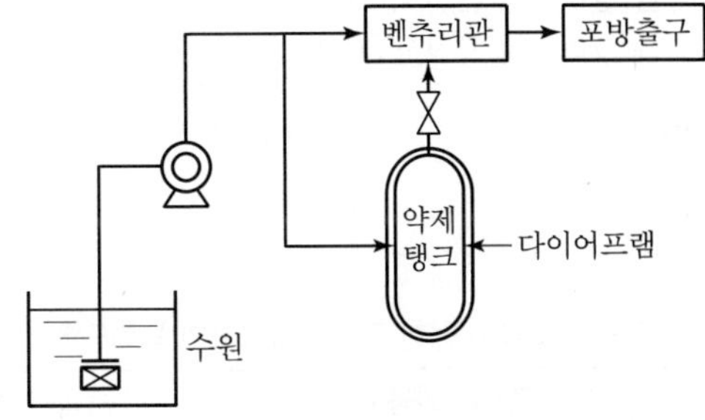

정답　73 ④　74 ④

3) 라인 프로포셔너 방식
펌프와 발포기의 중간에 설치된 벤추리관의 벤추리작용에 따라 포소화약제를 흡입 · 혼합하는 방식을 말한다.

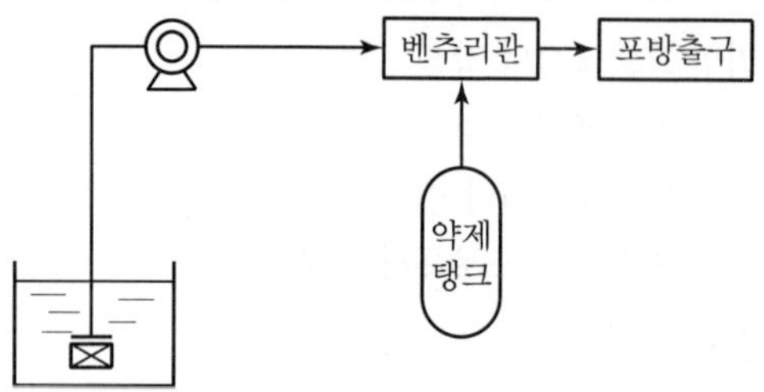

4) 프레져 사이드 프로포셔너 방식
펌프의 토출관에 압입기를 설치하여 포소화약제 압입용 펌프로 포소화약제를 압입시켜 혼합하는 방식을 말한다.

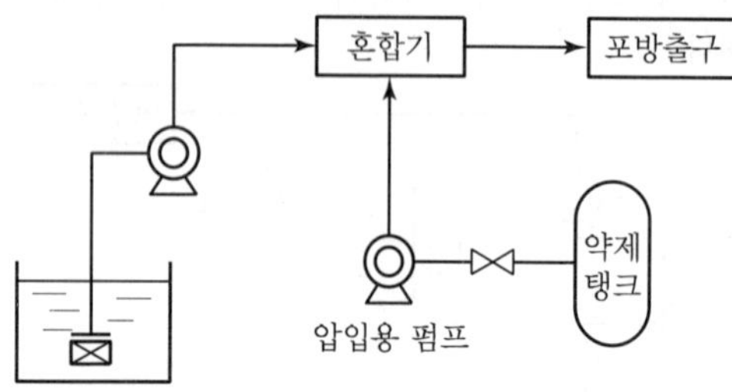

75 소화기구 및 자동소화장치의 화재안전기준에 따라 다음과 같이 간이소화용구를 비치하였을 경우 능력단위의 합은?

- 삽을 상비한 마른 모래 50L 포 2개
- 삽을 상비한 팽창질석 80L 포 1개

① 1단위 ② 1.5단위
③ 2.5단위 ④ 3단위

해설

소화약제 외의 것을 이용한 간이소화용구의 능력단위

간이소화용구		능력단위
마른 모래	삽을 상비한 50[l] 이상의 것 1포	0.5단위
• 팽창질석 • 팽창진주암	삽을 상비한 80[l] 이상의 것 1포	

76 소화수조 및 저수조의 화재안전기준상 연면적이 40,000m^{2}인 특정소방대상물에 소화용수설비를 설치하는 경우 소화수조의 최소 저수량은 몇 m^{3}인가?(단, 지상 1층 및 2층의 바닥면적 합계가 15,000m^2 이상인 경우이다.)

① 53.3 ② 60 ③ 106.7 ④ 120

해설

소화수조 또는 저수조의 저수량
특정소방대상물의 연면적을 다음 표의 기준면적으로 나누어 얻은 수(소수점 이하의 수는 1로 본다)에 20[m^3]를 곱한 양 이상

소방대상물의 구분	기준 면적
1층 및 2층의 바닥면적합계 15,000[m^2] 이상	7,500[m^2]
그 밖의 소방대상물	12,500[m^2]

[풀이]
1) 기준면적
지상 1층 및 2층의 바닥면적 합계가 15,000[m^2] 이상이므로 기준면적 : 7,500[m^2]
2) 연면적/기준면적
$$\frac{40,000}{7,500}=5.33$$
소수점 이하는 올려서 정수화 : 6
3) $6\times20[m^3]=120[m^3]$

77 소화기구 및 자동소화장치의 화재안전기준에 따른 용어에 대한 정의로 틀린 것은?

① "소화약제"란 소화기구 및 자동소화장치에 사용되는 소화성능이 있는 고체 · 액체 및 기체의 물질을 말한다.
② "대형소화기"란 화재 시 사람이 운반할 수 있도록 운반대와 바퀴가 설치되어 있고 능력단위가 A급 20단위 이상, B급 10단위 이상인 소화기를 말한다.
③ "전기화재(C급 화재)"란 전류가 흐르고 있는 전기기기, 배선과 관련된 화재를 말한다.
④ "능력단위"란 소화기 및 소화약제에 따른 간이소화용구에 있어서는 소방시설법에 따라 형식승인 된 수치를 말한다.

정답 75 ② 76 ④ 77 ②

해설

1) 소화약제 : 소화기구 및 자동소화장치에 사용되는 소화성능이 있는 고체 · 액체 및 기체의 물질

2) 소화기 : 소화약제를 압력에 따라 방사하는 기구로서 사람이 수동으로 조작하여 소화하는 다음 각 목의 것
   ① 소형소화기 : 능력단위가 1단위 이상이고 대형소화기의 능력단위 미만
   ② 대형소화기 : 화재 시 사람이 운반할 수 있도록 운반대와 바퀴가 설치되어 있고 능력단위가 A급 10단위 이상, B급 20단위 이상인 소화기

3) 일반화재(A급 화재) : 나무, 섬유, 종이, 고무, 플라스틱류와 같은 일반 가연물이 타고 나서 재가 남는 화재를 말한다. 일반화재에 대한 소화기의 적응 화재별 표시는 'A'로 표시한다.
4) 유류화재(B급 화재) : 인화성 액체, 가연성 액체, 석유 그리스, 타르, 오일, 유성도료, 솔벤트, 래커, 알코올 및 인화성 가스와 같은 유류가 타고 나서 재가 남지 않는 화재를 말한다. 유류화재에 대한 소화기의 적응 화재별 표시는 'B'로 표시한다.
5) 전기화재(C급 화재) : 전류가 흐르고 있는 전기기기, 배선과 관련된 화재를 말한다. 전기화재에 대한 소화기의 적응 화재별 표시는 'C'로 표시한다.
6) 주방화재(K급 화재) : 주방에서 동식물유를 취급하는 조리기구에서 일어나는 화재를 말한다. 주방화재에 대한 소화기의 적응 화재별 표시는 'K'로 표시한다.
7) 능력단위 : 소화기 및 소화약제에 따른 간이소화용구에 있어서는 법 제36조제1항에 따라 형식승인 된 수치를 말하며, 소화약제 외의 것을 이용한 간이소화용구에 있어서는 별표 2에 따른 수치를 말한다.

② A급 20단위 이상, B급 10단위 이상 → A급 10단위 이상, B급 20단위 이상

78 옥내소화전설비의 화재안전기준상 배관 등에 관한 설명으로 옳은 것은?

① 펌프의 토출 측 주배관의 구경은 유속이 5m/s 이하가 될 수 있는 크기 이상으로 하여야 한다.
② 연결송수관설비의 배관과 겸용할 경우의 주배관은 구경 80mm 이상, 방수구로 연결되는 배관의 구경은 65mm 이상의 것으로 하여야 한다.
③ 성능시험배관은 펌프의 토출 측에 설치된 개폐밸브 이전에서 분기하여 설치하고, 유량측정장치를 기준으로 전단 직관부에 개폐밸브를, 후단 직관부에는 유량조절밸브를 설치하여야 한다.
④ 가압송수장치의 체절운전 시 수온의 상승을 방지하기 위하여 체크밸브와 펌프 사이에서 분기한 구경 20mm 이상의 배관에 체절압력 이상에서 개방되는 릴리프밸브를 설치하여야 한다.

해설

1) 옥내소화전설비 토출 측 주배관의 구경 산정
   주배관의 구경은 유속이 4[m/s] 이하가 될 수 있는 크기 이상으로 할 것

2) 연결송수관설비의 배관과 겸용할 경우
   ① 주배관은 구경 100[mm] 이상
   ② 방수구로 연결되는 배관의 구경은 65[mm] 이상

3) 성능시험배관
   ① 펌프 성능시험배관의 설치기준
      ㉠ 펌프의 토출 측에 설치된 개폐밸브 이전에서 분기하여 설치하고 유량측정 장치를 기준으로 전단 직관부에 개폐밸브, 후단 직관부에 유량조절밸브를 설치할 것
      ㉡ 유량측정장치 : 정격토출량의 175[%] 이상 측정
   ② 펌프의 성능시험
      ㉠ 체절운전
      정격토출압력의 140[%]를 초과하지 아니할 것
      ㉡ 최대 부하운전
      정격토출량의 150[%]로 운전 시 정격토출압력의 65[%] 이상일 것

4) 릴리프밸브
   ① 설치목적
   가압송수장치의 체절운전 시 수온의 상승 방지
   ② 설치기준
      ㉠ 체크밸브와 펌프 사이에서 분기할 것
      ㉡ 배관구경 : 구경 20[mm] 이상(순환배관)
      ㉢ 작동압력 : 체절압력 미만에서 개방할 것

① 유속이 5[m/s] 이하 → 4[m/s] 이하
② 주배관은 구경 80[mm] 이상 → 100[mm] 이상
④ 체절압력 이상 → 체절압력 미만

정답 78 ③

79 소화전함의 성능인증 및 제품검사의 기술기준상 옥내소화전함의 재질을 합성수지 재료로 할 경우 두께는 최소 몇 mm 이상이어야 하는가?

① 1.5　　② 2.0
③ 3.0　　④ 4.0

해설

옥내소화전함

1) 함의 재료
   ① 강판 : 1.5[mm] 이상
   ② 합성수지 : 4.0[mm] 이상으로서 내열성, 난연성이 있을 것
2) 문의 면적 : 0.5[m^2] 이상(0.5[m]×1.0[m])으로 호스 수납에 충분한 여유가 있을 것
3) 문열림 : 120° 이상 열리는 구조일 것
4) 문의 구조 : 문은 두 번 이하의 동작에 의하여 열리고 또한 두 번 이하의 동작에 의하여 닫히는 구조일 것
5) 함의 표면에 "소화전"이라는 표시와 사용요령을 기재한 표지판(외국어 병기)을 붙일 것

80 소화설비용 헤드의 성능인증 및 제품검사의 기술기준상 소화설비용 헤드의 분류 중 수류를 살수판에 충돌하여 미세한 물방울을 만드는 물분무헤드 형식은?

① 디프렉타형　　② 충돌형
③ 슬리트형　　④ 분사형

해설

물분무헤드의 종류

1) 충돌형 : 작은 오리피스를 통과한 수류를 서로 충돌시켜 미세한 물방울을 만드는 헤드
2) 분사형 : 작은 구경의 오리피스에 고압으로 수류를 분사하여 오리피스를 통과하는 순간 미세한 물방울을 만드는 헤드
3) 선회류형 : 방출되는 수류를 선회류에 의해 확산 · 방출하여 미세한 물방울을 만드는 헤드
4) 디플렉터형 : 수류를 디플렉터(반사판)에 충돌시켜 미세한 물방울을 만드는 헤드
5) 슬리트형 : 수류를 슬리트(작고 긴 구멍)에 방출하여 미세한 물방울을 만드는 헤드

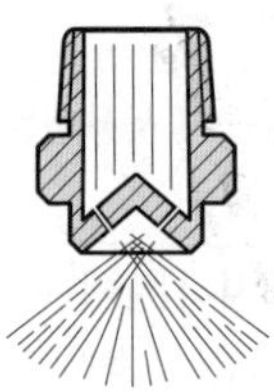
충돌형

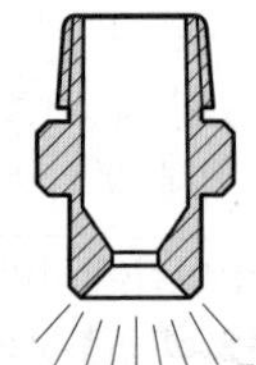
분사형

선회류형

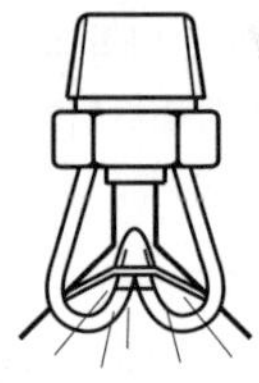
디플렉터형

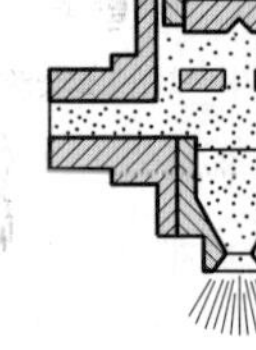
슬리트형

정답 79 ④ 80 ①

소방설비기사(기계분야)

기 · 출 · 문 · 제

2021년 4회

1과목 소방원론

01 다음 중 피난자의 집중으로 패닉현상이 일어날 우려가 가장 큰 형태는?

① T형 ② X형
③ Z형 ④ H형

해설

피난로의 구조 및 특징

구분	구조	피난로의 특징
X형		양방향 피난으로 확실한 피난로 보장
T형		피난방향을 확실하게 구분할 수 있는 형태
H형		피난자들의 중앙집중으로 패닉의 우려가 있는 형태
Z형		중앙복도형으로 양호한 양방향피난을 할 수 있는 형태

02 연기감지기가 작동할 정도이고 가시거리가 20~30m에 해당하는 감광계수는 얼마인가?

① 0.1m^{-1} ② 1.0m^{-1}
③ 2.0m^{-1} ④ 10m^{-1}

해설

감광계수와 가시거리와의 관계

감광계수 $C_s\,[\text{m}^{-1}]$	가시거리 [m]	상황
0.1	20~30	연기감지기가 작동할 때의 농도
0.3	5	건물 내부에 익숙한 사람이 피난에 지장을 느낄 정도의 농도
0.5	3	어두컴컴함을 느낄 정도의 농도
1	1~2	앞이 거의 보이지 않을 정도의 농도
10	0.2~0.5	화재 최성기 때의 농도

03 소화에 필요한 CO_2의 이론소화농도가 공기 중에서 37vol%일 때 한계산소농도는 약 몇 vol%인가?

① 13.2
② 14.5
③ 15.5
④ 16.5

해설

소화가스의 농도[%] 계산

$$CO_2[\%] = \frac{21 - O_2}{21} \times 100$$

여기서, CO_2[%] : 방호구역에 방출된 소화가스의 농도[%]
O_2 : 소화가스 방출 후 방호구역의 산소농도[%]

[풀이]

$$37[\%] = \frac{21 - O_2}{21} \times 100$$

$$21 - O_2[\%] = \frac{37 \times 21}{100}$$

$$\therefore\ O_2 = 21 - 7.77 = 13.23[\%]$$

04 건물화재 시 패닉(Panic)의 발생원인과 직접적인 관계가 없는 것은?

① 연기에 의한 시계 제한
② 유독가스에 의한 호흡 장애
③ 외부와 단절되어 고립
④ 불연내장재의 사용

해설

화재발생 시 패닉의 발생원인
1) 유독가스에 의한 호흡 곤란
2) 연기에 의한 시계 제한
3) 외부와 단절되어 고립

④ 불연내장재의 사용 → 불연내장재를 사용하면 화재로부터 보호받을 수 있다.

정답 01 ④ 02 ① 03 ① 04 ④

05 소화기구 및 자동소화장치의 화재안전기준에 따르면 소화기구(자동확산소화기 제외)는 거주자 등이 손쉽게 사용할 수 있는 장소에 바닥으로부터 높이 몇 m 이하의 곳에 비치하여야 하는가?

① 0.5 ② 1.0
③ 1.5 ④ 2.0

해설

소화기의 설치기준

1) 각 층마다 설치할 것
2) 소화기의 배치

소형소화기	대형소화기
보행거리 20m 이내마다 설치	보행거리 30m 이내마다 설치

3) 특정소방대상물의 각 층이 2 이상의 거실로 구획된 경우 바닥면적이 $33m^2$ 이상으로 구획된 각 거실(아파트의 경우에는 각 세대)에도 배치할 것
4) 소화기구는 바닥으로부터 높이 1.5m 이하의 곳에 비치할 것

06 물리적 폭발에 해당되는 것은?

① 분해폭발 ② 분진폭발
③ 증기운폭발 ④ 수증기폭발

해설

1) 물리적 폭발
① 물과 고온의 금속접촉에 의한 수증기폭발(증기폭발)
② 고압용기 파손에 의한 압력개방 폭발
③ 진공용기 파손에 의한 폭발
④ 전선에 허용전류를 초과하는 대전류인가로 인한 전선의 용해, 증발에 의한 전선폭발
⑤ 화산폭발, 운석충돌

2) 화학적 폭발
① 산화폭발 : 가연성 가스, 증기 등의 급격한 연소에 의한 폭발
② 분해폭발 : 니트로셀룰로오스, 셀룰로이드, 아세틸렌 등이 분해연소하면서 폭발하는 현상
③ 중합폭발 : 시안화수소, 염화비닐 등의 단량체가 중합되면서 발생하는 폭발
④ 분해, 중합폭발 : 산화에틸렌
⑤ 분진폭발, 증기운폭발 등

07 소화약제로 사용되는 이산화탄소에 대한 설명으로 옳은 것은?

① 산소와 반응 시 흡열반응을 일으킨다.
② 산소와 반응하여 불연성 물질을 발생시킨다.
③ 산화하지 않으나 산소와는 반응한다.
④ 산소와 반응하지 않는다.

해설

이산화탄소의 물성

구분	물성
화학식	CO_2
분자량	44
증기비중	1.52
삼중점	−57℃
임계온도	31.35℃
임계압력	73atm
승화점	−79℃

이산화탄소는 $C+O_2 \rightarrow CO_2$ 반응이 완료된 물질로 더 이상 산소와 반응하지 않는다.

08 Halon 1211의 화학식에 해당하는 것은?

① CH_2BrCl
② CF_2ClBr
③ CH_2BrF
④ CF_2HBr

해설

할론소화약제의 물성

구분	Halon 1211	Halon 1301	Halon 2402	Halon 1011
화학식	CF_2ClBr	CF_3Br	$C_2F_4Br_2$	CH_2ClBr
분자량	165.4	148.9	259.8	129.4
증기비중	5.7	5.13	8.96	4.46
상온, 상압에서 상태	기체	기체	액체	액체

정답 05 ③ 06 ④ 07 ④ 08 ②

09 건축물 화재에서 플래시오버(Flash Over) 현상이 일어나는 시기는?

① 초기에서 성장기로 넘어가는 시기
② 성장에서 최성기로 넘어가는 시기
③ 최성기에서 감쇠기로 넘어가는 시기
④ 감쇠기에서 종기로 넘어가는 시기

해설

플래시오버(Flash Over)의 정의 및 특성
1) 화재발생 후 일정시간이 경과하면 실내에 열과 가연성 가스가 축적되고 복사열에 의해 실 전체에 순간적으로 화재가 확산되는 현상
2) 화재 성장기에서 발생하여 플래시오버 후 최성기로 전이된다.
3) 연료지배형 화재에서 환기지배형 화재로 전이된다.
4) 플래시오버 발생시간 : 화재발생 후 약 5~6분 정도
5) 플래시오버 발생 시 실내온도 : 약 800~900℃

10 인화칼슘과 물이 반응할 때 생성되는 가스는?

① 아세틸렌
② 황화수소
③ 황산
④ 포스핀

해설

1) 인화칼슘과 물의 반응식
$Ca_3P_2 + 6H_2O \rightarrow 3Ca(OH)_2 + 2PH_3$(포스핀가스 발생)
2) 탄화칼슘과 물의 반응식
$CaC_2 + 2H_2O \rightarrow Ca(OH)_2 + C_2H_2$(아세틸렌 발생)
3) 나트륨과 물의 반응식
$2Na + 2H_2O \rightarrow 2NaOH + H_2$(수소 발생)

11 위험물안전관리법상 자기반응성 물질의 품명에 해당하지 않는 것은?

① 니트로화합물
② 할로겐간화합물
③ 질산에스테르류
④ 히드록실아민염류

해설

1) 제5류 위험물
① 성질 : 자기반응성 물질
② 품명 및 지정수량

위험등급	품명	지정수량
I	질산에스테르류	10[kg]
	유기과산화물	
II	히드록실아민	100[kg]
	히드록실아민염류	
	니트로화합물	200[kg]
	니트로소화합물	
	아조화합물	
	디아조화합물	
	히드라진유도체	

2) 제6류 위험물
① 성질 : 산화성 액체
② 품명 및 지정수량

위험등급	품명	지정수량
I	과염소산	300[kg]
	과산화수소	
	질산	
	그 밖에 행정안전부령으로 정하는 것	

③ 행정안전부령으로 정하는 것 : 할로겐간화합물
④ 할로겐간화합물의 종류
BrF_3(삼불화브롬), BrF_5(오불화브롬), IF_5(오불화요오드)

12 마그네슘의 화재에 주수하였을 때 물과 마그네슘의 반응으로 인하여 생성되는 가스는?

① 산소 ② 수소
③ 일산화탄소 ④ 이산화탄소

해설

1) 마그네슘과 물의 반응식
$Mg + 2H_2O \rightarrow Mg(OH)_2 + H_2$(수소 발생)
2) 마그네슘과 이산화탄소의 반응식
$2Mg + CO_2 \rightarrow 2MgO + C$(가연성 탄소 발생)

정답 09 ② 10 ④ 11 ② 12 ②

13 제2종 분말소화약제의 주성분으로 옳은 것은?

① NaH_2PO_4

② KH_2PO_4

③ $NaHCO_3$

④ $KHCO_3$

해설

분말소화약제의 종류

종별	분자식	착색	적응 화재	충전비 [l/kg]
제1종 분말	탄산수소나트륨 ($NaHCO_3$)	백색	BC급	0.8
제2종 분말	탄산수소칼륨 ($KHCO_3$)	담회색 (담자색)	BC급	1.0
제3종 분말	제1인산암모늄 ($NH_4H_2PO_4$)	담홍색	ABC급	1.0
제4종 분말	탄산수소칼륨＋요소 ($KHCO_3+(NH_2)_2CO$)	회색	BC급	1.25

14 물과 반응하였을 때 가연성 가스를 발생시켜 화재의 위험성이 증가하는 것은?

① 과산화칼슘 ② 메탄올

③ 칼륨 ④ 과산화수소

해설

1) 과산화칼슘
① 유별 : 제1류 위험물 중 무기과산화물
② 물과 반응 : $2CaO_2+2H_2O \rightarrow 2Ca(OH)_2+O_2$(조연성 가스)를 발생

2) 메탄올
① 유별 : 제4류 위험물 중 알코올류
② 물과 반응 : 수용성

3) 칼륨
① 유별 : 제3류 위험물
② 물과 반응 : $2K+2H_2O \rightarrow 2KOH+H_2$(가연성 가스 발생)

4) 과산화수소
① 유별 : 제6류 위험물
② 물과 반응 : 수용성

15 물리적 소화방법이 아닌 것은?

① 연쇄반응의 억제에 의한 방법

② 냉각에 의한 방법

③ 공기와의 접촉 차단에 의한 방법

④ 가연물 제거에 의한 방법

해설

1) 물리적 소화
① 연소의 3요소 중 한 가지를 차단하여 소화하는 방법
② 점화원을 제거하는 냉각소화
③ 산소를 제거하는 질식소화
④ 가연물을 제거하는 제거소화

2) 화학적 소화
① 연소의 4요소인 연쇄반응을 억제하여 소화하는 방법
② 억제소화 또는 부촉매소화라 한다.

16 다음 중 착화온도가 가장 낮은 것은?

① 아세톤 ② 휘발유

③ 이황화탄소 ④ 벤젠

해설

착화온도(발화점)

물질	아세톤	휘발유	이황화탄소	벤젠
착화온도	465℃	300℃	90℃	498℃

17 화재의 분류방법 중 유류화재를 나타낸 것은?

① A급 화재 ② B급 화재

③ C급 화재 ④ D급 화재

해설

화재의 분류

구분	화재의 종류	표시색	주된 소화효과
A급 화재	일반화재	백색	냉각소화
B급 화재	유류, 가스화재	황색	질식소화
C급 화재	전기화재(통전)	청색	질식소화
D급 화재	금속화재	무색	질식소화
K급 화재	주방화재	–	냉각, 질식소화

정답 13 ④ 14 ③ 15 ① 16 ③ 17 ②

18 소화약제로 사용되는 물에 관한 소화성능 및 물성에 대한 설명으로 틀린 것은?

① 비열과 증발잠열이 커서 냉각소화 효과가 우수하다.
② 물(15℃)의 비열은 약 1cal/g ℃이다.
③ 물(100℃)의 증발잠열은 439.6cal/g이다.
④ 물의 기화에 의해 팽창된 수증기는 질식소화 작용을 할 수 있다.

해설

물의 소화성능 및 물성
1) 물의 비열 1[cal/g ℃], 1[kcal/kg ℃], 4.184[J/g ℃], 4.184[kJ/kg ℃]
※ 비열 : 물 1g을 14.5℃에서 15.5℃까지 1℃ 올리는데 필요한 열량
2) 물의 융해잠열 : 80[cal/g], 80[kcal/kg]
3) 물의 증발잠열 : 539[cal/g], 539[kcal/kg]
4) 밀폐된 장소에서 증발 가열되면 수증기에 의한 질식소화 효과가 있다.

19 다음 중 공기에서의 연소범위를 기준으로 했을 때 위험도(H)값이 가장 큰 것은?

① 디에틸에테르 ② 수소
③ 에틸렌 ④ 부탄

해설

위험도(H)

$$H = \frac{UFL - LFL}{LFL}$$

여기서, H : 위험도
UFL : 연소상한계[%]
LFL : 연소하한계[%]

① 디에틸에테르 연소범위 : 1.9~48
디에틸에테르 위험도 $H = \frac{48 - 1.9}{1.9} = 24.26$

② 수소 연소범위 : 4~75
수소 위험도 $H = \frac{75 - 4}{4} = 17.75$

③ 에틸렌 연소범위 : 2.7~36
에틸렌 위험도 $H = \frac{36 - 2.7}{2.7} = 12.33$

④ 부탄의 연소범위 : 1.8~8.4
부탄의 위험도 $H = \frac{8.4 - 1.8}{1.8} = 3.67$

20 조연성 가스로만 나열되어 있는 것은?

① 질소, 불소, 수증기
② 산소, 불소, 염소
③ 산소, 이산화탄소, 오존
④ 질소, 이산화탄소, 염소

해설

조연성 가스
1) 정의 : 자신은 타지 않고 가연성 가스의 연소를 도와주는 가스
2) 종류 : 산소, 공기, 불소, 염소, 이산화질소 등

2과목 소방유체역학

21 지름이 5cm인 원형 관내에 이상기체가 층류로 흐른다. 다음 중 이 기체의 속도가 될 수 있는 것을 모두 고르면?(단, 이 기체의 절대압력은 200kPa, 온도는 27℃, 기체상수는 2,080J/kg · K, 점성계수는 2×10^{-5}N · s/m^2, 하임계 레이놀즈수는 2,200으로 한다.)

ㄱ. 0.3m/s	ㄴ. 1.5m/s
ㄷ. 8.3m/s	ㄹ. 15.5m/s

① ㄱ ② ㄱ, ㄴ
③ ㄱ, ㄴ, ㄷ ④ ㄱ, ㄴ, ㄷ, ㄹ

해설

1) 이상기체 상태방정식

$$PV = W\overline{R}T$$

여기서, P : 절대압력[Pa] [N/m^2], V : 체적[m^3]
W : 기체의 질량[kg], T : 절대온도[K]
$\overline{R}$: 특별기체상수[N · m/kg · K][J/kg · K]

정답 18 ③ 19 ① 20 ② 21 ②

2) 기체의 밀도 ρ[kg/m³]

$\rho = \frac{W}{V}$ [kg/m³]이므로

$$\rho = \frac{P}{\overline{R}\,T}$$

3) 레이놀즈수(Reynolds Number)

$$Re = \frac{\rho VD}{\mu} = \frac{VD}{\nu}$$

여기서, ρ : 유체의 밀도[kg/m³]
μ : 유체의 점성계수[kg/m · s]
ν : 유체의 동점성계수[m²/s]
V : 유속[m/s]
D : 관의 직경[m]

[풀이]

d : 5[cm]=0.05[m]
P : 200[kPa]
T : (27+273)=300[K]
$\overline{R}$: 2,080 [J/kg · K] = 2.080[kJ/kg · K]
μ : 2×10^{-5}[N · s/m²]
Re : 2,200

1) 기체의 밀도

$$\rho = \frac{P}{\overline{R}\,T} = \frac{200}{2.08\times300} = 0.3205[\text{kg/m}^3]$$

2) 기체의 속도

$$Re = \frac{\rho VD}{\mu}$$

$$2{,}200 = \frac{0.3205\times V\times0.05}{2\times10^{-5}}$$

$$V = \frac{2{,}200\times2\times10^{-5}}{0.3205\times0.05} = 2.75[\text{m/s}]$$

3) 레이놀즈수와 속도의 관계

$$Re = \frac{\rho VD}{\mu}$$

- 위 식에서 레이놀즈수는 속도에 비례한다.
- 문제에서 이상기체는 층류로 흐르고 하임계 레이놀즈수는 2,200이다.
- 층류를 유지하기 위해서는 Re(2,200) 이하가 되어야 하므로 속도는 2.75[m/s] 이하가 되어야 한다. 그러므로 ㄱ, ㄴ이 답이다.

22 표면장력에 관련된 설명 중 옳은 것은?

① 표면장력의 차원은 힘/면적이다.
② 액체와 공기의 경계면에서 액체분자의 응집력보다 공기분자와 액체분자 사이의 부착력이 클 때 발생된다.
③ 대기 중의 물방울은 크기가 작을수록 내부압력이 크다.
④ 모세관현상에 의한 수면 상승 높이는 모세관의 직경에 비례한다.

해설

1) 표면장력

$$\sigma = \frac{\Delta Pd}{4}$$

여기서, σ : 표면장력[N/m]
ΔP : 압력 차[Pa]
d : 지름[m]

2) 모세관의 높이

$$h = \frac{4\sigma\cos\theta}{\gamma d}$$

여기서, h : 모세관의 높이[m]
σ : 표면장력[N/m]
γ : 유체의 비중량[N/m³]
d : 관의 직경, θ : 접촉각

① 표면장력σ[N/m]의 차원은 힘/길이이다.
② 액체물질 사이의 응집력이 크고 부착력이 작을 때 응집력을 최대로 하기 위해 경계면의 넓이를 최소화하려는 성질이 발생한다.
③ 대기 중의 물방울은 크기가 작을수록 내부압력이 크다. 1)의 표면장력식에서 물방울의 직경(d)과 내부압력(ΔP)은 반비례한다.
④ 모세관현상에 의한 수면 상승 높이(h)는 모세관의 직경(d)에 반비례한다.

정답 22 ③

23 유체의 점성에 대한 설명으로 틀린 것은?

① 질소기체의 동점성계수는 온도 증가에 따라 감소한다.
② 물(액체)의 점성계수는 온도 증가에 따라 감소한다.
③ 점성은 유동에 대한 유체의 저항을 나타낸다.
④ 뉴턴유체에 작용하는 전단응력은 속도기울기에 비례한다.

해설

1) 액체와 기체에서 온도에 따른 점성 변화

점성	온도 상승	온도 하강
액체의 점성	감소	증가
기체의 점성	증가	감소

2) 동점성계수 ν
점성계수를 그 유체의 밀도로 나눈 값으로 차원은 운동학적 차원을 가지므로 동점성계수라고 한다.

$$\nu[\mathrm{m^2/s}] = \frac{\mu[\mathrm{kg/m\cdot s}]}{\rho[\mathrm{kg/m^3}]}$$

여기서, ν : 동점성계수[$\mathrm{m^2/s}$]
μ : 점성계수[$\mathrm{kg/m\cdot s}$]
ρ : 밀도[$\mathrm{kg/m^3}$]
※ 동점성계수의 단위 : [$\mathrm{m^2/s}$], [$\mathrm{cm^2/s}$]=[stokes]

① 질소기체는 온도가 상승하면 점성이 증가하고 점성이 증가하면 동점성계수도 증가한다.

24 회전속도 1,000rpm일 때 송출량 $Q\mathrm{m^3/min}$, 전양정 Hm인 원심펌프가 상사한 조건에서 송출량이 $1.1Q\mathrm{m^3/min}$가 되도록 회전속도를 증가시킬 때, 전양정은 어떻게 되는가?

① $0.91H$ ② H
③ $1.1H$ ④ $1.21H$

해설

상사의 법칙
비속도가 같은 펌프는 기하학적으로 상사(유사)하고 이러한 펌프 사이에는 상사의 법칙이 성립한다.

1) 유량(Q)에서의 상사의 법칙

$$\frac{Q_2}{Q_1} = \left(\frac{N_2}{N_1}\right)\left(\frac{D_2}{D_1}\right)^3$$

2) 양정(H)에서의 상사의 법칙

$$\frac{H_2}{H_1} = \left(\frac{N_2}{N_1}\right)^2\left(\frac{D_2}{D_1}\right)^2$$

3) 동력(P)에서의 상사의 법칙

$$\frac{P_2}{P_1} = \left(\frac{N_2}{N_1}\right)^3\left(\frac{D_2}{D_1}\right)^5$$

여기서, N : 회전수[rpm], D : 임펠러의 직경[m]

[풀이]
N_1 : 1,000[rpm], Q_1 : Q[$\mathrm{m^3/min}$], H_1 : H[m]
N_2 : ? Q_2 : $1.1Q$[$\mathrm{m^3/min}$], H_2 : ?

1) $\frac{Q_2}{Q_1} = \left(\frac{N_2}{N_1}\right)$, $\frac{1.1Q}{Q} = \frac{N_2}{1{,}000}$, $N_2 = 1{,}100$[rpm]

2) $\frac{H_2}{H_1} = \left(\frac{N_2}{N_1}\right)^2$, $\frac{H_2}{H} = \left(\frac{1{,}100}{1{,}000}\right)^2$

$H_2 = 1.21H$

25 그림과 같이 노즐이 달린 수평관에서 계기압력이 0.49MPa이었다. 이 관의 안지름이 6cm이고 관의 끝에 달린 노즐의 지름이 2cm이라면 노즐의 분출속도는 몇 m/s인가?(단, 노즐에서의 손실은 무시하고, 관마찰계수는 0.025이다.)

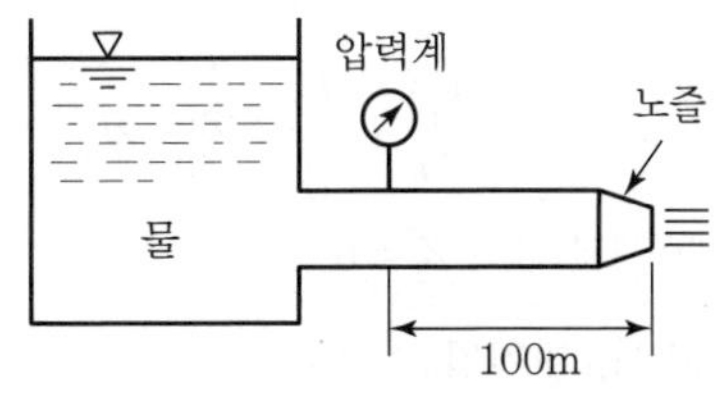

① 16.8 ② 20.4
③ 25.5 ④ 28.4

정답 23 ① 24 ④ 25 ③

해설

1) 손실수두를 고려한 베르누이 방정식

$$\frac{V_1^{\ 2}}{2g}+\frac{P_1}{\gamma}+Z_1=\frac{V_2^{\ 2}}{2g}+\frac{P_2}{\gamma}+Z_2+H_L$$

여기서, $\frac{P}{\gamma}$: 압력수두, $\frac{V^2}{2g}$: 속도수두

z : 위치수두, V : 유속[m/s]

P : 압력[N/m²], Z : 높이[m]

g : 중력가속도[m/s²], γ : 비중량[N/m³]

H_L : 마찰손실수두

2) 직관에서의 마찰손실수두

$$H_l=f\frac{l}{d}\frac{V^2}{2g}$$

여기서, H_l : 마찰손실수두[m], f : 관마찰계수

d : 배관의 직경[m], l : 직관의 길이[m]

V : 유체의 유속[m/sec]

[풀이]

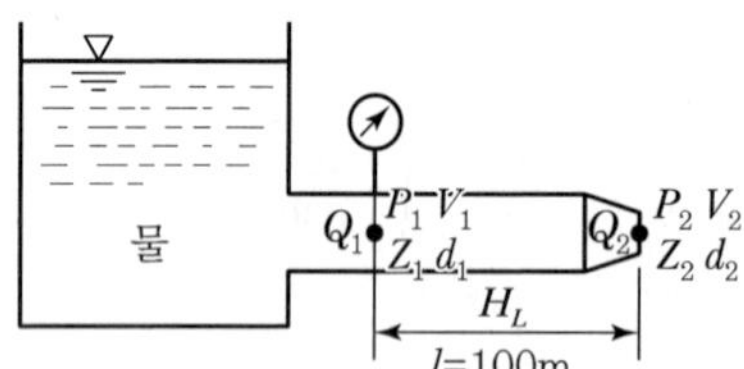

P_1: 0.49[MPa](계기압)

P_2: 0[MPa] → 대기압상태로 분출되며 대기압상태는 계기압 0이다.

d_1 : 6[cm]=0.06[m]

d_2 : 2[cm]=0.02[m]

f : 0.025

1) $\frac{V_1^{\ 2}}{2g}+\frac{P_1}{\gamma}+Z_1=\frac{V_2^{\ 2}}{2g}+\frac{P_2}{\gamma}+Z_2+H_L$

수평배관이므로 $Z_1-Z_2=0$

$P_2=0$[MPa](대기압)이므로

$$\frac{V_1^{\ 2}}{2g}+\frac{P_1}{\gamma}=\frac{V_2^{\ 2}}{2g}+H_L$$

H_L에 앞의 2)식을 대입하면

$$\frac{V_1^{\ 2}}{2g}+\frac{P_1}{\gamma}=\frac{V_2^{\ 2}}{2g}+f\frac{l}{d_1}\frac{V_1^2}{2g} \quad \cdots\cdots ㉠$$

2) $Q_1=Q_2$

$A_1V_1=A_2V_2$

$$\frac{\pi d_1^2}{4}\times V_1=\frac{\pi d_2^2}{4}\times V_2$$

$d_1^2\times V_1=d_2^2\times V_2$

$$V_2=\left(\frac{d_1}{d_2}\right)^2V_1=\left(\frac{0.06}{0.02}\right)^2V_1=9V_1$$

$V_2=9V_1$ ………………………… ㉡

3) ㉠식에 ㉡식을 대입하면

$$\frac{V_1^{\ 2}}{2g}+\frac{P_1}{\gamma}=\frac{(9V_1)^2}{2g}+f\frac{l}{d_1}\frac{V_1^2}{2g}$$

$$\frac{V_1^{\ 2}}{2\times9.8}+\frac{0.49}{0.0098}$$

$$=\frac{(9V_1)^2}{2\times9.8}+0.025\times\frac{100}{0.06}\times\frac{V_1^2}{2\times9.8}$$

$$\frac{V_1^{\ 2}}{2\times9.8}+50=\frac{(9V_1)^2}{2\times9.8}+\frac{41.67V_1^2}{2\times9.8}$$

$$\frac{81V_1^2+41.67V_1^{\ 2}-V_1^{\ 2}}{2\times9.8}=50$$

$$\frac{(81+41.67-1)V_1^{\ 2}}{2\times9.8}=50$$

$121.67\,V_1^{\ 2}=980$

$V_1^{\ 2}=8.05$

$V_1=\sqrt{8.05}=2.837$[m/s]

4) 노즐의 분출속도 V_2

$V_2=9V_1$이므로

$V_2=9\times2.837=25.53$[m/s]

정답

26 원심펌프가 전양정 120m에 대해 6m³/s의 물을 공급할 때 필요한 축동력이 9,530kW이었다. 이때 펌프의 체적효율과 기계효율이 각각 88%, 89%라고 하면, 이 펌프의 수력효율은 약 몇 %인가?

① 74.1 ② 84.2
③ 88.5 ④ 94.5

해설

1) 축동력
모터에 의해 실제로 펌프에 주어지는 동력

$$L_s[\mathrm{kW}] = \frac{\gamma[\mathrm{N/m^3}] \times Q[\mathrm{m^3/s}] \times H[\mathrm{m}]}{1{,}000\eta}$$

여기서, L_s : 축동력[kW]
γ : 물의비중량 9,800[N/m³]
Q : 유량[m³/s]
H : 전양정[m]
η : 펌프의 전효율
K : 전달계수

2) 펌프의 전효율 η_t

$$\eta_t = \eta_h \times \eta_v \times \eta_m$$

여기서, η_t : 전효율
η_h : 수력효율
η_v : 체적효율
η_m : 기계적 효율

[풀이]

1) $9{,}530[\mathrm{kW}] = \dfrac{9{,}800[\mathrm{N/m^3}] \times 6[\mathrm{m^3/s}] \times 120[\mathrm{m}]}{1{,}000 \times \eta}$

$\eta = \dfrac{9{,}800 \times 6 \times 120}{1{,}000 \times 9{,}530} = 0.74$

전효율 : $\eta_t = 0.74$

2) $\eta_t = \eta_h \times \eta_v \times \eta_m$

$0.74 = \eta_h \times 0.88 \times 0.89$

$\eta_h = \dfrac{0.74}{0.88 \times 0.89} = 0.9448$

3) 수력효율 η_h

$\eta_h = 94.48 \fallingdotseq 94.5[\%]$

27 안지름 4cm, 바깥지름 6cm인 동심이중관의 수력직경(Hydraulic Diameter)은 몇 cm인가?

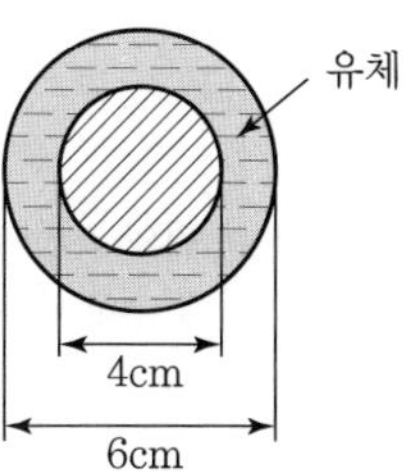

① 2 ② 3 ③ 4 ④ 5

해설

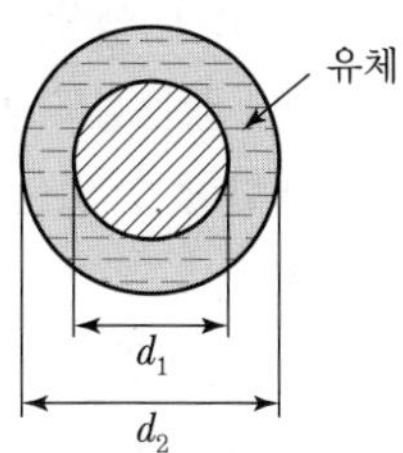

1) 수력반경 R_h

$$R_h = \frac{A}{P} \qquad 수력반경 = \frac{접수면적}{접수길이}$$

2) 수력직경 D_h : 비원형 단면을 원형 단면으로 적용했을 때의 직경

$$D_h = 4R_h$$

[풀이]

1) 동심이중관에서 접수길이 P
$\pi d_2 + \pi d_1 = \pi(d_2 + d_1)$

2) 동심이중관에서 접수면적 A
$\dfrac{\pi d_2^2}{4} - \dfrac{\pi d_1^2}{4} = \dfrac{\pi(d_2^2 - d_1^2)}{4}$

3) 수력반경 R_h

$$R_h = \frac{A}{P} = \frac{\dfrac{\pi(d_2^2 - d_1^2)}{4}}{\pi(d_2 + d_1)} = \frac{d_2^2 - d_1^2}{4(d_2 + d_1)}$$

$$= \frac{(d_2 + d_1)(d_2 - d_1)}{4(d_2 + d_1)}$$

$$R_h = \frac{d_2 - d_1}{4}$$

정답 26 ④ 27 ①

4) 수력직경 D_h

$$D_h = 4R_h = 4 \times \frac{d_2 - d_1}{4}$$

$$D_h = d_2 - d_1$$

$$D_h = 6 - 4 = 2[\text{cm}]$$

※ 2중관의 수력직경은 큰 원의 직경에서 작은 원의 직경을 빼주는 방법으로 쉽게 구할 수 있다.
(6－4＝2[cm])

28 열역학 관련 설명 중 틀린 것은?

① 삼중점에서는 물체의 고상, 액상, 기상이 공존한다.
② 압력이 증가하면 물의 끓는점도 높아진다.
③ 열을 완전히 일로 변환할 수 있는 효율이 100%인 열기관을 만들 수 없다.
④ 기체의 정적비열은 정압비열보다 크다.

해설

1) 정압비열과 정적비열
① 정압비열 C_P[kJ/kg · K] : 압력을 일정하게 유지하고 측정한 비열
② 정적비열 C_V[kJ/kg · K] : 체적을 일정하게 유지하고 측정한 비열

2) 비열비 k
① 정적비열에 대한 정압비열의 비

$$k = \frac{C_P}{C_V}$$

② 이상기체에서 정압비열은 정적비열보다 크다($C_P > C_V$). 그러므로 비열비는 1보다 크게 된다($k > 1$).

29 다음 중 차원이 서로 같은 것을 모두 고르면? (단, P : 압력, ρ : 밀도, V : 속도, h : 높이, F : 힘, m : 질량, g : 중력가속도)

ㄱ. ρV^2	ㄴ. $\rho g h$
ㄷ. P	ㄹ. $\frac{F}{m}$

① ㄱ, ㄴ　　② ㄱ, ㄷ
③ ㄱ, ㄴ, ㄷ　　④ ㄱ, ㄴ, ㄷ, ㄹ

해설

ㄱ. ρV^2

$$\frac{\text{N} \cdot \text{s}^2}{\text{m}^4} \times \left(\frac{\text{m}}{\text{s}}\right)^2 = \frac{\text{N} \cdot \text{s}^2}{\text{m}^4} \times \frac{\text{m}^2}{\text{s}^2} = \frac{\text{N}}{\text{m}^2}$$

$\therefore [\text{FL}^{-2}]$

ㄴ. $\rho g h$

$$\frac{\text{N} \cdot \text{s}^2}{\text{m}^4} \times \frac{\text{m}}{\text{s}^2} \times \text{m} = \frac{\text{N}}{\text{m}^2}$$

$\therefore [\text{FL}^{-2}]$

ㄷ. P

$\frac{\text{N}}{\text{m}^2}$　$\therefore [\text{FL}^{-2}]$

ㄹ. $\frac{F}{m} = \frac{F}{\frac{F}{a}} = \frac{F \cdot a}{F} = a$

$a[\frac{\text{m}}{\text{s}^2}]$　$\therefore [\text{LT}^{-2}]$

여기서, $F = ma$, $m = \frac{F}{a}$

30 밀도가 10kg/m³인 유체가 지름 30cm인 관 내를 1m³/s로 흐른다. 이때의 평균유속은 몇 m/s인가?

① 4.25　② 14.1　③ 15.7　④ 84.9

해설

1) 체적유량 $Q[\text{m}^3/\text{s}]$

$$Q[\text{m}^3/\text{s}] = AV \qquad A_1 V_1 = A_2 V_2$$

여기서, A : 배관의 단면적[m²], V : 유속[m/s]

[풀이]
d : 30[cm]＝0.3[m],　Q : 1[m³/s]

$$Q = AV$$

$$1 = \frac{\pi \times 0.3^2}{4} \times V$$

$$V = 14.14[\text{m/s}]$$

정답　28 ④　29 ③　30 ②

31 초기상태의 압력 100kPa, 온도 15℃인 공기가 있다. 공기의 부피가 초기 부피의 $\frac{1}{20}$이 될 때까지 가역 단열압축할 때 압축 후의 온도는 약 몇 ℃인가?(단, 공기의 비열비는 1.4이다.)

① 54 ② 348
③ 682 ④ 912

해설

단열압축 시 절대온도와 체적과의 관계

$$\frac{T_2}{T_1} = \left(\frac{V_1}{V_2}\right)^{k-1}$$

여기서, T_1 : 초기상태의 절대온도[K]
T_2 : 단열압축 후 절대온도[K]
V_1 : 초기상태의 체적[m³]
V_2 : 단열압축 후 체적[m³]
k : 비열비

[풀이]
1) 초기상태의 절대온도 : $T_1 = (15+273) = 288$[K]
초기부피 : V_1
단열압축 후 부피 : $V_2 = \frac{1}{20} V_1$, $k = 1.4$

2) $\frac{T_2}{288} = \left(\frac{V_1}{\frac{1}{20} V_1}\right)^{1.4-1}$

$T_2 = 20^{0.4} \times 288 = 954.56$[K]

3) 단열압축 후의 온도[℃]
섭씨[℃] = 절대온도[K] − 273
= 954.56[K] − 273 = 681.56[℃]

32 부피가 240m³인 방 안에 들어 있는 공기의 질량은 약 몇 kg인가?(단, 압력은 100kPa, 온도는 300K이며, 공기의 기체상수는 0.287kJ/kg · K이다.)

① 0.279 ② 2.79
③ 27.9 ④ 279

해설

이상기체 상태방정식

$$PV = W\overline{R}\,T$$

여기서, P : 절대압력[Pa][N/m²]
V : 체적[m³]
W : 기체의 질량[kg]
T : 절대온도[K]
$\overline{R}$: 특별기체상수[N · m/kg · K][J/kg · K]

[풀이]
V : 240[m³], P : 100[kPa]
T : 300[K], $\overline{R}$: 0.287[kJ/kg · K]

$100 \times 240 = W \times 0.287 \times 300$

$W = \frac{100 \times 240}{0.287 \times 300} = 278.75$[kg]

33 그림의 액주계에서 밀도 $\rho_1 = 1{,}000\text{kg/m}^3$, $\rho_2 = 13{,}600\text{kg/m}^3$, 높이 $h_1 = 500\text{mm}$, $h_2 = 800\text{mm}$일 때 관 중심 A의 계기압력은 몇 kPa인가?

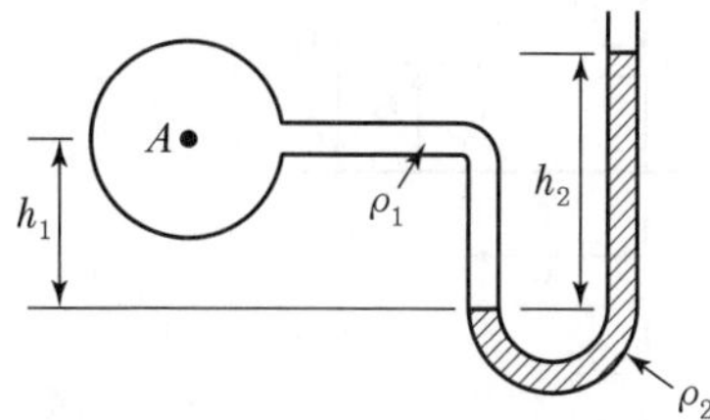

① 101.7 ② 109.6
③ 126.4 ④ 131.7

정답 31 ③ 32 ④ 33 ①

해설

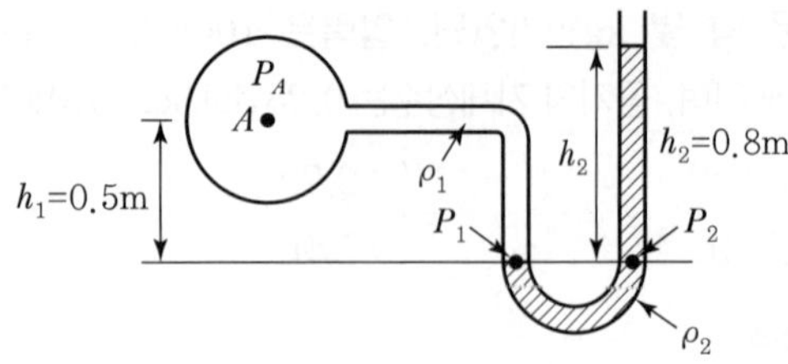

1) $\gamma = \rho g$

$\gamma_1 = \rho_1 g = 1{,}000 \times 9.8 = 9{,}800[\mathrm{N/m^3}]$

$\gamma_2 = \rho_2 g = 13{,}600 \times 9.8 = 133{,}280[\mathrm{N/m^3}]$

2) $P_1 = P_2$

$P_A + \gamma_1 h_1 = \gamma_2 h_2$

$P_A + 9{,}800 \times 0.5 = 133{,}280 \times 0.8$

$P_A = (133{,}280 \times 0.8) - (9{,}800 \times 0.5)$

$= 101{,}724[\mathrm{N/m^2}]$

$P_A = 101.72[\mathrm{kN/m^2}][\mathrm{kPa}]$

34 그림과 같이 수조의 두 노즐에서 물이 분출하여 한 점(A)에서 만나려고 하면 어떤 관계가 성립되어야 하는가?(단, 공기저항과 노즐의 손실은 무시한다.)

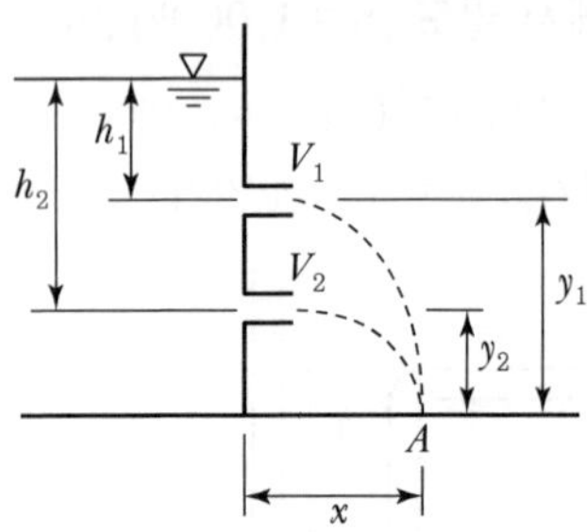

① $h_1 y_1 = h_2 y_2$

② $h_1 y_2 = h_2 y_1$

③ $h_1 y_2 = h_1 y_2$

④ $h_1 y_1 = 2h_2 y_2$

해설

1) 분출속도 V

$V_1 = \sqrt{2gh_1}$ $\quad V_2 = \sqrt{2gh_2}$

2) 자유낙하거리 y

$y = \frac{1}{2}gt^2$ 에서

$t_1 = \sqrt{\frac{2y_1}{g}}$ $\quad t_2 = \sqrt{\frac{2y_2}{g}}$

3) 분출거리 x

$V = \frac{x}{t}[\mathrm{m/s}]$에서

$x_1 = V_1 t_1$ $\quad x_2 = V_2 t_2$

4) $x_1 = x_2$

$V_1 t_1 = V_2 t_2$

$\sqrt{2gh_1} \times t_1 = \sqrt{2gh_2} \times t_2$

$\sqrt{2gh_1} \times \sqrt{\frac{2y_1}{g}} = \sqrt{2gh_2} \times \sqrt{\frac{2y_2}{g}}$

양변을 제곱하면

$2gh_1 \times \frac{2y_1}{g} = 2gh_2 \times \frac{2y_2}{g}$

$h_1 y_1 = h_2 y_2$

35 길이 100m, 직경 50mm, 상대조도 0.01인 원형 수도관 내에 물이 흐르고 있다. 관 내 평균유속이 3m/s에서 6m/s로 증가하면 압력손실은 몇 배로 되겠는가?(단, 유동은 마찰계수가 일정한 완전 난류로 가정한다.)

① 1.41배 ② 2배

③ 4배 ④ 8배

정답 34 ① 35 ③

해설

1) 패닝의 법칙(Fanning's Law)
난류에서 마찰손실수두를 계산할 때 사용한다.

$$H_l = f\frac{l}{d}\frac{2V^2}{g}$$

여기서, H_l : 마찰손실수두[m], f : 관마찰계수
d : 배관의 직경[m], V : 유속[m/s]

2) 위 식에서 마찰손실수두와 유속은 제곱에 비례한다.
① $H_l \propto V^2$
② $H_1 : V_1^2 = H_2 : V_2^2$
$H_1 : 3^2 = H_2 : 6^2$
$36H_1 = 9H_2$
$H_2 = 4H_1$

36 한 변이 8cm인 정육면체를 비중이 1.26인 글리세린에 담그니 절반의 부피가 잠겼다. 이때 정육면체를 수직방향으로 눌러 완전히 잠기게 하는 데 필요한 힘은 약 몇 N인가?

① 2.56 ② 3.16
③ 6.53 ④ 12.5

해설

$F_g = F_B$
$F_g = \gamma_1 V_1$ $F_B = \gamma_2 V_2$

$$\gamma_1 V_1 = \gamma_2 V_2$$

여기서, γ_1 : 정육면체의 비중량[N/m³]
V_1 : 정육면체의 전체 체적[m³]
γ_2 : 글리세린의 비중량[N/m³]
V_2 : 정육면체가 잠긴 체적(넘친 글리세린의 체적)[m³]

[풀이]
1) $V_1 : 0.08 \times 0.08 \times 0.08 = 0.0005[m^3]$
$V_2 : 0.08 \times 0.08 \times 0.04 = 0.00025[m^3]$
S_2 : 1.26(글리세린의 비중)

2) 부력
$F_B = \gamma_2 V_2$
여기서, $\gamma_2 = S_2 \gamma_w$이므로
$F_B = S_2 \gamma_w V_2$
$= 1.26 \times 9{,}800 \times (0.08 \times 0.08 \times 0.04)$
$= 3.16[N]$

3) 정육면체를 수직방향으로 눌러서 완전히 잠기게 하려면 부력만큼의 힘이 필요하다.

37 그림과 같이 반지름이 0.8m이고 폭이 2m인 곡면 AB가 수문으로 이용된다. 물에 의한 힘의 수평성분의 크기는 약 몇 kN인가?(단, 수문의 폭은 2m이다.)

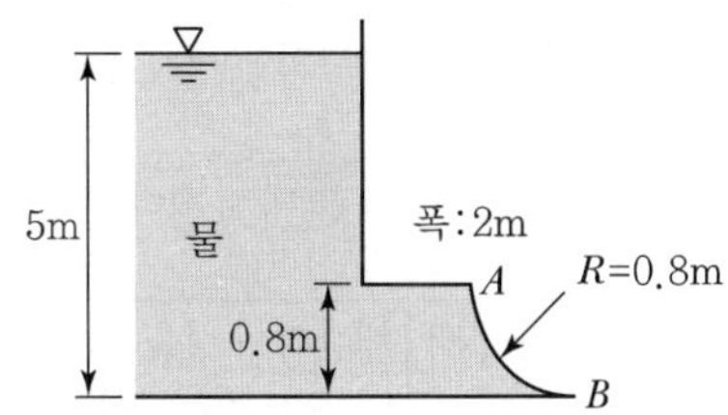

① 72.1 ② 84.7 ③ 90.2 ④ 95.4

해설

수평분력 F_H

$$F_H = \gamma \bar{h} A$$

여기서, F_H : 수평분력[N]
$\bar{h}$: 투영면적 중심에서 수면까지 수직깊이[m]
A : 수평투영면적[m²]

1) 물의 비중량 γ : 9,800[N/m³], 9.8[kN/m³]

2) $\bar{h}$: 투영면적 중심에서 수면까지 수직깊이[m]
$\bar{h} = (5-0.8) + \frac{0.8}{2} = 4.6[m]$

3) A : 투영면적[m²]
A = 폭×높이 = 2m×0.8m = 1.6[m²]

4) 수평분력
$F_H = \gamma \bar{h} A = 9.8[kN/m^3] \times 4.6[m] \times 1.6[m^2]$
$= 72.13[kN]$

정답 36 ② 37 ①

38 펌프 운전 시 발생하는 캐비테이션의 발생을 예방하는 방법이 아닌 것은?

① 펌프의 회전수를 높여 흡입 비속도를 높게 한다.
② 펌프의 설치높이를 될 수 있는 대로 낮춘다.
③ 입형 펌프를 사용하고, 회전차를 수중에 완전히 잠기게 한다.
④ 양흡입 펌프를 사용한다.

해설

공동(Cavitation)현상의 발생원인 및 방지대책

발생원인	방지대책
흡입 측 배관 내 물의 온도가 높은 경우	배관 내 물의 온도를 낮게 유지한다.
흡입 측 배관 내 물의 압력이 낮은 경우	배관 내 물의 압력을 높게 유지한다.
흡입 측 배관의 마찰손실이 큰 경우	배관의 마찰손실을 작게 한다.
흡입 측 배관의 유속이 빠른 경우	배관 내 유체의 유속을 낮게 한다.
흡입 측 배관의 구경이 작은 경우	배관의 구경을 크게 한다.(양흡입 펌프 사용)
흡입 측 배관의 길이가 긴 경우	흡입양정을 작게 한다.

※ 수직회전축펌프(입형 펌프)는 임펠러가 물속에 위치하므로 공동현상이 발생하지 않는다.

① 펌프의 회전수를 높여 흡입 비속도를 높게 한다. → 펌프의 회전수가 높으면 유속도 빨라지게 되고 유속이 빠르면 공동현상의 발생원인이 된다.

39 실내의 난방용 방열기(물－공기 열교환기)에는 대부분 방열 핀(Fin)이 달려 있다. 그 주된 이유는?

① 열전달면적 증가
② 열전달계수 증가
③ 방사율 증가
④ 열저항 증가

해설

방열핀(Cooling Fin, Radiation Fin)
열의 방사면(열전달면적)을 넓히기 위하여 방열관 따위의 둘레에 설치한 지느러미판이다.

40 그림에서 물 탱크차가 받는 추력은 약 몇 N인가?(단, 노즐의 단면적은 $0.03m^2$이며, 탱크 내의 계기압력은 40kPa이다. 또한 노즐에서 마찰손실은 무시한다.)

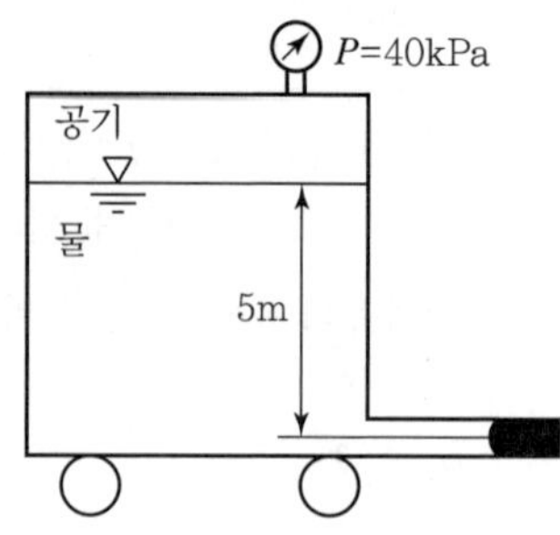

① 812
② 1,490
③ 2,710
④ 5,340

해설

1) 추력, 고정평판에 작용하는 힘, 반동력, 노즐의 반발력

$$F=\rho Q V \qquad F=\rho A V^2$$

여기서, ρ : 밀도[kg/m³], Q : 유량[m³/s]
V : 유속[m/s], A : 노즐의 단면적[m²]

[풀이]

1) 물의 밀도 ρ : 1,000[kg/m³]
노즐의 단면적 A : 0.03[m²]

2) 유속 : $V=\sqrt{2gh}$
h = 물의 높이(h_1) + 공기의 압력수두(h_2)
$h_1=5$[m]
$$h_2=\frac{P}{\gamma}=\frac{40\,[\text{kN/m}^2]}{9.8\,[\text{kN/m}^3]}=4.08\,[\text{m}]$$
$h=5+4.08=9.08$[m]
$V=\sqrt{2\times9.8\times9.08}=13.34$[m/s]

3) $F=\rho A V^2$
$=1,000\times0.03\times13.34^2=5338.67$[N]

정답 38 ① 39 ① 40 ④

3과목 소방관계법규

41 다음 위험물안전관리법령의 자체소방대 기준에 대한 설명으로 틀린 것은?

> 다량의 위험물을 저장 · 취급하는 제조소 등으로서 대통령령이 정하는 제조소 등이 있는 동일한 사업소에서 대통령령이 정하는 수량 이상의 위험물을 저장 또는 취급하는 경우 당해 사업소의 관계인은 대통령령이 정하는 바에 따라 당해 사업소에 자체소방대를 설치하여야 한다.

① "대통령령이 정하는 제조소 등"은 제4류 위험물을 취급하는 제조소를 포함한다.
② "대통령령이 정하는 제조소 등"은 제4류 위험물을 취급하는 일반취급소를 포함한다.
③ "대통령령이 정하는 수량 이상의 위험물"은 제4류 위험물의 최대수량 합이 지정수량의 3천 배 이상인 것을 포함한다.
④ "대통령령이 정하는 제조소 등"은 보일러로 위험물을 소비하는 일반취급소를 포함한다.

해설

자체소방대

1) 자체소방대 설치대상 : 제4류 위험물을 취급하는 제조소 또는 일반취급소로서 지정수량의 3,000배 이상

2) 자체소방대에 두는 화학소방자동차 및 인원

사업소의 구분	화학소방 자동차	자체소방 대원의 수
지정수량의 3천 배 이상 12만 배 미만	1대	5인
지정수량의 12만 배 이상 24만 배 미만	2대	10인
지정수량의 24만 배 이상 48만 배 미만	3대	15인
지정수량의 48만 배 이상	4대	20인

3) 자체소방대의 설치 제외대상인 일반취급소
① 보일러, 버너 그 밖에 이와 유사한 장치로 위험물을 소비하는 일반취급소
② 이동저장탱크 그 밖에 이와 유사한 것에 위험물을 주입하는 일반취급소
③ 용기에 위험물을 옮겨 담는 일반취급소
④ 유압장치, 윤활유순환장치 그 밖에 이와 유사한 장치로 위험물을 취급하는 일반취급소
⑤ 「광산안전법」의 적용을 받는 일반취급소

42 위험물안전관리법령상 제조소 등에 설치해야 할 자동화재탐지설비의 설치기준 중 ( ) 안에 알맞은 내용은?(단, 광전식 분리형 감지기 설치는 제외한다)

> 하나의 경계구역의 면적은 (㉠)m^2 이하로 하고 그 한 변의 길이는 (㉡)m 이하로 할 것. 다만, 당해 건축물 그 밖의 공작물의 주요한 출입구에서 그 내부의 전체를 볼 수 있는 경우에 있어서는 그 면적을 1,000m^2 이하로 할 수 있다.

① ㉠ 300, ㉡ 20
② ㉠ 400, ㉡ 30
③ ㉠ 500, ㉡ 40
④ ㉠ 600, ㉡ 50

해설

자동화재탐지설비의 설치기준(위험물안전관리법 시행규칙 별표 17)

1) 자동화재탐지설비의 경계구역은 건축물 그 밖의 공작물의 2 이상의 층에 걸치지 아니하도록 할 것. 다만, 하나의 경계구역의 면적이 500[m^2] 이하이면서 당해 경계구역이 두 개의 층에 걸치는 경우이거나 계단 · 경사로 · 승강기의 승강로 그 밖에 이와 유사한 장소에 연기감지기를 설치하는 경우에는 그러하지 아니하다.
2) 하나의 경계구역의 면적은 600[m^2] 이하로 하고 그 한 변의 길이는 50[m](광전식 분리형 감지기를 설치할 경우에는 100[m]) 이하로 할 것. 다만, 당해 건축물 그 밖의 공작물의 주요한 출입구에서 그 내부의 전체를 볼 수 있는 경우에 있어서는 그 면적을 1,000[m^2] 이하로 할 수 있다.
3) 자동화재탐지설비의 감지기(옥외탱크저장소에 설치하는 자동화재탐지설비의 감지기는 제외한다)는 지붕(상층이 있는 경우에는 상층의 바닥) 또는 벽의 옥내에 면한 부분(천장이 있는 경우에는 천장 또는 벽의 옥내에 면한 부분 및 천장의 뒷부분)에 유효하게 화재의 발생을 감지할 수 있도록 설치할 것

정답 41 ④ 42 ④

43 소방시설공사업법령상 전문 소방시설공사업의 등록기준 및 영업범위의 기준에 대한 설명으로 틀린 것은?

① 법인인 경우 자본금은 최소 1억 원 이상이다.
② 개인인 경우 자산평가액은 최소 1억 원 이상이다.
③ 주된 기술인력 최소 1명 이상, 보조기술인력 최소 3명 이상을 둔다.
④ 영업범위는 특정소방대상물에 설치되는 기계분야 및 전기분야 소방시설의 공사 · 개설 · 이전 및 정비이다.

해설

소방시설공사업의 업종별 기술인력, 자본금 및 영업범위

<table>
<tr><th colspan="2">항목 / 업종별</th><th>기술인력</th><th>자본금
(자산평가액)</th><th>영업범위</th></tr>
<tr><td colspan="2">전문 소방시설 공사업</td><td>• 주된 기술인력
– 소방기술사
– 기계분야와 전기분야의 소방설비기사 각 1명(기계분야 및 전기분야의 자격을 함께 취득한 사람 1명) 이상
• 보조기술인력 : 2명 이상</td><td>• 법인 : 1억 원 이상
• 개인 : 자산평가액 1억 원 이상</td><td>특정소방대상물에 설치되는 기계분야 및 전기분야 소방시설의 공사 · 개설 · 이전 및 정비</td></tr>
<tr><td rowspan="2">일반 소방 시설 공사 업</td><td>기계 분야</td><td>• 주된 기술인력 소방기술사 또는 기계분야 소방설비기사 1명 이상
• 보조기술인력 : 1명 이상</td><td>• 법인 : 1억 원 이상
• 개인 : 자산평가액 1억 원 이상</td><td>• 연면적 10,000m^2 미만의 특정소방대상물에 설치되는 기계분야 소방시설의 공사 · 개설 · 이전 및 정비
• 위험물제조소 등에 설치되는 기계분야 소방시설의 공사 · 개설 · 이전 및 정비</td></tr>
<tr><td>전기 분야</td><td>• 주된 기술인력 소방기술사 또는 전기분야 소방설비기사 1명 이상
• 보조기술인력 : 1명 이상</td><td>• 법인 : 1억 원 이상
• 개인 : 자산평가액 1억 원 이상</td><td>• 연면적 10,000m^2 미만의 특정소방대상물에 설치되는 전기분야 소방시설의 공사 · 개설 · 이전 · 정비
• 위험물제조소 등에 설치되는 전기분야 소방시설의 공사 · 개설 · 이전 · 정비</td></tr>
</table>

③ 주된 기술인력 최소 1명 이상, 보조기술인력 최소 3명 이상
→ 보조기술인력 최소 2명 이상

44 소방시설 설치 및 안전관리에 관한 법령상 특정소방대상물의 관계인이 특정소방대상물의 규모 · 용도 및 수용인원 등을 고려하여 갖추어야 하는 소방시설의 종류에 대한 기준 중 다음 ( ) 안에 알맞은 것은?

> 화재안전기준에 따라 소화기구를 설치하여야 하는 특정소방대상물은 연면적 (㉠)m^2 이상인 것. 다만, 노유자시설의 경우에는 투척용 소화용구 등을 화재안전기준에 따라 산정된 소화기 수량의 (㉡) 이상으로 설치할 수 있다.

① ㉠ 33, ㉡ $\frac{1}{2}$　　② ㉠ 33, ㉡ $\frac{1}{5}$
③ ㉠ 50, ㉡ $\frac{1}{2}$　　④ ㉠ 50, ㉡ $\frac{1}{5}$

해설

소화기구를 설치하여야 하는 특정소방대상물
1) 연면적 33[m^2] 이상(노유자 시설의 경우 산정된 소화기 수량의 1/2 이상을 투척용 소화용구 등으로 설치할 수 있다.)
2) 가스시설, 발전시설 중 전기저장시설 및 문화재
3) 터널
4) 지하구

45 화재의 예방 및 안전관리에 관한 법령상 천재지변 및 그 밖에 대통령령으로 정하는 사유로 화재안전조사를 받기 곤란하여 화재안전조사의 연기를 신청하려는 자는 화재안전조사 시작 최대 며칠 전까지 연기신청서 및 증명서류를 제출해야 하는가?

① 3　　② 5　　③ 7　　④ 10

해설

화재안전조사

구분	화재안전조사
실시권자	소방청장, 소방본부장, 소방서장
통보 등	사전에 7일 이상 조사계획을 공개
연기신청	3일 전
조사사항	소방대상물의 위치 · 구조 및 설비

정답 43 ③ 44 ① 45 ①

46 위험물안전관리법상 정기점검의 대상인 제조소 등의 기준으로 틀린 것은?

① 지하탱크저장소
② 이동탱크저장소
③ 지정수량의 10배 이상의 위험물을 취급하는 제조소
④ 지정수량의 20배 이상의 위험물을 저장하는 옥외탱크저장소

해설

정기점검

1) 정기점검의 횟수 : 연 1회 이상

2) 정기점검의 대상인 제조소 등
 ① 예방규정을 정해야 하는 제조소 등
  • 지정수량의 10배 이상의 위험물을 취급하는 제조소
  • 지정수량의 100배 이상의 위험물을 저장하는 옥외저장소
  • 지정수량의 150배 이상의 위험물을 저장하는 옥내저장소
  • 지정수량의 200배 이상의 위험물을 저장하는 옥외탱크저장소
  • 암반탱크저장소
  • 이송취급소
 ② 지하탱크저장소
 ③ 이동탱크저장소
 ④ 지하에 매설된 탱크가 있는 제조소 · 주유취급소 또는 일반취급소

④ 지정수량의 20배 → 200배

47 위험물안전관리법상 제4류 위험물 중 경유의 지정수량은 몇 리터인가?

① 500 ② 1,000
③ 1,500 ④ 2,000

해설

제4류 위험물의 품명 및 지정수량

위험등급	품명		지정수량
I	특수인화물(디에틸에테르, 아세트알데히드, 산화프로필렌, 이황화탄소) 1기압에서 발화점이 100℃ 이하인 것 또는 인화점이 －20℃ 이하이고 비점이 섭씨 40℃ 이하인 것		50[l]
II	제1석유류(아세톤, 휘발유) 인화점 21℃ 미만	비수용성 액체	200[l]
		수용성 액체	400[l]
	알코올류 탄소원자의 수가 1개부터 3개까지인 포화 1가 알코올		400[l]
III	제2석유류(경유, 등유) 인화점이 21℃ 이상 70℃ 미만	비수용성 액체	1,000[l]
		수용성 액체	2,000[l]
	제3석유류(중유, 클레오소트유) 인화점이 70℃ 이상 200℃ 미만	비수용성 액체	2,000[l]
		수용성 액체	4,000[l]
	제4석유류(기어유, 실린더유) 인화점이 200℃ 이상 250℃ 미만		6,000[l]
	동 · 식물유류(건성유, 반건성유, 불건성유) 동물의 지육 등 또는 식물의 종자나 과육으로부터 추출한 것으로서 1기압에서 인화점이 250℃ 미만		10,000[l]

※ 경유, 등유 : 제4류 위험물 중 제2석유류로서 비수용성 액체

48 화재의 예방 및 안전관리에 관한 법령상 1급 소방안전관리대상물의 소방안전관리자 선임 대상 기준 중 ( ) 안에 알맞은 내용은?

> 소방공무원으로 ( ) 근무한 경력이 있는 사람

① 5년 이상 ② 7년 이상
③ 8년 이상 ④ 10년 이상

정답 46 ④ 47 ② 48 ②

해설

1급 소방안전관리대상물의 소방안전관리자
다음에 해당하는 사람으로서 1급 또는 특급 소방안전관리자 자격증을 발급받은 사람
1) 소방설비기사 또는 소방설비산업기사의 자격이 있는 사람
2) 소방공무원으로 7년 이상 근무한 경력이 있는 사람
3) 소방청장이 실시하는 1급 소방안전관리대상물의 소방안전관리에 관한 시험에 합격한 사람
4) 특급 소방안전관리대상물의 소방안전관리자 자격이 인정되는 사람

49 소방시설 설치 및 관리에 관한 법령상 용어의 정의 중 다음 (   ) 안에 들어갈 말로 알맞은 것은?

> 특정소방대상물이란 소방시설을 설치하여야 하는 소방대상물로서 (   )으로 정하는 것을 말한다.

① 대통령령
② 국토교통부령
③ 행정안전부령
④ 고용노동부령

해설

특정소방대상물의 종류(소방시설 설치 및 관리에 관한 법률 시행령 별표2)
시행령 = 대통령령

50 소방기본법 제1장 총칙에서 정하는 목적의 내용으로 거리가 먼 것은?

① 구조, 구급활동 등을 통하여 공공의 안녕 및 질서 유지
② 풍수해의 예방, 경계, 진압에 관한 계획, 예산지원 활동
③ 구조, 구급 활동 등을 통하여 국민의 생명, 신체, 재산보호
④ 화재, 재난, 재해 그 밖의 위급한 상황에서의 구조, 구급활동

해설

소방기본법의 제정 목적
1) 화재를 예방 · 경계하거나 진압
2) 화재, 재난 · 재해 그 밖의 위급한 상황에서의 구조 · 구급 활동
3) 국민의 생명 · 신체 및 재산을 보호
4) 공공의 안녕 및 질서 유지와 복리증진에 이바지함

51 소방기본법령상 소방본부 종합상황실 실장이 서면 · 팩스 또는 컴퓨터통신 등으로 소방청의 종합상황실에 보고해야 하는 화재의 기준이 아닌 것은?

① 이재민이 100인 이상 발생한 화재
② 재산피해액이 50억 원 이상 발생한 화재
③ 사망자가 3인 이상 발생하거나 사상자가 5인 이상 발생한 화재
④ 층수가 5층 이상이거나 병상이 30개 이상인 종합병원에서 발생한 화재

해설

소방본부의 종합상황실 실장이 서면 · 팩스 또는 컴퓨터통신 등으로 소방청의 종합상황실에 보고하여야 하는 화재
1) 사망자가 5인 이상 발생하거나 사상자가 10인 이상 발생한 화재
2) 이재민이 100인 이상 발생한 화재
3) 재산피해액이 50억 원 이상 발생한 화재
4) 관공서 · 학교 · 정부미도정공장 · 문화재 · 지하철 또는 지하구의 화재
5) 관광호텔, 층수가 11층 이상인 건축물, 지하상가, 시장, 백화점, 지정수량의 3,000배 이상의 위험물의 제조소 · 저장소 · 취급소, 층수가 5층 이상이거나 객실이 30실 이상인 숙박시설, 층수가 5층 이상이거나 병상이 30개 이상인 종합병원 · 정신병원 · 요양소, 연면적 1만 5천 제곱미터 이상인 공장 또는 화재예방강화지구에서 발생한 화재
6) 철도차량, 항구에 매어둔 총 톤수가 1,000톤 이상인 선박, 항공기, 발전소 또는 변전소에서 발생한 화재
7) 가스 및 화약류의 폭발에 의한 화재
8) 다중이용업소의 화재
9) 언론에 보도된 재난상황

정답 49 ① 50 ② 51 ③

52 소방시설 설치 및 관리에 관한 법령상 점검기록표를 기록하지 아니하거나 특정소방대상물의 출입자가 쉽게 볼 수 있는 장소에 게시하지 아니한 관계인에 대한 과태료 기준은?

① 100만 원 이하　② 200만 원 이하
③ 300만 원 이하　④ 500만 원 이하

해설

300만 원 이하의 과태료
1) 소방시설을 화재안전기준에 따라 설치 · 관리하지 아니한 자
2) 공사 현장에 임시소방시설을 설치 · 관리하지 아니한 자
3) 피난시설, 방화구획 또는 방화시설의 폐쇄 · 훼손 · 변경 등의 행위를 한 자
4) 방염대상물품을 방염성능기준 이상으로 설치하지 아니한 자
5) 점검능력 평가를 받지 아니하고 점검을 한 관리업자
6) 관계인에게 점검 결과를 제출하지 아니한 관리업자등
7) 점검인력의 배치기준 등 자체점검 시 준수사항을 위반한 자
8) 점검 결과를 보고하지 아니하거나 거짓으로 보고한 자
9) 이행계획을 기간 내에 완료하지 아니한 자 또는 이행계획 완료 결과를 보고하지 아니하거나 거짓으로 보고한 자
10) 점검기록표를 기록하지 아니하거나 특정소방대상물의 출입자가 쉽게 볼 수 있는 장소에 게시하지 아니한 관계인
11) 관리업 등록사항의 변경신고 또는 지위승계신고를 하지 아니하거나 거짓으로 신고한 자
12) 지위승계, 행정처분 또는 휴업 · 폐업의 사실을 특정소방대상물의 관계인에게 알리지 아니하거나 거짓으로 알린 관리업자
13) 소속 기술인력의 참여 없이 자체점검을 한 관리업자
14) 점검실적을 증명하는 서류 등을 거짓으로 제출한 자
15) 자료제출을 하지 아니하거나 거짓으로 보고 또는 자료제출을 한 자 또는 정당한 사유 없이 관계 공무원의 출입 또는 검사를 거부 · 방해 또는 기피한 자

53 소방시설 설치 및 관리에 관한 법령상 분말형태의 소화약제를 사용하는 소화기의 내용연수로 옳은 것은?(단, 소방용품의 성능을 확인받아 그 사용기한을 연장하는 경우는 제외한다)

① 3년　② 5년
③ 7년　④ 10년

해설

1) 소방용품의 내용연수
   분말형태의 소화약제를 사용하는 소화기 : 10년
2) 사용연장
   성능확인 검사에 합격한 소방용품으로서
   ① 내용연수 경과 후 10년 미만 : 3년
   ② 내용연수 경과 후 10년 이상 : 1년

54 소방시설공사업법령상 소방시설공사업자가 소속 소방기술자를 소방시설공사 현장에 배치하지 않았을 경우의 과태료 기준은?

① 100만 원 이하　② 200만 원 이하
③ 300만 원 이하　④ 400만 원 이하

해설

200만 원 이하의 과태료
1) 등록사항, 휴업, 폐업, 지위승계, 착공신고, 감리자지정신고 등을 위반하여 신고를 하지 아니하거나 거짓으로 신고한 자
2) 관계인에게 지위승계, 행정처분 또는 휴업 · 폐업의 사실을 거짓으로 알린 자
3) 하자보수 보증기간 동안 관계 서류를 보관하지 아니한 자
4) 소방기술자를 공사 현장에 배치하지 아니한 자
5) 완공검사를 받지 아니한 자
6) 3일 이내에 하자를 보수하지 아니하거나 하자보수계획을 관계인에게 거짓으로 알린 자
7) 감리 관계 서류를 인수 · 인계하지 아니한 자
8) 감리원의 배치통보 및 변경통보를 하지 아니하거나 거짓으로 통보한 자
9) 방염성능기준 미만으로 방염을 한 자
10) 방염처리에 따른 자료제출을 거짓으로 한 자
11) 관계인에게 하도급 등의 통지를 하지 아니한 자
12) 시공능력평가 자료제출을 거짓으로 한 자

정답　52 ③　53 ④　54 ②

55 화재의 예방 및 관리에 관한 법령상 위험물 또는 물건의 보관기간은 소방관서의 홈페이지에 공고하는 기간의 종료일 다음 날부터 며칠로 하는가?

① 3 ② 4 ③ 5 ④ 7

해설

옮긴 물건 등에 대한 보관기간 및 보관기간 경과 후 처리 등
1) 공고기간 : 보관일로부터 14일 동안 소방청, 소방본부 또는 소방서의 인터넷 홈페이지에 그 사실을 공고
   ② 보관기간 : 소방관서 홈페이지에 공고하는 기간의 종료일 다음 날부터 7일
   ③ 보관기간의 종료 후 처리 : 매각 또는 폐기
   ④ 물건의 소유자가 보상을 요구하는 경우 : 협의 후 보상

56 소방기본법령상 소방활동장비와 설비의 구입 및 설치 시 국고보조 대상이 아닌 것은?

① 소방자동차
② 사무용 집기
③ 소방헬리콥터 및 소방정
④ 소방전용통신설비 및 전산설비

해설

소방장비 등에 대한 국고보조
1) 국가는 소방장비의 구입 등 시 · 도의 소방업무에 필요한 경비의 일부를 보조하고 보조 대상사업의 범위와 기준보조율 : 대통령령
2) 소방활동장비 및 설비의 종류와 규격 : 행정안전부령
3) 국고보조 대상사업의 범위(소방기본법 시행령 제2조)
   ① 소방자동차
   ② 소방헬리콥터 및 소방정
   ③ 소방전용통신설비 및 전산설비

57 소방시설 설치 및 관리에 관한 법령상 특정소방대상물의 관계인은 소방안전관리자를 기준일로부터 30일 이내에 선임하여야 한다. 다음 중 기준일로 틀린 것은?

① 소방안전관리자를 해임한 경우 : 소방안전관리자를 해임한 날
② 특정소방대상물을 양수하거나 관계인의 권리를 취득한 경우 : 해당 권리를 취득한 날
③ 신축으로 해당 특정소방대상물의 소방안전관리자를 신규로 선임하여야 하는 경우 : 해당 특정소방대상물의 완공일
④ 증축으로 해당 특정소방대상물이 소방안전관리대상물이 된 경우 : 증축공사의 개시일

해설

1) 소방안전관리자의 선임
   ① 소방안전관리자 선임 : 해당 사유 발생일로부터 30일 이내에 선임
   ② 소방안전관리자의 선임신고 : 선임한 날부터 14일 이내 소방본부장, 소방서장에 신고

2) 소방안전관리자 선임 사유에 해당하는 날
   ① 신축 · 증축 · 개축 · 재축 · 대수선 또는 용도변경으로 해당 특정소방대상물의 소방안전관리자를 신규로 선임하여야 하는 경우 : 해당 특정소방대상물의 완공일
   ② 증축 또는 용도변경으로 인하여 특정소방대상물이 소방안전관리대상물로 된 경우 : 증축공사의 완공일 또는 용도변경 사실을 건축물관리대장에 기재한 날
   ③ 특정소방대상물을 양수하거나 관계인의 권리를 취득한 경우 : 해당 권리를 취득한 날
   ④ 소방안전관리자를 해임한 경우 : 소방안전관리자를 해임한 날

④ 증축공사의 개시일 → 완공일

58 위험물안전관리법령상 위험물을 취급함에 있어서 정전기가 발생할 우려가 있는 설비에 설치할 수 있는 정전기 제거설비 방법이 아닌 것은?

① 접지에 의한 방법
② 공기를 이온화하는 방법
③ 자동적으로 압력의 상승을 정지시키는 방법
④ 공기 중의 상대습도를 70% 이상으로 하는 방법

정답 55 ④ 56 ② 57 ④ 58 ③

해설

정전기

1) 정의

전류가 흐르지 않고 축적되어 있는 전기로서 방전현상을 일으킬 때 최소발화에너지 이상의 에너지를 방출하면 점화원으로 작용한다.

2) 정전기 의한 화재발생 메커니즘

전하의 발생 → 전하의 축적 → 방전 → 발화

3) 정전기 방지대책

① 접지 및 본딩한다.

② 상대습도를 70[%] 이상 유지한다.

③ 공기를 이온화한다.

59 화재의 예방 및 안전관리에 관한 법령상 특수가연물의 수량 기준으로 옳은 것은?

① 면화류 : 200kg 이상

② 가연성 고체류 : 500kg 이상

③ 나무껍질 및 대팻밥 : 300kg 이상

④ 넝마 및 종이부스러기 : 400kg 이상

해설

특수가연물의 품명 및 수량

품명		수량
면화류		200kg 이상
나무껍질 및 대팻밥		400kg 이상
넝마 및 종이부스러기		1,000kg 이상
사류(絲類)		1,000kg 이상
볏짚류		1,000kg 이상
가연성 고체류		3,000kg 이상
석탄 · 목탄류		10,000kg 이상
가연성 액체류		$2m^3$ 이상
목재가공품 및 나무부스러기		$10m^3$ 이상
고무류 · 플라스틱류	발포시킨 것	$20m^3$ 이상
	그 밖의 것	3,000kg 이상

60 화재의 예방 및 안전관리에 관한 법령상 소방청장, 소방본부장 또는 소방서장이 화재안전조사를 하려면 관계인에게 조사대상, 조사기간 및 조사이유 등 조사계획을 인터넷 홈페이지나 전산시스템 등을 통해 사전에 며칠 이상 공개하여야 하는가?(단, 긴급하게 조사할 필요가 있는 경우와 사전에 통지하면 조사목적을 달성할 수 없다고 인정되는 경우는 제외한다.)

① 7　　② 10

③ 12　　④ 14

해설

화재안전조사

구분	화재안전조사
실시권자	소방청장, 소방본부장, 소방서장
통보 등	사전에 7일 이상 조사계획을 공개
연기신청	3일 전
조사사항	소방대상물의 위치 · 구조 및 설비

4과목 소방기계시설의 구조 및 원리

61 특별피난계단의 계단실 및 부속실 제연설비의 화재안전기준상 수직풍도에 따른 배출기준 중 각 층의 옥내와 면하는 수직풍도의 관통부에 설치하여야 하는 배출댐퍼 설치기준으로 틀린 것은?

① 화재층의 옥내에 설치된 화재감지기의 동작에 따라 당해 층의 댐퍼가 개방될 것

② 풍도의 배출댐퍼는 이 · 탈착구조가 되지 않도록 설치할 것

③ 개폐 여부를 당해 장치 및 제어반에서 확인할 수 있는 감지기능을 내장하고 있을 것

④ 배출댐퍼는 두께 1.5mm 이상의 강판 또는 이와 동등 이상의 성능이 있는 것으로 설치하여야 하며 비내식성 재료의 경우에는 부식방지 조치를 할 것

정답　59 ①　60 ①　61 ②

해설

배출댐퍼의 설치기준

1) 배출댐퍼는 두께 1.5[mm] 이상의 강판 또는 이와 동등 이상의 성능이 있는 것으로 설치하여야 하며 비내식성 재료의 경우에는 부식방지 조치를 할 것
2) 평상시 닫힌 구조로 기밀상태를 유지할 것
3) 개폐 여부를 당해 장치 및 제어반에서 확인할 수 있는 감지기능을 내장하고 있을 것
4) 구동부의 작동상태와 닫혀 있을 때의 기밀상태를 수시로 점검할 수 있는 구조일 것
5) 풍도의 내부마감상태에 대한 점검 및 댐퍼의 정비가 가능한 이 · 탈착구조로 할 것
6) 화재층의 옥내에 설치된 화재감지기의 동작에 따라 당해 층의 댐퍼가 개방될 것
7) 개방 시의 실제 개구부의 크기는 수직풍도의 내부단면적과 같도록 할 것
8) 댐퍼는 풍도 내의 공기흐름에 지장을 주지 않도록 수직풍도의 내부로 돌출하지 않게 설치할 것

② 풍도의 배출댐퍼는 이 · 탈착구조가 되지 않도록 → 이 · 탈착구조로 할 것

62 포소화설비의 화재안전기준에 따라 포소화설비 송수구의 설치기준에 대한 설명으로 옳은 것은?

① 구경 65mm의 쌍구형으로 할 것
② 지면으로부터 높이가 0.5m 이상 1.5m 이하의 위치에 설치할 것
③ 하나의 층의 바닥면적이 2,000m^{2}를 넘을 때마다 1개 이상을 설치할 것
④ 송수구의 가까운 부분에 자동배수밸브(또는 직경 3mm의 배수공) 및 안전밸브를 설치할 것

해설

포소화설비의 송수구 설치기준

1) 구경 65[mm]의 쌍구형으로 할 것
2) 지면으로부터 높이가 0.5[m] 이상 1[m] 이하의 위치에 설치할 것
3) 송수구는 하나의 층의 바닥면적이 3,000[m^2]를 넘을 때마다 1개 이상(5개 이상 5개)을 설치할 것
4) 송수구의 가까운 부분에 자동배수밸브 및 체크밸브를 설치할 것
5) 송수구는 화재층으로부터 지면으로 떨어지는 유리창 등이 송수 및 그 밖의 소화작업에 지장을 주지 아니하는 장소에 설치할 것
6) 송수구로부터 스프링클러설비의 주배관에 이르는 연결배관에 개폐밸브를 설치한 때에는 그 개폐상태를 쉽게 확인 및 조작할 수 있는 옥외 또는 기계실 등의 장소에 설치할 것
7) 송수구에는 그 가까운 곳의 보기 쉬운 곳에 송수압력범위를 표시한 표지를 할 것
8) 송수구에는 이물질을 막기 위한 마개를 씌울 것

② 지면으로부터 높이가 0.5[m] 이상 1.5[m] 이하 → 0.5[m] 이상 1[m] 이하
③ 하나의 층의 바닥면적이 2,000[m^2] → 3,000[m^2]
④ 송수구의 가까운 부분에 자동배수밸브(또는 직경 3[mm]의 배수공) 및 안전밸브 → 자동배수밸브 및 체크밸브

63 스프링클러설비 본체 내의 유수현상을 자동적으로 검지하여 신호 또는 경보를 발하는 장치는?

① 수압개폐장치　　② 물올림장치
③ 일제개방밸브장치　　④ 유수검지장치

해설

1) 기동용수압개폐장치
소화설비의 배관 내 압력변동을 검지하여 자동적으로 펌프를 기동 및 정지시키는 것으로서 압력챔버 또는 기동용 압력스위치 등을 말한다.
2) 물올림장치
펌프흡입 측 배관에 마중물 충수(수원의 높이가 펌프보다 낮을 경우 설치)
3) 일제개방밸브(델류지밸브)
개방형 스프링클러헤드를 사용하는 일제살수식 스프링클러설비에 설치하는 밸브로서 화재발생 시 자동 또는 수동식 기동장치에 따라 밸브가 개방되는 것
4) 유수검지장치
습식 유수검지장치(패들형 포함), 건식 유수검지장치, 준비작동식 유수검지장치를 말하며 본체 내의 유수현상을 자동적으로 검지하여 신호 또는 경보를 발하는 장치

정답 62 ① 63 ④

64 옥내소화전설비의 화재안전기준에 따라 옥내소화전설비의 표시등 설치기준으로 옳은 것은?

① 가압송수장치의 기동을 표시하는 표시등은 옥내소화전함의 상부 또는 그 직근에 설치한다.
② 가압송수장치의 기동을 표시하는 표시등은 녹색등으로 한다.
③ 자체소방대를 구성하여 운영하는 경우 가압송수장치의 기동표시등을 반드시 설치해야 한다.
④ 옥내소화전설비의 위치를 표시하는 표시등은 함의 하부에 설치하되, 「표시등의 성능인증 및 제품검사의 기술기준」에 적합한 것으로 한다.

해설

옥내소화전설비의 표시등 설치기준

1) 옥내소화전설비의 위치를 표시하는 표시등은 함의 상부에 설치하되, 소방청장이 고시하는 「표시등의 성능인증 및 제품검사의 기술기준」에 적합한 것으로 할 것
2) 가압송수장치의 기동을 표시하는 표시등은 옥내소화전함의 상부 또는 그 직근에 설치하되 적색등으로 할 것. 다만, 자체소방대를 구성하여 운영하는 경우 가압송수장치의 기동표시등을 설치하지 않을 수 있다.

② 가압송수장치의 기동을 표시하는 표시등은 녹색등 → 적색등
③ 자체소방대를 구성하여 운영하는 경우 가압송수장치의 기동표시등을 반드시 설치해야 한다. → 설치하지 않을 수 있다.
④ 옥내소화전설비의 위치를 표시하는 표시등은 함의 하부 → 상부

65 소화기구 및 자동소화장치의 화재안전기준상 건축물의 주요구조부가 내화구조이고, 벽 및 반자의 실내에 면하는 부분이 불연재료로 된 바닥면적이 $600m^2$인 노유자시설에 필요한 소화기구의 능력단위는 최소 얼마 이상으로 하여야 하는가?

① 2단위 ② 3단위
③ 4단위 ④ 6단위

해설

특정소방대상물별 소화기구의 능력단위기준

특정소방대상물	능력단위 1단위 이상 (기타 구조)	능력단위 1단위 이상 (내화구조로서 불연, 준불연, 난연)
위락시설	바닥면적 $30m^2$마다	바닥면적 $60m^2$마다
공연장 · 집회장 · 관람장 · 문화재 · 장례식장 및 의료시설	바닥면적 $50m^2$마다	바닥면적 $100m^2$마다
근린생활시설 · 판매시설 · 노유자시설 · 숙박시설 · 공장 · 창고시설 · 운수시설 · 전시장 · 공동주택 · 업무시설 · 방송통신시설 · 항공기 및 자동차 관련 시설 · 관광휴게시설	바닥면적 $100m^2$마다	바닥면적 $200m^2$마다
그 밖의 것	바닥면적 $200m^2$마다	바닥면적 $400m^2$마다

※ 내화구조로서 불연, 준불연, 난연인 경우 : 기타 구조 × 2배

[풀이]
1) 노유자시설로서 주요구조부가 내화구조이고 불연재료이므로 기준면적 : $100[m^2] \times 2배 = 200[m^2]$

2) 능력단위 $= \frac{600}{200} = 3$단위

66 분말소화설비의 자동식 기동장치의 설치기준 중 틀린 것은?(단, 자동식 기동장치는 자동화재탐지설비의 감지기와 연동하는 것이다.)

① 기동용 가스용기의 충전비는 1.5 이상 1.9이하로 할 수 있다.
② 자동식 기동장치에는 수동으로도 기동할 수 있는 구조로 할 것
③ 전기식 기동장치로서 3병 이상의 저장용기를 동시에 개방하는 설비는 2병 이상의 저장용기에 전자개방밸브를 부착할 것

정답 64 ① 65 ② 66 ③

④ 기동용 가스용기에는 내압시험압력의 0.8배 내지 내압시험압력 이하에서 작동하는 안전장치를 설치할 것

해설

분말소화설비의 자동식 기동장치 설치기준(자동화재탐지설비의 감지기의 작동과 연동하는 것)

1) 자동식 기동장치에는 수동으로도 기동할 수 있는 구조로 할 것
2) 전기식 기동장치
   7병 이상의 저장용기를 동시에 개방하는 설비는 2병 이상의 저장용기에 전자개방밸브를 부착할 것
3) 가스압력식 기동장치
   ① 기동용 가스용기 및 해당 용기에 사용하는 밸브는 25MPa 이상의 압력에 견딜 수 있는 것으로 할 것
   ② 기동용 가스용기에는 내압시험압력의 0.8배 내지 내압시험압력 이하에서 작동하는 안전장치를 설치할 것
   ③ 기동용 가스용기의 체적은 $5l$ 이상으로 하고 질소 등의 비활성기체는 6.0MPa 이상의 압력으로 충전할 것. 다만, 기동용 가스용기의 용적은 $1l$ 이상으로 하고, 해당 용기에 저장하는 이산화탄소의 양은 0.6kg 이상으로 하며, 충전비는 1.5 이상 1.9 이하의 기동용기로 할 수 있다.
4) 기계식 기동장치
   저장용기를 쉽게 개방할 수 있는 구조로 할 것

③ 전기식 기동장치로서 3병 이상 → 7병 이상

※ 3병 이상은 가압용 가스용기에 전기식 기동장치를 설치할 경우이다.

67 상수도소화용수설비의 화재안전기준에 따른 설치기준 중 다음 ( ) 안에 알맞은 것은?

> 호칭지름 (㉠)mm 이상의 수도배관에 호칭지름 (㉡) mm 이상의 소화전을 접속하여야 하며, 소화전은 특정소방대상물의 수평투영면의 각 부분으로부터 (㉢) m 이하가 되도록 설치할 것

① ㉠ 65, ㉡ 80, ㉢ 120
② ㉠ 65, ㉡ 100, ㉢ 140
③ ㉠ 75, ㉡ 80, ㉢ 120
④ ㉠ 75, ㉡ 100, ㉢ 140

해설

상수도소화용수설비의 설치기준

1) 호칭지름 75[mm] 이상의 수도배관에 호칭지름 100[mm] 이상의 소화전을 접속할 것
2) 소화전은 소방자동차 등의 진입이 쉬운 도로변 또는 공지에 설치할 것
3) 소화전은 특정소방대상물의 수평투영면의 각 부분으로부터 140[m] 이하가 되도록 설치할 것

68 스프링클러설비의 화재안전기준에 따라 스프링클러헤드를 설치하지 않을 수 있는 장소로만 나열된 것은?

① 계단실, 병실, 목욕실, 냉동창고의 냉동실, 아파트(대피공간 제외)
② 발전실, 병원의 수술실 · 응급처치실, 통신기기실, 관람석이 없는 실내 테니스장(실내 바닥 · 벽 등이 불연재료)
③ 냉동창고의 냉동실, 변전실, 병실, 목욕실, 수영장 관람석
④ 병원의 수술실, 관람석이 없는 실내 테니스장(실내 바닥 · 벽 등이 불연재료), 변전실, 발전실, 아파트(대피공간 제외)

해설

스프링클러헤드의 설치 제외

1) 계단실(특별피난계단의 부속실 포함) · 경사로 · 승강기의 승강로 · 비상용 승강기의 승강장 · 파이프덕트 및 덕트피트 · 목욕실 · 수영장 · 화장실 · 직접 외기에 개방되어 있는 복도 · 기타 이와 유사한 장소
2) 통신기기실 · 전자기기실 · 기타 이와 유사한 장소
3) 발전실 · 변전실 · 변압기 · 기타 이와 유사한 전기설비가 설치되어 있는 장소
4) 병원의 수술실 · 응급처치실 · 기타 이와 유사한 장소
5) 천장과 반자 양쪽이 불연재료로 되어 있는 경우
   ① 천장과 반자 사이의 거리가 2[m] 미만인 부분
   ② 천장과 반자 사이의 벽이 불연재료이고 천장과 반자

정답 67 ④ 68 ②

사이의 거리가 2[m] 이상으로서 그 사이에 가연물이 존재하지 아니하는 부분

6) 천장 · 반자 중 한쪽이 불연재료인 경우
천장과 반자 사이의 거리가 1[m] 미만인 부분
7) 천장 및 반자가 불연재료 외의 것으로 되어 있는 경우
천장과 반자 사이의 거리가 0.5[m] 미만인 부분
8) 펌프실 · 물탱크실 · 엘리베이터 권상기실 그 밖의 이와 비슷한 장소
9) 현관 또는 로비 등으로서 바닥으로부터 높이가 20[m] 이상인 장소
10) 영하의 냉장창고의 냉장실 또는 냉동창고의 냉동실
11) 고온의 노가 설치된 장소 또는 물과 격렬하게 반응하는 물품의 저장 또는 취급장소
12) 공동주택 중 아파트의 대피공간
13) 실내에 설치된 테니스장 · 게이트볼장 · 정구장 또는 이와 비슷한 장소로서 실내바닥 · 벽 · 천장이 불연재료 또는 준불연재료로 구성되어 있고 가연물이 존재하지 않는 장소로서 관람석이 없는 운동시설(지하층은 제외)
14) 가연성 물질이 존재하지 않는 방풍실

① 병실에는 헤드 설치
③ 병실에는 헤드 설치
④ 아파트(대피공간 제외)에는 헤드 설치

69 포소화설비의 화재안전기준에서 포소화설비에 소방용 합성수지배관을 설치할 수 있는 경우로 틀린 것은?

① 배관을 지하에 매설하는 경우
② 다른 부분과 내화구조로 구획된 덕트 또는 피트의 내부에 설치하는 경우
③ 동결방지조치를 하거나 동결의 우려가 없는 경우
④ 천장과 반자를 불연재료 또는 준불연재료로 설치하고 소화배관 내부에 항상 소화수가 채워진 상태로 설치하는 경우

해설

소방용 합성수지배관을 설치할 수 있는 경우
1) 배관을 지하에 매설하는 경우
2) 다른 부분과 내화구조로 구획된 덕트 또는 피트의 내부에 설치하는 경우
3) 천장과 반자를 불연재료 또는 준불연재료로 설치하고 소화배관 내부에 항상 소화수가 채워진 상태로 설치하는 경우

70 다음 중 피난기구의 화재안전기준에 따라 피난기구를 설치하지 아니하여도 되는 소방대상물로 틀린 것은?

① 발코니 등을 통하여 인접세대로 피난할 수 있는 구조로 되어 있는 계단실형 아파트
② 주요구조부가 내화구조로서 거실의 각 부분으로 직접 복도로 피난할 수 있는 학교(강의실 용도로 사용되는 층에 한함)
③ 무인공장 또는 자동창고로서 사람의 출입이 금지된 장소
④ 문화집회 및 운동시설 · 판매시설 및 영업시설 또는 노유자시설의 용도로 사용되는 층으로서 그 층의 바닥면적이 1,000m^2 이상인 것

해설

피난기구의 설치 제외
1) 갓복도형 아파트 또는 발코니 등을 통하여 인접세대로 피난할 수 있는 구조로 되어 있는 계단실형 아파트
2) 주요구조부가 내화구조로서 거실의 각 부분으로 직접 복도로 피난할 수 있는 학교(강의실 용도로 사용되는 층)
3) 무인공장 또는 자동창고로서 사람의 출입이 금지된 장소(관리를 위하여 일시적으로 출입하는 장소를 포함)
4) 주요구조부가 내화구조이고 지하층을 제외한 층수가 4층 이하이며 소방사다리차가 쉽게 통행할 수 있는 도로 또는 공지에 면하는 부분에 개구부가 2 이상 설치되어 있는 층(문화집회 및 운동시설 · 판매시설 및 영업시설 또는 노유자시설의 용도로 사용되는 층으로서 그 층의 바닥면적이 1,000[m^2] 이상인 것을 제외)

④ 바닥면적이 1,000[m^2] 이상인 것 → 1,000[m^2] 이상인 것을 제외

정답 69 ③ 70 ④

71 지하구의 화재안전기준에 따라 연소방지설비 헤드의 설치기준으로 옳은 것은?

① 헤드 간의 수평거리는 연소방지설비 전용헤드의 경우에는 1.5m 이하로 할 것
② 헤드 간의 수평거리는 스프링클러헤드의 경우에는 2m 이하로 할 것
③ 천장 또는 벽면에 설치할 것
④ 한쪽 방향으로 살수구역의 길이는 2m 이상으로 할 것

해설

1) 천장 또는 벽면에 설치할 것

2) 방수헤드 간의 수평거리

헤드의 종류	전용헤드	스프링클러헤드
헤드 간 수평거리	2.0m 이하	1.5m 이하

3) 살수구역
① 소방대원의 출입이 가능한 환기구 · 작업구마다 지하구의 양쪽 방향으로 살수헤드를 설정할 것
② 한쪽 방향의 살수구역의 길이 : 3[m] 이상
③ 환기구 사이의 간격이 700[m]를 초과할 경우 700[m]마다 살수구역을 설정할 것

① 헤드 간의 수평거리는 연소방지설비 전용헤드의 경우에는 1.5[m] → 2.0[m] 이하
② 헤드 간의 수평거리는 스프링클러헤드의 경우에는 2[m] → 1.5[m] 이하
④ 한쪽 방향으로 살수구역의 길이는 2[m] → 3[m] 이상

72 소화기구 및 자동소화장치의 화재안전기준상 소화기구의 소화약제별 적응성 중 C급 화재에 적응성이 없는 소화약제는?

① 마른 모래
② 할로겐화합물 및 불활성 기체 소화약제
③ 이산화탄소 소화약제
④ 중탄산염류 소화약제

해설

소화기구의 소화약제별 적응성

소화약제 구분 \ 적응 대상		일반 화재 (A급 화재)	유류 화재 (B급 화재)	전기 화재 (C급 화재)	주방 화재 (K급 화재)
가스	이산화탄소 소화약제	–	○	○	–
	할론소화약제	○	○	○	–
	할로겐화합물 및 불활성 기체 소화약제	○	○	○	–
분말	인산염류 소화약제	○	○	○	–
	중탄산염류 소화약제	–	○	○	*
액체	산알칼리성 소화약제	○	○	*	–
	강화액 소화약제	○	○	*	*
	포소화약제	○	○	*	*
	물 · 침윤 소화약제	○	○	*	*
기타	고체에어로졸 화합물	○	○	○	–
	마른 모래	○	○	–	–
	팽창질석 · 팽창진주암	○	○	–	–
	그 밖의 것	–	–	–	*

주) "*"적응성은 형식승인 및 제품검사의 기술기준에 따라 화재종류별 적응성에 적합한 것으로 인정되는 경우에 한한다.

정답 71 ③ 72 ①

73 이산화탄소 소화설비 및 할론소화설비의 국소 방출방식에 대한 설명으로 옳은 것은?

① 고정식 소화약제 공급장치에 배관 및 분사헤드를 설치하여 직접 화점에 소화약제를 방출하는 방식이다.
② 고정된 분사헤드에서 밀폐 방호구역 공간 전체로 소화약제를 방출하는 방식이다.
③ 호스 선단에 부착된 노즐을 이동하여 방호대상물에 직접 소화약제를 방출하는 방식이다.
④ 소화약제 용기 노즐 등을 운반기구에 적재하고 방호대상물에 직접 소화약제를 방출하는 방식이다.

해설

1) 전역방출방식
고정식 이산화탄소 공급장치에 배관 및 분사헤드를 고정 설치하여 밀폐 방호구역 내에 이산화탄소를 방출하는 설비

2) 국소방출방식
고정식 이산화탄소 공급장치에 배관 및 분사헤드를 설치하여 직접 화점에 이산화탄소를 방출하는 설비로 화재발생 부분에만 집중적으로 소화약제를 방출하도록 설치하는 방식

3) 호스릴방식
분사헤드가 배관에 고정되어 있지 않고 소화약제 저장용기에 호스를 연결하여 사람이 직접 화점에 소화약제를 방출하는 이동식 소화설비

74 특고압의 전기시설을 보호하기 위한 소화설비로 물분무소화설비를 사용한다. 그 주된 이유로 옳은 것은?

① 물분무설비는 다른 물소화설비에 비해서 신속한 소화를 보여 주기 때문이다.
② 물분무설비는 다른 물소화설비에 비해서 물의 소모량이 적기 때문이다.
③ 분무상태의 물은 전기적으로 비전도성이기 때문이다.
④ 물분무입자 역시 물이므로 전기전도성이 있으나 전기시설물을 젖게 하지 않기 때문이다.

해설

1) 물분무소화설비는 물입자를 1,000[μm] 이하로 미립화하여 무상주수하므로 전기적으로 비전도성이다.
2) 물의 주수형태에 의한 소화

구분	봉상주수	적상주수	무상주수
내용	가늘고 긴 몽둥이 모양으로 방사	물방울 형태로 방사	안개 형태로 방사
설비	옥내, 옥외 소화전	스프링클러 설비	물분무소화 설비
소화 효과	냉각소화	냉각소화	질식, 냉각, 유화, 희석 소화

75 물분무소화설비의 화재안전기준에 따라 물분무소화설비를 설치하는 차고 또는 주차장의 배수설비 설치기준으로 틀린 것은?

① 차량이 주차하는 바닥은 배수구를 향해 1/100 이상의 기울기를 유지할 것
② 배수구에서 새어나온 기름을 모아 소화할 수 있도록 길이 40m 이하마다 집수관 · 소화피트 등 기름분리장치를 설치할 것
③ 차량이 주차하는 장소의 적당한 곳에 높이 10cm 이상의 경계턱으로 배수구를 설치할 것
④ 배수설비는 가압송수장치의 최대송수능력의 수량을 유효하게 배수할 수 있는 크기 및 기울기로 할 것

해설

물분무소화설비를 설치하는 차고, 주차장 배수설비 설치기준
1) 차량이 주차하는 장소의 적당한 곳에 높이 10[cm] 이상의 경계턱으로 배수구를 설치할 것
2) 배수구에는 새어나온 기름을 모아 소화할 수 있도록 길이 40[m] 이하마다 집수관 · 소화피트 등 기름분리장치를 설치할 것
3) 차량이 주차하는 바닥은 배수구를 향하여 100분의 2 이상의 기울기를 유지할 것
4) 배수설비는 가압송수장치의 최대 송수능력의 수량을 유효하게 배수할 수 있는 크기 및 기울기로 할 것

① 1/100 이상 → 100분의 2 이상

정답 73 ① 74 ③ 75 ①

76 연결송수관설비의 화재안전기준에 따라 송수구가 부설된 옥내소화전을 설치한 특정소방대상물로서 연결송수관설비의 방수구를 설치하지 아니할 수 있는 층의 기준 중 다음 (　) 안에 알맞은 것은? (단, 집회장 · 관람장 · 백화점 · 도매시장 · 소매시장 · 판매시설 · 공장 · 창고시설 또는 지하가를 제외한다.)

- 지하층을 제외한 층수가 (㉠)층 이하이고 연면적이 (㉡)m^2 미만인 특정소방대상물의 지상층
- 지하층의 층수가 (㉢) 이하인 특정소방대상물의 지하층

① ㉠ 3, ㉡ 5,000, ㉢ 3
② ㉠ 4, ㉡ 6,000, ㉢ 2
③ ㉠ 5, ㉡ 3,000, ㉢ 3
④ ㉠ 6, ㉡ 4,000, ㉢ 2

해설

방수구 설치 제외 가능한 층
1) 아파트의 1층 및 2층
2) 소방대원이 소방차로부터 각 부분에 쉽게 도달할 수 있는 피난층
3) 송수구가 부설된 옥내소화전을 설치한 특정소방대상물(집회장 · 관람장 · 백화점 · 도매시장 · 소매시장 · 판매시설 · 공장 · 창고시설 또는 지하가 제외)로서 다음의 어느 하나에 해당하는 층
   ① 지하층을 제외한 층수가 4층 이하이고 연면적이 6,000[m^2] 미만인 지상층
   ② 지하층의 층수가 2 이하인 특정소방대상물의 지하층

77 스프링클러설비의 화재안전기준에 따라 폐쇄형 스프링클러헤드를 최고 주위온도 40℃인 장소(공장 및 창고 제외)에 설치할 경우 표시온도는 몇 ℃의 것을 설치하여야 하는가?

① 79℃ 미만
② 79℃ 이상 121℃ 미만
③ 121℃ 이상 162℃ 미만
④ 162℃ 이상

해설

설치장소의 최고 주위온도에 따른 폐쇄형 헤드의 표시온도

설치장소의 최고 주위온도	폐쇄형 헤드의 표시온도
39℃ 미만	79℃ 미만
39℃ 이상 64℃ 미만	79℃ 이상 121℃ 미만
64℃ 이상 106℃ 미만	121℃ 이상 162℃ 미만
106℃ 이상	162℃ 이상

※ 높이가 4[m] 이상인 공장 및 창고에 설치하는 헤드는 최고 주위온도에 관계없이 표시온도 121[℃] 이상의 것으로 할 수 있다.

78 할론소화설비의 화재안전기준상 할론 1211을 국소방출방식으로 방사할 때 분사헤드의 방사압력 기준은 몇 MPa 이상인가?

① 0.1　② 0.2
③ 0.9　④ 1.05

해설

할론소화설비 분사헤드
1) 분사헤드의 방사압력 및 방사시간

구분	할론 2402	할론 1211	할론 1301
방사 압력	0.1[MPa] 이상	0.2[MPa] 이상	0.9[MPa] 이상
방사 시간	10초 이내	10초 이내	10초 이내

2) 할론 2402를 방출하는 분사헤드는 해당 소화약제가 무상으로 분무되는 것으로 할 것
3) 전역방출방식
   방사된 소화약제가 방호구역의 전역에 균일하게 신속히 확산할 수 있도록 할 것
4) 국소방출방식
   소화약제의 방사에 따라 가연물이 비산하지 아니하는 장소에 설치할 것

정답 76 ② 77 ② 78 ②

79 물분무소화설비의 화재안전기준상 물분무헤드를 설치하지 아니할 수 있는 장소의 기준 중 다음 ( ) 안에 알맞은 것은?

> 운전 시에 표면의 온도가 ( )℃ 이상으로 되는 등 직접 분무를 하는 경우 그 부분에 손상을 입힐 우려가 있는 기계장치 등이 있는 장소

① 160　② 200
③ 260　④ 300

해설

물분무헤드의 설치 제외

1) 물에 심하게 반응하는 물질 또는 물과 반응하여 위험한 물질을 생성하는 물질을 저장 또는 취급하는 장소(제1류 위험물 중 무기과산화물, 제3류 위험물 등)
2) 고온의 물질 및 증류범위가 넓어 끓어넘치는 위험이 있는 물질을 저장 또는 취급하는 장소
3) 운전 시에 표면의 온도가 260[℃] 이상으로 되는 등 직접 분무를 하는 경우 그 부분에 손상을 입힐 우려가 있는 기계장치 등이 있는 장소

80 인명구조기구의 화재안전기준에 따라 특정소방대상물의 용도 및 장소별로 설치해야 할 인명구조기구의 기준으로 틀린 것은?

① 지하가 중 지하상가는 인공소생기를 층마다 2개 이상 비치할 것
② 판매시설 중 대규모 점포는 공기호흡기를 층마다 2개 이상 비치할 것
③ 지하층을 포함하는 층수가 7층 이상인 관광호텔은 방열복(또는 방화복), 공기호흡기, 인공소생기를 각 2개 이상 비치할 것
④ 물분무 등 소화설비 중 이산화탄소 소화설비를 설치해야 하는 특정소방대상물은 공기호흡기를 이산화탄소 소화설비가 설치된 장소의 출입구 외부 인근에 1대 이상 비치할 것

해설

인명구조기구의 설치장소별 적응성

특정소방대상물	인명구조기구의 종류	설치 수량
지하층을 포함하는 층수 • 7층 이상인 관광호텔 • 5층 이상인 병원	• 방열복 또는 방화복(헬멧, 보호장갑 및 안전화를 포함) • 공기호흡기 • 인공소생기(병원은 설치 제외)	각 2개 이상 비치
• 문화 및 집회시설 중 수용인원 100명 이상의 영화상영관 • 판매시설 중 대규모 점포 • 운수시설 중 지하역사 • 지하가 중 지하상가	공기호흡기	층마다 2개 이상 비치
물분무 등 소화설비 중 이산화탄소 소화설비를 설치하여야 하는 특정소방대상물	공기호흡기	이산화탄소 소화설비가 설치된 장소의 출입구 외부 인근에 1대 이상 비치

① 지하가 중 지하상가는 인공소생기 → 공기호흡기

정답　79 ③　80 ①

소방설비기사(기계분야)

기 · 출 · 문 · 제

2022년 1회

1과목 소방원론

01 동식물유류에서 "요오드값이 크다."라는 의미를 옳게 설명한 것은?

① 불포화도가 높다. ② 불건성유이다.
③ 자연발화성이 낮다. ④ 산소와의 결합이 어렵다.

해설

1) 요오드값
① 유지 100g에 부가되는 요오드의 g 수
② 요오드값이 클수록 불포화도가 크고, 자연발화가 용이하다.

2) 동식물유
① 건성유(요오드값이 130 이상인 것) : 아마인유, 들기름, 정어리기름, 동유, 해바라기기름 등
② 반건성유(요오드값이 100 이상 130 미만인 것) : 참기름, 옥수수기름, 청어기름, 콩기름, 면실유, 채종유 등
③ 불건성유(요오드값이 100 미만인 것) : 피마자유, 올리브유, 땅콩기름, 팜유, 야자유 등

02 화재에 관련된 국제적인 규정을 제정하는 단체는?

① IMO(International Maritime Organization)
② SFPE(Society of Fire Protection Engineers)
③ NFPA(Nation Fire Protection Association)
④ ISO(International Organization for Standardi-zation) TC 92

해설

① IMO(International Maritime Organization) : 국제해사기구
② SFPE(Society of Fire Protection Engineers) : 미국 소방기술사회
③ NFPA(Nation Fire Protection Association) : 미국 화재예방협회
④ ISO(International Organization for Standardization) TC 92 : 국제표준화기구 화재안전기술위원회

03 위험물의 유별에 따른 분류가 잘못된 것은?

① 제1류 위험물 : 산화성 고체
② 제3류 위험물 : 자연발화성 물질 및 금수성 물질
③ 제4류 위험물 : 인화성 액체
④ 제6류 위험물 : 가연성 액체

해설

위험물의 분류 및 성질

위험물의 분류	성질
제1류 위험물	산화성 고체
제2류 위험물	가연성 고체
제3류 위험물	자연발화성 및 금수성 물질
제4류 위험물	인화성 액체
제5류 위험물	자기반응성 물질
제6류 위험물	산화성 액체

04 상온 · 상압의 공기 중에서 탄화수소류의 가연물을 소화하기 위한 이산화탄소 소화약제의 농도는 약 몇 %인가?(단, 탄화수소류는 산소농도가 10%일 때 소화된다고 가정한다.)

① 28.57 ② 35.48
③ 49.56 ④ 52.38

해설

소화가스의 농도[%] 계산

$$CO_2[\%] = \frac{21 - O_2}{21} \times 100$$

여기서, CO_2[%] : 방호구역에 방출된 소화가스의 농도[%]
O_2 : 소화가스 방출 후 방호구역의 산소농도[%]

$$CO_2[\%] = \frac{21 - 10}{21} \times 100 = 52.38[\%]$$

정답 01 ① 02 ④ 03 ④ 04 ④

05 제연설비의 화재안전기준상 예상제연구역에 공기가 유입되는 순간의 풍속은 몇 m/s 이하가 되도록 하여야 하는가?

① 2 ② 3
③ 4 ④ 5

해설

공기유입구
1) 바닥면적 400[m^2] 미만의 거실의 공기유입구
바닥 외의 장소에 설치하고 공기유입구와 배출구 간의 직선거리는 5[m] 이상 또는 구획된 실의 장변의 1/2 이상으로 할 것
2) 바닥면적 400[m^2] 이상의 거실의 공기유입구
바닥으로부터 1.5[m] 이하의 높이에 설치하고 그 주변은 공기유입에 장애가 없도록 할 것
3) 공기가 유입되는 순간의 풍속 : 5[m/s] 이하
4) 유입구의 구조 : 유입공기를 상향으로 분출하지 않도록 설치할 것
5) 공기유입구의 크기 : 배출량 1[m^3/min]에 대하여 35[cm^2] 이상으로 하여야 한다.

06 상온에서 무색의 기체로서 암모니아와 유사한 냄새를 가지는 물질은?

① 에틸벤젠 ② 에틸아민
③ 산화프로필렌 ④ 사이클로프로판

해설

① 에틸벤젠
휘발유와 비슷한 냄새가 나는 가연성 무색 액체이다. 벤젠에 에틸기($-C_2H_5$)가 붙은 것으로서, 에틸렌과 벤젠으로부터 합성한 것이다.
② 에틸아민
끓는점이 16~20℃로 해당 온도 이상에서 기체 상태를 유지하며 강한 암모니아와 같은 냄새를 가진 무색의 화합물이다.
③ 산화프로필렌
무색, 투명한 자극성이 있는 액체이다. 구리(Cu), 마그네슘(Mg), 은(Ag), 수은(Hg)과 반응하면 아세틸라이드를 생성하므로 위험하다.
④ 사이클로프로판
시클로프로판은 C_3H_6의 화학식을 가져 분자에 탄소원자가 세 개인 사이클로알케인이다. 결합각이 60°여서 불안정하므로 첨가반응을 잘한다. 달콤한 향을 가졌으며 마취제로 사용되었다.

07 소화약제의 형식승인 및 제품검사의 기술기준상 강화액 소화약제의 응고점은 몇 ℃ 이하이어야 하는가?

① 0 ② −20
③ −25 ④ −30

해설

강화액소화약제(소화약제의 형식승인 제6조)
1. 강화액소화약제는 다음에 적합한 알칼리 금속염류 등을 주성분으로 하는 수용액일 것
① 알칼리 금속염류의 수용액인 경우에는 알칼리성 반응을 나타내어야 한다.
② 강화액소화약제의 응고점은 −20[℃] 이하이어야 한다.

08 소화원리에 대한 설명으로 틀린 것은?

① 억제소화 : 불활성기체를 방출하여 연소범위 이하로 낮추어 소화하는 방법
② 냉각소화 : 물의 증발잠열을 이용하여 가연물의 온도를 낮추는 소화방법
③ 제거소화 : 가연성 가스의 분출화재 시 연료 공급을 차단시키는 소화방법
④ 질식소화 : 포소화약제 또는 불연성 기체를 이용해서 공기 중의 산소 공급을 차단하여 소화하는 방법

해설

1) 억제소화(부촉매소화)
① 할론소화약제, 할로겐화합물소화약제, 분말소화약제 등을 사용하여 소화하는 방법이다.
② 불꽃연소 시 발생하는 H*, OH* 활성라디칼을 포착하여 연쇄반응을 억제한다.
③ 불꽃연소에 적응성이 뛰어나고 훈소에는 적응성이 거의 없다.

정답 05 ④ 06 ② 07 ② 08 ①

2) 냉각소화
① 점화원을 발화점 이하로 냉각하여 소화하는 방법이다.
② 물의 현열과 증발잠열을 이용하는 방법이 가장 많이 사용된다.

3) 제거소화
① 가연물을 제거하여 소화하는 방법이다.
② 고체 가연물 : 가연물을 화재 현장으로부터 즉시 제거한다(산림화재 시 앞쪽에서 벌목하여 진화).
③ 액체 및 기체 : 가연성 물질을 누출시키는 용기의 밸브를 폐쇄한다.
④ 전기화재 : 전원스위치를 차단하여 전기의 공급을 차단한다.
⑤ 수용성 액체 : 다량의 물을 주입하여 농도를 연소범위 이하로 낮춘다.

4) 질식소화
① 공기 중의 산소농도를 15% 이하로 희박하게 하여 소화하는 방법이다.
② 이산화탄소, 불활성 가스 등을 분사하여 산소농도를 낮춘다.

① 불활성기체를 방출하여 연소범위 이하로 낮추어 소화하는 방법 → 질식소화

09 단백포 소화약제의 특징이 아닌 것은?

① 내열성이 우수하다.
② 유류에 대한 유동성이 나쁘다.
③ 유류를 오염시킬 수 있다.
④ 변질의 우려가 없어 저장 유효기간의 제한이 없다.

해설

1) 단백포 소화약제
• 동물성 단백질의 가수분해물에 염화제1철염의 안정제를 첨가하여 제조한 소화약제이다.
• 변질의 우려가 있어 약제를 자주 교환해야 하며 냄새가 고약하다.
• 내열성은 우수하나 유동성은 좋지 않다.

2) 수성막포 소화약제(AFFF : Aqueous Film-Forming Foam)
• 미국의 3M 사가 개발한 소화약제로, 일명 Light Water 라고 한다.
• 불소계 계면활성제로 유류화재에 적응성이 높다.
• 내유성과 유동성은 좋지만 내열성은 좋지 않다.
• 연소하고 있는 액체 위에 얇은 수성막을 형성하여 공기를 차단함으로써 질식, 냉각소화한다.

3) 합성계면활성제포 소화약제
• 계면활성제가 주성분이며 안정제를 첨가한 소화약제이다.
• 저팽창포와 고팽창포에서 모두 사용 가능하다.

4) 불화단백포 소화약제
• 단백포와 유사한 약제에 불소계 계면활성제를 첨가한 소화약제이다.
• 내유성이 좋아 표면하 주입방식에 사용 가능하다.

5) 내알코올포 소화약제
단백질의 가수분해 생성물과 합성세제 등을 주성분으로 제조하며, 일반 포로서는 소화작용이 어려운 수용성 액체(알코올류, 에스테르류, 케톤류 등) 위험물의 소화에 적합하다.

10 고층 건축물 내 연기 거동 중 굴뚝효과에 영향을 미치는 요소가 아닌 것은?

① 건물 내 · 외의 온도차 ② 화재실의 온도
③ 건물의 높이 ④ 층의 면적

해설

굴뚝효과
1) 정의 : 건물의 내부와 외부 공기의 온도 차이에 의한 압력차로 인하여 건물의 수직통로에서 급격한 연기의 이동이 발생하는 현상

2) 굴뚝효과의 크기
① 건물의 높이가 높을수록
② 건물 내부와 외부의 온도차가 클수록 커진다.

3) 굴뚝효과 관련 공식

$$\Delta P = 3{,}460H\left(\frac{1}{T_o} - \frac{1}{T_i}\right)$$

여기서, ΔP : 압력차[Pa]
T_o : 건물 외부온도[K]
T_i : 건물 내부온도[K]
H : 중성대로부터의 높이[m]

④ 층의 면적 → 면적과는 무관하다.

정답 09 ④ 10 ④

11 전기불꽃, 아크 등이 발생하는 부분을 기름 속에 넣어 폭발을 방지하는 방폭구조는?

① 내압방폭구조 ② 유입방폭구조
③ 안전증방폭구조 ④ 특수방폭구조

해설

1) 내압방폭구조 : 점화원이 될 수 있는 아크, 정전기, 불꽃 등의 발생부분을 전폐구조의 기구에 넣고 그 내부에서 폭발 시 용기가 폭발압력에 견뎌 화염이 용기 밖으로 분출하지 못하도록 만든 구조
2) 압력방폭구조 : 용기 내부에 보호기체를 압입시켜 내부압력을 유지시킴으로써 폭발성 가스나 증기의 침입을 방지하는 구조
3) 유입방폭구조 : 불꽃, 아크 발생 부분을 기름 속에 넣어 폭발성 가스와의 접촉을 차단함으로써 폭발을 방지하는 구조
4) 본질안전방폭구조 : 정상 및 사고 시 발생하는 불꽃, 아크, 고온 등에 의해 폭발성 가스가 본질적으로 점화되지 않도록 점화시험 등에 의해 확인된 구조
5) 안전증방폭구조 : 전기불꽃, 아크 발생 등의 방지를 위해 특별히 안전도를 증가시킨 구조

12 건축물의 피난・방화구조 등의 기준에 관한 규칙상 방화구획의 설치기준 중 스프링클러를 설치한 10층 이하의 층은 바닥면적 몇 m^2 이내마다 방화구획을 구획하여야 하는가?

① 1,000 ② 1,500
③ 2,000 ④ 3,000

해설

면적별 방화구획의 기준

구획 층		구획방법	자동식 소화설비 설치 시
지상 10층 이하 (지하층 포함)		바닥면적 1,000[m^2]마다 구획	바닥면적 3,000[m^2]마다 구획
11층 이상	일반	바닥면적 200[m^2]마다 구획	바닥면적 600[m^2]마다 구획
	실내마감 불연재료	바닥면적 500[m^2]마다 구획	바닥면적 1,500[m^2]마다 구획

13 과산화수소 위험물의 특성이 아닌 것은?

① 비수용성이다.
② 무기화합물이다.
③ 불연성 물질이다.
④ 비중은 물보다 무겁다.

해설

제6류 위험물
1) 성질 : 산화성 액체
2) 소화방법 : 대량의 물에 의한 희석소화
3) 품명 및 지정수량

위험등급	품명	지정수량
I	과염소산	300[kg]
	과산화수소(농도 36[w%] 이상)	
	질산(비중 1.49 이상)	

4) 특징
① 수용성이다.
② 무기화합물이다.
③ 불연성 물질이다.
④ 비중은 물보다 무겁다.

14 이산화탄소 소화약제의 임계온도는 약 몇 ℃인가?

① 24.4 ② 31.4 ③ 56.4 ④ 78.4

해설

이산화탄소
1) 이산화탄소의 상평형도

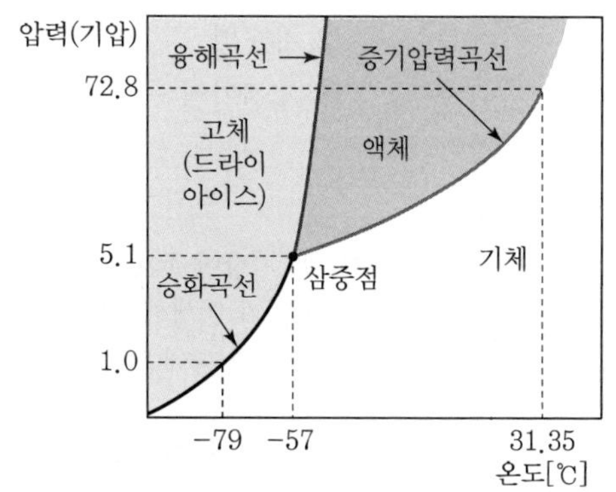

정답 11 ② 12 ④ 13 ① 14 ②

2) 이산화탄소의 물성

구분	물성
화학식	CO_2
분자량	44
증기비중	1.52
삼중점	−57[℃]
임계온도	31.35[℃]
임계압력	73[atm]
승화점	−79[℃]

15 이산화탄소 소화약제의 주된 소화효과는?

① 제거소화　② 억제소화
③ 질식소화　④ 냉각소화

해설

이산화탄소 소화약제의 특성

1) 공기보다 비중이 1.52배 무거우므로 피복질식효과가 우수하다.
2) 독성은 없으나 질식의 우려가 있다.
3) 이산화탄소에 의한 지구온난화를 발생시킨다.
4) 무색무취의 기체로 화학적으로 안정하다.
5) 고압의 배관에서 대기 중으로 방사 시 줄－톰슨 효과에 의한 냉각소화작용이 있다.
6) 약제방사 시 드라이아이스에 의해 시야가 제한되는 운무현상이 발생한다.
7) 소화 후 잔존물이 없고 전기적으로 비전도성이다.

16 백열전구가 발열하는 원인이 되는 열은?

① 아크열　② 유도열
③ 저항열　④ 정전기열

해설

전기적 열에너지원

1) 유도열 : 도체 주위에 변화하는 자장이 존재하거나 도체가 자장 사이를 통과하여 전위차가 발생하고 이 전위차에서 전류의 흐름이 일어나 도체의 저항에 의하여 발생하는 열
2) 유전열 : 누설전류에 의해 절연능력이 감소하여 발생하는 열
3) 저항열 : 도체에 전류를 흘리면 도체의 저항으로 인해 전기에너지가 열에너지로 변환되면서 발생하는 열(백열전구의 발열)
4) 아크열 : 통전된 선로의 개폐기의 개폐 시 발생하는 열
5) 정전기열 : 대전된 전하가 방전할 때 발생하는 열
6) 낙뢰에 의한 발열 : 번개에 의해 발생하는 열

17 화재의 정의로 옳은 것은?

① 가연성물질과 산소의 격렬한 산화반응이다.
② 사람의 과실로 인한 실화나 고의에 의한 방화로 발생하는 연소현상으로서 소화할 필요성이 있는 연소현상이다.
③ 가연물과 공기의 혼합물이 어떤 점화원에 의하여 활성화되어 열과 빛을 발하면서 일으키는 격렬한 발열반응이다.
④ 인류의 문화와 문명의 발달을 가져오게 한 근본 존재로서 인간의 제어수단에 의하여 컨트롤할 수 있는 연소현상이다.

해설

① 가연성 물질과 산소의 격렬한 산화반응이다. → 연소의 정의
② 사람의 과실로 인한 실화나 고의에 의한 방화로 발생하는 연소현상으로서 소화할 필요성이 있는 연소 현상이다. → 화재의 정의
③ 가연물과 공기의 혼합물이 어떤 점화원에 의하여 활성화되어 열과 빛을 발하면서 일으키는 격렬한 발열반응이다. → 연소의 정의
④ 인류의 문화와 문명의 발달을 가져오게 한 근본 존재로서 인간의 제어수단에 의하여 컨트롤할 수 있는 연소현상이다. → 불의 정의

18 물에 황산을 넣어 묽은 황산을 만들 때 발생되는 열은?

① 연소열　② 분해열
③ 용해열　④ 자연발열

정답　15 ③　16 ③　17 ②　18 ③

해설

① 연소열 : 어떤 물질 1[mol]이나 1[g]이 완전히 연소할 때 발생하는 열량이나 발열량
② 분해열 : 1[mol]의 화합물이 일정한 압력에서 그것을 이루고 있는 성분 원소들로 분해될 때 발생하는 열
③ 용해열 : 어떤 용질을 용매에 녹일 때 1[mol]당 출입하는 열
④ 자연발열(자연발화) : 어떤 물질이 외부로부터 에너지의 공급을 받지 않고 내부에서 발열하여 발화점 이상까지 온도가 상승하여 발화하는 현상(발열 > 방열)

19 자연발화의 방지방법이 아닌 것은?

① 통풍이 잘 되도록 한다.
② 퇴적 및 수납 시 열이 쌓이지 않게 한다.
③ 높은 습도를 유지한다.
④ 저장실의 온도를 낮게 한다.

해설

자연발화의 조건 및 방지법

자연발화의 조건	자연발화의 방지법
• 열전도율이 작을 것 • 발열량이 클 것 • 주위온도가 높을 것 • 비표면적이 클 것	• 통풍이 잘 되는 장소에 보관할 것 • 열 축적 방지(발열 < 방열) • 저장실의 온도를 낮게 유지할 것 • 습도를 낮게 유지할 것(습기가 촉매로 작용)

20 다음 중 분진폭발의 위험성이 가장 낮은 것은?

① 시멘트가루 ② 알루미늄분
③ 석탄분말 ④ 밀가루

해설

분진폭발

미세한 고체 분진이 공기 중에 부유하여 적당한 양으로 혼합되어 있을 때 점화원이 작용하여 폭발하는 현상

1) 분진폭발을 일으키는 물질 : 금속분진, 곡류의 분진, 플라스틱분진, 석탄분진 등
2) 분진폭발을 일으키지 않는 물질 : 생석회[CaO], 소석회[$Ca(OH)_2$], 시멘트, 팽창질석, 팽창진주암 등

2과목 소방유체역학

21 30℃에서 부피가 10L인 이상기체를 일정한 압력으로 0℃로 냉각시키면 부피는 약 몇 L로 변하는가?

① 3 ② 9
③ 12 ④ 18

해설

샤를의 법칙(Charles's Law)

압력이 일정할 때 기체의 체적은 절대온도에 비례한다.

$P_1 = P_2$

$$\frac{V_1}{T_1} = \frac{V_2}{T_2} \qquad \frac{V}{T} = C$$

여기서, P : 절대압력, T : 절대온도[K], V : 체적[m^3]

[풀이]

$P_1 = P_2$, $T_1 = 30 + 273 = 303$[K]

$T_2 = 0 + 273 = 273$[K], $V_1 = 10$[L], $V_2 = ?$[L]

$$\frac{V_1}{T_1} = \frac{V_2}{T_2}, \quad \frac{10}{303} = \frac{V_2}{273}$$

$$V_2 = \frac{273 \times 10}{303} = 9[\mathrm{L}]$$

22 비중이 0.6이고 길이 20m, 폭 10m, 높이 3m인 직육면체 모양의 소방정 위에 비중이 0.9인 포소화약제 5톤을 실었다. 바닷물의 비중이 1.03일 때 바닷물 속에 잠긴 소방정의 깊이는 몇 m인가?

① 3.54 ② 2.5
③ 1.77 ④ 0.6

정답 19 ③ 20 ① 21 ② 22 ③

해설

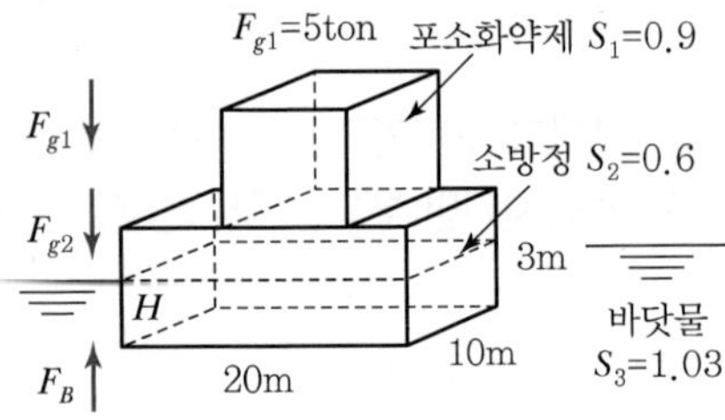

$F_{g1} + F_{g2} = F_B$

$F_{g1} = \gamma_1 V_1 = S_1 \gamma_w V_1 = 5[\text{ton}]$

$F_{g2} = \gamma_2 V_2 = S_2 \gamma_w V_2$

$F_B = \gamma_3 V_3 = S_3 \gamma_w V_3$

$$S_1 \gamma_w V_1 + S_2 \gamma_w V_2 = S_3 \gamma_w V_3$$

여기서, S_1 : 포소화약제의 비중
V_1 : 포소화약제의 체적[m^3]
S_2 : 소방정의 비중
V_2 : 소방정의 체적[m^3]
S_3 : 바닷물의 비중
V_3 : 바닷물의 넘친 체적[m^3]=소방정이 잠긴 체적[m^3]

[풀이]

1) $F_{g1} = 5[\text{ton}]$

$= 5{,}000\,\text{kg}_\text{f} \times \dfrac{9.8\,N}{1\text{kg}_\text{f}} = 49{,}000[\text{N}]$

S_2 : 0.6(소방정의 비중)
S_3 : 1.03
V_2 : $20 \times 10 \times 3 = 600[\text{m}^3]$
V_3 : $20 \times 10 \times H = 200H[\text{m}^3]$

2) $F_{g1} + S_2 \gamma_w V_2 = S_3 \gamma_w V_3$

$49{,}000 + 0.6 \times 9{,}800 \times 600 = 1.03 \times 9{,}800 \times 200H$

$3{,}577{,}000 = 2{,}018{,}800H$

$H = 1.77[\text{m}]$

23 그림과 같이 대기압 상태에서 V의 균일한 속도로 분출된 직경 D의 원형 물제트가 원판에 충돌할 때 원판이 U의 속도로 오른쪽으로 계속 동일한 속도로 이동하려면 외부에서 원판에 가해야 하는 힘 F는?(단, ρ는 물의 밀도, g는 중력가속도이다.)

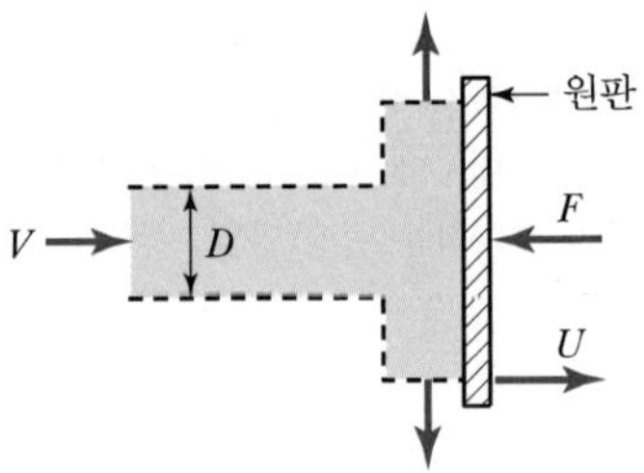

① $\dfrac{\rho\pi D^2}{4}(V-U)^2$

② $\dfrac{\rho\pi D^2}{4}(V+U)^2$

③ $\rho\pi D^2(V-U)(V+U)$

④ $\dfrac{\rho\pi D^2(V-U)(V+U)}{4}$

해설

1) 이동평판에 작용하는 힘

$$F = \rho Q(V-U) = \rho A(V-U)^2$$

여기서, ρ : 밀도[$N \cdot s^2/m^4$][kg/m^3]
Q : 유량[m^3/s]
A : 노즐의 단면적[m^2]
V : 분사되는 물의 유속[m/s]
U : 이동하는 평판의 속도[m/s]

2) 이동평판에 가해지는힘 : $F = \rho A(V-U)^2$

원형 물제트의 면적 : $A = \dfrac{\pi D^2}{4}[\text{m}^2]$

$\therefore F = \dfrac{\rho\pi D^2}{4}(V-U)^2$

정답 23 ①

24 그림과 같이 폭이 넓은 두 평판 사이를 흐르는 유체의 속도 분포 $u(y)$가 다음과 같을 때, 평판 벽에 작용하는 전단응력은 약 몇 Pa인가?(단, U_m = 1m/s, h=0.01m, 유체의 점성계수는 0.1 N · s/m^2 이다.)

$$u(y) = u_m\left[1-\left(\frac{y}{h}\right)^2\right]$$

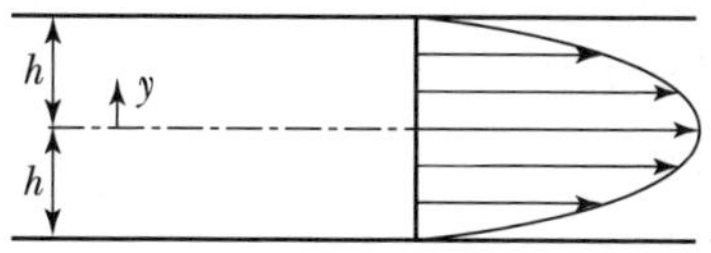

① 1 ② 2
③ 10 ④ 20

해설

전단응력

$$\tau\,[\mathrm{N/m^2}] = \mu\frac{du}{dy}$$

여기서, τ : 전단응력[N/m^2]
μ : 점성계수[kg/m · s]
$\frac{du}{dy}$: 속도구배

[풀이]

$$\tau = \mu\frac{du}{dy}$$
$$= \mu\frac{d}{dy}\left(U_m\left[1-\left(\frac{y}{h}\right)^2\right]\right)$$
$$= \mu\frac{d}{dy}\left(U_m - U_m\frac{y^2}{h^2}\right)$$
$$= \mu\frac{d}{dy}\left(U_m - \frac{U_m}{h^2}y^2\right)$$
$$= \mu\times -\frac{U_m}{h^2}\times 2y$$

여기서, $y = h$ (벽면에서 중심까지의 거리)

$$= \mu\times -\frac{U_m}{h^2}\times 2h = -\mu\times\frac{2\,U_m}{h}$$
$$= -0.1\times\frac{2\times 1}{0.01} = -20\,[\mathrm{N/m^2}]$$

상부이므로 $\tau = 20\,[\mathrm{N/m^2}]$

25 −15℃의 얼음 10g을 100℃의 증기로 만드는 데 필요한 열량은 약 몇 kJ인가?(단, 얼음의 융해열은 335kJ/kg, 물의 증발잠열은 2,256kJ/kg, 얼음의 평균 비열은 2.1kJ/kg · K이고, 물의 평균 비열은 4.18kJ/kg · K이다.)

① 7.85 ② 27.1
③ 30.4 ④ 35.2

해설

1) 현열

물질의 상태변화 없이 온도만 변하는 데 필요한 열량

$$Q[\mathrm{kJ}] = m\cdot C\cdot\Delta T$$

여기서, Q : 현열량[kJ], m : 질량[kg]
C : 비열[kJ/kg · K], ΔT : 온도 차[K][℃]

2) 잠열

물질의 온도변화 없이 상태변화에만 필요한 열량

$$Q[\mathrm{kJ}] = m\cdot r$$

여기서, Q : 열량[kJ], m : 질량[kg], r : 잠열[kJ/kg]

[풀이]

1) 얼음의 현열

$Q_1 = m\cdot C\cdot\Delta T$
$= 0.01\,[\mathrm{kg}]\times 2.1\,[\mathrm{kJ/kg\cdot K}]\times[0-(-15)]$
$= 0.315\,[\mathrm{kJ}]$

2) 융해잠열

$Q_2\,[\mathrm{kJ}] = m\cdot r = 0.01\,[\mathrm{kg}]\times 335\,[\mathrm{kJ/kg}]$
$= 3.35\,[\mathrm{kJ}]$

3) 물의 현열

$Q_3 = m\cdot C\cdot\Delta T$
$= 0.01\,[\mathrm{kg}]\times 4.18\,[\mathrm{kJ/kg\cdot K}]\times[100-0]$
$= 4.18\,[\mathrm{kJ}]$

4) 증발잠열

$Q_4 = m\cdot r = 0.01\,[\mathrm{kg}]\times 2265\,[\mathrm{kJ/kg}]$
$= 22.65\,[\mathrm{kJ}]$

5) 전체 열량 = 얼음의 현열 + 융해잠열 + 물의 현열 + 증발잠열

$Q_t = 0.315 + 3.35 + 4.18 + 22.65 = 30.41\,[\mathrm{kJ}]$

정답 24 ④ 25 ③

26 포화액－증기 혼합물 300g이 100kPa의 일정한 압력에서 기화가 일어나서 건도가 10%에서 30%로 높아진다면 혼합물의 체적 증가량은 약 몇 m^3인가?(단, 100kPa에서 포화액과 포화증기의 비체적은 각각 $0.00104m^3/kg$과 $1.694m^3/kg$이다.)

① 3.386 ② 1.693
③ 0.508 ④ 0.102

해설

포화액－증기의 비체적

$$V_S = x \cdot V_g + (1-x) \cdot V_f$$

여기서, V_S : 습증기의 비체적$[m^3/kg]$
V_g : 포화증기의 비체적$[m^3/kg]$
V_f : 포화액의 비체적$[m^3/kg]$
x : 건도

[풀이]

1) 건도 10%일 때 비체적 $V_{S1}[m^3/kg]$

$$V_{S1} = x_1 \cdot V_g + (1-x_1) \cdot V_f = 0.1 \times 1.694[m^3/kg] + (1-0.1) \times 0.00104[m^3/kg] = 0.1703[m^3/kg]$$

2) 건도 30%일 때 비체적 $V_{S2}[m^3/kg]$

$$V_{S2} = x_2 \cdot V_g + (1-x_2) \cdot V_f = 0.3 \times 1.694[m^3/kg] + (1-0.3) \times 0.00104[m^3/kg] = 0.5089[m^3/kg]$$

3) 비체적 증가량 $\triangle V_S[m^3/kg]$

$$\triangle V_S = 0.5089 - 0.1703 = 0.3386[m^3/kg]$$

4) 체적 증가량 $\triangle V[m^3]$

$$\triangle V = 0.3386[m^3/kg] \times 0.3[kg] = 0.10158 \fallingdotseq 0.102[m^3]$$

여기서, 300[g]=0.3[kg]

27 비중량 및 비중에 대한 설명으로 옳은 것은?

① 비중량은 단위부피당 유체의 질량이다.
② 비중은 유체의 질량 대 표준상태 유체의 질량비이다.
③ 기체인 수소의 비중은 액체인 수은의 비중보다 크다.
④ 압력의 변화에 대한 액체의 비중량 변화는 기체 비중량 변화보다 작다.

해설

① 비중량(Specific Weight)
어떤 물질의 단위부피당 중량$[N/m^3]$을 의미한다.

$$\gamma = \frac{F}{V}[N/m^3]$$

여기서, γ : 비중량$[N/m^3]$
F : 힘[N]
V : 체적$[m^3]$

② 비중(Specific Gravity)
어떤 물질의 밀도 ρ와 표준 물질(물)의 밀도 ρ_w의 비이다.

$$S = \frac{\gamma}{\gamma_w} = \frac{\rho}{\rho_w}$$

여기서, S : 어떤 물질의 비중
γ : 어떤 물질의 비중량$[N/m^3]$
γ_w : 물의 비중량$[N/m^3]$
ρ : 어떤 물질의 밀도$[kg/m^3]$
ρ_w : 물의 밀도$[kg/m^3]$

③ 액체수소의 비중 : 0.07
액체수은의 비중 : 13.6
기체수소와 액체수은의 비중의 비교가 불가하다.

④ 비중량 : $\gamma = \frac{F}{V}[N/m^3]$

- 액체일 경우 : 비압축성 유체이므로 체적 변화가 거의 없게 되어 비중량 변화량도 작다.
- 기체일 경우 : 압축성유체이므로 체적 변화가 크게되어 비중량 변화도 크다.

정답 26 ④ 27 ④

28 물분무 소화설비의 가압송수장치로 전동기 구동형 펌프를 사용하였다. 펌프의 토출량 800L/min, 전양정 50m, 효율 0.65, 전달계수 1.1인 경우 적당한 전동기 용량은 몇 kW인가?

① 4.2 ② 4.7
③ 10.0 ④ 11.1

해설

동기의 동력
전동기 또는 엔진에 전달되는 동력

$$P[\text{kW}] = \frac{\gamma[\text{N/m}^3] \times Q[\text{m}^3/\text{s}] \times H[\text{m}]}{1{,}000\,\eta} \times K$$

여기서, P : 전동기 동력[kW], γ : 비중량[N/m³]
Q : 유량[m³/s], H : 전양정[m]
η : 펌프효율, K : 전달계수

[풀이]

1) $Q = 800 \frac{[l]}{[\text{min}]} \times \frac{1[\text{m}^3]}{1{,}000[l]} \times \frac{1[\text{min}]}{60[\text{s}]}$

$= \frac{0.8}{60}[\text{m}^3/\text{s}]$

2) $\gamma = 9{,}800[\text{N/m}^3]$, $H=50[\text{m}]$, $\eta=0.65$, $K=1.1$

3) $P[\text{kW}] = \frac{\gamma[N/m^3] \times Q[\text{m}^3/\text{s}] \times H[\text{m}]}{1{,}000\eta} \times K$

$= \frac{9{,}800[\text{N/m}^3] \times 0.8/60[\text{m}^3/\text{s}] \times 50[\text{m}]}{1{,}000 \times 0.65} \times 1.1$

$= 11.06[\text{kW}]$

29 수평원관 속을 층류상태로 흐르는 경우 유량에 대한 설명으로 틀린 것은?

① 점성계수에 반비례한다.
② 관의 길이에 반비례한다.
③ 관 지름의 4제곱에 비례한다.
④ 압력강하량에 반비례한다.

해설

1) 하겐－포아젤 방정식

$$H_l = \frac{128\mu l\, Q}{\gamma\, \pi\, d^4} \qquad \Delta P = \frac{128\mu l\, Q}{\pi\, d^4}$$

여기서, H_l : 마찰손실수두[m], ΔP : 압력강하[Pa]
d : 배관의 직경[m], γ : 비중량[N/m³]
l : 직관의 길이[m], μ : 점성계수[N · s/m²]
Q : 유량[m³/s]

2) 유량

$$Q = \frac{\pi\, d^4\, \Delta P}{128\,\mu\, l}[\text{m}^3/\text{s}]$$

① 유량(Q)은 점성계수(μ)에 반비례한다.
② 유량(Q)은 관의 길이(l)에 반비례한다.
③ 유량(Q)은 관 지름의 4제곱(d^4)에 비례한다.
④ 유량(Q)은 압력강하(ΔP)에 비례한다.

30 부차적 손실계수 K가 2인 관 부속품에서의 손실수두가 2m이라면 이때의 유속은 약 몇 m/s인가?

① 4.43 ② 3.14
③ 2.21 ④ 2.00

해설

배관 부속에 의한 부차적 손실
엘보, 밸브 및 배관에 부착된 부품 등에서 발생하는 손실

$$H_l = K\frac{V^2}{2g} = f\frac{l_e}{d}\frac{V^2}{2g}$$

여기서, H_l : 부차적 손실수두[m]
K : 부차적 손실계수
f : 관 마찰계수
d : 배관의 직경[m]
l_e : 관의 상당길이[m]
V : 유체의 유속[m/sec]

[풀이]

$H_l = K\frac{V^2}{2g}$, $\quad 2 = 2 \times \frac{V^2}{2 \times 9.8}$

$V^2 = \frac{2 \times 2 \times 9.8}{2} = 19.6$

$V = \sqrt{19.6} = 4.43[\text{m/s}]$

정답 28 ④ 29 ④ 30 ①

31 관 내에 흐르는 유체의 흐름을 구분하는 데 사용되는 레이놀즈수의 물리적 의미는?

① $\frac{\text{관성력}}{\text{중력}}$　② $\frac{\text{관성력}}{\text{점성력}}$

③ $\frac{\text{관성력}}{\text{탄성력}}$　④ $\frac{\text{관성력}}{\text{압축력}}$

해설

무차원수의 종류 및 물리적 의미

무차원수의 종류	물리적 의미
레이놀즈수	관성력/점성력
오일러수	압축력/관성력
마하수	관성력/탄성력
프루드수	관성력/중력
웨버수	관성력/표면장력

32 그림과 같은 U자 관 차압액주계에서 $\gamma_1=9.8$ kN/m^3, $\gamma_2=133$kN/m^3, $\gamma_3=9.0$kN/m^3, $h_1=0.2$m, $h_3=0.1$이고 압력차 $P_A-P_B=30$kPA이다. h_2는 몇 m인가?

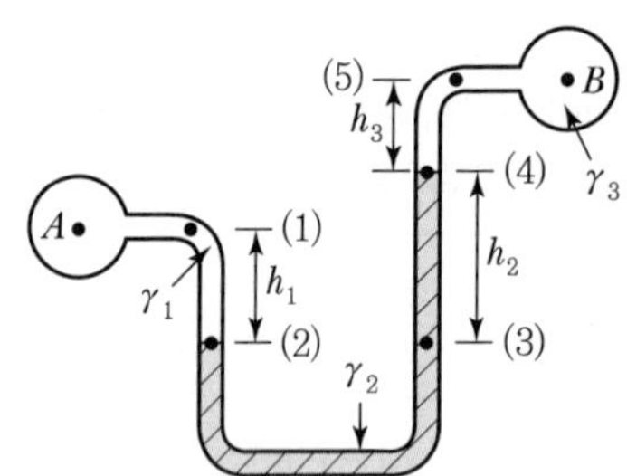

① 0.218　② 0.226

③ 0.234　④ 0.247

해설

점 (2)의 압력과 점 (3)의 압력은 같다.

$P_{(2)}=P_{(3)}$

$P_{(2)}=P_A+\gamma_1 h_1$

$P_{(3)}=P_B+\gamma_2 h_2+\gamma_3 h_3$

$P_A+\gamma_1 h_1=P_B+\gamma_2 h_2+\gamma_3 h_3$

[풀이]

$P_A-P_B=\gamma_2 h_2+\gamma_3 h_3-\gamma_1 h_1$

$30=133h_2+9.0\times0.1-9.8\times0.2$

$133h_2=31.06$

$h_2=0.2335 ≒ 0.234$[m]

33 펌프와 관련된 용어의 설명으로 옳은 것은?

① 캐비테이션 : 송출압력과 송출유량이 주기적으로 변하는 현상

② 서징 : 액체가 포화 증기압 이하에서 비등하여 기포가 발생하는 현상

③ 수격작용 : 관을 흐르던 물이 갑자기 정지할 때 압력파에 의해 이상음(異常音)이 발생하는 현상

④ NPSH : 펌프에서 상사법칙을 나타내기 위한 비속도

해설

1) 공동(Cavitation)현상
펌프 흡입 측 배관에서 발생될 수 있는 현상으로 흡수되는 물의 압력이 그 온도에서의 포화증기압보다 작게 되면 물이 급격하게 증발되어 기포가 생성되는 현상이다. 기포가 흐름을 따라 이동하면서 진동, 소음을 수반하고 심한 경우 양수불능까지도 초래하게 된다.

2) 맥동(Surging)현상
펌프의 운전 중 송출유량이 주기적으로 변하면서 압력계의 눈금이 흔들리고 토출배관에 진동과 소음을 수반하는 현상이다. 맥동현상이 계속되면 배관의 장치나 기계가 파손된다.

3) 수격(Water Hammering)작용
펌프나 밸브를 갑작스럽게 조작하면 관 속을 흐르는 액체의 속도가 급격히 변하면서 운동에너지가 압력에너지로 바뀌게 된다. 이때 고압이 발생되어 배관이나 관 부속물에 무리한 힘을 가하게 되는데, 이러한 현상을 수격작용이라 한다.

4) 유효흡입양정(*NPSHav* : Available Net Positive Suction Head)
펌프가 설치되어 사용될 때 펌프 그 자체와는 무관하게 배관 시스템에 따라 결정되는 양정이다. 즉, 펌프 설치 현장이 펌프에 주는 에너지를 의미한다.

정답 31 ② 32 ③ 33 ③

34 베르누이의 정리$\left(\frac{P}{\rho}+\frac{V^2}{2}+gZ=\text{constant}\right)$가 적용되는 조건이 아닌 것은?

① 압축성의 흐름이다.
② 정상 상태의 흐름이다.
③ 마찰이 없는 흐름이다.
④ 베르누이 정리가 적용되는 임의의 두 점은 같은 유선 상에 있다.

해설

1) 베르누이 방정식

$$\frac{V^2}{2g}+\frac{P}{\gamma}+Z=\text{Constant}$$

여기서, $\frac{P}{\gamma}$: 압력수두, $\frac{V^2}{2g}$: 속도수두
z : 위치수두, V : 유속[m/s]
P : 압력[N/m²], Z : 높이[m]
g : 중력가속도[m/s²], γ : 비중량[N/m³]

2) 성립요건
① 유선을 따르는 흐름일 것
② 정상류의 흐름일 것
③ 마찰이 없는 흐름일 것(점성이 없을 것)
④ 비압축성 유체의 흐름일 것

35 그림과 같이 수평과 30° 경사된 폭 50cm인 수문 AB가 A점에서 힌지(Hinge)로 되어 있다. 이 문을 열기 위한 최소한의 힘 F(수문에 직각 방향)는 약 몇 kN인가?(단, 수문의 무게는 무시하고, 유체의 비중은 1이다.)

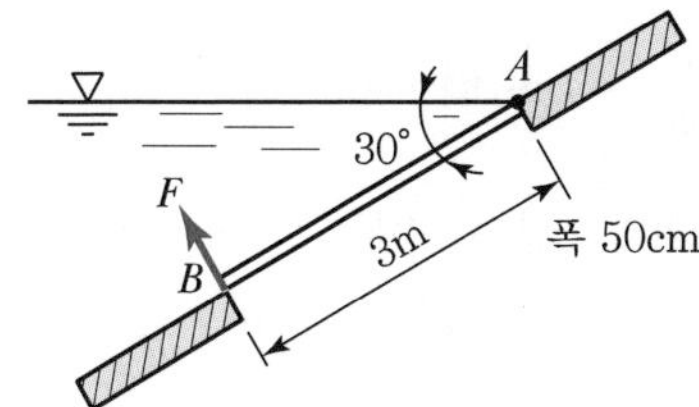

① 11.5 ② 7.35
③ 5.51 ④ 2.71

해설

1) 경사면에 작용하는 전압력 F

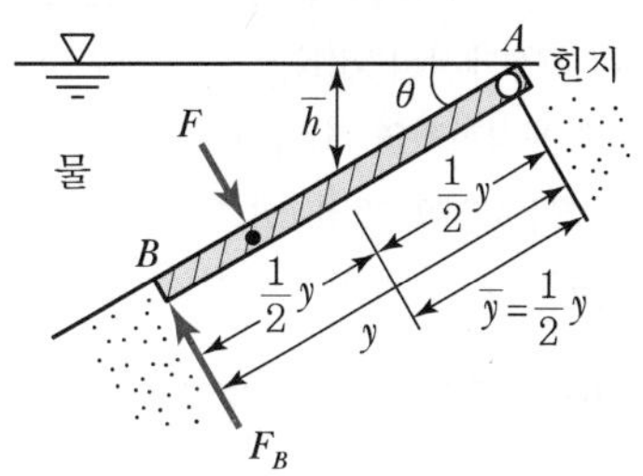

$$F=\gamma \bar{h} A=\gamma \bar{y}\sin\theta A$$

여기서, F : 경사면에 작용하는 전압력[N]
γ : 비중량[N/m³]
$\bar{y}$: 수면에서 수문 중심까지의 경사거리[m]
$\bar{h}$: 수면에서 수문 중심까지의 수직거리[m]
A : 수문의 단면적[m²]

γ : 9,800[N/m³], $\bar{y}=\frac{3\text{m}}{2}=1.5$[m], $\theta=30°$

$A=0.5\times 3=1.5$[m²]

$F=\gamma\bar{y}\sin\theta A$
$=9{,}800\times 1.5\times \sin 30\times 1.5=11{,}025$[N]

2) B점에서 수문에 직각방향으로 가해야 할 최소 힘 F_B

① 힘의 작용점

$$y_p=\frac{I_C}{\bar{y}A}+\bar{y}$$

여기서, y_p : 작용점, A : 수문의 단면적[m²]
$\bar{y}$: 수면에서 수문 중심까지의 경사거리[m]
I_C : 도심점(중심)을 지나고 x축과 평행한 축에 관한 단면 2차 모멘트

② 단면 2차 모멘트 I_C

$$I_C=\frac{bH^3}{12}$$

여기서, b : 폭의 길이[m], H : 높이[m]

$$=\frac{0.5\times 3^3}{12}=1.125$$

③ 힘의 작용점

$$y_p=\frac{1.125}{1.5\times 1.5}+1.5=2\text{[m]}$$

정답 34 ① 35 ②

④ B점에서 수문에 직각방향으로 가해야 할 최소 힘

$F \times l_p = F_B \times l_B$

여기서, F : 경사면에 작용하는 전압력(힘)[N]

F_B : B점에서의 힘[N]

l_p : 작용점까지의 거리[m]

l_B : B점까지의 거리[m]

$11,025[N] \times 2[m] = F_B \times 3[m]$

$$F_B = \frac{2}{3} \times 11,025 = 7,350[N] = 7.35[kN]$$

36 성능이 같은 3대의 펌프를 병렬로 연결하였을 경우 양정과 유량은 얼마인가?(단, 펌프 1대의 유량은 Q, 양정은 H이다.)

① 유량은 $3Q$, 양정은 H
② 유량은 $3Q$, 양정은 $3H$
③ 유량은 $9Q$, 양정은 H
④ 유량은 $9Q$, 양정은 $3H$

해설

펌프의 직렬운전, 병렬운전

운전방법	유량[Q]	양정[H]
직렬운전	Q	$N \times H$
병렬운전	$N \times Q$	H

여기서, N은 펌프의 대수

[풀이]

1) 병렬운전 시 유량 : $3 \times Q$
2) 병렬운전 시 양정 : H

37 수평배관 설비에서 상류 지점인 A지점의 배관을 조사해 보니 지름 100mm, 압력 0.45MPa, 평균유속 1m/s이었다. 또, 하류의 B지점을 조사해 보니 지름 50mm, 압력 0.4MPa이었다면 두 지점 사이의 손실수두는 약 몇 m인가?(단, 배관 내 유체의 비중은 1이다.)

① 4.34 ② 4.95
③ 5.87 ④ 8.67

해설

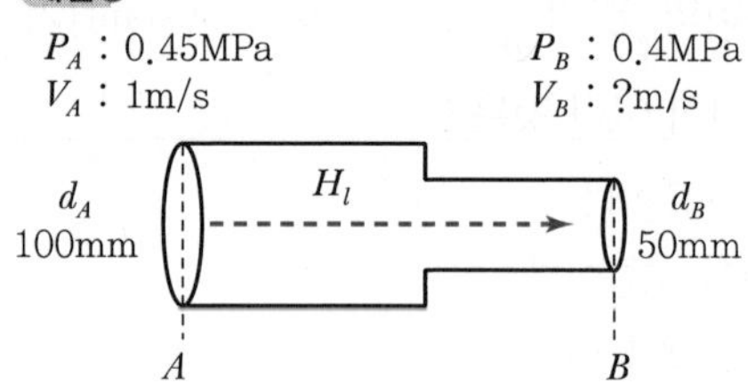

수정 베르누이 방정식

$$\frac{V_A^2}{2g} + \frac{P_A}{\gamma} + Z_A = \frac{V_B^2}{2g} + \frac{P_B}{\gamma} + Z_B + H_l$$

여기서, $\frac{V^2}{2g}$: 속도수두[m], $\frac{P}{\gamma}$: 압력수두[m]

Z : 위치수두[m], V : 유속[m/s]

P : 압력[N/m²], Z : 높이[m]

g : 중력가속도[m/s²], γ : 비중량[N/m³]

H_l : 마찰손실수두

[풀이]

1) $P_A = 0.45[MPa] = 450[kPa]$

$P_B = 0.4[MPa] = 400[kPa]$

$\gamma = 9.8[kN/m^3]$

2) $Z_A = Z_B$(수평배관)

$d_A = 100[mm] = 0.1[m]$

$d_B = 50[mm] = 0.05[m]$

3) $V_A = 1[m/s]$, $V_B = 4[m/s]$

$Q_A = Q_B$, $A_A V_A = A_B V_B$

$$\frac{\pi \times d_A^2}{4} \times V_A = \frac{\pi \times d_B^2}{4} \times V_B$$

$$\frac{\pi \times 0.1^2}{4} \times 1[m/s] = \frac{\pi \times 0.05^2}{4} \times V_B[m/s]$$

$$V_B = \frac{0.1^2}{0.05^2} \times 1[m/s] = 4[m/s]$$

4) 두 지점 사이의 마찰손실수두 H_l

$$\frac{1^2}{2 \times 9.8} + \frac{450}{9.8} = \frac{4^2}{2 \times 9.8} + \frac{400}{9.8} + H_l$$

$$H_l = \frac{450 - 400}{9.8} + \frac{1^2 - 4^2}{2 \times 9.8} = 4.34[m]$$

정답 36 ① 37 ①

38 원관 속을 층류 상태로 흐르는 유체의 속도 분포가 다음과 같을 때 관벽에서 30mm 떨어진 곳에서 유체의 속도기울기(속도구배)는 약 몇 s^{-1}인가?

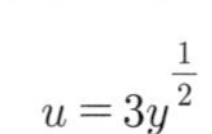 $u=3y^{\frac{1}{2}}$	• u : 유속(m/s) • y : 관벽으로부터의 거리(m)

① 0.87　　② 2.74
③ 8.66　　④ 27.4

해설

1) 전단응력 τ

$$\tau[\mathrm{N/m^2}] = \mu\frac{du}{dy}$$

여기서, τ : 전단응력[N/m^2]
μ : 점성계수[kg/m · s][Pa · s]
$\frac{du}{dy}$: 속도구배, u : 유체의 속도[m/s]
y : 벽면에서 평판까지의 수직거리[m]

2) 속도기울기(속도구배)

$$\frac{du}{dy} = \frac{d}{dy}(3y^{\frac{1}{2}})$$
$$= (3\times\frac{1}{2}\times y^{\frac{1}{2}-\frac{2}{2}})$$
$$= \frac{3}{2}\times y^{-\frac{1}{2}} \ (y=30[\mathrm{mm}]=0.03[\mathrm{m}]\text{이므로})$$
$$= \frac{3}{2}\times 0.03^{-\frac{1}{2}} = 8.66[s^{-1}]$$

39 대기의 압력이 106kPa이라면 게이지 압력이 1,226kPa인 용기에서 절대압력은 몇 kPa인가?

① 1,120　　② 1,125
③ 1,327　　④ 1,332

해설

1) 절대압 = 대기압 + 계기압
2) 절대압 = 대기압 − 진공압

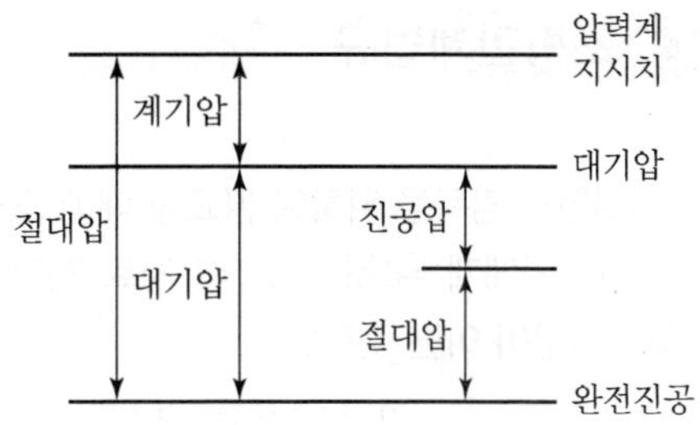

[풀이]
절대압 = 대기압 + 계기압
절대압 = 106[kPa] + 1,226[kPa] = 1,332[kPa]

40 표면온도 15℃, 방사율 0.85인 40cm × 50cm 직사각형 나무판의 한쪽 면으로부터 방사되는 복사열은 약 몇 W인가?(단, 스테판−볼츠만 상수는 $5.67\times10^{-8}\mathrm{W/m^2\cdot K^4}$이다.)

① 12　　② 66
③ 78　　④ 521

해설

복사(Radiation)
1) 정의 : 열이 매질 없이 전자기파 형태로 전달되는 형태
2) 스테판−볼츠만 법칙(Stefan−Boltzmann's Law)

$$\dot{q}'' = \epsilon\sigma T^4[\mathrm{W/m^2}]$$
$$\dot{q} = \epsilon\sigma A T^4[\mathrm{W}]$$

여기서, $\dot{q}''$: 단위면적당복사열[W/m^2]
$\dot{q}$: 복사열[W]
A : 열전달 면적[m^2]
T : 절대온도[K]
σ : 스테판−볼츠만 상수 ($5.67\times10-^8$[W/m^2 · K^4])
ε : 방사율(복사율)은 실제표면의 복사열($\dot{q}''$)과 흑체(σT^4)의 비

[풀이]
$$\dot{q} = 0.85\times5.67\times10^{-8}\times(0.4\times0.5)\times(15+273)^4$$
$$= 66.31[\mathrm{W}]$$

정답 38 ③ 39 ④ 40 ②

3과목 소방관계법규

41 소방시설업의 감독을 위하여 필요할 때에 소방시설업자나 관계인에게 필요한 보고나 자료 제출을 명할 수 있는 사람이 아닌 것은?

① 시 · 도지사 ② 119 안전센터장
③ 소방서장 ④ 소방본부장

해설

소방시설공사업법에 의한 감독
시 · 도지사, 소방본부장 또는 소방서장은 소방시설업의 감독을 위하여 필요할 때에는 소방시설업자나 관계인에게 필요한 보고나 자료 제출을 명할 수 있고, 관계 공무원으로 하여금 소방시설업체나 특정소방대상물에 출입하여 관계 서류와 시설 등을 검사하거나 소방시설업자 및 관계인에게 질문하게 할 수 있다.

42 소방시설업자가 소방시설 공사 등을 맡긴 특정소방대상물의 관계인에게 지체 없이 그 사실을 알려야 하는 경우가 아닌 것은?

① 소방시설업자의 지위를 승계한 경우
② 소방시설업의 등록취소 처분 또는 영업정지 처분을 받은 경우
③ 휴업하거나 폐업한 경우
④ 소방시설업의 주소지가 변경된 경우

해설

특정소방대상물의 관계인에게 지체 없이 그 사실을 알려야 하는 경우
1) 소방시설업자의 지위를 승계한 경우
2) 소방시설업의 등록취소 처분 또는 영업정지 처분을 받은 경우
3) 휴업하거나 폐업한 경우

43 이웃하는 다른 시 · 도지사와 소방업무에 관하여 시 · 도지사가 체결할 상호응원협정 사항이 아닌 것은?

① 화재조사활동
② 응원출동의 요청방법
③ 소방교육 및 응원출동훈련
④ 응원출동대상지역 및 규모

해설

소방업무의 상호응원협정 시 포함사항
1) 다음의 소방활동에 관한 사항
① 화재의 경계 · 진압활동
② 구조 · 구급업무의 지원
③ 화재조사활동

2) 응원출동대상지역 및 규모

3) 다음 각 목의 소요경비의 부담에 관한 사항
① 출동대원의 수당 · 식사 및 피복의 수선
② 소방장비 및 기구의 정비와 연료의 보급
③ 그 밖의 경비

4) 응원출동의 요청방법
5) 응원출동훈련 및 평가

44 소방시설의 종류에 대한 설명으로 옳은 것은?

① 소화기구, 옥외소화전설비는 소화설비에 해당된다.
② 유도등, 비상조명등은 경보설비에 해당된다.
③ 소화수조, 저수조는 소화활동설비에 해당된다.
④ 연결송수관설비는 소화용수설비에 해당된다.

해설

② 유도등, 비상조명등 → 피난구조설비
③ 소화수조, 저수조 → 소화용수설비
④ 연결송수관설비 → 소화활동설비

정답 41 ② 42 ④ 43 ③ 44 ①

45 특정소방대상물의 소방시설 설치의 면제기준에 따라 연결살수설비를 설치 면제받을 수 있는 경우는?

① 송수구를 부설한 간이스프링클러설비를 설치하였을 때
② 송수구를 부설한 옥내소화전설비를 설치하였을 때
③ 송수구를 부설한 옥외소화전설비를 설치하였을 때
④ 송수구를 부설한 연결송수관설비를 설치하였을 때

해설

소방시설 설치의 면제기준

설치가 면제되는 소방시설	설치 면제 조건이 되는 설비
스프링클러설비	물분무 등 소화설비
물분무 등 소화설비	스프링클러설비(차고, 주차장)
간이스프링클러설비	스프링클러설비, 물분무소화설비 또는 미분무소화설비
연결살수설비	송수구를 부설한 스프링클러설비, 간이스프링클러설비, 물분무소화설비 또는 미분무소화설비를 설치한 경우
비상경보설비 또는 단독경보형 감지기	자동화재탐지설비 또는 화재알림설비
비상경보설비	단독경보형 감지기를 2개 이상의 단독경보형 감지기와 연동하여 설치하는 경우
비상조명등	피난구유도등 또는 통로유도등

46 위험물 및 지정수량에 대한 기준 중 다음 ( ) 안에 알맞은 것은?

> 금속분이라 함은 알칼리금속 · 알칼리토류금속 · 철 및 마그네슘 외의 금속의 분말을 말하고, 구리분 · 니켈분 및 (㉠)마이크로미터의 체를 통과하는 것이 (㉡)중량퍼센트 미만인 것은 제외한다.

① ㉠ 150, ㉡ 50　② ㉠ 53, ㉡ 50
③ ㉠ 50, ㉡ 150　④ ㉠ 50, ㉡ 530

해설

제2류 위험등급, 품명 및 지정수량

위험등급	품명	지정수량
II	황화린	100[kg]
	적린	
	유황(순도 60[w%] 이상)	
III	철분(철의 분말로서 53[μm]의 표준체를 통과하는 것이 50[w%] 미만인 것은 제외)	500[kg]
	마그네슘 • 2[mm] 체를 통과하지 아니하는 덩어리 상태의 것은 제외 • 직경 2[mm] 이상의 막대 모양의 것은 제외	
III	금속분 • 구리분 · 니켈분 제외 • 150[μm] 체를 통과하는 것이 50[w%] 미만인 것은 제외	500[kg]
	인화성 고체(고형알코올, 그 밖에 1기압에서 인화점이 섭씨 40도 미만인 고체)	1,000[kg]

47 제조소등의 관계인은 위험물의 안전관리에 관한 직무를 수행하게 하기 위하여 제조소 등마다 위험물의 취급에 관한 자격이 있는 자를 위험물안전관리자로 선임하여야 한다. 이 경우 제조소 등의 관계인이 지켜야 할 기준으로 틀린 것은?

① 제조소 등의 관계인은 안전관리자를 해임하거나 안전관리자가 퇴직한 때에는 해임하거나 퇴직한 날부터 15일 이내에 다시 안전관리자를 선임하여야 한다.
② 제조소 등의 관계인이 안전관리자를 선임한 경우에는 선임한 날부터 14일 이내에 소방본부장 또는 소방서장에게 신고하여야한다.
③ 제조소 등의 관계인은 안전관리자가 여행 · 질병 그 밖의 사유로 인하여 일시적으로 직무를 수행할 수 없는 경우에는 국가기술자격법에 따른 위험물의 취급에 관한 자격취득자 또는 위험물안전에 관한 기

정답 45 ① 46 ① 47 ①

본지식과 경험이 있는 자를 대리자로 지정하여 그 직무를 대행하게 하여야 한다. 이 경우 대행하는 기간은 30일을 초과할 수 없다.

④ 안전관리자는 위험물을 취급하는 작업을 하는 때에는 작업자에게 안전관리에 관한 필요한 지시를 하는 등 위험물의 취급에 관한 안전관리와 감독을 하여야 하고, 제조소 등의 관계인은 안전관리자의 위험물안전관리에 관한 의견을 존중하고 그 권고에 따라야 한다.

해설

위험물 안전관리자

1) 위험물 안전관리자 선임 : 30일 이내
2) 위험물 안전관리자 선임 신고 : 14일 이내(소방본부장, 소방서장)
3) 대리자의 직무대행기간 : 30일 이내
4) 안전교육대상자
   ① 안전관리자로 선임된 자
   ② 탱크시험자의 기술인력으로 종사하는 자
   ③ 위험물 운송자로 종사하는 자

48 소방시설 감리업자는 소방시설공사가 설계도서 또는 화재안전기준에 적합하지 아니한 때에는 가장 먼저 누구에게 알려야 하는가?

① 감리업체 대표자 ② 시공자
③ 관계인 ④ 소방서장

해설

위반사항에 대한 조치

1) 감리업자는 감리를 할 때 소방시설공사가 설계도서나 화재안전기준에 맞지 아니할 때에는 관계인에게 알리고, 공사업자에게 그 공사의 시정 또는 보완 등을 요구하여야 한다.
2) 감리업자는 공사업자가 1)에 따른 요구를 이행하지 아니하고 그 공사를 계속할 때에는 행정안전부령으로 정하는 바에 따라 소방본부장이나 소방서장에게 그 사실을 보고하여야 한다.
3) 관계인은 감리업자가 2)에 따라 소방본부장이나 소방서장에게 보고한 것을 이유로 감리계약을 해지하거나 감리 대가 지급을 거부, 지연시키거나 불이익을 주어서는 아니 된다.

49 2급 소방안전관리대상물의 소방안전관리자 선임 기준으로 틀린 것은?

① 위험물기능사 자격을 가진 사람
② 소방공무원으로 3년 이상 근무한 경력이 있는 사람
③ 의용소방대원으로 5년 이상 근무한 경력이 있는 사람
④ 위험물산업기사 자격을 가진 사람

해설

2급 소방안전관리대상물의 소방안전관리자

다음에 해당하는 사람으로서 2급 또는 특급, 1급 소방안전관리자 자격증을 발급받은 사람

1) 위험물기능장 · 위험물산업기사 또는 위험물기능사 자격을 가진 사람
2) 소방공무원으로 3년 이상 근무한 경력이 있는 사람
3) 소방청장이 실시하는 2급 소방안전관리대상물의 소방안전관리에 관한 시험에 합격한 사람

③ 의용소방대원으로 3년 이상 경력이 있는 경우 2급 소방안전관리자 시험에 응시할 수 있는 자격만 주어짐

50 옥내주유취급소에 있어서 당해 사무소 등의 출입구 및 피난구와 당해 피난구로 통하는 통로 · 계단 및 출입구에 설치해야 하는 피난설비는?

① 유도등 ② 구조대
③ 피난사다리 ④ 완강기

해설

피난설비(위험물안전관리법 시행규칙 별표17)

1) 주유취급소 중 건축물의 2층 이상의 부분을 점포 · 휴게음식점 또는 전시장의 용도로 사용하는 것에 있어서는 당해 건축물의 2층 이상으로부터 주유취급소의 부지 밖으로 통하는 출입구와 당해 출입구로 통하는 통로 · 계단 및 출입구에 유도등을 설치할 것
2) 옥내주유취급소에 있어서는 당해 사무소 등의 출입구 및 피난구와 당해 피난구로 통하는 통로 · 계단 및 출입구에 유도등을 설치할 것
3) 유도등에는 비상전원을 설치할 것

정답 48 ③ 49 ③ 50 ①

51 소방시설업 등록의 결격사유에 해당되지 않는 법인은?

① 법인의 대표자가 피성년후견인인 경우
② 법인의 임원이 피성년후견인인 경우
③ 법인의 대표자가 소방시설공사업법에 따라 소방시설업 등록이 취소된 지 2년이 지나지 아니한 자인 경우
④ 법인의 임원이 소방시설공사업법에 따라 소방시설업 등록이 취소된 지 2년이 지나지 아니한 자인 경우

해설

소방시설업 등록의 결격사유
1) 피성년후견인
2) 금고 이상의 실형을 선고받고 그 집행이 끝나거나 면제된 날부터 2년이 지나지 아니한 사람
3) 금고 이상의 형의 집행유예를 선고받고 그 유예기간 중에 있는 사람
4) 등록하려는 소방시설업 등록이 취소된 날부터 2년이 지나지 아니한 자
5) 법인의 대표자가 제1)호부터 제4)호까지의 규정에 해당하는 경우 그 법인
6) 법인의 임원이 제2)호부터 제4)호까지의 규정에 해당하는 경우 그 법인

52 화재가 발생할 우려가 높거나 화재가 발생하는 경우 그로 인하여 피해가 클 것으로 예상되는 지역을 화재예방강화지구로 지정할 수 있는 자는?

① 한국소방안전협회장 ② 소방시설관리사
③ 소방본부장 ④ 시 · 도지사

해설

1) 화재예방강화지구 지정권자 : 시 · 도지사
2) 화재예방강화지구
① 시장지역
② 공장 · 창고가 밀집한 지역
③ 목조건물이 밀집한 지역
④ 노후 · 불량건축물이 밀집한 지역
⑤ 위험물의 저장 및 처리시설이 밀집한 지역
⑥ 석유화학제품을 생산하는 공장이 있는 지역
⑦ 산업입지 및 개발에 관한 법률에 따른 산업단지
⑧ 소방시설 · 소방용수시설 또는 소방출동로가 없는 지역
⑨ 소방관서장이 화재예방강화지구로 지정할 필요가 있다고 인정하는 지역

53 건축허가 등을 할 때 미리 소방본부장 또는 소방서장의 동의를 받아야 하는 건축물 등의 범위가 아닌 것은?

① 연면적 200m^2 이상인 노유자시설 및 수련시설
② 항공기 격납고, 관망탑
③ 차고 · 주차장으로 사용되는 바닥면적이 100m^2 이상인 층이 있는 건축물
④ 지하층 또는 무창층이 있는 건축물로서 바닥면적이 150m^2 이상인 층이 있는 것

해설

건축허가 등의 동의대상물의 범위
1) 연면적이 400[m^2] 이상인 건축물
2) 학교시설 : 100[m^2] 이상
3) 노유자시설 및 수련시설 : 200[m^2] 이상
4) 차고 · 주차장 : 바닥면적이 200[m^2] 이상인 층이 있는 건축물이나 주차시설
5) 승강기 등 기계장치에 의한 주차시설 : 20대 이상
6) 지하층, 무창층 : 바닥면적이 150[m^2](공연장의 경우에는 100[m^2]) 이상인 층
7) 정신의료기관, 장애인 의료재활시설 : 300[m^2] 이상
8) 항공기 격납고, 관망탑, 항공관제탑, 방송용 송수신탑
9) 조산원, 산후조리원, 위험물 저장 및 처리시설, 발전시설 중 전기저장시설, 지하구
10) 층수가 6층 이상인 건축물
11) 노유자시설 중 다음 각 목의 어느 하나에 해당하는 시설
① 노인 관련 시설
② 아동복지시설
③ 장애인 거주시설
④ 정신질환자 관련 시설
⑤ 노숙인 관련 시설 중 노숙인자활시설, 노숙인재활시설 및 노숙인요양시설
⑥ 결핵환자나 한센인이 24시간 생활하는 노유자시설

③ 차고 · 주차장으로 사용되는 바닥면적이 100[m^2] 이상 → 200[m^2] 이상

정답 51 ② 52 ④ 53 ③

54 특정소방대상물의 수용인원 산정방법으로 옳은 것은?

① 침대가 없는 숙박시설은 해당 특정소방대상물의 종사자의 수에 숙박시설의 바닥면적 합계를 4.6m^{2}로 나누어 얻은 수를 합한 수로 한다.

② 강의실로 쓰이는 특정소방대상물은 해당 용도로 사용하는 바닥면적의 합계를 4.6m^{2}로 나누어 얻은 수로 한다.

③ 관람석이 없을 경우 강당, 문화 및 집회시설, 운동시설, 종교시설은 해당용도로 사용하는 바닥면적의 합계를 4.6m^{2}로 나누어 얻은 수로 한다.

④ 백화점은 해당 용도로 사용하는 바닥면적의 합계를 4.6m^{2}로 나누어 얻은 수로 한다.

해설

수용인원의 산정방법

1) 숙박시설이 있는 특정소방대상물
   ① 침대가 있는 숙박시설 : 종사자 수+침대 수(2인용 침대는 2개)
   ② 침대가 없는 숙박시설 : 종사자 수+바닥면적의 합계를 3[m^2]로 나누어 얻은 수

2) 1) 외의 특정소방대상물
   ① 강의실 · 교무실 · 상담실 · 실습실 · 휴게실 용도로 쓰이는 특정소방대상물 : 바닥면적의 합계를 1.9[m^2]로 나누어 얻은 수
   ② 강당, 문화 및 집회시설, 운동시설, 종교시설 : 바닥면적의 합계를 4.6[m^2]로 나누어 얻은 수
   ③ • 관람석이 있는 경우 고정식 의자를 설치한 부분 : 의자 수
   • 긴 의자의 경우 : 의자의 정면너비를 0.45[m]로 나누어 얻은 수

3) 그 밖의 특정소방대상물 : 바닥면적의 합계를 3[m^2]로 나누어 얻은 수(소수점 이하의 수는 반올림할 것)

55 일반음식점에서 음식 조리를 위해 불을 사용하는 설비를 설치하는 경우 지켜야 하는 사항으로 틀린 것은?

① 주방시설에는 동물 또는 식물의 기름을 제거할 수 있는 필터 등을 설치할 것

② 열을 발생하는 조리기구는 반자 또는 선반으로부터 0.6미터 이상 떨어지게 할 것

③ 주방설비에 부속된 배출덕트는 0.2밀리미터 이상의 아연도금강판으로 설치할 것

④ 열을 발생하는 조리기구로부터 0.15미터 이내의 거리에 있는 가연성 주요 구조부는 석면판 또는 단열성이 있는 불연재료로 덮어 씌울 것

해설

일반음식점에서 조리를 위하여 불을 사용하는 설비

종류	내용
음식 조리를 위하여 설치하는 설비	가. 주방설비에 부속된 배기덕트 : 0.5[mm] 이상의 아연도금강판 나. 주방시설에는 동물 또는 식물의 기름을 제거할 수 있는 필터를 설치할 것 다. 열을 발생하는 조리기구 : 반자 또는 선반으로부터 0.6[m] 이상 라. 열을 발생하는 조리기구로부터 0.15[m] 이내의 거리에 있는 가연성 주요구조부는 석면판 또는 단열성이 있는 불연재료로 덮어씌울 것

56 소방업무의 응원에 대한 설명 중 틀린 것은?

① 소방본부장이나 소방서장은 소방활동을 할 때에 긴급한 경우에는 이웃한 소방본부장 또는 소방서장에게 소방업무의 응원을 요청할 수 있다.

② 소방업무의 응원 요청을 받은 소방본부장 또는 소방서장은 정당한 사유 없이 그 요청을 거절하여서는 아니 된다.

③ 소방업무의 응원을 위하여 파견된 소방대원은 응원을 요청한 소방본부장 또는 소방서장의 지휘에 따라야 한다.

정답 54 ③ 55 ③ 56 ④

④ 시 · 도지사는 소방업무의 응원을 요청하는 경우를 대비하여 출동 대상지역 및 규모와 필요한 경비의 부담 등에 관하여 필요한 사항을 대통령령으로 정하는 바에 따라 이웃하는 시 · 도지사와 협의하여 미리 규약으로 정하여야 한다.

해설

소방업무의 응원

1) 소방본부장이나 소방서장은 소방활동을 할 때에 긴급한 경우에는 이웃한 소방본부장 또는 소방서장에게 소방업무의 응원을 요청할 수 있다.
2) 소방업무의 응원 요청을 받은 소방본부장 또는 소방서장은 정당한 사유 없이 그 요청을 거절하여서는 아니 된다.
3) 소방업무의 응원을 위하여 파견된 소방대원은 응원을 요청한 소방본부장 또는 소방서장의 지휘에 따라야 한다.
4) 시 · 도지사는 소방업무의 응원을 요청하는 경우를 대비하여 출동 대상지역 및 규모와 필요한 경비의 부담 등에 관하여 필요한 사항을 행정안전부령으로 정하는 바에 따라 이웃하는 시 · 도지사와 협의하여 미리 규약으로 정하여야 한다.

④ 대통령령으로 → 행정안전부령으로

57 소방공사감리업을 등록한 자가 수행하여야 할 업무가 아닌 것은?

① 완공된 소방시설 등의 성능시험
② 소방시설 등 설계 변경 사항의 적합성 검토
③ 소방시설 등의 설치계획표의 적법성 검토
④ 소방용품 형식승인 및 제품검사의 기술기준에 대한 적합성 검토

해설

소방공사감리자의 업무

1) 소방시설 등의 설치계획표의 적법성 검토
2) 소방시설 등 설계도서의 적합성 검토
3) 소방시설 등 설계 변경 사항의 적합성 검토
4) 소방용품의 위치 · 규격 및 사용 자재의 적합성 검토
5) 소방시설 등의 시공이 설계도서와 화재안전기준에 맞는지에 대한 지도 · 감독
6) 완공된 소방시설 등의 성능시험
7) 공사업자가 작성한 시공 상세 도면의 적합성 검토
8) 피난시설 및 방화시설의 적법성 검토
9) 실내장식물의 불연화와 방염 물품의 적법성 검토

58 소방시설업에 대한 행정처분기준에서 1차 행정처분 사항으로 등록취소에 해당하는 것은?

① 거짓이나 그 밖의 부정한 방법으로 등록한 경우
② 소방시설업자의 지위를 승계한 사실을 소방시설공사 등을 맡긴 특정소방대상물의 관계인에게 통지를 하지 아니한 경우
③ 화재안전기준 등에 적합하게 설계 · 시공을 하지 아니하거나, 법에 따라 적합하게 감리를 하지 아니한 경우
④ 등록을 한 후 정당한 사유 없이 1년이 지날 때까지 영업을 시작하지 아니하거나 계속하여 1년 이상 휴업한 때

해설

소방시설업에 대한 행정처분 기준

위반사항	행정처분 기준		
	1차	2차	3차
① 거짓이나 그 밖의 부정한 방법으로 등록한 경우	등록취소		
② 소방시설업자의 지위를 승계한 사실을 소방시설공사 등을 맡긴 특정소방대상물의 관계인에게 통지를 하지 아니한 경우	경고(시정명령)	영업정지 1개월	등록취소
③ 화재안전기준 등에 적합하게 설계점시공을 하지 아니하거나, 적합하게 감리를 하지 아니한 경우	영업정지 1개월	영업정지 3개월	등록취소
④ 등록을 한 후 정당한 사유 없이 1년이 지날 때까지 영업을 시작하지 아니하거나 계속하여 1년 이상 휴업한 때	경고(시정명령)	등록취소	
⑤ 등록 결격사유에 해당하게 된 경우	등록취소		
⑥ 영업정지 기간 중에 소방시설공사등을 한 경우	등록취소		

정답 57 ④ 58 ①

59 다음 중 한국소방안전원의 업무가 아닌 것은?

① 소방기술과 안전관리에 관한 교육 및 조사 · 연구
② 위험물탱크 성능시험
③ 소방기술과 안전관리에 관한 각종 간행물 발간
④ 화재 예방과 안전관리의식 고취를 위한 대국민 홍보

해설

한국소방안전원
1) 한국소방안전원의 인가(정관 변경) : 소방청장
2) 한국소방안전원의 업무감독 : 소방청장
3) 한국소방안전원의 사업계획 및 예산에 관한 승인 : 소방청장
4) 한국소방안전원의 업무
① 소방기술과 안전관리에 관한 교육 및 조사 · 연구
② 소방기술과 안전관리에 관한 각종 간행물 발간
③ 화재 예방과 안전관리의식 고취를 위한 대국민 홍보
④ 소방업무에 관하여 행정기관이 위탁하는 업무
⑤ 소방안전에 관한 국제협력
⑥ 그 밖에 회원에 대한 기술지원 등 정관으로 정하는 사항

② 위험물탱크 성능시험 → 한국소방산업기술원

60 제조소 등이 아닌 장소에서 지정수량 이상의 위험물 취급에 대한 설명으로 틀린 것은?

① 임시로 저장 또는 취급하는 장소에서의 저장 또는 취급의 기준은 시 · 도의 조례로 정한다.
② 필요한 승인을 받아 지정수량 이상의 위험물을 120일 이내의 기간 동안 임시로 저장 또는 취급하는 경우 제조소 등이 아닌 장소에서 지정수량 이상의 위험물을 취급할 수 있다.
③ 제조소 등이 아닌 장소에서 지정수량 이상의 위험물을 취급할 경우 관할소방서장의 승인을 받아야 한다.
④ 군부대가 지정수량 이상의 위험물을 군사목적으로 임시로 저장 또는 취급하는 경우 제조소 등이 아닌 장소에서 지정수량 이상의 위험물을 취급할 수 있다.

해설

1) 제조소 등이 아닌 장소에서 지정수량 이상의 위험물을 취급할 수 있는 경우
① 관할소방서장의 승인을 받아 지정수량 이상의 위험물을 90일 이내의 기간 동안 임시로 저장 또는 취급하는 경우
② 군부대가 지정수량 이상의 위험물을 군사목적으로 임시로 저장 또는 취급하는 경우
2) 임시로 저장 또는 취급하는 장소에서의 저장 또는 취급의 기준과 임시로 저장 또는 취급하는 장소의 위치 · 구조 및 설비의 기준 : 시 · 도의 조례

4과목 소방기계시설의 구조 및 원리

61 대형소화기의 정의 중 다음 ( ) 안에 알맞은 것은?

> 화재 시 사람이 운반할 수 있도록 운반대와 바퀴가 설치되어 있고 능력단위가 A급 (㉠)단위 이상, B급 (㉡)단위 이상인 소화기를 말한다.

① ㉠ 20, ㉡ 10　　② ㉠ 10, ㉡ 20
③ ㉠ 10, ㉡ 5　　④ ㉠ 5, ㉡ 10

해설

용어의 정의
1) 소화기 : 소화약제를 압력에 따라 방사하는 기구로서 사람이 수동으로 조작하여 소화하는 것
2) 소형소화기 : 능력단위가 1단위 이상이고 대형소화기의 능력단위 미만인 것
3) 대형소화기 : 능력단위가 A급 10단위 이상, B급 20단위 이상인 소화기로서 화재 시 사람이 운반할 수 있도록 운반대와 바퀴가 설치되어 있는 것

정답 59 ② 60 ② 61 ②

62 분말소화약제의 가압용 가스 또는 축압용 가스의 설치기준으로 틀린 것은?

① 가압용 가스에 질소가스를 사용하는 것의 질소가스는 소화약제 1kg마다 40L(35℃에서 1기압의 압력상태로 환산한 것) 이상으로 할 것
② 가압용 가스에 이산화탄소를 사용하는 것의 이산화탄소는 소화약제 1kg에 대하여 20g에 배관의 청소에 필요한 양을 가산한 양 이상으로 할 것
③ 축압용 가스에 질소가스를 사용하는 것의 질소가스는 소화약제 1kg에 대하여 40L(35℃에서 1기압의 압력상태로 환산한 것) 이상으로 할 것
④ 축압용 가스에 이산화탄소를 사용하는 것의 이산화탄소는 소화약제 1kg에 대하여 20g에 배관의 청소에 필요한 양을 가산한 양 이상으로 할 것

해설

가압용 가스 또는 축압용 가스의 종류 및 저장량

1) 가압용 가스 또는 축압용 가스는 질소가스 또는 이산화탄소로 할 것
2) 분말소화약제 1[kg]당 가압용, 축압용 가스의 저장량

방식 \ 가스	질소(N_2)	이산화탄소(CO_2)
가압용	40[l/kg]	20[g/kg]
축압용	10[l/kg]	20[g/kg]

3) 배관 청소에 필요한 양의 가스는 별도의 용기에 저장할 것

③ 축압용 가스에 질소가스를 사용하는 것의 질소가스는 소화약제 1kg에 대하여 40l → 10l

63 포소화설비의 자동식 기동장치에 화재감지기를 사용하는 경우, 화재감지기 회로의 발신기 설치기준 중 ( ) 안에 알맞은 것은?(단, 자동화재탐지설비의 수신기가 설치된 장소에 상시 사람이 근무하고 있고, 화재 시 즉시 해당 조작부를 작동시킬 수 있는 경우는 제외한다.)

> 특정소방대상물의 층마다 설치하되, 해당 특정소방대상물의 각 부분으로부터 수평거리가 (㉠)m 이하가 되도록 할 것. 다만, 복도 또는 별도로 구획된 실로서 보행거리가 (㉡)m 이상일 경우에는 추가로 설치하여야 한다.

① ㉠ 25, ㉡ 30
② ㉠ 25, ㉡ 40
③ ㉠ 15, ㉡ 30
④ ㉠ 15, ㉡ 40

해설

자동식 기동장치의 설치기준

1) 화재감지기를 사용하는 경우
  ① 화재감지기는 자동화재탐지설비의 화재안전기준에 따라 설치할 것
  ② 화재감지기 회로에는 다음에 적합한 발신기를 설치할 것
    ㉠ 스위치 높이 : 조작이 쉽고 바닥으로부터 0.8[m] 이상 1.5[m] 이하
    ㉡ 발신기의 배치
      • 특정소방대상물의 층마다 설치
      • 해당 특정소방대상물의 각 부분으로부터 수평거리가 25[m] 이하
      • 복도 또는 별도로 구획된 실로서 보행거리가 40[m] 이상일 경우에는 추가로 설치
  ③ 발신기의 위치
    • 표시하는 표시등은 함의 상부에 설치
    • 그 불빛은 부착면으로부터 15° 이상의 범위 안에서 부착지점으로부터 10[m] 이내의 어느 곳에서도 쉽게 식별할 수 있는 적색등으로 할 것

정답 62 ③ 63 ②

64 특별피난계단의 계단실 및 부속실 제연설비의 화재안전기준상 급기풍도 단면의 긴 변 길이가 1,300mm인 경우, 강판의 두께는 최소 몇 mm 이상이어야 하는가?

① 0.6 ② 0.8
③ 1.0 ④ 1.2

해설

배출풍도의 크기에 따른 강판의 두께

풍도 단면의 긴 변 또는 직경의 크기	강판 두께
450[mm] 이하	0.5[mm]
450[mm] 초과 750[mm] 이하	0.6[mm]
750[mm] 초과 1,500[mm] 이하	0.8[mm]
1,500[mm] 초과 2,250[mm] 이하	1.0[mm]
2,250[mm] 초과	1.2[mm]

65 옥외소화전설비에서 성능시험배관의 직관부에 설치된 유량측정장치는 펌프 및 정격토출량의 최소 몇 % 이상 측정할 수 있는 성능이 있어야 하는가?

① 175 ② 150
③ 75 ④ 50

해설

성능시험배관

1) 펌프 성능시험배관의 설치기준
   ① 펌프의 토출 측에 설치된 개폐밸브 이전에서 분기하여 설치하고 유량측정장치를 기준으로 전단 직관부에 개폐밸브, 후단 직관부에 유량조절밸브를 설치할 것
   ② 유량측정장치 : 정격토출량의 175[%] 이상 측정
2) 펌프의 성능시험
   ① 체절운전
   정격토출압력의 140[%]를 초과하지 아니할 것
   ② 최대 부하운전
   정격토출량의 150[%]로 운전 시 정격토출압력의 65[%] 이상일 것

66 자동차 차고나 주차장에 할론 1301 소화약제로 전역방출방식의 소화설비를 설치한 경우 방호구역의 체적 $1m^3$당 얼마의 소화약제가 필요한가?

① 0.32kg 이상 0.64kg 이하
② 0.36kg 이상 0.71kg 이하
③ 0.40kg 이상 1.10kg 이하
④ 0.60kg 이상 0.71kg 이하

해설

할론 1301 소화약제의 체적당 약제량 및 개구부 가산량

소방대상물	체적 $1m^3$당 소화약제의 양 $K_1[kg/m^3]$	개구부 가산량 $K_2[kg/m^2]$
차고 · 주차장 · 전기실 · 통신기기실, 가연성 고체, 가연성 액체, 합성수지류 등	0.32 이상 0.64 이하	2.4
면화, 나무껍질, 넝마, 사류, 볏짚류, 목재가공품 등	0.52 이상 0.64 이하	3.9

67 소화기구 및 자동소화장치의 화재안전기준상 타고 나서 재가 남는 일반화재에 해당하는 일반 가연물은?

① 고무 ② 타르
③ 솔벤트 ④ 유성도료

해설

화재의 분류

구분	화재의 종류	표시색	주된 소화효과
A급 화재	일반화재	백색	냉각소화
B급 화재	유류, 가스화재	황색	질식소화
C급 화재	전기화재(통전)	청색	질식소화
D급 화재	금속화재	무색	질식소화
K급 화재	주방화재	–	냉각, 질식소화

② 타르 → 유류화재(아스팔트 타르 등)
③ 솔벤트 → 유류화재
④ 유성도료 → 유류화재

정답 64 ② 65 ① 66 ① 67 ①

68 특별피난계단의 계단실 및 부속실 제연설비의 화재안전기준상 차압 등에 관한 기준으로 옳은 것은?

① 제연설비가 가동되었을 경우 출입문의 개방에 필요한 힘은 150N 이하로 하여야 한다.
② 제연구역과 옥내와의 사이에 유지하여야 하는 최소 차압은 옥내에 스프링클러설비가 설치된 경우에는 40Pa 이상으로 하여야 한다.
③ 계단실과 부속실을 동시에 제연하는 경우 부속실의 기압은 계단실과 같게 하거나 계단실의 기압보다 낮게 할 경우에는 부속실과 계단실의 압력 차이는 3Pa 이하가 되도록 하여야 한다.
④ 피난을 위하여 제연구역의 출입문이 일시적으로 개방되는 경우 개방되지 아니하는 제연구역과 옥내와의 차압은 기준에 따른 차압의 70% 미만이 되어서는 아니 된다.

해설

차압 등

1) 제연구역과 옥내 사이에 유지하여야 하는 차압의 기준
   ① 최소 차압 : 40[Pa] 이상
   ② 옥내에 스프링클러설비가 설치된 경우 : 12.5[Pa] 이상
2) 제연설비가 가동되었을 경우 출입문의 개방에 필요한 힘 : 110[N] 이하
3) 출입문이 일시적으로 개방되는 경우 개방되지 않은 제연구역과 옥내의 차압 : 기준차압의 70[%] 이상일 것
4) 계단실과 부속실을 동시에 제연하는 경우 부속실의 기압은 계단실과 같게 하거나 계단실의 기압보다 낮게 할 경우에는 부속실과 계단실의 압력 차이는 5[Pa] 이하가 되도록 하여야 한다.

69 고가수조를 이용한 가압송수장치의 설치기준 중 고가수조에 설치하지 않아도 되는 것은?

① 수위계　② 배수관
③ 압력계　④ 오버플로관

해설

1) 고가수조의 구성
   ① 수위계　② 배수관　③ 급수관
   ④ 오버플로관　⑤ 맨홀
2) 압력수조의 구성
   ① 수위계　② 급수관
   ③ 배수관　④ 급기관
   ⑤ 맨홀　⑥ 압력계
   ⑦ 안전장치　⑧ 자동식 공기압축기

③ 압력계 → 압력수조에 필요하다.

70 상수도 소화용수설비 소화전은 특정소방대상물의 수평투영면의 각 부분으로부터 최대 몇 m 이하가 되도록 설치하여야 하는가?

① 100　② 120
③ 140　④ 150

해설

상수도 소화용수설비의 설치기준

1) 호칭지름 75[mm] 이상의 수도배관에 호칭지름 100[mm] 이상의 소화전을 접속할 것
2) 소화전은 소방자동차 등의 진입이 쉬운 도로변 또는 공지에 설치할 것
3) 소화전은 특정소방대상물의 수평투영면의 각 부분으로부터 140[m] 이하가 되도록 설치할 것

71 상수도 소화용수설비 소화전의 설치기준 중 다음 ( ) 안에 알맞은 것은?

> 호칭지름 (㉠)mm 이상의 수도배관에 호칭지름 (㉡) mm 이상의 소화전을 접속할 것

① ㉠ 65, ㉡ 120　② ㉠ 75, ㉡ 100
③ ㉠ 80, ㉡ 90　④ ㉠ 100, ㉡ 100

해설

상수도 소화용수설비의 설치기준

1) 호칭지름 75[mm] 이상의 수도배관에 호칭지름 100[mm] 이상의 소화전을 접속할 것
2) 소화전은 소방자동차 등의 진입이 쉬운 도로변 또는 공지에 설치할 것
3) 소화전은 특정소방대상물의 수평투영면의 각 부분으로부터 140[m] 이하가 되도록 설치할 것

정답　68 ④　69 ③　70 ③　71 ②

72 구조대의 형식승인 및 제품검사의 기술기준상 경사하강식 구조대의 구조 기준으로 틀린 것은?

① 연속하여 활강할 수 있는 구조로 안전하고 쉽게 사용할 수 있어야 한다.

② 구조대 본체는 강하방향으로 봉합부가 설치되지 아니하여야 한다.

③ 입구틀 및 취부틀의 입구는 지름 40cm 이상의 구체가 통할 수 있어야 한다.

④ 본체의 포지는 하부지지장지에 인장력이 균등하게 걸리도록 부착하여야 하며, 하부지지장치는 쉽게 조작할 수 있어야 한다.

해설

경사강하식 구조대의 구조 기준

1) 연속하여 활강할 수 있는 구조로 안전하고 쉽게 사용할 수 있어야 한다.
2) 구조대 본체는 강하방향으로 봉합부가 설치되지 아니하여야 한다.
3) 입구틀 및 취부틀의 입구는 지름 50[cm] 이상의 구체가 통과할 수 있어야 한다.
4) 본체의 포지는 하부 지지장치에 인장력이 균등하게 걸리도록 부착하여야 하며, 하부 지지장치는 쉽게 조작할 수 있어야 한다.
5) 구조대 본체의 활강부는 낙하 방지를 위해 포를 2중 구조로 하거나 또는 망목의 변의 길이가 8[cm] 이하인 망을 설치하여야 한다.
6) 손잡이는 출구 부근에 좌우 각 3개 이상 균일한 간격으로 견고하게 부착하여야 한다.
7) 구조대 본체의 끝부분에는 길이 4[m] 이상, 지름 4[mm] 이상의 유도선을 부착하여야 하며, 유도선 끝에는 중량 3[N](300[g]) 이상의 모래주머니 등을 설치하여야 한다.

73 분말소화설비의 화재안전기준상 차고 또는 주차장에 설치하는 분말소화설비의 소화약제는?

① 제1종 분말 ② 제2종 분말
③ 제3종 분말 ④ 제4종 분말

해설

분말소화약제의 화재별 적응성

소화약제의 종별	적응성
제1종 분말	B, C급 화재
제2종 분말	B, C급 화재
제3종 분말	A, B, C급 화재
제4종 분말	B, C급 화재

※ 차고 또는 주차장은 A, B, C급 화재가 공존하므로 제3종 분말소화약제를 설치한다.

74 피난사다리의 일반구조 기준으로 옳은 것은?

① 피난사다리는 2개 이상의 횡봉으로 구성되어야 한다. 다만, 고정식 사다리인 경우에는 횡봉의 수를 1개로 할 수 있다.

② 피난사다리(종봉이 1개인 고정식 사다리는 제외)의 종봉의 간격은 최외각 종봉 사이의 안치수가 15cm 이상이어야 한다.

③ 피난사다리의 횡봉은 지름 15mm 이상 25mm 이하의 원형인 단면이거나 또는 이와 비슷한 손으로 잡을 수 있는 형태의 단면이 있는 것이어야 한다.

④ 피난사다리의 횡봉은 종봉에 동일한 간격으로 부착한 것이어야 하며, 그 간격은 25cm 이상 35cm 이하이어야 한다.

해설

피난사다리의 구조 기준(피난사다리 형식승인 제3조)

1) 안전하고 확실하며 쉽게 사용할 수 있는 구조이어야 한다.
2) 피난사다리는 2개 이상의 종봉(내림식 사다리에 있어서는 이에 상당하는 와이어로프 · 체인 그 밖의 금속제의 봉 또는 관) 및 횡봉으로 구성되어야 한다. 다만, 고정식 사다리인 경우에는 종봉의 수를 1개로 할 수 있다.
3) 피난사다리의 종봉의 간격은 최외각 종봉 사이의 안치수가 30[cm] 이상이어야 한다.
4) 피난사다리의 횡봉은 지름 14[mm] 이상 35[mm] 이하의 원형인 단면이거나 또는 이와 비슷한 손으로 잡을 수 있는 형태의 단면이 있는 것이어야 한다.
5) 피난사다리의 횡봉은 종봉에 동일한 간격으로 부착한 것이어야 하며, 그 간격은 25[cm] 이상 35[cm] 이하이어야 한다.

정답 72 ③ 73 ③ 74 ④

6) 피난사다리 횡봉의 디딤면은 미끄러지지 아니하는 구조이어야 한다.

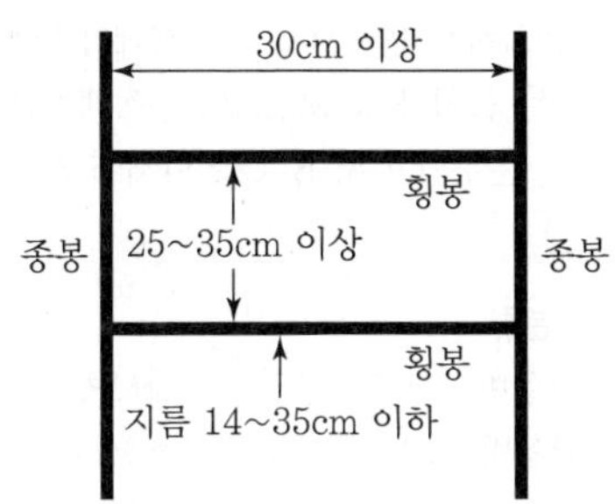

75 간이스프링클러설비의 배관 및 밸브 등의 설치순서로 맞는 것은?(단, 수원이 펌프보다 낮은 경우이다.)

① 상수도직결형은 수도용 계량기, 급수차단장치, 개폐표시형밸브, 체크밸브, 압력계, 유수검지장치, 2개의 시험밸브 순으로 설치할 것
② 펌프 설치 시에는 수원, 연성계 또는 진공계, 펌프 또는 압력수조, 압력계, 체크밸브, 개폐표시형 밸브, 유수검지장치, 2개의 시험밸브 순으로 설치할 것
③ 가압수조 이용 시에는 수원, 가압수조, 압력계, 체크밸브, 개폐표시형 밸브, 유수검지장치, 1개의 시험밸브 순으로 설치할 것
④ 캐비닛형인 경우 수원, 펌프 또는 압력수조, 압력계, 체크밸브, 연성계 또는 진공계, 개폐표시형 밸브 순으로 설치할 것

해설

① 상수도직결형(수도배관은 호칭지름 32[mm] 이상의 배관일 것)
수도용 계량기, 급수차단장치, 개폐표시형 밸브, 체크밸브, 압력계, 유수검지장치(압력스위치 등), 2개의 시험밸브의 순으로 설치할 것
② 펌프방식
수원, 연성계 또는 진공계, 펌프 또는 압력수조, 압력계, 체크밸브, 성능시험배관, 개폐표시형 밸브, 유수검지장치, 시험밸브의 순으로 설치할 것
③ 가압수조방식
수원, 가압수조, 압력계, 체크밸브, 성능시험배관, 개폐표시형 밸브, 유수검지장치, 2개의 시험밸브의 순으로 설치할 것
④ 캐비닛형의 가압송수장치
수원, 연성계 또는 진공계, 펌프 또는 압력수조, 압력계, 체크밸브, 개폐표시형 밸브, 2개의 시험밸브의 순으로 설치할 것

76 스프링클러헤드 설치 시 살수가 방해되지 아니하도록 벽과 스프링클러헤드 간의 공간은 최소 몇 cm 이상으로 하여야 하는가?

① 60 ② 30
③ 20 ④ 10

해설

1) 살수가 방해되지 아니하도록 스프링클러헤드로부터 반경 60[cm] 이상의 공간을 보유할 것
2) 벽과 스프링클러헤드 간의 공간은 10[cm] 이상으로 할 것
3) 스프링클러헤드와 그 부착면(상향식 헤드의 경우에는 그 헤드 직상부의 천장 · 반자)의 거리는 30[cm] 이하로 할 것

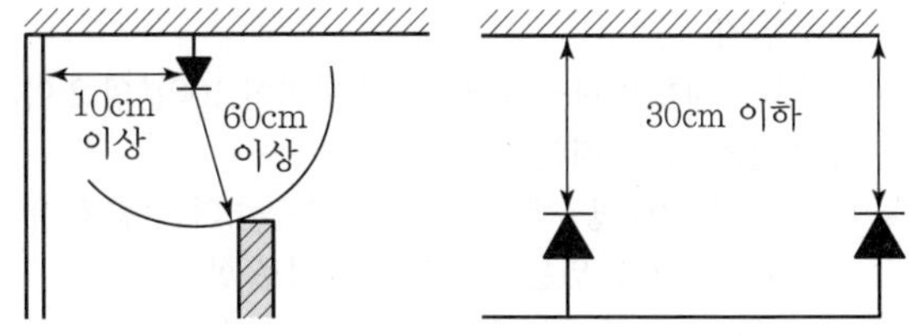

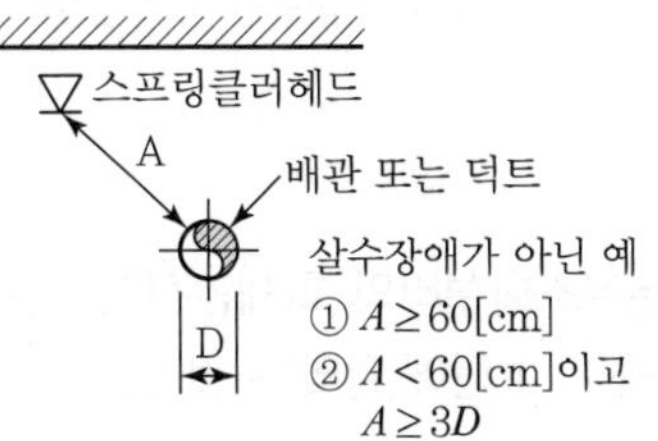

4) 배관 · 행가 및 조명기구 등 살수를 방해하는 것이 있는 경우에는 그로부터 아래에 헤드를 설치하여 살수에 장애가 없도록 할 것(단, 장애물 폭의 3배 이상 거리를 확보한 경우 제외)
5) 스프링클러헤드의 반사판은 그 부착면과 평행하게 설치할 것
6) 상부에 설치된 헤드의 방출수에 따라 감열부에 영향을 받을 우려가 있는 헤드에는 방출수를 차단할 수 있는 유효한 차폐판을 설치할 것

정답 75 ① 76 ④

77 차고 또는 주차장에 설치하는 물분무소화설비의 배수설비 기준으로 틀린 것은?

① 차량이 주차하는 바닥은 배수구를 향하여 100분의 2 이상의 기울기를 유지할 것
② 차량이 주차하는 장소의 적당한 곳에 높이 5cm 이상의 경계턱으로 배수구를 설치할 것
③ 배수설비는 가압송수장치의 최대송수능력의 수량을 유효하게 배수할 수 있는 크기 및 기울기로 할 것
④ 배수구에는 새어나온 기름을 모아 소화할 수 있도록 길이 40m 이하마다 집수관 · 소화피트 등 기름분리장치를 설치할 것

해설

물분무소화설비를 설치하는 차고, 주차장의 배수설비 설치기준

1) 차량이 주차하는 장소의 적당한 곳에 높이 10[cm] 이상의 경계턱으로 배수구를 설치할 것
2) 배수구에는 새어나온 기름을 모아 소화할 수 있도록 길이 40[m] 이하마다 집수관 · 소화피트 등 기름분리장치를 설치할 것
3) 차량이 주차하는 바닥은 배수구를 향하여 100분의 2 이상의 기울기를 유지할 것
4) 배수설비는 가압송수장치의 최대송수능력의 수량을 유효하게 배수할 수 있는 크기 및 기울기로 할 것

② 차량이 주차하는 장소의 적당한 곳에 높이 5[cm] 이상 → 10[cm] 이상

78 미분무소화설비의 화재안전기준상 용어의 정의 중 다음 ( ) 안에 알맞은 것은?

> "미분무"란 물만을 사용하여 소화는 방식으로 최소설계압력에서 헤드로부터 방출되는 물입자 중 99%의 누적체적분포가 (㉠)μm 이하로 분무되고 (㉡)급 화재에 적응성을 갖는 것을 말한다.

① ㉠ 400, ㉡ A, B, C
② ㉠ 400, ㉡ B, C
③ ㉠ 200, ㉡ A, B, C
④ ㉠ 200, ㉡ B, C

해설

1) 미분무의 정의
물만을 사용하여 소화하는 방식으로 최소설계압력에서 헤드로부터 방출되는 물입자 중 99[%]의 누적체적분포가 400[μm] 이하로 분무되고 A, B, C급 화재에 적응성을 갖는 것

2) 미분무소화설비의 분류
① 저압 미분무소화설비 : 최고 사용압력 1.2[MPa] 이하
② 중압 미분무소화설비 : 1.2[MPa] 초과 3.5[MPa] 이하
③ 고압 미분무소화설비 : 최저 사용압력 3.5[MPa] 초과

79 포소화설비의 화재안전기준상 포소화설비의 자동식 기동장치에 폐쇄형 스프링클러헤드를 사용하는 경우에 대한 설치기준 중 다음 ( ) 안에 알맞은 것은?(단, 자동화재탐지설비의 수신기가 설치된 장소에 상시 사람이 근무하고 있고, 화재 시 즉시 해당 조작부를 작동시킬 수 있는 경우는 제외한다.)

> • 표시온도가 (㉠)℃ 미만인 것을 사용하고 1개의 스프링클러헤드의 경계 면적은 (㉡)m^2 이하로 할 것
> • 부착면의 높이는 바닥으로부터 (㉢)m 이하로 하고 화재를 유효하게 감지할 수 있도록 할 것

① ㉠ 60, ㉡ 10, ㉢ 7
② ㉠ 60, ㉡ 20, ㉢ 7
③ ㉠ 79, ㉡ 10, ㉢ 5
④ ㉠ 79, ㉡ 20, ㉢ 5

해설

자동식 기동장치의 설치기준

1) 폐쇄형 스프링클러헤드를 사용하는 경우
① 표시온도 : 79℃ 미만
② 스프링클러헤드 1개의 경계면적 : 20[m^2] 이하로 할 것
③ 부착면의 높이 : 바닥으로부터 5[m] 이하
④ 하나의 감지장치 경계구역은 하나의 층이 되도록 할 것

2) 화재감지기를 사용하는 경우
① 화재감지기는 자동화재탐지설비의 화재안전기준에 따라 설치할 것
② 화재감지기 회로에는 발신기를 설치할 것

정답 77 ② 78 ① 79 ④

80 할론소화설비의 화재안전기준상 할론소화약제 저장용기의 설치기준 중 다음 ( ) 안에 알맞은 것은?

> 축압식 저장용기의 압력은 온도 20℃에서 할론 1301을 저장하는 것은 (㉠)MPa 또는 (㉡)MPa이 되도록 질소가스로 축압할 것

① ㉠ 2.5, ㉡ 4.2
② ㉠ 2.0, ㉡ 3.5
③ ㉠ 1.5, ㉡ 3.0
④ ㉠ 1.1, ㉡ 2.5

해설

할론소화약제 저장용기의 설치기준

1) 축압식 저장용기의 압력
   ① Halon 1211 : 1.1[MPa] 또는 2.5[MPa]이 되도록 질소가스로 축압
   ② Halon 1301 : 2.5[MPa] 또는 4.2[MPa]이 되도록 질소가스로 축압

2) 저장용기의 충전비
   ① Halon 1211 : 0.7 이상 1.4 이하
   ② Halon 1301 : 0.9 이상 1.6 이하
   ③ Halon 2402
      - 가압식 : 0.51 이상 0.67 미만
      - 축압식 : 0.67 이상 2.75 이하

3) 동일 집합관에 접속되는 용기의 소화약제 충전량은 동일 충전비의 것이어야 할 것

정답 80 ①

소방설비기사(기계분야)

기 · 출 · 문 · 제

2022년 2회

1과목 소방원론

01 목조건축물의 화재 특성으로 틀린 것은?

① 습도가 낮을수록 연소 확대가 빠르다.
② 화재 진행속도는 내화건축물보다 빠르다.
③ 화재 최성기의 온도는 내화건축물보다 낮다.
④ 화재 성장속도는 횡방향보다 종방향이 빠르다.

해설

목조건축물과 내화건축물의 화재 특성 비교
1) 목조건축물 : 고온단기형
2) 내화건축물 : 저온장기형

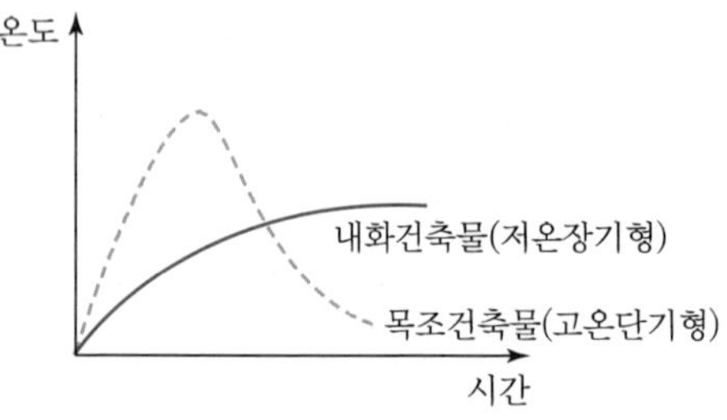

02 물이 소화약제로서 사용되는 장점이 아닌 것은?

① 가격이 저렴하다.
② 많은 양을 구할 수 있다.
③ 증발잠열이 크다.
④ 가연물과 화학반응이 일어나지 않는다.

해설

물소화약제
1) 장점
  ① 증발잠열에 의한 냉각효과가 커서 소화성능이 우수하다.
  ② 무상주수하면 질식, 냉각, 유화, 희석효과 등에 의해 소화효과가 우수하다.
  ③ 인체에 무해하며 환경영향성이 작다.
  ④ 가격이 저렴하고 장기간 보존이 가능하다.
2) 단점
  ① 0℃ 이하에서 동결의 우려가 있다.
  ② 전기화재에 적응성이 없다.
  ③ 물에 의한 2차 수손피해가 발생한다.
  ④ 유류화재 시 물을 방사하면 연소면 확대를 일으킬 수 있다.
  ⑤ 금수성 물질(Na, K 등)은 물과 반응하여 가연성 가스를 발생한다.

03 정전기로 인한 화재를 줄이고 방지하기 위한 대책 중 틀린 것은?

① 공기 중 습도를 일정 값 이상으로 유지한다.
② 기기의 전기 절연성을 높이기 위하여 부도체로 차단공사를 한다.
③ 공기 이온화 장치를 설치하여 가동시킨다.
④ 정전기 축적을 막기 위해 접지선을 이용하여 대지로 연결작업을 한다.

해설

정전기
1) 정의 : 전류가 흐르지 않고 축적되어 있는 전기로서 방전현상을 일으킬 때 최소발화에너지 이상의 에너지를 방출하면 점화원으로 작용한다.
2) 정전기에 의한 화재 발생 메커니즘
  전하의 발생 → 전하의 축적 → 방전 → 발화
3) 정전기 방지대책
  ① 접지 및 본딩한다.
  ② 상대습도를 70[%] 이상 유지한다.
  ③ 공기를 이온화한다.

04 프로판가스의 최소점화에너지는 일반적으로 약 몇 mJ 정도 되는가?

① 0.25 ② 2.5
③ 25 ④ 250

정답 01 ③ 02 ④ 03 ② 04 ①

해설

최소 발화에너지(MIE : Minimum Ignition Energy)

① 정의 : 가연성 가스가 공기와 혼합하여 가연성 혼합기를 형성하고 있을 때 점화원으로 작용하여 발화하기 위한 최소한의 에너지

② 주요 가연성 가스의 MIE

가연성 가스	최소 발화에너지[mJ]
아세틸렌(C_2H_2)	0.019
수소(H_2)	0.019
이황화탄소(CS_2)	0.019
에틸렌(C_2H_4)	0.096
메탄(CH_4)	0.28
프로판(C_3H_8)	0.25~0.3

05 목재 화재 시 다량의 물을 뿌려 소화할 경우 기대되는 주된 소화효과는?

① 제거효과 ② 냉각효과
③ 부촉매효과 ④ 희석효과

해설

소화의 방법

1) 제거소화
   ① 가연물을 제거하여 소화
   ② 고체 가연물 : 가연물을 화재현장으로부터 즉시 제거함(산림화재 시 앞쪽에서 벌목하여 진화)
   ③ 액체 및 기체 : 가연성 물질을 누출시키는 용기의 밸브를 폐쇄
   ④ 전기화재 : 전원스위치를 차단하여 전기의 공급을 차단
   ⑤ 수용성 액체 : 다량의 물을 주입하여 농도를 연소범위 이하로 낮춤

2) 냉각소화
   ① 점화원을 발화점 이하로 냉각시켜 소화하는 방법
   ② 물의 현열과 증발잠열을 이용하는 방법이 가장 많이 사용됨

3) 억제소화(부촉매소화)
   ① 할론소화약제, 할로겐화합물소화약제, 분말소화약제 등을 사용하여 소화
   ② 불꽃연소 시 발생하는 H^*, OH^* 활성라디칼을 포착하여 연쇄반응을 억제
   ③ 불꽃연소에 적응성이 뛰어나고 훈소에는 적응성이 거의 없다.

4) 질식소화
   ① 공기 중의 산소농도를 15[%] 이하로 희박하게 하여 소화하는 방법
   ② 이산화탄소, 불활성가스 등을 분사하여 산소농도를 낮춤

06 물질의 연소 시 산소 공급원이 될 수 없는 것은?

① 탄화칼슘 ② 과산화나트륨
③ 질산나트륨 ④ 압축공기

해설

① 탄화칼슘
- 제3류 위험물(금수성 및 자연발화 성물질)
- $CaC_2 + 2H_2O \rightarrow Ca(OH)_2 + C_2H_2$(아세틸렌 발생)

② 과산화나트륨
- 제1류 위험물(산화성 고체)
- $2Na_2O_2 + 2H_2O \rightarrow 4NaOH + O_2$(산소 발생)

③ 질산나트륨
- 제1류 위험물(산화성 고체)
- 380℃에서 산소를 방출하여 아질산나트륨이 된다.
- $2NaNO_3 \rightarrow 2NaNO_2 + O_2$

④ 압축공기(공기 중 21%는 산소이다.)

07 다음 물질 중 공기 중에서의 연소범위가 가장 넓은 것은?

① 부탄 ② 프로판
③ 메탄 ④ 수소

해설

가연성 가스의 연소범위

가연성 가스	연소하한계[%]	연소상한계[%]
아세틸렌(C_2H_2)	2.5	81
수소(H_2)	4.0	75
메탄(CH_4)	5.0	15
에탄(C_2H_6)	3.0	12.4
프로판(C_3H_8)	2.1	9.5
부탄(C_4H_{10})	1.8	8.4
일산화탄소(CO)	12.5	74

정답 05 ② 06 ① 07 ④

가연성 가스	연소하한계[%]	연소상한계[%]
디에틸에테르($C_2H_5OC_2H_5$)	1.9	48
이황화탄소(CS_2)	1.2	44

08 이산화탄소 20g은 약 몇 mol인가?

① 0.23 ② 0.45
③ 2.2 ④ 4.4

해설

1) 몰수[mol] $= \frac{W}{M}$

여기서, M : 분자량[g/mol]

W : 기체의 질량[g]

2) 이산화탄소의 분자량

CO_2에서 C의 원자량 : 12, O의 원자량 : 16

CO_2의 분자량 : $12+(16\times2)=44$

3) CO_2 몰수[mol] $= \frac{20[g]}{44[g/mol]} = 0.45[mol]$

09 플래시 오버(Flash Over)에 대한 설명으로 옳은 것은?

① 도시가스의 폭발적 연소를 말한다.
② 휘발유 등 가연성 액체가 넓게 흘러서 발화한 상태를 말한다.
③ 옥내 화재가 서서히 진행하여 열 및 가연성 기체가 축적되었다가 일시에 연소하여 화염이 크게 발생하는 상태를 말한다.
④ 화재층의 불이 상부층으로 올라가는 현상을 말한다.

해설

플래시오버(Flash Over)의 정의 및 특성

1) 화재 발생 후 일정시간이 경과하면 실내에 열과 가연성 가스가 축적되고 복사열에 의해 실 전체에 순간적으로 화재가 확산되는 현상
2) 화재 성장기에서 발생하여 플래시오버 후 최성기로 전이된다.
3) 연료지배형 화재에서 환기지배형 화재로 전이된다.
4) 플래시오버 발생시간 : 화재 발생 후 약 5~6분 정도
5) 플래시오버 발생 시 실내온도 : 약 800~900[℃]

10 제4류 위험물의 성질로 옳은 것은?

① 가연성 고체 ② 산화성 고체
③ 인화성 액체 ④ 자기반응성 물질

해설

위험물의 분류 및 성질

위험물의 분류	성질
제1류 위험물	산화성 고체
제2류 위험물	가연성 고체
제3류 위험물	자연발화성 및 금수성 물질
제4류 위험물	인화성 액체
제5류 위험물	자기반응성 물질
제6류 위험물	산화성 액체

11 할론 소화설비에서 Halon 1211 약제의 분자식은?

① CBr_2ClF ② CF_2BrCl
③ CCl_2BrF ④ BrC_2ClF

해설

1) Halon 1211의 명명법

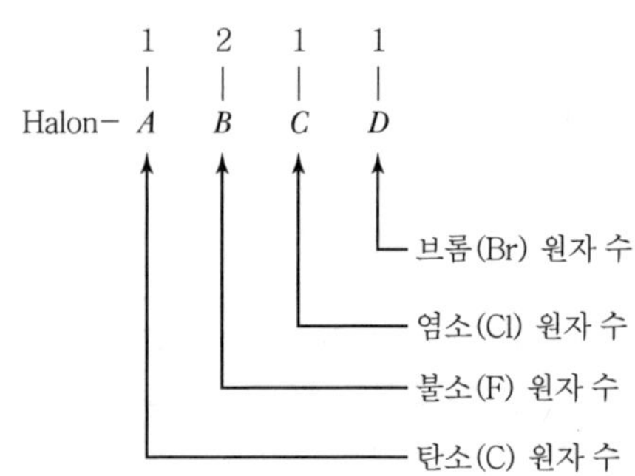

∴ 분자식(화학식) : CF_2ClBr

2) 할론 소화약제의 물성

구분	Halon 1211	Halon 1301	Halon 2402	Halon 1011
화학식	CF_2ClBr	CF_3Br	$C_2F_4Br_2$	CH_2ClBr
분자량	165.4	148.9	259.8	129.4
증기비중	5.7	5.13	8.96	4.46
상온, 상압에서 상태	기체	기체	액체	액체

정답 08 ② 09 ③ 10 ③ 11 ②

12 다음 중 가연물의 제거를 통한 소화방법과 무관한 것은?

① 산불의 확산 방지를 위하여 산림의 일부를 벌채한다.
② 화학반응기의 화재 시 원료 공급관의 밸브를 잠근다.
③ 전기실 화재 시 IG-541 약제를 방출한다.
④ 유류탱크 화재 시 주변에 있는 유류탱크의 유류를 다른 곳으로 이동시킨다.

해설

제거소화
1) 가연물을 제거하여 소화
2) 고체 가연물 : 가연물을 화재 현장으로부터 즉시 제거함 (산림화재 시 앞쪽에서 벌목하여 진화)
3) 액체 및 기체 : 가연성 물질을 누출시키는 용기의 밸브를 폐쇄
4) 전기화재 : 전원스위치를 차단하여 전기의 공급을 차단

③ 전기실 화재 시 IG-541 약제를 방출한다. → IG-541은 질식소화

13 건물화재의 표준시간-온도곡선에서 화재 발생 후 1시간이 경과할 경우 내부 온도는 약 몇 ℃인가?

① 125　　② 325
③ 640　　④ 925

해설

내화건축물의 표준 온도-시간곡선

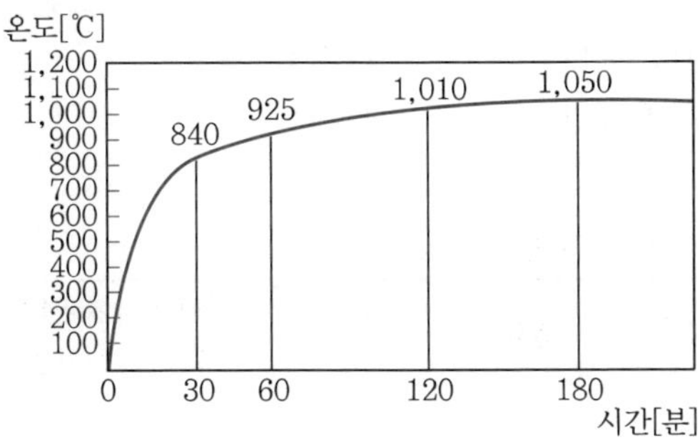

[표준 시간-온도 곡선]

14 위험물안전관리법령상 위험물로 분류되는 것은?

① 과산화수소　　② 압축산소
③ 프로판가스　　④ 포스겐

해설

제6류 위험물
1) 성질 : 산화성 액체
2) 소화방법 : 대량의 물에 의한 희석소화
3) 품명 및 지정수량

위험등급	품명	지정수량
I	과염소산	300[kg]
	과산화수소(농도 36[w%] 이상)	
	질산(비중 1.49 이상)	

② 압축산소 → 조연성 기체
③ 프로판가스 → 액화석유가스(LPG)
④ 포스겐 → 독성 가스(허용농도 : 0.1[ppm])

15 연기에 의한 감광계수가 $0.1m^{-1}$, 가시거리가 20~30m일 때의 상황으로 옳은 것은?

① 건물 내부에 익숙한 사람이 피난에 지장을 느낄 정도
② 연기감지기가 작동할 정도
③ 어두운 것을 느낄 정도
④ 앞이 거의 보이지 않을 정도

해설

감광계수와 가시거리의 관계

감광계수 $Cs[m^{-1}]$	가시거리 d[m]	상황
0.1	20~30	연기감지기가 작동할 때의 농도
0.3	5	건물 내부에 익숙한 사람이 피난에 지장을 느낄 정도의 농도
0.5	3	어두컴컴함을 느낄 정도의 농도
1	1~2	앞이 거의 보이지 않을 정도의 농도
10	0.2~0.5	화재 최성기 때의 농도

정답 12 ③ 13 ④ 14 ① 15 ②

16 물질의 취급 또는 위험성에 대한 설명 중 틀린 것은?

① 융해열은 점화원이다.
② 질산은 물과 반응 시 발열 반응하므로 주의해야 한다.
③ 네온, 이산화탄소, 질소는 불연성 물질로 취급한다.
④ 암모니아를 충전하는 공업용 용기의 색상은 백색이다.

해설

잠열
물질의 온도변화는 없이 상태변화에만 필요한 열량

1) 물의 융해잠열 : 80[cal/g], 80[kcal/kg]
1기압, 0[℃]에서의 얼음 1[kg]을 융해시키는 데 필요한 열량

2) 물의 증발잠열 : 539[cal/g], 539[kcal/kg]
1기압, 100[℃]에서의 물 1[kg]을 기화시키는 데 필요한 열량

$$Q = m \cdot r$$

여기서, Q : 잠열량[kcal]
m : 질량[kg]
r : 잠열[kcal/kg]

① 융해열은 점화원이다. → 융해열이나 기화열은 주위의 열을 흡수하여 상변화하는 것이므로 점화원이 될 수 없다.

17 Fourier 법칙(전도)에 대한 설명으로 틀린 것은?

① 이동열량은 전열체의 단면적에 비례한다.
② 이동열량은 전열체의 두께에 비례한다.
③ 이동열량은 전열체의 열전도도에 비례한다.
④ 이동열량은 전열체 내·외부의 온도차에 비례한다.

해설

1) 전도(Conduction)
① 정의 : 분자 및 원자들 간의 직접적인 에너지 교환으로 열이 전달되는 현상
② 푸리에 전도법칙(Fourier's Law)

$$q[W] = \frac{k}{L} A \Delta T$$

여기서, q : 전도에의해이동한열량[W]
k : 열전도도[W/m · K]
L : 물체의 두께[m]
A : 열전달 면적[m^2]
ΔT : 온도차[K]

② 이동열량은 전열체의 두께에 비례 → 반비례한다.

18 자연발화가 일어나기 쉬운 조건이 아닌 것은?

① 열전도율이 클 것
② 적당량의 수분이 존재할 것
③ 주위의 온도가 높을 것
④ 표면적이 넓을 것

해설

자연발화의 조건 및 방지법

자연발화의 조건	자연발화의 방지법
• 열전도율이 작을 것 • 발열량이 클 것 • 주위온도가 높을 것 • 비표면적이 클 것 • 적당량의 수분이 존재할 것	• 통풍이 잘 되는 장소에 보관할 것 • 열 축적 방지(발열<방열) • 저장실의 온도를 낮게 유지할 것 • 습도를 낮게 유지할 것(습기가 촉매로 작용)

19 분말소화약제 중 탄산수소칼륨($KHCO_3$)과 요소($(CO(NH_2)_2$)의 반응물을 주성분으로 하는 소화약제는?

① 제1종 분말 ② 제2종 분말
③ 제3종 분말 ④ 제4종 분말

해설

분말소화약제의 종류

종별	분자식	착색	적응 화재	충전비 [l/kg]
제1종 분말	탄산수소나트륨 ($NaHCO_3$)	백색	B, C급	0.8
제2종 분말	탄산수소칼륨 ($KHCO_3$)	담회색 (담자색)	B, C급	1.0

정답 16 ① 17 ② 18 ① 19 ④

종별	분자식	착색	적응 화재	충전비 [l/kg]
제3종 분말	제1인산암모늄 ($NH_4H_2PO_4$)	담홍색	A, B, C급	1.0
제4종 분말	탄산수소칼륨+요소 ($KHCO_3+(NH_2)_2CO$)	회색	B, C급	1.25

20 폭굉(Detonation)에 관한 설명으로 틀린 것은?

① 연소속도가 음속보다 느릴 때 나타난다.
② 온도의 상승은 충격파의 압력에 기인한다.
③ 압력 상승은 폭연의 경우보다 크다.
④ 폭굉의 유도거리는 배관의 지름과 관계가 있다.

해설

1) 폭굉(Detonation)
 ① 밀폐구조의 배관 등에서 폭발적으로 연소하여 온도, 압력, 부피가 급격히 상승하는 현상
 ② 화염전파속도 : 음속보다 빠름
 ③ 화염전파속도 : 1,000~3,500[m/s] 정도
 ④ 충격파가 미연소가스를 단열압축시켜 발화점 이상으로 온도가 상승하여 폭굉파 발생
2) 폭굉 유도거리
 ① 폭연에서 폭굉으로 전이되는 거리
 ② 폭굉 유도거리가 짧을수록 폭굉 발생이 용이함
3) 폭굉 유도거리가 짧아지는 요건
 ① 배관의 내면이 거칠거나 장애물이 있는 경우
 ② 배관 구경이 적정한 크기일 때(배관의 길이가 배관 직경의 10배 이상일 때)
 ③ 배관 내 미연소가스의 온도 및 압력이 높을수록
 ④ 가연성 가스의 연소속도가 빠르고 연소열이 클수록

① 연소속도가 음속보다 느릴 때 나타난다. → 폭연

2과목 소방유체역학

21 2MPa, 400℃의 과열 증기를 단면확대 노즐을 통하여 20kPa로 분출시킬 경우 최대속도는 약 몇 m/s인가?(단, 노즐 입구에서 엔탈피는 3,243.3kJ/kg이고, 출구에서 엔탈피는 2,345.8kJ/kg이며, 입구 속도는 무시한다.)

① 1,340 ② 1,349
③ 1,402 ④ 1,412

해설

열역학 제1법칙

① $Q=\Delta E+W,\quad Q+E_1=W+E_2$

② $Q+\frac{V_1^2}{2}+h_1+gZ_1=W+\frac{V_2^2}{2}+h_2+gZ_2$

$$\frac{V_1^2}{2}+h_1+gZ_1=\frac{V_2^2}{2}+h_2+gZ_2$$

$$\frac{V_1^2}{2}+h_1=\frac{V_2^2}{2}+h_2$$

여기서, $Q=0$ (입구 측 열출입 무시)
$W=0$ (출구 측 운동에너지 무시)
$gZ_1=gZ_2$(노즐 입구와 출구의 높이 무시)
h[J/kg] (단위 질량당 엔탈피)

[풀이]

$$\frac{V_1^2}{2}+h_1=\frac{V_2^2}{2}+h_2$$

$$\frac{V_2^2-V_1^2}{2}=h_1-h_2$$

$$V_2^2=2(h_1-h_2)+V_1^2$$

$V_2=\sqrt{2(h_1-h_2)+V_1}$ 여기서, $V_1=0$

$$V_2=\sqrt{2(h_1-h_2)}=\sqrt{2\Delta h}$$

$$V_2=\sqrt{2\times(3{,}243{,}300-2{,}345{,}800)}=1{,}339.78[\mathrm{m/s}]$$

정답 20 ① 21 ①

22 원형 물탱크의 안지름이 1m이고, 아래쪽 옆면에 안지름 100mm인 송출관을 통해 물을 수송할 때의 순간 유속이 3m/s이었다. 이때 탱크 내 수면이 내려오는 속도는 몇 m/s인가?

① 0.015　② 0.02
③ 0.025　④ 0.03

해설

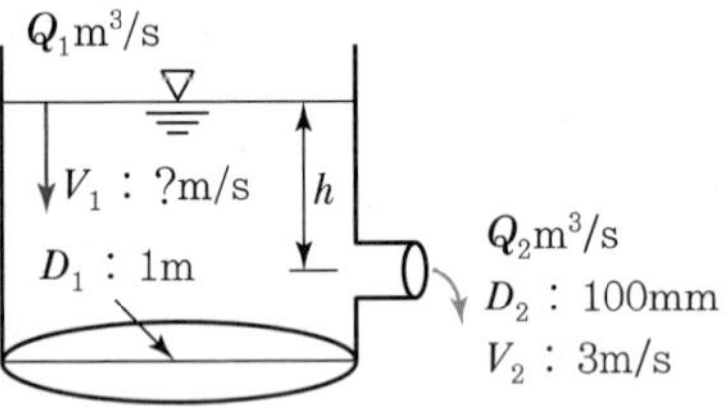

연속방정식

$$Q[m^3/s] = AV \qquad A_1V_1 = A_2V_2$$

여기서, Q : 유량[m^3/s]
A : 배관의 단면적[m^2]
V : 유속[m/s]

[풀이]

$Q_1[m^3/s] = Q_2[m^3/s]$

$A_1V_1 = A_2V_2$

$$\frac{\pi D_1^2}{4}V_1 = \frac{\pi D_2^2}{4}V_2$$

여기서, D_1 : 1[m]
D_2 : 100[mm]=0.1[m]
V_2 : 3[m/s]

$$\frac{\pi \times 1^2}{4} \times V_1 = \frac{\pi \times 0.1^2}{4} \times 3$$

$V_1 = 0.1^2 \times 3 = 0.03[m/s]$

23 지름 5cm인 구가 대류에 의해 열을 외부 공기로 방출한다. 이 구는 50W의 전기히터에 의해 내부에서 가열되고 있고 구 표면과 공기 사이의 온도차가 30℃라면 공기와 구 사이의 대류 열전달계수는 약 몇 $W/m^2 \cdot ℃$인가?

① 111　② 212
③ 313　④ 414

해설

대류(Convection)
뉴턴의 냉각 법칙(Newton's Law of Cooling)

$$q[W] = h\ A\ \Delta T$$

여기서, q : 열전달량[W]
h : 대류 열전달계수[$W/m^2 \cdot K$]
A : 열전달 면적[m^2]
ΔT : 온도차[K]

[풀이]

① 구의 표면적
$A = 4\pi r^2 = 4 \times \pi \times 0.025^2 = 0.00785[m^2]$
여기서, d=5cm=0.05m
r=2.5cm=0.025m

② 온도차 $\Delta T = 30[℃] = 30[K]$ 온도의 차이이므로 섭씨와 절대온도는 같다.

③ 대류 열전달계수($W/m^2 \cdot K$)
$50[W] = h \times 0.00785[m^2] \times 30[K]$
$h = 212.31[W/m^2 \cdot K]$

24 소화펌프의 회전수가 1,450rpm일 때 양정이 25m, 유량이 $5m^3$/min이었다. 펌프의 회전수를 1,740rpm으로 높일 경우 양정(m)과 유량(m^3/min)은?(단, 완전상사가 유지되고, 회전차의 지름은 일정하다.)

① 양정 : 17, 유량 : 4.2
② 양정 : 21, 유량 : 5
③ 양정 : 30.2, 유량 : 5.2
④ 양정 : 36, 유량 : 6

정답 22 ④ 23 ② 24 ④

해설

상사의 법칙

1) 유량(Q)에서의 상사의 법칙

$$\frac{Q_2}{Q_1}=\left(\frac{N_2}{N_1}\right)\left(\frac{D_2}{D_1}\right)^3$$

2) 양정(H)에서의 상사의 법칙

$$\frac{H_2}{H_1}=\left(\frac{N_2}{N_1}\right)^2\left(\frac{D_2}{D_1}\right)^2$$

3) 동력(P)에서의 상사의 법칙

$$\frac{P_2}{P_1}=\left(\frac{N_2}{N_1}\right)^3\left(\frac{D_2}{D_1}\right)^5$$

여기서, N : 회전수[rpm], D : 임펠러의 직경[m]

[풀이]

Q_1 : 5[m^3/min], H_1 : 25[m], N_1 : 1,450[rpm]

Q_2 : ?[m^3/min], H_2 : ?[m], N_2 : 1,740[rpm]

1) 양정

$$\frac{H_2}{H_1}=\left(\frac{N_2}{N_1}\right)^2, \quad \frac{H_2}{25}=\left(\frac{1,750}{1,450}\right)^2$$

$$H_2=\left(\frac{1,750}{1,450}\right)^2\times 25=36.41[\mathrm{m}]$$

2) 유량

$$\frac{Q_2}{Q_1}=\left(\frac{N_2}{N_1}\right), \quad \frac{Q_2}{5}=\left(\frac{1,750}{1,450}\right)$$

$$Q_2=\left(\frac{1,750}{1,450}\right)\times 5=6.03[\mathrm{m}^3/\mathrm{min}]$$

25 다음 중 이상기체에서 폴리트로픽 지수(n)가 1인 과정은?

① 단열 과정 ② 정압 과정

③ 등온 과정 ④ 정적 과정

해설

폴리트로픽 변화

'$PV^n=C$'에서 폴리트로픽 지수와 각 특성값에 대한 상태 변화는 다음과 같다.

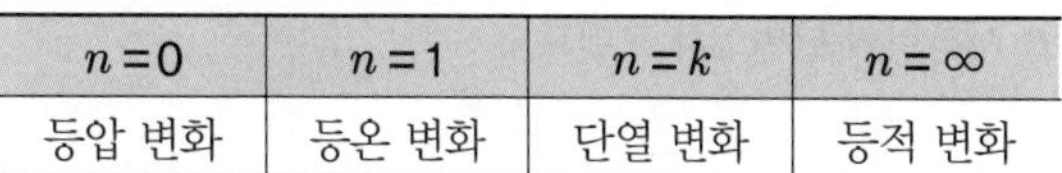

$n=0$	$n=1$	$n=k$	$n=\infty$
등압 변화	등온 변화	단열 변화	등적 변화

여기서, n : 폴리트로픽 지수, k : 비열비

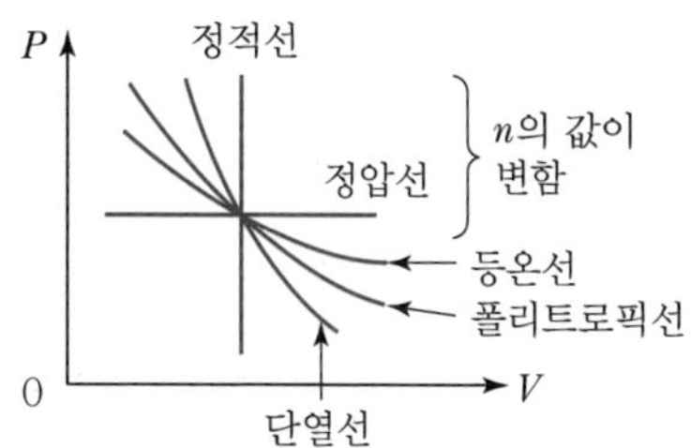

[폴리트로픽 과정]

26 정수력에 의해 수직평판의 힌지(Hinge) 점에 작용하는 단위폭당 모멘트를 바르게 표시한 것은? (단, ρ는 유체의 밀도, g는 중력가속도이다.)

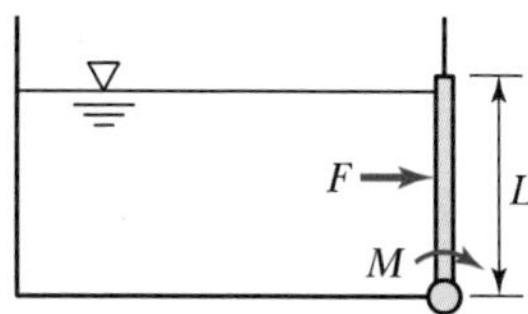

① $\frac{1}{6}\rho g L^3$ ② $\frac{1}{3}\rho g L^3$

③ $\frac{1}{2}\rho g L^3$ ④ $\frac{2}{3}\rho g L^3$

해설

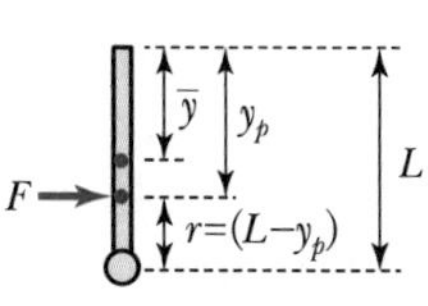

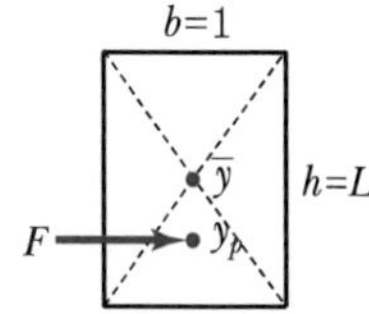

1) 수직평판에 작용하는 힘

$$F=\gamma \bar{h} A$$

여기서, $\gamma=\rho g$ [N/m^3]

$\bar{h}=\frac{L}{2}$[m]

$A=1\times L$[m^2]이므로

$$F=\rho g\times\frac{L}{2}\times 1\times L=\rho g\frac{L^2}{2}[\mathrm{N}]$$

정답 25 ③ 26 ①

2) 사각형의 단면 2차 모멘트

$$I_C = \frac{b\,h^3}{12} = \frac{1 \times L^3}{12} = \frac{L^3}{12}$$

3) 작용점

$$y_p = \frac{I_C}{\bar{y}\,A} + \bar{y}$$

$$= \frac{\frac{L^3}{12}}{\frac{L}{2} \times 1 \times L} + \frac{L}{2} = \frac{2L^3}{12L^2} + \frac{L}{2}$$

$$= \frac{L}{6} + \frac{3L}{6} = \frac{4L}{6} = \frac{2L}{3}$$

4) 단위폭($b = 1[\text{m}]$)당 모멘트

$$M = F \times r = F \times (L - y_p)$$

$$= \rho g \frac{L^2}{2}\left(L - \frac{2L}{3}\right) = \rho g \frac{L^2}{2}\left(\frac{3L}{3} - \frac{2L}{3}\right)$$

$$= \rho g \frac{L^2}{2}\left(\frac{L}{3}\right) = \rho g \frac{L^3}{6}$$

$$= \frac{1}{6}\rho g L^3$$

27 그림과 같은 중앙 부분에 구멍이 뚫린 원판에 지름 20cm의 원형 물제트가 대기압 상태에서 5m/s의 속도로 충돌하여, 원판 뒤로 지름 10cm의 원형 물제트가 5m/s의 속도로 흘러나가고 있을 때, 원판을 고정하기 위한 힘은 약 몇 N인가?

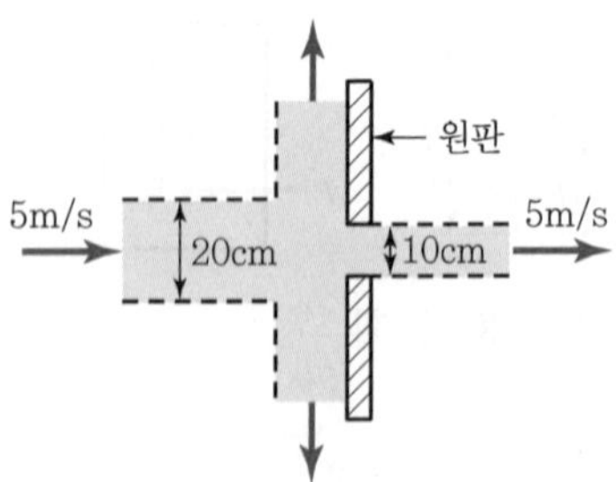

① 589　　② 673
③ 770　　④ 893

해설

고정평판에 작용하는 힘(추력, 반동력, 노즐의 반발력)

$$F = \rho Q V \qquad F = \rho A V^2$$

여기서, ρ : 밀도$[\text{N} \cdot \text{s}^2/\text{m}^4]$
Q : 유량$[\text{m}^3/\text{s}]$
V : 유속$[\text{m/s}]$
A : 노즐의 단면적$[\text{m}^2]$

[풀이]

1) 구멍이 없는 경우 원판에 작용하는 힘 F_1

$$F_1 = \rho A_1 V_1^2$$

$$= \rho \frac{\pi D_1^2}{4} V_1^2$$

$$= 1{,}000 \times \frac{\pi \times 0.2^2}{4} \times 5^2 = 785.4[\text{N}]$$

여기서, ρ : $1{,}000[\text{N} \cdot \text{s}^2/\text{m}^4]$
V_1 : $5[\text{m/s}]$
D_1 : $20[\text{cm}] = 0.2[\text{m}]$

2) 구멍으로 빠져나가는 힘 성분 F_2

$$F_2 = \rho A_2 V_2^2$$

$$= \rho \frac{\pi D_2^2}{4} V^2$$

$$= 1{,}000 \times \frac{\pi \times 0.1^2}{4} \times 5^2 = 196.35[\text{N}]$$

여기서, ρ : $1{,}000[\text{N} \cdot \text{s}^2/\text{m}^4]$
V_2 : $5[\text{m/s}]$
D_2 : $10[\text{cm}] = 0.1[\text{m}]$

3) 원판을 고정하기 위한 힘(원판이 받는 힘) F

$$F = F_1 - F_2$$

$$= 785.4 - 196.35$$

$$= 589.05[\text{N}]$$

정답　27 ①

28 펌프의 공동(Cavitation)현상을 방지하기 위한 방법이 아닌 것은?

① 펌프의 설치 위치를 되도록 낮게 하여 흡입양정을 짧게 한다.
② 펌프의 회전수를 크게 한다.
③ 펌프의 흡입 관경을 크게 한다.
④ 단흡입펌프보다는 양흡입펌프를 사용한다.

해설

공동(Cavitation)현상

1) 정의

펌프 흡입 측 배관에서 발생될 수 있는 현상으로 흡수되는 물의 압력이 그 온도에서의 포화증기압보다 작게 되면 물이 급격하게 증발되어 기포가 생성되는 현상이다. 기포가 흐름을 따라 이동하면서 진동, 소음을 수반하고 심한 경우 양수불능까지도 초래하게 된다.

2) 공동현상의 발생원인 및 방지대책

발생원인	방지대책
흡입 측 배관 내 물의 온도가 높은 경우	배관 내 물의 온도를 낮게 유지한다.
흡입 측 배관 내 물의 압력이 낮은 경우	배관 내 물의 압력을 높게 유지한다.
흡입 측 배관의 마찰손실이 큰 경우	배관의 마찰손실을 작게 한다.
흡입 측 배관의 유속이 빠른 경우	배관 내 유체의 유속을 낮게 한다.(펌프의 회전수를 작게)
흡입 측 배관의 구경이 작은 경우	배관의 구경을 크게 한다.(양흡입펌프 사용)
흡입 측 배관의 길이가 긴 경우	흡입양정을 작게 한다.

29 물을 송출하는 펌프의 소요 축동력이 70kW, 펌프의 효율이 78%, 전양정이 60m일 때, 펌프의 송출유량은 약 몇 m^3/min인가?

① 5.57 ② 2.57
③ 1.09 ④ 0.093

해설

축동력

모터에 의해 실제로 펌프에 주어지는 동력(전달계수 K가 없다.)

$$L_s[\text{kW}] = \frac{\gamma[\text{N/m}^3] \times Q[\text{m}^3/\text{s}] \times H[\text{m}]}{1{,}000\eta}$$

여기서, L_s : 축동력[kW], γ : 비중량[N/m^3]
Q : 유량[m^3/s], H : 전양정[m]
η : 펌프 효율

[풀이]

1) 축동력 $L_s = 70$[kW]
물의 비중량 : $\gamma = 9{,}800$[N/m^3]
유량 : $Q = ?$[N/m^3]
양정 : $H = 60$[m]
효율 : $\eta = 0.78$

2) 송출유량 Q[m^3/s]

$$70 = \frac{9{,}800[\text{N/m}^3] \times Q[\text{m}^3/\text{s}] \times 60[\text{m}]}{1{,}000 \times 0.78}$$

$$Q = \frac{70 \times 1{,}000 \times 0.78}{9{,}800 \times 60} = 0.09285[\text{m}^3/\text{s}]$$

$$= 0.09285[\text{m}^3/\text{s}] \times \frac{60[s]}{1[\text{min}]} = 5.57[\text{m}^3/\text{min}]$$

30 그림에서 표시된 원형 관로로 비중이 0.8, 점성계수가 0.4Pa · s인 기름이 층류로 흐른다. ①지점의 압력이 111.8kPa이고, ②지점의 압력이 206.9kPa일 때 유체의 유량은 약 몇 L/s인가?

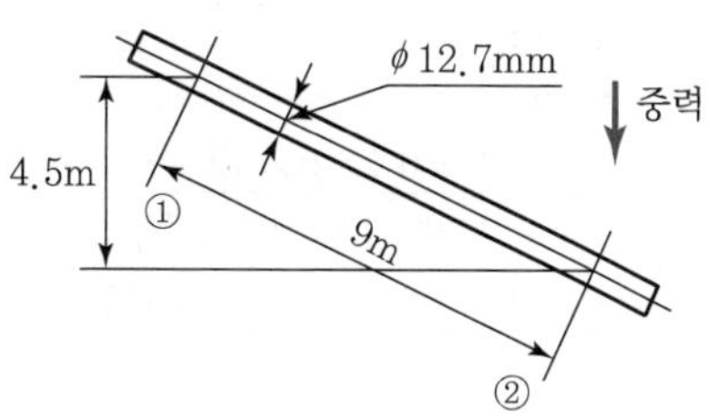

① 0.0149 ② 0.0138
③ 0.0121 ④ 0.0106

정답 28 ② 29 ① 30 ④

해설

1) 수정 베르누이 방정식

① $\dfrac{V_1^{\ 2}}{2g}+\dfrac{P_1}{\gamma}+Z_1+H_L=\dfrac{V_2^{\ 2}}{2g}+\dfrac{P_2}{\gamma}+Z_2$

- $\dfrac{V_1^{\ 2}}{2g}=\dfrac{V_2^{\ 2}}{2g}$ (①지점과 ②지점의 구경이 같고 층류흐름이므로 속도는 같다.)
- 그림에서 ①위치보다 ②위치에서 에너지가 더 커졌으므로 ①의 수두에 H_L(마찰손실수두)을 더한다.

② $\dfrac{P_1}{\gamma}+Z_1+H=\dfrac{P_2}{\gamma}+Z_2$

$\dfrac{111{,}800}{0.8\times 9{,}800}+4.5+H=\dfrac{206{,}900}{0.8\times 9{,}800}+0$

$H=\dfrac{206{,}900}{0.8\times 9{,}800}-\dfrac{111{,}800}{0.8\times 9{,}800}-4.5=7.63[\mathrm{m}]$

여기서, $\gamma=S\gamma_w=0.8\times 9{,}800[\mathrm{N/m^3}]$

$P_1=111.8[\mathrm{kPa}]=111{,}800[\mathrm{Pa}]$

$P_2=206.9[\mathrm{kPa}]=206{,}900[\mathrm{Pa}]$

$Z_1=4.5[\mathrm{m}]$, $Z_2=0$

2) 하겐－포아젤 방정식

직경이 일정한 직관 속에서 정상류인 비압축성 유체의 층류 흐름일 경우 마찰손실을 계산할 때 사용된다.

$$H_l=\frac{128\mu l\,Q}{\gamma\pi d^4}\qquad \Delta P=\frac{128\mu l\,Q}{\pi d^4}$$

여기서, H_l : 마찰손실수두[m], ΔP : 압력강하[Pa]

d : 배관의 직경[m], γ : 비중량[N/m³]

l : 직관의 길이[m], μ : 점성계수[N · s/m²]

Q : 유량[m³/s]

① $H_l=\dfrac{128\mu l\,Q}{\gamma\pi d^4}$

$7.63=\dfrac{128\times 0.4\times 9\times Q}{0.8\times 9{,}800\times\pi\times 0.0127^4}$

$Q=\dfrac{7.63\times 0.8\times 9{,}800\times\pi\times 0.0127^4}{128\times 0.4\times 9}$

$=0.0000106[\mathrm{m^3/s}]$

② $Q=0.0000106[\mathrm{m^3/s}]\times\dfrac{1{,}000[l]}{1[\mathrm{m^3}]}=0.0106[l/\mathrm{s}]$

31 다음 중 점성계수 μ의 차원은 어느 것인가?(단, M : 질량, L : 길이, T : 시간의 차원이다.)

① $ML^{-1}T^{-1}$

② $ML^{-1}T^{-2}$

③ $ML^{-2}T^{-1}$

④ $M^{-1}L^{-1}T$

해설

점성계수 μ

1) 유체가 가지는 점성의 크기를 나타내는 값으로서 끈끈한 정도를 나타낸다.

① 전단응력 : $\tau=\mu\dfrac{du}{dy}[\mathrm{N/m^2}]$에서

② 점성계수 : $\mu=\tau\dfrac{dy}{du}[\mathrm{N\cdot s/m^2}]$

2) 점성계수의 단위

① [N · s/m²]를 MKS 단위계로 바꾸면,

② $\dfrac{N\cdot s}{\mathrm{m^2}}=\mathrm{kg}\times\dfrac{\mathrm{m}}{\mathrm{s^2}}\times\dfrac{\mathrm{s}}{\mathrm{m^2}}=\dfrac{\mathrm{kg}}{\mathrm{m\cdot s}}$

3) 점성계수의 차원

① 단위$\left[\dfrac{\mathrm{kg}}{\mathrm{m\cdot s}}\right]$를 차원으로 바꾸면

② $\mathrm{kg}\rightarrow M$, $\dfrac{1}{m}\rightarrow L^{-1}$, $\dfrac{1}{s}\rightarrow T^{-1}$

$\therefore\ [ML^{-1}T^{-1}]$

32 20℃의 이산화탄소 소화약제가 체적 4m³의 용기 속에 들어 있다. 용기 내 압력이 1MPa일 때 이산화탄소 소화약제의 질량은 약 몇 kg인가?(단, 이산화탄소의 기체상수는 189J/kg · K이다.)

① 0.069　　② 0.072

③ 68.9　　④ 72.2

정답 31 ① 32 ④

해설

이상기체 상태방정식

$$PV = W\overline{R}T$$

여기서, P : 절대압력[Pa][N/m^2]
V : 체적[m^3]
W : 기체의 질량[kg]
T : 절대온도[K]
$\overline{R}$: 특별기체상수[N · m/kg · K][J/kg · K]

[풀이]
V : 4[m^3]
P : 1[MPa] = 1×10^6[Pa]
T : 20[℃] = (20+273)[K]
$\overline{R}$: 189[J/kg · K]
$PV = W\overline{R}T$
$1\times10^6\times4 = W\times189\times(20+273)$
$W = \dfrac{1\times10^6\times4}{189\times293} = 72.23$[kg]

33 압축률에 대한 설명으로 틀린 것은?

① 압축률은 체적탄성계수의 역수이다.
② 압축률의 단위는 압력의 단위인 Pa이다.
③ 밀도와 압축률의 곱은 압력에 대한 밀도의 변화율과 같다.
④ 압축률이 크다는 것은 같은 압력변화를 가할 때 압축하기 쉽다는 것을 의미한다.

해설

1) 압축률

$$\beta = \frac{1}{K} = \frac{-\dfrac{\Delta V}{V}}{\Delta P}\ [\mathrm{m^2/N}]\ [1/\mathrm{Pa}]$$

① 체적탄성계수의 역수로 정의된다.
② 압축률이 크다는 것은 압축하기 쉽다는 것을 의미하고 단위는 [1/Pa]이다.
③ 밀도와 압축률의 곱 : $\dfrac{N\cdot s^2}{\mathrm{m}^4}\times\dfrac{\mathrm{m}^2}{N} = \dfrac{\mathrm{s}^2}{\mathrm{m}^2}$
④ 압력에 대한 밀도의 변화율 :

$$\frac{\dfrac{N\cdot s^2}{\mathrm{m}^4}}{\dfrac{N}{\mathrm{m}^2}} = \frac{N\cdot s^2\cdot m^2}{N\cdot m^4} = \frac{s^2}{m^2}$$

2) 체적탄성계수

$$K = \frac{\Delta P}{-\dfrac{\Delta V}{V}}\ [\mathrm{Pa}][\mathrm{N/m^2}]$$

여기서, K : 체적탄성계수[Pa][N/m^2]
ΔP : 압력 변화량 [Pa][N/m^2]
ΔV : 체적 변화량[m^3]

① 체적 변화율에 대한 압력의 변화량을 체적탄성계수라 한다.
② 압력과 같은 차원을 갖는다.
③ 압력을 가했을 때 체적은 감소하므로 음(−)의 값이 나오게 되는 것을 보정하기 위해 음(−)의 값을 곱해 준다.

34 밸브가 장치된 지름 10cm인 원관에 비중 0.8인 유체가 2m/s의 평균속도로 흐르고 있다. 밸브 전후의 압력 차이가 4kPa일 때, 이 밸브의 등가길이는 몇 m인가?(단, 관의 마찰계수는 0.02이다.)

① 10.5 ② 12.5
③ 14.5 ④ 16.5

해설

배관부속에 의한 부차적 손실
엘보, 밸브 및 배관에 부착된 부품 등에서 발생하는 손실

$$H_l = f\frac{l_e}{d}\frac{V^2}{2g}$$

여기서, H_l : 부차적 손실수두[m]
f : 관 마찰계수
d : 배관의 직경[m]
l_e : 관의 등가길이[m]
V : 유체의 유속[m/sec]

정답 33 ② 34 ②

[풀이]

1) 부차적 손실수두

① 유체의 비중 : $S=0.8$

② 물의 비중량 : $\gamma_w = 9{,}800[\mathrm{N/m^3}]$

③ 유체의 비중량 : $\gamma = S \cdot \gamma_w [\mathrm{N/m^3}]$

④ 밸브전후의 압력차 : $4[\mathrm{kPa}] = 4\times10^3[\mathrm{Pa}]$

⑤ 밸브에서의 부차적 손실수두 H_l

$$H_l = \frac{P}{\gamma} = \frac{P}{S\gamma_w}$$

$$= \frac{4\times10^3[\mathrm{Pa}]}{0.8\times9{,}800[\mathrm{N/m^3}]} = 0.51[\mathrm{m}]$$

2) 등가길이 l_e

$$0.51 = 0.02\times\frac{l_e}{0.1}\frac{2^2}{2\times9.8}$$

$$l_e = \frac{0.51\times0.1\times2\times9.8}{0.02\times2^2}$$

$$= 12.495 \fallingdotseq 12.5[\mathrm{m}]$$

여기서, f : 0.02

d : 10[cm]=0.1[m]

V : 2[m/sec]

35 그림과 같이 물이 수조에 연결된 원형 파이프를 통해 분출하고 있다. 수면과 파이프의 출구 사이의 총 손실수두가 200mm이라고 할 때 파이프에서의 방출유량은 약 몇 $\mathrm{m^3/s}$인가?(단, 수면 높이의 변화 속도는 무시한다.)

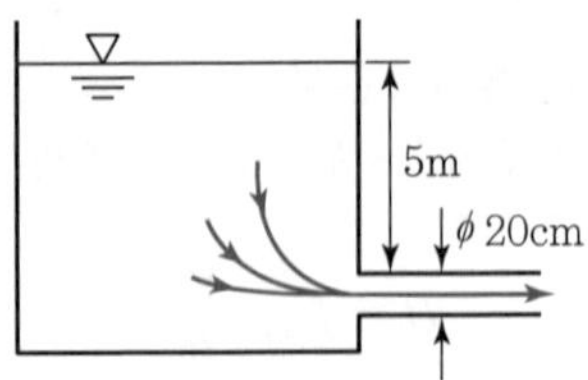

① 0.285　　② 0.295

③ 0.305　　④ 0.315

해설

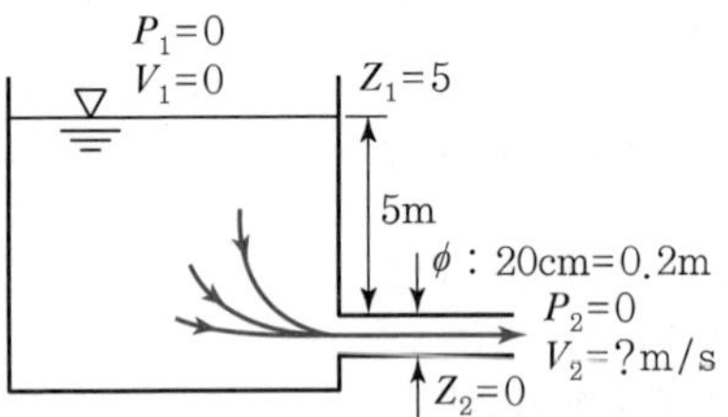

1) 수정 베르누이 방정식(Modified Bernoulli's Equation)

$$\frac{V_1^2}{2g} + \frac{P_1}{\gamma} + Z_1 = \frac{V_2^2}{2g} + \frac{P_2}{\gamma} + Z_2 + H_L$$

여기서, V : 유속[m/s], P : 압력[$\mathrm{N/m^2}$]

Z : 높이[m], g : 중력가속도[$\mathrm{m/s^2}$]

γ : 비중량[$\mathrm{N/m^3}$], H_L : 마찰손실수두

① 대기압이므로 : $P_1 = P_2 = 0[\mathrm{Pa}]$

② $V_1 \ll V_2$이므로 $V_1 = 0[\mathrm{m/s}]$

③ $Z_1 = 5[\mathrm{m}]$, $Z_2 = 0[\mathrm{m}]$

④ 손실수두 H_L : 200[mm]=0.2[m]

⑤ 출구 쪽의 유속 V_2

$$\frac{0}{2g} + \frac{0}{\gamma} + 5 = \frac{V_2^2}{2g} + \frac{0}{\gamma} + 0 + 0.2$$

$$5 = \frac{V_2^2}{2g} + 0.2$$

$$V_2^2 = (5-0.2)\times2\times9.8 = 94.08$$

$$V_2 = \sqrt{94.08} = 9.70[\mathrm{m/s}]$$

2) 방출유량 $Q[\mathrm{m^3/s}]$

$$Q[\mathrm{m^3/s}] = AV = \frac{\pi d^2}{4}\times V_2$$

$$= \frac{\pi\times0.2^2}{4}\times9.7$$

$$= 0.3047 \fallingdotseq 0.305[\mathrm{m^3/s}]$$

정답 35 ③

36 유체의 흐름에 적용되는 다음과 같은 베르누이 방정식에 관한 설명으로 옳은 것은?

$$\frac{P}{\gamma}+\frac{V^2}{2g}+Z=C(\text{일정})$$

① 비정상 상태의 흐름에 대해 적용된다.
② 동일한 유선상이 아니더라도 흐름 유체의 임의 점에 대해 항상 적용된다.
③ 흐름 유체의 마찰효과가 충분히 고려된다.
④ 압력수두, 속도수두, 위치수두의 합이 일정함을 표시한다.

해설

베르누이 방정식과 성립요건

1) 베르누이 방정식

$$\frac{V^2}{2g}+\frac{P}{\gamma}+Z=\text{Constant}$$

여기서, $\frac{p}{\gamma}$: 압력수두, $\frac{V^2}{2g}$: 속도수두
z : 위치수두, V : 유속[m/s]
P : 압력[N/m^2], Z : 높이[m]
g : 중력가속도[m/s^2], γ : 비중량[N/m^3]

2) 성립요건
① 유선을 따르는 흐름일 것
② 정상류의 흐름일 것
③ 마찰이 없는 흐름일 것(점성이 없을 것)
④ 비압축성 유체의 흐름일 것

37 유체의 흐름 중 난류 흐름에 대한 설명으로 틀린 것은?

① 원관 내부 유동에서는 레이놀즈수가 약 4,000 이상인 경우에 해당한다.
② 유체의 각 입자가 불규칙한 경로를 따라 움직인다.
③ 유체의 입자가 갖는 관성력이 입자에 작용하는 점성력에 비하여 매우 크다.
④ 원관 내 완전 발달 유동에서는 평균속도가 최대속도의 $\frac{1}{2}$이다.

해설

① 원관 내부 유동에서는 레이놀즈수가 약 4,000 이상인 경우에 해당한다.
② 유체의 유동이 일정한 방향의 가지런한 흐름이 아닌 불규칙하고 어지러운 형태를 가지는 흐름을 난류라고 한다.
③ $Re=\frac{\rho VD}{\mu}$에서 $Re>4{,}000$이므로 관성력(V)이 점성력(μ)에 비하여 매우 크다.
④ 원관 내 완전 발달 유동에서는 평균속도가 최대속도의 $\frac{1}{2}$이 되는 경우는 층류 흐름이다.

레이놀즈수(Reynolds Number)

1) 층류와 난류를 구분하는 척도를 레이놀즈수라고 한다.

유동구분	레이놀즈수(Re No)
층류	$Re<2{,}100$
천이영역	$2{,}100<Re<4{,}000$
난류	$Re>4{,}000$

2) 레이놀즈수는 점성력과 관성력의 비를 나타내며, 무차원수이다.

38 어떤 물체가 공기 중에서 무게는 588N이고, 수중에서 무게는 98N이었다. 이 물체의 체적(V)과 비중(S)은?

① $V=0.05\text{ m}^3$, $S=1.2$
② $V=0.05\text{ m}^3$, $S=1.5$
③ $V=0.5\text{ m}^3$, $S=1.2$
④ $V=0.5\text{ m}^3$, $S=1.5$

해설

$F_g=F_B$
$F_g=\gamma_1 V_1$　　$F_B=\gamma_2 V_2$

정답　36 ④　37 ④　38 ①

$$\gamma_1 V_1 = \gamma_2 V_2 \qquad S_1 \cdot \gamma_w \cdot V_1 = S_2 \cdot \gamma_w \cdot V_2$$

여기서, γ_1 : 물체의 비중량[N/m^3]
V_1 : 물체의 전체 체적[m^3]
S_1 : 물체의 비중
γ_2 : 물의 비중량 = 9,800[N/m^3]
V_2 : 물체가 잠긴 체적(넘친 물의 체적)[m^3]
S_2 : 물의 비중 = 1

[풀이]

1) 물체의 체적

① 부력 = 공기 중 무게 − 물속 무게
$F_B = 588 - 98 = 490$[N]

② $F_B = \gamma_2 V_2$[N]
490[N] = 9,800[N/m^3] × V_2 [m^3]
$V_2 = \dfrac{490}{9{,}800} = 0.05$[m^3]

2) 물체의 비중

① $V_1 = V_2$

② $F_g = \gamma_1 V_1 = S_1 \cdot \gamma_w \cdot V_1$
$F_g = S_1 \cdot \gamma_w \cdot V_2$
$588 = S_1 \times 9{,}800 \times 0.05$
$S_1 = \dfrac{588}{9{,}800 \times 0.05} = 1.2$

39 유체에 관한 설명 중 옳은 것은?

① 실제유체는 유동할 때 마찰손실이 생기지 않는다.
② 이상유체는 높은 압력에서 밀도가 변화하는 유체이다.
③ 유체에 압력을 가하면 체적이 줄어드는 유체는 압축성 유체이다.
④ 압력을 가해도 밀도변화가 없으며 점성에 의한 마찰손실만 있는 유체가 이상유체이다.

해설

1) 이상유체와 실제유체

이상유체	실제유체
점성이 없고 비압축성 유체	점성이 있고 압축성 유체

2) 비압축성 유체와 압축성 유체

비압축성 유체(액체)	압축성 유체(기체)
온도 또는 압력에 의해 체적 또는 밀도가 변하지 않는 유체	온도 또는 압력에 의해 체적 또는 밀도가 변하는 유체

40 그림에서 물과 기름의 표면은 대기에 개방되어 있고, 물과 기름 표면의 높이가 같을 때 h는 약 몇 m인가?(단, 기름의 비중은 0.8, 액체 A의 비중은 1.6이다.)

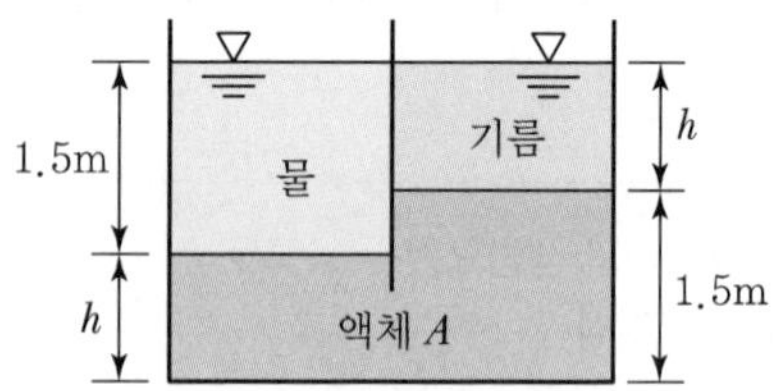

① 1 ② 1.1
③ 1.125 ④ 1.25

해설

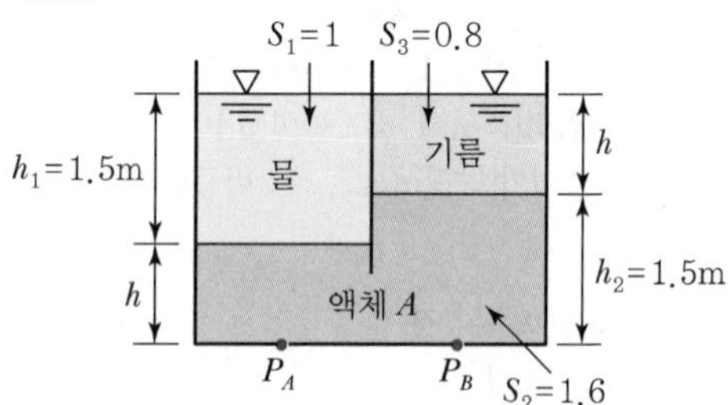

[풀이]

1) A점과 B점의 압력
$P_A = \gamma_1 h_1 + \gamma_2 h = S_1 \gamma_w h_1 + S_2 \gamma_w h$
$P_B = \gamma_3 h + \gamma_2 h_2 = S_3 \gamma_w h + S_2 \gamma_w h_2$

2) $P_A = P_B$ 이므로
$S_1 \gamma_w h_1 + S_2 \gamma_w h = S_3 \gamma_w h + S_2 \gamma_w h_2$
$1 \times 9{,}800 \times 1.5 + 1.6 \times 9{,}800 \times h$
$= 0.8 \times 9{,}800 \times h + 1.6 \times 9{,}800 \times 1.5$

$(1.6 \times 9{,}800 \times h) - (0.8 \times 9{,}800 \times h)$
$= (1.6 \times 9{,}800 \times 1.5) - (1 \times 9{,}800 \times 1.5)$
$7{,}840h = 8{,}820$
$h = 1.125$[m]

정답 39 ③ 40 ③

3과목 소방관계법규

41 다음은 소방본부에 대한 설명이다. ( )에 알맞은 내용은?

> 소방업무를 수행하기 위하여 (   ) 직속으로 소방본부를 둔다.

① 경찰서장　② 시 · 도지사
③ 행정안전부장관　④ 소방청장

해설

소방기관의 설치
1) 소방업무를 수행하는 소방본부장 또는 소방서장은 그 소재지를 관할하는 특별시장 · 광역시장 · 특별자치시장 · 도지사 또는 특별자치도지사(이하 "시 · 도지사")의 지휘와 감독을 받는다.
2) 제1)에도 불구하고 소방청장은 화재 예방 및 대형 재난 등 필요한 경우 시 · 도 소방본부장 및 소방서장을 지휘 · 감독할 수 있다.
3) 시 · 도에서 소방업무를 수행하기 위하여 시 · 도지사 직속으로 소방본부를 둔다.

42 제4류 위험물을 저장 · 취급하는 제조소에 "화기엄금"이란 주의사항을 표시하는 게시판을 설치할 경우 게시판의 색상은?

① 청색 바탕에 백색 문자
② 적색 바탕에 백색 문자
③ 백색 바탕에 적색 문자
④ 백색 바탕에 흑색 문자

해설

1) 제조소의 보기 쉬운 곳에 "위험물제조소"라는 표지를 설치
① 표지의 크기 : 한 변의 길이 0.3[m] 이상, 다른 한 변의 길이 0.6[m] 이상인 직사각형
② 표지의 색상 : 백색 바탕에 흑색 문자

2) 주의사항을 표시한 게시판 설치

위험물의 종류	주의사항	게시판
제1류 위험물 중 알칼리금속의 과산화물 제3류 위험물 중 금수성 물질	물기엄금	청색 바탕에 백색 문자
제2류 위험물(인화성 고체는 제외)	화기주의	적색 바탕에 백색 문자
제2류 위험물 중 인화성 고체 제3류 위험물 중 자연발화성 물질 제4류 위험물 제5류 위험물	화기엄금	적색 바탕에 백색 문자

43 소방시설업의 등록을 하지 아니하고 영업을 한 자에 대한 벌칙기준으로 옳은 것은?

① 1년 이하의 징역 또는 1천만 원 이하의 벌금
② 2년 이하의 징역 또는 2천만 원 이하의 벌금
③ 3년 이하의 징역 또는 3천만 원 이하의 벌금
④ 5년 이하의 징역 또는 5천만 원 이하의 벌금

해설

1) 3년 이하의 징역 또는 3000만 원 이하의 벌금
소방시설업 등록을 하지 아니하고 영업을 한 자

2) 1년 이하의 징역 또는 1000만 원 이하의 벌금
① 영업정지처분을 받고 그 영업정지 기간에 영업을 한 자
② 소방공사업법이나 화재안전기준을 위반하여 설계나 시공을 한 자
③ 소방시설 감리자의 업무범위를 위반하여 감리를 하거나 거짓으로 감리한 자
④ 소방시설감리업자가 공사감리자를 지정하지 아니한 자
⑤ 소방본부장이나 소방서장에게 보고를 거짓으로 한 자
⑥ 공사감리 결과의 통보 또는 공사감리 결과보고서의 제출을 거짓으로 한 자
⑦ 소방시설업자가 아닌 자에게 소방시설공사 등을 도급한 자
⑧ 하도급규정을 위반하여 제3자에게 소방시설공사 시공을 하도급한 자
⑨ 소방기술자가 소방공사업법 또는 명령을 따르지 아니하고 업무를 수행한 자

정답 41 ② 42 ② 43 ③

44 유별을 달리하는 위험물을 혼재하여 저장할 수 있는 것으로 짝지어진 것은?

① 제1류－제2류　　② 제2류－제3류
③ 제3류－제4류　　④ 제5류－제6류

해설

위험물의 혼재기준

위험물의 구분	제1류	제2류	제3류	제4류	제5류	제6류
제1류		×	×	×	×	○
제2류	×		×	○	○	×
제3류	×	×		○	×	×
제4류	×	○	○		○	×
제5류	×	○	×	○		×
제6류	○	×	×	×	×	

45 상업지역에 소방용수시설 설치 시 소방대상물과의 수평거리 기준은 몇 m 이하인가?

① 100　　② 120
③ 140　　④ 160

해설

소방용수시설의 설치기준

1) 공통기준
① 주거지역 · 상업지역 · 공업지역 : 수평거리 100[m] 이하
② 그 밖의 지역 : 수평거리 140[m] 이하

2) 소방용수시설별 설치기준
① 소화전의 설치기준
- 상수도와 연결하여 지하식 또는 지상식의 구조로 할 것
- 소방용 호스와 연결하는 소화전의 연결금속구의 구경 : 65[mm]

② 급수탑의 설치기준
- 급수배관의 구경 : 100[mm] 이상
- 개폐밸브의 높이 : 지상에서 1.5[m] 이상 1.7[m] 이하의 위치에 설치할 것

③ 저수조의 설치기준
- 지면으로부터의 낙차 : 4.5[m] 이하
- 흡수 부분의 수심 : 0.5[m] 이상
- 흡수관의 투입구가 사각형 : 한 변의 길이가 60[cm] 이상
- 흡수관의 투입구가 원형 : 지름이 60[cm] 이상
- 소방펌프자동차가 쉽게 접근할 수 있을 것
- 흡수에 지장이 없도록 토사 및 쓰레기 등을 제거할 수 있는 설비를 갖출 것
- 저수조에 물 공급은 상수도에 연결하여 자동으로 급수되는 구조일 것

46 종합점검 실시 대상이 되는 특정소방대상물의 기준 중 다음 ( ) 안에 알맞은 것은?

> 물분무등소화설비[호스릴(Hose Reel) 방식의 물분무등소화설비만을 설치한 경우는 제외한다]가 설치된 연면적 ( )m^2 이상인 특정소방대상물(위험물 제조소등은 제외한다.)

① 2,000　　② 3,000
③ 4,000　　④ 5,000

해설

종합점검

구분	기준
정의	소방시설 등의 작동점검을 포함하여 소방시설 등의 설비별 주요 구성 부품의 구조기준이 화재안전기준과 건축법 등 관련 법령에서 정하는 기준에 적합한지 여부를 점검하는 것
점검대상	• 스프링클러설비가 설치된 특정소방대상물 • 물분무 등 소화설비 : 연면적 5,000[m^2] 이상(호스릴 제외, 위험물제조소 등 제외) • 다중이용업의 영업장 : 연면적이 2,000[m^2] 이상인 것 • 제연설비가 설치된 터널 • 공공기관 : 연면적이 1,000[m^2] 이상인 것으로서 옥내소화전설비 또는 자동화재탐지설비가 설치된 것
점검자의 자격	• 소방시설관리업에 등록된 기술인력 중 소방시설관리사 • 소방안전관리자로 선임된 소방시설관리사 및 소방기술사
점검횟수	• 연 1회 이상 • 특급소방안전관리 대상물(반기당 1회 이상)

정답 44 ③ 45 ① 46 ④

47 다음 용어 정의에 대한 설명 중 옳은 것은?

① 소방대상물이란 건축물, 차량, 선박(항구에 매어둔 선박은 제외) 등을 말한다.
② 관계인이란 소방대상물의 점유예정자를 포함한다.
③ 소방대란 소방공무원, 의무소방원, 의용소방대원으로 구성된 조직체이다.
④ 소방대장이란 화재, 재난 · 재해, 그 밖의 위급한 상황이 발생한 현장에서 소방대를 지휘하는 사람(소방서장은 제외)이다.

해설

용어의 정의

1) 소방대상물
건축물, 차량, 선박(항구에 매어둔 선박만 해당), 선박 건조 구조물, 산림, 그 밖의 인공 구조물 또는 물건을 말한다.

2) 관계인
소방대상물의 소유자 · 관리자 또는 점유자를 말한다.

3) 소방대
화재를 진압하고 화재, 재난 · 재해, 그 밖의 위급한 상황에서 구조 · 구급 활동 등을 하기 위하여 다음 각 목의 사람으로 구성된 조직체를 말한다.
① 소방공무원 ② 의무소방원
③ 의용소방대원

4) 소방대장
소방본부장 또는 소방서장 등 화재, 재난 · 재해, 그 밖의 위급한 상황이 발생한 현장에서 소방대를 지휘하는 사람을 말한다.

5) 소방본부장
특별시 · 광역시 · 특별자치시 · 도 또는 특별자치도(이하 "시 · 도")에서 화재의 예방 · 경계 · 진압 · 조사 및 구조 · 구급 등의 업무를 담당하는 부서의 장을 말한다.

48 총괄 소방안전관리자를 선임하여야 하는 특정소방대상물 중 복합 건축물은 지하층을 제외한 층수가 최소 몇 층 이상인 건축물이 해당되는가?

① 6층 ② 11층
③ 20층 ④ 30층

해설

총괄소방안전관리자 선임 대상 건축물

1) 복합건축물(지하층을 제외한 층수가 11층 이상 또는 연면적 30,000[m^2] 이상인 건축물)
2) 지하가(지하의 인공구조물 안에 설치된 상점 및 사무실, 그 밖에 이와 비슷한 시설이 연속하여 지하도에 접하여 설치된 것과 그 지하도를 합한 것)
3) 판매시설 중 도매시장, 소매시장 및 전통시장

49 특수가연물의 저장 및 취급의 기준 중 ( )에 들어갈 내용으로 옳은 것은?(단, 석탄 · 목탄류의 경우는 제외한다.)

> 쌓는 높이는 (㉠)m 이하가 되도록 하고, 쌓는 부분의 바닥면적은 (㉡)m^2 이하가 되도록 할 것

① ㉠ 15, ㉡ 200 ② ㉠ 15, ㉡ 300
③ ㉠ 10, ㉡ 30 ④ ㉠ 10, ㉡ 50

해설

특수가연물의 쌓는 높이 및 쌓는 부분의 바닥면적

구분	살수설비 또는 대형 소화기가 없는 경우	살수설비 또는 대형 소화기가 있는 경우
쌓는 높이	10[m] 이하	15[m] 이하
쌓는 부분의 바닥면적	50[m^2] 이하 (석탄, 목탄 200m^2)	200[m^2] 이하 (석탄, 목탄 300m^2)

50 자동화재탐지설비를 설치하여야 하는 특정소방대상물의 기준으로 틀린 것은?

① 공장 및 창고시설로서 지정수량의 500배 이상의 특수가연물을 저장 · 취급하는 것
② 지하가(터널은 제외한다)로서 연면적 600m^2이상인 것
③ 숙박시설이 있는 수련시설로서 수용인원 100명 이상인 것
④ 장례시설 및 복합건축물로서 연면적 600m^2 이상인 것

정답 47 ③ 48 ② 49 ④ 50 ②

해설

자동화재탐지설비 설치대상

특정소방대상물	설치대상
노유자시설	연면적 400[m^2] 이상
근린생활시설, 의료시설, 위락시설, 장례시설 및 복합건축물	연면적 600[m^2] 이상
근린생활시설 중 목욕장, 문화 및 집회시설, 종교시설, 판매시설, 운수시설, 운동시설, 업무시설, 공장, 창고시설, 위험물 저장 및 처리시설, 항공기 및 자동차 관련 시설, 교정 및 군사시설 중 국방·군사시설, 방송통신시설, 발전시설, 관광 휴게시설, 지하가	연면적 1,000[m^2] 이상
교육연구시설, 수련시설, 동물 및 식물 관련 시설(기둥과 지붕만으로 구성되어 외부와 기류가 통하는 장소는 제외한다), 분뇨 및 쓰레기 처리시설, 교정 및 군사시설 또는 묘지 관련 시설	연면적 2,000[m^2] 이상인 것
숙박시설이 있는 수련시설	수용인원 100명 이상인 것
지하가 중 터널	길이가 1,000[m] 이상인 것
공동주택 중 아파트 등·기숙사, 숙박시설, 노유자생활시설, 지하구, 판매시설 중 전통시장, 층수가 6층 이상인 건축물, 산후조리원, 조산원	모든 층
특수가연물	500배 이상

51 다음 중 제3류 위험물에 해당하는 것은?

① 나트륨　② 염소산염류
③ 무기과산화물　④ 유기과산화물

해설

제3류 위험물

1) 성질 : 자연발화성 및 금수성 물질
2) 소화방법 : 마른 모래, 팽창질석, 팽창진주암을 이용한 질식소화(주수소화 엄금)
3) 위험등급, 품명 및 지정수량

위험등급	품명	지정수량
I	칼륨	10[kg]
	나트륨	
	알킬알루미늄	
	알킬리튬	
	황린	20[kg]
II	알칼리금속	50[kg]
	알칼리토금속	
	유기금속화합물	
III	금속수소화합물	300[kg]
	금속인화합물	
	칼슘 또는 알루미늄의 탄화물	

② 염소산염류 → 제1류 위험물
③ 무기과산화물 → 제1류 위험물
④ 유기과산화물 → 제5류 위험물

52 방염성능기준 이상의 실내장식물 등을 설치하여야 하는 특정소방대상물이 아닌 것은?

① 방송국　② 종합병원
③ 11층 이상의 아파트　④ 숙박이 가능한 수련시설

해설

방염성능기준 이상의 실내장식물 등을 설치하여야 하는 특정소방대상물

1) 근린생활시설 중 의원, 조산원, 산후조리원, 체력단련장, 공연장 및 종교집회장
2) 건축물의 옥내에 있는 시설로서 다음 각 목의 시설
   ① 문화 및 집회시설
   ② 종교시설
   ③ 운동시설(수영장은 제외)
3) 의료시설
4) 교육연구시설 중 합숙소
5) 노유자시설
6) 숙박이 가능한 수련시설
7) 숙박시설
8) 방송통신시설 중 방송국 및 촬영소
9) 다중이용업소
10) 층수가 11층 이상인 것(아파트는 제외)

정답　51 ①　52 ③

53 무창층으로 판정하기 위한 개구부가 갖추어야 할 요건으로 틀린 것은?

① 크기는 반지름 30cm 이상의 원이 내접할 수 있을 것
② 해당 층의 바닥면으로부터 개구부 밑부분까지의 높이가 1.2m이내일 것
③ 도로 또는 차량이 진입할 수 있는 빈터를 향할 것
④ 화재 시 건축물로부터 쉽게 피난할 수 있도록 창살이나 그 밖의 장애물이 설치되지 아니할 것

해설

무창층
지상층 중 다음의 요건을 모두 갖춘 개구부의 면적의 합계가 해당 층의 바닥면적의 1/30 이하가 되는 층
1) 지름 50cm 이상의 원이 통과할 수 있을 것
2) 바닥면으로부터 개구부 밑부분까지의 높이가 1.2[m] 이내일 것
3) 도로 또는 차량이 진입할 수 있는 빈터를 향할 것
4) 화재 시 건축물로부터 쉽게 피난할 수 있도록 창살이나 그 밖의 장애물이 설치되지 않을 것
5) 내부 또는 외부에서 쉽게 부수거나 열 수 있을 것

54 일반 소방시설 설계업(기계분야)의 영업범위에 대한 기준 중 ( )에 알맞은 내용은?(단, 공장의 경우는 제외한다.)

> 연면적 ( )m^2 미만의 특정소방대상물(제연설비가 설치되는 특정소방대상물은 제외한다)에 설치되는 기계분야 소방시설의 설계

① 10,000 ② 20,000
③ 30,000 ④ 50,000

해설

소방시설 설계업의 업종별 등록기준 및 영업범위

업종별＼항목		기술인력	영업범위
전문 소방시설 설계업		① 주된 기술인력 : 소방기술사 1명 이상 ② 보조기술인력 : 1명 이상	모든 특정소방대상물에 설치되는 소방시설의 설계
일반 소방시설 설계업	기계분야	① 주된 기술인력 : 소방기술사 또는 기계분야 소방설비기사 1명 이상 ② 보조기술인력 : 1명 이상	① 아파트에 설치되는 기계분야 소방시설의 설계(제연설비는 제외) ② 연면적 30,000[m^2] 미만의(공장은 10,000[m^2] 미만) 특정소방대상물에 설치되는 기계분야 소방시설의 설계(제연설비가 설치되는 특정소방대상물은 제외) ③ 위험물제조소 등에 설치되는 기계분야 소방시설의 설계
	전기분야	① 주된 기술인력 : 소방기술사 또는 전기분야 소방설비기사 1명 이상 ② 보조기술인력 : 1명 이상	① 아파트에 설치되는 전기분야 소방시설의 설계 ② 연면적 30,000[m^2] 미만의(공장은 10,000[m^2] 미만) 특정소방대상물에 설치되는 전기분야 소방시설의 설계 ③ 위험물제조소 등에 설치되는 전기분야 소방시설의 설계

55 건축허가 등을 할 때 미리 소방본부장 또는 소방서장의 동의를 받아야 하는 건축물 등의 범위기준이 아닌 것은?

① 노유자시설 및 수련시설로서 연면적 100m^2 이상인 건축물
② 지하층 또는 무창층이 있는 건축물로서 바닥면적이 150m^2 이상인 층이 있는 것
③ 차고 · 주차장으로 사용되는 바닥면적이 200m^2 이상인 층이 있는 건축물이나 주차시설

정답 53 ① 54 ③ 55 ①

④ 장애인 의료재활시설로서 연면적 300m² 이상인 건축물

해설

건축허가 등의 동의대상물 범위

1) 연면적이 400[m²] 이상인 건축물
2) 학교시설 : 100[m²] 이상
3) 노유자시설 및 수련시설 : 200[m²] 이상
4) 차고 · 주차장 : 바닥면적이 200[m²] 이상인 층이 있는 건축물이나 주차시설
5) 승강기 등 기계장치에 의한 주차시설 : 20대 이상
6) 지하층, 무창층 : 바닥면적이 150[m²](공연장의 경우에는 100[m²]) 이상인 층
7) 정신의료기관, 장애인 의료재활시설 : 300[m²] 이상
8) 항공기 격납고, 관망탑, 항공관제탑, 방송용 송수신탑
9) 조산원, 산후조리원, 위험물 저장 및 처리시설, 발전시설 중 전기저장시설, 지하구
10) 층수가 6층 이상인 건축물

56 다음 중 화재예방상 필요하다고 인정되거나 화재위험 경보 시 발령하는 소방신호의 종류로 옳은 것은?

① 경계신호 ② 발화신호
③ 경보신호 ④ 훈련신호

해설

1) 소방신호의 종류 및 방법
   ① 경계신호 : 화재예방상 필요하다고 인정되거나 화재위험 경보 시 발령
   ② 발화신호 : 화재가 발생한 때 발령
   ③ 해제신호 : 소화활동이 필요 없다고 인정되는 때 발령
   ④ 훈련신호 : 훈련상 필요하다고 인정되는 때 발령

2) 소방신호의 방법

종별 \ 신호방법	타종신호	사이렌신호
경계신호	1타와 연 2타를 반복	5초 간격을 두고 30초씩 3회
발화신호	난타	5초 간격을 두고 5초씩 3회
해제신호	상당한 간격을 두고 1타씩 반복	1분간 1회
훈련신호	연 3타 반복	10초 간격을 두고 1분씩 3회

57 보일러 등의 위치 · 구조 및 관리와 화재예방을 위하여 불의 사용에 있어서 지켜야 하는 사항 중 보일러에 경유 · 등유 등 액체연료를 사용하는 경우에 연료탱크는 보일러 본체로부터 수평거리 최소 몇 m 이상의 간격을 두어 설치해야 하는가?

① 0.5 ② 0.6
③ 1 ④ 2

해설

보일러 등의 위치 · 구조 및 관리와 화재예방을 위하여 불의 사용에 있어서 지켜야 하는 사항

종류	내용
보일러	1. 가연성 벽 · 바닥 또는 천장과 접촉하는 증기기관 또는 연통의 부분 규조토 · 석면 등 난연성 단열재로 덮어씌울 것 2. 경유 · 등유 등 액체연료를 사용하는 경우 가. 연료탱크는 보일러 본체로부터 수평거리 : 1[m] 이상 나. 연료를 차단할 수 있는 개폐밸브 : 연료탱크로부터 0.5[m] 이내 다. 연료탱크 또는 연료를 공급하는 배관 : 여과장치 라. 사용이 허용된 연료 외의 것을 사용하지 아니할 것 마. 연료탱크에는 불연재료로 된 받침대를 설치하여 연료탱크가 넘어지지 아니하도록 할 것 3. 보일러와 벽 · 천장 사이의 거리 : 0.6[m] 이상 4. 보일러를 실내에 설치하는 경우에는 콘크리트 바닥 또는 금속 외의 불연재료로 된 바닥 위에 설치하여야 한다.

정답 56 ① 57 ③

58 소방본부장 또는 소방서장은 소방안전관리대상물 중 불특정 다수인이 이용하는 대통령령으로 정하는 특정소방대상물의 근무자 등에게 불시에 소방훈련과 교육을 실시할 수 있다. 이 경우 며칠 전까지 서면통보하여야 하는가?

① 3일 ② 5일
③ 7일 ④ 10일

해설

소방안전관리대상물 근무자 및 거주자 등에 대한 소방훈련 등

1) 소방훈련 및 교육 : 관계인이 근무자 및 거주자에게 실시
2) 소방훈련 및 교육의 지도 · 감독 : 소방본부장 · 소방서장
3) 소방훈련 및 교육의 횟수 : 연 1회 이상
4) 소방훈련 및 교육결과 : 30일 이내에 소방본부장 · 소방서장에게 제출
5) 소방훈련 및 교육의 기록보관 : 2년
6) 소방본부장 · 소방서장의 불시 소방훈련 실시 : 10일 전까지 서면 통보
7) 불시 소방훈련 대상 특정소방대상물
   ① 의료시설
   ② 교육연구시설
   ③ 노유자시설
   ④ 화재 시 많은 인명피해의 발생이 예상되어 소방본부장 또는 소방서장이 지정하는 것

59 제조 또는 가공 공정에서 방염 처리를 한 물품 중 방염대상물품이 아닌 것은?

① 카펫
② 전시용 합판
③ 창문에 설치하는 커튼류
④ 두께가 2mm 미만인 종이벽지

해설

방염대상물품

1) 창문에 설치하는 커튼류(블라인드 포함)
2) 카펫, 두께가 2[mm] 미만인 벽지류(종이벽지 제외)
3) 전시용 합판 또는 섬유판, 무대용 합판 또는 섬유판
4) 암막 · 무대막
5) 섬유류 또는 합성수지류 등을 원료로 하여 제작된 소파 · 의자(단란주점영업, 유흥주점영업 및 노래연습장업의 영업장에 설치하는 것만 해당)

60 관계인이 예방규정을 정하여야 하는 위험물 제조소 등에 해당하지 않는 것은?

① 지정수량 10배의 특수인화물을 취급하는 일반취급소
② 지정수량 20배의 휘발유를 고정된 탱크에 주입하는 일반취급소
③ 지정수량 40배의 제3석유류를 용기에 옮겨 담는 일반취급소
④ 지정수량 15배의 알코올을 버너에 소비하는 장치로 이루어진 일반취급소

해설

관계인이 예방규정을 정하여야 하는 제조소 등

1. 지정수량의 10배 이상의 위험물을 취급하는 제조소
2. 지정수량의 100배 이상의 위험물을 저장하는 옥외저장소
3. 지정수량의 150배 이상의 위험물을 저장하는 옥내저장소
4. 지정수량의 200배 이상의 위험물을 저장하는 옥외탱크저장소
5. 암반탱크저장소
6. 이송취급소
7. 지정수량의 10배 이상의 위험물을 취급하는 일반취급소. 다만, 제4류 위험물(특수인화물을 제외)만을 지정수량의 50배 이하로 취급하는 일반취급소(제1석유류 · 알코올류의 취급량이 지정수량의 10배 이하인 경우)로서 다음 중 어느 하나에 해당하는 것은 제외한다.
   ① 보일러 · 버너 또는 이와 비슷한 것으로서 위험물을 소비하는 장치로 이루어진 일반취급소
   ② 위험물을 용기에 옮겨 담거나 차량에 고정된 탱크에 주입하는 일반취급소

정답 58 ④ 59 ④ 60 ③

4과목 소방기계시설의 구조 및 원리

61 할론소화설비의 수동식 기동장치의 설치기준으로 틀린 것은?

① 국소빙출방식은 방호대상물마다 설치할 것
② 기동장치의 방출용 스위치는 음향경보장치와 개별적으로 조작될 수 있는 것으로 할 것
③ 전기를 사용하는 기동장치에는 전원표시등을 설치할 것
④ 조작부는 바닥으로부터 높이 0.8m 이상 1.5m 이하의 위치에 설치할 것

해설

할론소화설비의 수동기동장치 설치기준
1) 수동식 기동장치의 부근에는 소화약제의 방출을 지연시킬 수 있는 방출지연 스위치를 설치하여야 한다.
2) 전역방출방식은 방호구역마다, 국소방출방식은 방호대상물마다 설치할 것
3) 출입구 부분 등 쉽게 피난할 수 있는 장소에 설치할 것
4) 조작부의 높이 : 0.8[m] 이상 1.5[m] 이하, 보호판 등에 따른 보호장치 설치
5) 표지 : "할론소화설비 수동식 기동장치"
6) 전기를 사용하는 기동장치에는 전원표시등을 설치
7) 기동장치의 방출용 스위치는 음향경보장치와 연동하여 조작될 수 있는 것으로 할 것

② 기동장치의 방출용 스위치는 음향경보장치와 개별적으로 → 연동하여

62 최저사용압력이 몇 MPa을 초과할 때 고압 미분무소화설비로 분류하는가?

① 1.2 ② 2.5
③ 3.5 ④ 4.2

해설

1) 미분무의 정의
물만을 사용하여 소화하는 방식으로 최소 설계압력에서 헤드로부터 방출되는 물입자 중 99%의 누적체적분포가 400[μm] 이하로 분무되고 A, B, C급 화재에 적응성을 갖는 것

2) 미분무소화설비의 분류
① 저압 미분무소화설비 : 최고 사용압력이 1.2[MPa] 이하
② 중압 미분무소화설비 : 사용압력이 1.2[MPa]을 초과하고 3.5[MPa] 이하
③ 고압 미분무소화설비 : 최저 사용압력이 3.5[MPa]을 초과

63 피난기구의 설치 및 유지에 관한 사항 중 틀린 것은?

① 피난기구를 설치하는 개구부는 서로 동일 직선상의 위치에 있을 것
② 설치장소에는 피난기구의 위치를 표시하는 발광식 또는 축광식 표지와 그 사용방법을 표시한 표지(외국어 및 그림 병기)를 부착할 것
③ 피난기구는 소방대상물의 기둥 · 바닥 · 보 기타 구조상 견고한 부분에 볼트조임 · 매입 · 용접 기타의 방법으로 견고하게 부착할 것
④ 피난기구는 계단 · 피난구 기타 피난시설로부터 적당한 거리에 있는 안전한 구조로 된 피난 또는 소화활동상 유효한 개구부에 고정하여 설치할 것

해설

피난기구의 설치기준
1) 소화활동상 유효한 개구부에 고정하여 설치하거나 필요한 때에 신속하고 유효하게 설치할 수 있는 상태에 둘 것
2) 유효한 개구부에 고정하여 설치할 것
① 가로 0.5[m] 이상, 세로 1[m] 이상인 것
② 이 경우 개구부 하단이 바닥에서 1.2[m] 이상이면 발판 등을 설치할 것
③ 밀폐된 창문은 쉽게 파괴할 수 있는 파괴장치를 비치할 것

정답 61 ② 62 ③ 63 ①

3) 피난기구를 설치하는 개구부는 서로 동일 직선상이 아닌 위치에 있을 것(피난교 · 피난용 트랩 · 간이완강기 · 아파트에 설치되는 피난기구는 제외)
4) 피난기구는 소방대상물의 기둥 · 바닥 · 보 기타 구조상 견고한 부분에 볼트조임 · 매입 · 용접 기타의 방법으로 견고하게 부착할 것
5) 피난기구를 설치한 장소에는 가까운 곳의 보기 쉬운 곳에 피난기구의 위치를 표시하는 발광식 또는 축광식 표지와 그 사용방법을 표시한 표지(외국어 및 그림 병기)를 부착할 것

① 피난기구를 설치하는 개구부는 서로 동일 직선상의 → 동일 직선상이 아닌 위치

64 케이블실에 전역방출방식으로 이산화탄소 소화설비를 설치하고자 한다. 방호구역 체적은 $750m^3$, 개구부의 면적은 $3m^2$이고, 개구부에는 자동폐쇄장치가 설치되어 있지 않다. 이때 필요한 소화약제의 양은 최소 몇 kg 이상인가?

① 930 ② 1,005
③ 1,230 ④ 1,530

해설

전역방출방식 심부화재의 약제량(종이 · 목재 · 석탄 · 섬유류 · 합성수지류 등)

$$Q[\text{kg}] = V \cdot K_1 + A \cdot K_2$$

여기서, Q[kg] : 약제량, $V[m^3]$: 방호구역 체적
$K_1[kg/m^3]$: 방호구역 체적 $1[m^3]$에 대한 소화약제의 양[kg]
$K_2[kg/m^2]$: 방호구역에 설치된 개구부 $1[m^2]$당 약제가산량[kg]
$A[m^2]$: 개구부 면적(개구부의 면적은 방호구역 전체 표면적의 3[%] 이하)

방호대상물	체적 $1[m^3]$당 소화약제의 양 $K_1[kg/m^3]$	설계 농도 (%)	개구부 가산량 $K_2[kg/m^2]$
유압기기를 제외한 전기설비, 케이블실	1.3	50	10
체적 $55[m^3]$ 미만의 전기설비	1.6	50	
박물관, 목재가공품창고, 전자제품창고, 서고	2.0	65	
고무류, 모피창고, 면화류, 석탄, 집진설비	2.7	75	

[풀이]
1) 방호구역의 체적 V : $750[m^3]$
2) K_1 : $1.3[kg/m^3]$
3) 개구부 면적 : $3[m^2]$
4) K_2 : $10[kg/m^2]$

$$Q[\text{kg}] = 750[\text{m}^3] \times 1.3[\text{kg/m}^3] + 3[\text{m}^2] \times 10[\text{kg/m}^2] = 1{,}005[\text{kg}]$$

65 다음 중 피난기구의 화재안전기준에 따라 의료시설에 구조대를 설치하여야 할 층은?

① 지하 2층 ② 지하 1층
③ 지상 1층 ④ 지상 3층

해설

피난기구의 설치장소별 적응성

설치 장소별 구분 \ 층별	1층	2층	3층	4층 이상 10층 이하
노유자시설	미끄럼대 · 구조대 · 피난교 · 다수인 피난장비 · 승강식피난기	미끄럼대 · 구조대 · 피난교 · 다수인 피난장비 · 승강식피난기	미끄럼대 · 구조대 · 피난교 · 다수인 피난장비 · 승강식피난기	구조대 · 피난교 · 다수인 피난장비 · 승강식피난기
의료시설 · 근린생활시설 중 입원실이 있는 의원 · 접골원 · 조산원			미끄럼대 · 구조대 · 피난교 · 피난용 트랩 · 다수인 피난장비 · 승강식피난기	구조대 · 피난교 · 피난용 트랩 · 다수인 피난장비 · 승강식피난기

정답 64 ② 65 ④

설치 장소별 구분 \ 층별	1층	2층	3층	4층 이상 10층 이하
「다중이용업소의 안전관리에 관한 특별법 시행령」 제2조에 따른 다중이용업소로서 영업장의 위치가 4층 이하인 다중이용업소		미끄럼대 · 피난사다리 · 구조대 · 완강기 · 다수인 피난장비 · 승강식피난기	미끄럼대 · 피난사다리 · 구조대 · 완강기 · 다수인 피난장비 · 승강식피난기	미끄럼대 · 피난사다리 · 구조대 · 완강기 · 다수인 피난장비 · 승강식피난기
그 밖의 것			미끄럼대 · 피난사다리 · 구조대 · 완강기 · 피난교 · 피난용 트랩 · 간이완강기 · 공기안전 매트 · 다수인 피난장비 · 승강식피난기	피난사다리 · 구조대 · 완강기 · 피난교 · 간이완강기 · 공기안전 매트 · 다수인 피난장비 · 승강식피난기

※ 비고

- 간이완강기의 적응성 : 숙박시설의 3층 이상에 있는 객실
- 공기안전매트의 적응성 : 공동주택
- 노유자시설 중 4층 이상에 설치된 구조대의 적응성 : 장애인 관련 시설로서 주된 사용자 중 스스로 피난이 불가한 자가 있는 경우 추가로 설치

66 화재안전기준상 물계통의 소화설비 중 펌프의 성능시험배관에 사용되는 유량측정장치는 펌프의 정격 토출량의 몇 % 이상 측정할 수 있는 성능이 있어야 하는가?

① 65　　② 100
③ 120　　④ 175

해설

성능시험배관

1) 펌프 성능시험배관의 설치기준
① 펌프의 토출 측에 설치된 개폐밸브 이전에서 분기하여 설치하고 유량측정 장치를 기준으로 전단 직관부에 개폐밸브, 후단 직관부에 유량조절밸브를 설치할 것
② 유량측정장치 : 정격토출량의 175[%] 이상 측정

2) 펌프의 성능시험
① 체절운전
정격토출압력의 140[%]를 초과하지 아니할 것
② 최대 부하운전
정격토출량의 150[%]로 운전 시 정격토출압력의 65[%] 이상일 것

67 다음 중 근린생활시설 지하층에 적응성이 있는 피난기구는?(단, 근린생활시설 중 입원시설이 있는 의원 · 접골원 · 조산원에 한한다.)

① 피난용트랩　　② 미끄럼대
③ 구조대　　④ 피난교

해설

지하층에 설치하는 피난기구 삭제됨(2022년 12월 개정)

68 제연설비의 배출풍도 설치기준 중 다음 ( ) 안에 알맞은 것은?

> 배출기의 흡입 측 풍도 안의 풍속은 (㉠)m/s 이하로 하고 배출 측 풍속은 (㉡)m/s 이하로 할 것

① ㉠ 15, ㉡ 10
② ㉠ 10, ㉡ 15
③ ㉠ 20, ㉡ 15
④ ㉠ 15, ㉡ 20

정답 66 ④ 67 정답 없음 68 ④

해설

배출기 및 배출풍도

1) 배출기와 배출풍도의 접속 부분에 사용하는 캔버스는 내열성(석면재료는 제외)이 있는 것으로 할 것
2) 배출기의 전동기 부분과 배풍기 부분은 분리하여 설치하여야 하며, 배풍기 부분은 유효한 내열 처리를 할 것
3) 배출풍도는 아연도금강판 또는 이와 동등 이상의 내식성·내열성이 있는 것으로 하며, 불연재료(석면제외)인 단열재로 풍도 외부에 유효한 단열 처리를 할 것
4) 배출기풍도 안의 풍속

배출기풍도	흡입 측	배출 측
풍속	15[m/s] 이하	20[m/s] 이하

5) 배출풍도의 크기에 따른 강판의 두께

풍도단면의 긴 변 또는 직경의 크기	강판두께
450[mm] 이하	0.5[mm]
450[mm] 초과 750[mm] 이하	0.6[mm]
750[mm] 초과 1,500[mm] 이하	0.8[mm]
1,500[mm] 초과 2,250[mm] 이하	1.0[mm]
2,250[mm] 초과	1.2[mm]

69 스프링클러헤드에서 이용성 금속으로 융착되거나 이용성 물질에 의하여 조립된 것은?

① 프레임(Frame)
② 디플렉터(Deflector)
③ 유리벌브(Glass Bulb)
④ 퓨지블링크(Fusible Link)

해설

스프링클러헤드의 분류

1) 감열부의 종류에 따른 분류
   ① 퓨지블링크 : 감열체 중 이용성 금속으로 융착되거나 이용성 물질에 의하여 조립된 것
   ② 유리벌브 : 감열체 중 유리구 안에 액체 등을 넣어 봉한 것
2) 감열부의 유무에 따른 분류
   ① 폐쇄형 헤드(감열부가 있다) : 방수구를 막고 있는 감열체가 일정온도에서 자동적으로 파괴·용해 또는 이탈됨으로써 방수구가 개방되는 스프링클러헤드로서 감열부, 디플렉터, 프레임으로 구성
   ② 개방형 헤드(감열부가 없다)
   감열체 없이 방수구가 항상 열려 있는 스프링클러헤드로서 디플렉터와 프레임으로 구성

70 특수가연물을 저장·취급하는 공장 또는 창고에 적응성이 없는 포소화설비는?

① 고정포방출설비
② 포소화전설비
③ 압축공기포소화설비
④ 포워터스프링클러설비

해설

특정소방대상물에 따라 적응하는 포소화설비

특정소방대상물	포소화설비
• 특수가연물을 저장·취급하는 공장, 창고 • 차고 또는 주차장 • 항공기 격납고	• 포워터스프링클러설비 • 포헤드설비 • 고정포방출설비 • 압축공기포소화설비
• 완전 개방된 옥상주차장 • 지상 1층으로서 지붕이 없는 부분 • 고가 밑의 주차장으로서 주된 벽이 없고 기둥뿐이거나 주위가 위해 방지용 철주 등으로 둘러싸인 부분	• 호스릴 포소화설비 • 포소화전설비
발전기실, 엔진펌프실, 변압기, 전기케이블실, 유압설비 등으로서 바닥면적의 합계가 300[m^2] 미만의 장소	고정식 압축공기포소화설비

정답 69 ④ 70 ②

71 자동화탐지설비의 감지기의 작동과 연동하는 분말소화설비 자동식 기동장치의 설치기준 중 다음 ( ) 안에 알맞은 것은?

- 전기식 기동장치로서 (㉠)병 이상의 저장용기를 동시에 개방하는 설비는 2병 이상의 저장용기에 전자개방밸브를 부착할 것
- 가스압력식 기동장치의 기동용 가스용기 및 해당 용기에 사용하는 밸브는 (㉡)MPa 이상의 압력에 견딜 수 있는 것으로 할 것

① ㉠ 3, ㉡ 2.5
② ㉠ 7, ㉡ 2.5
③ ㉠ 3, ㉡ 25
④ ㉠ 7, ㉡ 25

해설

분말소화설비의 자동식 기동장치 설치기준(자동화재탐지설비의 감지기의 작동과 연동하는 것)

1) 자동식 기동장치에는 수동으로도 기동할 수 있는 구조로 할 것

2) 전기식 기동장치
7병 이상의 저장용기를 동시에 개방하는 설비는 2병 이상의 저장용기에 전자개방밸브를 부착할 것

3) 가스압력식 기동장치
① 기동용 가스용기 및 해당 용기에 사용하는 밸브는 25[MPa] 이상의 압력에 견딜 수 있는 것으로 할 것
② 기동용 가스용기에는 내압시험압력의 0.8배 내지 내압시험압력 이하에서 작동하는 안전장치를 설치할 것
③ 기동용 가스용기의 체적은 5[l] 이상으로 하고 질소 등의 비활성기체는 6.0[MPa] 이상의 압력으로 충전할 것. 다만, 기동용 가스용기의 용적은 1[l] 이상으로 하고, 해당 용기에 저장하는 이산화탄소의 양은 0.6kg 이상으로 하며, 충전비는 1.5 이상 1.9 이하의 기동용기로 할 수 있다.

4) 기계식 기동장치
저장용기를 쉽게 개방할 수 있는 구조로 할 것

72 분말소화약제의 가압용 가스용기에 대한 설명으로 틀린 것은?

① 가압용 가스용기를 3병 이상 설치한 경우에는 2개 이상의 용기에 전자개방밸브를 부착할 것
② 가압용 가스용기에는 2.5MPa 이하의 압력에서 조정이 가능한 압력조정기를 설치할 것
③ 가압용 가스에 질소가스를 사용하는 것의 질소가스는 소화약제 1kg마다 20L(35℃에서 1기압의 압력상태로 환산한 것) 이상으로 할 것
④ 축압용 가스에 질소가스를 사용하는 것의 질소가스는 소화약제 1kg에 대하여 10L(35℃에서 1기압의 압력상태로 환산한 것) 이상으로 할 것

해설

1) 분말소화약제의 가압용 가스용기
① 분말소화약제의 가스용기는 분말소화약제의 저장용기에 접속하여 설치할 것
② 분말소화약제의 가압용 가스용기를 3병 이상 설치한 경우에는 2개 이상의 용기에 전자개방밸브를 부착할 것
③ 분말소화약제의 가압용 가스용기에는 2.5[MPa] 이하의 압력에서 조정이 가능한 압력조정기를 설치할 것

2) 분말소화약제 1kg당 가압용 가스 또는 축압용 가스의 양

구분	질소(N_2)	이산화탄소(CO_2)
가압용 가스	40[l/kg]	20[g/kg]
축압용 가스	10[l/kg]	20[g/kg]

3) 배관의 청소에 필요한 양의 가스는 별도의 용기에 저장할 것

73 화재조기진압용 스프링클러설비 가지배관의 배열기준 중 천장의 높이가 9.1m 이상 13.7m 이하인 경우 가지배관 사이의 거리 기준으로 옳은 것은?

① 2.4m 이상 3.1m 이하
② 2.4m 이상 3.7m 이하
③ 6.0m 이상 8.5m 이하
④ 6.0m 이상 9.3m 이하

정답 71 ④ 72 ③ 73 ①

해설

화재조기진압용 스프링클러헤드 설치기준

1) 헤드 하나의 방호면적 : 6.0[m^2] 이상 9.3[m^2] 이하
2) 가지배관의 헤드 사이의 거리
   ① 천장의 높이가 9.1[m] 미만 : 2.4[m] 이상 3.7[m] 이하
   ② 천장의 높이가 9.1[m] 이상 13.7[m] 이하 : 2.4[m] 이상 3.1m 이하
3) 헤드의 반사판과 저장물의 최상부의 거리 : 914[mm] 이상
4) 헤드의 작동온도 : 74[℃] 이하
5) 상부에 설치된 헤드의 방출수에 따라 감열부에 영향을 받을 우려가 있는 헤드에는 방출수를 차단할 수 있는 유효한 차폐판을 설치할 것

74 포소화설비에서 펌프의 토출관에 압입기를 설치하여 포소화약제 압입용 펌프로 포소화약제를 압입시켜 혼합하는 방식은?

① 라인 프로포셔너
② 펌프 프로포셔너
③ 프레져 프로포셔너
④ 프레져사이드 프로포셔너

해설

1) 펌프 프로포셔너 방식
   펌프의 토출관과 흡입관 사이의 배관도중에 설치한 흡입기에 펌프에서 토출된 물의 일부를 보내고, 농도 조절밸브에서 조정된 포소화약제의 필요량을 포소화약제 탱크에서 펌프 흡입 측으로 보내어 이를 혼합하는 방식을 말한다.

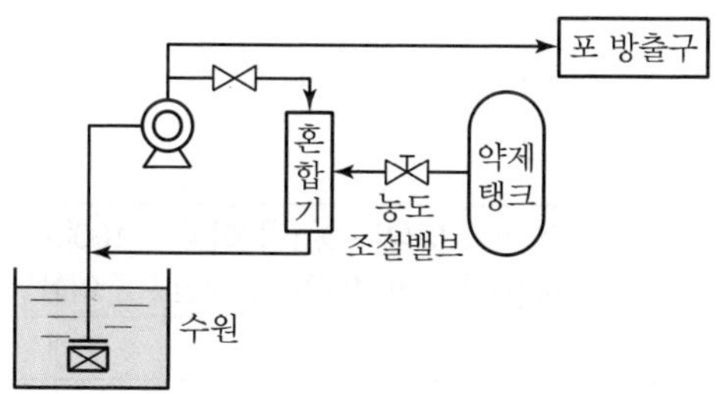

2) 프레져 프로포셔너 방식
   펌프와 발포기의 중간에 설치된 벤추리관의 벤추리작용과 펌프 가압수의 포소화약제 저장탱크에 대한 압력에 따라 포소화약제를 흡입 · 혼합하는 방식을 말한다.

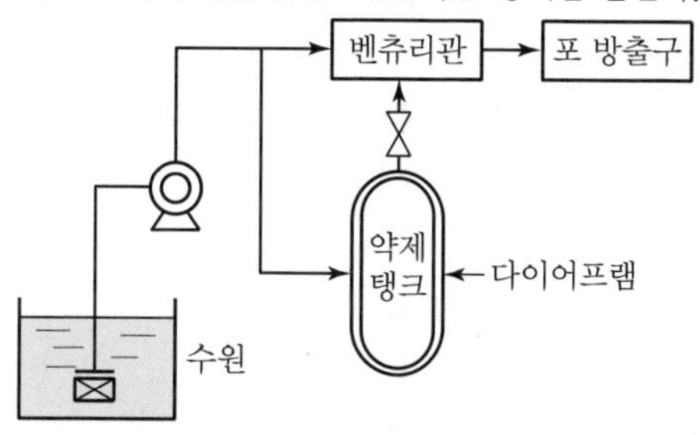

3) 라인 프로포셔너 방식
   펌프와 발포기의 중간에 설치된 벤추리관의 벤추리작용에 따라 포소화약제를 흡입 · 혼합하는 방식

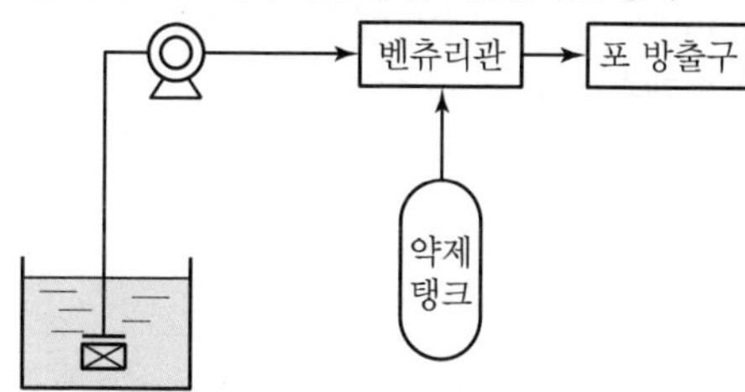

4) 프레져 사이드 프로포셔너 방식
   펌프의 토출관에 압입기를 설치하여 포소화약제 압입용 펌프로 포소화약제를 압입시켜 혼합하는 방식

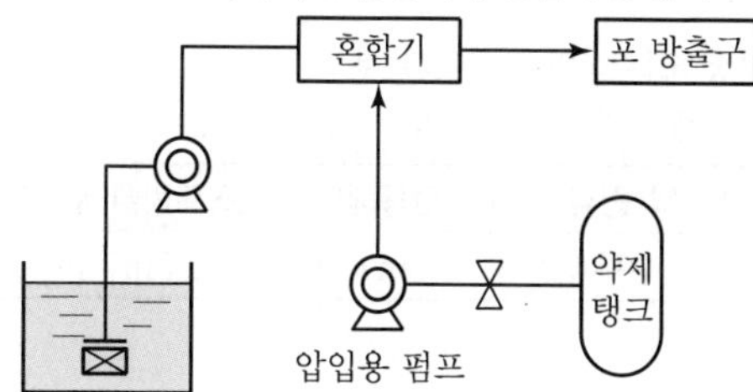

75 스프링클러설비의 배관 내 사용압력이 몇 MPa 이상일 때 압력배관용탄소강관을 사용해야 하는가?

① 0.1 ② 0.5
③ 0.8 ④ 1.2

정답 74 ④ 75 ④

해설

1) 배관 내 사용압력이 1.2[MPa] 미만일 경우
   ① 배관용 탄소강관(KS D 3507)
   ② 이음매 없는 구리 및 구리합금관(KS D 5301)(습식만 해당)
   ③ 배관용 스테인리스강관(KS D 3576) 또는 일반배관용 스테인리스강관(KS D 3595)
   ④ 덕타일 주철관(KS D 4311)

2) 배관 내 사용압력이 1.2[MPa] 이상일 경우
   ① 압력배관용 탄소강관(KS D 3562)
   ② 배관용 아크용접 탄소강강관(KS D 3583)

76 연소방지설비 전용헤드를 사용할 때 배관의 구경이 65mm인 경우 하나의 배관에 부착하는 살수헤드의 최대 개수로 옳은 것은?

① 2 ② 3
③ 5 ④ 6

해설

1) 연소방지설비 전용헤드를 사용하는 경우 배관의 구경

헤드 수	1개	2개	3개	4~5개	6개 이상
구경[mm]	32	40	50	65	80

2) 방수헤드
   ① 천장 또는 벽면에 설치할 것
   ② 방수헤드 간의 수평거리

헤드의 종류	전용헤드	스프링클러헤드
헤드 간 수평거리	2.0m 이하	1.5m 이하

77 지하구의 통합감시시설 설치기준으로 틀린 것은?

① 소방관서와 지하구의 통제실 간에 화재 등 소방활동과 관련된 정보를 상시 교환할 수 있는 정보통신망을 구축할 것
② 수신기는 방재실과 공동구의 입구 및 연소방지설비 송수구가 설치된 장소(지상)에 설치할 것
③ 정보통신망(무선통신망 포함)은 광케이블 또는 이와 유사한 성능을 가진 선로일 것
④ 수신기는 화재신호, 경보, 발화지점 등 수신기에 표시되는 정보가 기준에 적합한 방식으로 119 상황실이 있는 관할 소방관서의 정보통신장치에 표시되도록 할 것

해설

통합감시시설의 설치기준
1) 소방관서와 지하구의 통제실 간에 화재 등 소방활동과 관련된 정보를 상시 교환할 수 있는 정보통신망을 구축할 것
2) 정보통신망(무선통신망을 포함)은 광케이블 또는 이와 유사한 성능을 가진 선로일 것
3) 수신기는 지하구의 통제실에 설치하되 화재신호, 경보, 발화지점 등 수신기에 표시되는 방식으로 119 상황실이 있는 관할 소방관서의 정보통신장치에 표시되도록 할 것

78 소화용수설비에 설치하는 채수구의 지면으로부터 설치 높이 기준은?

① 0.3m 이상 1m 이하
② 0.3m 이상 1.5m 이하
③ 0.5m 이상 1m 이하
④ 0.5m 이상 1.5m 이하

해설

채수구 설치기준
1) 채수구는 구경 65[mm] 이상의 나사식 결합금속구를 설치할 것
2) 채수구의 높이 : 지면으로부터의 높이가 0.5[m] 이상 1[m] 이하
3) 표지 : "채수구"라고 표시한 표지
4) 채수구의 수

소요수량	20[m^3] 이상 40[m^3] 미만	40[m^3] 이상 100[m^3] 미만	100[m^3] 이상
채수구의 수	1개	2개	3개

5) 소화수조가 옥상 또는 옥탑의 부분에 설치된 경우에는 지상에 설치된 채수구에서의 압력이 0.15[MPa] 이상이 되도록 하여야 한다.

정답 76 ③ 77 ② 78 ③

79 다음은 물분무소화설비의 수원 저수량 기준이다. ( )에 들어갈 내용으로 옳은 것은?

> 특수가연물을 저장 또는 취급하는 특정소방대상물 또는 그 부분에 있어서 수원의 저수량은 그 바닥면적 1m²에 대하여 ( )L/min로 20분간 방수할 수 있는 양 이상으로 할 것

① 10　　② 12
③ 15　　④ 20

해설

물분무소화설비의 펌프토출량과 수원의 양

설치장소	펌프토출량 [l/min]	수원의 양[l]
특수가연물 저장, 취급	바닥면적(50m² 이하는 50m²) A[m²]× 10[l/min · m²]	바닥면적(50m² 이하는 50m²) A[m²]× 10[l/min · m²] ×20[min]
차고, 주차장	바닥면적(50m² 이하는 50m²) A[m²]× 20[l/min · m²]	바닥면적(50m² 이하는 50m²) A[m²]× 20[l/min · m²] ×20[min]
케이블트레이, 케이블덕트	투영된 바닥면적 A[m²]× 12[l/min · m²]	투영된 바닥면적 A[m²]× 12[l/min · m²] ×20[min]
절연유 봉입 변압기	바닥면적을 제외한 표면적의 합 A[m²]× 10[l/min · m²]	바닥면적을 제외한 표면적의 합 A[m²]× 10[l/min · m²] ×20[min]
컨베이어 벨트 등	벨트 부분의 바닥면적 A[m²]× 10[l/min · m²]	벨트 부분의 바닥면적 A[m²]× 10[l/min · m²] ×20[min]

80 제연설비 설치장소의 제연구역 구획 기준으로 틀린 것은?

① 하나의 제연구역의 면적은 1,000m² 이내로 할 것
② 하나의 제연구역은 직경 60m 원 내에 들어갈 수 있을 것
③ 하나의 제연구역은 3개 이상 층에 미치지 아니하도록 할 것
④ 통로상의 제연구역은 보행중심선의 길이가 60m를 초과하지 아니할 것

해설

제연구역의 구획기준

1) 하나의 제연구역의 면적은 1,000[m²] 이내로 할 것
2) 거실과 통로(복도)는 각각 제연구획할 것
3) 통로상의 제연구역은 보행중심선의 길이가 60[m]를 초과하지 아니할 것
4) 하나의 제연구역은 직경 60[m] 원 내에 들어갈 수 있을 것
5) 하나의 제연구역은 2개 이상 층에 미치지 아니하도록 할 것

③ 하나의 제연구역은 3개 이상 층 → 2개 이상 층

정답 79 ① 80 ③

소방설비기사(기계분야)

기 · 출 · 문 · 제

2022년 4회

1과목 소방원론

01 건축물의 주요 구조부에 해당되지 않는 것은?

① 주계단 ② 작은 보
③ 지붕틀 ④ 바닥

해설

건축물의 주요 구조부
1) 내력벽
2) 보(작은 보 제외)
3) 지붕틀(차양 제외)
4) 바닥(최하층 바닥 제외)
5) 주계단(옥외계단 제외)
6) 기둥(사잇기둥 제외)

02 건축물의 내화구조에서 바닥의 경우에는 철근콘크리트조의 두께가 몇 cm 이상이어야 하는가?

① 7 ② 10 ③ 12 ④ 15

해설

내화구조의 기준(건축물의 피난 · 방화 구조 등의 기준에 관한 규칙 제3조)

구조부의 구분	내화구조의 기준
벽	• 철근, 철골 · 철근콘크리트조로서 두께가 10[cm] 이상인 것 • 골구를 철골조로 하고 그 양면을 두께 4[cm] 이상의 철망모르타르 또는 두께 5[cm] 이상의 콘크리트블록 · 벽돌 또는 석재로 덮은 것 • 철재로 보강된 콘크리트블록조, 벽돌조, 석조로서 철재에 덮은 콘크리트블록의 두께가 5[cm] 이상인 것 • 벽돌조로서 두께가 19[cm] 이상인 것
바닥	• 철골 · 철근콘크리트조로서 두께가 10[cm] 이상인 것 • 철재로 보강된 콘크리트블록조, 벽돌조, 석조로서 철재에 덮은 콘크리트블록의 두께가 5[cm] 이상인 것 • 철재의 양면을 두께 5[cm] 이상의 철망모르타르로 덮은 것

03 표준상태에서 메탄가스의 밀도는 몇 g/L인가?

① 0.21 ② 0.41
③ 0.71 ④ 0.91

해설

이상기체 상태방정식

$PV=nRT$, $PV=\frac{W}{M}RT$에서 $\frac{W}{V}=\frac{PM}{RT}$

밀도 $\rho=\frac{W}{V}$[g/l]이므로 $\rho=\frac{PM}{RT}$[g/l]

여기서, P : 절대압력[atm]
V : 체적[l]
n : 몰수$\left(n=\frac{W}{M}\right)$
W: 기체의 질량[g]
M: 분자량
R : 기체상수(0.082[atm · l/mol · K])
T : 절대온도[K]

[풀이]
P : 1[atm], M: 분자량(CH_4 분자량: 16)
R : 0.082[atm · l/mol · K], T : (273+0)[K]

$\therefore \rho=\frac{1\times16}{0.082\times273}=0.71$[g/$l$]

정답 01 ② 02 ② 03 ③

04 이산화탄소 20g은 몇 mol인가?

① 0.23　② 0.45
③ 2.2　④ 4.4

해설

1) 몰수[mol] $= \frac{W}{M}$

여기서, M : 분자량[g/mol]
W : 기체의 질량[g]

2) 이산화탄소의 분자량
CO_2에서 C의 원자량 : 12, O의 원자량 : 16
CO_2의 분자량 : $12+(16\times2)=44$

3) CO_2 몰수[mol] $= \frac{20[g]}{44[g/mol]} = 0.45[mol]$

05 분말소화약제 중 탄산수소칼륨($KHCO_3$)과 요소($CO(NH_2)_2$)의 반응물을 주성분으로 하는 소화약제는?

① 제1종 분말　② 제2종 분말
③ 제3종 분말　④ 제4종 분말

해설

분말소화약제의 종류

종별	분자식	착색	적응 화재	충전비 [l/kg]
제1종 분말	탄산수소나트륨 ($NaHCO_3$)	백색	B, C급	0.8
제2종 분말	탄산수소칼륨 ($KHCO_3$)	담회색 (담자색)	B, C급	1.0
제3종 분말	제1인산암모늄 ($NH_4H_2PO_4$)	담홍색	A, B, C급	1.0
제4종 분말	탄산수소칼륨+요소 ($KHCO_3+(NH_2)_2CO$)	회색	B, C급	1.25

06 제2종 분말소화약제의 주성분으로 옳은 것은?

① NaH_2PO_4　② KH_2PO_4
③ $NaHCO_3$　④ $KHCO_3$

해설

문제 05번 해설 참고

07 건축물의 피난동선에 대한 설명으로 틀린 것은?

① 피난동선은 가급적 단순한 형태가 좋다.
② 피난동선은 가급적 상호 반대방향으로 다수의 출구와 연결되는 것이 좋다.
③ 피난동선은 수평동선과 수직동선으로 구분된다.
④ 피난동선은 복도, 계단을 제외한 엘리베이터와 같은 피난전용의 통행구조를 말한다.

해설

피난동선의 특성
1) 수평동선과 수직동선으로 구분할 것
2) 어느 곳에서도 2개 이상의 방향으로 피난할 수 있으며 그 말단은 화재로부터 안전한 장소일 것
3) 양방향 피난이 가능하고 상호 반대방향으로 다수의 출구와 연결될 수 있을 것
4) 가급적 단순형태일 것

④ 수평동선은 복도, 수직동선은 계단, 피난용 승강기와 비상용 승강기 등을 의미한다. 피난용 승강기와 비상용 승강기를 제외한 일반 엘리베이터는 피난동선에 속하지 않는다.

08 소화작용을 크게 4가지로 구분할 때 이에 해당하지 않는 것은?

① 질식소화　② 제거소화
③ 가압소화　④ 냉각소화

해설

1) 물리적 소화
① 연소의 3요소 중 한 가지를 차단하여 소화하는 방법
② 점화원을 제거하는 냉각소화
③ 산소를 제거하는 질식소화
④ 가연물을 제거하는 제거소화

2) 화학적 소화
① 연소의 4요소인 연쇄반응을 억제하여 소화하는 방법
② 억제소화 또는 부촉매소화라 한다.

정답　04 ②　05 ④　06 ④　07 ④　08 ③

09 1kcal의 열은 약 몇 Joule에 해당하는?

① 5,262　② 4,186
③ 3,943　④ 3,330

해설

열량과 일의 관계

1) 1[cal]=4.186[J]
2) 1[kcal]=4186[J]
3) 1[J]=0.24[cal]
   ① 1[J]=1[W · sec]
   ② 1[kJ]=1[kW · sec]

10 소화약제로 물을 사용하는 주된 이유는?

① 촉매 역할을 하기 때문에
② 증발잠열이 크기 때문에
③ 연소작용을 하기 때문에
④ 물의 현열이 크기 때문에

해설

물소화약제의 장점

1) 증발잠열에 의한 냉각효과가 커서 소화성능이 우수하다.
2) 무상주수하면 질식, 냉각, 유화, 희석효과 등에 의해 소화효과가 우수하다.
3) 인체에 무해하며 환경영향성이 작다.
4) 가격이 저렴하고 장기간 보존이 가능하다.

11 가스 A가 40vol%, 가스 B가 60vol%로 혼합된 가스의 연소하한계는 몇 vol%인가?(단, 가스 A의 연소하한계는 4.9vol%이며, 가스 B의 연소하한계는 4.15vol%이다.)

① 1.82　② 2.02
③ 3.22　④ 4.42

해설

혼합가스의 연소범위

가연성 가스가 2종류 이상 혼합되어 있는 경우의 연소범위 계산식은 다음과 같다.

$$\frac{V_m}{L_m}=\frac{V_1}{L_1}+\frac{V_2}{L_2}+\frac{V_3}{L_3}\cdots$$

여기서, L_m : 혼합가스의 연소하한계
V_m : 각 가연성 가스의 부피[Vol%] 합 $(V_1+V_2+V_3\cdots)$
V_1, V_2, V_3 : 각 가연성 가스의 부피[Vol%]
L_1, L_2, L_3 : 각 가연성 가스의 연소하한계

[풀이]

$\frac{100}{L_m}=\frac{40}{4.9}+\frac{60}{4.15}$, $\frac{100}{L_m}=22.62$

$L_m=4.42$[%]

12 위험물의 저장방법으로 틀린 것은?

① 금속나트륨－석유류에 저장
② 이황화탄소－수조 물탱크에 저장
③ 알킬알루미늄－벤젠액에 희석하여 저장
④ 산화프로필렌－구리 용기에 넣고 불연성 가스를 봉입하여 저장

해설

④ 산화프로필렌, 아세트알데히드 → 구리, 마그네슘, 은, 수은과 반응하여 아세틸라이드를 생성하므로 절대 구리 용기에 저장하여서는 안 된다.

13 촛불의 주된 연소형태에 해당하는 것은?

① 표면연소　② 분해연소
③ 증발연소　④ 자기연소

정답　09 ②　10 ②　11 ④　12 ④　13 ③

해설

고체의 연소형태

1) 표면연소 : 고체의 표면에서 고체 자체가 연소하는 현상으로 가연성 기체가 발생되지 않아 불꽃이 없는 연소를 하는 형태(표면연소=응축연소=작열연소)
   예 숯, 목탄, 코크스, 금속분 등

2) 분해연소 : 고체 가연물이 온도상승에 의해 열분해되어 가연성 기체를 발생시키고 공기와 혼합하여 가연성 혼합기를 형성한 후 점화원에 의해 연소하는 형태
   예 목재, 고무, 종이, 플라스틱 등

3) 증발연소 : 고체 가연물이 승화 또는 액화 후 기화되어 그 기체가 공기와 혼합하여 가연성 혼합기를 형성한 후 점화원에 의해 연소하는 형태
   예 황, 나프탈렌, 파라핀, 왁스 등

4) 자기연소 : 가연물 스스로 산소공급원을 함유하고 있는 물질의 연소형태이다. 외부의 산소 공급 없이도 연소가 진행될 수 있어 연소속도가 매우 빨라 폭발적으로 연소한다.
   예 질산에스테르류, 셀룰로이드류, 니트로화합물류 등 (제5류 위험물)

③ 증발연소 → 촛불(파라핀)

14 음속이 기체에서 340[m/s]일 때 다음 중 맞는 것은?

① 음속은 기체와 액체에서 동일하게 이동한다.
② 음속은 기체가 액체보다 빠르다.
③ 음속은 액체가 기체보다 빠르다.
④ 음속은 액체가 고체보다 빠르다.

해설

음속

1) 상온의 기체 : 340[m/s]
2) 물속(액체) : 1,500[m/s]
3) 고체 : 5,000[m/s]

음속은 고체 > 액체 > 기체 순으로 빠르다.

15 물리적 폭발에 해당되는 것은?

① 분해폭발　② 분진폭발
③ 증기운폭발　④ 수증기폭발

해설

1) 물리적 폭발
   ① 물과 고온의 금속 접촉에 의한 수증기폭발(증기폭발)
   ② 고압용기 파손에 의한 압력개방 폭발
   ③ 진공용기 파손에 의한 폭발
   ④ 전선에 허용전류를 초과하는 대전류인가로 인한 전선의 용해, 증발에 의한 전선폭발
   ⑤ 화산폭발, 운석충돌

2) 화학적 폭발
   ① 산화폭발 : 가연성 가스, 증기 등의 급격한 연소에 의한 폭발
   ② 분해폭발 : 니트로셀룰로오스, 셀룰로이드, 아세틸렌 등이 분해연소하면서 폭발하는 현상
   ③ 중합폭발 : 시안화수소, 염화비닐 등의 단량체가 중합되면서 발생하는 폭발
   ④ 분해, 중합폭발 : 산화에틸렌
   ⑤ 분진폭발, 증기운폭발 등

16 수소 1kg이 완전연소할 때 필요한 산소량은 몇 kg인가?

① 4　② 8
③ 16　④ 32

해설

수소의 완전연소

[반응식]

① $H_2 + \frac{1}{2}O_2 \rightarrow H_2O$

② $2H_2 + O_2 \rightarrow 2H_2O$

③ 수소가 완전연소할 때 수소분자와 산소분자의 질량비
   수소 : 4kg(2×1×2), 산소 : 32kg(16×2)
   여기서, 수소의 원자량 : 1, 산소의 원자량 : 16

④ 비례식을 세우면
   완전연소 시 수소질량 : 완전연소 시 산소질량
   =수소질량 : 산소질량
   4[kg] : 32[kg] = 1[kg] : O_2[kg]
   $4 \times O_2 = 32 \quad \therefore O_2 = 8$[kg]

정답　14 ③　15 ④　16 ②

17 방호공간 안에서 화재의 세기를 나타내고 화재가 진행되는 과정에서 온도에 따라 변하는 것으로 온도-시간 곡선으로 표시할 수 있는 것은?

① 화재저항 ② 화재가혹도
③ 화재하중 ④ 화재플럼

해설

화재가혹도
최고온도가 지속되는 시간을 의미한다.

화재가혹도＝최고온도×지속시간

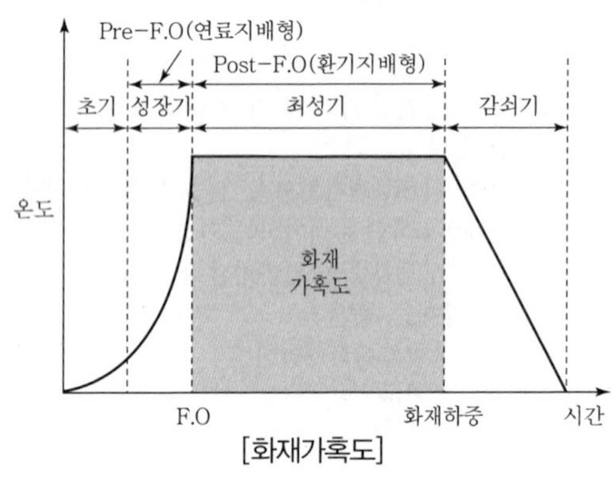

[화재가혹도]

18 연면적이 1,000m^2 이상인 건축물에 설치하는 방화벽이 갖추어야 할 기준으로 틀린 것은?

① 내화구조로서 홀로 설 수 있는 구조일 것
② 방화벽의 양쪽 끝과 위쪽 끝을 건축물의 외벽면 및 지붕면으로부터 0.5m 이상 튀어나오게 할 것
③ 방화벽에 설치하는 출입문의 너비 및 높이는 각각 2.0m 이하로 할 것
④ 방화벽에 설치하는 출입문에는 60분+방화문 또는 60분 방화문을 설치할 것

해설

방화벽의 설치기준
1) 내화구조로서 홀로 설 수 있는 구조일 것
2) 방화벽의 양쪽 끝과 위쪽 끝을 건축물의 외벽면 및 지붕면으로부터 0.5[m] 이상 튀어나오게 할 것
3) 방화벽에 설치하는 출입문의 너비 및 높이는 각각 2.5[m] 이하로 하고, 해당 출입문에는 60분+방화문 또는 60분 방화문을 설치할 것

19 건축물의 바닥이 지표면 아래에 있는 층으로서 바닥에서 지표면까지 평균높이가 해당 층 높이의 얼마 이상인 것을 지하층이라 하는가?

① 1/2 ② 1/3 ③ 1/4 ④ 1/5

해설

지하층
건축물의 바닥이 지표면 아래에 있는 층으로서 바닥에서 지표면까지 평균높이가 해당 층 높이의 2분의 1 이상인 것을 말한다.

20 다음 각 물질과 물이 반응하였을 때 발생하는 가스의 연결이 틀린 것은?

① 탄화칼슘－아세틸렌
② 탄화알루미늄－이산화황
③ 인화칼슘－포스핀
④ 수소화리튬－수소

해설

① 탄화칼슘
$CaC_2 + 2H_2O \rightarrow Ca(OH)_2 + C_2H_2$(아세틸렌 발생)
② 탄화알루미늄
$Al_4C_3 + 12H_2O \rightarrow 4Al(OH)_3 + 3CH_4$(메탄 발생)
③ 인화칼슘
$Ca_3P_2 + 6H_2O \rightarrow 3Ca(OH)_2 + 2PH_3$(포스핀 발생)
④ 수소화리튬
$LiH + H_2O \rightarrow LiOH + H_2$(수소 발생)

2과목 소방유체역학

21 유체가 평판 위를 $u[m/s] = 500y - 6y^2$의 속도분포로 흐르고 있다. 이때 $y[m]$는 벽면으로부터 측정된 수직거리일 때 벽면에서의 전단응력은 약 몇 N/m^2인가?(단, 점성계수는 1.4×10^{-3}Pa·s이다.)

① 14 ② 7 ③ 1.4 ④ 0.7

정답 17 ② 18 ③ 19 ① 20 ② 21 ④

해설

전단응력 τ

$$\tau[N/m^2] = \mu \frac{du}{dy}$$

여기서, τ : 전단응력[N/m²]
μ : 점성계수[kg/m · s][Pa · s]
$\frac{du}{dy}$: 속도구배
u : 평판의 속도[m/s]
y : 벽면에서 평판까지의 수직거리[m]

[풀이]

1) $\tau[N/m^2] = \mu \frac{du}{dy} = 1.4 \times 10^{-3} \times \frac{d}{dy}(500y - 6y^2)$

2) $\frac{d}{dy}(500y - 6y^2)$을 미분하면
$(500 - 2 \times 6y^{2-1}) = (500 - 12y)$

3) $\tau[N/m^2] = 1.4 \times 10^{-3} \times (500 - 12y)$
벽면에서의 전단응력이므로 $y = 0$
$\tau = 1.4 \times 10^{-3} \times 500 = 0.7[N/m^2]$

22 지름이 75mm인 관로 속에 물이 평균속도 4m/s로 흐르고 있을 때 유량[kg/s]은?

① 45.52 ② 16.92
③ 17.67 ④ 18.52

해설

질량유량($\overline{m}$ [kg/s] : Mass Flowrate)

$$\overline{m}[kg/s] = \rho A V \qquad \rho_1 A_1 V_1 = \rho_2 A_2 V_2$$

여기서, A : 배관의 단면적[m²], V : 유속[m/s]
ρ : 밀도[kg/m³]

[풀이]

1) $A = \frac{\pi d^2}{4} = \frac{\pi \times 0.075^2}{4} = 0.004417[m^2]$
d : 75[mm] = 0.075[m]

2) $\rho = 1{,}000[kg/m^3]$, $V = 4[m/s]$

3) $\overline{m} = 1{,}000[kg/m^3] \times 0.004417[m^2] \times 4[m/s]$
$= 17.67[kg/s]$

23 호주에서 무게가 20N인 어떤 물체를 한국에서 재어 보니 19.8N이었다면 한국에서의 중력가속도 [m/s²]는 얼마인가?(단, 호주에서의 중력가속도는 9.82m/s²이다.)

① 9.46 ② 9.61
③ 9.72 ④ 9.82

해설

무게 F

$$F = mg$$

여기서, F : 무게(힘)[N]
m : 질량[kg]
g : 중력가속도[m/s²]

[풀이]

1) 호주에서의 무게 : $F_1 = 20[N]$
호주에서의 중력가속도 : $g_1 = 9.82[m/s^2]$

2) 한국에서의 무게 : $F_2 = 19.8[N]$
한국에서의 중력가속도 $g_2 = ?\ [m/s^2]$

3) $F_1 = m g_1$, $20[N] = m \times 9.82[m/s^2]$
$m = \frac{20}{9.82} = 2.0366[kg]$
질량은 물질의 고유한 양으로서 어느 곳에서든 변하지 않는다.

4) 한국에서의 중력가속도
$F_2 = m g_2$, $19.8[N] = 2.0366[kg] \times g_2$
$g_2 = \frac{19.8}{2.0366} = 9.72[m/s^2]$

정답 22 ③ 23 ③

24 다음 그림과 같이 단면 1, 2에서 수은의 높이차가 h[m]이다. 압력차 $P_1 - P_2$는 몇 [Pa]인가?(단, 축소 관에서의 부차적 손실은 무시하고 수은의 비중은 13.5, 물의 비중량은 9,800[N/m^3]이다.)

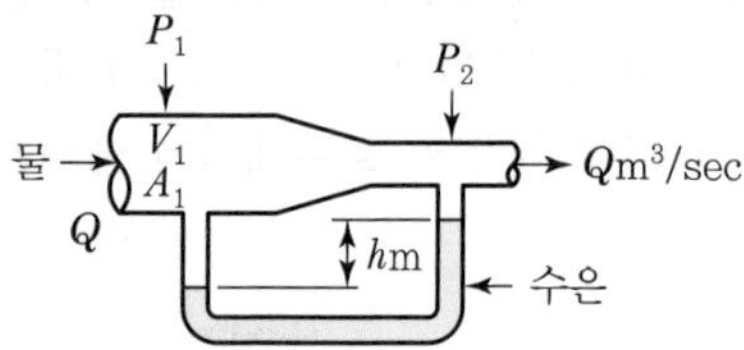

① 122,500h ② 12.25h
③ 132,500h ④ 13.25h

해설

축소관의 압력차($P_1 - P_2$)

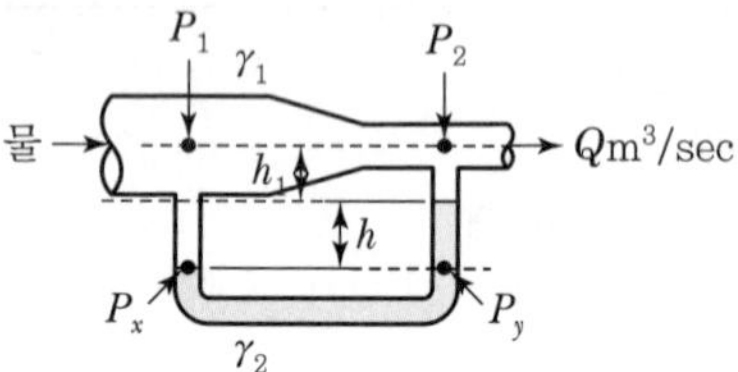

$P_x = P_y$, (x)점의 압력과 (y)점의 압력은 같다.

1) $P_x = P_1 + \gamma_1 h_1 + \gamma_1 h$
 $P_y = P_2 + \gamma_1 h_1 + \gamma_2 h$
2) $P_1 + \gamma_1 h_1 + \gamma_1 h = P_2 + \gamma_1 h_1 + \gamma_2 h$
3) $P_1 - P_2 = \gamma_1 h_1 + \gamma_2 h - \gamma_1 h_1 - \gamma_1 h$
 $P_1 - P_2 = \gamma_2 h - \gamma_1 h$

$$P_1 - P_2 = h(\gamma_2 - \gamma_1)$$

[풀이]

$\gamma = S\,\gamma_w$

여기서, S : 비중
γ_w : 물의 비중량(9,800[N/m^3])

1) $\gamma_1 = 9{,}800$[N/m^3]
2) $\gamma_2 = S_2 \gamma_w$
 $= 13.5 \times 9{,}800$ [N/m^3] $= 132{,}300$ [N/m^3]
3) $P_1 - P_2 = h(\gamma_2 - \gamma_1)$
 $= h(132{,}300 - 9{,}800) = 122{,}500h$ [Pa]

25 그림과 같이 반지름 1m, 폭(y방향) 2m인 곡면 AB에 작용하는 물에 의한 힘의 수직성분(z방향) F_z와 수평성분(x방향) F_x의 비(F_z/F_x)는 얼마인가?

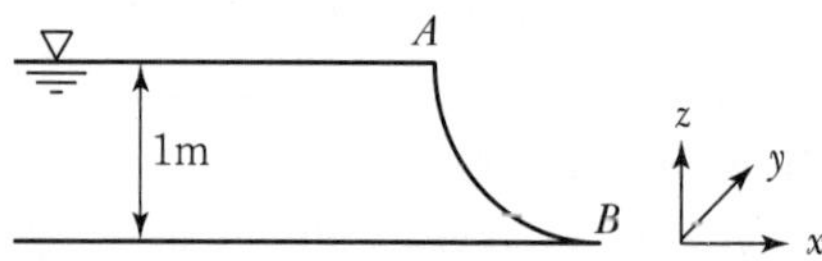

① $\dfrac{\pi}{2}$ ② $\dfrac{2}{\pi}$ ③ 2π ④ $\dfrac{1}{2\pi}$

해설

수직성분과 수평성분의 비(F_z/F_x)

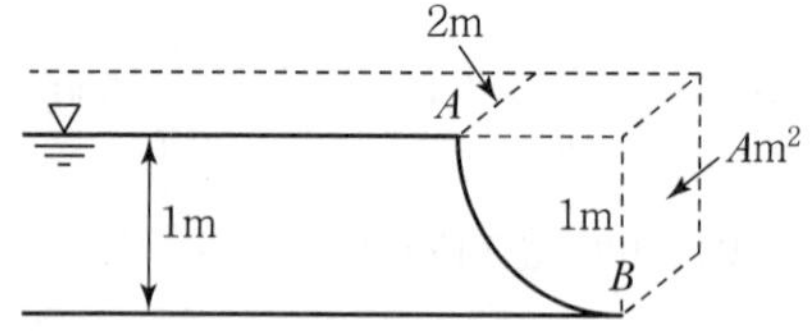

1) 수평성분 힘 F_x

$$F_x = \gamma\,\bar{h}\,A$$

여기서, F_x : 수평분력[N]
$\bar{h}$: 투영면적 중심에서 수면까지의 수직깊이[m]
A : 수평투영면적[m^2]

① γ : 물의 비중량 9,800[N/m^3]
② $\bar{h}$: 투영면적 중심에서 수면까지의 수직깊이[m]
 $\bar{h} = \dfrac{h}{2} = \dfrac{1\text{m}}{2} = \dfrac{1}{2}$[m]
③ A : 투영면적[m^2]
 $A =$ 폭 $\times$ 높이 $= 2\text{m} \times 1\text{m} = 2$[m^2]
④ 수평분력 F_x
 $F_x = \gamma\,\bar{h}\,A = 9{,}800$[N/m^3]$\times \dfrac{1}{2}$[m]$\times 2$[m^2]
 $= 9{,}800$[N]

2) 수직성분 힘 F_z

$$F_z = \gamma V$$

여기서, F_z : 수직분력[N], γ : 비중량[N/m^3]
V : 곡면연직상방의 체적[m^3]

정답 24 ① 25 ①

① γ : 물의 비중량 9,800[N/m³]
② V : 곡면연직상방의 체적[m³]
원기둥 부피의 1/4

$$V = \pi r^2[\text{원의 면적}] \times W[\text{폭}] \times \frac{1}{4}$$

$$= \pi \times 1^2 \times 2 \times \frac{1}{4} = \frac{\pi}{2}[\text{m}^3]$$

③ 수직분력 F_z

$$F_z = \gamma V = 9{,}800[\text{N/m}^3] \times \frac{\pi}{2}[\text{m}^3]$$

$$= \frac{9{,}800\pi}{2}[\text{N}]$$

3) 수직성분(z방향) F_z와 수평성분(x방향) F_x의 비 (F_z/F_x)

$$\frac{F_z}{F_x} = \frac{\frac{9{,}800\pi}{2}}{9{,}800} = \frac{\pi}{2}$$

26 유체의 흐름에서 다음의 베르누이 방정식이 성립하기 위한 조건을 설명한 것으로 옳지 않은 것은?

$$\frac{V_1^{\ 2}}{2g} + \frac{P_1}{\gamma} + Z_1 = \frac{V_2^{\ 2}}{2g} + \frac{P_2}{\gamma} + Z_2$$

① 유체는 정상유동을 한다.
② 비압축성 유체의 흐름으로 본다.
③ 적용되는 임의의 두 점은 같은 유선상에 있다.
④ 마찰에 의한 에너지 손실은 유체의 손실수두로 환산한다.

해설

1) 베르누이 방정식

$$\frac{V^2}{2g} + \frac{P}{\gamma} + Z = \text{Constant}$$

여기서, $\frac{P}{\gamma}$: 압력수두, $\frac{V^2}{2g}$: 속도수두, z : 위치수두
V : 유속[m/s], P : 압력[N/m²], Z : 높이[m]
g : 중력가속도[m/s²], γ : 비중량[N/m³]

2) 성립요건
① 유선을 따르는 흐름일 것
② 정상류의 흐름일 것
③ 마찰이 없는 흐름일 것(점성이 없을 것)
④ 비압축성 유체의 흐름일 것

④ 마찰에 의한 에너지 손실은 유체의 손실수두로 환산한다.
→ 실제유체에서 마찰에 의한 손실은 수정 베르누이 방정식에 의해 손실수두를 나타낼 수 있다. 베르누이 방정식은 이상유체에만 적용된다.

27 펌프의 출구와 입구에서 높이 차이와 속도 차이는 매우 작고 압력 차이는 ΔP일 때, 비중량이 γ인 액체를 체적유량 Q로 송출하기 위하여 필요한 펌프의 최소 동력은?

① $\gamma Q \Delta P$
② $\frac{Q \Delta P}{\gamma}$
③ $Q \Delta P$
④ $\frac{\gamma}{2} Q^2 \Delta P$

해설

펌프의 동력

1) 펌프의 동력 P[W]
$P = \gamma Q H$[W]
여기서, γ : 비중량[N/m³]
Q : 유량[N/m³]
H : 양정[m]

2) 압력차 ΔP[N/m²]
γ[N/m³] · H[m] = ΔP[N/m²]이므로

3) 펌프 동력
$P = Q[\text{m}^3/\text{s}] \cdot \Delta P[\text{N/m}^2]$
$= Q \cdot \Delta P[\text{N}\cdot\text{m/s}][\text{J/s}][\text{W}]$

정답 26 ④ 27 ③

28 경사진 관로의 유체 흐름에서 수력기울기선과 에너지선에 대한 설명으로 옳은 것은?

① 수력구배선은 언제나 에너지선보다 위에 있다.
② 수력구배선이 에너지선보다 압력수두만큼 아래에 있다.
③ 수력구배선은 항상 수평이 된다.
④ 에너지선과 수력구배선의 차는 속도수두이다.

해설

에너지선과 수력구배선

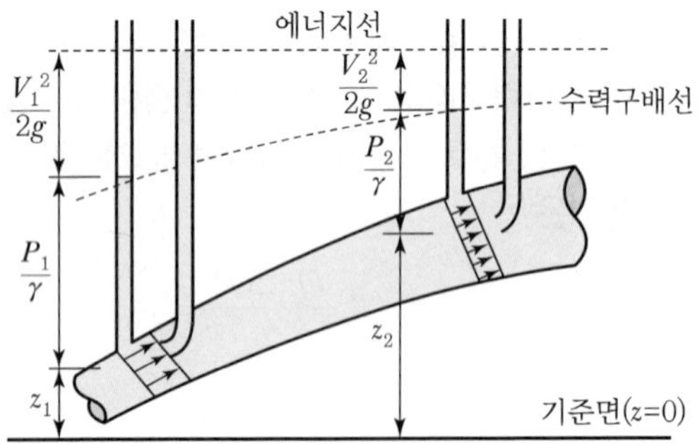

1) 에너지선(EGL)

유동하는 유체의 각 위치에서 $\left(\frac{V^2}{2g}+\frac{P}{\gamma}+Z\right)$를 연결한 선, 즉 속도수두와 압력수두, 위치수두의 합으로서 손실이 없다고 가정하면 기준선과 평행하다.

2) 수력구배선(HGL)

유동하는 유체의 각 위치에서 $\left(\frac{P}{\gamma}+Z\right)$를 연결한 선, 즉 압력수두와 위치수두의 합으로서 유체의 유동은 수력구배선이 높은 곳에서 낮은 곳으로 이동한다.

3) 에너지선과 수력구배선의 관계

수력구배선은 에너지선보다 속도수두$\left(\frac{V^2}{2g}\right)$만큼 아래에 위치한다.

4) 에너지선과 수력구배선의 차이가 속도수두이다.

29 저장용기로부터 20℃의 물을 길이 300m, 지름 900mm인 콘크리트 수평 원관을 통하여 공급하고 있다. 유량이 $1m^3/s$일 때 원관에서의 압력강하는 약 몇 kPa인가?(단, 관마찰계수는 약 0.023이다.)

① 3.57 ② 9.47
③ 14.3 ④ 18.8

해설

배관의 마찰손실수두(Darcy – Weisbach Formula)

$$H_l = f\frac{l}{d}\frac{V^2}{2g}$$

여기서, H_l : 마찰손실수두[m], f : 관마찰계수
d : 배관의 직경[m], l : 직관의 길이[m]
V : 유체의 유속[m/sec]

[풀이]

1) d : 900[mm]=0.9[m], l : 300[m], f : 0.023

2) $V=\frac{Q}{A}$, $V=\dfrac{1[m^3/s]}{\frac{\pi\times 0.9^2}{4}[m^2]}=1.572[m/s]$

3) 마찰손실수두 H_l[m]

$$H_l=0.023\times\frac{300}{0.9}\times\frac{1.572^2}{2\times 9.8}=0.966[m]$$

4) 압력강하 P[kPa]

$P[kPa]=\gamma[kN/m^3]\times H_l[m]$

여기서, 물의 비중량 $\gamma=9.8[N/m^3]$

$P=9.8[kN/m^3]\times 0.966[m]=9.47[kPa]$

30 옥내소화전에서 노즐의 직경이 2cm이고, 방수량이 $0.5m^3/min$라면 방수압(계기압력, kPa)은?

① 35.18 ② 351.8
③ 566.4 ④ 56.64

해설

연속방정식과 토리첼리식

$$Q=AV \qquad V=\sqrt{2gh} \qquad Q=A\sqrt{2gh}$$

여기서, Q : 유량$[m^3/s]$, A : 배관의 단면적$[m^2]$
V : 유속[m/s], h : 물의 높이[m]

정답 28 ④ 29 ② 30 ②

[풀이]

1) $Q=0.5\,\dfrac{m^3}{min}\times\dfrac{1min}{60s}=\dfrac{0.5}{60}[m^3/s]$

2) $A=\dfrac{\pi d^2}{4}[m^2]=\dfrac{\pi\times 0.02^2}{4}[m^2]$

3) $Q=A\times\sqrt{2gh}\,[m^3/s]$

$\dfrac{0.5}{60}=\dfrac{\pi\times 0.02^2}{4}\times\sqrt{2\times 9.8\times h}\,[m^3/s]$

$\sqrt{2\times 9.8\times h}=26.525$

$h=\dfrac{26.525^2}{2\times 9.8}=35.90[m]$

4) $P[kPa]=\gamma[kN/m^3]\times h[m]$

$P[kPa]=9.8[kN/m^3]\times 35.90[m]=351.82[kPa]$

31 출구의 직경이 16cm인 수평 노즐을 통하여 물이 수평 방향으로 9.6m³/min의 유량으로 수직 평판에 분사될 때 평판에 작용하는 힘은 약 몇 N인가?

① 800 ② 1,280

③ 2,560 ④ 12,544

해설

고정평판에 작용하는 힘(추력, 반동력, 노즐의 반발력)

$$F=\rho Q V \qquad F=\rho A V^2$$

여기서, ρ : 밀도$[N\cdot s^2/m^4]$, Q : 유량$[m^3/s]$

V : 유속[m/s], A : 노즐의 단면적$[m^2]$

[풀이]

1) $\rho=1{,}000[N\cdot s^2/m^4]$, $d=16[cm]=0.16[m]$

2) $A=\dfrac{\pi d^2}{4}=\dfrac{\pi\times 0.16^2}{4}=0.02[m^2]$

3) $Q=9.6[\dfrac{m^3}{min}]\times\dfrac{1[min]}{60[s]}=0.16[m^3/s]$

4) $V=\dfrac{Q}{A}=\dfrac{0.16}{0.02}=8[m/s]$

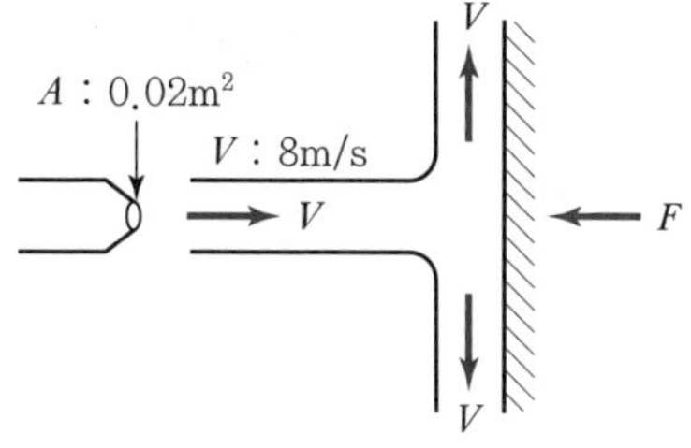

5) 고정평판에 작용하는 힘

$F=\rho A V^2$

$=1{,}000\times 0.02\times 8^2=1{,}280[N]$

32 레이놀즈수에 대한 설명으로 옳은 것은?

① 정상류와 비정상류를 구별하는 척도가 된다.

② 실체유체와 이상유체를 구별하는 척도가 된다.

③ 층류와 난류를 구별하는 척도가 된다.

④ 등류와 비등류를 구별하는 척도가 된다.

해설

레이놀즈수(Reynolds Number)

1) 층류와 난류를 구분하는 척도를 레이놀즈수라고 한다.

유동구분	레이놀즈수(Re No)
층류	$Re < 2{,}100$
천이영역	$2{,}100 < Re < 4{,}000$
난류	$Re > 4{,}000$

2) 레이놀즈수는 점성력과 관성력의 비를 나타내며, 무차원수이다.

$$Re=\frac{\rho VD}{\mu}=\frac{VD}{\nu}$$

여기서, ρ : 유체의 밀도$[kg/m^3]$

μ : 유체의 점성계수$[kg/m\cdot s]$

ν : 유체의 동점성계수$[m^2/s]$

V : 유속[m/s]

D : 관의 직경[m]

정답 31 ② 32 ③

33 관 내의 흐름에서 부차적 손실에 해당하지 않는 것은?

① 곡선부에 의한 손실
② 직선 원관 내의 손실
③ 유동단면의 장애물에 의한 손실
④ 관 단면의 급격한 확대에 의한 손실

해설

1) 주 손실
직관에서 배관마찰에 의한 손실

2) 부차적 손실(주 손실 이외의 손실)
① 관 부속품에서 발생하는 손실
② 급격한 확대관에 의한 손실
③ 급격한 축소관에 의한 손실
④ 유동단면의 장애물에 의한 손실
⑤ 곡선부에 의한 손실

34 유량이 $4m^3/min$인 펌프가 3,000rpm의 회전으로 100m의 양정이 필요하다면 비속도가 530~560 $m^3/min \cdot m \cdot rpm$ 범위에 속하는 다단펌프를 사용할 경우 몇 단의 펌프를 사용하여야 하는가?

① 2단 ② 3단
③ 4단 ④ 5단

해설

비교회전도(비속도)
어떠한 펌프가 단위 토출량 1[m^3/min]에서 단위양정 1[m]를 내게 할 때 그 회전차에 주어야 하는 회전수

$$N_S = \frac{N Q^{1/2}}{\left(\frac{H}{n}\right)^{3/4}}$$

여기서, N : 회전수[rpm]
Q : 유량[m^3/min](양흡입펌프 $\frac{Q}{2}$)
H : 전양정[m]
n : 단수

[풀이]
1) 비속도 530[m^3/min · m · rpm]일 때 단수

$$530 = \frac{3{,}000 \times 4^{1/2}}{\left(\frac{100}{n}\right)^{3/4}}$$

$$\left(\frac{100}{n}\right)^{\frac{3}{4}} = \frac{3{,}000 \times 4^{\frac{1}{2}}}{530}$$

$$\frac{100}{n} = 11.32^{\frac{4}{3}}$$

$$n = \frac{100}{25.42} = 3.93$$

2) 비속도 560[m^3/min · m · rpm]일 때 단수

$$560 = \frac{3{,}000 \times 4^{1/2}}{\left(\frac{100}{n}\right)^{3/4}}$$

$$\left(\frac{100}{n}\right)^{\frac{3}{4}} = \frac{3{,}000 \times 4^{\frac{1}{2}}}{560}$$

$$\frac{100}{n} = 10.71^{\frac{4}{3}}$$

$$n = \frac{100}{23.61} = 4.24$$

3) 비속도 530~560범위의 단수
3.93~4.24의 범위에 속하는 단수를 선정하므로 4단을 선정한다.

35 300K의 저온 열원을 가지고 카르노 사이클로 작동하는 열기관의 효율이 70%가 되기 위해서 필요한 고온 열원의 온도[K]는?

① 800 ② 900 ③ 1,000 ④ 1,100

해설

카르노 사이클(Carnot Cycle)의 열효율

$$\eta = \frac{T_H - T_L}{T_H} = 1 - \frac{T_L}{T_H}$$

여기서, T_H : 고온체의 온도[K]
T_L : 저온체의 온도[K]

정답 33 ② 34 ③ 35 ③

[풀이]

$\eta = 1 - \frac{T_L}{T_H}$ $\quad 0.7 = 1 - \frac{300}{T_H}$

$T_H = \frac{300}{1-0.7} = 1{,}000[\text{K}]$

36 표준대기압에서 진공압이 400mmHg일 때 절대압력은 약 몇 kPa인가?(단, 표준대기압은 101.3kPa, 수은의 비중은 13.6이다.)

① 48 ② 53
③ 149 ④ 154

해설

절대압

1) 절대압=대기압+계기압
2) 절대압=대기압−진공압

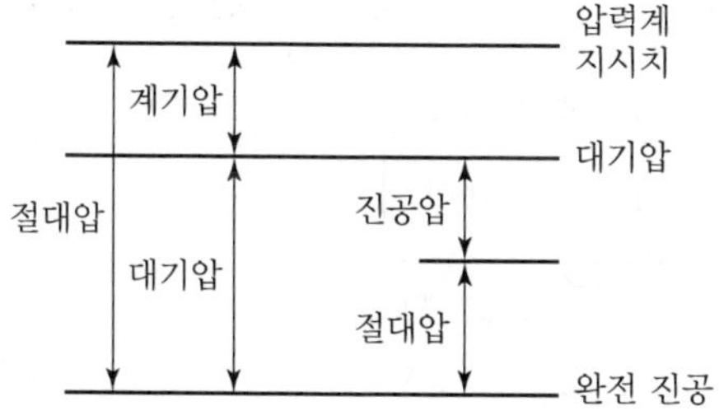

[풀이]

1) 절대압=대기압−진공압
2) 진공압=$400[\text{mmHg}] \times \frac{101.325[\text{kPa}]}{760[\text{mmHg}]}$
$=53.33[\text{kPa}]$
3) 절대압=101.3kPa−53.33kPa=47.97≒48[kPa]

37 열역학 관련 설명 중 틀린 것은?

① 삼중점에서는 물체의 고상, 액상, 기상이 공존한다.
② 압력이 증가하면 물의 끓는점도 높아진다.
③ 열을 완전히 일로 변환할 수 있는 효율이 100%인 열기관을 만들 수 없다.
④ 기체의 정적비열은 정압비열보다 크다.

해설

1) 정압비열과 정적비열
① 정압비열 C_P[kJ/kg·K] : 압력을 일정하게 유지하고 측정한 비열
② 정적비열 C_V[kJ/kg·K] : 체적을 일정하게 유지하고 측정한 비열

2) 비열비 k
① 정적비열에 대한 정압비열의 비

$$k = \frac{C_P}{C_V}$$

② 이상기체에서 정압비열은 정적비열보다 크다($C_P > C_V$). 그러므로 비열비는 1보다 크게 된다($k > 1$).

38 이상기체의 기체상수에 대한 설명으로 옳은 것은?

① 기체상수는 일반기체상수를 분자량으로 나눈 값이다.
② 기체상수는 온도가 높을수록 커진다.
③ 분자량이 큰 기체의 기체상수가 분자량이 작은 기체의 기체상수보다 크다.
④ 기체상수의 값은 기체의 종류에 관계없이 일정하다.

해설

1) 이상기체 상태방정식

$$PV = W\overline{R}T$$

여기서, P : 절대압력[Pa][N/m²], V : 체적[m³]
W : 기체의 질량[kg], T : 절대온도[K]
$\overline{R}$: 특별기체상수[N·m/kg·K][J/kg·K]

2) 특별기체상수의 단위[J/kg·K]

$$\overline{R} = \frac{PV}{WT}[\text{J/kg}\cdot\text{K}]$$

특별기체상수는 온도와 질량에 반비례하고 압력과 체적에 비례한다.

정답 36 ① 37 ④ 38 ①

3) 특별기체상수와 분자량의 관계

$$\overline{R} = \frac{R}{M}$$

여기서, $\overline{R}$: 특별기체상수
R : 일반기체상수
M : 기체의 분자량

① 특별기체상수는 일반기체상수를 그 기체의 분자량으로 나눈 값이다.
② 특별기체상수는 온도와 반비례한다.
③ 특별기체상수는 분자량과 반비례한다.
④ 일반기체상수는 기체의 종류에 관계없이 일정하지만 특별기체상수는 기체의 분자량에 반비례하여 값이 결정된다.

39 압력(P_1)이 100kPa, 온도(T_1)가 300K인 이상기체가 "$PV^{1.4}$=일정"인 폴리트로픽 과정을 거쳐 압력(P_2)이 400kPa까지 압축된다. 최종상태의 온도(T_2)는 얼마인가?

① 300K　　② 446K
③ 535K　　④ 644K

해설

폴리트로픽 과정에서 온도와 압력의 관계

$$\frac{T_2}{T_1} = \left(\frac{P_2}{P_1}\right)^{\frac{n-1}{n}}$$

여기서, T_1, T_2 : 폴리트로픽 과정 전후의 온도[K]
P_1, P_2 : 폴리트로픽 과정 전후의 압력[kPa]
n : 폴리트로픽 지수

[풀이]

$$\frac{T_2}{T_1} = \left(\frac{P_2}{P_1}\right)^{\frac{n-1}{n}} \qquad \frac{T_2}{300} = \left(\frac{400}{100}\right)^{\frac{1.4-1}{1.4}}$$

$T_2 = 300 \times 4^{0.2857} = 445.79[\mathrm{K}]$

40 물속에 지름 10cm, 길이 1m인 원통형 배관이 있다. 이때 표면온도가 114℃로 가열되고 있고, 주위 온도가 30℃일 때 대류열전달계수[kW/m² · K]는 얼마인가?(단, 대류열전달량은 42.2kW이며, 복사열전달은 없는 것으로 가정한다.)

① 0.16　　② 1.6
③ 16　　④ 160

해설

뉴턴의 냉각 법칙(Newton's Law of Cooling)

$$q[\mathrm{W}] = hA\Delta T$$

여기서, q : 대류열전달량[W]
h : 대류열전달계수[W/m² · K]
A : 열전달면적[m²]
ΔT : 온도차[K]

[풀이]

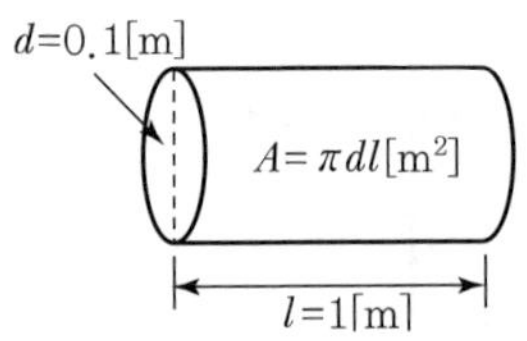

1) 원통형 배관의 표면적
$A = \pi d l = \pi \times 0.1 \times 1 = 0.1\pi[\mathrm{m}^2]$

2) 온도차
$\Delta T = (114+273) - (30+273) = 84[\mathrm{K}]$

3) 대류열전달계수
$42.2 = h \times 0.1\pi \times 84$
$h = 1.6\ [\mathrm{kW/m^2 \cdot K}]$

정답 39 ② 40 ②

3과목 소방관계법규

41 소방대원에게 실시할 교육 · 훈련의 종류 및 대상자로서 틀린 것은?

① 인명구조훈련 : 의무소방원
② 응급처치훈련 : 모든 소방공무원
③ 화재진압훈련 : 의용소방대원
④ 인명대피훈련 : 의무소방원

해설

교육 · 훈련의 종류 및 교육 · 훈련을 받아야 할 대상자

종류	교육 · 훈련을 받아야 할 대상자
화재진압훈련	1) 화재진압업무를 담당하는 소방공무원 2) 의무소방원 3) 의용소방대원
인명구조훈련	1) 구조업무를 담당하는 소방공무원 2) 의무소방원 3)의용소방대원
응급처치훈련	1) 구급업무를 담당하는 소방공무원 2) 의무소방원 3) 의용소방대원
인명대피훈련	1) 소방공무원 2) 의무소방원 3) 의용소방대원
현장지휘훈련	소방공무원 중 다음의 계급에 있는 사람 1) 지방소방정 2) 지방소방령 3) 지방소방경 4) 지방소방위

42 소방대원에게 실시할 소방교육 · 훈련의 종류 등에 관한 설명으로 틀린 것은?

① 소방청장, 소방본부장 또는 소방서장은 소방안전교육훈련을 실시하려는 경우 매년 11월 31일까지 다음 해의 소방안전교육훈련 운영계획을 수립하여야 한다.
② 소방청장은 소방안전교육훈련 운영계획의 작성에 필요한 지침을 정하여 소방본부장과 소방서장에게 매년 10월 31일까지 통보하여야 한다.
③ 소방교육 · 훈련 횟수는 2년마다 1회 이상으로 한다.
④ 소방 교육 · 훈련기간은 2주 이상으로 한다.

해설

소방대원에게 실시할 교육 · 훈련의 종류, 해당 교육 · 훈련을 받아야 할 대상자 및 교육 · 훈련기간 등

① 소방청장, 소방본부장 또는 소방서장은 소방안전교육훈련을 실시하려는 경우 매년 12월 31일까지 다음 해의 소방안전교육훈련 운영계획을 수립하여야 한다.
② 소방청장은 소방안전교육훈련 운영계획의 작성에 필요한 지침을 정하여 소방본부장과 소방서장에게 매년 10월 31일까지 통보하여야 한다.
③ 소방교육 · 훈련 횟수는 2년마다 1회 이상으로 한다.
④ 소방 교육 · 훈련기간은 2주 이상으로 한다.

43 위험물안전관리법령상 제조소 등에 설치해야 할 자동화재탐지설비의 설치기준 중 ( ) 안에 알맞은 내용은?(단, 광전식 분리형 감지기 설치는 제외한다.)

> 하나의 경계구역의 면적은 (㉠)m^2 이하로 하고 그 한 변의 길이는 (㉡)m 이하로 할 것. 다만, 당해 건축물, 그 밖의 공작물의 주요한 출입구에서 그 내부의 전체를 볼 수 있는 경우에 있어서는 그 면적을 1,000m^2 이하로 할 수 있다.

① ㉠ 300, ㉡ 20
② ㉠ 400, ㉡ 30
③ ㉠ 500, ㉡ 40
④ ㉠ 600, ㉡ 50

해설

자동화재탐지설비의 설치기준(위험물안전관리법 시행규칙 별표17)

1) 자동화재탐지설비의 경계구역은 건축물, 그 밖의 공작물의 2 이상의 층에 걸치지 아니하도록 할 것. 다만, 하나의 경계구역의 면적이 500[m^2] 이하이면서 당해 경계구역이 두 개의 층에 걸치는 경우이거나 계단 · 경사로 · 승강기의 승강로 그 밖에 이와 유사한 장소에 연기감지기를 설치하는 경우에는 그러하지 아니하다.

정답 41 ② 42 ① 43 ④

2) 하나의 경계구역의 면적은 600[m^2] 이하로 하고 그 한 변의 길이는 50[m](광전식 분리형 감지기를 설치할 경우에는 100[m]) 이하로 할 것. 다만, 당해 건축물 그 밖의 공작물의 주요한 출입구에서 그 내부의 전체를 볼 수 있는 경우에 있어서는 그 면적을 1,000[m^2] 이하로 할 수 있다.
3) 자동화재탐지설비의 감지기(옥외탱크저장소에 설치하는 자동화재탐지설비의 감지기는 제외한다)는 지붕(상층이 있는 경우에는 상층의 바닥) 또는 벽의 옥내에 면한 부분(천장이 있는 경우에는 천장 또는 벽의 옥내에 면한 부분 및 천장의 뒷부분)에 유효하게 화재의 발생을 감지할 수 있도록 설치할 것

44 위험물안전관리법령상 제조소 또는 일반 취급소에서 취급하는 제4류 위험물의 최대 수량의 합이 지정수량의 24만 배 이상 48만 배 미만인 사업소의 관계인이 두어야 하는 화학소방자동차와 자체소방대원 수의 기준으로 옳은 것은?(단, 화재, 그 밖의 재난 발생 시 다른 사업소 등과 상호 응원에 관한 협정을 체결하고 있는 사업소는 제외한다.)

① 화학소방자동차 − 2대, 자체소방대원의 수 − 10인
② 화학소방자동차 − 3대, 자체소방대원의 수 − 10인
③ 화학소방자동차 − 3대, 자체소방대원의 수 − 15인
④ 화학소방자동차 − 4대, 자체소방대원의 수 − 20인

해설

자체소방대
1) 자체소방대 설치대상 : 제4류 위험물을 취급하는 제조소 또는 일반취급소로서 지정수량의 3,000배 이상
2) 자체소방대에 두는 화학소방자동차 및 인원

사업소의 구분	화학소방 자동차	자체소방 대원의 수
지정수량의 12만 배 미만	1대	5인
지정수량의 12만 배 이상 24만 배 미만	2대	10인
지정수량의 24만 배 이상 48만 배 미만	3대	15인
지정수량의 48만 배 이상	4대	20인

45 다음 중 방염대상물품이 아닌 것은?

① 카펫
② 무대용 합판
③ 창문에 설치하는 커튼
④ 두께 2mm 미만인 종이벽지

해설

방염대상물품
1) 창문에 설치하는 커튼류(블라인드 포함)
2) 카펫, 두께가 2[mm] 미만인 벽지류(종이벽지 제외)
3) 전시용 합판 또는 섬유판, 무대용 합판 또는 섬유판
4) 암막 · 무대막
5) 섬유류 또는 합성수지류 등을 원료로 하여 제작된 소파 · 의자(단란주점영업, 유흥주점영업 및 노래연습장업의 영업장에 설치하는 것만 해당)

46 방염성능기준 이상의 실내장식물 등을 설치하여야 하는 특정소방대상물에 속하지 않는 것은?

① 숙박시설
② 노유자시설
③ 운동시설로서 실내수영장
④ 의료시설

해설

방염성능기준 이상의 실내장식물 등을 설치하여야 하는 특정소방대상물
1) 근린생활시설 중 의원, 조산원, 산후조리원, 체력단련장, 공연장 및 종교집회장
2) 건축물의 옥내에 있는 시설로서 다음 각 목의 시설
   ① 문화 및 집회시설
   ② 종교시설
   ③ 운동시설(수영장은 제외)
3) 의료시설
4) 교육연구시설 중 합숙소
5) 노유자시설
6) 숙박이 가능한 수련시설
7) 숙박시설
8) 방송통신시설 중 방송국 및 촬영소
9) 다중이용업소
10) 층수가 11층 이상인 것(아파트는 제외)

정답 44 ③ 45 ④ 46 ③

47 화재예방을 위하여 불꽃을 사용하는 용접 · 용단 기구의 용접 또는 용단 작업장에서 지켜야 하는 사항 중 다음 ( ) 안에 알맞은 것은?

- 용접 또는 용단 작업자로부터 (㉠) 이내에 소화기를 갖추어 둘 것
- 용접 또는 용단 작업장 주변 반경 (㉡) 이내에는 가연물을 쌓아두거나 놓아두지 말 것. 다만, 가연물의 제거가 곤란하여 방지포 등으로 방호조치를 한 경우는 제외한다.

① ㉠ 3, ㉡ 5
② ㉠ 5, ㉡ 3
③ ㉠ 5, ㉡ 10
④ ㉠ 10, ㉡ 5

해설

화재예방을 위하여 불의 사용에 있어서 지켜야 하는 사항

불꽃을 사용하는 용접 · 용단기구	용접 또는 용단 작업장 1. 용접 또는 용단 작업자로부터 반경 5[m] 이내에 소화기를 갖추어 둘 것 2. 용접 또는 용단 작업장 주변 반경 10[m] 이내에는 가연물을 쌓아두거나 놓아두지 말 것

48 각 시 · 도의 소방업무에 필요한 경비의 일부를 국가가 보조하는 대상이 아닌 것은?

① 전산설비
② 소방헬리콥터
③ 소방관서용 청사 건축
④ 소방용수시설장비

해설

소방장비 등에 대한 국고보조

1) 국가는 소방장비의 구입 등 시 · 도의 소방업무에 필요한 경비의 일부를 보조하고 보조 대상사업의 범위와 기준 보조율 : 대통령령
2) 소방활동장비 및 설비의 종류와 규격 : 행정안전부령
3) 국고보조 대상사업의 범위
   ① 소방자동차
   ② 소방헬리콥터 및 소방정
   ③ 소방전용 통신설비 및 전산설비
   ④ 그 밖에 방화복 등 소방 활동에 필요한 소방장비
   ⑤ 소방관서용 청사의 건축

49 위험물안전관리법령에서 규정하는 제3류 위험물의 품명에 속하는 것은?

① 나트륨 ② 염소산염류
③ 무기과산화물 ④ 유기과산화물

해설

제3류 위험물

1) 성질 : 자연발화성 및 금수성 물질
2) 소화방법 : 마른 모래, 팽창질석, 팽창진주암을 이용한 질식소화(주수소화 엄금)
3) 위험등급, 품명 및 지정수량

위험등급	품명	지정수량
I	칼륨	10[kg]
	나트륨	
	알킬알루미늄	
	알킬리튬	
	황린	20[kg]
II	알칼리금속	50[kg]
	알칼리토금속	
	유기금속화합물	
III	금속수소화합물	300[kg]
	금속인화합물	
	칼슘 또는 알루미늄의 탄화물	

② 염소산염류 → 제1류 위험물
③ 무기과산화물 → 제1류 위험물
④ 유기과산화물 → 제5류 위험물

정답 47 ③ 48 ④ 49 ①

50 화재의 예방 및 안전관리에 관한 법률에 따른 화재예방강화지구의 관리기준 중 다음 ( ) 안에 들어갈 말로 알맞은 것은?

- 소방본부장 또는 소방서장은 화재예방강화지구 안의 소방대상물의 위치 · 구조 및 설비 등에 대한 화재안전조사를 (㉠)회 이상 실시하여야 한다.
- 소방본부장 또는 소방서장은 소방상 필요한 훈련 및 교육을 실시하고자 하는 때에는 화재예방강화지구 안의 관계인에게 훈련 또는 교육 (㉡)일 전까지 그 사실을 통보하여야 한다.

① ㉠ 월 1, ㉡ 7
② ㉠ 월 1, ㉡ 10
③ ㉠ 연 1, ㉡ 7
④ ㉠ 연 1, ㉡ 10

해설

1) 화재예방강화지구 지정권자 : 시 · 도지사
2) 화재예방강화지구 지정을 요청권자 : 소방청장
3) 화재예방강화지구에 대한 화재안전조사와 교육 및 훈련

구분	화재안전조사	교육 및 훈련
실시권자	소방관서장	소방관서장
횟수	연 1회 이상	연 1회 이상
통보 등	사전에 7일 이상 조사계획을 공개	10일 전까지 통보
대상	소방대상물의 위치 · 구조 및 설비	관계인
연기	3일 전까지 신청	–

51 소방기본법령상 소방신호의 방법으로 틀린 것은?

① 타종에 의한 훈련신호는 연 3타 반복
② 타종에 의한 경계신호는 1타와 연 3타를 반복
③ 타종에 의한 해제신호는 상당한 간격을 두고 1타씩 반복
④ 타종에 의한 발화신호는 난타

해설

1) 소방신호의 종류 및 방법
① 경계신호 : 화재예방상 필요하다고 인정되거나 화재위험경보 시 발령
② 발화신호 : 화재가 발생한 때 발령
③ 해제신호 : 소화활동이 필요 없다고 인정되는 때 발령
④ 훈련신호 : 훈련상 필요하다고 인정되는 때 발령

2) 소방신호의 방법

신호방법 / 종별	타종신호	사이렌신호
경계신호	1타와 연 2타를 반복	5초 간격을 두고 30초씩 3회
발화신호	난타	5초 간격을 두고 5초씩 3회
해제신호	상당한 간격을 두고 1타씩 반복	1분간 1회
훈련신호	연 3타 반복	10초 간격을 두고 1분씩 3회

52 소방기본법령상 출동한 소방대원에게 폭행 또는 협박을 행사하여 화재진압 · 인명구조 또는 구급활동을 방해한 사람에 대한 벌칙기준은?

① 500만 원 이하의 과태료
② 1년 이하의 징역 또는 1000만 원 이하의 벌금
③ 3년 이하의 징역 또는 3000만 원 이하의 벌금
④ 5년 이하의 징역 또는 5000만 원 이하의 벌금

해설

5년 이하의 징역 또는 5천만 원 이하의 벌금

1) "출동한 소방대의 화재진압 및 인명구조 · 구급 등 소방활동을 방해하여서는 아니 된다."의 조항을 위반하여 다음 어느 하나에 해당하는 행위를 한 사람
① 위력을 사용하여 출동한 소방대의 화재진압 · 인명구조 또는 구급활동을 방해하는 행위
② 소방대가 화재진압 · 인명구조 또는 구급활동을 위하여 현장에 출동하거나 현장에 출입하는 것을 고의로 방해하는 행위
③ 출동한 소방대원에게 폭행 또는 협박을 행사하여 화재진압 · 인명구조 또는 구급활동을 방해하는 행위

정답 50 ④ 51 ② 52 ④

④ 출동한 소방대의 소방장비를 파손하거나 그 효용을 해하여 화재진압 · 인명구조 또는 구급활동을 방해하는 행위

2) 소방자동차의 출동을 방해한 사람
3) 사람을 구출하는 일 또는 불을 끄거나 불이 번지지 아니하도록 하는 일을 방해한 사람
4) 정당한 사유 없이 소방용수시설 또는 비상소화장치를 사용하거나 소방용수시설 또는 비상소화장치의 효용을 해치거나 그 정당한 사용을 방해한 사람

53 화재의 예방 및 안전관리에 관한 법령상 소방안전관리자를 선임하지 아니한 소방안전관리대상물의 관계인에 대한 벌칙은?

① 100만 원 이하의 벌금
② 300만 원 이하의 벌금
③ 1000만 원 이하의 벌금
④ 3000만 원 이하의 벌금

해설

300만 원 이하의 벌금

1) 화재안전조사를 정당한 사유 없이 거부 · 방해 또는 기피한 자
2) 화재 발생 위험이 크거나 소화 활동에 지장을 줄 수 있다고 인정되는 행위나 물건에 대한 예방조치명령을 정당한 사유 없이 따르지 아니하거나 방해한 자
3) 소방안전관리자, 총괄소방안전관리자 또는 소방안전관리보조자를 선임하지 아니한 자
4) 소방시설 · 피난시설 · 방화시설 및 방화구획 등이 법령에 위반된 것을 발견하였음에도 필요한 조치를 할 것을 요구하지 아니한 소방안전관리자
5) 소방안전관리자에게 불이익한 처우를 한 관계인
6) 화재예방안전진단 업무에 종사하고 있거나 종사하였던 사람 또는 위탁받은 업무에 종사하고 있거나 종사하였던 사람이 업무를 수행하면서 알게 된 비밀을 이 법에서 정한 목적 외의 용도로 사용하거나 다른 사람 또는 기관에 제공하거나 누설한 자

54 특정소방대상물의 근린생활시설에 해당되는 것은?

① 전시장 ② 기숙사
③ 유치원 ④ 의원

해설

근린생활시설

1) 슈퍼마켓, 의약품 판매소, 의료기기 판매소 및 자동차영업소 : 바닥면적의 합계가 1천 [m^2] 미만
2) 휴게음식점, 일반음식점, 기원, 노래연습장
3) 단란주점 바닥면적의 합계가 150[m^2] 미만
4) 이용원, 미용원, 목욕장, 세탁소
5) 의원, 치과의원, 한의원, 침술원, 접골원, 조산원, 안마시술소
6) 공연장, 종교집회장 : 바닥면적의 합계가 300[m^2] 미만
7) 탁구장, 테니스장, 체육도장, 체력단련장, 에어로빅장, 볼링장, 당구장, 실내낚시터, 골프연습장 등 : 바닥면적의 합계가 500[m^2] 미만인 것
8) 금융업소, 사무소, 그 밖에 이와 비슷한 것으로서 같은 건축물에 해당 용도로 쓰는 바닥면적의 합계가 500[m^2] 미만인 것
9) 제조업소, 수리점, 그 밖에 이와 비슷한 것 : 바닥면적의 합계가 500[m^2] 미만
10) 게임제공업, 인터넷컴퓨터게임시설제공업 : 바닥면적의 합계가 500[m^2] 미만
11) 학원(자동차학원, 무도학원 제외) 독서실, 고시원 : 바닥면적의 합계 500[m^2] 미만

① 전시장 → 문화 및 집회시설
② 기숙사 → 공동주택
③ 유치원 → 노유자시설

55 지하가는 연면적이 최소 몇 m^2 이상이어야 스프링클러설비를 설치하여야 하는 특정소방대상물에 해당하는가?(단, 터널은 제외한다.)

① 100 ② 200
③ 1,000 ④ 2,000

해설

스프링클러설비의 설치대상

1) 층수가 6층 이상인 특정소방대상물의 경우에는 모든 층

정답 53 ② 54 ④ 55 ③

2) 기숙사 또는 복합건축물로서 연면적 5,000[m^2] 이상인 경우에는 모든 층
3) 창고시설(물류터미널은 제외)로서 바닥면적 합계가 5,000[m^2] 이상인 경우에는 모든 층
4) 판매시설, 운수시설 및 창고시설(물류터미널로 한정)로서 바닥면적의 합계가 5,000[m^2] 이상이거나 수용인원이 500명 이상인 경우에는 모든 층
5) 다음에 해당하는 용도로 사용되는 시설의 바닥면적의 합계가 600[m^2] 이상인 것 모든 층
   - 근린생활시설 중 조산원 및 산후조리원
   - 의료시설 중 정신의료기관
   - 의료시설 중 종합병원, 병원, 치과병원, 한방병원 및 요양병원
   - 노유자 시설
   - 숙박이 가능한 수련시설
   - 숙박시설
6) 특정소방대상물의 지하층 · 무창층(축사는 제외) 또는 층수가 4층 이상인 층으로서 바닥면적이 1,000[m^2] 이상인 층이 있는 경우에는 해당 층
7) 지하가(터널은 제외)로서 연면적 1,000[m^2] 이상인 것

56 소방안전 특별관리시설물의 대상기준 중 틀린 것은?

① 수련시설
② 항만시설
③ 전력용 및 통신용 지하구
④ 지정문화재인 시설(시설이 아닌 지정문화재를 보호하거나 소장하고 있는 시설을 포함)

해설

1) 소방안전 특별관리시설물
   화재 등 재난이 발생할 경우 사회 · 경제적으로 피해가 클 것으로 예상되는 특정소방대상물
2) 소방안전 특별관리시설물의 종류
   ① 공항시설, 항만시설
   ② 철도시설, 도시철도시설
   ③ 지정문화재인 시설
   ④ 산업기술단지
   ⑤ 초고층 건축물 및 지하연계 복합건축물
   ⑥ 수용인원 1,000명 이상인 영화상영관
   ⑦ 전력용 및 통신용 지하구
   ⑧ 석유비축시설
   ⑨ 천연가스 인수기지 및 공급망
   ⑩ 점포가 500개 이상인 전통시장 등

57 자체소방대 기준에 대한 설명으로 틀린 것은?

> 다량의 위험물을 저장 · 취급하는 제조소 등으로서 대통령령이 정하는 제조소 등이 있는 동일한 사업소에서 대통령령이 정하는 수량 이상의 위험물을 저장 또는 취급하는 경우 당해 사업소의 관계인은 대통령령이 정하는 바에 따라 당해 사업소에 자체소방대를 설치하여야 한다.

① "대통령령이 정하는 제조소 등"은 제4류 위험물을 취급하는 제조소를 포함한다.
② "대통령령이 정하는 제조소 등"은 제4류 위험물을 취급하는 일반취급소를 포함한다.
③ "대통령령이 정하는 수량 이상의 위험물"은 제4류 위험물의 최대수량 합이 지정수량의 3천 배 이상인 것을 포함한다.
④ "대통령령이 정하는 제조소 등"은 보일러로 위험물을 소비하는 일반취급소를 포함한다.

해설

자체소방대

1) 자체소방대 설치대상 : 제4류 위험물을 취급하는 제조소 또는 일반취급소로서 지정수량의 3,000배 이상
2) 자체소방대에 두는 화학소방자동차 및 인원

사업소의 구분	화학소방 자동차	자체소방 대원의 수
지정수량의 3천 배 이상 12만 배 미만	1대	5인
지정수량의 12만 배 이상 24만 배 미만	2대	10인
지정수량의 24만 배 이상 48만 배 미만	3대	15인
지정수량의 48만 배 이상	4대	20인

정답 56 ① 57 ④

3) 자체소방대의 설치 제외대상인 일반취급소
   ① 보일러, 버너, 그 밖에 이와 유사한 장치로 위험물을 소비하는 일반취급소
   ② 이동저장탱크, 그 밖에 이와 유사한 것에 위험물을 주입하는 일반취급소
   ③ 용기에 위험물을 옮겨 담는 일반취급소
   ④ 유압장치, 윤활유순환장치, 그 밖에 이와 유사한 장치로 위험물을 취급하는 일반취급소
   ⑤ 「광산안전법」의 적용을 받는 일반취급소

58 소방공사업법에 따라 감리업자가 감리원을 배치하였을 때에는 행정안전부령으로 정하는 바에 따라 소방본부장이나 소방서장에게 통보하여야 한다. 이를 위반할 경우 1차 위반 시 과태료 금액기준으로 옳은 것은?

① 300만 원 ② 200만 원
③ 100만 원 ④ 60만 원

해설

소방공사업법의 과태료 부과기준

위반행위	과태료 금액(단위 : 만 원)		
	1차 위반	2차 위반	3차 이상 위반
등록사항의 변경신고, 휴·폐업신고를 하지 않거나 거짓으로 신고한 경우	60	100	200
관계인에게 지위승계, 행정처분 또는 휴업·폐업의 사실을 거짓으로 알린 경우	60	100	200
감리원의 배치통보 및 변경통보를 하지 않거나 거짓으로 통보한 경우	60	100	200

59 소방시설업 등록사항의 변경신고 사항이 아닌 것은?

① 상호 ② 대표자
③ 보유설비 ④ 기술인력

해설

소방시설업 등록사항의 변경
1) 등록사항의 변경신고사항
   ① 상호(명칭) 또는 영업소 소재지
   ② 대표자
   ③ 기술인력

2) 등록사항의 변경신고 시 제출서류
   ① 상호 또는 영업소 소재지가 변경된 경우 : 소방시설업 등록증 및 등록수첩
   ② 대표자가 변경된 경우
      • 소방시설업 등록증 및 등록수첩
      • 변경된 대표자의 성명, 주민등록번호 및 주소지 등의 인적사항이 적힌 서류
   ③ 기술인력이 변경된 경우
      • 소방시설업 등록수첩
      • 기술인력 증빙서류

3) 등록사항의 변경신고
   변경일부터 30일 이내에 시·도지사에게 신고

4) 소방시설업의 등록신청 서류의 보완 : 10일 이내

60 다음 중 위험물별 성질로서 틀린 것은?

① 제1류 : 산화성 고체
② 제2류 : 가연성 고체
③ 제4류 : 인화성 액체
④ 제6류 : 인화성 고체

해설

위험물의 분류 및 성질

위험물의 분류	성질
제1류 위험물	산화성 고체
제2류 위험물	가연성 고체
제3류 위험물	자연발화성 및 금수성 물질
제4류 위험물	인화성 액체
제5류 위험물	자기반응성 물질
제6류 위험물	산화성 액체

정답 58 ④ 59 ③ 60 ④

4과목 소방기계시설의 구조 및 원리

61 분말소화약제 저장용기의 설치기준으로 틀린 것은?

① 설치장소의 온도가 40℃ 이하이고, 온도변화가 적은 곳에 설치할 것
② 용기 간의 간격은 점검에 지장이 없도록 5cm 이상의 간격을 유지할 것
③ 저장용기의 충전비는 0.8 이상으로 할 것
④ 저장용기에는 가압식은 최고 사용압력의 1.8배 이하, 축압식은 용기의 내압시험압력의 0.8배 이하의 압력에서 작동하는 안전밸브를 설치할 것

해설

1) 저장용기 설치장소의 기준
① 방호구역 외의 장소에 설치할 것(단, 방호구역 내에 설치 시 피난구 부근에 설치)
② 온도가 40[℃] 이하이고, 온도변화가 적은 곳에 설치할 것
③ 직사광선 및 빗물이 침투할 우려가 없는 곳에 설치할 것
④ 방화문으로 구획된 실에 설치할 것
⑤ 용기의 설치장소에는 해당 용기가 설치된 곳임을 표시하는 표지를 할 것
⑥ 용기 간의 간격은 점검에 지장이 없도록 3[cm] 이상의 간격을 유지할 것
⑦ 저장용기와 집합관을 연결하는 연결배관에는 체크밸브를 설치할 것

2) 저장용기의 설치기준
① 분말소화약제 1[kg]당 저장용기의 내용적(충전비)

소화약제의 종별	충전비
제1종 분말	0.8[l/kg]
제2종 분말	1.0[l/kg]
제3종 분말	1.0[l/kg]
제4종 분말	1.25[l/kg]

② 저장용기에는 가압식은 최고 사용압력의 1.8배 이하, 축압식은 용기의 내압시험압력의 0.8배 이하의 압력에서 작동하는 안전밸브를 설치할 것
③ 저장용기에는 저장용기의 내부압력이 설정압력으로 되었을 때 주밸브를 개방하는 정압작동장치를 설치할 것
④ 저장용기의 충전비는 0.8 이상으로 할 것
⑤ 저장용기 및 배관에는 잔류 소화약제를 처리할 수 있는 청소장치를 설치할 것
⑥ 축압식의 분말소화설비는 사용압력의 범위를 표시한 지시압력계를 설치할 것

② 용기 간의 간격은 점검에 지장이 없도록 5[cm] 이상 → 3[cm] 이상

62 체적 100m^{3}의 면화류 창고에 전역방출 방식의 이산화탄소 소화설비를 설치하는 경우 소화약제는 몇 kg 이상 저장하여야 하는가?(단, 방호구역의 개구부에 자동폐쇄장치가 부착되어 있다.)

① 12　② 27
③ 120　④ 270

해설

심부화재의 약제량(종이 · 목재 · 석탄 · 섬유류 · 합성수지류 등)

$$Q[\text{kg}] = V \cdot K_1 + A \cdot K_2$$

여기서, Q[kg] : 약제량, V[m^3] : 방호구역 체적
K_1[kg/m^3] : 방호구역 체적 [1m^3]에 대한 소화약제의 양[kg]
K_2[kg/m^2] : 방호구역에 설치된 개구부 1[m^2]당 약제 가산량[kg]
A[m^2] : 개구부 면적(개구부의 면적은 방호구역 전체 표면적의 3% 이하)

방호대상물	체적 1[m^3]당 소화약제의 양 K_1[kg/m^3]	설계 농도 (%)	개구부 가산량 K_2[kg/m^2]
유압기기를 제외한 전기설비, 케이블실	1.3	50	10
체적 55[m^3] 미만의 전기설비	1.6	50	
박물관, 목재가공품 창고, 전자제품창고, 서고	2.0	65	
고무류, 모피창고, 면화류, 석탄, 집진설비	2.7	75	

정답 61 ② 62 ④

[풀이]
1) $V=100[m^3]$, K_1 : $2.7[kg/m^3]$
2) 방호구역의 개구부에 자동폐쇄장치가 부착 → 가스방출 시 개구부가 자동으로 폐쇄되어 개구부는 없는 것이 되므로 개구부 가산량은 계산하지 않는다.
3) $Q= 100[m^3] \times 2.7[kg/m^3] = 270[kg]$

63 호스릴 이산화탄소 소화설비의 설치기준으로 옳지 않은 것은?

① 20℃에서 하나의 노즐마다 소화약제의 방출량은 60초당 60kg 이상이어야 한다.
② 방호대상물의 각 부분으로부터 하나의 호스접결구까지의 수평거리가 20m 이하가 되도록 설치하여야 한다.
③ 소화약제 저장용기의 가장 가까운 곳의 보기 쉬운 곳에 표시등을 설치해야 한다.
④ 소화약제 저장용기의 개방밸브는 호스의 설치장소에서 수동으로 개폐할 수 있어야 한다.

해설

호스릴 이산화탄소 소화설비
1) 약제량
① 노즐 1개당 약제 저장량 : 90[kg]
② 노즐 1개당 분당 방사량 : 60[kg/min]

2) 설치기준
① CO_2 호스릴의 수평거리 : 15[m] 이하
② 소화약제 저장용기는 호스릴을 설치하는 장소마다 설치할 것
③ 소화약제 저장용기의 개방밸브는 호스의 설치장소에서 수동으로 개폐할 수 있는 것으로 할 것
④ 소화약제 저장용기의 가장 가까운 곳의 보기 쉬운 곳에 표시등을 설치하고, 호스릴 이산화탄소 소화설비가 있다는 뜻을 표시한 표지를 할 것

② 하나의 호스접결구까지의 수평거리가 20[m] 이하 → 15[m] 이하

64 제연설비의 화재안전기준상 배출구 설치 시 예상제연구역의 각 부분으로부터 하나의 배출구까지의 수평거리는 최대 몇 m 이내가 되어야 하는가?

① 5 ② 10 ③ 15 ④ 20

해설

1) 예상제연구역의 각 부분으로부터 하나의 배출구까지의 수평거리 : 10[m] 이내
2) 공기유입구와 배출구 간의 직선거리 : 5[m] 이상 또는 구획된 실의 장변의 1/2 이상

65 소화기구 및 자동소화장치의 화재안전기준에 따라 대형소화기를 설치할 때 특정소방대상물의 각 부분으로부터 1개의 소화기까지의 보행거리가 최대 몇 m 이내가 되도록 배치하여야 하는가?

① 20 ② 25
③ 30 ④ 40

해설

능력단위 및 보행거리에 따른 소화기의 구분

구분	소형소화기	대형소화기
능력단위	1단위 이상 대형 미만	A급 10단위 이상 B급 20단위 이상
보행거리	20[m] 이내	30[m] 이내

66 완강기의 형식승인 및 제품검사의 기술기준상 완강기 및 간이완강기의 구성으로 적합한 것은?

① 속도조절기, 속도조절기의 연결부, 하부 지지장치, 연결금속구, 벨트
② 속도조절기, 속도조절기의 연결부, 로프, 연결금속구, 벨트
③ 속도조절기, 가로봉 및 세로봉, 로프, 연결금속구, 벨트
④ 속도조절기, 가로봉 및 세로봉, 로프, 하부 지지장치, 벨트

정답 63 ② 64 ② 65 ③ 66 ②

해설

완강기의 구성

1) 속도조절기(조속기) : 완강기의 강하속도를 일정범위로 조절하는 장치
2) 속도조절기의 연결부(후크) : 지지대와 속도조절기를 연결하는 부분
3) 연결금속구 : 로프와 벨트의 연결부위에 사용하는 금속구 및 완강기 또는 간이 완강기를 지지대에 연결할 때 사용하는 금속구 등
4) 로프 : 와이어로프로서 지름 3[mm] 이상
5) 벨트 : 강도는 6,500[N]의 인장하중을 가하는 시험에서 현저한 변형이 없을 것

67 완강기의 구성품 중 조속기의 구조 및 기능에 대한 설명으로 옳지 않은 것은?

① 완강기의 조속기는 후크와 연결되도록 한다.
② 기능에 이상이 생길 수 있는 모래나 기타 이물질이 쉽게 들어가지 않도록 견고한 덮개로 덮여 있도록 한다.
③ 피난자가 그 강하속도를 조절할 수 있도록 하여야 한다.
④ 피난자의 체중에 의하여 로프가 V자 홈이 있는 도르래를 회전시켜 기어기구에 의하여 원심 브레이크를 작동시켜 강하속도를 조절한다.

해설

완강기 및 간이완강기의 구조 및 성능

1) 속도조절기 · 속도조절기의 연결부 · 로프 · 연결금속구 및 벨트로 구성되어야 하고 속도조절기는 속도조절기의 연결부(후크)와 연결되도록 한다.
2) 기능에 이상이 생길 수 있는 모래나 기타 이물질이 쉽게 들어가지 아니하도록 견고한 덮개로 덮여 있어야 한다.
3) 사용자가 타인의 도움 없이 자기의 몸무게에 의하여 자동적으로 연속하여 교대로 강하할 수 있는 기구이어야 한다.
4) 속도조절기는 피난자의 체중에 의하여 로프가 V자 홈이 있는 도르래를 회전시켜 기어기구에 의하여 원심 브레이크를 작동시켜 강하속도를 조절한다.

③ 피난자가 그 강하속도를 조절할 수 있도록 → 자기의 몸무게에 의하여 자동적으로

68 물분무소화설비의 화재안전기준상 배관의 설치기준으로 틀린 것은?

① 펌프 흡입 측 배관은 공기고임이 생기지 않는 구조로 하고 여과장치를 설치한다.
② 펌프의 흡입 측 배관은 수조가 펌프보다 낮게 설치된 경우에는 각 펌프(충압펌프를 포함한다.)마다 수조로부터 별도로 설치한다.
③ 연결송수관설비의 배관과 겸용할 경우의 주배관은 구경 100mm 이상으로 한다.
④ 연결송수관설비의 배관과 겸용할 경우 방수구로 연결되는 배관의 구경은 65mm 이하로 한다.

해설

1) 펌프 흡입 측 배관의 설치기준
   ① 공기고임이 생기지 아니하는 구조로 하고 여과장치를 설치할 것
   ② 수조가 펌프보다 낮게 설치된 경우에는 각 펌프마다 수조로부터 별도로 설치할 것
   ③ 버터플라이밸브 외의 개폐표시형 밸브를 설치할 것
2) 동결방지조치를 하거나 동결의 우려가 없는 장소에 설치할 것
3) 연결송수관설비의 배관과 겸용할 경우
   ① 주배관은 구경 100[mm] 이상
   ② 방수구로 연결되는 배관의 구경은 65[mm] 이상

④ 방수구로 연결되는 배관의 구경은 65[mm] 이하 → 65[mm] 이상

69 미분무소화설비는 수원에서 주배관의 유입 측에는 필터 또는 스트레이너를 설치하여야 한다. 이때 사용되는 필터 또는 스트레이너의 메쉬는 헤드 오리피스 지름의 몇 % 이하가 되어야 하는가?

① 50　　② 60
③ 70　　④ 80

정답 67 ③ 68 ④ 69 ④

해설

1) 미분무소화설비에 사용되는 용수는 「먹는물관리법」 제5조에 적합하고, 저수조 등에 충수할 경우 필터(Filter) 또는 스트레이너(Strainer)를 통하여야 하며, 사용되는 물에는 입자 · 용해고체 또는 염분이 없어야 한다.
2) 배관의 연결부(용접부는 제외) 또는 주배관의 유입 측에는 필터 또는 스트레이너를 설치하여야 하고, 사용되는 스트레이너에는 청소구가 있어야 하며, 검사 · 유지관리 및 보수 시에 배치위치를 변경하지 않아야 한다. 다만, 노즐이 막힐 우려가 없는 경우에는 설치하지 않을 수 있다.
3) 사용되는 필터 또는 스트레이너의 메쉬는 헤드 오리피스 지름의 80% 이하가 되어야 한다.

70 간이헤드의 공칭작동온도는 실내의 최대 주위천장온도가 0℃ 이상~38℃ 이하인 경우 몇 ℃의 것을 사용하여야 하는가?

① 55~79℃　② 57~77℃
③ 77~109℃　④ 79~109℃

해설

간이헤드의 설치기준
1) 폐쇄형 간이헤드를 사용할 것
2) 간이헤드의 공칭작동온도

최대 주위천장온도	공칭작동온도
0[℃] 이상 38[℃] 이하	57[℃]~77[℃]
39[℃] 이상 66[℃] 이하	79[℃]~109[℃]

3) 간이헤드를 설치하는 천장 · 반자 · 천장과 반자 사이 · 덕트 · 선반 등의 각 부분으로부터 간이헤드까지의 수평거리는 2.3[m] 이하가 되도록 하여야 한다.
4) 상향식 간이헤드 또는 하향식 간이헤드의 경우에는 간이헤드의 디플렉터에서 천장 또는 반자까지의 거리는 25~102[mm] 이내가 되도록 설치하여야 하며, 측벽형 간이헤드의 경우에는 102~152[mm] 사이에 설치할 것. 다만, 플러쉬 스프링클러헤드의 경우에는 천장 또는 반자까지의 거리를 102[mm] 이하가 되도록 설치할 수 있다.
5) 간이헤드는 천장 또는 반자의 경사 · 보 · 조명장치 등에 따라 살수장애의 영향을 받지 아니하도록 설치할 것

71 포헤드의 설치기준 중 다음 ( ) 안에 알맞은 것은?

> 압축공기포소화설비의 분사헤드는 천장 또는 반자에 설치하되 방호대상물에 따라 측벽에 설치할 수 있으며 유류탱크 주위에는 바닥면적 (㉠)m^2마다 1개 이상, 특수가연물저장소에는 바닥면적 (㉡)m^2마다 1개 이상으로 당해 방호대상물의 화재를 유효하게 소화할 수 있도록 할 것

① ㉠ 8, ㉡ 9
② ㉠ 9, ㉡ 8
③ ㉠ 9.3, ㉡ 13.9
④ ㉠ 13.9, ㉡ 9.3

해설

포헤드 1개의 방호면적
1) 포헤드 : 바닥면적 9[m^2]마다 1개 이상
2) 포워터스프링클러헤드 : 바닥면적 8[m^2]마다 1개 이상
3) 압축공기포 분사헤드
　① 유류탱크 주위 : 바닥면적 13.9[m^2]마다 1개 이상
　② 특수 가연물저장소 : 바닥면적 9.3[m^2]마다 1개 이상

72 포소화설비의 배관 등의 설치기준 중 옳은 것은?

① 포워터스프링클러 설비 또는 포헤드설비의 가지배관의 배열은 토너먼트 방식으로 한다.
② 송액관은 겸용으로 하여야 한다. 다만, 포소화전의 기동장치의 조작과 동시에 다른 설비의 용도에 사용하는 배관의 송수를 차단할 수 있거나, 포소화설비의 성능에 지장이 없는 경우에는 전용으로 할 수 있다.
③ 송액관은 포의 방출 종료 후 배관 안의 액을 배출하기 위하여 적당한 기울기를 유지하도록 하고, 그 낮은 부분에 배액밸브를 설치하여야 한다.
④ 연결송수관설비의 배관과 겸용할 경우의 주배관은 구경 65mm 이상, 방수구로 연결되는 배관의 구경은 100mm 이상의 것으로 하여야 한다.

정답　70 ②　71 ④　72 ③

해설

포소화설비 배관의 설치기준

1) 포워터스프링클러 또는 포헤드설비의 가지배관의 배열은 토너먼트 방식이 아니어야 한다.
2) 송액관은 전용으로 하여야 한다. 다만, 포소화전의 기동장치의 조작과 동시에 다른 설비의 용도에 사용하는 배관의 송수를 차단할 수 있거나, 포소화설비의 성능에 지장이 없는 경우에는 다른 설비와 겸용할 수 있다.
3) 송액관은 포의 방출 종료 후 배관 안의 액을 배출하기 위하여 적당한 기울기를 유지하도록 하고, 그 낮은 부분에 배액밸브를 설치하여야 한다.
4) 연결송수관설비의 배관과 겸용할 경우의 주배관은 구경 100[mm] 이상, 방수구로 연결되는 배관의 구경은 65[mm] 이상의 것으로 하여야 한다.

73 상수도소화용수설비의 소화전은 특정소방대상물의 수평투영면의 각 부분으로부터 몇 m 이하가 되도록 설치하여야 하는가?

① 200　② 140
③ 100　④ 70

해설

상수도소화용수설비 설치기준

1) 호칭지름 75[mm] 이상의 수도배관에 호칭지름 100[mm] 이상의 소화전을 접속할 것
2) 소화전은 소방자동차 등의 진입이 쉬운 도로변 또는 공지에 설치할 것
3) 소화전은 특정소방대상물의 수평투영면의 각 부분으로부터 140[m] 이하가 되도록 설치할 것

74 물분무소화설비의 화재안전기준상 펌프 흡입측 배관의 설치기준으로 틀린 것은?

① 공기고임이 생기지 아니하는 구조로 하고 여과장치를 설치할 것
② 수조가 펌프보다 낮게 설치된 경우에는 각 펌프마다 수조로부터 별도로 설치할 것
③ 버터플라이밸브의 개폐표시형 밸브를 설치할 것
④ 연결송수관설비의 배관과 겸용할 경우의 주배관은 구경 100mm 이상으로 한다.

해설

1) 펌프 흡입 측 배관의 설치기준
   ① 공기고임이 생기지 아니하는 구조로 하고 여과장치를 설치할 것
   ② 수조가 펌프보다 낮게 설치된 경우에는 각 펌프마다 수조로부터 별도로 설치할 것
   ③ 버터플라이밸브 외의 개폐표시형 밸브를 설치할 것
2) 동결 방지조치를 하거나 동결의 우려가 없는 장소에 설치할 것
3) 연결송수관설비의 배관과 겸용할 경우
   ① 주배관은 구경 100[mm] 이상
   ② 방수구로 연결되는 배관의 구경은 65[mm] 이상

③ 버터플라이밸브의 → 버터플라이밸브 외의

75 다음은 옥외소화전 설비의 소화전함에 대하여 설명한 것이다. 옳지 않은 것은?

① 옥외소화전이 10개 이하 설치된 때에는 옥외소화전마다 5m 이내에 1개 이상 설치하여야 한다.
② 옥외소화전이 12개 설치된 경우 10개의 소화전함을 설치할 수 있다.
③ 옥외소화전이 32개 설치된 경우 11개의 소화전함을 설치할 수 있다.
④ 소화전함 표면에는 "옥외소화전" 표지를 하여야 한다.

해설

옥외소화전 설비에는 옥외소화전마다 그로부터 5[m] 이내의 장소에 소화전함을 다음과 같이 설치할 것

옥외소화전의 수	옥외소화전함의 수
10개 이하	옥외소화전마다 5[m] 이내의 장소에 1개 이상의 소화전함
11개 이상 30개 이하	11개 이상의 소화전함을 각각 분산하여 설치
31개 이상	옥외소화전 3개마다 1개 이상의 소화전함을 설치

② 옥외소화전이 12개 설치된 경우 10개 → 11개 이상

정답　73 ②　74 ③　75 ②

76 건식 스프링클러 설비의 배관 중 수평주행배관의 기울기로 맞는 것은?

① 1/100 ② 2/100
③ 1/250 ④ 1/500

해설

스프링클러 설비의 배수를 위한 배관의 기울기
1) 습식 스프링클러설비 또는 부압식 스프링클러설비 배관을 수평으로 할 것
2) 습식 스프링클러설비 또는 부압식 스프링클러설비 외의 설비는 헤드를 향하여 상향으로 수평주행배관의 기울기를 500분의 1 이상 · 가지배관의 기울기를 250분의 1 이상으로 할 것

77 스프링클러헤드의 설치기준 중 다음 ( ) 안에 알맞은 것은?

> 연소할 우려가 있는 개구부에는 그 상하좌우에 (㉠)m 간격으로 스프링클러헤드를 설치하되, 스프링클러헤드와 개구부의 내측면으로부터 직선거리는 (㉡)cm 이하가 되도록 할 것

① ㉠ 1.7, ㉡ 15 ② ㉠ 2.5, ㉡ 15
③ ㉠ 1.7, ㉡ 25 ④ ㉠ 2.5, ㉡ 25

해설

연소할 우려가 있는 개구부
1) 정의 : 각 방화구획을 관통하는 컨베이어 · 에스컬레이터 또는 이와 유사한 시설의 주위로서 방화구획을 할 수 없는 부분
2) 무대부 또는 연소할 우려가 있는 개구부에는 개방형 스프링클러헤드를 설치하여야 한다.
3) 연소할 우려가 있는 개구부의 스프링클러헤드 설치기준
 ① 그 상하좌우에 2.5[m] 간격으로(개구부의 폭이 2.5[m] 이하인 경우에는 그 중앙에) 스프링클러헤드를 설치할 것
 ② 스프링클러헤드와 개구부의 내측면으로부터 직선거리는 15[cm] 이하가 되도록 할 것. 이 경우 통행에 지장이 있는 때에는 개구부의 상부 또는 측면에 헤드 상호 간의 간격은 1.2[m] 이하로 설치할 것

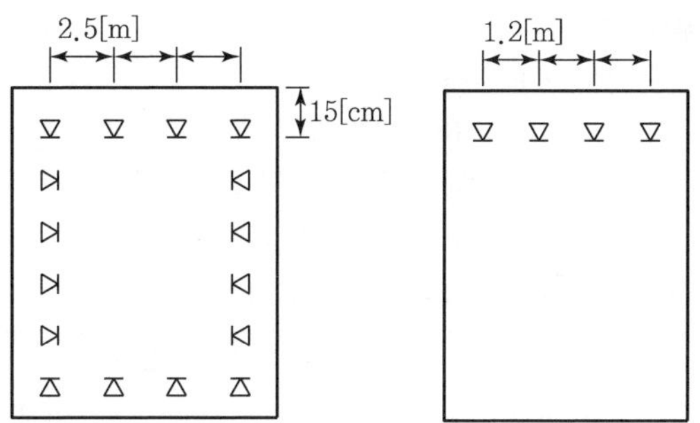

[통행에 지장이 없는 경우] [통행에 지장이 있는 경우]

78 소화수조가 옥상 또는 옥탑의 부분에 설치된 경우에는 지상에 설치된 채수구에서의 압력이 최소 몇 MPa 이상이 되도록 하여야 하는가?

① 0.1 ② 0.15
③ 0.17 ④ 0.25

해설

채수구 설치기준
1) 채수구는 구경 65[mm] 이상의 나사식 결합금속구를 설치할 것
2) 채수구의 높이 : 지면으로부터의 높이가 0.5[m] 이상 1[m] 이하
3) 표지 : "채수구"라고 표시한 표지
4) 채수구의 수

소요수량	20[m³] 이상 40[m³] 미만	40[m³] 이상 100[m³] 미만	100[m³] 이상
채수구의 수	1개	2개	3개

5) 소화수조가 옥상 또는 옥탑의 부분에 설치된 경우에는 지상에 설치된 채수구에서의 압력이 0.15[MPa] 이상이 되도록 하여야 한다.

79 거실제연설비 설계 중 배출량 산정에 있어서 고려하지 않아도 되는 사항은?

① 예상제연구역의 수직거리
② 예상제연구역의 바닥면적
③ 제연설비의 배출방식
④ 자동식 소화설비 및 피난설비의 설치 유무

정답 76 ④ 77 ② 78 ② 79 ④

해설

거실제연설비의 배출량 산정

1) 소규모 거실(바닥면적 400[m^2] 미만)
   ① 배출량 산정 : 바닥면적 1[m^2]당 1[m^3/min] 이상
   ② 최저 배출량 : 5,000[m^3/hr] 이상

2) 대규모 거실(바닥면적 400[m^2] 이상)

제연구역	수직거리	배출량
직경 40[m] 원 내	2m 이하	40,000[m^3/hr] 이상
직경 40[m] 원을 초과	2m 이하	45,000[m^3/hr] 이상
통로인 경우	2m 이하	45,000[m^3/hr] 이상

80 옥내소화전설비의 화재안전기준에 관한 설명 중 틀린 것은?

① 물올림탱크의 급수배관의 구경은 15mm 이상으로 설치해야 한다.
② 릴리프밸브는 구경 20mm 이상의 배관에 연결하여 설치한다.
③ 펌프의 토출 측 주배관의 구경은 유속이 5m/s 이하가 될 수 있는 크기 이상으로 한다.
④ 유량측정장치는 펌프 정격토출량의 175% 이상 측정할 수 있는 성능으로 한다.

해설

옥내소화전설비의 화재안전기준

1) 물올림장치
   ① 물올림장치에는 전용의 수조를 설치할 것
   ② 수조의 유효수량 : 100[l] 이상
   ③ 급수배관 : 구경 15[mm] 이상

2) 릴리프밸브
   ① 체크밸브와 펌프 사이에서 분기할 것
   ② 배관구경 : 구경 20[mm] 이상(순환배관)
   ③ 작동압력 : 체절압력 미만에서 개방할 것

3) 옥내소화전설비 토출 측 주배관의 구경 산정
   주배관의 구경은 유속이 4[m/s] 이하가 될 수 있는 크기 이상으로 할 것

4) 유량측정장치 : 정격토출량의 175[%] 이상 측정할 수 있는 성능일 것

③ 펌프의 토출 측 주배관의 구경은 유속이 5[m/s] 이하 → 유속이 4[m/s] 이하

정답 80 ③

소방설비기사(기계분야)

기 · 출 · 문 · 제

2023년 1회

1과목 소방원론

01 석유, 고무, 동물의 털, 가죽 등과 같이 황성분을 함유하고 있는 물질이 불완전연소될 때 발생하는 연소가스로 계란 썩는 듯한 냄새가 나는 기체는?

① 아황산가스 ② 시안화수소
③ 황화수소 ④ 암모니아

해설

1) 아황산가스(SO_2), 이산화황
  ① $S+O_2 \rightarrow SO_2$
  ② 황 화합물이 완전연소 시 발생되는 가스이다.

2) 시안화수소(HCN)
  ① 독성이 매우 높은 가스로서 석유제품, 유지, 플라스틱의 불완전연소 시 발생된다. 증기비중이 공기보다 가볍다.
  증기비중 : $\frac{27}{29}=0.931$
  ② 중합폭발의 위험이 있다.

3) 황화수소(H_2S)
  ① 황 화합물이 불완전연소 시 발생된다.
  ② 달걀 썩는 냄새가 난다.

4) 암모니아(NH_3)
  ① 질소를 함유한 가연물이 연소 시 발생되는 가스로 눈, 코, 인후 등에 매우 자극적이고 역한 냄새가 난다.
  ② 물에 잘 용해되고 냉동기의 냉매로 사용된다.

02 연소의 4요소 중 자유활성기(free radical)의 생성을 저하시켜 연쇄반응을 중지시키는 소화방법은?

① 제거소화 ② 냉각소화
③ 질식소화 ④ 억제소화

해설

1) 물리적 소화
  ① 연소의 3요소 중 한 가지를 차단하여 소화하는 방법
  ② 점화원을 제거하는 냉각소화
  ③ 산소를 제거하는 질식소화
  ④ 가연물을 제거하는 제거소화

2) 화학적 소화
  ① 연소의 4요소인 연쇄반응을 억제(자유활성기의 생성저하)하여 소화하는 방법
  ② 억제소화 또는 부촉매소화라 한다.

03 가연물이 연소가 잘 되기 위한 구비조건으로 틀린 것은?

① 열전도율이 클 것
② 산소와 화학적으로 친화력이 클 것
③ 표면적이 클 것
④ 활성화 에너지가 작을 것

해설

가연물이 될 수 있는 조건
1) 발열량이 클 것
2) 산소와의 친화력이 좋을 것
3) 표면적이 넓을 것
4) 활성화 에너지가 작을 것
5) 열전도도가 작을 것

04 다음 중 연소범위가 넓어지는 경우가 아닌 것은?

① 산소의 농도가 증가하는 경우
② 온도가 올라가는 경우
③ 압력이 올라가는 경우
④ 불활성가스의 농도가 증가하는 경우

정답 01 ③ 02 ④ 03 ① 04 ④

해설

1) 가연성 가스의 연소범위

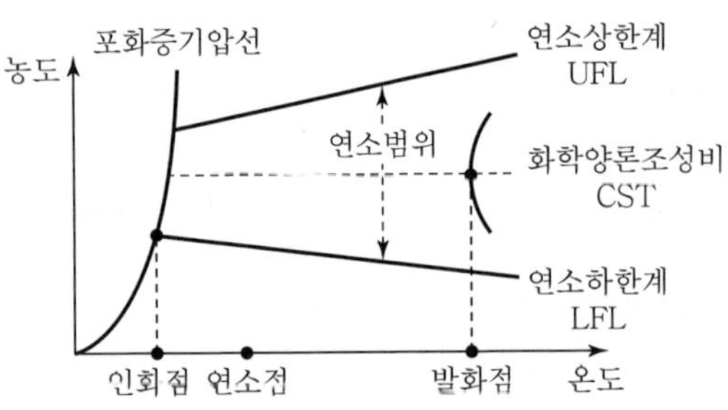

2) 가연성 가스의 연소범위
   ① 산소농도 : 산소농도가 증가하면 연소하한계는 거의 변화가 없지만 연소상한계는 넓어지므로 연소범위는 넓어진다.
   ② 온도 : 온도가 상승하면 분자의 운동이 활발해지므로 분자 간 유효충돌횟수가 증가하여 연소범위는 증가하게 된다.
   ③ 압력 : 압력이 상승하면 분자 간 평균거리가 작아지므로 유효충돌횟수가 증가하여 연소범위는 증가하게 된다.(예외 : 일산화탄소는 압력이 상승하면 연소범위는 좁아진다)
   ④ 가연성 가스의 농도 : 가연성 가스의 농도가 증가하면 연소상한계가 넓어지므로 연소범위는 넓어진다.
   ⑤ 불활성가스의 농도 : 불활성가스의 농도가 증가하면 산소의 농도가 저하되어 연소상한계가 낮아지므로 연소범위는 좁아진다.

05 가연성 액체가 개방된 상태에서 증기를 계속 발생시키면서 연소가 지속될 수 있는 최저온도를 무엇이라고 하는가?

① 인화점　　② 기화점
③ 발화점　　④ 연소점

해설

인화점, 연소점, 발화점

1) 인화점(Flash Point)
   ① 가연성 혼합기(연소범위)를 형성할 수 있는 최저온도를 인화점이라 한다.
   ② 인화점이 낮을수록 위험성은 크다.
   ③ 인화점 이하에서는 점화원을 가하여도 불꽃연소는 발생하지 않는다.
2) 연소점(Fire Point)
   ① 연소상태를 지속하기 위한 온도로서 인화점보다 5~10[℃] 정도 높다.
   ② 인화점에서는 점화원을 제거하면 연소가 중단되나 연소점에서는 점화원을 제거해도 연소가 지속된다.
3) 발화점(착화점, Ignition Point)
   ① 점화원을 가하지 않아도 스스로 착화될 수 있는 최저온도를 발화점이라 한다.
   ② 발화점은 낮을수록 위험성이 커진다.
4) 인화점 < 연소점 < 발화점 순으로 온도가 높다.

06 프로판가스의 연소범위(vol%)에 가장 가까운 것은?

① 9.8~28.4　　② 2.5~81
③ 4.0~75　　④ 2.1~9.5

해설

가연성 가스의 폭발범위(연소범위)

가연성 가스	연소하한계[%]	연소상한계[%]
아세틸렌(C_2H_2)	2.5	81
수소(H_2)	4.0	75
메탄(CH_4)	5.0	15
에탄(C_2H_6)	3.0	12.4
프로판(C_3H_8)	2.1	9.5
부탄(C_4H_{10})	1.8	8.4
일산화탄소(CO)	12.5	74
디에틸에테르($C_2H_5OC_2H_5$)	1.9	48
이황화탄소(CS_2)	1.2	44

07 프로판가스 1몰이 완전연소하는 데 필요한 이론공기량[mol]으로 맞는 것은?(단, 체적비로 계산하며 공기 중의 산소농도는 21vol%로 한다.)

① 2.38mol　　② 23.81mol
③ 16.91mol　　④ 9.52mol

정답　05 ④　06 ④　07 ②

해설

1) 프로판의 완전연소 반응식
$C_3H_8 + 5O_2 \rightarrow 3CO_2 + 4H_2O$
2) 프로판이 완전연소할 때 산소 몰수 : 5[mol]
3) 프로판이 완전연소할 때 공기 몰수
① 공기 중 산소농도는 21%이므로
공기[mol]×0.21=산소[mol]
② 공기[mol]=산소[mol]/0.21
③ 공기[mol]=5[mol]/0.21=23.81[mol]

08 화재 시 발생하는 연소가스에 포함되어 이 가스의 화학적 작용에 의해 헤모글로빈(Hb)이 인체에서 혈액의 산소를 운반하는 것을 저해하여 사람을 질식 · 사망하게 하는 가스의 명칭은?

① CO_2　　② CO
③ HCN　　④ H_2S

해설

① 이산화탄소(CO_2)
독성은 없으나 농도에 따라 인체에 영향을 미쳐 사망에 이를 수 있다.
② 일산화탄소(CO)
혈액의 헤모글로빈이 산소를 운반하는 것을 방해하여 체내의 산소 부족을 유발한다. 그 결과 두통, 어지럼증 등이 발생하고 심해지면 사망에 이른다.
③ 시안화수소(HCN)
독성이 매우 높은 가스로서 석유제품, 유지, 플라스틱의 불완전연소 시 발생된다. 증기비중이 공기보다 가볍다.
④ 황화수소(H_2S)
황 화합물이 불완전연소 시 발생되며 달걀 썩는 냄새가 난다.

09 상온, 상압에서 액체인 물질은?

① CO_2
② Halon 1301
③ Halon 1211
④ Halon 2402

해설

할론소화약제의 물성

구분	Halon 1211	Halon 1301	Halon 2402	Halon 1011
화학식	CF_2ClBr	CF_3Br	$C_2F_4Br_2$	CH_2ClBr
분자량	165.4	148.9	259.8	129.4
증기비중	5.7	5.13	8.96	4.46
상온, 상압에서 상태	기체	기체	액체	액체

10 화재 최성기 때의 농도로 유도등이 보이지 않을 정도의 연기농도는?(단, 감광계수로 나타낸다.)

① $0.1m^{-1}$　　② $1m^{-1}$
③ $10m^{-1}$　　④ $30m^{-1}$

해설

감광계수와 가시거리의 관계

감광계수 $Cs[m^{-1}]$	가시거리 d[m]	상황
0.1	20~30	연기감지기가 작동할 때의 농도
0.3	5	건물 내부에 익숙한 사람이 피난에 지장을 느낄 정도의 농도
0.5	3	어두컴컴함을 느낄 정도의 농도
1	1~2	앞이 거의 보이지 않을 정도의 농도
10	0.2~0.5	화재 최성기 때의 농도

11 화재의 분류방법 중 유류화재를 나타낸 것은?

① A급 화재　　② B급 화재
③ C급 화재　　④ D급 화재

해설

화재의 분류

구분	화재의 종류	표시색	주된 소화효과
A급 화재	일반화재	백색	냉각소화
B급 화재	유류, 가스화재	황색	질식소화
C급 화재	전기화재(통전)	청색	질식소화
D급 화재	금속화재	무색	질식소화
K급 화재	주방화재	–	냉각, 질식소화

정답 08 ② 09 ④ 10 ③ 11 ②

12 요리용 기름이나 지방질 기름의 화재 시 소화효과가 가장 우수한 분말소화약제는?

① 1종 분말소화약제
② 2종 분말소화약제
③ 3종 분말소화약제
④ 4종 분말소화약제

해설

분말소화약제의 비누화 현상

제1종 분말소화약제(탄산수소나트륨 : $NaHCO_3$)를 지방이나 식용유의 화재에 사용하면 탄산수소나트륨의 Na^+이온과 기름의 지방산이 결합하여 비누거품을 형성하고 이 비누거품이 가연물을 덮어 산소공급을 차단하여 소화효과를 높이게 되는데, 이를 분말소화약제의 비누화 현상이라고 한다.

13 화재실 혹은 화재공간의 단위바닥면적에 대한 등가가연물량의 값을 화재하중이라 하며 식으로 표시할 경우에는 $Q = \Sigma(G_t \cdot H_t)/H \cdot A$와 같이 표현할 수 있다. 여기에서 H는 무엇을 나타내는가?

① 목재의 단위발열량
② 가연물의 단위발열량
③ 화재실 내 가연물의 전체 발열량
④ 목재의 단위발열량과 가연물의 단위발열량을 합한 것

해설

건축물의 화재하중

1) 정의 : 화재구역의 단위면적당 (목재로 환산한) 가연물의 양 [kg/m²]

2) 화재하중의 계산

$$Q[\text{kg/m}^2] = \frac{\Sigma G_t H_t}{HA} = \frac{\Sigma G_t H_t}{4{,}500A}$$

여기서, Q : 화재하중[kg/m²]
G_t : 가연물의 양[kg]
H_t : 가연물의 단위중량당 발열량[kcal/kg]
H : 목재의 단위중량당 발열량(4,500kcal/kg)
A : 바닥면적[m²]

14 건축물에 설치하는 방화구획의 설치기준 중 스프링클러설비를 설치한 11층 이상의 층은 바닥면적 몇 m² 이내마다 방화구획을 하여야 하는가?(단, 벽 및 반자의 실내에 접하는 부분의 마감은 불연재료가 아닌 경우이다.)

① 200 ② 600
③ 1,000 ④ 3,000

해설

1) 방화구획의 내상
내화구조 또는 불연재료로 된 건축물로서 연면적이 1,000m²를 넘는 것

2) 방화구획의 종류
① 면적별 방화구획
② 층별 방화구획
③ 용도별 방화구획

3) 면적별 방화구획의 기준

구획 층		구획방법	자동식 소화설비 설치 시
지상 10층 이하 (지하층 포함)		바닥면적 1,000m²마다 구획	바닥면적 3,000m²마다 구획
11층 이상	일반	바닥면적 200m²마다 구획	바닥면적 600m²마다 구획
	실내마감 불연재료	바닥면적 500m²마다 구획	바닥면적 1,500m²마다 구획

4) 층별 방화구획
매 층마다 구획할 것(다만, 지하 1층에서 지상으로 연결하는 경사로 부위는 제외)

15 지정수량 500kg인 것으로 옳지 않은 것은?

① 마그네슘 ② 금속분
③ 철분 ④ 유황

정답 12 ① 13 ① 14 ② 15 ④

해설

2류 위험물

1) 성질 : 가연성 고체

2) 품명 및 지정수량

위험등급	품명	지정수량
II	황화린	100kg
	적린	
	유황(순도 60w% 이상)	
III	철분(철의 분말로서 53μm의 표준체를 통과하는 것이 50w% 미만인 것은 제외)	500kg
	마그네슘 • 2mm 체를 통과하지 아니하는 덩어리 상태의 것은 제외 • 직경 2mm 이상의 막대 모양의 것은 제외	
	금속분 • 구리분 · 니켈분 제외 • 150μm체를 통과하는 것이 50w% 미만 제외	
	인화성 고체(고형알코올 그 밖에 1기압에서 인화점이 섭씨 40도 미만인 고체)	1,000kg

16 다음 중 인화점이 가장 낮은 물질은?

① 메틸에틸케톤 ② 벤젠

③ 에탄올 ④ 디에틸에테르

해설

1) 인화점(Flash Point)

① 가연성 혼합기(연소범위)를 형성할 수 있는 최저온도를 인화점이라 한다.

② 인화점이 낮을수록 위험성은 크다.

③ 인화점 이하에서는 점화원을 가하여도 불꽃연소는 발생하지 않는다.

2) 각 물질의 인화점

구분	메틸에틸케톤	벤젠	에탄올	디에틸에테르
제4류 위험물	1석유류	1석유류	알코올류	특수인화물
인화점	−9℃	−11℃	13℃	−45℃

17 액화가스 저장탱크의 누설로 부유 또는 확산된 액화가스가 착화원과 접촉하여 액화가스가 공기 중으로 확산, 폭발하는 현상은?

① Slop Over ② Froth Over

③ Boil Over ④ BLEVE

해설

① 슬롭오버(Slop Over) : 연소하고 있는 액면에 물이 뿌려지면 액면의 기름과 물이 함께 탱크 외부로 비산하는 현상

② 프로스오버(Froth Over) : 물이 점성이 있는 뜨거운 기름 표면 아래에서 끓을 때 화재를 수반하지 않고 용기가 넘치는 현상

③ 보일오버(Boil Over) : 중질유 화재 시 탱크 하부의 물이 팽창하여 물과 기름이 비산, 분출하는 현상

④ 블레비(BLEVE) : 탱크 주위 화재로 탱크 내 인화성 액체가 비등하고 가스부분의 압력이 상승하여 탱크가 파괴되고 폭발을 일으키는 현상

18 1기압, 100℃에서의 물 1g의 기화잠열은 약 몇 cal인가?

① 425 ② 539

③ 647 ④ 734

해설

잠열

물질의 온도변화는 없이 상태변화에만 필요한 열량

1) 물의 기화잠열 : 539[cal/g], 539[kcal/kg]

1기압, 100℃에서의 물 1kg을 기화시키는 데 필요한 열량

$$Q = m \cdot \gamma$$

여기서, Q : 잠열량[kcal]

m : 질량[kg]

γ : 잠열[kcal/kg]

2) 물의 융해잠열 : 80[cal/g], 80[kcal/kg]

1기압, 0℃에서의 얼음 1kg을 융해시키는 데 필요한 열량

정답 16 ④ 17 ④ 18 ②

19 다음 원소 중 수소와의 결합력이 가장 큰 것은?

① F　② Cl
③ Br　④ I

해설

할로겐원소의 전기음성도(결합력) 및 소화효과
1) 전기음성도(결합력)의 크기 : F>Cl>Br>I
2) 소화효과의 크기 : F<Cl<Br<I

20 환기 · 난방 또는 냉방시설의 풍도가 방화구획을 관통하는 경우 그 관통부분 또는 이에 근접한 부분에 설치하는 방화댐퍼의 설명으로 틀린 것은?

① 화재로 인한 연기 또는 불꽃을 감지하여 자동적으로 닫히는 구조로 하여야 한다.
② 방화댐퍼는 내화성능시험 결과 비차열 1시간 이상의 성능을 확보하여야 한다.
③ 방화댐퍼의 방연시험 방법에서 규정한 방연성능을 확보하여야 한다.
④ 주방 등 연기가 항상 발생하는 부분에는 연기를 감지하여 자동적으로 닫히는 구조로 할 수 있다.

해설

방화댐퍼
1) 정의
　환기 · 난방 또는 냉방시설의 풍도가 방화구획을 관통하는 경우 그 관통부분 또는 이에 근접한 부분에 설치하여 방화구획을 형성하는 댐퍼
2) 방화댐퍼 성능기준 및 구성
　① KS F 2257-1(건축부재의 내화시험)의 내화성능시험 결과 비차열 1시간 이상의 성능 확보
　② KS F 2822(방화댐퍼의 방연시험 방법)에서 규정한 방연성능 확보
　③ 화재로 인한 연기 또는 불꽃을 감지하여 자동적으로 닫히는 구조로 할 것
　④ 주방 등 연기가 항상 발생하는 부분에는 온도를 감지하여 자동적으로 닫히는 구조로 할 수 있다.

2과목 소방유체역학

21 그림과 같은 물탱크에서 원형 형상의 출구를 통해 물이 유출되고 있다. 출구의 형상을 동일한 단면적의 사각형으로 변경했을 때 유출되는 유량의 변화는?(단, 사각 및 원형 형상 출구의 손실계수는 각각 0.5 및 0.04이다.)

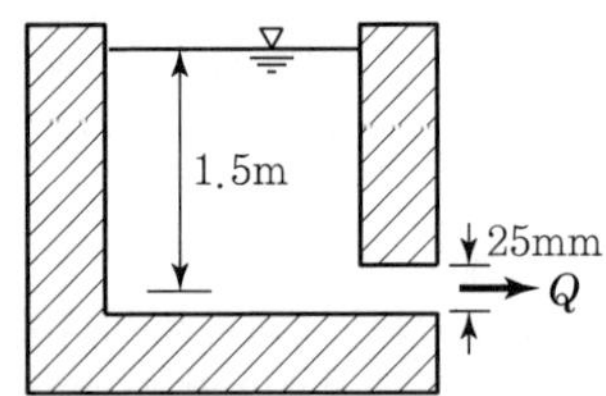

① 0.00044m^3/s만큼 증가한다.
② 0.00044m^3/s만큼 감소한다.
③ 0.00088m^3/s만큼 증가한다.
④ 0.00088m^3/s만큼 감소한다.

해설

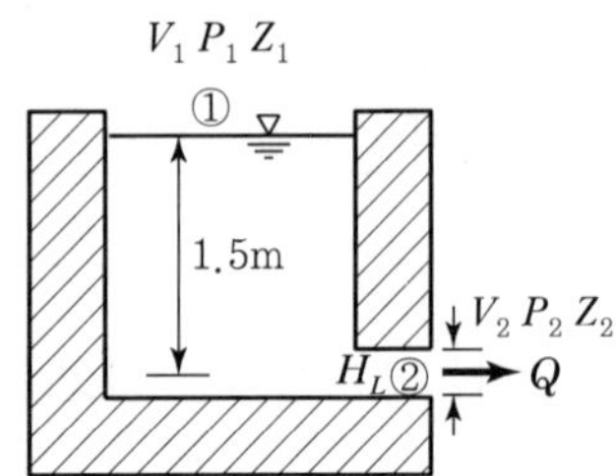

수정 베르누이 방정식(Modified Bernoulli's Equation)
손실수두를 고려한 베르누이 방정식

$$\frac{V_1^{\,2}}{2g}+\frac{P_1}{\gamma}+Z_1=\frac{V_2^{\,2}}{2g}+\frac{P_2}{\gamma}+Z_2+H_L$$

여기서, $\frac{V^2}{2g}$: 속도수두[m], $\frac{P}{\gamma}$: 압력수두[m]
Z : 위치수두[m], V : 유속[m/s]
P : 압력[N/m^2], Z : 높이[m]
g : 중력가속도[m/s^2], γ : 비중량[N/m^3]
H_L : 마찰손실수두

정답 19 ① 20 ④ 21 ②

1) 조건 정리

① $V_1 \ll V_2$이므로 $V_1 = 0$

② $Z_1 - Z_2 = 1.5[\mathrm{m}]$

③ P_1, P_2는 대기압이므로 게이지압은 0이다.

④ 급격한 축소관에서의 부차적 손실

$$H_L = K \cdot \frac{V_2^{\ 2}}{2g}$$

여기서, H_l : 부차적 손실수두[m]
K : 부차적 손실계수
V_2 : 축소관의 유속[m/sec]

⑤ $\frac{0^2}{2g} + \frac{0}{\gamma} + Z_1 = \frac{V_2^{\ 2}}{2g} + \frac{0}{\gamma} + Z_2 + K \cdot \frac{V_2^2}{2g}$

$Z_1 - Z_2 = \frac{V_2^{\ 2}}{2g} + K \cdot \frac{V_2^2}{2g}$

$1.5 = \frac{V_2^{\ 2}(1+K)}{2g}$

$V_2^2 = \frac{1.5 \times 2g}{(1+K)}$

$V_2 = \sqrt{\frac{1.5 \times 2g}{1+K}}$

2) 유속 계산

① 원형 형상일 때 유속

$V_2 = \sqrt{\frac{1.5 \times 2 \times 9.8}{1+0.04}} = 5.32[\mathrm{m/s}]$

② 사각 형상일 때 유속

$V_2 = \sqrt{\frac{1.5 \times 2 \times 9.8}{1+0.5}} = 4.427[\mathrm{m/s}]$

3) 유량 계산

단면적은 동일하므로

$A = \frac{\pi \times 0.025^2}{4} = 0.00049[\mathrm{m}^2]$

① 원형 형상일 때 유량

$Q_{원형} = 0.00049 \times 5.32 = 0.002606[\mathrm{m}^3/\mathrm{s}]$

② 사각 형상일 때 유량

$Q_{사각} = 0.00049 \times 4.427 = 0.002169[\mathrm{m}^3/\mathrm{s}]$

4) 유출되는 유량의 변화

$\Delta Q = Q_{사각} - Q_{원형}$

$= 0.002169 - 0.002606 = -0.00044$

사각형으로 바꾸면 원형보다 $0.00044[\mathrm{m}^3/\mathrm{s}]$만큼 감소한다.

22 그림과 같이 수조의 밑부분에 구멍을 뚫고 물을 유량 Q로 방출시키고 있다. 손실을 무시할 때 수위가 처음 높이의 1/2로 되었을 때 방출되는 유량은 어떻게 되는가?

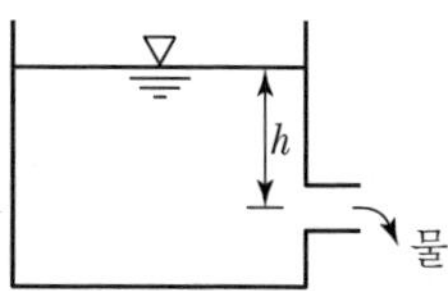

① $\frac{1}{\sqrt{2}}Q$ ② $\frac{1}{2}Q$

③ $\frac{1}{\sqrt{3}}Q$ ④ $\frac{1}{3}Q$

해설

연속방정식과 토리첼리식

$$Q = AV \qquad V = \sqrt{2gh} \qquad Q = A\sqrt{2gh}$$

여기서, Q : 유량[m^3/s], A : 배관의 단면적[m^2]
V : 유속[m/s], h : 높이[m]

[풀이]

1) 처음 상태의 유량

$Q_1 = A\sqrt{2gh}\ [\mathrm{m}^3/\mathrm{s}]$

2) 수위가 처음 높이의 1/2로 되었을 때 방출되는 유량

$Q_2 = A\sqrt{2g \times \frac{1}{2}h} = A\sqrt{gh}\ [\mathrm{m}^3/\mathrm{s}]$

3) $\frac{Q_2}{Q_1} = \frac{A\sqrt{gh}}{A\sqrt{2gh}}$

$Q_2 = \frac{1}{\sqrt{2}}Q_1$

정답 22 ①

23 비중이 2인 유체가 정상 유동하고 있다. 동압이 400kPa이라면 이 유체의 유속은 몇 m/s인가?

① 10 ② 14.1 ③ 20 ④ 28.3

해설

토리첼리 식

$$V = \sqrt{2gh}$$

여기서, V : 유속[m/s], h : 속도수두[m]
g : 중력가속도[m/s^2]

[풀이]

1) 비중량

$\gamma = S\,\gamma_w$

여기서, S : 비중, γ_w : 물의 비중량[N/m^3]

$= 2 \times 9{,}800 = 19{,}600[\text{N/m}^3] = 19.6[\text{kN/m}^3]$

2) 속도수두

$h[\text{m}] = \dfrac{P}{\gamma}$

여기서, γ : 비중량[N/m^3], P : 동압[N/m^2]

$= \dfrac{400[\text{kN/m}^2]}{19.6[\text{kN/m}^3]} = 20.41[\text{m}]$

3) 유속

$V = \sqrt{2gh}$

$= \sqrt{2 \times 9.8 \times 20.41} = 20[\text{m/s}]$

24 다음 중 동일한 액체의 물성치를 나타낸 것이 아닌 것은?

① 비중이 0.8
② 밀도가 800kg/m^3
③ 비중량이 7,840N/m^3
④ 비체적이 1.25m^3/kg

해설

① S=0.8

② ρ=800kg/m^3, $S = \dfrac{\rho}{\rho_w} = \dfrac{800[\text{kg/m}^3]}{1{,}000[\text{kg/m}^3]}$ =0.8

③ γ =7,840N/m^3, $S = \dfrac{\gamma}{\gamma_w} = \dfrac{7{,}840[\text{N/m}^3]}{9{,}800[\text{N/m}^3]}$ =0.8

④ V_S=1.25m^3/kg, $\rho = \dfrac{1}{V_S} = \dfrac{1}{1.25}$ =0.8[kg/m^3]

$S = \dfrac{\rho}{\rho_w} = \dfrac{0.8[\text{kg/m}^3]}{1{,}000[\text{kg/m}^3]} = 0.00008$

25 외부지름이 30cm이고 내부지름이 20cm인 길이 10m의 환형(Annular) 관에 물이 2m/s의 평균속도로 흐르고 있다. 이때 손실수두가 1m일 때, 수력직경에 기초한 마찰계수는 얼마인가?

① 0.049 ② 0.054 ③ 0.065 ④ 0.078

해설

1) 수력반경(R_h) : 원형 단면에 적용하는 식을 비원형 단면에도 적용하기 위하여 수력반경을 적용한다.

$$R_h = \frac{A}{P} \qquad 수력반경 = \frac{접수면적}{접수길이}$$

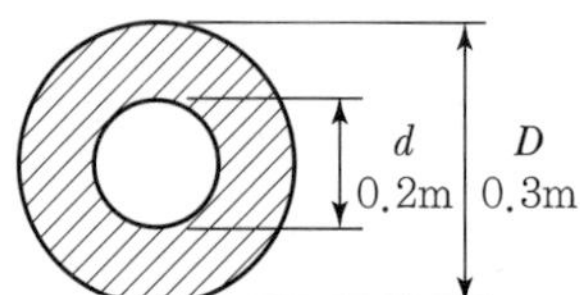

[환형 2중관]

① 접수면적 : 빗금 친 부분으로 물이 흐르므로 접수면적은 빗금 친 부분의 면적이다.

$A = \dfrac{\pi D^2}{4} - \dfrac{\pi d^2}{4} = \dfrac{\pi(D^2 - d^2)}{4}$

$A = \dfrac{\pi(0.3^2 - 0.2^2)}{4} = 0.039[\text{m}^2]$

② 접수길이 : 큰 원의 원주길이와 작은 원의 원주길이의 합

$P = \pi D + \pi d = \pi(D+d)$

$= \pi(0.3 + 0.2) = 1.57[\text{m}]$

③ 수력반경

$R_h = \dfrac{A}{P} = \dfrac{0.039}{1.57} = 0.025[\text{m}]$

2) 수력직경(D_h) : 비원형 단면을 원형 단면으로 적용했을 때의 직경을 말한다.

정답 23 ③ 24 ④ 25 ①

$$D_h = 4R_h$$

수력직경(수력지름) $D_h = 4 \times 0.025 = 0.1$[m]

※ 2중관의 수력직경은 큰 원의 직경에서 작은 원의 직경을 빼주는 방법으로 쉽게 구할 수 있다.
(0.3−0.2=0.1[m])

3) 비원형 관 내 유동에서의 마찰손실수두

$$H_l = f\frac{l}{D_h}\frac{V^2}{2g}$$

여기서, H_l : 마찰손실수두[m], f : 관마찰계수
D_h : 수력직경[m], l : 직관의 길이[m]
V : 유체의 유속[m/sec]

$$1 = f \times \frac{10}{0.1} \times \frac{2^2}{2 \times 9.8}$$

$$f = \frac{1 \times 0.1 \times 2 \times 9.8}{10 \times 2^2} = 0.049$$

26 지름 2cm의 금속 공은 선풍기를 켠 상태에서 냉각하고, 지름 4cm의 금속 공은 선풍기를 끄고 냉각할 때 동일 시간당 발생하는 대류열전달량의 비(2cm 공 : 4cm 공)는?(단, 두 경우 온도 차는 같고, 선풍기를 켜면 대류열전달계수가 10배가 된다고 가정한다.)

① 1 : 0.3375 ② 1 : 0.4
③ 1 : 5 ④ 1 : 10

해설

대류(Convection)

1) 정의 : 입자들 간의 직접 에너지 교환이 아니라 유체의 운동에 의해 에너지를 가진 입자가 공간상을 이동하는 과정
2) 뉴턴의 냉각법칙(Newton's Law of Cooling)

$$q[\mathrm{W}] = hA\Delta T$$

여기서, q : 열전달량[W]
h : 대류열전달계수[W/m^2 · K]
A : 열전달면적[m^2]
ΔT : 온도 차[K]

[풀이]

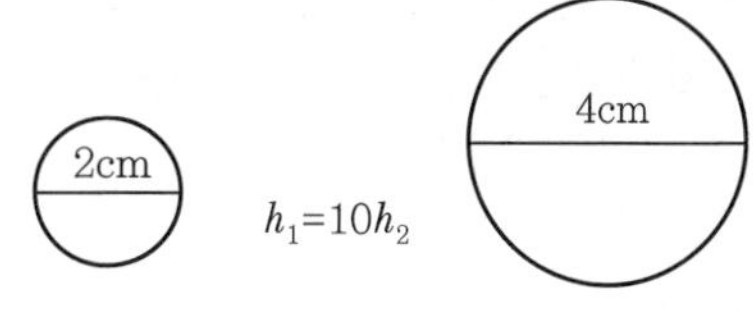

선풍기 on 선풍기 off
반지름 : r_1=0.01m r_2=0.02m

$q_1[\mathrm{W}] = h_1A_1\Delta T_1$, $q_2[\mathrm{W}] = h_2A_2\Delta T_2$

여기서, $h_1 = 10h_2$, $\Delta T_1 = \Delta T_2$

구의 표면적 $A = 4\pi r^2$

$q_1[\mathrm{W}] : q_2[\mathrm{W}]$

$= 10h_2 \times 4 \times \pi \times 0.01^2 : h_2 \times 4 \times \pi \times 0.02^2$

$q_1[\mathrm{W}] : q_2[\mathrm{W}] = 0.001 : 0.0004$

양변을 0.001로 나누면

$q_1[\mathrm{W}] : q_2[\mathrm{W}] = 1 : 0.4$

27 소방펌프의 회전수를 2배로 증가시키면 소방펌프 동력은 몇 배로 증가하는가?(단, 기타 조건은 동일)

① 2 ② 4
③ 6 ④ 8

해설

상사의 법칙

1) 유량(Q)에서의 상사의 법칙

$$\frac{Q_2}{Q_1} = \left(\frac{N_2}{N_1}\right)\left(\frac{D_2}{D_1}\right)^3$$

2) 양정(H)에서의 상사의 법칙

$$\frac{H_2}{H_1} = \left(\frac{N_2}{N_1}\right)^2\left(\frac{D_2}{D_1}\right)^2$$

3) 동력(P)에서의 상사의 법칙

$$\frac{P_2}{P_1} = \left(\frac{N_2}{N_1}\right)^3\left(\frac{D_2}{D_1}\right)^5$$

여기서, N : 회전수[rpm]
D : 임펠러의 직경[m]

정답 26 ② 27 ④

[풀이]

N_1 : 변경 전 회전수, N_2 : 변경 후 회전수($=2N_1$)

P_1 : 변경 전 펌프동력, P_2 : 변경 후 펌프동력

$$\frac{P_2}{P_1}=\left(\frac{N_2}{N_1}\right)^3,\ P_2=\left(\frac{N_2}{N_1}\right)^3\times P_1$$

$$P_2=\left(\frac{2N_1}{N_1}\right)^3\times P_1$$

$$=\frac{2^3\times N_1^3}{N_1^3}\times P_1=2^3\times P_1=8P_1$$

28 물리량을 질량(M), 길이(L), 시간(T)의 기본차원으로 나타냈을 때 틀린 것은?

① 에너지 : ML^2T^{-2}

② 응력 : $ML^{-1}T^{-2}$

③ 운동량 : MLT^{-2}

④ 표면장력 : MT^{-2}

해설

① 에너지(일) : 일을 할 수 있는 능력

$W[\mathrm{J}]=F[\mathrm{N}]\cdot d[\mathrm{m}]$

여기서, $F[\mathrm{N}]=m[\mathrm{kg}]\cdot a[\mathrm{m/s^2}]$이므로

$W[\mathrm{J}]=m[\mathrm{kg}]\cdot a[\mathrm{m/s^2}]\cdot d[\mathrm{m}]$

$=m\cdot a\cdot d\,[\mathrm{kg\cdot m^2/s^2}]$

단위$[\mathrm{kg\cdot m^2/s^2}]$ → 차원$[\mathrm{ML^2T^{-2}}]$

② 응력 : 외부에서 주어지는 힘으로서 단위면적당 작용하는 힘

$\sigma=\frac{F}{A}[\mathrm{N/m^2}]$

여기서, $F[\mathrm{N}]=m[\mathrm{kg}]\cdot a[\mathrm{m/s^2}]$이므로

$\sigma=m[\mathrm{kg}]\cdot a[\mathrm{m/s^2}]/A[\mathrm{m^2}]$

$=m\cdot a/A\,[\mathrm{kg/(m\cdot s^2)}]$

단위$[\mathrm{kg/(m\cdot s^2)}]$ → 차원$[\mathrm{ML^{-1}T^{-2}}]$

③ 운동량 : 물체가 운동하는 세기로서 물체의 질량과 속도의 곱으로 나타낸다.

$\vec{p}=m[\mathrm{kg}]\cdot V[\mathrm{m/s}]$

$=m\cdot V[\mathrm{kg\cdot m/s}]$

단위$[\mathrm{kg\cdot m/s}]$ → 차원$[\mathrm{MLT^{-1}}]$

④ 표면장력 : 액체의 표면(혹은 계면)을 최소화하는 방향으로 작용하는 힘

$\sigma=\frac{\Delta Pd}{4}[\mathrm{N/m}]$

여기서, $F[\mathrm{N}]=m[\mathrm{kg}]\cdot a[\mathrm{m/s^2}]$이므로

$\mathrm{N/m}=\mathrm{kg}\cdot(\mathrm{m/s^2})/\mathrm{m}$

$=\mathrm{kg/s^2}$

단위$[\mathrm{kg/s^2}]$ → 차원$[\mathrm{MT^{-2}}]$

29 비열에 대한 다음 설명 중 틀린 것은?

① 정적비열은 체적이 일정하게 유지되는 동안 온도변화에 대한 내부에너지 변화율이다.

② 정압비열을 정적비열로 나눈 것이 비열비이다.

③ 정압비열은 압력이 일정하게 유지될 때 온도변화에 대한 엔탈피 변화율이다.

④ 비열비는 일반적으로 1보다 크나 1보다 작은 물질도 있다.

해설

비열

1) 정적비열

① 정적과정에서 단위질량을 1[℃] 올리는 데 필요한 열량

② 정적과정에서 온도변화에 대한 내부에너지 변화율

2) 비열비

$k=\frac{C_P}{C_V}$, 비열비는 정압비열을 정적비열로 나눈 값이다.

3) 정압비열

① 정압과정에서 단위질량을 1[℃] 올리는 데 필요한 열량

② 정압과정에서 온도변화에 대한 엔탈피 변화율

4) $k=\frac{C_P}{C_V}$, 비열비는 언제나 1보다 크다.

정답 28 ③ 29 ④

30 이상기체 1kg을 35℃로부터 65℃까지 정적과정에서 가열하는 데 필요한 열량이 118kJ이라면 정압비열은?(단, 이 기체의 분자량은 4이고 일반기체상수는 8.314kJ/kmol · K이다.)

① 2.11kJ/kg · K ② 3.93kJ/kg · K
③ 5.23kJ/kg · K ④ 6.01kJ/kg · K

해설

특별기체상수

$$\overline{R} = C_P - C_V$$

여기서, $\overline{R}$: 특별기체상수[kJ/kmol · K]
C_P : 정압비열[kJ/kg · K]
C_V : 정적비열[kJ/kg · K]

[풀이]

1) Q : 정적과정에서 필요한 열량[kJ]
$Q = m \cdot C_V \cdot \Delta T$[kJ]
여기서, m : 질량[kg], ΔT : 온도 차[K]

2) 정적비열 C_V
118[kJ]=1[kg]× C_V ×[(65+273)−(35+273)][K]
$$C_V = \frac{118}{30} = 3.93\,[\text{kJ/kg} \cdot \text{K}]$$

3) 특별기체상수 $\overline{R}$
$$\overline{R} = \frac{R}{M} = \frac{8.314}{4} = 2.0785[\text{kJ/kmol} \cdot \text{K}]$$
여기서, $\overline{R}$: 특별기체상수[kJ/kmol · K]
R : 일반기체상수[kJ/kmol · K]
M : 분자량

4) 정압비열 C_P
$\overline{R} = C_P - C_V$
2.0785[kJ/kmol · K] = C_P − 3.93[kJ/kg · K]
C_P = 2.0785 + 3.93 = 6.01[kJ/kmol · K]

31 노즐의 계기압력 400kPa로 방사되는 옥내소화전에서 저수조의 수량이 10m³라면 저수조의 물이 전부 소비되는 데 걸리는 시간은 약 몇 분인가?(단, 노즐의 직경은 10mm이다.)

① 75 ② 95
③ 150 ④ 180

해설

연속방정식

$$Q[\text{m}^3/\text{s}] = AV \qquad Q[\text{m}^3/\text{s}] = \frac{\pi d^2}{4} \times \sqrt{2gH}$$

여기서, A : 배관의 단면적[m²], V : 유속[m/s]
d : 배관의 구경[m], H : 속도수두[m]

[풀이]

1) $Q = \dfrac{V[\text{m}^3]}{t[\text{s}]}$

$$H = \frac{P[\text{kN/m}^2][\text{kPa}]}{\gamma[\text{kN/m}^3]} = \frac{400\,[\text{kPa}]}{9.8\,[\text{kN/m}^3]}$$

2) $\dfrac{V[\text{m}^3]}{t[\text{s}]} = \dfrac{\pi d^2}{4} \times \sqrt{2 \times g \times \dfrac{P}{\gamma}}$

$$\frac{10}{t[\text{s}]} = \frac{\pi \times 0.01^2}{4} \times \sqrt{2 \times 9.8 \times \frac{400}{9.8}}$$
$t = 4501.58$[s]
$$t = 4501.58\text{s} \times \frac{1\text{min}}{60\text{s}} = 75\,[\text{min}]$$

32 안지름 50mm인 관에 동점성계수 $2 \times 10^{-3}\,\text{cm}^2/\text{s}$인 유체가 흐르고 있다. 층류로 흐를 수 있는 최대량은 약 얼마인가?(단, 임계레이놀즈수는 2,100으로 한다.)

① 16.5cm³/s ② 33cm³/s
③ 49.5cm³/s ④ 66cm³/s

해설

레이놀즈수(Reynolds Number)

$$Re = \frac{\rho VD}{\mu} = \frac{VD}{\nu}$$

여기서, ρ : 유체의 밀도[kg/m³]
μ : 유체의 점성계수[kg/m · s]
D : 관의 직경[m]
ν : 유체의 동점성계수[m²/s]
V : 유속[m/s]

정답 30 ④ 31 ① 32 ①

[풀이]

1) 유속 V

$$Re = \frac{VD}{\nu},\ 2{,}100 = \frac{V \times 5[\text{cm}]}{2 \times 10^{-3}[\text{cm}^2/\text{s}]}$$

여기서, D : 50[mm]=5[cm]

$$V = \frac{2{,}100 \times 2 \times 10^{-3}}{5} = 0.84[\text{cm/s}]$$

2) 유량 Q

$$Q = AV = \frac{\pi \times 5^2}{4} \times 0.84 = 16.5[\text{cm}^3/\text{s}]$$

33 펌프에 대한 설명 중 틀린 것은?

① 회전식 펌프는 대용량에 적당하며 고장 수리가 간단하다.
② 기어 펌프는 회전식 펌프의 일종이다.
③ 플런저 펌프는 왕복식 펌프이다.
④ 터빈 펌프는 고양정, 대용량에 적합하다.

해설

펌프의 종류

1) 회전식 펌프

케이싱 내의 회전자를 회전시켜 액체를 연속으로 수송하는 펌프로 점성이 큰 액체의 압송에 적합하고 소용량 고양정 펌프이다. 회전식 펌프의 종류는 다음과 같다.

① 기어 펌프
② 베인 펌프
③ 나사 펌프
④ 스크류 펌프

2) 왕복식 펌프

피스톤의 왕복운동에 의해 액체를 송수하는 펌프로 점성이 큰 액체나 고양정에 이용되는 펌프이다. 왕복식 펌프의 종류는 다음과 같다.

① 피스톤 펌프
② 플런저 펌프
③ 다이어프램 펌프

3) 원심 펌프(Centrifugal Pump)

소화 펌프 중 가장 널리 사용되고 있는 펌프로서 회전차(Impeller)의 원심력을 이용하여 액체를 송수하는 펌프이다. 원심 펌프의 종류는 다음과 같다.

① 볼류트 펌프(Volute Pump) : 케이싱 내부에 안내깃(Guide Vane)이 없는 펌프로 저양정, 대유량에서 주로 사용한다.
② 터빈 펌프(Turbine Pump) : 케이싱 내부에 안내깃(Guide Vane)이 있는 펌프로 고양정, 소유량에서 주로 사용한다.

34 관의 단면적이 0.6m^{2}에서 0.2m^{2}로 감소하는 수평 원형 축소관으로 공기를 수송하고 있다. 관마찰 손실은 없는 것으로 가정하고 7.26N/s의 공기가 흐를 때 압력 감소는 몇 Pa인가?(단, 공기밀도는 1.23kg/m^{3}이다.)

① 4.96 ② 5.58
③ 6.20 ④ 9.92

해설

관 내 압력 차($P_1 - P_2$)

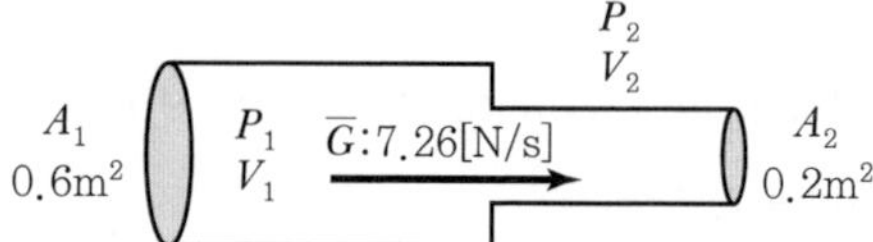

1) 베르누이 방정식

$$\frac{V_1^{\ 2}}{2g} + \frac{P_1}{\gamma} + Z_1 = \frac{V_2^{\ 2}}{2g} + \frac{P_2}{\gamma} + Z_2$$

여기서, $\frac{V^2}{2g}$: 속도수두[m], $\frac{P}{\gamma}$: 압력수두[m]
Z : 위치수두[m], V : 유속[m/s]
P : 압력[N/m^2], Z : 높이[m]
g : 중력가속도[m/s^2], γ : 비중량[N/m^3]

2) 중량유량($\overline{G}$[N/s][kg$_f$/s] : Weight Flowrate)

$$\overline{G}[\text{N/s}] = \gamma A V \qquad \gamma_1 A_1 V_1 = \gamma_2 A_2 V_2$$

여기서, γ : 비중량[N/m^3]
A : 배관의 단면적[m^2]
V : 유속[m/s]

[풀이]

1) $\overline{G} = 7.26[\text{N/s}]$, $A_1 = 0.6[\text{m}^2]$, $A_2 = 0.2[\text{m}^2]$
$\rho = 1.23[\text{kg/m}^3]$

정답 33 ① 34 ①

$\gamma = \rho g = 1.23[N \cdot s^2/m^4] \times 9.8[m/s^2]$
$= 12.054[N/m^3]$

2) $\overline{G}[N/s] = \gamma A_1 V_1$

$7.26[N/s] = 12.054[N/m^3] \times 0.6[m^2] \times V_1$

$$V_1 = \frac{7.26}{12.054 \times 0.6} = 1[m/s]$$

3) $\overline{G}[N/s] = \gamma A_2 V_2$

$7.26[N/s] = 12.054[N/m^3] \times 0.2[m^2] \times V_2$

$$V_2 = \frac{7.26}{12.054 \times 0.2} = 3.01[m/s]$$

4) 베르누이 방정식

$$\frac{V_1^2}{2g} + \frac{P_1}{\gamma} + Z_1 = \frac{V_2^2}{2g} + \frac{P_2}{\gamma} + Z_2$$

여기서, 수평배관이므로 $Z_1 = Z_2$

$$\frac{V_1^2}{2g} + \frac{P_1}{\gamma} = \frac{V_2^2}{2g} + \frac{P_2}{\gamma}$$

$$\frac{P_1 - P_2}{\gamma} = \frac{V_2^2 - V_1^2}{2g}$$

$$P_1 - P_2 = \frac{V_2^2 - V_1^2}{2g} \times \gamma$$

$$P_1 - P_2 = \frac{3.01^2 - 1^2}{2 \times 9.8} \times 12.054 = 4.96[Pa]$$

압력 차 $\triangle P = 4.96[Pa]$

35 길이 100m, 직경 50mm인 상대조도 0.01인 원형 수도관 내에 물이 흐르고 있다. 관 내 평균유속이 2m/s에서 4m/s로 2배 증가하였다면 압력손실은 몇 배로 되겠는가?(단, 유동은 마찰계수가 일정한 완전 난류로 가정한다.)

① 1.41배　　② 2배
③ 4배　　④ 8배

해설

1) 패닝의 법칙(Fanning's Law)
난류에서 마찰손실수두를 계산할 때 사용한다.

$$H_l = f \frac{l}{d} \frac{2V^2}{g}$$

여기서, H_l : 마찰손실수두[m], f : 관마찰계수
d : 배관의 직경[m], V : 유속[m/s]

2) 위 식에서 마찰손실수두와 유속은 제곱에 비례한다.

① $H_l \propto V^2$

② $H_1 : V_1^2 = H_2 : V_2^2$, $H_1 : 2^2 = H_2 : 4^2$
$4H_2 = 16H_1$, $H_2 = 4H_1$

36 펌프에서 기계효율이 0.8, 수력효율이 0.85, 체적효율이 0.75인 경우 전효율은 얼마인가?

① 0.51　　② 0.68
③ 0.8　　④ 0.9

해설

펌프의 전효율 η_t

$$\eta_t = \text{수력효율} \times \text{체적효율} \times \text{기계적 효율}$$

[풀이]
$\eta_t = 0.8 \times 0.85 \times 0.75 = 0.51$

37 수직유리관 속의 물기둥의 높이를 측정하여 압력을 측정할 때, 모세관현상에 의한 영향이 0.5mm 이하가 되도록 하려면 관의 반경은 최소 몇 mm가 되어야 하는가?(단, 물의 표면장력은 0.0728N/m, 물−유리−공기 조합에 대한 접촉각은 0°로 한다.)

① 2.97　　② 5.94
③ 29.7　　④ 59.4

해설

모세관의 상승높이

$$h = \frac{4\sigma\cos\theta}{\gamma d}$$

여기서, h : 모세관의 높이[m], σ : 표면장력[N/m]
γ : 유체의 비중량[N/m³], d : 관의 직경
θ : 접촉각

정답　35 ③　36 ①　37 ③

[풀이]

1) 관의 직경 d

h : 0.5[mm]=0.0005[m], σ : 0.0728[N/m]

γ : 9,800[N/m^3], θ : 0°, d : 관의 직경

$$0.0005 = \frac{4 \times 0.0728 \times \cos 0°}{9{,}800 \times d}$$

$$d = \frac{4 \times 0.0728 \times \cos 0°}{9{,}800 \times 0.0005}$$

$$= 0.059429[\text{m}] = 59.43[\text{mm}]$$

2) 관의 반경 r

$$r = \frac{d}{2}$$

여기서, r : 관의 반경[mm], d : 관의 직경[mm]

$$r = \frac{59.43[\text{mm}]}{2} = 29.72[\text{mm}]$$

38 어떤 밀폐계가 압력 200kPa, 체적 0.1m^{3}인 상태에서 100kPa, 0.3m^{3}인 상태까지 가역적으로 팽창하였다. 이 과정의 $P-V$선도가 직선으로 표시된다면 이 과정 동안에 계가 한 일은 몇 kJ인가?

① 20 ② 30 ③ 45 ④ 60

해설

계가 한 일 W

$$W[\text{kJ}] = PV$$

여기서, P : 압력[kPa][kN/m^2], V : 체적[m^3]

[풀이]

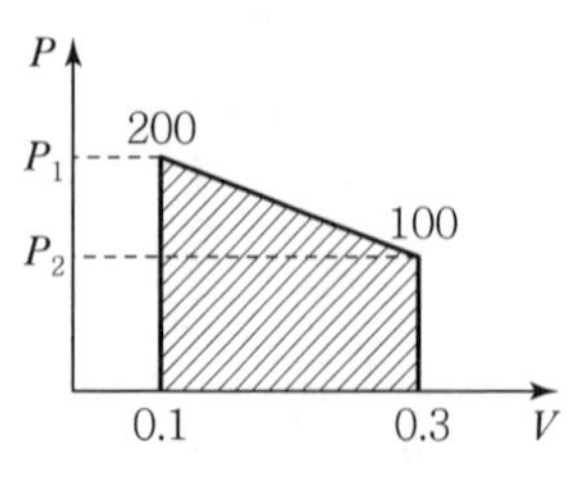

[$P-V$ 선도]

그림에서 빗금 친 면적이 계가 한 일이 된다.

$$W = 100 \times (0.3-0.1) + \frac{(200-100) \times (0.3-0.1)}{2}$$

$$= 30[\text{kJ}]$$

39 밸브가 달린 견고한 밀폐용기 안에 온도 300K, 압력 500kPa의 기체 4kg이 들어 있다. 밸브를 열어 기체 1kg을 대기로 방출한 후 밸브를 닫고 주위온도가 300K으로 일정한 분위기에서 용기를 장시간 방치하였다. 내부기체의 최종압력은 약 몇 kPa인가? (단, 이 기체는 이상기체로 간주한다.)

① 300 ② 375
③ 400 ④ 499

해설

이상기체 상태방정식

$$PV = W\bar{R}T$$

여기서, P : 절대압력[Pa][N/m^2], V : 체적[m^3]
W : 기체의 질량[kg], T : 절대온도[K]
$\bar{R}$: 특별기체상수[N · m/kg · K][J/kg · K]

[풀이]

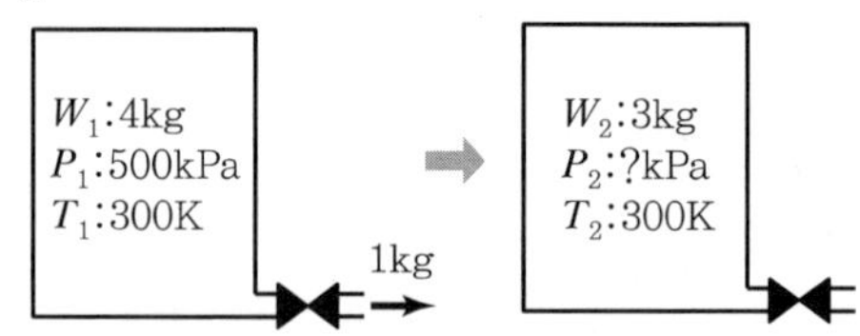

1) 밸브개폐 전후 밀폐용기 안의 기체는 같은 기체이므로 기체상수는 같다.
2) 밸브개폐 전후 밀폐용기 안의 온도는 300K으로 같다.
3) 밸브개폐 전후 밀폐용기 안의 체적은 같다.
$\therefore P \propto W$

4) $P_1 : W_1 = P_2 : W_2$

500[kPa] : 4[kg] = P_2 : 3[kg]

$4P_2 = 3 \times 500$, $P_2 = \dfrac{3 \times 500}{4}$

$P_2 = 375$[kPa]

정답 38 ② 39 ②

40 기압계에 나타난 압력이 740mmHg인 곳에서 어떤 용기 속의 계기압력이 600kPa이었다면 절대압력은 몇 kPa인가?

① 501　　② 526
③ 674　　④ 699

해설

1) 절대압=대기압+계기압
2) 절대압=대기압−진공압

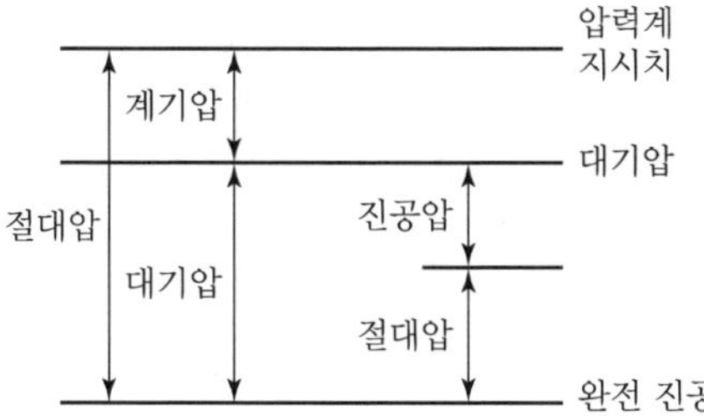

[풀이]

1) 대기압 : $740\text{mmHg} \times \dfrac{101.325\text{kPa}}{760\text{mmHg}} = 98.66[\text{kPa}]$
2) 계기압=600[kPa]
3) 절대압=98.66+600=698.66[kPa]

3과목 소방관계법규

41 소방시설관리사증 대여 또는 둘 이상의 업체에 동시에 취업한 사람에 대한 벌칙은?

① 1년 이하의 징역 또는 1000만 원 이하의 벌금
② 1년 이하의 징역 또는 3000만 원 이하의 벌금
③ 3년 이하의 징역 또는 3000만 원 이하의 벌금
④ 5년 이하의 징역 또는 5000만 원 이하의 벌금

해설

1년 이하의 징역 또는 1000만 원 이하의 벌금

1) 관계 공무원이 관계인의 정당한 업무를 방해하거나, 조사·검사 업무를 수행하면서 알게 된 비밀을 제공 또는 누설하거나 목적 외의 용도로 사용한 자
2) 관리업의 등록증이나 등록수첩을 다른 자에게 빌려준 자
3) 영업정지처분을 받고 그 영업정지기간 중에 관리업의 업무를 한 자
4) 소방시설 등에 대하여 스스로 점검을 하지 아니하거나 관리업자 등으로 하여금 정기적으로 점검하게 하지 아니한 자
5) 소방시설관리사증을 다른 자에게 빌려주거나 동시에 둘 이상의 업체에 취업한 사람
6) 제품검사에 합격하지 아니한 제품에 합격표시를 하거나 위조, 변조하여 사용한 자
7) 형식승인의 변경승인을 받지 아니한 자
8) 성능인증의 변경인증을 받지 아니한 자

42 소방시설관리사가 성실하게 자체점검 업무를 수행하지 않은 경우 2차 위반에 대한 행정처분은?

① 경고　　② 자격정지 3개월
③ 자격정지 6개월　　④ 자격취소

해설

소방시설관리사에 대한 행정처분기준

위반사항	행정처분기준		
	1차 위반	2차 위반	3차 이상 위반
1) 거짓이나 그 밖의 부정한 방법으로 시험에 합격한 경우	자격취소		
2) 대행인력의 배치기준·자격·방법 등 준수사항을 지키지 않은 경우	경고(시정명령)	자격정지 6개월	자격취소
3) 점검을 하지 않은 경우	자격정지 1개월	자격정지 6개월	자격취소
4) 거짓으로 점검한 경우	경고(시정명령)	자격정지 6개월	자격취소
5) 소방시설관리사증을 다른 사람에게 빌려준 경우	자격취소		
6) 결격사유에 해당하게 된 경우	자격취소		

정답 40 ④ 41 ① 42 ③

43 소방시설 설치 및 관리에 관한 법률상 소방용품의 형식승인을 받지 아니하고 소방용품을 제조하거나 수입한 자에 대한 벌칙기준은?

① 100만 원 이하의 벌금
② 300만 원 이하의 벌금
③ 1년 이하의 징역 또는 1천만 원 이하의 벌금
④ 3년 이하의 징역 또는 3천만 원 이하의 벌금

해설

3년 이하의 징역 또는 3천만 원 이하의 벌금

1) 소방본부장이나 소방서장의 조치명령을 위반한 경우
2) 관리업의 등록을 하지 아니하고 영업을 한 자
3) 소방용품의 형식승인을 받지 아니하고 소방용품을 제조하거나 수입한 자 또는 거짓이나 그 밖의 부정한 방법으로 형식승인을 받은 자
4) 제품검사를 받지 아니한 자 또는 거짓이나 그 밖의 부정한 방법으로 제품검사를 받은 자
5) 소방용품을 판매 · 진열하거나 소방시설공사에 사용한 자
6) 거짓이나 그 밖의 부정한 방법으로 성능인증 또는 제품검사를 받은 자
7) 제품검사를 받지 아니하거나 합격표시를 하지 아니한 소방용품을 판매 · 진열하거나 소방시설공사에 사용한 자
8) 부정한 방법으로 제46조 제1항에 따른 전문기관으로 지정을 받은 자

44 위험물안전관리법에 따라 시 · 도지사가 소방산업기술원에 업무를 위탁할 수 있는 경우가 아닌 것은?

① 용량이 50만 리터 이상인 액체위험물을 저장하는 탱크의 탱크안전성능검사
② 암반탱크의 탱크안전성능검사
③ 지정수량의 3천 배 이상의 위험물을 취급하는 제조소 또는 일반취급소의 설치 또는 변경에 따른 완공검사
④ 옥외탱크저장소(저장용량이 50만 리터 이상인 것만 해당) 또는 암반탱크저장소의 설치 또는 변경에 따른 완공검사

해설

시 · 도지사가 소방산업기술원에 업무를 위탁할 수 있는 경우

1) 탱크안전성능검사 중 다음 각 목의 탱크에 대한 탱크안전성능검사
   ① 용량이 100만 리터 이상인 액체위험물을 저장하는 탱크
   ② 암반탱크
   ③ 지하탱크저장소의 위험물탱크 중 행정안전부령으로 정하는 액체위험물탱크
2) 다음 각 목의 완공검사
   ① 지정수량의 3천 배 이상의 위험물을 취급하는 제조소 또는 일반취급소의 설치 또는 변경(사용 중인 제조소 또는 일반취급소의 보수 또는 부분적인 증설은 제외)에 따른 완공검사
   ② 옥외탱크저장소(저장용량이 50만 리터 이상인 것만 해당한다) 또는 암반탱크저장소의 설치 또는 변경에 따른 완공검사
3) 운반용기 검사

45 다음 중 특수가연물에 해당하지 않는 것은?

① 사류 1,000kg
② 낙엽 400kg
③ 나무껍질 및 대팻밥 400kg
④ 넝마 및 종이부스러기 1,000kg

해설

특수가연물의 품명 및 수량

품명		수량
면화류		200kg 이상
나무껍질 및 대팻밥		400kg 이상
넝마 및 종이부스러기		1,000kg 이상
사류(絲類)		1,000kg 이상
볏짚류		1,000kg 이상
가연성 고체류		3,000kg 이상
석탄 · 목탄류		10,000kg 이상
가연성 액체류		$2m^3$ 이상
목재가공품 및 나무부스러기		$10m^3$ 이상
합성수지류	발포시킨 것	$20m^3$ 이상
	그 밖의 것	3,000kg 이상

정답 43 ④ 44 ① 45 ②

46 특정소방대상물에 사용하는 물품으로 방염대상물품에 해당하지 않는 것은?

① 가구류
② 창문에 설치하는 커튼류
③ 무대용 합판
④ 종이벽지를 제외한 두께가 2mm 미만인 벽지류

해설

방염대상물품
1) 창문에 설치하는 커튼류(블라인드를 포함)
2) 카펫, 두께가 2mm 미만인 벽지류(종이벽지는 제외)
3) 전시용 합판 또는 섬유판, 무대용 합판 또는 섬유판
4) 암막 · 무대막
5) 섬유류 또는 합성수지류 등을 원료로 하여 제작된 소파 · 의자(단란주점영업, 유흥주점영업 및 노래연습장업의 영업장에 설치하는 것만 해당)

47 소방기본법령상 국고보조 대상사업의 범위 중 소방활동장비와 설비에 해당하지 않는 것은?

① 소방자동차
② 소방헬리콥터 및 소방정
③ 소화용수설비 및 피난구조설비
④ 방화복 등 소방활동에 필요한 소방장비

해설

1) 소방력의 기준
① 소방업무에 필요한 인력과 장비 등에 관한 기준 : 행정안전부령
② 소방력을 확충하기 위하여 필요한 계획 수립 : 시 · 도지사

2) 소방장비 등에 대한 국고보조
국가는 소방장비의 구입 등 시 · 도의 소방업무에 필요한 경비의 일부를 보조하고 보조 대상사업의 범위와 기준보조율 : 대통령령

3) 소방활동장비 및 설비의 종류와 규격 : 행정안전부령

4) 국고보조 대상사업의 범위
① 소방자동차
② 소방헬리콥터 및 소방정
③ 소방전용통신설비 및 전산설비
④ 그 밖에 방화복 등 소방활동에 필요한 소방장비
⑤ 소방관서용 청사의 건축

48 소방시설 설치 및 관리에 관한 법령상 비상경보설비를 설치하여야 할 특정소방대상물의 기준 중 옳은 것은?

① 연면적이 $400m^2$ 이상인 것
② 지하층 또는 무창층의 바닥면적이 $50m^2$ 이상인 것
③ 지하가 중 터널로서 길이가 300m 이상인 것
④ 30명 이상의 근로자가 작업하는 옥내작업장

해설

비상경보설비의 설치대상
1) 연면적 $400m^2$ 이상
2) 지하층 또는 무창층의 바닥면적이 $150m^2$(공연장의 경우 $100m^2$) 이상
3) 지하가 중 터널로서 길이가 500m 이상
4) 50명 이상의 근로자가 작업하는 옥내작업장

49 소방시설 설치 및 관리에 관한 법령상 특정소방대상물로서 운수시설에 해당되지 않는 것은?

① 여객자동차터미널
② 철도 및 도시철도시설
③ 항만시설 및 종합여객시설
④ 주차용 건축물

해설

1) 운수시설
① 여객자동차터미널
② 철도 및 도시철도시설
③ 공항시설(항공관제탑을 포함)
④ 항만시설 및 종합여객시설

2) 항공기 및 자동차 관련 시설
① 항공기격납고
② 차고, 주차용 건축물, 철골 조립식 주차시설 및 기계장치에 의한 주차시설
③ 세차장, 폐차장

정답 46 ① 47 ③ 48 ① 49 ④

④ 자동차 매매장, 자동차 검사장
⑤ 자동차 정비공장
⑥ 운전학원 · 정비학원
⑦ 다음 건축물을 제외한 건축물 내부(필로티와 건축물 지하 포함)에 설치된 주차장
• 단독주택
• 공동주택 중 50세대 미만인 연립주택 또는 50세내 미만인 다세대주택

50 위험물제조소 등에 자동화재탐지설비를 설치하여야 할 대상은?

① 옥내에서 지정수량 50배의 위험물을 저장 · 취급하고 있는 일반취급소
② 하루에 지정수량 50배의 위험물을 제조하고 있는 제조소
③ 지정수량의 100배의 위험물을 저장 · 취급하고 있는 옥내저장소
④ 연면적 $100m^2$ 이상의 제조소

해설

제조소 등별로 설치하여야 하는 경보설비의 종류
1) 자동화재탐지설비
① 제조소 및 일반취급소
• 연면적 $500m^2$ 이상인 것
• 옥내에서 지정수량의 100배 이상을 취급하는 것
② 옥내저장소
• 지정수수량의 100배 이상을 저장 또는 취급하는 것
• 저장창고의 연면적이 $150m^2$를 초과하는 것
2) 자동화재탐지설비, 자동화재속보설비, 비상경보설비, 확성장치 또는 비상방송설비 중 1종 이상
① 지정수량의 10배 이상을 저장 또는 취급하는 것

51 소방기본법에서 정의하는 용어에 대한 설명으로 틀린 것은?

① "소방대상물"이란 건축물, 차량, 선박으로서 항구에 매어둔 선박만 해당), 선박 건조 구조물, 산림, 그 밖의 인공 구조물 또는 물건을 말한다.
② "관계지역"이란 소방대상물이 있는 장소 및 그 이웃 지역으로서 화재의 예방 · 경계 · 진압, 구조 · 구급 등의 활동에 필요한 지역을 말한다.
③ "소방본부장"이란 특별시 · 광역시 · 도 또는 특별자치도에서 화재의 예방 · 경계 · 진압 · 조사 및 구조 · 구급 등의 업무를 담당하는 부서의 장을 말한다.
④ "관계인"이란 소방대상물의 소유자 · 관리자 또는 취급자를 말한다.

해설

용어의 정의
1) 소방대상물 : 건축물, 차량, 선박(항구에 매어둔 것), 선박 건조 구조물, 산림, 그 밖의 인공 구조물 또는 물건
2) 관계지역 : 소방대상물이 있는 장소 및 그 이웃 지역으로서 화재의 예방 · 경계 · 진압, 구조 · 구급 등의 활동에 필요한 지역
3) 소방본부장 : 특별시 · 광역시 · 특별자치시 · 도 또는 특별자치도(이하 "시 · 도")에서 화재의 예방 · 경계 · 진압 · 조사 및 구조 · 구급 등의 업무를 담당하는 부서의 장
4) 관계인 : 소방대상물의 소유자 · 관리자 · 점유자
5) 소방대장 : 소방본부장 또는 소방서장 등 화재, 재난 · 재해, 그 밖의 위급한 상황이 발생한 현장에서 소방대를 지휘하는 사람
6) 소방대 : 화재를 진압하고 화재, 재난 · 재해, 그 밖의 위급한 상황에서 구조 · 구급 활동 등을 하기 위하여 다음 각 목의 사람으로 구성된 조직체
소방공무원, 의무소방원, 의용소방대원

52 소방시설공사업법상 소방시설업 등록신청 신청서 및 첨부서류는 누구에게 제출하여야 하는가?

① 소방본부장 · 서장　② 시 · 도지사
③ 소방청장　④ 소방대장

해설

소방시설업
1) 소방시설업의 등록권자 : 시 · 도지사
2) 소방시설업의 업종별 영업범위 : 대통령령
3) 소방시설업 등록신청서의 첨부서류
① 신청인의 성명, 주민등록번호 및 주소지 등의 인적사항이 적힌 서류

정답 50 ③ 51 ④ 52 ②

② 다음 각 목의 기술인력 증빙서류 중 어느 하나에 해당하는 것
- 국가기술자격증
- 소방기술 인정 자격수첩 또는 소방기술자 경력수첩

③ 금융회사 또는 소방산업공제조합에 출자 · 예치 · 담보한 금액 확인서
④ 90일 이내에 작성한 자산평가액 또는 기업진단 보고서

4) 등록사항의 변경신고
변경일부터 30일 이내에 시 · 도지사에게 신고
5) 소방시설업의 등록신청 서류의 보완 : 10일 이내

53 화재, 재난 · 재해, 그 밖의 위급한 상황으로부터 국민의 생명 · 신체 및 재산을 보호하기 위하여 소방업무에 관한 종합계획을 5년마다 수립 · 시행하여야 하는 사람은?

① 시 · 도지사　② 소방청장
③ 행정안전부장관　④ 소방본부장

해설

소방업무에 관한 종합계획의 수립 · 시행 등
1) 소방청장
① 화재, 재난 · 재해, 그 밖의 위급한 상황으로부터 국민의 생명 · 신체 및 재산을 보호하기 위하여 소방업무에 관한 종합계획을 5년마다 수립 · 시행하여야 하고, 이에 필요한 재원을 확보하도록 노력하여야 한다.
② ①에 의해 수립된 종합계획을 관계 중앙행정기관의 장, 시 · 도지사에게 통보하여야 한다.
③ 소방업무의 체계적 수행을 위하여 필요한 경우 시 · 도지사가 제출한 세부계획의 보완 또는 수정을 요청할 수 있다.

2) 시 · 도지사
관할 지역의 특성을 고려하여 종합계획의 시행에 필요한 세부계획을 매년 수립하여 소방청장에게 제출하여야 하며, 세부계획에 따른 소방업무를 성실히 수행하여야 한다.

54 소방기본법령상 소방안전교육사의 배치대상별 배치기준으로 틀린 것은?

① 소방청 : 2명 이상 배치
② 소방서 : 1명 이상 배치
③ 소방본부 : 2명 이상 배치
④ 한국소방안전원(본회) : 1명 이상 배치

해설

소방안전교육사의 배치대상별 배치기준

배치대상	배치기준(명)
소방청	2 이상
소방본부	2 이상
소방서	1 이상
한국소방안전원	본회 : 2 이상, 지부 : 1 이상
한국소방산업기술원	2 이상

55 소방신호의 종류에 속하지 않는 것은?

① 경계신호　② 해제신호
③ 경보신호　④ 훈련신호

해설

1) 소방신호의 종류 및 방법
① 경계신호 : 화재예방상 필요하다고 인정되거나 화재위험 경보 시 발령
② 발화신호 : 화재가 발생한 때 발령
③ 해제신호 : 소화활동이 필요 없다고 인정되는 때 발령
④ 훈련신호 : 훈련상 필요하다고 인정되는 때 발령

2) 소방신호의 방법

종별 \ 신호방법	타종신호	사이렌신호
경계신호	1타와 연 2타를 반복	5초 간격을 두고 30초씩 3회
발화신호	난타	5초 간격을 두고 5초씩 3회
해제신호	상당한 간격을 두고 1타씩 반복	1분간 1회
훈련신호	연 3타 반복	10초 간격을 두고 1분씩 3회

정답　53 ②　54 ④　55 ③

56 화재예방강화지구의 지정대상이 아닌 것은?

① 공장 · 창고가 밀집한 지역
② 목조건물이 밀집한 지역
③ 고층건축물이 밀집한 지역
④ 시장지역

해설

1) 화재예방강화지구 지정권자 : 시 · 도지사
2) 화재예방강화지구 지정의 요청권자 : 소방청장
3) 화재예방강화지구
① 시장지역
② 공장 · 창고가 밀집한 지역
③ 목조건물이 밀집한 지역
④ 노후 · 불량건축물이 밀집한 지역
⑤ 위험물의 저장 및 처리 시설이 밀집한 지역
⑥ 석유화학제품을 생산하는 공장이 있는 지역
⑦ 산업입지 및 개발에 관한 법률에 따른 산업단지
⑧ 소방시설 · 소방용수시설 또는 소방출동로가 없는 지역
⑨ 소방관서장이 화재예방강화지구로 지정할 필요가 있다고 인정하는 지역

57 특정소방대상물의 관계인이 소방안전관리자를 해임한 경우 재선임 신고를 해야 하는 기준은?(단, 해임한 날부터를 기준일로 한다.)

① 10일 이내 ② 20일 이내
③ 30일 이내 ④ 40일 이내

해설

소방안전관리자의 선임
1) 소방안전관리자 선임 : 해당사유 발생일로부터 30일 이내에 선임
2) 소방안전관리자의 선임신고 : 선임한 날부터 14일 이내 소방본부장, 소방서장에게 신고

58 소방시설공사의 착공신고 대상이 아닌 것은?

① 무선통신보조설비의 증설공사
② 자동화재탐지설비의 경계구역이 증설되는 공사
③ 1개 이상의 옥외소화전을 증설하는 공사
④ 연결살수설비의 살수구역을 증설하는 공사

해설

소방시설공사의 착공신고 대상
1) 특정소방대상물에 다음 각 목의 어느 하나에 해당하는 설비를 신실하는 공사
① 옥내소화전설비(호스릴 옥내소화전설비를 포함), 옥외소화전설비, 스프링클러설비 · 간이스프링클러설비(캐비닛형 간이스프링클러설비를 포함) 및 화재조기진압용 스프링클러설비, 물분무소화설비 · 포소화설비 · 이산화탄소소화설비 · 할로겐화합물소화설비 · 할로겐화합물 및 불활성 기체 소화설비 · 미분무소화설비 · 강화액소화설비 및 분말소화설비, 연결송수관설비, 연결살수설비, 제연설비, 소화용수설비, 연소방지설비
② 자동화재탐지설비, 비상경보설비, 비상방송설비, 비상콘센트설비, 무선통신보조설비
2) 특정소방대상물에 다음 각 목의 어느 하나에 해당하는 설비 또는 구역 등을 증설하는 공사
① 옥내 · 옥외소화전설비
② 스프링클러설비 · 간이스프링클러설비 또는 물분무등 소화설비의 방호구역, 자동화재탐지설비의 경계구역, 제연설비의 제연구역, 연결살수설비의 살수구역, 연결송수관설비의 송수구역, 비상콘센트설비의 전용회로, 연소방지설비의 살수구역
3) 다음의 소방시설 등을 구성하는 것의 전부 또는 일부를 개설, 이전 또는 정비하는 공사. 다만, 고장 또는 파손 등으로 인하여 작동시킬 수 없는 소방시설을 긴급히 교체하거나 보수하여야 하는 경우에는 신고하지 않을 수 있다.
① 수신반
② 소화펌프
③ 동력(감시)제어반

59 소방시설공사업법령상 하자보수를 하여야 하는 소방시설 중 하자보수 보증기간이 2년이 아닌 것은?

① 피난기구 ② 자동화재탐지설비
③ 비상경보설비 ④ 비상방송설비

정답 56 ③ 57 ③ 58 ① 59 ②

해설

공사의 하자보수 등

1) 공사업자가 하자발생 통보를 받은 후 하자를 보수하거나 보수 일정을 기록한 하자보수 계획을 관계인에게 서면으로 알려야 하는 기간 : 3일 이내
2) 하자보수 보증금 : 공사금액의 3/100 이상
3) 하자보수 대상 소방시설과 하자보수 보증기간

하자보수 대상 소방시설	하자보수 보증기간
피난기구, 유도등, 유도표지, 비상경보설비, 비상조명등, 비상방송설비 및 무선통신보조설비	2년
자동소화장치, 옥내소화전설비, 스프링클러설비, 간이스프링클러설비, 물분무 등 소화설비, 옥외소화전설비, 자동화재탐지설비, 상수도소화용수설비 및 소화활동설비(무선통신보조설비는 제외)	3년

60 옥외탱크저장소에 설치하는 방유제의 설치기준으로 옳지 않은 것은?

① 방유제 내의 면적은 80,000m^2 이하로 할 것
② 방유제의 높이는 2m 이상 3m 이하로 할 것
③ 방유제 내의 옥외저장탱크의 수는 10 이하로 할 것
④ 방유제는 철근콘크리트 또는 흙으로 만들 것

해설

옥외탱크저장소의 방유제 설치기준

1) 방유제의 용량

탱크가 1개일 때	탱크가 2개 이상일 때
탱크용량의 110[%] 이상	탱크 중 용량이 최대인 것의 용량의 110[%] 이상

2) 방유제의 높이 : 0.5[m] 이상 3[m] 이하, 두께 : 0.2[m] 이상, 지하매설깊이 : 1[m] 이상
3) 방유제 내의 면적 : 80,000[m^2] 이하
4) 방유제 내에 설치하는 옥외저장탱크의 수는 10개 이하로 할 것
5) 방유제는 철근콘크리트로 하고, 방유제와 옥외저장탱크 사이의 지표면은 불연성과 불침윤성이 있는 구조(철근콘크리트 등)로 할 것. 다만, 누출된 위험물을 수용할 수 있는 전용유조 및 펌프 등의 설비를 갖춘 경우에는 방유제와 옥외저장탱크 사이의 지표면을 흙으로 할 수 있다.

② 방유제의 높이는 2m 이상 → 0.5m 이상

4과목 소방기계시설의 구조 및 원리

61 포소화설비의 수동식 기동장치 유지관리에 관한 기준으로 틀린 것은?

① 수동식 기동장치의 조작부는 바닥으로부터 높이 0.8m 이상 1.5m 이하의 위치에 설치할 것
② 기동장치의 조작부 및 호스 접결구에는 가까운 곳의 보기 쉬운 곳에 각각 "기동장치의 조작부" 및 "접결구"라고 표시한 표지를 설치할 것
③ 항공기격납고의 경우 수동식 기동장치는 각 방사구역마다 1개 이상 설치할 것
④ 2 이상의 방사구역을 가진 포소화설비에는 방사구역을 선택할 수 있는 구조로 할 것

해설

포소화설비의 수동식 기동장치

1) 직접조작 또는 원격조작에 따라 가압송수장치 · 수동식 개방밸브 및 소화약제 혼합장치를 기동할 수 있는 것으로 할 것
2) 2 이상의 방사구역을 가진 포소화설비에는 방사구역을 선택할 수 있는 구조로 할 것
3) 기동장치의 조작부는 화재 시 쉽게 접근할 수 있는 곳에 설치하되, 바닥으로부터 0.8m 이상 1.5m 이하의 위치에 설치하고, 유효한 보호장치를 설치할 것
4) 기동장치의 조작부 및 호스 접결구에는 가까운 곳의 보기 쉬운 곳에 각각 "기동장치의 조작부" 및 "접결구"라고 표시한 표지를 설치할 것
5) 차고 또는 주차장에 설치하는 포소화설비의 수동식 기동장치는 방사구역마다 1개 이상 설치할 것
6) 항공기격납고에 설치하는 포소화설비의 수동식 기동장치는 각 방사구역마다 2개 이상을 설치하되, 그중 1개는 각 방사구역으로부터 가장 가까운 곳 또는 조작에 편리한 장소에 설치하고, 1개는 화재감지기의 수신기를 설치한 감시실 등에 설치할 것

정답 60 ② 61 ③

62 분말소화약제의 가압용 가스용기의 설치기준 중 틀린 것은?

① 분말소화약제의 저장용기에 접속하여 설치하여야 한다.
② 가압용 가스는 질소가스 또는 이산화탄소로 하여야 한다.
③ 가압용 가스용기를 3병 이상 설치한 경우에 있어서는 2개 이상의 용기에 전자개방밸브를 부착하여야 한다.
④ 가압용 가스용기에는 2.5MPa 이상의 압력에서 압력 조정이 가능한 압력조정기를 설치하여야 한다.

해설

1) 분말소화약제 가압용 가스용기
  ① 분말소화약제의 가스용기는 분말소화약제의 저장용기에 접속하여 설치할 것
  ② 분말소화약제의 가압용 가스용기를 3병 이상 설치한 경우에는 2개 이상의 용기에 전자개방밸브를 부착하여야 한다.
  ③ 분말소화약제의 가압용 가스용기에는 2.5MPa 이하의 압력에서 조정이 가능한 압력조정기를 설치하여야 한다.

2) 분말소화약제 1kg당 가압용 가스 또는 축압용 가스의 양

구분	질소(N_2)	이산화탄소 (CO_2)
가압용 가스	40[l/kg]	20[g/kg]
축압용 가스	10[l/kg]	20[g/kg]

3) 배관의 청소에 필요한 양의 가스는 별도의 용기에 저장할 것

④ 가압용 가스용기에는 2.5MPa 이상의 압력 → 2.5MPa 이하의 압력

63 의료시설의 4층에 적응성을 가진 피난기구가 아닌 것은?

① 미끄럼대　　② 피난교
③ 구조대　　④ 승강식 피난기

해설

피난기구의 설치장소별 적응성

설치장소별 구분 \ 층별	1층	2층	3층	4층 이상 10층 이하
노유자시설	미끄럼대 · 구조대 · 피난교 · 다수인 피난장비 · 승강식피난기	미끄럼대 · 구조대 · 피난교 · 다수인 피난장비 · 승강식피난기	미끄럼대 · 구조대 · 피난교 · 다수인 피난장비 · 승강식피난기	구조대 · 피난교 · 다수인 피난장비 · 승강식피난기
의료시설 · 근린생활시설 중 입원실이 있는 의원 · 접골원 · 조산원			미끄럼대 · 구조대 · 피난교 · 피난용 트랩 · 다수인 피난장비 · 승강식피난기	구조대 · 피난교 · 피난용 트랩 · 다수인 피난장비 · 승강식피난기
「다중이용업소의 안전관리에 관한 특별법 시행령」 제2조에 따른 다중이용업소로서 영업장의 위치가 4층 이하인 다중이용업소		미끄럼대 · 피난 사다리 · 구조대 · 완강기 · 다수인 피난장비 · 승강식피난기	미끄럼대 · 피난 사다리 · 구조대 · 완강기 · 다수인 피난장비 · 승강식피난기	미끄럼대 · 피난 사다리 · 구조대 · 완강기 · 다수인 피난장비 · 승강식피난기
그 밖의 것			미끄럼대 · 피난사다리 · 구조대 · 완강기 · 피난교 · 피난용 트랩 · 간이완강기 · 공기안전 매트 · 다수인 피난장비 · 승강식피난기	피난사다리 · 구조대 · 완강기 · 피난교 · 간이완강기 · 공기안전 매트 · 다수인 피난장비 · 승강식피난기

※ 비고
- 간이완강기의 적응성 : 숙박시설의 3층 이상에 있는 객실
- 공기안전매트의 적응성 : 공동주택
- 노유자시설 중 4층 이상에 설치된 구조대의 적응성 : 장애인 관련 시설로서 주된 사용자 중 스스로 피난이 불가한 자가 있는 경우 추가로 설치

정답 62 ④ 63 ①

64 다음 중 호스를 반드시 부착해야 하는 소화기는?

① 소화약제의 충전량이 5kg 미만인 산 · 알칼리 소화기
② 소화약제의 충전량이 4kg 미만인 할로겐화합물소화기
③ 소화약제의 충전량이 3kg 미만인 이산화탄소 소화기
④ 소화약제의 충전량이 2kg 미만인 분말소화기

해설

호스를 부착하지 않아도 되는 소화기

소화기의 종류	약제 중량
할로겐화합물소화기	4kg 미만
이산화탄소 소화기	3kg 미만
분말소화기	2kg 미만
액체계 소화약제 소화기	$3l$ 미만

65 주거용 주방자동소화장치의 설치기준으로 틀린 것은?

① 감지부는 형식승인을 받은 유효한 높이 및 위치에 설치해야 한다.
② 소화약제 방출구는 환기구의 청소부분과 분리되어 있어야 한다.
③ 가스차단장치는 상시 확인 및 점검이 가능하도록 설치해야 한다.
④ 탐지부는 수신부와 분리하여 설치하되, 공기보다 가벼운 가스를 사용하는 장소에는 천장면으로부터 20cm 이하의 위치에 설치해야 한다.

해설

1) 주거용 주방자동소화장치의 설치기준
   ① 소화약제 방출구 : 환기구의 청소부분과 분리되어 있어야 하며, 형식승인을 받은 유효설치 높이 및 방호면적에 따라 설치할 것
   ② 감지부 : 형식승인을 받은 유효한 높이 및 위치에 설치할 것
   ③ 차단장치(전기 또는 가스) : 상시 확인 및 점검이 가능하도록 설치할 것
   ④ 수신부 : 주위의 열기류 또는 습기 등과 주위온도에 영향을 받지 아니하고 사용자가 상시 볼 수 있는 장소에 설치할 것
   ⑤ 탐지부(가스용 주방자동소화장치를 사용하는 경우) : 탐지부는 수신부와 분리하여 설치하되, 공기보다 가벼운 가스를 사용하는 경우에는 천장면으로부터 30cm 이하의 위치에 설치하고, 공기보다 무거운 가스를 사용하는 장소에는 바닥면으로부터 30cm 이하의 위치에 설치할 것

2) 주거용 주방자동소화장치의 설치대상
   ① 아파트 등
   ② 오피스텔의 모든 층

④ 탐지부는 수신부와 분리하여 설치하되, 공기보다 가벼운 가스를 사용하는 장소에는 바닥면으로부터 20cm 이하 → 30cm 이하

66 스프링클러헤드의 감도를 반응시간지수(RTI) 값에 따라 구분할 때 RTI값이 51 초과 80 이하일 때의 헤드감도는?

① Fast Response ② Special Response
③ Standard Response ④ Quick Response

해설

반응시간지수(RTI)에 따른 분류

1) 반응시간지수(RTI : Response Time Index)
   기류의 온도 · 속도 및 작동시간에 대하여 스프링클러헤드의 반응을 예상한 지수

2) 반응시간지수의 계산

$$\mathrm{RTI} = \tau\sqrt{u}$$

여기서, τ : 감열체의 시간상수[s]
u : 기류의 속도[m/s]

3) RTI값에 따른 스프링클러헤드의 분류

스프링클러 헤드의 분류	RTI
표준반응형(Standard Response)	80 초과~350 이하
특수반응형(Special Response)	51 초과~80 이하
조기반응형(Fast Response)	50 이하

정답 64 ① 65 ④ 66 ②

67 평면도와 같이 반자가 있는 어느 실내에 전등이나 공조용 디퓨저 등의 시설물에 구애됨이 없이 수평거리를 2.1m로 하여 스프링클러헤드를 정방형으로 설치하고자 할 때 최소한 몇 개의 헤드를 설치하면 되는가?(단, 반자 속에는 헤드를 설치하지 아니하는 것으로 한다.)

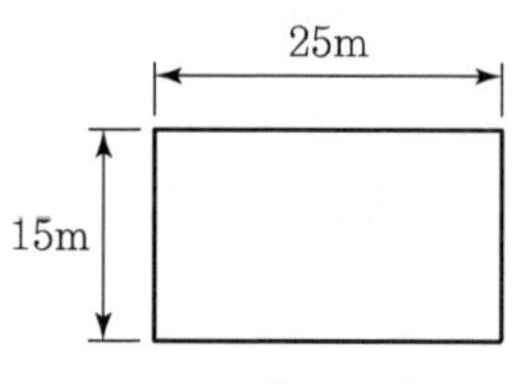

① 24개　　② 54개
③ 72개　　④ 96개

해설

정방형(정사각형 형태로 배열) 배치

$$S = 2R\cos 45°$$

여기서, S : 헤드 간 거리[m], R : 수평거리[m]

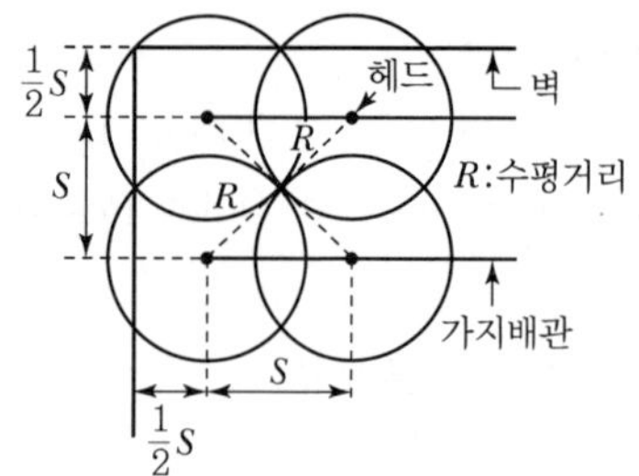

[풀이]

1) 헤드 간 거리 S
수평거리 $R=2.1$m
$S = 2\times 2.1\times \cos 45° ≒ 2.97$[m]

2) 가로방향의 헤드 수
$N_1 = \dfrac{25\text{m}}{2.97\text{m}} = 8.42$ ∴ 9개

3) 세로방향의 헤드 수
$N_2 = \dfrac{15\text{m}}{2.97\text{m}} = 5.05$ ∴ 6개

4) 총헤드 수
9개×6개＝54개

68 채수구를 부착한 소화수조를 옥상에 설치하려 한다. 지상에 설치한 채수구에서의 압력은 몇 MPa 이상이 되도록 설치해야 하는가?

① 0.1MPa　　② 0.15MPa
③ 0.17MPa　　④ 0.25MPa

해설

채수구 설치기준

1) 채수구는 구경 65mm 이상의 나사식 결합금속구를 설치할 것
2) 채수구의 높이 : 지면으로부터의 높이가 0.5m 이상 1m 이하
3) 표지 : "채수구"라고 표시한 표지
4) 채수구의 수

소요수량	$20m^3$ 이상 $40m^3$ 미만	$40m^3$ 이상 $100m^3$ 미만	$100m^3$ 이상
채수구의 수	1개	2개	3개

5) 소화수조가 옥상 또는 옥탑의 부분에 설치된 경우에는 지상에 설치된 채수구에서의 압력이 0.15MPa 이상이 되도록 하여야 한다.

69 주요 구조부가 내화구조이고 건널 복도가 설치된 층의 피난기구 수의 설치감소방법으로 적합한 것은?

① 원래의 수에서 1/2을 감소한다.
② 원래의 수에서 건널 복도 수를 더한 수로 한다.
③ 피난기구의 수에서 해당 건널 복도 수의 2배의 수를 뺀 수로 한다.
④ 피난기구를 설치하지 아니할 수 있다.

해설

1) 피난기구를 설치해야 할 소방대상물 중 주요 구조부가 내화구조이고 다음의 기준에 적합한 건널 복도가 설치되어 있는 층에는 산출된 피난기구의 수에서 해당 건널 복도의 수의 2배의 수를 뺀 수로 한다.
① 내화구조 또는 철골조로 되어 있을 것

정답　67 ②　68 ②　69 ③

② 건널 복도 양단의 출입구에 자동폐쇄장치를 한 60분 + 방화문 또는 60분 방화문(방화셔터를 제외)이 설치되어 있을 것
③ 피난 · 통행 또는 운반의 전용 용도일 것

2) 피난기구의 2분의 1을 감소할 수 있는 경우
① 주요 구조부가 내화구조로 되어 있을 것
② 직통계단인 피난계단 또는 특별피난계단이 2 이상 설치되어 있을 것

70 물분무소화설비 대상 공장에서 물분무헤드의 설치 제외장소로서 틀린 것은?

① 고온의 물질 및 증류범위가 넓어 끓어넘치는 위험이 있는 물질을 저장하는 장소
② 물에 심하게 반응하여 위험한 물질을 생성하는 물질을 취급하는 장소
③ 운전 시에 표면의 온도가 260℃ 이상으로 되는 등 직접 분무를 하는 경우 그 부분에 손상을 입힐 우려가 있는 기계장치 등이 있는 장소
④ 표준방사량으로 당해 방호대상물의 화재를 유효하게 소화하는 데 필요한 적정한 장소

해설

물분무헤드의 설치 제외
1) 물에 심하게 반응하는 물질 또는 물과 반응하여 위험한 물질을 생성하는 물질을 저장 또는 취급하는 장소(제1류 위험물 중 무기과산화물, 제3류 위험물 등)
2) 고온의 물질 및 증류범위가 넓어 끓어넘치는 위험이 있는 물질을 저장 또는 취급하는 장소
3) 운전 시에 표면의 온도가 260℃ 이상으로 되는 등 직접 분무를 하는 경우 그 부분에 손상을 입힐 우려가 있는 기계장치 등이 있는 장소

71 옥내소화전방수구는 특정소방대상물의 층마다 설치하되, 당해 특정소방대상물의 각 부분으로부터 하나의 옥내소화전방수구까지의 수평거리가 몇 m 이하가 되도록 하는가?

① 20 ② 25 ③ 30 ④ 40

해설

옥내소화전 방수구의 설치기준
1) 특정소방대상물의 층마다 설치할 것
2) 각 부분으로부터 방수구까지의 수평거리 : 25m(호스릴 포함) 이하
3) 방수구의 높이 : 바닥으로부터 1.5m 이하
4) 호스는 구경 40mm(호스릴 25mm) 이상의 것으로서 특정소방대상물의 각 부분에 물이 유효하게 뿌려질 수 있는 길이로 설치할 것

72 스프링클러소화설비에 설치하는 스트레이너에 대한 설명이다. 옳지 않은 것은?

① 스트레이너는 펌프의 흡입 측과 토출 측에 설치한다.
② 스트레이너는 배관 내에 여과장치의 역할을 한다.
③ 흡입 배관에 사용하는 스트레이너는 보통 Y형을 사용한다.
④ 헤드가 막히지 않게 이물질을 제거하기 위한 것이다.

해설

스트레이너
1) 펌프 흡입 측에 설치하여 흡입되는 이물질을 여과하는 기능을 한다.
2) 스트레이너는 Y형과 U형이 있고, 펌프흡입배관에 일반적으로 Y형을 사용한다.

① 스트레이너는 펌프의 흡입 측과 토출 측 → 토출 측에는 설치하지 않는다.

73 제연방식에 의한 분류 중 아래의 장단점에 해당하는 방식은?

- 장점 : 화재 초기에 화재실의 내압을 낮추고 연기를 다른 구역으로 누출시키지 않는다.
- 단점 : 연기 온도가 상승하면 기기의 내열성에 한계가 있다.

① 제1종 기계제연방식 ② 제2종 기계제연방식
③ 제3종 기계제연방식 ④ 밀폐방연방식

정답 70 ④ 71 ② 72 ① 73 ③

해설

기계제연방식

1) 제1종 기계제연방식 : 급기팬과 배기팬을 설치하여 급기와 배기를 동시에 시행하는 제연방식
2) 제2종 기계제연방식 : 급기팬을 설치하여 급기하고 배기는 자연배기하는 방식
3) 제3종 기계제연방식 : 배기팬을 설치하여 연기를 배출하고 급기는 자연급기하는 방식

③ 제3종 기계제연방식 → 화재 초기 배기팬이 동작하여 화재실의 압력을 낮추어 화재확산을 방지할 수 있다. 화재실의 온도가 상승하면 배기덕트와 배기팬의 내열성에 한계가 있다.

74 바닥면적이 1,300m^2인 판매시설에 소화기구를 설치하려고 한다. 소화기구의 최소 능력단위는? (단, 주요 구조부는 내화구조이고, 벽 및 반자의 실내와 면하는 부분이 불연재료이다.)

① 7단위 ② 9단위 ③ 10단위 ④ 13단위

해설

특정소방대상물별 소화기구의 능력단위기준

특정소방대상물	능력단위 1단위 이상 (기타 구조)	능력단위 1단위 이상 (내화구조로서 불연, 준불연, 난연)
위락시설	바닥면적 30m^2마다	바닥면적 60m^2마다
공연장 · 집회장 · 관람장 · 문화재 · 장례식장 및 의료시설	바닥면적 50m^2마다	바닥면적 100m^2마다
근린생활시설 · 판매시설 · 노유자시설 · 숙박시설 · 공장 · 창고시설 · 운수시설 · 전시장 · 공동주택 · 업무시설 · 방송통신시설 · 항공기 및 자동차 관련 시설 · 관광휴게시설	바닥면적 100m^2마다	바닥면적 200m^2마다
그 밖의 것	바닥면적 200m^2마다	바닥면적 400m^2마다

※ 내화구조로서 불연, 준불연, 난연인 경우 : 기타 구조×2배

[풀이]

1) 판매시설로서 내화구조, 불연재료
기준면적 200m^2

2) 능력단위 $= \dfrac{1{,}300m^2}{200m^2} = 6.5$단위 ∴ 7단위

75 이산화탄소 소화설비에서 방출되는 가스압력을 이용하여 배기덕트를 차단하는 장치는?

① 방화셔터 ② 피스톤릴리즈댐퍼
③ 가스체크밸브 ④ 방화댐퍼

해설

① 방화셔터 : 방화구획의 용도로 화재 시 연기 및 열을 감지하여 자동 폐쇄되는 것으로서, 넓은 공간에 부득이하게 내화구조로 된 벽을 설치하지 못하는 경우에 사용하는 셔터를 말한다.
② 피스톤릴리즈댐퍼 : 방호구역의 덕트 내부에 설치하는 것으로 방출된 소화가스의 압력으로 피스톤을 밀면 기어가 돌면서 댐퍼를 폐쇄하는 방식이다(소화가스가 방호구역 밖으로 유출되는 것을 방지).
③ 가스체크밸브 : 가스의 역류를 방지하여 한 방향으로 이송하기 위해 사용하는 밸브이다.
④ 방화댐퍼 : 방화구획을 관통하는 덕트의 내부 등에 설치하는 댐퍼로서 비차열성능 및 방연성능을 확보한 댐퍼를 말한다.

76 포소화설비에서 수성막포(AFFF) 소화약제를 사용할 경우 약제에 대한 설명 중 잘못된 것은?

① 불소계 계면활성포의 일종이다.
② 질식과 냉각작용에 의하여 소화하며 내열성, 내포화성이 높다.
③ 단백포와 섞어서 저장할 수 있으며, 병용할 경우 그 소화력이 매우 우수하다.
④ 원액이든 수용액이든 다른 포액보다 장기 보존성이 높다.

정답 74 ① 75 ② 76 ③

해설

수성막포 소화약제(AFFF : Aqueous Film－Forming Foam)

1) 불소계 계면활성제로 유류화재에 적응성이 높다.
2) 연소하고 있는 액체 위에 얇은 수성막을 형성하여 공기를 차단함으로써 질식 · 냉각 소화한다.
3) 분말소화약제와 병용하여 사용하면 소화효과를 높일 수 있다(Twin Agent System).
4) 원액이든 수용액이든 다른 포액보다 장기 보존성이 높다.
5) 미국의 3M 사가 개발한 소화약제로 일명 Light Water라고도 한다.

77 물분무소화설비의 가압송수장치로 압력수조의 필요압력을 산출할 때 필요한 것이 아닌 것은?

① 낙차의 환산수두압
② 물분무헤드의 설계압력
③ 배관의 마찰손실 수두압
④ 소방용 호스의 마찰손실 수두압

해설

압력수조의 압력 P[MPa]

$$P = p_1 + p_2 + p_3$$

여기서, p_1 : 낙차환산 수두압[MPa]
p_2 : 배관의 마찰손실 수두압[MPa]
p_3 : 물분무헤드의 설계압력[MPa]

④ 소방용 호스의 마찰손실 수두압 → 옥내소화전이나 옥외소화전 등 호스를 사용하는 소화설비에 해당된다.

78 호스릴 분말소화설비 설치 시 하나의 노즐이 1분당 방사하는 제4종 분말소화약제의 기준량은 몇 kg인가?

① 45　② 27
③ 18　④ 9

해설

1) 호스릴 하나의 노즐당 저장량 및 분당 방사량

소화약제의 종별	소화약제 저장량 [kg]	1분당 방사량 [kg/min]
제1종 분말	50	45
제2종 분말 또는 제3종 분말	30	27
제4종 분말	20	18

2) 호스릴 분말소화설비 설치장소
화재 시 현저하게 연기가 찰 우려가 없는 장소로서 다음에 해당하는 장소
① 지상 1층 및 피난층에 있는 부분으로서 지상에서 수동 또는 원격조작에 따라 개방할 수 있는 개구부의 유효면적의 합계가 바닥면적의 15[%] 이상이 되는 부분
② 전기설비가 설치되어 있는 부분 또는 다량의 화기를 사용하는 부분의 바닥면적이 해당 설비가 설치되어 있는 구획의 바닥면적의 1/5 미만이 되는 부분

3) 호스릴 분말소화설비 설치기준
① 호스릴 수평거리 : 15[m] 이하
② 저장용기의 개방밸브는 호스릴의 설치장소에서 수동으로 개폐할 수 있을 것
③ 소화약제의 저장용기는 호스릴을 설치하는 장소마다 설치할 것
④ 저장용기에는 그 가까운 곳의 보기 쉬운 곳에 적색의 표시등을 설치하고, "이동식 분말소화설비"가 있다는 뜻을 표시한 표지를 할 것

79 연결살수설비의 화재안전기준상 연결살수설비 전용헤드를 사용하는 경우 하나의 배관에 부착하는 살수헤드의 개수가 3개일 때, 배관의 구경은 몇 mm 이상이어야 하는가?

① 32　② 40
③ 50　④ 60

정답 77 ④ 78 ③ 79 ③

해설

연결살수설비의 화재안전기준

1) 연결살수 전용헤드 수에 따른 배관의 구경(개방형 헤드)

헤드 수	1개	2개	3개	4~5개	6~10개
구경[mm]	32	40	50	65	80

2) 개방형 헤드를 사용하는 연결살수설비에 있어서 하나의 송수구역에 설치하는 살수헤드의 수는 10개 이하가 되도록 하여야 한다.
3) 개방형 헤드를 사용하는 연결살수설비의 수평주행배관은 헤드를 향하여 상향으로 1/100 이상의 기울기로 설치할 것

80 스프링클러설비 배관의 설치기준으로 틀린 것은?

① 급수배관의 구경은 25mm 이상으로 한다.
② 수직배수관의 구경은 50mm 이상으로 한다.
③ 지하매설배관은 소방용 합성수지배관으로 설치할 수 있다.
④ 교차배관의 최소 구경은 65mm 이상으로 한다.

해설

1) 배관의 구경
   ① 가지배관 : 25mm 이상
   ② 교차배관 : 40mm 이상
   ③ 수직배수배관 : 50mm 이상
   ④ 연결송수관설비의 배관과 겸용할 경우
      • 주배관 : 100mm 이상
      • 방수구로 연결되는 배관 : 65mm 이상

2) 소방용 합성수지배관을 설치할 수 있는 경우
   ① 배관을 지하에 매설하는 경우
   ② 다른 부분과 내화구조로 구획된 덕트 또는 피트의 내부에 설치하는 경우
   ③ 천장과 반자를 불연재료 또는 준불연재료로 설치하고 그 소화배관 내부에 항상 소화수가 채워진 상태로 설치하는 경우

④ 교차배관의 최소구경은 65mm 이상 → 40mm 이상

정답 80 ④

소방설비기사(기계분야)

기·출·문·제

2023년 2회

1과목 소방원론

01 공기 중에서 가연성 증기의 농도가 연소하한계에 도달하는 최저온도를 무엇이라고 하는가?

① 발화점　② 인화점
③ 연소점　④ 착화점

해설

1) 가연성 가스의 연소범위

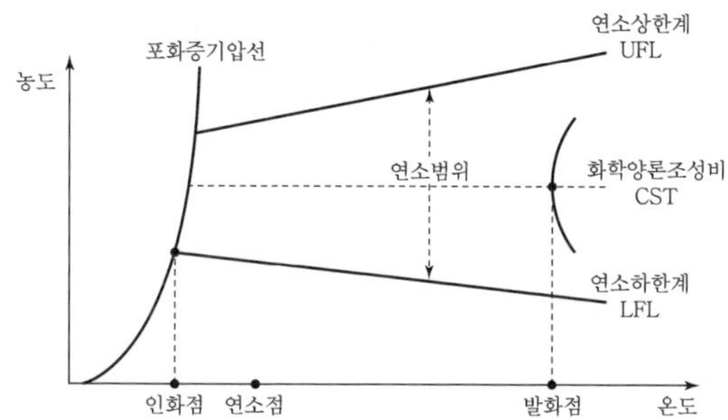

2) 인화점, 연소점, 발화점

① 인화점(Flash Point)
- 가연성 혼합기(연소범위)를 형성할 수 있는 최저온도를 인화점이라 한다.
- 인화점이 낮을수록 위험성이 커진다.
- 인화점 이하에서는 점화원을 가하여도 불꽃연소는 발생하지 않는다.

② 연소점(Fire Point)
- 연소상태를 지속하기 위한 온도로서 인화점보다 5~10[℃] 정도 높다.
- 인화점에서는 점화원을 제거하면 연소가 중단되나 연소점에서는 점화원을 제거해도 연소가 지속된다.

③ 발화점(착화점, Ignition Point)
- 점화원을 가하지 않아도 스스로 착화될 수 있는 최저온도를 발화점이라 한다.
- 발화점이 낮을수록 위험성이 커진다.

02 프로판 50vol%, 부탄 40vol%, 프로필렌 10vol%로 된 혼합가스의 폭발하한계는 약 vol%인가?(단, 각 가스의 폭발하한계는 프로판은 2.2vol%, 부탄은 1.9vol% 프로필렌은 2.4vol%이다.)

① 0.83　② 2.09　③ 5.05　④ 9.44

해설

혼합가스의 연소범위

가연성 가스가 2종류 이상 혼합되어 있는 경우의 연소범위 계산

$$\frac{V_m}{L_m} = \frac{V_1}{L_1} + \frac{V_2}{L_2} + \frac{V_3}{L_3} \cdots\cdots$$

여기서, L_m : 혼합가스의 연소하한계

V_m : 각 가연성 가스의 부피[vol%] 합 $(V_1 + V_2 + V_3 \cdots)$

$V_1,\ V_2,\ V_3 \cdots$: 각 가연성 가스의 부피[vol%]

$L_1,\ L_2,\ L_3 \cdots$: 각 가연성 가스의 연소하한계

[풀이]

$$\frac{100}{L_m} = \frac{50}{2.2} + \frac{40}{1.9} + \frac{10}{2.4}$$

$\therefore L_m = 2.09[\%]$

03 폭굉(Detonation)에 관한 설명으로 옳은 것은?

① 연소속도가 음속보다 느릴 때 나타난다.
② 온도의 상승과 충격파의 압력에 기인한다.
③ 압력상승은 폭연의 경우보다 작다.
④ 폭굉의 유도거리는 배관의 지름과 관계가 없다.

해설

1) 폭굉(Detonation)

① 밀폐구조의 배관 등에서 폭발적으로 연소하여 온도, 압력, 부피가 급격히 상승하는 현상

② 화염전파속도 : 음속보다 빠르다.

정답　01 ②　02 ②　03 ②

③ 화염전파속도 : 1,000~3,500[m/s] 정도
④ 충격파가 미연소가스를 단열압축시켜 발화점 이상으로 온도가 상승하여 폭굉파 발생

2) 폭굉 유도거리
① 폭연에서 폭굉으로 전이되는 거리
② 폭굉 유도거리가 짧을수록 폭굉 발생이 용이하다.

3) 폭굉 유도거리가 짧아지는 요건
① 배관의 내면이 거칠거나 장애물이 있는경우
② 배관 구경이 적정한 크기일 때(배관의 길이가 배관 직경의 10배 이상일 때)
③ 배관 내 미연소가스의 온도 및 압력이 높을수록
④ 가연성 가스의 연소속도가 빠르고 연소열이 클수록

04 프로판 가스 1몰이 완전연소하는 데 필요한 이론 공기량[mol]으로 맞는 것은?(단, 체적비로 계산하며 공기 중의 산소농도는 21vol%로 한다.)

① 2.38mol ② 23.81mol
③ 16.91mol ④ 9.52mol

해설

1) 프로판의 완전연소 반응식
$C_3H_8+5O_2 \rightarrow 3CO_2+4H_2O$
2) 프로판이 완전연소할 때 산소 몰수 : 5[mol]
3) 프로판이 완전연소할 때 공기 몰수
① 공기 중 산소농도는 21%이므로
공기[mol]×0.21=산소[mol]
② 공기[mol]=산소[mol]/0.21
③ 공기[mol]=5[mol]/0.21=23.81[mol]

05 독성이 매우 높은 가스로서 석유제품, 유지(油脂) 등이 연소할 때 생성되는 알데히드 계통의 가스는?

① 시안화수소 ② 암모니아
③ 포스겐 ④ 아크롤레인

해설

① 시안화수소(HCN) : 질소성분을 가지고 있는 합성수지, 동물의 털, 인조견 등의 섬유가 불완전 연소할 때 발생하는 맹독성 가스이다.
② 암모니아 : 질소를 함유한 가연물이 연소 시 발생되는 가스로 눈, 코, 인후 등에 매우 자극적이고 역한 냄새가 난다.
③ 포스겐 : 맹독성 가스로서 사염화탄소가 이산화탄소나 물, 산소 등과 결합 시 발생한다.
④ 아크롤레인 : 석유제품이나 유지류 등이 연소할 때 발생하는 맹독성 가스로서 독성, 자극성이 매우 크다.

06 다음 점화원 중 기계적인 원인에 해당되는 것은?

① 분해열 ② 압축열
③ 연소열 ④ 자연발화열

해설

1) 기계적 열에너지원
① 마찰열 ② 충격 스파크
③ 압축열

2) 전기적 열에너지원
① 유도열 ② 유전열
③ 저항열 ④ 아크열
⑤ 정전기열 ⑥ 낙뢰에 의한 발열

3) 화학적 열에너지원
① 연소열 ② 분해열
③ 산화열 ④ 중합열
⑤ 자연발열

07 Fourier 법칙(전도)에 대한 설명으로 틀린 것은?

① 이동열량은 전열체의 단면적에 비례한다.
② 이동열량은 전열체의 두께에 비례한다.
③ 이동열량은 전열체의 열전도도에 비례한다.
④ 이동열량은 전열체 내·외부의 온도차에 비례한다.

해설

푸리에 전도법칙(Fourier's Law)

$$q[\mathrm{W}]=\frac{k}{L}A\,\Delta T$$

여기서, k : 열전도도[W/m·K], L : 물체의 두께[m]
A : 열전달 면적[m^2], ΔT : 온도차[K]

② 이동열량은 전열체의 두께에 비례 → 반비례

정답 04 ② 05 ④ 06 ② 07 ②

08 화재의 종류에 따른 분류가 틀린 것은?

① A급 : 일반화재 ② B급 : 유류화재
③ C급 : 가스화재 ④ D급 : 금속화재

해설

화재의 분류

구분	화재의 종류	표시색	주된 소화효과
A급 화재	일반화재	백색	냉각소화
B급 화재	유류, 가스화재	황색	질식소화
C급 화재	전기화재(통전)	청색	질식소화
D급 화재	금속화재	무색	질식소화
K급 화재	주방화재	–	냉각, 질식소화

09 경유화재가 발생했을 때 주수소화가 오히려 위험할 수 있는 이유는?

① 경유는 물과 반응하여 유독가스를 발생시키므로
② 경유의 연소열로 인하여 산소가 방출되어 연소를 돕기 때문에
③ 경유는 물보다 비중이 가벼워 화재면의 확대 우려가 있으므로
④ 경유가 연소할 때 수소가스를 발생하여 연소를 돕기 때문에

해설

유류화재 시 주수소화가 불가한 이유

1) 4류 위험물은 대부분 물보다 가볍기 때문에 유류화재 시 주수하면 탱크 내에서 물은 가라앉고 기름은 뜨게 된다.
2) 이때 계속 주수하게 되면 기름이 탱크 밖으로 넘치게 되어 연소면이 확대된다.
3) 또한 슬롭오버에 의해 액면의 기름과 물이 탱크 외부로 비산하여 화염이 확산된다.

10 주요구조부가 내화구조로 된 건축물에서 거실 각 부분으로부터 하나의 직통계단에 이르는 보행거리는 피난자의 안전상 몇 m 이하이어야 하는가?

① 50 ② 60
③ 70 ④ 80

해설

거실 각 부분으로부터 하나의 직통계단에 이르는 보행거리(건축법 시행령 제34조)

건축물의 구조	거실의 각 부분으로부터 하나의 직통계단에 이르는 보행거리
기타 구조	30미터 이하
내화구조 또는 불연재료로 된 건축물	50미터 이하
16층 이상인 공동주택	40미터 이하

11 방화구획의 설치기준 중 스프링클러 기타 이와 유사한 자동식소화설비를 설치한 10층 이하의 층은 몇 m^2 이내마다 구획하여야 하는가?

① 1,000 ② 1,500 ③ 2,000 ④ 3,000

해설

면적별 방화구획의 기준

구획 층		구획방법	자동식 소화설비 설치 시
지상 10층 이하(지하층 포함)		바닥면적 1,000m^2마다 구획	바닥면적 3,000m^2마다 구획
11층 이상	일반	바닥면적 200m^2마다 구획	바닥면적 600m^2마다 구획
	실내마감 불연재료	바닥면적 500m^2마다 구획	바닥면적 1,500m^2마다 구획

12 다음 중 제1류 위험물로 그 성질이 산화성 고체인 것은?

① 황린 ② 아염소산염류
③ 금속분류 ④ 유황

해설

구분	황린	아염소산염류	금속분류	유황
유별	제3류 위험물	제1류 위험물	제2류 위험물	제2류 위험물
성질	자연발화성 물질	산화성 고체	가연성 고체	가연성 고체

정답 08 ③ 09 ③ 10 ① 11 ④ 12 ②

13 위험물의 유별 성질이 자연발화성 및 금수성 물질은 제 몇 류 위험물인가?

① 제1류 위험물 ② 제2류 위험물
③ 제3류 위험물 ④ 제4류 위험류

해설

위험물의 분류 및 성질

위험물의 분류	성질
제1류 위험물	산화성 고체
제2류 위험물	가연성 고체
제3류 위험물	자연발화성 및 금수성 물질
제4류 위험물	인화성 액체
제5류 위험물	자기반응성 물질
제6류 위험물	산화성 액체

14 물과 반응하여 가연성 기체를 발생시키지 않는 것은?

① 칼륨 ② 인화아연
③ 산화칼슘 ④ 탄화알루미늄

해설

① 칼륨
$2K + 2H_2O \rightarrow 2KOH + H_2$(수소 발생)

② 인화아연
$Zn_3P_2 + 6H_2O \rightarrow 3Zn(OH)_2 + 2PH_3$(포스핀 발생)

③ 산화칼슘
$CaO + H_2O \rightarrow Ca(OH)_2$(수산화칼슘, 소석회 생성)

④ 탄화알루미늄
$Al_4C_3 + 12H_2O \rightarrow 4Al(OH)_3 + 3CH_4$(메탄 발생)

15 탄화칼슘이 물과 반응 시 발생하는 가연성 가스는?

① 메탄 ② 포스핀
③ 아세틸렌 ④ 수소

해설

1) 탄화알루미늄과 물의 반응식
$Al_4C_3 + 12H_2O \rightarrow 4Al(OH)_3 + 3CH_4$(메탄 발생)

2) 인화칼슘과 물의 반응식
$Ca_3P_2 + 6H_2O \rightarrow 3Ca(OH)_2 + 2PH_3$(포스핀가스 발생)

3) 탄화칼슘과 물의 반응식
$CaC_2 + 2H_2O \rightarrow Ca(OH)_2 + C_2H_2$(아세틸렌 발생)

4) 나트륨과 물의 반응식
$2Na + 2H_2O \rightarrow 2NaOH + H_2$(수소 발생)

16 물 소화약제를 어떠한 상태로 주수할 경우 전기화재의 진압에서도 소화능력을 발휘할 수 있는가?

① 물에 의한 봉상주수
② 물에 의한 적상주수
③ 물에 의한 무상주수
④ 어떤 상태의 주수에 의해서도 효과가 없다.

해설

물의 주수형태에 의한 소화

주수형태	내용	설비	소화효과
봉상주수	가늘고 긴 몽둥이모양으로 방사	옥내소화전	냉각
적상주수	물방울 형태로 방사	스프링클러	냉각
무상주수	안개형태로 방사	물분무소화설비	질식, 냉각, 유화, 희석

※ 물을 무상주수하면 전기화재에 적응성이 있다.

17 같은 원액으로 만들어진 포의 특성에 관한 설명으로 옳지 않은 것은?

① 발포배율이 커지면 환원시간은 짧아진다.
② 환원시간이 길면 내열성이 떨어진다.
③ 유동성이 좋으면 내열성이 떨어진다.
④ 발포배율이 작으면 유동성이 떨어진다.

해설

1) 발포배율(팽창비) = 발포된 포의 체적[m^3]/포 수용액의 체적[m^3]

2) 환원시간 : 발포된 포가 원래의 수용액으로 돌아가는 데 걸리는 시간

정답 13 ③ 14 ③ 15 ③ 16 ③ 17 ②

3) 포의 특성
   ① 발포배율이 커지면 환원시간이 짧아진다.
   ② 환원시간이 길면 내열성이 우수하다.
   ③ 유동성이 좋으면 내열성이 떨어진다.
   ④ 발포배율이 작으면 유동성이 떨어진다.

18 할로겐원소의 소화효과가 큰 순서대로 배열된 것은?

① I>Br>Cl>F ② Br>I>F>Cl
③ Cl>F>I>Br ④ F>Cl>Br>I

해설

1) 할로겐원소
   F : 불소, Cl : 염소, Br : 브롬, I : 요오드

2) 할로겐원소의 전기음성도(결합력) 및 소화효과
   ① 전기음성도(결합력)의 크기 : F > Cl > Br > I
   ② 소화효과의 크기 : F < Cl < Br < I

19 분말소화약제 중 담홍색 또는 황색으로 착색하여 사용하는 것은?

① 탄산수소나트륨
② 탄산수소칼륨
③ 제1인산암모늄
④ 탄산수소칼륨과 요소와의 반응물

해설

분말소화약제의 종류

종별	분자식	착색	적응 화재	충전비 [l/kg]
제1종 분말	탄산수소나트륨 ($NaHCO_3$)	백색	BC급	0.8
제2종 분말	탄산수소칼륨 ($KHCO_3$)	담회색 (담자색)	BC급	1.0
제3종 분말	제1인산암모늄 ($NH_4H_2PO_4$)	담홍색	ABC급	1.0
제4종 분말	탄산수소칼륨+요소 ($KHCO_3+(NH_2)_2CO$)	회색	BC급	1.25

20 자동방화셔터의 구조 및 성능기준으로 틀린 것은?

① 피난이 가능한 60분+ 방화문 또는 60분 방화문으로부터 3미터 이내에 별도로 설치할 것
② 불꽃감지기 또는 연기감지기 중 하나와 열감지기를 설치할 것
③ 불꽃이나 연기를 감지한 경우 일부 폐쇄되는 구조일 것
④ 열을 감지한 경우 완전 개방되는 구조일 것

해설

자동방화셔터의 구조 및 성능기준
1) 피난이 가능한 60분+ 방화문 또는 60분 방화문으로부터 3미터 이내에 별도로 설치할 것
2) 전동방식이나 수동방식으로 개폐할 수 있을 것
3) 불꽃감지기 또는 연기감지기 중 하나와 열감지기를 설치할 것
4) 불꽃이나 연기를 감지한 경우 일부 폐쇄되는 구조일 것
5) 열을 감지한 경우 완전 폐쇄되는 구조일 것

④ 열을 감지한 경우 완전 개방 → 폐쇄

2과목 소방유체역학

21 지름의 비가 1 : 2인 두 원형 물제트가 정지한 수직평판의 양쪽에 수직으로 부딪혀서 평형을 이루려면 분출속도의 비는?

① 1 : 1 ② 2 : 1
③ 4 : 1 ④ 8 : 1

해설

1) 운동량 방정식

$$F=\rho Q V=\rho A V^2$$

여기서, F : 힘[N], ρ : 밀도[N · s²/m⁴]
Q : 유량[m³/s], A : 단면적[m²]
V : 유속[m/s]

정답 18 ① 19 ③ 20 ④ 21 ②

2) 지름과 속도의 관계

① $F = \rho A V^2 = \rho \times \frac{\pi d^2}{4} \times V^2$

② 힘과 밀도는 동일하므로 지름과 분출속도는 반비례한다.

$F = \rho \times \frac{\pi d^2}{4} \times V^2$

$d^2 \propto \frac{1}{V^2}$ 이므로 $d \propto \frac{1}{V}$

③ 분출속도의 비

$d_1 : d_2 = \frac{1}{V_1} : \frac{1}{V_2}$

$1 : 2 = \frac{1}{V_1} : \frac{1}{V_2}$, $V_1 : V_2 = 2 : 1$

22 2m 깊이로 물이 차 있는 물탱크 바닥에 한 변이 20cm인 정사각형 모양의 관측창이 설치되어 있다. 관측창이 물로 인하여 받는 순 힘(Net Force)은 몇 N인가?(단, 관측창 밖의 압력은 대기압이다.)

① 784　② 392

③ 196　④ 98

해설

정사각형 평판에 작용하는 전압력(힘) F[N]

$$F = \gamma h A[\text{N}]$$

여기서, P : 평판에 작용하는 압력[Pa] [N/m²]

A : 평판의 면적[m²]

γ : 비중량[N/m³]

h : 수면으로부터의 깊이[m]

[풀이]

γ : 9,800[N/m³], h : 2[m], d : 20[cm]=0.2[m]

$A = 0.2 \times 0.2 = 0.04[\text{m}^2]$

$F = \gamma h A[\text{N}]$

$F = 9{,}800 \times 2 \times 0.04 = 784[\text{N}]$

23 계기압력이 730mmHg이고 대기압이 101.3kPa일 때 절대압력은 약 몇 kPa인가?(단, 수은의 비중은 13.6이다.)

① 198.6　② 100.2

③ 214.4　④ 93.2

해설

1) 절대압=대기압+계기압

2) 절대압=대기압−진공압

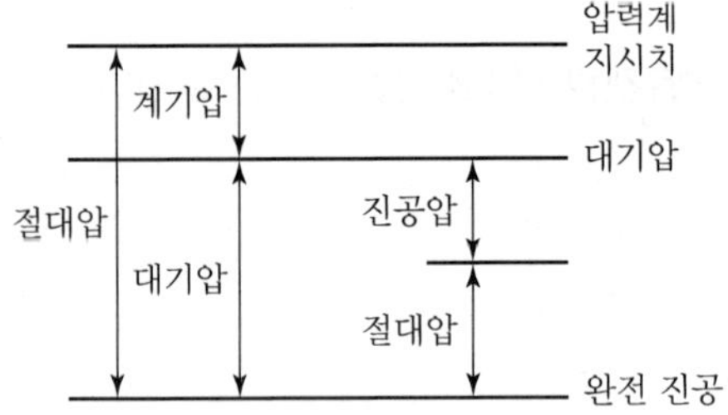

[풀이]

1) 계기압력 : $730[\text{mmHg}] \times \frac{101.3[\text{kPa}]}{760[\text{mmHg}]} = 97.3[\text{kPa}]$

2) 절대압=101.3[kPa]+97.3[kPa]=198.6[kPa]

24 그림과 같은 원형관에 유체가 흐르고 있다. 원형관 내의 유속분포를 측정하여 실험식을 구하였더니 $V = V_{max}\frac{(r_0^2 - r^2)}{r_0^2}$ 이었다. 관 속을 흐르는 유체의 평균속도는 얼마인가?

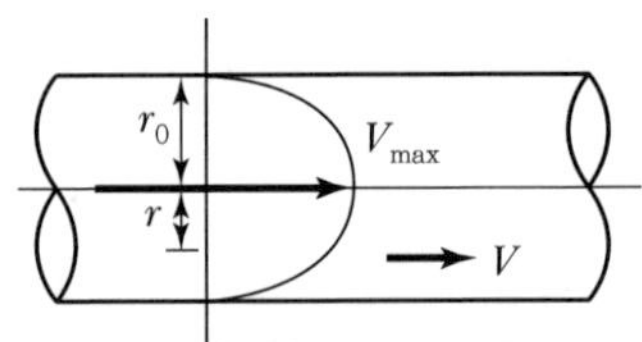

① $\frac{V_{max}}{8}$　② $\frac{V_{max}}{4}$

③ $\frac{V_{max}}{2}$　④ V_{max}

해설

층류일 때 속도분포

1) 수평원관에 유체가 층류로 흐를 때 속도분포는 배관 벽에서 0이고, 배관 중심선에 가까울수록 포물선적으로 증가하여 배관의 중심에서 최대가 된다.

정답　22 ①　23 ①　24 ③

2) 평균속도 $V = \frac{1}{2} V_{max}$

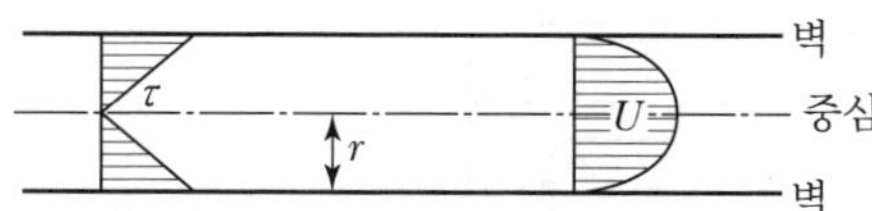

[전단응력분포도]　　[속도분포도]

25 점성계수가 0.08kg/m · s이고, 비중이 0.8인 유체의 동점성계수는 몇 stokes인가?

① 0.0001　② 0.08
③ 1.0　④ 8.0

해설

동점성계수(ν)

점성계수를 그 유체의 밀도로 나눈 값으로 차원은 운동학적 차원을 가지므로 동점성계수라고 한다.

$$\nu = \frac{\mu}{\rho}\,[\mathrm{m^2/s}]$$

여기서, ν : 동점성계수[$\mathrm{m^2/s}$]
μ : 점성계수[kg/m · s]
ρ : 밀도[$\mathrm{kg/m^3}$]

※ 동점성계수의 단위 : [$\mathrm{m^2/s}$], [$\mathrm{cm^2/s}$]=[stokes]

[풀이]

1) $S = \frac{\rho}{\rho_w}$, $\rho = S \cdot \rho_w$

$\rho = 0.8 \times 1{,}000 = 800[\mathrm{kg/m^3}]$

2) $\nu = \frac{\mu}{\rho} = \frac{0.08[\mathrm{kg/m \cdot s}]}{800[\mathrm{kg/m^3}]} = 0.0001[\mathrm{m^2/s}]$

3) $0.0001\left[\frac{\mathrm{m^2}}{s}\right] \times \frac{10{,}000[\mathrm{cm^2}]}{1[\mathrm{m^2}]} = 1.0[\mathrm{cm^2/s}][\mathrm{stokes}]$

26 다음 계측기 중 측정하고자 하는 것이 다른 것은?

① Bourdon 압력계　② U자관 마노미터
③ 피에조미터　④ 벤추리미터

해설

계측기의 종류

1) 정압 측정
① Bourdon 압력계　② U자관 마노미터
③ 피에조미터

2) 풍속 측정
① 열선풍속계　② 피토정압관

3) 유량 측정
① 벤추리미터　② 오리피스미터
③ 위어　④ 로터미터

27 비중이 1.03인 바닷물에 비중 0.9인 빙산이 떠 있다. 전체 부피의 몇 %가 해수면 위로 올라와 있는가?

① 12.6　② 10.8
③ 7.2　④ 6.3

해설

부력(F_B)과 빙산의 무게(F_g)

$$F_B[\mathrm{N}] = \gamma_1 V_1 \qquad F_g[\mathrm{N}] = \gamma_2 V_2$$

여기서, γ_1 : 바닷물의 비중량, γ_2 : 빙산의 비중량
V_1 : 바닷물 속에 잠긴 빙산의 체적
V_2 : 빙산의 전체 체적

[풀이]

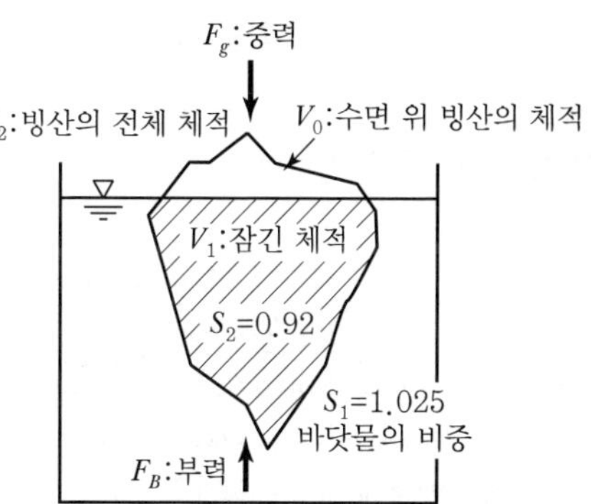

빙산이 바닷물의 수면에 떠 있을 때 빙산의 무게와 부력은 같다.

$F_B = F_g$

$\gamma_1 V_1 = \gamma_2 V_2$　여기서, $\gamma = S\gamma_w$이므로

정답　25 ③　26 ④　27 ①

$S_1 \gamma_w V_1 = S_2 \gamma_w V_2$

$$S_1 V_1 = S_2 V_2$$

여기서, $V_1 = (V_2 - V_0)$을 대입하면

$S_1(V_2 - V_0) = S_2 V_2$

여기서, $S_1 = 1.03$, $S_2 = 0.9$를 대입하면

$1.03(V_2 - V_0) = 0.9 V_2$, $1.03 V_2 - 1.03 V_0 = 0.9 V_2$

$1.03 V_0 = 1.03 V_2 - 0.9 V_2$, $V_0 = \dfrac{1.03 - 0.9}{1.03} V_2$

$V_0 = 0.126 V_2$, V_0는 V_2의 0.126배이다.

즉, 떠 있는 빙산의 체적은 전체 체적의 12.6%이다.

28 다음 그림과 같이 설치한 피토정압관의 액주계 눈금이 100mm일 때 ①에서의 물의 유속은 약 몇 m/s인가?(단, 액주계에 사용된 수은의 비중은 13.6이다.)

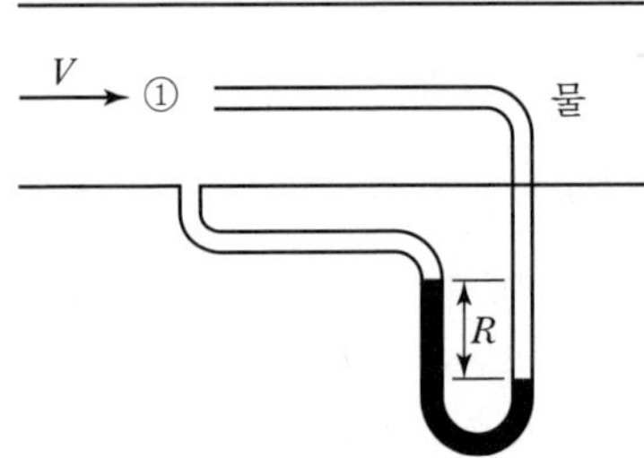

① 15.7　② 5.35
③ 5.16　④ 4.97

해설

피토정압관에서의 유속 V[m/s]

$$V = \sqrt{2gR\left(\frac{\gamma_0 - \gamma}{\gamma}\right)} \qquad V = \sqrt{2gR\left(\frac{S_0 - S}{S}\right)}$$

여기서, γ_0 : 액주계 내 유체의 비중량[N/m³]
γ : 배관을 흐르는 유체의 비중량[N/m³]
S_0 : 액주계 내의 유체비중
S : 배관을 흐르는 유체의 비중
R : 액주계 내 유체의 높이 차[m]

[풀이]

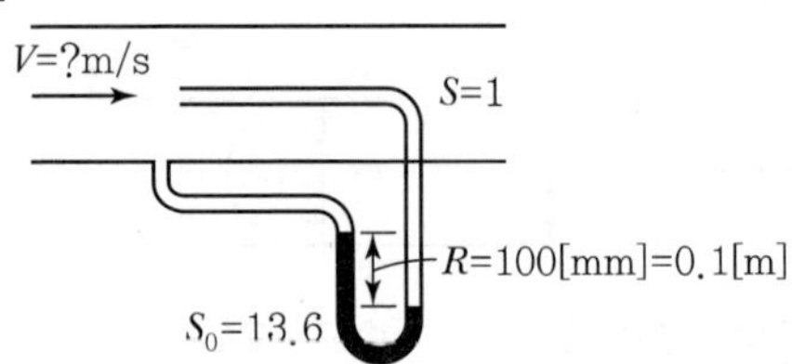

$$V = \sqrt{2gh\left(\frac{S_0 - S}{S}\right)} = \sqrt{2 \times 9.8 \times 0.1\left(\frac{13.6 - 1}{1}\right)} = 4.97\,[\text{m/s}]$$

29 소방호스의 노즐로부터 유속 4.9m/s로 방사되는 물제트에 피토관의 흡입구를 갖다 대었을 때 피토관의 수직부에 나타나는 수주의 높이는 약 몇 m인가?(단, 중력가속도는 9.8m/s²이고, 손실은 무시한다.)

① 0.25　② 1.22
③ 2.69　④ 3.69

해설

속도수두와 최대 유속

$$h = \frac{V^2}{2g}[\text{m}] \qquad V = \sqrt{2gh}$$

여기서, h : 속도수두[m], V : 유속[m/s]
g : 중력가속도 9.8[m/s²]

[풀이]

$h = \dfrac{V^2}{2g}$[m]

$h = \dfrac{4.9^2}{2 \times 9.8} = 1.225$[m]

30 원관에서 길이가 2배, 속도가 2배가 되면 손실수두는 원래의 몇 배가 되는가?(단, 두 경우 모두 완전 발달 난류유동에 해당되며, 관마찰계수는 일정하다.)

① 동일하다.　② 2배
③ 4배　④ 8배

정답 28 ④ 29 ② 30 ④

해설

배관의 마찰손실(H_l : Darcy－Weisbach Formula)

$$H_l = f\frac{l}{d}\frac{V^2}{2g}$$

여기서, H_l : 마찰손실수두[m], f : 관마찰계수
d : 배관의 직경[m], l : 직관의 길이[m]
V : 유체의 유속[m/sec]

[풀이]

Darcy－Weisbach 방정식은 층류와 난류 모두 적용 가능하다.

1) 초기상태에서의 손실수두 H_{l1}

$$H_{l1} = f\frac{l_1}{d}\frac{V_1^2}{2g}$$

2) 상태변화 후 손실수두 H_{l2}

$$H_{l2} = f\frac{l_2}{d}\frac{V_2^2}{2g}$$

여기서, $l_2 = 2l_1$, $V_2 = 2V_1$이므로

$$H_{l2} = f\frac{2l_1}{d}\frac{(2V_1)^2}{2g},\ H_{l2} = f\frac{l_1}{d}\frac{V_1^2(2\times 2^2)}{2g}$$

$$H_{l2} = f\frac{l_1}{d}\frac{V_1^2}{2g}\times 8 \qquad \therefore\ H_{l2} = 8H_{l1}$$

31 압력 200kPa, 온도 400K의 공기가 10m/s의 속도로 흐르는 지름 10cm의 원관이 지름 20cm인 원관이 연결된 다음 압력 180kPa, 온도 350K으로 흐른다. 공기가 이상기체라면 정상상태에서 지름 20cm인 원관에서의 공기의 속도[m/s]는?

① 2.43 ② 2.50
③ 2.67 ④ 4.50

해설

원관에서 공기의 속도

1) 질량유량($\overline{m}$ [kg/s] : Mass Flowrate)

$$\overline{m_1} = \overline{m_2} \qquad \rho_1 A_1 V_1 = \rho_2 A_2 V_2$$

여기서, A : 배관의 단면적[m²], V : 유속[m/s]
ρ : 밀도[kg/m³]

2) 기체의 밀도 ρ[kg/m³]

$$\rho = \frac{P}{\overline{R}\,T}$$

여기서, P : 절대압력[kPa][kN/m²], T : 절대온도[K]
$\overline{R}$: 공기의 특별기체상수(0.287[kJ/kg · K])

① $\rho_1 = \dfrac{P_1}{\overline{R}T_1} = \dfrac{200[\text{kPa}]}{0.287[\text{kJ/kg}\cdot\text{K}]\times 400[\text{K}]}$

$= 1.742[\text{kg/m}^3]$

② $\rho_2 = \dfrac{P_2}{\overline{R}T_2} = \dfrac{180[\text{kPa}]}{0.287[\text{kJ/kg}\cdot\text{K}]\times 350[\text{K}]}$

$= 1.792[\text{kg/m}^3]$

3) 배관의 단면적 A[m²]

① $A_1 = \dfrac{\pi d_1^2}{4} = \dfrac{\pi\times 0.1^2}{4} = 0.00785[\text{m}^2]$

② $A_2 = \dfrac{\pi d_2^2}{4} = \dfrac{\pi\times 0.2^2}{4} = 0.03141[\text{m}^2]$

4) 질량유량 $\overline{m}$

$\rho_1 A_1 V_1 = \rho_2 A_2 V_2$

$1.742[\text{kg/m}^3]\times 0.00785[\text{m}^2]\times 10[\text{m/s}]$

$= 1.792[\text{kg/m}^3]\times 0.03141[\text{m}^2]\times V_2[\text{m/s}]$

$$V_2 = \frac{1.742\times 0.00785\times 10}{1.792\times 0.03141} = 2.43[\text{m/s}]$$

32 길이가 5m이며 외경과 내경이 각각 40cm와 30cm인 환형(Annular)관에 물이 4m/s의 평균속도로 흐르고 있다. 수력지름에 기초한 마찰계수가 0.02일 때 손실수두는 약 몇 m인가?

① 0.063 ② 0.204
③ 0.472 ④ 0.816

정답 31 ① 32 ④

해설

비원형관 내 유동에서의 마찰손실수두

1) 수력반경(R_h) : 원형 단면에 적용하는 식을 비원형 단면에도 적용하기 위하여 수력반경을 적용한다.

$$R_h = \frac{A}{P} \qquad 수력반경 = \frac{접수면적}{접수길이}$$

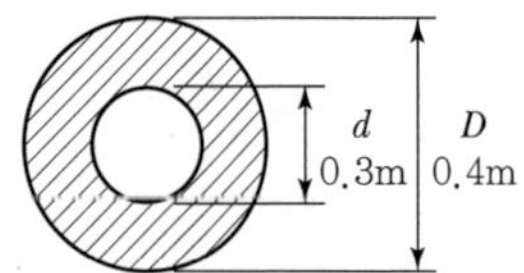

[환형 2중관]

① 접수면적 : 빗금 친 부분으로 물이 흐르므로 접수면적은 빗금 친 부분의 면적이다.

$$A = \frac{\pi D^2}{4} - \frac{\pi d^2}{4} = \frac{\pi(D^2 - d^2)}{4}$$
$$= \frac{\pi(0.4^2 - 0.3^2)}{4} = 0.055[\text{m}^2]$$

② 접수길이 : 큰 원의 원주길이와 작은 원의 원주길이의 합

$$P = \pi D + \pi d = \pi(D+d)$$
$$= \pi(0.4+0.3) = 2.2[\text{m}]$$

③ 수력반경 $R_h = \frac{A}{P} = \frac{0.055}{2.2} = 0.025[\text{m}]$

2) 수력직경(D_h) : 비원형 단면을 원형 단면으로 적용했을 때의 직경을 말한다.

$$D_h = 4R_h$$

수력직경(수력지름) $D_h = 4 \times 0.025 = 0.1[\text{m}]$

※ 2중관의 수력직경은 큰 원의 직경에서 작은 원의 직경을 빼주는 방법으로 쉽게 구할 수 있다. (0.4−0.3=0.1[m])

3) 비원형관 내 유동에서의 마찰손실수두

$$H_l = f\frac{l}{D_h}\frac{V^2}{2g}$$

여기서, H_l : 마찰손실수두[m], f : 관마찰계수
D_h : 수력직경[m], l : 직관의 길이[m]
V : 유체의 유속[m/sec]

$$H_l = 0.02 \times \frac{5}{0.1} \times \frac{4^2}{2 \times 9.8} = 0.816[\text{m}]$$

33 다음 중 옳은 것을 모두 고른 것은?

㉠ 일반적으로 축류펌프의 비속도가 반경류펌프의 비속도보다 크다.
㉡ 회전수와 양정이 같을 때 유량이 큰 펌프의 비속도가 더 크다.
㉢ 회전수와 유량이 같을 때 양정이 큰 펌프의 비속도가 더 작다.

① ㉠　② ㉠, ㉡
③ ㉡, ㉢　④ ㉠, ㉡, ㉢

해설

1) 비교회전도(비속도)

어떠한 펌프가 단위토출량 1[m³/min]에서 단위양정 1[m]를 내게 할 때 그 회전차에 주어야 하는 회전수

$$N_S = \frac{NQ^{1/2}}{\left(\frac{H}{n}\right)^{3/4}}$$

여기서, N : 회전수[rpm]
Q : 유량[m³/min](양흡입펌프 $\frac{Q}{2}$)
H : 전양정[m]
n : 단수

2) 비속도에 따른 펌프특성

① 회전수와 양정이 같을 때 유량이 큰 펌프의 비속도가 더 크다.
② 회전수와 유량이 같을 때 양정이 큰 펌프의 비속도가 더 작다.
③ 양정과 유량이 같을 때 회전수가 큰 펌프의 비속도가 더 크다.

3) 축류펌프의 비속도

① 일반적으로 축류펌프는 반경류(원심)펌프에 비해 양정이 낮고(10m 이하) 유량이 크다.
② 양정이 낮고 유량이 크므로 축류펌프의 비속도가 크다.

정답 33 ④

34 펌프 운전 중에 펌프 입구와 출구에 설치된 진공계, 압력계의 지침이 흔들리고 동시에 토출 유량이 변화하는 현상으로 송출압력과 송출유량 사이에 주기적인 변동이 일어나는 현상은?

① 수격현상 ② 서징현상
③ 공동현상 ④ 와류현상

해설

펌프에서 발생하는 이상현상

1) 수격(Water Hammering)작용
펌프나 밸브를 갑작스럽게 조작하면 관 속을 흐르는 액체의 속도가 급격히 변하면서 운동에너지가 압력에너지로 바뀌게 된다. 이때 고압이 발생되어 배관이나 관 부속물에 무리한 힘을 가하게 되는데, 이러한 현상을 수격작용이라 한다.

2) 맥동(Surging)현상
펌프의 운전 중 송출유량이 주기적으로 변하면서 압력계의 눈금이 흔들리고 토출배관에 진동과 소음을 수반하는 현상이다. 맥동현상이 계속되면 배관의 장치나 기계가 파손된다.

3) 공동(Cavitation)현상
펌프 흡입 측 배관에서 발생될 수 있는 현상으로 흡수되는 물의 압력이 그 온도에서의 포화증기압보다 작게 되면 물이 급격하게 증발되어 기포가 생성되는 현상이다. 기포가 흐름을 따라 이동하면서 진동, 소음을 수반하고 심한 경우 양수불능까지도 초래하게 된다.

35 질량이 3kg인 공기(이상기체)가 온도 323K으로 일정하게 유지되면서 체적이 4배가 되었다면 이 계(system)가 한 일은 약 몇 kJ인가?(단, 공기의 기체상수는 287J/kg · K이다.)

① 48 ② 96
③ 193 ④ 386

해설

등온팽창과정에서 기체가 한 일

$$W = GRT\ln\left(\frac{V_2}{V_1}\right)$$

여기서, W : 일[J], G : 기체질량[kg]
R : 기체상수[J/kg · K], T : 절대온도[K]
V_1 : 처음 체적[m³], V_2 : 나중 체적[m³]

[풀이]

1) 체적변화
① 처음 체적 : V_1[m³]
② 등온팽창 후 체적 : $V_2 = 4V_1$

2) 등온팽창과정에서 기체가 한 일

$$W = 3 \times 287 \times 323 \times \ln\left(\frac{4V_1}{V_1}\right)$$
$$= 385{,}532.62[\text{J}] = 385.53[\text{kJ}]$$

36 펌프의 입구에서 진공계의 계기압력은 −160 mmHg, 출구에서 압력계의 압력은 300kPa, 송출유량은 10m³/min일 때 펌프의 수동력[kW]은?(단, 진공계와 압력계 사이의 수직거리는 2m이고, 흡입관과 송출관의 직경은 같으며, 손실은 무시한다.)

① 5.7 ② 56.8
③ 557 ④ 3,400

해설

펌프의 동력

1) 수동력 : 펌프에 의해 액체로 공급되는 동력

$$L_w[\text{kW}] = \frac{\gamma[\text{N/m}^3] \times Q[\text{m}^3/\text{s}] \times H[\text{m}]}{1{,}000}$$

2) 축동력 : 모터에 의해 실제로 펌프에 주어지는 동력

$$L_s[\text{kW}] = \frac{\gamma[\text{N/m}^3] \times Q[\text{m}^3/\text{s}] \times H[\text{m}]}{1{,}000\eta}$$

3) 모터동력 : 모터 또는 엔진에 전달되는 동력

$$P[\text{kW}] = \frac{\gamma[\text{N/m}^3] \times Q[\text{m}^3/\text{s}] \times H[\text{m}]}{1{,}000\eta} \times K$$

여기서, L_w : 수동력[kW], L_s : 축동력[kW]
P : 전동기 동력[kW], γ : 비중량
$\gamma_w = 9{,}800[\text{N/m}^3]$
Q : 유량[m³/s], H : 전양정[m]
η : 펌프효율, K : 전달계수

정답 34 ② 35 ④ 36 ②

[풀이]

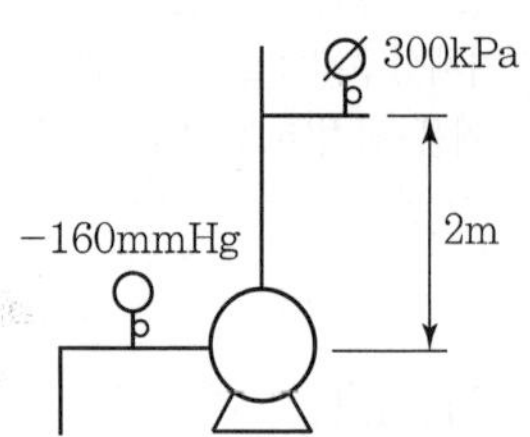

1) 유량 $Q[\mathrm{m^3/s}]$

$$Q=10\left[\frac{\mathrm{m^3}}{\mathrm{min}}\right]\times\frac{1[\mathrm{min}]}{60[\mathrm{s}]}=\frac{10}{60}[\mathrm{m^3/s}]$$

2) 전양정 $H[\mathrm{m}]$

(흡입양정 + 토출양정 + 진공계와 압력계의 수직거리)

$$H=160[\mathrm{mmHg}]+300[\mathrm{kPa}]+2[\mathrm{m}]$$

$$=160[\mathrm{mmHg}]\times\frac{10.332[\mathrm{mAq}]}{760[\mathrm{mmHg}]}$$

$$+300[\mathrm{kPa}]\times\frac{10.332[\mathrm{mAq}]}{101.325[\mathrm{kPa}]}+2[\mathrm{mAq}]$$

$$=2.175[\mathrm{mAq}]+30.59[\mathrm{mAq}]+2[\mathrm{mAq}]$$

$$=34.77[\mathrm{mAq}]$$

※ 진공계의 (−)압력은 펌프가 흡입하는 압력으로 전양정 계산 시 (+)로 계산한다.

3) $$L_w[\mathrm{kW}]=\frac{\gamma[\mathrm{N/m^3}]\times Q[\mathrm{m^3/s}]\times H[\mathrm{m}]}{1,000}$$

$$=\frac{9,800[\mathrm{N/m^3}]\times\frac{10}{60}[\mathrm{m^3/s}]\times 34.77[\mathrm{m}]}{1,000}$$

$$=56.79[\mathrm{kW}]\fallingdotseq 56.8[\mathrm{kW}]$$

37 Carnot 사이클이 800K의 고온 열원과 500K의 저온 열원 사이에서 작동한다. 이 사이클에 공급하는 열량이 사이클당 800kJ이라 할 때, 한 사이클당 외부에 하는 일은 약 몇 kJ인가?

① 200 ② 300 ③ 400 ④ 500

해설

1) 카르노 사이클의 열효율

$$\eta=\frac{T_H-T_L}{T_H}=1-\frac{T_L}{T_H}$$

여기서, T_H : 고온체의 온도[K]

T_L : 저온체의 온도[K]

$$\eta=1-\frac{T_L}{T_H}=1-\frac{500}{800}=0.375$$

2) 한 사이클당 외부에 하는 일

$W[\mathrm{kJ}]=Q\eta$

여기서, Q : 사이클에 공급하는 열량

η : 가르노 사이클의 열효율

$W=800[\mathrm{kJ}]\times 0.375=300[\mathrm{kJ}]$

38 지름의 비가 1 : 2인 2개의 모세관을 물속에 수직으로 세울 때 모세관현상으로 물이 관 속으로 올라가는 높이의 비는?

① 1 : 4 ② 1 : 2 ③ 2 : 1 ④ 4 : 1

해설

모세관의 상승높이

$$h=\frac{4\sigma\cos\theta}{\gamma d}$$

여기서, h : 모세관의 높이[m], σ : 표면장력[N/m]

γ : 유체의 비중량[N/m³], d : 관의 직경

θ : 접촉각

[풀이]

모세관의 상승높이는 관의 직경에 반비례한다.

$$h\propto\frac{1}{d},\ d\propto\frac{1}{h},\ d_1:d_2=\frac{1}{h_1}:\frac{1}{h_2},\ 1:2=\frac{1}{1}:\frac{1}{2}$$

$\therefore\ 1:2=1:0.5,\ 1:2=2:1$

39 표면적이 2m²이고 표면온도가 60℃인 고체표면을 20℃의 공기로 대류 열전달에 의해서 냉각한다. 평균 대류열전달계수가 30W/m² · K이라고 할 때 고체표면의 열손실은 몇 W인가?

① 600 ② 1,200
③ 2,400 ④ 3,600

해설

대류(Convection)

1) 정의 : 입자들 간의 직접 에너지 교환이 아니라 유체의 운동에 의해 에너지를 가진 입자가 공간상을 이동하는 과정

정답 37 ② 38 ③ 39 ③

2) 뉴턴의 냉각법칙(Newton's Law of Cooling)

$$q[\text{W}] = hA\Delta T$$

여기서, q : 열전달량[W]
h : 대류열전달계수[$\text{W/m}^2 \cdot \text{K}$]
A : 열전달면적[m^2], ΔT : 온도 차[K]

[풀이]

1) 표면적 : $A = 2[\text{m}^2]$
온도 차 : $\Delta T = 60 - 20 = 40[\text{K}][℃]$
온도의 차이이므로 섭씨와 절대온도는 같다.
대류 열전달계수 : $30[\text{W/m}^2 \cdot \text{K}]$

2) 대류열전달량
$q[\text{W}] = 30[\text{W/m}^2 \cdot \text{K}] \times 2[\text{m}^2] \times 40[\text{K}]$
$= 2{,}400[\text{W}]$

40 프루드(Froude)수의 물리적인 의미는?

① 관성력/탄성력 ② 관성력/중력
③ 압축력/관성력 ④ 관성력/점성력

해설

무차원수의 종류 및 물리적 의미

무차원수의 종류	물리적 의미
레이놀즈수	관성력/점성력
오일러수	압축력/관성력
마하수	관성력/탄성력
프루드수	관성력/중력
웨버수	관성력/표면장력

3과목 소방관계법규

41 소방본부장 또는 소방서장 등이 화재현장에서 소방활동을 원활히 수행하기 위하여 규정하고 있는 사항으로 틀린 것은?

① 비상소화장치의 설치 ② 강제처분
③ 소방활동 종사명령 ④ 피난명령

해설

① 비상소화장치의 설치 및 유지 · 관리 : 시 · 도지사
소방자동차의 진입이 곤란한 지역 등 화재발생 시에 초기대응이 필요한 지역에 소방호스 또는 호스릴 등을 소방용수시설에 연결하여 화재를 진압하는 시설이나 장치를 설치하고 유지 · 관리
② 강제처분 : 소방본부장, 소방서장, 소방대장
화재가 발생하거나 불이 번질 우려가 있는 소방대상물 및 토지를 일시적으로 사용하거나고 사용의 제한 또는 소방활동에 필요한 처분
③ 소방활동 종사명령 : 소방본부장, 소방서장, 소방대장
사람을 구출하는 일 또는 불을 끄거나 불이 번지지 아니하도록 하는 일을 명령
④ 피난명령 : 소방본부장, 소방서장 또는 소방대장
그 구역에 있는 사람에게 그 구역 밖으로 피난할 것을 명령

42 소방기본법령상 저수조의 설치기준으로 틀린 것은?

① 지면으로부터의 낙차가 4.5m 이하일 것
② 흡수부분의 수심이 0.5m 이상일 것
③ 흡수에 지장이 없도록 토사 및 쓰레기 등을 제거할 수 있는 설비를 갖출 것
④ 흡수관의 투입구가 사각형의 경우에는 한 변의 길이가 60cm 이하, 원형의 경우에는 지름이 60cm 이하일 것

해설

소방용수시설의 설치기준

1) 공통기준
① 주거지역 · 상업지역 · 공업지역 : 수평거리 100[m] 이하
② 그 밖의 지역 : 수평거리 140[m] 이하
2) 소방용수시설별 설치기준
① 소화전
• 상수도와 연결하여 지하식 또는 지상식의 구조로 할 것
• 소방용 호스와 연결하는 소화전의 연결금속구의 구경 : 65[mm]
② 급수탑
• 급수배관의 구경 : 100[mm] 이상
• 개폐밸브의 높이 : 지상에서 1.5[m] 이상 1.7[m] 이하의 위치에 설치할 것

정답 40 ② 41 ① 42 ④

③ 저수조
- 지면으로부터의 낙차 : 4.5[m] 이하
- 흡수부분의 수심 : 0.5[m] 이상
- 흡수관의 투입구가 사각형 : 한 변의 길이가 60[cm] 이상
- 흡수관의 투입구가 원형 : 지름이 60[cm] 이상
- 소방펌프자동차가 쉽게 접근할 수 있을 것
- 흡수에 지장이 없도록 토사 및 쓰레기 등을 제거할 수 있는 설비를 갖출 것
- 저수조에 물 공급은 상수도에 연결하여 자동으로 급수되는 구조일 것

④ 60cm 이하 → 이상

43 소방청장, 소방본부장 또는 소방서장은 관할구역에 있는 소방대상물에 대하여 화재안전조사를 실시할 수 있다. 화재안전조사 대상과 거리가 먼 것은?(단, 개인 주거에 대하여는 관계인의 승낙을 득한 경우이다.)

① 화재예방강화지구 등 법령에서 화재안전조사를 하도록 규정되어 있는 경우
② 소방시설 설치 및 관리에 관한 법률에 따른 자체점검이 불성실하거나 불완전하다고 인정되는 경우
③ 화재가 발생할 우려는 없으나 소방대상물의 정기점검이 필요한 경우
④ 국가적 행사 등 주요 행사가 개최되는 장소 및 그 주변의 관계 지역에 대하여 소방안전관리 실태를 조사할 필요가 있는 경우

해설

화재안전조사를 할 수 있는 경우
1) 소방시설 설치 및 관리에 관한 법률에 따른 자체점검이 불성실하거나 불완전하다고 인정되는 경우
2) 화재예방강화지구 등 법령에서 화재안전조사를 하도록 규정되어 있는 경우
3) 화재예방안전진단이 불성실하거나 불완전하다고 인정되는 경우
4) 국가적 행사 등 주요 행사가 개최되는 장소 및 그 주변의 관계 지역에 대하여 소방안전관리 실태를 조사할 필요가 있는 경우
5) 화재가 자주 발생하였거나 발생할 우려가 뚜렷한 곳에 대한 조사가 필요한 경우
6) 재난예측정보, 기상예보 등을 분석한 결과 소방대상물에 화재의 발생 위험이 크다고 판단되는 경우
7) 화재, 그 밖의 긴급한 상황이 발생할 경우 인명 또는 재산 피해의 우려가 현저하다고 판단되는 경우

44 성능위주설계를 실시하여야 하는 특정소방대상물의 범위 기준으로 틀린 것은?

① 연면적 200,000m^2 이상인 특정소방대상물(아파트 등은 제외)
② 지하층을 포함한 층수가 30층 이상인 특정소방대상물(아파트 등은 제외)
③ 건축물의 높이가 120m 이상인 특정소방대상물(아파트 등은 제외)
④ 하나의 건축물에 영화상영관이 5개 이상인 특정소방대상물

해설

성능위주설계를 해야 하는 특정소방대상물의 범위
1) 연면적 20만m^2 이상인 특정소방대상물(아파트 등 제외)
2) 50층 이상(지하층 제외)이거나 지상으로부터 높이가 200m 이상인 아파트 등
3) 30층 이상(지하층 포함)이거나 지상으로부터 높이가 120m 이상인 특정소방대상물(아파트 등 제외)
4) 연면적 3만m^2 이상인 특정소방대상물로서 철도 및 도시철도 시설, 공항시설
5) 창고시설 중 연면적 10만m^2 이상인 것 또는 지하층의 층수가 2개층 이상이고 지하층의 바닥면적의 합이 3만m^2 이상인 것
6) 하나의 건축물에 영화상영관이 10개 이상인 특정소방대상물
7) 지하연계 복합건축물에 해당하는 특정소방대상물
8) 터널 중 수저(水底)터널 또는 길이가 5,000m 이상인 것

④ 하나의 건축물에 영화상영관이 5개 이상 → 10개 이상

정답 43 ③ 44 ④

45 다음의 특정소방대상물 중 의료시설에 해당되는 것은?

① 동물병원 ② 치과병원
③ 의원 ④ 산후조리원

해설

1) 의료시설
① 병원 : 종합병원, 병원, 치과병원, 한방병원, 요양병원
② 격리병원 : 전염병원, 마약진료소, 그 밖에 이와 비슷한 것
③ 정신의료기관
④ 장애인 의료재활시설

2) 근린생활시설
① 슈퍼마켓과 일용품등의 소매점 등 : 바닥면적의 합계 1,000m^2 미만
② 휴게음식점, 제과점, 일반음식점, 기원, 노래연습장 및 단란주점(150m^2 미만)
③ 이용원, 미용원, 목욕장, 세탁소, 독서실, 사진관, 표구점, 장의사, 동물병원
④ 의원, 치과의원, 한의원, 침술원, 접골원, 조산원, 산후조리원 및 안마원(안마시술소 포함) 등

46 다음 중 스프링클러설비를 의무적으로 설치하여야 하는 기준으로 틀린 것은?

① 층수가 6층 이상인 것
② 지하가로 연면적이 1,000m^2 이상인 것
③ 판매시설로 수용인원이 300인 이상인 것
④ 운동시설로 수용인원이 100인 이상인 것

해설

스프링클러설비의 설치대상
1) 층수가 6층 이상인 특정소방대상물의 경우에는 모든 층
2) 지하가로서 연면적 1,000m^2 이상인 것
3) 판매시설, 운수시설 및 창고시설 : 바닥면적의 합계가 5,000m^2 이상이거나 수용인원이 500명 이상인 경우에는 모든 층
4) 기숙사 또는 복합건축물로서 연면적 5,000m^2 이상인 경우에는 모든 층
5) 문화 및 집회시설, 종교시설, 운동시설 : 수용인원이 100명 이상
6) 창고시설(물류터미널 제외) : 바닥면적 합계가 5,000m^2 이상인 경우에는 모든 층
7) 지하층 · 무창층 또는 층수가 4층 이상인 층 : 바닥면적이 1,000m^2 이상인 층
8) 특수가연물 : 지정수량 1,000배 이상

③ 판매시설로 수용인원이 300인 이상 → 500인 이상

47 자동화재탐지설비를 설치하여야 하는 특정소방대상물의 기준으로 틀린 것은?

① 지하구
② 지하가 중 터널로서 길이 500m 이상인 것
③ 교정시설로서 연면적 2,000m^2 이상인 것
④ 복합건축물로서 연면적 600m^2 이상인 것

해설

자동화재탐지설비 설치대상

특정소방대상물	설치대상
노유자시설	연면적 400m^2 이상
근린생활시설, 의료시설, 위락시설, 장례시설 및 복합건축물	연면적 600m^2 이상
근린생활시설 중 목욕장, 문화 및 집회시설, 종교시설, 판매시설, 운수시설, 운동시설, 업무시설, 공장, 창고시설, 위험물 저장 및 처리시설, 항공기 및 자동차 관련 시설, 교정 및 군사시설 중 국방 · 군사시설, 방송통신시설, 발전시설, 관광휴게시설, 지하가	연면적 1,000m^2 이상
교육연구시설, 수련시설, 동물 및 식물 관련 시설(기둥과 지붕만으로 구성되어 외부와 기류가 통하는 장소는 제외한다), 분뇨 및 쓰레기 처리시설, 교정 및 군사시설 또는 묘지 관련 시설	연면적 2,000m^2 이상인 것
숙박시설이 있는 수련시설	수용인원 100명 이상인 것
지하가 중 터널	길이가 1,000m 이상인 것
공동주택 중 아파트 등 · 기숙사, 숙박시설, 노유자생활시설, 지하구, 판매시설 중 전통시장, 층수가 6층 이상인 건축물, 산후조리원, 조산원	모든 층
특수가연물	500배 이상

정답 45 ② 46 ③ 47 ②

48 다음은 인명구조기구 중 공기호흡기를 설치해야 하는 특정소방대상물이다. (　　) 안에 알맞은 내용은?

> • 수용인원 (㉠)명 이상인 문화 및 집회시설 중 영화상영관
> • 판매시설 중 (㉡)
> • 운수시설 중 지하역사
> • 지하가 중 지하상가
> • 화재안전기준에 따라 (㉢)소화설비를 설치해야 하는 특정소방대상물

① ㉠ 100　㉡ 대규모점포　㉢ 이산화탄소
② ㉠ 100　㉡ 대규모점포　㉢ 스프링클러
③ ㉠ 500　㉡ 소규모점포　㉢ 이산화탄소
④ ㉠ 500　㉡ 소규모점포　㉢ 스프링클러

해설

인명구조기구를 설치해야 하는 특정소방대상물

1) 방열복 또는 방화복(안전모, 보호장갑 및 안전화 포함), 인공소생기 및 공기호흡기
지하층을 포함 7층 이상인 관광호텔

2) 방열복 또는 방화복(안전모, 보호장갑 및 안전화 포함) 및 공기호흡기
지하층을 포함 5층 이상인 병원

3) 공기호흡기
① 수용인원 100명 이상인 문화 및 집회시설 중 영화상영관
② 판매시설 중 대규모점포
③ 운수시설 중 지하역사
④ 지하가 중 지하상가
⑤ 화재안전기준에 따라 이산화탄소소화설비(호스릴이산화탄소소화설비 제외)를 설치해야 하는 특정소방대상물

49 특정소방대상물의 소방시설 등에 대한 자체점검 기술자격자의 범위에서 '행정안전부령으로 정하는 기술자격자'는?

① 소방안전관리자로 선임된 소방설비산업기사
② 소방안전관리자로 선임된 소방설비기사
③ 소방안전관리자로 선임된 전기기사
④ 소방안전관리자로 선임된 소방시설관리사

해설

종합점검

구분	기준
정의	소방시설 등의 작동점검을 포함하여 소방시설 등의 설비별 주요 구성 부품의 구조기준이 화재안전기준과 건축법 등 관련 법령에서 정하는 기준에 적합한지 여부를 점검하는 것
점검 대상	• 스프링클러설비가 설치된 특정소방대상물 • 물분무 등 소화설비 : 연면적 5,000m^2 이상(호스릴 제외, 위험물제조소 등 제외) • 다중이용업의 영업장 : 연면적이 2,000m^2 이상인 것 • 제연설비가 설치된 터널 • 공공기관 : 연면적이 1,000m^2 이상인 것으로서 옥내소화전설비 또는 자동화재탐지설비가 설치된 것
점검자의 자격	• 소방시설관리업에 등록된 기술인력 중 소방시설관리사 • 소방안전관리자로 선임된 소방시설관리사 및 소방기술사
점검횟수	• 연 1회 이상 • 특급소방안전관리 대상물(반기당 1회 이상)

50 소방시설관리업자가 기술인력을 변경하는 경우, 시 · 도지사에게 제출하여야 하는 서류로 틀린 것은?

① 소방시설관리업 등록수첩
② 변경된 기술인력의 기술자격증(자격수첩)
③ 기술인력연명부
④ 사업자등록증 사본

해설

등록변경신고 시 첨부서류

1) 명칭 · 상호 또는 영업소소재지 변경 : 소방시설관리업등록증 및 등록수첩
2) 대표자 변경 : 소방시설관리업등록증 및 등록수첩
3) 기술인력 변경
① 소방시설관리업등록수첩
② 변경된 기술인력의 기술자격증(자격수첩)
③ 기술인력연명부

정답　48 ①　49 ④　50 ④

51 소방시설 설치 및 관리에 관한 법률상 소방시설 등에 대하여 스스로 점검을 하지 아니하거나 관리업자 등으로 하여금 정기적으로 점검하게 하지 아니한 자에 대한 벌칙기준으로 옳은 것은?

① 6개월 이하의 징역 또는 1000만 원 이하의 벌금
② 1년 이하의 징역 또는 1000만 원 이하의 벌금
③ 3년 이하의 징역 도는 1500만 원 이하의 벌금
④ 3년 이하의 징역 또는 3000만 원 이하의 벌금

해설

1년 이하의 징역 또는 1천만 원 이하의 벌금(소방시설 설치 및 관리에 관한 법률)

1) 소방시설 등에 대하여 스스로 점검을 하지 아니하거나 관리업자 등으로 하여금 정기적으로 점검하게 하지 아니한 자
2) 소방시설관리사증을 다른 사람에게 빌려주거나 빌리거나 이를 알선한 자
3) 동시에 둘 이상의 업체에 취업한 자
4) 자격정지처분을 받고 그 자격정지기간 중에 관리사의 업무를 한 자
5) 관리업의 등록증이나 등록수첩을 다른 자에게 빌려주거나 빌리거나 이를 알선한 자
6) 영업정지처분을 받고 그 영업정지기간 중에 관리업의 업무를 한 자
7) 제품검사에 합격하지 아니한 제품에 합격표시를 하거나 합격표시를 위조 또는 변조하여 사용한 자
8) 형식승인의 변경승인 또는 성능인증의 변경인증을 받지 아니한 자
9) 제품검사에 합격하지 아니한 소방용품에 성능인증을 받았다는 표시 또는 제품검사에 합격하였다는 표시를 하거나 성능인증을 받았다는 표시 또는 제품검사에 합격하였다는 표시를 위조 또는 변조하여 사용한 자
10) 우수품질인증을 받지 아니한 제품에 우수품질인증 표시를 하거나 우수품질인증 표시를 위조하거나 변조하여 사용한 자
11) 관계 공무원이 관계인의 정당한 업무를 방해하거나 출입 · 검사 업무를 수행하면서 알게 된 비밀을 다른 사람에게 누설한 자

52 소방시설의 하자가 발생한 경우 소방시설공사업자는 관계인으로부터 그 사실을 통보받은 날로부터 며칠 이내에 이를 보수하거나 보수일정을 기록한 하자보수 계획을 관계인에게 알려야 하는가?

① 3일 이내 ② 5일 이내
③ 7일 이내 ④ 14일 이내

해설

공사의 하자보수 등

1) 공사업자가 하자발생 통보를 받은 후 하자를 보수하거나 보수 일정을 기록한 하자보수 계획을 관계인에게 서면으로 알려야 하는 기간 : 3일 이내
2) 하자보수 보증금 : 공사금액의 3/100 이상
3) 하자보수 대상 소방시설과 하자보수 보증기간

하자보수 대상 소방시설	하자보수 보증기간
피난기구, 유도등, 유도표지, 비상경보설비, 비상조명등, 비상방송설비 및 무선통신보조설비	2년
자동소화장치, 옥내소화전설비, 스프링클러설비, 간이스프링클러설비, 물분무 등 소화설비, 옥외소화전설비, 자동화재탐지설비, 상수도소화용수설비 및 소화활동설비(무선통신보조설비는 제외)	3년

53 소방공사업법상의 대통령령으로 정하는 특정소방대상물 소방시설공사의 완공검사를 위하여 소방본부장이나 소방서장의 현장확인 대상 범위가 아닌 것은?

① 문화 및 집회시설
② 스프링클러 소화설비가 설치되는 것
③ 연면적 10,000m^2 이상이거나 11층 이상인 아파트
④ 물분무 (호스릴방식 제외) 소화설비가 설치되는 것

해설

완공검사를 위한 현장 확인 대상 특정소방대상물의 범위

1) 문화 및 집회시설, 종교시설, 판매시설, 노유자시설, 수련시설, 운동시설, 숙박시설, 창고시설, 지하상가 및 다중이용업소

정답 51 ② 52 ① 53 ③

2) 다음 각 목의 어느 하나에 해당하는 설비가 설치되는 특정소방대상물
① 스프링클러설비 등
② 물분무 등 소화설비(호스릴방식 제외)

3) 연면적 1만m^2 이상이거나 11층 이상인 특정소방대상물(아파트는 제외)
4) 지상에 노출된 가연성 가스탱크의 저장용량 합계가 1,000톤 이상인 시설

③ 연면적 10,000m^2 이상이거나 11층 이상인 아파트 → 아파트는 제외

54 다음 소방시설 중 경보설비에 해당하는 것은?

① 비상방송설비 ② 연결송수관설비
③ 비상콘센트설비 ④ 연결살수설비

해설

1) 경보설비의 종류
① 단독경보형 감지기
② 비상경보설비
• 비상벨설비
• 자동식사이렌설비
③ 자동화재탐지설비 ④ 시각경보기
⑤ 화재알림설비 ⑥ 비상방송설비
⑦ 자동화재속보설비 ⑧ 통합감시시설
⑨ 누전경보기 ⑩ 가스누설경보기

2) 소화활동설비의 종류
① 제연설비 ② 연결송수관설비
③ 연결살수설비 ④ 비상콘센트설비
⑤ 무선통신보조설비 ⑥ 연소방지설비

55 위험물안전관리법에 대한 다음 ( ) 안에 알맞은 것은?

> "위험물"이라 함은 (㉠) 또는 (㉡) 등의 성질을 가지는 것으로서 (㉢)이 정하는 물품을 말한다.

① ㉠ 인화성 ㉡ 발화성 ㉢ 대통령령
② ㉠ 인화성 ㉡ 발화성 ㉢ 행정안전부령
③ ㉠ 가연성 ㉡ 발화성 ㉢ 대통령령
④ ㉠ 인화성 ㉡ 가연성 ㉢ 행정안전부령

해설

1) 위험물 : 인화성 또는 발화성 등의 성질을 가지는 것으로서 대통령령이 정하는 물품
2) 지정수량 미만인 위험물의 저장 · 취급 : 시 · 도의 조례

56 연면적이 500m^2 이상인 위험물제조소 및 일반취급소에 설치하여야 하는 경보설비는?

① 자동화재탐지설비
② 확성장치
③ 비상경보설비
④ 비상방송설비

해설

제조소 등별로 설치하여야 하는 경보설비의 종류
1) 자동화재탐지설비
① 제조소 및 일반취급소
• 연면적 500m^2 이상인 것
• 옥내에서 지정수량의 100배 이상을 취급하는 것
② 옥내저장소
• 지정수량의 100배 이상을 저장 또는 취급하는 것
• 저장창고의 연면적이 150m^2를 초과하는 것

2) 자동화재탐지설비, 자동화재속보설비, 비상경보설비, 확성장치 또는 비상방송설비 중 1종 이상
지정수량의 10배 이상을 저장 또는 취급하는 것

57 자동화재속보설비를 설치하여야 하는 특정소방대상물의 기준으로 틀린것은?

① 노유자 생활시설
② 판매시설 중 전통시장
③ 바닥면적이 1,000m^2 이상인 층이 있는 수련시설
④ 바닥면적이 500m^2 이상인 층이 있는 노유자시설

정답 54 ① 55 ① 56 ① 57 ③

해설

자동화재속보설비의 설치대상

특정소방대상물	적용기준
노유자 시설	바닥면적이 500m^2 이상인 층이 있는 것
수련시설(숙박시설이 있는 것)	
정신병원 및 의료재활시설	
노유자 생활시설	전부
보물 또는 국보로 지정된 목조건축물	
의원, 치과의원 및 한의원으로서 입원실이 있는 시설	
조산원 및 산후조리원	
종합병원, 병원, 치과병원, 한방병원 및 요양병원	
판매시설 중 전통시장	

58 완공된 소방시설 등의 성능시험을 수행하는 자는?

① 소방시설공사업자
② 소방공사감리업자
③ 소방시설설계업자
④ 소방기구제조업자

해설

소방공사감리자의 업무

1) 소방시설 등의 설치계획표의 적법성 검토
2) 소방시설 등 설계도서의 적합성 검토
3) 소방시설 등 설계 변경 사항의 적합성 검토
4) 소방용품의 위치 · 규격 및 사용 자재의 적합성 검토
5) 소방시설 등의 시공이 설계도서와 화재안전기준에 맞는지에 대한 지도 · 감독
6) 완공된 소방시설 등의 성능시험
7) 공사업자가 작성한 시공 상세 도면의 적합성 검토
8) 피난시설 및 방화시설의 적법성 검토
9) 실내장식물의 불연화와 방염 물품의 적법성 검토

59 소방의 역사와 안전문화를 발전시키고 국민의 안전의식을 높이기 위하여 ㉠ 소방박물관과 ㉡ 소방체험관을 설립 및 운영할 수 있는 사람은?

① ㉠ : 소방청장 ㉡ : 소방본부장
② ㉠ : 소방청장 ㉡ : 시 · 도지사
③ ㉠ : 시 · 도지사 ㉡ : 시 · 도지사
④ ㉠ : 소방본부장 ㉡ : 시 · 도지사

해설

소방박물관 등의 설립과 운영

구분	소방박물관	소방체험관
설립 · 운영권자	소방청장	시 · 도지사
설립 · 운영에 필요한 사항	행정안전부령	시 · 도의 조례

60 소방시설공사업법령상 소방공사감리를 실시함에 있어 용도와 구조에서 특별히 안전성과 보안성이 요구되는 소방대상물로서 소방시설물에 대한 감리를 감리업자가 아닌 자가 감리할 수 있는 장소는?

① 정보기관의 청사
② 교도소 등 교정관련시설
③ 국방 관계시설 설치장소
④ 원자력안전법상 관계시설이 설치되는 장소

해설

감리업자가 아닌 자가 감리할 수 있는 보안성 등이 요구되는 소방대상물의 시공 장소(소방시설공사업법 시행령 제8조)

「원자력안전법」 제2조제10호에 따른 관계시설이 설치되는 장소

※ 관계시설 : 원자로의 안전에 관계되는 시설로서 대통령령으로 정하는 것

정답 58 ② 59 ② 60 ④

4과목 소방기계시설의 구조 및 원리

61 소화기구 및 자동소화장치의 화재안전기술기준에 따른 수동으로 조작하는 대형소화기 B급의 능력단위 기준은?

① 10단위 이상　② 15단위 이상
③ 20단위 이상　④ 25단위 이상

해설

능력단위 및 보행거리에 따른 소화기의 구분

구분	소형소화기	대형소화기
능력단위	1단위 이상 대형 미만	A급 10단위 이상 B급 20단위 이상
보행거리	20m 이내	30m 이내

62 부속용도별로 추가하여야 할 소화기구 및 자동소화장치에 대한 내용 중 다음 (　) 안에 알맞은 것은?

> 보일러실 · 건조실 · 세탁소 · 대량화기취급소에 추가하여야 할 소화기구는 해당 용도의 바닥면적 (㉠)m^2 마다 능력단위 (㉡)단위 이상의 소화기로 하고, 그 외의 자동확산소화기를 바닥면적 (㉢)m^2 이하는 1개, (㉢)m^2 초과는 2개를 설치할 것

① ㉠ 10, ㉡ 1, ㉢ 10　② ㉠ 10, ㉡ 2, ㉢ 10
③ ㉠ 20, ㉡ 1, ㉢ 10　④ ㉠ 25, ㉡ 1, ㉢ 10

해설

부속용도별로 추가하여야 할 소화기구 및 자동소화장치

1) 보일러실 · 건조실 · 세탁소 · 대량화기취급소에 추가하여야 할 소화기구
해당 용도의 바닥면적 25m^2마다 능력단위 1단위 이상의 소화기로 하고, 그 외의 자동확산소화기를 바닥면적 10m^2 이하는 1개, 10m^2 초과는 2개를 설치할 것
2) 음식점 · 다중이용업소 · 호텔 · 기숙사 · 노유자시설 · 의료시설 · 업무시설 · 공장 · 장례식장 · 교육연구시설 · 교정 및 군사시설의 주방에 추가하여야 할 소화기구
① 소화기 : 바닥면적 25m^2마다 능력단위 1단위 이상(1개 이상은 K급 소화기 설치)
② 자동확산소화기 : 바닥면적 10m^2 이하는 1개, 10m^2 초과는 2개를 설치
3) 발전실 · 변전실 · 송전실 · 변압기실 · 배전반실 · 통신기기실 · 전산기기실 · 기타 이와 유사한 시설
① 바닥면적 50m^2마다 적응성이 있는 소화기 1개 이상
② 유효설치방호체적 이내의 가스 · 분말 · 고체에어로졸 자동소화장치, 캐비닛형 자동소화장치

63 물분무 소화설비의 배관에 관한 설명으로 틀린 것은?

① 유량측정장치는 정격토출량의 150%까지 측정할 수 있는 성능이 있어야 한다.
② 펌프 흡입 측 배관에 설치하는 급수차단용 개폐밸브는 버터플라이밸브 외의 개폐표시형 밸브를 설치하여야 한다.
③ 펌프 흡입 측 배관에는 여과장치를 설치한다.
④ 수온상승 방지를 위한 배관에는 릴리프밸브를 설치한다.

해설

성능시험배관

1) 펌프 성능시험배관의 설치기준
① 펌프의 토출 측에 설치된 개폐밸브 이전에서 분기하여 설치하고 유량측정장치를 기준으로 전단 직관부에 개폐밸브, 후단 직관부에 유량조절밸브를 설치할 것
② 유량측정장치 : 정격토출량의 175% 이상 측정
2) 펌프의 성능시험
① 체절운전 : 정격토출압력의 140%를 초과하지 아니할 것
② 최대 부하운전 : 정격토출량의 150%로 운전 시 정격토출압력의 65% 이상일 것

① 유량측정장치는 정격토출량의 150%까지 → 175% 이상

64 옥외소화전설비에는 옥외소화전마다 그로부터 얼마의 거리에 소화전함을 설치하여야 하는가?

① 3m 이내　② 5m 이내
③ 7m 이내　④ 10m 이내

정답 61 ③ 62 ④ 63 ① 64 ②

해설

옥외소화전 설비에는 옥외소화전마다 그로부터 5[m] 이내의 장소에 소화전함을 다음과 같이 설치할 것

옥외소화전의 수	옥외소화전함의 수
10개 이하	옥외소화전마다 5[m] 이내의 장소에 1개 이상의 소화전함
11개 이상 30개 이하	11개 이상의 소화전함을 각각 분산하여 설치
31개 이상	옥외소화전 3개마다 1개 이상의 소화전함을 설치

65 물분무소화설비의 가압송수장치로 압력수조의 필요압력을 산출할 때 필요한 것이 아닌 것은?

① 낙차의 환산수두압
② 물분무헤드의 설계압력
③ 배관의 마찰손실 수두압
④ 소방용 호스의 마찰손실 수두압

해설

압력수조의 압력 P[MPa]

$$P = p_1 + p_2 + p_3$$

여기서, p_1 : 낙차환산 수두압[MPa]
p_2 : 배관의 마찰손실 수두압[MPa]
p_3 : 물분무헤드의 설계압력[MPa]

④ 소방용 호스의 마찰손실 수두압 → 옥내소화전이나 옥외소화전 등 호스를 사용하는 소화설비에 해당된다.

66 스프링클러설비의 교차배관에서 분기되는 지점을 기점으로 한쪽 가지배관에 설치되는 헤드는 몇 개 이하로 설치하여야 하는가?(단, 수리학적 배관방식의 경우는 제외한다.)

① 8 ② 10 ③ 12 ④ 18

해설

가지배관의 배열
1) 토너먼트(Tournament) 방식이 아닐 것
2) 교차배관에서 분기되는 지점을 기점으로 한쪽 가지배관에 설치되는 헤드의 개수는 8개 이하로 할 것. 다만, 다음 각 목의 어느 하나에 해당하는 경우에는 그러하지 아니하다.
① 기존의 방호구역 안에서 칸막이 등으로 구획하여 1개의 헤드를 증설하는 경우
② 습식 스프링클러설비 또는 부압식 스프링클러설비에 격자형 배관방식을 채택하는 경우

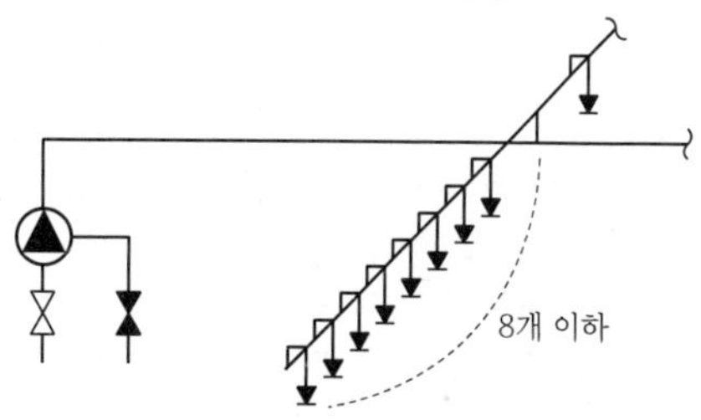

[가지배관에 설치하는 헤드 수]

67 스프링클러설비의 배관에 대한 내용 중 잘못된 것은?

① 수직배수배관의 구경은 65mm 이상으로 하여야 한다.
② 급수배관 중 가지배관의 배열은 토너먼트 방식이 아니어야 한다.
③ 교차배관의 청소구는 교차배관 끝에 개폐밸브를 설치한다.
④ 습식 스프링클러설비 외의 설비에는 헤드를 향하여 상향으로 가지배관의 기울기를 250분의 1 이상으로 한다.

해설

1) 배관의 구경
① 가지배관 : 25mm 이상
② 교차배관 : 40mm 이상
③ 수직배수배관 : 50mm 이상
④ 연결송수관설비의 배관과 겸용할 경우
• 주배관 : 100mm 이상
• 방수구로 연결되는 배관 : 65mm 이상

2) 가지배관의 배열
① 토너먼트(Tournament) 방식이 아닐 것
② 교차배관에서 분기되는 지점을 기점으로 한쪽 가지배관에 설치되는 헤드의 개수는 8개 이하로 할 것

정답 65 ④ 66 ① 67 ①

3) 교차배관의 위치 · 청소구 및 가지배관의 헤드설치기준
   ① 교차배관은 가지배관과 수평으로 설치하거나 또는 가지배관 밑에 설치
   ② 교차배관의 구경 : 최소 구경이 40mm 이상
   ③ 청소구는 교차배관 끝에 개폐밸브를 설치하고, 호스접결이 가능한 나사식 또는 고정배수 배관식으로 할 것

4) 배수를 위한 배관의 기울기
   ① 습식 스프링클러설비 또는 부압식 스프링클러설비 배관을 수평으로 할 것
   ② 습식 스프링클러설비 또는 부압식 스프링클러설비 외의 설비는 헤드를 향하여 상향으로
      • 수평주행배관의 기울기를 500분의 1 이상
      • 가지배관의 기울기를 250분의 1 이상으로 할 것

① 수직배수배관의 구경은 65mm 이상 → 50mm 이상

68 특정소방대상물에 따라 적응하는 포소화설비의 설치기준 중 특수가연물을 저장 · 취급하는 공장 또는 창고에 적응성을 갖는 포소화설비가 아닌 것은?

① 포헤드설비　② 고정포방출설비
③ 압축공기포소화설비　④ 호스릴 포소화설비

해설

특정소방대상물에 따라 적응하는 포소화설비

특정소방대상물	포소화설비
• 특수가연물을 저장 · 취급하는 공장, 창고 • 차고 또는 주차장 • 항공기격납고	• 포워터스프링클러설비 • 포헤드설비 • 고정포방출설비 • 압축공기포소화설비
• 완전 개방된 옥상주차장 • 지상 1층으로서 지붕이 없는 부분 • 고가 밑의 주차장으로서 주된 벽이 없고 기둥뿐이거나 주위가 위해방지용 철주 등으로 둘러싸인 부분	• 호스릴 포소화설비 • 포소화전설비
발전기실, 엔진펌프실, 변압기, 전기케이블실, 유압설비 등으로서 바닥면적의 합계가 $300m^2$ 미만의 장소	고정식 압축공기포소화설비

69 포소화설비에서 펌프의 토출관에 압입기를 설치하여 포소화약제 압입용 펌프로 포소화약제를 압입시켜 혼합하는 방식은?

① 라인 프로포셔너 방식
② 펌프 프로포셔너 방식
③ 프레져 프로포셔니 방식
④ 프레져 사이드 프로포셔너 방식

해설

1) 펌프 프로포셔너 방식
   펌프의 토출관과 흡입관 사이의 배관도중에 설치한 흡입기에 펌프에서 토출된 물의 일부를 보내고, 농도 조절밸브에서 조정된 포소화약제의 필요량을 포소화약제 탱크에서 펌프 흡입 측으로 보내어 이를 혼합하는 방식을 말한다.

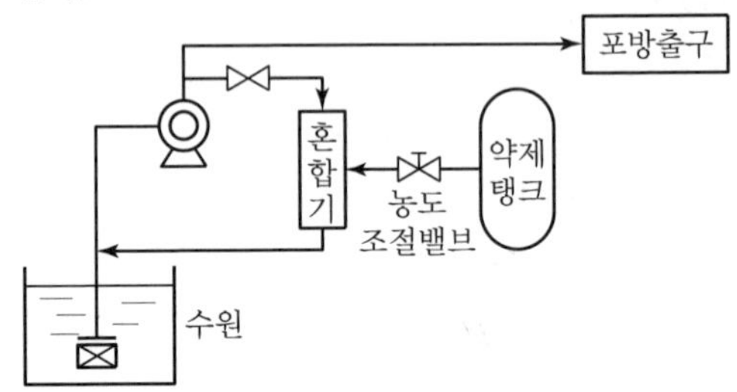

2) 프레져 프로포셔너 방식
   펌프와 발포기의 중간에 설치된 벤추리관의 벤추리작용과 펌프 가압수의 포소화약제 저장탱크에 대한 압력에 따라 포소화약제를 흡입 · 혼합하는 방식을 말한다.

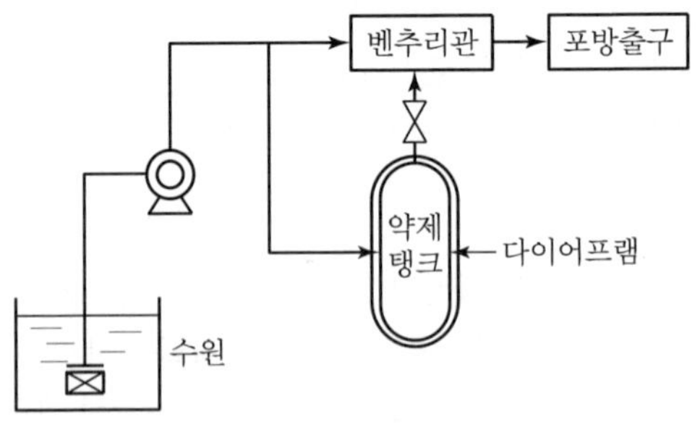

정답 68 ④ 69 ④

3) 라인 프로포셔너 방식
펌프와 발포기의 중간에 설치된 벤추리관의 벤추리작용에 따라 포소화약제를 흡입 · 혼합하는 방식

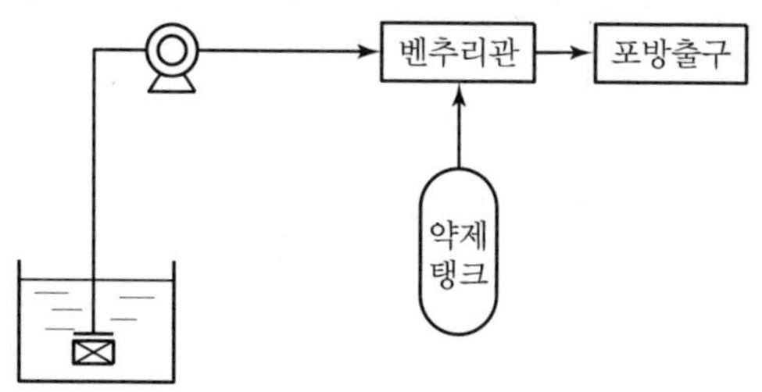

4) 프레져 사이드 프로포셔너 방식
펌프의 토출관에 압입기를 설치하여 포소화약제 압입용 펌프로 포소화약제를 압입시켜 혼합하는 방식

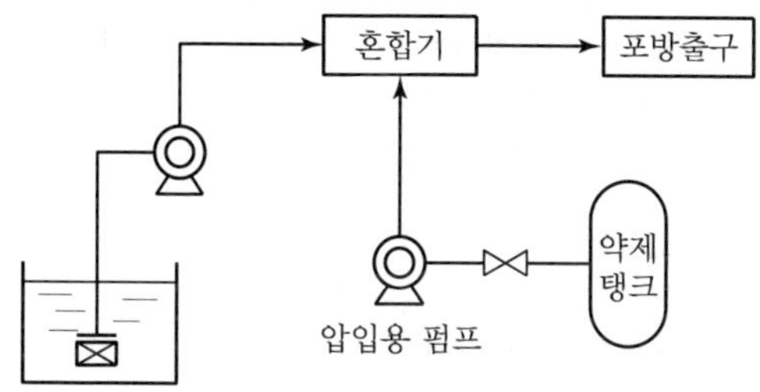

70 이산화탄소 소화설비의 배관의 설치기준 중 다음 (   ) 안에 알맞은 것은?

> 고압식의 경우 개폐밸브 또는 선택밸브의 2차 측 배관부속은 호칭압력 2.0MPa 이상의 것을 사용하여야 하며, 1차 측 배관부속은 호칭압력 (㉠)MPa 이상의 것을 사용하여야 하고, 저압식의 경우에는 (㉡)MPa의 압력에 견딜 수 있는 배관부속을 사용할 것

① ㉠ 3.0, ㉡ 2.0　　② ㉠ 4.0, ㉡ 2.0
③ ㉠ 3.0, ㉡ 2.5　　④ ㉠ 4.0, ㉡ 2.5

해설

이산화탄소 소화설비 배관 설치기준
1) 배관은 전용으로 할 것

2) 강관
① 고압식 : 압력배관용 탄소강관(KS D 3562) 중 스케줄 80 이상
② 저압식 : 압력배관용 탄소강관(KS D 3562) 중 스케줄 40 이상
③ 이와 동등 이상의 강도를 가진 것으로 아연도금 등으로 방식처리된 것을 사용할 것(단, 호칭구경 20mm 이하는 스케줄 40 이상인 것을 사용 가능)

3) 동관
이음이 없는 동 및 동합금관(KS D 5301)으로서
① 고압식 : 16.5MPa 이상
② 저압식 : 3.75MPa 이상

4) 개폐밸브 또는 선택밸브의 2차 측 배관부속의 호칭압력
① 고압식 : 1차 측 4.0MPa 이상, 2차 측 2.0MPa 이상
② 저압식 : 1차 측 · 2차 측 2.0MPa 이상

71 할로겐화합물 및 불활성 기체 소화설비의 수동식 기동장치의 설치기준에 대한 설명으로 틀린 것은?

① 50N 이상의 힘을 가하여 기동할 수 있는 구조로 할 것
② 전기를 사용하는 기동장치에는 전원표시등을 설치할 것
③ 기동장치의 방출용 스위치는 음향경보장치와 연동하여 조작될 수 있는 것으로 할 것
④ 해당 방호구역의 출입구 부근 등 조작을 하는 자가 쉽게 피난할 수 있는 장소에 설치할 것

해설

할로겐화합물 및 불활성 기체 소화설비 수동식 기동장치의 설치기준
1) 방호구역마다 설치할 것
2) 출입구 부근 등 조작을 하는 자가 쉽게 피난할 수 있는 장소에 설치할 것
3) 조작부의 높이 : 0.8m 이상 1.5m 이하, 보호판 등에 따른 보호장치를 설치할 것
4) 표지 : "할로겐화합물 및 불활성 기체 소화설비 수동식기동장치"
5) 전기를 사용하는 기동장치에는 전원표시등을 설치할 것
6) 기동장치의 방출용 스위치는 음향경보장치와 연동하여 조작될 수 있는 것으로 할 것
7) 50N 이하의 힘을 가하여 기동할 수 있는 구조로 설치할 것

① 50N 이상 → 50N 이하

정답 70 ② 71 ①

72 분말소화설비의 가압용 가스용기에 대한 설명으로 틀린 것은?

① 가압용 가스용기를 3병 이상 설치한 경우에는 2개 이상의 용기에 전자개방밸브를 부착할 것
② 가압용 가스용기에는 2.5MPa 이하의 압력에서 조정이 가능한 압력조정기를 설치할 것
③ 가압용 가스에 질소가스를 사용하는 것의 질소가스는 소화약제 1kg마다 20L(35℃에서 1기압의 압력상태로 환산한 것) 이싱으로 할 것
④ 축압용 가스에 질소가스를 사용하는 것의 질소가스는 소화약제 1kg에 대하여 10L(35℃에서 1기압의 압력상태로 환산한 것) 이상으로 할 것

해설

1) 가압용 가스용기 설치기준
① 분말소화약제의 가스용기는 분말소화약제의 저장용기에 접속하여 설치할 것
② 전자개방밸브의 설치수량 : 가압용 가스용기를 3병 이상 설치한 경우에는 2개 이상의 용기에 부착할 것
③ 압력조정기의 조정압력 : 2.5MPa 이하

2) 가압용 가스 또는 축압용 가스의 종류 및 저장량
① 가압용 가스 또는 축압용 가스는 질소가스 또는 이산화탄소로 할 것
② 분말 소화약제 1kg당 가압용, 축압용 가스의 저장량

방식 \ 가스	질소(N_2)	이산화탄소(CO_2)
가압용	40[l/kg]	20[g/kg]
축압용	10[l/kg]	20[g/kg]

3) 배관의 청소에 필요한 양의 가스는 별도의 용기에 저장할 것

③ 가압용 가스에 질소가스는 소화약제 1kg마다 20L → 40L

73 호스릴 분말소화설비 설치 시 하나의 노즐이 1분당 방사하는 분말소화약제의 기준량으로 틀린 것은?

① 1종 분말소화약제 – 45[kg/min]
② 2종 분말소화약제 – 27[kg/min]
③ 3종 분말소화약제 – 27[kg/min]
④ 4종 분말소화약제 – 25[kg/min]

해설

1) 호스릴 하나의 노즐당 저장량 및 분당 방사량

소화약제의 종별	소화약제 저장량 [kg]	1분당 방사량 [kg/min]
제1종 분말	50	45
제2종 분말 또는 제3종 분말	30	27
제4종 분말	20	18

2) 호스릴 분말소화설비 설치장소
화재 시 현저하게 연기가 찰 우려가 없는 장소로서 다음에 해당하는 장소
① 지상 1층 및 피난층에 있는 부분으로서 지상에서 수동 또는 원격조작에 따라 개방할 수 있는 개구부의 유효면적의 합계가 바닥면적의 15[%] 이상이 되는 부분
② 전기설비가 설치되어 있는 부분 또는 다량의 화기를 사용하는 부분의 바닥면적이 해당 설비가 설치되어 있는 구획의 바닥면적의 1/5 미만이 되는 부분

3) 호스릴 분말소화설비 설치기준
① 호스릴 수평거리 : 15[m] 이하
② 저장용기의 개방밸브는 호스릴의 설치장소에서 수동으로 개폐할 수 있을 것
③ 소화약제의 저장용기는 호스릴을 설치하는 장소마다 설치할 것
④ 저장용기에는 그 가까운 곳의 보기 쉬운 곳에 적색의 표시등을 설치하고, "이동식 분말소화설비"가 있다는 뜻을 표시한 표지를 할 것

74 분말소화설비에 사용하는 압력조정기의 사용 목적은 무엇인가?

① 분말용기에 도입되는 가압용 가스의 압력을 감압시키기 위함
② 분말용기에 나오는 압력을 증폭시키기 위함
③ 가압용 가스의 압력을 증대시키기 위함
④ 약제방출에 필요한 가스의 유량을 증폭시키기 위함

해설

가압용 가스용기 설치기준
1) 분말소화약제의 가스용기는 분말소화약제의 저장용기에 접속하여 설치할 것

정답 72 ③ 73 ④ 74 ①

2) 전자개방밸브의 설치수량
가압용 가스용기를 3병 이상 설치한 경우에는 2개 이상의 용기에 부착할 것
3) 압력조정기의 조정압력 : 2.5MPa 이하로 가압용 가스의 압력을 감압하여 분말저장용기에 가압가스를 보내 준다.

75 피난기구의 설치 및 유지에 관한 사항 중 옳지 않은 것은?

① 피난기구를 설치하는 개구부는 서로 동일 직선상의 위치에 있을 것
② 설치장소에는 피난기구의 위치를 표시하는 발광식 또는 축광식 표지와 그 사용방법을 표시한 표지(외국어 및 그림 병기)를 부착할 것
③ 피난기구는 소방대상물의 기둥 · 바닥 · 보 기타 구조상 견고한 부분에 볼트조임 · 매입 · 용접 기타의 방법으로 견고하게 부착할 것
④ 피난기구는 계단 · 피난기구 기타 피난시설로부터 적당한 거리에 있는 안전한 구조로 된 피난 또는 소화활동상 유효한 개구부에 고정하여 설치할 것

해설

피난기구의 설치기준
1) 소화활동상 유효한 개구부에 고정하여 설치하거나 필요한 때에 신속하고 유효하게 설치할 수 있는 상태에 둘 것
2) 유효한 개구부에 고정하여 설치할 것
① 가로 0.5m 이상, 세로 1m 이상인 것
② 이 경우 개구부 하단이 바닥에서 1.2m 이상이면 발판 등을 설치할 것
③ 밀폐된 창문은 쉽게 파괴할 수 있는 파괴장치를 비치할 것
3) 피난기구를 설치하는 개구부는 서로 동일 직선상이 아닌 위치에 있을 것(피난교 · 피난용 트랩 · 간이완강기 · 아파트에 설치되는 피난기구는 제외)
4) 피난기구는 소방대상물의 기둥 · 바닥 · 보 기타 구조상 견고한 부분에 볼트조임 · 매입 · 용접 기타의 방법으로 견고하게 부착할 것
5) 피난기구를 설치한 장소에는 가까운 곳의 보기 쉬운 곳에 피난기구의 위치를 표시하는 발광식 또는 축광식 표지와 그 사용방법을 표시한 표지(외국어 및 그림 병기)를 부착할 것

① 피난기구를 설치하는 개구부는 서로 동일 직선상의 → 동일 직선상이 아닌 위치

76 인명구조기구의 화재안전기술기준상 특정소방대상물의 용도 및 장소별로 설치하여야 할 인명구조기구 종류의 기준 중 다음 (   ) 안에 알맞은 것은?

특정소방대상물	인명구조 기구의 종류	설치 수량
물분무 등 소화설비 중 (㉠)를 설치하여야 하는 특정소방대상물	공기호흡기	(㉠)가 설치된 장소의 출입구 외부 인근에 (㉡)대 이상 비치

① ㉠ 분말소화설비 ㉡ 1대
② ㉠ 분말소화설비 ㉡ 2대
③ ㉠ 이산화탄소 소화설비 ㉡ 1대
④ ㉠ 이산화탄소 소화설비 ㉡ 2대

해설

인명구조기구의 설치장소별 적응성

특정소방대상물	인명구조기구의 종류	설치 수량
지하층을 포함하는 층수 • 7층 이상인 관광호텔 • 5층 이상인 병원	• 방열복 또는 방화복(헬멧, 보호장갑 및 안전화를 포함) • 공기호흡기 • 인공소생기(병원은 설치 제외)	각 2개 이상 비치
• 문화 및 집회시설 중 수용인원 100명 이상의 영화상영관 • 판매시설 중 대규모점포 • 운수시설 중 지하역사 • 지하가 중 지하상가	공기호흡기	층마다 2개 이상 비치
물분무 등 소화설비 중 이산화탄소 소화설비를 설치하여야 하는 특정소방대상물	공기호흡기	이산화탄소 소화설비가 설치된 장소의 출입구 외부 인근에 1대 이상 비치

정답 75 ① 76 ③

77 소화용수설비 중 소화수조 및 저수조에 대한 설명으로 틀린 것은?

① 소화수조, 저수조의 채수구 또는 흡수관투입구는 소방차가 2m 이내의 지점까지 접근할 수 있는 위치에 설치할 것
② 지하에 설치하는 소화용수설비의 흡수관투입구는 그 한 변이 0.6m 이상이거나 직경이 0.6m 이상인 것으로 할 것
③ 채수구는 지면으로부터의 높이가 0.5m 이상 1m 이하의 위치에 설치하고 "채수구"라고 표시한 표지를 할 것
④ 소화수조가 옥상 또는 옥탑의 부분에 설치된 경우에는 지상에 설치된 채수구에서의 압력이 0.1MPa 이상이 되도록 할 것

해설

흡수관투입구 및 채수구 설치기준

1) 채수구 또는 흡수관투입구는 소방차가 2m 이내의 지점까지 접근할 수 있는 위치에 설치하여야 한다.

2) 흡수관투입구
① 크기 : 한 변이 0.6m 이상이거나 직경이 0.6m 이상일 것
② 흡수관투입구의 수량

소요수량	$80m^3$ 미만	$80m^3$ 이상
흡수관투입구의 수	1개 이상	2개 이상

③ 표지 : "흡관투입구"라고 표시한 표지

3) 채수구
① 채수구는 구경 65mm 이상의 나사식 결합금속구를 설치할 것
② 채수구의 높이 : 지면으로부터의 높이가 0.5m 이상 1m 이하
③ 표지 : "채수구"라고 표시한 표지
④ 채수구의 수

소요수량	$20m^3$ 이상 $40m^3$ 미만	$40m^3$ 이상 $100m^3$ 미만	$100m^3$ 이상
채수구의 수	1개	2개	3개

4) 소화수조가 옥상 또는 옥탑의 부분에 설치된 경우에는 지상에 설치된 채수구에서의 압력이 0.15MPa 이상이 되도록 하여야 한다.

5) 소화수조의 제외
유수의 양이 $0.8m^3$/min 이상인 유수를 사용할 수 있는 경우

④ 소화수조가 옥상 또는 옥탑의 부분에 설치된 경우에는 지상에 설치된 채수구에서의 압력이 0.1MPa 이상 → 0.15MPa 이상

78 제연설비의 화재안전기준상 배출구 설치 시 예상제연구역의 각 부분으로부터 하나의 배출구까지의 수평거리는 최대 몇 m 이내가 되어야 하는가?

① 5 ② 10
③ 15 ④ 20

해설

1) 예상제연구역의 각 부분으로부터 하나의 배출구까지의 수평거리 : 10[m] 이내
2) 공기유입구와 배출구 간의 직선거리 : 5[m] 이상 또는 구획된 실의 장변의 1/2 이상

79 특별피난계단의 부속실 등에 설치하는 급기가압방식 제연설비의 측정, 시험, 조정항목을 열거한 것이다. 잘못된 것은?

① 출입문의 크기와 열리는 방향이 설계 시와 동일한지 여부 확인
② 출입문마다 그 바닥 사이의 틈새가 평균적으로 균일한지 여부 확인
③ 출입문마다 제연설비가 동작한 상태에서 그 폐쇄력을 측정
④ 화재감지기 동작에 의한 제연설비의 작동 여부 확인

정답 77 ④ 78 ② 79 ③

해설

시험, 측정 및 조정 등

1) 제연구역의 모든 출입문 등의 크기와 열리는 방향이 설계시와 동일한지 여부를 확인
2) 출입문마다 그 바닥 사이의 틈새가 평균적으로 균일한지 여부 확인
3) 출입문마다 제연설비가 작동하고 있지 아니한 상태에서 그 폐쇄력을 측정할 것
4) 옥내의 층별로 화재감지기(수동기동장치 포함)를 동작시켜 제연설비가 작동하는지 여부 확인
5) 방연풍속에 적합한지 여부 확인
6) 차압이 기준에 적합한지 여부를 출입문 등에 차압측정공을 설치하고 이를 통하여 차압측정기구로 실측하여 확인 · 조정할 것
7) 출입문의 개방에 필요한 힘을 측정하여 개방력(110N 이하)에 적합한지 여부 확인
8) 부속실의 개방된 출입문이 자동으로 완전히 닫히는지 여부를 확인하고, 닫힌 상태를 유지할 수 있도록 조정

80 지하구의 화재안전기술기준에 따른 연소방지설비 송수구의 설치기준이다. 잘못된 것은?

① 송수구는 구경 65mm의 쌍구형으로 할 것
② 송수구로부터 3m 이내에 살수구역 안내표지를 설치할 것
③ 지면으로부터 높이가 0.5m 이상 1m 이하의 위치에 설치할 것
④ 송수구로부터 주배관에 이르는 연결배관에는 개폐밸브를 설치하지 않을 것

해설

연소방지설비 송수구 설치기준

1) 소방차가 쉽게 접근할 수 있는 노출된 장소에 설치하되, 눈에 띄기 쉬운 보도 또는 차도에 설치할 것
2) 송수구는 구경 65[mm]의 쌍구형으로 할 것
3) 송수구로부터 1[m] 이내에 살수구역 안내표지를 설치할 것
4) 지면으로부터 높이가 0.5[m] 이상 1[m] 이하의 위치에 설치할 것
5) 송수구의 가까운 부분에 자동배수밸브(또는 직경 5mm의 배수공)를 설치할 것. 이 경우 자동배수밸브는 배관 안의 물이 잘 빠질 수 있는 위치에 설치하되, 배수로 인하여 다른 물건 또는 장소에 피해를 주지 않아야 한다.
6) 송수구로부터 주배관에 이르는 연결배관에는 개폐밸브를 설치하지 않을 것
7) 송수구에는 이물질을 막기 위한 마개를 씌울 것

정답 80 ②

소방설비기사(기계분야)

기·출·문·제

2023년 4회

1과목 소방원론

01 간이소화용구에 해당되지 않는 것은?

① 이산화탄소소화기 ② 마른 모래
③ 팽창질석 ④ 팽창진주암

해설

소화기구의 종류
1) 소화기
2) 간이소화용구 : 에어로졸식 소화용구, 투척용 소화용구 및 소화약제 외의 것을 이용한 간이소화용구(마른 모래, 팽창질석, 팽창진주암)
3) 자동확산소화기

02 어떤 기체가 0℃, 1기압에서 부피가 11.2L, 기체질량이 22g이었다면 이 기체의 분자량은?(단, 이상기체로 가정한다.)

① 22 ② 35
③ 44 ④ 56

해설

이상기체 상태방정식

$$PV = nRT \quad PV = \frac{W}{M}RT$$

여기서, P : 절대압력[atm], V : 체적[l]
n : 몰수$\left(n = \frac{W}{M}\right)$, W : 기체의 질량[g]
M : 분자량
R : 기체상수(0.082[atm · l/mol · K])
T : 절대온도[K]

[풀이]
P : 1[atm], V : 11.2[l], W : 22[g], M : 분자량
R : 0.082[atm · l/mol · K], T : 273+0℃[K]

$$1[\text{atm}] \times 11.2[l] = \frac{22[\text{g}]}{M} \times 0.082[\text{atm} \cdot l/\text{mol} \cdot \text{K}] \times 273[\text{K}]$$

$$M = \frac{22[\text{g}] \times 0.082[\text{atm} \cdot l/\text{mol} \cdot \text{K}] \times 273[\text{K}]}{1[\text{atm}] \times 11.2[l]} = 44$$

03 다음 중 위험물안전관리법령상 제1류 위험물에 해당하는 것은?

① 염소산나트륨 ② 과염소산
③ 나트륨 ④ 황린

해설

구분	염소산나트륨	과염소산	나트륨	황린
품명	제1류 위험물	제6류 위험물	제3류 위험물	제3류 위험물
지정수량	50kg	300kg	10kg	20kg

04 공기와 할론 1301의 혼합기체에서 할론 1301에 비해 공기의 확산속도는 약 몇 배인가?(단, 공기의 평균분자량은 29, 할론 1301의 분자량은 149이다.)

① 2.27배 ② 3.85배
③ 5.17배 ④ 6.46배

해설

1) 기체의 확산속도

$$\frac{V_B}{V_A} = \sqrt{\frac{M_A}{M_B}}$$

여기서, V_A : A기체의 확산속도[m/s]
V_B : B기체의 확산속도[m/s]
M_A : A기체의 분자량
M_B : B기체의 분자량

정답 01 ① 02 ③ 03 ① 04 ①

2) 기체의 확산속도는 그 기체의 분자량의 제곱근에 반비례한다.

[풀이]

$$\frac{V_B}{V_A} = \sqrt{\frac{149}{29}}, \quad V_B = 2.27\,V_A$$

여기서, V_A : 할론 1301의 확산속도[m/s]

V_B : 공기의 확산속도[m/s]

M_A : 할론 1301의 분자량

M_B : 공기의 분자량

05 위험물안전관리법상 위험물의 적재 시 혼재기준 중 혼재가 가능한 위험물로 짝지어진 것은?(단, 각 위험물은 지정수량의 10배로 가정한다.)

① 질산칼륨과 가솔린 ② 과산화수소와 황린
③ 철분과 유기과산화물 ④ 등유와 과염소산

해설

위험물의 혼재기준

위험물의 구분	제1류	제2류	제3류	제4류	제5류	제6류
제1류		×	×	×	×	○
제2류	×		×	○	○	×
제3류	×	×		○	×	×
제4류	×	○	○		○	×
제5류	×	○	×	○		×
제6류	○	×	×	×	×	

※ ○ : 혼재 가능, × : 혼재 불가

① 질산칼륨(제1류)과 가솔린(제4류) : 혼재 불가
② 과산화수소(제6류)와 황린(제3류) : 혼재 불가
③ 철분(제2류)과 유기과산화물(제5류) : 혼재 가능
④ 등유(제4류)와 과염소산(제6류) : 혼재 불가

06 위험물에 관한 설명으로 틀린 것은?

① 유기금속화합물인 사에틸납은 물로 소화할 수 없다.
② 황린은 자연발화를 막기 위해 통상 물속에 저장한다.
③ 칼륨, 나트륨은 등유 속에 보관한다.
④ 유황은 자연발화를 일으킬 가능성이 없다.

해설

1) 사에틸납[$Pb(C_2H_5)_4$]
 ① 제3류 위험물 중 유기금속화합물이다.
 ② 대부분의 유기용매에 녹지만 물에는 녹지 않는다.
 ③ 주수소화가 가능하다.

2) 황린(P_4) : pH 9 정도의 약알칼리의 물속에 보관
3) 나트륨, 칼륨 : 경유, 등유, 유동파라핀 속에 보관
4) 유황 : 제2류 위험물(가연성 고체)로서 자연발화의 위험성은 없다.

07 소화약제에 대한 내용으로 틀린 것은?

① 제3종 소화약제는 주차장에 사용할 수 없다.
② CDC는 포소화약제와 병용하여 사용할 수 있다.
③ 인산암모늄은 담홍색으로 착색되어 있다.
④ 제4종 소화약제는 $KHCO_3 + (NH_2)_2CO$이다.

해설

① 주차장에는 A급, B급, C급 화재에 적응성이 있는 제3종 소화액제를 사용해야 한다.
② CDC(Compatible Dry Chemical)
 ㉠ CDC는 포소화약제와 함께 사용할 수 있는 분말소화약제를 의미한다.
 ㉡ 분말소화약제 중 소포성이 가장 작은 제3종 분말소화약제를 사용한다.

③, ④

종별	분자식	착색	적응화재
제1종 분말	탄산수소나트륨 ($NaHCO_3$)	백색	BC급
제2종 분말	탄산수소칼륨 ($KHCO_3$)	담회색(담자색)	BC급
제3종 분말	제1인산암모늄 ($NH_4H_2PO_4$)	담홍색	ABC급
제4종 분말	탄산수소칼륨 + 요소 ($KHCO_3 + (NH_2)_2CO$)	회색	BC급

정답 05 ③ 06 ① 07 ①

08 폭굉(Detonation) 발생 시 화염전파속도는?

① 0.1~10m/s ② 100 ~340m/s
③ 1,000~3,500m/s ④ 10,000~35,000m/s

해설

1) 폭연(Deflagration)
① 화염전파속도 : 음속보다 느리다.
② 화염전파속도 : 0.1~10[m/s] 정도
③ 폭연과정 : 착화에서 압축파까지

2) 폭굉(Detonation)
① 밀폐구조의 배관 등에서 폭발적으로 연소하여 온도, 압력, 부피가 급격히 상승하는 현상
② 화염전파속도 : 음속보다 빠르다.
③ 화염전파속도 : 1,000~3,500[m/s] 정도
④ 충격파가 미연소가스를 단열압축시켜 발화점 이상 온도상승하여 폭굉파 발생

09 실내에서 화재가 발생하여 실내의 온도가 21℃에서 650℃로 되었다면, 공기의 팽창은 처음의 약 몇 배가 되는가?(단, 대기압은 공기가 유동하여 화재 전후가 같다고 가정한다.)

① 3.14 ② 4.27
③ 5.69 ④ 6.01

해설

샤를의 법칙(Charles's Law)
압력이 일정할 때 기체의 체적은 절대온도에 비례한다.

$$\frac{V_1}{T_1} = \frac{V_2}{T_2}$$

여기서, T : 절대온도[K], V : 체적[m^3]

[풀이]
$T_1 : 21 + 273 = 294K$, $T_2 : 650 + 273 = 923K$
$P_1 = P_2$ (조건에서 대기압은 화재 전후가 같다)
$\frac{V_1}{294} = \frac{V_2}{923}$, $V_2 = \frac{923}{294} V_1$
$\therefore V_2 = 3.14 V_1$

10 화재 표면온도(절대온도)가 2배로 되면 복사에너지는 몇 배로 증가되는가?

① 2 ② 4
③ 8 ④ 16

해설

1) 스테판－볼츠만 법칙(Stefan－Boltzmann's Law)

복사열 플럭스 $q = \sigma T^4 [W/m^2]$
복사열량 $Q = \sigma A T^4 [W]$

2) 복사에너지의 배수 $= \frac{q_2}{q_1} = \frac{\sigma T_2^4}{\sigma T_1^4} = \frac{T_2^4}{T_1^4} = \frac{2^4}{1^4} = 16$배

11 할로겐화합물 및 불활성 기체 소화약제 중 HCFC－22를 82% 포함하고 있는 것은?

① IG－541
② HFC－227ea
③ IG－55
④ HCFC BLEND A

해설

HCFC BLEND A(하이드로 클로로 플루오로 카본 혼화제)

소화약제	화학식
HCFC BLEND A (하이드로 클로로 플루오로 카본 혼화제)	HCFC－123($CHCl_2CF_3$) : 4.75% HCFC－22($CHClF_2$) : 82% HCFC－124($CHClFCF_3$) : 9.5% $C_{10}H_{16}$: 3.75%

12 내화건축물의 화재에서 공기의 유통이 원활하면 연소는 급격히 진행되어 개구부에 진한 매연과 화염이 분출하고 실내는 순간적으로 화염이 충만하는 시기는?

① 초기 ② 성장기
③ 최성기 ④ 중기

정답 08 ③ 09 ① 10 ④ 11 ④ 12 ②

해설

내화건축물에서의 화재진행과정

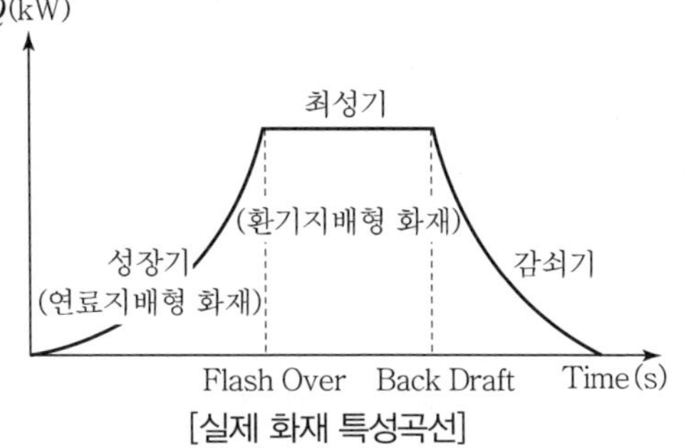

[실제 화재 특성곡선]

1) 초기 : 발화단계로서 연소속도가 완만한 단계이다.
2) 성장기
   ① 발화열의 축적에 의해 연소가 급격히 진행되는 단계이다.
   ② 실내 전체가 화염에 휩싸이는 플래시오버 현상이 나타난다.
   ③ 실내의 산소는 충분하므로 가연물의 종류에 따라 화재크기가 지배되는 연료지배형 화재의 특성이 나타난다.
3) 최성기
   ① 최고온도가 지속되는 단계이다.
   ② 실내의 공기가 부족하게 되어 공기의 공급량에 따라 화재크기가 지배되는 환기지배형 화재의 특성이 나타난다.
4) 감쇠기
   ① 실내의 가연물이 거의 연소되어 화세는 약해지지만 실내는 상당 기간 고온으로 유지되고 연기의 농도는 서서히 낮아진다.
   ② 농연이 가득한 실내에 갑자기 신선한 공기를 공급하면 백드래프트가 발생한다.

13 내화구조에 대한 설명으로 옳지 않은 것은?

① 철근콘크리트조, 연와조, 기타 이와 유사한 구조
② 화재 시 쉽게 연소가 되지 않는 구조를 말한다.
③ 화재에 대하여 상당한 시간 동안 구조상 내력이 감소되지 않아야 한다.
④ 보통 방화구획 밖에서 진화되어 인접부분에 화기의 전달이 되어야 한다.

해설

내화구조
1) 건축물의 구조부가 화재 시 일정 시간 동안 구조적으로 유해한 변형 없이 견딜 수 있는 성능을 가진 구조
2) 철근콘크리트 구조 · 철골콘크리트조 · 석조 · 연와조 · 벽돌조 등과 같이 일정 시간 동안 화재에 견딜 수 있는 성능을 가진 구조로서 국토교통부령으로 정하는 기준에 적합한 구조
3) 인접 화재로 인해 연소될 우려가 적고, 내부에서 화재가 발생해도 벽 · 기둥 · 들보 등 주요 구조부는 내력상 지장이 없어 간단한 수리로 그 건축물을 다시 사용할 수 있는 것

14 연면적이 1,000m^2 이상인 건축물에 설치하는 방화벽이 갖추어야 할 기준으로 틀린 것은?

① 내화구조로서 홀로 설 수 있는 구조일 것
② 방화벽의 양쪽 끝과 위쪽 끝을 건축물의 외벽면 및 지붕면으로부터 0.1m 이상 튀어나오게 할 것
③ 방화벽에 설치하는 출입문의 너비는 2.5m 이하로 할 것
④ 방화벽에 설치하는 출입문의 높이는 2.5m 이하로 할 것

해설

방화벽의 설치기준
1) 내화구조로서 홀로 설 수 있는 구조일 것
2) 방화벽의 양쪽 끝과 위쪽 끝을 건축물의 외벽면 및 지붕면으로부터 0.5m 이상 튀어나오게 할 것
3) 방화벽에 설치하는 출입문의 너비 및 높이는 각각 2.5m 이하로 하고, 해당 출입문에는 60분+방화문 또는 60분 방화문을 설치할 것

② 외벽면 및 지붕면으로부터 0.1m 이상 → 외벽면 및 지붕면으로부터 0.5m 이상

정답 13 ④ 14 ②

15 화재 발생 시 주수소화가 적합하지 않은 물질은?

① 적린 ② 마그네슘 분말
③ 과염소산칼륨 ④ 유황

해설

1) 마그네슘과 물의 반응식
$Mg + 2H_2O \rightarrow Mg(OH)_2 + H_2$(수소 발생)

2) 마그네슘과 이산화탄소의 반응식
$2Mg + CO_2 \rightarrow 2MgO + C$ (가연성 탄소 발생)

① 적린 : 제2류 위험물(가연성 고체) → 주수소화
③ 과염소산칼륨 : 제1류 위험물(산화성 고체) → 주수소화
④ 유황 : 제2류 위험물(가연성 고체) → 주수소화

16 화재하중 계산 시 목재의 단위발열량은 약 몇 kcal/kg인가?

① 3,000 ② 4,500
③ 9,000 ④ 12,000

해설

건축물의 화재하중
1) 정의 : 화재구역의 단위면적당 (목재로 환산한) 가연물의 양[kg/m²]
2) 화재하중의 계산

$$Q[\mathrm{kg/m^2}] = \frac{\Sigma G_t H_t}{HA} = \frac{\Sigma G_t H_t}{4{,}500\,A}$$

여기서, Q : 화재하중[kg/m²]
G_t : 가연물의 양[kg]
H_t : 가연물의 단위중량당 발열량[kcal/kg]
H : 목재의 단위중량당 발열량(4,500kcal/kg)
A : 바닥면적[m²]

17 다음 위험물 중 자기반응성 물질은 어느 것인가?

① 황린 ② 염소산염류
③ 알칼리토금속 ④ 아조화합물

해설

제5류 위험물
1) 성질 : 자기반응성 물질
2) 소화방법 : 주수에 의한 냉각소화
3) 품명 및 지정수량

위험등급	품명	지정수량
I	질산에스테르류	10[kg]
	유기과산화물	
II	히드록실아민	100[kg]
	히드록실아민염류	
	니트로화합물	200[kg]
	니트로소화합물	
	아조화합물	
	디아조화합물	
	히드라진유도체	

① 황린 → 제3류 위험물(자연발화성 및 금수성 물질)
② 염소산염류 → 제1류 위험물(산화성 고체)
③ 알칼리토금속 → 제3류 위험물(자연발화성 및 금수성 물질)

18 건축물의 주요 구조부에 해당되지 않는 것은?

① 주계단 ② 작은 보
③ 지붕틀 ④ 바닥

해설

건축물의 주요 구조부
1) 내력벽
2) 보(작은 보 제외)
3) 지붕틀(차양 제외)
4) 바닥(최하층 바닥 제외)
5) 주계단(옥외계단 제외)
6) 기둥(사잇기둥 제외)

정답 15 ② 16 ② 17 ④ 18 ②

19 주요구조부가 내화구조로 된 건축물에서 거실 각 부분으로부터 하나의 직통계단에 이르는 보행거리는 피난자의 안전상 몇 m 이하이어야 하는가?

① 50 ② 60
③ 70 ④ 80

해설

거실 각 부분으로부터 하나의 직통계단에 이르는 보행거리 (건축법 시행령 제34조)

건축물의 구조	거실의 각 부분으로부터 하나의 직통계단에 이르는 보행거리
기타 구조	30미터 이하
내화구조 또는 불연재료로 된 건축물	50미터 이하
16층 이상인 공동주택	40미터 이하

20 화재의 유형별 특성에 관한 설명으로 옳은 것은?

① A급 화재는 무색으로 표시하며, 감전의 위험이 있으므로 주수소화를 엄금한다.
② B급 화재는 황색으로 표시하며, 질식소화를 통해 화재를 진압한다.
③ C급 화재는 백색으로 표시하며, 가연성이 강한 금속의 화재이다.
④ D급 화재는 청색으로 표시하며, 연소 후에 재를 남긴다.

해설

화재의 분류

구분	화재의 종류	표시색	주된 소화효과
A급 화재	일반화재	백색	냉각소화
B급 화재	유류, 가스화재	황색	질식소화
C급 화재	전기화재(통전)	청색	질식소화
D급 화재	금속화재	무색	질식소화
K급 화재	주방화재	–	냉각, 질식소화

2과목 소방유체역학

21 유체에 관한 설명 중 옳은 것은?

① 실제유체는 유동할 때 마찰손실이 생기지 않는다.
② 이상유체는 높은 압력에서 밀도가 변화하는 유체이다.
③ 유체에 압력을 가하면 체적이 줄어드는 유체는 압축성 유체이다.
④ 압력을 가해도 밀도변화가 없으며 점성에 의한 마찰손실만 있는 유체가 이상유체이다.

해설

1) 이상유체와 실제유체

이상유체	실제유체
점성이 없고 비압축성 유체	점성이 있고 압축성 유체

2) 비압축성 유체와 압축성 유체

비압축성 유체(액체)	압축성 유체(기체)
온도 또는 압력에 의해 체적 또는 밀도가 변하지 않는 유체	온도 또는 압력에 의해 체적 또는 밀도가 변하는 유체

22 힘의 차원을 기본차원인 M(질량), L(길이), T(시간)로 올바르게 나타낸 것은?

① $ML^{-1}T^{-2}$ ② MLT^{-2}
③ ML^2T^{-3} ④ $ML^{-1}T^{-1}$

해설

① $ML^{-1}T^{-2}$: 압력

$$P = \frac{F}{A}[N/m^2]$$

$$\frac{N}{m^2} = \frac{kg \cdot m}{m^2 \cdot s^2} = \frac{kg}{m \cdot s^2}$$

$\therefore [ML^{-1}T^{-2}]$

② MLT^{-2} : 힘

$$F = ma\left[\frac{kg \cdot m}{s^2}\right]$$

$\therefore [MLT^{-2}]$

정답 19 ① 20 ② 21 ③ 22 ②

③ ML^2T^{-3} : 동력

$$P=\gamma QH\left[\frac{N}{m^3}\cdot\frac{m^3}{s}\cdot m\right]$$

$$=\left[\frac{N\cdot m}{s}\right]=\left[\frac{kg\cdot m\cdot m}{s\cdot s^2}\right]=\left[\frac{kg\cdot m^2}{s^3}\right]$$

$\therefore [ML^2T^{-3}]$

④ $ML^{-1}T^{-1}$: 점성계수

$$\mu=\rho\cdot\nu\left[\frac{kg}{m^3}\cdot\frac{m^2}{s}\right]=\left[\frac{kg}{m\cdot s}\right]$$

$\therefore [ML^{-1}T^{-1}]$

23 수직유리관 속의 물기둥의 높이를 측정하여 압력을 측정할 때, 모세관현상에 의한 영향이 0.5mm 이하가 되도록 하려면 관의 반경은 최소 몇 mm가 되어야 하는가?(단, 물의 표면장력은 0.0728N/m, 물-유리-공기 조합에 대한 접촉각은 0°로 한다.)

① 2.97 ② 5.94
③ 29.7 ④ 59.4

해설

모세관의 상승높이

$$h=\frac{4\sigma\cos\theta}{\gamma d}$$

여기서, h : 모세관의 높이[m], σ : 표면장력[N/m]
γ : 유체의 비중량[N/m^3], d : 관의 직경
θ : 접촉각

[풀이]

1) 관의 직경 d

h : 0.5[mm]=0.0005[m], σ : 0.0728[N/m]
γ : 9,800[N/m^3], θ : 0°, d : 관의 직경

$$0.0005=\frac{4\times 0.0728\times\cos 0°}{9{,}800\times d}$$

$$d=\frac{4\times 0.0728\times\cos 0°}{9{,}800\times 0.0005}$$

$$=0.059429[m]=59.43[mm]$$

2) 관의 반경 r

$$r=\frac{d}{2}$$

여기서, r : 관의 반경[mm], d : 관의 직경[mm]

$$r=\frac{59.43[mm]}{2}=29.72[mm]$$

24 펌프의 입구에서 진공계의 계기압력은 −160mmHg, 출구에서 압력계의 압력은 300kPa, 송출유량은 10m^3/min일 때 펌프의 수동력[kW]은?(단, 진공계와 압력계 사이의 수직거리는 2m이고, 흡입관과 송출관의 직경은 같으며, 손실은 무시한다.)

① 5.7 ② 56.8
③ 557 ④ 3,400

해설

펌프의 동력

1) 수동력 : 펌프에 의해 액체로 공급되는 동력

$$L_w[kW]=\frac{\gamma[N/m^3]\times Q[m^3/s]\times H[m]}{1{,}000}$$

2) 축동력 : 모터에 의해 실제로 펌프에 주어지는 동력

$$L_s[kW]=\frac{\gamma[N/m^3]\times Q[m^3/s]\times H[m]}{1{,}000\eta}$$

3) 모터동력 : 모터 또는 엔진에 전달되는 동력

$$P[kW]=\frac{\gamma[N/m^3]\times Q[m^3/s]\times H[m]}{1{,}000\eta}\times K$$

여기서, L_w : 수동력[kW], L_s : 축동력[kW]
P : 전동기 동력[kW], γ : 비중량
$\gamma_w=9{,}800[N/m^3]$
Q : 유량[m^3/s], H : 전양정[m]
η : 펌프효율, K : 전달계수

[풀이]

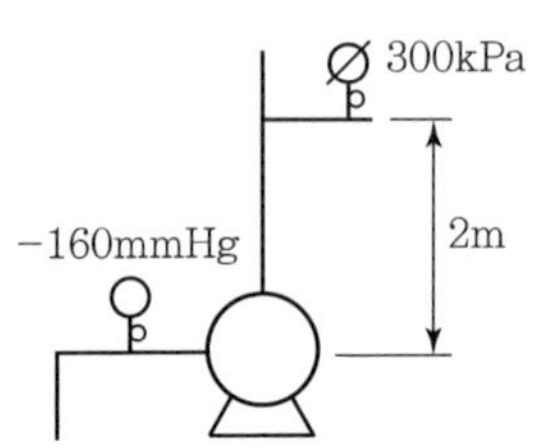

정답 23 ③ 24 ②

1) 유량 $Q[m^3/s]$

$$Q = 10\ \frac{m^3}{min} \times \frac{1min}{60s} = \frac{10}{60}\ [m^3/s]$$

2) 전양정 $H[m]$

(흡입양정＋토출양정＋진공계와 압력계의 수직거리)

$$H = 160mmHg + 300kPa + 2m$$

$$= 160mmHg \times \frac{10.332mAq}{760mmHg} + 300kPa \times \frac{10.332mAq}{101.325kPa} + 2mAq$$

$$= 2.175mAq + 30.59mAq + 2mAq$$

$$= 34.77[mAq]$$

※ 진공계의 (−)압력은 펌프가 흡입하는 압력으로 전양정 계산 시 (＋)로 계산한다.

3) $L_w[kW] = \frac{\gamma[N/m^3] \times Q[m^3/s] \times H[m]}{1,000}$

$$= \frac{9,800[N/m^3] \times \frac{10}{60}[m^3/s] \times 34.77[m]}{1,000}$$

$$= 56.79[kW] \fallingdotseq 56.8[kW]$$

25 그림의 역 U자관 마노미터에서 압력 차($P_X - P_Y$)는 약 몇 Pa인가?

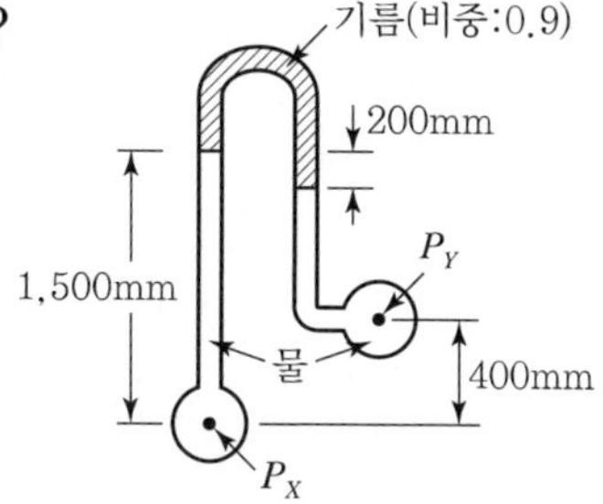

① 3,215
② 4,116
③ 5,045
④ 6,826

해설

마노미터에서 압력 차($P_X - P_Y$)

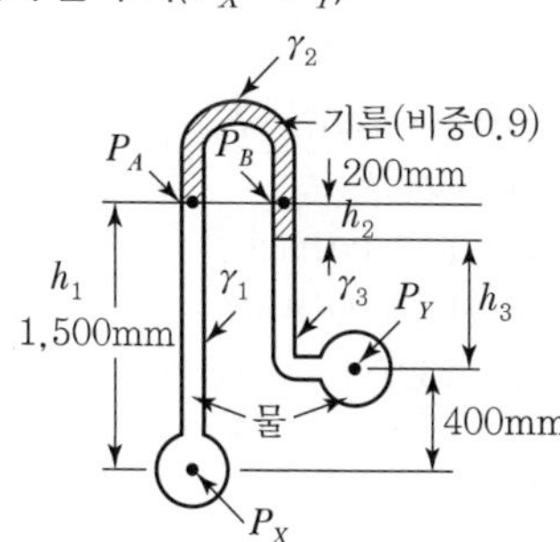

역 U자관 액주계

$P_A = P_B$

$P_X - \gamma_1 h_1 = P_Y - \gamma_2 h_2 - \gamma_3 h_3$

$P_X - P_Y = \gamma_1 h_1 - \gamma_2 h_2 - \gamma_3 h_3$

[풀이]

1) 물의 비중량 γ_1 : 9,800[N/m³], γ_3 : 9,800[N/m³]

2) 기름의 비중량

$S = \frac{\gamma_2}{\gamma_w}$, $\gamma_2 = S\gamma_w$

$\gamma_2 = 0.9 \times 9,800[N/m^3] = 8,820[N/m^3]$

3) $h_1 = 1,500[mm] = 1.5[m]$, $h_2 = 200[mm] = 0.2[m]$,

$h_3 = 1,500[mm] - 200[mm] - 400[mm] = 900[mm] = 0.9[m]$

4) $P_X - P_Y = 9,800 \times 1.5 - 8,820 \times 0.2 - 9,800 \times 0.9 = 4,116[Pa]$

26 물탱크의 수직벽면에 반구형(Hemisphere) 곡면을 물에 완전히 잠기도록 설치한다. 곡면이 물 쪽으로 볼록한 경우 (a)와 오목한 경우 (b)에 곡면에 작용하는 정수력의 수평방향 성분의 크기 비는?

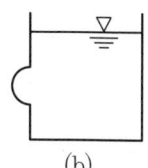

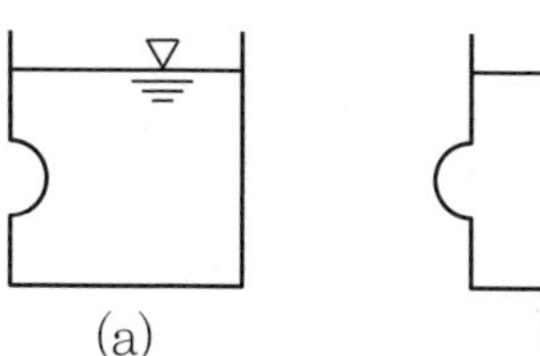

① π : 3　　② 4 : 3
③ 1 : 1　　④ 3 : 4

해설

1) 수평분력

곡면을 수직평면에 투영시켰을 때 생기는 수평투영면적에 작용하는 전압력과 같다.

$$F_H = \gamma \bar{h} A$$

여기서, F_H : 수평분력[N]

$\bar{h}$: 투영면적 중심에서 수면까지 수직깊이[m]

A : 투영면적[m²]

정답　25 ②　26 ③

2) 수평분력 $F_H = \gamma \overline{h} A$

① γ : a와 b의 비중량은 같다.(물)

② $\overline{h}$: a와 b의 투영면적은 같으므로 투영면적 중심에서 수면까지의 수직깊이 또한 같다.

③ A : a와 b의 투영면적은 같다.

④ 그러므로 a와 b의 수평분력은 서로 같다.

27 비중량이 9,980N/m³인 유체가 소화설비 배관 내를 분당 50kN씩 흐른다. 관경이 150mm라면 평균유속은 몇 m/s인가?

① 3.1 ② 4.73

③ 83.3 ④ 283.8

해설

중량유량($\overline{G}$[N/s] : Weight Flowrate)

$$\overline{G}[\mathrm{N/s}] = \gamma A V \qquad \gamma_1 A_1 V_1 = \gamma_2 A_2 V_2$$

여기서, γ : 비중량[N/m³]
A : 배관의 단면적[m²]
V : 유속[m/s]

[풀이]

1) 중량유량(1분당 50[kN])

$$\overline{G} = \frac{50[\mathrm{kN}]}{1[\mathrm{min}]} = \frac{50{,}000[\mathrm{N}]}{60[\mathrm{s}]}$$

2) 구경 및 배관단면적

d : 150[mm] = 0.15[m]

$$A = \frac{\pi d^2}{4} = \frac{\pi \times 0.15^2}{4} = 0.01767[\mathrm{m}^2]$$

3) 평균유속

$\overline{G}[\mathrm{N/s}] = \gamma A V$에서

$$\frac{50{,}000}{60} = 9{,}980 \times 0.01767 \times V$$

$$V = \frac{50{,}000}{60 \times 9{,}980 \times 0.01767} = 4.7255 \fallingdotseq 4.73[\mathrm{m/s}]$$

28 출구 지름이 50mm인 노즐이 100mm의 수평관과 연결되어 있다. 이 관을 통하여 물(밀도 1,000 kg/m³)이 0.02m³/s의 유량으로 흐르는 경우, 이 노즐에 작용하는 힘은 몇 N인가?

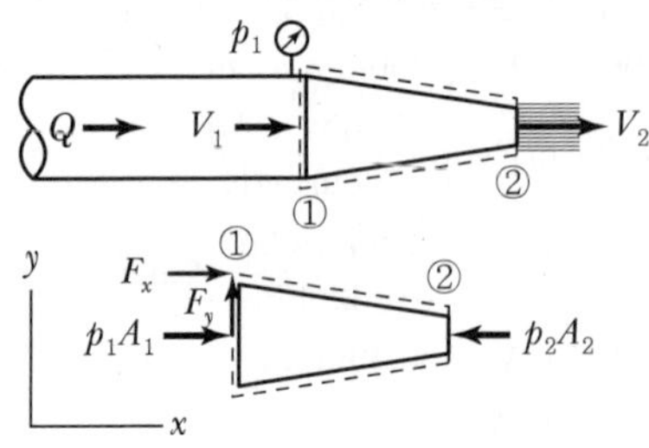

① 230 ② 424

③ 508 ④ 7,709

해설

플랜지볼트에 작용하는 힘

$$F[\mathrm{N}] = \frac{\gamma Q^2 A_1}{2g}\left(\frac{A_1 - A_2}{A_1 A_2}\right)^2$$

1) 비중량

$\gamma = \rho g$

여기서, ρ : 밀도[N · s²/m⁴], g : 중력가속도[m/s²]

$\gamma = 1{,}000 \times 9.8 = 9{,}800[\mathrm{N/m^3}]$

2) 배관의 단면적

$$A_1 = \frac{\pi d_1^{\,2}}{4} = \frac{\pi \times 0.1^2}{4} = 0.007854[\mathrm{m}^2]$$

$$A_2 = \frac{\pi d_1^{\,2}}{4} = \frac{\pi \times 0.05^2}{4} = 0.001963[\mathrm{m}^2]$$

3) 유량

$Q = 0.02[\mathrm{m^3/s}]$

[풀이]

$$F = \frac{9{,}800 \times 0.02^2 \times 0.007854}{2 \times 9.8} \times \left(\frac{0.007854 - 0.001963}{0.007854 \times 0.001963}\right)^2 = 229.34[\mathrm{N}] \fallingdotseq 230[\mathrm{N}]$$

정답 27 ② 28 ①

29 비중이 0.95인 액체가 흐르는 곳에 그림과 같이 피토 튜브를 직각으로 설치하였을 때 h가 150mm, H가 30mm로 나타났다면 점 1 위치에서의 유속(m/s)은?

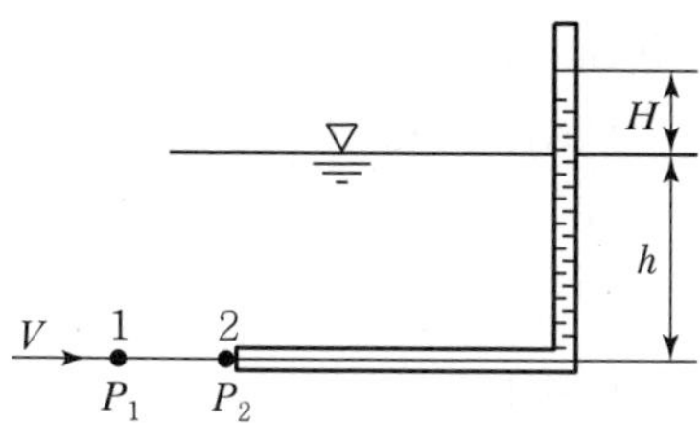

① 0.8　　② 1.6
③ 3.2　　④ 4.2

해설

1) P_1 : 정압(정압수두 : h), P_2 : 전압(전압수두 : $h+H$)
$h=0.15$[mm], H : 0.03[m]

2) 전압수두$(h+H)$=정압수두(h)+동압수두(H)
동압수두(H)=전압수두$(h+H)$−정압수두(h)
$=(0.15+0.03)-0.15=0.03$[m]

3) 유속

$$\frac{V_1^2}{2g}+\frac{P_1}{\gamma}+Z_1=\frac{V_2^2}{2g}+\frac{P_2}{\gamma}+Z_2$$

① 1지점과 2지점은 수평이므로 : $Z_1=Z_2$

② $\frac{P_1}{\gamma}=h$(정압수두)

③ $\frac{P_2}{\gamma}=h+H$(전압수두)

④ 2지점의 속도는 0이므로 : $\frac{V_2^2}{2g}=0$

⑤ $\frac{V_1^2}{2g}+h=h+H$　$\frac{V_1^2}{2g}=H$

$V_1^2=2gH$

$\therefore V_1=\sqrt{2gH}$

$$V=\sqrt{2gH}$$

여기서, V : 유속[m/s], H : 동압수두[m]
g : 중력가속도[m/s²]

$V=\sqrt{2\times 9.8\times 0.03}=0.768 \fallingdotseq 0.8$[m/s]

30 안지름 10cm인 수평 원관의 층류유동으로 4km 떨어진 곳에 원유(점성계수 0.02N · s/m²), 비중 0.86을 0.10m³/min의 유량으로 수송하려 할 때 펌프에 필요한 동력[W]은?(단, 펌프의 효율은 100%로 가정한다.)

① 76　　② 91
③ 10,900　　④ 9,100

해설

펌프에 필요한 동력(축동력) L_s

$$L_s[\mathrm{W}]=\frac{\gamma[\mathrm{N/m^3}]\times Q[\mathrm{m^3/s}]\times H[\mathrm{m}]}{\eta}$$

$$L_s[\mathrm{kW}]=\frac{\gamma[\mathrm{N/m^3}]\times Q[\mathrm{m^3/s}]\times H[\mathrm{m}]}{1{,}000\eta}$$

여기서, γ : 비중량 [N/m³], Q : 유량[m³/s]
H : 전양정[m], η : 효율

1) 기름의 비중량 γ

$$S=\frac{\gamma}{\gamma_w}\qquad \gamma=S\cdot\gamma_w$$

여기서, S : 비중, γ_w : 물의 비중량[N/m³]

$\gamma=0.86\times 9{,}800[\mathrm{N/m^3}]=8{,}428[\mathrm{N/m^3}]$

2) 유량 Q

$$Q=0.10\frac{[\mathrm{m^3}]}{[\mathrm{min}]}\times\frac{1[\mathrm{min}]}{60[\mathrm{s}]}=\frac{0.1}{60}[\mathrm{m^3/s}]$$

3) 전양정 H
H=실양정+배관 마찰손실양정
조건에서 수평원관이므로 실양정=0
∴ 전양정 H=배관의 마찰손실양정

4) 배관의 마찰손실 H_l
① 하겐-포아젤 방정식

$$H_l=\frac{128\mu l Q}{\gamma\pi d^4}$$

여기서, H_l : 마찰손실수두[m], Q : 유량[m³/s]
d : 배관의 직경[m], γ : 비중량[N/m³]
l : 직관의 길이[m], μ : 점성계수[N · s/m²]

정답 29 ① 30 ②

② 배관의 마찰손실 계산

$$H_l = \frac{128 \times 0.02 \times 4{,}000 \times (0.1/60)}{8{,}428 \times \pi \times 0.1^4} = 6.45[\text{m}]$$

※ Darcy−Weisbach 방정식으로 풀어도 마찰손실은 같다.

5) 펌프에 필요한 동력

$$L_s[\text{W}] = \frac{\gamma[\text{N/m}^3] \times Q[\text{m}^3/\text{s}] \times H[\text{m}]}{\eta}$$

$$L_s = \frac{8{,}428 \times (0.1/60) \times 6.45}{1.0} = 90.60 \fallingdotseq 91[\text{W}]$$

31 안지름 10cm의 관로에서 마찰손실수두가 속도수두와 같다면 그 관로의 길이는 약 몇 m인가?(단, 관마찰계수는 0.030이다.)

① 1.58　② 2.54　③ 3.33　④ 4.52

해설

1) 배관의 마찰손실수두(Darcy−Weisbach Formula)

$$H_l = f\frac{l}{d}\frac{V^2}{2g}$$

여기서, H_l : 마찰손실수두[m], f : 관마찰계수
d : 배관의 직경[m], l : 직관의 길이[m]
V : 유체의 유속[m/sec]

2) 베르누이 방정식

$$\frac{V^2}{2g} + \frac{P}{\gamma} + Z = \text{Constant}$$

여기서, $\frac{p}{\gamma}$: 압력수두, $\frac{V^2}{2g}$: 속도수두, z : 위치수두

3) 마찰손실수두가 속도수두와 같은 경우

$$f\frac{l}{d}\frac{V^2}{2g}(\text{마찰손실수두}) = \frac{V^2}{2g}(\text{속도수두}),\ f\frac{l}{d} = 1$$

4) 관로의 길이

$$l = \frac{d}{f} = \frac{0.1}{0.03} = 3.33[\text{m}]$$

32 물의 온도에 상응하는 증기압보다 낮은 부분이 발생하면 물은 증발되고 물속에 있던 공기와 물이 분리되어 기포가 발생하는 펌프의 현상은?

① 피드백(Feed Back)
② 서징현상(Surging)
③ 공동현상(Cavitation)
④ 수격작용(Water Hammering)

해설

공동(Cavitation)현상

1) 정의

펌프 흡입 측 배관에서 발생될 수 있는 현상으로 흡수되는 물의 압력이 그 온도에서의 포화증기압보다 작게 되면 물이 급격하게 증발되어 기포가 생성되는 현상이다. 기포가 흐름을 따라 이동하면서 진동, 소음을 수반하고 심한 경우 양수불능까지도 초래하게 된다.

2) 공동현상의 발생원인 및 방지대책

발생원인	방지대책
흡입 측 배관 내 물의 온도가 높은경우	배관 내 물의 온도를 낮게 유지한다.
흡입 측 배관 내 물의 압력이 낮은 경우	배관 내 물의 압력을 높게 유지한다.
흡입 측 배관의 마찰손실이 큰 경우	배관의 마찰손실을 작게 한다.
흡입 측 배관의 유속이 빠른 경우	배관 내 유체의 유속을 낮게 한다.
흡입 측 배관의 구경이 작은 경우	배관의 구경을 크게 한다.(양흡입펌프 사용)
흡입 측 배관의 길이가 긴 경우	흡입양정을 작게 한다.

33 온도가 20℃인 이산화탄소 6kg이 체적 0.3m³인 용기에 가득 차 있다. 가스의 압력은 약 몇 kPa인가?(단, 이산화탄소는 기체상수가 189J/kg · K인 이상기체로 가정한다.)

① 75.6　② 189
③ 553.8　④ 1,108

정답　31 ③　32 ③　33 ④

해설

이상기체 상태방정식

$$PV = W\overline{R}T$$

여기서, P : 절대압력[kPa][kN/m^2], V : 체적[m^3]
W : 기체의 질량[kg], T : 절대온도[K]
$\overline{R}$: 특별기체상수[kN · m/kg · K][kJ/kg · K]

※ CO_2의 특별기체상수

$$\overline{R} = \frac{R}{M} = \frac{8{,}314[\text{J/kmol} \cdot \text{K}]}{44[\text{kg/kmol}]} = 189[\text{J/kg} \cdot \text{K}] = 0.189[\text{kJ/kg} \cdot \text{K}]$$

[풀이]

1) V : 0.3[m^3], W : 6[kg], T : 20+273=293[K]
$\overline{R}$: 0.189[kJ/kg · K]

2) $PV = W\overline{R}T$
P[kPa]×0.3[m^3]
=6[kg]×0.189[kJ/kg · K]×293[K]
P= 1,107.54[kPa]

34 직경이 18mm인 노즐을 사용하여 노즐 압력 147kPa로 옥내소화전을 방수하면 방수속도는 약 몇 m/s인가?

① 10.3　　② 14.7
③ 16.3　　④ 17.1

해설

유속(토리첼리 정리)

$$V = \sqrt{2gh}$$

여기서, V : 유속[m/s], h : 속도수두[m]
g : 중력가속도 9.8[m/s^2]

[풀이]

1) $h = \frac{P}{\gamma} = \frac{147[\text{kN/m}^2]}{9.8[\text{kN/m}^3]} = 15[\text{m}]$

2) $V = \sqrt{2gh} = \sqrt{2 \times 9.8 \times 15} = 17.15[\text{m/s}]$

35 체적 0.05m^{3}인 구 안에 가득 찬 유체가 있다. 이 구를 그림과 같이 물속에 넣고 수직 방향으로 100N의 힘을 가해서 들어 주면 구가 물속에 절반만 잠긴다. 구 안에 있는 유체의 비중량[N/m^3]은?(단, 구의 두께와 무게는 모두 무시할 정도로 작다고 가정한다.)

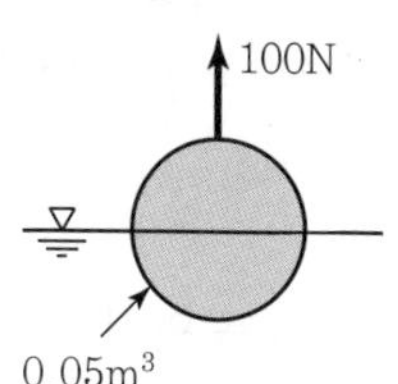

① 6,900　　② 7,250
③ 7,580　　④ 7,850

해설

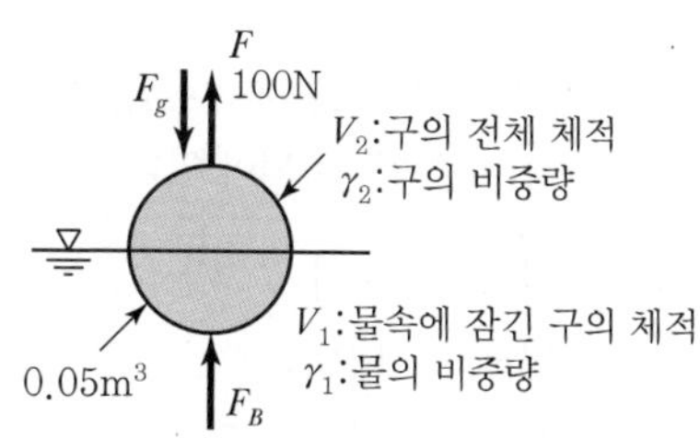

부력과 중력과의 관계

$$F_B = F_g \quad F_B[\text{N}] = \gamma_1 V_1 \quad F_g[\text{N}] = \gamma_2 V_2$$

여기서, F_B : 부력[N]
F_g : 구의 무게(중력)[N]
γ_1 : 물의 비중량[N/m^3]
γ_2 : 구의 비중량[N/m^3]
V_1 : 물속에 잠긴 구의 체적[m^3]
V_2: 구의 전체 체적[m^3]

$$\gamma_1 V_1 = \gamma_2 V_2 \qquad S_1 V_1 = S_2 V_2$$

[풀이]

1) 이 문제에서는 부력과 중력의 작용 외에 부력의 방향으로 100[N]의 힘을 가해 들어올려 주고 있다.

2) $F_B + 100[\text{N}] = F_g$
$\gamma_1 V_1 + 100[\text{N}] = \gamma_2 V_2$

정답 34 ④ 35 ①

$\gamma_1 = 9{,}800[\text{N/m}^3]$, $\gamma_2 = ?[\text{N/m}^3]$

$V_1 = \dfrac{0.05}{2}[\text{m}^3]$, $V_2 = 0.05[\text{m}^3]$

3) $9{,}800[\text{N/m}^3] \times \dfrac{0.05}{2}[\text{m}^3] + 100[\text{N}]$

$= \gamma_2[\text{N/m}^3] \times 0.05[\text{m}^3]$

$$\gamma_2 = \frac{9{,}800 \times \frac{0.05}{2} + 100}{0.05} = 6{,}900[\text{N}]$$

36 다음은 열의 이동을 막기 위해 쓰이는 방법의 예이다. 아래의 설명과 관련이 깊은 열전달 방식을 바르게 나열한 것은?

> ㉠ 맑은 날의 햇빛을 막기 위해 밝은 색의 양산을 사용한다.
> ㉡ 주전자의 손잡이는 나무 또는 플라스틱으로 만든다.
> ㉢ 보온병은 진공 이중벽으로 되어 있다.

① ㉠ 대류, ㉡ 전도, ㉢ 복사
② ㉠ 복사, ㉡ 전도, ㉢ 대류
③ ㉠ 대류, ㉡ 전도, ㉢ 전도
④ ㉠ 복사, ㉡ 대류, ㉢ 전도

해설

㉠ 맑은 날의 햇빛을 막기 위해 밝은 색의 양산을 사용한다.
→ 밝은색 계열의 양산이 태양의 복사열을 더 많이 반사시킨다.
㉡ 주전자의 손잡이는 나무 또는 플라스틱으로 만든다.
→ 주전자 손잡이에 열전도도가 낮은 재료를 사용하여 전도열을 감소시킨다.
㉢ 보온병은 진공 이중벽으로 되어 있다.
→ 진공상태에서는 대류에 의한 열출입이 없다.

37 온도 20℃의 물을 계기압력이 400kPa인 보일러에 공급하여 포화수증기 1kg을 만들고자 한다. 주어진 표를 이용하여 필요한 열량[kJ]을 구하면?(단, 대기압은 100kPa, 액체상태 물의 평균비열은 4.18 kJ/kg · K이다.)

포화압력 (kPa)	포화온도 (℃)	수증기의 증발엔탈피 (kJ/kg)
400	143.63	2133.81
500	151.86	2108.47
600	158.85	2018.26

① 2,640　② 2,651
③ 2,660　④ 2,667

해설

전체 열량[kJ]

$$Q[\text{kJ}] = m \cdot C \cdot \Delta T + m \cdot r$$

여기서, Q : 열량[kJ], m : 질량[kg]
C : 비열[kJ/kg · K], ΔT : 온도 차[K]
r : 잠열[kJ/kg]

[풀이]
1) 절대압 = 대기압 + 계기압
= 100[kPa] + 400[kPa] = 500[kPa]
2) 포화압력 500[kPa]에서 포화온도 : 151.86[℃]
수증기의 증발엔탈피 : 2,108.47[kJ/kg]
3) m = 1[kg], ΔT = (151.86 − 20) = 131.86[℃][K]
C = 4.18[kJ/kg · K], r = 2108.47[kJ/kg]
4) 전체 열량
$Q = 1[\text{kg}] \times 4.18[\text{kJ/kg} \cdot \text{K}] \times 131.86[\text{K}] + 1[\text{kg}] \times 2108.47[\text{kJ/kg}]$
$= 2659.64[\text{kJ}] \fallingdotseq 2{,}660[\text{kJ}]$

38 질량 4kg의 어떤 기체로 구성된 밀폐계가 열을 받아 100kJ의 일을 하고, 이 기체의 온도가 10℃ 상승하였다면 이 계가 받은 열은 몇 kJ인가?(단, 이 기체의 정적비열은 5kJ/kg · K, 정압비열은 6kJ/kg · K이다.)

① 200　② 240　③ 300　④ 340

해설

계의 내부에너지 변화량

계의 내부에너지 변화량 = 계가 받은 열에너지 − 계가 외부에 한 일

정답 36 ② 37 ③ 38 ③

$$\Delta U = \Delta Q - \Delta W \qquad \Delta U = \Delta Q - P\Delta V$$

여기서, ΔU : 내부에너지 변화량
ΔQ : 열에너지 변화량
ΔW : 계가 외부에 한 일

[풀이]

1) 계의 내부에너지 변화량
$\Delta U = m \cdot C_V \cdot \Delta T$
$\Delta U = 4 \times 5 \times 10 = 200[\text{kJ}]$
여기서, $m = 4[\text{kg}]$
$C_V = 5[\text{kJ/kg}\cdot\text{K}]$(정적과정에서의 비열)
$\Delta T = 10[\text{K}]$

2) 계가 받은 열에너지(열에너지 변화량 ΔQ)
$\Delta Q = \Delta U + \Delta W = 200 + 100 = 300[\text{kJ}]$

39 온도 20℃, 압력 500kPa에서 비체적이 0.2m^3/kg인 이상기체가 있다. 이 기체의 기체상수[kJ/kg · K]는 얼마인가?

① 0.341 ② 3.41
③ 34.1 ④ 341

해설

1) 이상기체 상태방정식

$$PV = W\overline{R}T$$

여기서, P : 절대압력[kPa][kN/m^2], V : 체적[m^3]
W : 기체의 질량[kg], T : 절대온도[K]
$\overline{R}$: 특별기체상수[kJ/kg · K][kN · m/kg · K]

2) 기체의 비체적 V_S[m^3/kg]

$V_S = \dfrac{V}{W}$[m^3/kg]이므로 이상기체 상태방정식을 정리하면

$$\frac{V}{W} = \frac{\overline{R}T}{P} \qquad V_S = \frac{\overline{R}T}{P}$$

[풀이]

1) $P = 500[\text{kPa}][\text{kN/m}^2]$, $T = 20 + 273 = 293[\text{K}]$
$V_S = 0.2[\text{m}^3/\text{kg}]$
$\overline{R}$: [kJ/kg · K][kN · m/kg · K]

2) $V_S = \dfrac{\overline{R}T}{P}$, $0.2 = \dfrac{\overline{R} \times 293}{500}$, $\overline{R} = \dfrac{0.2 \times 500}{293}$
$\overline{R} = 0.341[\text{kJ/kg}\cdot\text{K}]$

40 송풍기의 풍량 15m^3/s, 전압 540Pa, 전압효율이 55%일 때 필요한 축동력은 몇 kW인가?

① 2.23 ② 4.46
③ 8.1 ④ 14.7

해설

송풍기의 축동력

$$L_s[\text{kW}] = \frac{P_T[\text{mmAq}] \times Q[\text{m}^3/\text{s}]}{102\,\eta}$$

여기서, L_s : 축동력[kW], P_T : 전압[mmAq]
Q : 유량[m^3/s], η : 펌프효율

[풀이]

1) P_T : $540[\text{Pa}] \times \dfrac{10{,}332[\text{mmAq}]}{101{,}325[\text{Pa}]} = 55.06[\text{mmAq}]$

2) Q : 15[m^3/s], η : 0.55

3) $L_s = \dfrac{55.06[\text{mmAq}] \times 15[\text{m}^3/\text{s}]}{102 \times 0.55} = 14.72[\text{kW}]$

3과목 소방관계법규

41 위험물안전관리법에서 정하는 용어의 정의에 대한 내용으로 알맞은 것은?

> "위험물"이라 함은 (㉠) 또는 (㉡) 등의 성질을 가지는 것으로서 (㉢)이 정하는 물품을 말한다.

① ㉠ 가연성 ㉡ 발화성 ㉢ 행정안전부령
② ㉠ 인화성 ㉡ 발화성 ㉢ 행정안전부령
③ ㉠ 인화성 ㉡ 발화성 ㉢ 대통령령
④ ㉠ 가연성 ㉡ 발화성 ㉢ 대통령령

정답 39 ① 40 ④ 41 ③

해설

용어의 정의

1) 위험물
   인화성 또는 발화성 등의 성질을 가지는 것으로서 대통령령이 정하는 물품(지정수량 미만인 위험물의 저장 · 취급 : 시 · 도의 조례)
2) 지정수량
   위험물의 종류별로 위험성을 고려하여 대통령령이 정하는 수량으로서 제조소 등의 설치허가 등에 있어서 최저의 기준이 되는 수량
3) 제조소
   위험물을 제조할 목적으로 지정수량 이상의 위험물을 취급할 수 있도록 허가를 받은 장소
4) 저장소
   지정수량 이상의 위험물을 저장하기 위한 대통령령이 정하는 장소
5) 취급소
   지정수량 이상의 위험물을 제조 외의 목적으로 취급하기 위한 대통령령이 정하는 장소
6) 제조소 등 : 제조소, 저장소, 취급소

42 위험물안전관리법령상 취급하는 위험물의 최대수량이 지정수량의 10배 이하인 경우 공지의 너비 기준은?

① 2m 이하 ② 2m 이상
③ 3m 이하 ④ 3m 이상

해설

제조소의 보유공지

취급하는 위험물의 최대수량	공지의 너비
지정수량의 10배 이하	3[m] 이상
지정수량의 10배 초과	5[m] 이상

43 화재의 예방 및 안전관리에 관한 법령상 특수가연물의 저장 및 취급의 기준 중 다음 ( ) 안에 들어갈 말로 알맞은 것은?(단, 석탄 · 목탄류를 발전용으로 저장하는 경우는 제외한다.)

> 살수설비를 설치하거나, 방사능력 범위에 해당 특수가연물이 포함되도록 대형수동식 소화기를 설치하는 경우에는 쌓는 높이를 (㉠)[m] 이하, 석탄 · 목탄류의 경우에는 쌓는 부분의 바닥면적을 (㉡)[m^2] 이하로 할 수 있다.

① ㉠ 10, ㉡ 50 ② ㉠ 10, ㉡ 200
③ ㉠ 15, ㉡ 200 ④ ㉠ 15, ㉡ 300

해설

특수가연물의 쌓는 높이 및 쌓는 부분의 바닥면적

구분	살수설비 또는 대형 소화기가 없는 경우	살수설비 또는 대형 소화기가 있는 경우
쌓는 높이	10m 이하	15m 이하
쌓는 부분의 바닥면적	50m^2 이하 (석탄, 목탄 200m^2)	200m^2 이하 (석탄, 목탄 300m^2)

44 소방대상물의 관계인에 해당하지 않는 사람은?

① 소방대상물의 소유자
② 소방대상물의 점유자
③ 소방대상물의 관리자
④ 소방대상물을 검사 중인 소방공무원

해설

용어의 정의

1) 소방대상물 : 건축물, 차량, 선박(항구에 매어둔 것), 선박 건조 구조물, 산림, 그 밖의 인공 구조물 또는 물건
2) 관계지역 : 소방대상물이 있는 장소 및 그 이웃 지역으로서 화재의 예방 · 경계 · 진압, 구조 · 구급 등의 활동에 필요한 지역
3) 관계인 : 소방대상물의 소유자 · 관리자 · 점유자

45 소방기본법상 소방대장의 권한이 아닌 것은?

① 공공의 소방 활동에 필요한 소화전 · 급수탑 · 저수조 등 소방용수시설의 설치 및 유지관리
② 화재, 재난 · 재해 그 밖의 위급한 상황이 발생한 현장에 소방활동구역을 정하여 소방활동에 필요한 사람으로서 대통령령으로 정하는 사람 외에는 그 구역에 출입하는 것을 제한

정답 42 ④ 43 ④ 44 ④ 45 ①

③ 사람을 구출하거나 불이 번지는 것을 막기 위하여 필요할 때에는 화재가 발생하거나 불이 번질 우려가 있는 소방대상물 및 토지를 일시적으로 사용하거나 그 사용의 제한 또는 소방활동에 필요한 처분
④ 화재 진압 등 소방활동을 위하여 필요할 때에는 소방용수 외에 댐·저수지 또는 수영장 등의 물을 사용하거나 수도의 개폐장치 등을 조작

해설

소방대장의 권한
1) 소방활동구역 설정 및 출입제한 : 대통령령으로 정하는 사람 외에는 그 구역에 출입하는 것을 제한
2) 소방활동 종사 명령 : 사람을 구출하는 일 또는 불을 끄거나 불이 번지지 아니하도록 하는 일을 명령
3) 강제처분 : 소방대상물 및 토지를 일시적으로 사용하거나 사용의 제한 또는 처분
4) 피난명령 : 그 구역에 있는 사람에게 그 구역 밖으로 피난할 것을 명령
5) 긴급조치 : 댐·저수지 또는 수영장 등의 물을 사용하거나 수도의 개폐장치

① 소방용수시설의 설치 및 유지관리 → 시·도지사

46 소방기본법령상 소방용수시설별 설치기준 중 틀린 것은?

① 급수탑 개폐밸브는 지상에서 1.5m 이상 1.7m 이하의 위치에 설치하도록 할 것
② 소화전은 상수도와 연결하여 지하식 또는 지상식의 구조로 하고, 소방용호스와 연결하는 소화전의 연결금속구의 구경은 100mm로 할 것
③ 저수조 흡수관의 투입구가 사각형의 경우에는 한 변의 길이가 60cm 이상, 원형의 경우에는 지름이 60cm 이상일 것
④ 저수조는 지면으로부터의 낙차가 4.5m 이하일 것

해설

소방용수시설의 설치기준(소방기본법 시행규칙 별표3)
1) 공통기준
 ① 주거지역·상업지역·공업지역 : 수평거리 100m 이하
 ② 그 밖의 지역 : 수평거리 140m 이하
2) 소방용수시설별 설치기준
 ① 소화전
  • 상수도와 연결하여 지하식 또는 지상식의 구조로 할 것
  • 소방용호스와 연결하는 소화전의 연결금속구의 구경 : 65mm
 ② 급수탑
  • 급수배관의 구경 : 100mm 이상
  • 개폐밸브의 높이 : 지상에서 1.5m 이상 1.7m 이하의 위치에 설치할 것
 ③ 저수조
  • 지면으로부터의 낙차 : 4.5m 이하
  • 흡수부분의 수심 : 0.5m 이상
  • 흡수관의 투입구가 사각형 : 한 변의 길이가 60cm 이상
  • 흡수관의 투입구가 원형 : 지름이 60cm 이상
  • 소방펌프자동차가 쉽게 접근할 수 있을 것
  • 흡수에 지장이 없도록 토사 및 쓰레기 등을 제거할 수 있는 설비를 갖출 것
  • 저수조에 물 공급은 상수도에 연결하여 자동으로 급수되는 구조일 것

② 연결금속구의 구경은 100mm → 65mm

47 소방시설공사업법령에 따른 소방시설업 등록이 가능한 사람은?

① 피성년후견인
② 위험물안전관리법에 따른 금고 이상의 형의 집행유예를 선고받고 그 유예기간 중에 있는 사람
③ 등록하려는 소방시설업 등록이 취소된 날부터 3년이 지난 사람
④ 소방기본법에 따른 금고 이상의 실형을 선고받고 그 집행이 면제된 날부터 1년이 지난 사람

해설

소방시설업 등록의 결격사유
1) 피성년후견인
2) 금고 이상의 실형을 선고받고 그 집행이 끝나거나 면제된 날부터 2년이 지나지 아니한 사람
3) 금고 이상의 형의 집행유예를 선고받고 그 유예기간 중에 있는 사람
4) 등록하려는 소방시설업 등록이 취소된 날부터 2년이 지나지 아니한 자

정답 46 ② 47 ③

5) 법인의 대표자가 1)에서 4)까지의 규정에 해당하는 경우 그 법인
6) 법인의 임원이 제2)호부터 제4)호까지의 규정에 해당하는 경우 그 법인

48 소방기본법에서 정하는 소방안전원의 회원이 되려는 사람의 요건으로 틀린 것은?

① 소방시설 설치 및 관리에 관한 법률, 소방시설공사업법 또는 위험물안전관리법에 따라 등록을 하기나 허가를 받은 사람으로서 회원이 되려는 사람
② 소방안전관리자로 선임되거나 채용된 사람으로서 회원이 되려는 사람
③ 소방공무원으로 5년 이상 경력이 있는 사람으로서 회원이 되려는 사람
④ 위험물안전관리자로 선임되거나 채용된 사람으로서 회원이 되려는 사람

해설

안전원은 소방기술과 안전관리 역량의 향상을 위하여 다음 각 호의 사람을 회원으로 관리할 수 있다.
1) 소방시설 설치 및 관리에 관한 법률, 소방시설공사업법 또는 위험물안전관리법에 따라 등록을 하거나 허가를 받은 사람으로서 회원이 되려는 사람
2) 화재의 예방 및 안전관리에 관한 법률, 소방시설공사업법 또는 위험물안전관리법에 따라 소방안전관리자, 소방기술자 또는 위험물안전관리자로 선임되거나 채용된 사람으로서 회원이 되려는 사람
3) 그 밖에 소방 분야에 관심이 있거나 학식과 경험이 풍부한 사람으로서 회원이 되려는 사람

49 피난시설, 방화구획 또는 방화시설을 폐쇄 · 훼손 · 변경 등의 행위를 3차 이상 위반한 경우에 대한 과태료 부과기준으로 옳은 것은?

① 200만 원 ② 300만 원
③ 500만 원 ④ 1000만 원

해설

위반행위	과태료 금액(단위 : 만 원)		
	1차 위반	2차 위반	3차 이상
피난시설, 방화구획 또는 방화시설을 폐쇄 · 훼손 · 변경하는 등의 행위를 한 경우	100	200	300

50 소방기본법상의 벌칙으로 5년 이하의 징역 또는 5000만 원 이하의 벌금에 해당하지 않는 것은?

① 소방자동차가 화재진압 및 구조 · 구급활동을 위하여 출동할 때 그 출동을 방해한 자
② 사람을 구출하거나 불이 번지는 것을 막기 위하여 불이 번질 우려가 있는 소방대상물의 사용제한의 강제처분을 방해한 자
③ 출동한 소방대의 소방장비를 파손하거나 그 효용을 해하며 화재진압 · 인명구조 또는 구급활동을 방해한 자
④ 정당한 사유 없이 소방용수시설의 효용을 해치거나 그 정당한 사용을 방해한 자

해설

5년 이하의 징역 또는 5천만 원 이하의 벌금
1) "출동한 소방대의 화재진압 및 인명구조 · 구급 등 소방활동을 방해하여서는 아니 된다."의 조항을 위반하여 다음 어느 하나에 해당하는 행위를 한 사람
   ① 위력을 사용하여 출동한 소방대의 화재진압 · 인명구조 또는 구급활동을 방해하는 행위
   ② 소방대가 화재진압 · 인명구조 또는 구급활동을 위하여 현장에 출동하거나 현장에 출입하는 것을 고의로 방해하는 행위
   ③ 출동한 소방대원에게 폭행 또는 협박을 행사하여 화재진압 · 인명구조 또는 구급활동을 방해하는 행위
   ④ 출동한 소방대의 소방장비를 파손하거나 그 효용을 해하여 화재진압 · 인명 구조 또는 구급활동을 방해하는 행위
2) 소방자동차의 출동을 방해한 사람
3) 사람을 구출하는 일 또는 불을 끄거나 불이 번지지 아니하도록 하는 일을 방해한 사람

정답 48 ③ 49 ② 50 ②

4) 정당한 사유 없이 소방용수시설 또는 비상소화장치를 사용하거나 소방용수시설 또는 비상소화장치의 효용을 해치거나 그 정당한 사용을 방해한 사람

② 사람을 구출하거나 불이 번지는 것을 막기 위하여 불이 번질 우려가 있는 소방대상물의 사용제한의 강제처분을 방해한 자 → 300만 원 이하의 벌금

51 화재의 예방 및 안전관리에 관한 법령상 화재안전조사위원회의 위원의 자격에 해당하지 아니하는 사람은?

① 소방기술사
② 소방시설관리사
③ 소방 관련 분야의 석사학위 이상을 취득한 사람
④ 소방 관련 법인 또는 단체에서 소방 관련 업무에 3년 이상 종사한 사람

해설

화재안전조사위원회
1) 인원 : 위원장 1명을 포함한 7명 이내
2) 화재안전조사위원의 자격
① 과장급 직위 이상의 소방공무원
② 소방기술사
③ 소방시설관리사
④ 소방 관련 분야의 석사학위 이상을 취득한 사람
⑤ 소방 관련 법인 또는 단체에서 소방 관련 업무에 5년 이상 종사한 사람

④ 3년 이상 종사한 사람 → 5년 이상 종사한 사람

52 화재예방강화지구의 지정대상이 아닌 것은?

① 공장 · 창고가 밀집한 지역
② 목조건물이 밀집한 지역
③ 농촌지역
④ 시장지역

해설

1) 화재예방강화지구 지정권자 : 시 · 도지사
2) 화재예방강화지구 지정의 요청권자 : 소방청장
3) 화재예방강화지구
① 시장지역
② 공장 · 창고가 밀집한 지역
③ 목조건물이 밀집한 지역
④ 노후 · 불량건축물이 밀집한 지역
⑤ 위험물의 저장 및 처리 시설이 밀집한 지역
⑥ 석유화학제품을 생산하는 공장이 있는 지역
⑦ 산업입지 및 개발에 관한 법률에 따른 산업단지
⑧ 소방시설 · 소방용수시설 또는 소방출동로가 없는 지역
⑨ 소방관서장이 화재예방강화지구로 지정할 필요가 있다고 인정하는 지역

53 신축 · 증축 · 개축 · 재축 · 대수선 또는 용도변경으로 해당 특정소방대상물의 소방안전관리자를 신규로 선임하는 경우 해당 특정소방대상물의 관계인은 특정소방대상물의 완공일로부터 며칠 이내에 소방안전관리자를 선임하여야 하는가?

① 7일 ② 14일 ③ 30일 ④ 60일

해설

소방안전관리자의 선임
1) 소방안전관리자 선임 : 해당 사유 발생일로부터 30일 이내에 선임
2) 소방안전관리자의 선임신고 : 선임한 날부터 14일 이내 소방본부장, 소방서장에게 신고

54 총괄소방안전관리자를 선임하여야 할 특정소방대상물의 기준으로 틀린 것은?

① 지하가
② 복합건축물로서 지하층을 포함한 층수가 11층 이상인 건축물
③ 복합건축물로서 층수가 5층 이상인 것
④ 판매시설 중 도매시장 또는 소매시장

해설

총괄소방안전관리자 선임 대상 건축물
1) 복합건축물(지하층을 제외한 층수가 11층 이상 또는 연면적 30,000m^2 이상인 건축물)
2) 지하가(지하의 인공구조물 안에 설치된 상점 및 사무실, 그 밖에 이와 비슷한 시설이 연속하여 지하도에 접하여 설치된 것과 그 지하도를 합한 것)

정답 51 ④ 52 ③ 53 ③ 54 ②

3) 판매시설 중 도매시장, 소매시장 및 전통시장

② 지하층을 포함한 → 지하층을 제외한 층수가 11층 이상인 건축물

55 소방시설 설치 및 관리에 관한 법령상 간이스프링클러설비를 설치하여야 하는 특정소방대상물의 기준으로 옳은 것은?

① 근린생활시설로 사용하는 부분의 바닥면적 합계가 1,000m^2 이상인 것은 모든 층

② 교육연구시설 내에 있는 합숙소로서 연면적 500m^2 이상인 것

③ 정신병원과 의료재활시설을 제외한 요양병원으로 사용되는 바닥면적의 합계가 300m^2 이상 600m^2 미만인 시설

④ 정신의료기관 또는 의료재활시설로 사용되는 바닥면적의 합계가 600m^2 미만인 시설

해설

간이스프링클러설비의 설치대상

1) 공동주택 중 연립주택 및 다세대주택(주택전용 간이스프링클러설비 설치)
2) 근린생활시설 중 다음에 해당하는 것
   ① 근린생활시설로 사용하는 부분의 바닥면적 합계가 1,000m^2 이상인 것은 모든 층
   ② 의원, 치과의원 및 한의원으로서 입원실이 있는 시설
   ③ 조산원 및 산후조리원으로서 연면적 600m^2 미만인 시설
3) 의료시설 중 다음에 해당하는 시설
   ① 종합병원, 병원, 치과병원, 한방병원 및 요양병원(의료재활시설은 제외한다)으로 사용되는 바닥면적의 합계가 600m^2 미만인 시설
   ② 정신의료기관 또는 의료재활시설로 사용되는 바닥면적의 합계가 300m^2 이상 600m^2 미만인 시설
   ③ 정신의료기관 또는 의료재활시설로 사용되는 바닥면적의 합계가 300m^2 미만이고, 창살이 설치된 시설
4) 교육연구시설 내에 합숙소로서 연면적 100m^2 이상인 경우에는 모든 층
5) 숙박시설로 사용되는 바닥면적의 합계가 300m^2 이상 600m^2 미만인 시설
6) 복합건축물로서 연면적 1,000m^2 이상인 것은 모든 층

56 소방시설 설치 및 관리에 관한 법령상 스프링클러설비를 설치하여야 하는 특정소방대상물의 기준 중 틀린 것은?(단, 위험물 저장 및 처리 시설 중 가스시설 또는 지하구는 제외한다.)

① 숙박이 가능한 수련시설 용도로 사용되는 시설의 바닥면적의 합계가 600m^2 이상인 것은 모든 층

② 창고시설(물류터미널은 제외)로서 바닥면적 합계가 5,000m^2 이상인 경우에는 모든 층

③ 판매시설, 운수시설 및 창고시설(물류터미널에 한정)로서 바닥면적의 합계가 5,000m 이상이거나 수용인원이 500명 이상인 경우에는 모든 층

④ 복합건축물로서 연면적이 3,000m^2 이상인 경우에는 모든 층

해설

스프링클러설비의 설치대상

1) 층수가 6층 이상인 특정소방대상물의 경우에는 모든 층
2) 기숙사 또는 복합건축물로서 연면적 5,000m^2 이상인 경우에는 모든 층
3) 창고시설(물류터미널은 제외)로서 바닥면적 합계가 5,000m^2 이상인 경우에는 모든 층
4) 판매시설, 운수시설 및 창고시설(물류터미널로 한정)로서 바닥면적의 합계가 5,000m^2 이상이거나 수용인원이 500명 이상인 경우에는 모든 층
5) 다음에 해당하는 용도로 사용되는 시설의 바닥면적의 합계가 600m^2 이상인 것 모든 층
   - 근린생활시설 중 조산원 및 산후조리원
   - 의료시설 중 정신의료기관
   - 의료시설 중 종합병원, 병원, 치과병원, 한방병원 및 요양병원
   - 노유자 시설
   - 숙박이 가능한 수련시설
   - 숙박시설
6) 특정소방대상물의 지하층 · 무창층(축사는 제외) 또는 층수가 4층 이상인 층으로서 바닥면적이 1,000m^2 이상인 층이 있는 경우에는 해당 층
7) 지하가(터널은 제외)로서 연면적 1,000m^2 이상인 것

④ 복합건축물로서 연면적이 3,000m^2 이상 → 5,000m^2 이상

정답 55 ① 56 ④

57 대통령령 또는 화재안전기준이 변경되어 그 기준이 강화되는 경우 기존 특정소방대상물의 소방시설 중 강화된 기준을 적용할 수 있는 소방시설은?

① 비상경보설비
② 비상방송설비
③ 비상콘센트설비
④ 옥내소화전설비

해설

소방시설기준 적용의 특례

대통령령 또는 화재안전기준이 변경되어 그 기준이 강화되는 경우 기존의 특정소방대상물의 소방시설에 대하여는 변경 전의 대통령령 또는 화재안전기준을 적용한다. 다만, 다음에 해당하는 소방시설의 경우에는 대통령령 또는 화재안전기준의 변경으로 강화된 기준을 적용할 수 있다.

1) 강화된 기준을 적용할 수 있는 소방시설
① 소화기구
② 비상경보설비
③ 자동화재탐지설비
④ 자동화재속보설비
⑤ 피난구조설비

2) 다음의 특정소방대상물에 설치하는 소방시설
① 전력 및 통신사업용 지하구, 공동구 : 소화기, 자동소화장치, 자동화재탐지설비, 통합감시시설, 유도등 및 연소방지설비
② 노유자시설 : 간이스프링클러설비, 자동화재탐지설비 및 단독경보형 감지기
③ 의료시설 : 스프링클러설비, 간이스프링클러설비, 자동화재탐지설비 및 자동화재속보설비

58 소방시설공사업법령상 소방공사감리를 실시함에 있어 용도와 구조에서 특별히 안전성과 보안성이 요구되는 소방대상물로서 소방시설물에 대한 감리를 감리업자가 아닌 자가 감리할 수 있는 장소는?

① 정보기관의 청사
② 교도소 등 교정관련시설
③ 국방 관계시설 설치장소
④ 원자력안전법상 관계시설이 설치되는 장소

해설

감리업자가 아닌 자가 감리할 수 있는 보안성 등이 요구되는 소방대상물의 시공 장소(소방시설공사업법 시행령 제8조)

「원자력안전법」 제2조제10호에 따른 관계시설이 설치되는 장소

※ 관계시설 : 원자로의 안전에 관계되는 시설로서 대통령령으로 정하는 것

59 소방시설의 설치 및 관리에 관한 법률에서 정의하는 소방용품 중 소화설비를 구성하는 제품 및 기기가 아닌 것은?

① 소화전
② 누전경보기
③ 유수제어밸브
④ 기동용 수압개폐장치

해설

소방용품의 종류

1) 소화설비를 구성하는 제품 또는 기기
① 소화기구(소화약제 외의 간이소화용구는 제외)
② 자동소화장치
③ 소화설비를 구성하는 소화전, 관창, 소방호스, 스프링클러헤드, 기동용 수압개폐장치, 유수제어밸브 및 가스관선택밸브

2) 경보설비를 구성하는 제품 또는 기기
① 누전경보기 및 가스누설경보기
② 경보설비 중 발신기, 수신기, 중계기, 감지기 및 음향장치(경종만 해당)

3) 피난구조설비를 구성하는 제품 또는 기기
① 피난사다리, 구조대, 완강기, 간이완강기
② 공기호흡기
③ 피난구유도등, 통로유도등, 객석유도등 및 예비 전원이 내장된 비상조명등

4) 소화용으로 사용하는 제품 또는 기기
① 소화약제
② 방염제(방염액 · 방염도료 및 방염성 물질)

정답 57 ① 58 ④ 59 ②

60 위험물안전관리법령에 따른 정기점검의 대상인 제조소 등의 기준 중 틀린 것은?

① 지정수량의 10배 이상의 위험물을 취급하는 제조소
② 지정수량의 100배 이상의 위험물을 저장하는 옥외저장소
③ 지정수량의 150배 이상의 위험물을 저장하는 옥내저장소
④ 지정수량의 20배 이상의 위험물을 저장하는 옥외탱크저장소

해설

정기점검
1) 정기점검의 횟수 : 연 1회 이상
2) 정기점검의 대상인 제조소 등
 ① 예방규정을 정해야 하는 제조소 등
  • 지정수량의 10배 이상의 위험물을 취급하는 제조소
  • 지정수량의 100배 이상의 위험물을 저장하는 옥외저장소
  • 지정수량의 150배 이상의 위험물을 저장하는 옥내저장소
  • 지정수량의 200배 이상의 위험물을 저장하는 옥외탱크저장소
  • 암반탱크저장소
  • 이송취급소
 ② 지하탱크저장소
 ③ 이동탱크저장소
 ④ 지하에 매설된 탱크가 있는 제조소 · 주유취급소 또는 일반취급소

④ 지정수량의 20배 이상→ 200배 이상

4과목 소방기계시설의 구조 및 원리

61 물분무소화설비를 설치하는 주차장의 배수설비 설치기준 중 차량이 주차하는 바닥은 배수구를 향하여 얼마 이상의 기울기를 유지해야 하는가?

① 1/100 ② 2/100
③ 3/100 ④ 5/100

해설

물분무소화설비를 설치하는 주차장의 배수설비 설치기준
1) 차량이 주차하는 장소의 적당한 곳에 높이 10cm 이상의 경계턱으로 배수구를 설치할 것
2) 배수구에는 새어나온 기름을 모아 소화할 수 있도록 길이 40m 이하마다 집수관 · 소화피트 등 기름분리장치를 설치할 것
3) 차량이 주차하는 바닥은 배수구를 향하여 2/100 이상의 기울기를 유지할 것
4) 배수설비는 가압송수장치의 최대 송수능력의 수량을 유효하게 배수할 수 있는 크기 및 기울기로 할 것

62 소화기에 호스를 부착하지 아니할 수 있는 기준 중 틀린 것은?

① 소화약제의 중량이 2kg 미만인 분말 소화기
② 소화약제의 중량이 3kg 미만인 이산화탄소 소화기
③ 소화약제의 중량이 4kg 미만인 할로겐화합물 소화기
④ 소화약제의 중량이 5kg 미만인 산알칼리 소화기

해설

호스를 부착하지 않아도 되는 소화기

소화기의 종류	약제 중량
할로겐화합물 소화기	4kg 미만
이산화탄소 소화기	3kg 미만
분말 소화기	2kg 미만
액체계 소화약제 소화기	3l 미만

정답 60 ④ 61 ② 62 ④

63 모피창고에 이산화탄소 소화설비를 전역방출 방식으로 설치할 경우 방호구역의 체적이 $600m^3$라면 이산화탄소 소화약제의 최소 저장량은 몇 kg인가?(단, 설계농도는 75%이고, 개구부 면적은 무시한다.)

① 780 ② 960
③ 1,200 ④ 1,620

해설

전역방출방식 심부화재의 약제량(종이 · 목재 · 석탄 · 섬유류 · 합성수지류 등)

$$Q[\mathrm{kg}] = V \cdot K_1 + A \cdot K_2$$

여기서, Q[kg] : 약제량, $V[m^3]$: 방호구역 체적
$K_1[kg/m^3]$: 방호구역 체적 $1m^3$에 대한 소화약제의 양[kg]
$K_2[kg/m^2]$: 방호구역에 설치된 개구부 $1m^2$당 약제가산량[kg]
$A[m^2]$: 개구부 면적(개구부의 면적은 방호구역 전체 표면적의 3% 이하)

방호대상물	체적 $1m^3$당 소화약제의 양 $K_1[kg/m^3]$	설계농도 (%)	개구부 가산량 $K_2[kg/m^2]$
유압기기를 제외한 전기설비, 케이블실	1.3	50	10
체적 $55m^3$ 미만의 전기설비	1.6	50	
박물관, 목재가공품창고, 전자제품창고, 서고	2.0	65	
고무류, 모피창고, 면화류, 석탄, 집진설비	2.7	75	

[풀이]
1) 방호구역의 체적 V : $600[m^3]$
2) K_1 : $2.7[kg/m^3]$
3) 개구부 면적 무시 : $0[m^2]$

$Q[kg] = 600[m^3] \times 2.7[kg/m^3] + 0 = 1{,}620[kg]$

64 다음은 포소화설비에서 배관 등 설치기준에 관한 내용이다. ㉠~㉢ 안에 들어갈 내용으로 옳은 것은?

- 연결송수관설비의 배관과 겸용할 경우 주배관은 구경 100mm 이상, 방수구로 연결되는 배관의 구경은 (㉠)mm 이상의 것으로 하여야 한다.
- 펌프의 성능은 체절운전 시 정격토출압력의 (㉡)%를 초과하지 아니하고, 정격토출량의 150%로 운전 시 정격토출압력의 (㉢)% 이상이 되어야 한다.

① ㉠ 40, ㉡ 120, ㉢ 65
② ㉠ 40, ㉡ 120, ㉢ 75
③ ㉠ 65, ㉡ 140, ㉢ 65
④ ㉠ 65, ㉡ 140, ㉢ 75

해설

1) 연결송수관설비의 배관과 겸용할 경우
① 주배관은 구경 100mm 이상
② 방수구로 연결되는 배관의 구경은 65mm 이상

2) 펌프의 성능시험
① 체절운전
정격토출압력의 140%를 초과하지 아니할 것
② 최대 부하운전
정격토출량의 150%로 운전 시 정격토출압력의 65% 이상일 것

65 포소화설비의 배관 등의 설치기준으로 옳은 것은?

① 교차배관에서 분기하는 지점을 기점으로 한쪽 가지배관에 설치하는 헤드의 수는 6개 이하로 한다.
② 포워터스프링클러설비 또는 포헤드설비의 가지배관의 배열은 토너먼트 방식으로 한다.
③ 송액관은 포의 방출 종료 후 배관 안의 액을 배출하기 위하여 적당한 기울기를 유지하도록 하고 그 낮은 부분에 배액밸브를 설치하여야 한다.

정답 63 ④ 64 ③ 65 ③

④ 포소화전의 기동장치의 조작과 동시에 다른 설비의 용도에 사용하는 배관의 송수를 차단할 수 있거나, 포소화설비의 성능에 지장이 있는 경우에는 다른 설비와 겸용할 수 있다.

해설

1) 포워터스프링클러설비 또는 포헤드설비의 가지배관의 배열
   ① 토너먼트 방식이 아닐 것
   ② 교차배관에서 분기하는 지점을 기점으로 한쪽 가지배관에 설치하는 헤드의 수는 8개 이하로 할 것
2) 송액관
   ① 송액관은 전용으로 할 것. 다만, 포소화전의 기동장치의 조작과 동시에 다른 설비의 용도에 사용하는 배관의 송수를 차단할 수 있거나, 포소화설비의 성능에 지장이 없는 경우에는 다른 설비와 겸용할 수 있다.
   ② 포의 방출 종료 후 배관 안의 액을 배출하기 위하여 적당한 기울기를 유지할 것
   ③ 낮은 부분에 배액밸브를 설치할 것

① 한쪽 가지배관에 설치하는 헤드의 수는 6개 이하 → 8개 이하
② 가지배관의 배열은 토너먼트 방식으로 한다. → 토너먼트 방식이 아닐 것
④ 포소화설비의 성능에 지장이 있는 경우에는 → 성능에 지장이 없는 경우

66 다음은 포소화설비의 종류 및 적응성에 관한 내용이다. ㉠~㉡ 안에 들어갈 내용으로 옳은 것은?

- 항공기격납고 : 포워터스프링클러설비 · 포헤드설비 또는 고정포방출설비, 압축공기포소화설비. 다만, 바닥면적의 합계가 (㉠)m^2 이상이고 항공기의 격납위치가 한정되어 있는 경우에는 그 한정된 장소 외의 부분에 대하여는 호스릴포소화설비를 설치할 수 있다.
- 발전기실, 엔진펌프실, 변압기, 전기케이블실, 유압설비 : 바닥면적의 합계가 (㉡)m^2 미만의 장소에는 고정식 압축공기포소화설비를 설치할 수 있다.

① ㉠ 300 ㉡ 1,000
② ㉠ 1,000 ㉡ 300
③ ㉠ 500 ㉡ 1,000
④ ㉠ 1,000 ㉡ 500

해설

특정소방대상물에 따라 적응하는 포소화설비

특정소방대상물	포소화설비
• 특수가연물을 저장 · 취급하는 공장, 창고 • 차고 또는 주차장 • 항공기 격납고	• 포워터스프링클러설비 • 포헤드설비 • 고정포방출설비 • 압축공기포소화설비
• 완전 개방된 옥상주차장 • 지상 1층으로서 지붕이 없는 부분 • 고가 밑의 주차장으로서 주된 벽이 없고 기둥뿐이거나 주위가 위해 방지용 철주 등으로 둘러싸인 부분	• 호스릴포소화설비 • 포소화전설비
항공기 격납고로서 바닥면적의 합계가 1,000m^2 이상이고 항공기의 격납위치가 한정되어 있는 경우에는 그 한정된 장소 외의 부분	호스릴포소화설비
발전기실, 엔진펌프실, 변압기, 전기케이블실, 유압설비 등으로서 바닥면적의 합계가 300m^2 미만의 장소	고정식 압축공기포소화설비

67 펌프의 토출관에 압입기를 설치하여 포소화약제 압입용 펌프로 포소화약제를 압입시켜 혼합하는 방식은?

① 라인 프로포셔너 방식
② 펌프 프로포셔너 방식
③ 프레져 프로포셔너 방식
④ 프레져 사이드 프로포셔너 방식

정답 66 ② 67 ④

해설

1) 펌프 프로포셔너 방식
펌프의 토출관과 흡입관 사이의 배관 도중에 설치한 흡입기에 펌프에서 토출된 물의 일부를 보내고, 농도 조절밸브에서 조정된 포소화약제의 필요량을 포소화약제 탱크에서 펌프 흡입 측으로 보내어 이를 혼합하는 방식을 말한다.

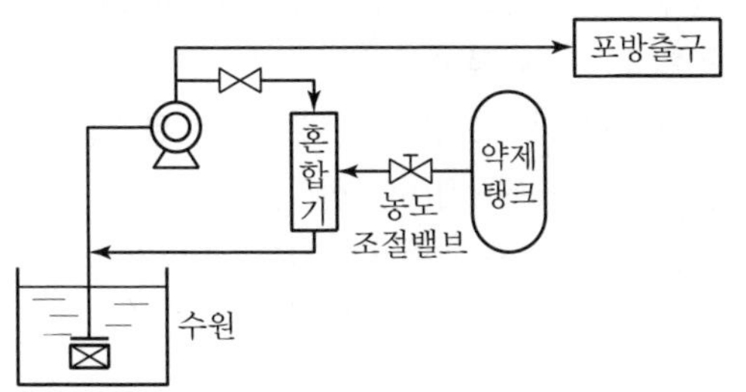

2) 프레져 프로포셔너 방식
펌프와 발포기의 중간에 설치된 벤추리관의 벤추리작용과 펌프 가압수의 포소화약제 저장탱크에 대한 압력에 따라 포소화약제를 흡입 · 혼합하는 방식을 말한다.

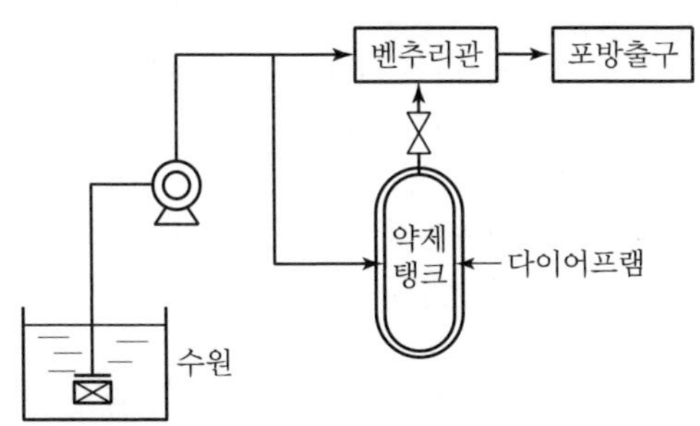

3) 라인 프로포셔너 방식
펌프와 발포기의 중간에 설치된 벤추리관의 벤추리작용에 따라 포소화약제를 흡입 · 혼합하는 방식

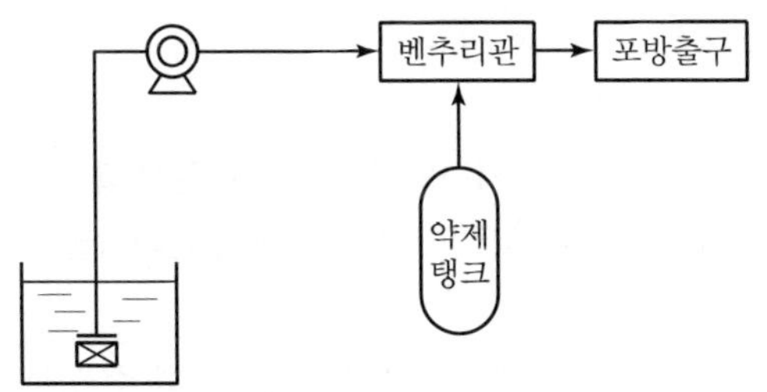

4) 프레져 사이드 프로포셔너 방식
펌프의 토출관에 압입기를 설치하여 포소화약제 압입용 펌프로 포소화약제를 압입시켜 혼합하는 방식

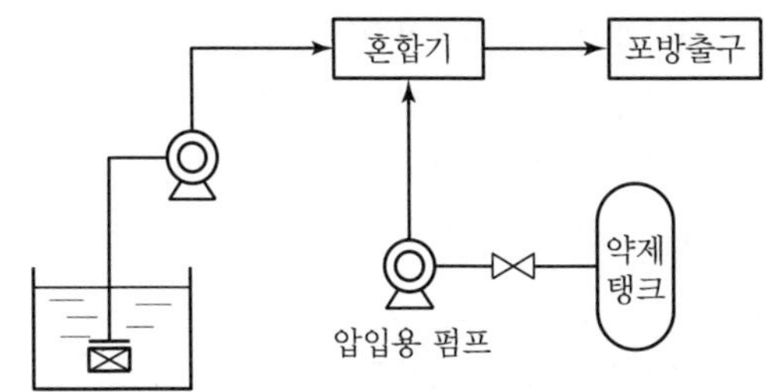

68 방호구역이 3구역인 어느 소방대상물에 할로겐화합물소화설비를 설치한 경우, 저장용기와 집합관 연결배관에 설치하여야 할 것은?

① 릴리프밸브 ② 자동냉동장치
③ 압력계 ④ 체크밸브

해설

할로겐화합물 및 불활성기체 소화약제의 저장용기 설치장소의 기준

1) 방호구역 외의 장소에 설치할 것. 다만, 방호구역 내에 설치할 경우에는 피난 및 조작이 용이하도록 피난구 부근에 설치해야 한다.
2) 온도가 55℃ 이하이고, 온도 변화가 작은 곳에 설치할 것
3) 직사광선 및 빗물이 침투할 우려가 없는 곳에 설치할 것
4) 저장용기를 방호구역 외에 설치한 경우에는 방화문으로 구획된 실에 설치할 것
5) 용기의 설치장소에는 해당 용기가 설치된 곳임을 표시하는 표지를 할 것
6) 용기 간의 간격은 점검에 지장이 없도록 3cm 이상의 간격을 유지할 것
7) 저장용기와 집합관을 연결하는 연결배관에는 체크밸브를 설치할 것. 다만, 저장용기가 하나의 방호구역만을 담당하는 경우에는 그렇지 않다.

69 다음 (　　) 안에 들어가는 기기로 옳은 것은?

- 분말소화약제의 가압용 가스용기를 3병 이상 설치한 경우에는 2개 이상의 용기에 (㉠)를 부착하여야 한다.
- 분말소화약제의 가압용 가스용기에는 2.5MPa 이하의 압력에서 조정이 가능한 (㉡)를 부착하여야 한다.

정답 68 ④ 69 ①

① ㉠ 전자개방밸브, ㉡ 압력조정기
② ㉠ 전자개방밸브, ㉡ 정압작동장치
③ ㉠ 압력조정기, ㉡ 전자개방밸브
④ ㉠ 압력조정기, ㉡ 정압작동장치

해설

분말 가압용 가스용기 설치기준
1) 분말소화약제의 가스용기는 분말소화약제의 저장용기에 접속하여 설치할 것
2) 전자개방밸브의 설치수량
가압용 가스용기를 3병 이상 설치한 경우에는 2개 이상의 용기에 부착할 것
3) 압력조정기의 조정압력 : 2.5MPa 이하

70 가솔린을 저장하는 고정지붕식의 옥외탱크에 설치하는 포소화설비에서 포를 방출하는 기기는 어느 것인가?

① 포워터스프링클러헤드
② 호스릴 포소화설비
③ 포헤드
④ 고정포방출구(폼 챔버)

해설

고정포방출구의 종류

고정포 방출구	탱크의 종류	포주입방식	특징
Ⅰ형	고정지붕구조(CRT)	상부 포주입법	통계단, 미끄럼판
Ⅱ형	고정지붕구조(CRT) 부상덮개부착고정지붕구조(IFRT)	상부 포주입법	반사판
Ⅲ형	고정지붕구조(CRT)	하부 포주입법	하부 송포관
Ⅳ형	고정지붕구조(CRT)	하부 포주입법	특수호스
특형	부상지붕구조(FRT)	상부 포주입법	반사판, 굽도리판

71 구조대의 형식승인 및 제품검사의 기술기준에 따른 경사하강식 구조대의 구조에 대한 설명으로 틀린 것은?

① 구조대 본체는 강하방향으로 봉합부가 설치되지 아니하여야 한다.
② 연속하여 활강할 수 있는 구조로 안전하고 쉽게 사용할 수 있어야 한다.
③ 땅에 닿을 때 충격을 받는 부분에는 완충장치로서 받침포 등을 부착하여야 한다.
④ 입구틀 및 취부틀의 입구는 지름 40cm 이상의 구체가 통과할 수 있어야 한다.

해설

경사강하식 구조대의 구조 기준
1) 입구틀 및 취부틀의 입구는 지름 50cm 이상의 구체가 통과할 수 있어야 한다.
2) 구조대 본체는 강하방향으로 봉합부가 설치되지 아니하여야 한다.
3) 구조대 본체의 활강부는 낙하방지를 위해 포를 2중 구조로 하거나 또는 망목의 변의 길이가 8cm 이하인 망을 설치하여야 한다.
4) 본체의 포지는 하부 지지장치에 인장력이 균등하게 걸리도록 부착하여야 하며 하부 지지장치는 쉽게 조작할 수 있어야 한다.
5) 손잡이는 출구 부근에 좌우 각 3개 이상 균일한 간격으로 견고하게 부착하여야 한다.
6) 구조대 본체의 끝부분에는 길이 4m 이상, 지름 4mm 이상의 유도선을 부착하여야 하며, 유도선 끝에는 중량 3N(300g) 이상의 모래주머니 등을 설치하여야 한다.

④ 입구틀 및 취부틀의 입구는 지름 40cm 이상 → 50cm 이상

72 다음 중 피난기구의 화재안전기준에 따라 피난기구를 설치하지 아니하여도 되는 소방대상물로 틀린 것은?

① 발코니 등을 통하여 인접세대로 피난할 수 있는 구조로 되어 있는 계단실형 아파트
② 주요구조부가 내화구조로서 거실의 각 부분으로 직접 복도로 피난할 수 있는 학교(강의실 용도로 사용되는 층에 한함)

정답 70 ④ 71 ④ 72 ④

③ 무인공장 또는 자동창고로서 사람의 출입이 금지된 장소
④ 문화집회 및 운동시설 · 판매시설 및 영업시설 또는 노유자시설의 용도로 사용되는 층으로서 그 층의 바닥면적이 1,000m^2 이상인 것

해설

피난기구의 설치 제외
1) 갓복도형 아파트 또는 발코니 등을 통하여 인접세대로 피난할 수 있는 구조로 되어 있는 계단실형 아파트
2) 주요구조부가 내화구조로서 거실의 각 부분으로 직접 복도로 피난할 수 있는 학교(강의실 용도로 사용되는 층)
3) 무인공장 또는 자동창고로서 사람의 출입이 금지된 장소(관리를 위하여 일시적으로 출입하는 장소를 포함)
4) 주요구조부가 내화구조이고 지하층을 제외한 층수가 4층 이하이며 소방사다리차가 쉽게 통행할 수 있는 도로 또는 공지에 면하는 부분에 개구부가 2 이상 설치되어 있는 층(문화집회 및 운동시설 · 판매시설 및 영업시설 또는 노유자시설의 용도로 사용되는 층으로서 그 층의 바닥면적이 1,000[m^2] 이상인 것을 제외)

④ 바닥면적이 1,000[m^2] 이상인 것 → 1,000[m^2] 이상인 것을 제외

73 소화용수설비 중 소화수조 및 저수조에 대한 설명으로 틀린 것은?

① 소화수조, 저수조의 채수구 또는 흡수관투입구는 소방차가 2m 이내의 지점까지 접근할 수 있는 위치에 설치할 것
② 지하에 설치하는 소화용수설비의 흡수관투입구는 그 한 변이 0.6m 이상이거나 직경이 0.6m 이상인 것으로 할 것
③ 채수구는 지면으로부터의 높이가 1.0m 이상 1.5m 이하의 위치에 설치하고 "채수구"라고 표시한 표지를 할 것
④ 소화수조가 옥상 또는 옥탑의 부분에 설치된 경우에는 지상에 설치된 채수구에서의 압력이 0.15MPa 이상이 되도록 할 것

해설

흡수관투입구 및 채수구 설치기준
1) 채수구 또는 흡수관투입구는 소방차가 2m 이내의 지점까지 접근할 수 있는 위치에 설치하여야 한다.

2) 흡수관투입구
① 크기 : 한 변이 0.6m 이상이거나 직경이 0.6m 이상일 것
② 흡수관투입구의 수

소요수량	80m^3 미만	80m^3 이상
흡수관투입구의 수	1개 이상	2개 이상

③ 표지 : "흡관투입구"라고 표시한 표지

3) 채수구
① 채수구는 구경 65mm 이상의 나사식 결합금속구를 설치할 것
② 채수구의 높이 : 지면으로부터의 높이가 0.5m 이상 1m 이하
③ 표지 : "채수구"라고 표시한 표지
④ 채수구의 수

소요수량	20m^3 이상 40m^3 미만	40m^3 이상 100m^3 미만	100m^3 이상
채수구의 수	1개	2개	3개

4) 소화수조가 옥상 또는 옥탑의 부분에 설치된 경우에는 지상에 설치된 채수구에서의 압력이 0.15MPa 이상이 되도록 하여야 한다.

5) 소화수조의 제외
유수의 양이 0.8m^3/min 이상인 유수를 사용할 수 있는 경우

③ 채수구는 지면으로부터의 높이가 1.0m 이상 1.5m 이하 → 0.5m 이상 1m 이하

74 제연방식에 의한 분류 중 아래의 장단점에 해당하는 방식은?

- 장점 : 화재 초기에 화재실의 내압을 낮추고 연기를 다른 구역으로 누출시키지 않는다.
- 단점 : 연기 온도가 상승하면 기기의 내열성에 한계가 있다.

정답 73 ③ 74 ③

① 제1종 기계제연방식
② 제2종 기계제연방식
③ 제3종 기계제연방식
④ 밀폐방연방식

해설

제연방식의 분류

1) 밀폐제연방식
화재발생 공간을 밀폐하여 연기의 유출을 방지함으로써 연기를 제어하는 방식

2) 자연제연방식
굴뚝효과에 의해 자연적으로 연기를 배출하는 제연방식

3) 스모크타워 제연방식
자연제연의 일종으로 굴뚝효과와 건물 상부에 설치한 루프모니터를 이용하여 연기를 배출하는 방식(고층 건축물에 적합)

4) 기계제연방식
① 제1종 기계제연방식 : 급기팬과 배기팬을 설치하여 급기와 배기를 동시에 시행하는 제연방식
② 제2종 기계제연방식 : 급기팬을 설치하여 급기하고 배기는 자연배기하는 방식
③ 제3종 기계제연방식 : 배기팬을 설치하여 연기를 배출하고 급기는 자연급기하는 방식

③ 제3종 기계제연방식 → 화재 초기 배기팬이 동작하여 화재실의 압력을 낮추어 화재확산을 방지할 수 있다. 화재실의 온도가 상승하면 배기덕트와 배기팬의 내열성에 한계가 있다.

75 연소방지설비 방수헤드의 설치기준 중 다음 ( ) 안에 알맞은 것은?

방수헤드 간의 수평거리는 연소방지설비 전용헤드의 경우에는 (㉠)m 이하, 스프링클러헤드의 경우에는 (㉡)m 이하로 할 것

① ㉠ 2, ㉡ 1.5
② ㉠ 1.5, ㉡ 2
③ ㉠ 1.7, ㉡ 2.5
④ ㉠ 2.5, ㉡ 1.7

해설

연소방지설비 방수헤드

1) 천장 또는 벽면에 설치할 것
2) 방수헤드 간의 수평거리

헤드의 종류	전용헤드	스프링클러헤드
헤드 간 수평거리	2.0m 이하	1.5m 이하

3) 연소방지설비 전용헤드를 사용하는 경우 배관의 구경

헤드 수	1개	2개	3개	4~5개	6개 이상
구경[mm]	32	40	50	65	80

76 상수도 소화용수설비의 설치기준 중 다음 ( ) 안에 알맞은 것은?

호칭지름 (㉠)mm 이상의 수도배관에 호칭지름 (㉡) mm 이상의 소화전을 접속하여야 하며, 소화전은 특정소방대상물의 수평투영면의 각 부분으로부터 (㉢)m 이하가 되도록 설치할 것

① ㉠ 65, ㉡ 100, ㉢ 120
② ㉠ 65, ㉡ 100, ㉢ 140
③ ㉠ 75, ㉡ 100, ㉢ 120
④ ㉠ 75, ㉡ 100, ㉢ 140

해설

1) 상수도 소화용수설비의 설치기준
① 호칭지름 75mm 이상의 수도배관에 호칭지름 100mm 이상의 소화전을 접속할 것
② 소화전은 소방자동차 등의 진입이 쉬운 도로변 또는 공지에 설치할 것
③ 소화전은 특정소방대상물의 수평투영면의 각 부분으로부터 140m 이하가 되도록 설치할 것

2) 상수도 소화용수설비의 설치대상
① 연면적 5,000m^2 이상인 것(가스시설, 터널, 지하구 제외)
② 가스시설로서 지상에 노출된 탱크의 저장용량의 합계가 100ton 이상인 것

정답 75 ① 76 ④

77 도로터널의 화재안전기준상 옥내소화전설비 설치기준 중 ( ) 안에 알맞은 것은?

> 가압송수장치는 옥내소화전 2개(4차로 이상의 터널인 경우 3개)를 동시에 사용할 경우 각 옥내소화전의 노즐선단에서의 방수압력은 (㉠)MPa 이상이고 방수량은 (㉡)l/min 이상이 되는 성능의 것으로 할 것

① ㉠ 0.1, ㉡ 130　　② ㉠ 0.17, ㉡ 130
③ ㉠ 0.25, ㉡ 350　　④ ㉠ 0.35, ㉡ 190

해설

도로터널의 옥내소화전설비 설치기준

1) 소화전함과 방수구의 간격
   ① 주행차로 우측 측벽을 따라 50m 이내의 간격으로 설치할 것
   ② 편도 2차선 이상의 양방향 터널이나 4차로 이상의 일방향 터널의 경우 : 양쪽 측벽에 각각 50m 이내의 간격으로 엇갈리게 설치할 것
2) 수원의 저수량
   옥내소화전의 설치개수 2개(4차로 이상의 터널의 경우 3개)를 동시에 40분 이상 사용할 수 있는 충분한 양 이상을 확보할 것
3) 가압송수장치는 옥내소화전 2개(4차로 이상의 터널인 경우 3개)를 동시에 사용할 경우 각 옥내소화전의 노즐선단에서의 방수압력은 0.35MPa 이상이고 방수량은 190l/min 이상이 되는 성능의 것으로 할 것. 다만, 방수압력이 0.7MPa을 초과할 경우에는 호스접결구의 인입 측에 감압장치를 설치하여야 한다.
4) 압력수조나 고가수조가 아닌 전동기 및 내연기관에 의한 펌프를 이용하는 가압송수장치는 주펌프와 동등 이상인 별도의 예비펌프를 설치할 것
5) 방수구는 40mm 구경의 단구형을 옥내소화전이 설치된 벽면의 바닥면으로부터 1.5m 이하의 높이에 설치할 것
6) 소화전함에는 옥내소화전 방수구 1개, 15m 이상의 소방호스 3본 이상 및 방수노즐을 비치할 것
7) 옥내소화전설비의 비상전원은 40분 이상 작동할 수 있을 것

78 소화약제 외의 것을 이용한 간이소화용구의 능력단위기준 중 다음 ( ) 안에 알맞은 것은?

간이소화용구		능력단위
마른 모래	삽을 상비한 50L 이상의 것 1포	( )단위

① 0.5　　② 1
③ 3　　④ 5

해설

소화약제 외의 것을 이용한 간이소화용구의 능력단위

간이소화용구		능력단위
마른 모래	삽을 상비한 50l 이상의 것 1포	0.5단위
• 팽창질석 • 팽창진주암	삽을 상비한 80l 이상의 것 1포	

79 항공기격납고 포헤드의 1분당 방사량은 바닥면적 1m^{2}당 최소 몇 L 이상이어야 하는가?(단, 수성막포소화약제를 사용한다.)

① 3.7　　② 6.5
③ 8.0　　④ 10

해설

1) 포헤드방식의 포약제량 산정

$$Q[l] = A[\text{m}^2] \times Q_1[l/\text{min} \cdot \text{m}^2] \times T[\text{min}] \times S$$

여기서, A : 바닥면적[m^2]
Q_1 : 바닥면적 1m^{2}당 분당 토출량[l/min · m^2]
T : 방사시간[min](포헤드설비 10min)
S : 포소화약제의 농도[%]

2) 방사시간
   포헤드, 포워터스프링클러헤드, 압축공기포 : 10min 이상

정답　77 ④　78 ①　79 ①

3) 포헤드의 바닥면적 $1m^2$당 분당 방사량 $Q_1[l/min \cdot m^2]$

소방대상물	포소화약제의 종류	방사량 $[l/min \cdot m^2]$
• 차고 · 주차장 • 항공기격납고	수성막포	3.7 이상
	단백포	6.5 이상
	합성계면활성제포	8.0 이상
특수가연물 저장 · 취급 장소	위 3종류 약제 모두 동일	6.5 이상

80 전역방출방식 분말소화설비에서 방호구역의 개구부에 자동폐쇄장치를 설치하지 아니한 경우, 개구부의 면적 $1m^2$에 대한 분말소화약제의 가산량으로 잘못 연결된 것은?

① 제1종 분말 – 4.5kg
② 제2종 분말 – 2.7kg
③ 제3종 분말 – 2.5kg
④ 제4종 분말 – 1.8kg

해설

분말소화설비 전역방출방식

1) 약제량 산정

$$Q[kg] = V \cdot K_1 + A \cdot K_2$$

여기서, $Q[kg]$: 약제량, $V[m^3]$: 방호구역 체적
$K_1[kg/m^3]$: 방호구역 체적 $1m^3$에 대한 소화약제의 양[kg]
$K_2[kg/m^2]$: 방호구역에 설치된 개구부 $1m^2$당 약제가산량[kg]
$A[m^2]$: 개구부 면적

2) 분말소화약제별 방호구역 체적당 약제량 및 개구부 가산량

소화약제의 종별	체적당 약제량 (K_1)	개구부 가산량 (K_2)
제1종 분말	$0.60[kg/m^3]$	$4.5[kg/m^2]$
제2종 분말 제3종 분말	$0.36[kg/m^3]$	$2.7[kg/m^2]$
제4종 분말	$0.24[kg/m^3]$	$1.8[kg/m^2]$

정답 80 ③

대표저자 자격사항

표정은

- 소방기술사
- 소방시설관리사
- 위험물기능장
- 소방설비기사(기계분야/전기분야)

소방설비기사 필기 기계분야

발행일 | 2021. 1. 15 초판발행
2021. 5. 30 개정 1판 1쇄
2022. 1. 10 개정 2판 1쇄
2023. 1. 10 개정 3판 1쇄
2024. 1. 10 개정 4판 1쇄

저 자 | 표정은 · 권혁서
발행인 | 정 용 수
발행처 | 예문사

주 소 | 경기도 파주시 직지길 460(출판도시) 도서출판 예문사
TEL | 031) 955 – 0550
FAX | 031) 955 – 0660
등록번호 | 11 – 76호

정가 : 34,000원

ISBN 978-89-274-5219-5 13530